Weave 织美堂

温馨家庭棒针毛衣

女装、男装、童装、亲子装

装大衣、打底毛衣、裙装，男士毛衣、亲子装、儿童毛衣

部收纳书中Textbook

翠 著

棒针篇

典藏版

编织毛衣系列

北方联合出版传媒（集团）股份有限公司

辽宁科学技术出版社

主　　编：张　翠
编组成员：刘晓瑞　田伶俐　张燕华　吴晓丽　贾雯晶　黄利芬　小　凡　燕　子　刘晓卫　简　单　晚　秋　惜　缘　徐君君
爽　爽　郭建华　胡　芸　李东方　小　凡　落　叶　舒　荣　陈　燕　邓　瑞　飞　蛾　刘金萍　谭延莉　任　俊
风之花　蓝云海　洳果是　欢乐梅　一片云　花狍子　张京运　逸　瑶　梦　京　莺飞草　李　俐　张　霞　陈梓敏
指花开　林宝贝　清爽指　大眼睛　江城子　忘忧草　色女人　水中花　蓝　溪　小　草　小　乔　陈小春　李　俊
黄燕莉　卢学英　赵悦霞　周艳凯　傲雪红梅　香水百合　暖绒香手工坊　蓝调清风　暗香盈袖　果果妈妈

图书在版编目（CIP）数据

温馨家庭棒针毛衣：女装、男装、童装、亲子装 / 张翠著. -- 沈阳：辽宁科学技术出版社, 2024.5
ISBN 978-7-5591-3310-6

Ⅰ. ①温… Ⅱ. ①张… Ⅲ. ①毛衣针—绒线—编织
Ⅳ. ①TS935.522

中国国家版本馆CIP数据核字(2023)第213851号

出版发行：辽宁科学技术出版社
（地址：沈阳市和平区十一纬路25号　邮编：110003）
印 刷 者：广东瑞诚时代印刷包装有限公司
经 销 者：各地新华书店
幅面尺寸：210mm × 285mm
印　　张：18.5
字　　数：700千字
印　　数：1~8000
出版时间：2024年5月第1版
印刷时间：2024年5月第1次印刷
责任编辑：朴海玉
封面设计：幸琦琪
版式设计：幸琦琪
责任校对：韩欣桐

书　　号：ISBN 978-7-5591-3310-6
定　　价：59.80元

联系电话：024－23284372
邮购热线：024－23284502
E-mail：473074036@qq.com
http://www.lnkj.com.cn

Contents 目录

手指挂线起针

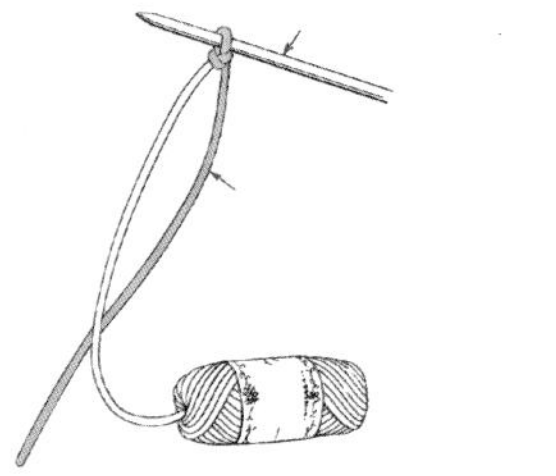

❶ 采用比织针粗两倍的针起针，短线端留出约必要尺寸的3倍。

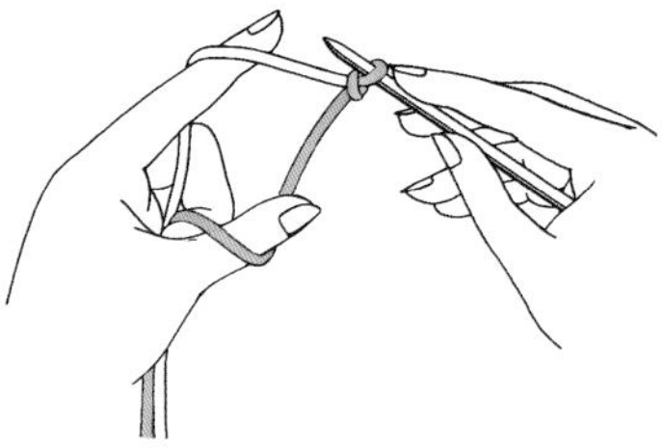

❷ 如图所示将线挂在手指上，短线在大拇指上。

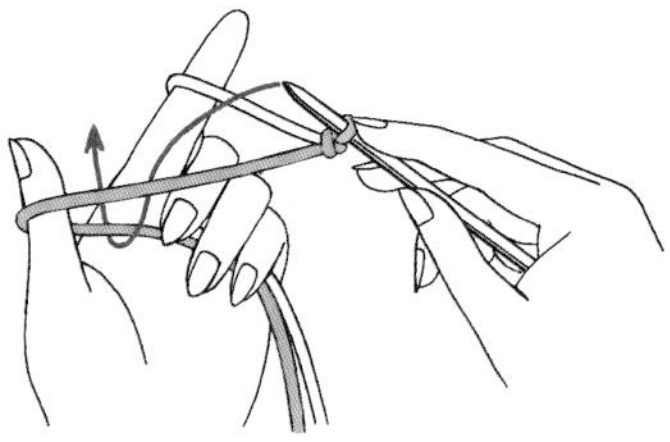

❸ 如箭头所示方向先从拇指上挑线。

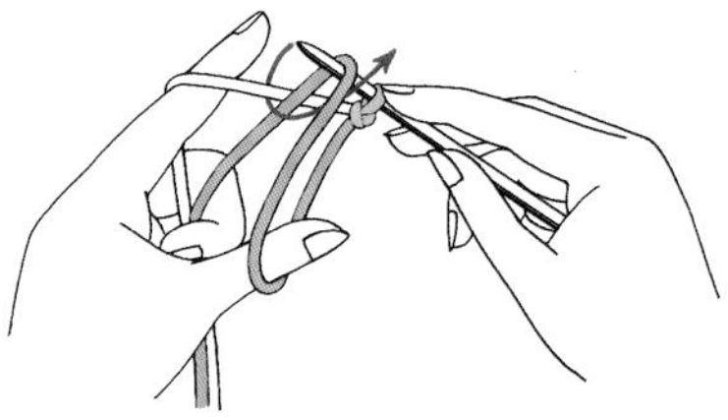

❹ 然后如箭头所示穿过食指上的线。

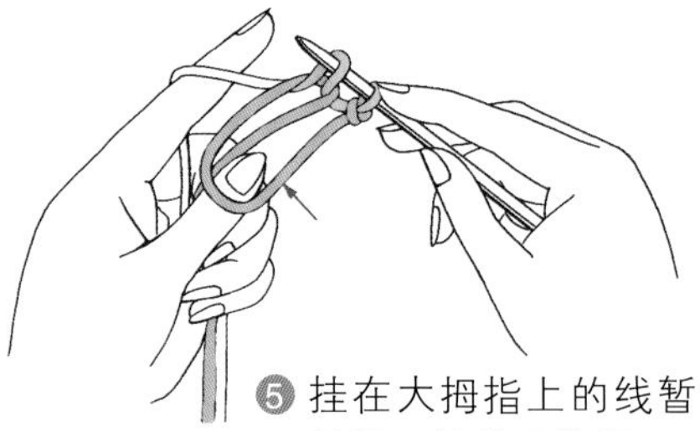

❺ 挂在大拇指上的线暂时放掉，将线圈拉紧。

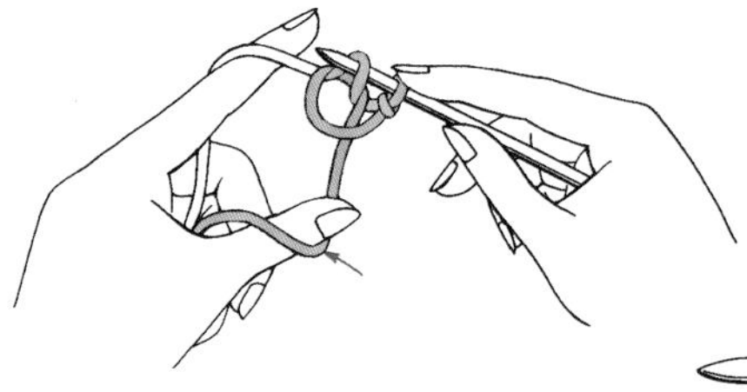

❻ 完成第2针。

❼

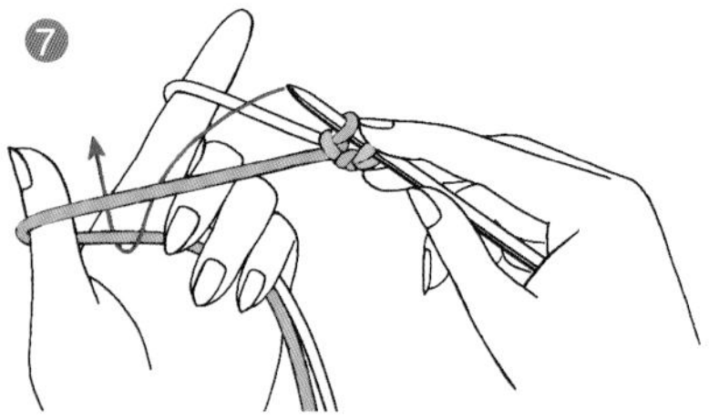

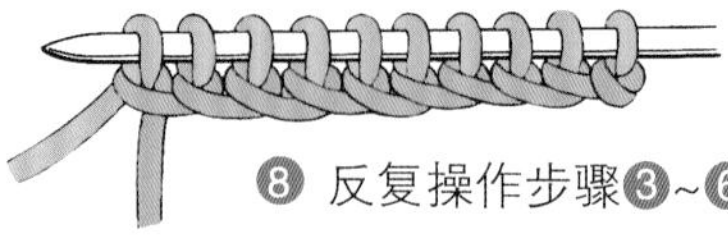

❽ 反复操作步骤❸~❻。

单罗纹起针法

此起针法容易收缩，适合粗毛线编织。对于新手可以采用比织罗纹针小一号的棒针进行起针，针上挂线时注意不要松弛，起完针之后再用织罗文针的针进行编织。

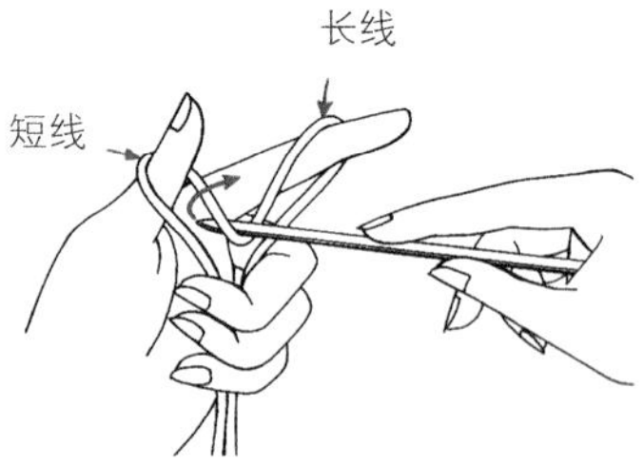

❶ 短线（约必要尺寸的3倍）。长线按箭头方向扭绕。

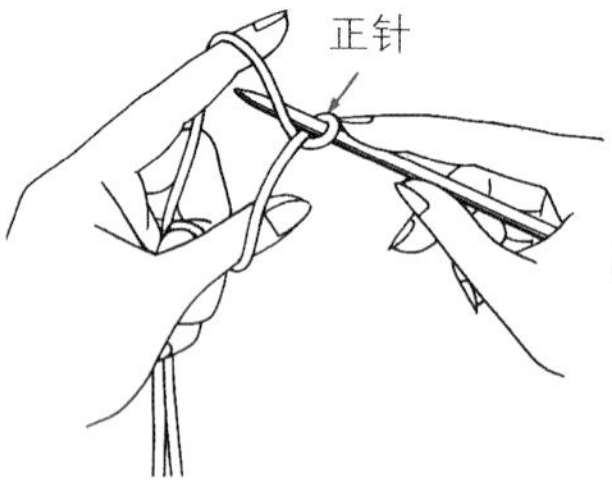

❷ 第1针正针。

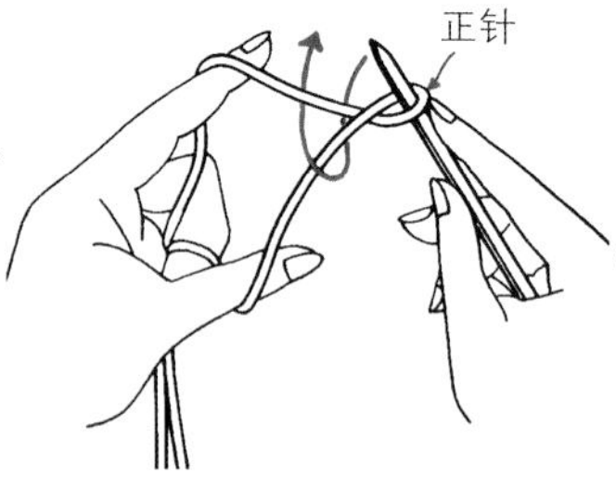

❸ 第2针上针。

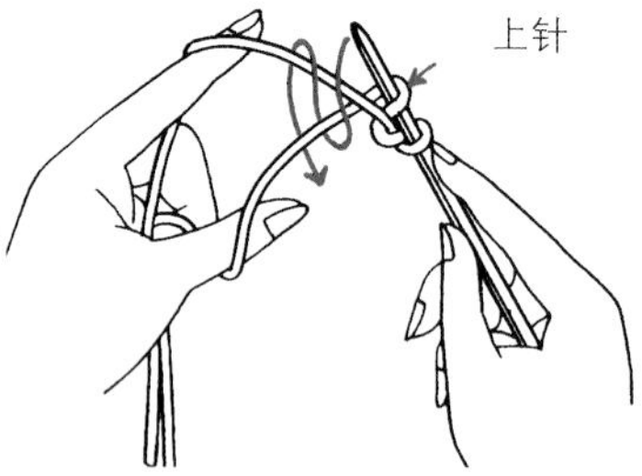

❹ 第3针上针。

❺ 重复步骤❷~❹织出必要的针数。

起针完成之后的编织

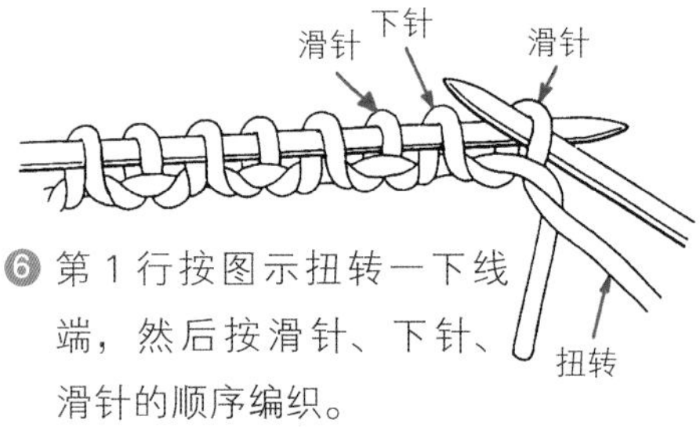

❻ 第1行按图示扭转一下线端，然后按滑针、下针、滑针的顺序编织。

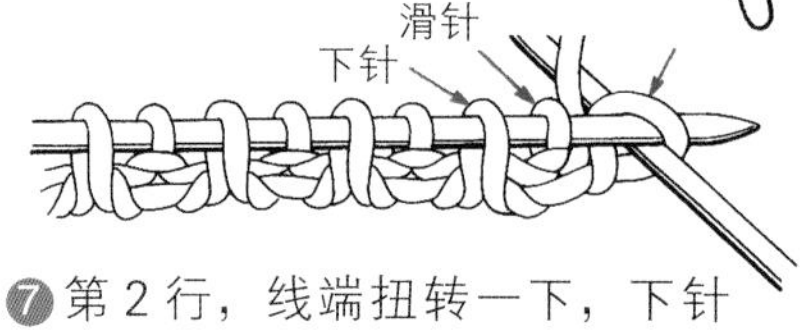

❼ 第2行，线端扭转一下，下针和滑针反复编织。

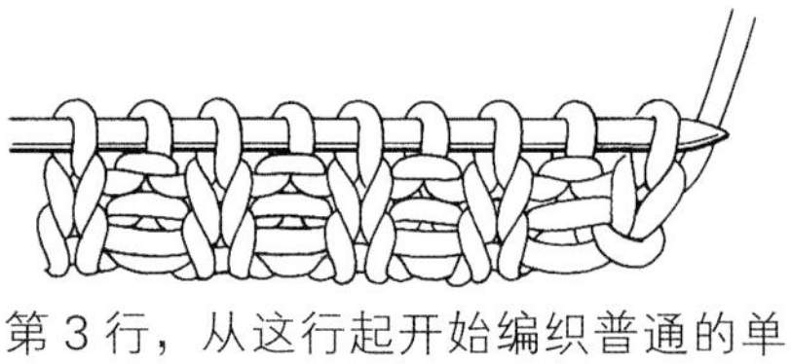

❽ 第3行，从这行起开始编织普通的单罗纹针，1针下针1针上针反复编织。

双罗纹起针法

用棒针直接起针的双罗纹起针法

❶

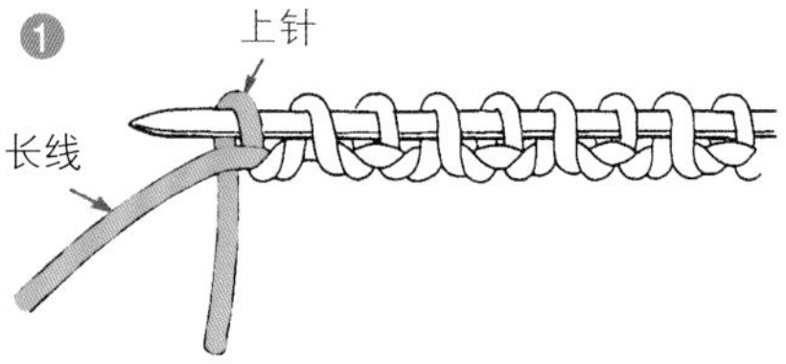

❷ 翻回里侧，按箭头的方向穿过棒针。

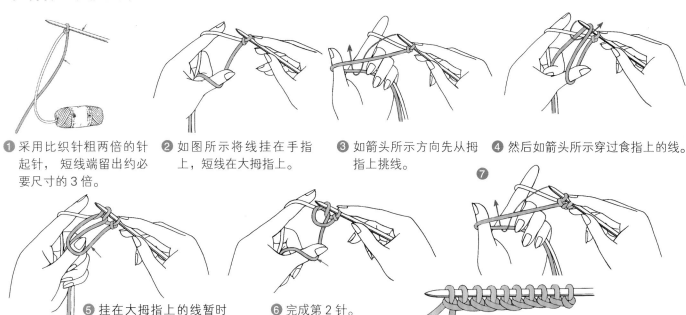

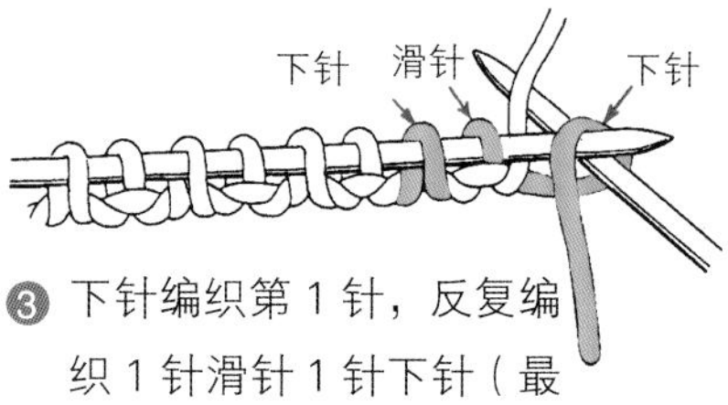

❸ 下针编织第1针，反复编织1针滑针1针下针（最后的1针是滑针）。

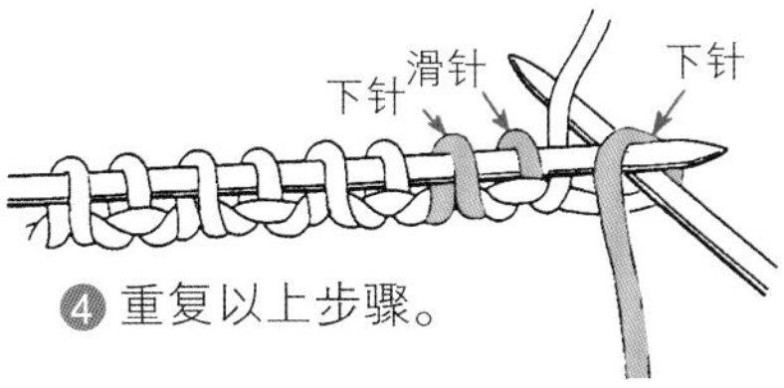

④ 重复以上步骤。

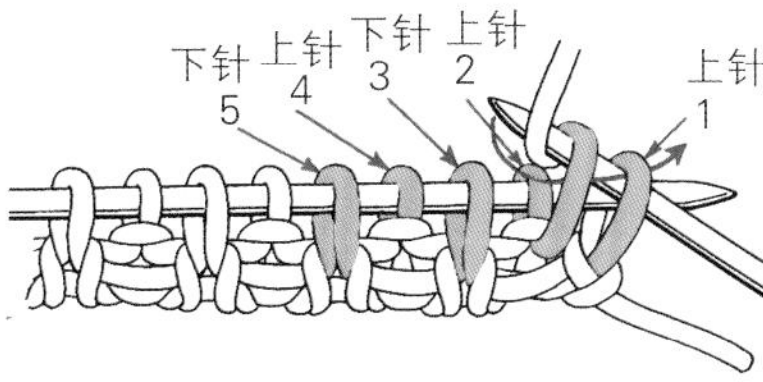

⑤ 第 1 针和第 2 针上针编织，第 3 针下针编织，第 4 针不织，第 5 针下针编织，第 4 针上针编织，第 6 针上针编织。从第 7 针开始以相同的办法一边返回一边进行双罗纹编织。

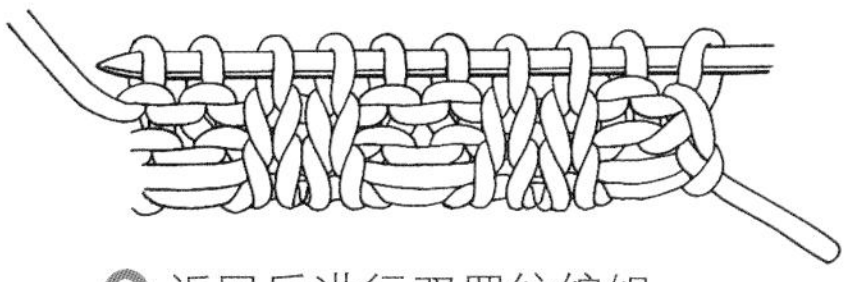

⑥ 返回后进行双罗纹编织。

编织途中的起针法

此种起针方法的编织物不厚实，但伸缩性较好，所以适合做曲线的起针或加针。由于起针容易伸缩，所以在编织第 1 行的时候需要注意针尖不要分离得太宽。

★右端

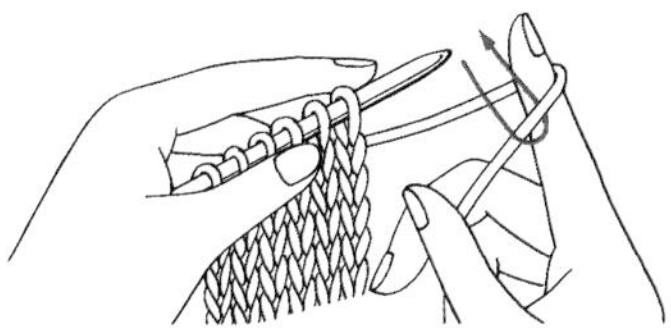

❶ 按箭头的方向穿入针，抽出手指。

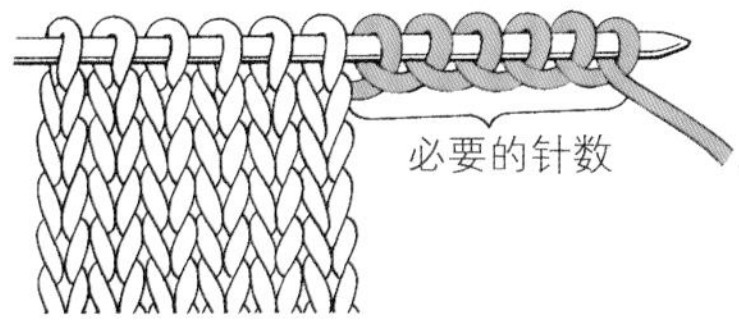

❷ 编织出必要的针数。

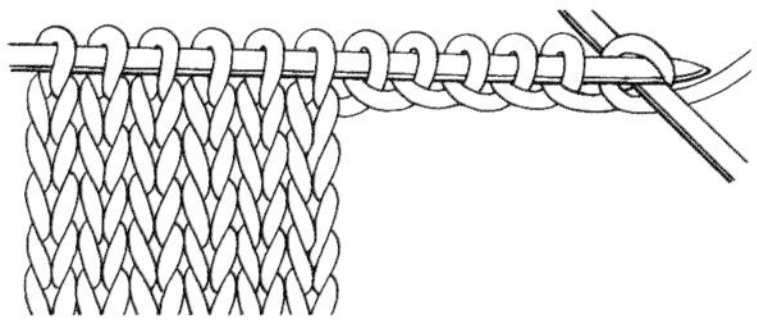

❸ 将针从下侧穿入下针编织。

★左端

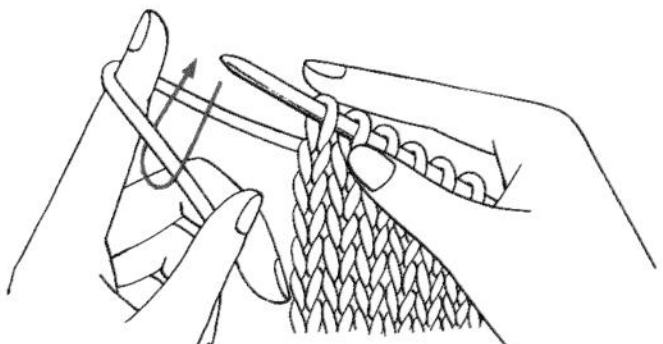

❶ 按箭头的方向穿入针，抽出手指。

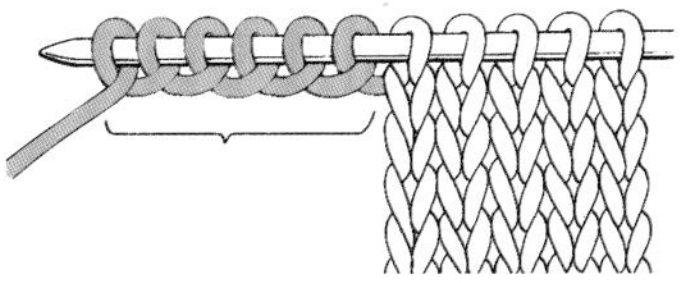

❷ 编织出必要的针数。

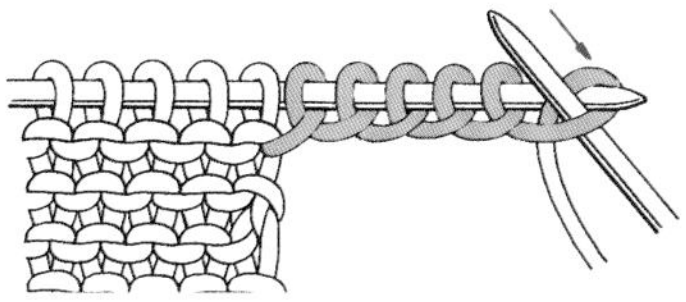

❸ 将针从下侧穿入上针编织。

端针清晰紧密，可以一段段数出起针的针数。

★右端

❶ 穿入左针。

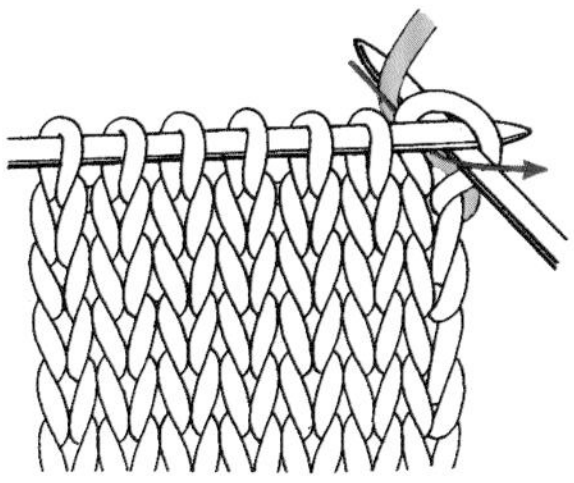

❷ 按照步骤 1 中箭头的方向织出第 1 针。

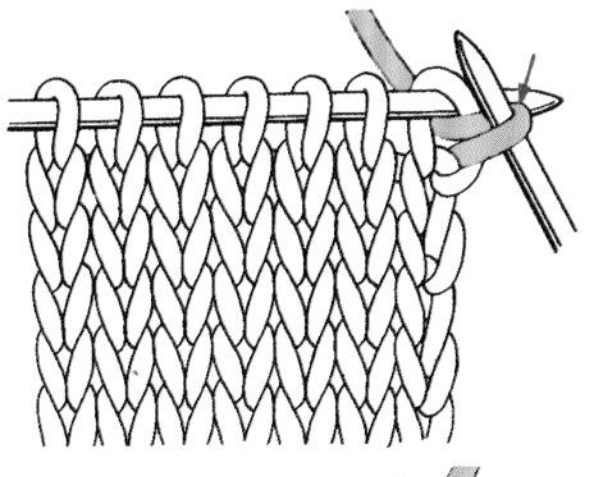

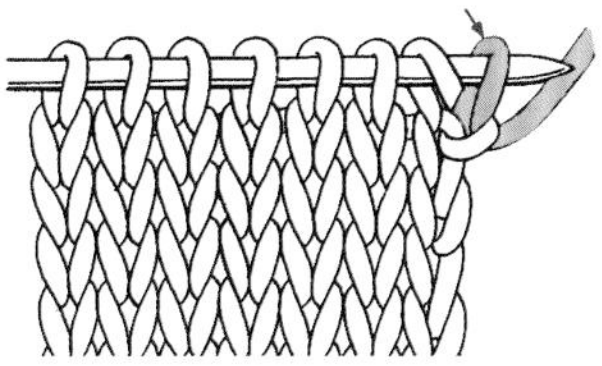

④

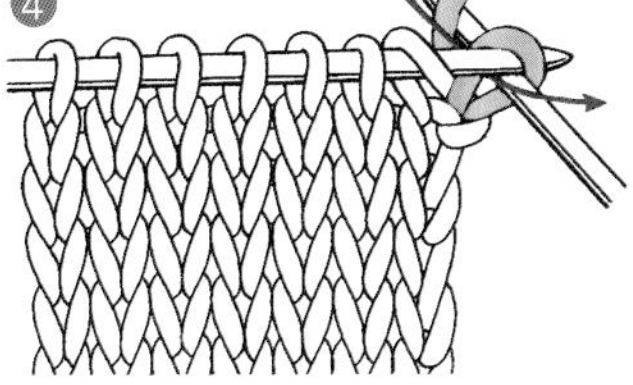

❸ 编织出必要的针数，将接出的针圈套到左针上，如此重复。

⑤

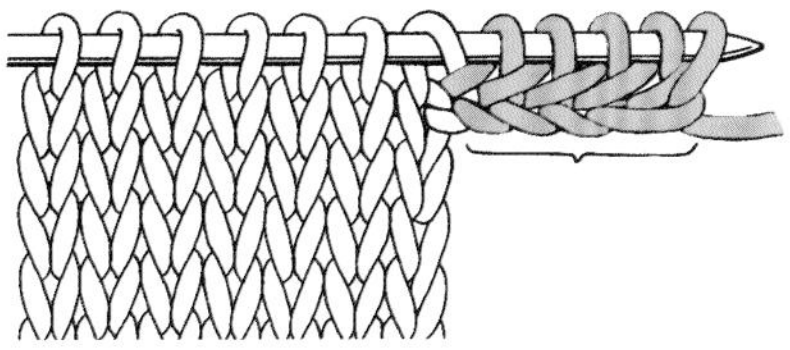

★左端

❶ 穿入左针，按照箭头的方向织出第 1 针。

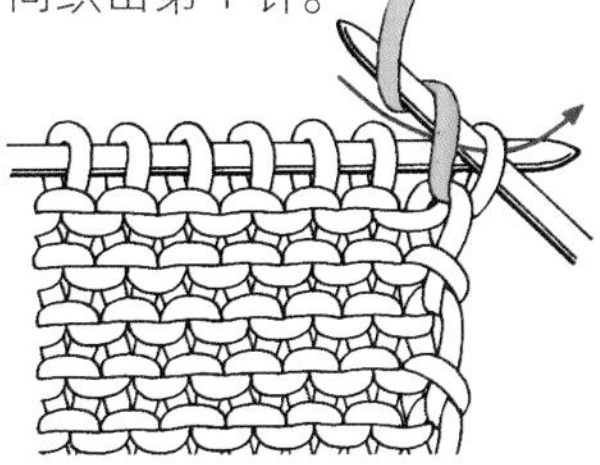

❷ 将拉出的针圈套到左针上，编织出必要的针数，如此重复。

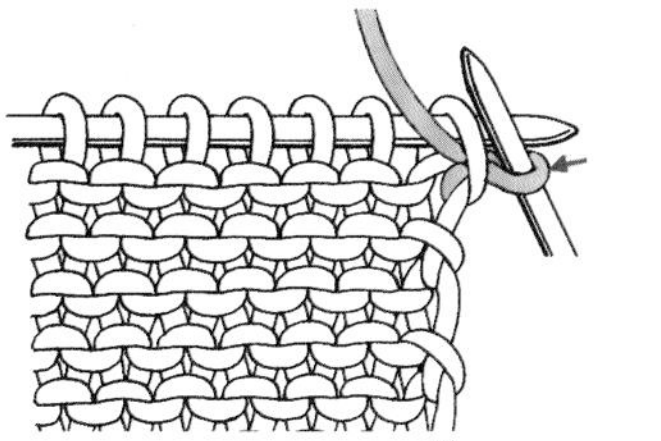

③

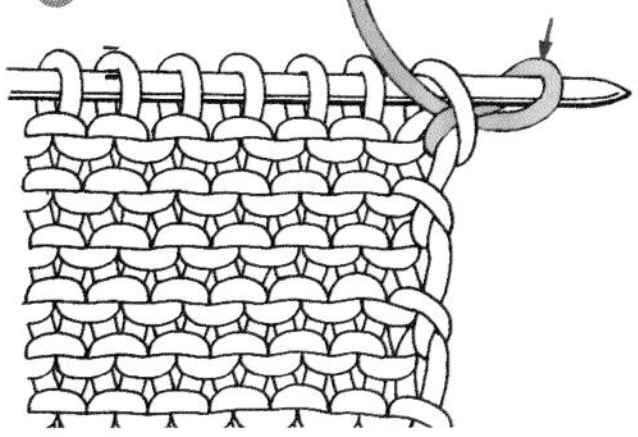

④

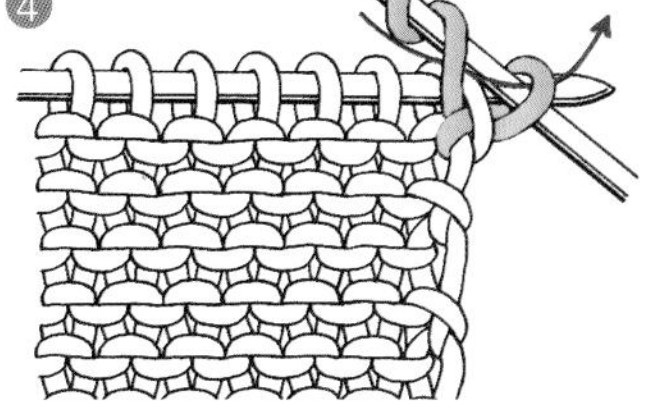

⑤

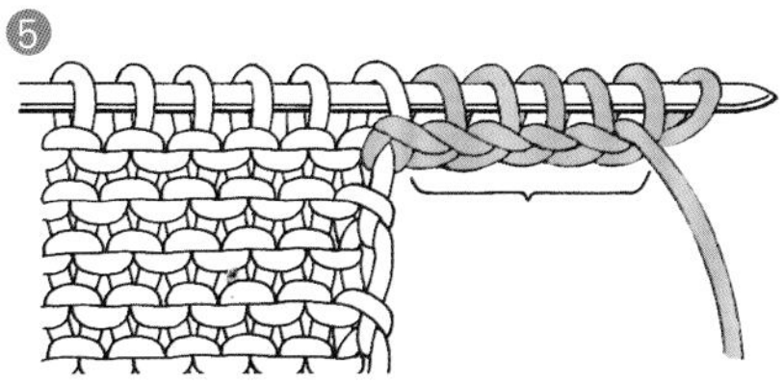

袖子减（加）针计算方法

这里我们讲解的是袖子从上往下织的情况，如果是从下往上织，把下面的讲解全转换成加针就行。

先算出袖子的减（加）针数，因为袖子减（加）针一般是每次减（加）1针，所以减（加）针数也就是减（加）针次数。

减（加）针数=（袖壮针数－袖口针数）÷2

减（加）针行数=袖口至袖壮的总行数

计算减（加）针间隔行数。

间隔行数=减（加）针行数÷［减（加）针次数＋1］

如袖壮59针，袖口29针，袖长行数为70行［即减（加）针行数70行］。

减（加）针数=（59－29）÷2=15针（即一共需要减针15次）

减针间隔行数=70÷（15+1）= 4行余6次

山头宽度

可根据袖壮大小来定（袖壮就是袖子平铺后最宽处）。

女装可为袖壮针数的1/5~1/3。

男装可为袖壮针数的1/4~1/3。

童装可为袖壮针数的1/4~2/5（小孩衣服大小不好确定，所以我们以这个范围来计算）。

如果袖壮针数为单，山头宽针数也应为单，反之则成双。

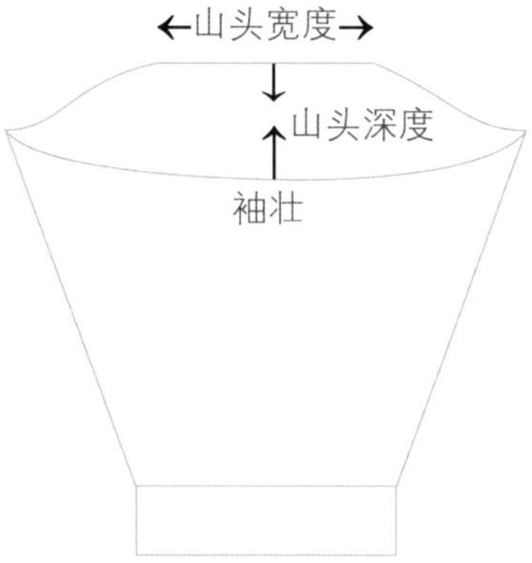

山头深度

什么是山头深度？这里我们用图来表示。

以常见衣服深度来表示。

女装：10~15cm。

男装：8~13cm。

童装：3~8cm。

当然这不是规定的，要根据衣服款式要求和穿着习惯来决定山头深度，所以这里请读者不要误解了。

Tips 小提示

这里有些可能大家不知道是怎么算出来的，因为70除16得4余6，16×4=64行，所以是4行余6次。这里余下的6次减针需要间隔的行数，自然是要在4行中加上1行，也就是每5行来减这6次针。

15次减针中有6次可以间隔5行减针（5–1–6），剩下的9次是间隔4行减针（4–1–9），这样算起来一共只有66行，袖子总行数为70行，那剩下还要再平织4行。

山头曲线的减（加）针法

★袖山计算方法一

以加针为例：山头宽度为袖壮针数的2/5。

山头减针=（袖壮针数–山头宽针数）/2

例：

袖壮针数60针，山头宽针数24针（60×2/5）。

山头减针=（60–24）/2=18针

这件衣服袖山深度是3cm，（1cm为2行）算出袖山的行数为3×2=6行。

那么袖两边就需要减6行减18针，都是偶数，我们就以每2行的方式来减。

2–Y–N

2N=6行，N=3行

YN=18针，Y=6针

即2–Y–N=2–6–3

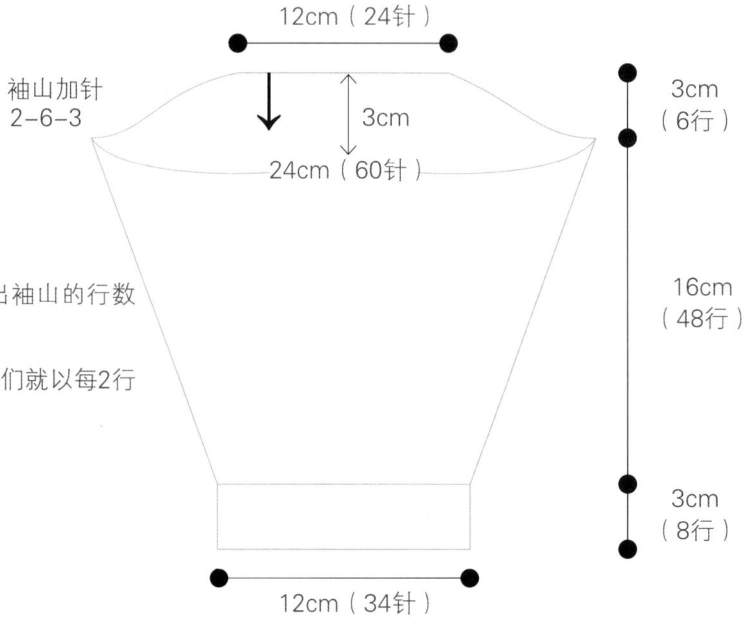

★袖山计算方法二

以减针为例：山头宽度为袖壮针数的1/3。

袖壮针数×1/3=山头宽针数

（袖壮针数－山头宽针数）/2=两侧减针数

袖壮针数 ×1/28= 腋下平收针数

袖壮针数 ×1/28=X（1–2–X）

★注意：山头深度比较高的情况下首先是腋下平收，然后再计算袖山头尾减针数，X（1–2–X）表示的是袖子头尾的减针数，分析出上下的减针数后就是分析中间的减针方法了。

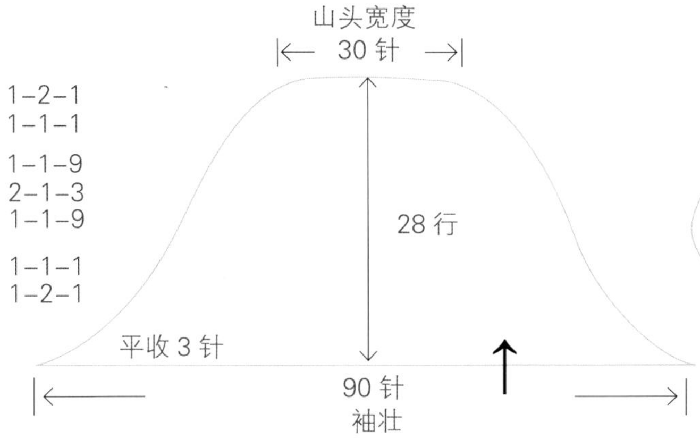

例：

90 针 ×1/3=30 针

（90 针－ 30 针）/2=30 针

（两侧减针数）

90 针 ×1/28=3 针（平收针）

90 针 ×1/28=3 针 1–1–1 1–2–1

分析并写下平收针的针数，然后将袖子上下位置的减针数一并标注在图上。

28 行－（上边＋下边各 2 行）=24 行

30 针－（上边＋下边＋平收针 3 针）=21 针

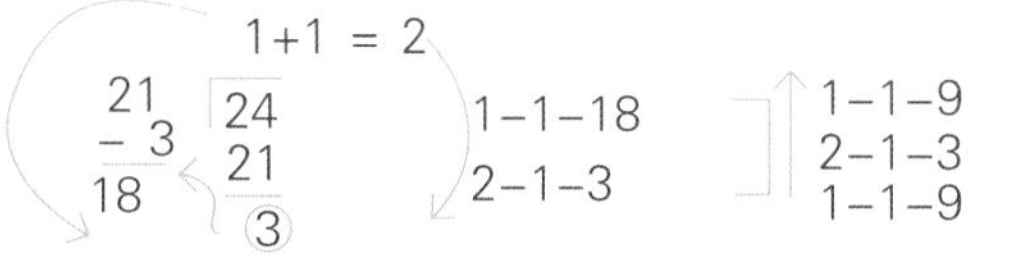

为了自然地编织出曲线，将 2–1–3 织在中间，将 1–1–18 对半分开，分别织在上下两处。

Tips 小提示

这两种袖山计算方法，笔者比较喜欢第一种，第二种计算出来的会更加精确些。读者看到第二种一定会很胆怯，觉得自己可能会看不懂，实际上并没有大家想得那么难。袖山左右两边各需要减30针，目前我们上边+下边+平收3针已经减掉9针了，剩下21针是中间需要减的。这里我们用了小学的减法计算，24针减去21针最后余下3针，21针再减去3针等于18针，余下3针。等于将21针分成了18针和3针两部分来减，但如何减更漂亮呢，图中有给大家详细介绍，希望读者们一定要认真读完，以便后续遇到不同袖口时都能很轻松地计算出来。

袖窿计算方法

袖窿减针数 ×1/3= 平收针数	平收针数
剩余针数 ×1/2=X（1–1–X）	X 针
剩余针数 ×2/3=Y（2–1–Y）	Y 针
剩余针数 =Z（3–1–Z）	Z 针

机编物公式	手织物公式
平收 4 针	平收 4 针
1–1–4	2–2–2
2–1–2	2–1–2
3–1–2	4–1–2

若手织则拆开单数针，与双数针相配。

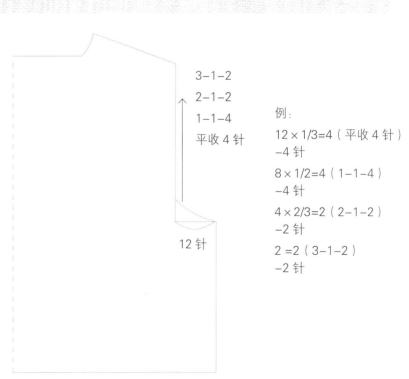

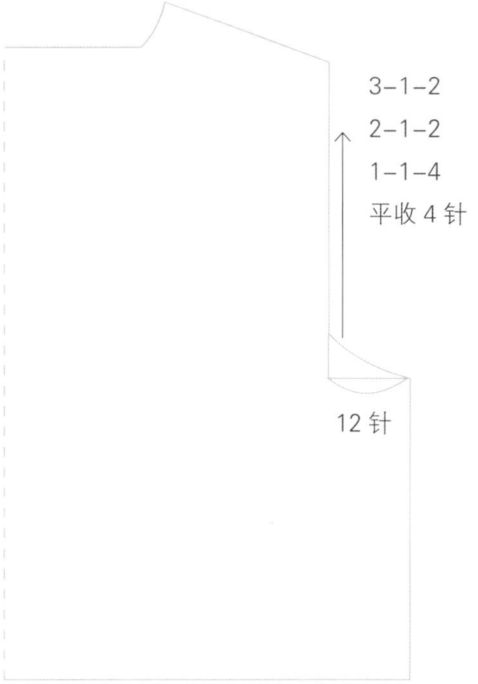

例：

12×1/3=4（平收 4 针）

–4 针

8×1/2=4（1–1–4）

–4 针

4×2/3=2（2–1–2）

–2 针

2 =2（3–1–2）

–2 针

直线计算方法

想要编织出一件好作品，就要根据样式预先算好各部位的针数以及增加或减少的针数。计算针数的时候，直线、斜线、曲线的计算方法各有不同（例：编织密度 =30 针 ×40 行）。

横向长度（cm）×1cm 内的针数 = 开始针数

（若需要折边则 +2 针）

纵向长度（cm）×1cm 内的行数 = 编织行数

例：横向 9cm，纵向 6cm。

开始针数 =9cm×3 针 =27 针

编织行数 =6cm×4 行 =24 行

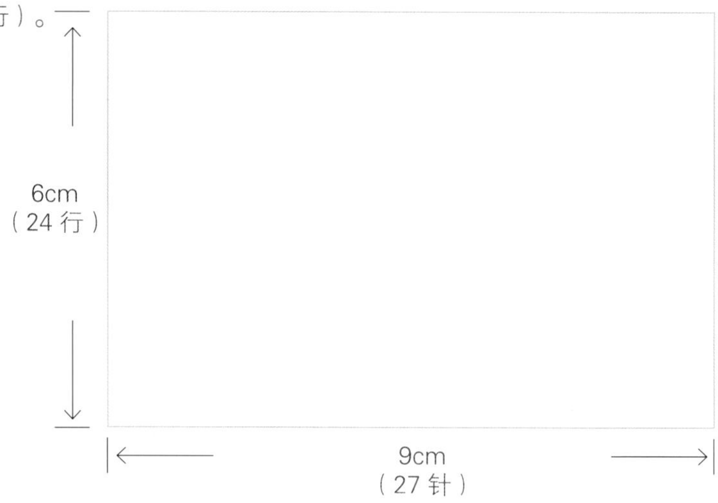

曲线半圆形（领口）计算方法

领口针数 ×1/4= 中心针

（领口针数 – 中心针）/2= 曲线针数

曲线部分减针经验值如下（每 2 行减 1 次）：

9 针（3、2、2、1、1）（共 10 行）

10 针（4、3、2、1）（共 8 行）

15 针（5、4、3、2、1）（共 10 行）

21 针（6、5、4、3、2、1）（共 12 行）

例：领口 24 针，20 行。

中心针 =24 针 ×1/4=6 针

曲线针数 =（24 针 – 6 针）/2=9 针（3、2、2、1、1）

平织行数 =20 行 – 10 行 = 平 10 行

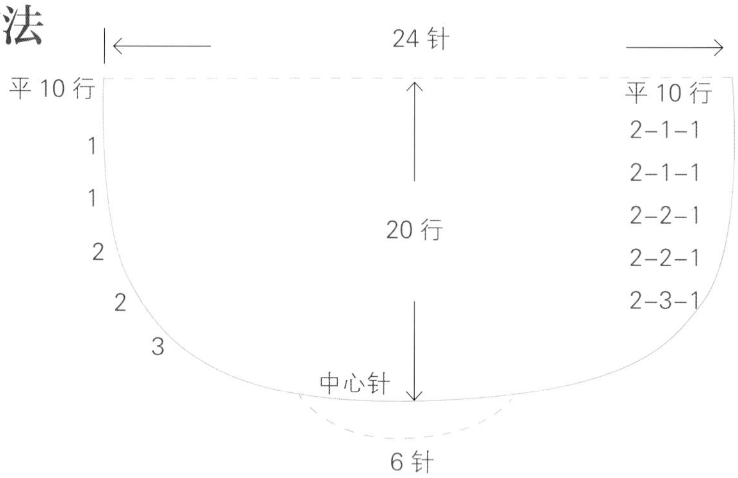

Tips 小提示

每 2 行减 1 次，在确定减的针数为 9 针后，那么 10 行是如何计算得来的呢？9 针（3、2、2、1、1）等于 2–3–1、2–2–1、2–2–1、2–1–1、2–1–1，得出的减针行为 10 行。

棒针针法符号

| = 下针(又称为正针、低针或平针)

①

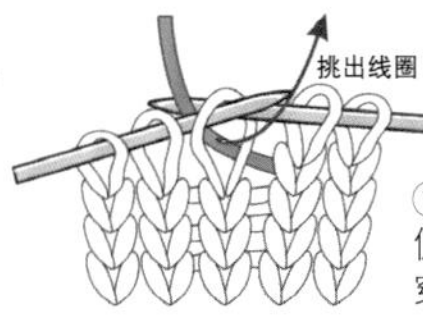

①将毛线放在织物外侧，右针尖端由前面穿入针圈。

②

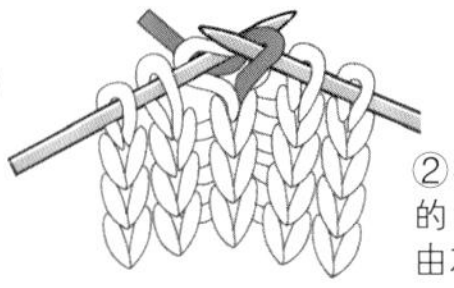

②挑出挂在右针尖上的线圈，同时此针圈由左针滑脱。

□ 或 — = 上针(又称为反针或高针)

①

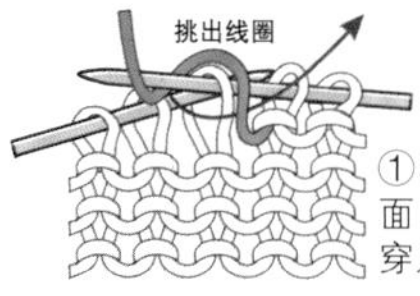

①将毛线放在织物前面，右针尖端由后面穿入针圈。

②

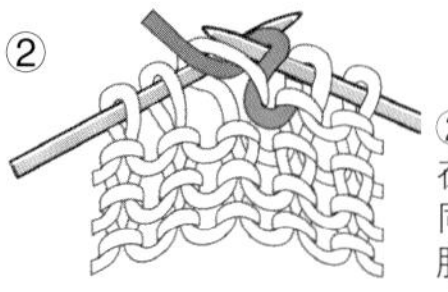

②挂上毛线并挑出挂在右针尖上的线圈，同时此针圈由左针滑脱。上针完成。

○ = 空针(又称为加针或挂针)

①

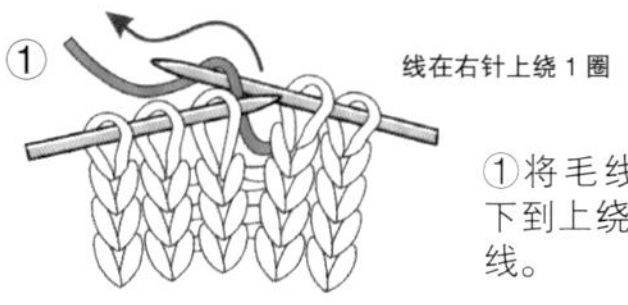

①将毛线在右针上从下到上绕1次，并带紧线。

②

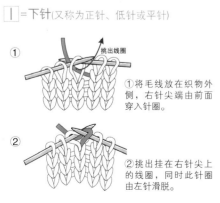

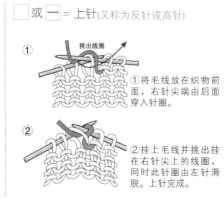

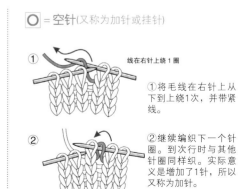

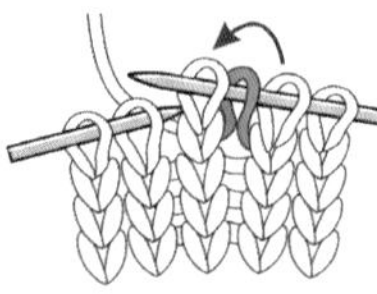

②继续编织下一个针圈。到次行时与其他针圈同样织。实际意义是增加了1针，所以又称为加针。

Ω = 扭针

①
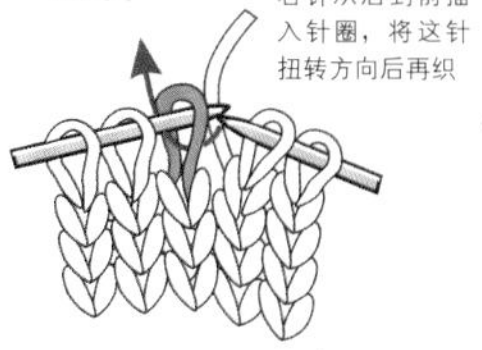

①将右针从后到前插入第1个针圈(将待织的这1针扭转)。

②
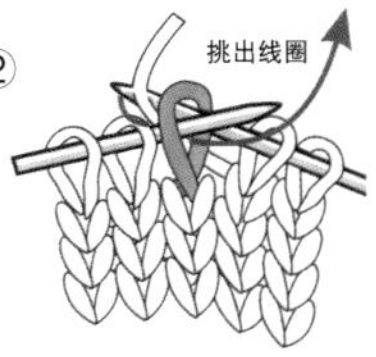

②在右针上挂线，然后从针圈中将线挑出来，同时此针圈由左针滑脱。

③
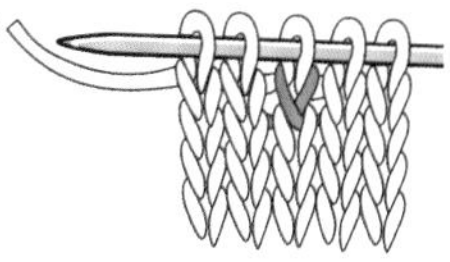

③继续往下织，扭针完成。

Ω = 上针扭针

①
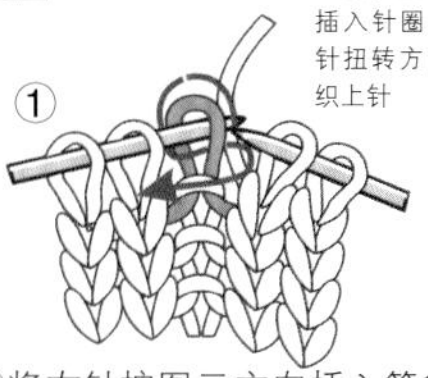

①将右针按图示方向插入第1个针圈(将待织的这1针扭转)。

②
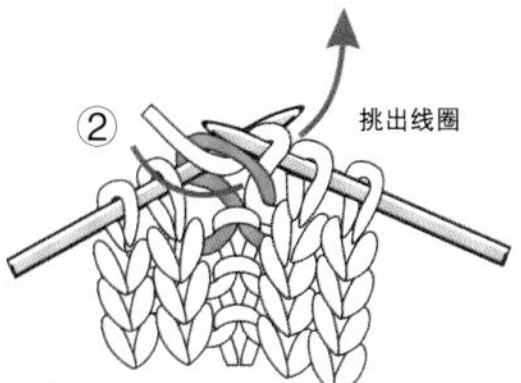

②在右针上挂线，然后从针圈中将线挑出来。

◎ = 下针绕3圈

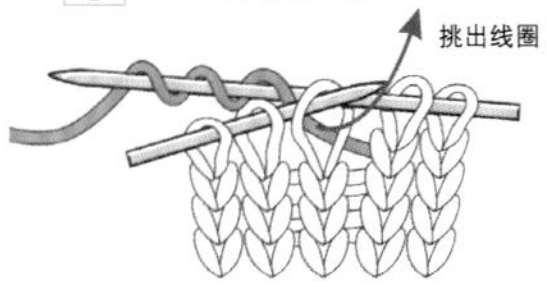

在正常织下针时，将毛线在右针上绕3圈后从针圈中带出，使线圈拉长。

◎ = 下针绕2圈

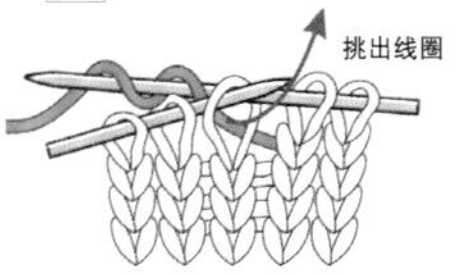

在正常织下针时，将毛线在右针上绕2圈后从针圈中带出，使线圈拉长。

V = 上浮针

①
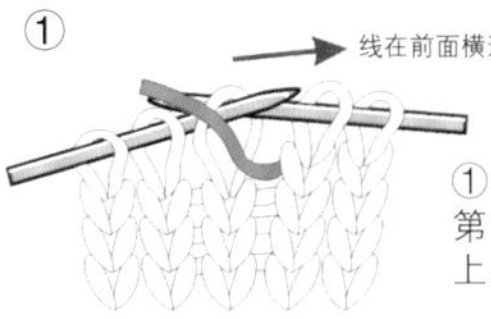

①将线放到织物前面，第1个针圈不织挑到右针上。

②
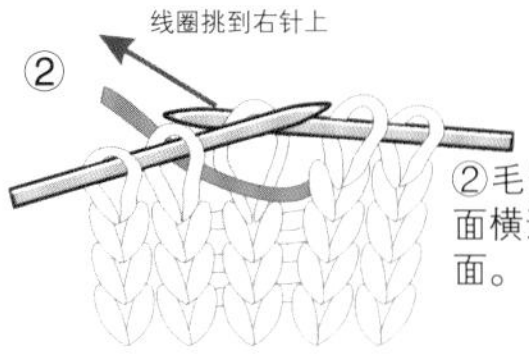

②毛线从第1个线圈的前面横过后，再放到织物后面。

③
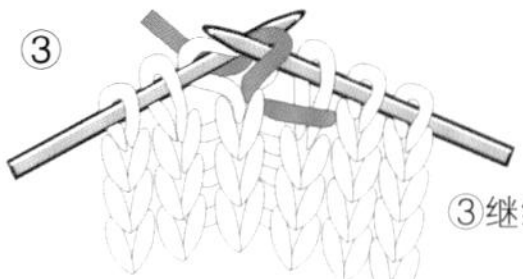

③继续编织下一个线圈。

V = 下浮针

①
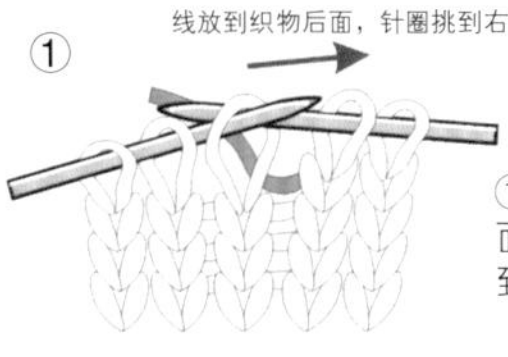

①将线放在织物后面，第1个线圈不织挑到右针上。

②
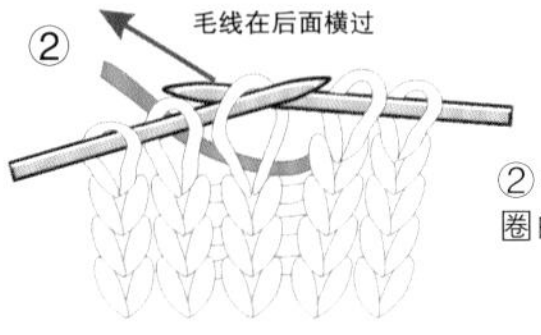

②毛线从第1个针圈的后面横过。

③
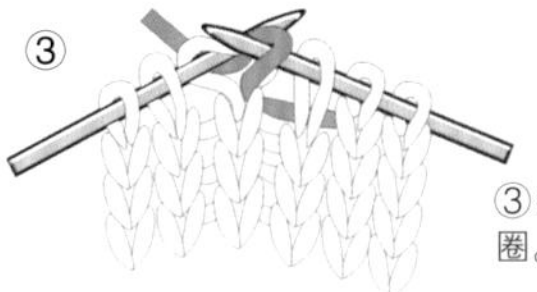

③继续编织下一个线圈。

○ = 锁针

①
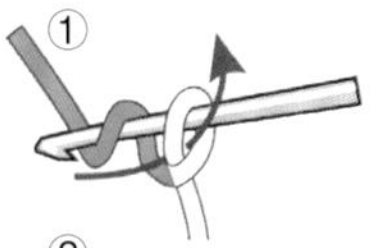

①先将线按箭头方向扭成1个圈，挂在钩针上。

②
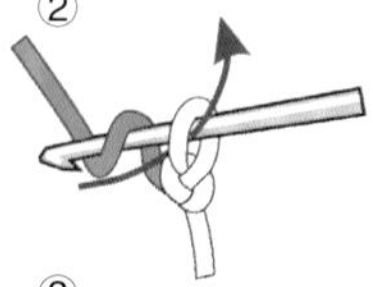

②在步骤①的基础上将线在钩针上从上到下(按图示)绕1次并带出线圈。

③
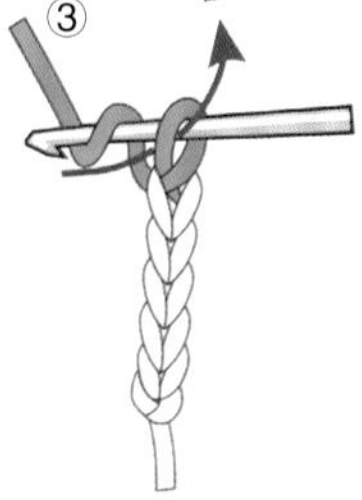

③继续操作步骤①~②，钩织到需要的长度为止。

∩ = 滑针

①
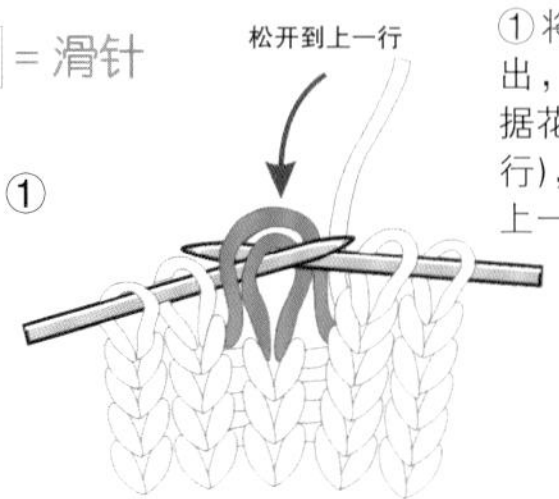

①将左针上第1个针圈退出，松开并滑到上一行(根据花型的需要也可以滑出多行)，退出的针圈和松开的上一行毛线用右针挑起。

②
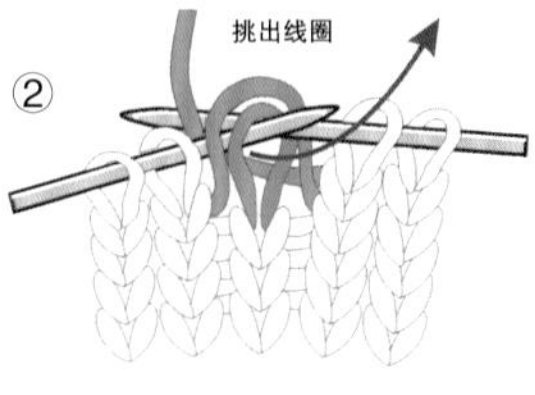

②右针从退出的针圈和松开的上一行毛线中挑出毛线，使之形成1个针圈。

③
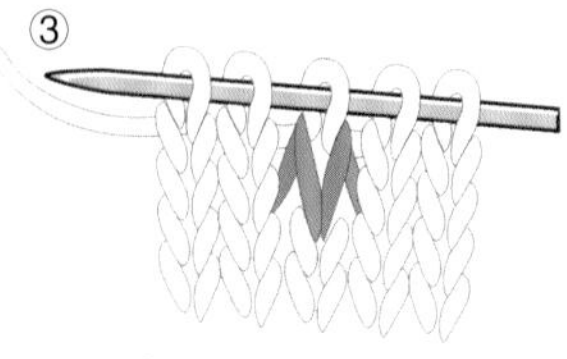

③继续编织下一个针圈。

木 = 中上3针并为1针

①
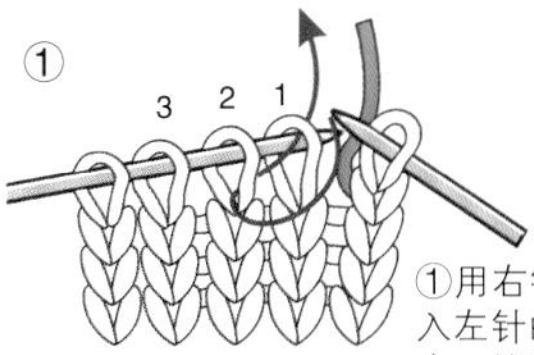

①用右针尖从前往后插入左针的第2针、第1针中，然后将左针退出。

②
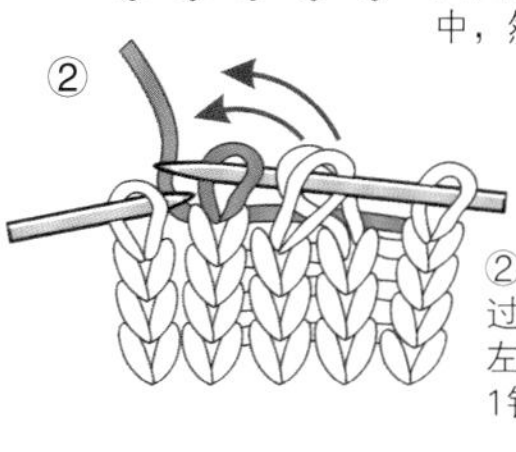

②将线从织物的后面带过，正常织第3针。再用左针尖分别将第2针、第1针挑过，套住第3针。

入 = 右上2针并为1针(又称为拨收1针)

①
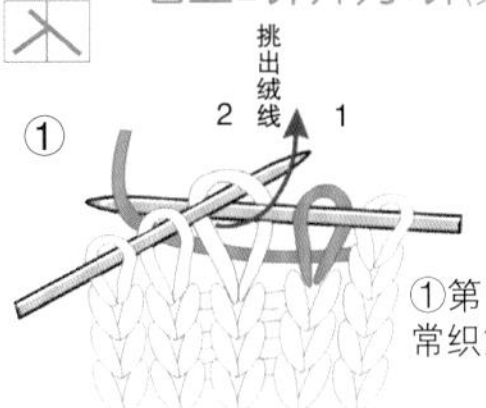

①第1针不织移到右针上，正常织第2针，挑出绒线。

②
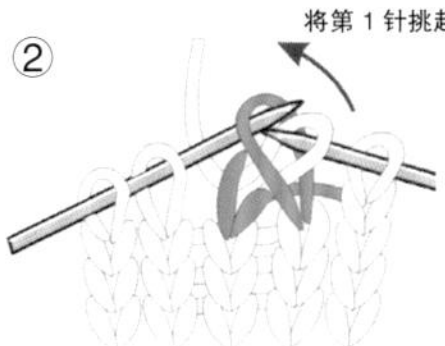

②再将第1针用左针挑起套在刚才织的第2针上面，因为有这个拨针的动作，所以又称为“拨收1针”。

人 = 左上2针并为1针

①
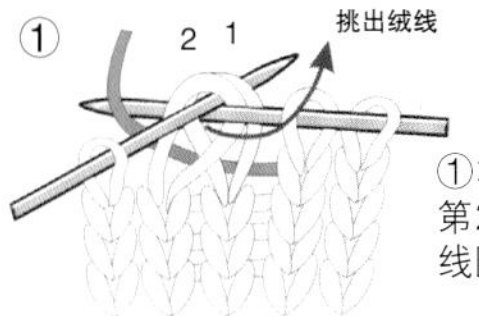

①右针按箭头的方向从第2针、第1针插入两个线圈中，挑出绒线。

②
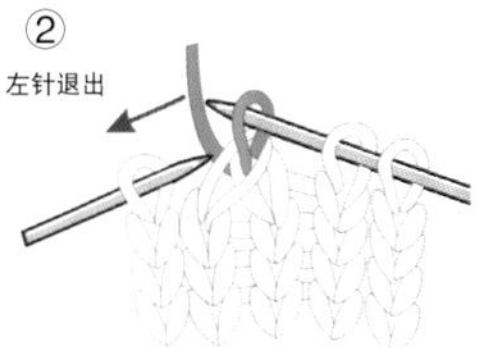

②再将第2针和第1针这两个针圈从大针上退出，并针完成。

= 左加针

①
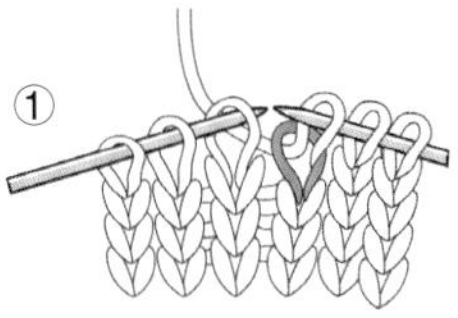

①左针第1针正常织。

②
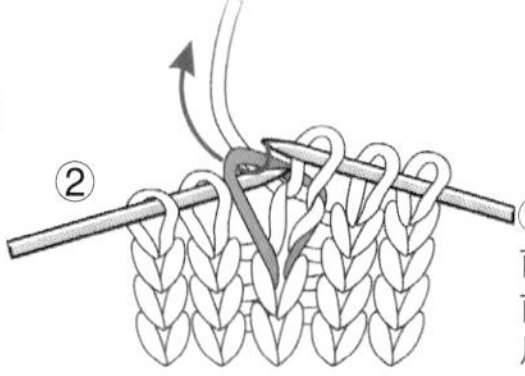

②左针尖端先在这针的前一行的针圈中从后向前挑起针圈。针从前向后插入并挑出线圈。

③
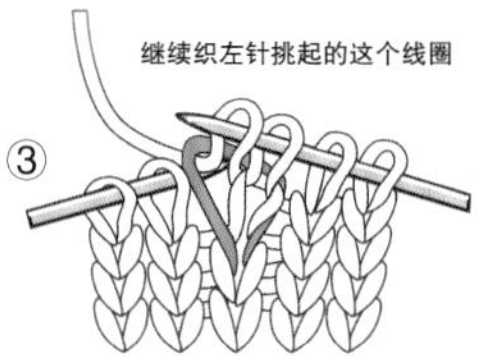

③继续织左针挑起的这个线圈。实际意义是在这针的左侧增加了1针。

= 右加针

①
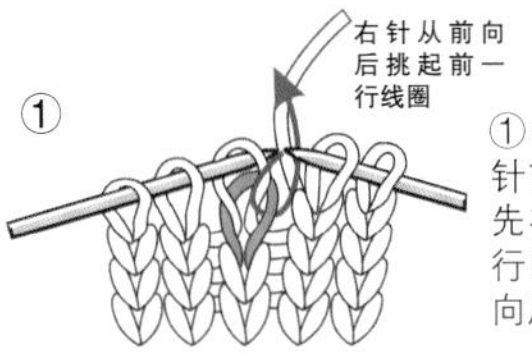

①在织左针第1针前，右针尖端先在这针的前一行的针圈中从前向后插入。

②
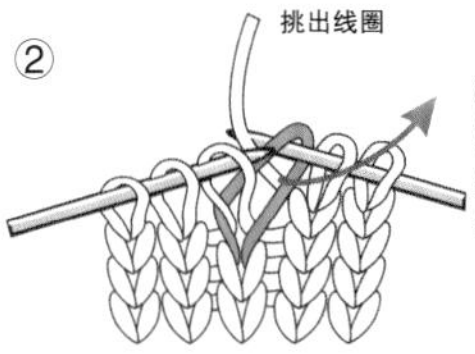

②将线在右针上从下到上绕1次，并挑出线，实际意义是在这针的右侧增加了1针。

③
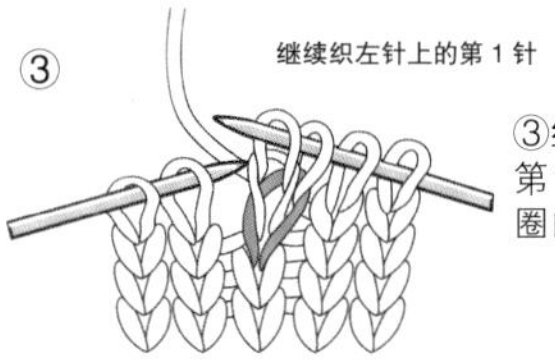

③继续织左针上的第1针。然后此针圈由左针滑脱。

= 1针下针右上交叉

①
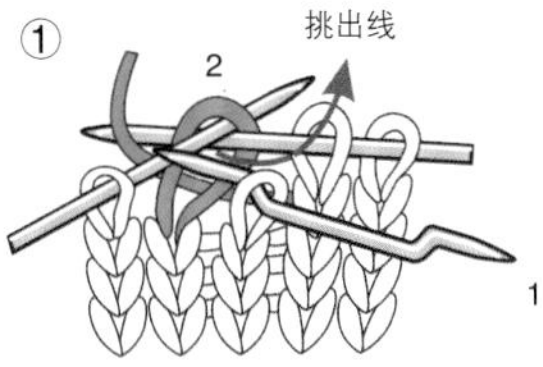

①第1针不织移到曲针上，右针按箭头的方向从第2针针圈中挑出线。

②
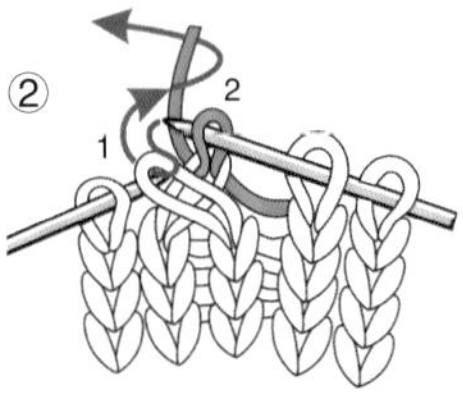

②再正常织第1针(注意：第1针是从织物前面经过的)。

③
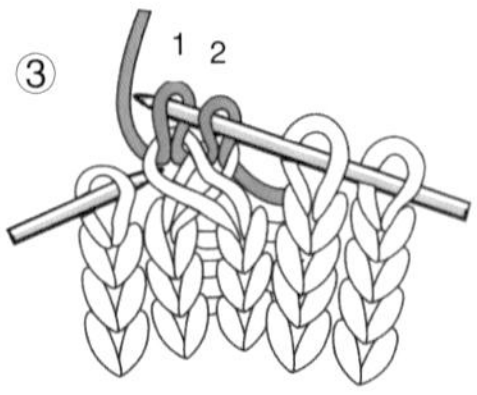

③右上交叉针完成。

= 1针下针左上交叉

①
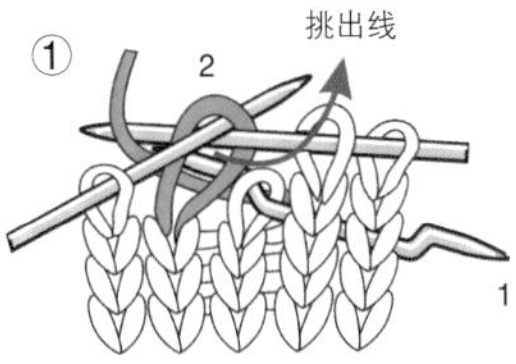

①第1针不织移到曲针上，右针按箭头的方向从第2针针圈中挑出线。

②
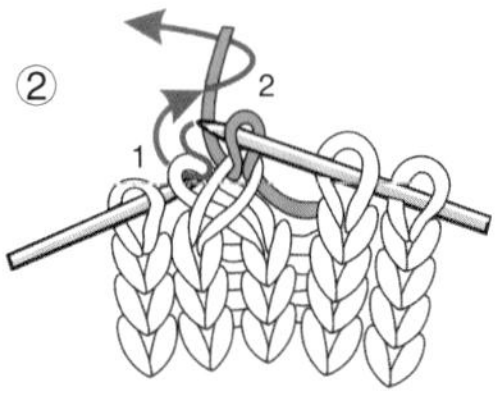

②再正常织第1针(注意：第1针是从织物后面经过的)。

③
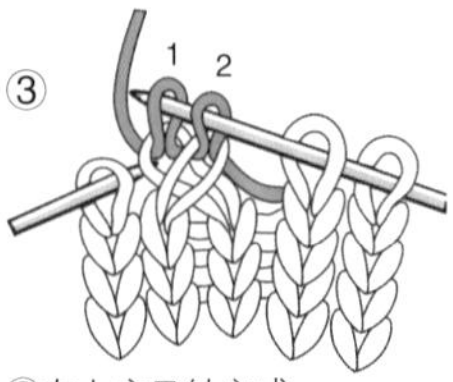

③左上交叉针完成。

= 1针扭针和1针上针右上交叉

①
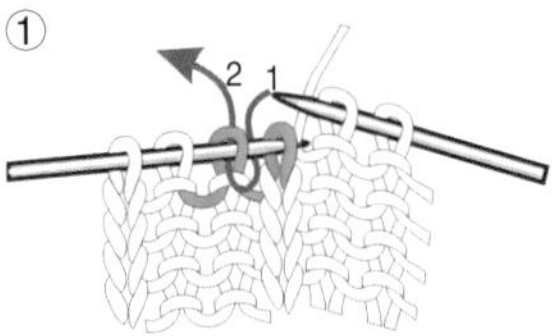

①第1针暂不织，右针按箭头方向插入第2针线圈中。

②
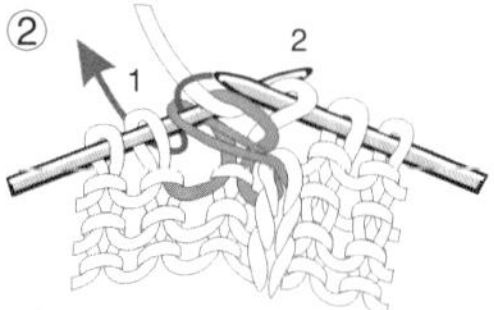

②在步骤①的第2针线圈中正常织上针。

③
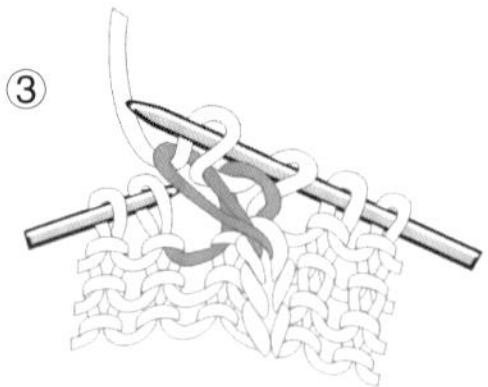

③再将第1针扭转方向后，右针从上向下插入第1针的线圈中带出线圈（正常织下针）。

= 1针扭针和1针上针左上交叉

①
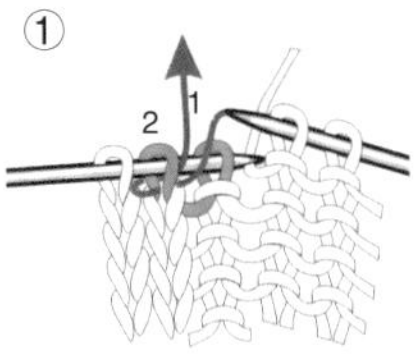

①第1针暂时不织，右针按箭头方向从第1针前插入第2针线圈中（这样操作后这个线圈是被扭转了方向的）。

②
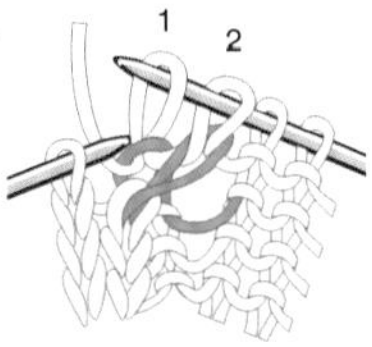

②在步骤①的第2针线圈中正常织下针。然后再在第1针线圈中织上针。

= 1针下针和1针上针左上交叉

①
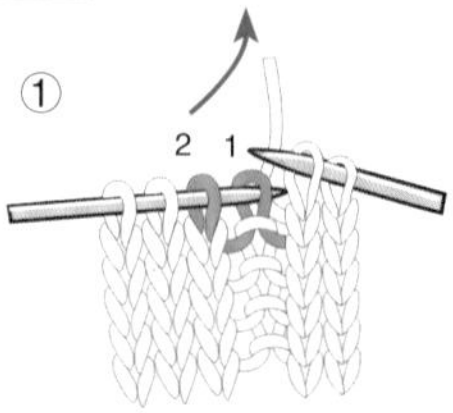

①先将第2针下针拉长从织物前面经过第1针上针。

②
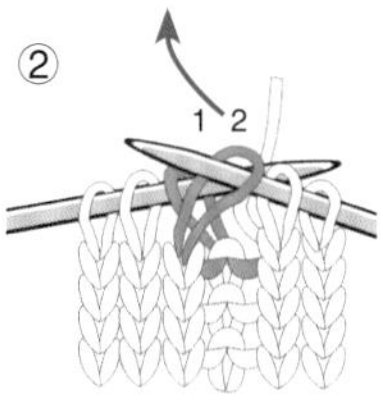

②先织好第2针下针，再来织第1针上针。“1针下针和1针上针左上交叉”完成。

= 1针右上套交叉

①
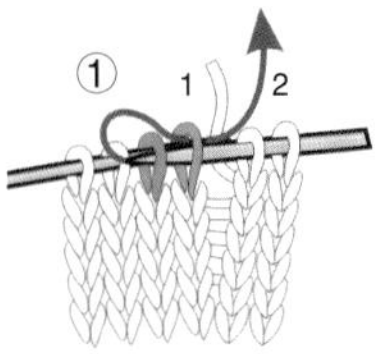

①右针从第1针、第2针插入，将第2针挑起从第2针的线圈中通过并挑出。

②
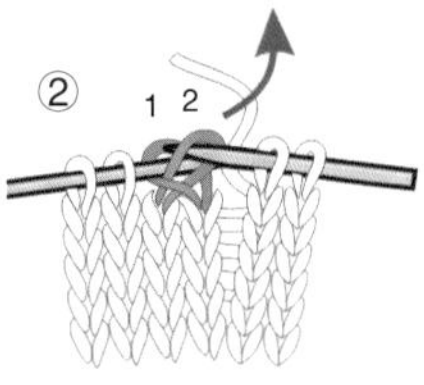

②再将右针由前向后插入第2针并挑出线圈。

③
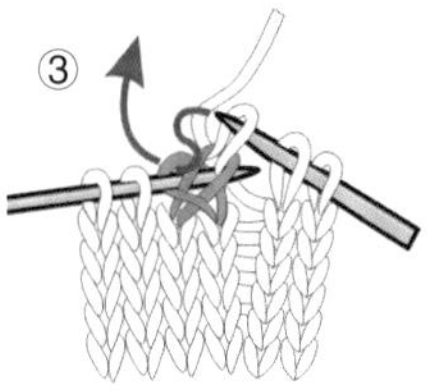

③正常织第1针。

④
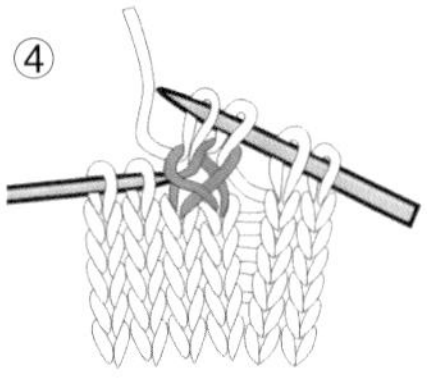

④“1针右上套交叉”完成。

= 1针左上套交叉

①
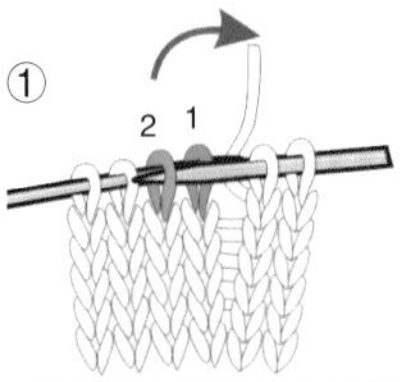

①将第2针挑起套过第1针。

②
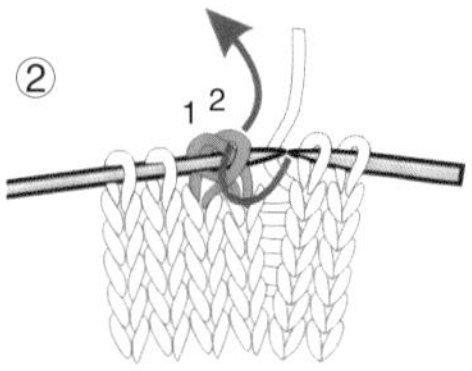

②再将右针由前向后插入第2针并挑出线圈。

③
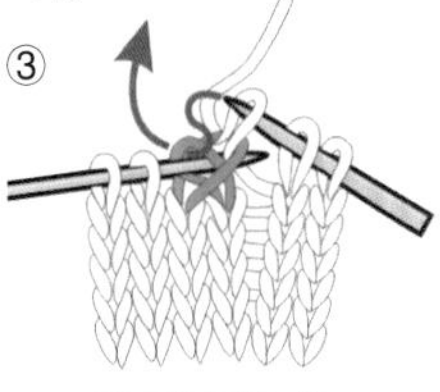

③正常织第1针。

④
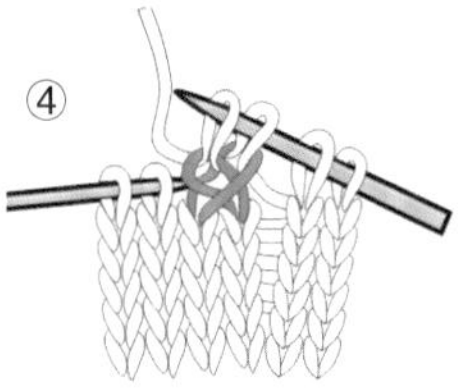

④“1针左上套交叉”完成。

=1针下针和2针上针左上交叉

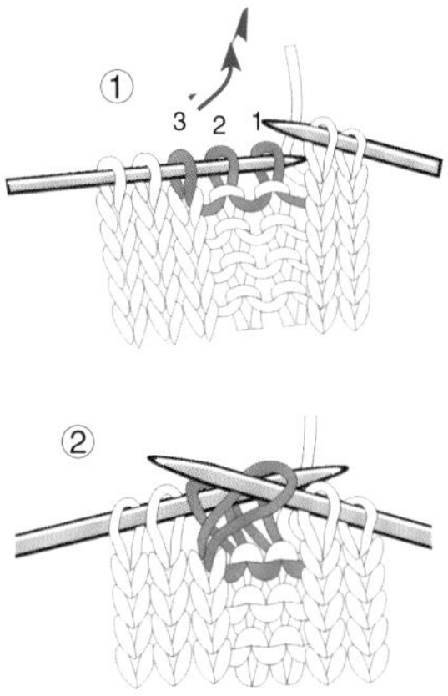

①将第3针下针拉长从织物前面经过第2针和第1针上针。

②先织好第3针下针，再来织第1针和第2针上针。“1针下针和2针上针左上交叉”完成。

=1针下针和2针上针右上交叉

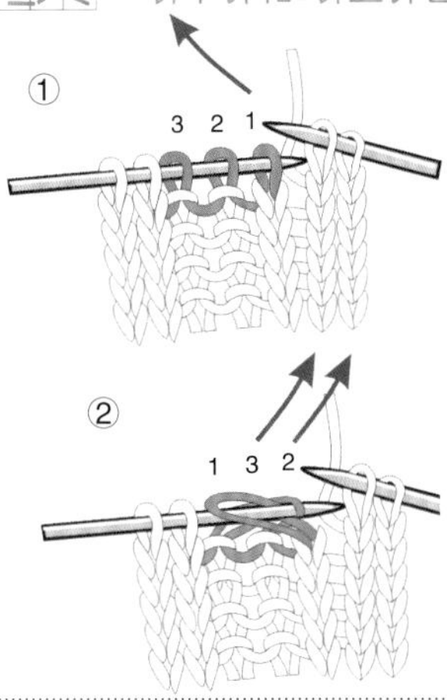

①将第1针下针拉长，从织物前面经过第2针和第3针上针。

②先织好第2针、第3针上针，再来织第1针下针。“1针下针和2针上针右上交叉”完成。

=1针下针和1针上针右上交叉

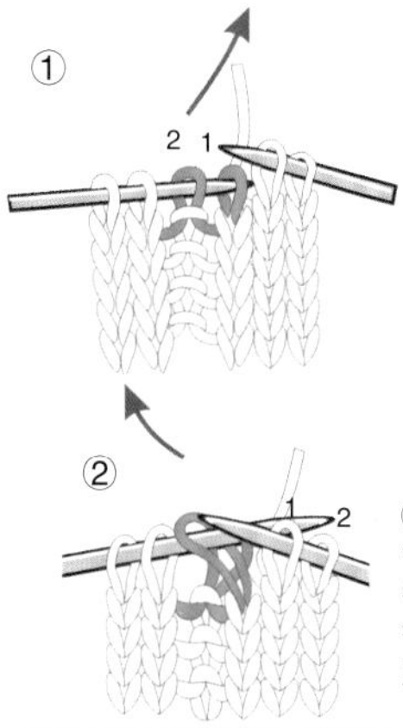

①先将第2针上针拉长从织物后面经过第1针下针。

②先织好第2针上针，再来织第1针下针。“1针下针和1针上针右上交叉”完成。

=2针下针和1针上针右上交叉

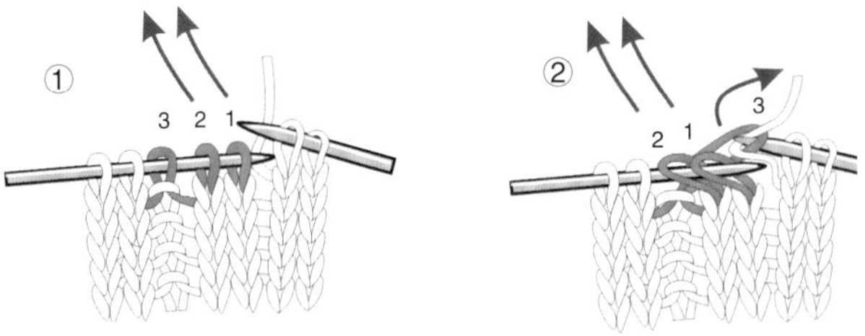

①将第3针上针拉长，从织物后面经过第2针和第3针下针。

②先织第3针上针，再来织第1针和第2针下针。“2针下针和1针上针右上交叉”完成。

=2针下针和1针上针左上交叉

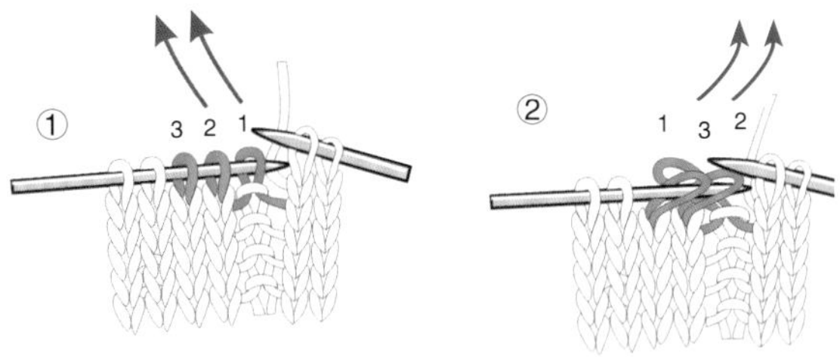

①将第1针上针拉长，从织物后面经过第2针和第3针下针。

②先织第2针和第3针下针，再来织第1针上针。“2针下针和1针上针左上交叉”完成。

=2针下针右上交叉

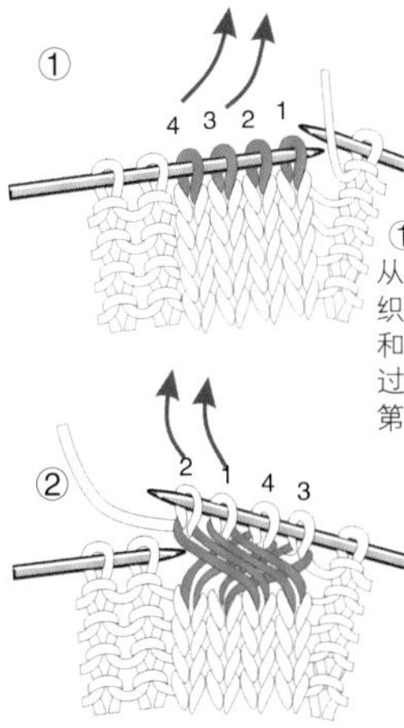

①先将第3针、第4针从织物后面经过并分别织好它们，再将第1针和第2针从织物前面经过并分别织好第1针和第2针(在上面)。

②“2针下针右上交叉”完成。

2针下针左上交叉

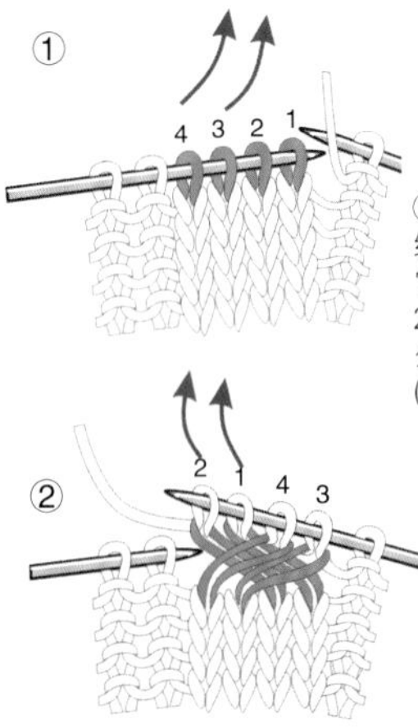

①先将第3针、第1针从织物前面经过并分别织它们，再将第1针和第2针从织物后面经过并分别织好第1针和第2针(在下面)。

②“2针下针左上交叉”完成。

=2针下针右上交叉，中间1针上针在下面

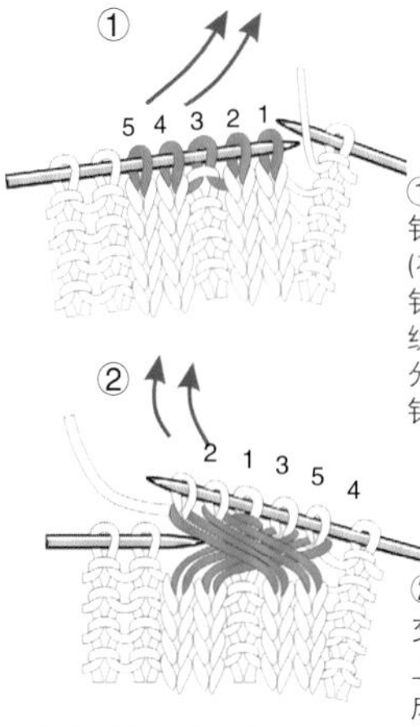

①先织第4针、第5针，再织第3针上针(在下面)，最后将第2针、第1针拉长，从织物的前面经过，再分别织第1针和第2针。

②“2针下针右上交叉，中间1针上针在下面”完成。

=2针下针左上交叉，中间1针上针在下面

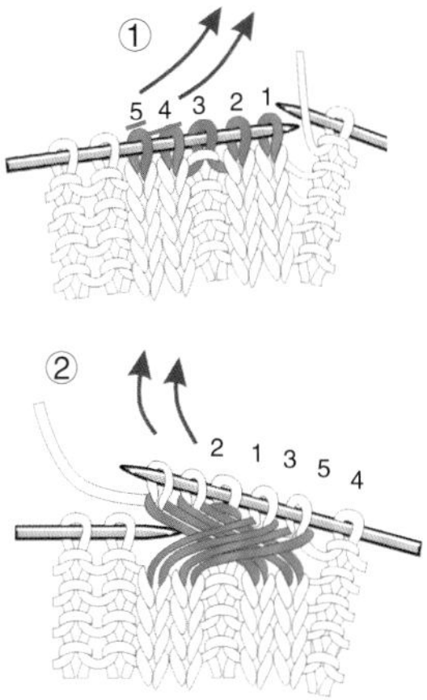

①先将第4针、第5针从织物前面经过，分别织好第4针、第5针，再织第3针上针(在下面)，最后将第2针、第1针拉长，从上针的前面经过，并分别织好第1针和第2针。

②“2针下针左上交叉，中间1针上针在下面”完成。

=3针下针和1针下针左上交叉

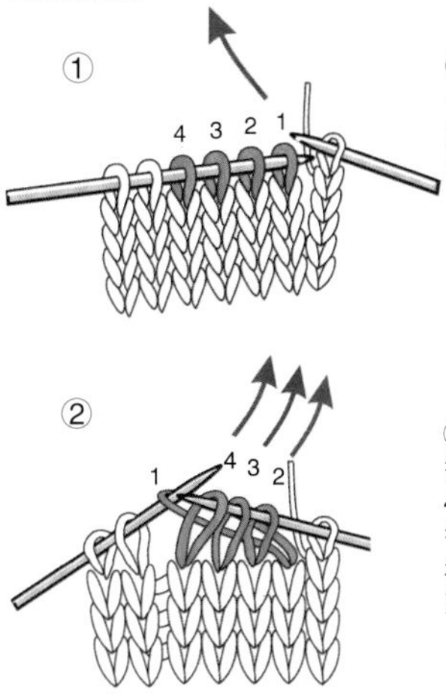

①先将第1针拉长，从织物后面经过第4针、第3针、第2针。

②分别织好第2针、第3针和第4针，再织第1针。“3针下针和1针下针左上交叉”完成。

=3针下针和1针下针右上交叉

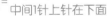

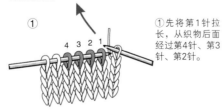

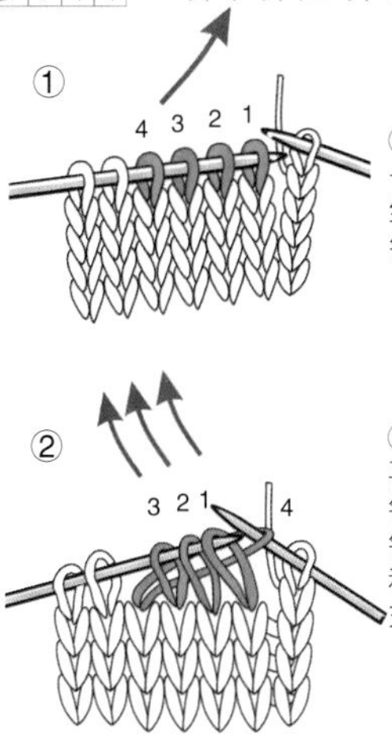

①先将第4针拉长，从织物后面经过第4针、第3针、第2针。

②先织第4针，再分别织好第1针、第2针和第3针。“3针下针和1针下针右上交叉”完成。

=3针下针右上交叉

①

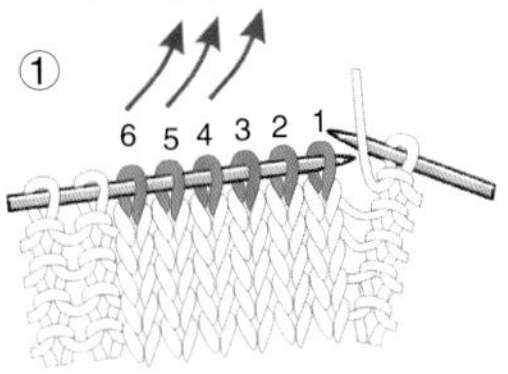

②

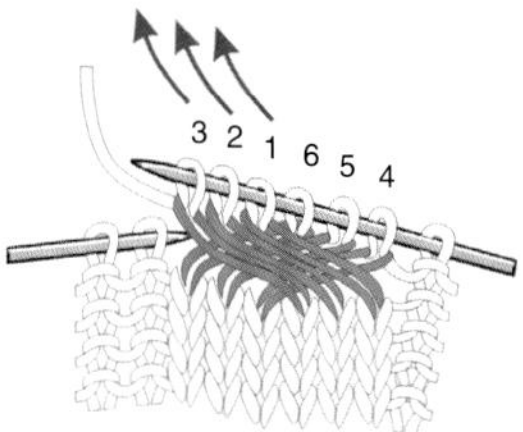

①先将第4针、第5针、第6针从织物后面经过并分别织好它们，再将第1针、第2针、第3针从织物前面经过并分别织好第1针、第2针和第3针(在上面)。

②“3针下针右上交叉”完成。

=3针下针左上交叉

①

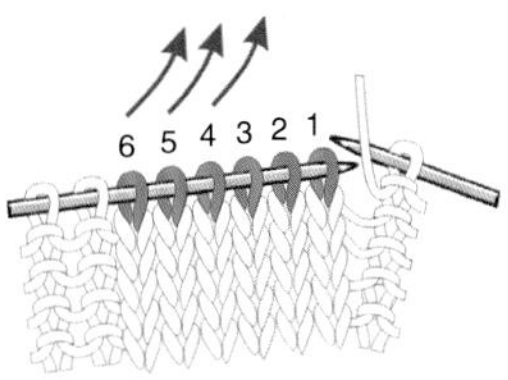

②

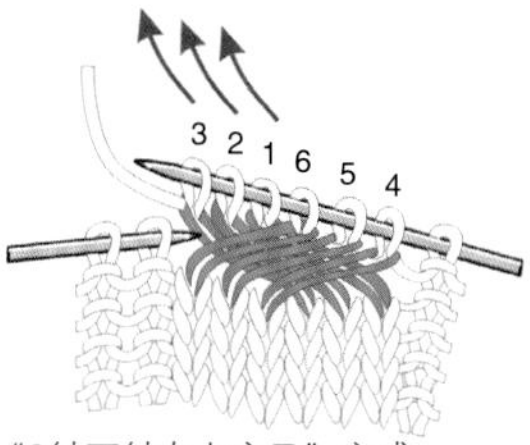

①先将第4针、第5针、第6针从织物前面经过并分别织好它们，再将第1针、第2针、第3针从织物后面经过并分别织好第1针、第2针和第3针(在上面)。

②“3针下针左上交叉”完成。

3针下针左上套交叉

①

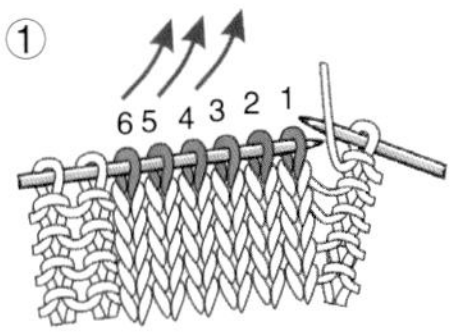

②

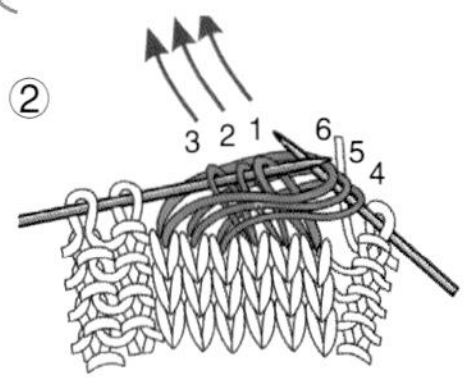

①先将第4针、第5针、第6针拉长并套过第1针、第2针、第3针。

②再正常分别织好第4针、第5针、第6针和第1针、第2针、第3针，“3针下针左上套交叉”完成。

=3针下针右上套交叉

①

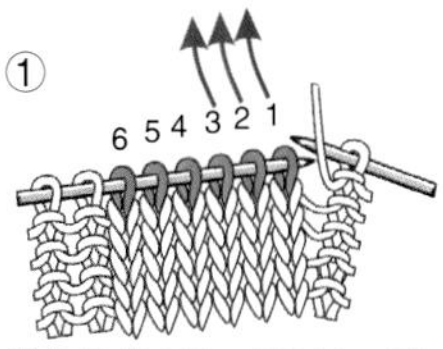

②

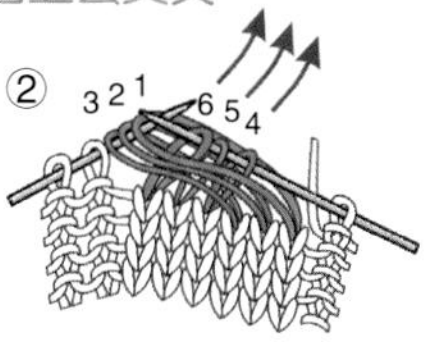

①先将第1针、第2针、第3针拉长并套过第4针、第5针、第6针。

②再正常分别织好第4针、第5针、第6针和第1针、第2针、第3针，“3针下针右上套交叉 ”完成。

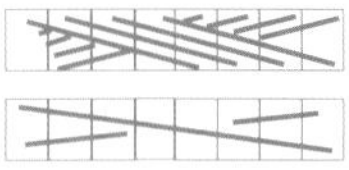

=4针下针右上交叉

①

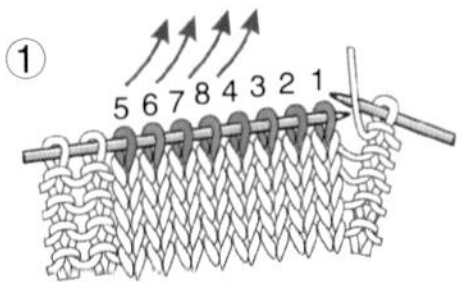

②

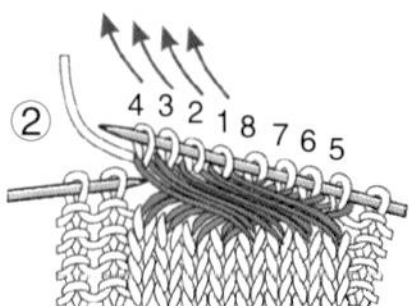

①先将第5针、第6针、第7针、第8针从织物后面经过并分别织好它们，再将第1针、第2针、第3针、第4针从织物前面经过并分别织好第1针、第2针、第3针和第4针(在上面)。

②“4针下针右上交叉”完成。

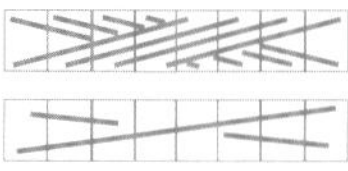

=4针下针左上交叉

①

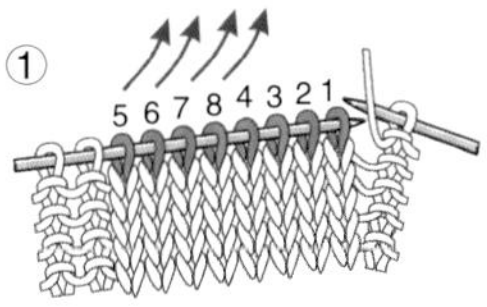

②

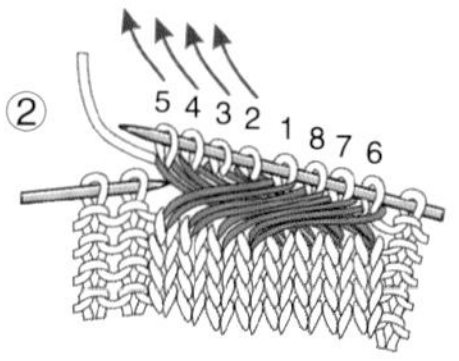

①先将第5针、第6针、第7针、第8针从织物前面经过并分别织好它们，再将第1针、第2针、第3针、第4针从织物后面经过并分别织好第1针、第2针、第3针和第4针(在下面)。

②“4针下针左上交叉”完成。

=在1针中加出3针

①

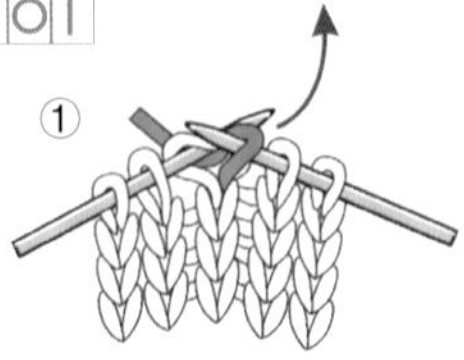

①将线放在织物外侧，右针尖端由前面穿入活结，挑出挂在右针尖上的线圈，左线圈不要松掉。

②

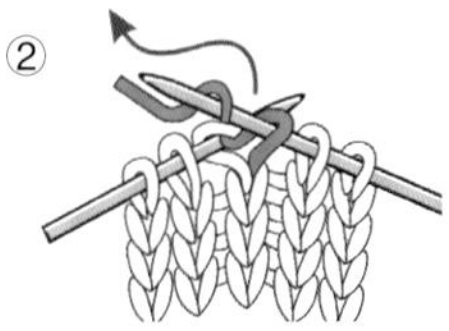

②将线在右针上从下到上绕1次，并带紧线，实际意义是又增加了1针，左线圈仍不要松掉。

③

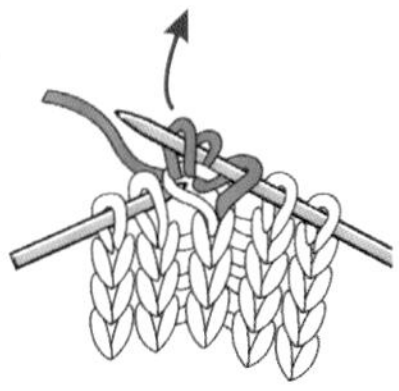

③仍在这一个线圈中继续编织步骤①，1次。此时左针上形成了3个线圈。然后此活结由左针滑脱。

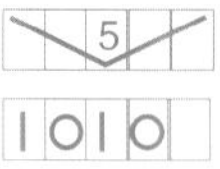

= 在1针中加出5针

①

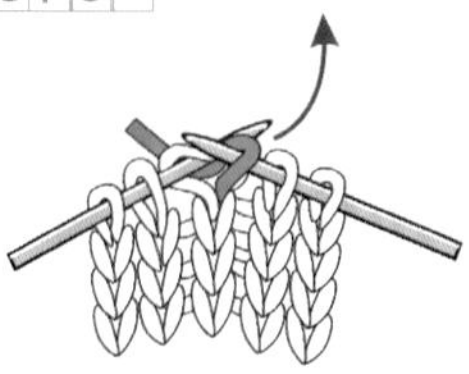

①将线放在织物外侧，右针尖端由前面穿入活结，挑出挂在右针尖上的线圈，左线圈不要松掉。

②

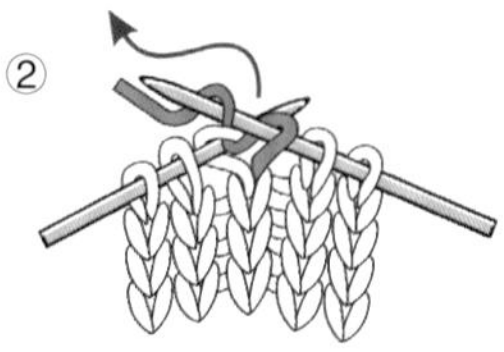

②将线在右针上从下到上绕1次，并带紧线，实际意义是又增加了1针，左线圈仍不要松掉。

③

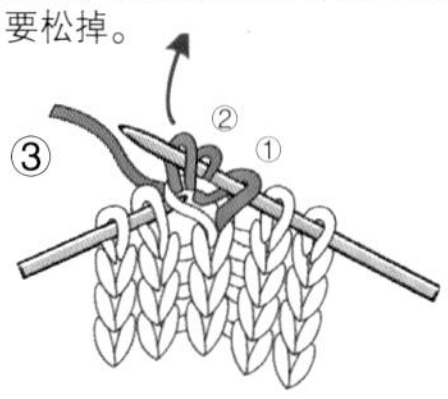

③在1个线圈中继续编织步骤①，1次。此时右针上形成了3个线圈。左线圈仍不要松掉。

④

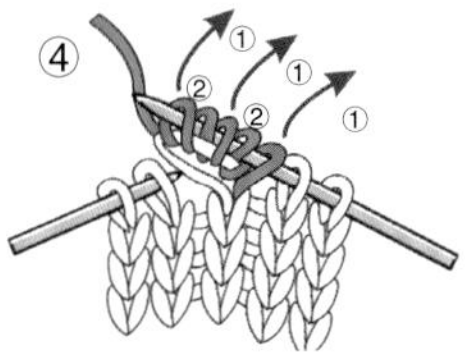

④仍在这一个线圈中继续编织步骤①~②，1次。此时右针上形成了5个线圈。然后此活结由左针滑脱。

=5针并为1针，又加成5针

①

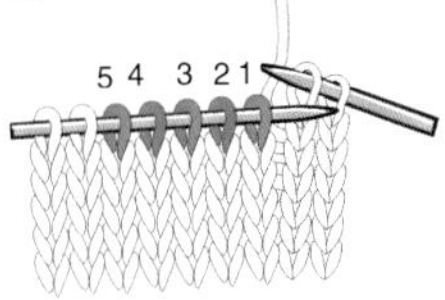

①右针由前向后从第5针、第4针、第3针、第2针、第1针(5个线圈中)插入。

②

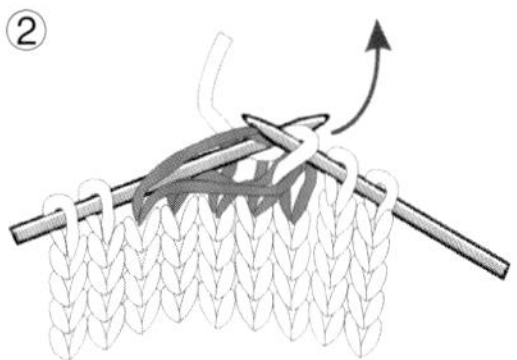

②将线在右针尖端从下往上绕过，并挑出挂在右针尖上的线圈，左针5个线圈不要松掉。

③

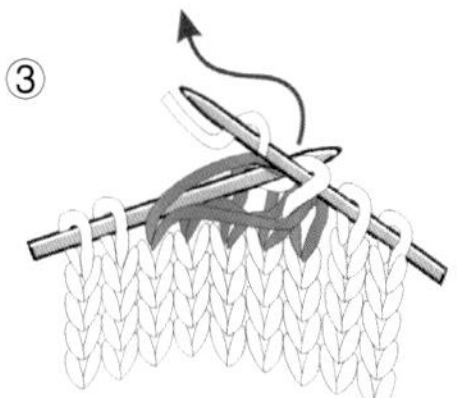

③将线在右针上从下到上绕1次，并带紧线，实际意义是又增加了1针，左线圈不要松掉。

④

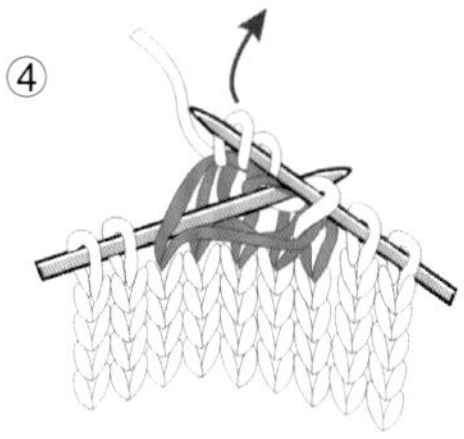

④仍在这5个线圈上继续编织步骤①~②各1次。此时右针上形成了5个线圈。然后这5个线圈由左针滑脱。

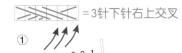

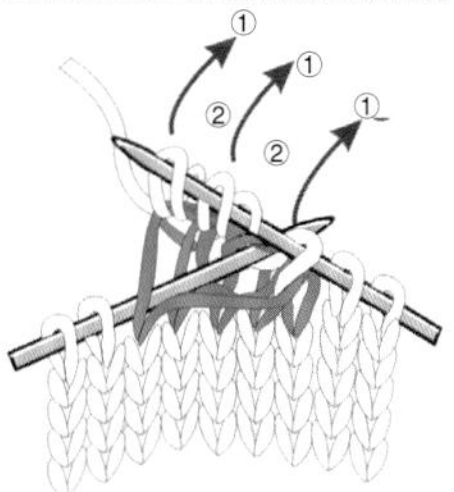

01–73

02–78

03-78

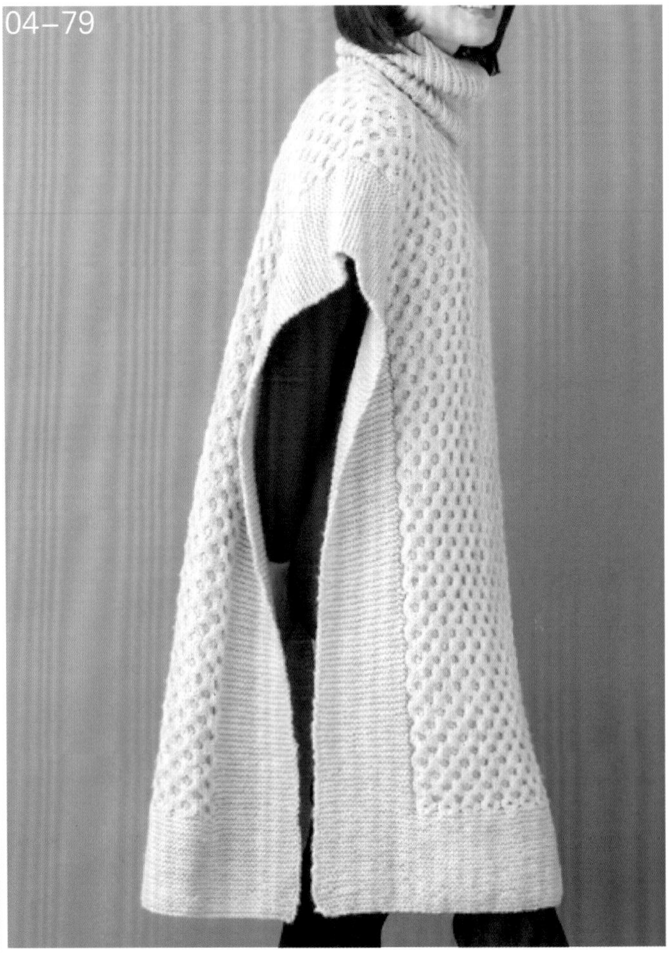
04-79

05-80

06-81

07-81

08-82

09-83

10-83

11-84

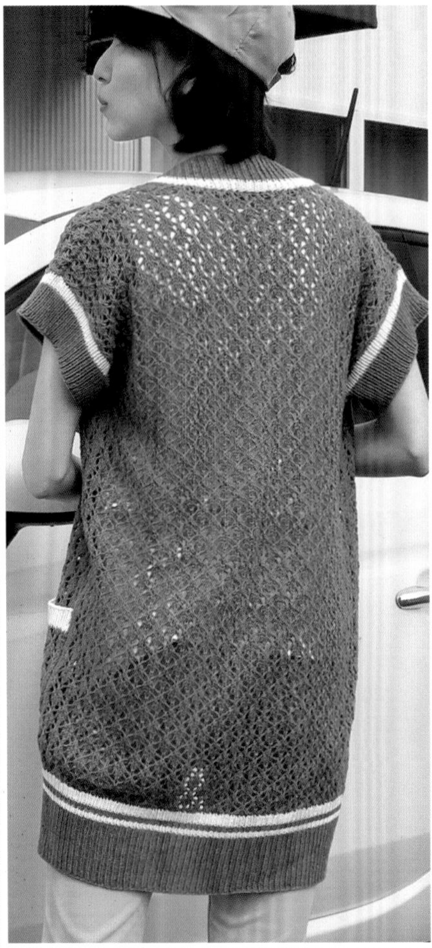

12–86

13–88

14–89

15-89

16-91

17-92

18-93

19-94

20-96

21-98

22-99

23-101

24-103

25-103

26–103

27–104

29–106

28–105

30–107

31–107

32–108

33–109

34–110

35–112

36-113

37-113

38-114

39-114

40-115

41-115

42-116

43-117

44-117

45-118

46-119

47-120

48–122

49–123

50–124

51–126

52–126

53–127

54–128

55–129

56–129

57–130

58–131

59–131

60–132

61–132

62–134

63–135

64–136

65–137

66–138

67–138

温暖女士套头打底衫

68-138

69-139

70-140

71-141

72-142

73–142

74–143

75–143

76–144

77–145

78–146

79–146

80–147

81–147

82–148

83–148

84–149

85–150

86–150

87–151

88–151

89–152

90–152

91-153

92-154

93-154

94-155

95-155

96–156

97–157

98–157

99–158

100–158

101–159

102–161

103–161

104-162

105-162

106-163

107-163

108-163

109-164

110-165

111-165

112-166

113–167

114–168

115–168

116–169

117–169

118–170

119–171

120–171

121–173

122–173

123–174

124–175

125–176

126–176

127–177

128–177

129–179

130–180

131–181

132–181

133–182

134–183

135–183

136–184

137–186

138–186

139–187

140–188

141–188

142–188

143–189

144–190

145–190

146–191

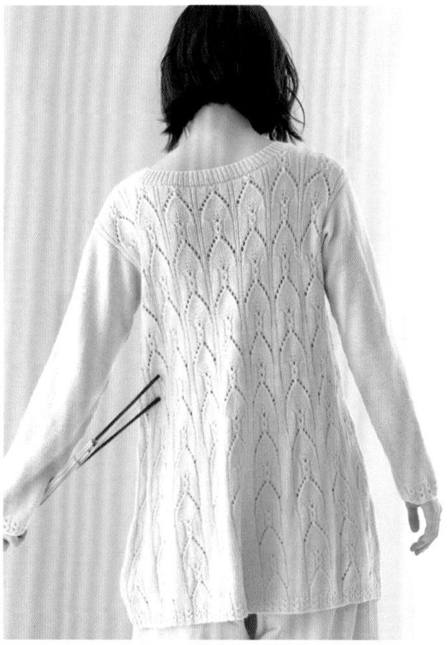

147–192

148-193

149-195

150-195

151-196

152-196

153-198

154-198

155-200

156-200

157-201

158-202

159-202

160-203

161-203

162–203

163–204

164–204

165–205

166–207

167–208

168–208

169–209

170–209

171–210

172–210

173–211

174–211

175–212

176–212

177–213

178–213

179–214

180–214

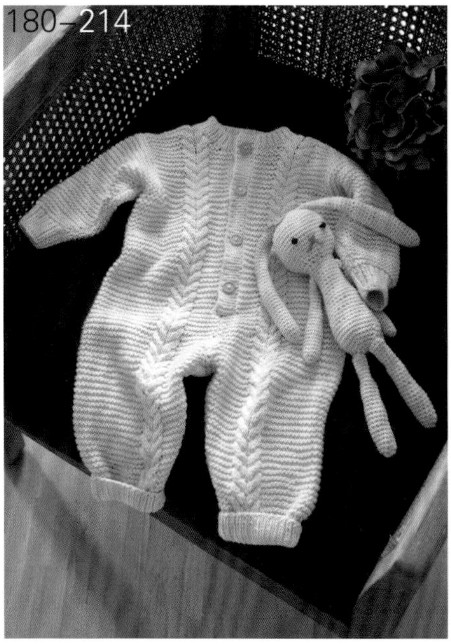

181–215

182–216

183–217

184–217

185–217

186–219

187–220

188–220

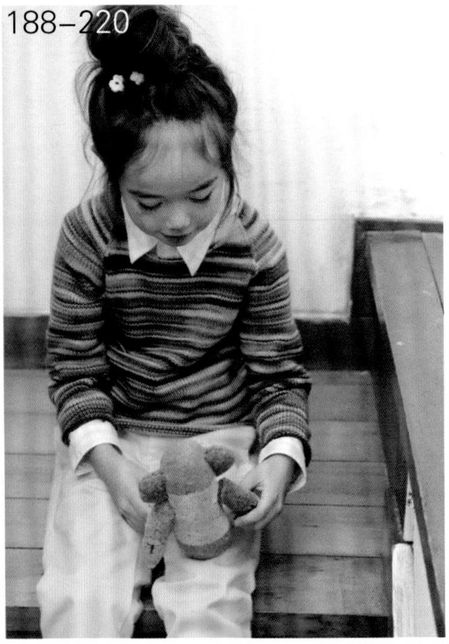

189–221

190–222

191–222

192–222

193–223

194–223

195–223

196–224

197–225

198–225

199–226

200–227

201–228

202–229

203–229

204–230

205–231

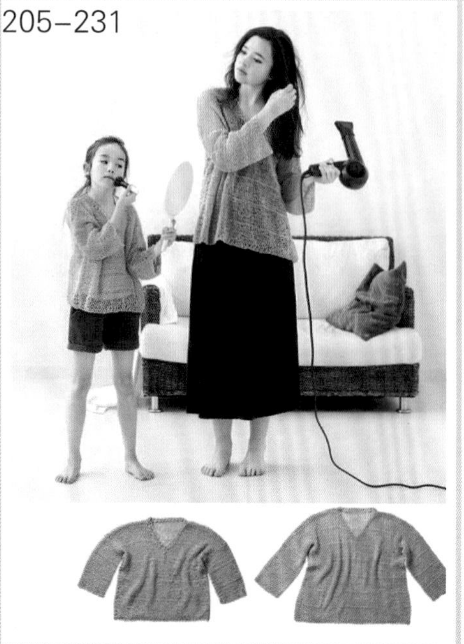

206–231

207–233

208–233

209–235

210–236

211–238

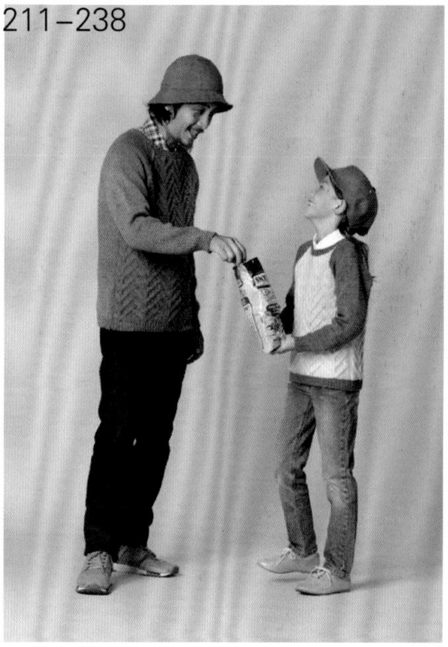

212–238

213–238

214–239

215-240

216-240

217-241

218-241

219-242

220–243

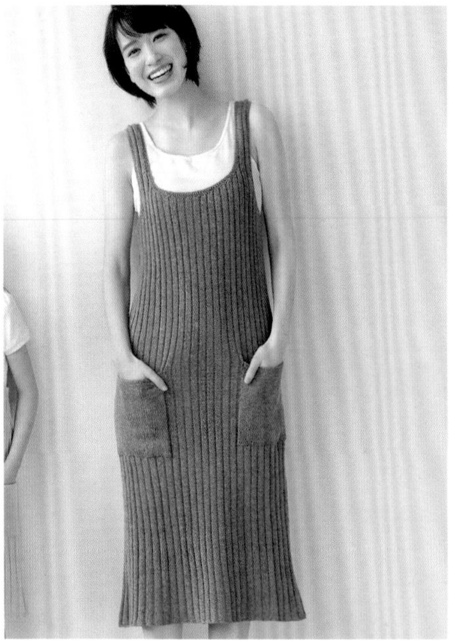

221–243

222–243

223–244

224–245

225-245

226-246

227-246

228–247

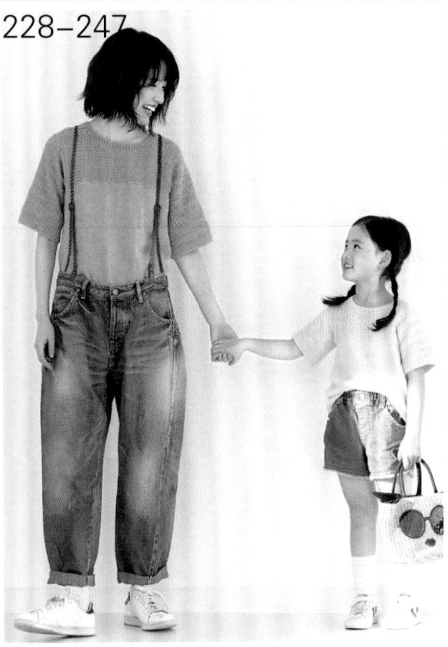

229–247

230–248

231–248

232–249

233–249

234–252

235–254

236–255

237–258

238–259

239–260

240–261

241-263

242-263

243-264

244-265

245-265

246-266

247-266

248–267

249–267

250–268

251–268

252-269

253-269

254-270

255-271

256-271

257-272

258-272

259-272

260-273

261-273

262–274

263–274

264–275

265–275

266–276

267–277

268–278

269–279

270–280

271–281

272–281

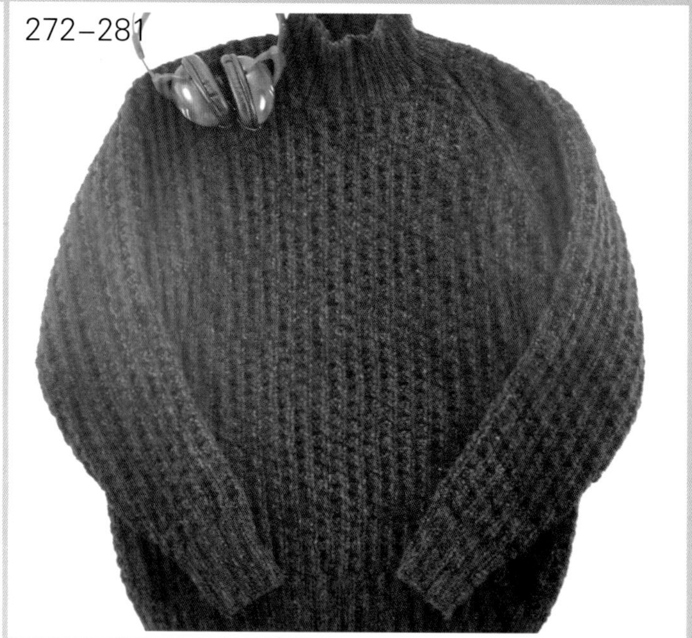

273–281

274–282

275–282

276–283

277–284

278–284

279–285

280–285

281–286

282–286

283–287

284–287

285–287

286–288

287–288

288–289

289–289

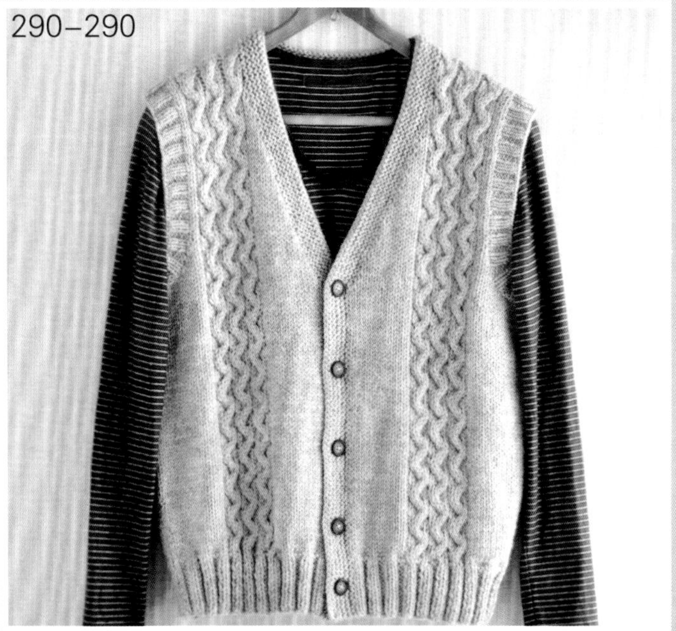

290–290

291–290

292–290

293–291

294–291

295–292

296–292

297–293

298–293

299–293

300–294

301–295

302–296

303–296

编织图解详解

01

【成品规格】衣长120cm，胸宽50cm，肩宽35cm，袖长64cm

【编织密度】12针×16行=10cm^2

【工　　具】8号环形针，43cm的和80cm的各1副

【材　　料】红色羊绒线1350g、1350g、1450g、1450g、1550g

【编织要点】

桂花针：(起针奇数针)

正面：1针下针(1针上针，1针下针)，括号内重复多次一直到结束。

反面：和正面相同。

要点：在上针针目里织下针，在下针针目里织上针。

注意事项：

每行的第1针都滑过不织，边缘形成辫子针。

右袖：

袖口用43cm的环形针起织14针。

第1行：5针上针，3针下针，2针上针，4针下针。掉头。

第2行：4针上针，2针下针，3针上针，5针下针。掉头。

重复上面2行的动作一直到36cm长。收针，留下大约40cm的线用于缝合。顶端收针的方式将袖头短边缘缝合在一起，有2.5cm的重叠。

正面接缝处开始挑织39针(4针下针边缘)，织物前面边缘第2针开始，只织后半线圈。连接成圈(1针下针，1针上针)×4次，1针下针(9针)。然后记号扣标记，继续织桂花针(1针上针，1针下针，重复)。后面以记号扣标记的位置作为这圈的开始。

针对XS：织桂花针一直到袖片长46cm(包含了袖口长度)。

针对S/M/L/XL：织桂花针一直到袖片长(39、34、29、29)cm，包含了袖口长度。

接下来加针：织桂花针一直到记号扣标记的前1针，M1R，1针下针(或者上针取决于桂花针针目)，滑记号扣，M1L，接下来织桂花针一直到这圈结尾。每(10、10、8、6)圈重复加针圈(1、2、3、4)次。共(39、43、45、47、49)针。

针对所有尺寸：一直织到袖子长度(46、48、50、50、52)cm，织桂花针一直到最后4行，收接下来的7针，然后一直织到这行结束。共(32、36、38、40、42)针。

掉头，袖山平织。

反面：滑1针不织，织桂花针一直到行尾，掉头，再织4行。

减针行(正面)滑1针不织，左上2针并1针，织桂花针一直到最后3针，ssk，1针下针，掉头。

下1行(反面)上针方式滑1针不织，1针下针，织桂花针一直到最后2针，2针下针，掉头。

每4行减针减(2、1、4、6、8)次，每2行减针减(8、11、9、8、7)次。 剩下10针。

将剩下的针目放在一个大别针上。

左袖：和右袖相同的方法织。

后片：用80cm的环形针起织(82、90、96、102、110)针，每行的第1针滑过不织。按照图表方式织，第1行正面织，一直到第(126、124、116、110、104)针，对应反面。接下来2行开始各收(4、4、3、3、4)针，然后开始减针。 每4行减针减(3、0、0、0、0)次，然后每2行减针一直到图表的第156行。 接下来将剩下的26针放在一个大别针上。

注意：腋下收针之前出现的减针只适用于较大的尺寸。在腋下收针之前不要减针。

左前片：用43cm的环形针起织(42、46、49、52、56)针。

准备行(反面)：3针下针，2针上针，1针下针，接下来织桂花针一直到行尾。

第1行：正面，滑1针不织，织桂花针一直到最后6针，1针上针，2针下针，3针上针。

再重复上面2行的动作4次。

开始按照如下方式进行减针：

第11行：正面，滑1针不织，上针的左上2针并1针，织桂花针一直到行尾， 共(41、45、48、51、55)针。

像第11行的方式，每10行减1针减(5、5、0、0、0)次，然后每8行减1针减(7、7、12、12、9)次，然后每6行减1针减(0、0、0、0、3)次， 共(29、33、36、39、43)针。

继续不加针不减针一直到(126、124、116、110、104)行。

袖窿以上的编织：

下1行：正面，收5针，织桂花针一直到行尾。

不加针不减针织(3、1、3、3、1)行，接下来开始按照如下方式进行减针。

尺码	胸围尺寸
XS	43cm
S	45.5cm
M	48cm
L	53.5cm
XL	53.5cm

第1行：滑1针不织，左上2针并1针，织桂花针一直到行尾。

下1行：织桂花针一直到最后2针，织2针下针。

每4行减针减(2、0、0、0、0)次，然后每2行减针一直到剩下19针。

领口编织：

第1行：正面，滑1针不织，左上2针并1针， 织桂花针一直到最后6针，将线放在织物前面，将接下来的1针滑到右针上，将线绕着这针带到织物后面，然后将这针滑回到左针上，掉头，从另外一个方向开始织。

第2、4、6、8、10行：反面，织桂花针一直到最后2针，织2针下针。

第3行：滑1针不织，左上2针并1针， 织8针桂花针，将线放在织物前面，将接下来的1针滑到右针上，将线绕着这针带到织物后面，然后将这针滑回到左针上，掉头，从另外一个方向开始织。

第5行：滑1针不织，左上2针并1针， 织6针桂花针，将线放在织物前面，将接下来的1针滑到右针上，将线绕着这针带到织物后面，然后将这针滑回到左针上，掉头，从另外一个方向开始织。

第7行：滑1针不织，左上2针并1针， 织4针桂花针，将线放在织物前面，将接下来的1针滑到右针上，将线绕着这针带到织物后面，然后将这针滑回到左针上，掉头，从另外一个方向开始织。

第9行：滑1针不织，左上2针并1针， 织2针桂花针，将线放在织物前面，将接下来的1针滑到右针上，将线绕着这针带到织物后面，然后将这针滑回到左针上，掉头，从另外一个方向开始织。

第11行：织这行的时候挑织wraps(滑1针不织，左上2针并1针， 织5针桂花针，1针上针，2针下针，3针上针)，将剩下的13针放在1个大别针上用于织帽子。

右前片：(这片有扣眼)织39cm。

下1行(正面)：3针上针，1针下针，ssk，绕线加1针，接下来织桂花针一直到行尾。

反面行织的时候将加针针目织下针。每隔14cm长重复1次扣眼行，重复3次。用43cm的环形针起织(42、46、49、52、56)针。

准备行(反面)：织桂花针一直到最后6针，1针下针，2针上针，3针下针。

第1行：正面，3针上针，2针下针，1针上针，织桂花针一直到行尾。

第2行：反面， 织桂花针一直到最后6针，1针下针，2针上针，3针下针。

再重复上面2行的动作4次。

开始按照如下方式进行减针：

第11行：正面，3针上针，2针下针，1针上针，织桂花针一直到最后3针，上针的左上2针并1针，1针下针。

像第11行的方式，每10行减1针减(5、5、0、0、0)次，然后每8行减1针减(7、7、12、12、9)次，然后每6行减1针减(0、0、0、0、3)次。 共(29、33、36、39、43)针。

继续不加针不减针一直到(127、125、117、111、105)行。

袖窿以上的编织：

下1行：正面，收5针，织桂花针一直到行尾。

不加针不减针织(2、0、2、2、0)行，接下来开始按照如下方式进行减针：

第1行：织桂花针一直到最后3针，ssk，1针下针。

下1行：反面，滑1针不织，1针下针，织桂花针一直到行尾。

每4行减针减(2、0、0、0、0)次，然后每2行减针一直到剩下19针。下面1行为反面行。

领口编织：

第1行：反面，织桂花针一直到最后6针，将线放在织物前面，将接下来的1针滑到右针上，将线绕着这针带到织物后面，然后将这针滑回到左针上，掉头，从另外一个方向开始织。

第2、4、6、8、10行：正面，织桂花针一直到最后3针，ssk，1针下针。

第3行：滑1针不织，1针下针， 织9针桂花针，将线放在织物前面，将接下来的1针滑到右针上，将线绕着这针带到织物后面，然后将这针滑回到左针上，掉头，从另外一个方向开始织。

第5行：滑1针不织，1针下针， 织7针桂花针，将线放在织物前面，将接下来的1针滑到右针上，将线绕着这针带到织物后面，然后将这针滑回到左针上，掉头，从另外一个方向开始织。

第7行：滑1针不织，1针下针， 织5针桂花针，将线放在织物前面，将接下来的1针滑到右针上，将线绕着这针带到织物后面，然后将这针滑回到左针上，掉头，从另外一个方向开始织。

第9行：滑1针不织，1针下针，织3针桂花针，将线放在织物前面，将接下来的1针滑到右针上，将线绕着这针带到织物后面，然后将这针滑回到左针上，掉头，从另外一个方向开始织。

第11行：滑1针不织，2针下针，将线放在织物前面，将接下来的1针滑到右针上，将线绕着这针带到织物后面，然后将这针滑回到左针上，掉头，从另外一个方向开始织。

第12行：ssk，1针下针。

第13行：织这行的时候挑织wraps(滑1针不织，1针下针，织7针桂花针，1针上针，3针下针)。将剩下的13针放在1个大别针上用于织帽子。

结束：反面缝合。

帽子：从大别针上挑织72针，然后按照图表方式织1~58行。将针目分到2根毛衣针

上，各36针。 各收3针织在一起。 左前片缝4颗扣子，2个袖口各缝1颗扣子。

花瓣：

A. 大花瓣(后片下面部分)：在后片图解标记"P"的位置每个花瓣挑织2针， 按照大花瓣图解方式织。 共5个花瓣。 打开并拉长花瓣缝合到后片上。注意不要拉得太长或者缝合得太紧。

B.小花瓣(帽子和肩部)：在后片图解标记"P"的位置每个花瓣挑织2针， 按照小花瓣图解方式织。共5个花瓣。 打开并拉长花瓣缝合到后片上。注意不要拉得太长或者缝合得太紧。

Ⓜ 加1针 (从下一针前下面挑织线圈，织1针下针)	■ 空针
⊡ 2针一起织上针	□ 下针 (正面织下针，反面织上针)
⊿ 右上3针并1针	⊡ 上针 (正面织上针，反面织下针)
⋀ 以下针方式滑2针，织下一针，然后将滑过的2针拉过针套	⁄ 左上2针并1针
O 毛衣针上挂线方式加1针	⧵ 右上2针并1针
P 记号扣标记	

☆ 玉米针： 相同针目里织1针下针1针上针1针下针1针上针，掉头，4针上针，掉头，左上2针并1针×2次，掉头，上针的左上2针并1针×2次，掉头

⎣IVI⎤ 一针里织2针。从下一针的前面和背面各织1针下针

滑1针到麻花针上并放在织物后面，织1针下针，然后从麻花针上织1针上针

滑1针到麻花针上并放在织物前面，织1针上针，然后从麻花针上织1针下针

加2针：针目前面线圈的前面背面各织1针下针

加3针：从下一针前下面挑织线圈，扭一下，然后从这针前面线圈的前面、后背面各织1针下针

滑1针到麻花针上并放在织物后面，织2针下针，然后从麻花针上织1针下针

滑2针到麻花针上并放在织物前面，织1针下针，然后从麻花针上织2针下针

滑1针到麻花针上并放在织物后面，织2针下针，然后从麻花针上织1针上针

滑2针到麻花针上并放在织物前面，织1针上针，然后从麻花针上织2针下针

滑2针到麻花针上并放在织物后面，织1针下针，然后从麻花针上织2针上针

滑1针到麻花针上并放在织物前面，织2针上针，然后从麻花针上织1针下针

滑1针到麻花针上并放在织物后面，织3针下针，然后从麻花针上织1针下针

滑3针到麻花针上并放在织物前面，织1针下针，然后从麻花针上织3针下针

滑1针到麻花针上并放在织物后面，织3针下针，然后从麻花针上织1针上针

滑3针到麻花针上并放在织物前面，织1针上针，然后从麻花针上织3针下针

滑2针到麻花针上并放在织物后面，织2针下针，然后从麻花针上织2针下针

滑2针到麻花针上并放在织物前面，织2针下针，然后从麻花针上织2针下针

滑2针到麻花针上并放在织物后面，织2针下针，然后从麻花针上织2针上针

滑2针到麻花针上并放在织物前面，织2针上针，然后从麻花针上织2针下针

滑2针到麻花针上并放在织物后面，织3针下针，然后从麻花针上织2针下针

滑3针到麻花针上并放在织物前面，织2针下针，然后从麻花针上织3针下针

滑2针到麻花针上并放在织物后面，织3针下针，然后从麻花针上织2针上针

滑3针到麻花针上并放在织物前面，织2针上针，然后从麻花针上织3针下针

滑3针到麻花针上并放在织物后面，织2针下针，然后从麻花针上织3针下针

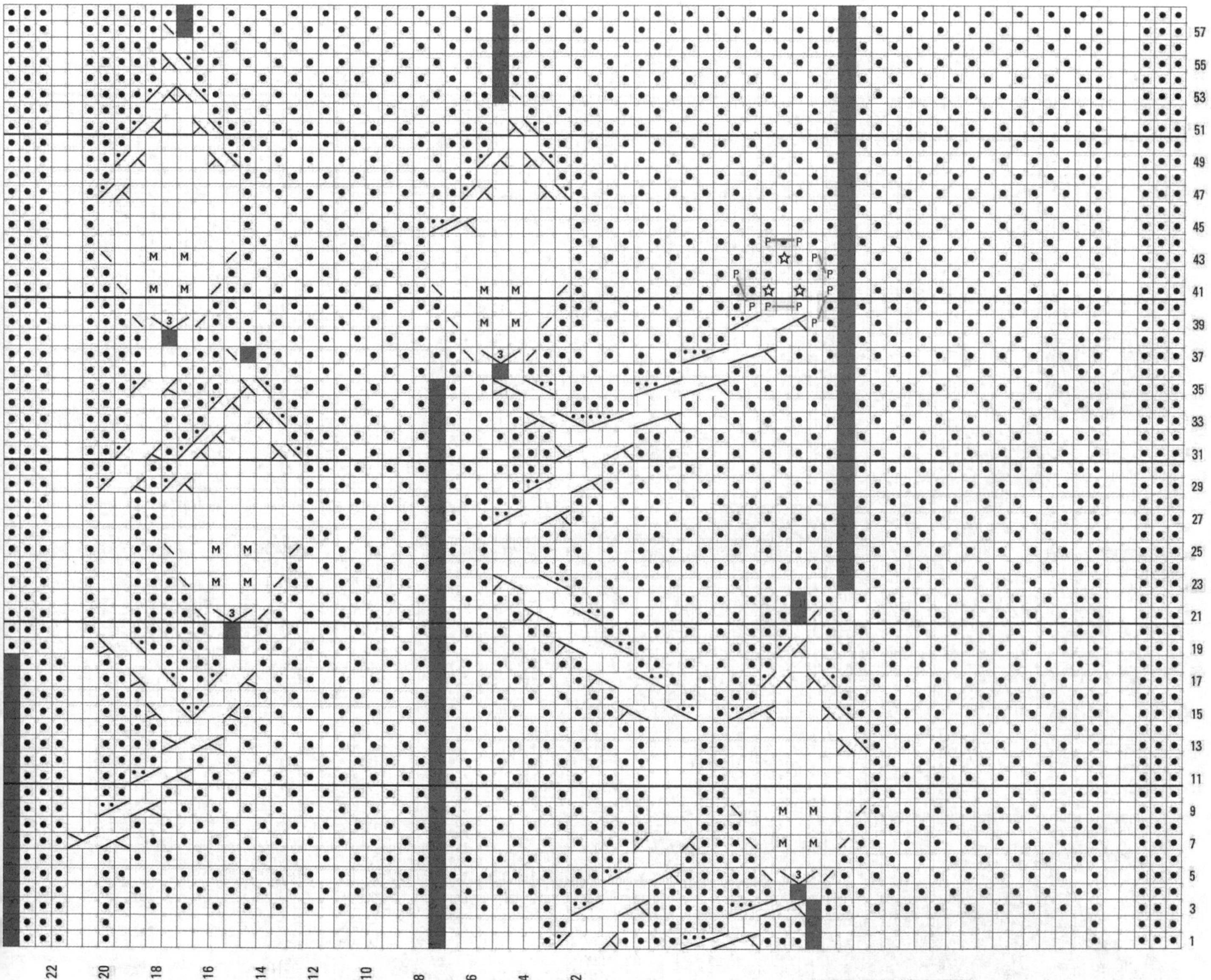

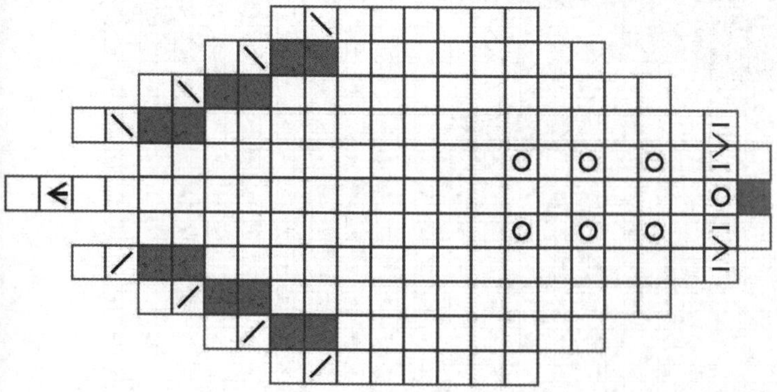

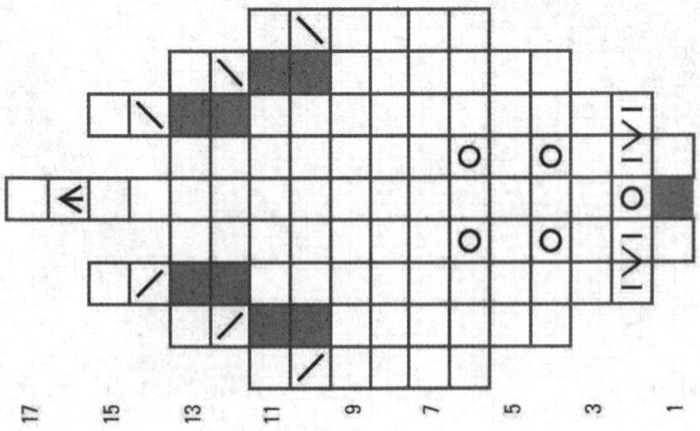

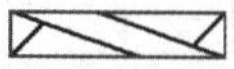 滑 2 针到麻花针上并放在织物前面，织 3 针下针，然后从麻花针上织 2 针下针

 滑 3 针到麻花针上并放在织物后面，织 2 针下针，然后从麻花针上织 3 针上针

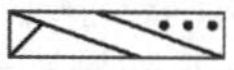 滑 2 针到麻花针上并放在织物前面，织 3 针上针，然后从麻花针上织 2 针下针

 滑 3 针到麻花针上并放在织物后面，织 3 针下针，然后从麻花针上织 3 针下针

 滑 3 针到麻花针上并放在织物前面，织 3 针下针，然后从麻花针上织 3 针下针

 滑 3 针到麻花针上并放在织物后面，织 3 针下针，然后从麻花针上织 3 针上针

 滑 3 针到麻花针上并放在织物前面，织 3 针上针，然后从麻花针上织 3 针下针

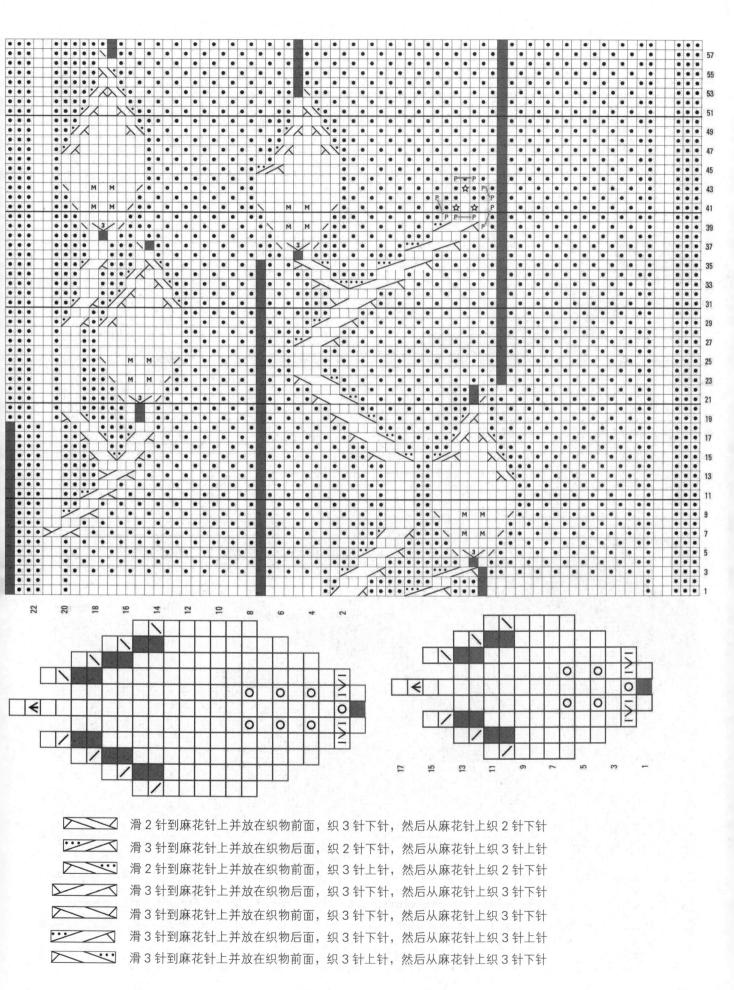

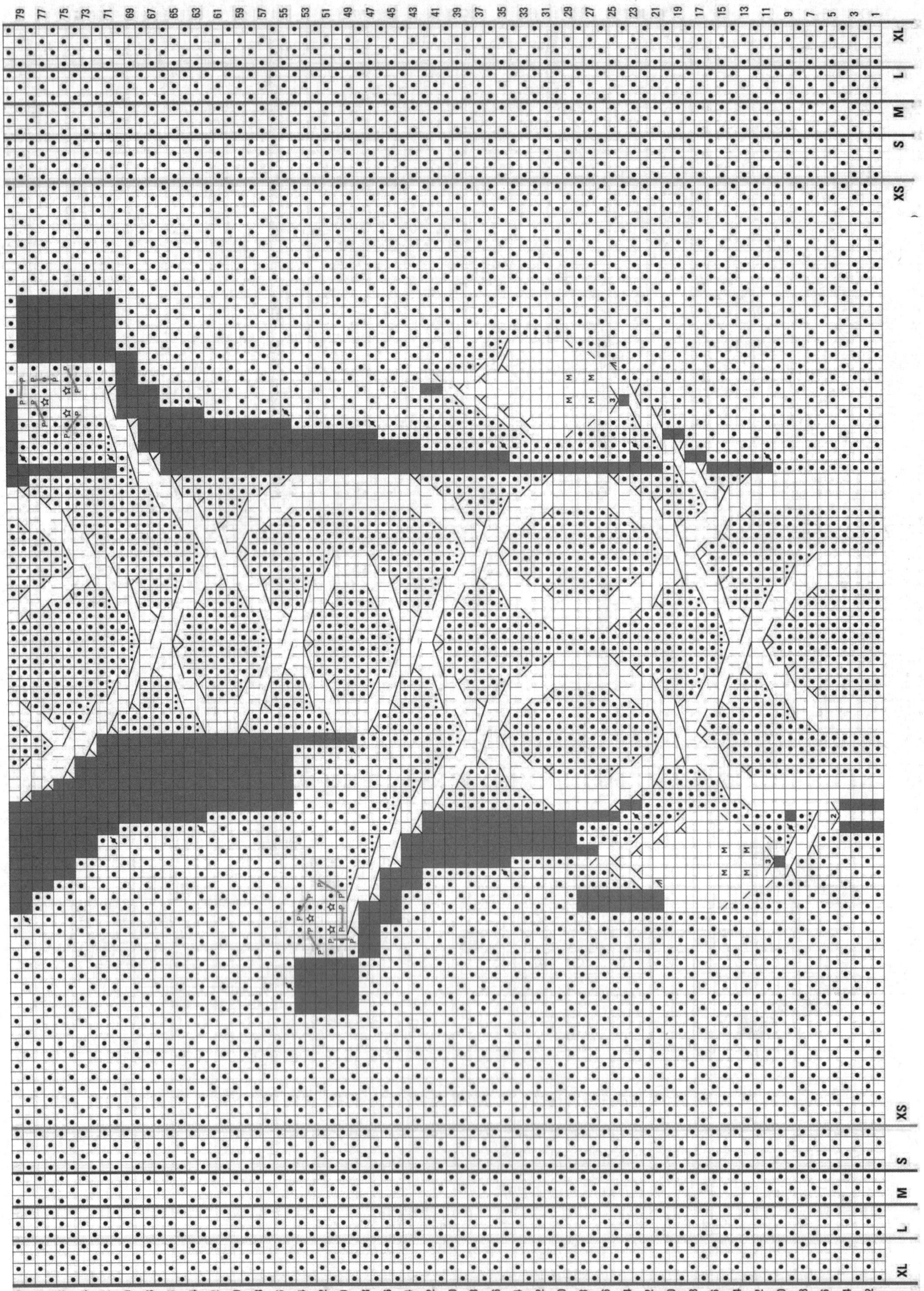
XL
L
M
S
XS

注意：请按照第 76 页的花样说明进行操作。76 和 77 页花样连接，图上出现的任何缩小都只适用于较大的尺寸；在织腋下之前不要做任何减针。

02

【成品规格】衣长100cm，半胸围50cm，肩宽45cm，袖长70cm

【编织密度】14针×22行=10cm²

【工　　具】8号棒针

【材　　料】红色兔绒线1800g

【编织要点】

前后片编织方法：

1.棒针编织法，8号棒针编织。由2片前片、1片后片组成。

2.前片的编织，分成左前片和右前片，以右前片为例。

(1)右前片的编织：起织，单罗纹起针法，起28针，起织花样A单罗纹针，不加减针，编织4行的高度。

(2)袖窿以下的编织：第5行起，改织花样B，不加减针编织170行的高度后，至袖窿，此时织片共174行。

(3)袖窿以上的编织：袖窿起减针，左侧减针，每2行减1针，共减4次，织成8行。不加减针，再织2行后，衣襟侧开始减针，编织衣领边，每织4行减1针，减8次。织成32针后，再织8行，至肩部，余下16针，收针断线。

(4)相同的方法编织左前片。

3.后片的编织，单罗纹起针法，起70针，起织花样A单罗纹针，不加减针，编织4行的高度。第5行起，改织花样B，不加减针，编织170行的高度后，至袖窿，袖窿起减针，每织2行减1针，减4次，共织8行，不加减针再织38行后，至后衣领减针，中间留出28针，收针，两边相反方法减针，每织2行减1针，减2次，至肩部，余16针，收针断线。

4.口袋的编织，口袋即两个方块织片，起18针织花样B，不加减针，编织24行的高度后，改织花样A，织8行，收针断线。花样A的上侧边做袋口，而其他三边做缝合边，将其缝于前片的近下摆位置。相同的方法编织另一只口袋。

5.缝合。将前片的侧缝与后片的侧缝对应缝合，将前后片的肩部对应缝合。

袖片制作说明：

1.棒针编织法织长袖。从袖口起织。袖山收圆肩。

2.起针，下针起针法，用8号棒针起织，起44针，来回编织。

3.袖口的编织，起针后，编织花样A单罗纹针，不加减针编织4行的高度后，进入下一步袖身的编织。

4.袖身的编织，从第5行，改织花样B，两袖侧缝加针，每织12行加1针，加10次，织成120行，完成袖身的编织。

5.袖山的编织，两边减针编织，每织2行减1针，减15次，余下34针，收针断线。以相同的方法，再编织另一只袖片。

6.缝合，将袖片的袖山边与衣身的袖窿边对应缝合。将袖侧缝缝合。

领片、衣襟制作说明：

1.棒针编织法，先编织衣领，再编织衣襟边。

2.衣领片的编织。起针，沿前后衣领边，沿边挑针挑出80针，起织花样A单罗纹针，不加减针，编织22行的高度后，收针断线。

3.编织衣襟边，沿衣襟边和衣领侧边，挑出130针，起织花样A单罗纹针，不加减针编织22行的高度后，收针断线。右衣襟制作4对扣眼，每对扣眼相隔26针的距离。

花样A（单罗纹）

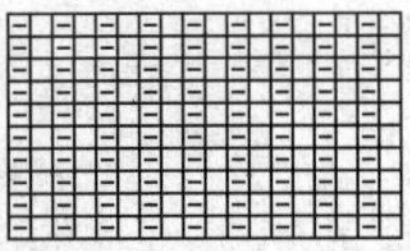

花样B

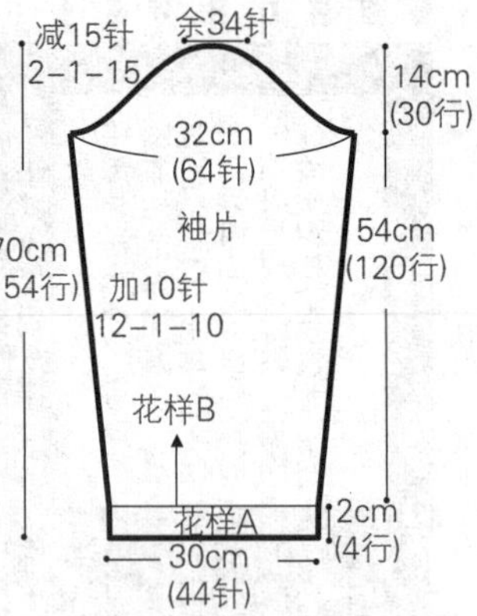

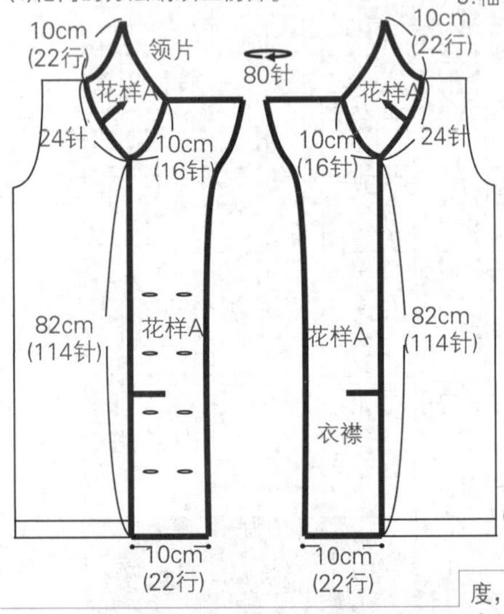

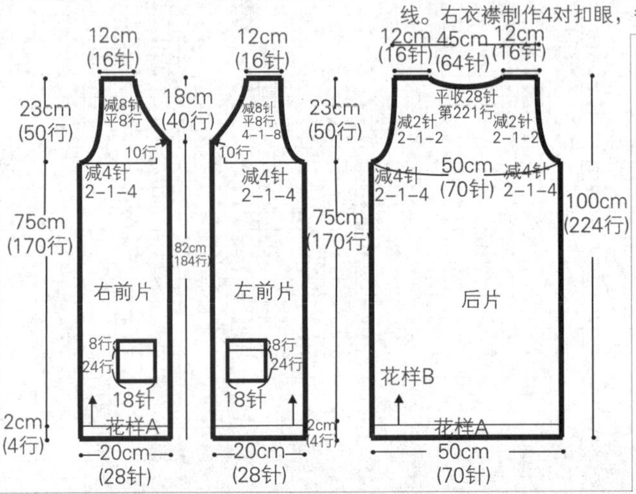

03

【成品规格】衣长120cm，胸宽50cm，肩宽35cm，袖长64cm

【编织密度】20针×24行=10cm²

【工　　具】8号棒针

【材　　料】白色羊毛线1800g

【编织要点】

1.前片的编织，分为左前片和右前片。以右前片为例，双罗纹起针法，起60针，用8号棒针起织，起织花样A，不加减针，织40行。下一行起排花型，依照花样B分配花样编织。不加减针，织216行的高度，下一行起，袖窿起减针，袖窿收针7针，然后2-2-4，减少15针，当织成袖窿算起18行的高度时，下一行起减前衣领边，从右向左收针12针，然后2-1-8，织成16行后，再织2行至肩部，余下25针，收针断线。相同的方法，相反的方向去编织左前片。右前片衣襟制作7个扣眼，织并针和空针。每个扣眼相隔的行数如结构图所示。

2.后片的编织。双罗纹起针法，起100针，起织花样A，不加减针，织40行的高度，下一行起，排成花样C编织，不加减针，织216行的高度。至袖窿。袖窿起减针，方法与前片相同。当织成袖窿算起28行的高度时，下一行中间收针8针，两边减针，2-2-2，2-1-2，至肩部余下25针，收针断线。将前后片的肩部对应缝合，再将侧缝对应缝合。

3.袖片织法：双罗纹起针法，起47针，起织花样A，织52行的高度，下一行起，起织花样D，并在袖侧缝上加针编织，14-1-6，再织4行至袖山减针，下一行起，两边同时减针，各收7针，2-2-6，各减少19针，织成12行高度，余下21针，收针断线。相同的方法再去编织另一个袖片。将两个袖山边线与衣身的袖窿边线对应缝合。再将袖侧缝缝合。最后制作腰间系带。起16针，起织单罗纹针，织120cm的长度后，收针断线。

4.领片的编织。前衣领挑14针，后衣领边挑20针，起织下针，不加减针，织6行的高度。

花样B（右前片图解）

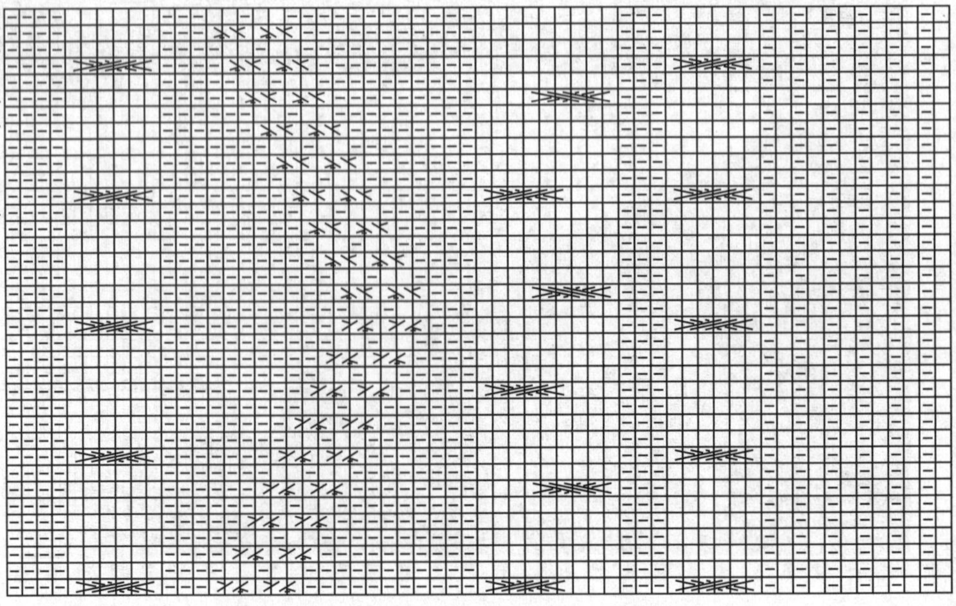

花样C(后片图解)

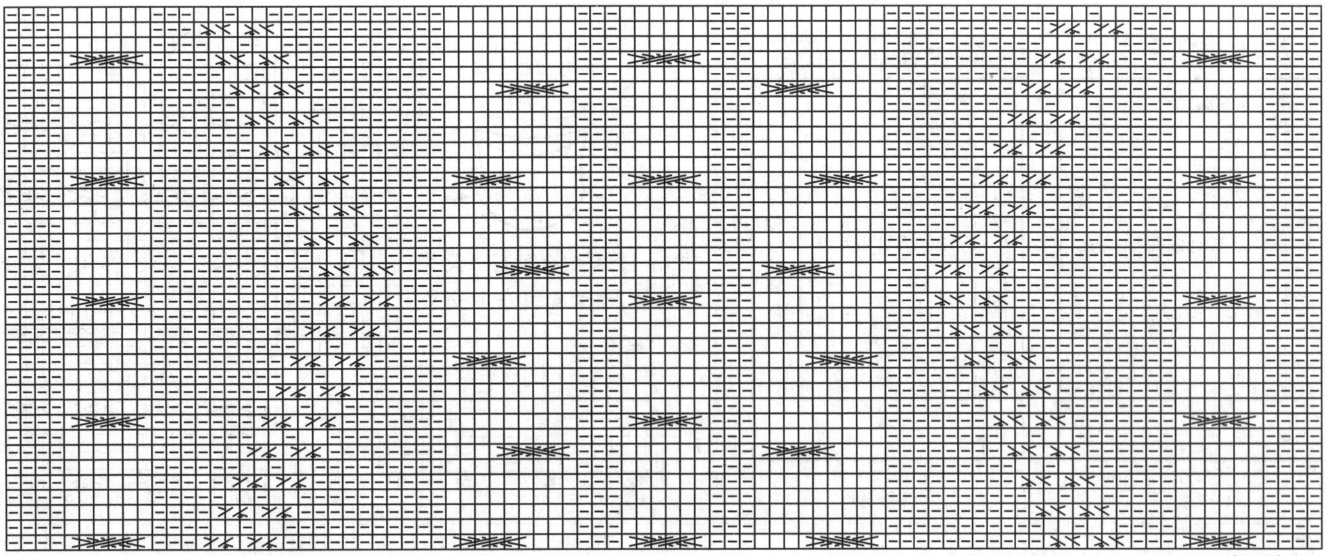

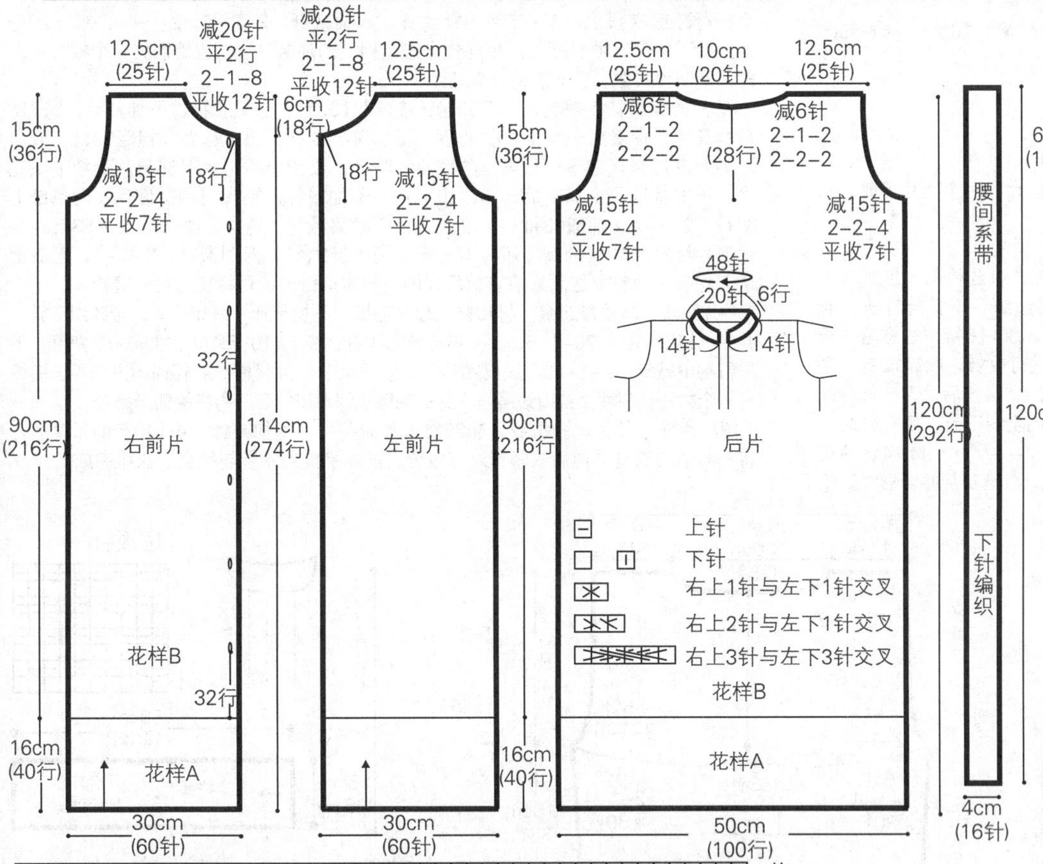

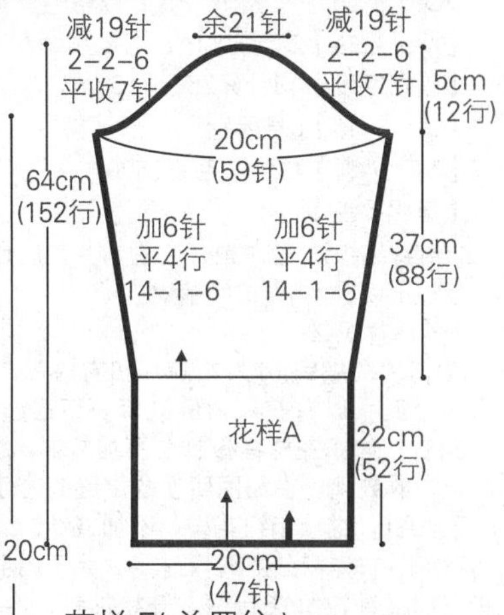

花样E(单罗纹)

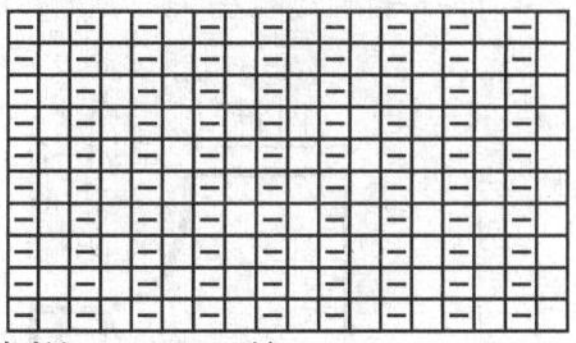

花样A(双罗纹)

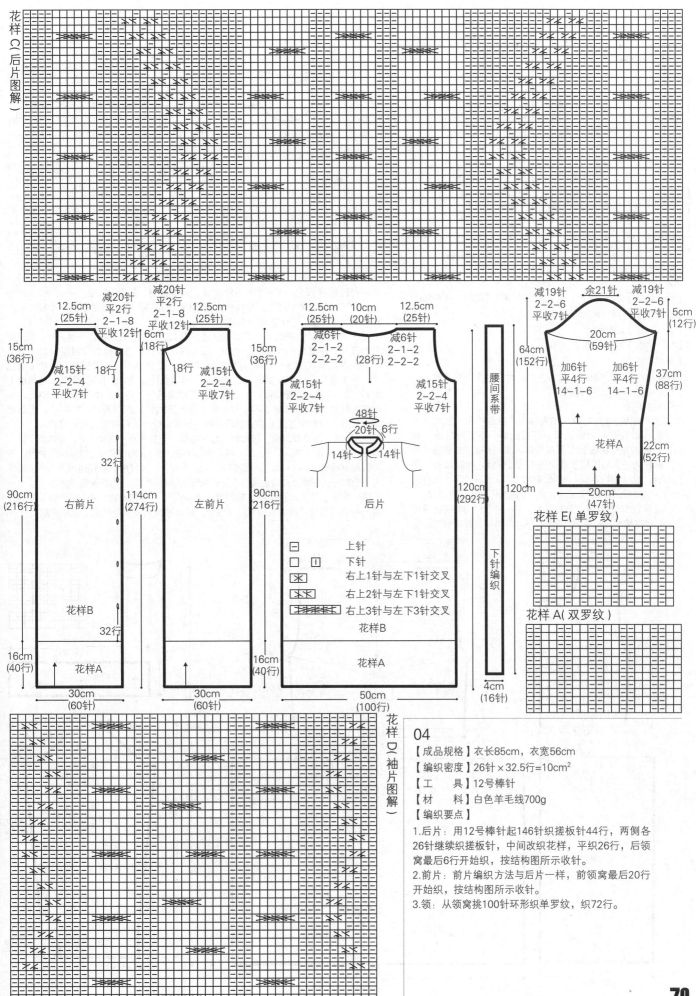

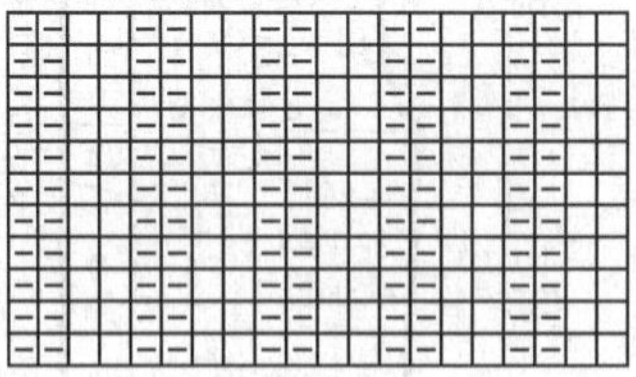

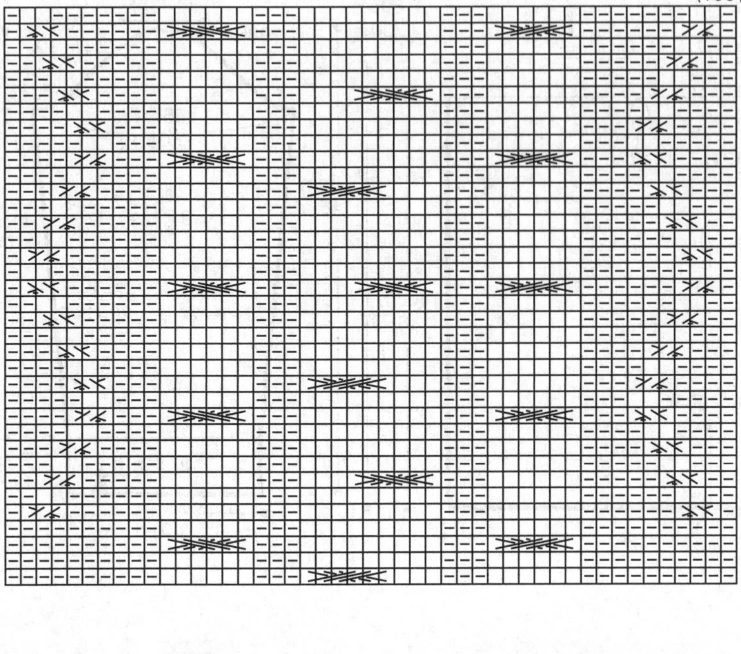

花样D(袖片图解)

04

【成品规格】衣长85cm，衣宽56cm

【编织密度】26针×32.5行=10cm^2

【工　　具】12号棒针

【材　　料】白色羊毛线700g

【编织要点】

1.后片：用12号棒针起146针织搓板针44行，两侧各26针继续织搓板针，中间改织花样，平织26行，后领窝最后6行开始织，按结构图所示收针。

2.前片：前片编织方法与后片一样，前领窝最后20行开始织，按结构图所示收针。

3.领：从领窝挑100针环形织单罗纹，织72行。

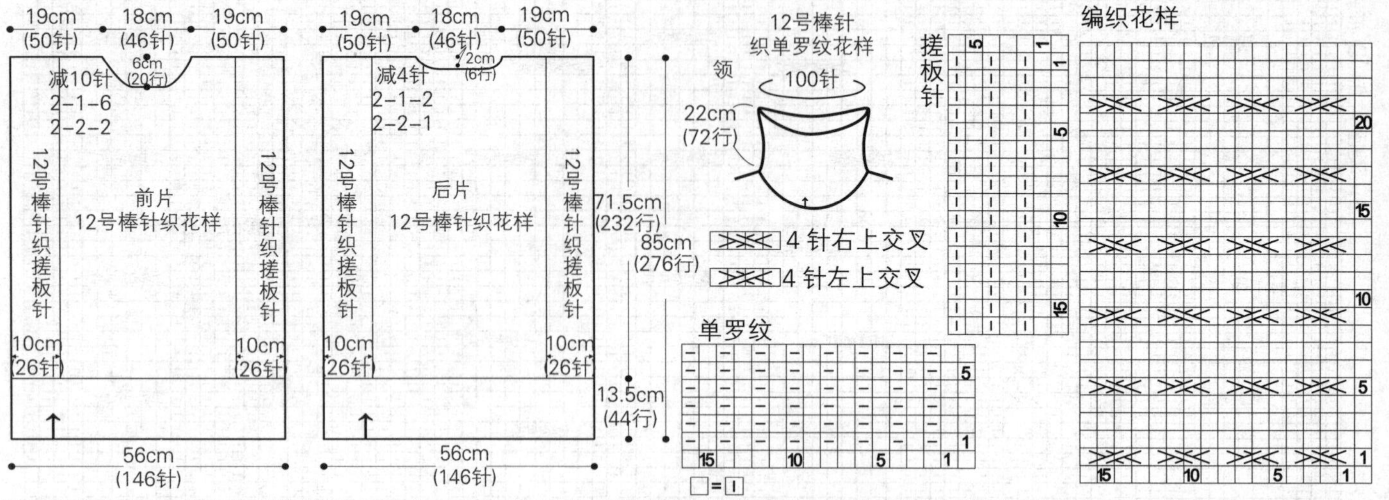

05

【成品规格】衣长80cm，胸宽48cm，肩宽40cm，袖长59cm

【编织密度】13针×25行=10cm²

【工　　具】9号棒针

【材　　料】白色羊毛线1500g

【编织要点】

1.棒针编织法:由左前片、右前片与后片和两个袖片组成。从下往上织，用9号棒针编织。

2.前后片织法:

(1)前片的编织:分为左前片和右前片，织法相同，加减针方向相反。以右前片为例说明。下摆起织，下针起针法，起54针，起织花样搓板针，不加减针，织116行，在最后一行里，收皱褶，在如图所在的位置上进行收针，收起12针，余下40针，继续编织花样，不加减针，织14行后，下一行分配花样，衣襟侧分由9针花样A，余下的全织下针，照此分配，不加减针，织16行后，开始加针，2-1-4，加成44针的宽度。衣襟在编织过程要制作5个扣眼，织空针加并针形成。织至袖窿时，下一行袖窿减针，2-1-5，减少5针，当织成袖窿算起26行的高度后，下一行减前衣领边，将花样A 9针收针，衣领减针，2-2-6，2-1-4，织成20行高，余下14针，收针断线。相同的方法，相反的加减针方向去编织另一个袖片，左前片不制作扣眼，在对应的位置钉上扣子。

(2)后片的编织：下摆起织，下针起针法，起132针，起织花样，不加减针，织116行的高度，在最后一行里，收皱褶，每个褶收12针，每个褶之间相距12针，收褶后，余下72针，在下一行里，分散均匀收针，收17针后，余下55针，继续编织花样，不加减针，织14行后，全改织下针，不加减针，织16行的高度后，两侧缝上加针，2-1-4，加成63针的宽度，下一行袖窿减针，两边2-1-5，余下53针，当织成袖窿算起42行的高度后，下一行中间收针21针，两侧减针，2-1-2，至肩部余下14针，收针断线。最后将前后片的肩部对应缝合，再将侧缝对应缝合。

3.袖片织法：从袖口起织，起40针，起织花样，不加减针，织18行后，全改织下针，并在侧缝上加针，20-1-5，2-1-5，各加10针，织成110行高度，加成60针宽度，下一行袖山减针，2-1-10，织成20行高，余下40针，收针断线。相同的方法再去编织另一个袖片。将两个袖山边线与衣身的袖窿边线对应缝合。再将袖侧缝缝合。

4.领片织法：领片单独编织，起26针，起织花样，不加减针，织140行的长度后，将一长边与衣身的前后衣领边对应缝合，前衣襟侧边不参与缝合。衣服完成。

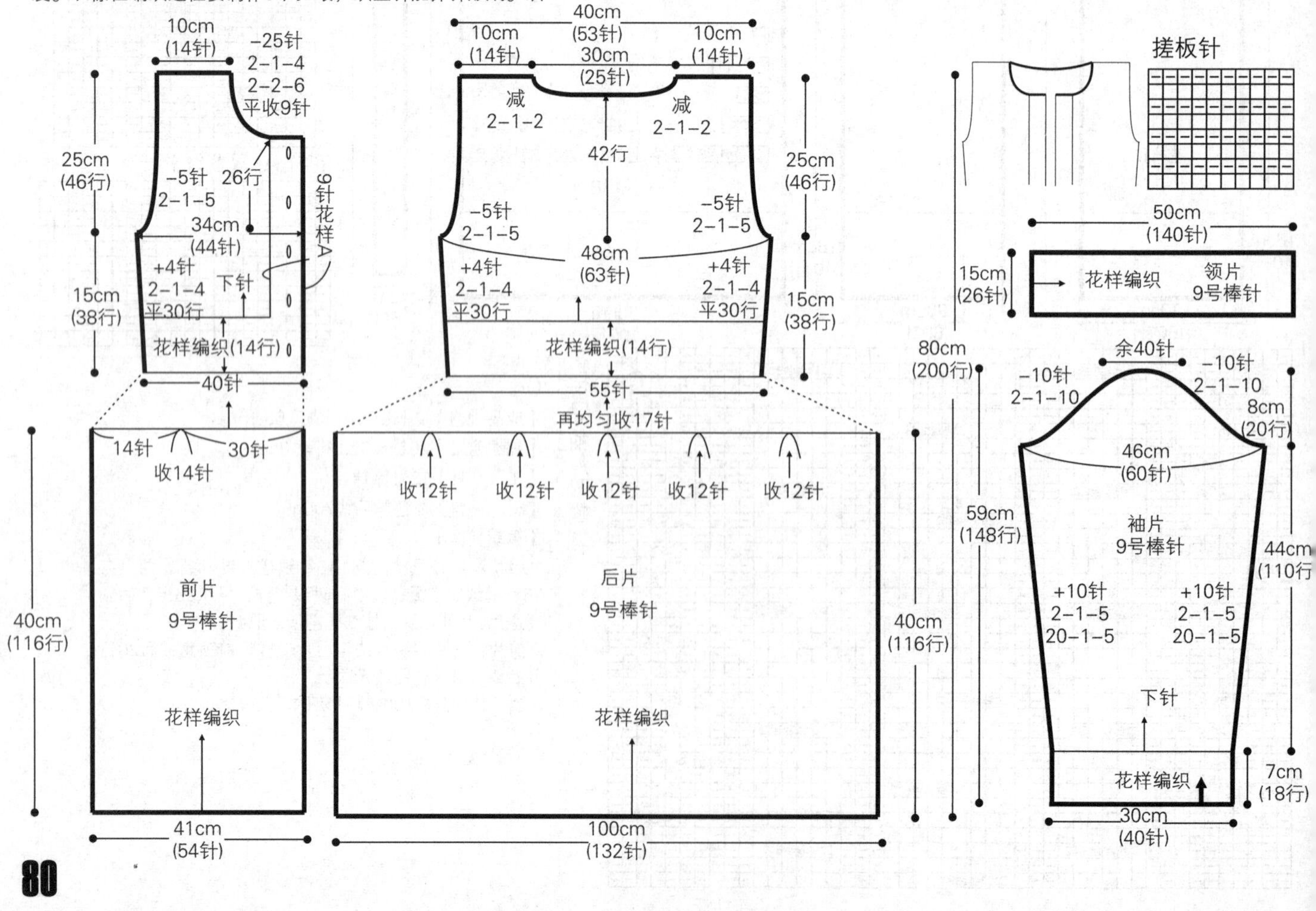

06

【成品规格】衣长80cm，胸围96cm，肩宽38cm，袖长76cm

【编织密度】21针×29行=10cm²

【工　　具】9号、11号棒针

【材　　料】灰色羊毛线800g

【编织要点】

1.棒针编织法，衣身分为左前片、右前片和后片分别编织，完成后与袖片缝合而成。

2.起织后片，下针起针法起126针，织花样A，织96行，将织片均匀减掉26针，改织花样B，织12行后，改织花样C，织至168行，两侧减针织成袖窿，方法为平收4针，2-1-6，织至228行，中间平收36针，两侧按2-1-6的方法后领减针，织至232行，两侧肩部各余下20针，收针断线。

3.起织左前片，下针起针法起56针，织花样A，织96行，将织片均匀减掉12针，改织花样B，织12行后，改织花样C，织至168行，左侧减针织成袖窿，方法为平收4针，2-1-6，右侧减针织成前领，方法为2-1-14，织至232行，织片余下20针，收针断线。

4.同样的方法相反方向编织右前片。将左右前片与后片的侧缝缝合。

袖片制作说明：

⑴棒针编织法，编织两片袖片。从袖口起织。

⑵下针起针法，起56针，织花样A，织48行后，开始编织袖身，袖身是8行花样C与40行花样D间隔编织，一边织一边两侧加针，方法为12-1-8，织至144行，改织花样C，织至168行，两侧减针织成袖山，方法为平收4针，2-1-24，织至216行，织片余下16针，收针断线。

⑶同样的方法编织另一袖片。

⑷将两袖侧缝对应缝合。

5.衣领、衣襟制作说明：

⑴棒针编织法，领片与衣襟分别往返编织。

⑵沿前后领挑起196针，织花样A，不加减针织至60行，收针断线。

⑶沿左右前片衣襟侧分别挑针编织衣襟，挑起122针，织花样B，织12行后，单罗纹针收针法，收针断线。注意左侧衣襟均匀留10个扣眼。

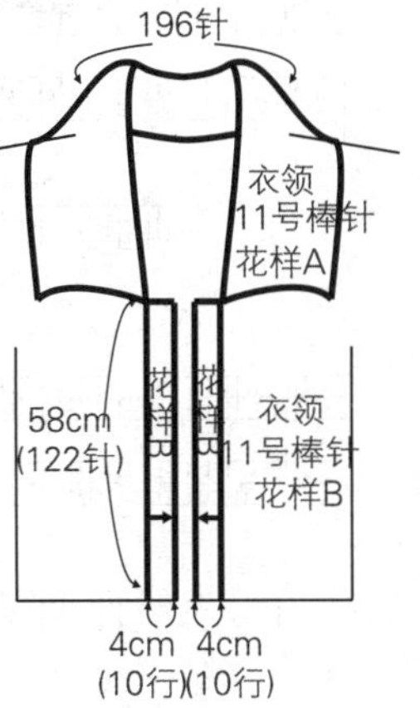

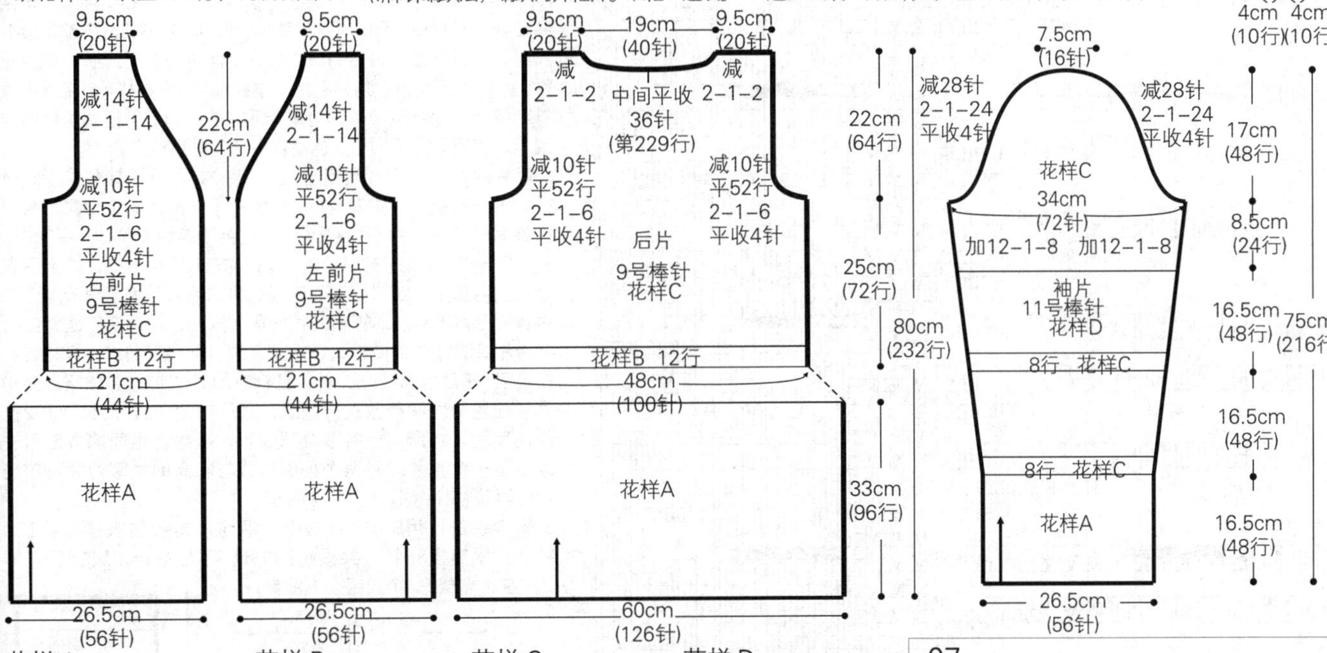

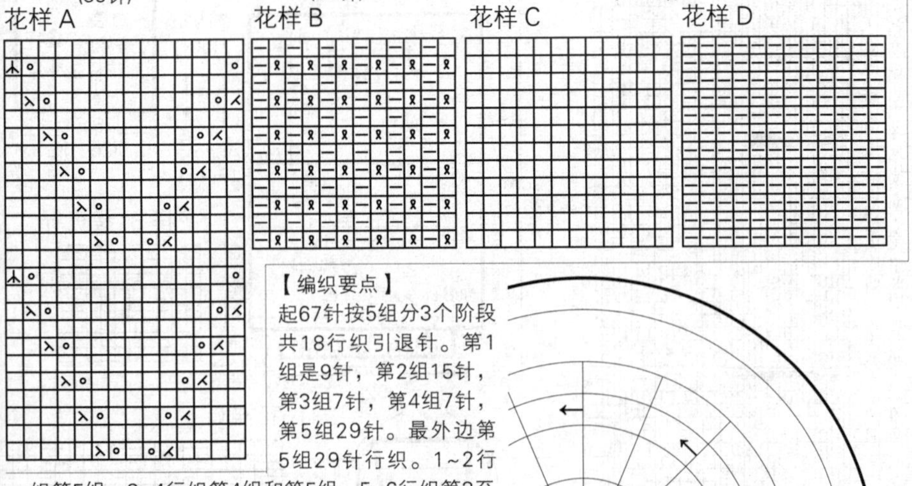

07

【成品规格】披肩半径52cm

【编织密度】30针×35行=10cm²

【工　　具】4.2mm棒针

【材　　料】蓝色羊毛线850g

【编织要点】

起67针按5组分3个阶段共18行织引退针。第1组是9针，第2组15针，第3组7针，第4组7针，第5组29针。最外边第5组29针行织。1~2行织第5组；3~4行织第4组和第5组；5~6行织第3至第5组；7~8行织第2至第5组；9~10行织第5组；11~12行织第4和第5组；13~14行全织；15~16行织第5组；17~18行全织。一个轮回完成。依此类推，整个圆织完后，第1组共织64行，第2组织98行，第3组织132行，第4组织198行，第5组也就是最外边织298行，完成。对应织另一个圆，缝合两条边肩线。另用3.75mm棒针从内圆边缘挑出60针，用单股织双罗纹54行为袖口。将两圆后背缝合，完成。

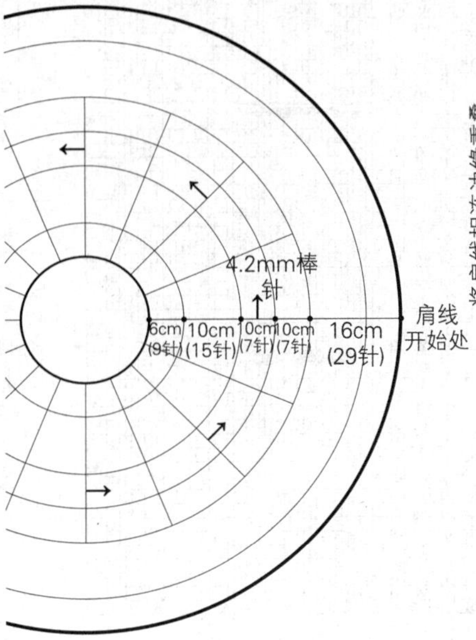

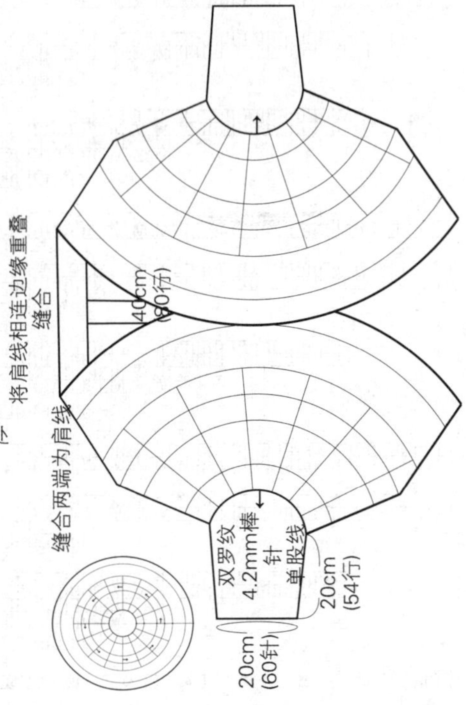

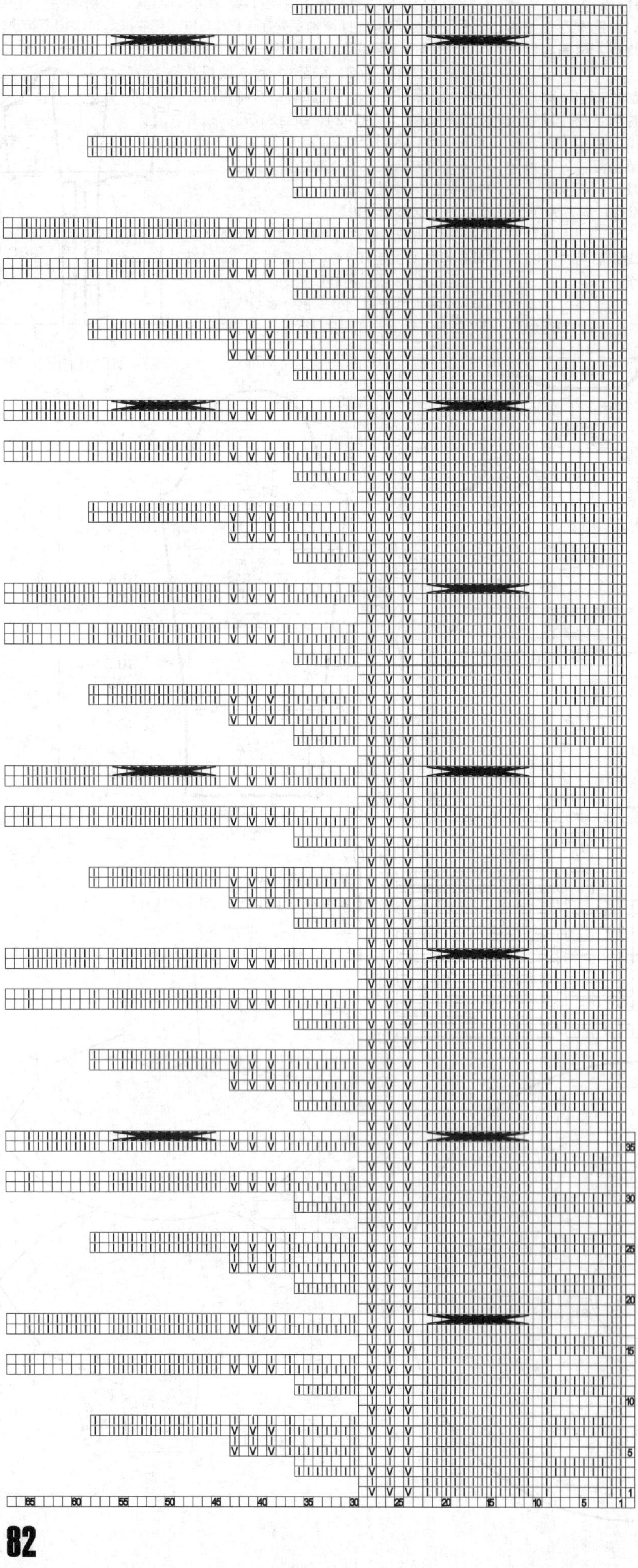

08

【成品规格】衣长75cm，胸宽53cm，肩宽53cm，袖长52cm

【编织密度】17针×26行=10cm²

【工　　具】7号、8号棒针

【材　　料】蓝色纯棉线850g，白色纯棉线80g

【编织要点】

1.棒针编织法。由左前片、右前片、后片和两个袖片组成。衣摆和袖口、衣襟用8号棒针编织。衣身用7号棒针编织。

2.前片的编织，分为左前片和右前片，以右前片为例说明。单罗纹起针法，用蓝色线，起42针，起织花样A，织14行高度，下一行起改用白色线，起织花样B，织2行，然后改用蓝色线，织42行花样B，再用白色线织4行花样B，然后改用蓝色线织20行，再用白色线织4行，而后往上全用蓝色线，继续编织花样B，当织16行时，下一行起进行前衣领减针，6-1-14，无袖窿减针，减针织成84行后，不加减针，再织10行至肩部，余下28针，收针断线。最后制作口袋，用蓝色线，起26针，起织花样B，织42行，再改用白色线，继续编织8行花样A，完成后收针断线，将起针边和两侧边缝合于右前片的近下摆边居中的位置上。相同的方法，相反的减针方向，去编织左前片。

3.后片的编织。后片用蓝色线，起90针，起织花样A，织14行，下一行起，起织花样B，配色顺序与前片完全相同，当织完最后一次白色线后，往上全用蓝色线编织花样B，织106行后，下一行中间选30针收针，两边减针，2-1-2，减出后衣领，至肩部余下28针，收针断线。将前后片的肩部对应缝合，再将侧缝留出从肩部算起62行的宽度做袖口，以下侧缝缝合。

4.袖片织法：从袖口起织，用蓝色线，起织花样A，起52针，在最后一行里，分散加8针，将针数加成60针，并依照衣身相同的配色顺序和行数进行编织，最后的蓝色线部分，织52行的高度后，将所有的针数全部收针，断线。相同的方法再去编织另一个袖片。将两个袖山边线与衣身的袖窿边线对应缝合。再将袖侧缝缝合。

5.领襟织法：用8号棒针编织，沿前领窝和前衣襟各挑130针，后领窝挑35针，共挑起295针，不加减针，织14行花样C，右衣襟制作4个扣眼，衣服完成。

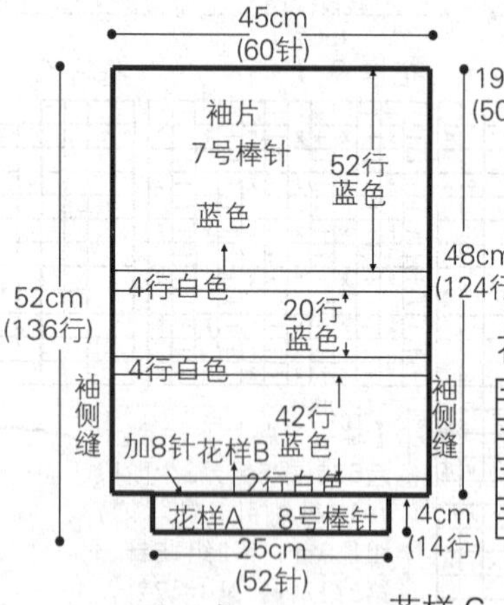

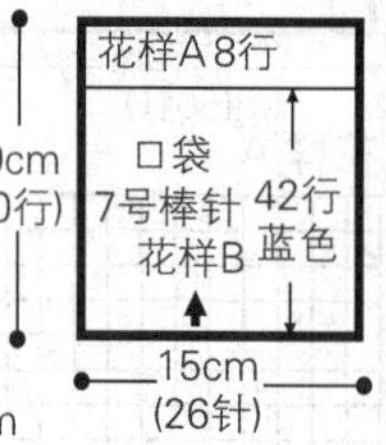

花样 B　搓板针

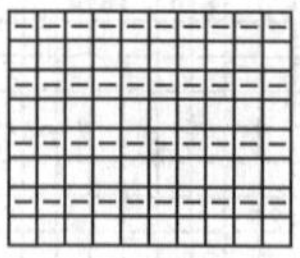

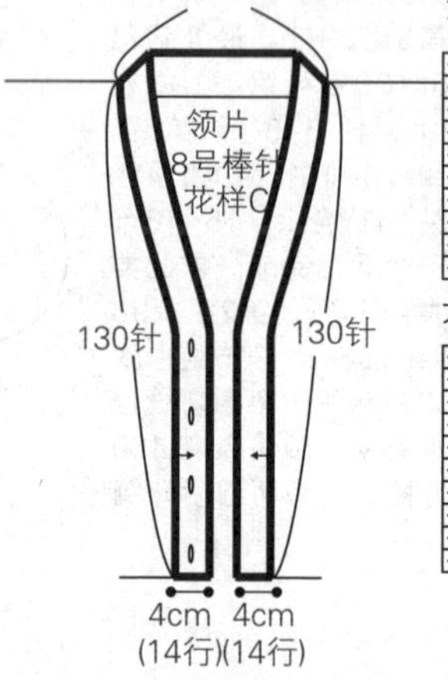

花样 C

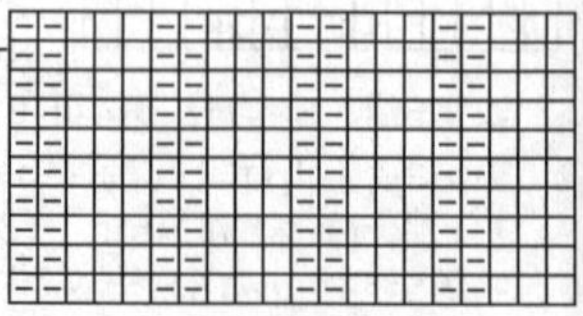

花样 A　单罗纹

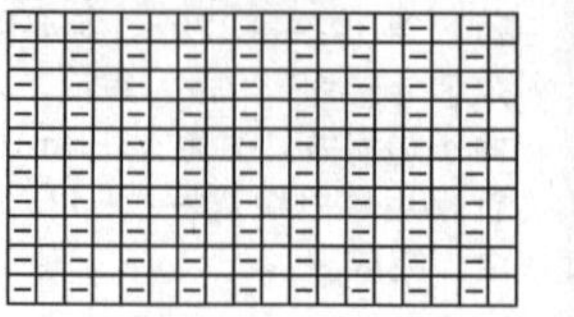

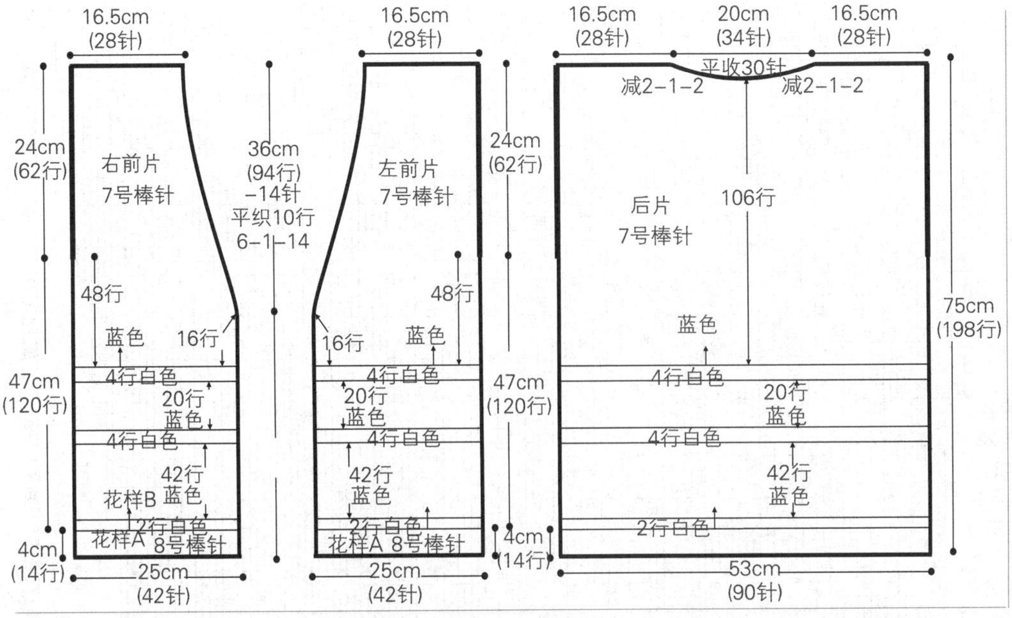

09

【成品规格】衣长67cm，胸宽48cm，袖长36.5cm

【编织密度】14针×18.5行=10cm²

【工　　具】8号棒针

【材　　料】咖啡色羊绒线900g，2股合1股

【编织要点】

由左右2片组成，另外再织1片领子和2只口袋。

1.身片，先织左身片，用8号棒针起43针，其中25针织下针，18针织单罗纹，不加不减织76行到腋下，一次加27针，作为袖长，然后按图示加针，织52行，共加14针，再按图示减针，减针完毕，袖子形成，继续往上织，8−1−1，6−1−8，如图，不减针继续织10行；门襟侧织124行，按图示进行领口加减针，前后领共织30行，然后织后片，按图示，进行后片中缝减针，6−1−5，4−1−13，减针完毕，进行下摆减针，如图。用相同的方法编织右身片。

2.口袋，起6针，按图示加针，2−1−12，往上织32行，再减针，减针方法如图，2−1−12，留6针，收针，断线。对折，缝合，如图。

3.领，起54针，两侧6针织单罗纹，不加不减织28行，收针，断线。

4.缝合，缝合袖下线和侧缝线，并缝合领子和口袋。

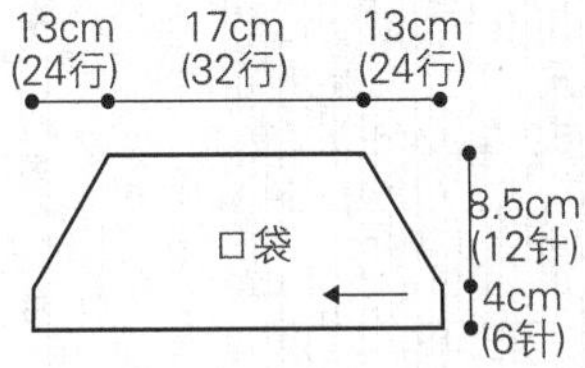

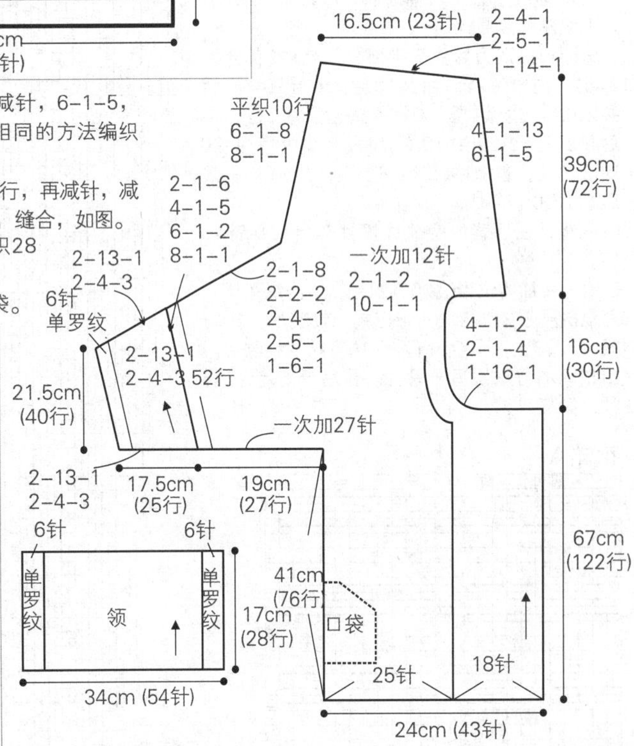

10

【成品规格】衣长75cm，胸围99cm，袖长6cm

【编织密度】4.2mm棒针：20针×31.5行=10cm²

3.6mm棒针：25针×35行=10cm²

【工　　具】3.6mm、4.2mm棒针

【材　　料】进口蓝色棉线270g，白色棉线20g

【编织要点】

根据结构图所示，衣服由1个后身片、2个前片、2个袖片缝合完成。

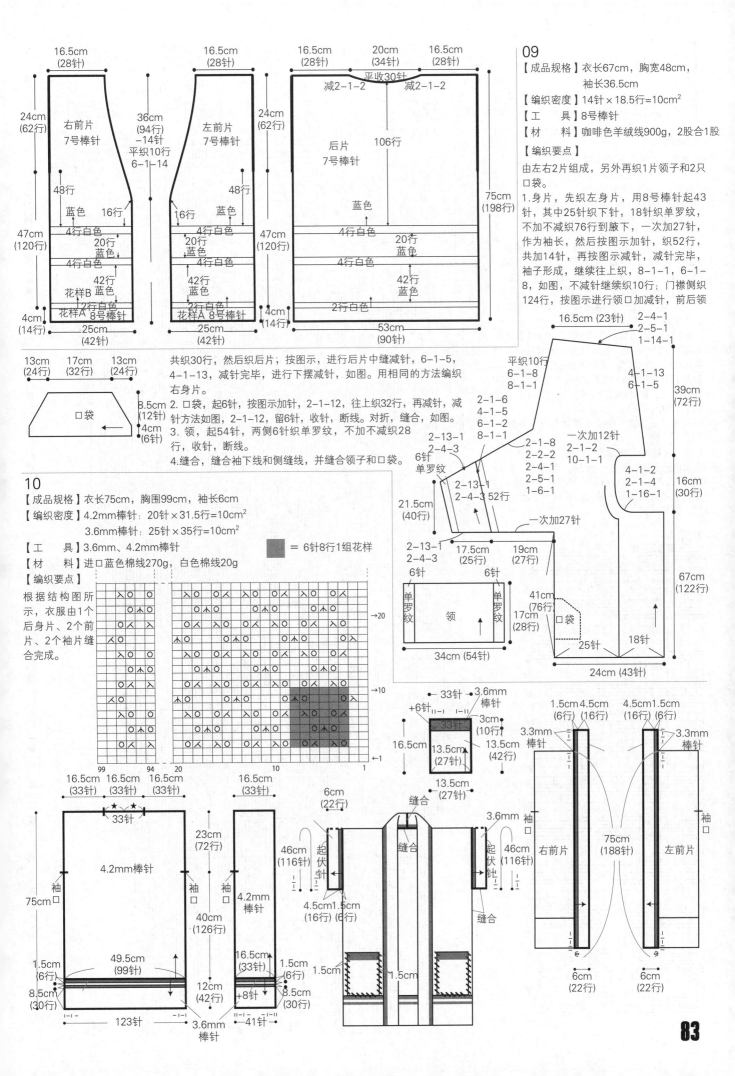

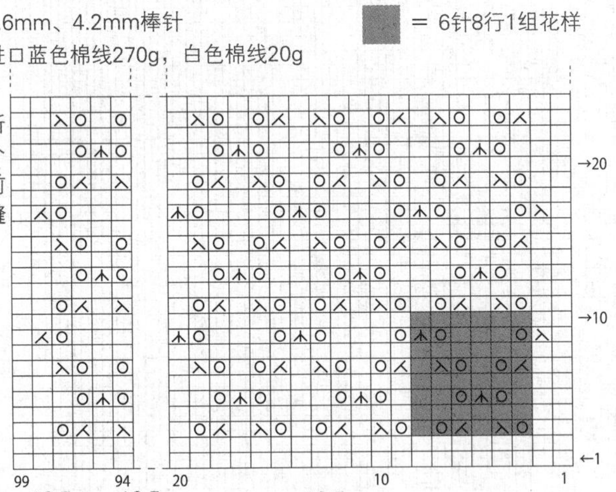

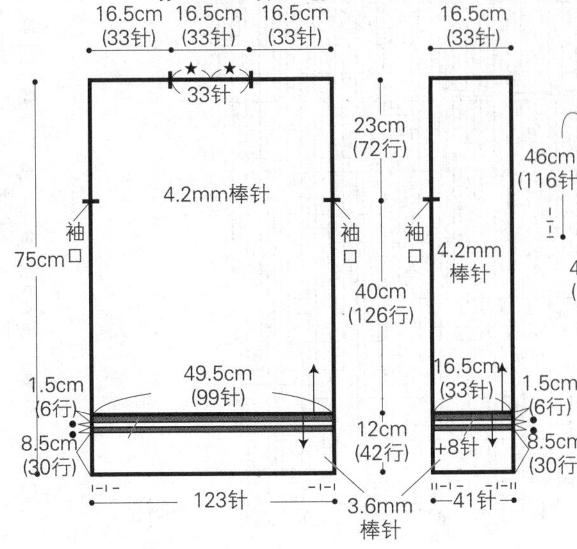

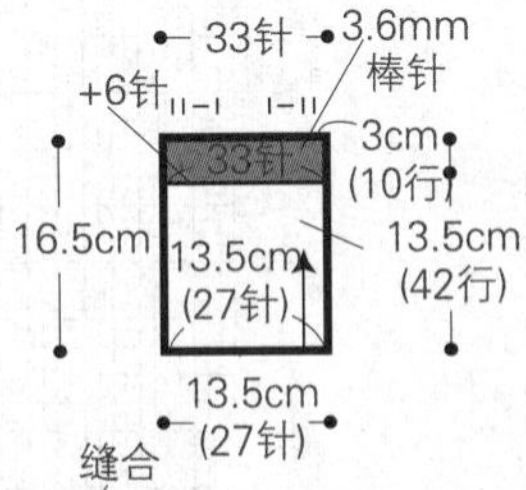

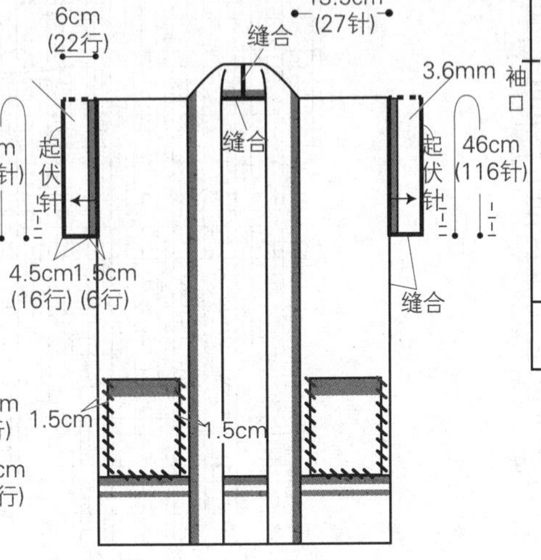

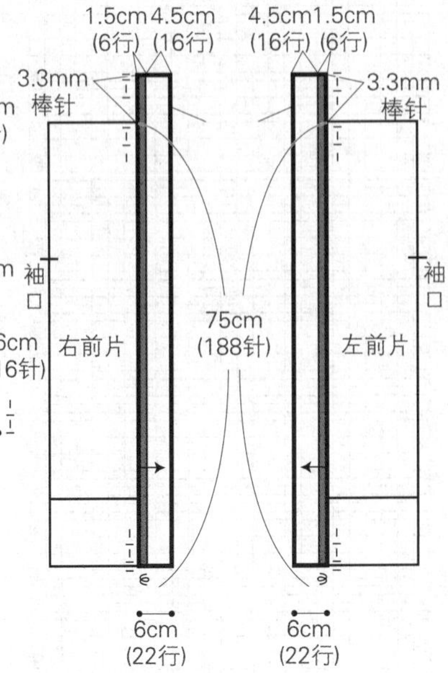

11

【成品规格】衣长117cm，胸围80cm，袖长53cm

【编织密度】25针×40行=10cm²

【工　　具】2.0mm钩针，4.0mm棒针

【材　　料】进口羊绒线600~720g

【编织要点】

1.根据结构图所示，衣服由2个长方形织片、1个扇形织片组成。

2.长方形：按照结构图所示。

(1)先织衣服的前端，即左边长方形，起65针织花样A，不加减针共织370行平收待用。

(2)织前后片，即中间长方形，起62针织花样B和花样C，织145行后开袖窿，先平收28针，再2行减2针减2次，平织4行，2行加2针加2次，平织74行至第2个袖窿口，用相同的方法对称织完另一只袖窿后，起28针共62针往上织左前片共145行。

3.扇形：扇形为后片下半部分，起112针分为34层，内层每2针1组共13层，外层每4针1组共20层，边缘1层为6针；先全部织2行，然后每2行少织2针共13次，每2行少织4针共20次。注意：边缘1层每行均要织，共织6次，最后全部织2行平收。

4.后背：在后背的空缺位置挑64针织平针40行。

5.袖：在袖的位置挑70针织袖，中间织花样，两侧6行减1针减2次，8行减1针减4次，10行减1针减8次，平织5行，织10行单罗纹收针，用相同的方法织另一只袖。最后分别缝合2只袖片侧缝。

花样 A

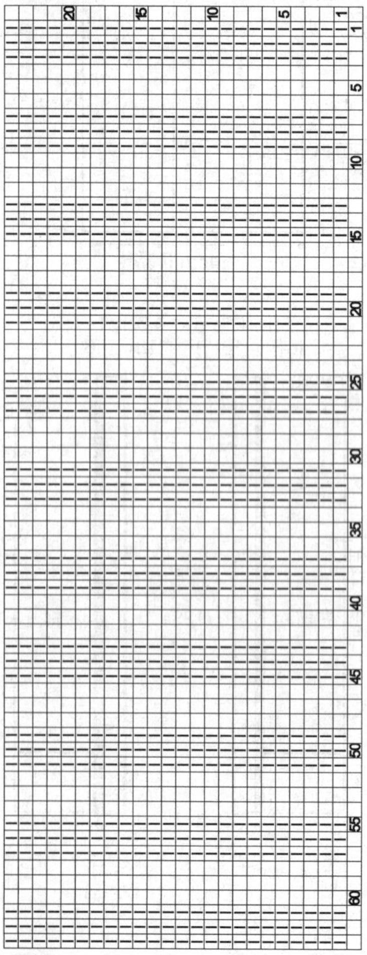

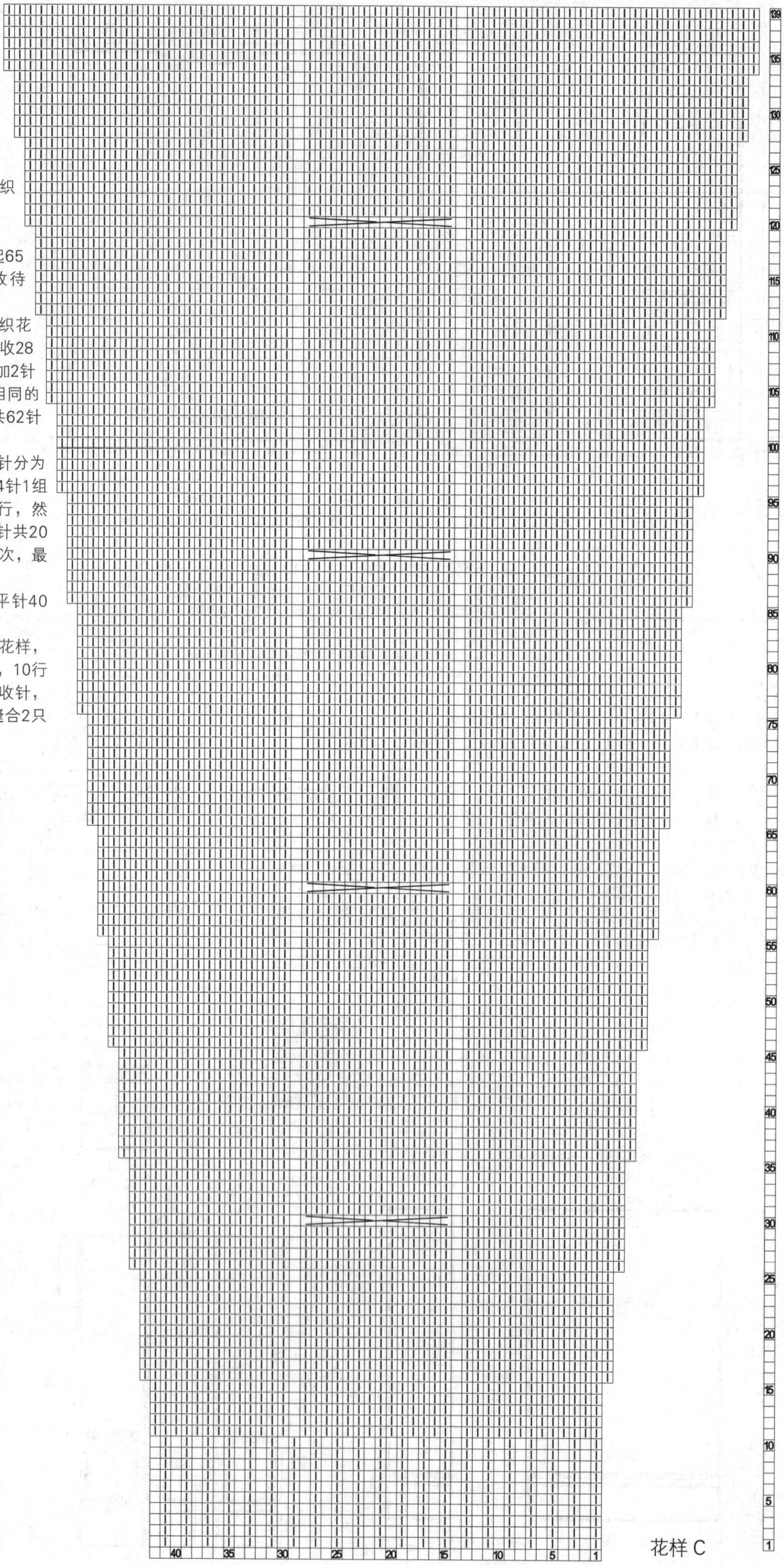

花样 C

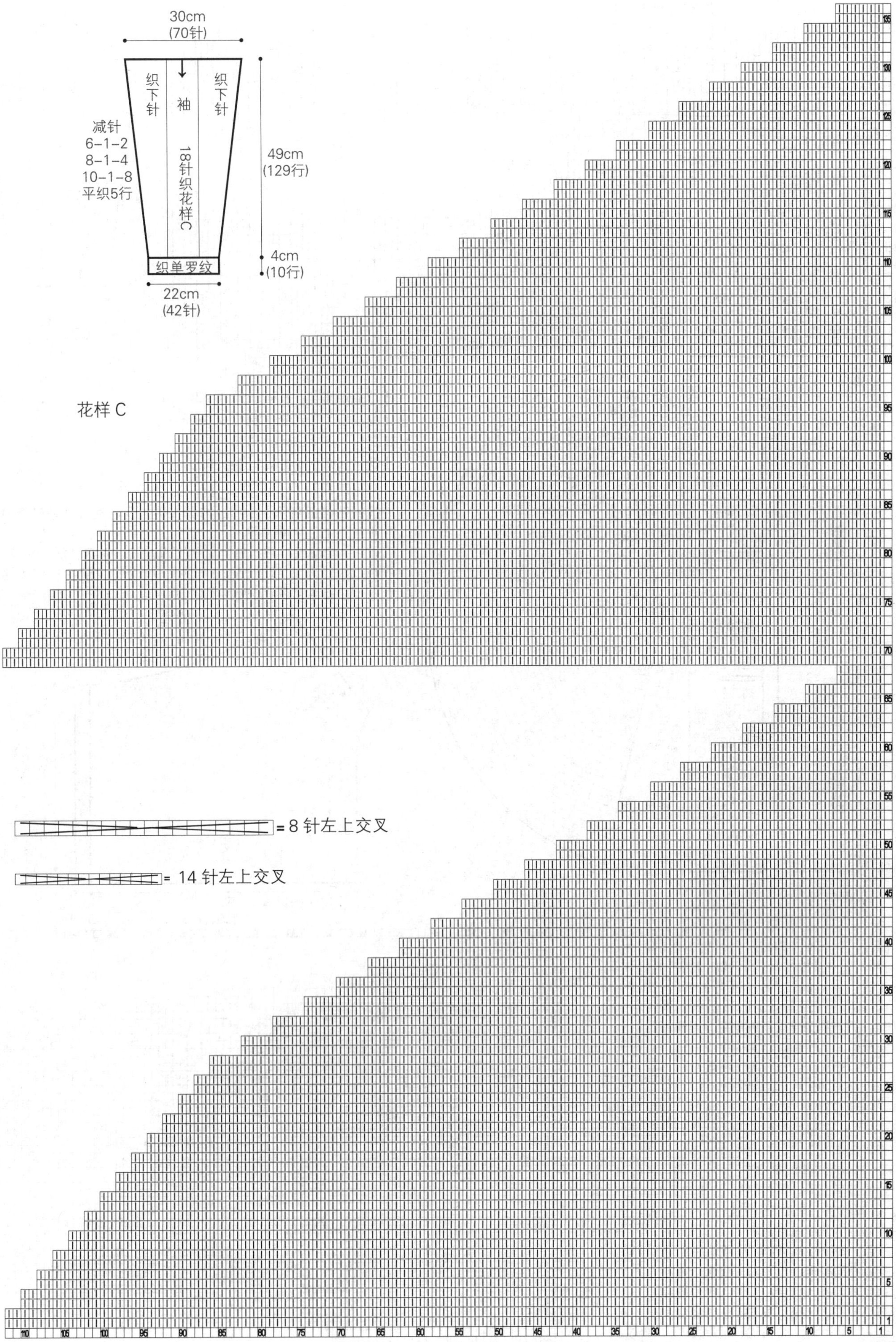
30cm
(70针)
织下针
袖
织下针
减针
6-1-2
8-1-4
10-1-8
平织5行
18针织花样C
49cm
(129行)
4cm
(10行)
织单罗纹
22cm
(42针)
花样C
= 8 针左上交叉
= 14 针左上交叉

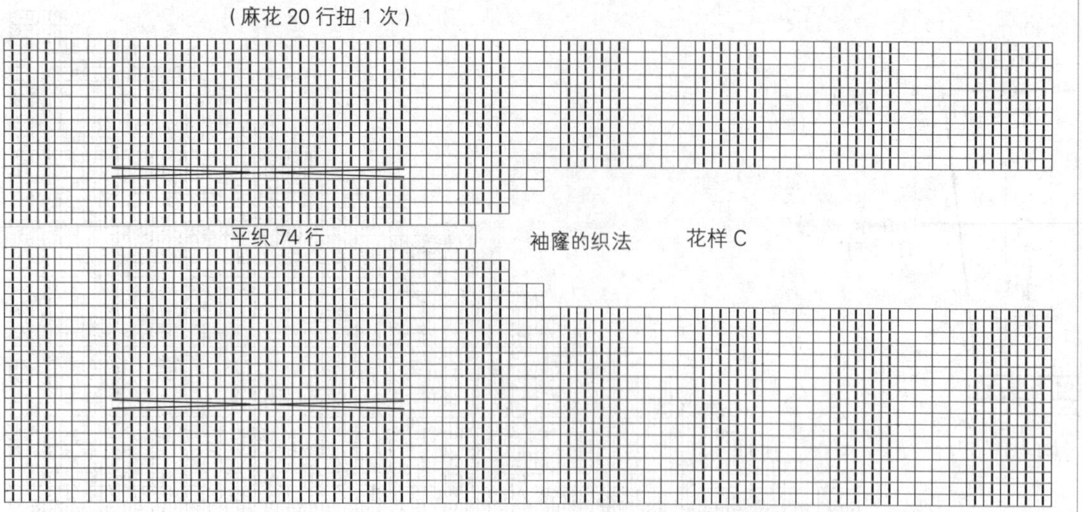

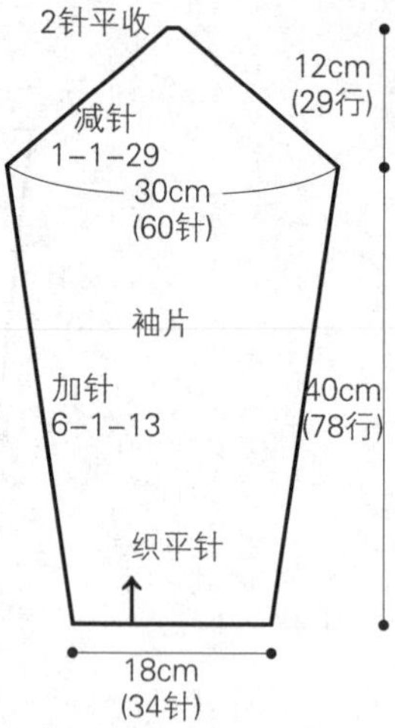

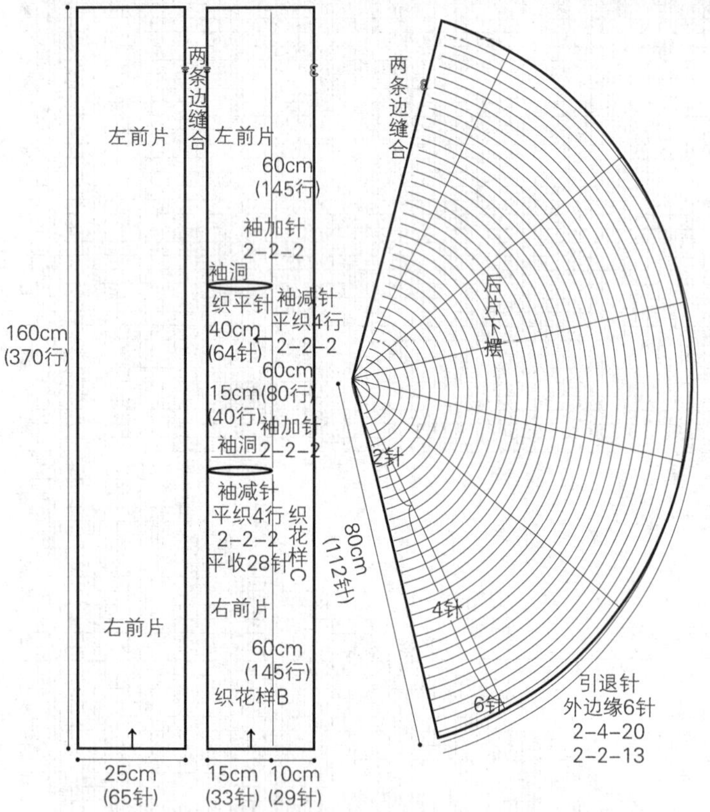

12

【成品规格】衣长48cm，胸围96cm

【编织密度】20针×24行=10cm²

【工　　具】6.0mm环针

【材　　料】进口山羊绒线550g

【编织要点】

1.根据结构图所示，衣服共分为左右前片、后片、领子及左右袖片。前片比后片长20行。

2.后片：全部织平针；起74针往上织62行，两侧各加1针，4行加1针加2次，2行加1针加2次，1行加1针加1次，平织2行后开始收针，每2行收1针收至最后46针平织2行后平收。

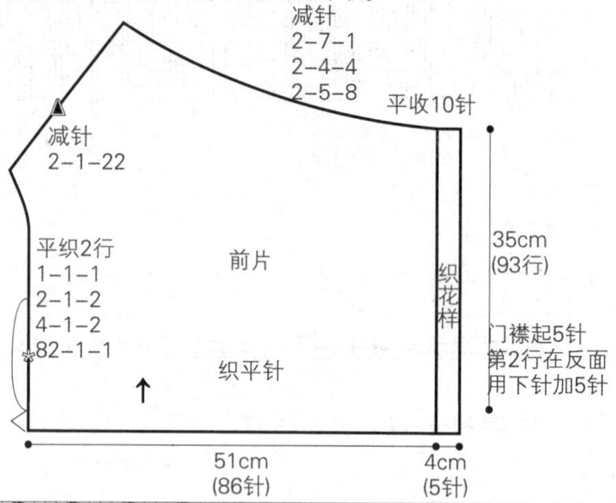

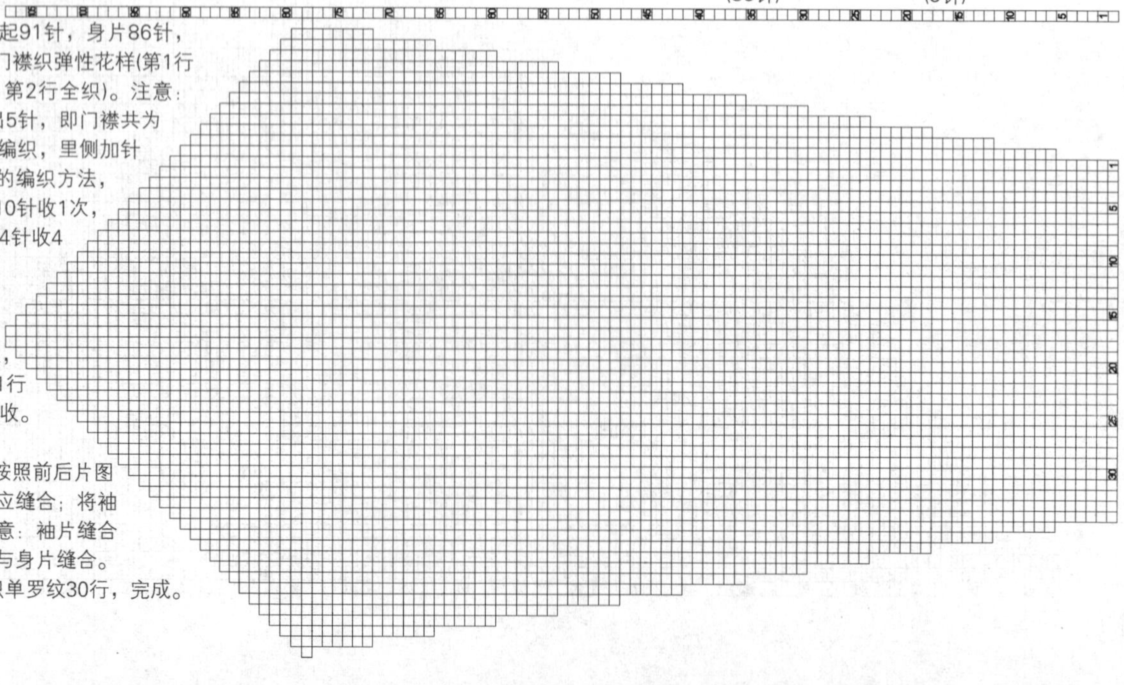

3.前片：以左前片为例，起91针，身片86针，门襟5针；身片织平针，门襟织弹性花样(第1行织下针，上针挑过不织，第2行全织)。注意：织门襟第2行在下针处加出5针，即门襟共为10针，并与衣身连在一起编织，里侧加针方法见前片结构图。领窝的编织方法，先平收门襟10针，2行收10针收1次，再2行收5针收8次，2行收4针收4次，2行收7针收1次。

4.袖片：以左袖片为例，从袖口往上均织平针；起34针，每6行加1针加13次，开始收挂肩部分，再两侧1行减1针减29次，最后2针平收。用相同的方法织右袖片。

5.缝合：如结构图所示，按照前后片图中标着相同符号的位置对应缝合；将袖片缝合后与身片缝合。注意：袖片缝合线在上，袖山呈倒三角式与身片缝合。

6.领子：沿领窝挑301针织单罗纹30行，完成。

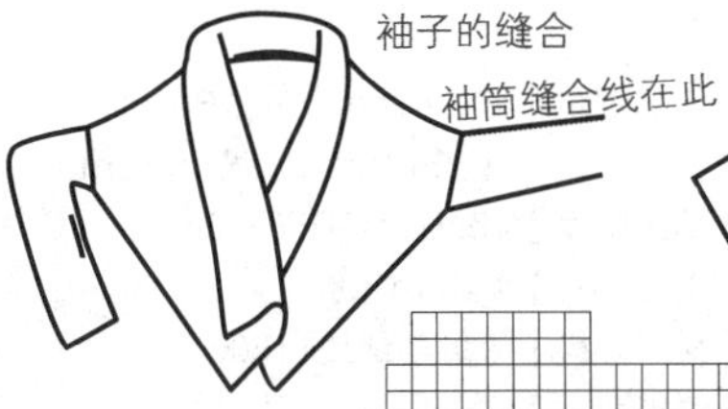
袖子的缝合
袖筒缝合线在此

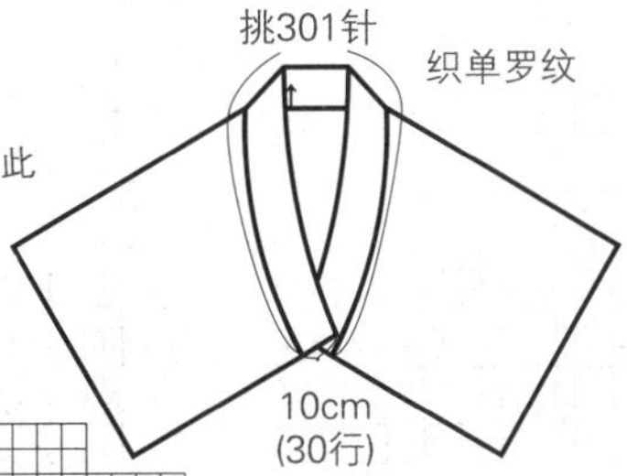
挑301针
织单罗纹
10cm
(30行)

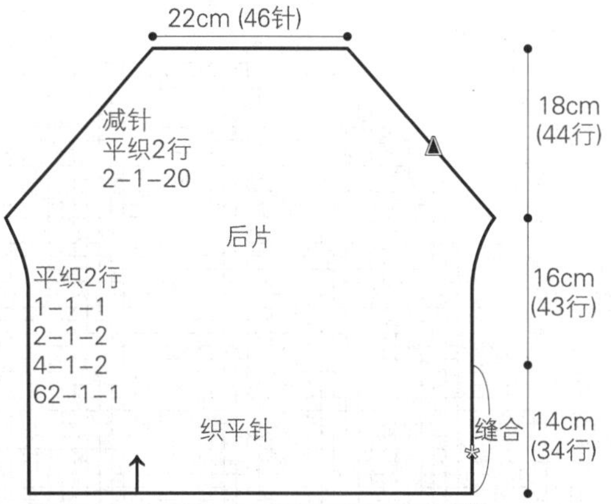
22cm (46针)
18cm
(44行)
减针
平织2行
2-1-20
后片
16cm
(43行)
平织2行
1-1-1
2-1-2
4-1-2
62-1-1
14cm
(34行)
缝合
织平针
48cm
(74针)

□ = |
= 扭加针
V = 浮针

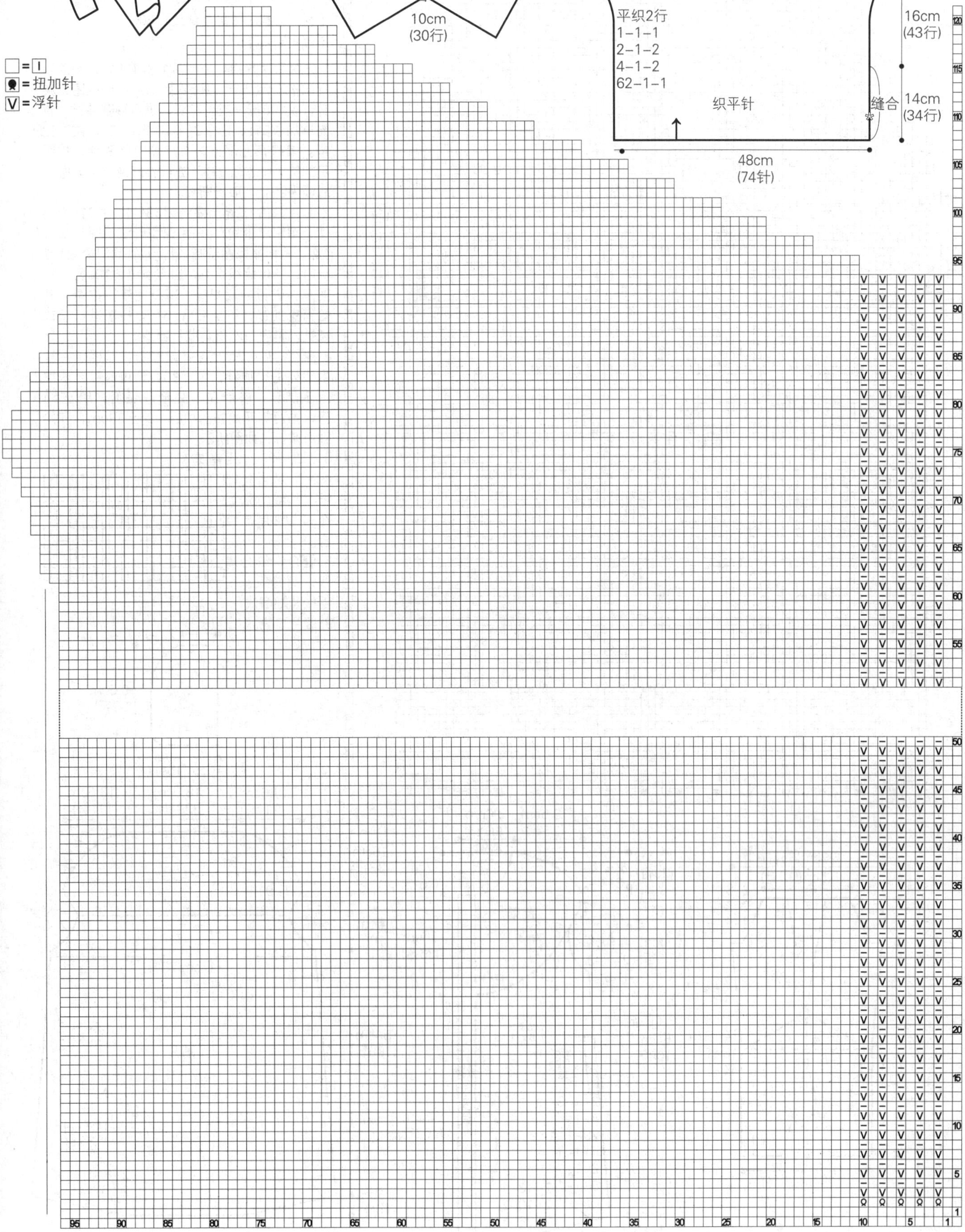

13

【成品规格】胸宽47cm，衣长80cm，袖长42cm，肩宽45.5cm

【编织密度】15.5针×20行=10cm²

【工　　具】4.2mm棒针

【材　　料】手编羊绒线1150g

【编织要点】

1.先织后片，用4.2mm棒针起129针，用退引针法按图示加针，加5次，然后两侧按图示减针，织108行，减至73针，进行袖窿减针，首先一次收5针，然后2行减3针减4次，减针完毕。编织育克部分，育克编织单罗纹，按图示加针，一次加9针，进行斜肩减针，如图，后领为29针，收针断线。

2.前片，用4.2mm棒针起58针(其中6针为门襟，编织单罗纹)，采用退引针法按图示加针4次，两侧按照图示减1针，减针到门襟侧102行时，开始编织育克，织至侧缝侧108行，按图示，进行袖窿减针，减针完毕，按图，开始育克加针，织至最后16行，按图进行领口减针，斜肩为21针，收针断线。

3.袖片，用4.2mm棒针起23针，按图示在袖中线处进行加针，织至30行，用退引针法按图示加针，在肘关节处形成弧度，织至44行，袖两侧开始按图加针，织至38cm，开始袖山减针，如图所示。

4．口袋，用4.2mm棒针起15针，编织方法如图，织2片，缝合。

5.缝合，缝合肩线、侧缝线、袖下线和袖窿线，并缝合口袋。

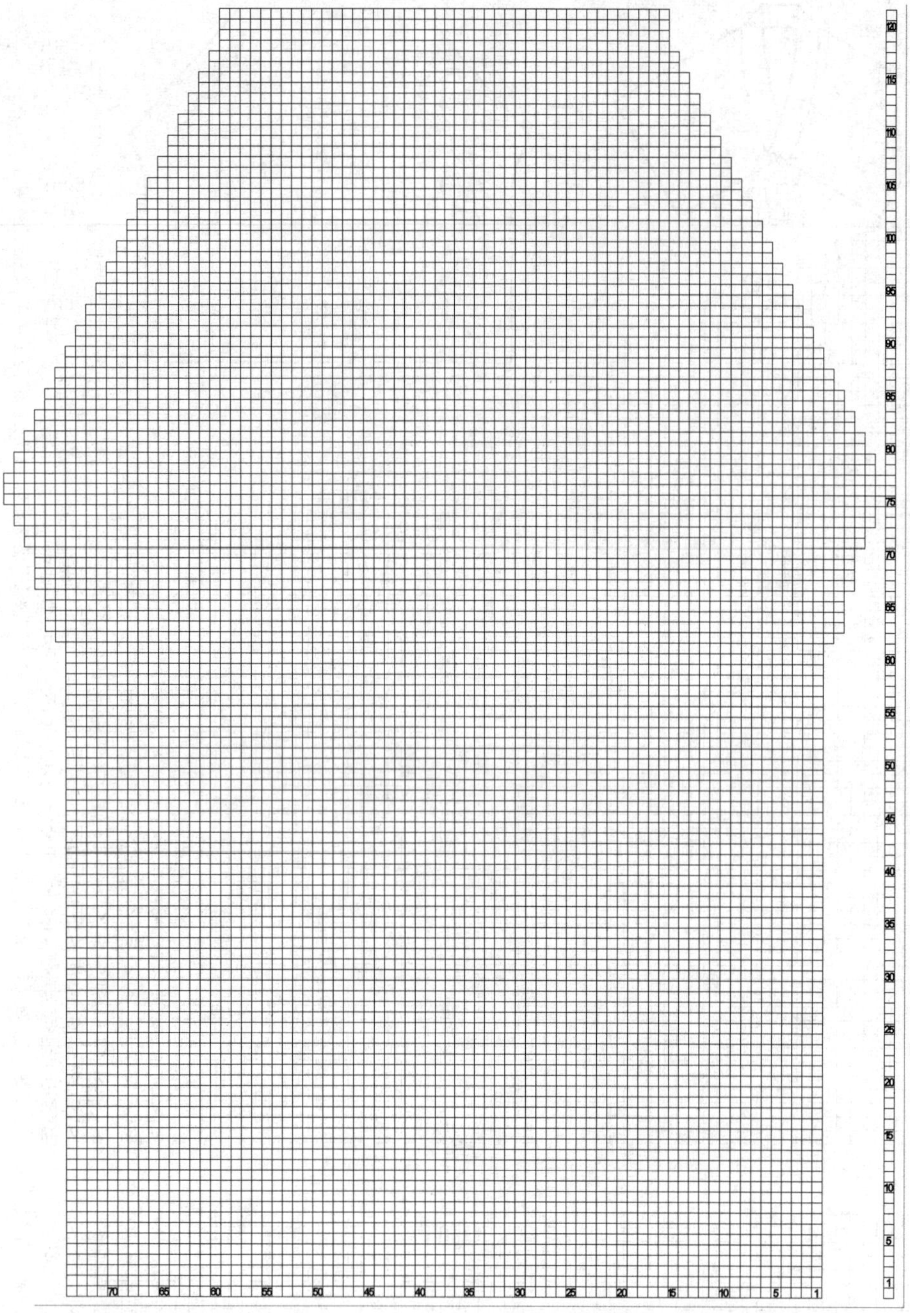

单罗纹

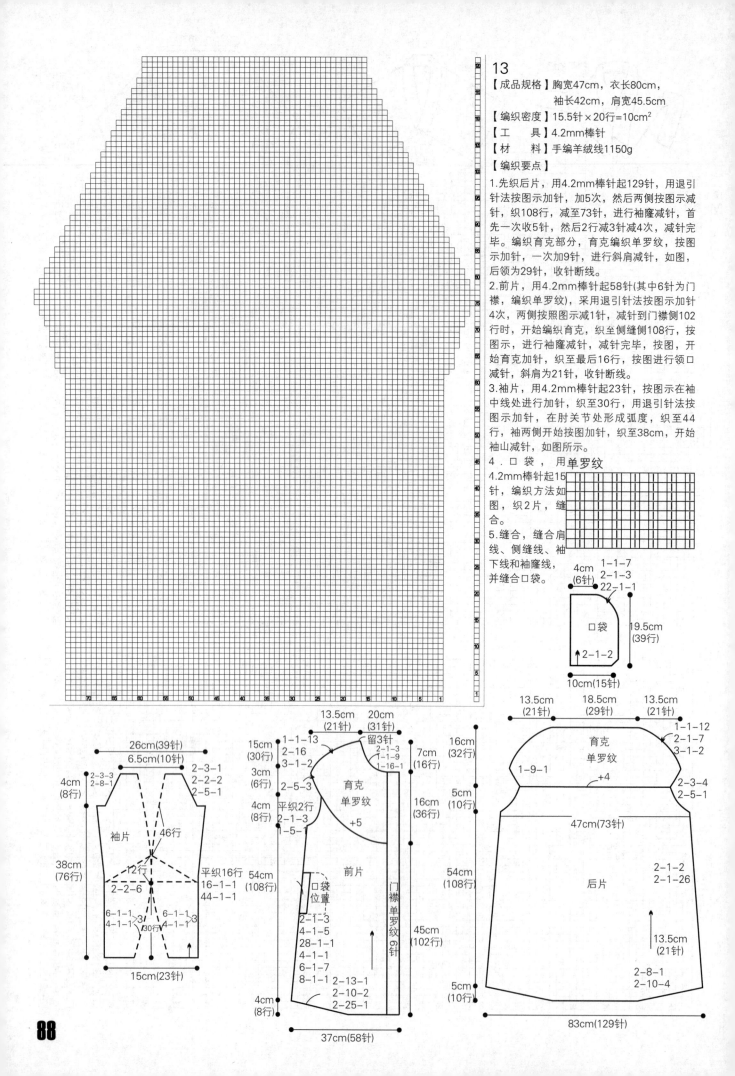

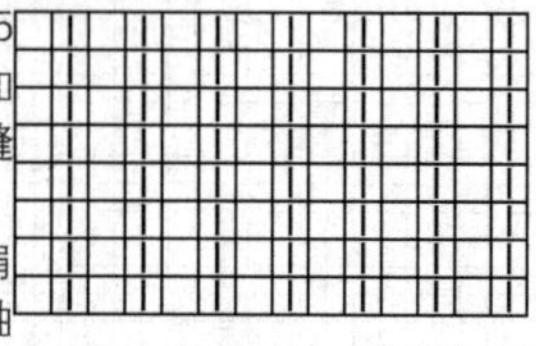

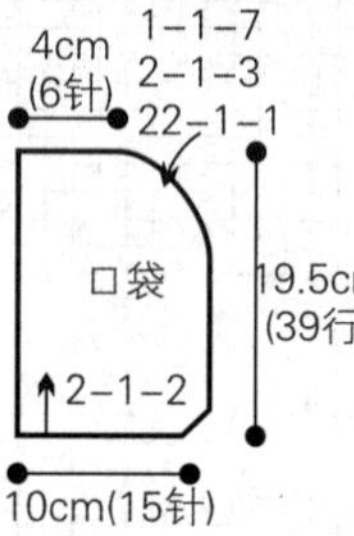

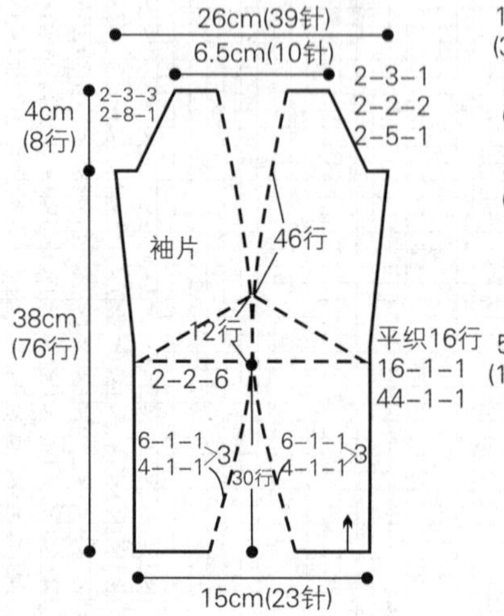

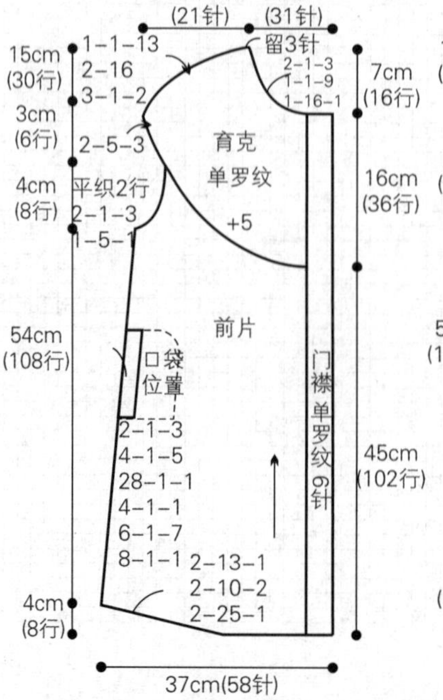

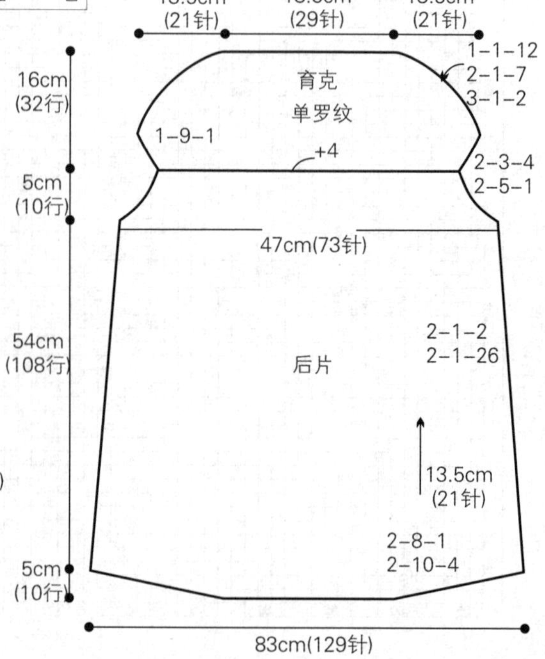

14

【成品规格】衣长85cm，胸宽55cm，肩宽41cm，袖长40cm

【编织密度】11针×12行=10cm²

【工　　具】3.9mm棒针

【材　　料】土黄色羊毛线1100g

【编织要点】

1.棒针编织法：由左右前片、后片、领片与袖片、襟组成。

2.前后片织法：

(1)前片的编织：由右前片和左前片组成。先织右前片：单罗纹起针法，起33针，起织花样A，织18行，然后重新排花样，从右至左依次是，23针花样C，10针花样B，按排好的花样平织60行至袖窿，袖窿起在左侧按平收4针、2-1-2方法收6针，袖窿起织14行后在右侧按平收6针、2-2-4方法收14针，再织平2行至肩部，剩13针，锁针断线，同样方法织另一片。

(2)后片的编织：单罗纹起针法，起61针，起织花样A，织18行，然后重新排花样，从右至左依次是，19针花样B，23针花样D，19针花样B，按排好的花样平织60行至袖窿，袖窿起在两侧按平收4针、2-1-4方法收各8针，袖窿起织20行后在中间平收15针，分两片织，每15针，先织右片，在左侧按2-1-2方法收2针，剩13针，锁针断线，同样方法织另半片。

3.袖片的编织：单罗纹起针法，起41针，起织花样A，织12行后，排花样，从左至右依次是，9针花样B，23针花样D，9针花样B，按排好的花样织36行，同时在左右两侧按8-1-4方法各4针，再织平4行至袖山，剩49针，锁针断线，同样方法织另一片。

4.缝合：把织好的左右前片和后片缝合到一起。

5.领片的织法：沿前后领窝挑62针，织花样E，织6行。

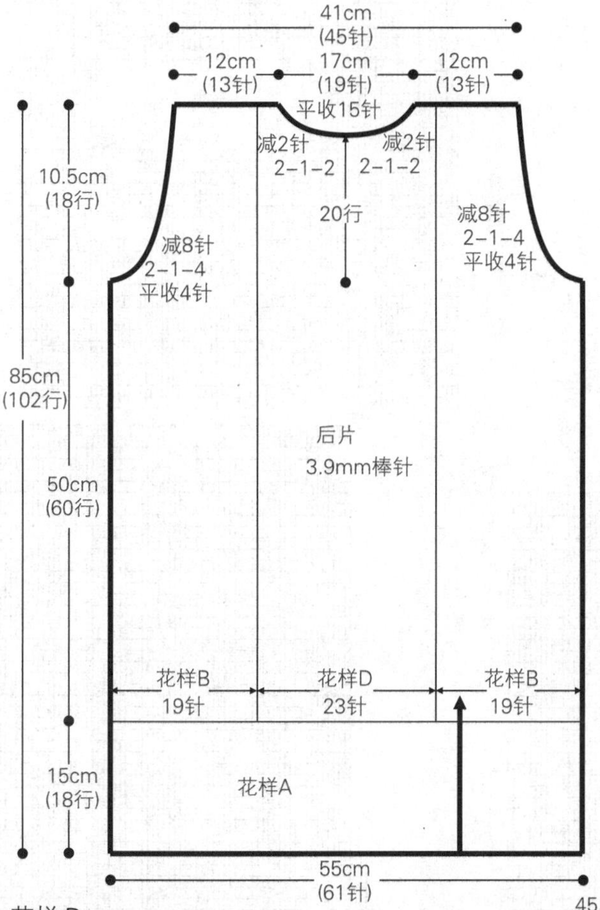

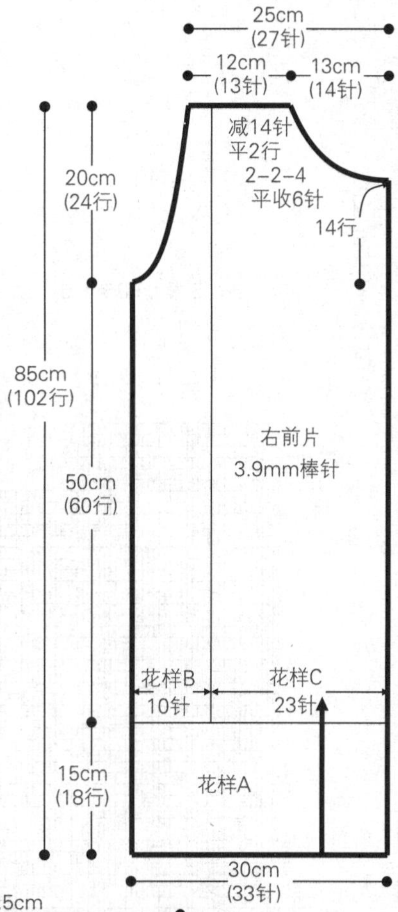

花样A（单罗纹）

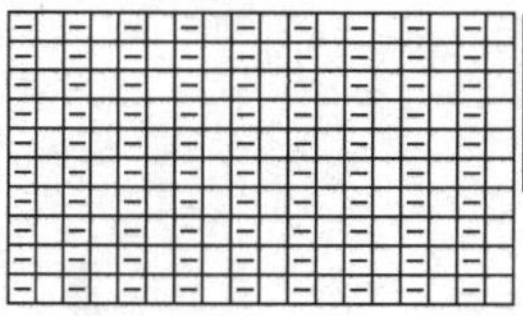

花样E

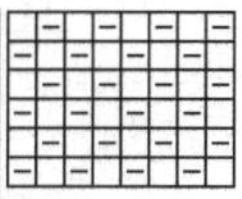

花样B

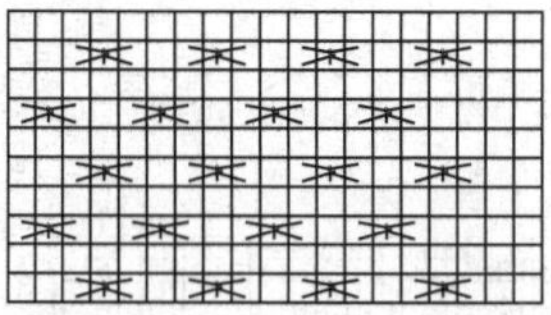

花样C

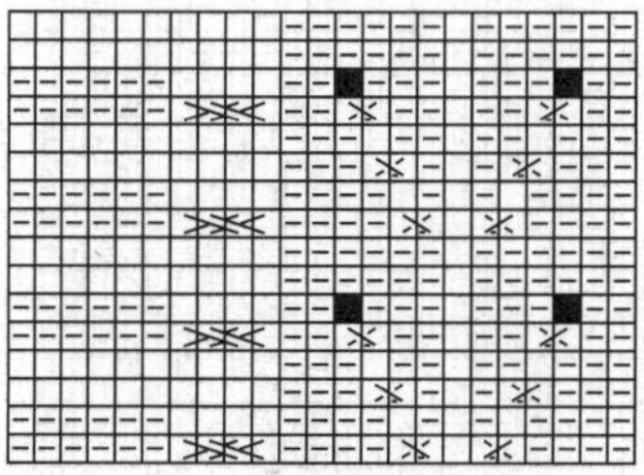

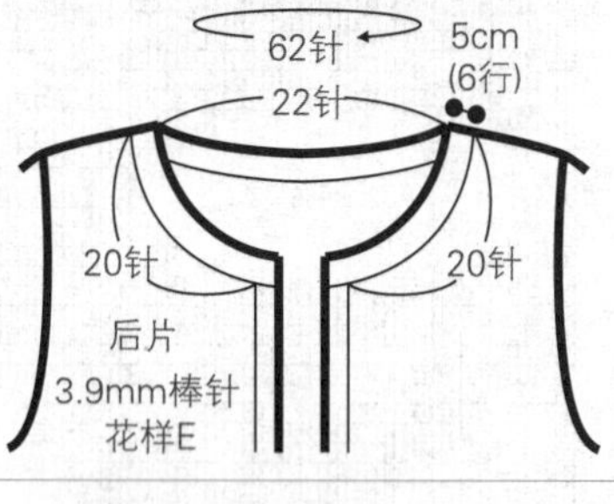

花样D

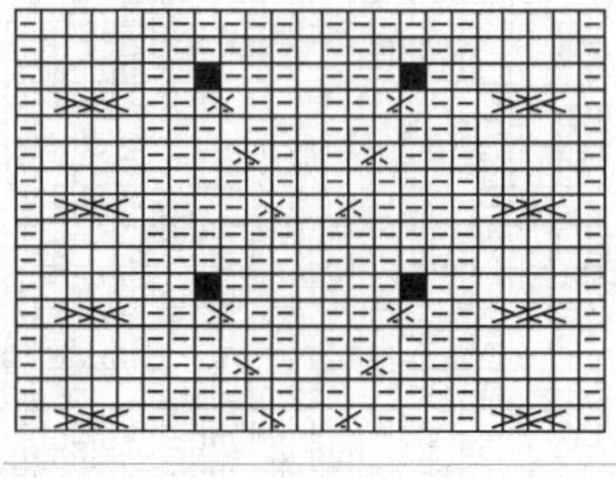

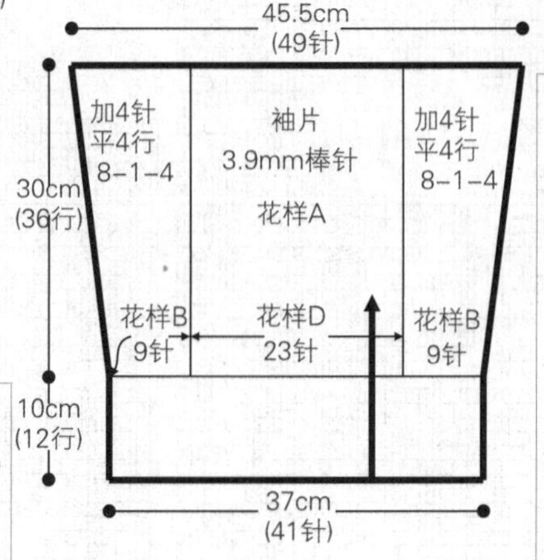

15

【成品规格】胸围138cm，背肩宽46cm，衣长76cm，袖长49cm

【编织密度】17针×26行=10cm²

【工　　具】8号棒针

【材　　料】深绿色兔毛线1000g

【编织要点】

1.织后片。编织方向为从下往上，起96针，采用花样编织；在侧缝线处不加减针织到49cm后，按图示收出袖窿弯度；从袖窿线往上织25.5cm后，在后领处收出后领弧度。

2.织前片。编织方向为从下往上，起48针，采用花样编织；在侧缝线处不加减针织到49cm后，按图示开始收出袖窿弯度；继续往上编织，前领不用收针，直接上接风帽。然后再织好另一个对应的前片。将肩上的针和后片缝合。

3.织袖子。起30针，从上往下编织，在袖山两旁按图示加针，到袖壮线处再按图示减针；到接近袖口时，分散减14针，然后织袖口。用同样的方法织好另一个袖子。分别合并侧缝线和袖下线，并安装好袖子。

4.织风帽。起66针，采用花样往上编织。织到风帽后角处按图示收针。将帽顶片和两侧片合并好。

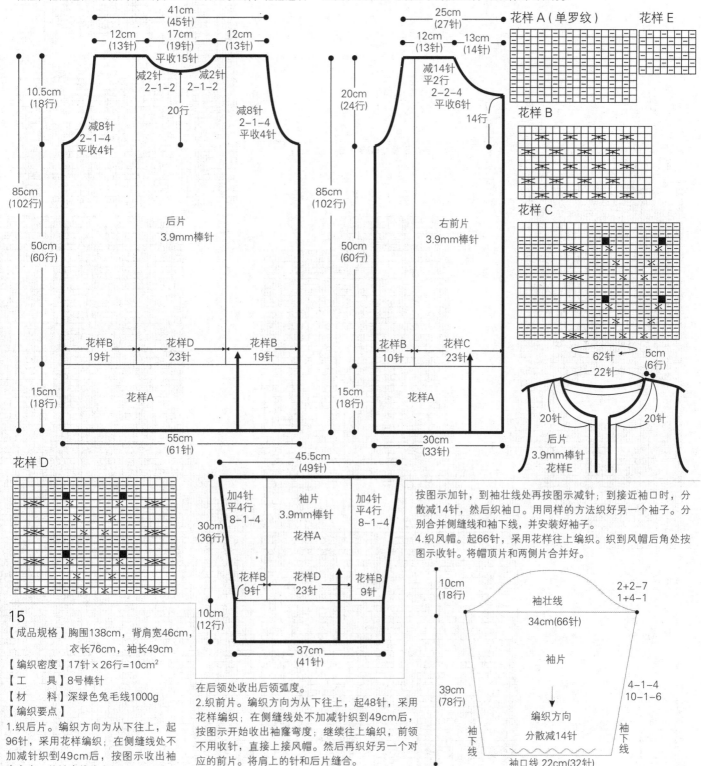

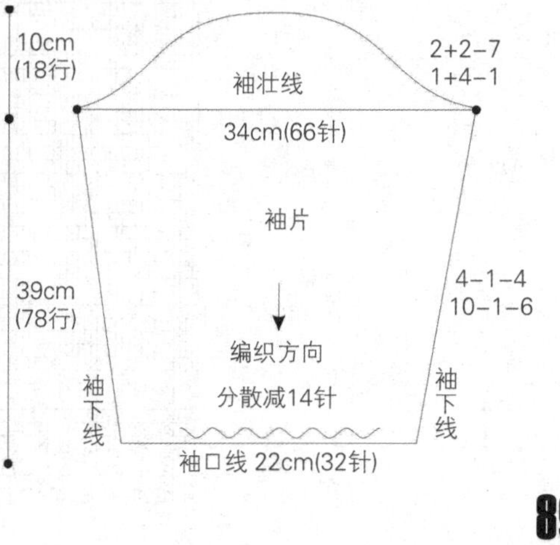

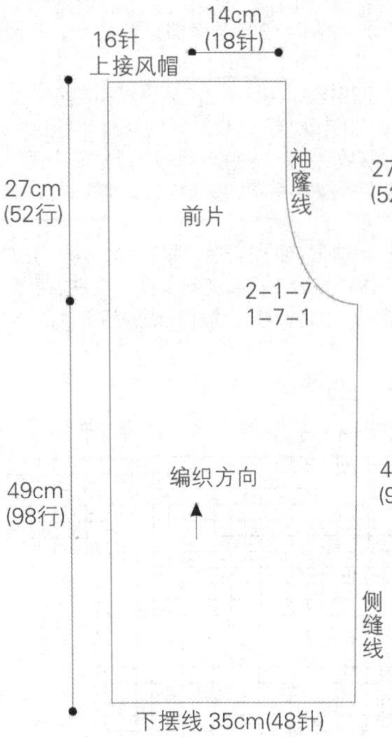
16针
上接风帽
14cm
(18针)
27cm
(52行)
前片
袖窿线
2-1-7
1-7-1
49cm
(98行)
编织方向
侧缝线
下摆线 35cm(48针)

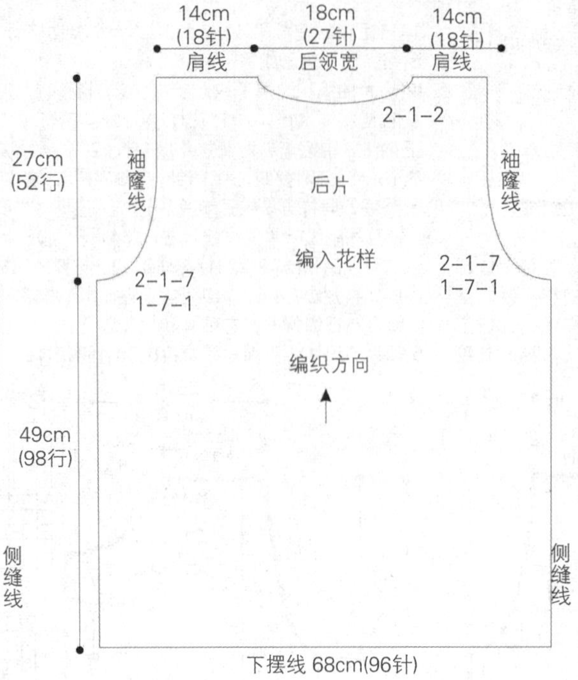
14cm
(18针)
肩线
18cm
(27针)
后领宽
14cm
(18针)
肩线
2-1-2
27cm
(52行)
袖窿线
后片
袖窿线
编入花样
2-1-7
1-7-1
2-1-7
1-7-1
编织方向
49cm
(98行)
侧缝线
下摆线 68cm(96针)

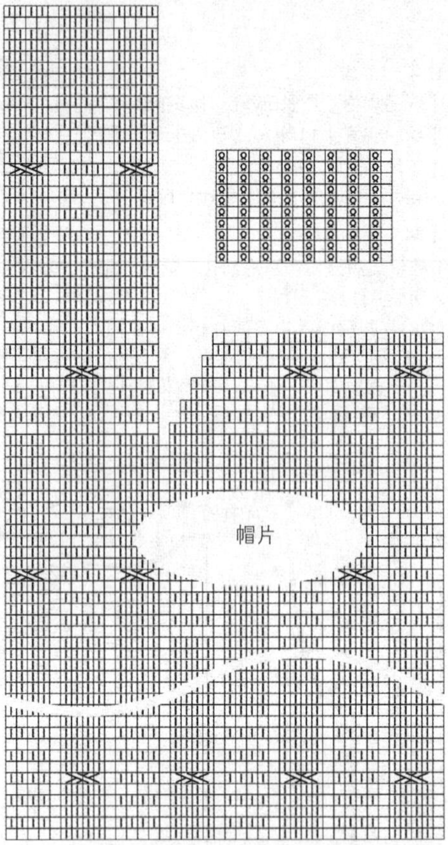
帽片

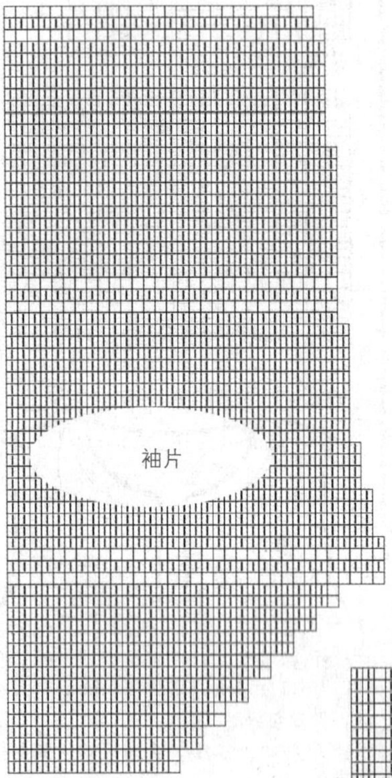
袖片

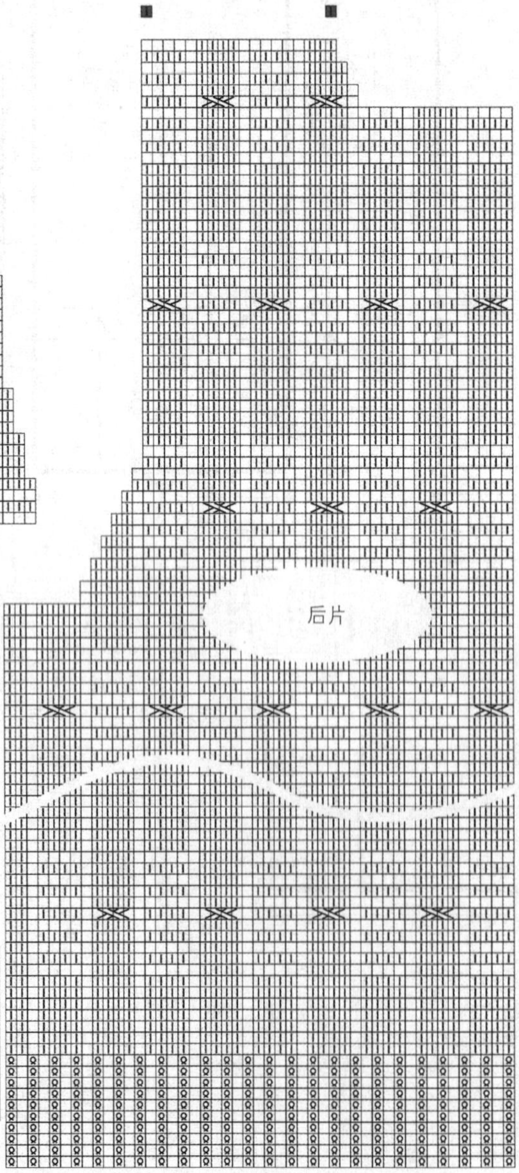
后片

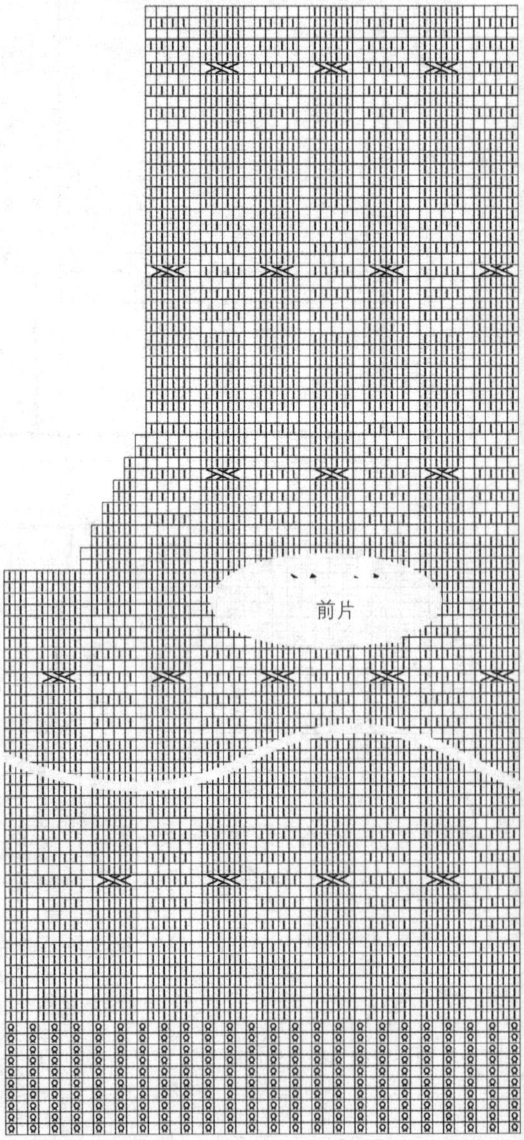
前片

2针下针右上交叉

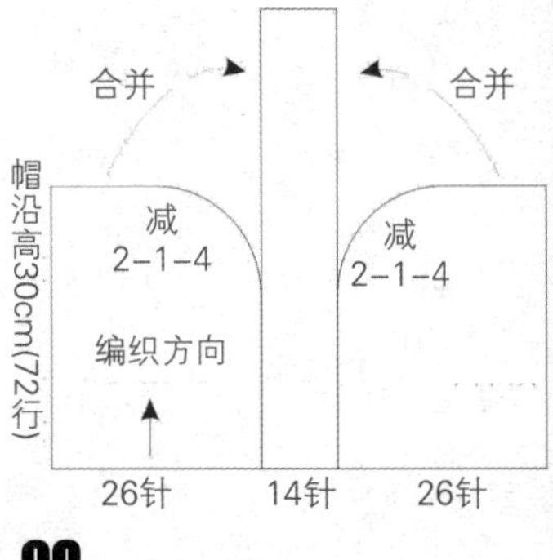
合并
合并
帽沿高30cm(72行)
减
2-1-4
减
2-1-4
编织方向
26针
14针
26针

16

【成品规格】胸围120cm，背肩宽38cm，衣长80cm，袖长53cm

【编织密度】11针×12行=10cm^2

【工　　具】8号棒针

【材　　料】军绿色羊毛线1100g

【编织要点】

1.织后片。编织方向为从下往上，起87针，采用花样编织，在侧缝线处按图示开始收出腰围线；再不加减针织到56cm后，按图示收出袖窿弯度；从袖窿线往上织22.5cm后，在后领处收出后领弧度。

2.织前片。编织方向为从下往上，起51针，采用花样编织，在侧缝线处按图示开始收出腰围线；再不加减针织到56cm后，按图示收出袖窿弯度；继续往上编织，前领不用收针，针数直接上接衣领。然后再织好另一个对应的前片，将肩上的针和后片合并。

3.织袖子。起14针，从上往下编织，在袖山两旁按图示加针，到袖壮线处再按图示减针。然后用同样的方法织好另一个袖子。分别合并侧缝线和袖下线，并安装好袖子。

4.织衣领。起80针，往上织1行上针1行下针。在前领角处按“每2行收1针”的规律，收3次，收针。安装衣领时，要将衣领的中点线和后片中点线对齐，往两边安装。

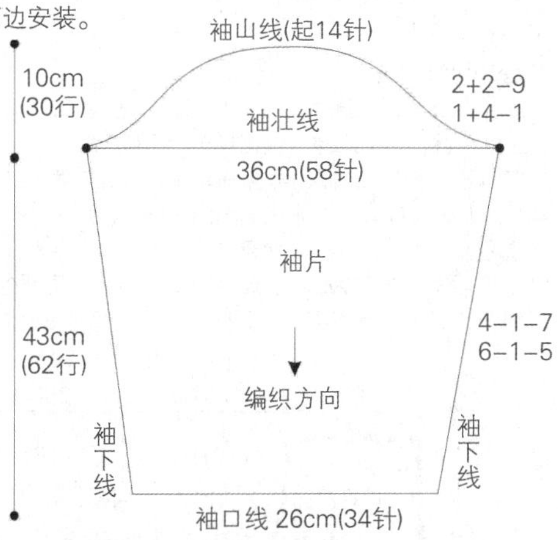

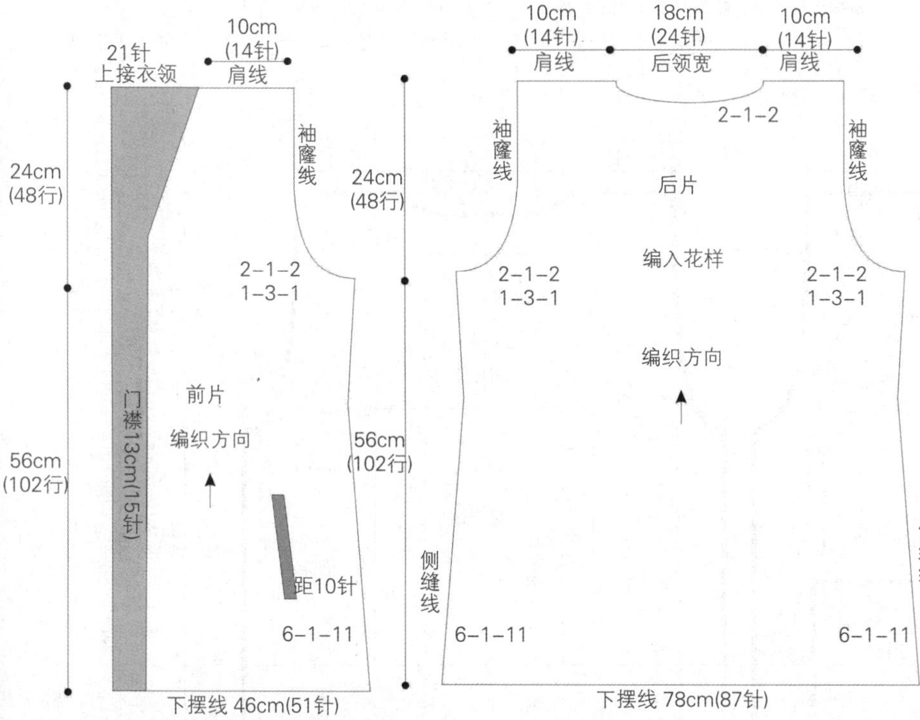

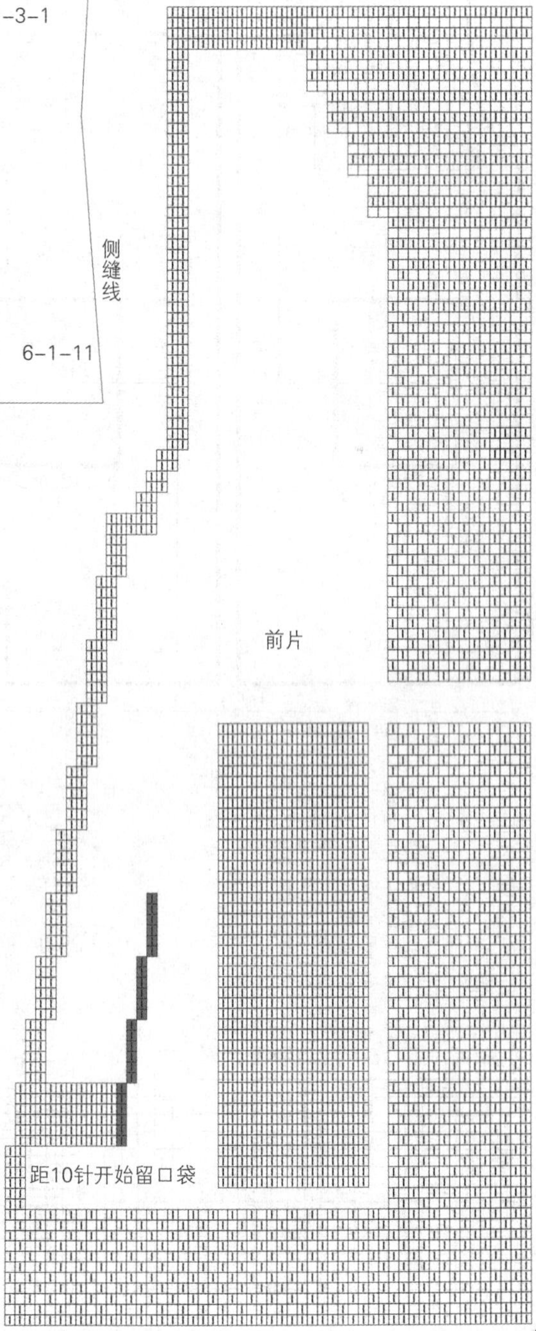

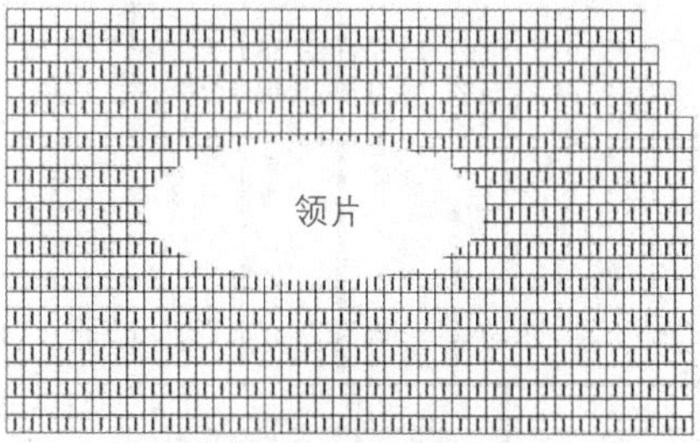

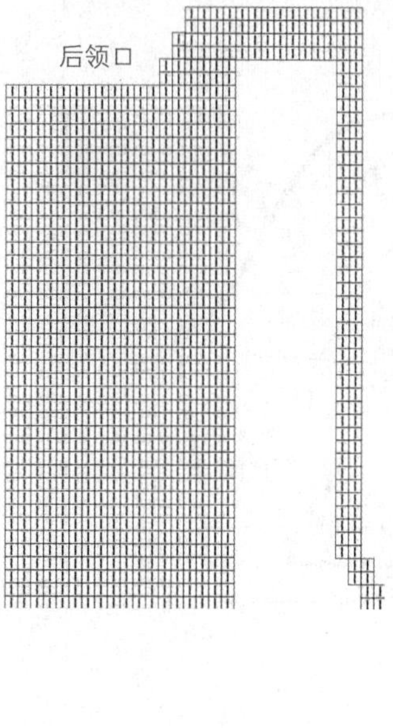

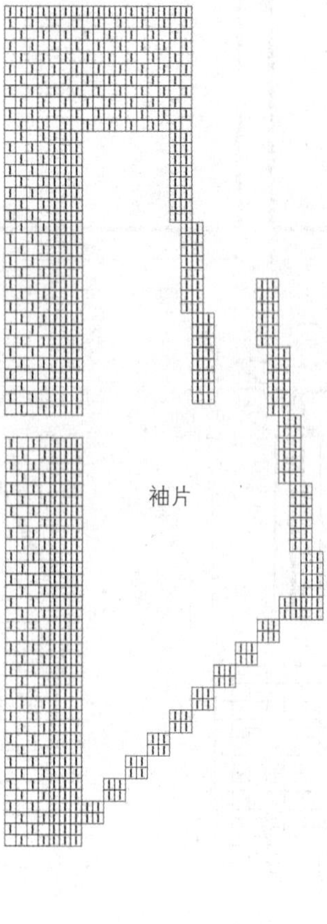

17

【成品规格】胸宽47cm，衣长80cm，袖长42cm，肩宽45.5cm

【编织密度】15.5针×20行=$10cm^2$

【工　　具】12号棒针

【材　　料】手编羊绒线1150g

【编织要点】

前后片编织方法：

1.棒针编织法，衣身为左右前片和后片分别编织缝合而成。

2.起织后片。起107针，织花样A，织88行后，中间49针改织花样C，其余针数织花样B，织至154行，两侧袖窿减针，方法为1-4-1、2-1-7，织至162行，花样C编织完成，整个后片两侧向中间按2-5-10的方法过渡编织花样A，如结构图所示，织至182行，全部改织花样A，织至216行，中间平收29针，两侧减针织成后领，方法为2-1-3，织至222行，两肩部各余下25针，收针断线。

3.起织左前片。起64针，织花样A，织88行后，右侧仍织10针花样A作为衣襟，其余针数织花样B，织至150行，第151行起，左侧留11针，右侧于衣襟外留8针，中间35针改织花样D，织至154行，左侧袖窿减针，方法为1-4-1，2-1-7，织至168行，花样D左右两侧针数全部改织花样A，如结构图所示，织至18行，右侧平收10针，然后按2-2-4、2-1-8、4-1-2的方法减针织成前领，织至222行，肩部余下25针，收针断线。

4.同样的方法相反方向编织右前片，将左右前片与后片侧缝对应缝合，肩缝对应缝合。

5.编织口袋片。起28针织花样F，织48行后，收针，将织片左右底三侧与衣身左右前片对应缝合。

领片编织方法：

1.棒针编织法，沿衣身及衣袖顶部留针挑起135针，往返编织，左右两侧各织6针花样A，其余针数织花样E，织44行后，收针。

2.将领片后领部分折叠成双层与衣身后领缝合，左右前领部分不缝合，领侧折褶缝上纽扣，断线。

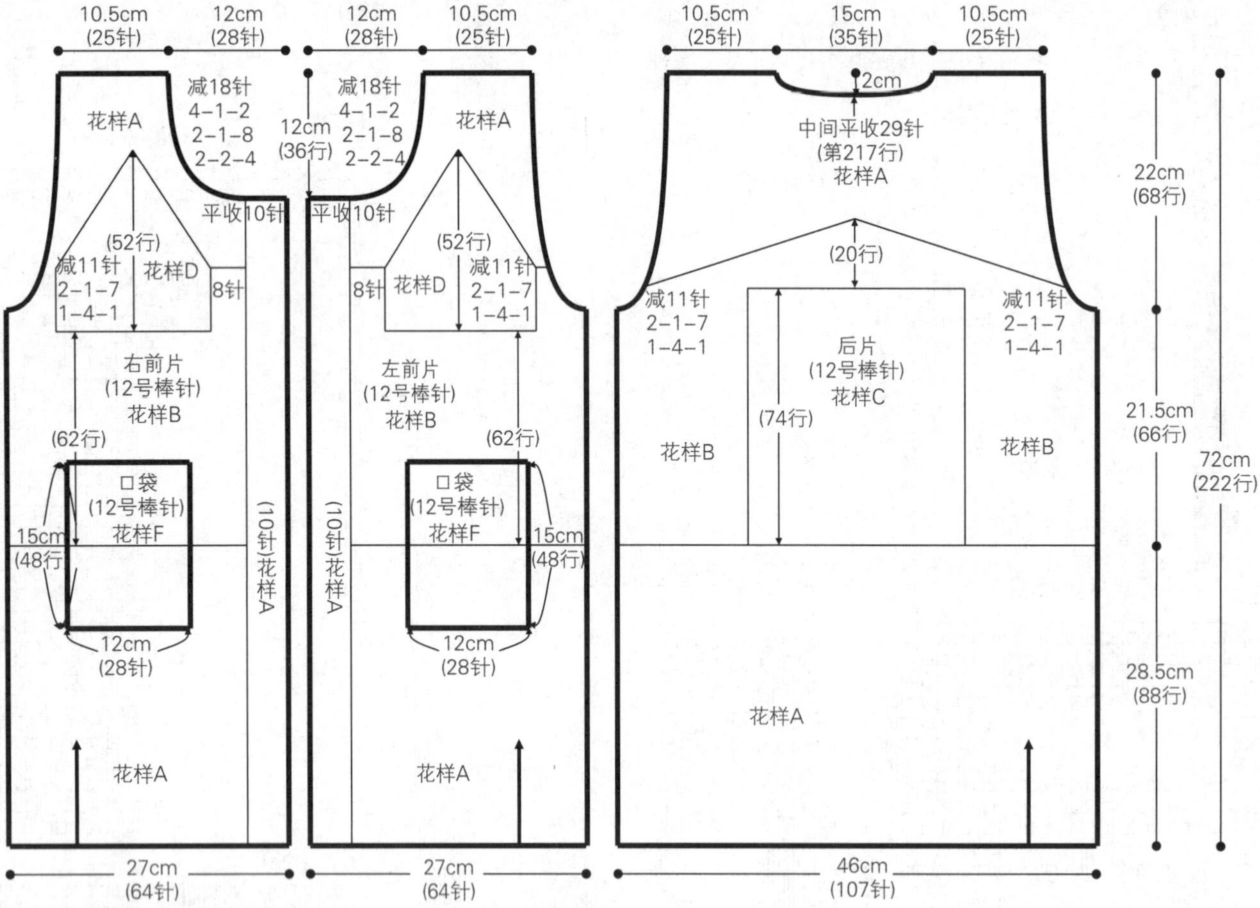

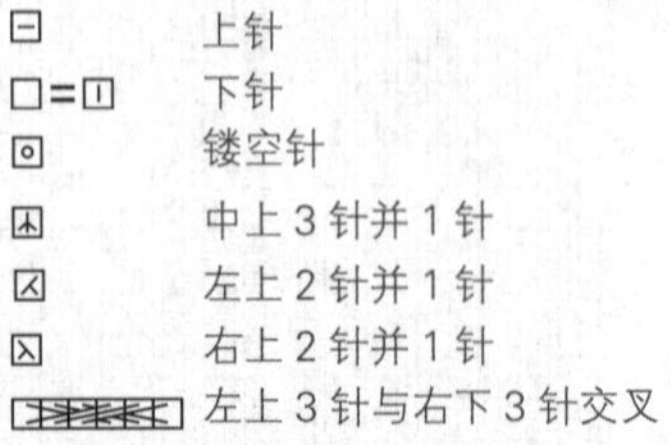

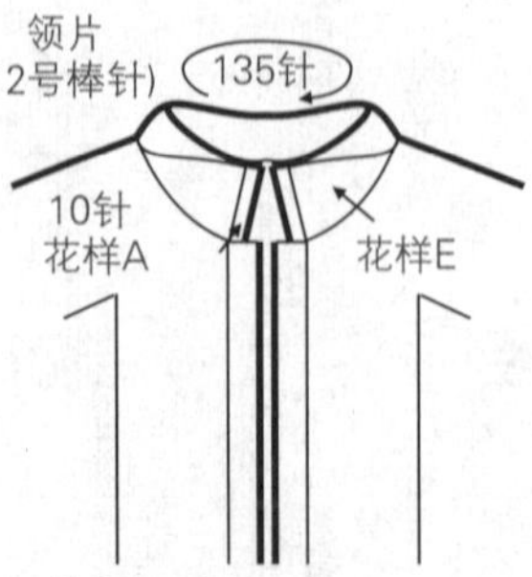

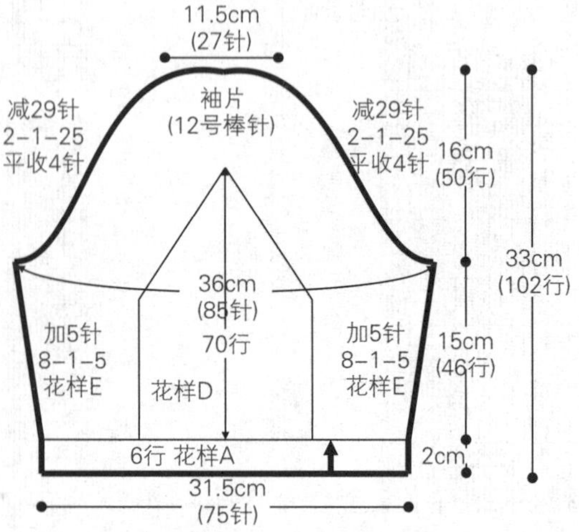

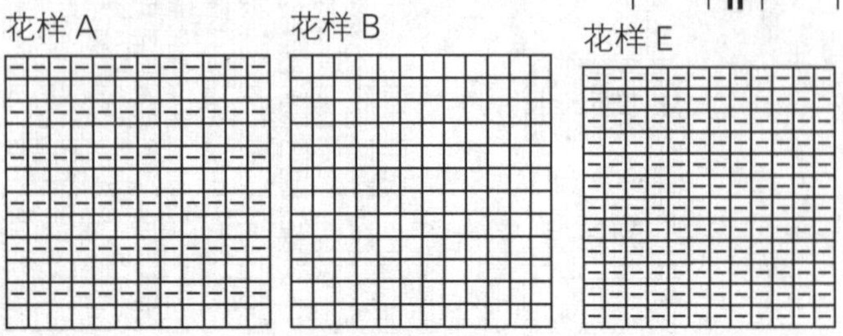

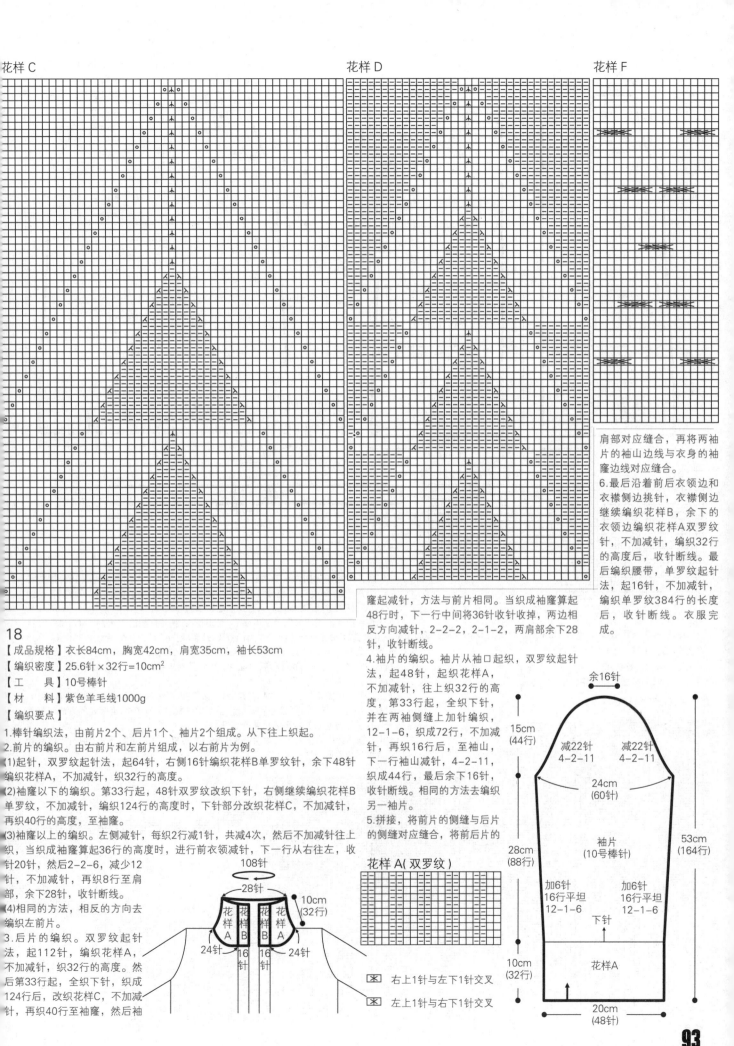

花样 C

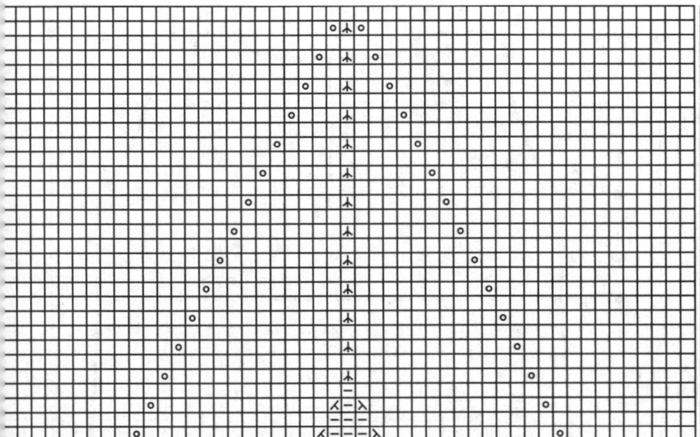

花样 D

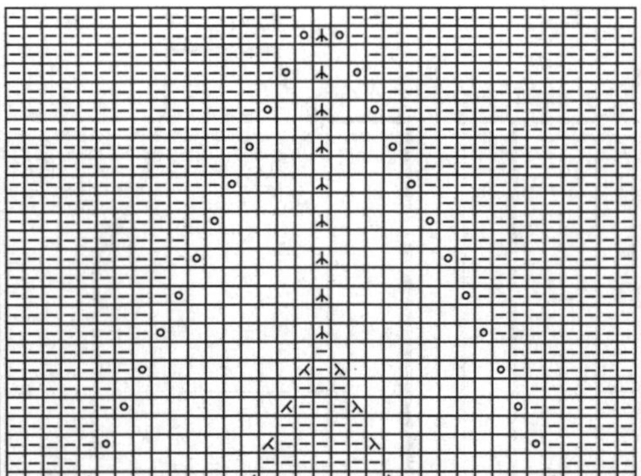

花样 F

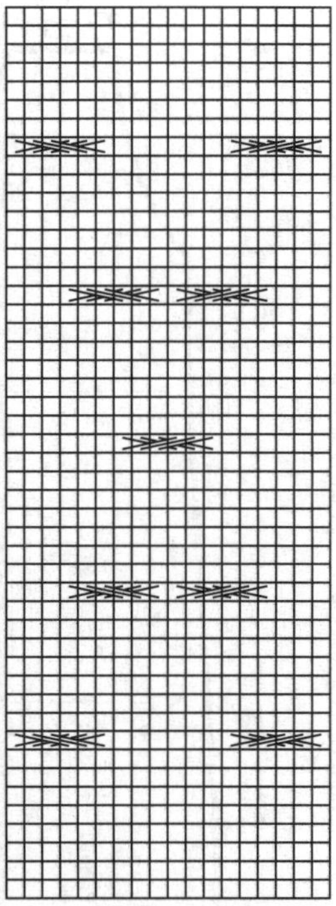

18

【成品规格】衣长84cm，胸宽42cm，肩宽35cm，袖长53cm

【编织密度】25.6针×32行=10cm^2

【工　　具】10号棒针

【材　　料】紫色羊毛线1000g

【编织要点】

1.棒针编织法，由前片2个、后片1个、袖片2个组成。从下往上织起。

2.前片的编织。由右前片和左前片组成，以右前片为例。

(1)起针，双罗纹起针法，起64针，右侧16针编织花样B单罗纹针，余下48针编织花样A，不加减针，织32行的高度。

(2)袖窿以下的编织。第33行起，48针双罗纹改织下针，右侧继续编织花样B单罗纹，不加减针，编织124行的高度时，下针部分改织花样C，不加减针，再织40行的高度，至袖窿。

(3)袖窿以上的编织。左侧减针，每织2行减1针，共减4次，然后不加减针往上织，当织成袖窿算起36行的高度时，进行前衣领减针，下一行从右往左，收针20针，然后2-2-6，减少12针，不加减针，再织8行至肩部，余下28针，收针断线。

(4)相同的方法，相反的方向去编织左前片。

3.后片的编织。双罗纹起针法，起112针，编织花样A，不加减针，织32行的高度。然后第33行起，全织下针，织成124行后，改织花样C，不加减针，再织40行至袖窿，然后袖窿起减针，方法与前片相同。当织成袖窿算起48行时，下一行中间将36针收针收掉，两边相反方向减针，2-2-2，2-1-2，两肩部余下28针，收针断线。

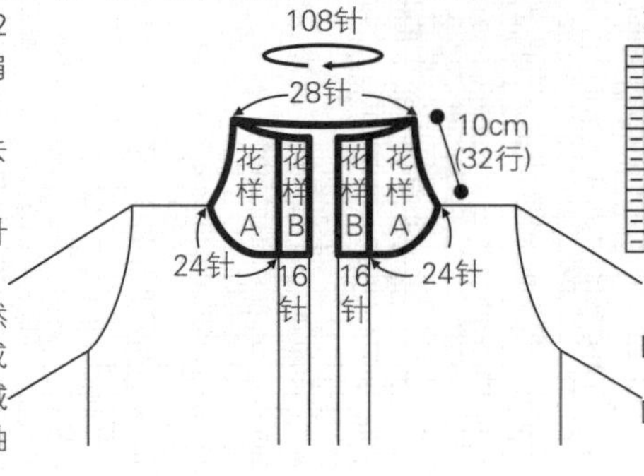

4.袖片的编织。袖片从袖口起织，双罗纹起针法，起48针，起织花样A，不加减针，往上织32行的高度，第33行起，全织下针，并在两袖侧缝上加针编织，12-1-6，织成72行，不加减针，再织16行后，至袖山，下一行袖山减针，4-2-11，织成44行，最后余下16针，收针断线。相同的方法去编织另一袖片。

5.拼接，将前片的侧缝与后片的侧缝对应缝合，将前后片的肩部对应缝合，再将两袖片的袖山边线与衣身的袖窿边线对应缝合。

6.最后沿着前后衣领边和衣襟侧边挑针，衣襟侧边继续编织花样B，余下的衣领边编织花样A双罗纹针，不加减针，编织32行的高度后，收针断线。最后编织腰带，单罗纹起针法，起16针，不加减针，编织单罗纹384行的长度后，收针断线。衣服完成。

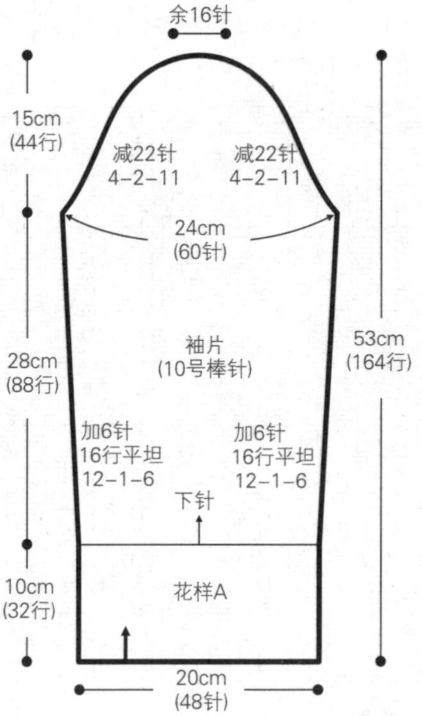

花样 A(双罗纹)

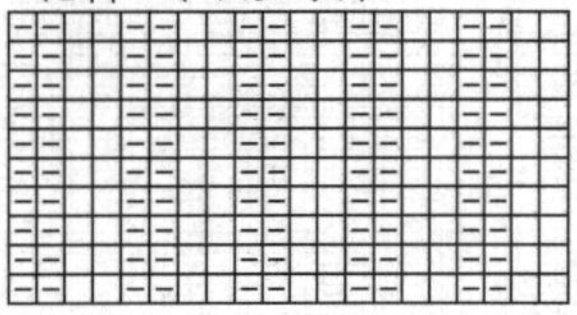

右上1针与左下1针交叉

左上1针与右下1针交叉

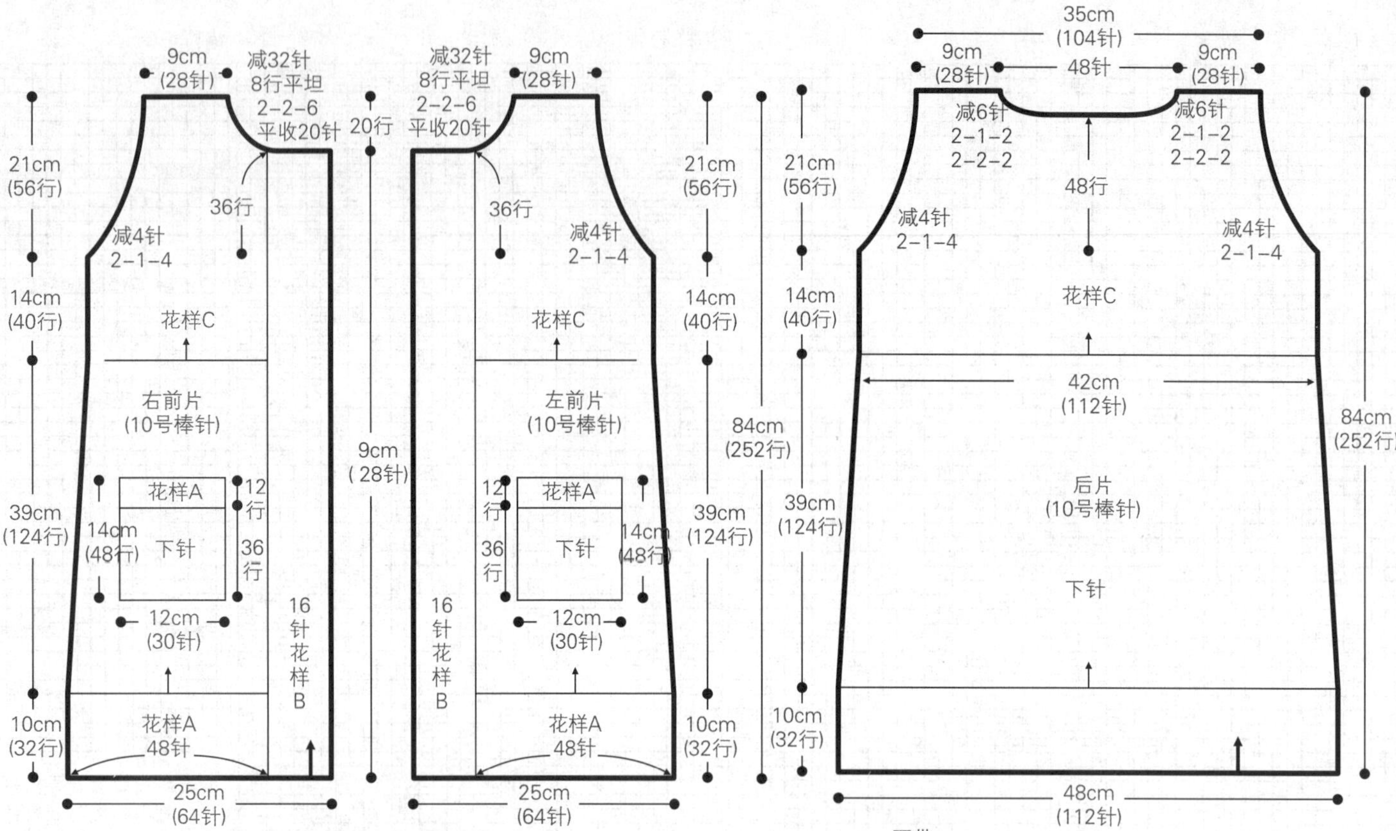

花样 C

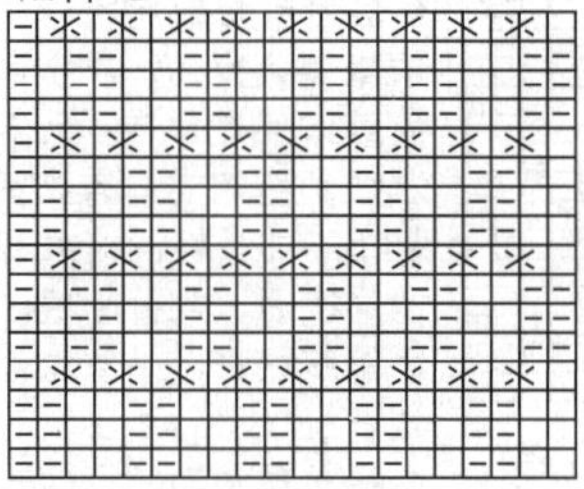

花样 B(单罗纹)

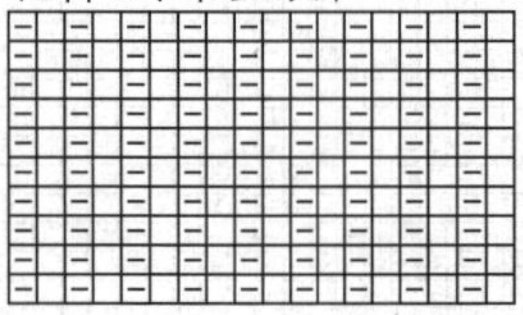

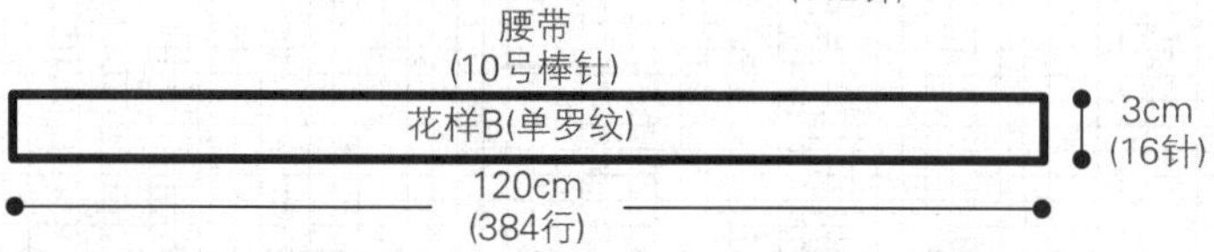

【编织要点】

前后片编织方法:

1.织后片。编织方向为从下往上，起91针，按花样图往上织24cm后，再分散减20针；待织到36cm后，在侧缝线上开始收袖窿，先平收4针，然后每2行减1针，减4次；从袖窿线往上织20cm后，开始收后领弧线。到肩部后，将针穿好，待用。

2.先织右前片。编织方向为从下往上，起58针，按花样图往上织24cm(门襟侧22针按图示织2行上针2行下针，作为门襟)，分散减去10针；在侧缝线开3针处，开始预留口袋线；待织到36cm后，在侧缝线上开始收袖窿，先平收4针，然后每2行减1针，减4次；将肩上的针和后片合并。再织好对应的左前片。在左前片要预留出6个扣眼。

3.织袖子。按图示从上往下织，起20针，采用花样编织，在袖山两旁按图示加针，到袖壮线时为76针；再按图示减针，最后织到袖口为50针。用相同的方法织好另一个袖子。分别合并袖下线，并安装好袖子。

4.织衣领。分别将前片、后片的针数挑起，共77针，按针法图不加减针往上织到合适高度后再平收针。

19

【成品规格】胸围92cm，背肩宽38cm，衣长81.5cm，袖长50cm

【编织密度】15.5针×20行=10cm²

【工　　具】8号棒针

【材　　料】手编高兔绒线1250g

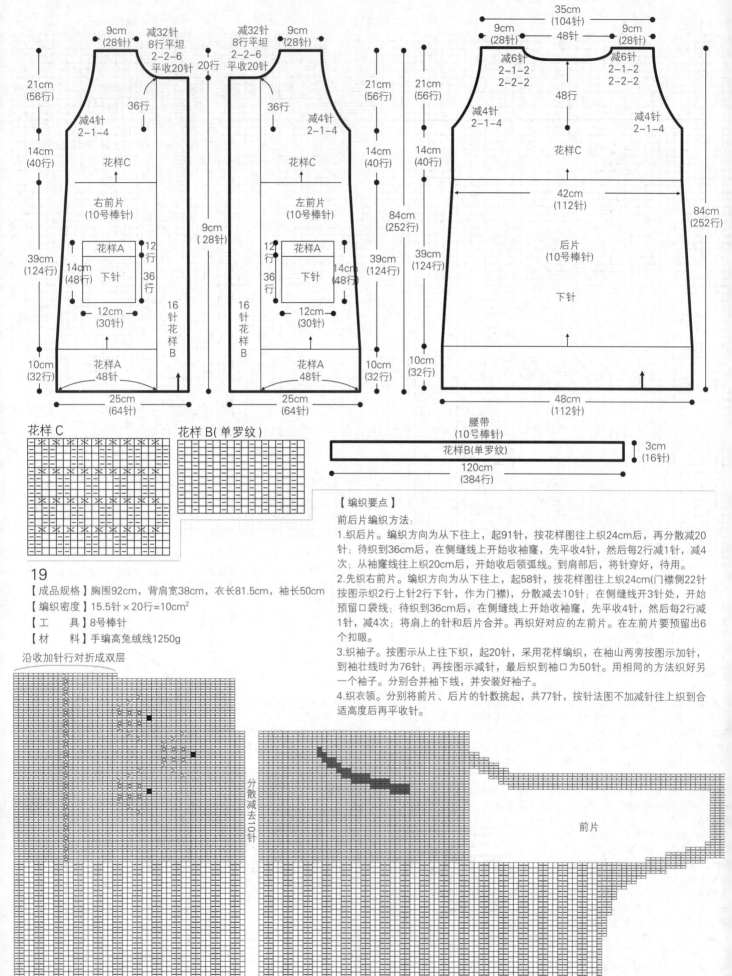

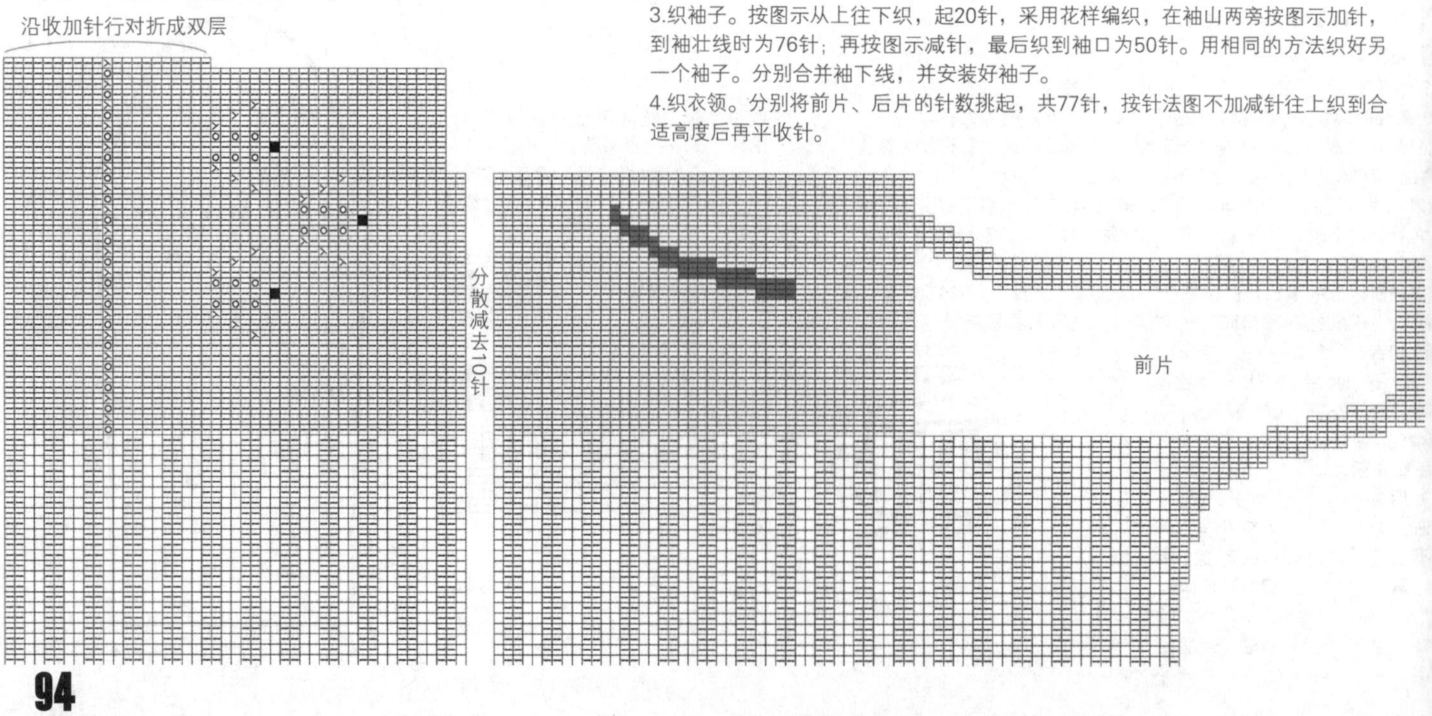

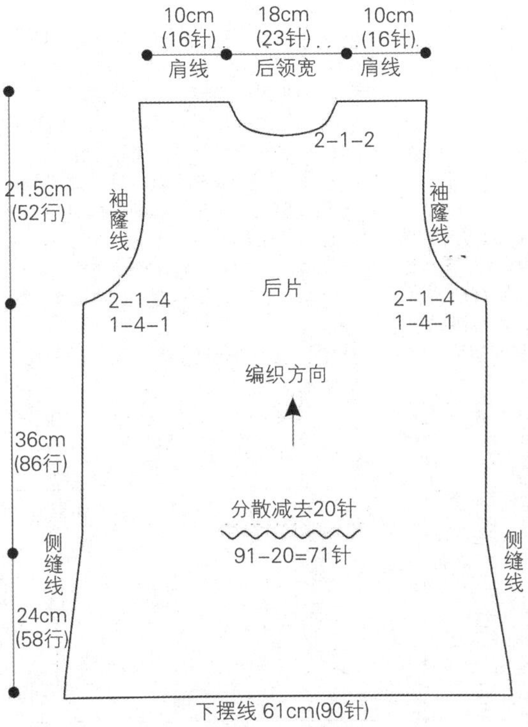
10cm
(16针)
肩线
18cm
(23针)
后领宽
10cm
(16针)
肩线
2-1-2
21.5cm
(52行)
袖窿线
袖窿线
2-1-4
1-4-1
后片
2-1-4
1-4-1
编织方向
36cm
(86行)
分散减去20针
91-20=71针
侧缝线
侧缝线
24cm
(58行)
下摆线 61cm(90针)

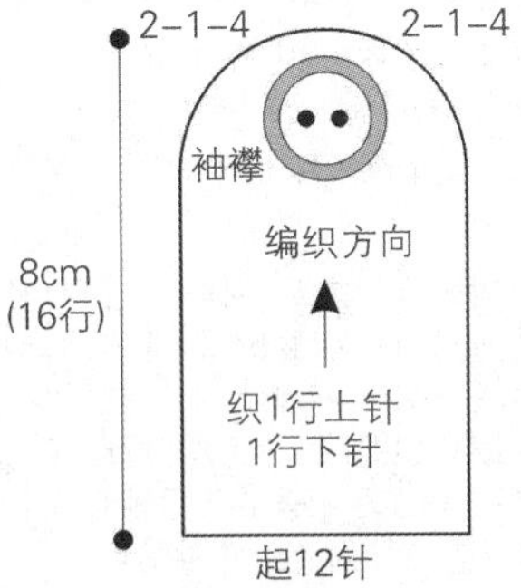
2-1-4
2-1-4
袖襻
8cm
(16行)
编织方向
织1行上针
1行下针
起12针

衣领针法图

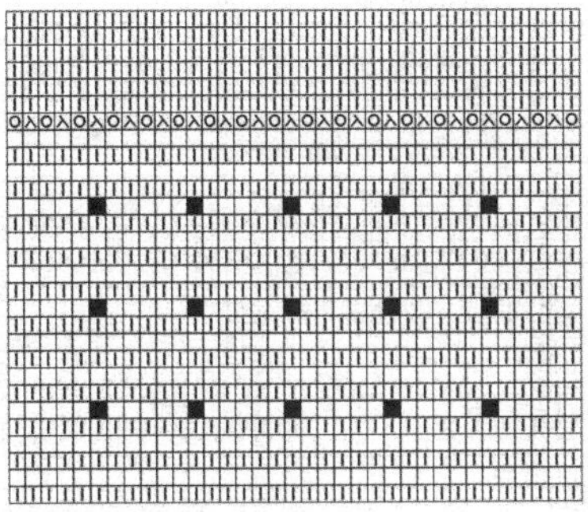

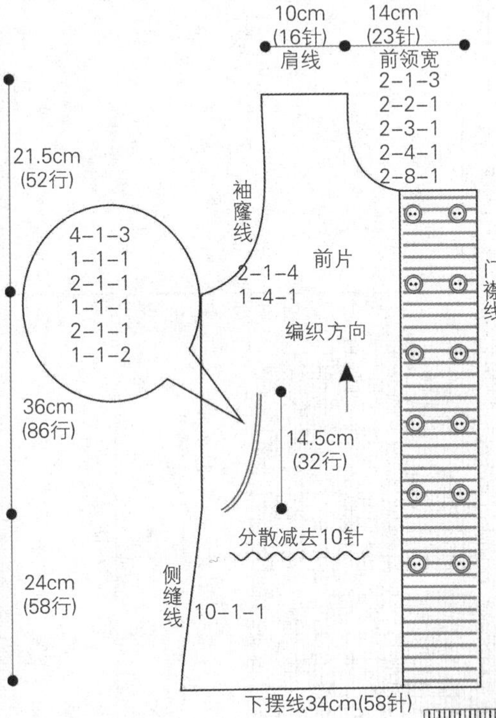
10cm
(16针)
肩线
14cm
(23针)
前领宽
2-1-3
2-2-1
2-3-1
2-4-1
2-8-1
21.5cm
(52行)
袖窿线
4-1-3
1-1-1
2-1-1
1-1-1
2-1-1
1-1-2
前片
2-1-4
1-4-1
门襟线
编织方向
36cm
(86行)
14.5cm
(32行)
分散减去10针
24cm
(58行)
侧缝线
10-1-1
下摆线34cm(58针)

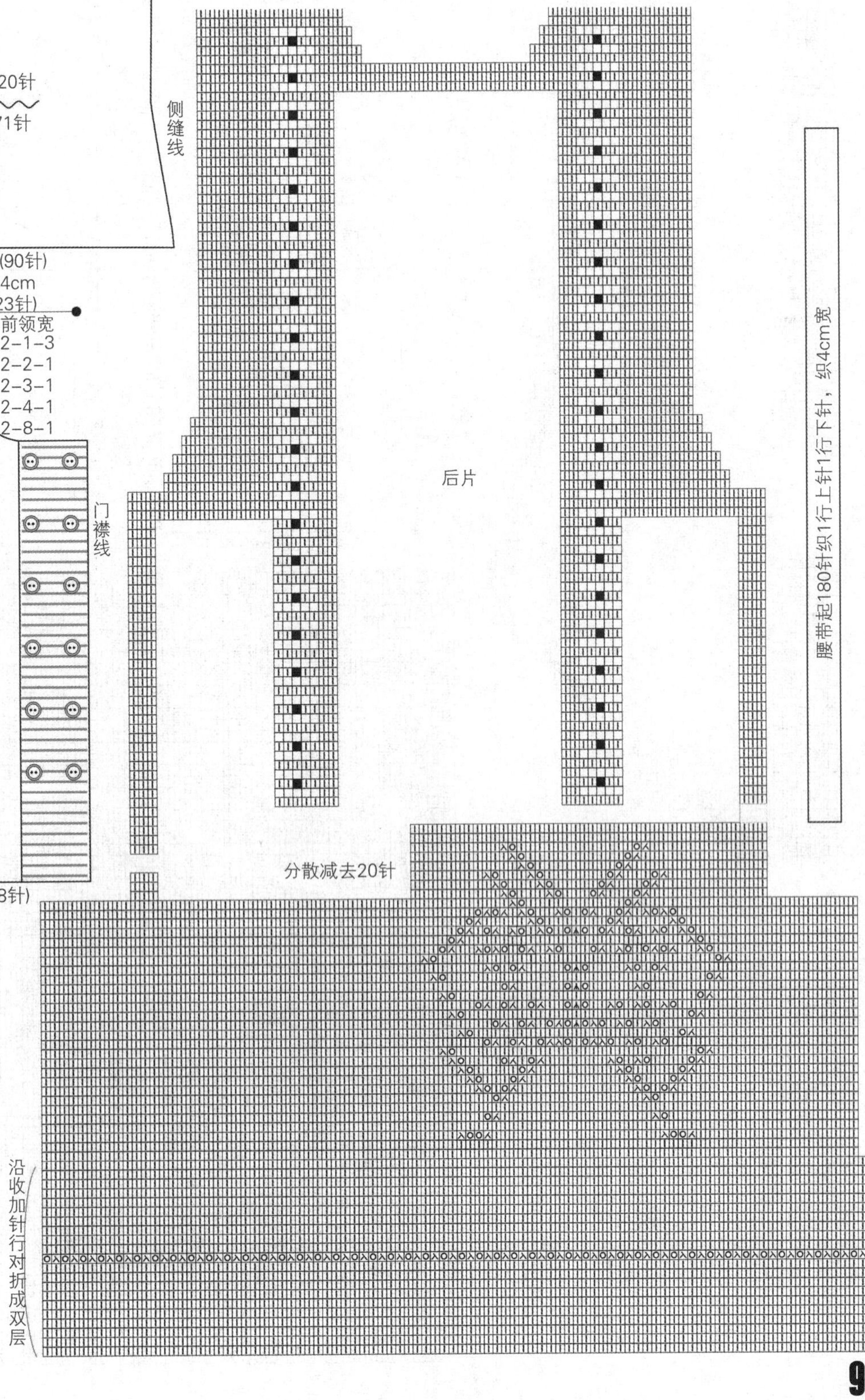
后片
腰带起180针织1行上针1行下针，织4cm宽
分散减去20针
沿收加针行对折成双层

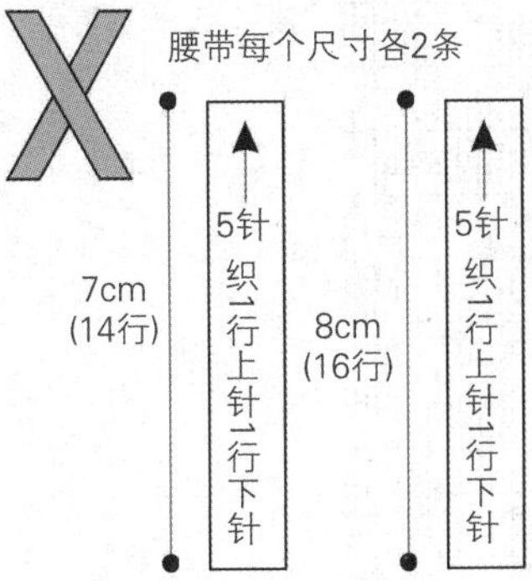
X
腰带每个尺寸各2条
7cm
(14行)
5针
织1行上针1行下针
8cm
(16行)
5针
织1行上针1行下针

20

【成品规格】胸围108cm，背肩宽38cm，衣长86cm

【编织密度】15.5针×20行=10cm^2

【工　　具】9号棒针

【材　　料】手编高兔绒线600g

【编织要点】

1.织后片。编织方向为从下往上，先起168针，采用花样编织，不加减针编织到54cm高度后，再分散减去58针；再采用另一花样编织，不加减针编织到7cm高度后，在侧缝线处按图示开始收出袖窿弯度；从袖窿线往上织24cm后，再在后领处收出后领弧度。将双侧肩上的针穿好，留下，待和前片合并时用。

2.织前片。编织方向为从下往上，起87针，采用花编织，不加减针编织到54cm高度后，再分散减掉针；再采用另一花样编织，不加减针编织到7cm高后，在侧缝线处按图示开始收出袖窿弯度；前领不收针。在双侧将肩上的针和后片合并。

3.织袖片。按图示起97针，往下编织3.5cm后，在侧各平收6针；再按“每2行收4针”的规律，共收次，最后平收21针。

4.织风帽。起20针，往上织，按“2－4－8”的规加到52针，织到合适高度后，在帽角处按图示收针最后平收。

5.剪150cm长的绒线4股，搓成绳子状，穿入腰际到收腰的作用。

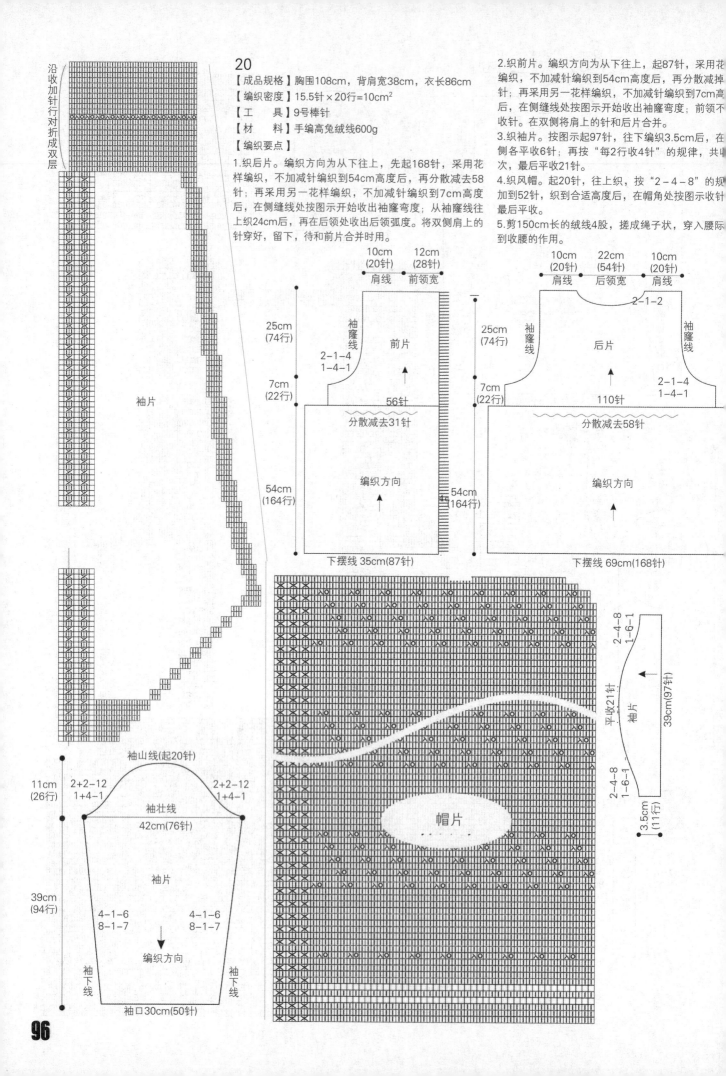

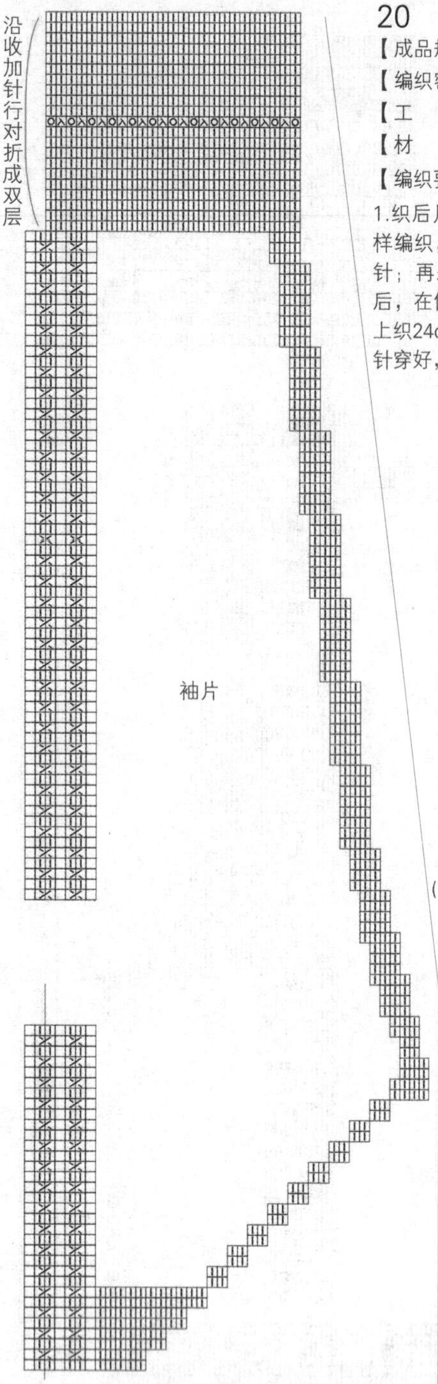

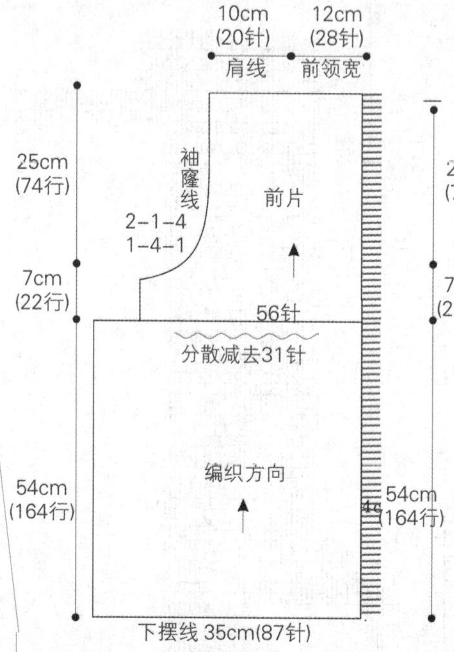

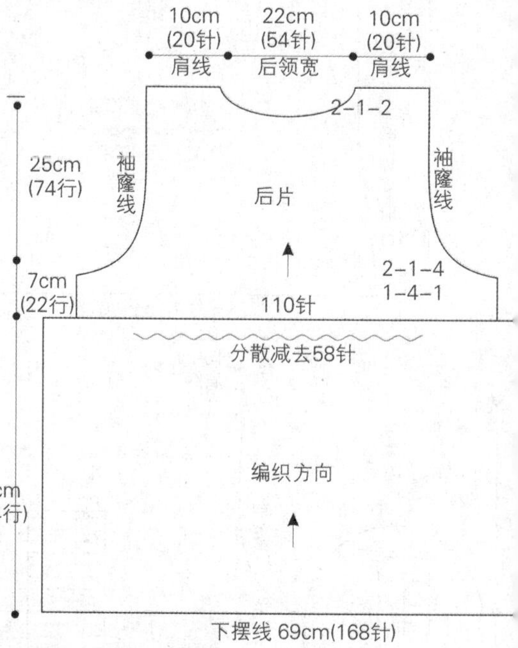

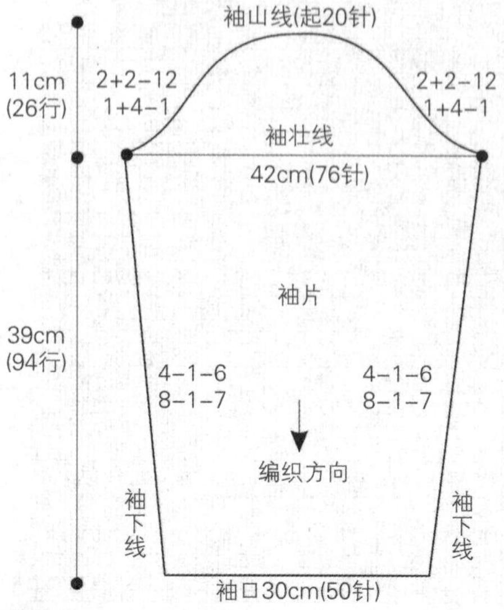

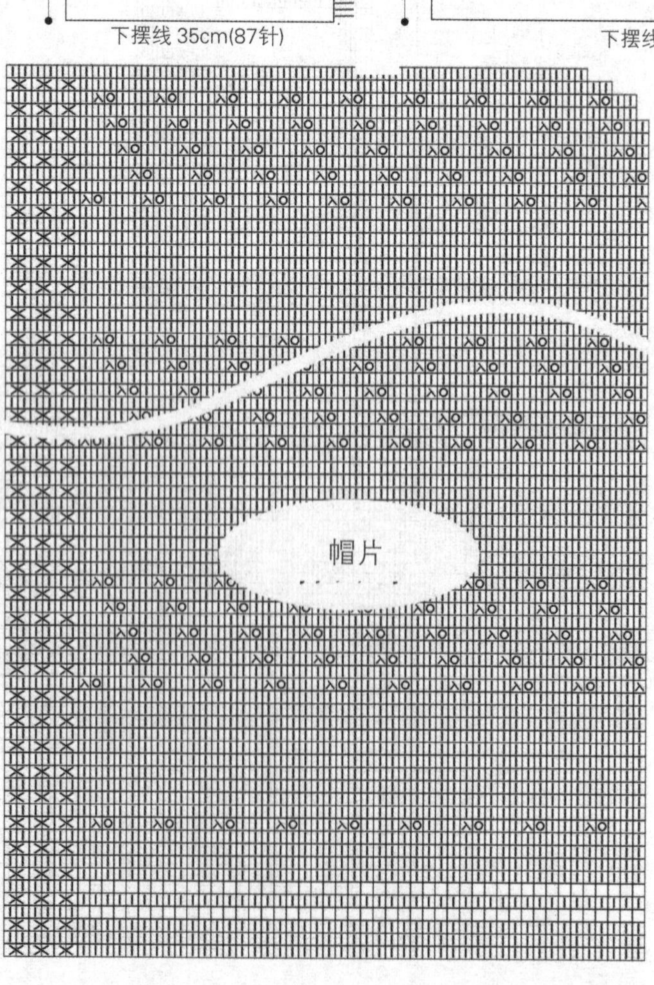

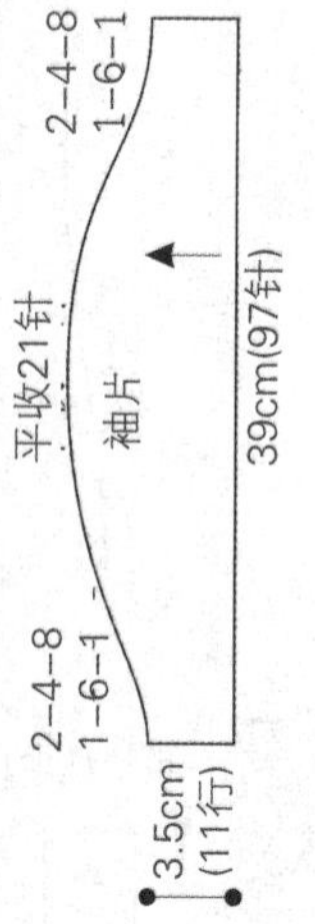

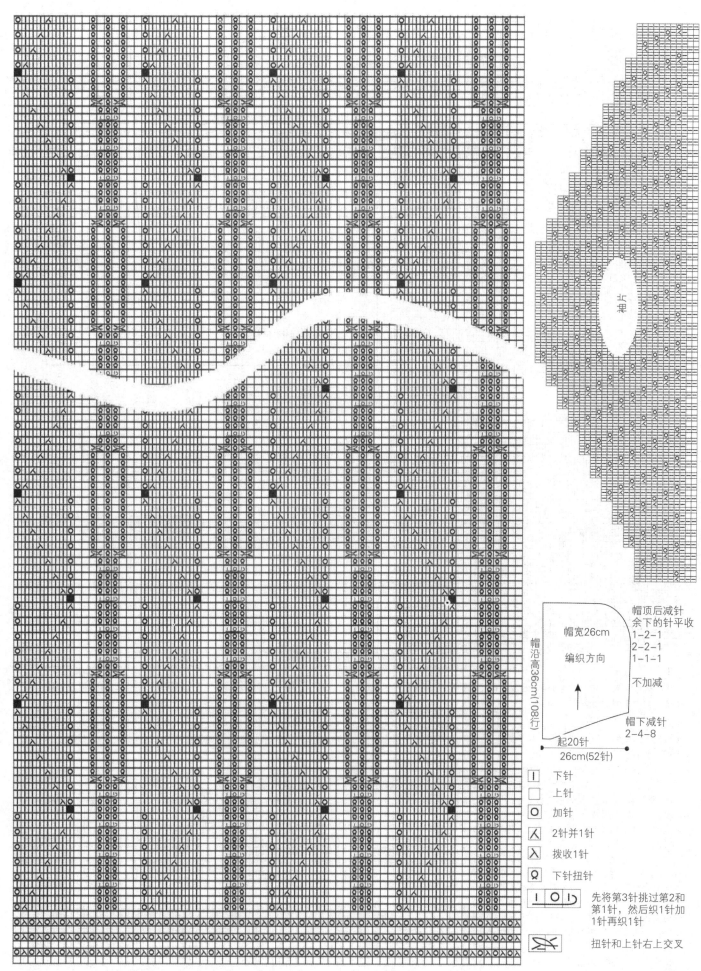

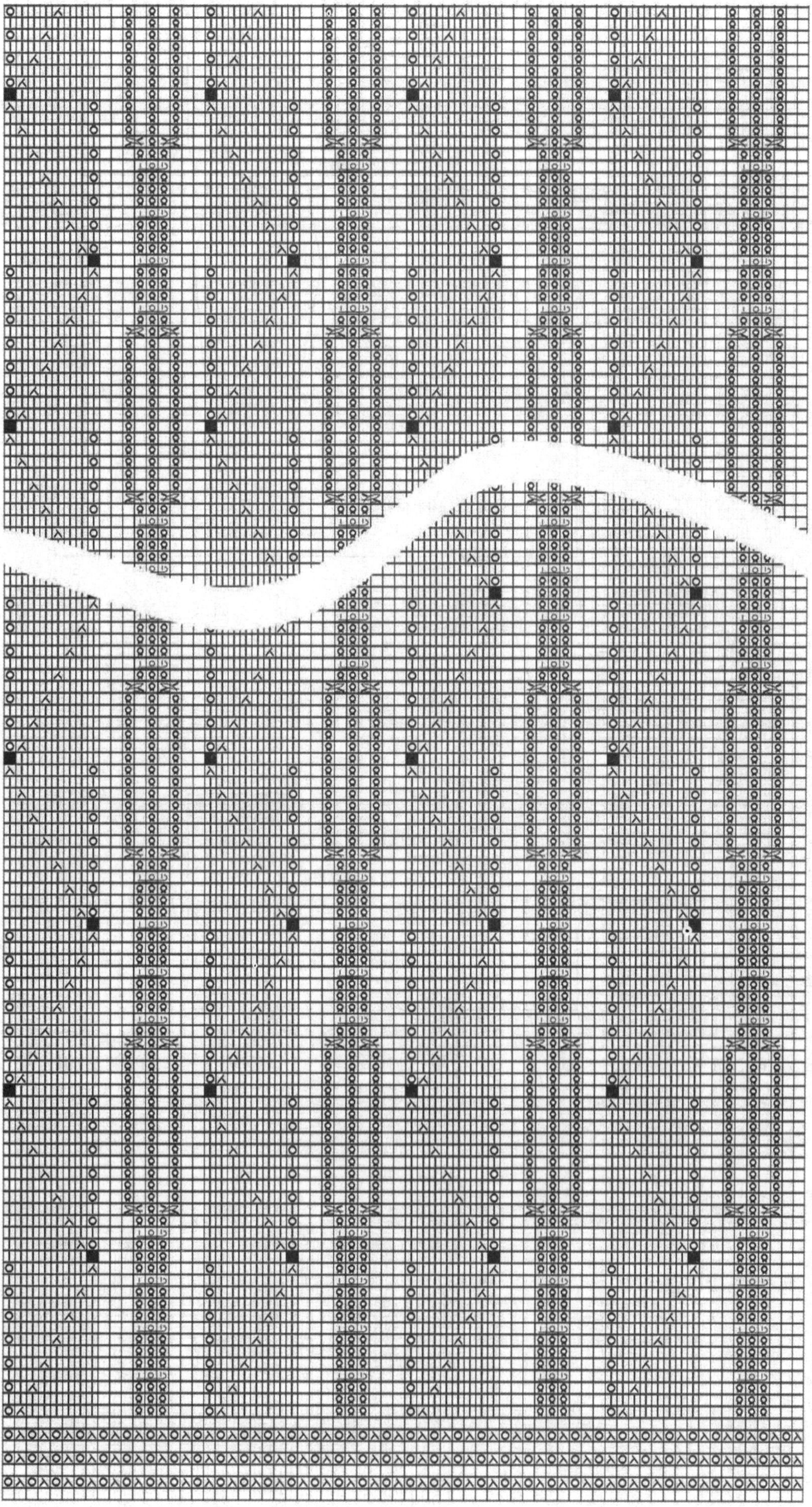

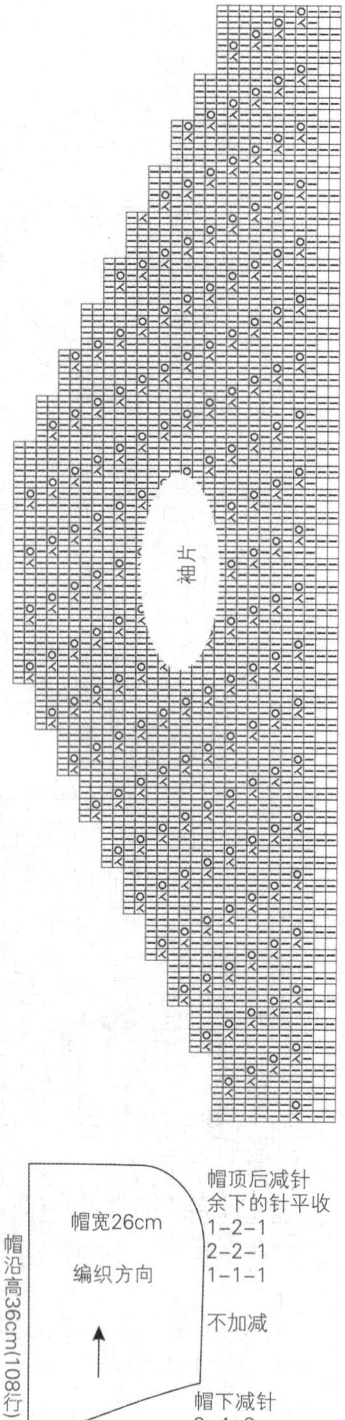

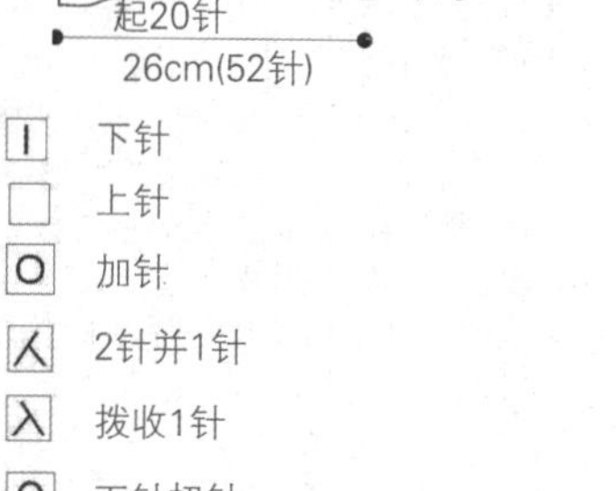

- 下针
- 上针
- 加针
- 2针并1针
- 拨收1针
- 下针扭针
- 先将第3针挑过第2和第1针，然后织1针加1针再织1针
- 扭针和上针右上交叉

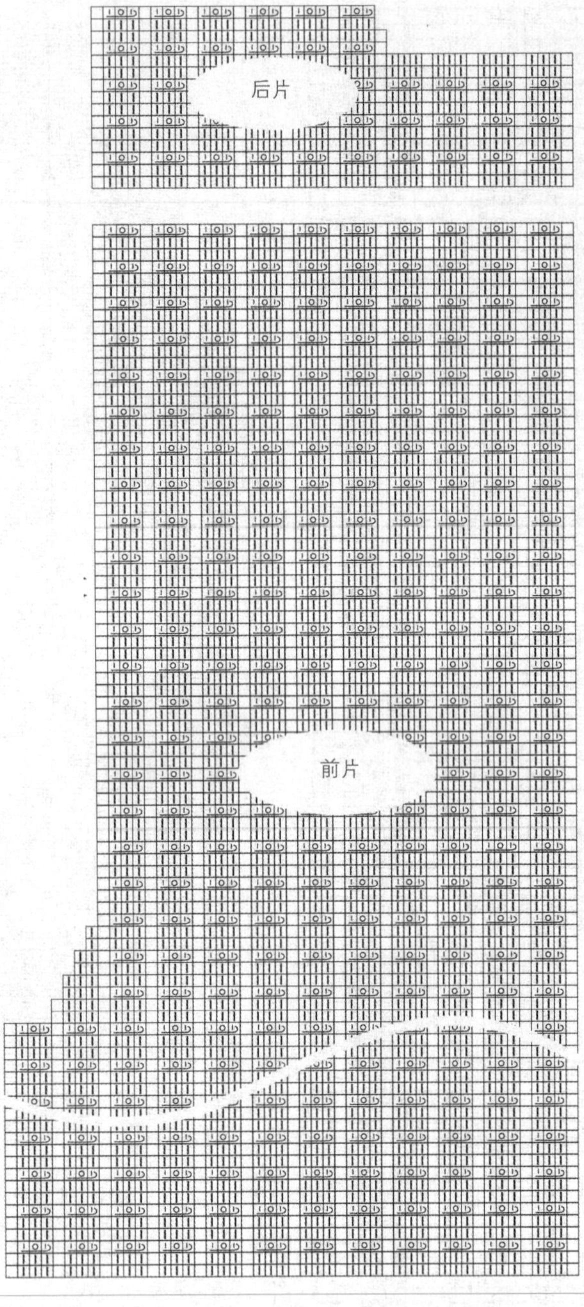

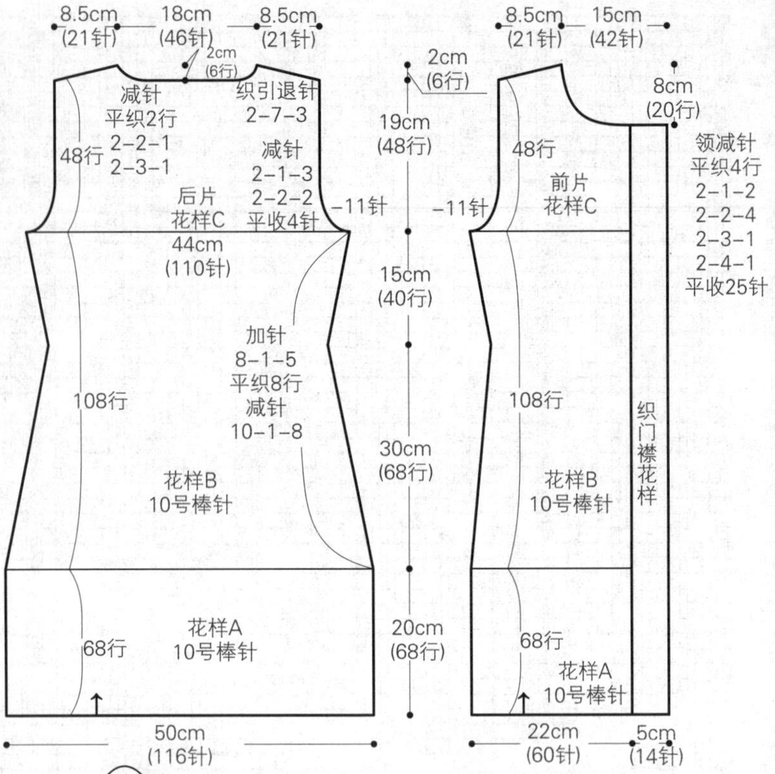

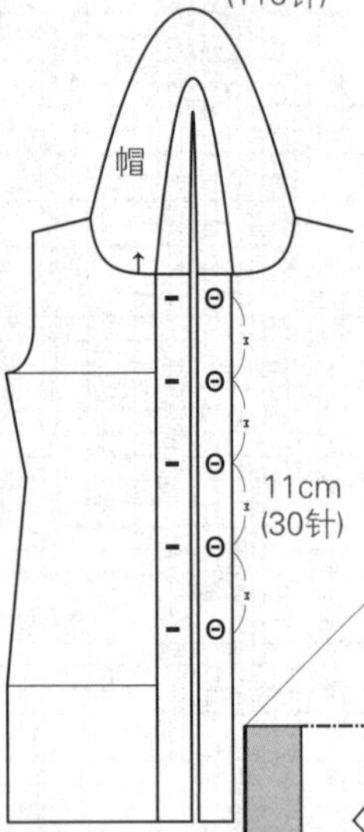

门襟

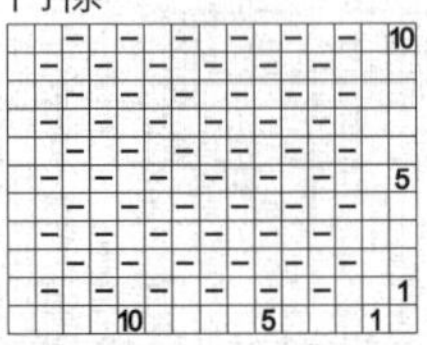

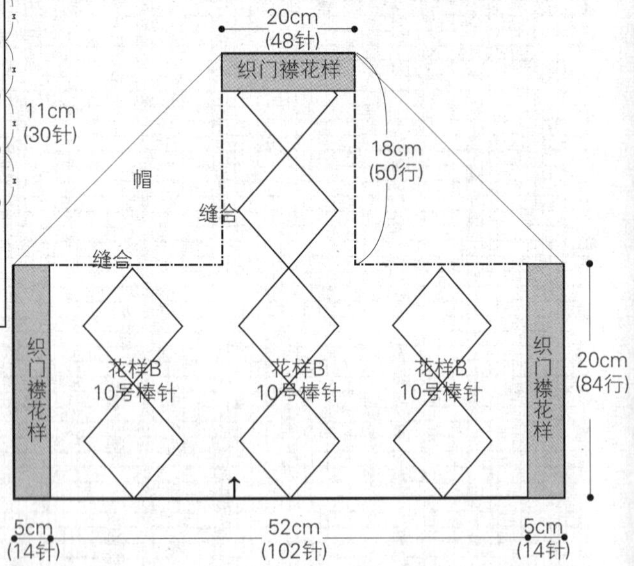

21

【成品规格】衣长86cm，胸围88cm，袖长58cm

【编织密度】25针×28行=10cm²

【工　　具】10号棒针

【材　　料】灰色毛线1800g，纽扣5颗

【编织要点】

1.后片：3种花样组合织；最下面织花样A，中间织花样B时开始织腰线，两侧按图示分别减针和加针，袖窿以上部分织花样C。

2.前片：织法同后片；起74针，门襟14针与身片同织；开挂后织18行开始织领窝，连同门襟平收20针，再依次减针，至完成。

3.袖：从袖口往上织；袖口50行织花样A的1~50行部分；中间织花样B 72行；袖山织双桂花针；袖筒和袖山分别按图示加针和减针。

4.帽：从领窝挑102针织帽；边缘与门襟对应的部分继续织门襟花样，中间与身片对应织花样B 3组；织20cm后两侧各58针停止；中心帽顶织18cm平收；缝合两侧。

5.整理：缝合各部分，并缝好衣扣，完成。

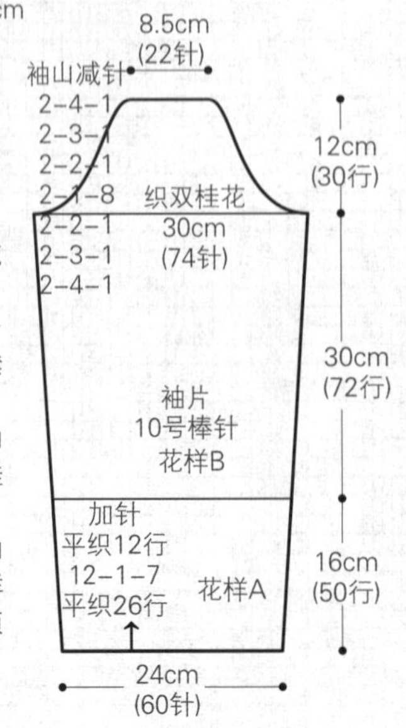

花样 C

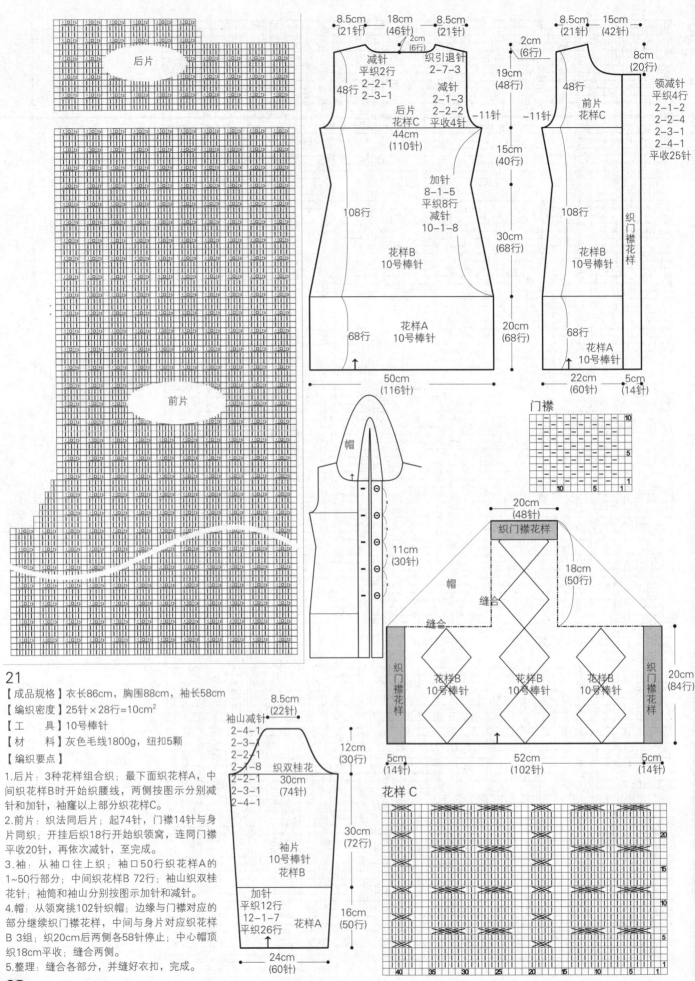

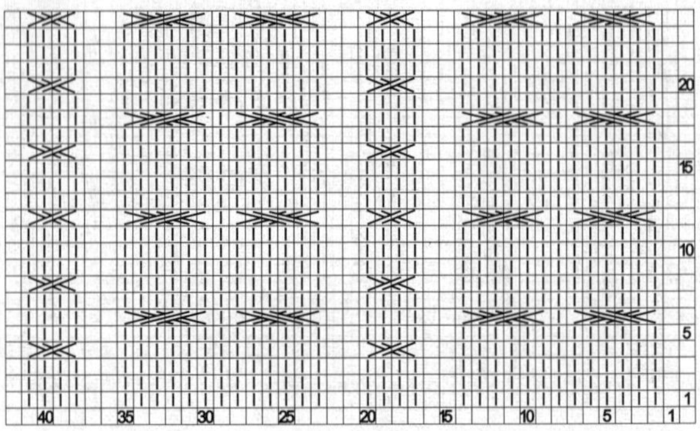

花样B

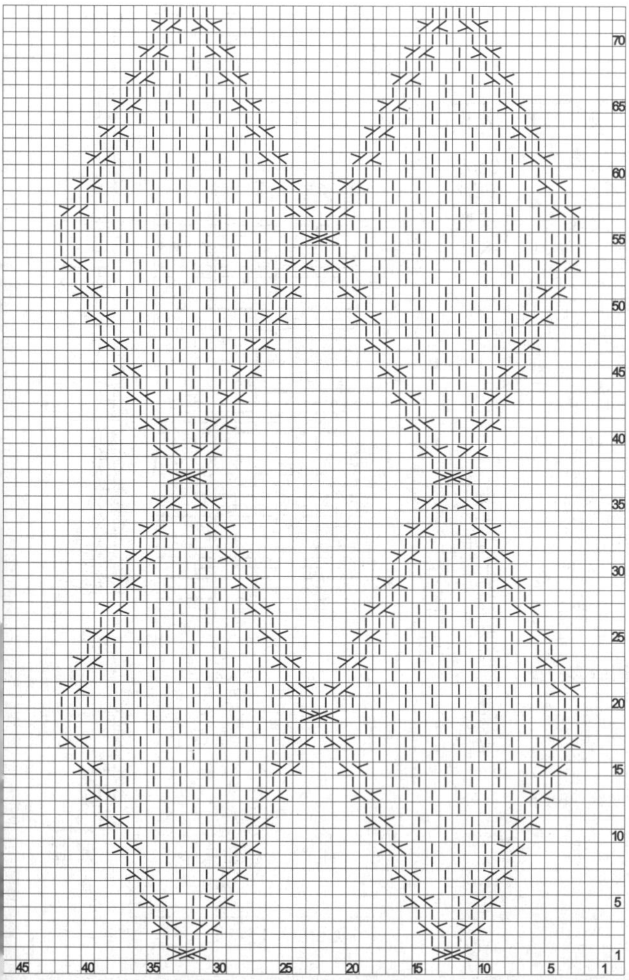

花样A

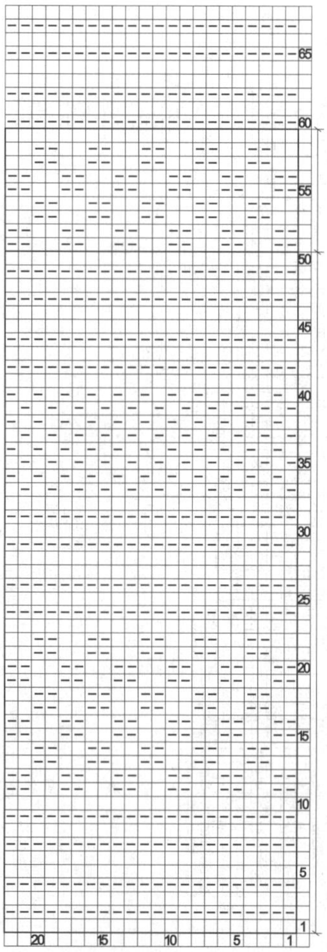

22

【成品规格】胸围104cm，背肩宽40cm，衣长80cm，袖长57cm

【编织密度】15.5针×20行=10cm²

【工　　具】4.3.6mm环针

【材　　料】手编高兔绒线700g

【编织要点】

1.织后片。编织方向为从下往上，起121针，按花样图往上织，在两条侧缝线处按图示减针；待织到58cm后，在侧缝线上开始收袖窿，每2行减1针，减3次；从袖窿线往上织20.5cm后，开始收后领弧线。将肩部的针穿好，待用。

2.织前片。前片由上半部分和下半部分组成。按结构图先编织下半部分。方向为横向编织，起103针，按花样图织，每个花样20针，共5个花样，加边针；待织到25cm后，在侧缝线上平收。再织上半部分，按图示挑出41针，往肩上织，开始按图示收出前领弧形，同时要收出前领斜线。将肩上的针和后片合并。

3.织袖子。按图示从上往下织，起22针，采用花样编织，在袖山两旁按图示加针，到袖壮线时是70针；再按图示减针，按结构图织到袖子的长度，在袖口的44针换织1针上针1针扭针，每4行上针加1针，使袖口呈现出小喇叭状。用相同的方法织好另一个袖子。合并袖下线，并安装好袖子。

4.织衣领。起170针(每个花样24针，共7个单元花样，加边针)，按针法图往上织到3个单元花样的高度后平收针。按相关图示做好琵琶扣，钉在门襟上。

后领中心点

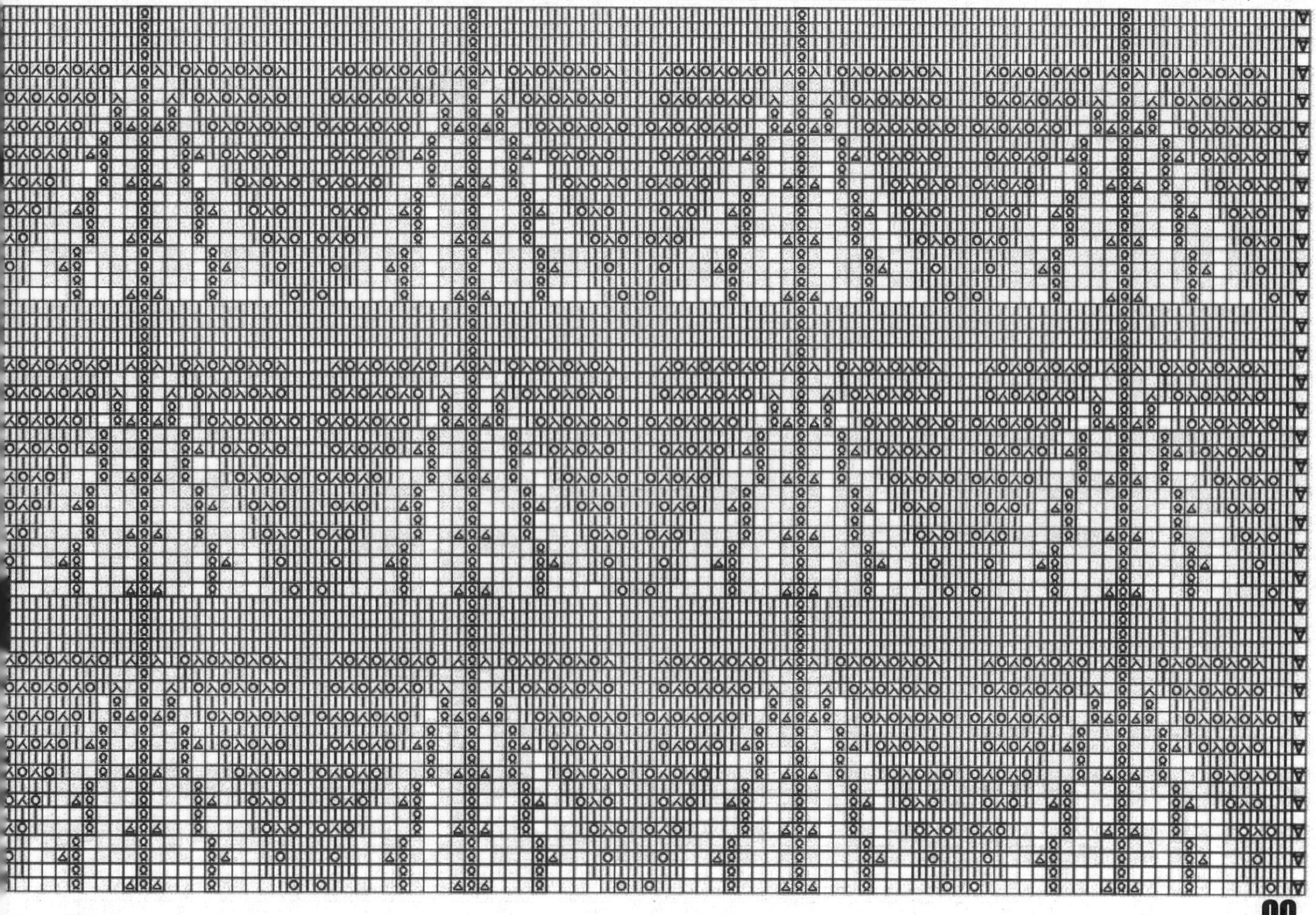

袖口针法图

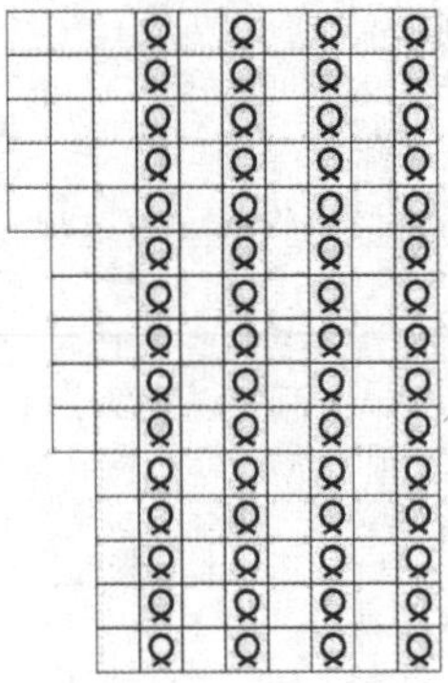

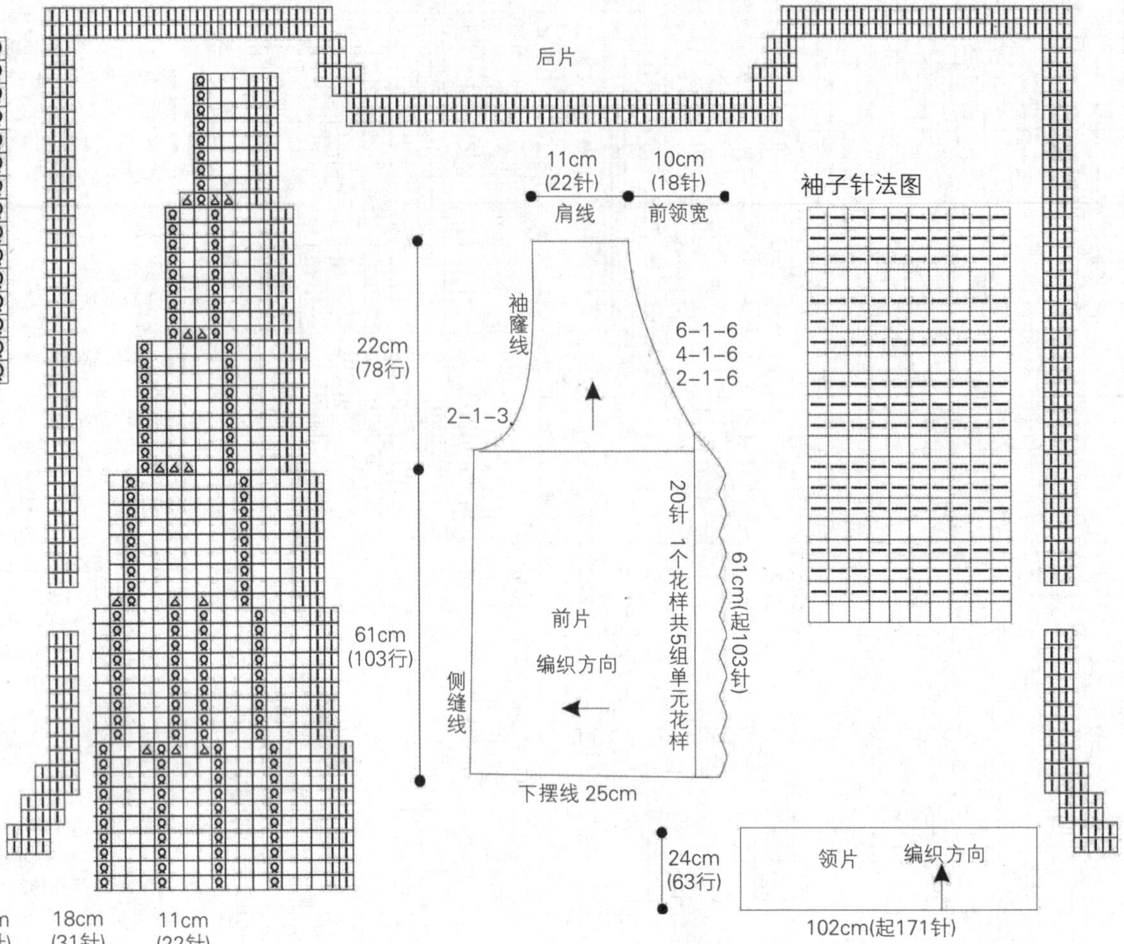
后片
11cm
(22针)
肩线
10cm
(18针)
前领宽
22cm
(78行)
袖窿线
6-1-6
4-1-6
2-1-6
2-1-3
20针 1个花样共5组单元花样
61cm(起103针)
前片
编织方向
61cm
(103行)
侧缝线
下摆线 25cm
24cm
(63行)
领片
编织方向
102cm(起171针)

袖子针法图

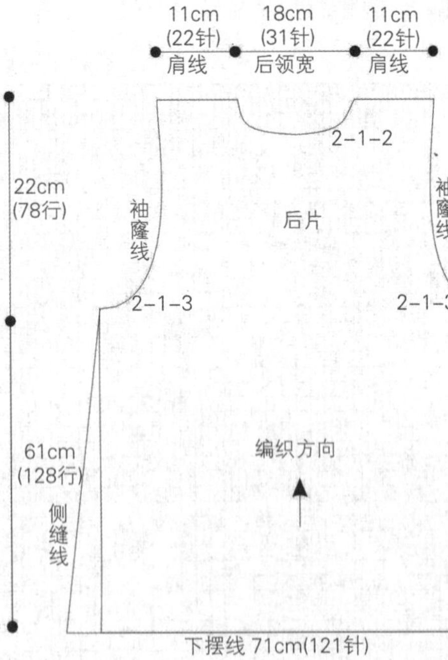
11cm
(22针)
肩线
18cm
(31针)
后领宽
11cm
(22针)
肩线
2-1-2
22cm
(78行)
袖窿线
后片
袖窿线
2-1-3
2-1-3
61cm
(128行)
编织方向
侧缝线
侧缝线
下摆线 71cm(121针)

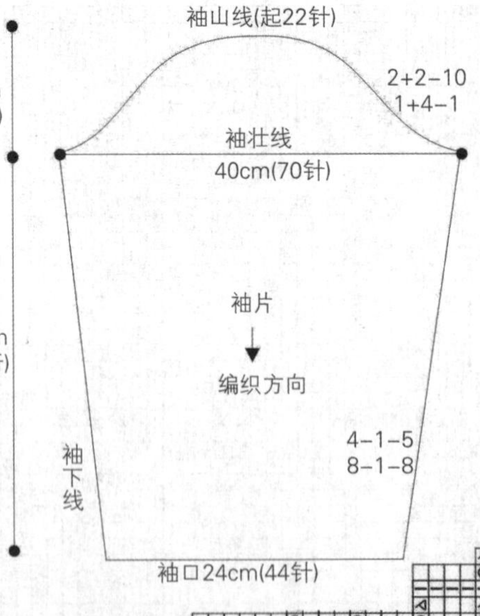
袖山线(起22针)
10cm
(21行)
2+2-10
1+4-1
袖壮线
40cm(70针)
袖片
编织方向
47cm
(84行)
4-1-5
8-1-8
袖下线
袖口24cm(44针)

琵琶扣制作方法

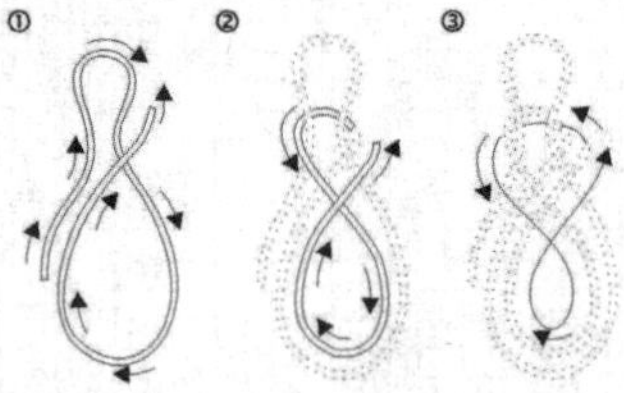
①
②
③

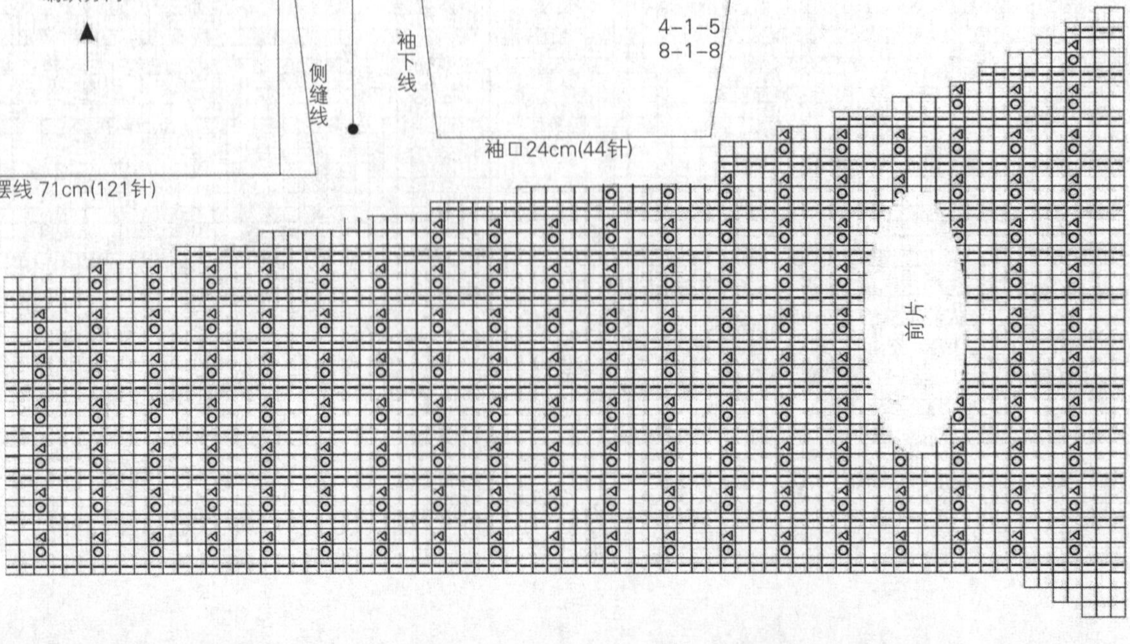
前片

23

【成品规格】胸围105cm，衣长82cm，袖长30cm

【编织密度】15.5针×20行=10cm²

【工　　具】8号环针

【材　　料】手编高兔绒线800g

【编织要点】

前片、袖片均为左右2个，后片为1个。

1.织后片。编织方向为从下往上，起100针，按针法图往上织花样到19cm后，换另一花样织；同时在侧缝线要按“每10行收1针”的规律，收7次，收出腰围线；腋下侧缝线织到59cm后，开始收出斜肩线；从袖窿线往上织到23cm后，将后领处的22针穿好，待用。

2.织前片。编织方向为从下往上，起75针，采用花样针法往上织到19cm后换另一花样织；织20行后，在侧缝线旁开8针的位置上要预留位置编织袋口；门襟的37针按针法图示织另一花样；在侧缝线要按“每10行收1针”的规律，收7次，收出腰围线；腋下侧缝线织到59cm后，开始按图示收出斜肩线；织到23cm高度后，将31针穿好，待用。织好另一个对称前片。

3.织袖子。起72针，按花样针法图不加减针往上织7cm后换另一花样织，同时再按图示减针，收出斜肩线。并用同样的方法织好另一个袖子。然后分别合并侧缝线和袖下线，并安装好袖子。

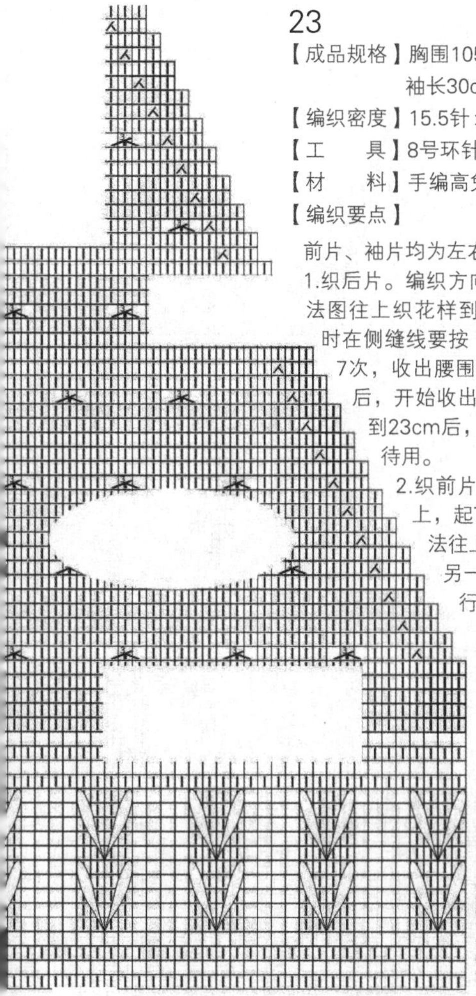

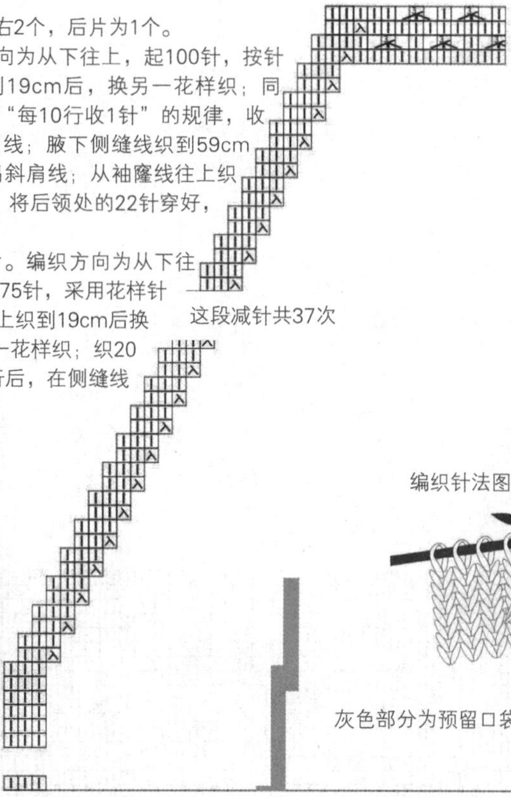

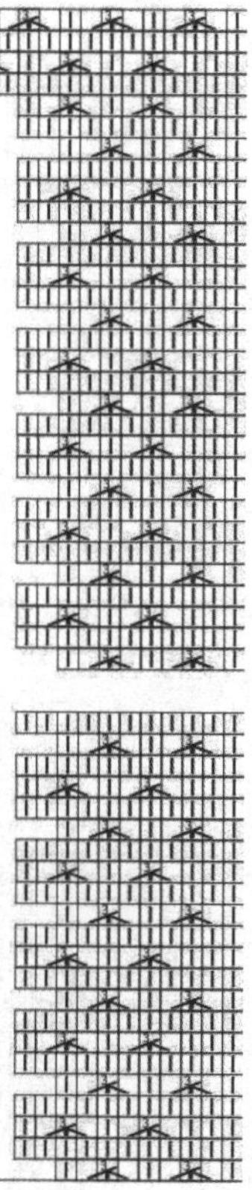

编织针法图

灰色部分为预留口袋开口

4.织衣领。将左右前片、袖片及后片上端的针全部穿起来，往上织衣领，到合适高度后平收针。在门襟处钉好双排装饰纽及暗纽。在门襟及衣领周围用钩针钩1圈枣针。

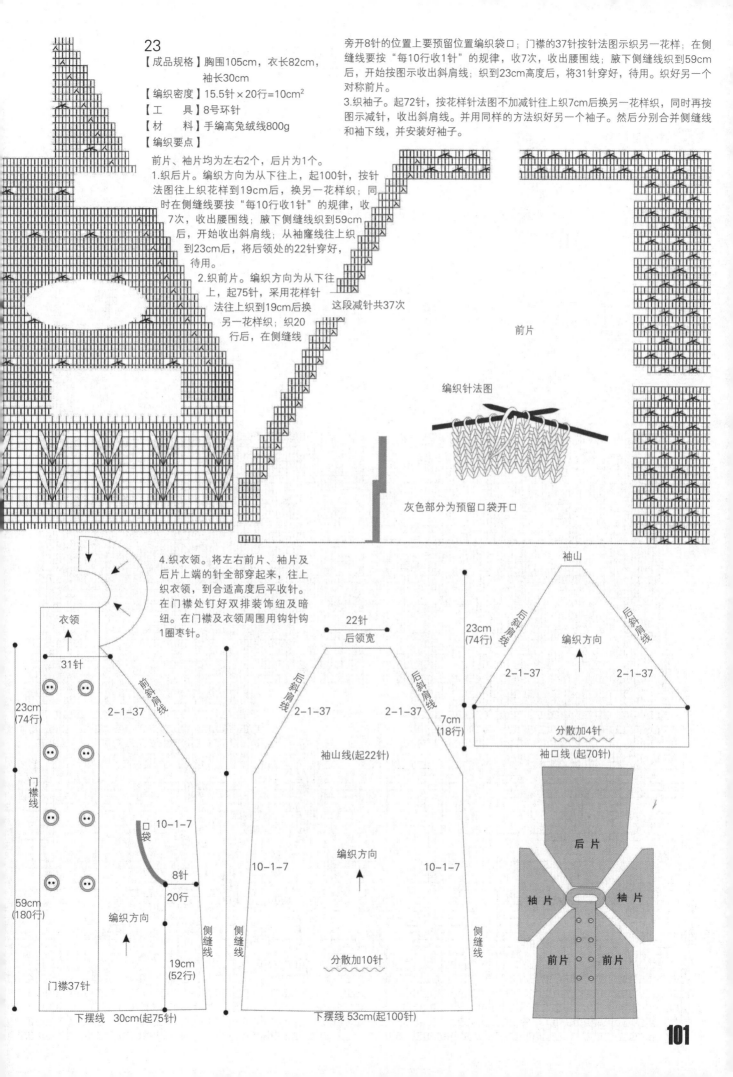

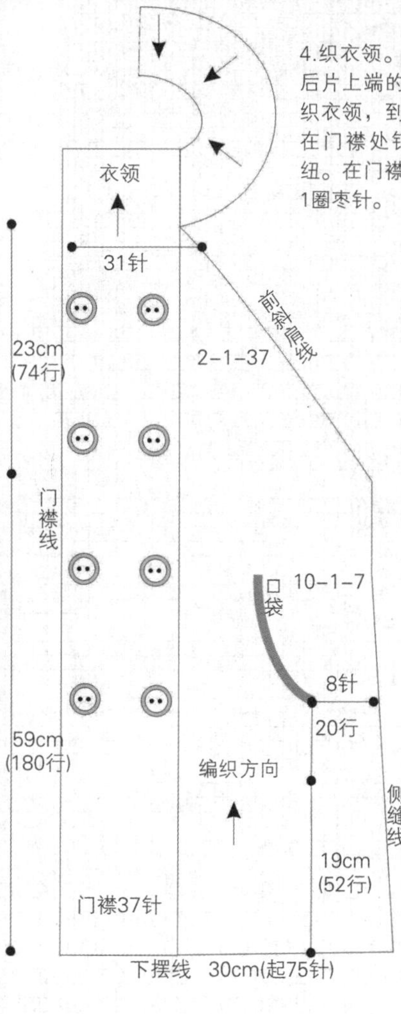

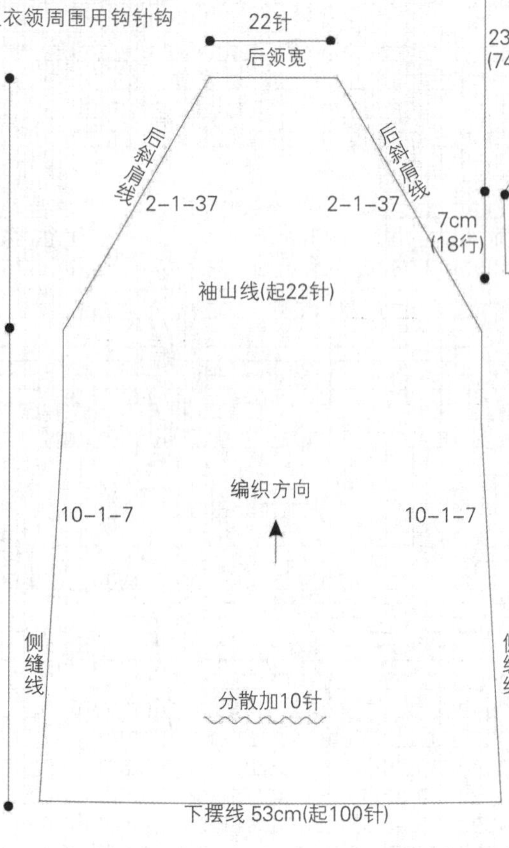

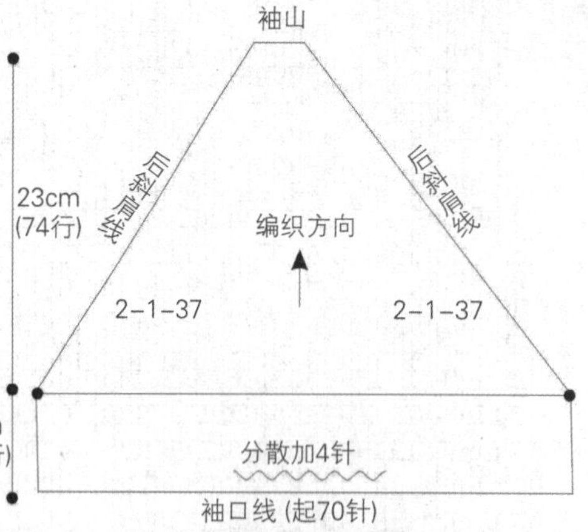

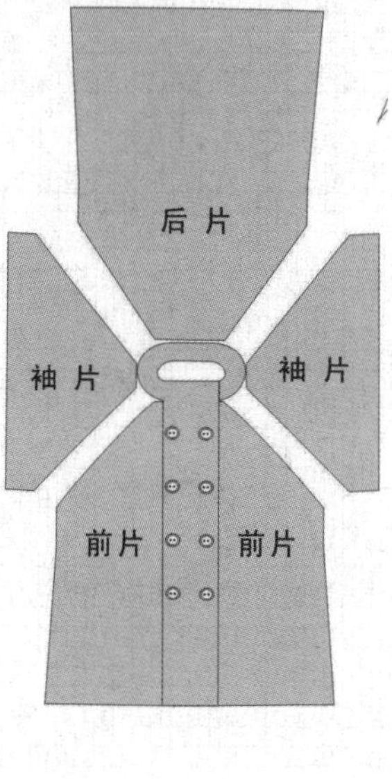

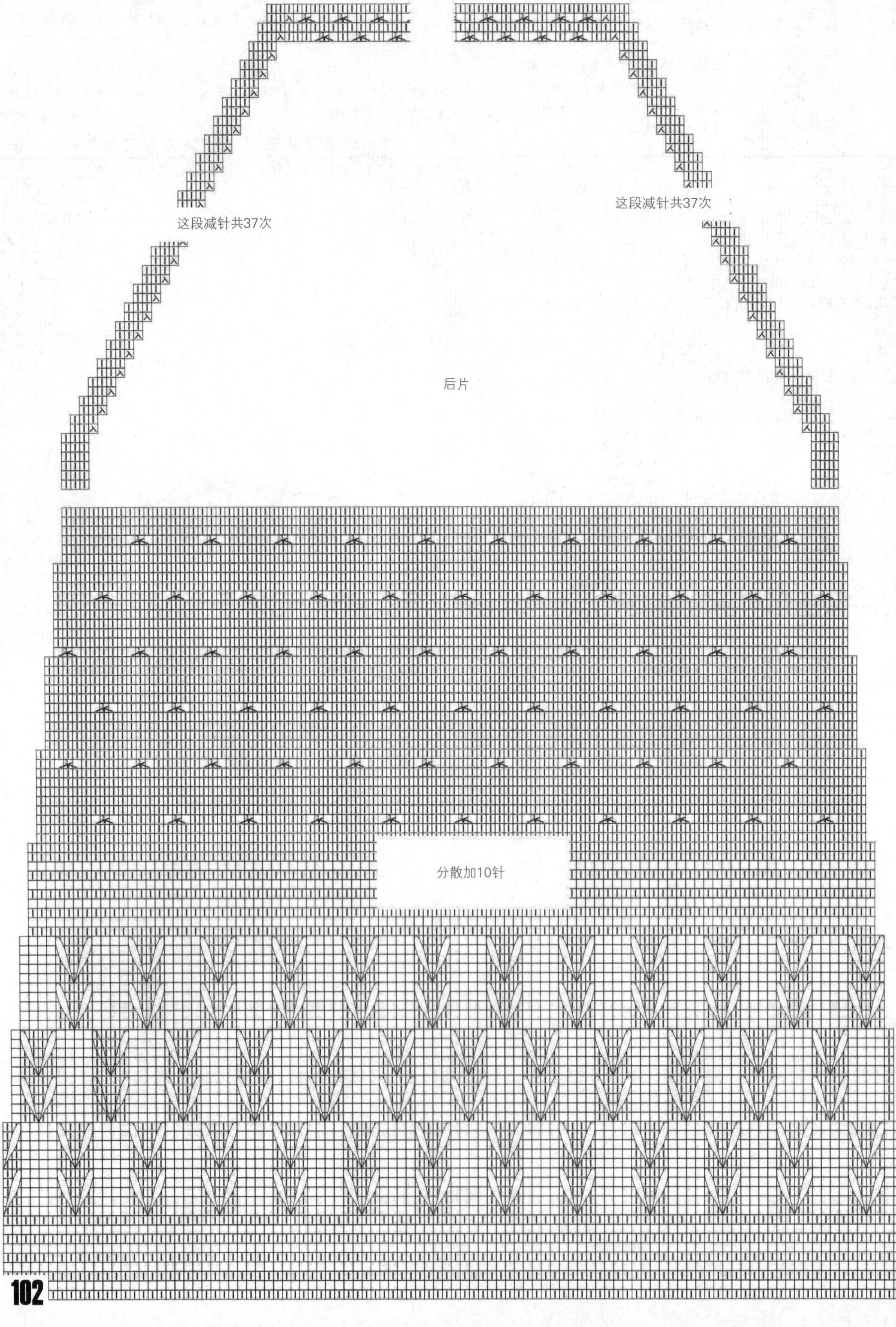
这段减针共37次
这段减针共37次
后片
分散加10针

24

【成品规格】衣长60cm

【编织密度】30针×26.6行=10cm²

【工　　具】10号棒针

【材　　料】炭黑色羊毛线700g

【编织要点】

1.棒针编织法，衣身为前后左右4片分别编织，4片编织方法一样，完成后缝合。

2.衣领起织，从上往下编织，起24针，织花样A，不加减针织26行，开始编织衣身，两侧按2-1-80的方法加针，织至186行，收针断线。

3.4个衣身片对应缝合。

4.挑织衣袖。沿衣身下摆左右两侧分别挑起48针，环形编织花样A，织26行后，收针断线。

5.挑织衣襟。沿衣身左右侧分别挑起210针，织花样A，织10行后，收针断线。

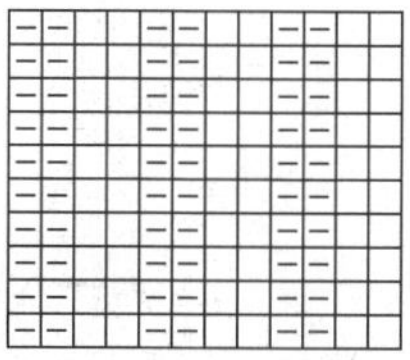

花样 A

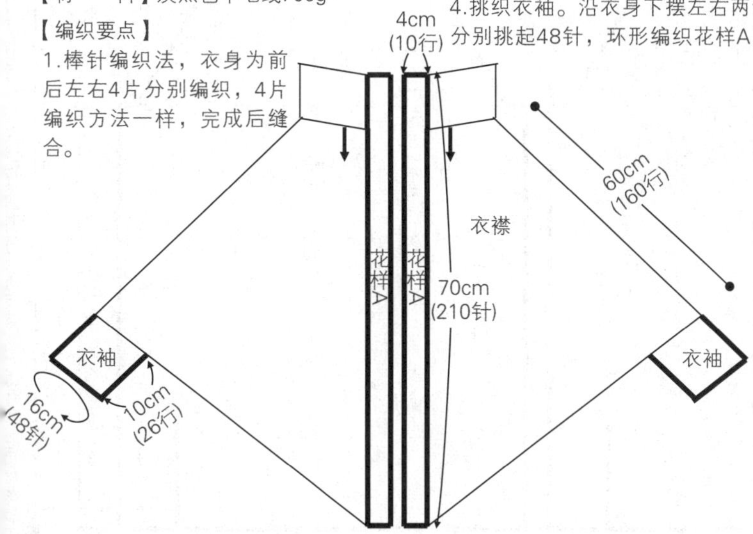

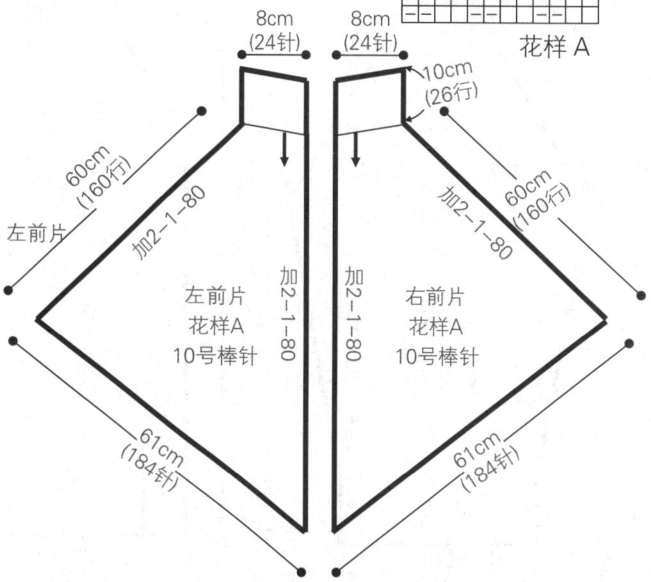

25

【成品规格】衣长65cm，胸宽55cm，肩宽50cm，袖长60cm

【编织密度】17.5针×39行=10cm²

【工　　具】8号棒针

【材　　料】深棕色羊毛线1100g

【编织要点】

1.棒针编织法。由左片和右片再加上两个袖口组成。

2.左右两个织片的结构相同。从袖口侧织至开襟侧。下针起针法，起114针，起织花样A，不加减针，织180行的高度，下一行将织片的针数一分为二，做前片部分，进行前衣领减针，后片不加减针，前衣领减针方法是，先从中间收9针，然后4-1-3，最后不加减针，织24行的高度后，将所有的针数收针断线。后片部分，不加减针，织36行的高度后，收针断线。相同的方法，相反的减针方向的位置，编织另一边前后片。右前片衣襟要制作5个扣眼。将后片的收针边进行缝合，前后片的下摆边留25cm的宽度不缝合。将余下的边进行缝合。最后，沿着袖口边，收缩针数成40针，起织花样B单罗纹针，不加减针，织16行的高度后，收针断线。相同的方法织另一边袖口。最后单独编织领片，起27针，起织花样A，不加减针，织232行的高度后，收针断线。将一侧长边与衣服的前后衣领边进行对应缝合。衣服完成。

花样 A

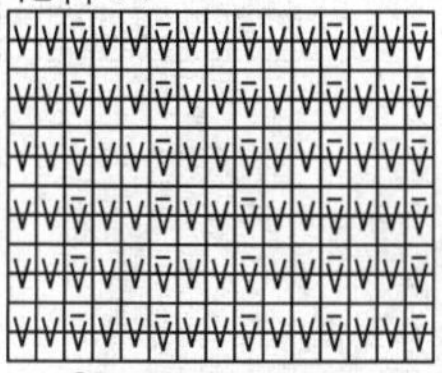

上针2行浮针

2行浮针

花样 B

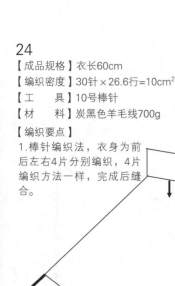

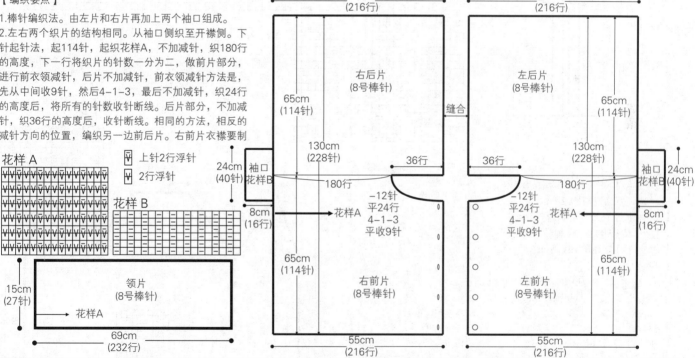

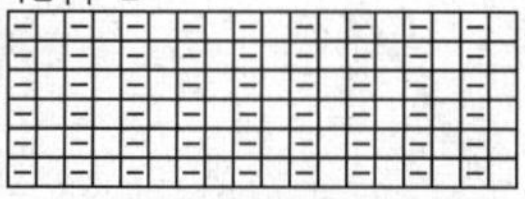

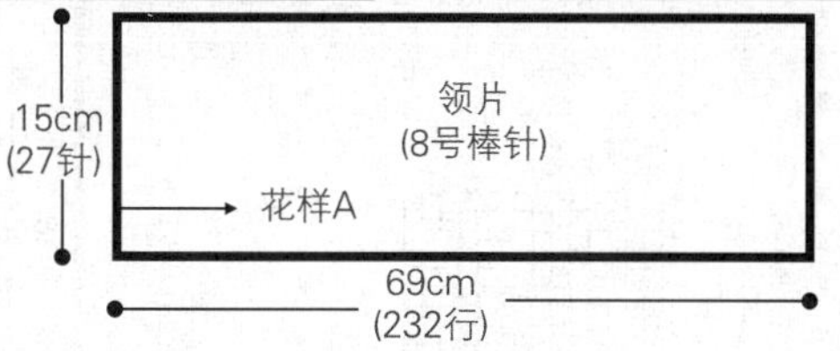

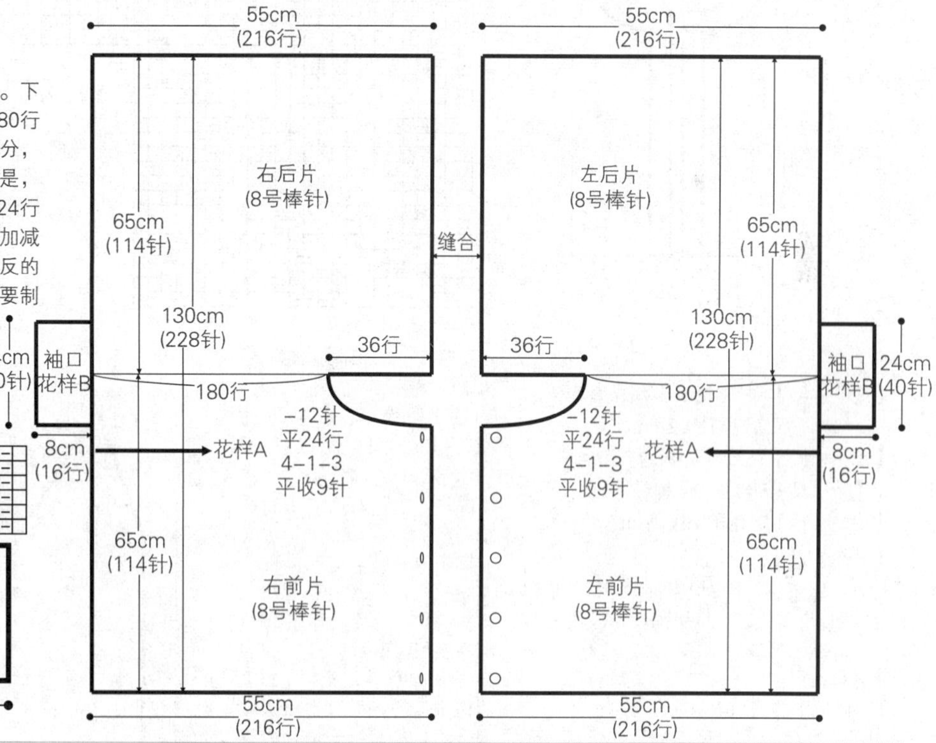

26

【成品规格】衣长66cm，胸围88cm，肩连袖长62cm

【编织密度】16.6针×18.2行=10cm²

【工　　具】10号棒针

【材　　料】杏色羊毛线550g，纽扣4颗

【编织要点】

前片/后片制作说明：

1.棒针编织法，衣身为左、右前片和后片分别编织缝合而成。

2.起织后片。起73针，织花样A，织80行后，改织花样B，两侧各平收3针，然后按4-2-10的方法减针织成插肩袖窿，织至120行，织片余下27针，收针断线。

3.起织左前片。起37针，织花样A，织80行后，改织花样B，右侧平收3针，然后按4-2-10的方法减针织成插肩袖窿，织至110行，左侧平收3针，然后按2-2-4的方法减针织成前领，织至120行，织片余下3针，收针断线。

4.同样的方法相反方向编织右前片，将左右前片与后片侧缝对应缝合。

衣领/衣襟制作说明：

1.棒针编织法往返编织衣襟，沿衣身左右侧衣襟边分别挑起104针，织花样D，织8行后，收针断线。

2.棒针编织法往返编织衣领，沿领口挑起98针，织花样D，织8行后，收针断线。

袖片制作说明：

棒针编织法，从袖口往上编织。

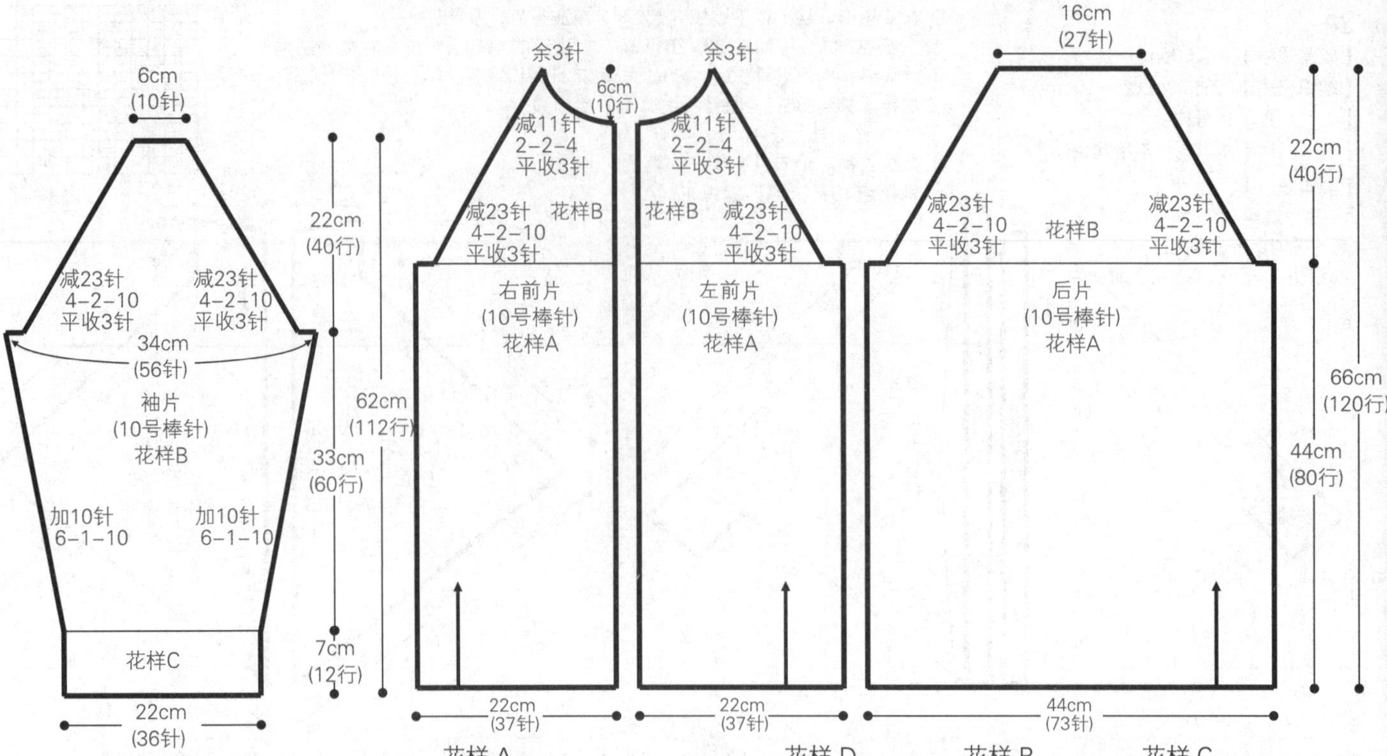

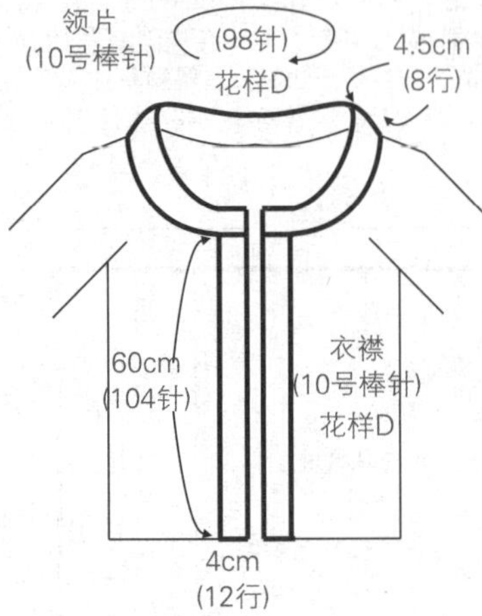

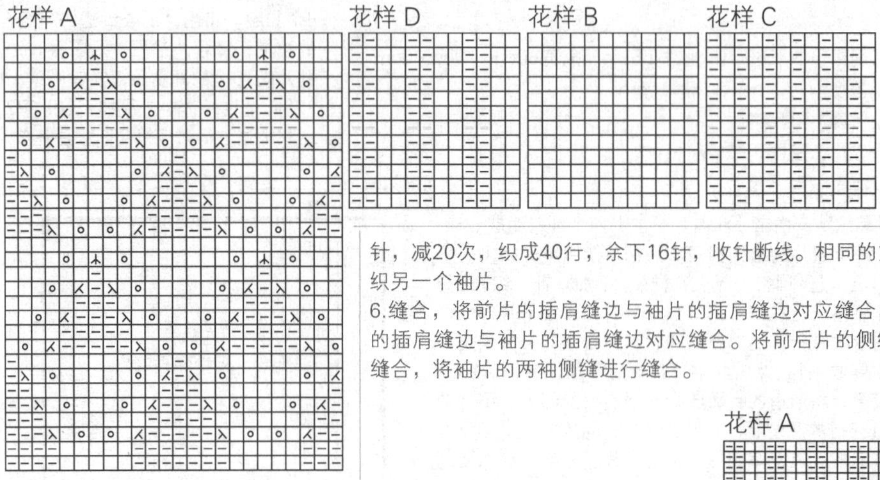

针，减20次，织成40行，余下16针，收针断线。相同的方法去织另一个袖片。

6.缝合，将前片的插肩缝边与袖片的插肩缝边对应缝合，后片的插肩缝边与袖片的插肩缝边对应缝合。将前后片的侧缝对应缝合，将袖片的两袖侧缝进行缝合。

27

【成品规格】衣长66cm，胸围88cm，
肩连袖长62cm

【编织密度】16.6针×18.2行=10cm²

【工　　具】8号、10号棒针

【材　　料】杏色羊毛线550g，纽扣4颗

【编织要点】

1.棒针编织法，用8号棒针编织。插肩款毛衣由2个前片、1个后片等组成。袖窿以下一片编织而成。袖窿以上分成前片、后片各自编织。

2.袖窿以下的编织。

(1)双罗纹起针法，起124针，起织花样A双罗纹针，不加减针编织16行的高度。

(2)第17行起，改织花样B双桂花针，不加减针编织100行的高度至袖窿。

3.袖窿以上的编织分成左前片、右前片、后片各自编织。两边各选取28针做前片，后片68针。前片以右前片为例。

(1)右前片的编织。两边同时减针，衣襟边减针成前衣领边，减针方法是，每织4行减1针，减8次，袖窿减针是，每织2行减1针，减20次，两边同步减针，直至最后余下1针，收针断线。相同的方法去编织左前片。

(2)后片的编织。两边同时减针织插肩缝，每织2行减1针，减20次，织成40行的高度后，余下28针，收针断线。

4.口袋的编织，口袋即两个方块织片，起20针，起织花样B，不加减针，编织36行的高度后，改织花样A，织4行，收针断线，花样A的上侧边做口袋，而其他三边做缝合边，将其缝于前片的近下摆位置。相同的方法去编织另一只口袋。

5.袖片的编织。从袖口起织，双罗纹起针法，起32针，不加减针，编织16行的高度后，改织花样B，起织时，两侧同时加针，每织4行加1针，加12次，织成48行，再织20行后至袖窿，从袖窿起减针，每织2行减1

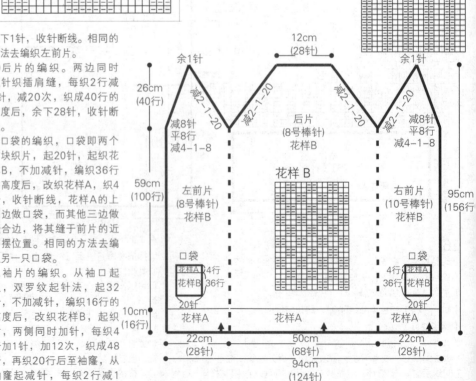

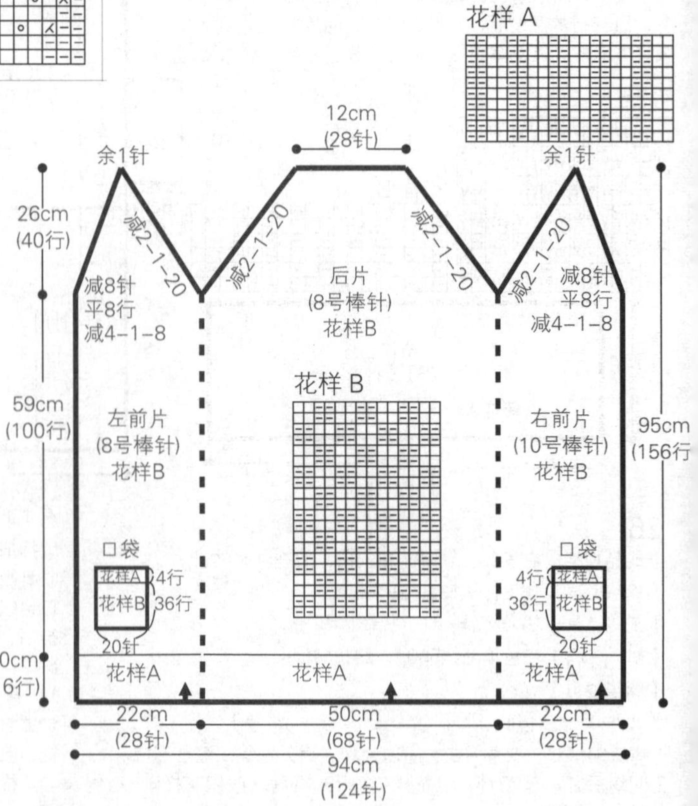

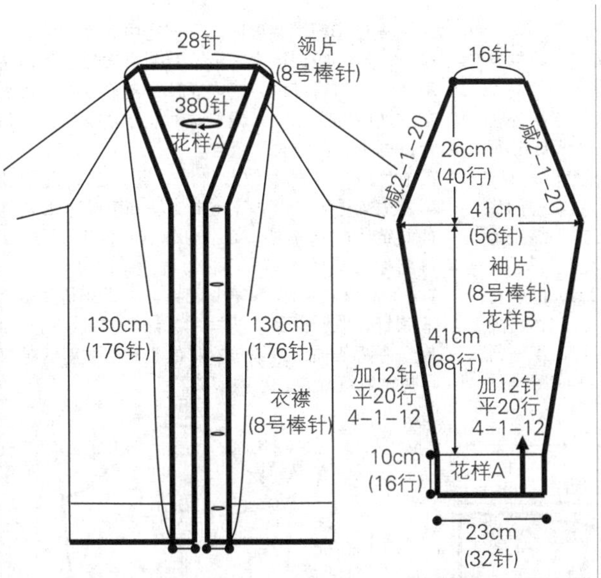

28

【成品规格】衣长100cm，胸围95cm，袖长71cm

【编织密度】19针×18.8行=10cm^2

【工　　具】8号棒针

【材　　料】灰色2股中粗兔毛绒线1100g，纽扣5颗

【编织要点】

前后片编织方法：

1.棒针编织法，8号棒针编织。由2个前片、1个后片和1个帽片组成。

2.前片的编织分成左前片和右前片，以右前片为例。

(1)右前片的编织。起织，下针起针法，起42针，起织下针，织4行后，改织花样A双罗纹针，不加减针，编织16行的高度。

(2)袖窿以下的编织。第21行起，依照花样B进行分配，从左向右，依次是8针花A，18针花C，12针花B，再织4针扭针单罗纹针，共42针，不加减针，编织56行的高度时，选中间的18针，做袖口编织。起织第57行，编织8针棒绞花样后，改织花样A双罗纹针，织18针后，余下的16针，依照图解分配花样编织，编织8行的高度，下一行，编织8针后，将双罗纹针对应的针数收针，余下的不收针，返回编织时，在收针的18针位置，用单起针法，重起18针编织，再接上起织的8针，这样，形成的孔作为袋口，完成前片后，在这个口袋内制作一个内袋。完成袋口编织后，继续往上编织，再织66行后至袖窿后此时织片共150行。

(3)袖窿以上的编织。袖窿起减针，右侧不加减针，左侧减针，每织2行减2针，减5次，织成10行，再织8行后，衣襟侧开始减针，编织衣领边，先平收针6针，然后每织2行减2针，减2次，然后每织2行减1针，减6次，再织4行，至肩部，余下16针，收针断线。

(4)相同的方法编织左前片。

3.后片的编织，下针起针法，起92针，起织4行下针和花样A单罗纹针16行，不加减针，织成20行的高度。第21行起，依照花样B分配图案编织，从左往右，依次是14针花样C、8针花A、18针花C、12针花B、18针花C、8针花A，最后是14针花C，14针花C是少了最后的4针扭针单罗纹针花样的。不加减针，编织130行的高度至袖窿，从袖窿起减针，每织2行减2针，减5次，织成10行后，不再加减针，再织28行后，织片两侧选取16针收针，中间40针不收针，留待帽片的起织。

4.缝合。将前片的侧缝与后片的侧缝对应缝合，将前后片的肩部对应缝合。

5.沿着前后衣领边，挑出72针，继续编织帽片，帽片参照结构图中所给出的花样组合，编织52行的高度后，以中间的2针做减针，在这2针上，每织2行减1针，减4次，两边各余下32针，对应缝合。

袖片制作说明：

1.棒针编织法，长袖从袖口起织，袖山收圆肩。

2.起针，下针起针法，用8号棒针起织，起38针，来回编织。

3.袖口的编织，起针后，编织4行下针和花样A双罗纹针16行，无加减针编织20行的高度后，进入下一步袖身的编织。

4.袖身的编织，从第21行，依照结构图中给出的花样分配进行编织，起织两袖侧缝加针编织，每织4行加1针，加18次，不加减针再织22行，至袖窿减针。

5.袖山的编织，两边减针编织，减针方法为，两边减针，然后每织2行减2针，减10次，余下34针，收针断线。以相同的方法再编织另一只袖片。

6.缝合，将袖片的袖山边与衣身的袖窿边对应缝合。将袖侧缝缝合。

领边/衣襟制作说明：

1.棒针编织法，领边与衣襟一片编织而成。

2.从右衣襟边起挑针，经右衣领边、帽子前沿，再到左衣襟边，挑出384针，起织花样A双罗纹针10行，再织4行下针收边，共14行的高度。左侧衣襟需要制作5个扣眼，每对扣眼的间距是20针。

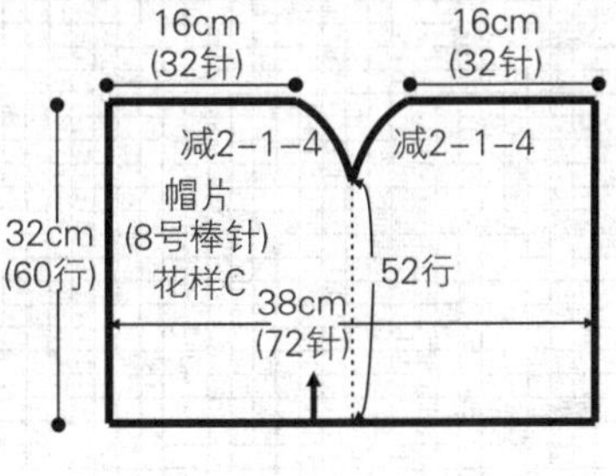

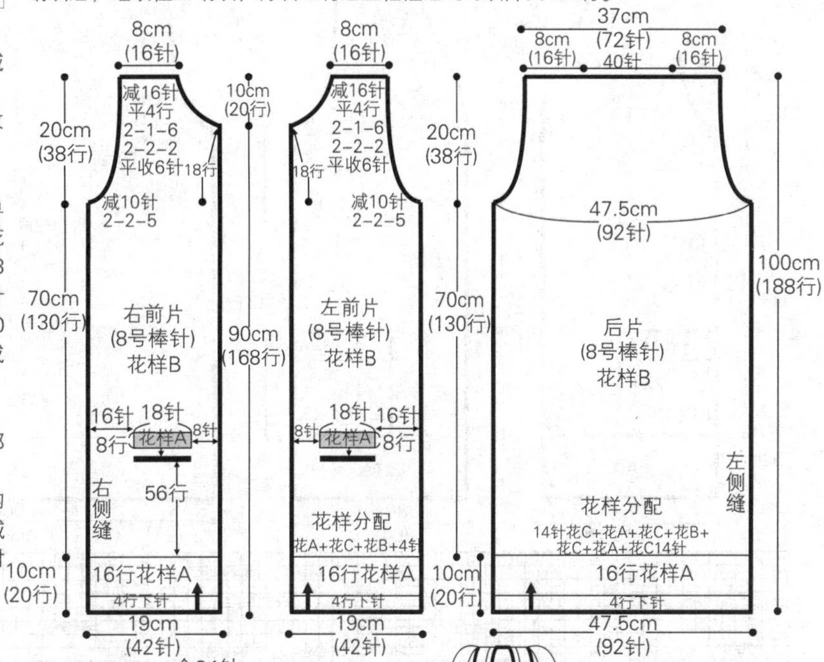

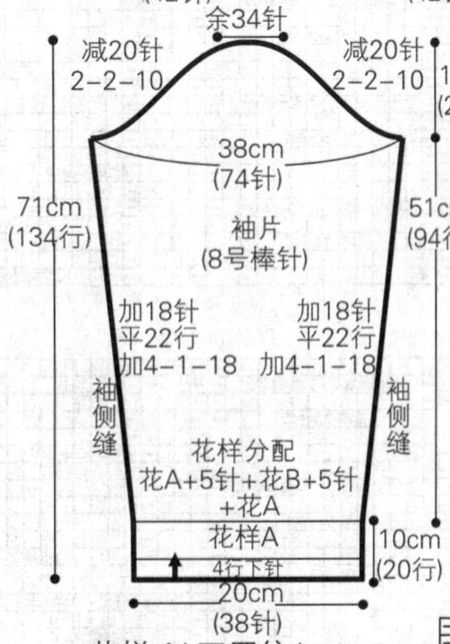

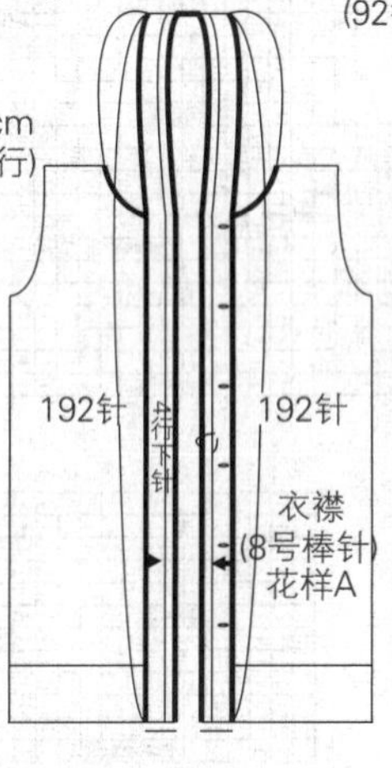

花样 B

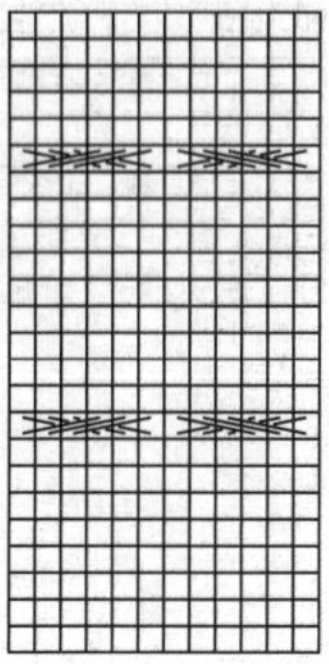

花样 A(双罗纹)

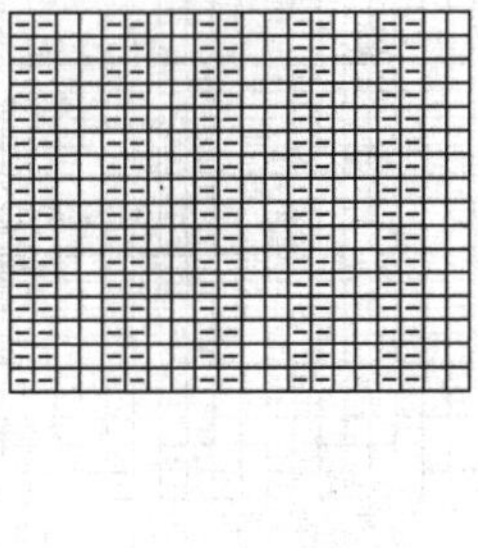

花样 C

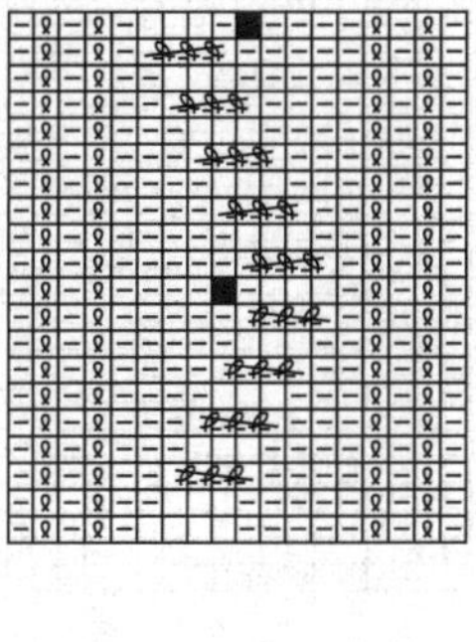

花 A

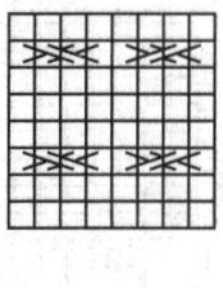

29

【成品规格】衣长68cm，胸宽50cm，肩宽34cm，袖长53.5cm

【编织密度】21针×29行=10cm²

【工　　具】10号棒针

【材　　料】灰色羊毛线850g

【编织要点】

1.棒针编织法：由左前片、右前片和后片和两个袖片组成。

2.前后片织法。

(1)前片的编织：分为左前片和右前片。以右前片为例，单罗纹起针法，起64针，用10号棒针起织，起织花样A，不加减针，织24行。下一行起排花型，依照花样B排花样编织。不加减针，织112行的高度，下一行起，袖窿和衣领同步减针。袖窿收针4针，然后2-1-6，衣领在从外往内算10针的位置上进行减针，4-1-15，织成60行后，再织2行至肩部，留衣领侧的14针继续编织48行后收针。而余下的25针收针，断线。右衣襟制作5个扣眼。相同的方法，相反的减针方向去编织另一个前片。

(2)后片的编织：单双罗纹起针法，起98针，起织花样A，不加减针，织24行的高度，下一行起，排成花样C编织，不加减针，织112行的高度。下一行袖窿起减针，两边同时收4针，然后2-1-6，当从袖窿算起58行的高度时，下一行中间收24针，两减针，2-1-2，至肩部余下25针，收针断线。将后片的肩部对应缝合，再将侧缝对应缝合。最后左右加织的领片，以内侧边对应于后衣领边进行合，再将收针边对应缝合。

3.袖片织法：单罗纹起针法，起48针，起织花A，织24行的高度，下一行起，起织花样D，并袖侧缝上加针编织，8-1-4，6-1-12，再织行至袖山减针，下一行起，两边同时减针，先收针，然后2-1-8，各减少12针，织成16行高度，下56针，收针断线。相同的方法再去编织另一个片。将两条袖山边线与衣身的袖窿边线对应缝合再将袖侧缝缝合。衣服完成。

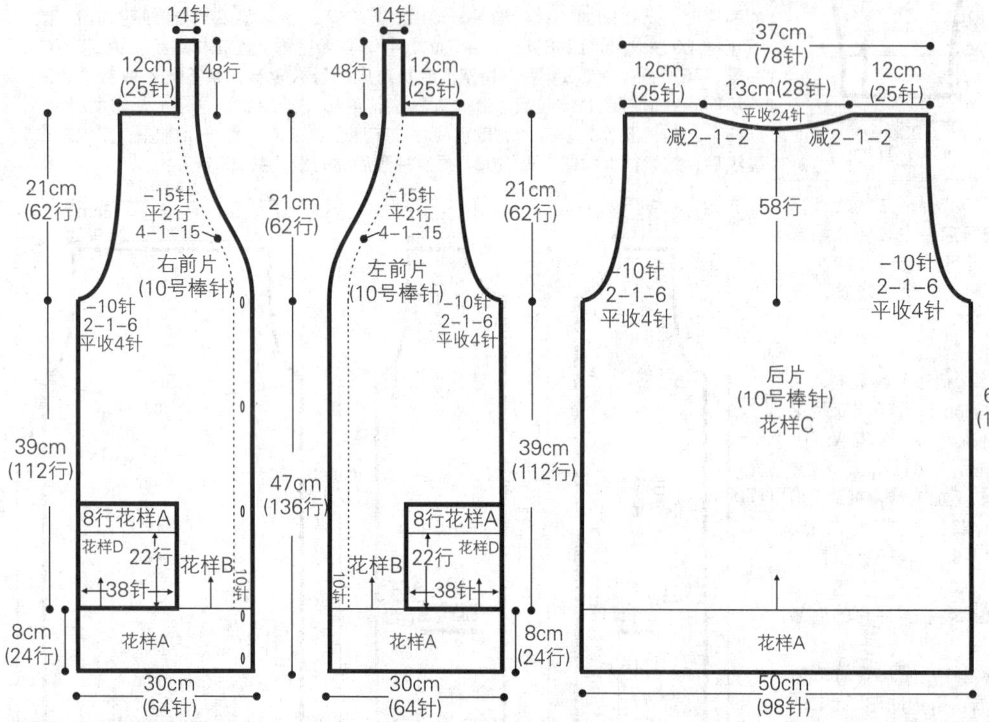

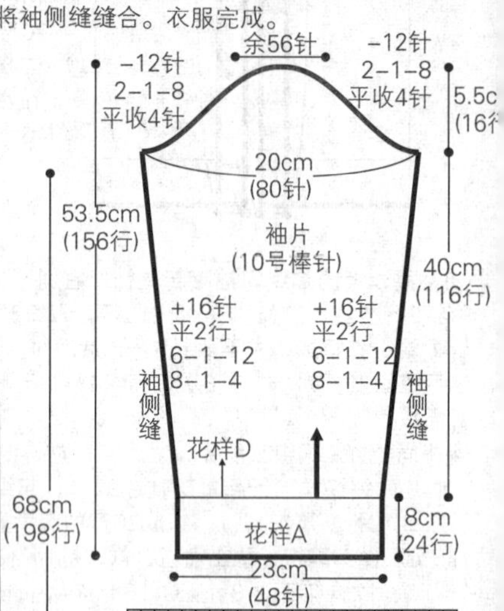

花样B

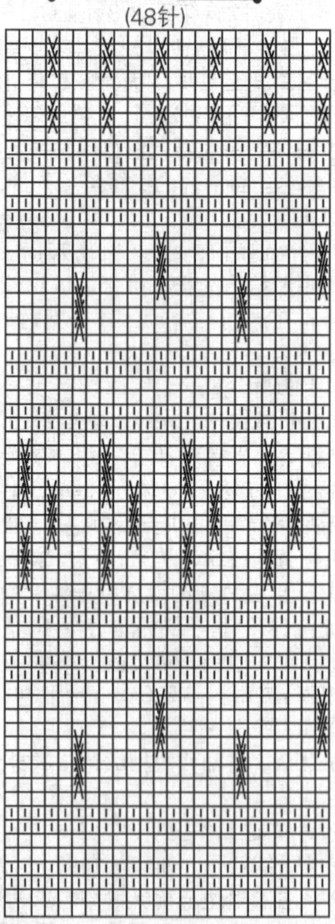

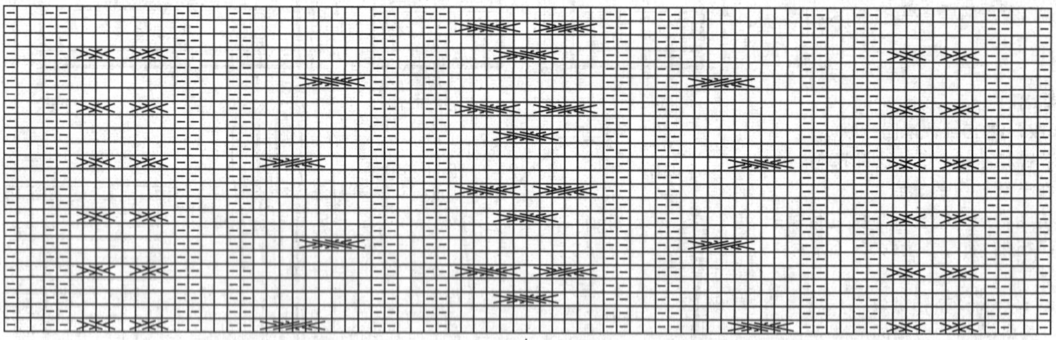

加针

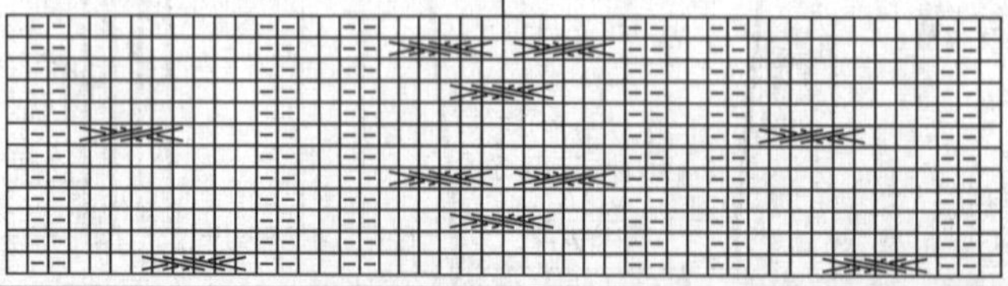

花样C

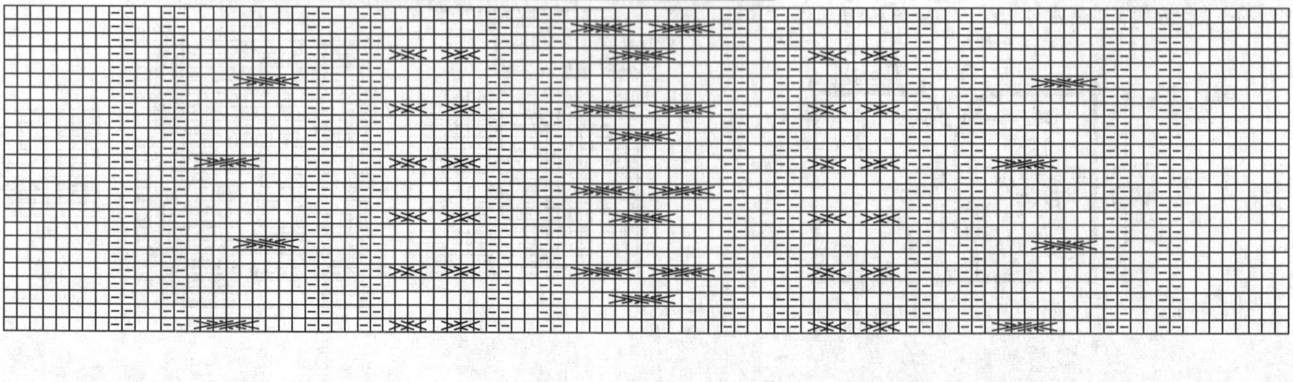

花样 D

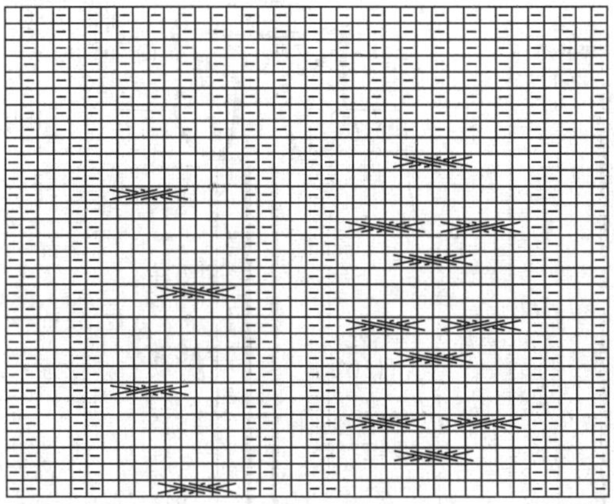

花样 A

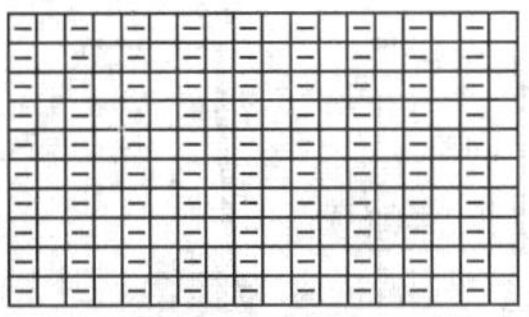

花样 A

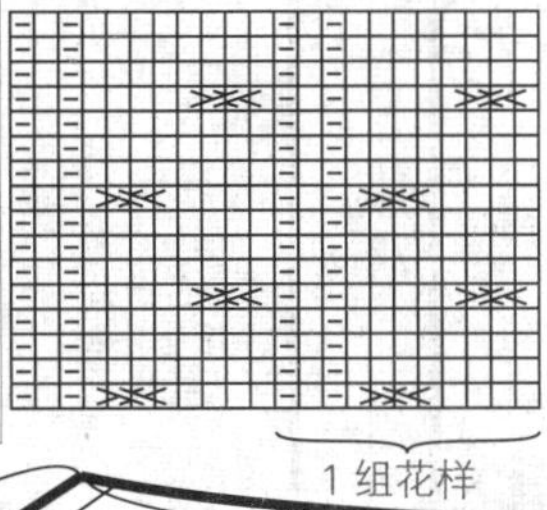

样后，往返编织4行，余下的16针不编织，在第5行时，重复前4行的织法，如此反复，织成252行的高度。最后起8针，编织32行花样B搓板针后，与胸肩片两短侧边缝合。

花样 C

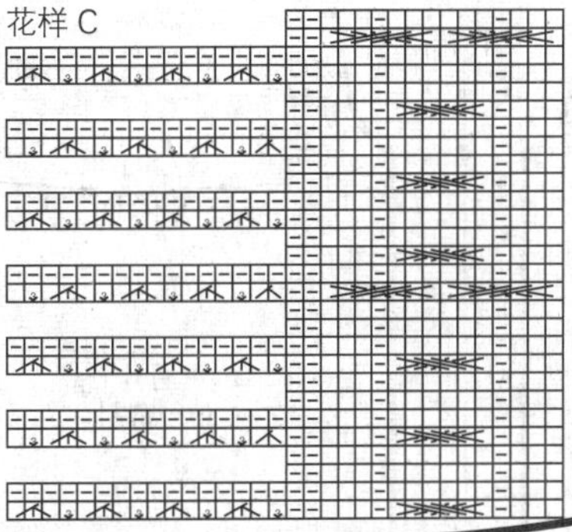

4.缝合。将胸肩片的下侧边分别与左前片和右前片进行缝合。如图空出42行的宽度，做袖口，即3层花样C的高度。将余下的宽度与后片进行缝合。衣服完成。

花样 B

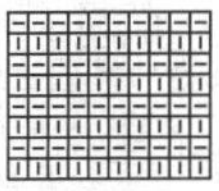

30

【成品规格】衣长85cm，胸围90cm

【编织密度】19.6针×21行=10cm²

【工　　具】8号棒针

【材　　料】紫色兔毛线2200g

【编织要点】

1.棒针编织法，由2个前片、1个后片和1个胸肩片组成。胸肩片横向往返编织。

2.衣身的编织。由左前片、右前片和后片组成。以右前片为例说明。

(1)起织，下针起针法，起41针编织，在衣襟侧分配8针编织花样B搓板针，余下的33针分配成3组花样A。照此分配，往上编织，不加减针，编织112行的高度后，收针断线。相同的方法编织左前片。

(2)后片的编织，下针起针法，起88针，分配成8组花样A进行编织，不加减针，编织112行的高度后，收针断线。

(3)将左前片与右前片分别与后片的两侧缝进行缝合。

3.胸肩片的编织。横向编织和往返编织相结合。下针起针法起32针，依照花样C图解编织2行后，在第3行织完16针花

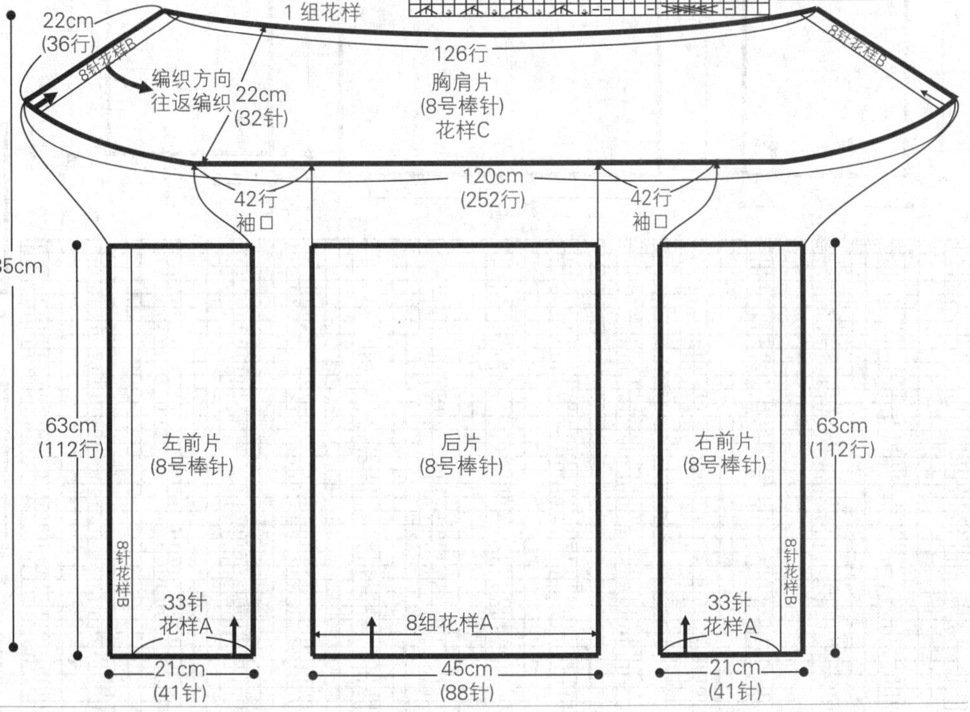

31

【成品规格】衣长75cm，胸围95cm

袖长48cm

【编织密度】21.05针×18.7行=10cm²

【工　　具】9号棒针

【材　　料】深紫色羊毛线1200g

【编织要点】

1.棒针编织法，由2个前片、1个后片和2个袖片等组成。从下往上织起。

2.前片的编织。由右前片和左前片组成，以左前片为例。

(1)起针，下针起针法，起55针织花样A，不加减针，编织72行的高度。

(2)袖窿以上的编织。织至第73行，左侧不加减针，右侧袖窿减针，先平收4针，每织2行减2针，减4次，以上不再加减针，左侧不加减针织16行后，从下一行开始衣领减针，先平收8针，然后每织2行减1针，减11次，不加减再织2行后至肩部，余下24针，收针断线。

(3)相同的方法，相反的方向编织右前片。

3.后片的编织。下针起针法，起100针，依照结构图中给出的花样针数进行编织，不加减针，编织72行的高度。下一行起，袖窿减针，方法与前片相同。当衣服织至从袖窿算起的37行高度时，将织片中间的24针收针，两边沿相反方向减针，每织2行减1针，减2次。两肩部余24针，收针断线。

4.袖片的编织。袖片从袖口起织，下针起针法，起40针织花样A，起织时，两侧缝进行加针，每织6行加1针，加9次，织成60行的高度至袖窿，针数加成58针。下一行起，进行袖山减针，两侧先平收4针，然后每织2行减1针，共减15针，织成30行，最后余20针，收针断线。相同的方法编织另一袖片。

5.拼接，将前片的侧缝与后片的侧缝对应缝合，将前后片的肩部对应缝合，将袖片与衣身的袖窿边对应缝合。

6.下摆边的编织，分成两块各自编织，均从衣襟侧起织，下针起针法，起72针，起织花样B，依照图解编织棒针图中花样，织成76行的高度，相同的方法再织一片，将上侧边与衣身的下摆边缘进行缝合。后片下摆片对应的边，只将上侧边缘缝合一点，上面钉上3颗扣子。

7.衣襟和领片的编织。各自编织，先编织衣襟边，沿着衣襟边，挑针起织花样D双罗纹针，不加减针，编织10行的高度后，收针断线。左衣襟要制作6个扣眼，每两个扣眼之间为18针。再编织领片，领片单独编织，再将之与衣身的领边进行缝合。起38针，依照花样C编织棒针花样，领片只在位于前面的部分编织棒针花样，在两个棒针花样之间，全织花样A，整片一共88行，完成后，收针断线，将一侧长边与衣领边进行缝合。在右衣襟上钉上扣子。衣服完成。

花样 C

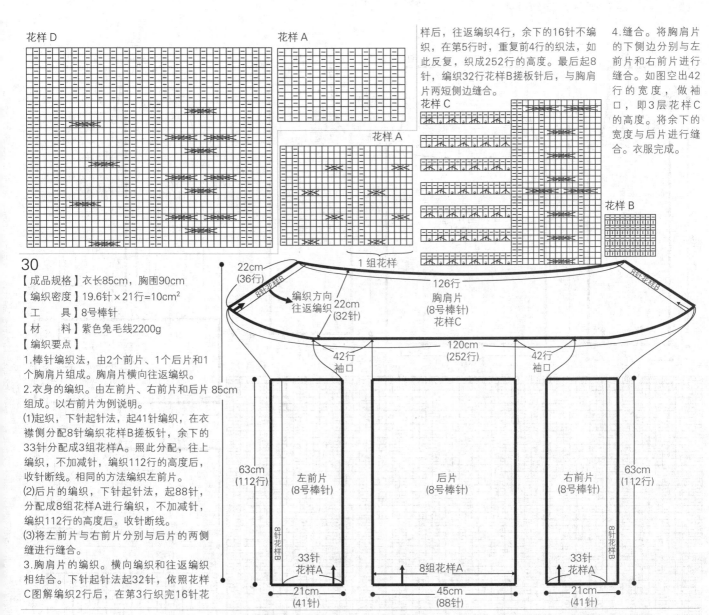

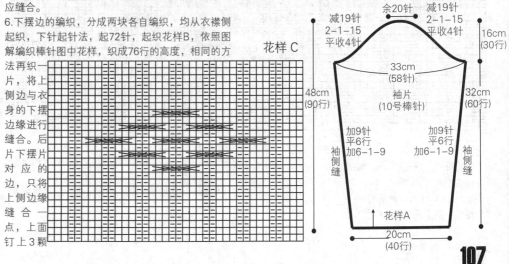

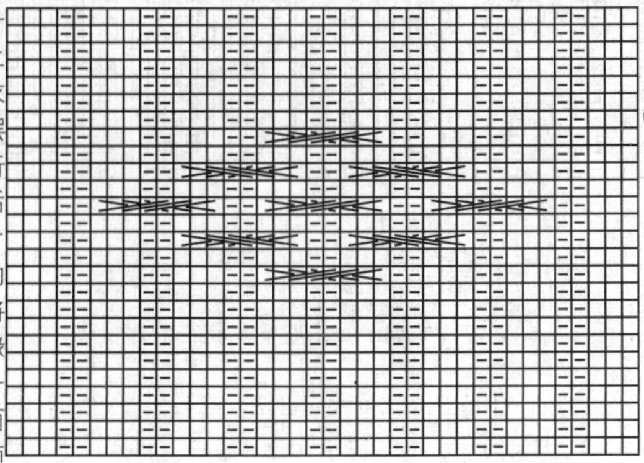

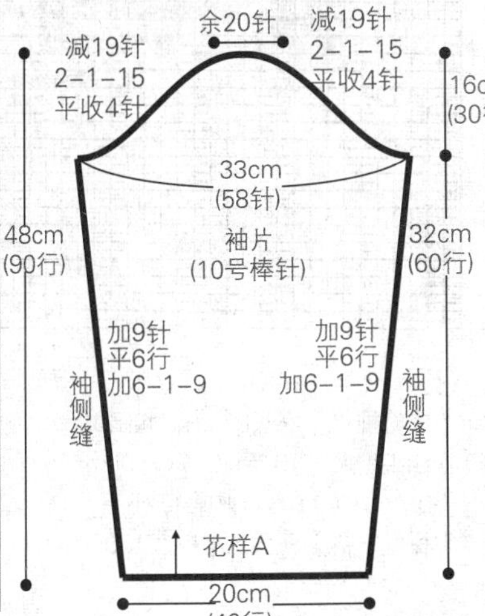

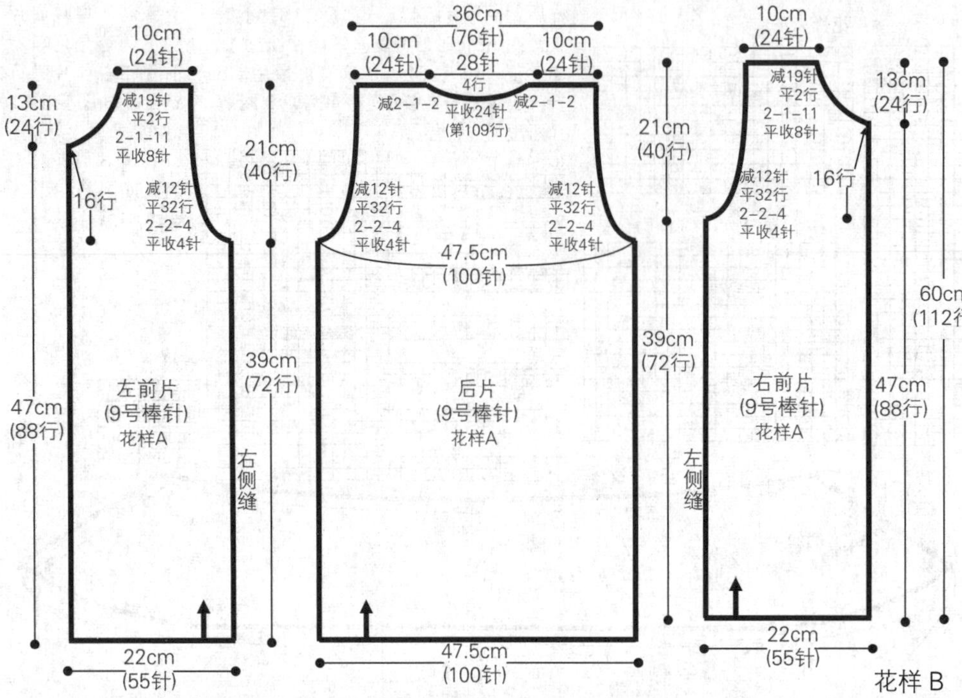

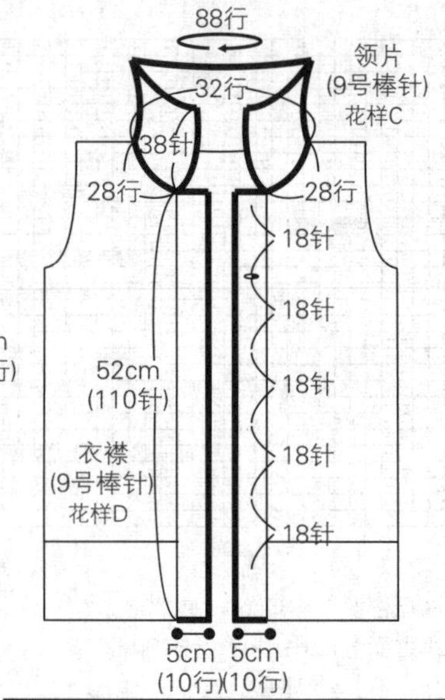

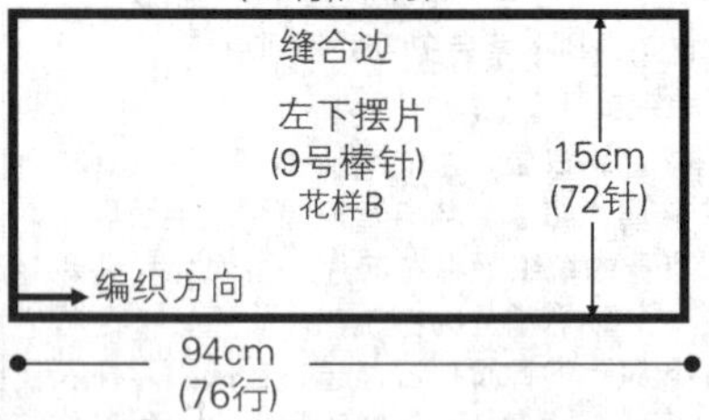

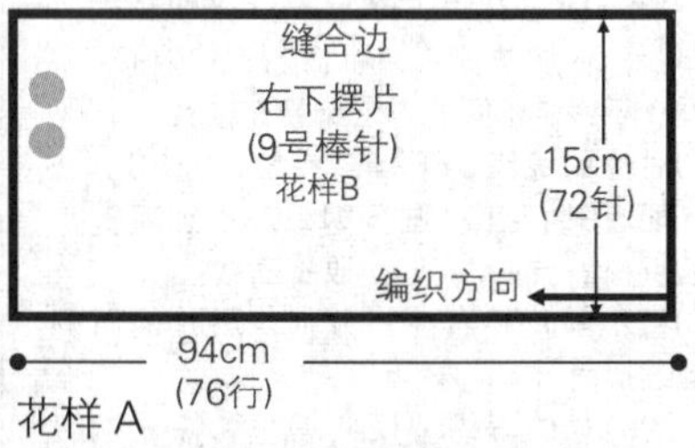

花样 B

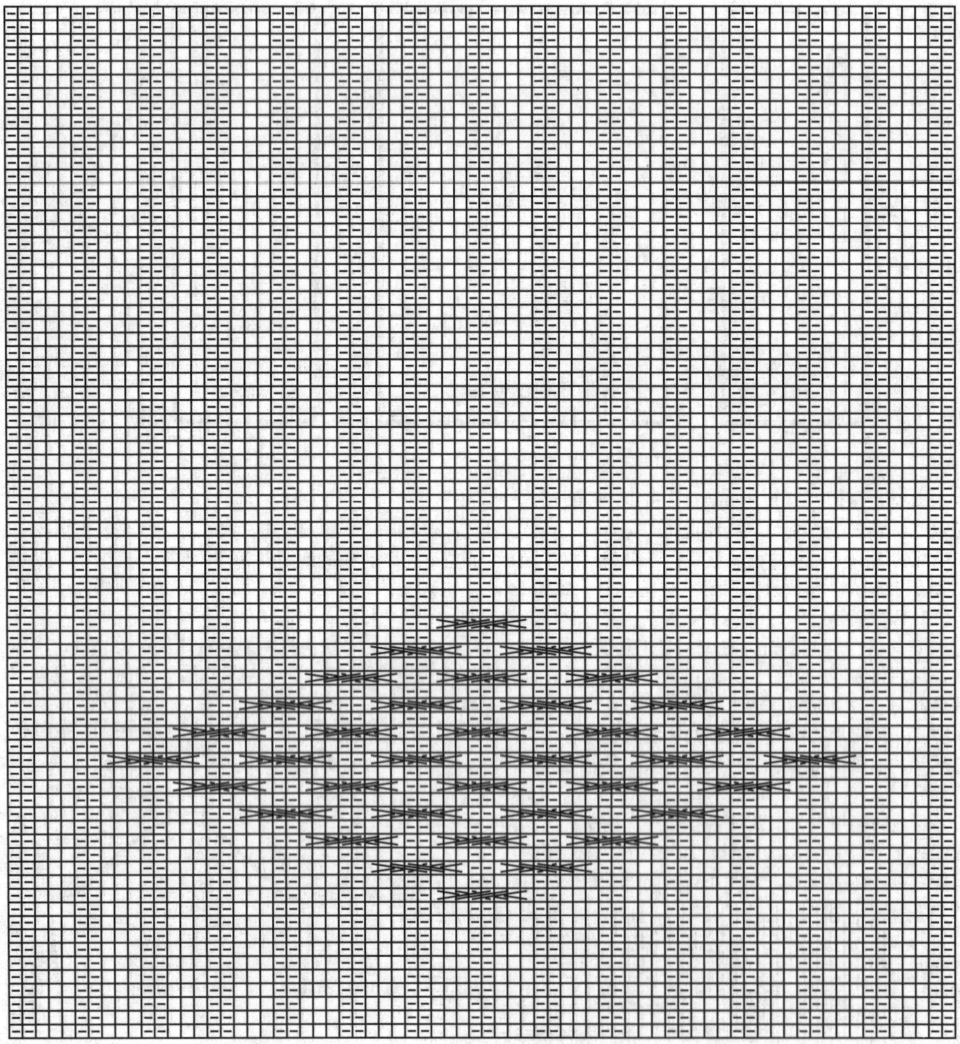

花样 A

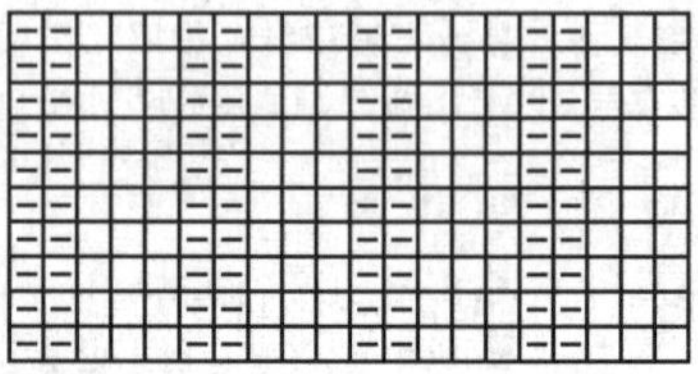

花样 D

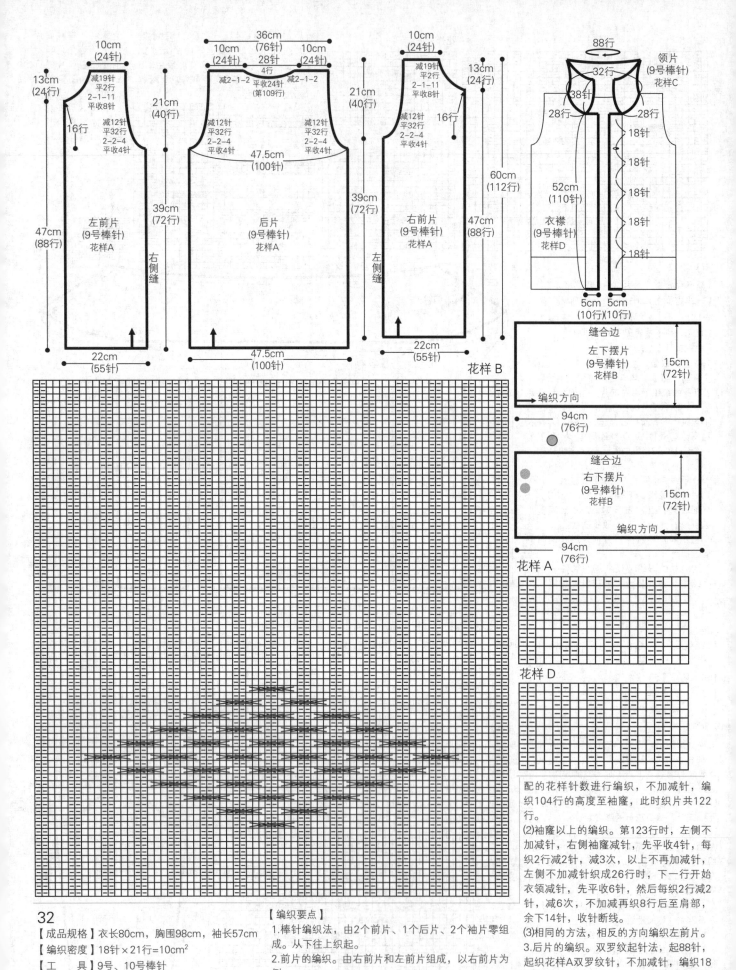

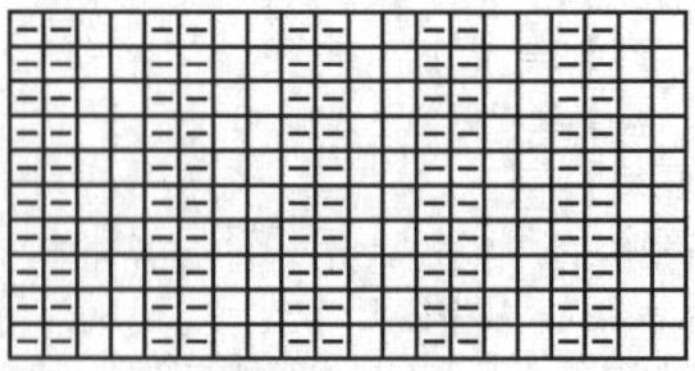

32

【成品规格】衣长80cm，胸围98cm，袖长57cm

【编织密度】18针×21行=10cm^2

【工　　具】9号、10号棒针

【材　　料】深蓝色羊毛线1800g

【编织要点】

1.棒针编织法，由2个前片、1个后片、2个袖片零组成。从下往上织起。

2.前片的编织。由右前片和左前片组成，以右前片为例。

(1)起针，双罗纹起针法，起42针，起织花样A，不加减针，编织18行的高度。下一行起，依照结构图分配的花样针数进行编织，不加减针，编织104行的高度至袖窿，此时织片共122行。

(2)袖窿以上的编织。第123行时，左侧不加减针，右侧袖窿减针，先平收4针，每织2行减2针，减3次，以上不再加减针，左侧不加减针织成26行时，下一行开始衣领减针，先平收6针，然后每织2行减2针，减6次，不加减再织8行后至肩部，余下14针，收针断线。

(3)相同的方法，相反的方向编织左前片。

3.后片的编织。双罗纹起针法，起88针，起织花样A双罗纹针，不加减针，编织18行的高度，下一行起，依照结构图中给出的花样针数进行编织，不加减针，编织104行的高度，下一行起，袖窿减针，方法与前片相同。当衣服织至袖窿算起39行的高度时，将织片中间的28针平收，两边相反方向减针，每织2行减2针，减2次，然后每织2行减1针，减2次。两肩部余下14针，收针断线。

4.袖片的编织。袖片从袖肩部起织，下针起针法，起24针，起织花样C，起织时，两袖山进行加针，每织2行加1针，加15次，织成30行的高度至袖窿，两边再一次性加出4针，这样，织片的针数共62针，下一行起织袖身，不加减针，编织10行的高度后，开始减针，每织16行减1针，减4次。织成74行的袖身，下一行起织花样A，在第一行内分散收针，收掉14针，针数变为40针，起织花样A双罗纹针，不加减针，编织18行的高度后收针断线。相同的方法去编织另一袖片。

5.拼接，将前片的侧缝与后片的侧缝对应缝合，将前后片的肩部对应缝合，将袖片与衣身的袖窿边对应缝合。

6.衣襟的编织，需要在编织衣襟后，才能进行帽片的编织。沿着两侧衣襟边，挑出110针，起织花样A双罗纹针，不加减针，编织10行的高度后，收针断线。左衣襟制作7个扣眼，两个扣眼之间距离14针。在另一侧衣襟钉上7颗牛角扣。

7.帽片的编织。需要在完成衣襟的基础上才能进行帽片的编织。沿着前后衣领边，挑出74针，依照结构图所标出的花样针数进行编织，不加减针，编织60行的高度，下一行将两端的26针收针，余下中间的22针花样继续编织。再织30行后，全织上针，再织6行后收针断线。将加长编织部分的侧边与原来收针的侧边进行缝合。衣服完成。

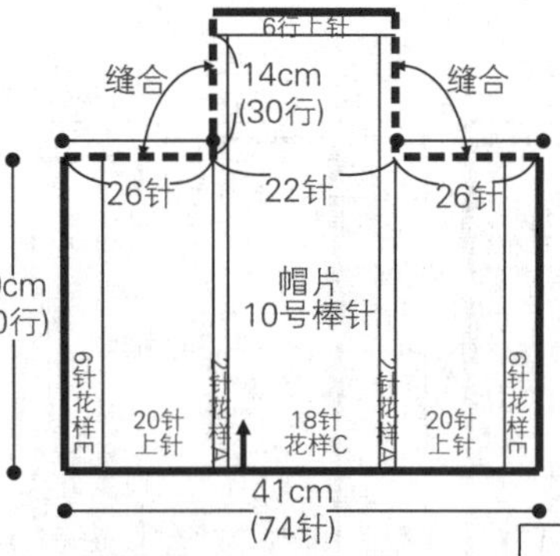

花样 B

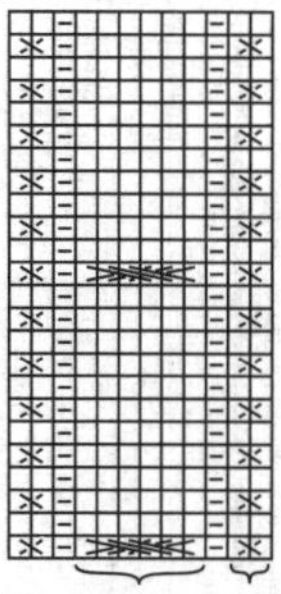

花样 D

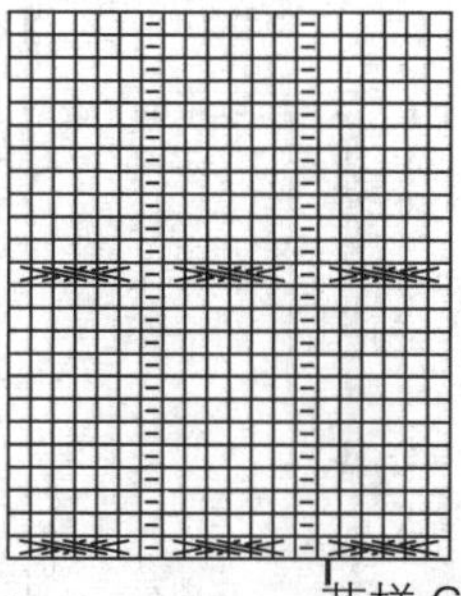

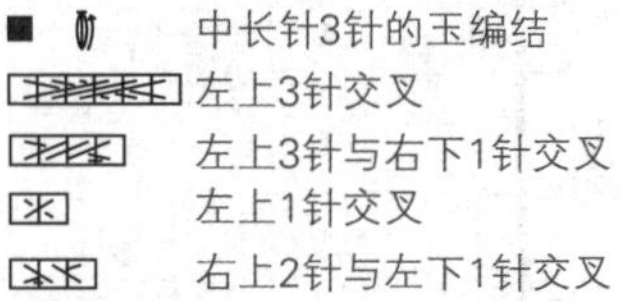

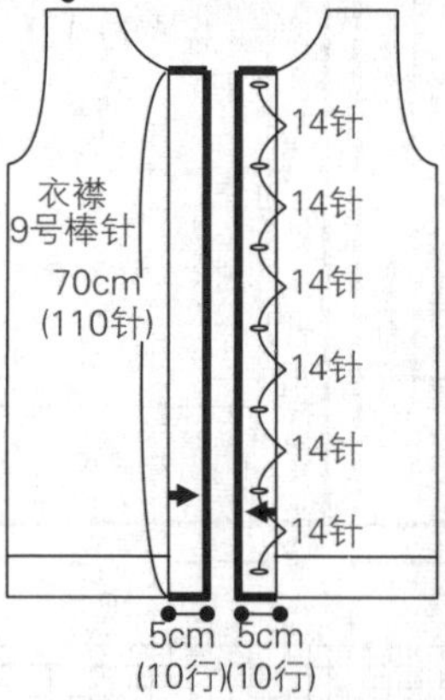

花样 C

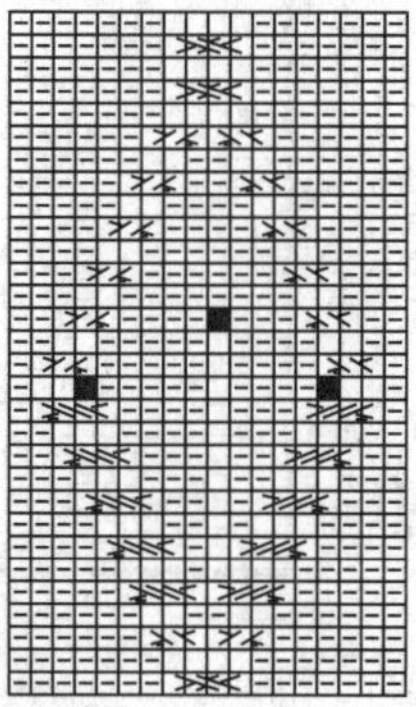

花样 A(双罗纹)

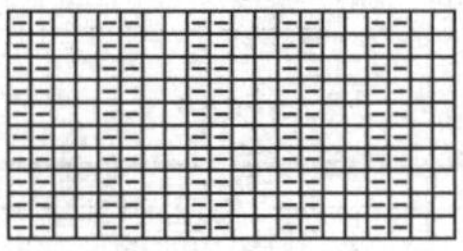

花样 E(搓板针)

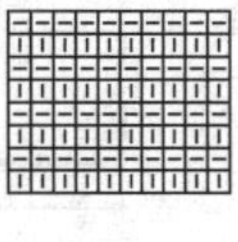

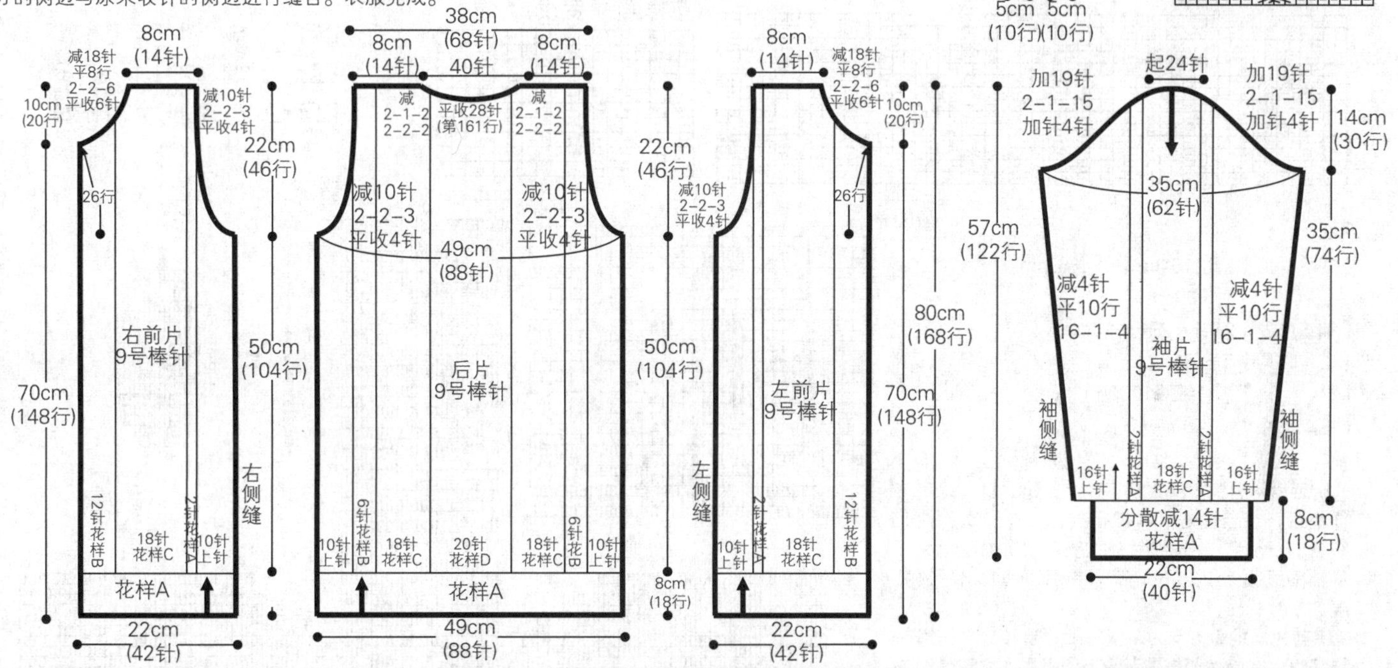

33

【成品规格】衣长70cm，胸宽48cm，肩宽48cm，袖长53cm

【编织密度】22针×30行=10cm²

【工　　具】8号棒针

【材　　料】灰色羊毛线1000g

【编织要点】

1.棒针编织法。由左前片、右前片和后片和两个袖片组成。

2.前后片织法：

(1)前片的编织，分为左前片和右前片。以右前片为例，单罗纹起针法，起65针，用8号针起织，起织花样A，不加减针，织24行。下一行起排花型，衣襟侧选11针编织花样A，余下54针依照花样B排花编织，照此分配，不加减针，织126行的高度，下一行起，袖窿不减针，在衣襟侧花样A往内算的第12针上进行减针编织，2-1-10，4-1-10，减少20针，织成60行高，肩部选34针收针，留下花样A单罗纹针，继续编织30行的高度后，收针断线。相同的方法，相反的减针方向去编织左前片。

(2)后片的编织。单罗纹起针法，起106针，起织花样A，不加减针，织24行的高度，下一行起，依照花样C排花样，不加减针，织126行的高度。无袖窿减针，继续编织52行的高度后，开始减后衣领边，下一行中间收26针，两边减针，2-2-2，2-1-2，织成8行高，两边肩部余下34针，收针断线。将前后片的肩部对应缝合，再留60行的高度做袖口，余下的侧缝边进行缝合。再将前片加高编织，将内侧边与后衣领边对应缝合，再将收针边缝合。

3.袖片织法：单罗纹起针法，起44针，起织花样A，织24行的高度，下一行起，起织花样D，并在袖侧缝上加针编织，8-1-16，再织8行至袖山，加成76针，将所有的针数收针断线。相同的方法再去编织另一个袖片。将两个袖山边线与衣身的袖窿边线对应缝合。再将袖侧缝缝合。衣服完成。

花样 C

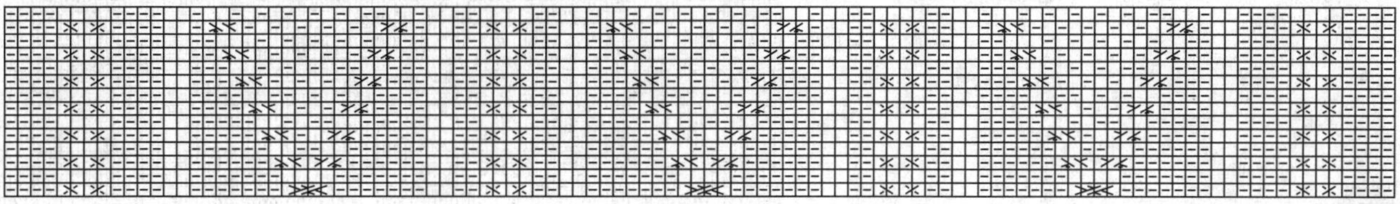

花样 D

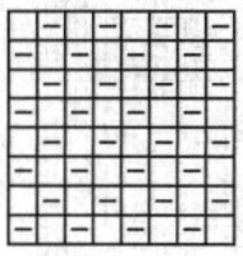

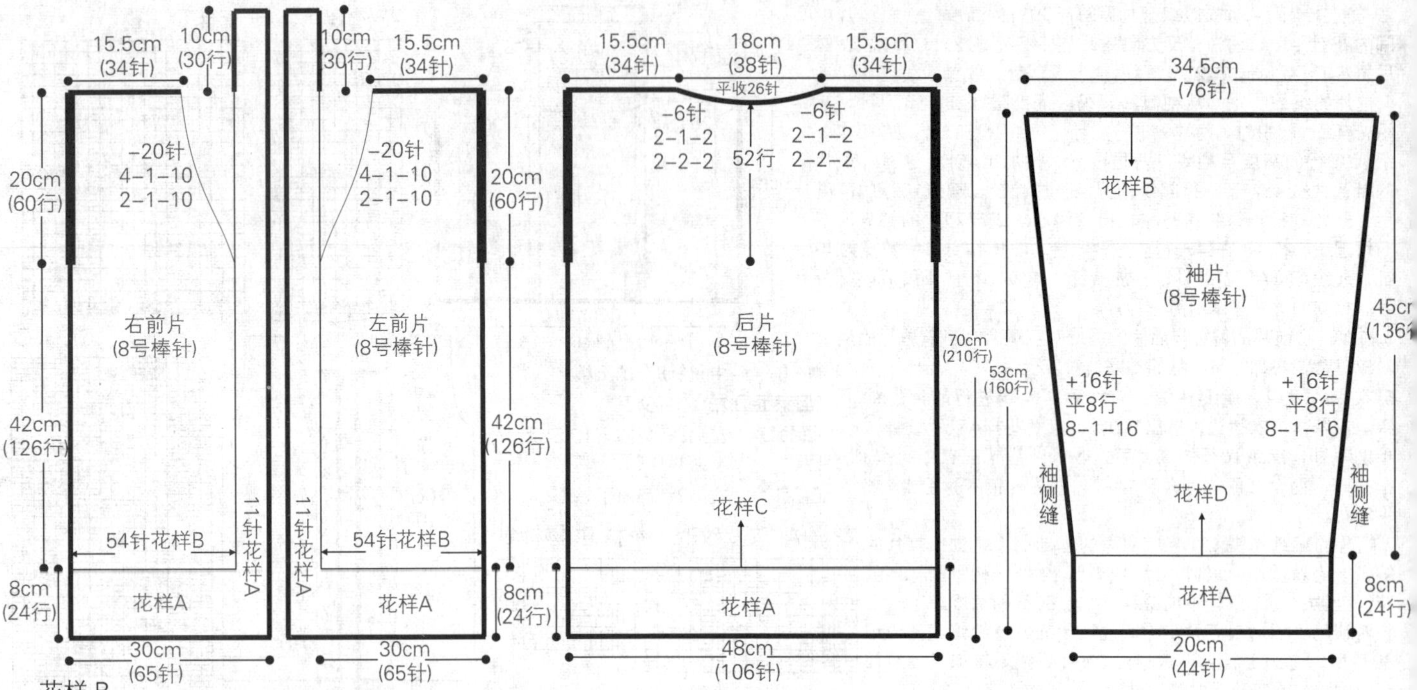

花样 B

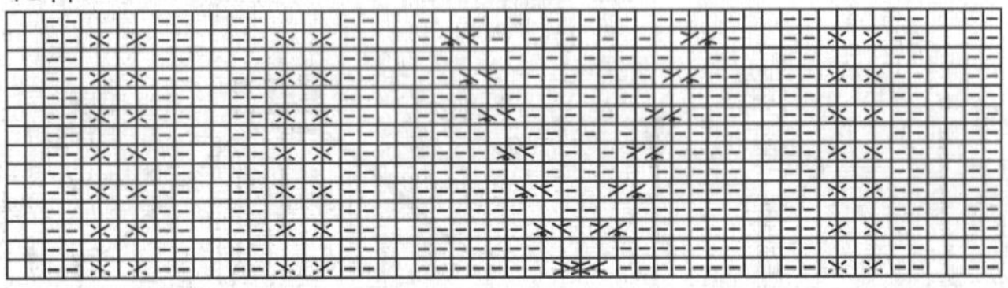

花样 A(单罗纹)

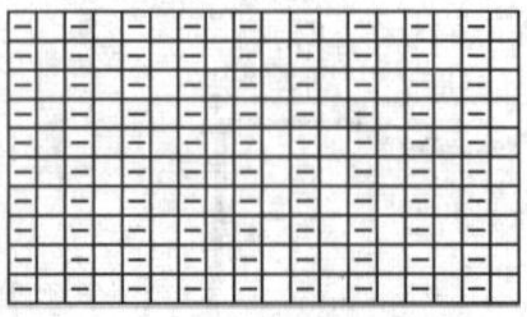

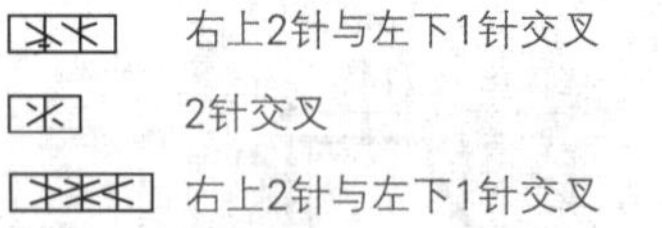

34

【成品规格】胸围104cm，衣长69cm，
袖长69cm

【编织密度】21针×29行=10cm²

【工　　具】8号环针

【材　　料】高兔绒线1000g

【编织要点】

前片、袖片均为左右2片，后片为1片。

1.织后片。编织方向为从下往上，起91针，采用花样编织，在缝线处，每12行减1针，减5次；往上织到37cm后，在侧缝线处按图示收出袖窿斜线；从袖窿线往上织20.5cm后，在后领处收出后领弧度。

2.织前片。编织方向为从下往上，起40针，采用花样编织，在门襟侧按图示织出圆下摆。方法是：先织16针，然后按图示，每2行多织几针，将40针分多次织完，形成了圆形的小摆。在缝线处，每12行减1针，减5次；往上织到37cm后，在侧缝线处按图示收出袖窿斜线；同时，在门襟侧，每10行收1针，共收5次。

3.织袖子。起40针，从下往上编织，按针法图织花样，在袖下线两旁按图示加针，到袖壮线时为62针；再按图示减针，袖山最后为16针。按同样的方法织好另一个袖子。分别合并侧缝线和袖下线，并安装好袖子。

4.织风帽。起80针，从下往上织，按花样针法图织，到帽顶角上按图示收出圆角，中间部分继续往上织到13cm后平收针，并和帽侧片合并。袖口、风帽沿和门襟是连续编织的，分别挑针横向编织树叶花样10cm后收针。

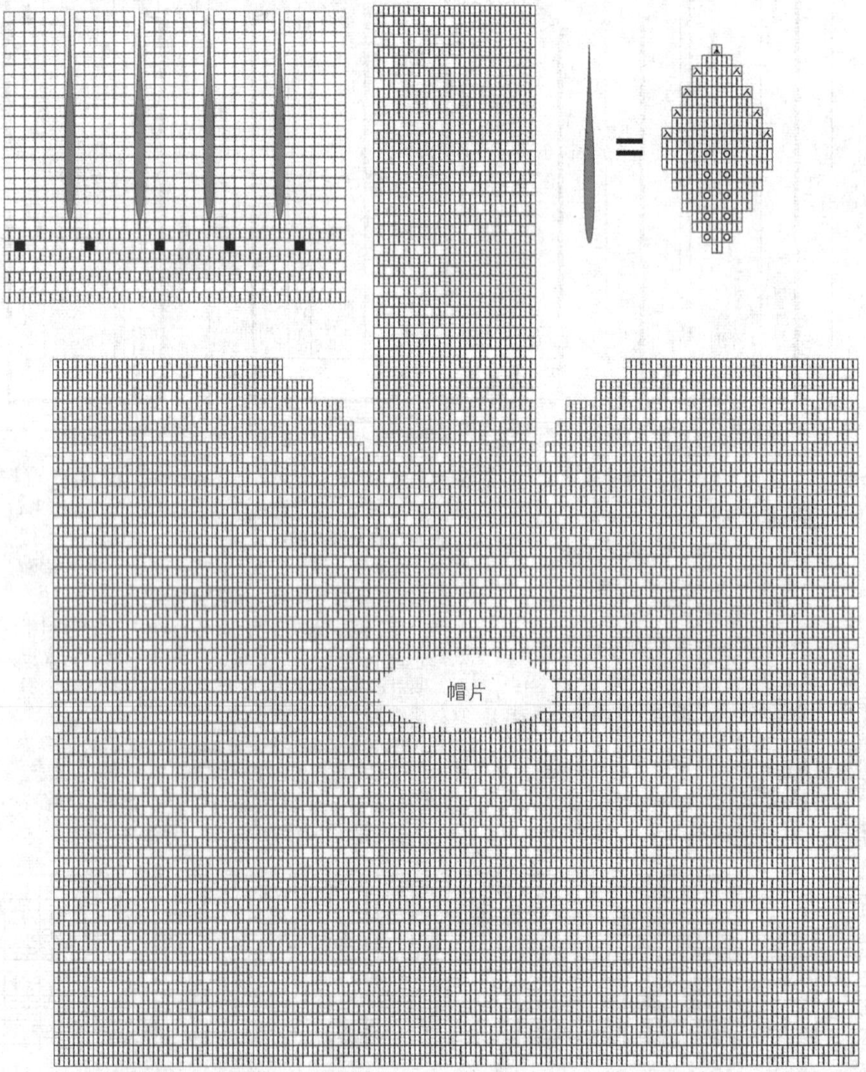

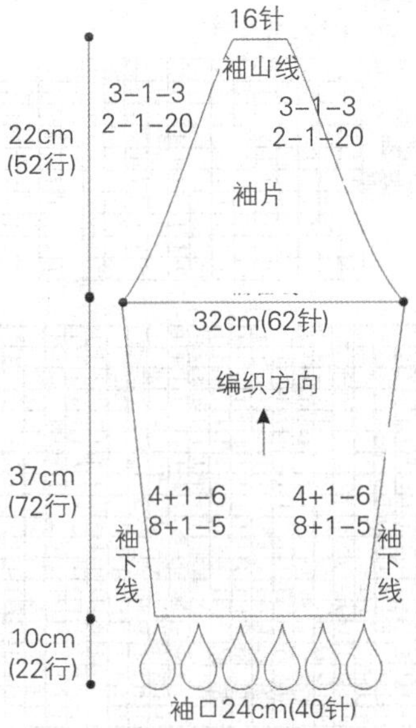
16针
袖山线
22cm
(52行)
3-1-3
2-1-20
3-1-3
2-1-20
袖片
32cm(62针)
编织方向
37cm
(72行)
4+1-6
8+1-5
4+1-6
8+1-5
袖下线
袖下线
10cm
(22行)
袖口24cm(40针)

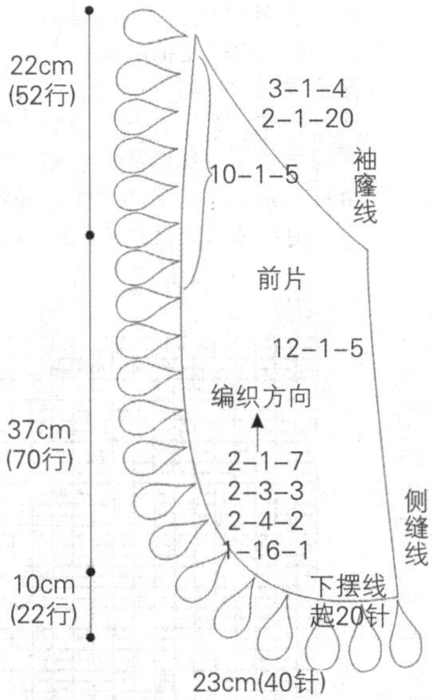
22cm
(52行)
3-1-4
2-1-20
10-1-5
袖窿线
前片
12-1-5
编织方向
37cm
(70行)
2-1-7
2-3-3
2-4-2
1-16-1
侧缝线
10cm
(22行)
下摆线
起20针
23cm(40针)

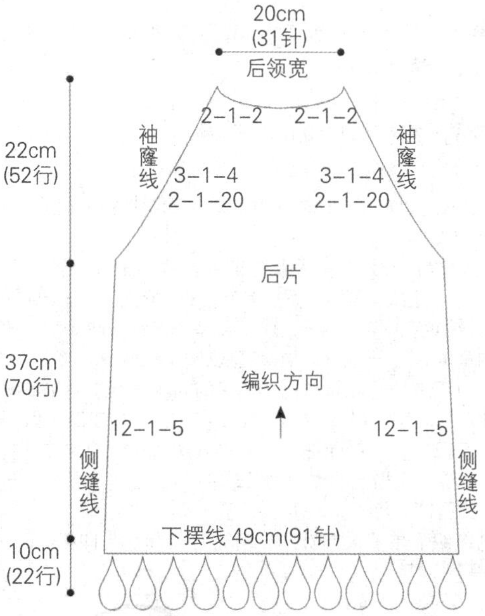
20cm
(31针)
后领宽
2-1-2
2-1-2
袖窿线
袖窿线
22cm
(52行)
3-1-4
2-1-20
3-1-4
2-1-20
后片
37cm
(70行)
编织方向
12-1-5
12-1-5
侧缝线
侧缝线
下摆线 49cm(91针)
10cm
(22行)

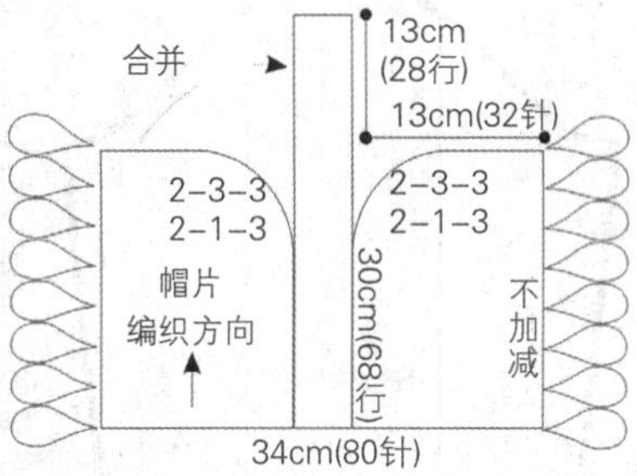
合并
13cm
(28行)
13cm(32针)
2-3-3
2-1-3
2-3-3
2-1-3
帽片
编织方向
30cm(68行)
不加减
34cm(80针)

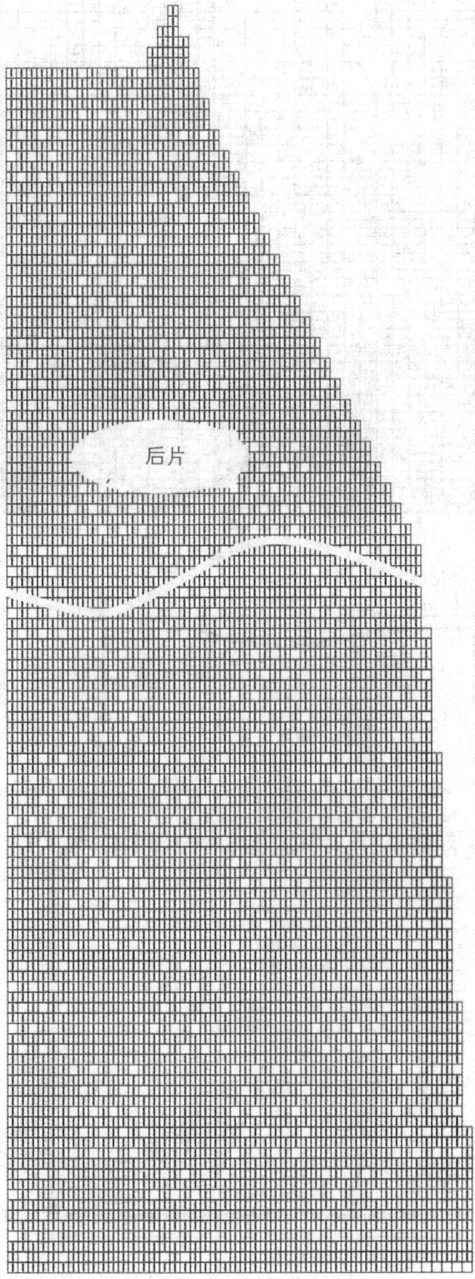
后片

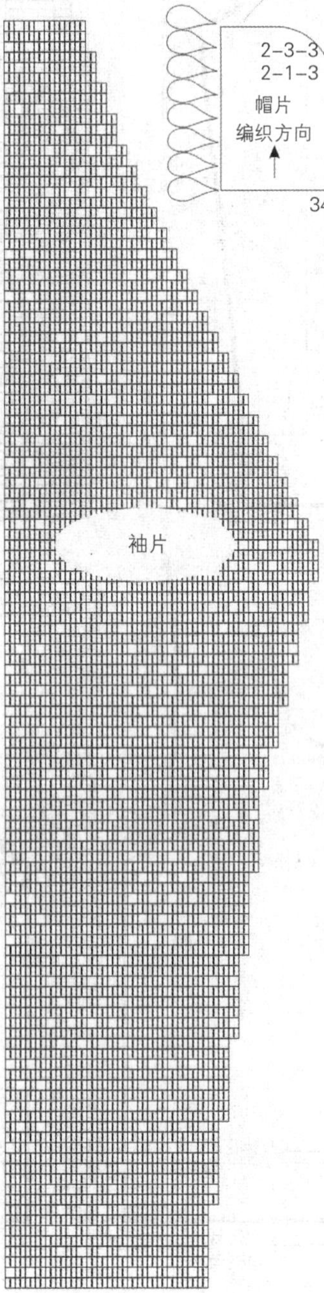
袖片

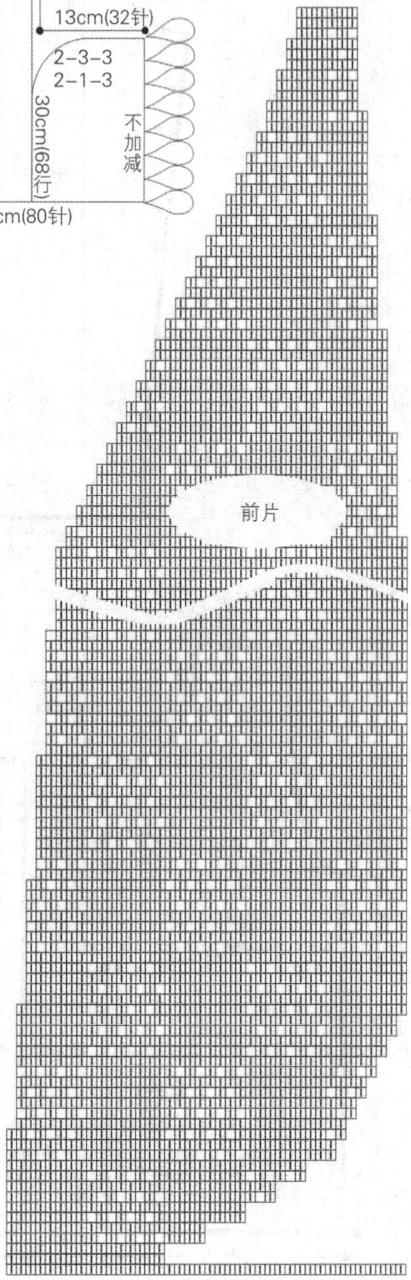
前片

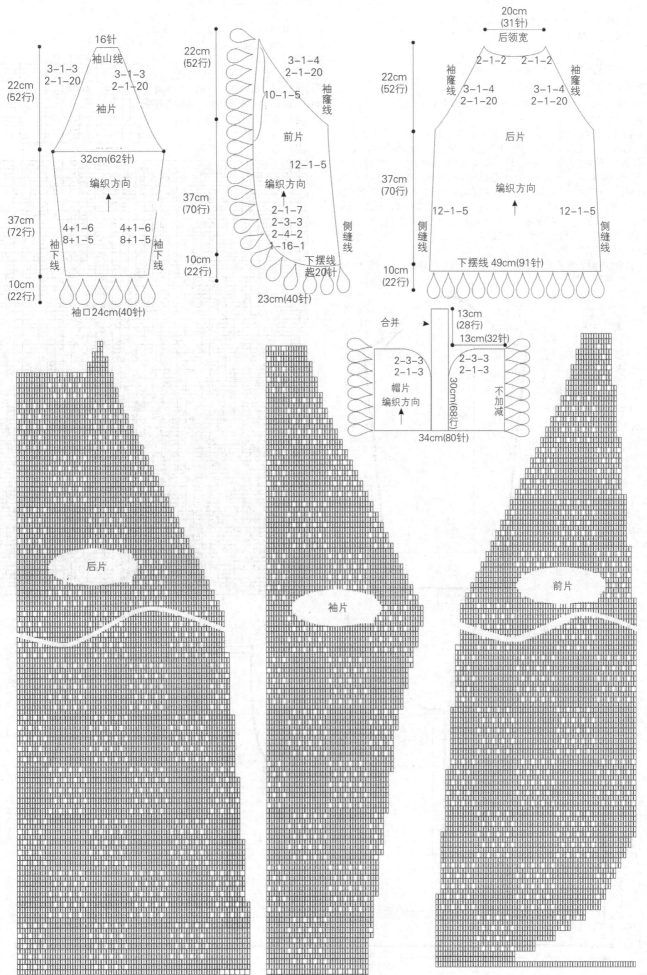

35

【成品规格】衣长65cm，胸宽45cm，肩宽28.5cm，袖长61cm

【编织密度】18针×21行=10cm^2

【工　　具】8号棒针

【材　　料】灰色羊毛线750g，扣子5颗

【编织要点】

1.棒针编织法。由左前片、右前片和后片和两个袖片组成。

2.前后片织法。

(1)前片的编织，分为左前片和右前片。以右前片为例，单罗纹起针法，起46针，起织花样A，不加减针，织16行。下一行起排花型，衣襟侧选7针编织花样A，余下39针编织花样B，照此分配，不加减针，织74行的高度，下一行起，袖窿起减针，收针4针，然后2-1-10，减少14针，当织成袖窿算起22行的高度时，下一行起减前衣领，从右至左，收针7针，然后减针，2-2-2，2-1-8，织成20行后，再织2行至肩部，余下13针，收针断线。相同的方法，相反的加减针方向去编织左前片。右前片衣襟上制作6个扣眼。扣眼由空针和并针形成。左衣襟在对应的位置钉上扣子。

(2)后片的编织。单罗纹起针法，起80针，起织花样A，不加减针，织16行的高度，下一行起，全织上针，不加减针，织74行的高度。下一行袖窿起减针。两边同时收针4针，2-1-10，当织成袖窿算起40行的高度时，下一行中间收针22针，两边减针，2-1-2，至肩部余下13针，收针断线。将前后片的肩部对应缝合，再将侧缝对应缝合。

3.袖片织法：单罗纹起针法，起42针，起织花样A，织16行的高度，下一行起，两边各选10针编织上针，中间22针编织花样B中的花a，不加减针，织24行后，开始在袖侧缝上加针编织，10-1-4，再织20行至袖山减针，下一行起两边同时收针4针，然后2-1-15，织成30行高，余下12针，收针断线。相同的方法再去编织另一个袖片。将两个袖山边线与衣身的袖窿边线对应缝合。再将袖侧缝缝合。衣服完成。

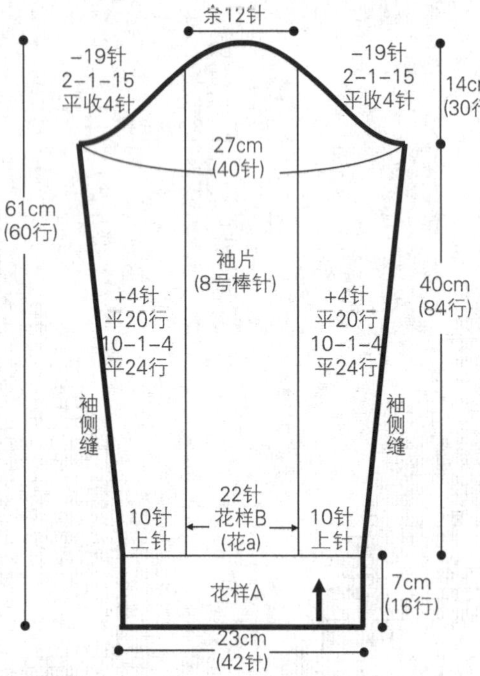

花样A(单罗纹)

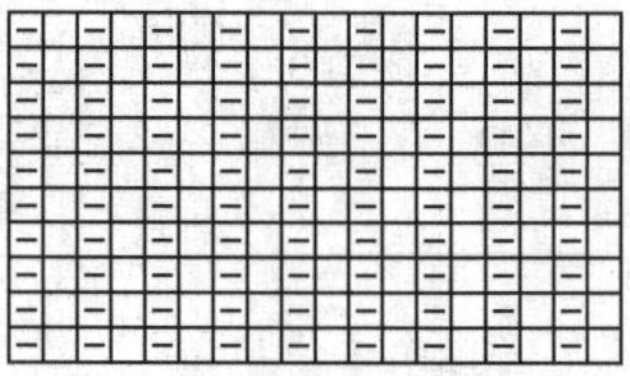

花样B

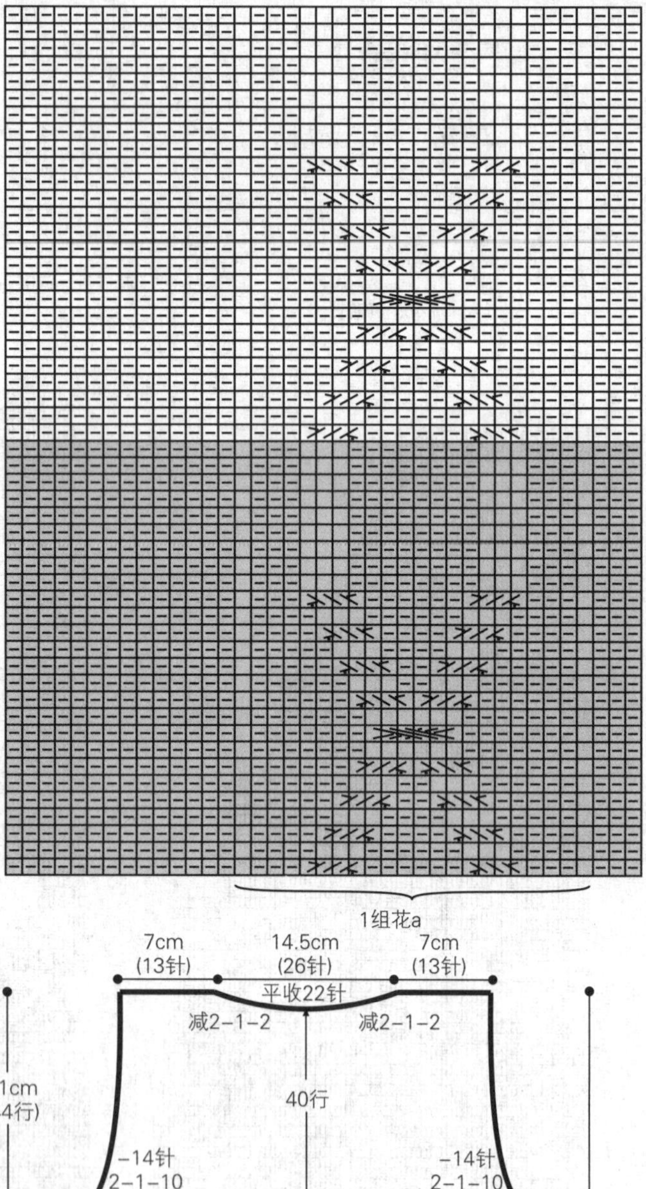

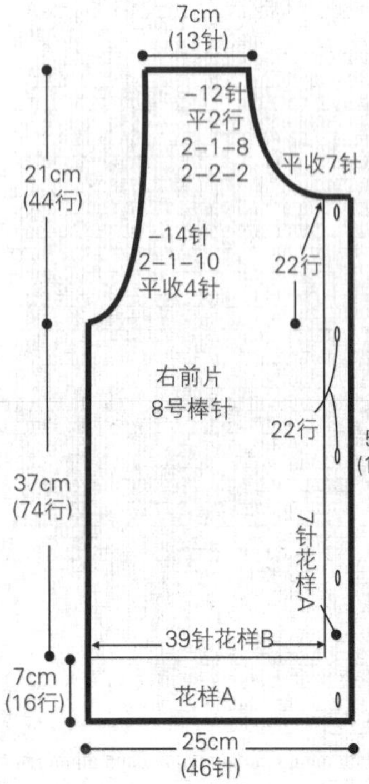

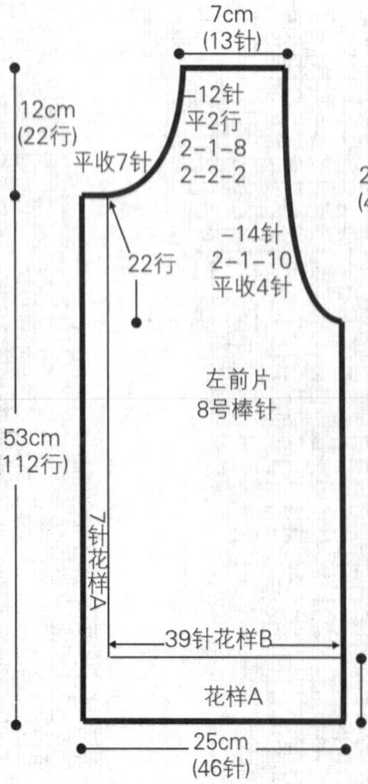

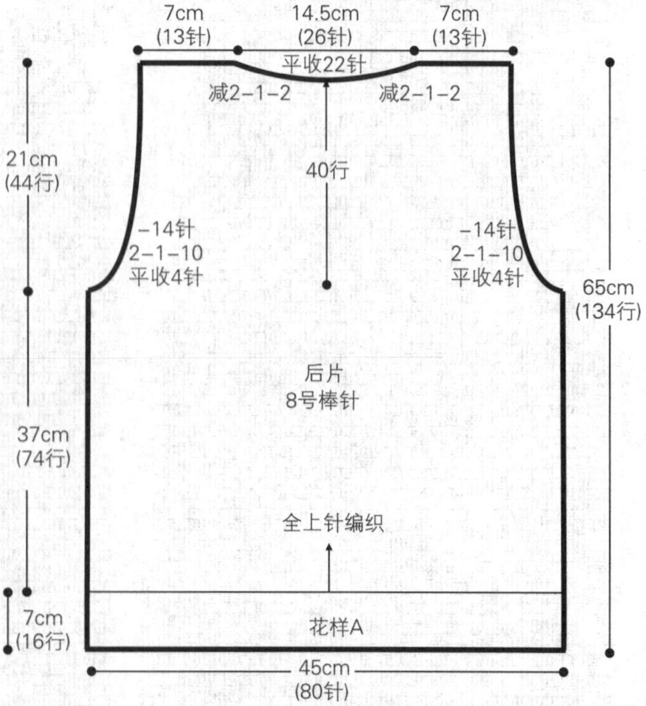

36

【成品规格】衣长55cm，胸宽41cm，袖长(连肩)64.5cm

【编织密度】下针：22针×28.5行=10cm²

花样B：27针×31.5行=10cm²

【工　　具】8号、11号棒针

【材　　料】羊毛线660g

【编织要点】

1.先织后片，用11号棒针起77针，编织3行单罗纹换织花样A，织19.5cm，换8号棒针，编织上针，两侧按图示加针，织11.5cm到腋下，开始斜肩减针，减针方法如图示，后领留15针。

2.前片，用11号棒针起58针，织3行单罗纹，换织花样A，门襟侧3针编织搓板针，织19.5cm，换8号棒针，编织下针，门襟加12针，编织花样C，不加不减织11.5cm到腋下，按图示，开始斜肩减针，织至衣长最后4cm，进行领口减针，如图。用相同的方法编织另一前片。

3.袖片，分3片编织，先织右袖片，用8号棒针起11针，编织上针，袖下按图加针，织40cm到腋下，按图进行斜肩减针，织62.5cm，进行领口减针，如图；编织左袖片，用8号棒针起11针，编织下针，袖下按图示加针，织40cm到腋下，按图示进行斜肩减针，织61cm，进行领口减针，如图；编织中间片，用11号棒针起22针，编织花样B，不加不减织62.5cm，收针断线；缝合3片袖片。用相同的方法编织另一袖片。

4.缝合，缝合侧缝线和袖下线，并缝合袖子。

5.领，用8号棒针挑织下针。

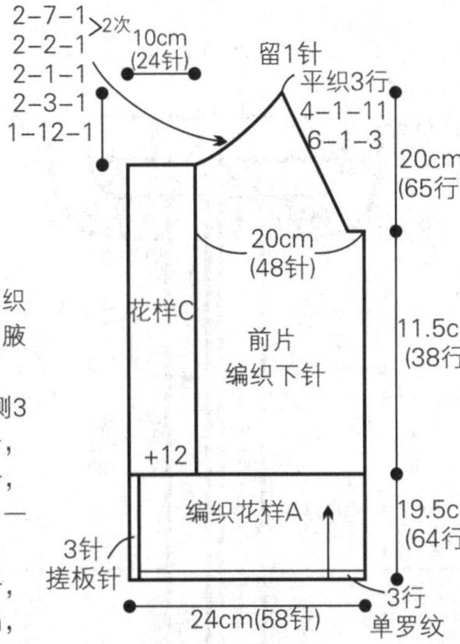

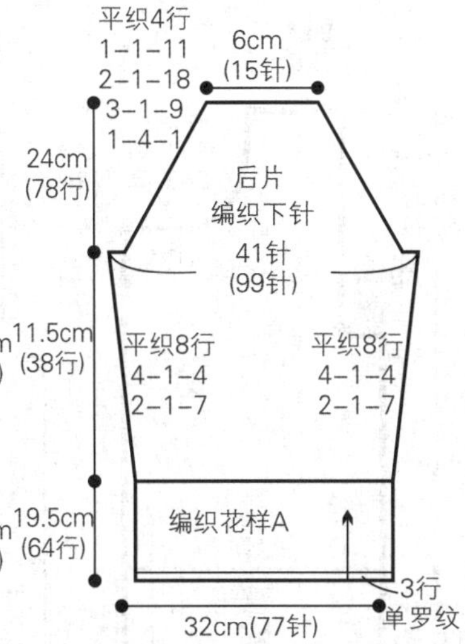

花样 C

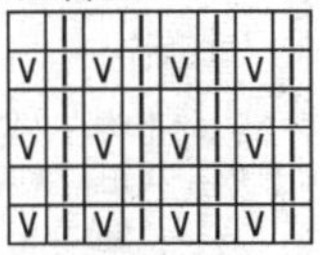

搓板针

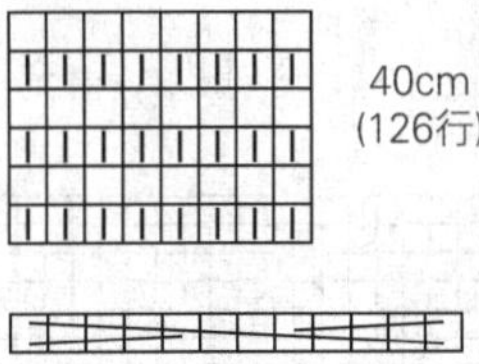

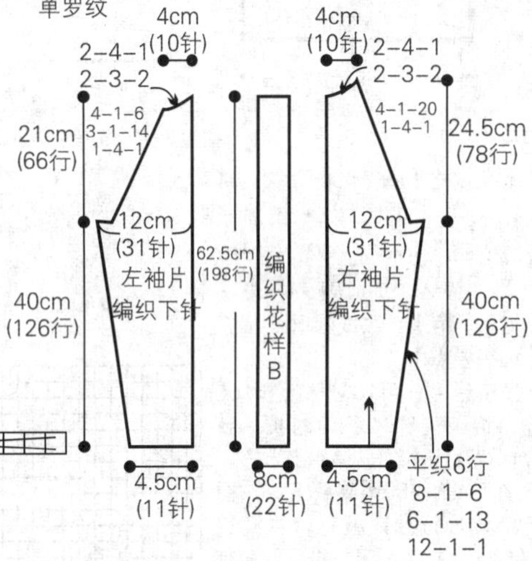

花样 B

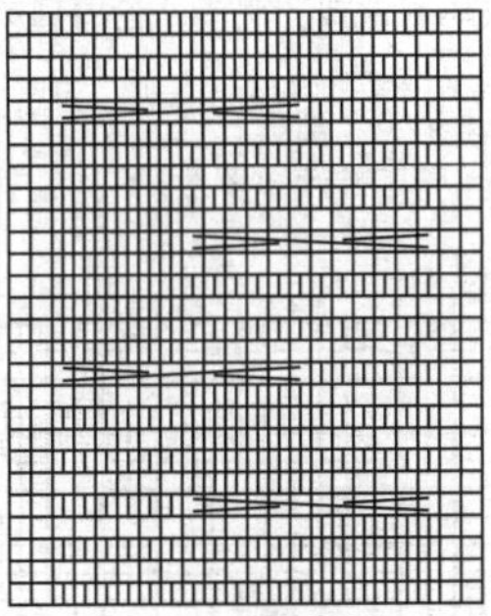

花样 A

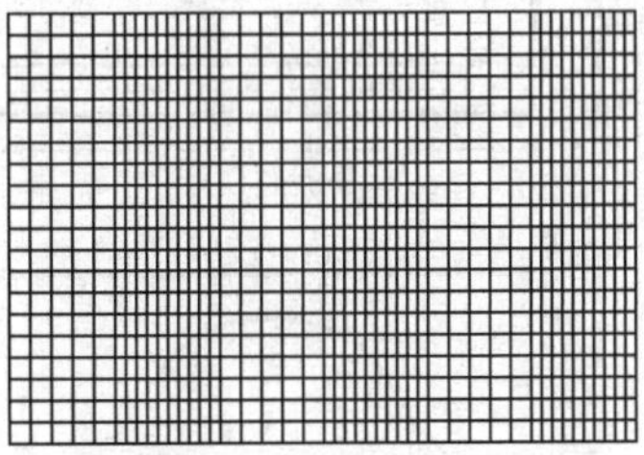

37

【成品规格】胸围100.5cm，衣长50cm，袖长53cm

【编织密度】27针×28行=10cm²

【工　　具】3.6mm、4.2mm棒针

【材　　料】米色羊绒线550g

【编织要点】

如图分片编织，后身片1片，前身片2片，袖片2片，领口1片。

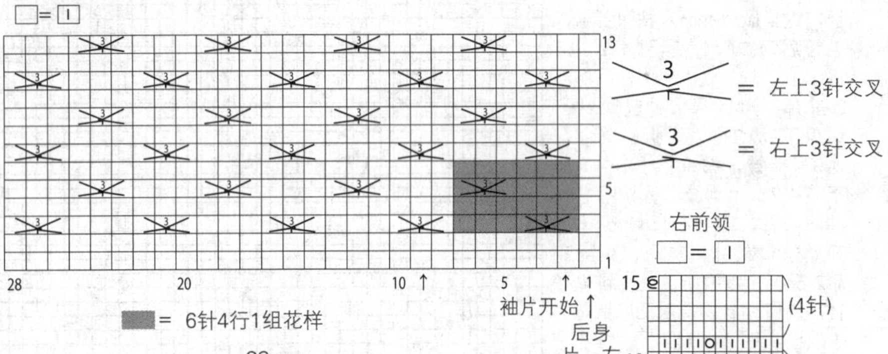

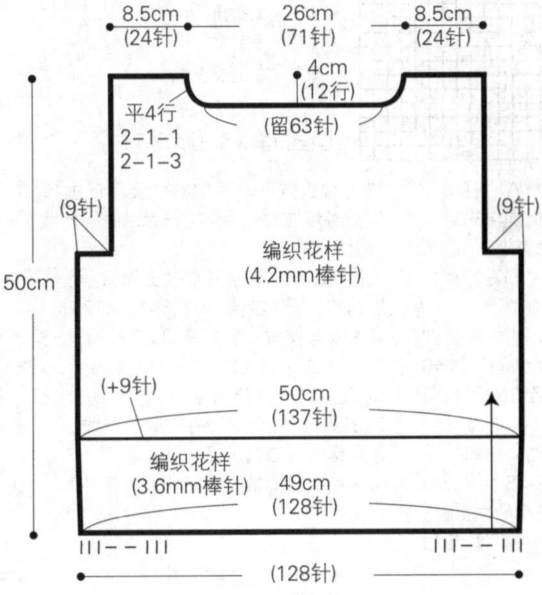

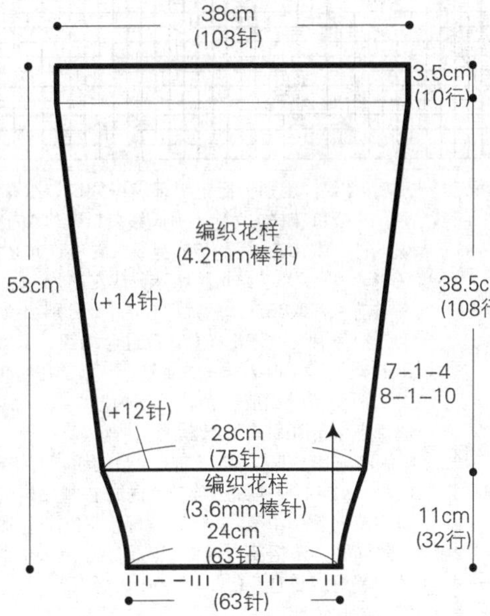

右前领

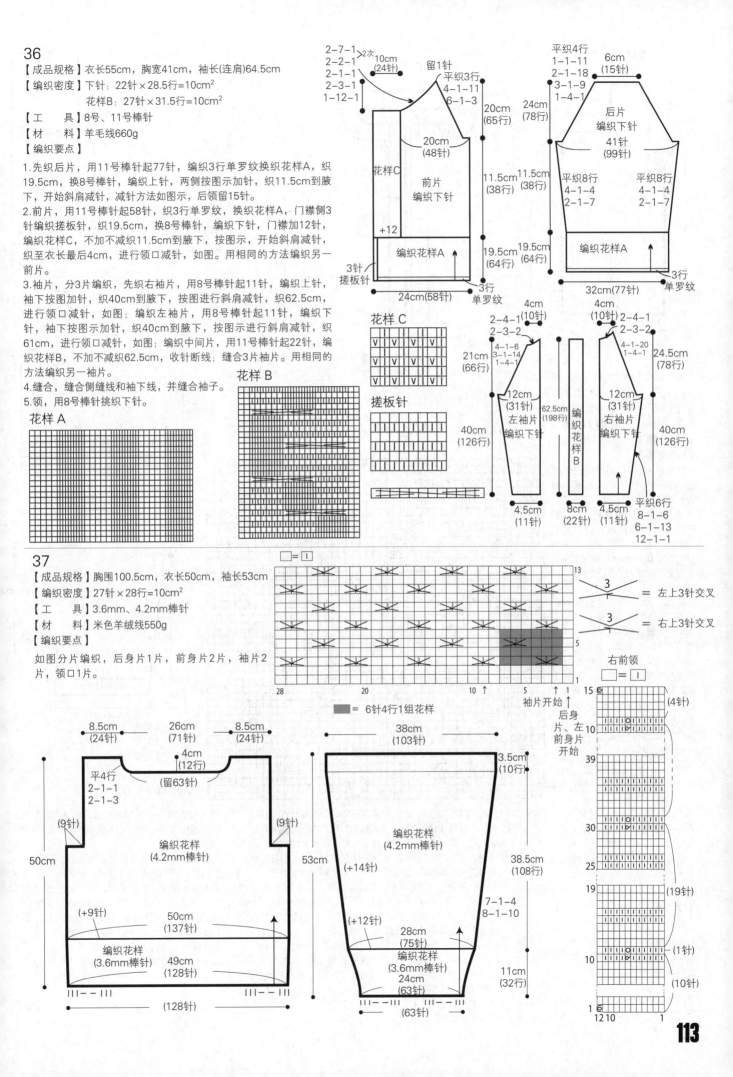

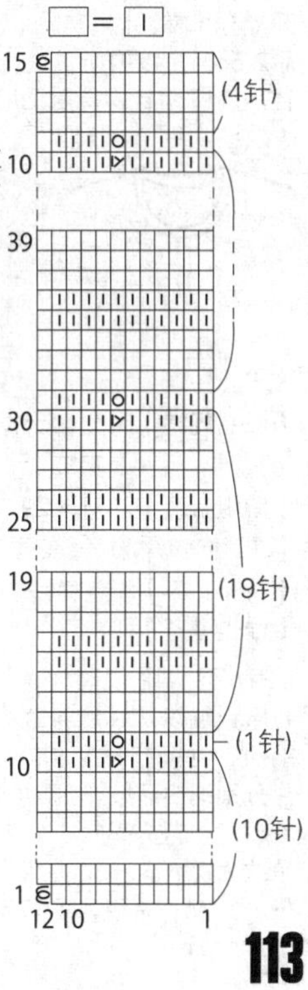

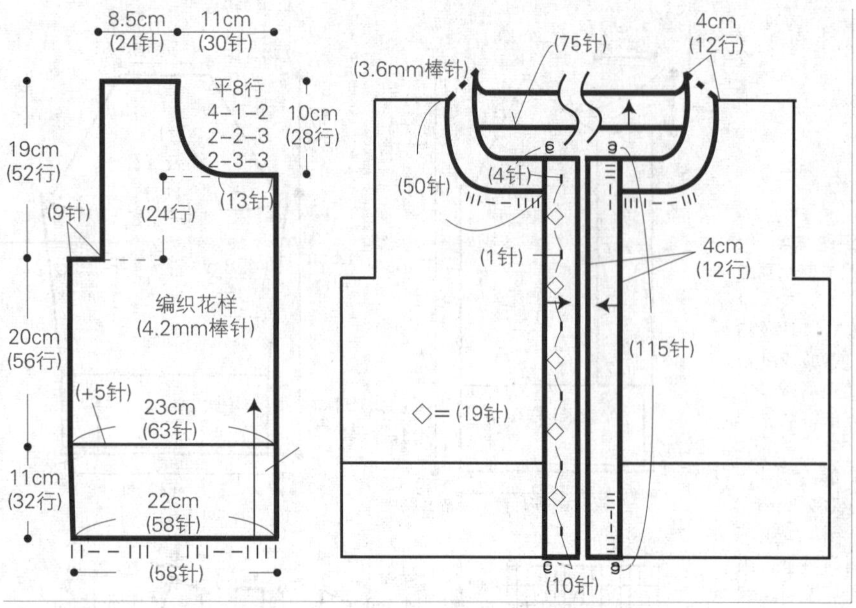

38

【成品规格】胸宽40cm，衣长47cm，肩宽31.5cm，袖长51.5cm

【编织密度】25针×32行=10cm²

【工　　具】9号、10号棒针

【材　　料】羊毛线400g

【编织要点】

1.先织后片，用10号棒针起100针，编织下针12行，对折，缝合，换9号棒针，编织花样A，不加不减织25cm到腋下，按图所示，进行袖窿减针，袖窿织17.5cm，按图所示，进行斜肩减针，织至最后2cm，按图所示，进行后领减针，肩留14针，待用。

2.前片，用10号棒针起51针，编织下针12行，对折，缝合，换9号棒针，编织花样A，不加不减织25cm到腋下，按图进行袖窿减针，织至衣长41.5cm，开始领口减针，如图，织至最后2.5cm，按图所示进行斜肩减针，肩留14针，待用；用相同的方法编织另一前片。

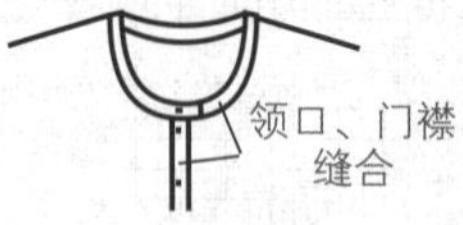

3.袖，用10号棒针起44针，编织下针12行，对折，缝合，换9号棒针，编织花样A，并按图所示进行袖下加针，织35.5cm到腋下，进行袖山减针，减针方法如图，减针完毕，袖山形成；用相同的方法编织另一只袖子。

4.缝合，分别合并肩线和侧缝线，并缝合袖子。

5.领、门襟，分别用10号棒针按图所示编织单罗纹。

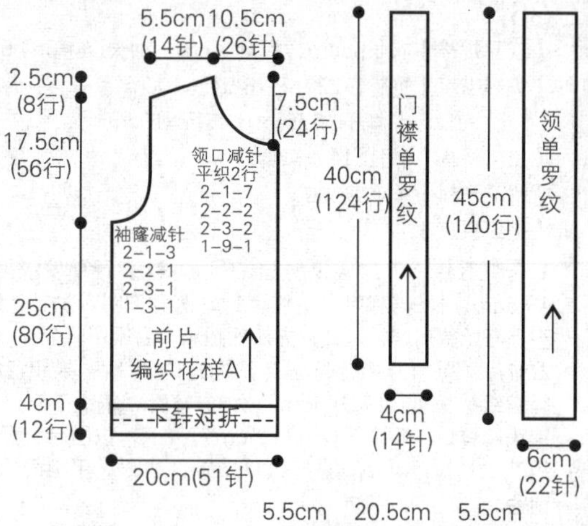

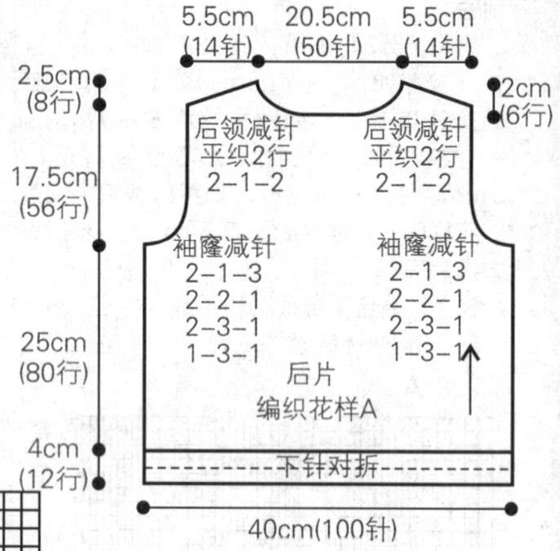

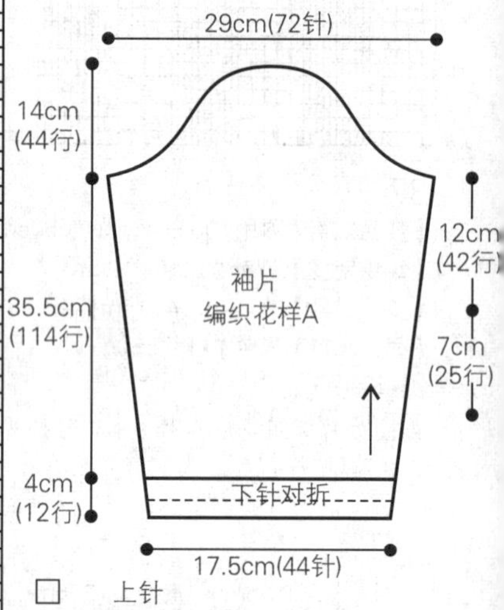

花样 A

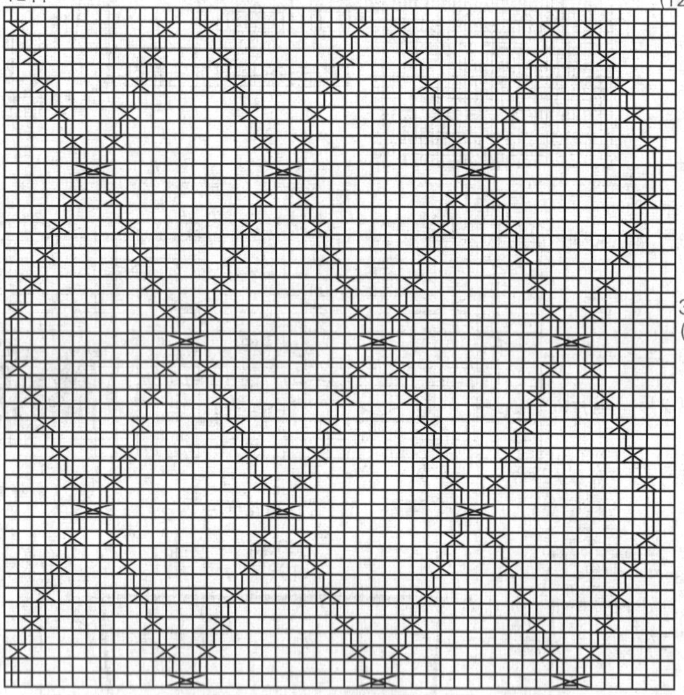

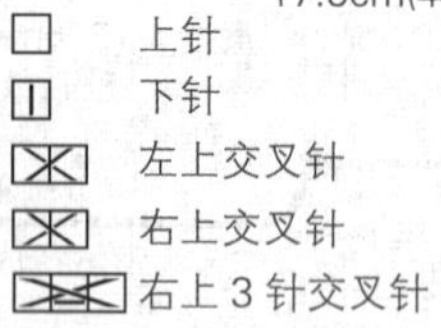

39

【成品规格】胸宽40cm，衣长47cm，肩宽32cm，袖长56.5cm

【编织密度】23针×29.5行=10cm²

【工　　具】11号、9号棒针

【材　　料】粉色棉线450g，纽扣6颗

【编织要点】

前片/后片制作说明：

1.棒针编织法，衣身袖窿以下一片往返编织，袖窿起分为左前片、后片和右前片分别编织而成。

2.起织。起268针，织花样A，织24行后改为花样B、C、D组合编织，织至74行，第75行将织片第17至51针，以及第218至252针用别针标记出来编织袋口，织花样A，织10行后，将袋口花样A收针。另起线袋口花样A内侧挑起34针，织下针，织100行后，与衣身织片对应连起来继续织，织至168行，将织片按结构图所示分成左前片、后片和右前片，左右前片各取65针，后片取138针，分别编织。

3.先织后片，花样B、C、D组合编织，起织时，两侧按平收4针、2-1-7的方法减针，织至249行，中间平收40针，两侧减针织成后领，方法为2-1-2，织至252行，两肩部各余下36针，收针断线。

4.织左前片，花样B与花样C组合编织，起织时，左侧按平收4针、2-1-7的方法减针，同时右侧按4-1-18的方法减针织成前领，织至252行，肩部余下36针，收针断线。

5.同样的方法相反方向编织右前片，完成后左右前片与后片肩缝对应缝合。

领片制作说明：

棒针编织法，沿两侧衣襟及领口挑起432针，往返编织花样A，织10行后，收针断线。

袖片制作说明：

1.棒针编织法，从袖口往上编织。

2.起织，起72针，织花样A，织24行后，改为花样B与花样C组合编织，一边织一边两侧加针，方法为10-1-15，织至228行，两侧减针编织袖山，方法为平收4针，2-1-22，织至228行，织片余下50针，收针断线。

3.同样的方法编织另一袖片。

4.将袖山对应袖窿线缝合，再将袖底缝合。

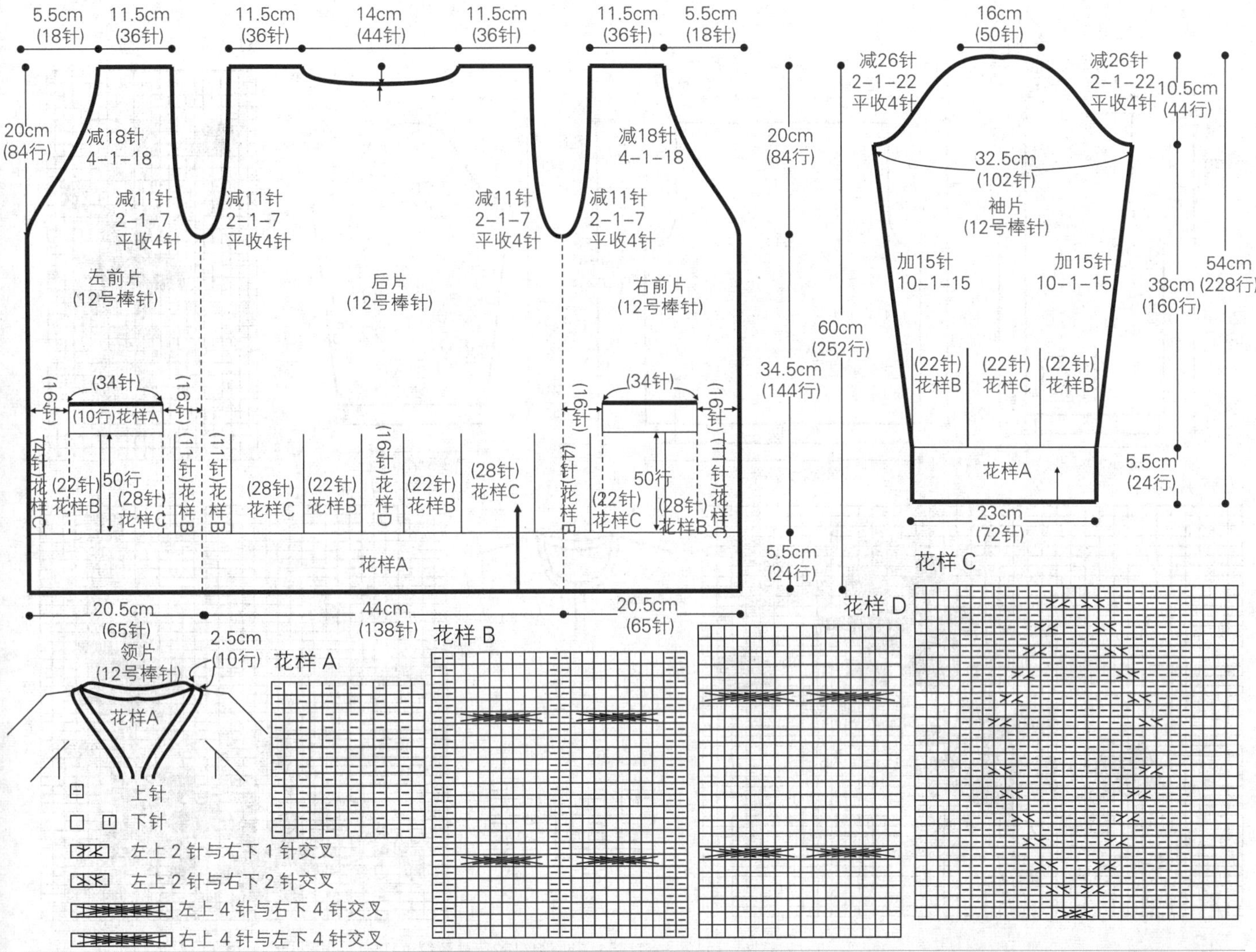

40

【成品规格】胸宽45cm，衣长47.5cm，肩宽33cm，袖长46cm

【编织密度】20针×33.5行=10cm^2

【工　　具】8号棒针

【材　　料】中粗毛线550g，白色花边90cm

【编织要点】

1.先织后片，用9号棒针起90针，编织桂花针，两侧按图示加减针，织27.5cm到腋下，按图示，进行袖窿减针，袖窿织18cm，织至最后2cm，按图示，进行后领和斜肩减针，肩留15针，待用。

2.前片，用8号棒针起45针，编织桂花针，两侧按图示加减针，织27.5cm到腋下，开始袖窿减针，减针方法如图，织至134行时，按图示进行领口减针，织至衣长最后2cm，开始斜肩减针，肩留15针，待用。用相同的方法编织另一前片。

3.袖片，用8号棒针起42针，编织桂花针，两侧按图示进行袖下加针，织32cm到腋下，进行袖山减针，减针方法如图，减针完毕，袖山形成。

4.缝合，分别合并肩线和侧缝线，并缝合袖子。

5.领，挑织桂花针20行。

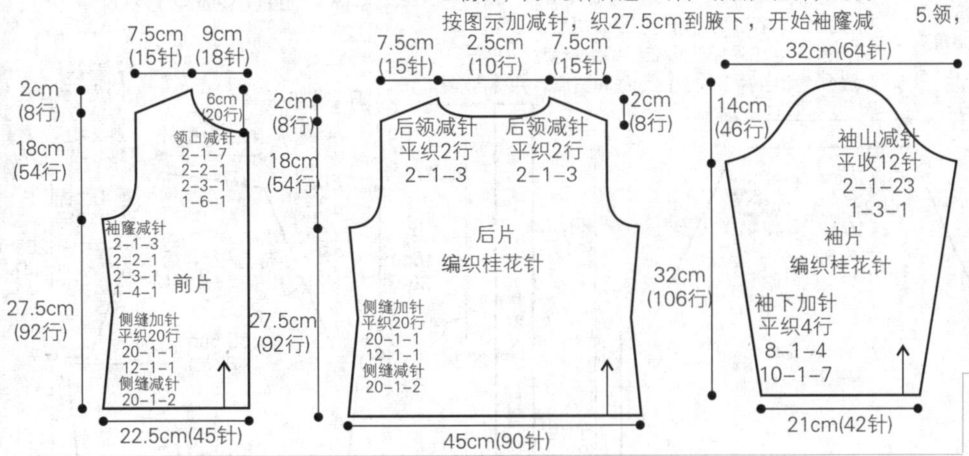

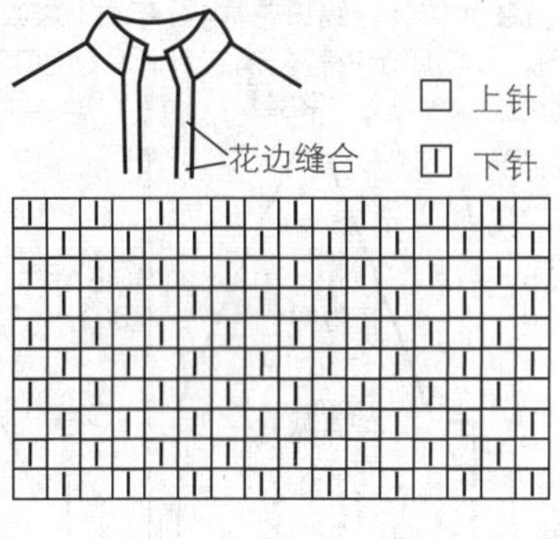

41

【成品规格】胸宽39cm，衣长45cm，肩宽29cm，袖长43.5cm

【编织密度】18针×24行=10cm^2

【工　　具】8号、9号棒针

【材　　料】蓝色中粗毛线400g，黄色、绿色、粉色、玫红色各少许，纽扣6颗

【编织要点】

1.先织后片，用9号棒针蓝色中粗毛线起95针，织6行单罗纹，换8号棒针，织下针，不加不减织80行到腋下，开始袖窿减针，减针方法如图，织至袖窿长17cm，如图，肩留20针，后领留33针待用。

2.前片分2片，用9号棒针起47针织6行单罗纹，换8号棒针，织下针，不加不减织80行到腋下，开始袖窿减针，减针方法如图，织到最后16行时，进行领口减针，减针方法如图，肩留20针，待用；用同样的方法织好另一前片。

3.袖片，用9号棒针起45针，织6行单罗纹，换8号棒针，织下针，按图示进行袖下加针，织102行，到腋下，按图进行袖山减针，减针完毕，袖山形成；用同样的方法织好另一只袖子。

4.合肩，前后片反面用下针缝合，分别合并侧缝线和袖下线，并缝合袖子。

5.领，挑织单罗纹8行，换织下针4行，并在合适的位置留扣眼。

6.按图在合适的位置绣上花样。

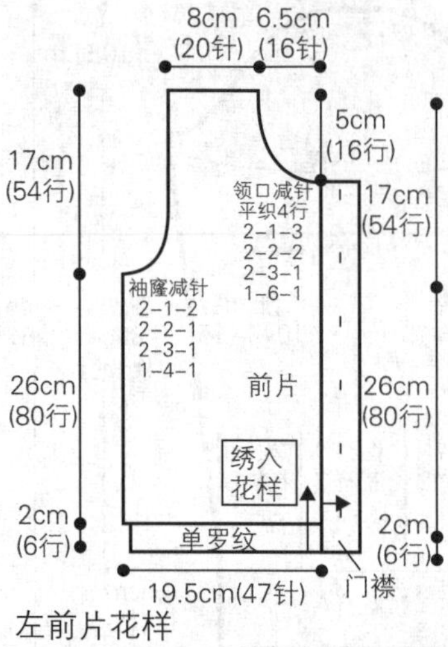

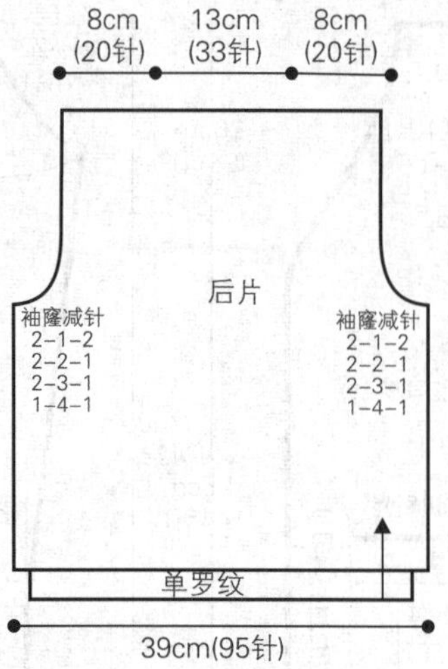

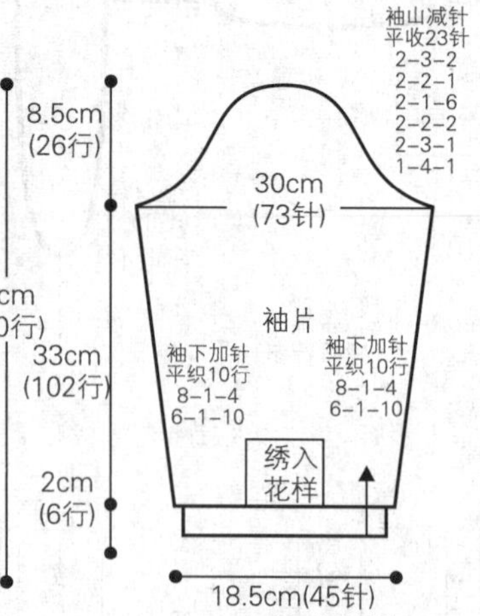

袖中心

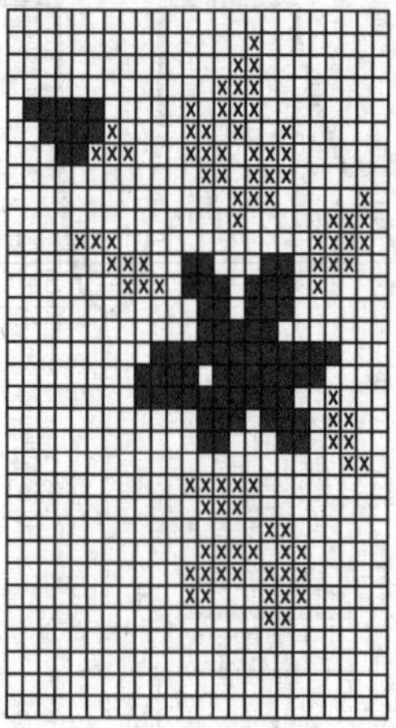

左前片花样

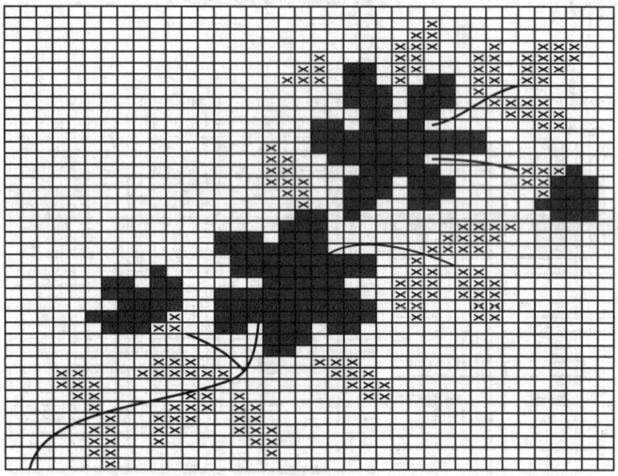

右前片花样

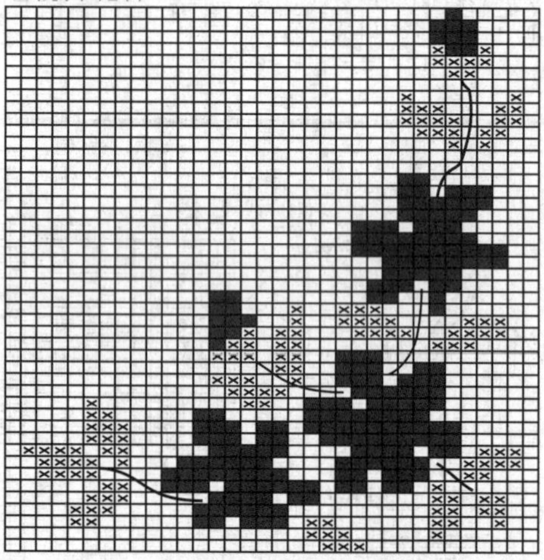

单罗纹

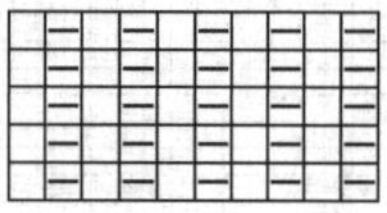

42

【成品规格】胸宽45.5cm，衣长57cm，
袖长(连肩)71cm

【编织密度】20针×22行=10cm²

【工　　具】8号、12号、13号棒针

【材　　料】九色鹿棉线400g(2股)，纽扣3枚

【编织要点】

1.先织后片，用12号棒针起91针，编织32行单罗纹，换8号棒针，编织花样A，不加不减织66行到腋下，如图所示进行斜肩减针，后领留33针，收针断线。

2.前片，用12号棒针起41针，编织32行单罗纹，换8号棒针，编织花样A，织66行到腋下，如图所示，进行斜肩减针，织到68行时，按图开始领口减针，肩留3针。

3.袖片，用12号棒针起52针编织单罗纹32行，换8号棒针加1针到53针，编织花样A，如图所示，进行袖下加针，织96行，按图开始斜肩减针，织到36行时，与前片相同一侧停织，与后片相同一侧继续按图所示减针，领口如图用退引针法减针。

3. 门襟，用13号棒针起32针编织单罗纹202行。

4.缝合，缝合袖下线、侧缝线和斜肩，并缝合门襟。

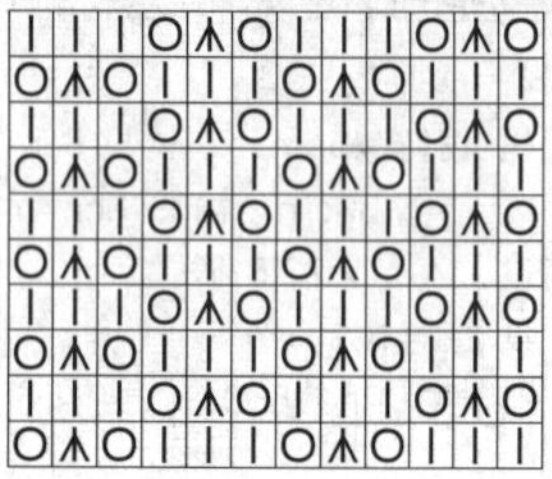

- 丨 下针
- O 放针
- 入 中上3并针

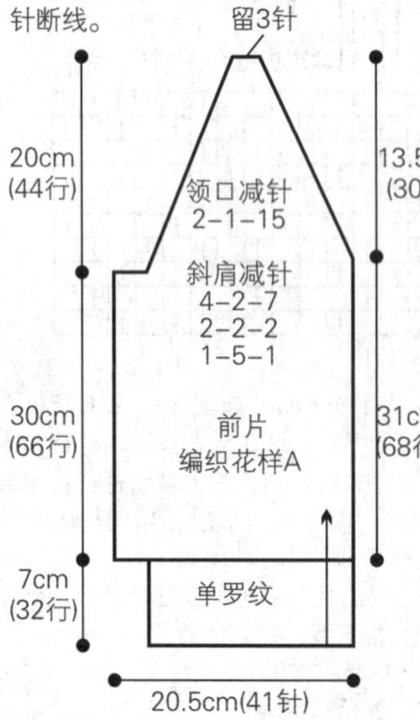

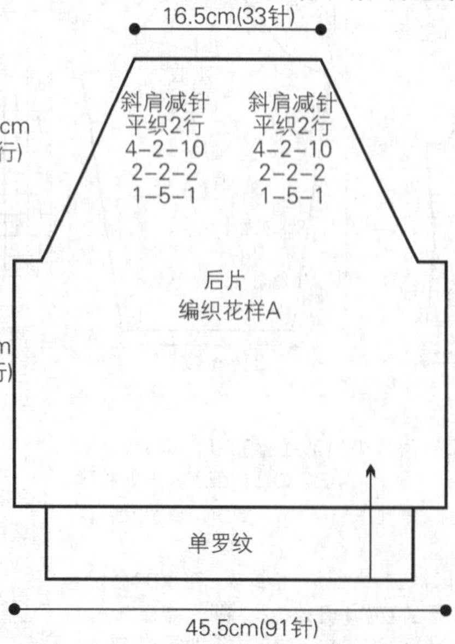

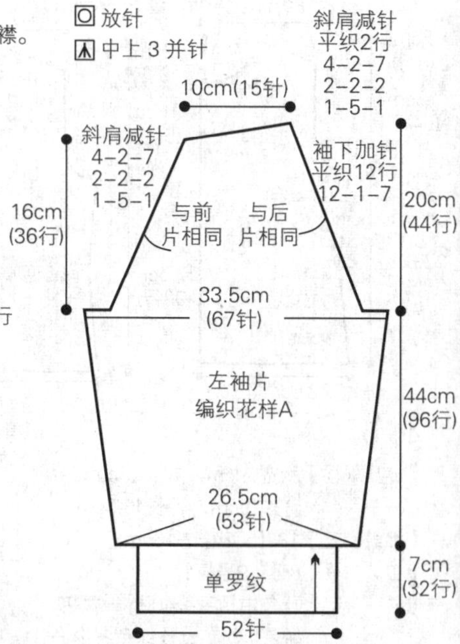

43

【成品规格】胸宽40cm，衣长47cm，
肩宽32cm，袖长56.5cm

【编织密度】23针×29.5行=10cm^2

【工　　具】11号、9号棒针

【材　　料】粉色棉线450g，纽扣6颗

【编织要点】

1.先织后片，用11号棒针起93针，织6行单罗纹，换9号棒针，编织花样A，不加不减织74行到腋下，开始袖窿减针，减针方法如图，织至衣长最后3.5cm，进行斜肩减针，如图，织至最后1.5cm时，进行后领减针，如图，肩留17针，待用。

2.前片分2片，用11号棒针起47针织6行单罗纹，换9号棒针，编织花样A，不加不减织74行到腋下，开始袖窿减针，减针方法如图，织到104行时，进行领口减针，减针方法如图，织至最后3.5cm时，按图进行斜肩减针，肩留17针，待用；用同样的方法织好另一前片。

3.袖片，用11号棒针起41针，织7.5cm桂花针，换9号棒针，编织花样A，按图示进行袖下加针，织39cm，到腋下，按图袖山减针，减针完毕，袖山形成；用同样的方法织好另一只袖子。

4.口袋，用11号棒针起31针，编织单罗纹12行，换9号棒针，编织花样A，不加不减织25行，收针，断线。

5.缝合，前后片反面用下针缝合，分别合并侧缝线、袖下线和袖子，并缝合口袋。

6.领，挑织单罗纹8行，换织下针4行，并在合适的位置留扣眼儿。

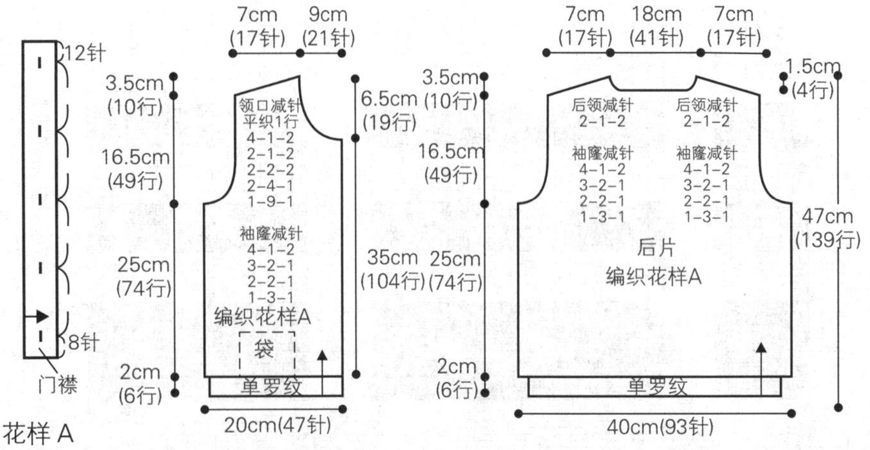

花样 A

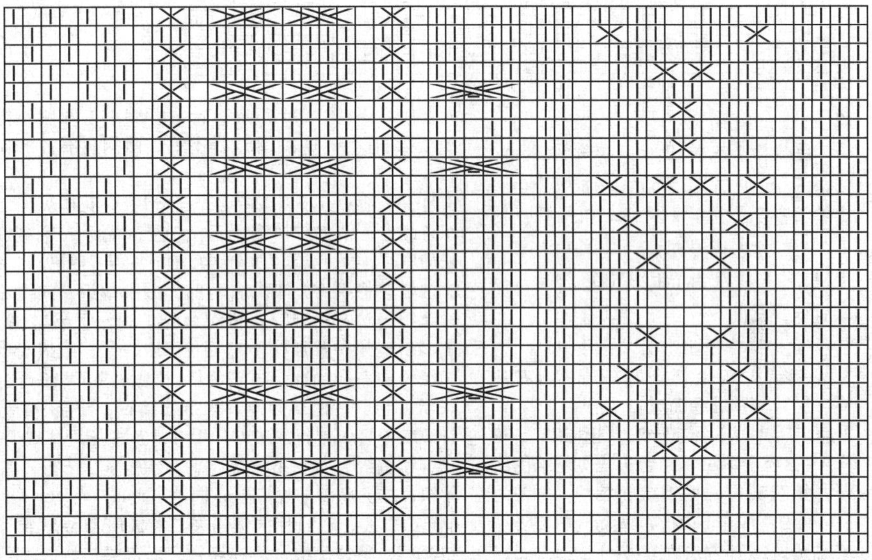

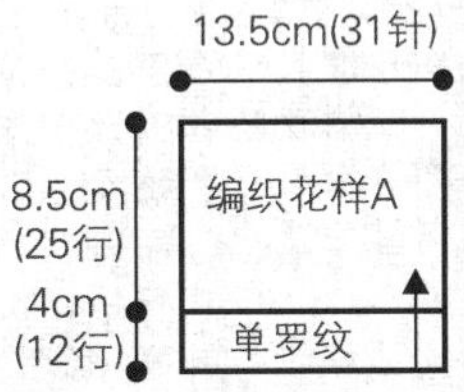

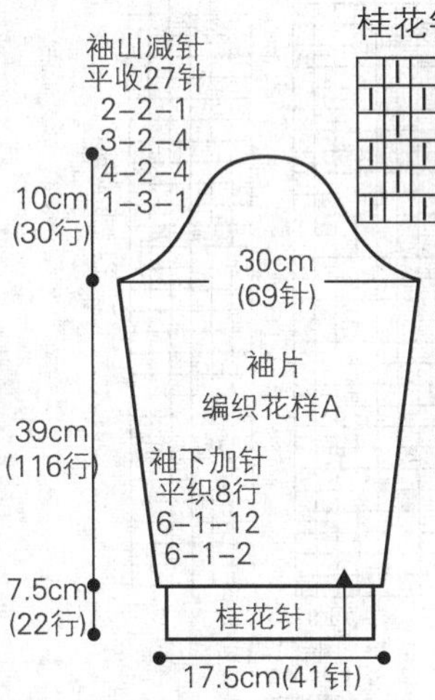

桂花针

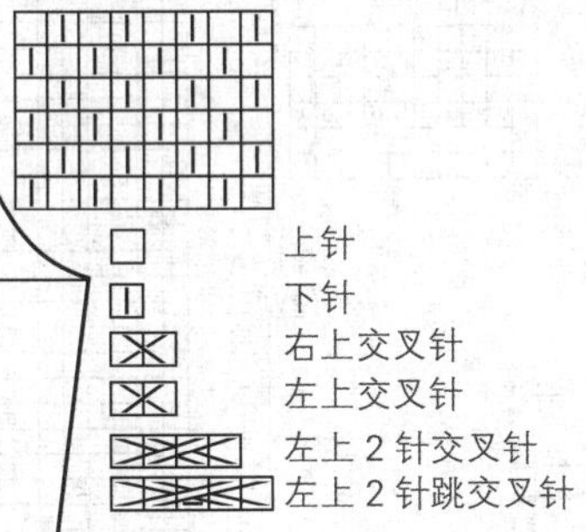

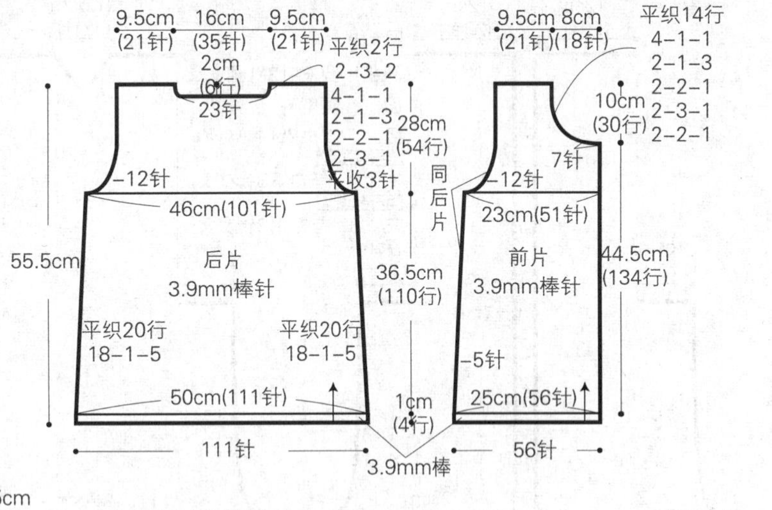

4

成品规格】胸宽94cm，衣长55.5cm，
肩宽35cm，袖长54cm

编织密度】3.9mm棒针：22针×30行=10cm^2
3.6mm棒针：25针×42行=10cm^2

工　　具】3.6mm棒针、3.9mm棒针

材　　料】灰色毛线150g，纽扣9颗

编织要点】

织后片，用3.9mm棒针起111针，
图编织后片。再用3.9mm棒针起56
，编织两个前片。用3.6mm棒针起
针，编织两个袖片，缝合完成。

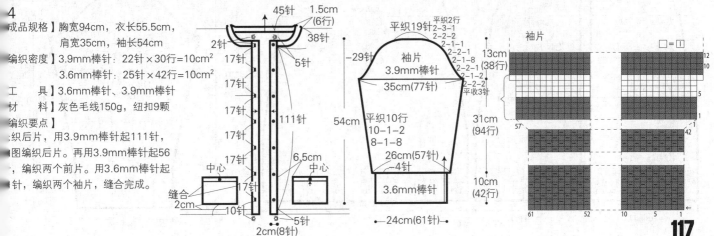

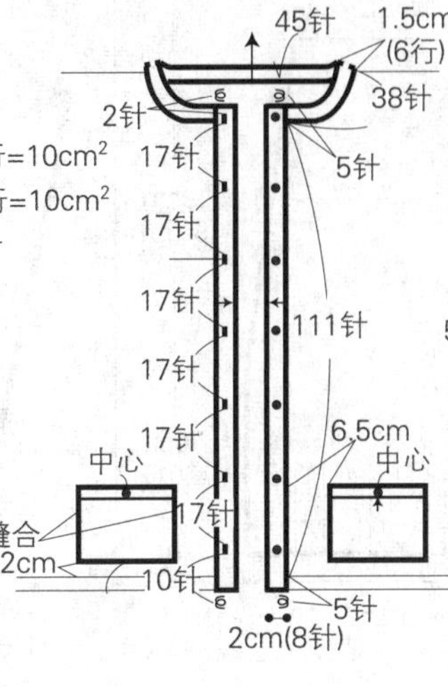

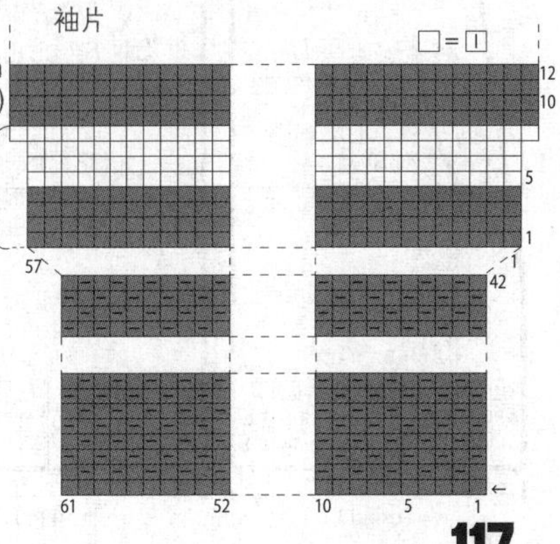

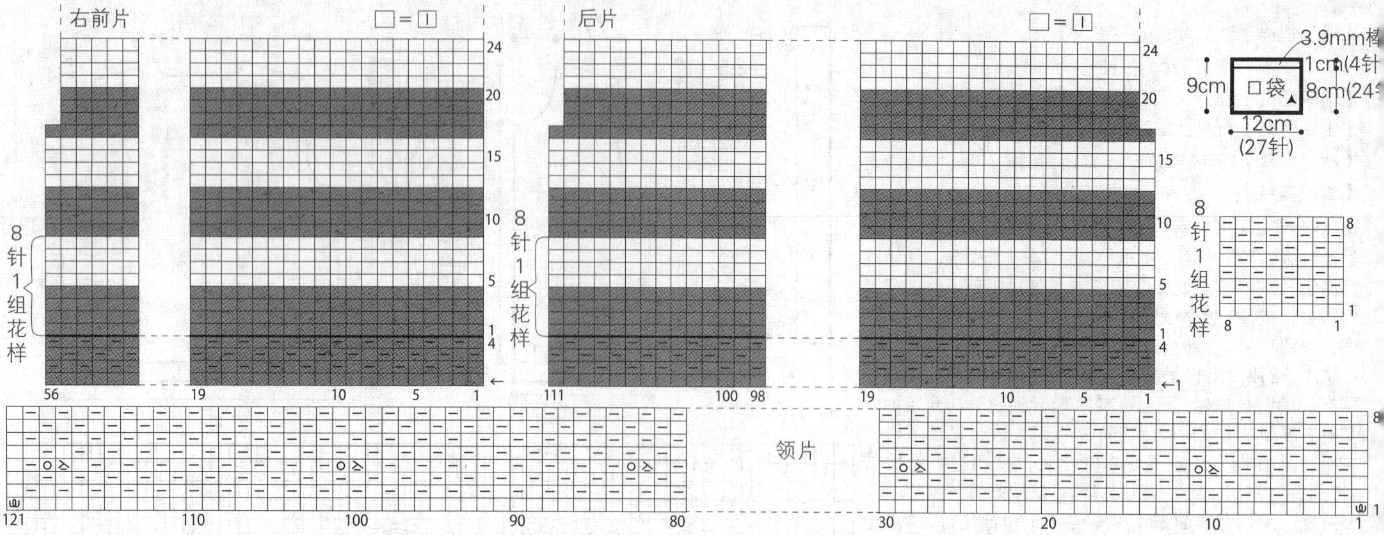

45

【成品规格】衣长70cm，半胸围43cm，
肩宽35.5cm，袖长52cm

【编织密度】24针×31行=10cm²

【工　具】12号棒针

【材　料】灰色羊毛线700g

【编织要点】

前片/后片制作说明：

1.棒针编织法，衣身为左前片、右前片、后片分别编织而成。

2.起织后片，下针起针法，起122针，花样A、B组合编织，组合方法如结构图所示，织至50行，两侧减针编织，方法为10-1-9，织至140行，两侧同时减针织成袖窿，减针方法为1-4-1，2-1-5，两侧针数各减少9针，余下针继续编织，两侧不再加减针，织至第216行，中间留52针不织，两侧肩部各平收17针，断线。

3.起织左前片，下针起针法，起64针，花样A、B、C组合编织，组合方法如结构图所示，织至50行，左侧减针编织，方法为10-1-9，织至78行，第79行织至51针处，留出袋口，方法是，将织片分成左右两部分分别编织，先织右半部分，一边织一边左侧减针，方法为4-1-9，织至116行，织片余下42针，用防解别针扣起暂时不织，另起线织左半部分，一边织一边右侧加针，方法为4-1-9，织至116行，织片余下16针，将织片两部分连起来继续编织，织至140行，左侧减针织成袖窿，减针方法为1-4-1，2-1-5，共减少9针，余下针继续编织，两侧不再加减针，织至第216行，右侧留29针不织，左侧肩部平收17针，断线。

4.起织口袋，在织片内侧沿袋口挑起58针织下针，不加减针织40行，将袋底缝合。在织片表面沿袋口挑起29针，织双罗纹针，织6行后，收针断线，袋口边两侧与衣片用线缝合。

5.同样方法相反方向编织右前片。完成后将前片的侧缝分别与后片缝合，将肩部缝合。

6.起织帽子。沿领口挑针起织，挑起110针样A、B、C组合编织，组合方法依衣身片花列方式，织至82行，将织片分成左右两片，减针编织，减针方法为2-2-5，织至92行，顶缝合。

7.沿左右前片衣襟及帽侧分别挑织衣襟，各240针织花样D，织6行后，缝合成狗牙边，断线。

8.编织腰带子及2个腰带扣。起4针织搓板针14行后，收针，缝合于后片腰部两侧，另起针编织腰带，织单罗纹针，约120cm的长度。

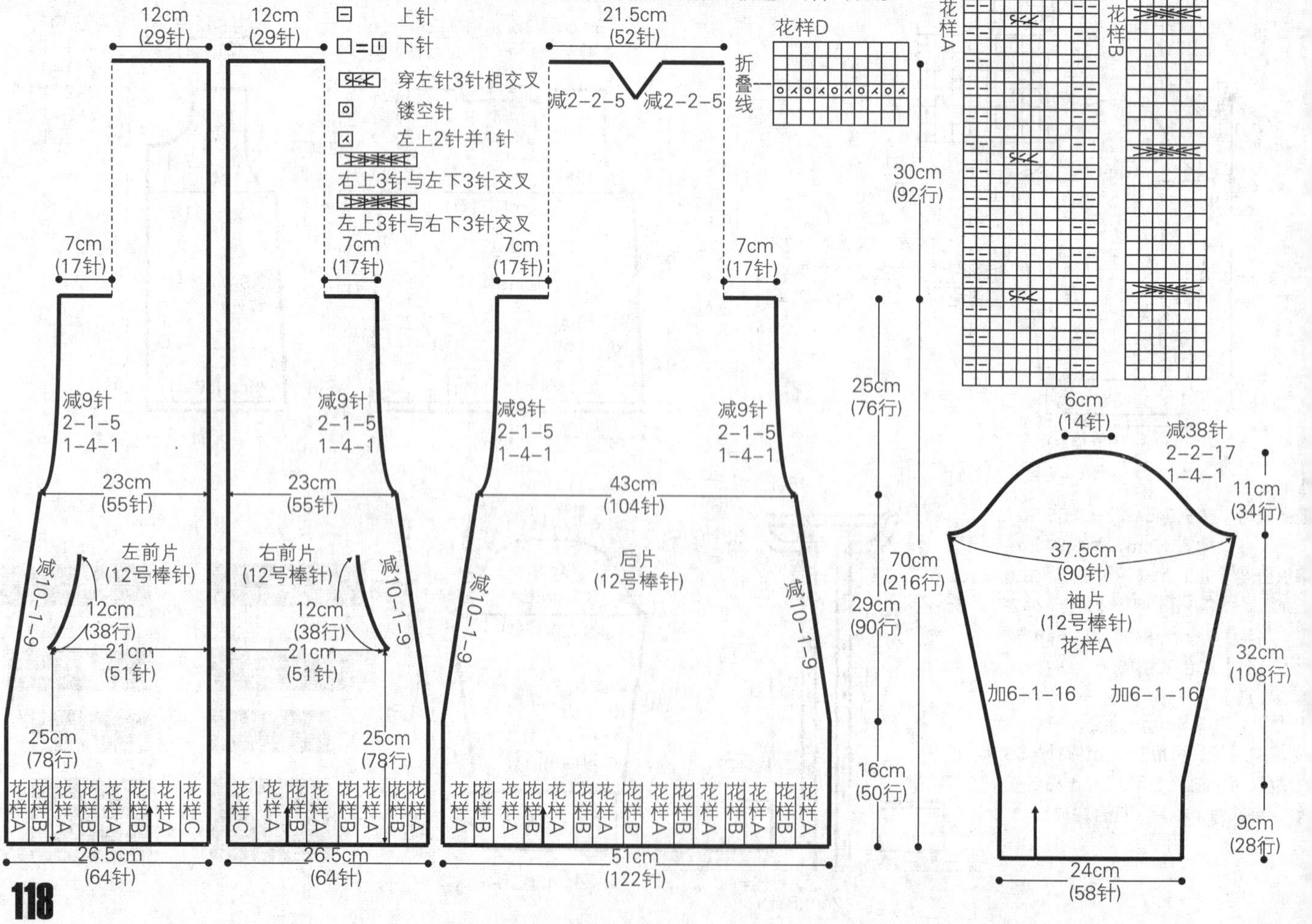

袖片制作说明：
1.棒针编织法，编织两个袖片，从袖口起织。
2.起58针，织花样A，织至28行，两侧一边织一边加针，方法为6-1-16，织至136行，两侧减针织成袖窿，方法为1-4-1，2-2-17，织至170行，余下14针，收针断线。
3.同样的方法再编织另一袖片。
4.缝合方法：将袖山对应前片与后片的袖窿线，用线缝合，再将两袖侧缝对应缝合。

花样C
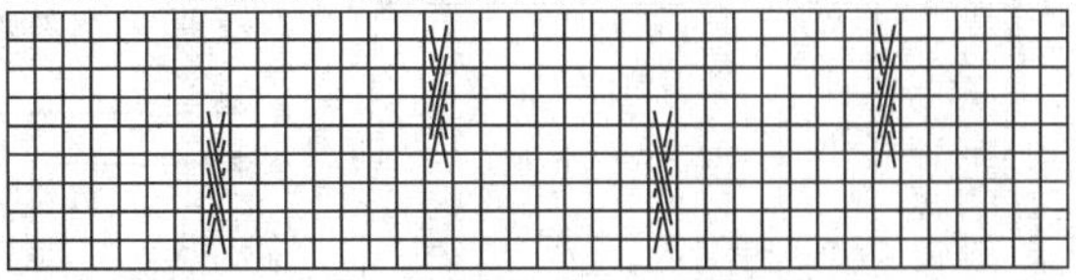

46

【成品规格】胸围106cm，肩宽40cm，衣长76cm，袖长4cm
【编织密度】17.5针×30行=10cm²
【工　　具】12号棒针
【材　　料】绿色高兔毛800g
【编织要点】

1.前片：起14针，织花样A。按图解门襟部分逐渐加针，花型部分逐渐减针，靠门襟部分织两个铜钱针，织到相应位置由铜钱针内侧开始减针留领窝，外侧按图留袖窿。
2.后片：后片起113针，织花样A，按图逐渐减针，相应位置留袖窿领窝。
3.袖：袖起51针，织花样B，两侧按图减针。
4.门襟和领:按图起28针，每织到左侧挑一针，下摆圆弧部分和领部分按圆弧部分织法编织，领部分从反方向编织。

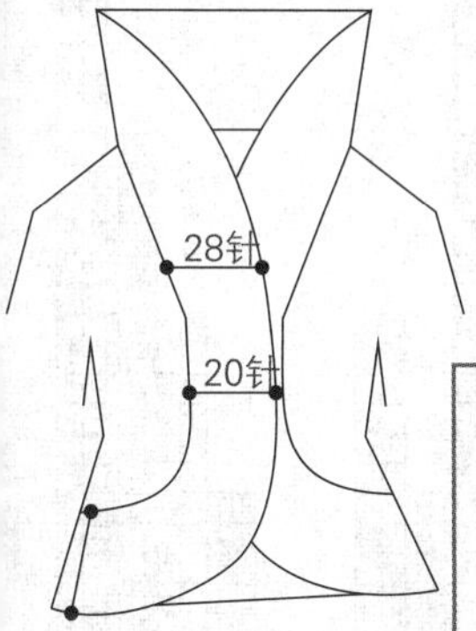

门襟和衣领织法
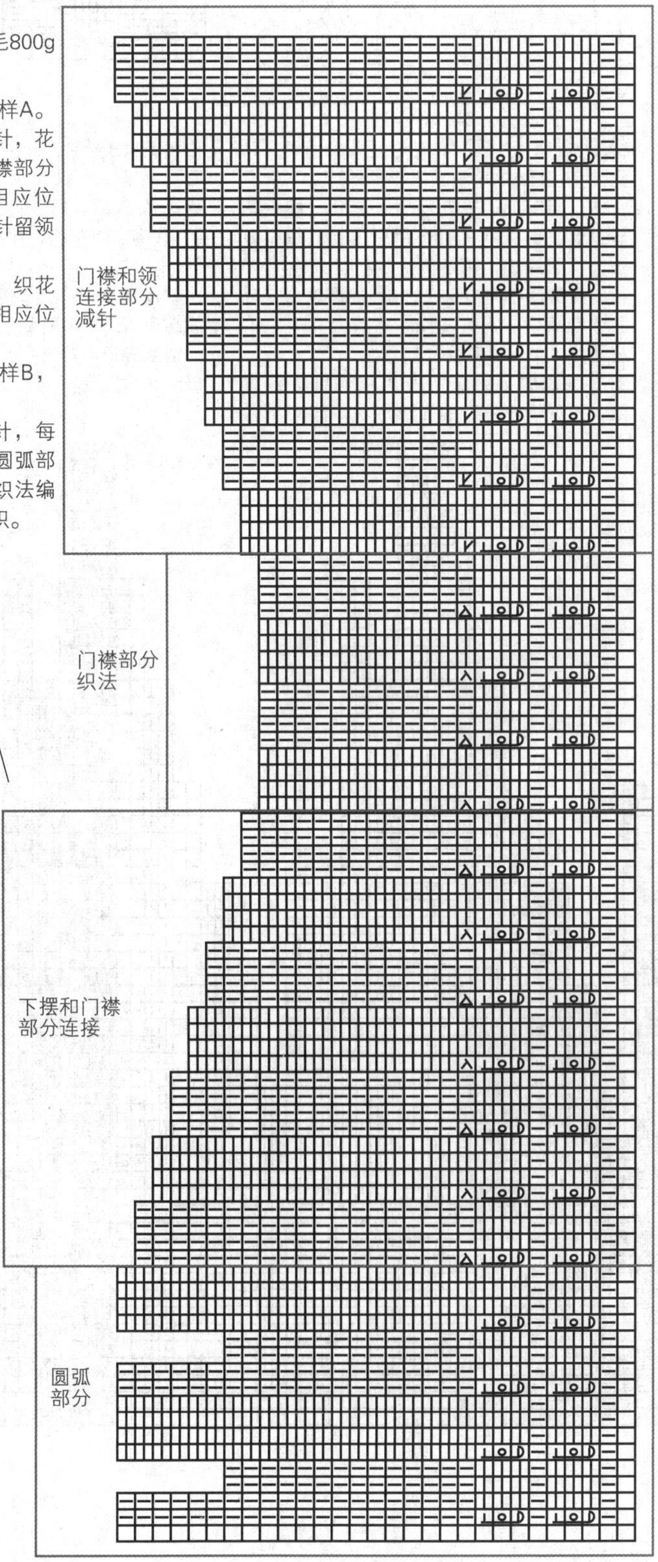

花样A
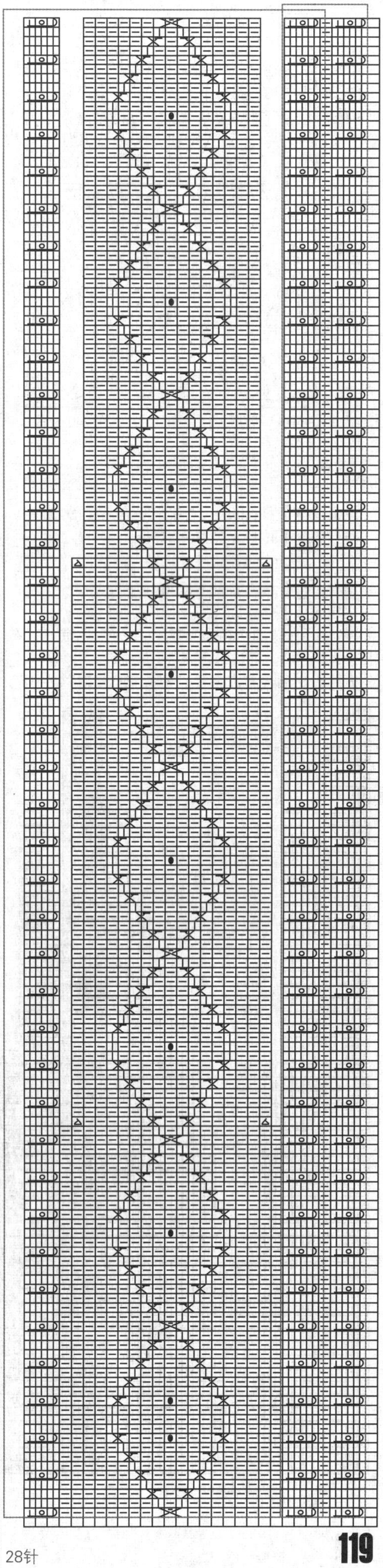

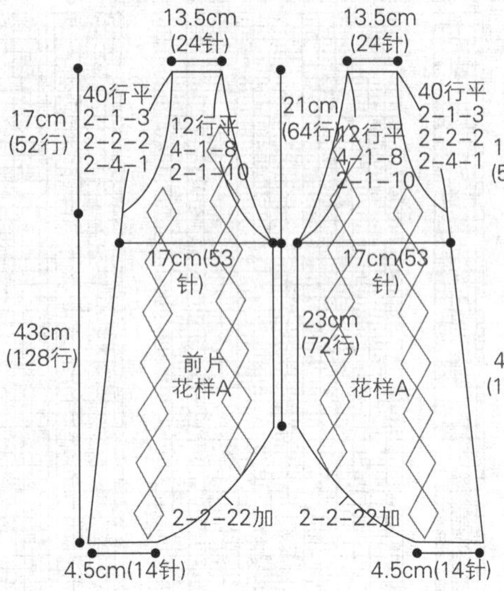

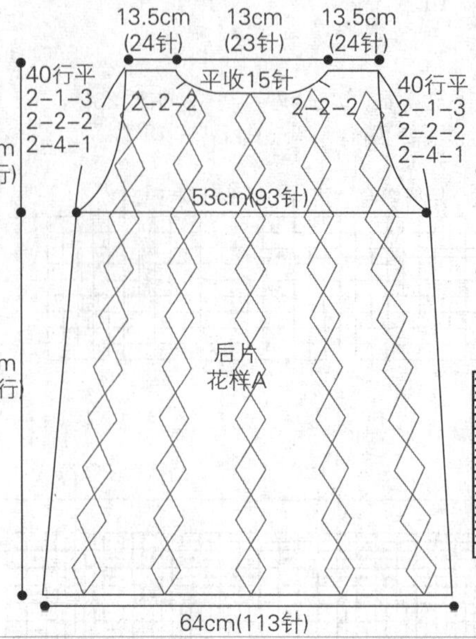

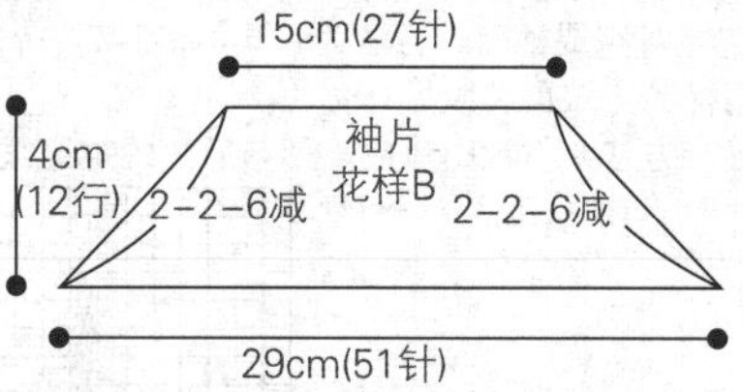

花样B

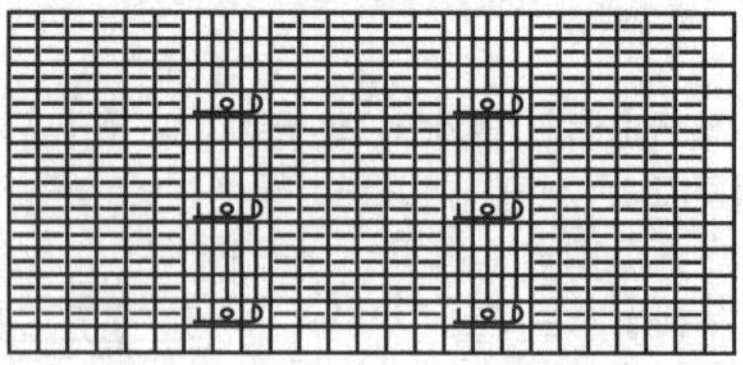

47

【成品规格】衣长58cm，胸宽50cm，肩宽40cm

【编织密度】19针×23.2行=10cm²

【工　　具】8号棒针

【材　　料】蓝色羊毛线800g

【编织要点】

1.棒针编织法。由3部分组成，左后片和右后片，衣摆一大块织片。通过缝合方法形成袖口。

2.先编织左后片与右后片，两片花样呈对称性，花样A为左后片的图解，而右后片的图解，只需要将花样A的编织顺序相反即可。下针起针法，起58针，右侧28针不变化，编织花样，而左侧30针上针，用引退针的编织方法，折回编织，将左侧边的行数只织成46行的高度，右侧边织成116行的高度，完成后收针断线。再去制作右后片。完成后，将两片的中间对应缝合。

3.衣摆片的编织法。应用引退针编织方法，形成内小外宽的弧形形状，起58针，依照花样B图解，折回编织，每一层花a为一个折回。共编织9个折回，再织2行上针和2行下针结束花a的编织。然后同样以58针起织花样C，参照花样C编织174行，中间有42针的不加减针编织部分，这段高度做后衣领中心。完成花样C后，同时以58针的宽度，继续编织花a，再织9组花a后结束编织，收针断线。然后依照结构图所标注的宽度进行衣摆与后片的缝合。不缝合的孔做袖口。衣服完成。

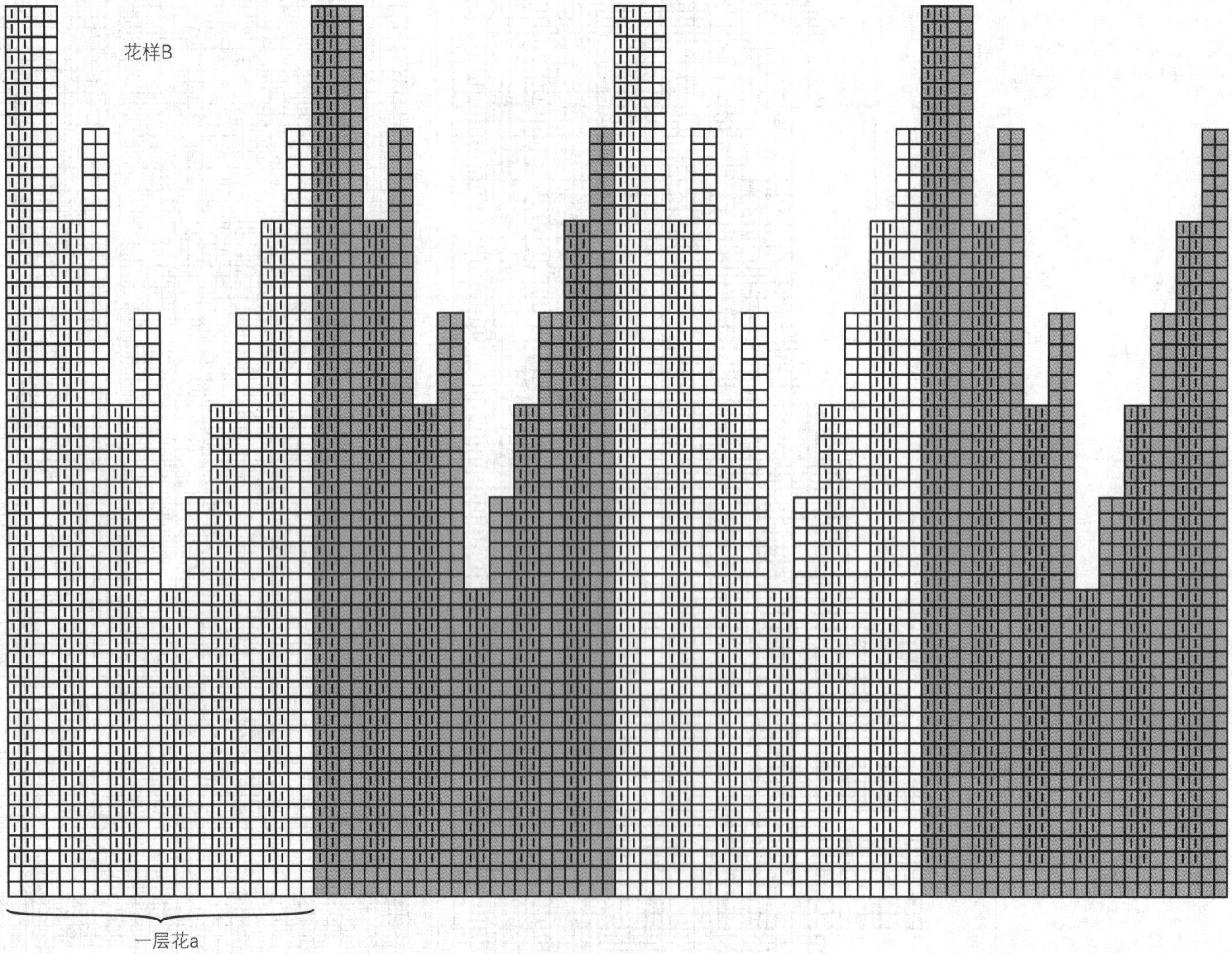

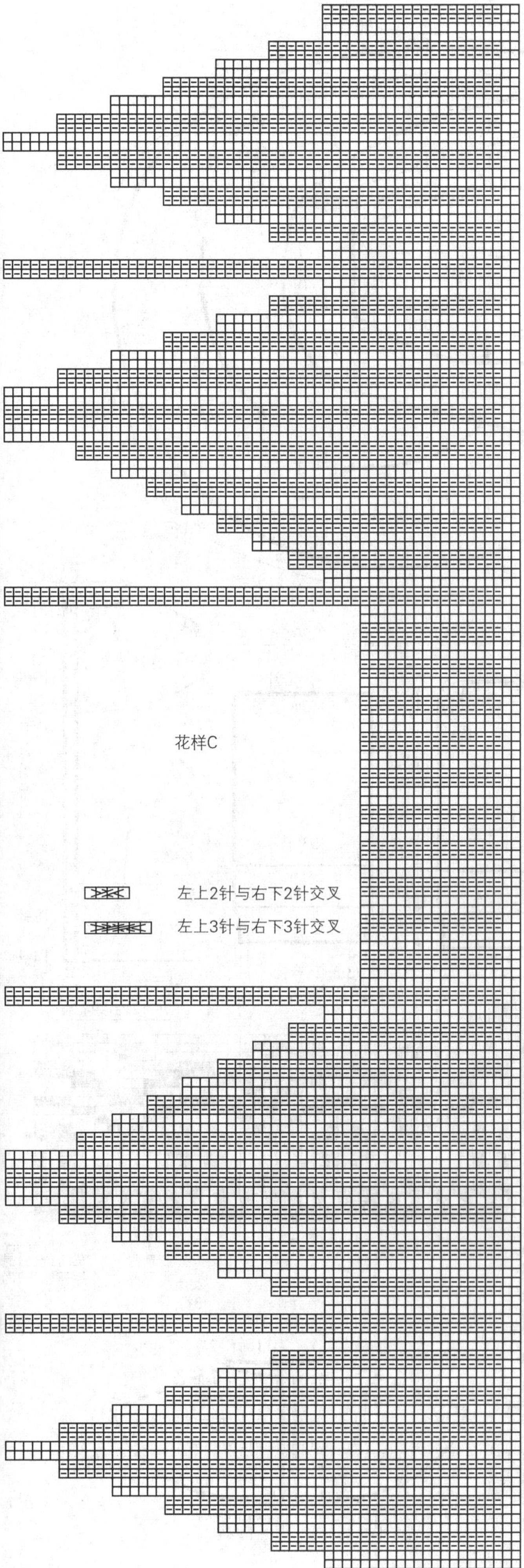

花样C

左上2针与右下2针交叉

左上3针与右下3针交叉

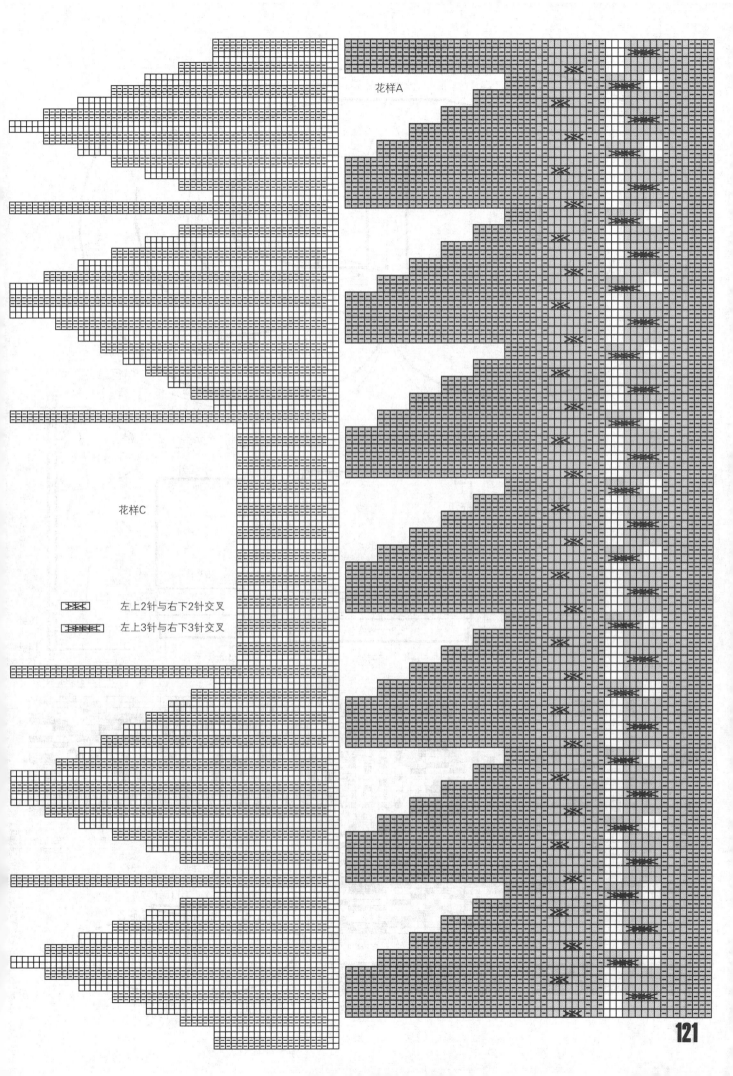

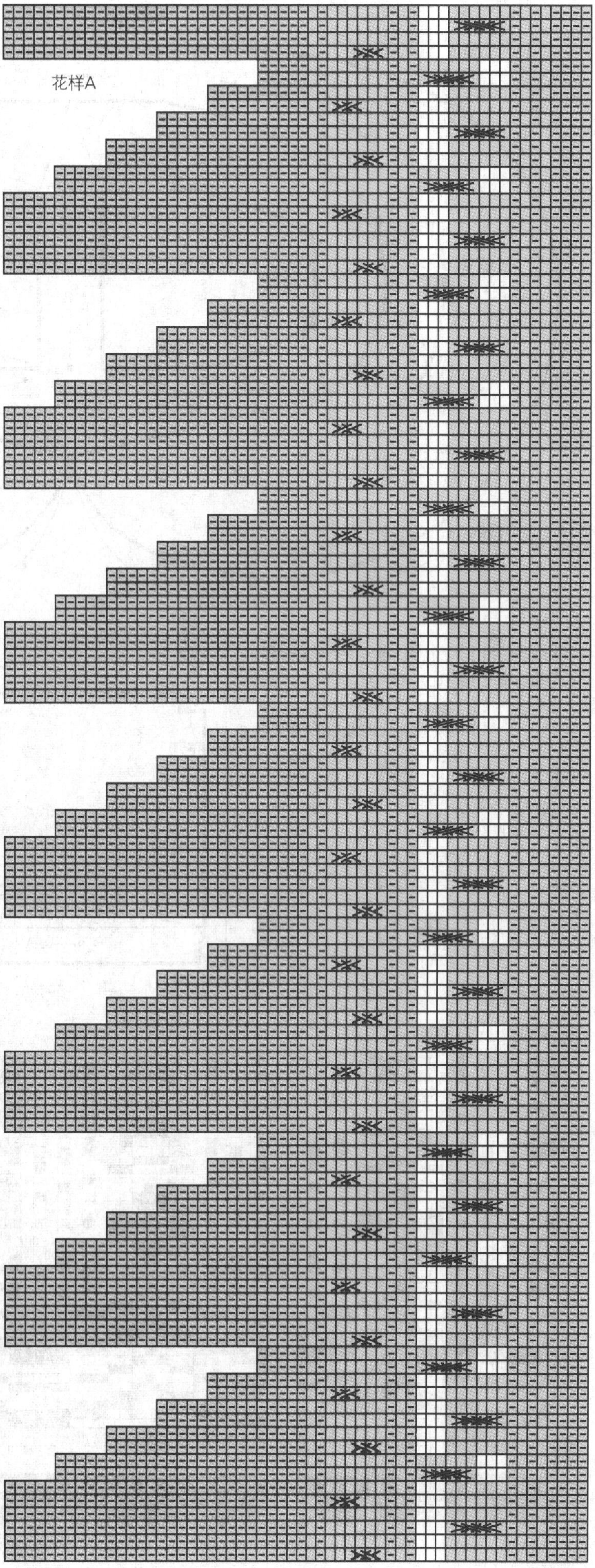

花样A

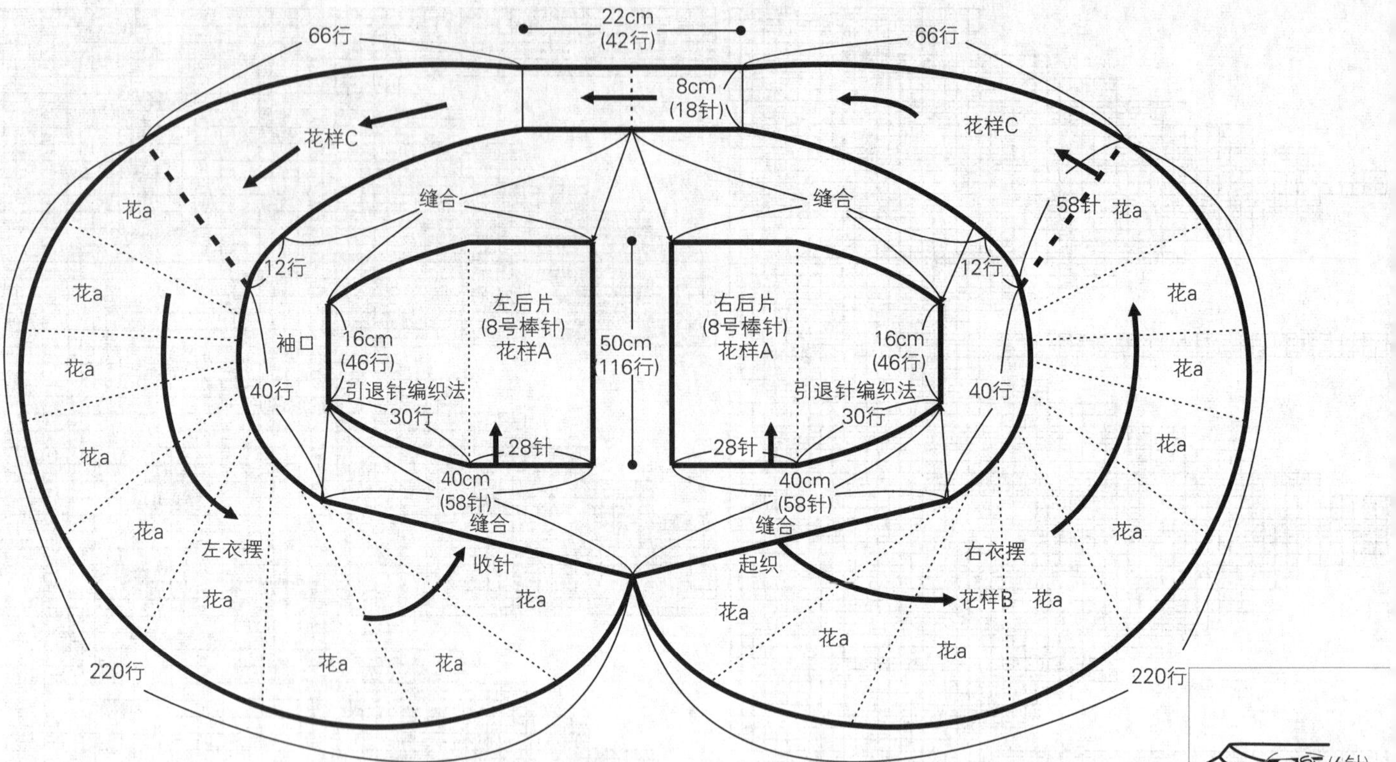

48

【成品规格】胸围100.5cm，衣长62.5cm

【编织密度】22针×30行=10cm^2

【工　　具】3.3mm、3.9mm棒针

【材　　料】粉紫色羊绒线320g，深紫色绒线100g，白色羊绒线10g

【编织要点】

如图分片编织，后身片1个，前身片2个，袖片2个，领口1个。

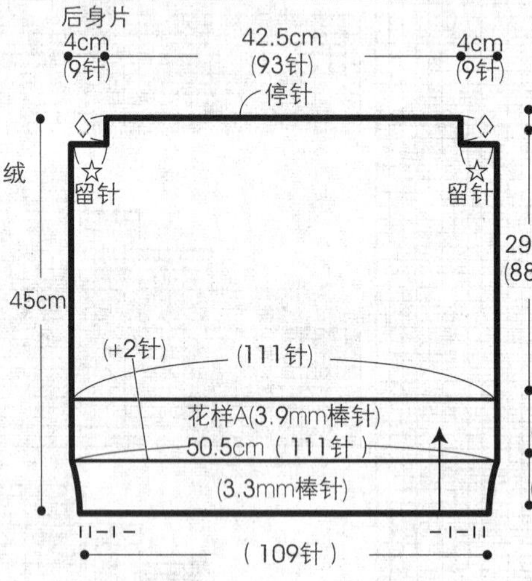

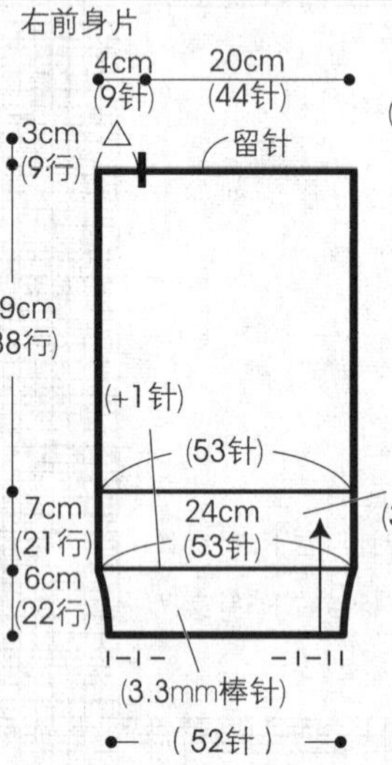

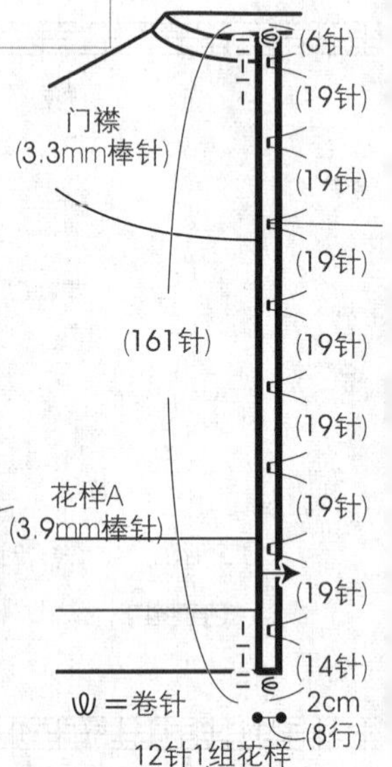

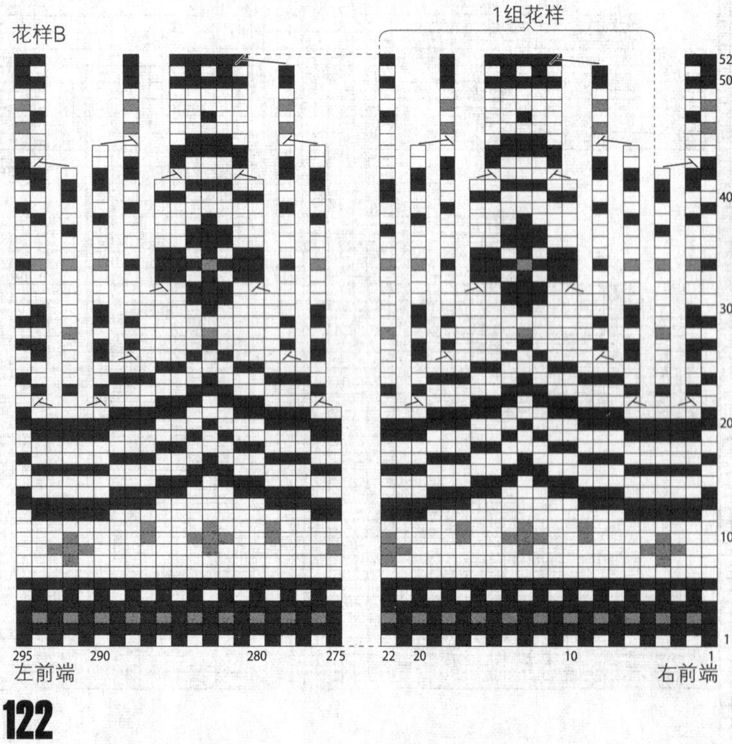

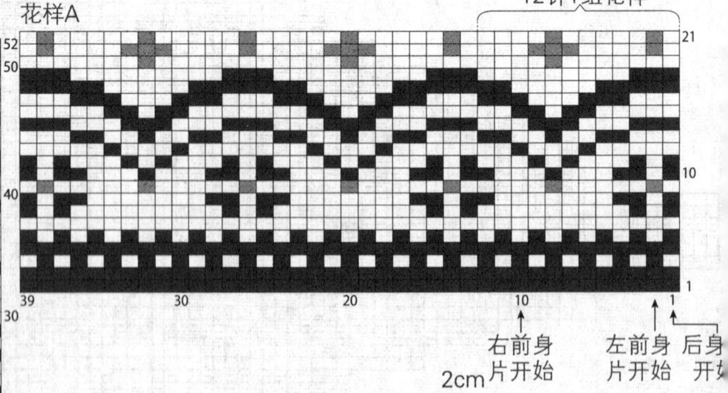

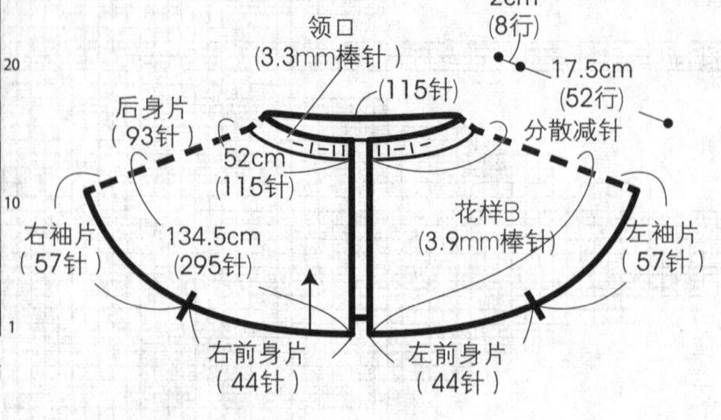

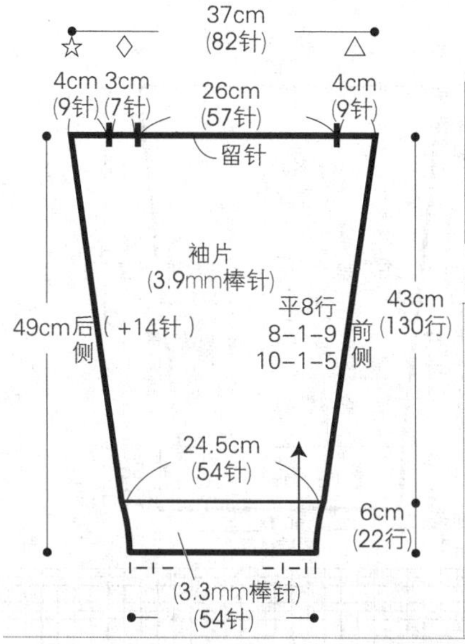

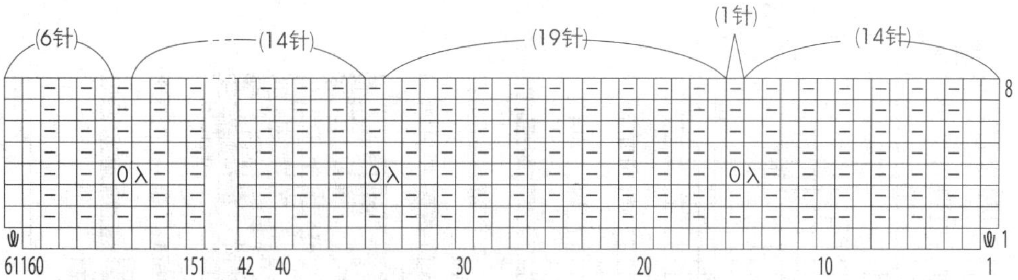

49

【成品规格】衣长80cm，胸宽47.5cm，袖长44cm

【编织密度】21针×25行=10cm²

【工　　具】8号棒针

【材　　料】米白色羊毛线2200g

【编织要点】

1.棒针编织法，由前片2个，后片1个，袖片2个和胸肩片1个组成。袖窿以下一片编织而成，袖窿以上分片各自编织。

2.衣身的编织。

(1)起织，下针起针法，起200针，来回编织，分配编织花样A，不加减针织成20行的高度。

(2)第21行起，依照结构图所分配的花样针数进行编织，不加减针，编织60行的高度后，开始制作袋口，从右至左，织成18针花样后，将接下来的27针收针，然后继续编织，织110针，再将接下来的27针收针，最后将余下的18针织完，返回时，织至前一行收针处时，用单起针法，重起这些针数，即27针，再继续编织，再重起27针，织完当行。最后继续往上编织，再织70行后，至袖窿。

3.袖窿以上的编织。两边各取59针，分别做右前片、左前片，中间余下的82针，做后片编织。这3片各自编织，以右前片为例，右侧进行袖窿减针，左侧不加减针，袖窿减针方法是，每织2行减2针，减9次，织成18行后，用防解别针扣住不织。相同的方法去编织左前片。最后是编织后片，后片的两侧同时减针，每织2行减2针，减9次。织成18行，余下64针。

4.袋口的编织，沿着袋口下边挑出27针，编织花样F单罗纹针，在编织过程中，两边与衣身边织边连接。不加减针，织成6行的高度后，收针断线。

5.胸肩片的编织。将右前片、后片、左前片连作一片进行编织，在右前片与后片之间，加针编织做袖口，在左前片与后片之间，同样加针编织做袖口，加针的针数为22针。整片的针数共加成184针，起织时，分配花样，两侧8针继续编织花样E搓板针，中间分成6组花C进行编织，在每组花C上进行减针，方法见花样D，分散减针织成32行，针数余下112针，收针断线。

6.袖片的编织。从袖口起织，下针起针法，起32针，分配编织花样A，不加减针，编织20行的高度，下一行起，全织下针，并在两侧进行加针编织，每织10行加1针，加7次，织成70行，再织20行后，针数加成46针，全部收针断线，相同的方法去编织另一袖片，最后将收针边与衣身的袖窿边进行对应缝合，再将袖片的侧缝缝合。衣服完成。

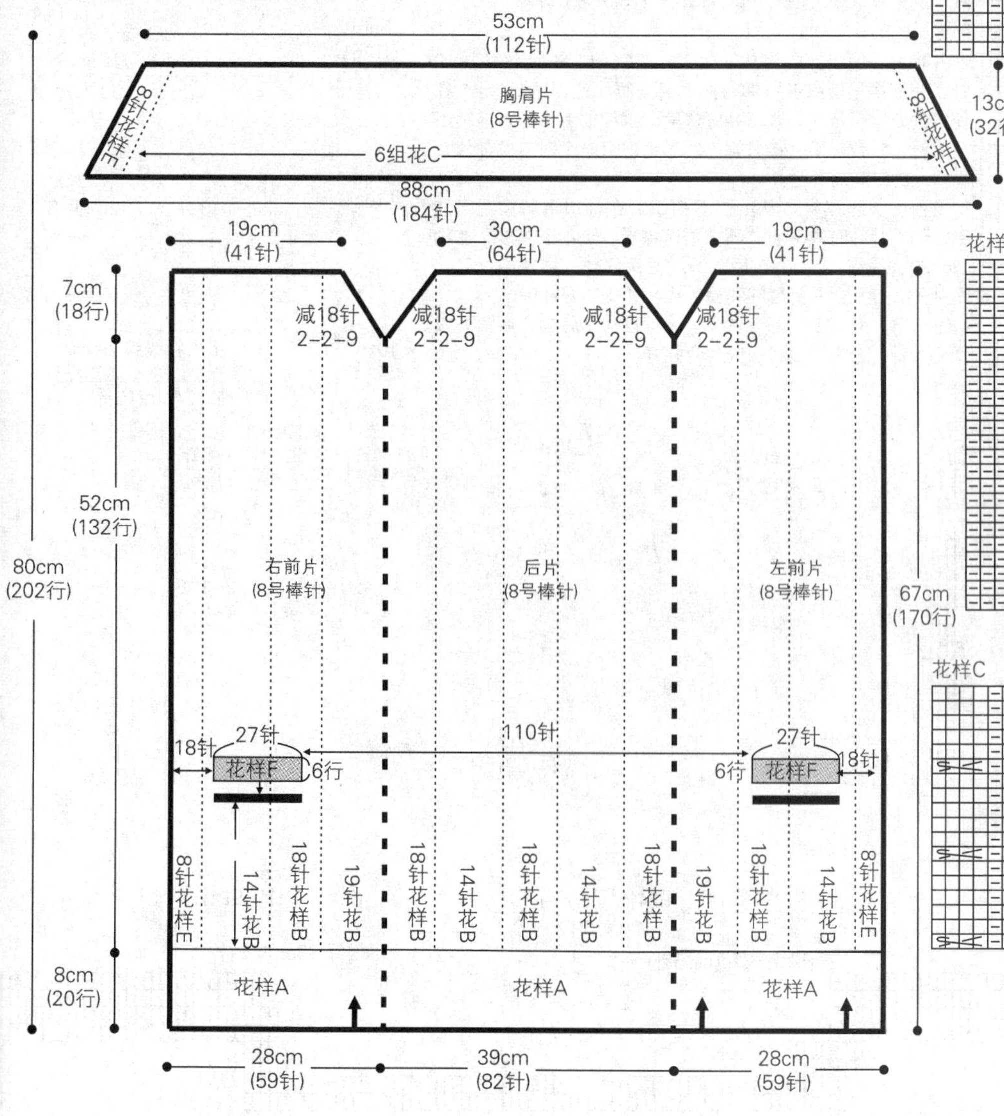

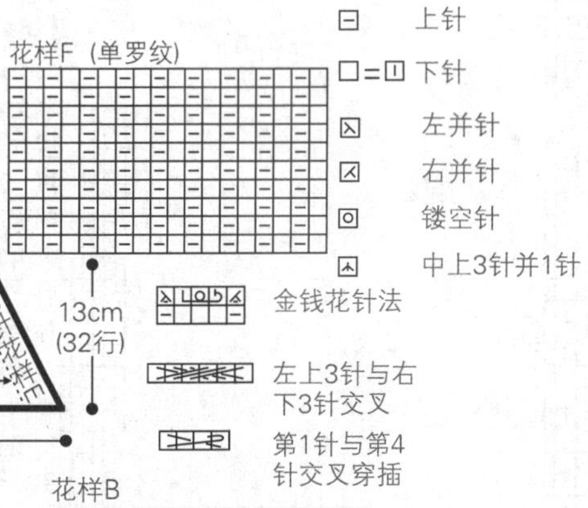

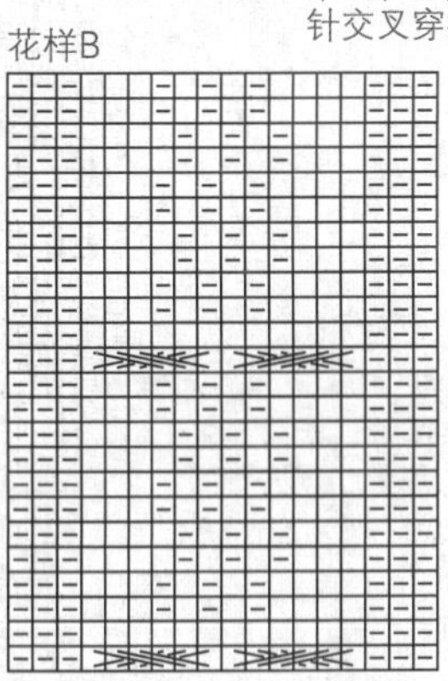

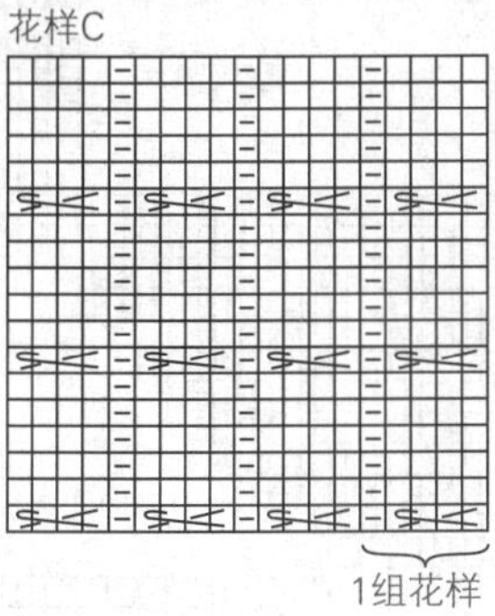

花样D

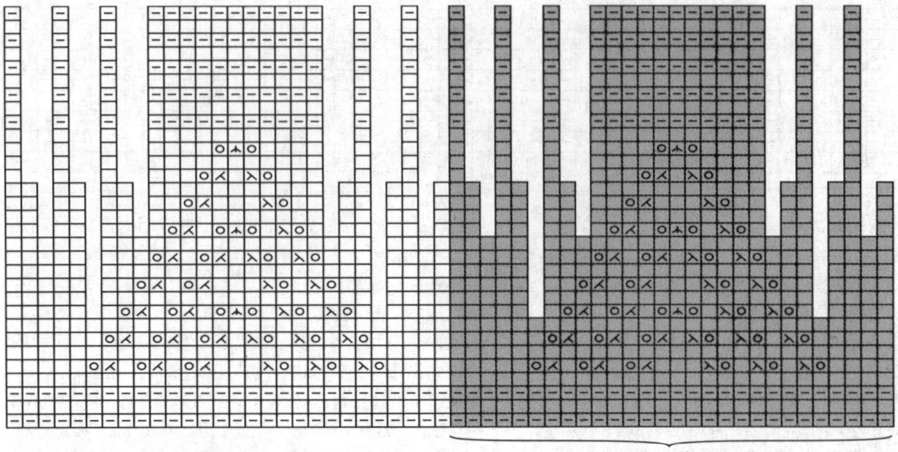

花C

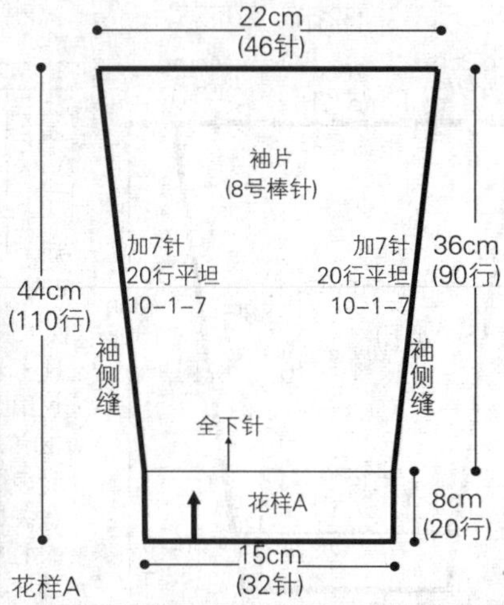

花样A

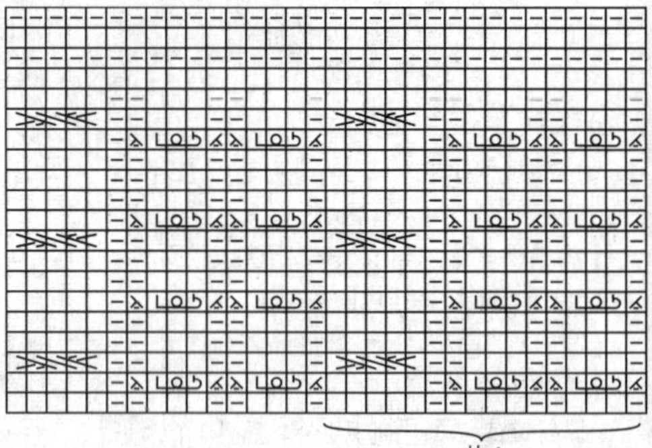

花A

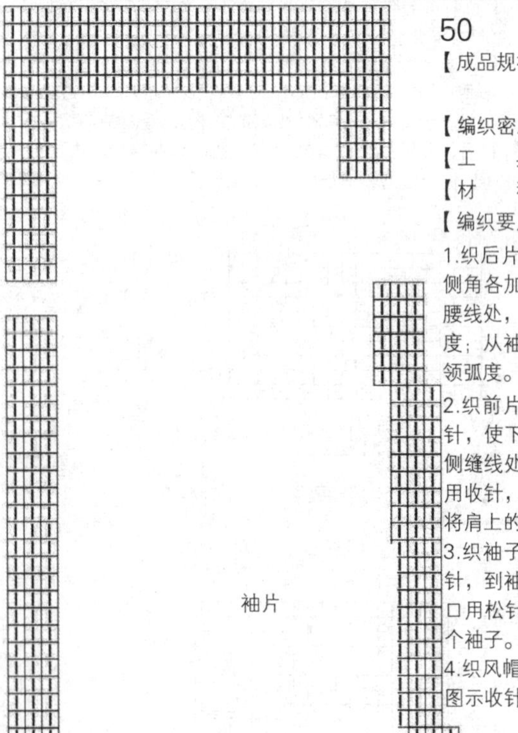

50

【成品规格】胸围110cm，背肩宽39cm，衣长72cm，袖长69cm

【编织密度】21针×25行=10cm²

【工　　具】8号棒针

【材　　料】兔毛单股1250g

【编织要点】

1.织后片。编织方向为从下往上，起60针，在两侧角各加16针，使下摆呈圆弧形；然后往上织到腰线处，再减4针；在侧缝线处按图示收出袖窿弯度；从袖窿线往上织21.5cm后，在后领处收出后领弧度。

2.织前片。编织方向为从下往上，起36针，在两侧角加16针，使下摆呈圆弧形；然后往上织到腰线处，再减3针；在侧缝线处按图示开始收出袖窿弯度；继续往上编织，前领不用收针，针数直接上接风帽。然后织好另一个对应的前片，将肩上的针和后片合并。

3.织袖子。起24针，从上往下编织，在袖山两旁按图示加针，到袖壮线时为60针；再按图示减针，到袖长高度，在袖口用松针线织10cm上针后收针。并用同样的方法织好另一个袖子。分别合并侧缝线和袖下线，并安装好袖子。

4.织风帽。起72针，往上编织。织到25cm后，在后角处按图示收针。在帽顶线将两侧片合并好。

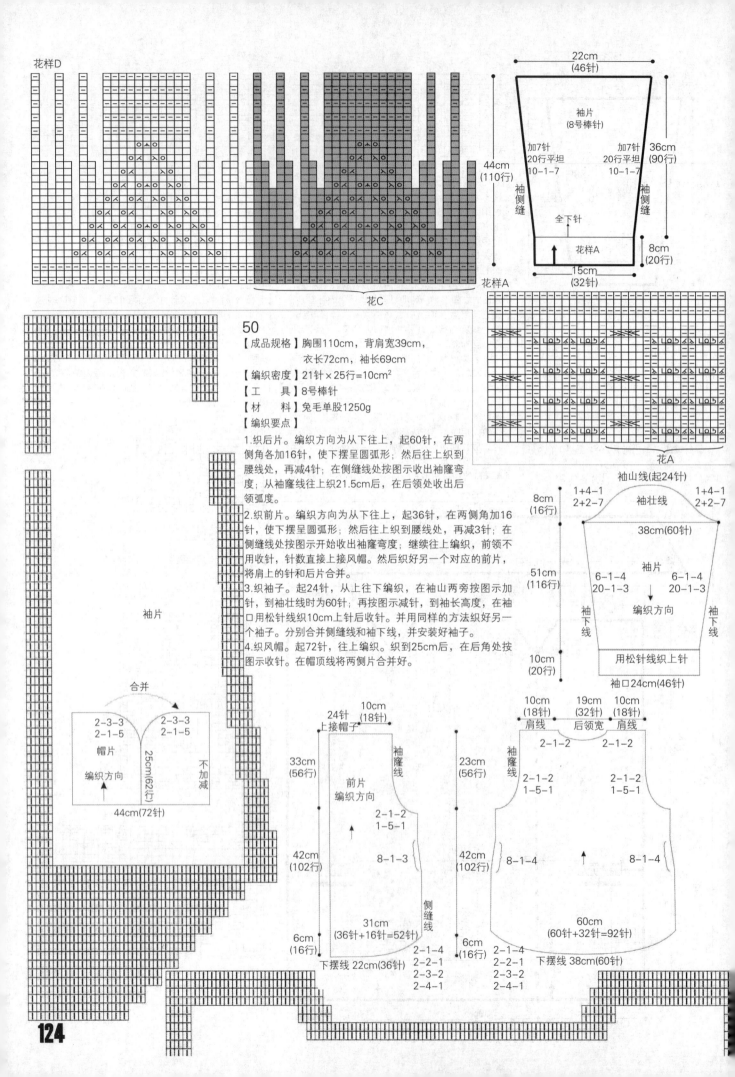

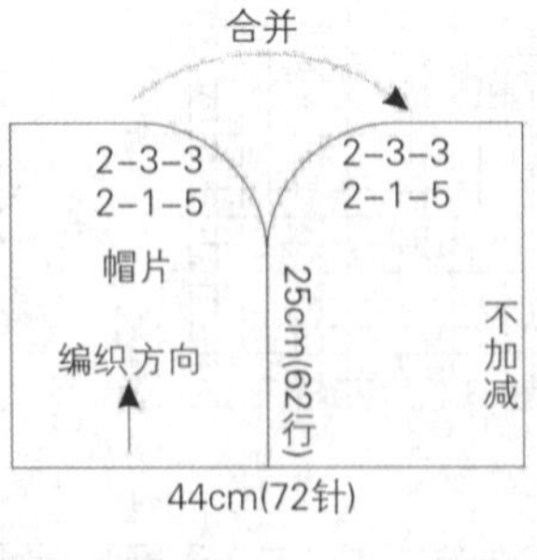

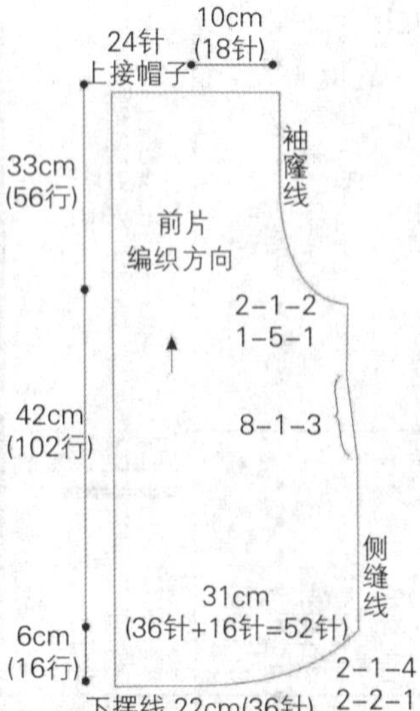

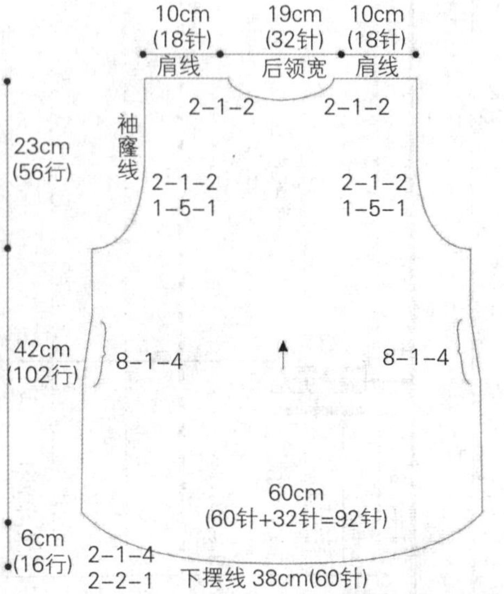

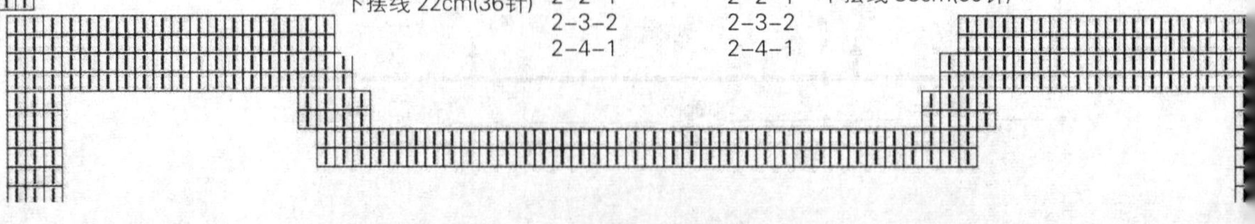

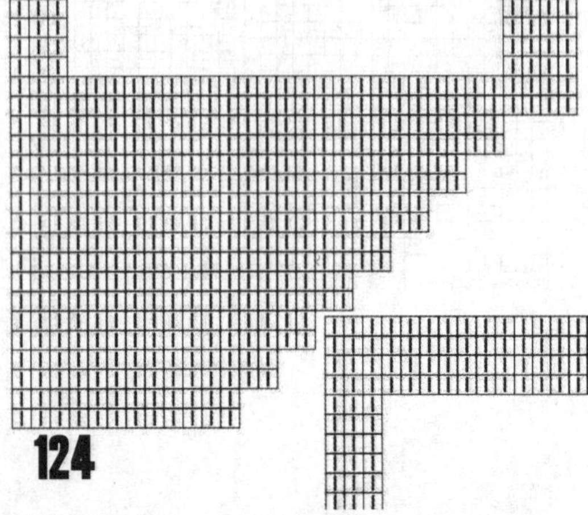

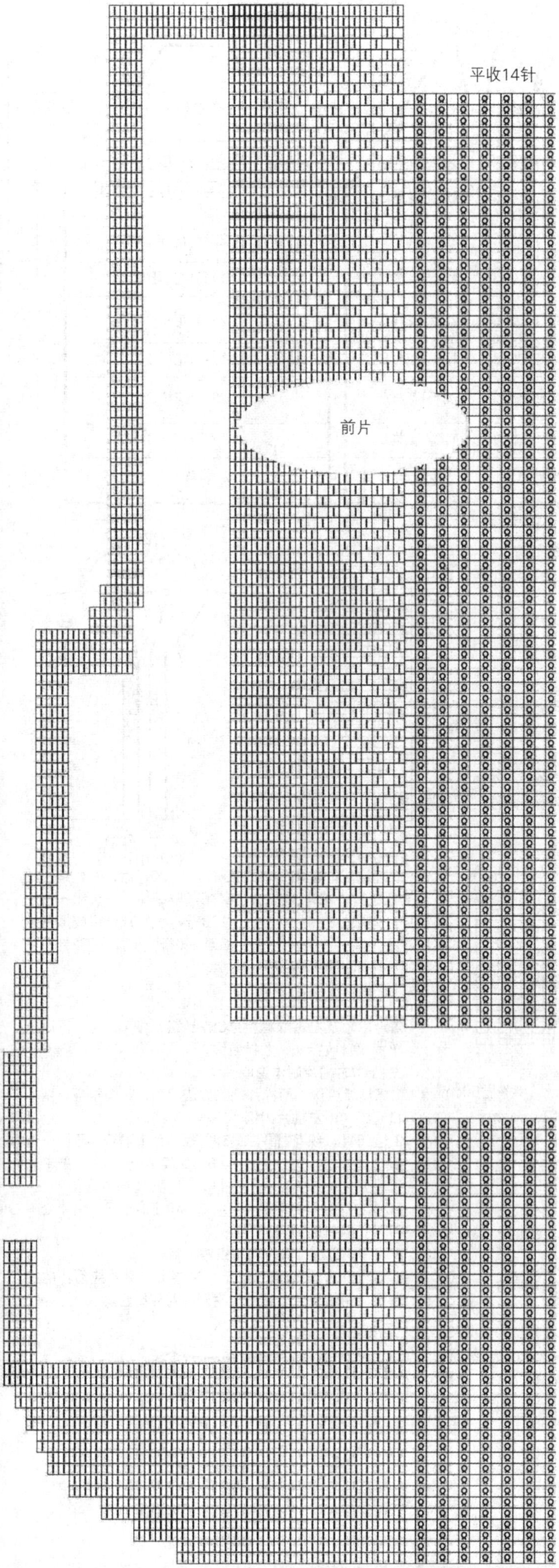
平收14针
前片

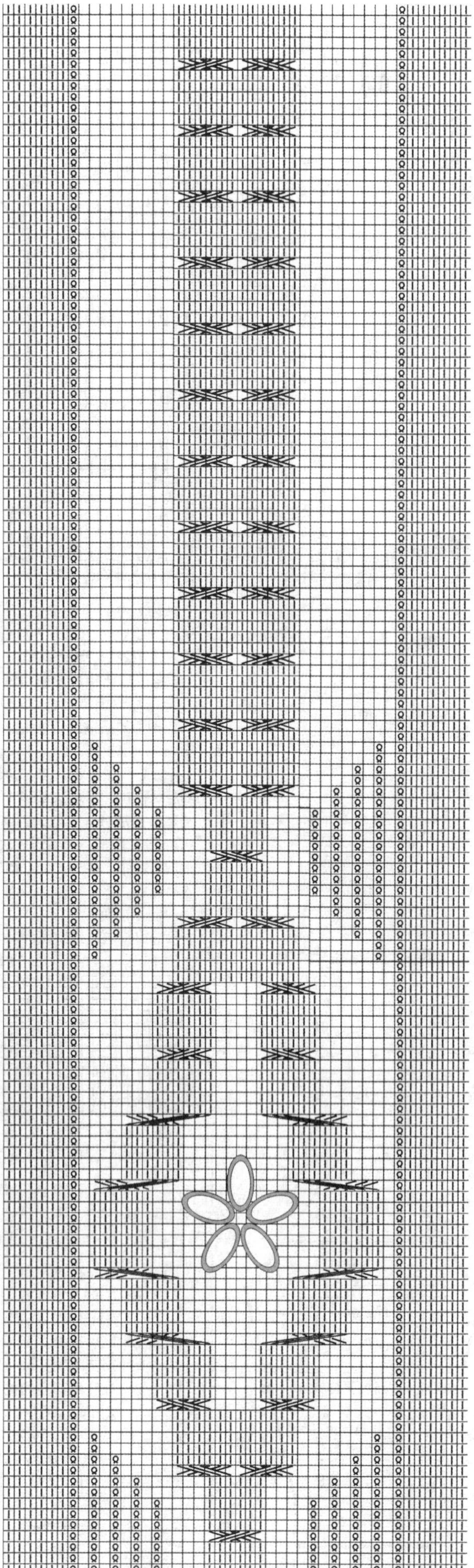
后背花样

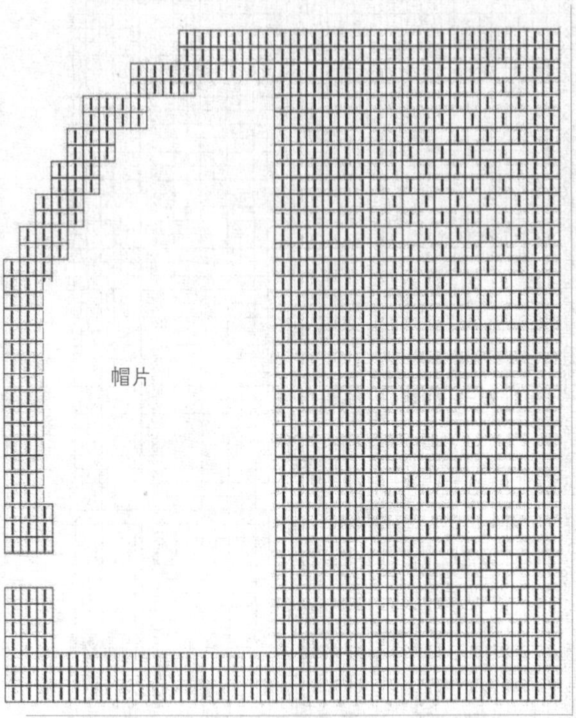

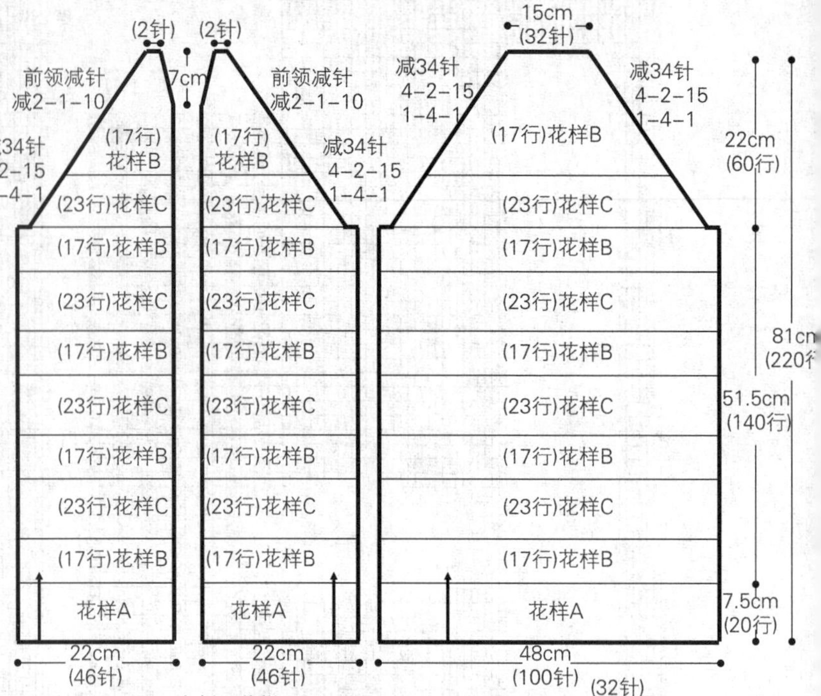

51

【成品规格】衣长81cm，半胸围48cm，袖长66cm

【编织密度】21针×27行=10cm²

【工　　具】11号棒针

【材　　料】灰色段染线共600g

【编织要点】

前片/后片制作说明：

1.棒针编织法，衣身为左前片、右前片和后片分别编织，完成后与袖片缝合而成。

2.起织后片，双罗纹起针法起100针，织花样A，织20行，开始编织衣身，衣身是17行花样B与23行花样C间隔编织，织至160行，然后减针织成插肩袖窿，方法为1-4-1，4-2-15，织至220行，织片余下32针，收针断线。

3.起织左前片，双罗纹起针法起46针，织花样A，织20行，开始编织衣身，衣身是17行花样B与23行花样C间隔编织，织至160行，然后左侧减针织成插肩袖窿，方法为1-4-1，4-2-15，织至200行，右侧减针织前领，方法为2-1-10，织至220行，织片余下2针，收针断线。

4.同样的方法相反方向编织右前片。将左右前片与后片的侧缝缝合，前片及后片的插肩缝对应袖片的插肩缝缝合。

衣领/衣襟制作说明：

1.棒针编织法，领片与衣襟连起来编织。

2.沿后领挑起32针，织花样A，一边织一边两侧领口挑加针，方法为2-1-20，织至40行，第41行将两侧衣襟全部挑起来编织，两侧各挑起138针，共348针，不加减针织10行后，收针断线。

袖片制作说明：

1.棒针编织法，编织两片袖片。从袖口起织。

花样C

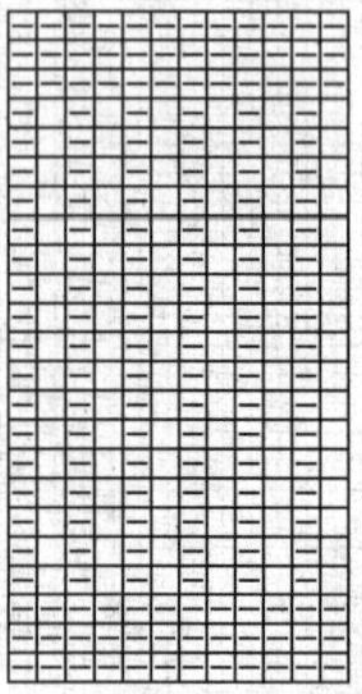

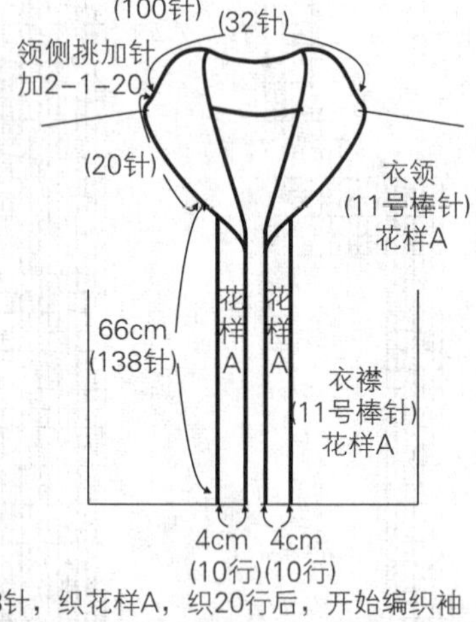

花样B

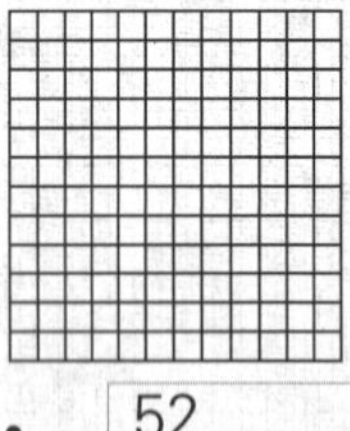

花样A

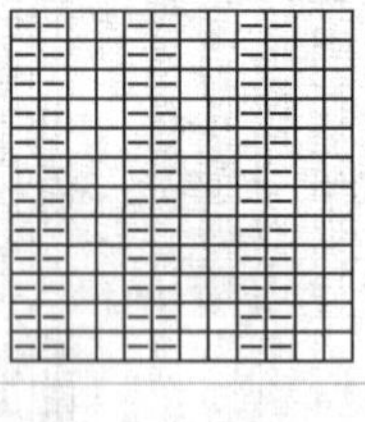

2.双罗纹起针法，起48针，织花样A，织20行后，开始编织袖身，袖身是17行花样B与23行花样C间隔编织，一边织一边两侧加针，方法为8-1-12，织至120行，然后减针织成插肩袖山，方法为1-4-1，4-2-15，织至180行，织片余下2针，收针断线。同样的方法编织另一袖片。

3.将两袖侧缝对应缝合。

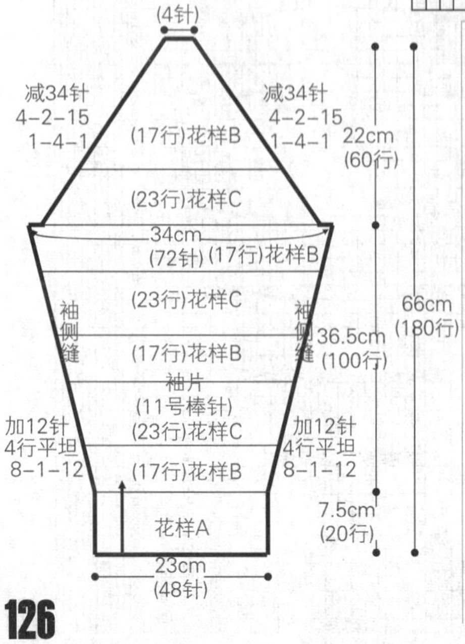

52

【成品规格】衣长46cm，半胸围50cm

【编织密度】32针×30行=10cm²

【工　　具】11号棒针

【材　　料】咖啡色羊毛线600g

【编织要点】

前片/后片制作说明：

1.棒针编织法，衣身一片编织完成。

2.起织后片，起418针，两侧各织150针花样A，中间118针织花样B，一边织一边在花样B的两侧减针，左侧方法为4-2-29，2-1-1，右侧方法为4-2-9，织至86行，左右各平收80针，然后按2-1-26的方法减针，织至118行，花样B余下1针，然后在中间1针的两侧按2-1-10的方法减针，织至138行，织片余下69针，收针断线。

领片/衣襟制作说明：

1.棒针编织法，一片编织完成。

2.沿后领及左右衣襟挑起387针织花样A，织42行后，单罗纹针收针法，收针断线。

左袖片/右袖片制作说明：

1.棒针编织法，两袖片编织方法相同，方向相反。从袖口起织，以左袖片为例。

2.起56针，织花样B，织52行后改织花样C，两侧一边织一边加针，方法为8-1-5，织至96行，织片变成66针，接着减针编织插肩袖山，左侧减针方法为2-1-26，右侧减针方法为4-1-13，织至148行，织片余下27针，收针断线。

3.同样的方法相反方向编织右袖片。

4.缝合方法：如结构图所示，将袖山一侧对应后片的袖窿线，用线缝合，再将袖底侧缝对应缝合。

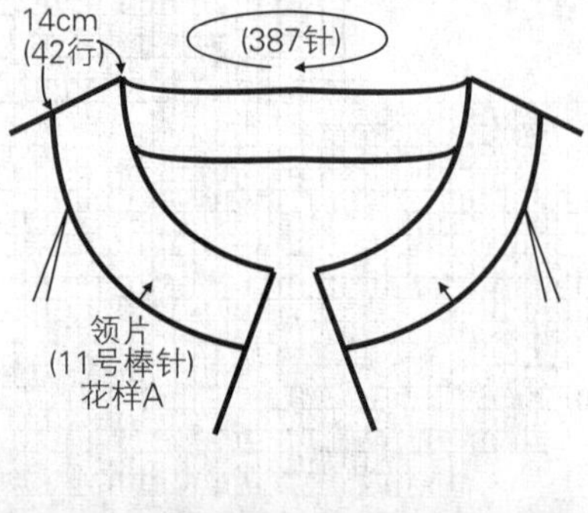

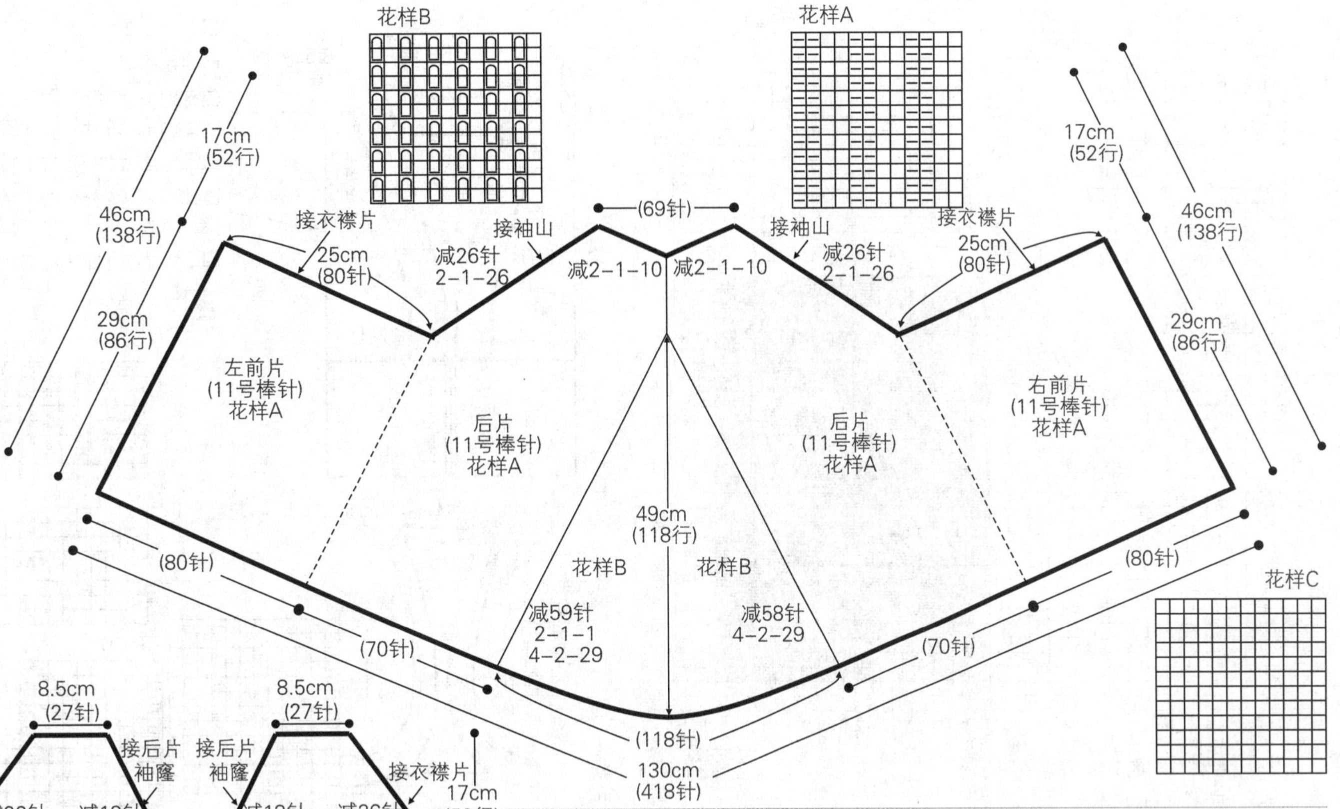

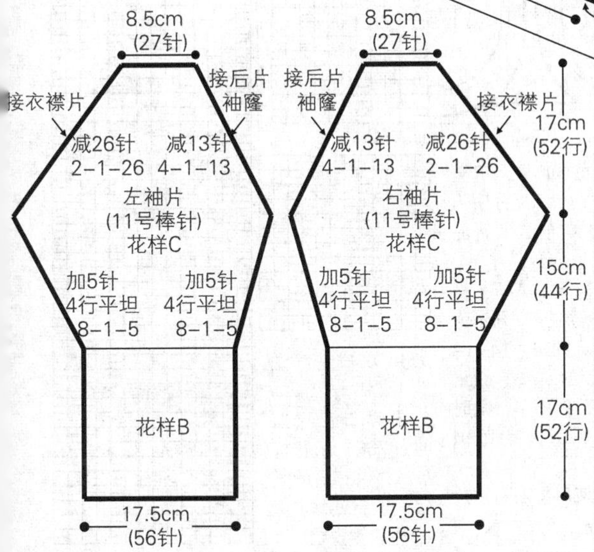

53

【成品规格】胸围100.5cm，衣长62.5cm

【编织密度】22针×30行=10cm²

【工　　具】11号、14号棒针

【材　　料】粉紫色羊绒线320g，深紫色绒线100g，白色羊绒线10g

【编织要点】

如图分片编织，后身片1个，前身片2个，袖片2个，领口1个。

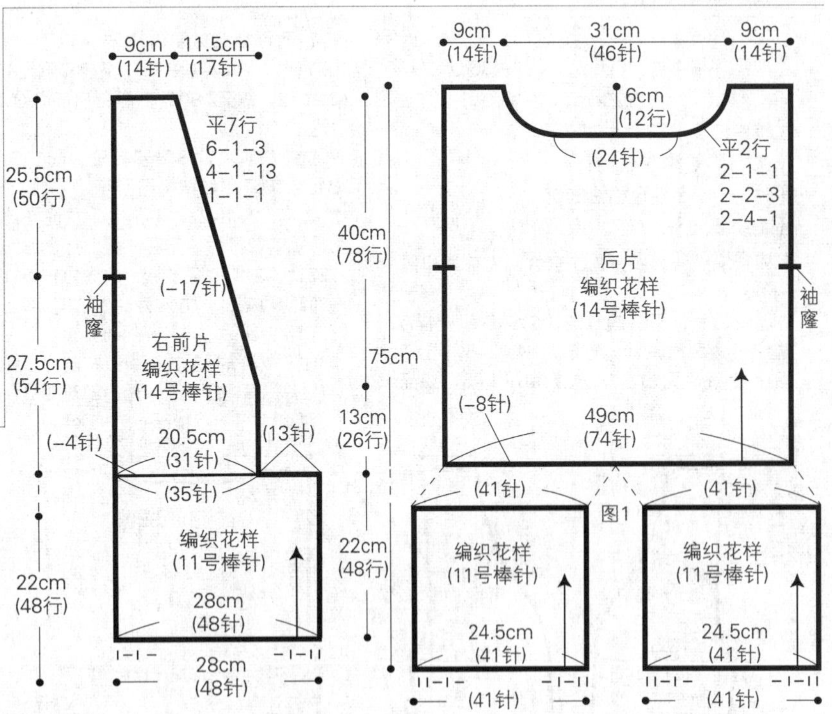

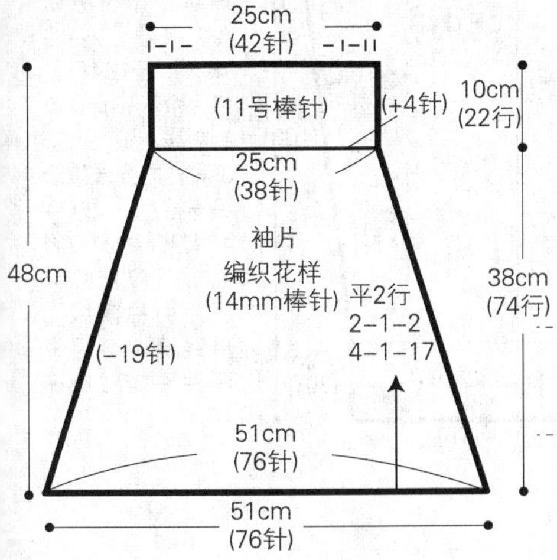

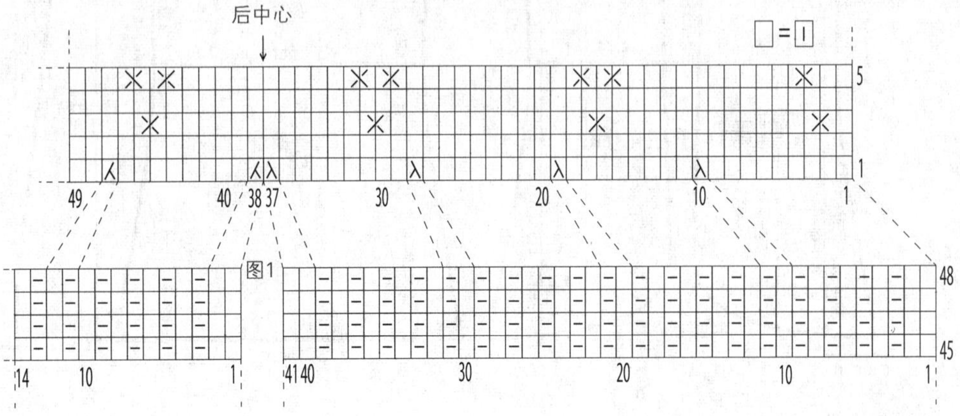

编织花样

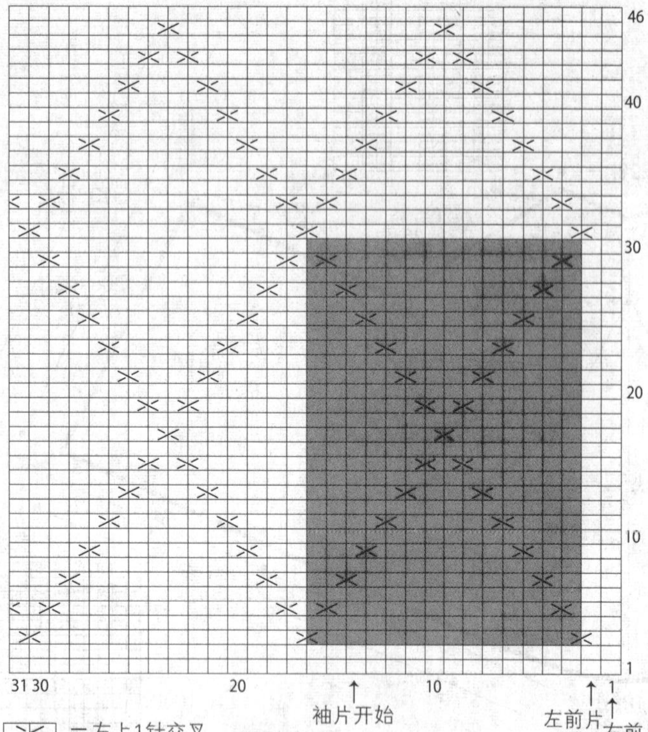

[×] =左上1针交叉
[×] =右上1针交叉
[▇] =14针×28行1组花样

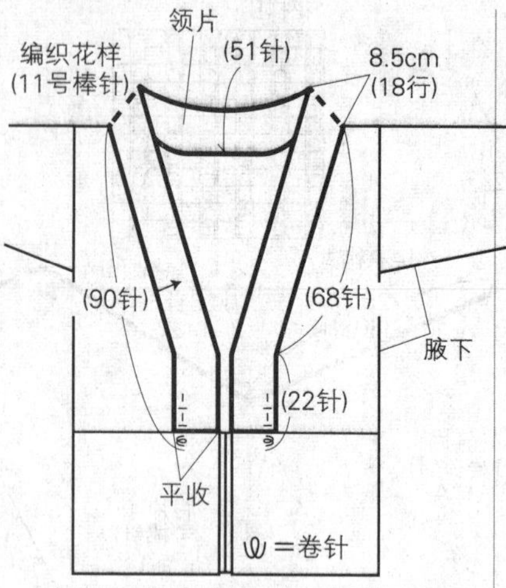

⊟ 上针
□ ⊡ 下针
左上2针与右下2针交叉
右上2针与左下2针交叉
左上2针与右下1针交叉
右上2针与左下1针交叉
左上1针与右下1针交叉
右上1针与左下1针交叉
元宝针

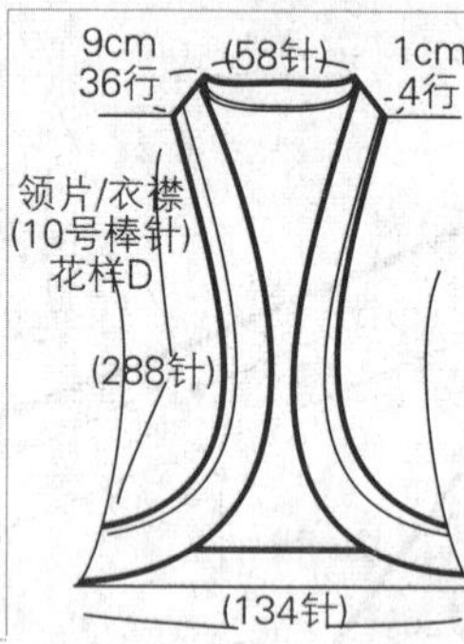

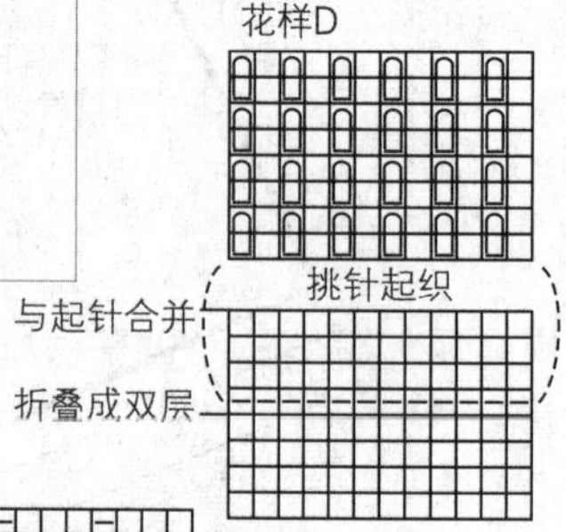

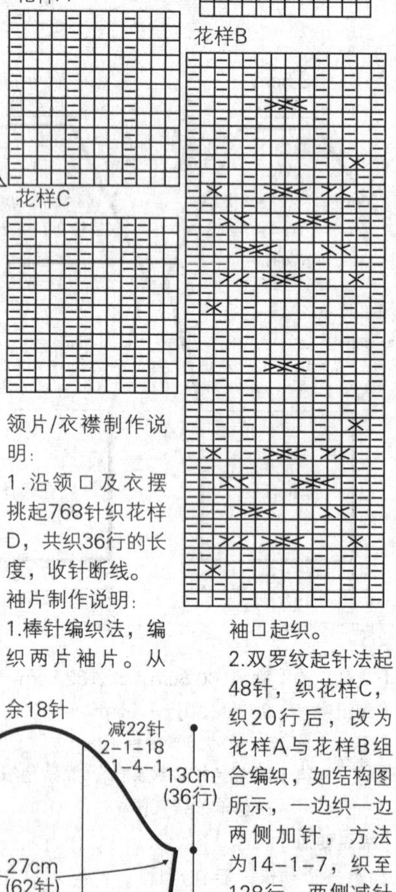

54

【成品规格】衣长65cm，半胸围36cm，肩宽29cm，袖长59cm

【编织密度】23针×27.7行=10cm²

【工　　具】10号棒针

【材　　料】灰色棉线600g

【编织要点】

1.棒针编织法，衣身为左前片、右前片和后片分别编织。

2.起织后片，下针起针法，起89针织花样A，一边织一边两侧减针，方法为14-1-6，平织12行后，然后两侧加针，方法为8-1-3，织至126行，两侧袖窿减针，方法为1-4-1，2-1-4，织至177行，中间平收35针，两侧减针织成后领，方法为2-1-2，织至180行，两侧肩部各余下14针，收针断线。

3.起织左前片，下针起针法，起11针，花样A与花样B组合编织，如结构图所示，右侧衣摆加针，方法为2-2-4，2-1-23，4-1-2，左侧减针，方法为14-1-6，平织12行后，然后左侧加针，方法为8-1-3，织至126行，左侧袖窿减针，方法为1-4-1，2-1-4，同时右侧前领减针，方法为2-1-19，织至180行，余下14针，收针断线。

4.同样的方法相反方向编织右前片。完成后将左右前片与后片的两侧缝缝合，两肩部对应缝合。

领片/衣襟制作说明：

1.沿领口及衣摆挑起768针织花样D，共织36行的长度，收针断线。

袖片制作说明：

1.棒针编织法，编织两片袖片。从袖口起织。

2.双罗纹起针法起48针，织花样C，织20行后，改为花样A与花样B组合编织，如结构图所示，一边织一边两侧加针，方法为14-1-7，织至128行，两侧减针编织袖山。方法为1-4-1，2-1-18，织至164行，织片余下18针，收针断线。

3.同样的方法编织另一袖片。

4.缝合方法：将袖山对应前片与后片的袖窿线，用线缝合，再将两袖侧缝对应缝合。

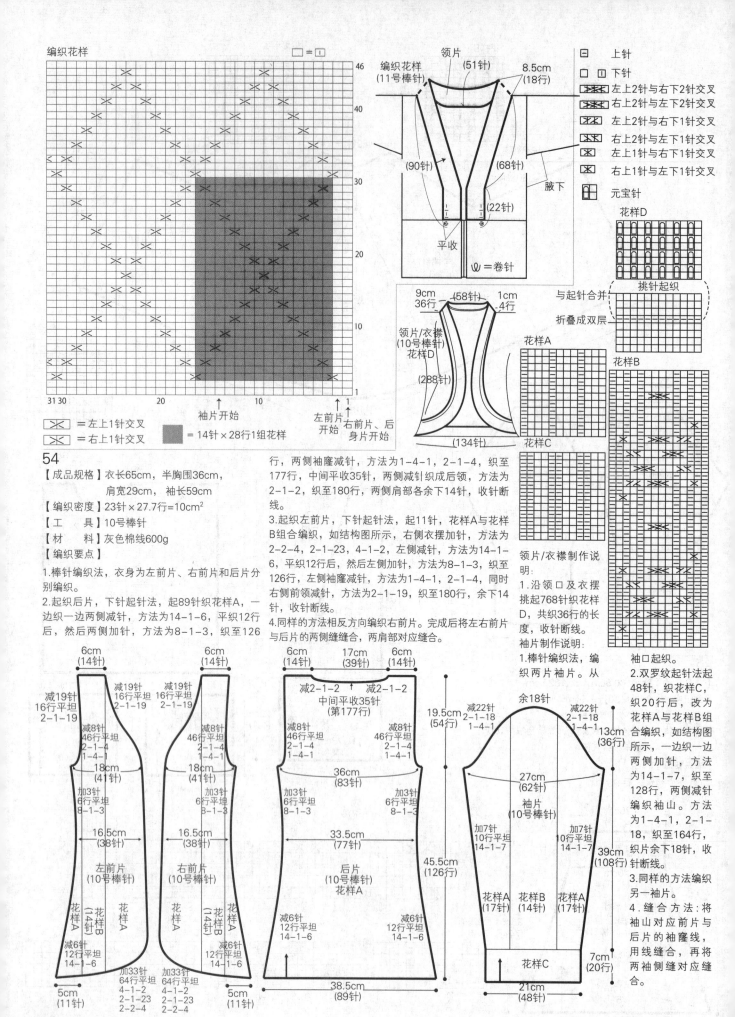

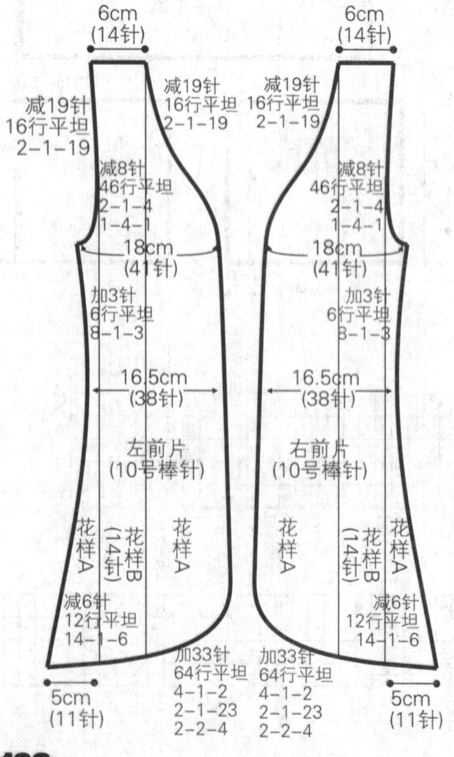

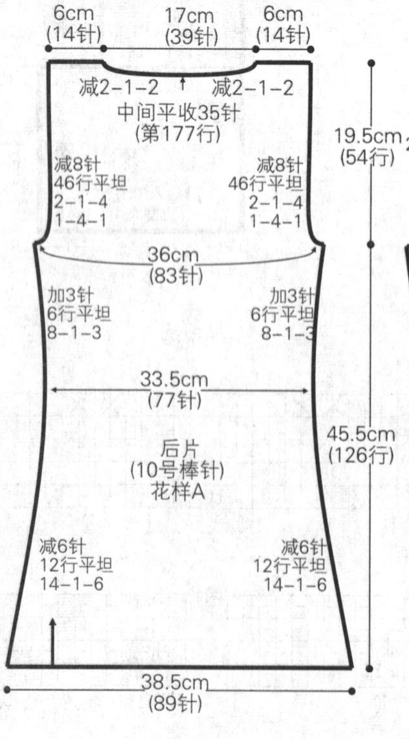

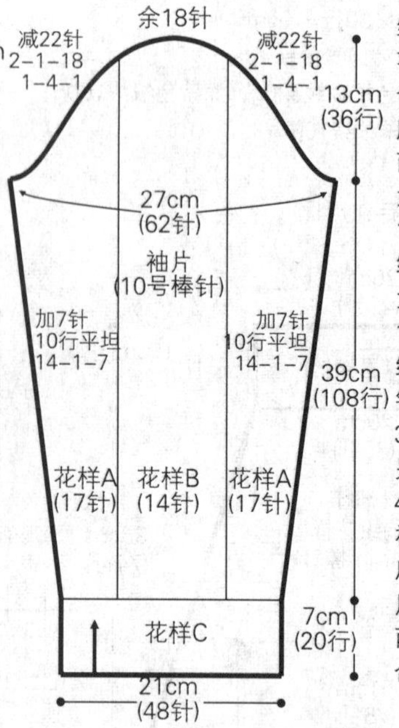

55

【成品规格】胸宽42cm，衣长77cm，袖长(连肩)61cm

【编织密度】26针×31行=10cm²

【工　　具】8号、9号棒针

【材　　料】灰蓝色粗毛线850g

【编织要点】

1.先织后片。用9号棒针起139针，织15.5cm单罗纹，换8号棒针编织花样A，并按照花样A减针，织44cm到腋下，别线穿上，待用。

2.前片。用9号棒针起69针，编织15.5cm单罗纹，换8号棒针编织花样A，并按照花样A减针，织44cm到腋下，别线穿上，待用；用相同的方法编织另一前片。

3.袖片。用9号棒针起48针，织5.5cm单罗纹，换8号棒针编织花样B，袖下两侧按图所示加针，织38.5cm到腋下，别线穿上，待用；用相同的方法编织另一袖片。

4.缝合。分别合并侧缝线和袖下线。

5.育克。用8号棒针分别挑起前后片和袖片留下的针数，如育克花样编织，边织边均匀减针，织到17cm，收针，断线。

6.门襟挑织单罗纹14行，领挑织单罗纹10行。

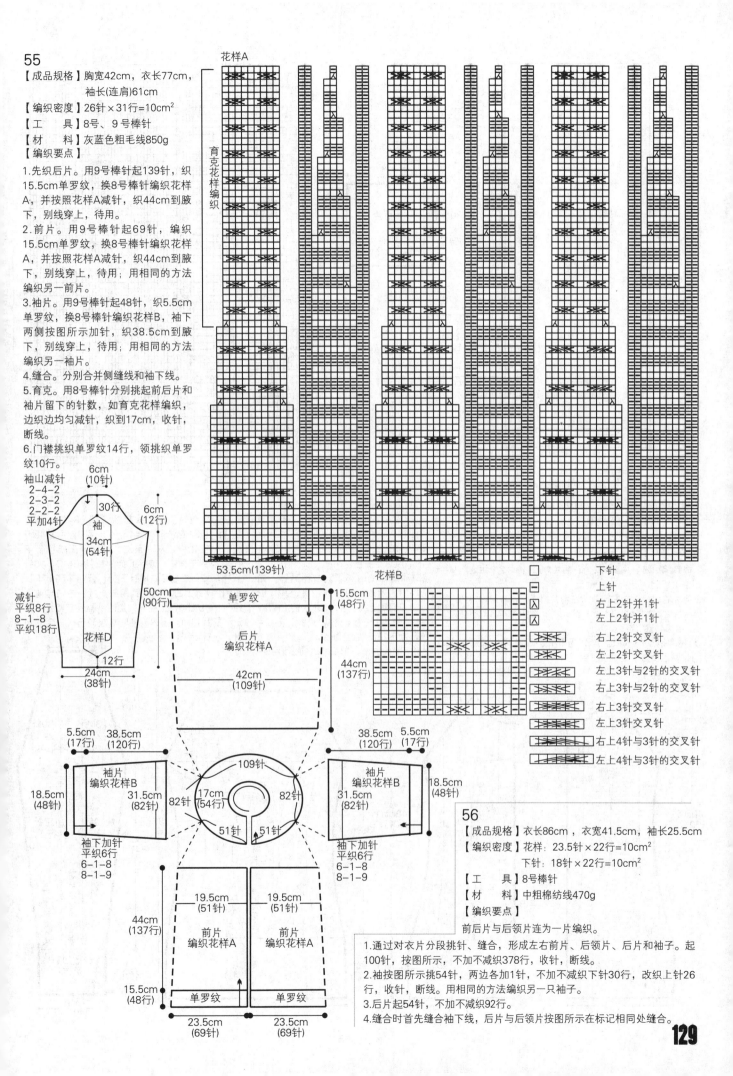

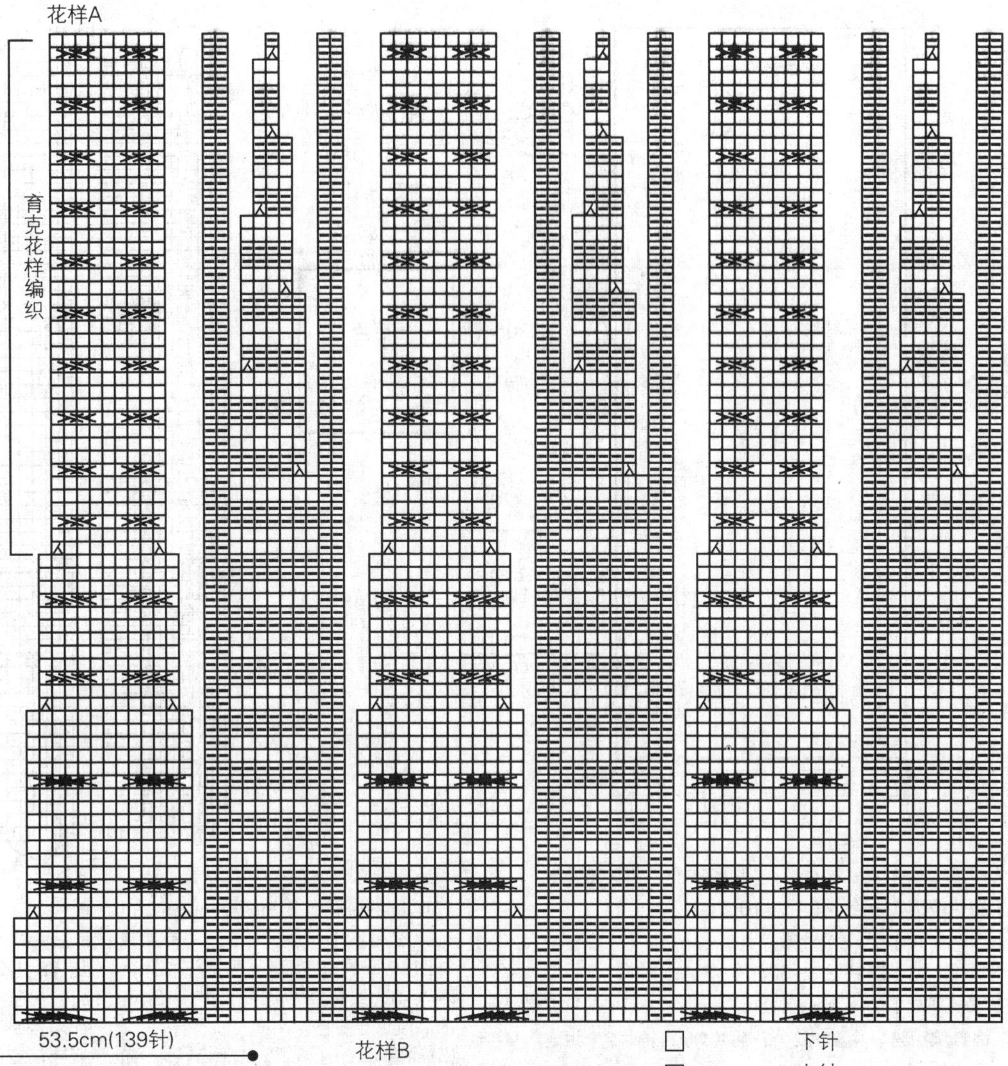

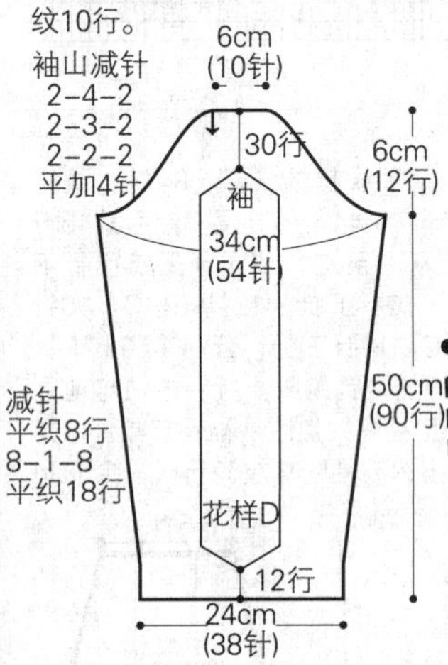

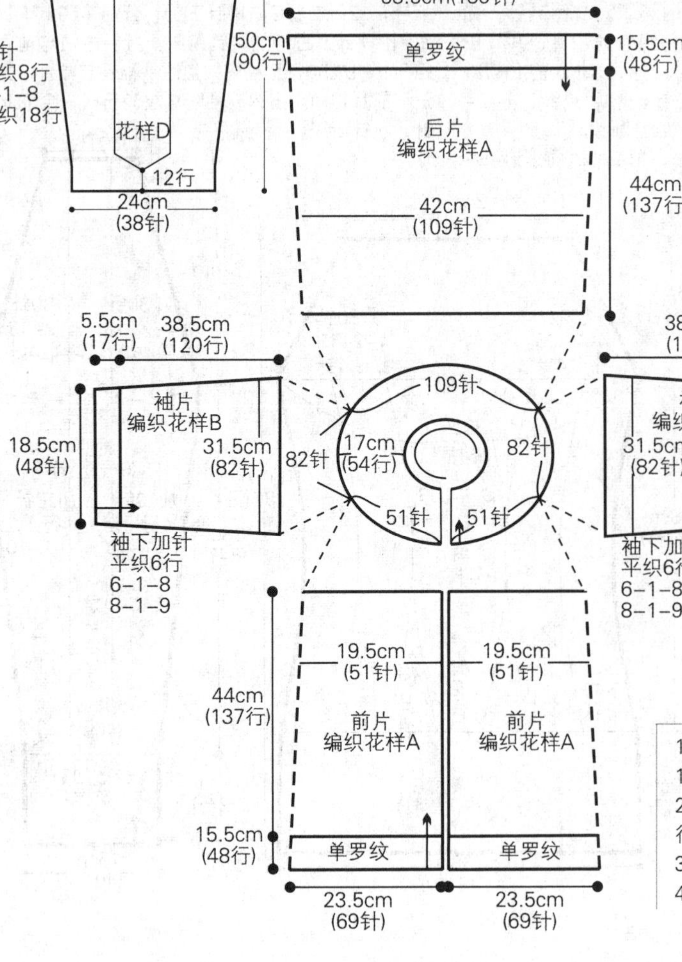

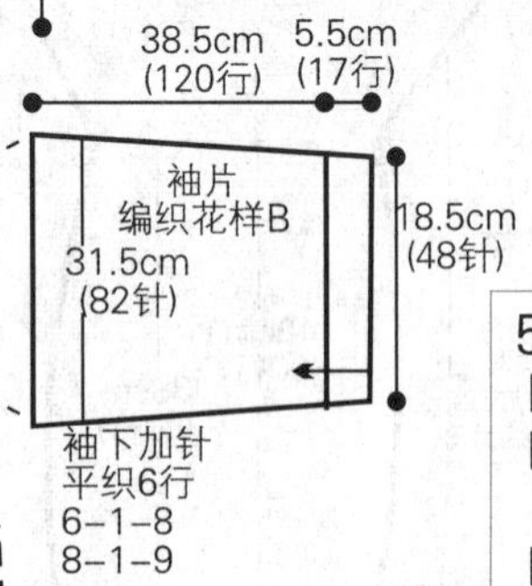

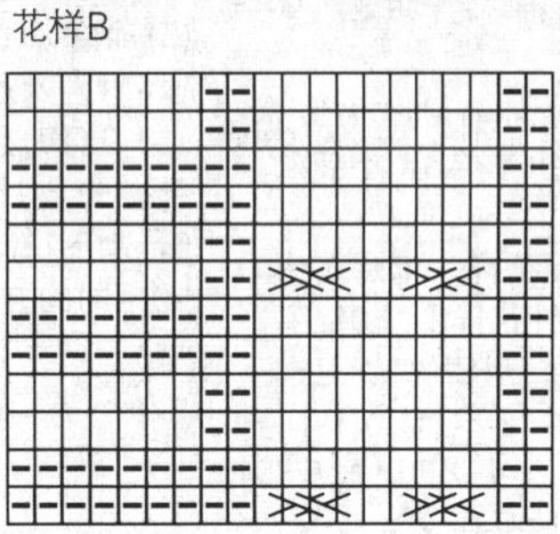

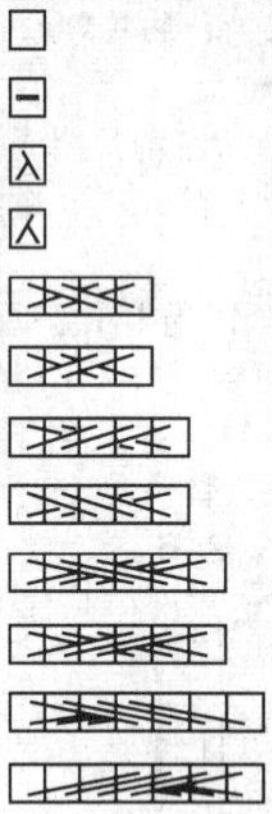

下针
上针
右上2针并1针
左上2针并1针
右上2针交叉针
左上2针交叉针
左上3针与2针的交叉针
右上3针与2针的交叉针
右上3针交叉针
左上3针交叉针
右上4针与3针的交叉针
左上4针与3针的交叉针

56

【成品规格】衣长86cm，衣宽41.5cm，袖长25.5cm

【编织密度】花样：23.5针×22行=10cm²

下针：18针×22行=10cm²

【工　　具】8号棒针

【材　　料】中粗棉纺线470g

【编织要点】

前后片与后领片连为一片编织。

1.通过对衣片分段挑针、缝合，形成左右前片、后领片、后片和袖子。起100针，按图所示，不加不减织378行，收针，断线。

2.袖按图所示挑54针，两边各加1针，不加不减织下针30行，改织上针26行，收针，断线。用相同的方法编织另一只袖子。

3.后片起54针，不加不减织92行。

4.缝合时首先缝合袖下线，后片与后领片按图所示在标记相同处缝合。

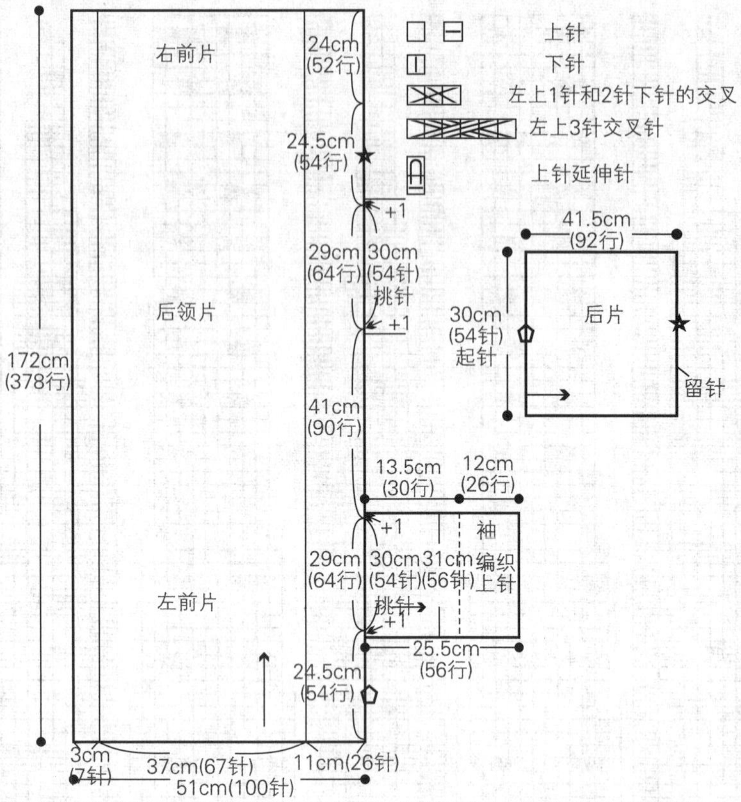

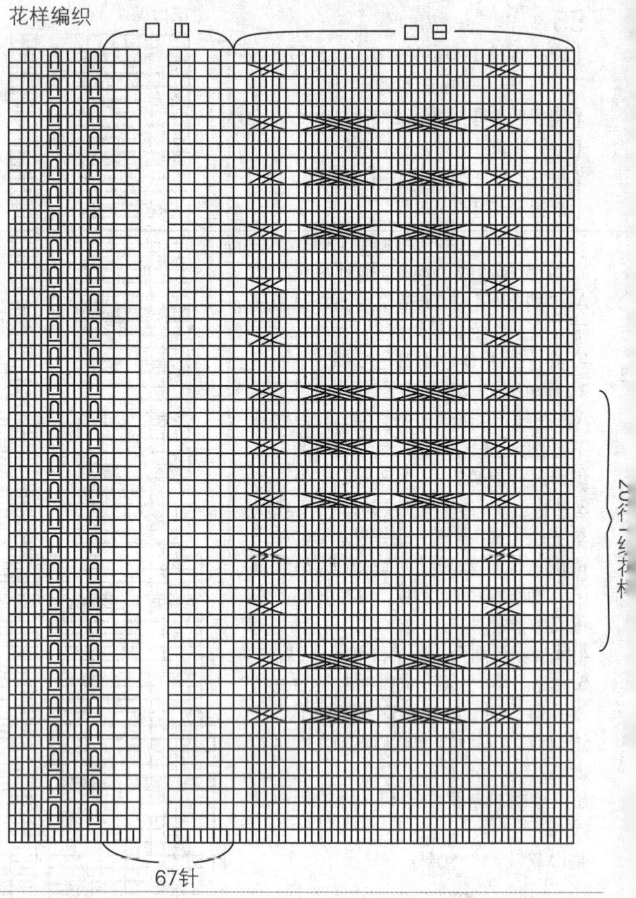

57

【成品规格】衣长80cm，半胸围38cm，袖长69cm

【编织密度】24针×24行=10cm²

【工　　具】8号、9号棒针

【材　　料】灰色毛线1000g

【编织要点】

1.棒针编织法，由前片2个、后片1个、袖片2个组成。从下往上织起。

2.前片的编织。由右前片和左前片组成，以右前片为例。

(1)起针，单罗纹起针法，起50针，编织花样B，不加减针，织44行的高度。

(2)袖窿以下的编织。第45行起，分配花样，依照结构图，从右至左，分配成8针花样A，12针花样C，10针下针，12针花样C，8针下针，在10针下针两侧的1针上进行加减针变化。不加减针，先织34行，然后2-1-4，余下2针，不加减针织42行的高度后，再进行加针，2-1-3，织片余下48针，织成134行的高度，至袖窿。

(3)袖窿以上的编织。左侧减针，先收4针，然后每织4行减2针，共减13次，当织成28行时，进入前衣领减针，先收针8针，然后减针，4-2-6，余下1针，收针断线。

(4)相同的方法，相反的方向去编织左前片。

3.后片的编织。单罗纹起针法，起84针，编织花样B，不加减针，织44行的高度。然后第45行起，分配花样，从右至左，依次分配成14针下针，12针花样C，10针下针，12针花样C，10针下针，12针花样C，14针下针，分别在10针下针两侧的1针上进行加减针编织。减针方法与前片相同，织成90行至袖窿，然后从袖窿起减针，方法与前片相同。当织成袖窿算起52行时，余下24针，收针断线。

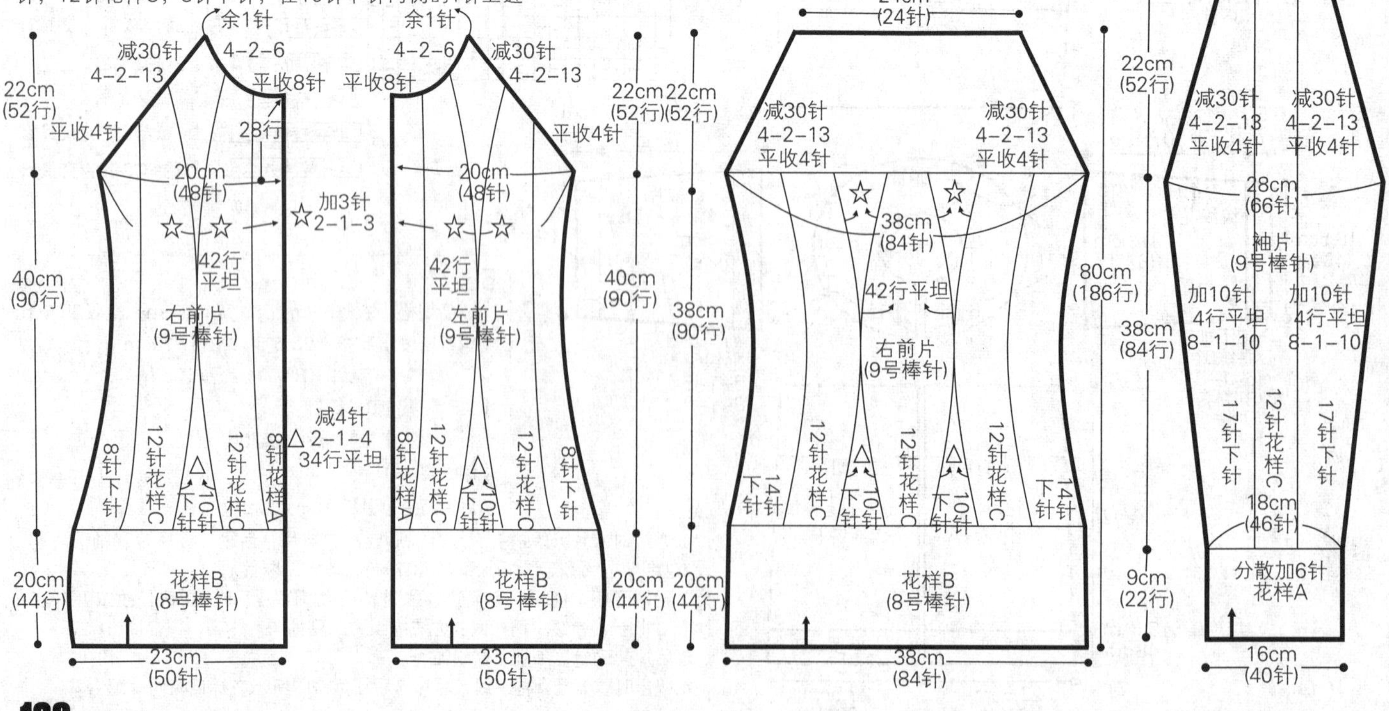

4.袖片的编织。袖片从袖口起织，单罗纹起针法，起40针，起织花样A，不加减针，往上织22行的高度，在最后一行里，分散加针6针，第23行起，中间12针编织花样C，两侧全织下针，并在两袖侧缝进行加针，8-1-10，再织4行，至袖窿。并进行袖山减针，两边收4针每织4行减2针，共减13次，织成52行，最后余下6针，收针断线。相同的方法去编织另一袖片。

5.拼接，将前片的侧缝与后片的侧缝对应缝合，将前后片的肩部对应缝合；再将两袖片的袖山边线与衣身的袖窿边对应缝合。

6.最后分别沿着前后衣领边，挑针起织花样A单罗纹针，不加减针，编织46行的高度后，收针断线。

花样A

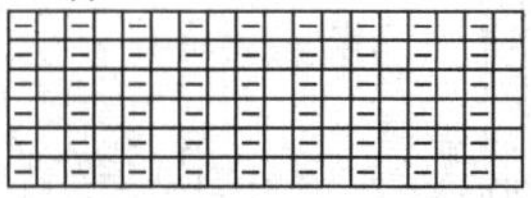

花样C

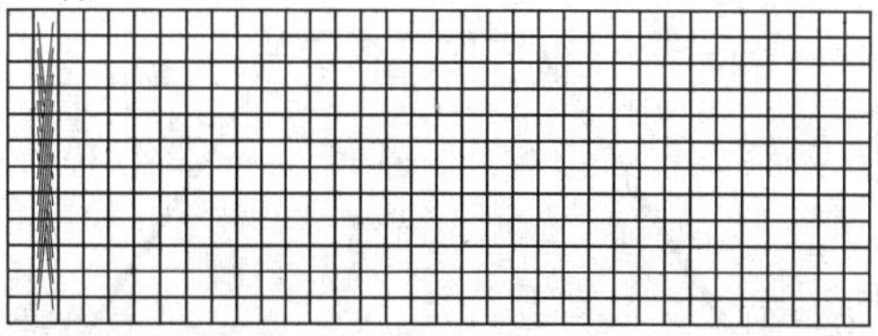

花样B

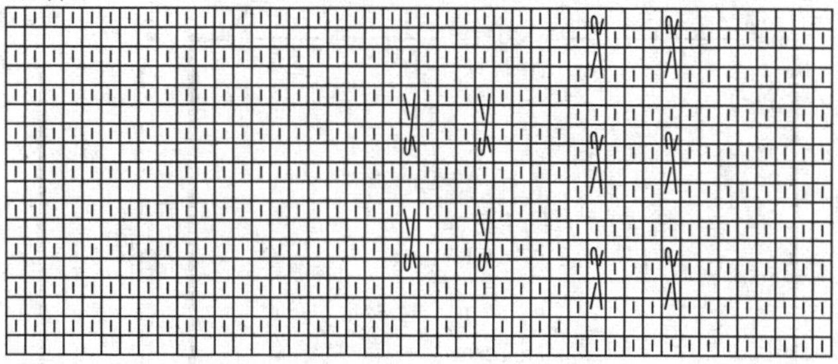

58

【成品规格】胸围100.5cm，衣长62.5cm

【编织密度】22针×30行=10cm²

【工　　具】8号、12号棒针

【材　　料】粉紫色羊绒线320g，深紫色绒线100g，白色羊绒线10g

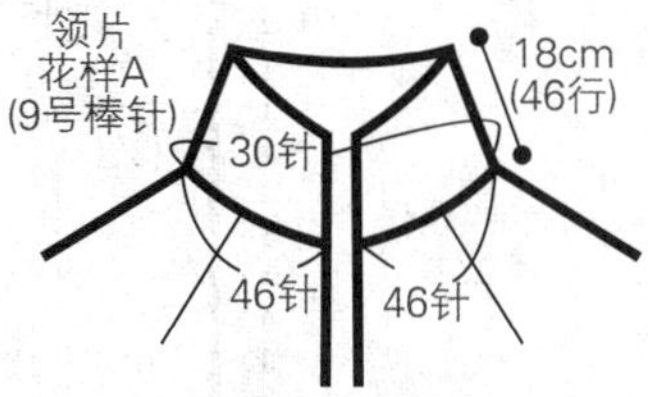

【编织要点】

如图分片编织，后身片1个，前身片2个，袖片2个，领口1个。

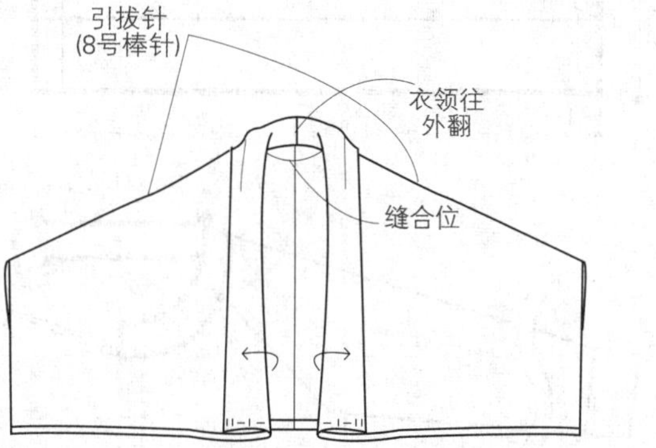

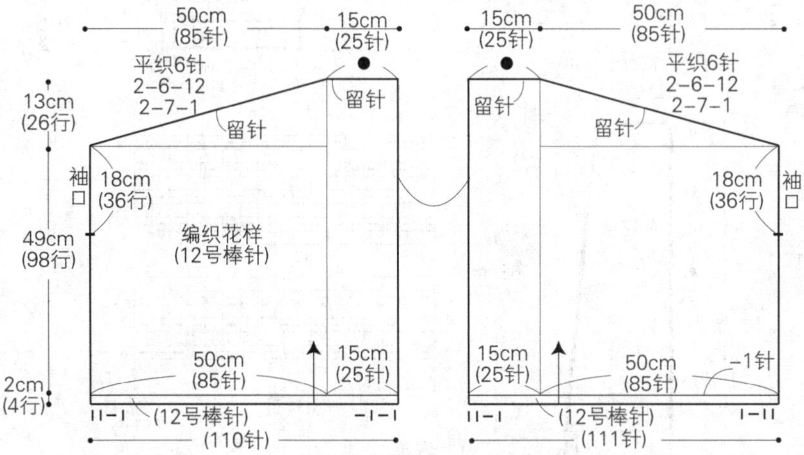

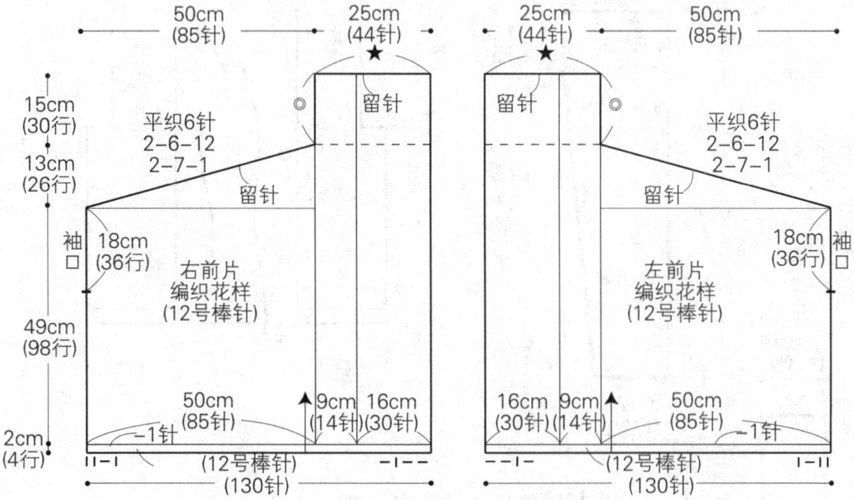

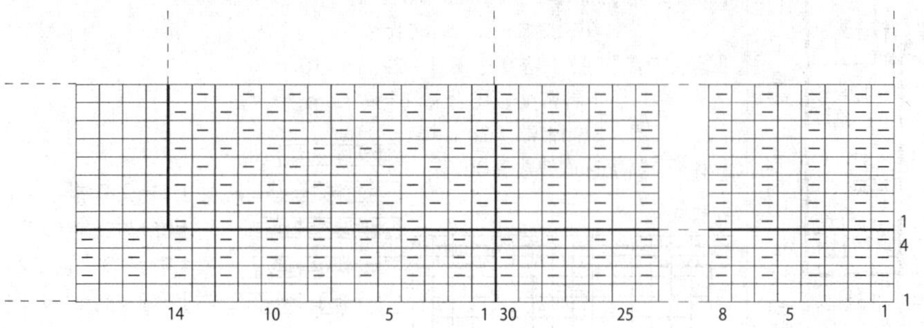

59

【成品规格】胸围100.5cm，衣长62.5cm

【编织密度】22针×30行=10cm²

【工　　具】8号棒针

【材　　料】粉紫色羊绒线320g，深紫色绒线100g，白色羊绒线10g

【编织要点】

如图分片编织，后身片1个，前身片2个，袖片2个，领口1个。

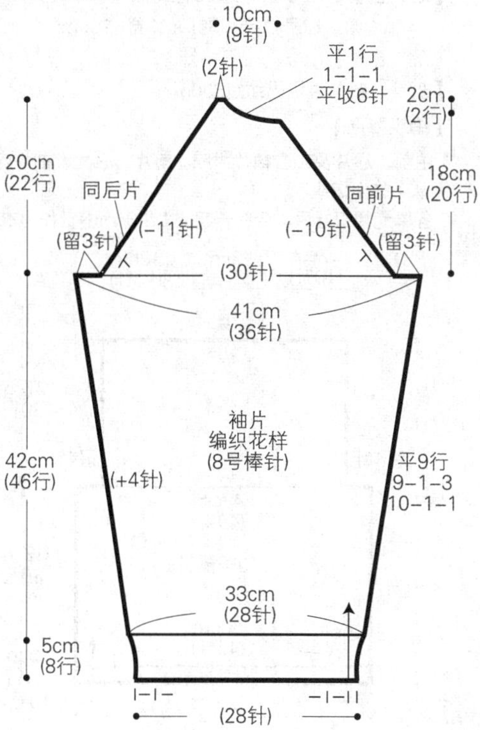

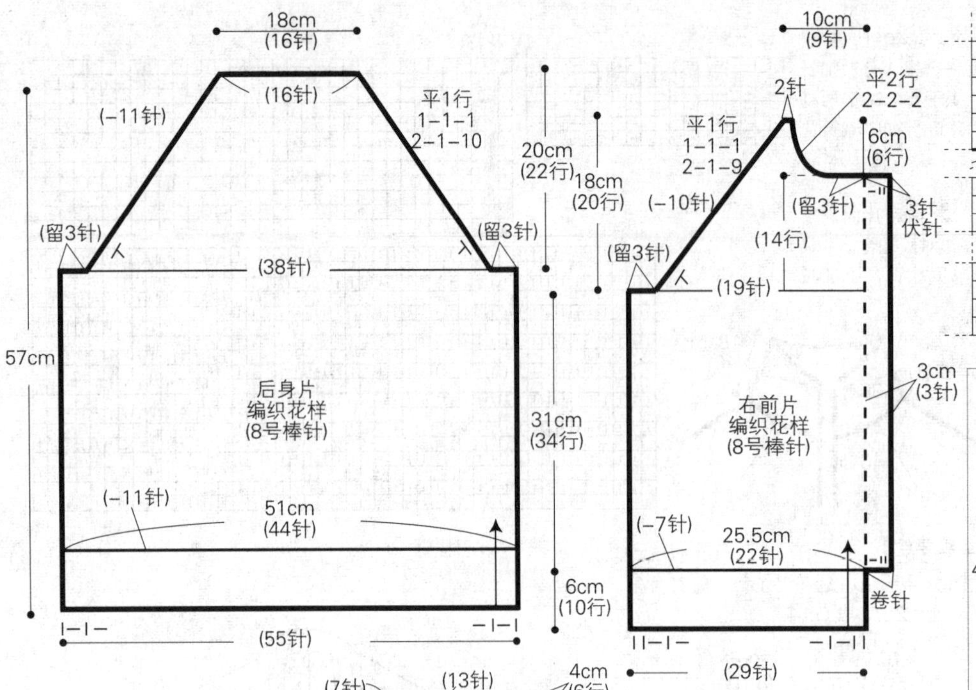

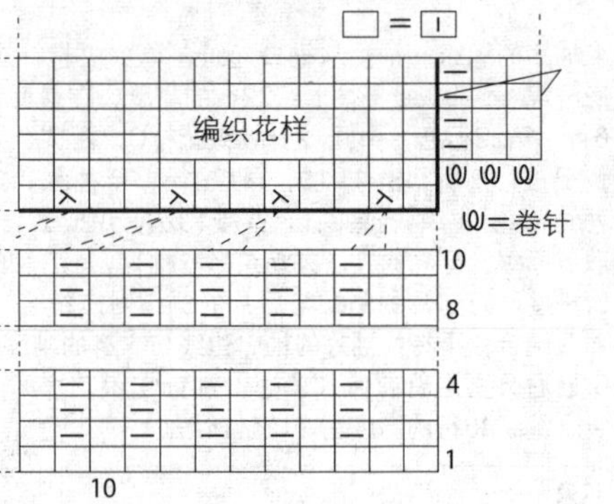

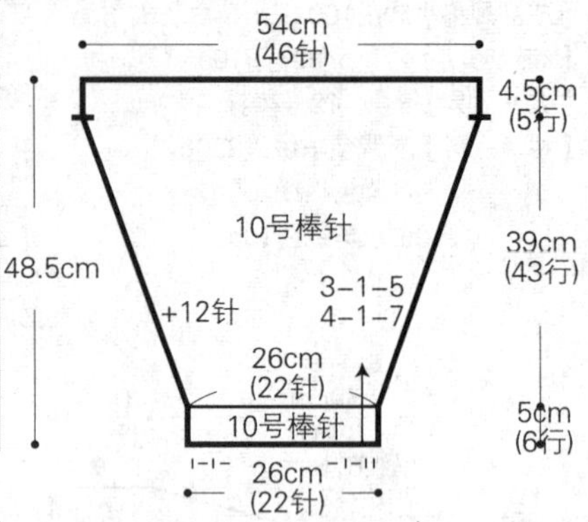

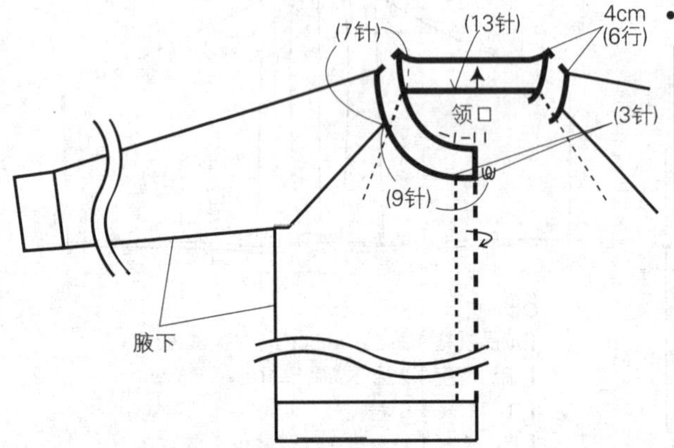

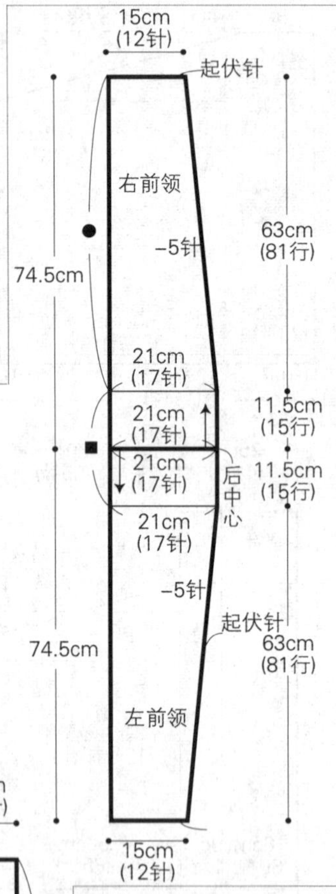

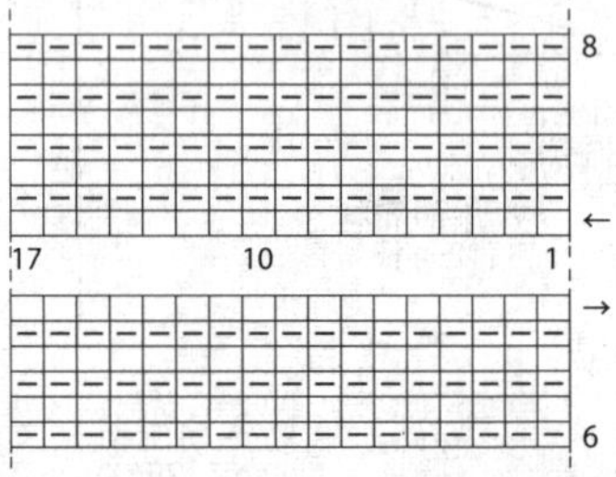

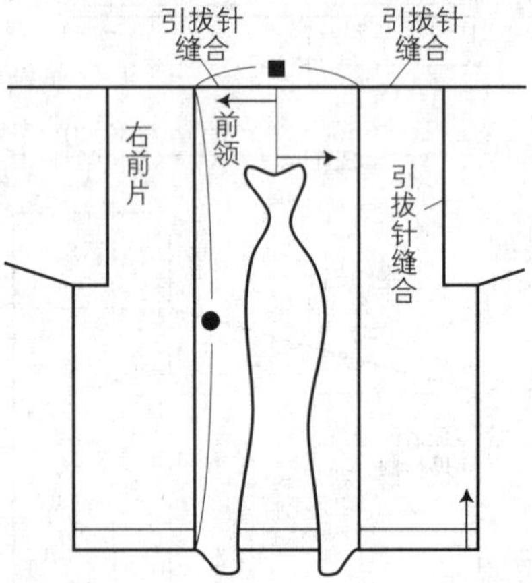

60

【成品规格】胸宽47cm，衣长63cm，
袖长48.5cm

【编织密度】10号棒针：8.5针×11行=10cm²
12号棒针：8针×13行=10cm²

【工　　具】10号、12号棒针

【材　　料】中粗棉纺线800g

【编织要点】

1.由前、后片及左右袖片组成。前片、后片、袖片均是按结构图从下往上编织。

2.各单元片织好后，合在一起往上织3cm下针作为衣领。

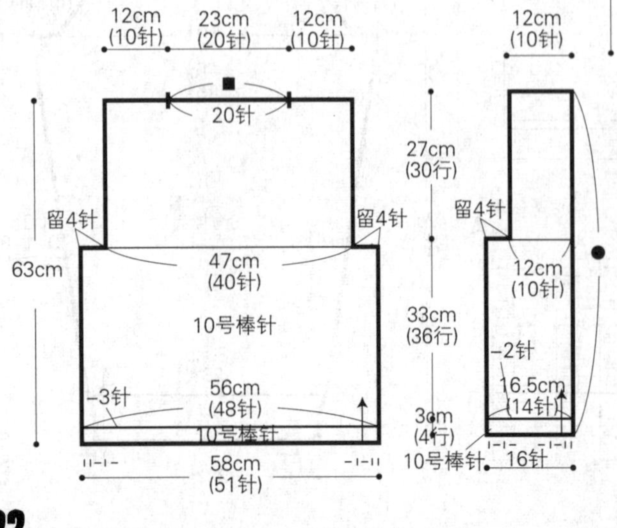

61

【成品规格】胸宽40.5cm，衣长62cm，
肩宽33.5cm，袖长61cm

【编织密度】花样B密度：18针×22.5行=10cm²
下针密度：18针×26行=10cm²

【工　　具】3.9mm、4.2mm棒针

【材　　料】珍珠棉线650g

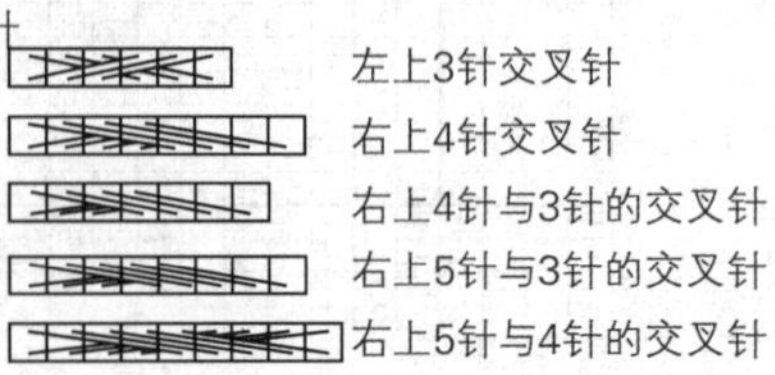

花样A

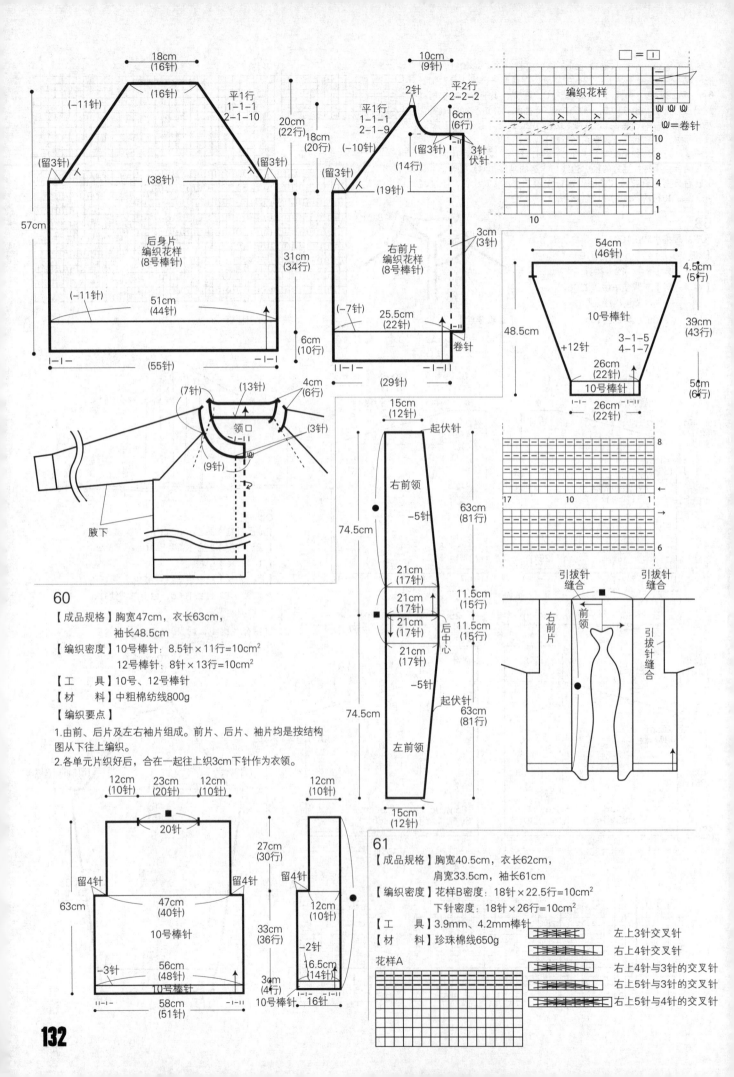

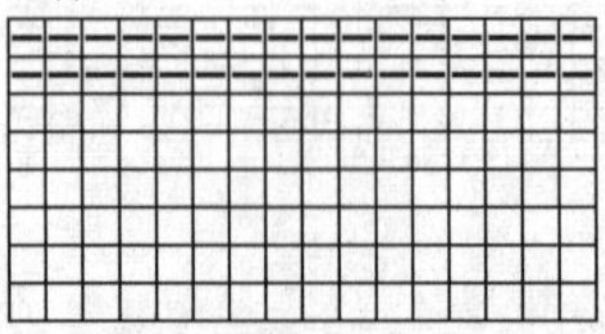

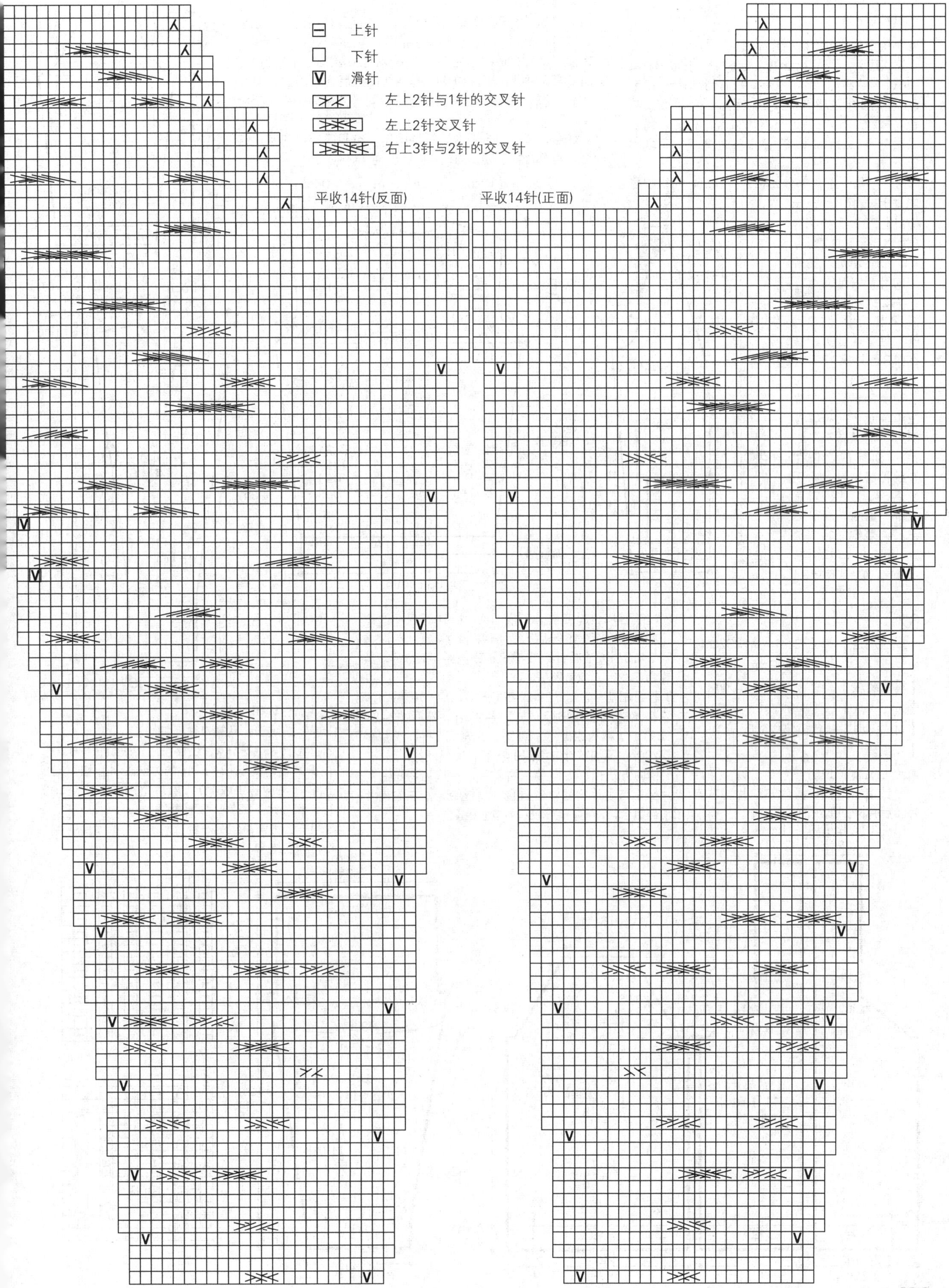
上针
下针
滑针
左上2针与1针的交叉针
左上2针交叉针
右上3针与2针的交叉针
平收14针(反面)
平收14针(正面)

【编织要点】

此衣每个前片分为两小片编织。

1.先织后片，用4.2mm棒针起61针，按花样A编织6行下针2行上针，按图示进行两侧加针，织至98行，加针到73针，开始按图示进行袖窿加减针，袖窿织54行，进行斜肩减针，如图，织至最后4行，进行后领减针收针，2-2-2，肩留18针。

2.前片，每个前片都分为两小片编织，先织袖窿侧前片，用4.2mm棒针起23针，按花样A编织6行下针2行上针，按图示进行侧缝侧加针，织至69行，左侧2针右侧3针别线穿上，中间18针一次性平收，另起线在第8行处挑18针，编织下针61行，与左右两侧的针数一起往上织，织至90行，按图进行前领减针，织98行到腋下，按图开始袖窿减针，织至最后6行，进行斜肩减针，如图，肩留12针；接着织前领侧前片，用3.9mm棒针起20针，编织下针34行，换织花样B，两侧按图示加针，织至118行时，开始领口减针，如图，肩留17针。用相同的方法编织另一前片。

3.袖，用4.2mm棒针起30针，按花样A编织6行下针2行上针，然后两侧按图示加针，织至113行后，按图进行袖山减针，减针完毕，袖山形成。用相同的方法编织另一只袖子。

4.缝合，首先缝合前片，按照图示，有相同标记的两边缝合，再缝合袖下线和侧缝，并缝合袖子。

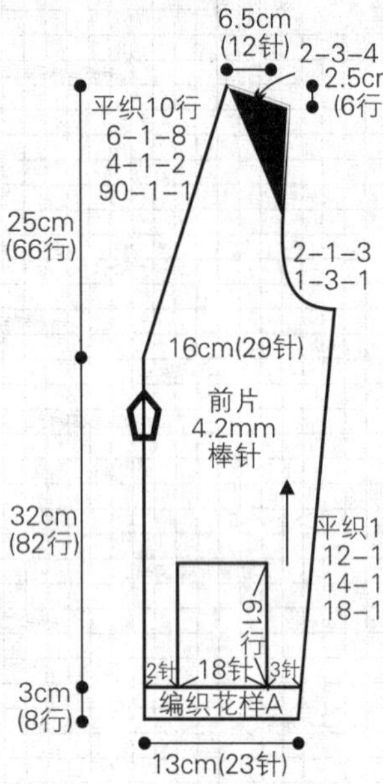

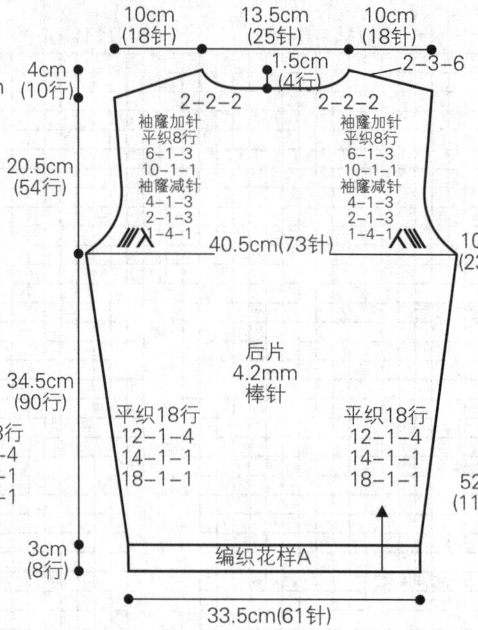

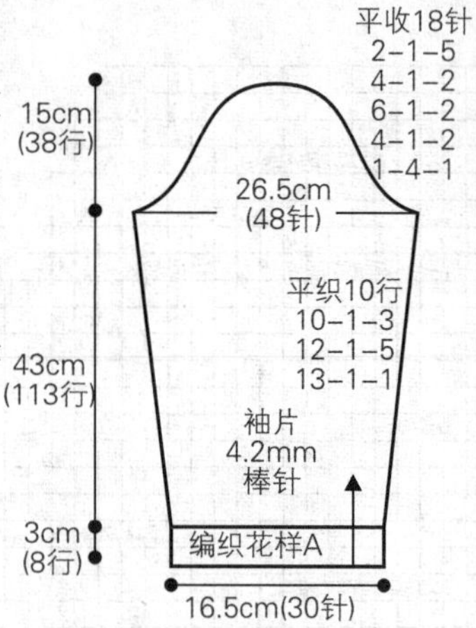

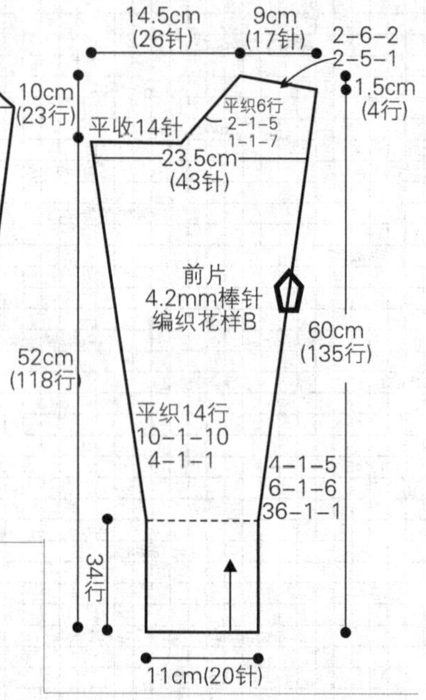

62

【成品规格】衣长72cm，胸围92cm，肩连袖长69cm

【编织密度】20针×27.5行=10cm²

【工　　具】11号棒针

【材　　料】红色粗棉线600g

【编织要点】

前片/后片制作说明：

1.棒针编织法，衣身为左前片、右前片和后片分别编织而成。

2.起织后片。起92针，织花样A，织16行后，改织花样B，织至146行后，两侧各平收4针，然后按2-2-13的方法减针织成插肩袖窿，织至198行，织片余下32针，收针断线。

3.起织左前片。起52针，织花样A，织16行后，改织花样B，织至146行，左侧平收4针，然后按2-2-13的方法减针织成插肩袖窿，织至172行，织片变成22针，不加减针继续织94行后，收针断线。

4.相同方法相反方向编织右前片，完成后将左右前片分别与后片侧缝对应缝合，肩缝缝合。左右前片顶部缝合，然后与后领及两侧袖顶缝合。

袖片制作说明：

1.棒针编织法，从袖口往上编织。

2.起40针，织花样A，织16行后，改织花样B，一边织一边两侧按12-1-10的方法加针，织至138行后，两侧各平收4针，然后不加减针织至190行，织片余下52针，收针断线。

3.同样的方法编织另一袖片。

4.将袖底缝合。

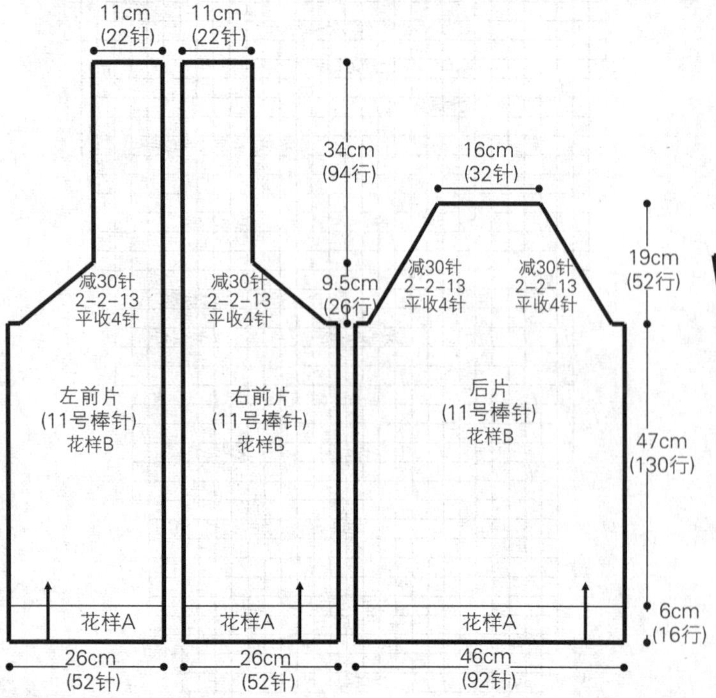

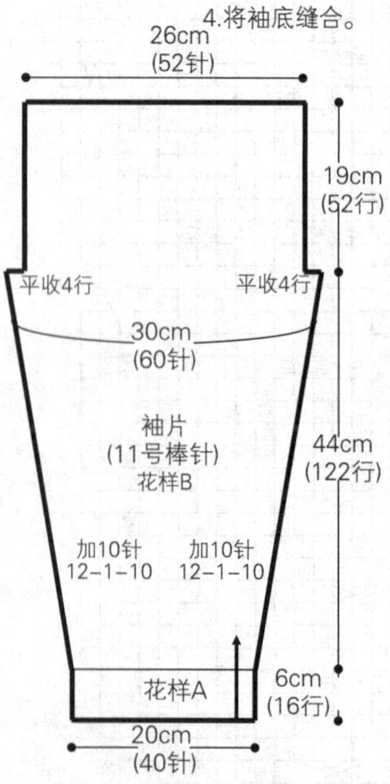

花样A

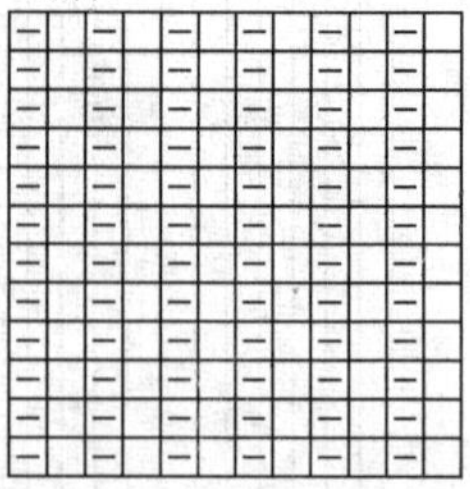

花样B

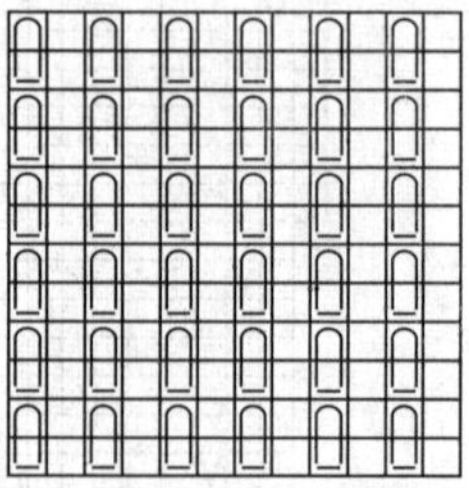

63

【成品规格】衣长52cm，半胸围43.5cm，肩宽37cm，袖长59cm

【编织密度】22针×30行=10cm²

【工　　具】12号、13号棒针

【材　　料】红色羊毛线500g

【编织要点】

前片/后片制作说明：

1.棒针编织法，衣身为左前片、右前片、后片分别编织而成。

2.起织后片，下针起针法，起102针，织花样A，织16行，改为花样B、C、D组合编织，组合方法如结构图所示，织至70行，两侧减针，方法为8-1-3，织至100行，两侧各平收2针，然后减针织成插肩袖窿，方法为4-2-14，织至156行，织片余下36针，留待编织衣领。

3.起织左前片，下针起针法，起55针，织花样A，织16行，第17行起，右侧织10针花样A作为衣襟，然后依次织5针花样B，36针花样C，4针花样B，重复往上编织至52行，将中间36针花样C改为花样A编织，织至62行，将中间36针花样A收针作为袋口，两侧针数暂时留起不织。

4.起织口袋，起36针织下针，不加减针织至46行，将织片左右下三边缝合于左前片收针的花样A下边，与左前片连起来继续编织，织至70行，左侧减针，方法为8-1-3，织至100行，左侧平收2针，然后减针织成插肩袖窿，方法为4-2-14，织至136行，第137行将织片右侧平收10针，然后减针织成前领，方法为2-2-1，2-1-9，织至156行，织片余下1针，收针断线。

5.同样方法相反方向编织右前片，注意右前片的衣襟均匀留起4个扣眼。完成后将左右前片的侧缝分别与后片缝合。

领片制作说明：

1.棒针编织法，一片编织完成。

2.挑织衣领，沿前后衣领挑起80针编织，织花样A，不加减针织20行后，两侧一边织一边减针，方法为2-1-10，织40行后，收针断线。

袖片制作说明：

1.棒针编织法，编织两片袖片。从袖口起织。

2.起43针，织花样A，织16行，改为花样B与花样C组合编织，中间织15针花样C，两侧织花样B，一边织一边两侧加针，方法为8-1-13，织至122行，两侧各平收2针，然后减针织成插肩袖窿，方法为4-2-14，织至178行，余下9针，收针断线。

3.同样的方法再编织另一袖片。

4.缝合方法:将袖山对应前片与后片的插肩线，用线缝合，再将两袖侧缝对应缝合。

- ☐ ⊟ 上针
- ⊡ 下针
- 右上1针与左下1针交叉
- 左上1针与右下1针交叉
- 右上2针并1针
- 左上2针并1针
- 镂空针

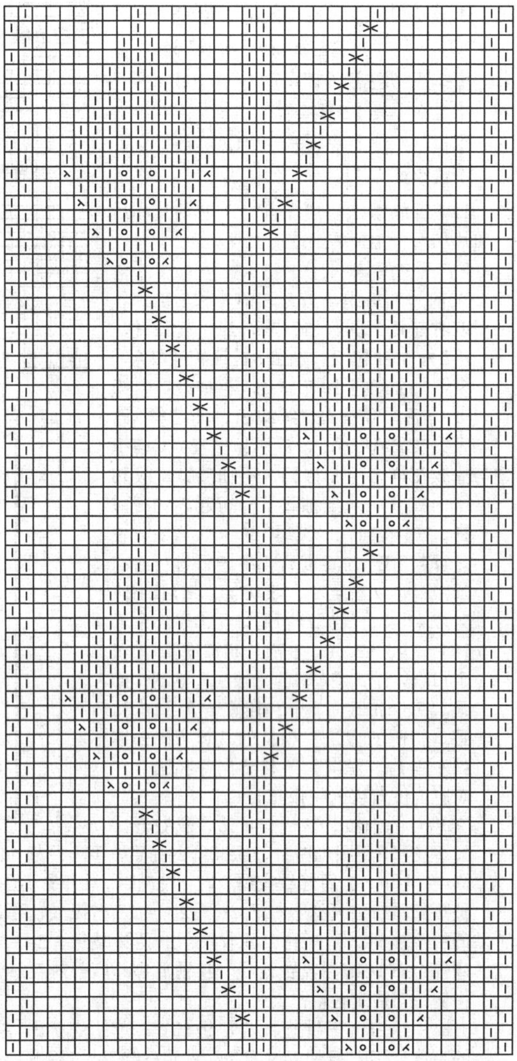

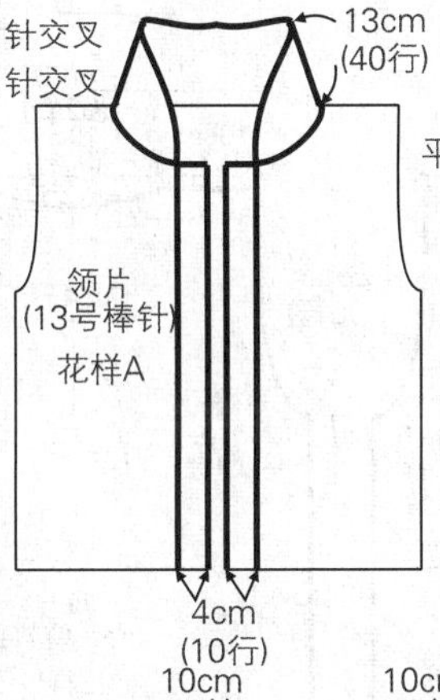

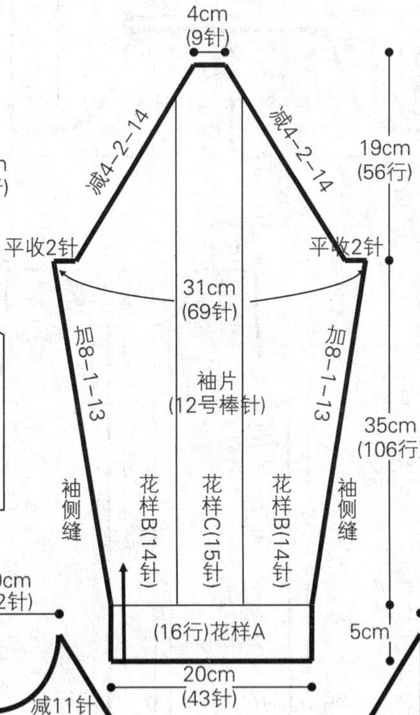

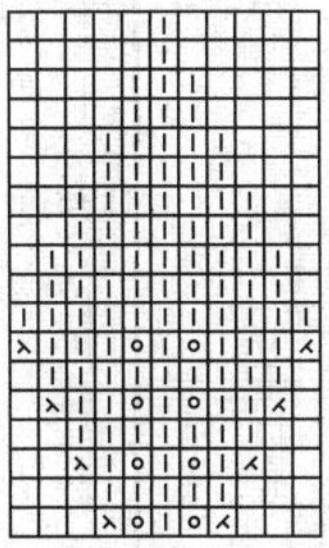

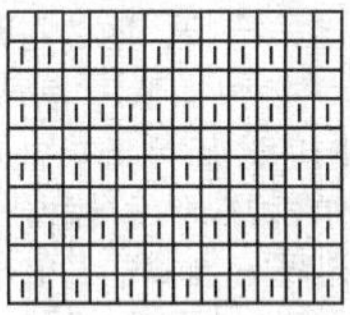

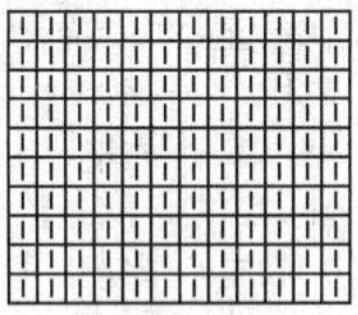

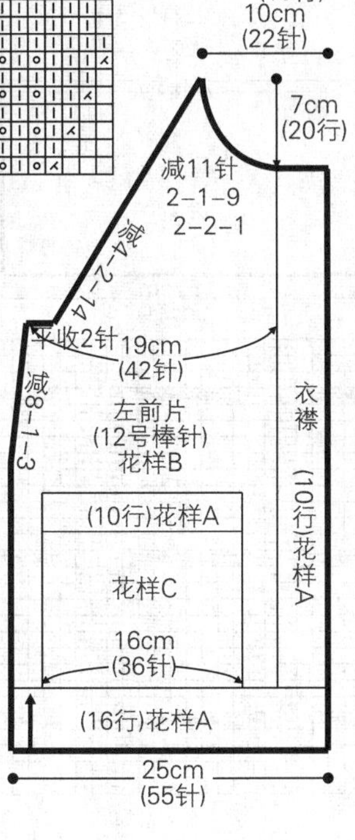

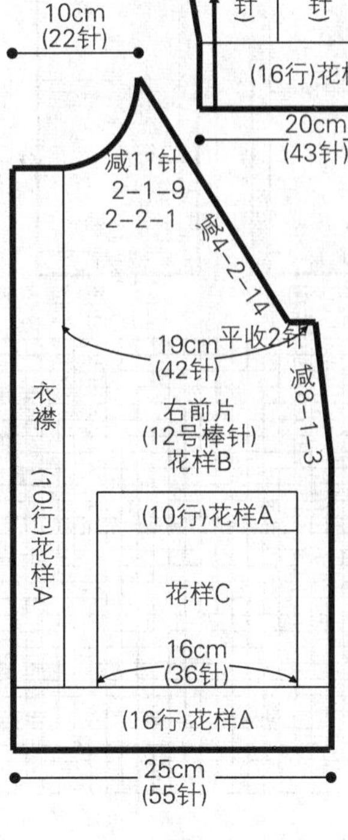

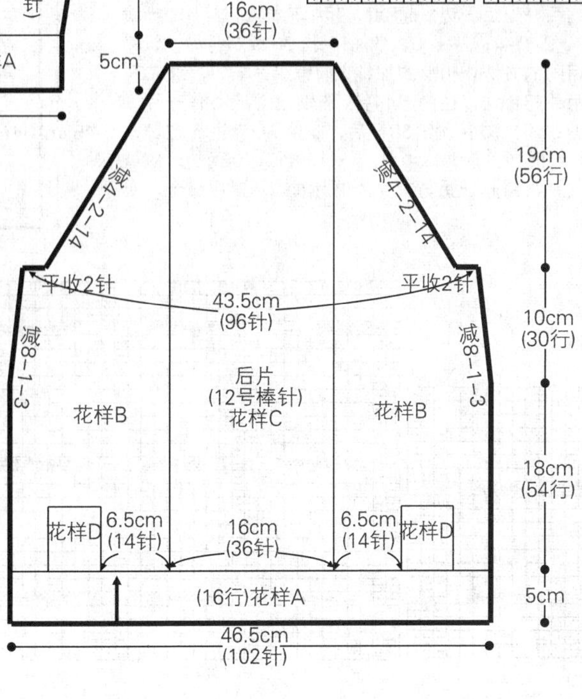

64

【成品规格】衣长102cm，胸宽52cm，肩宽39cm，袖长56cm

【编织密度】16针×19.6行=10cm²

【工　　具】9号棒针

【材　　料】紫色羊毛线1200g

【编织要点】

1.棒针编织法。由左前片、右前片和后片和两个袖片等组成。

2.前后片织法：

(1)前片的编织，分为左前片和右前片。以右前片为例，下针起针法，起52针，用9号棒针起织，右侧8针编织花样A，余下的针数全织花样B，不加减针，织88行后，花样A继续编织，而花样B改为织花样A织4行，然后依照花样C编织棒绞花样，照此分配，不加减针，织58行的高度后，至袖窿下一行起，袖窿减针，左侧收4针，然后2-1-6，当织成袖窿算起26行的高度后，下一行进行前衣领减针，从右至左，收10针，然后2-2-4，2-1-8，织成24行后，至肩部，余下16针，收针断线。右前片衣襟需要制作4个扣眼，织完花样B的行数后开始制作扣眼。每个扣眼占1行，相隔26行织1个扣眼。相同的方法，相反的减针方向去编织左前片。左前片不需要制作扣眼。在对应的位置钉上牛角扣。

(2)后片的编织。下针起针法，起82针，起织花样B，不加减针，织88行的高度，下一行起，改织花样A织4行，然后起织花样D，不加减针，织58行至袖窿。袖窿起减针，两边收4针，然后2-1-6，当织成袖窿算起46行的高度时，下一行中间收26针，两边减针，2-1-2，至肩部余下16针，收针断线。将前后片的肩部对应缝合，再将侧缝对应缝合。

3.袖片织法：下针起针法，起36针，起织花样B，织16行的高度，下一行起，排花型，两边各选7针编织下针，中间22针编织花样E，并在袖侧缝上加针编织，6-1-10，再织16行至袖山减针，下一行起，两边同时减针，两边各收针4针，然后2-1-9，各减少13针，织成18行高度，余下30针，收针断线。相同的方法再去编织另一个袖片。将两个袖山边线与衣身的袖窿边线对应缝合。再将袖侧缝缝合。

4.帽片的编织。单独编织再缝合。由两侧各自编织再合并作一块编织。先织一边，起8针，起织花样A，内侧加针编织花样B，2-2-4，2-1-8，各加16针，织成24行后，暂停编织，相同的方法，相反的加针方向编织另一边，织成24行后，用单起针法，往内起44针，与另一半合并作一片，花样依旧，不加减针，织68行后，以中心2针进行减针，2-1-6，织成12行后，以中心2针对称对折，将两边对应缝合在一起，再将起针边与衣身的前后衣领边对应缝合。衣服完成。

花样C

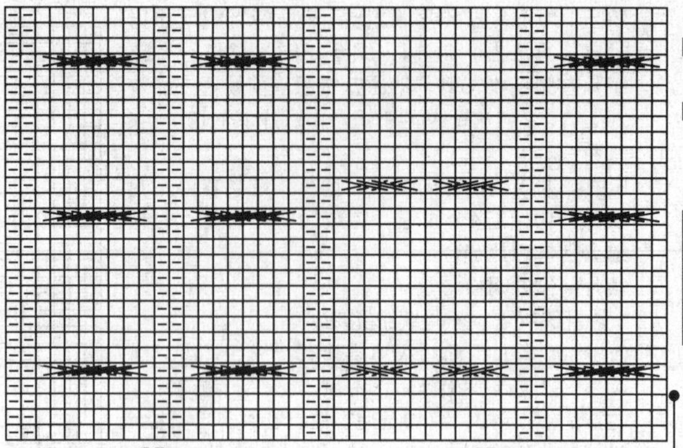

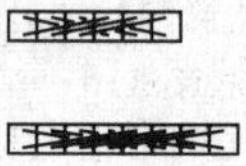

花样A(搓板针)

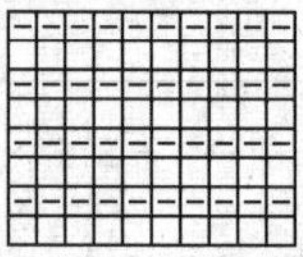

花样B

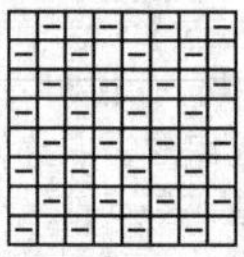

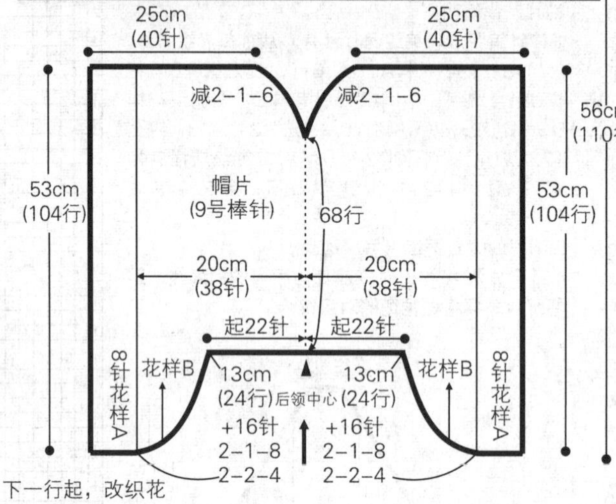

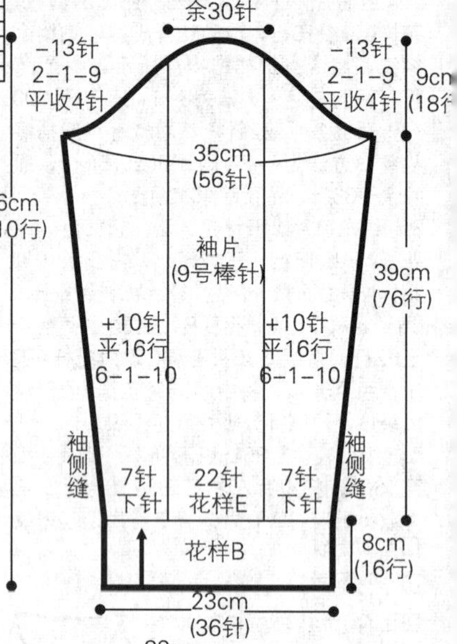

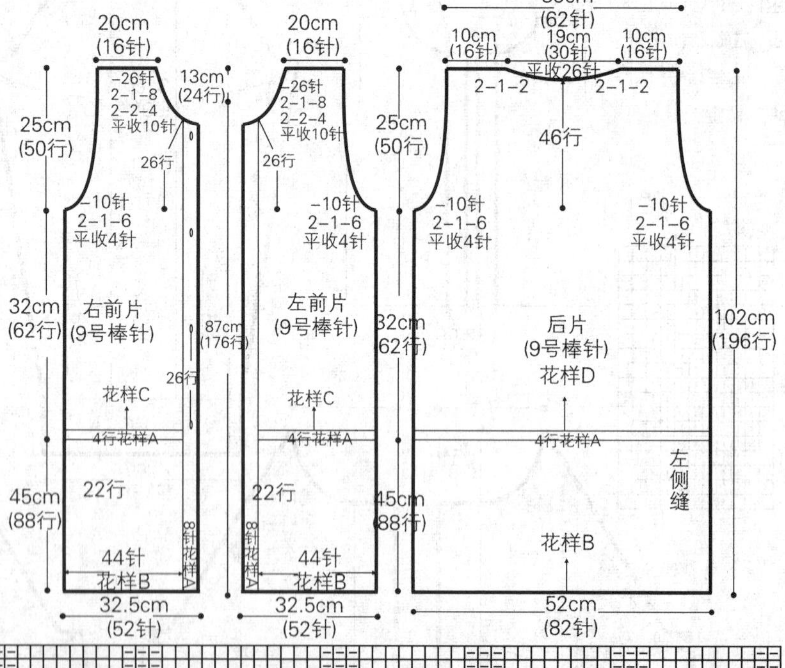

花样D

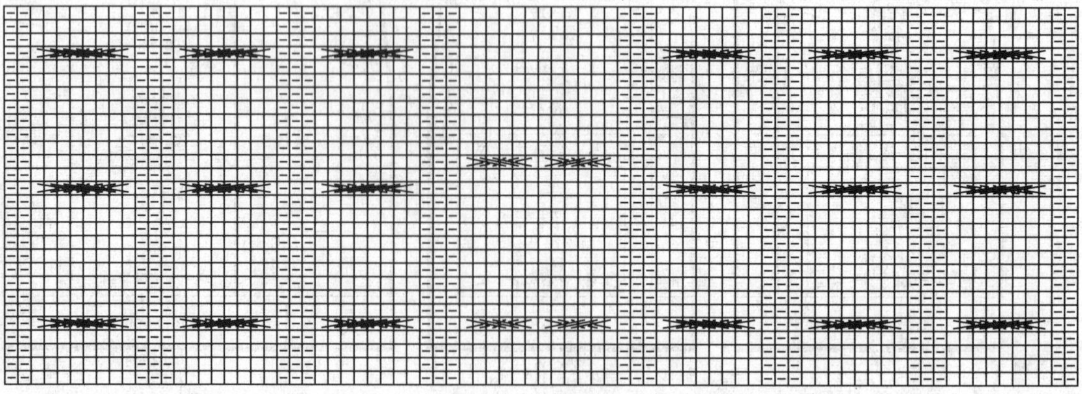

花样E

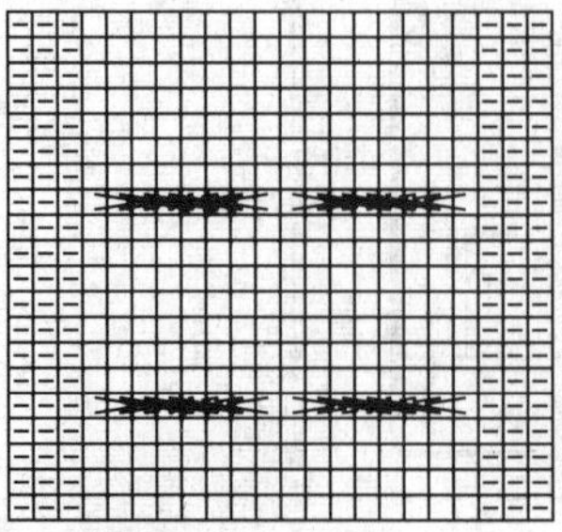

65

【成品规格】胸围90cm，背肩宽38cm，衣长53cm，袖长41cm

【编织密度】26针×35行=10cm^2

【工　　具】9号环形针

【材　　料】单股兔毛线350g

【编织要点】

1.按结构图织前后片。前片的编织方向为从下往上，起201针，采用花样编织，不加减针织到33cm后，在侧缝线处按图示开始收出袖窿弯度；继续往上编织8cm，在前片门襟侧前领处，按图示收出前领弧度；后片从袖窿线往上织18.5cm，在后领处收出后领弧度。将后片双侧肩上的针和前片肩上的针合并。

2.织袖子。起62针，采用花样编织，在两旁袖下线处按图示加针，到袖壮线处再按图示减针。然后用同样的方法织好另一个袖子。分别合并侧缝线和袖下线，并安装好袖子。

3.织门襟和衣领。在前片门襟处挑78针，横向织1行上针1行下针在前领围挑出60针，后领围挑出45针，横向织1行上针1行下针，收针。

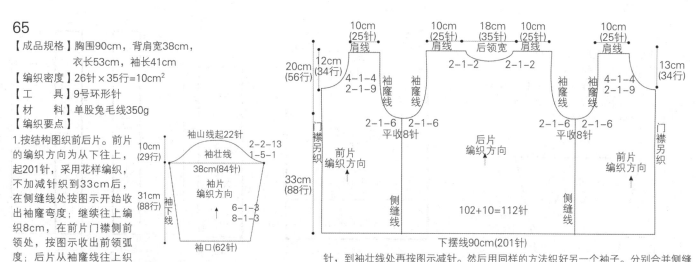

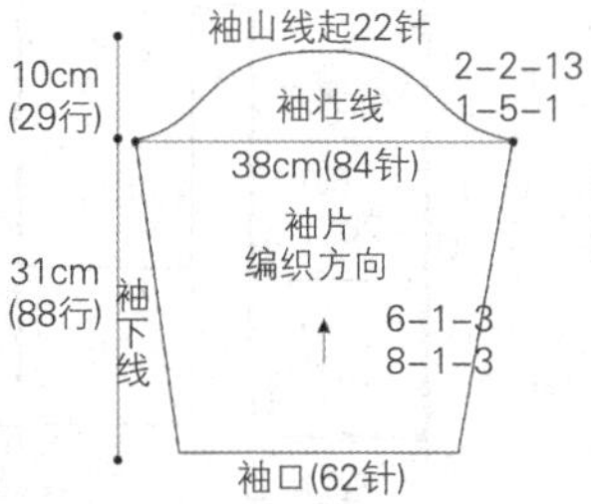

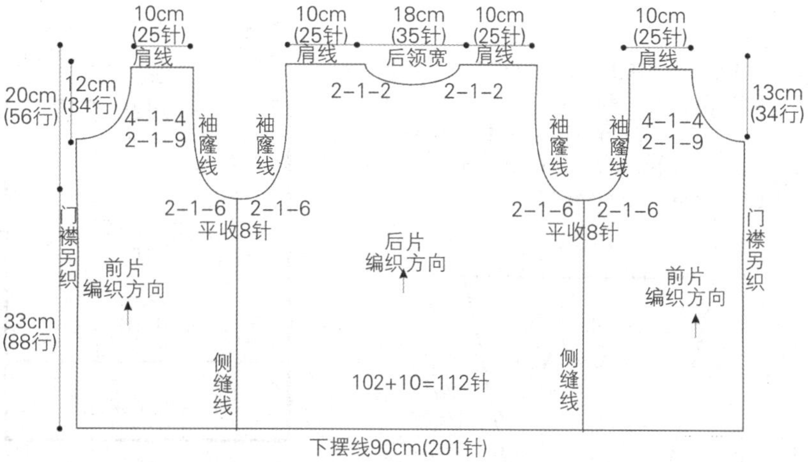

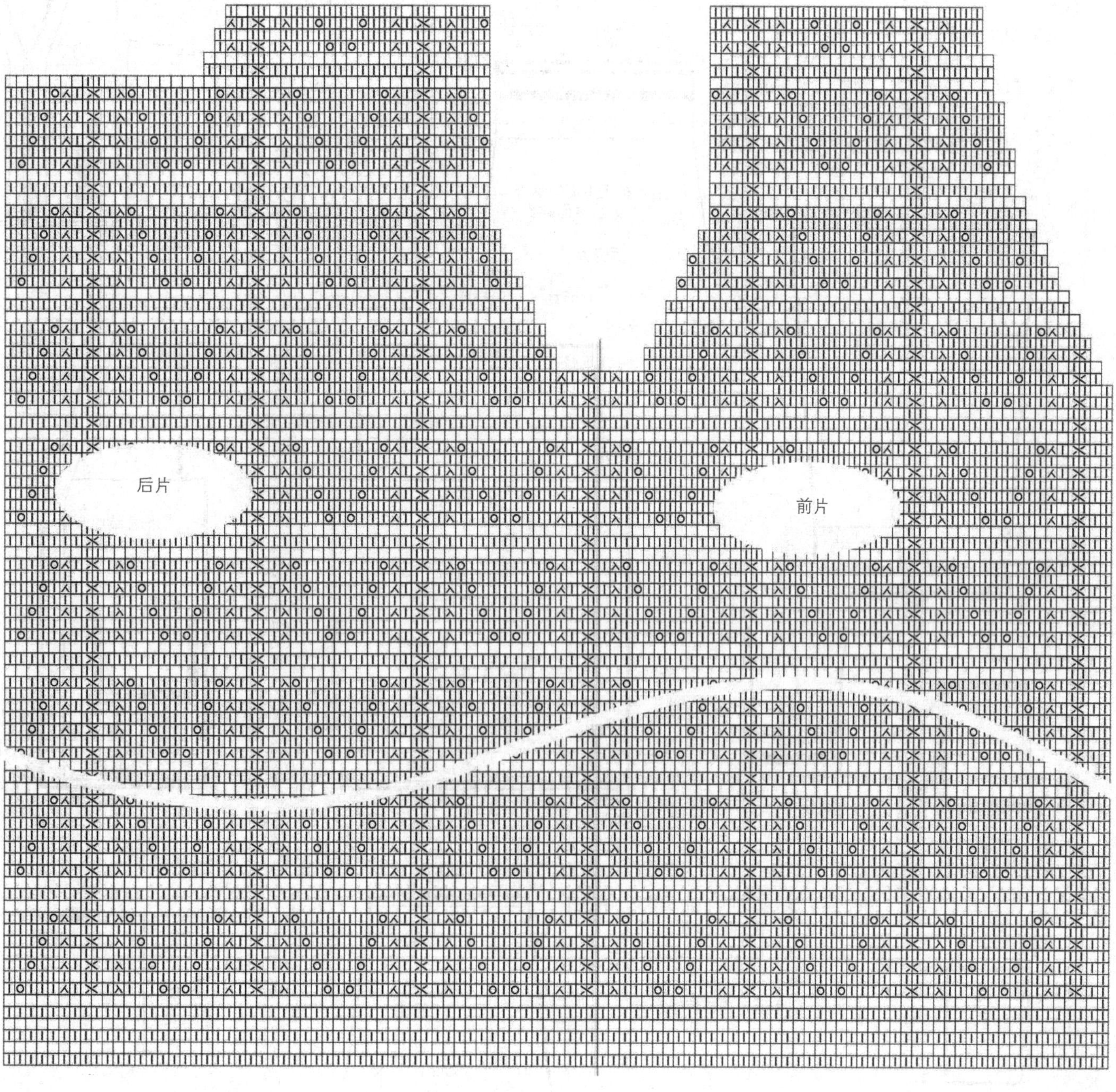

66
【成品规格】胸围98cm，衣长58cm，袖长48cm
【编织密度】6.0mm棒针：13针×20行=10cm²
6.6mm棒针：15针×20行=10cm²
【工　　具】6.0mm、6.6mm棒针
【材　　料】灰色羊绒线815g
44cm (58针)
伏针
袖片
6.6mm棒针
平4行
6-1-12
+12针
48cm
38cm (76行)
26cm (34针)
6.0mm棒针
10cm (20行)
34针
15.5cm (20针)
18cm (24针)
2cm (4行)
平2行
2-4-1
16针
58cm 袖口
6.6mm棒针
后片
49cm (64针)
-11针
6.0mm棒针
75针
22cm (44行)
22cm (44行)
14cm (28行)
-4针
右前片
15.5cm (20针)
24针
17针
16针
58cm (88针)
伏针
右前片
左前片
9cm (18行)
前领
左袖
右袖
后中心
后片
67
【成品规格】胸围96.5cm，背肩宽40cm，
衣长68cm，袖长55cm
【编织密度】3.6mm棒针：24针×34行=10cm²
3.9mm棒针：23针×35行=10cm²
【工　　具】3.6mm、3.9mm棒针
【材　　料】白色羊绒线650g，黑色羊绒线15g
袖片
(93针)
※(93针用3.9mm
40cm (93针)
花样编织 (3.6mm棒针)
(-14针)
55cm
平10行
10-1-3
12-1-11
2cm (7行)
28cm (65针)
(+3针)
折返线
花样编织 (3.6mm棒针)
(18行)
(4行)
(6行)
28cm (68针)
4cm (14行)
49cm (172行)
8cm (28行)
花样编织(4.0mm钩针) (67针)
1cm (3行)
折返线
☆＝袖子下面的这部分往里面翻折
后身片
缝合处
缝合口
袖口
编织花样
4.0mm钩针
袖口
口袋的三边
11cm (26针)
18cm (41针)
11cm (26针)
2cm (6行)
平1行
1-1-1
2-2-2
(31针)
(9针)
(93针)
(9针)
20cm (70行)
花样编织 (3.6mm棒针)
68cm
47cm (164行)
(停针)
(-4针)
8cm
48cm (111针)
(115针)
1cm (4行)
(1针)
缝合
(44针)
卷针缝合
袖下和腋下的间隙
袖下和腋下继续缝合
最后在前立领和领口一端1针中均衡编织
抽编
(120针)
11cm 3cm
(26针) (8针+1针)
前身片
＝卷针
平5行
4-1-10
6-1-7
1-1-1
(-18针)
(9针)
2cm
17cm
16cm
(-2针)
25cm
23cm (53针)
2.5cm (8行)
1cm (4行)
(63针)
1cm (3行)
16cm
17cm
(35针)
(33针)
角(1针)
1cm (3行)
14cm (48行)
(35针)
花样编织 (3.6mm棒针)
15cm (36针)
2片
15cm
68
【成品规格】胸围96cm，衣长55cm，
袖长48.5cm
【编织密度】18.5针×24行=10cm²
【工　　具】3.9mm棒针
【材　　料】蓝色进口棉线250g
(54针)
(3.9mm
1cm (2行)
29cm (54针)
平6行
6-1-3
8-1-6
袖片
花样编织 (3.9mm棒针)
31cm
30cm (72行)
(-9针)
39cm (72针)
(72针)
(45针)
1cm (2行)
(49针)
腋下

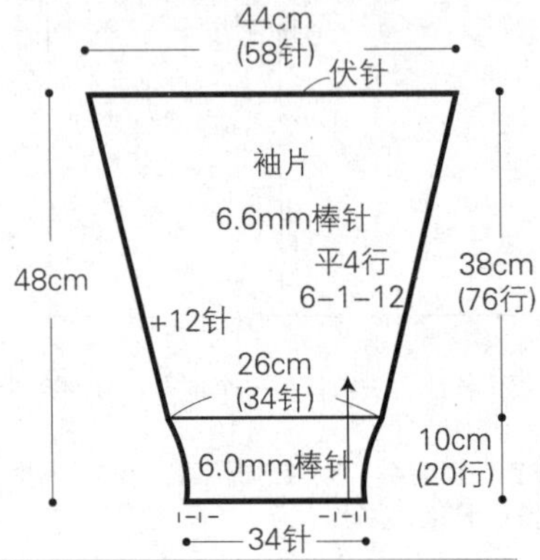

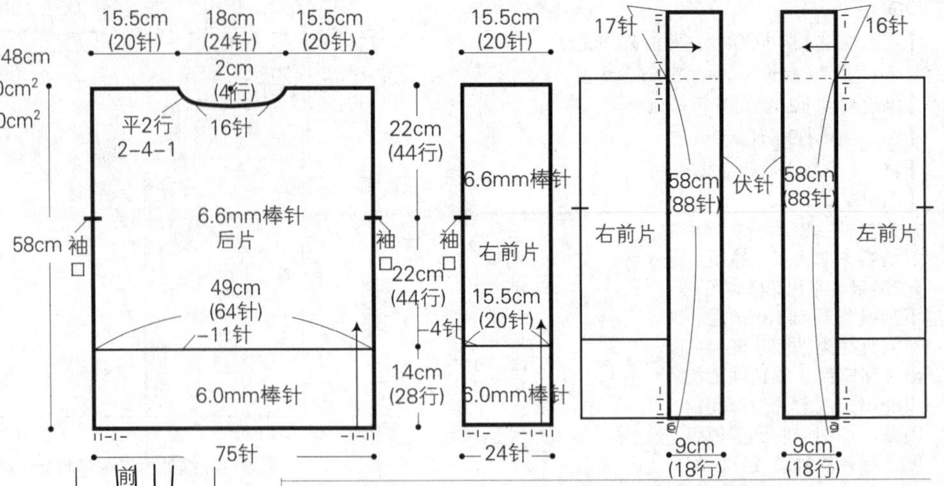

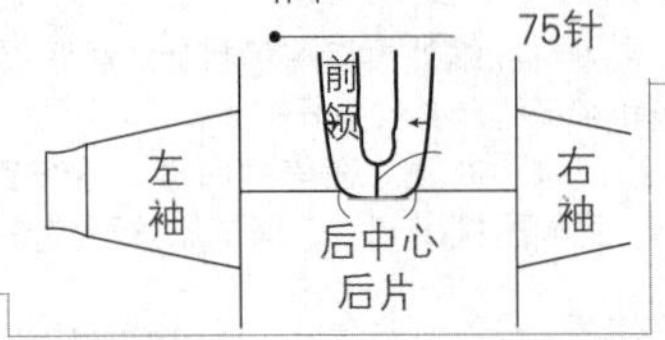

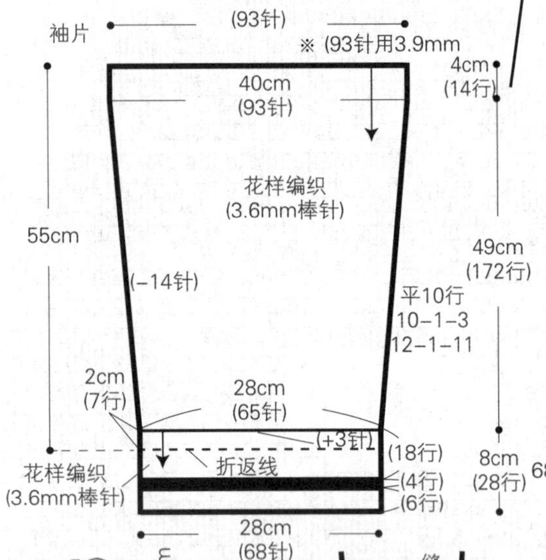

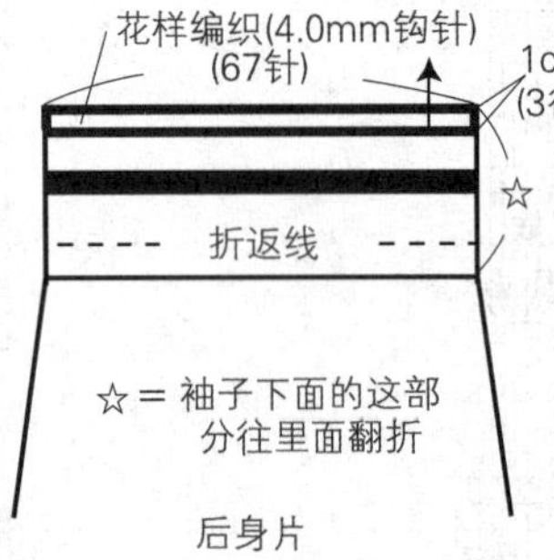

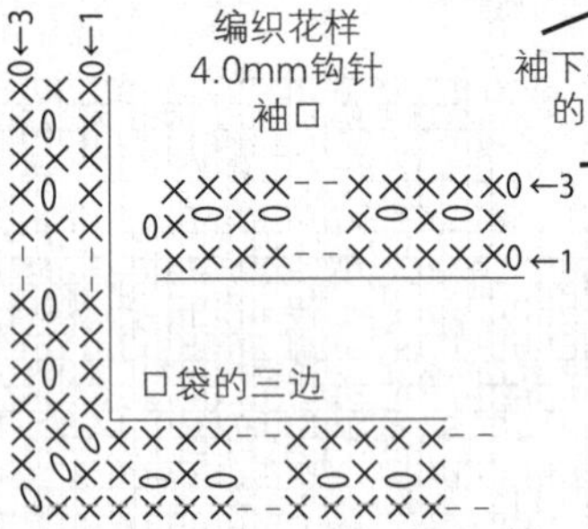

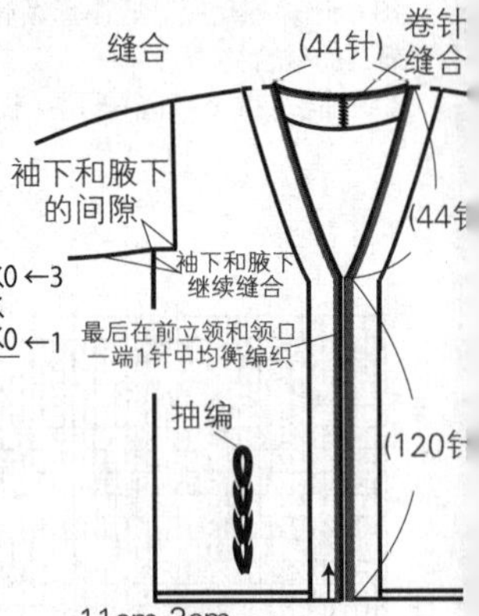

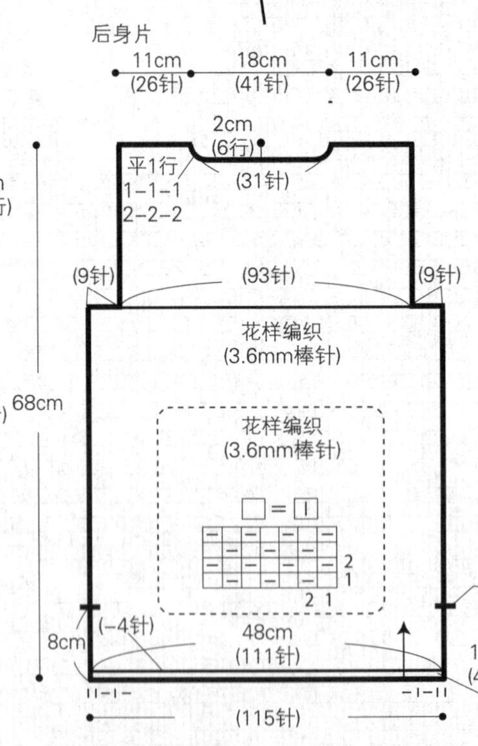

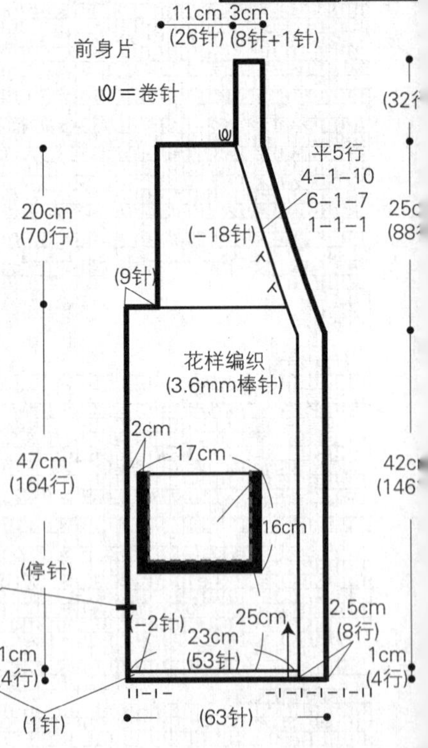

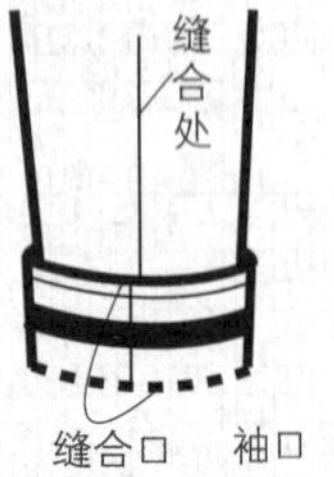

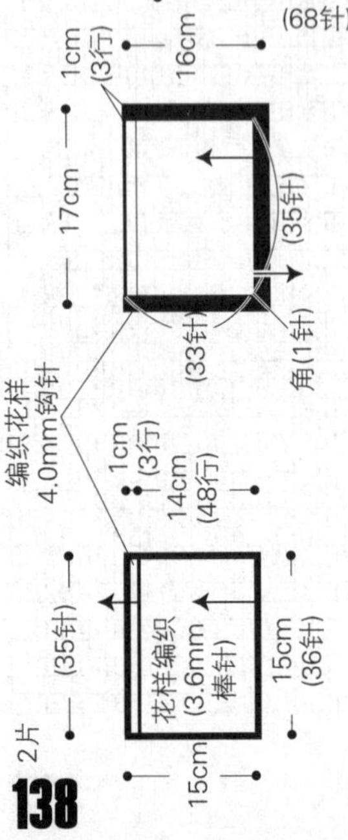

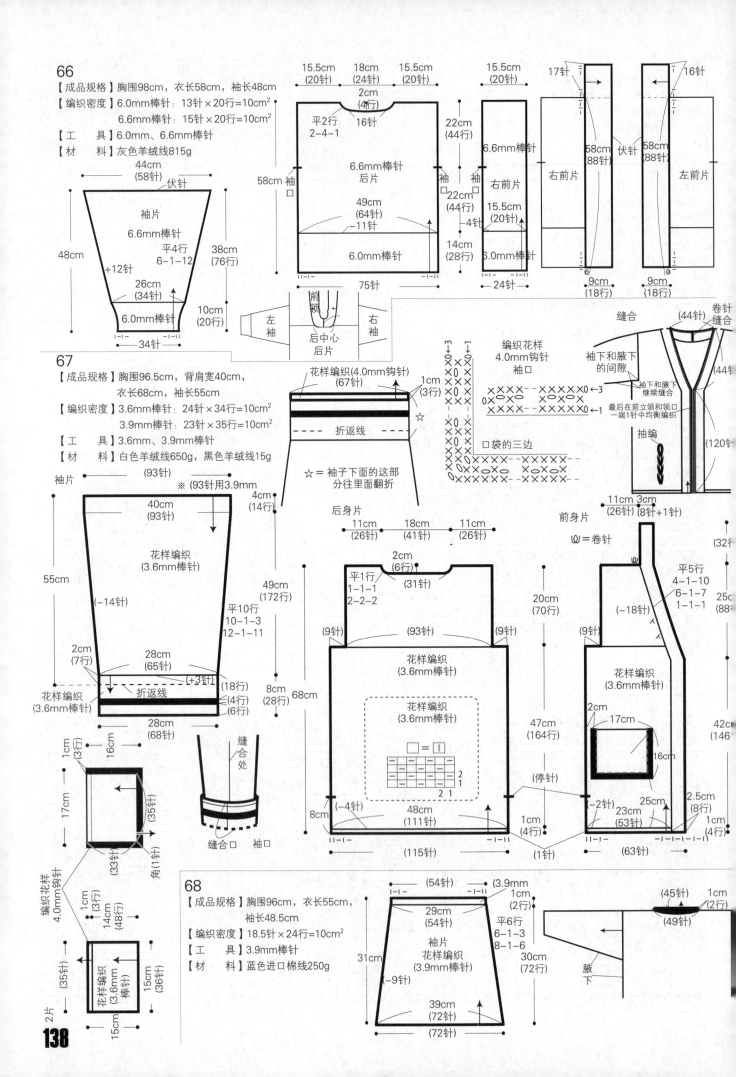

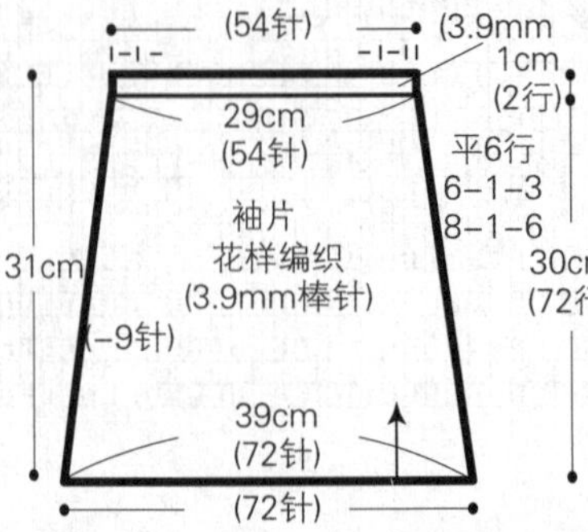

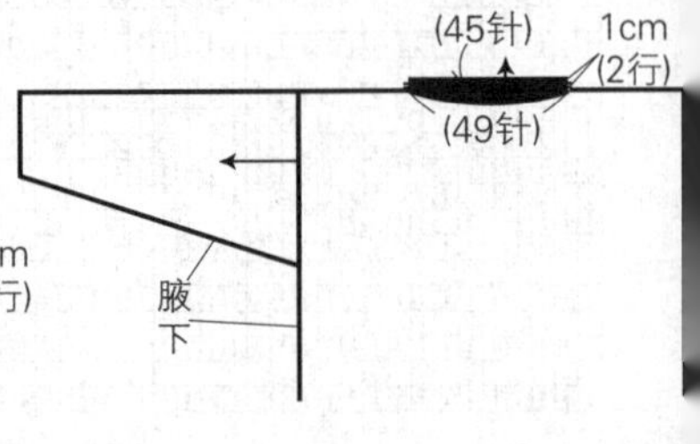

编织花样
□=Ⅰ
20
10
←袖口
开始
5
1←身片
开始
24 20 10 5 1
=2针×14行
1组花样
后身片
11.5cm
(21针)
25cm
(46针)
11.5cm
(21针)
(46针)
48.5cm
花样编织
(3.9mm棒针)
腋下
(+2针)
48cm
(88针)
(3.9mm棒针)
(86针)
前身片
11.5cm
(21针)
25cm
(46针)
11.5cm
(21针)
2.5cm
(6行)
(36针)
平2行
2-2-1
2-3-1
19.5cm
(46行)
花样编织
(3.9mm棒针)
腋下
28cm
(68行)
(+2针)
48cm
(88针)
1cm
(2行)
(3.9mm棒针)
(86针)
69
【成品规格】胸围94cm，背肩宽38cm，
衣长51cm，袖长56cm
【编织密度】3.6mm棒针：24针×25行=10cm²
4.2mm棒针：18针×44行=10cm²
【工　　具】3.6mm、4.2mm棒针
【材　　料】蓝色羊绒线440g
□=Ⅰ
84 80 75 10 5 1
15
10
5
2
1
领片
花样编织
(3.6mm棒针)
(38针)
3cm
(14行)
(60针)
编织花样
□=Ⅰ
40
30
20
10
1
60 50 40 30 20 10 1
35 30 20 10 1 袖
中心
=2针2行1组花样
9cm
(22针)
20cm
(48针)
9cm
(22针)
2.5cm
(6行)
2-1-1
2-3-1
(34针)
6-1-1
2-1-1
2-2-1
2-3-1
3伏针
19cm
(48行)
51cm
(-10针)
后身片
花样编织
(4.2mm棒针)
23cm
(58行)
47cm
(112针)
(-28针)
花样编织
(3.6mm棒针)
9cm
(40行)
(84针)
9cm
(22针)
20cm
(48针)
9cm
(22针)
9.5cm
(24行)
后片同
(22针)
平8行
4-1-1
2-1-3
2-2-1
2-3-1
2-4-1
(24行)
(-10针)
前身片
花样编织
(4.2mm棒针)
47cm
(112针)
(-28针)
花样编织
(3.6mm棒针)
(84针)
56cm
平2行
2-3-2
2-2-4
2-1-6
2-2-4
2-3-1
4伏针
(22针)
14.5cm
(36行)
(-35针)
38cm
(92针)
(+15针)
平6行
4-1-15
袖片
花样编织
(4.2mm棒针)
26.5cm
(66行)
26cm
(62针)
(-16针)
花样编织
(3.6mm棒针)
15cm
(66行)
(46针)

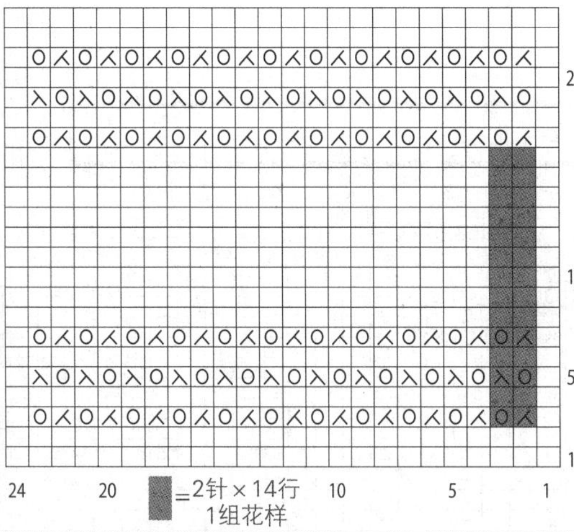

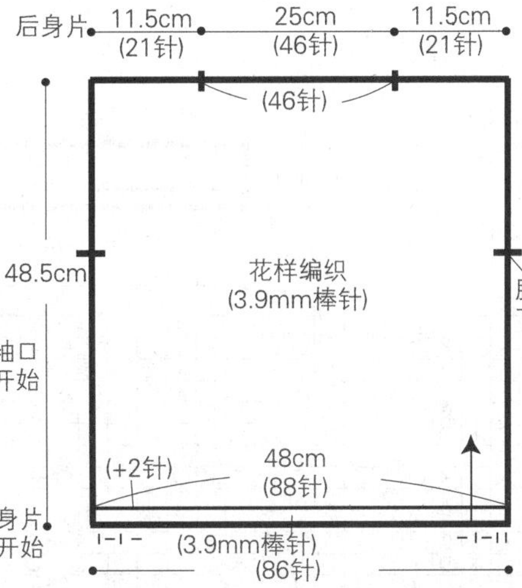

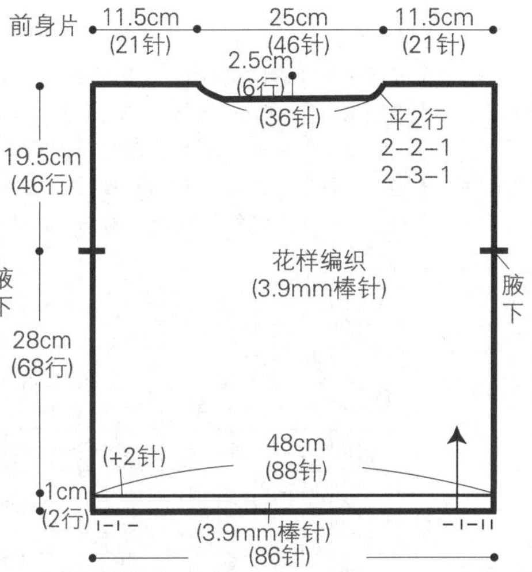

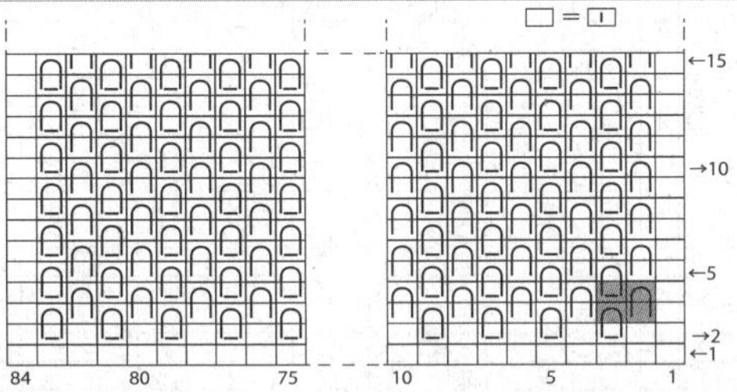

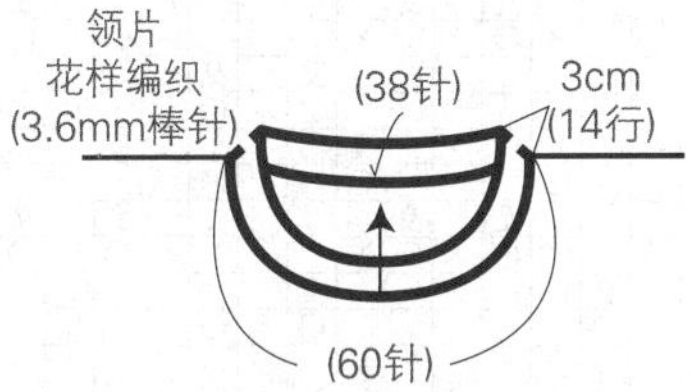

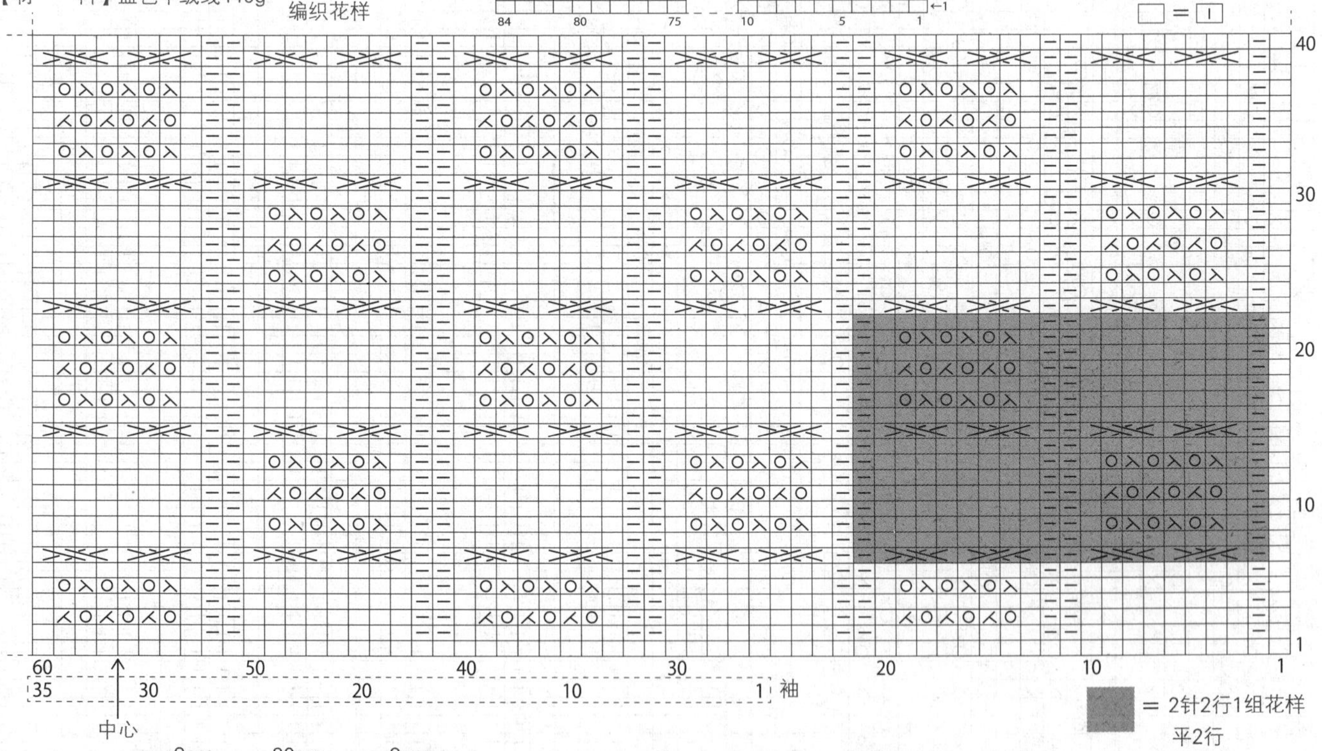

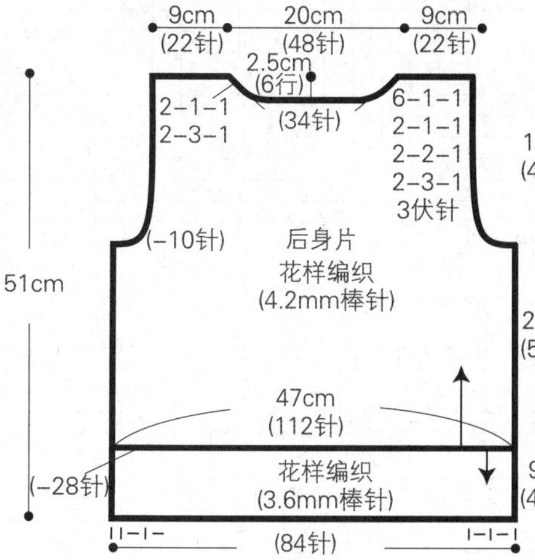

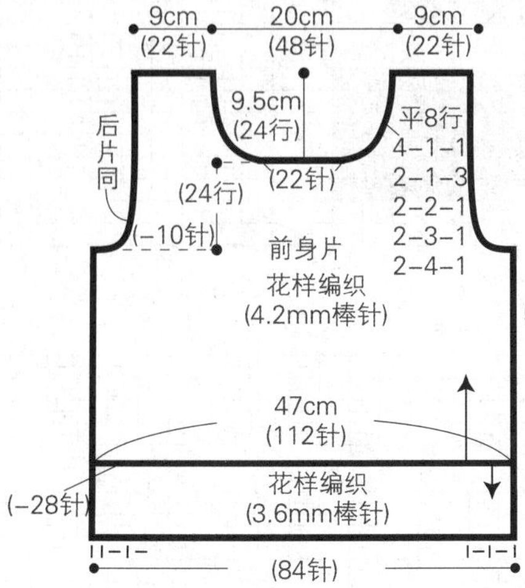

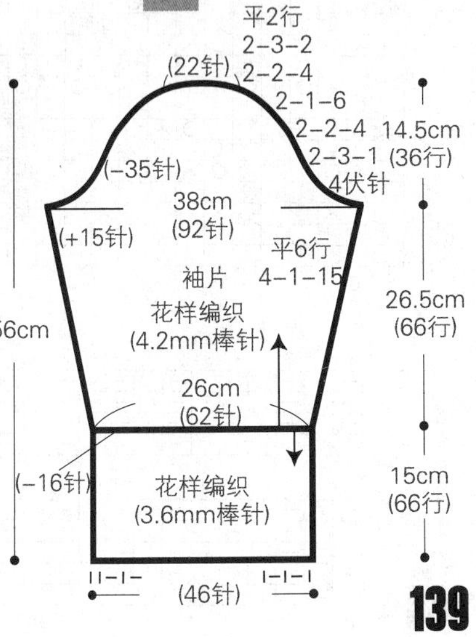

70

【成品规格】胸围92cm，衣长53cm

【编织密度】3.0mm棒针：23针×31行=10cm^2

3.6mm棒针：26针×31行=10cm^2

【工　　具】3.0mm、3.6mm棒针

【材　　料】蓝色棉线250g，极细羊绒线55g

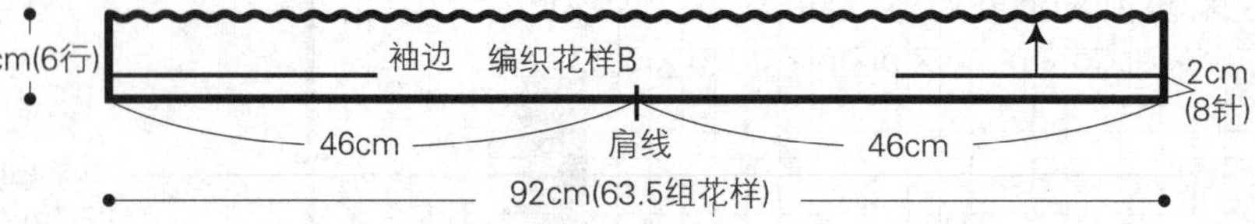

编织花样A

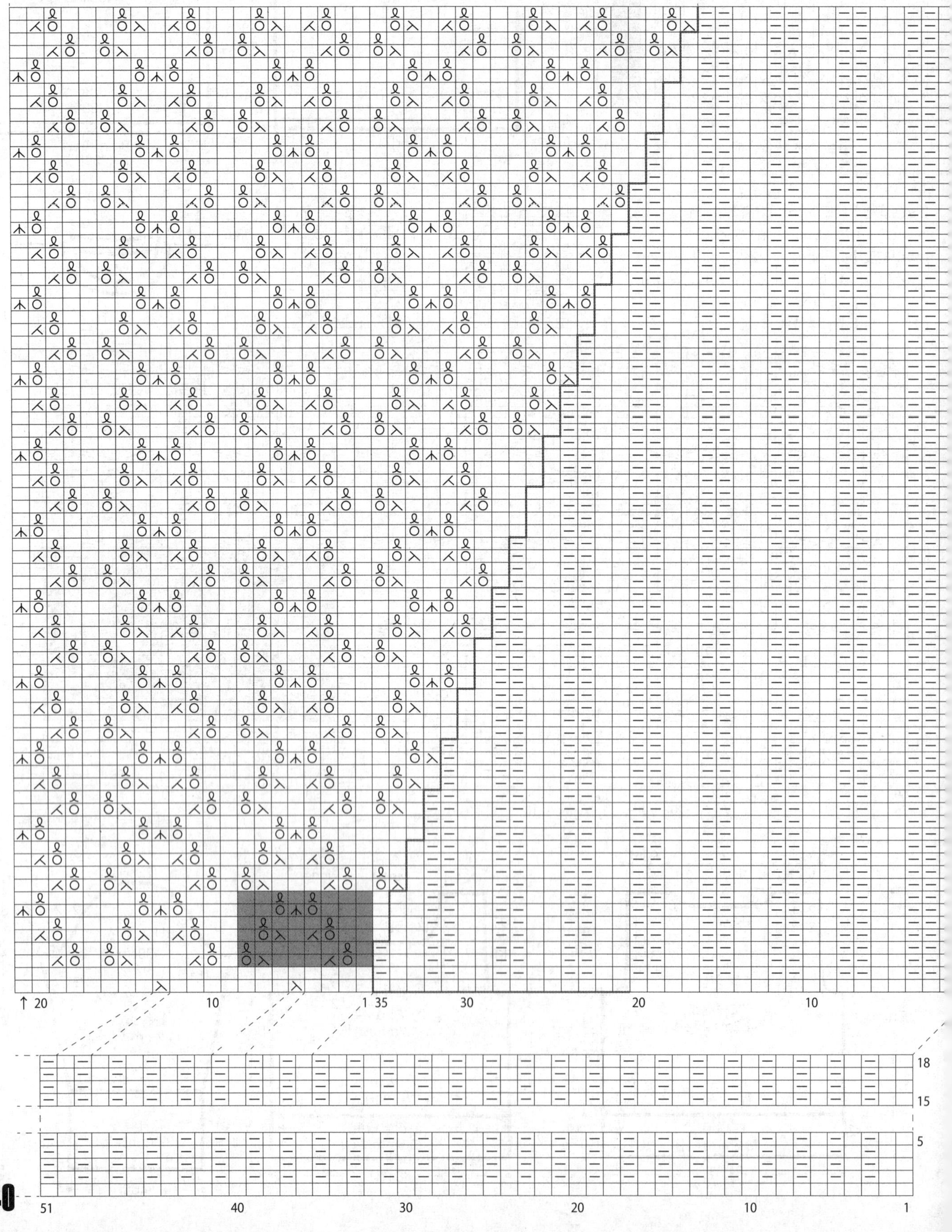

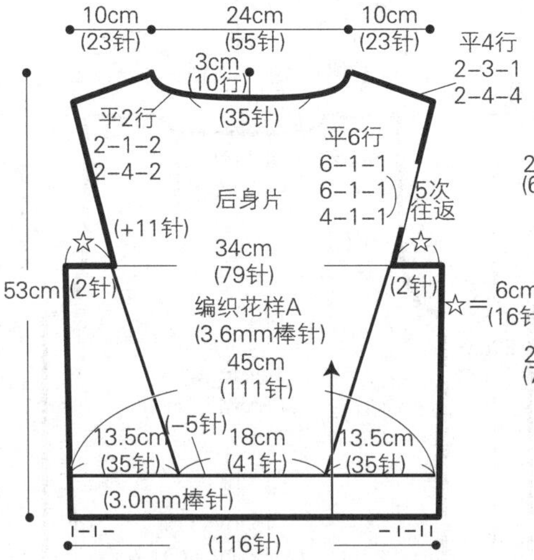

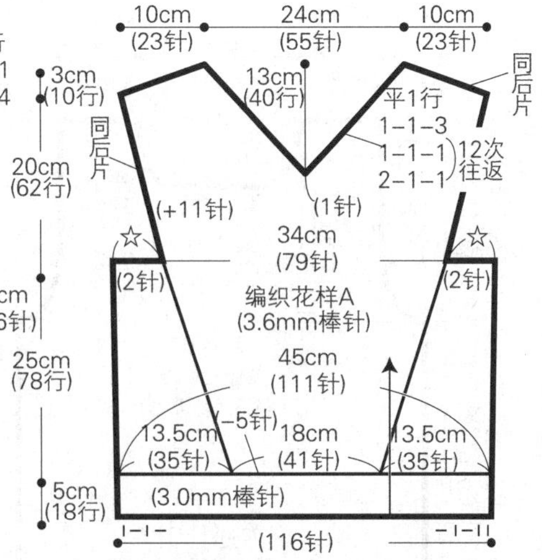

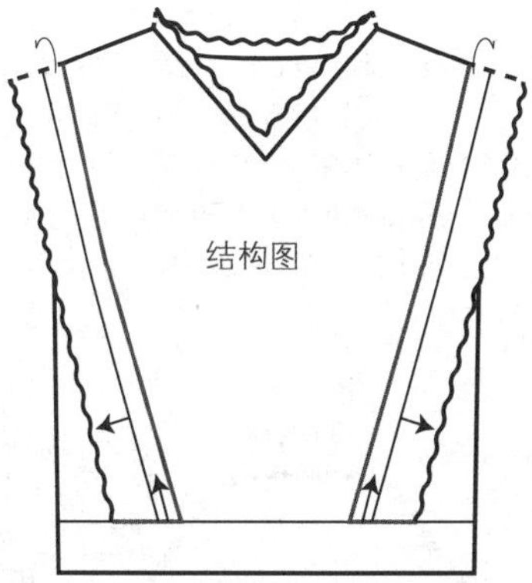

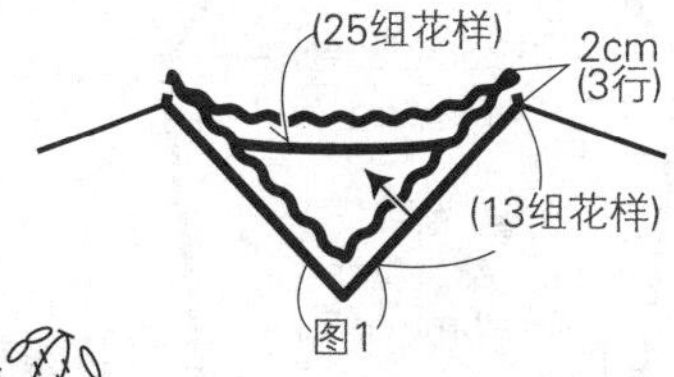

编织花样B

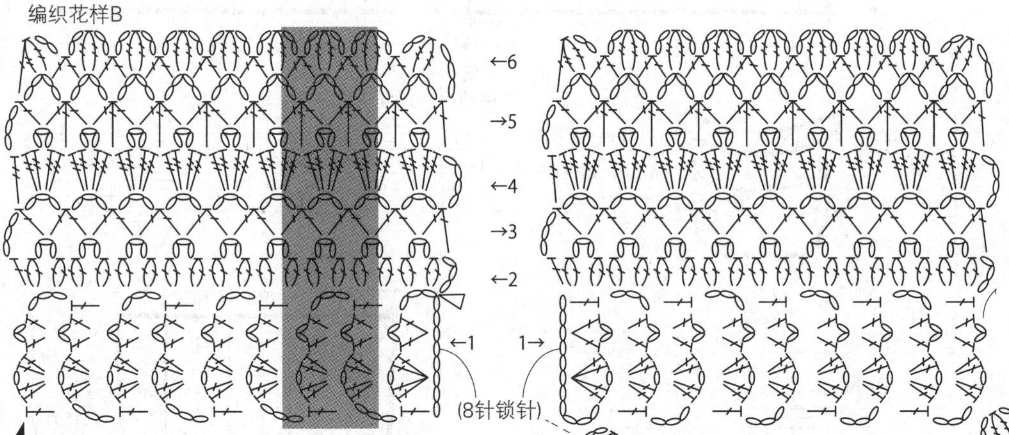

= 2针长长针并1针枣针

= 2针长针并1针枣针

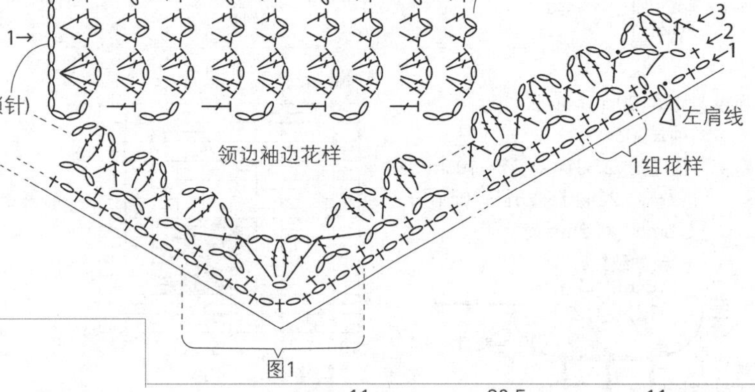

= 1组花样　◁ = 开始　◀ = 结束

○ = 空针

入 = 右上2针并1针　木 = 中上3针并1针

人 = 左上2针并1针　ℓ = 扭针

71

【成品规格】胸围105cm，衣长55.5cm，袖长76cm

【编织密度】花样A：13针×19行=10cm²

花样B：17.5针×19行=10cm²

【工　　具】4.2mm、6.3mm棒针

【材　　料】红色羊绒线400g

花样编织A

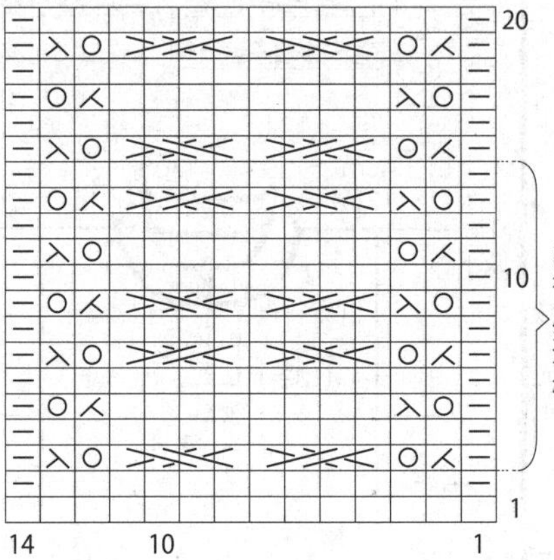

= 左上2针交叉

= 右上2针交叉

= 2针×2行1组花样

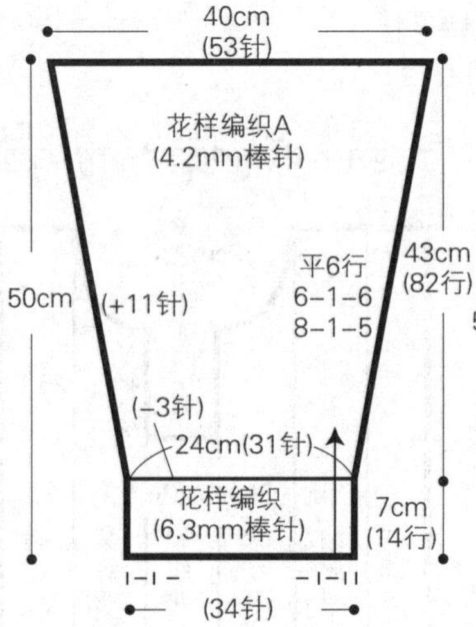

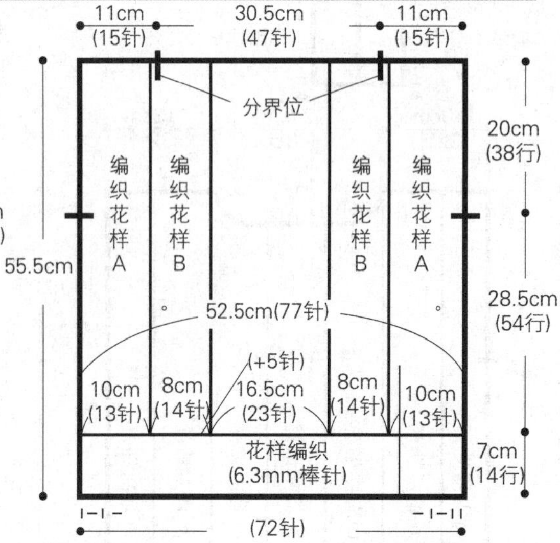

花样编织A

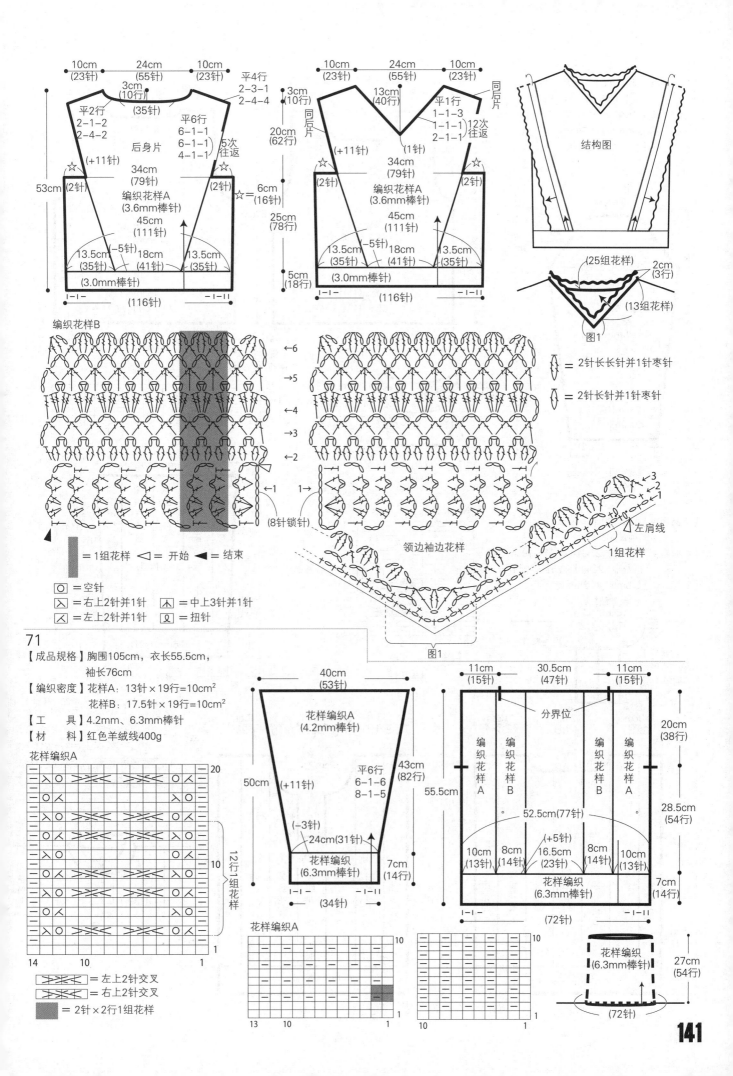

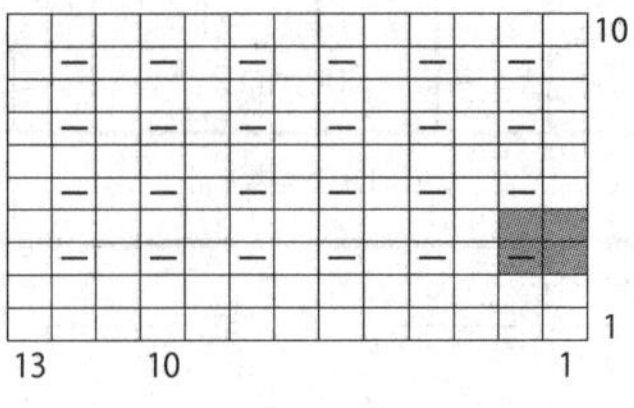

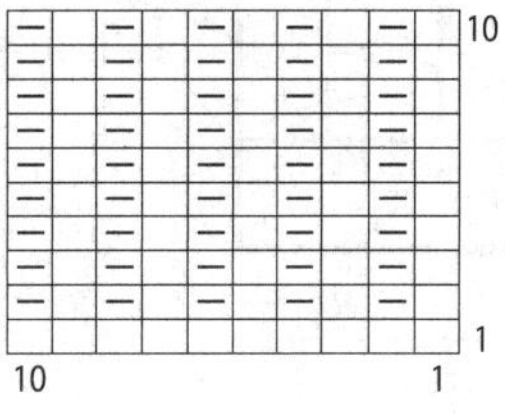

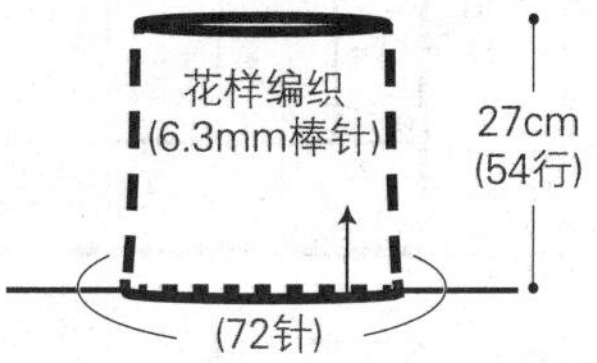

72

【成品规格】胸围98cm，背肩宽33cm，衣长49.5cm，袖长56cm

【编织密度】8.5针×14行=10cm²

【工　　具】4.2mm、4.5mm棒针

【材　　料】夹花羊绒线490g

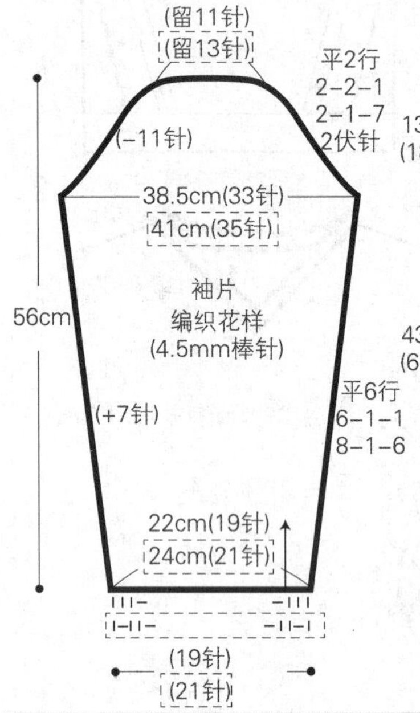

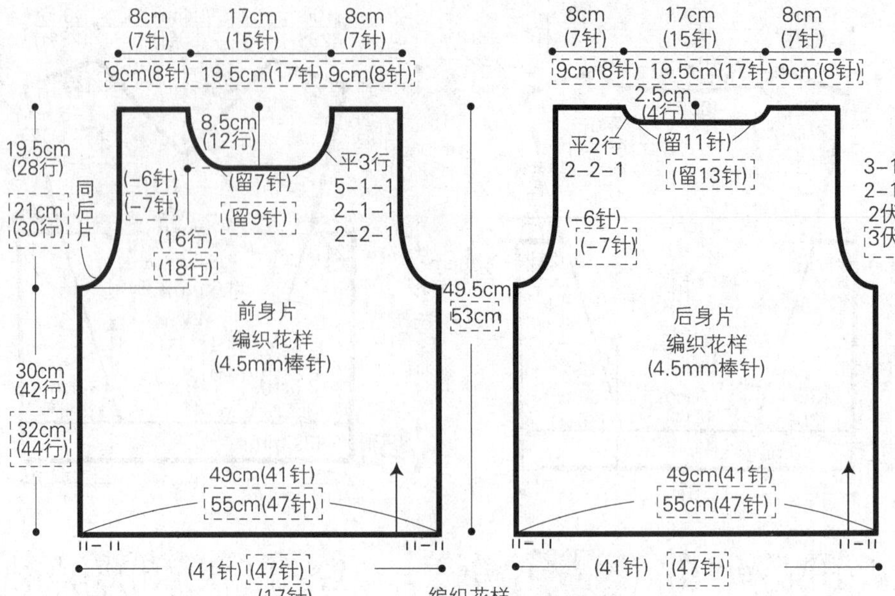

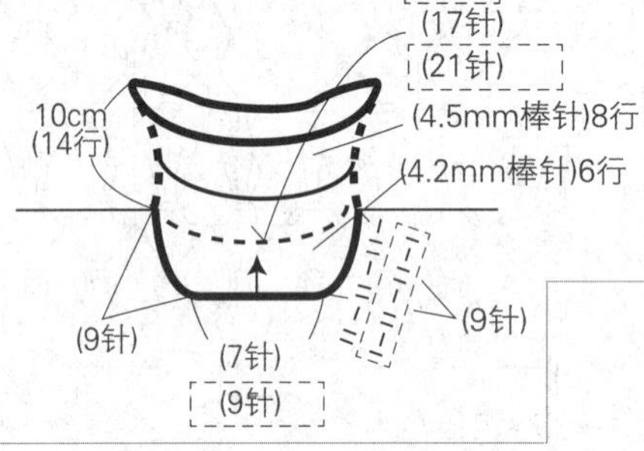

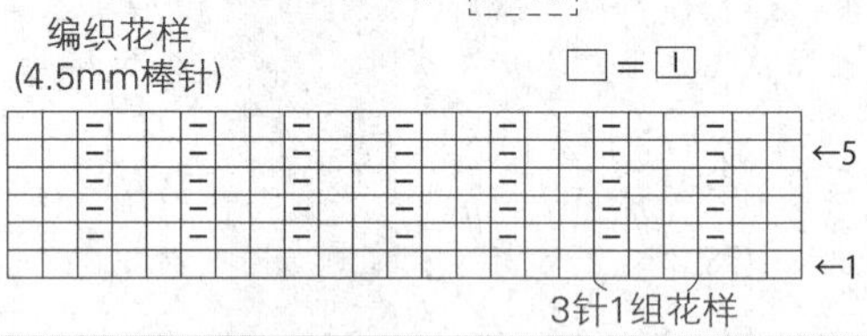

73

【成品规格】胸围100cm，衣长73cm，袖长60cm

【编织密度】花样A：27.5针×26行=10cm²

花样B：22.5针×26行=10cm²

【工　　具】3.6mm、4.2mm棒针

【材　　料】杏色羊绒线680g

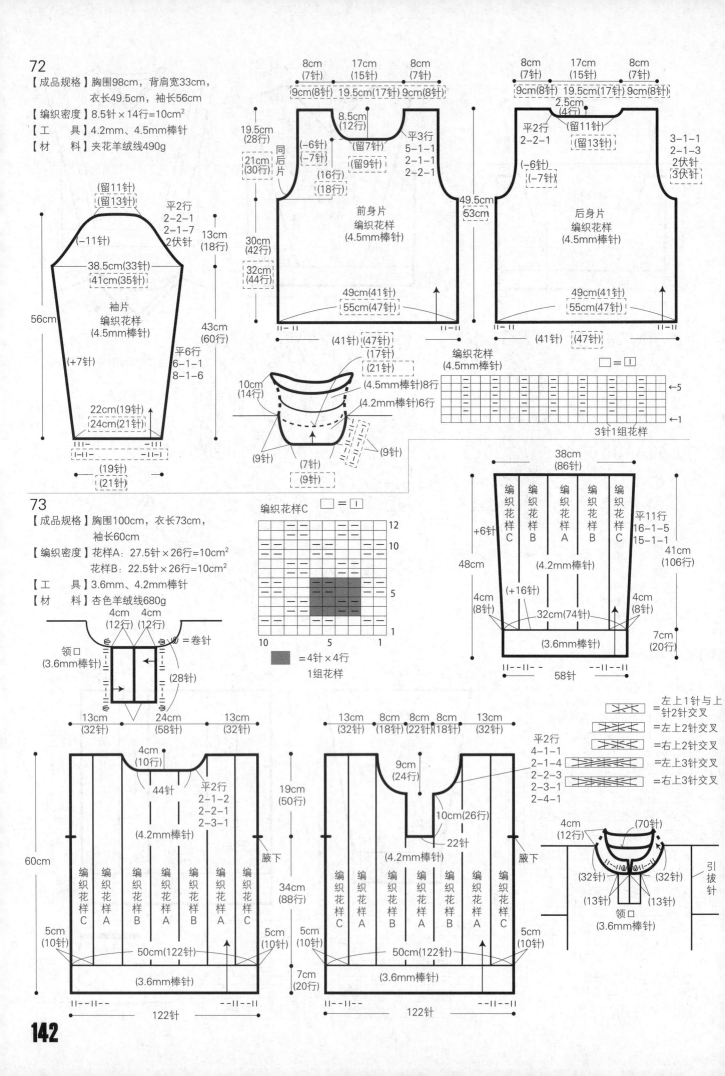

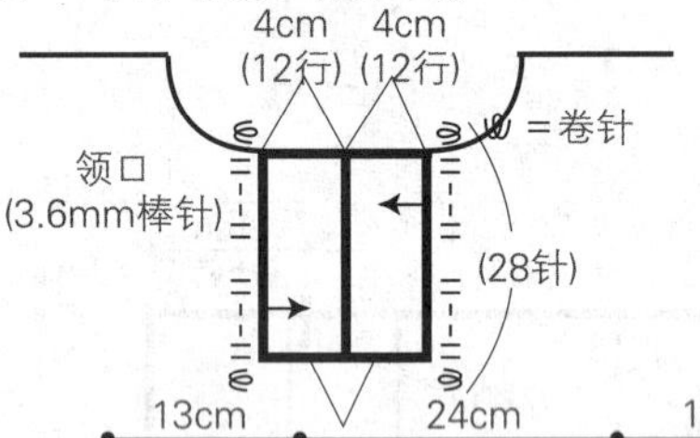

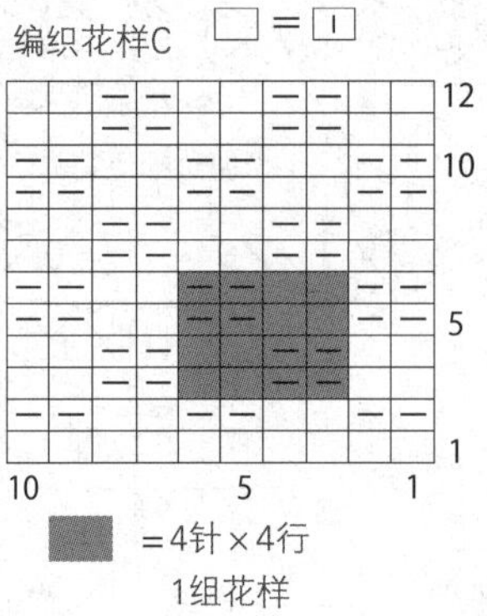

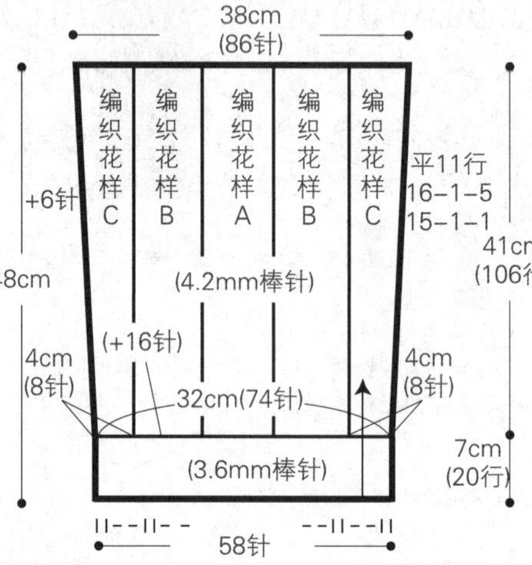

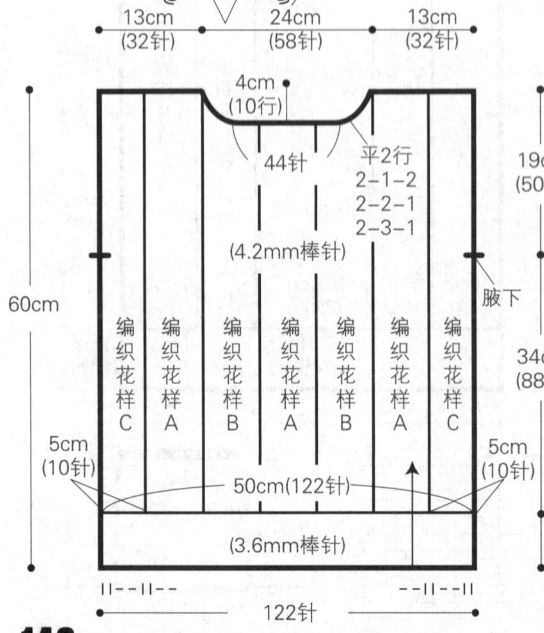

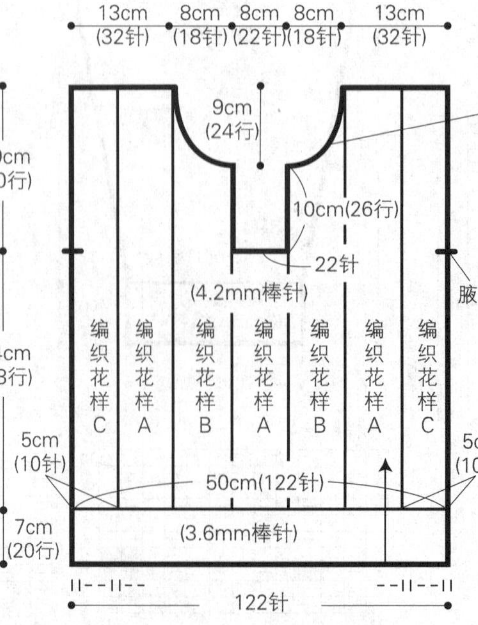

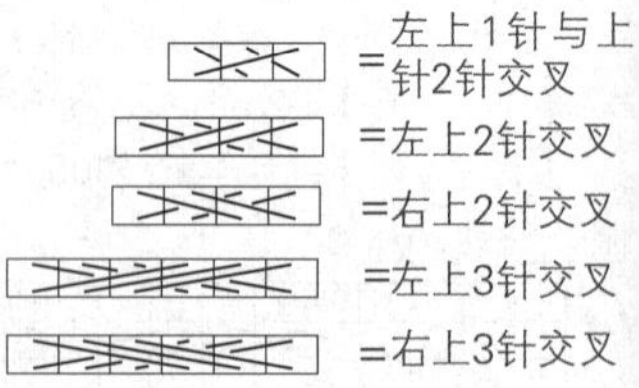

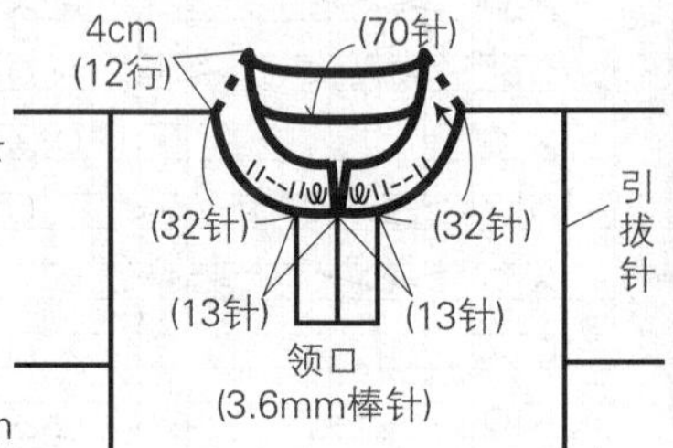

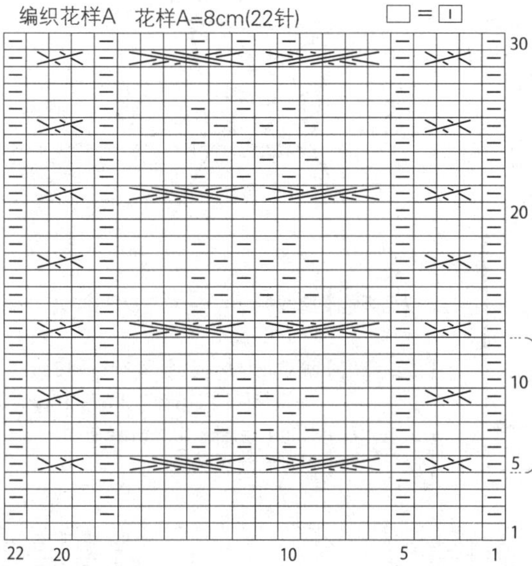

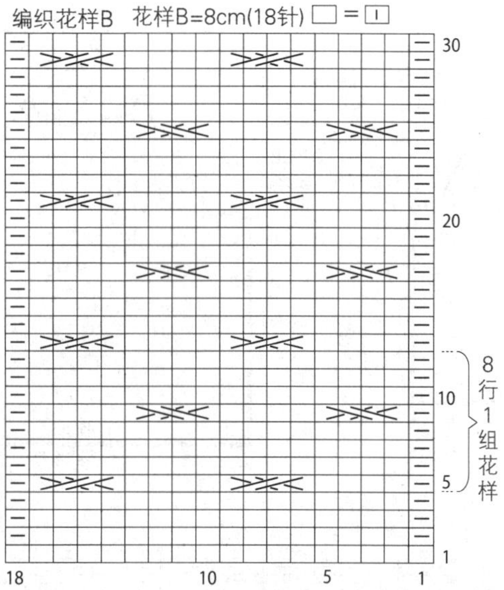

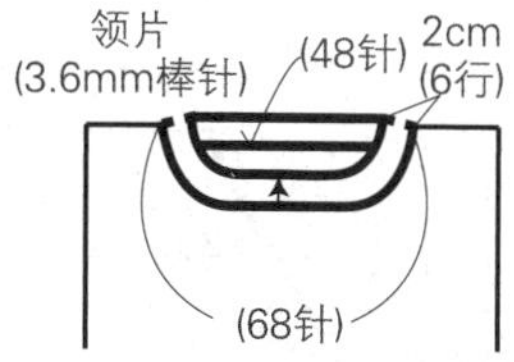

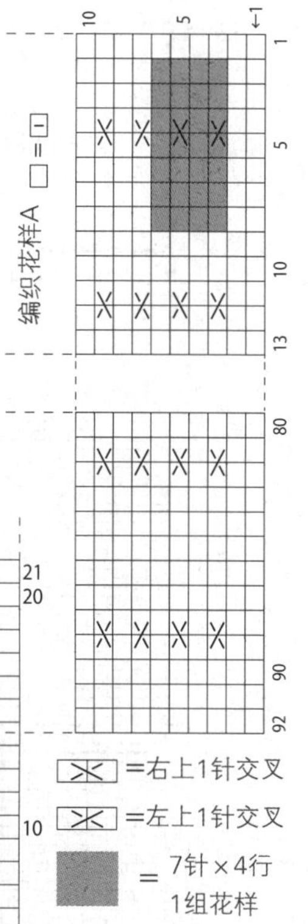

编织花样A 花样A=8cm(22针)
编织花样B 花样B=8cm(18针)
8行1组花样
领片
(3.6mm棒针)
(48针)
2cm
(6行)
(68针)
编织花样A
74
【成品规格】胸围88cm，背肩宽38cm，
衣长51cm，袖长45.5cm
【编织密度】编织花样A：21针×26行=10cm²
编织花样B：22针×24行=10cm²
【工　具】3.6mm、3.9mm棒针
【材　料】白色羊绒线400g
=右上2针交叉
=8针×12行
1组花样
=右上1针交叉
=左上1针交叉
=7针×4行
1组花样
37cm(82针)
3cm
(8行)
袖片
编织花样A
(3.9mm棒针)
45.5cm
(+2针)
平24行
36-1-2
40cm
(96行)
(+10针)
35.5cm(78针)
2.5cm
(8行)
(3.6mm棒针)
(68针)
8.5cm
(18针)
21cm
(44针)
2.5cm
(6行)
(30针)
平2行
2-3-1
2-4-1
(6针)
18.5cm
(48行)
8.5cm
(22行)
(18针)
(26行)
平8行
2-1-3
2-2-3
2-4-1
51cm
38cm(80针)
后身片
编织花样A
(3.9mm棒针)
30cm
(78行)
前身片
(+2针)
44cm(92针)
(3.6mm棒针)
(90针)
75
【成品规格】胸围100cm，衣长76cm，袖长52cm
【编织密度】21针×27行=10cm²
【工　具】4.2mm、4.5mm棒针
【材　料】白色羊绒线600g
9cm
(19针)
平2行
1-1-2
留15针
(2针)
1.5cm
(4行)
同后片
同前片
23cm
(62行)
21.5cm
(58行)
(-30针)
(-28针)
(6针)
(77针)
42.5cm
(89针)
29cm
(78行)
袖片
(4.5mm棒针)
(+11针)
平6行
6-1-8
8-1-3
(67针)
16cm
(44行)
32cm
(67针)
编织花样
=31针×4行1组花样
袖片开始
领片开始
身片开始

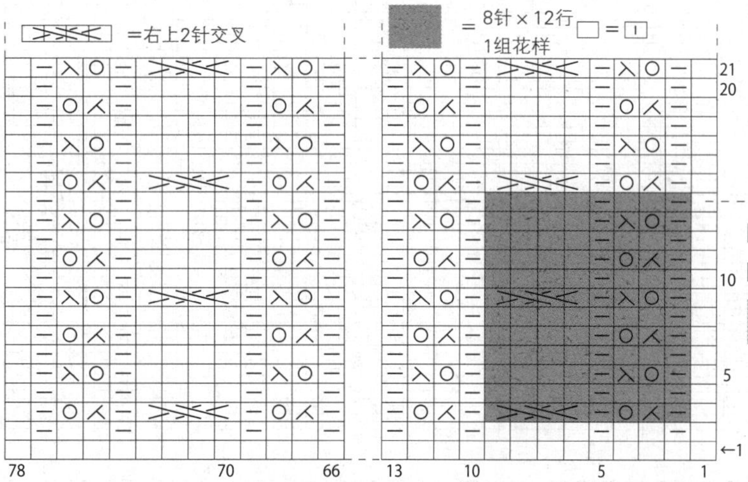

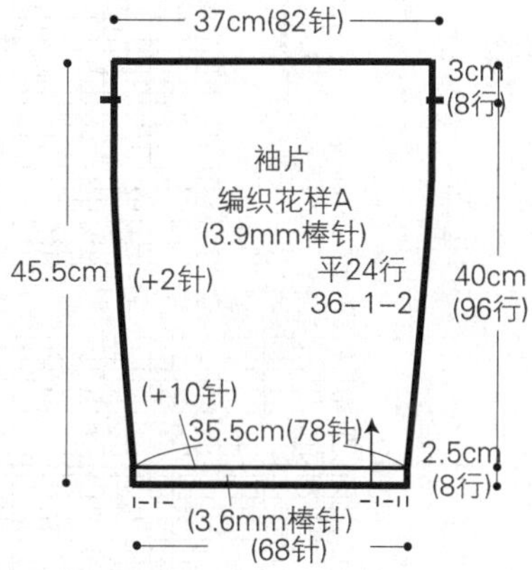

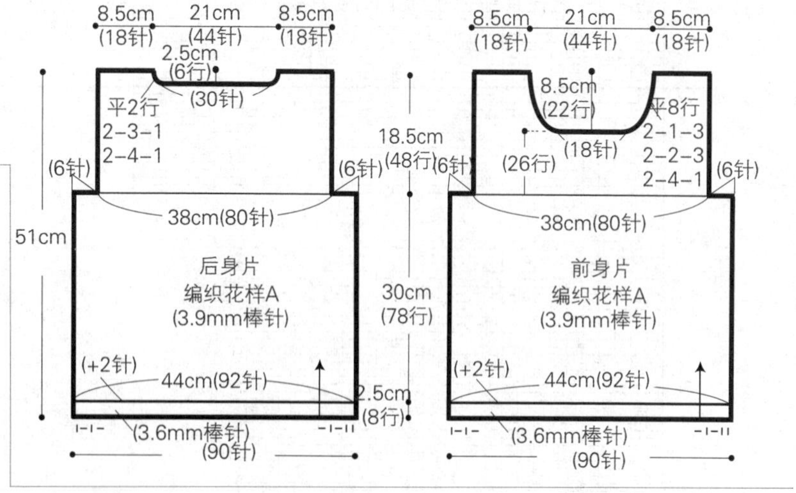

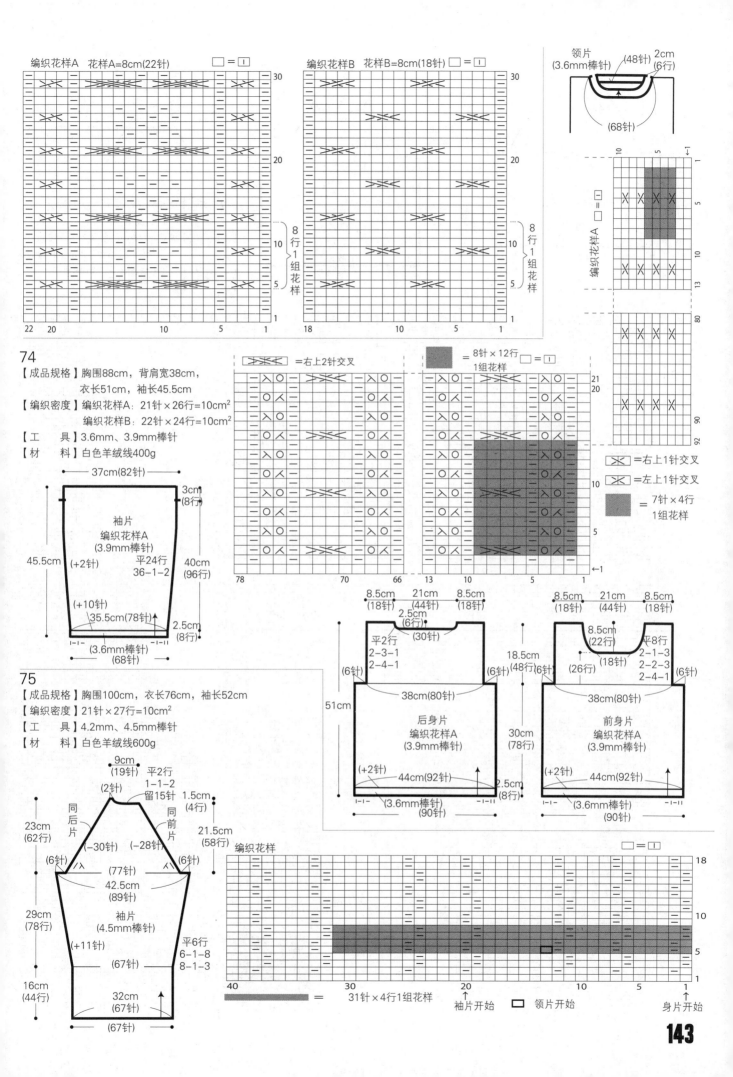

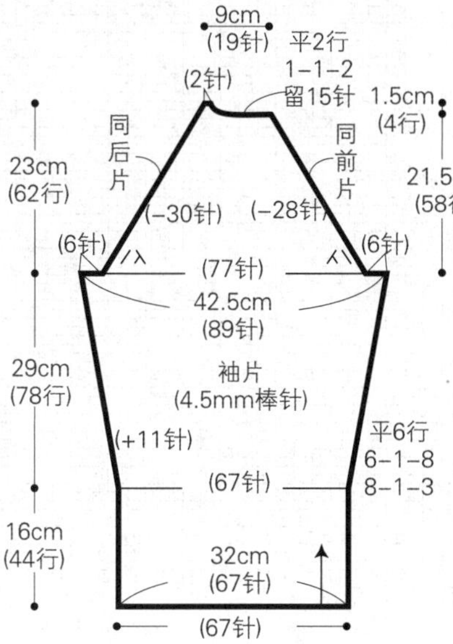

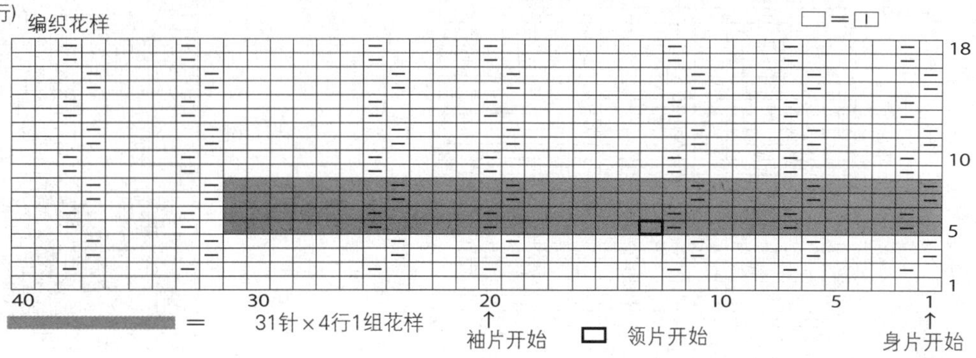

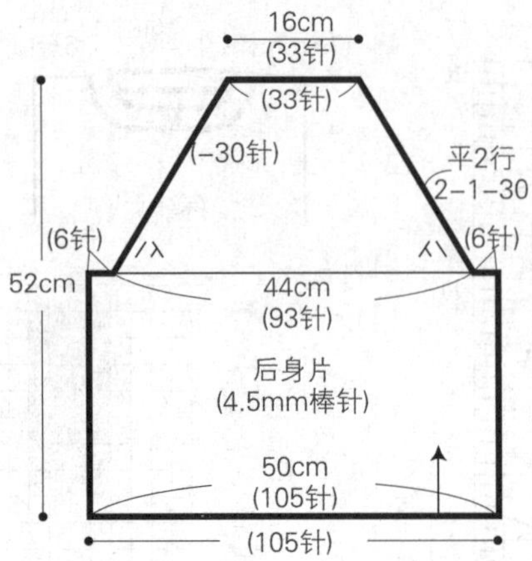

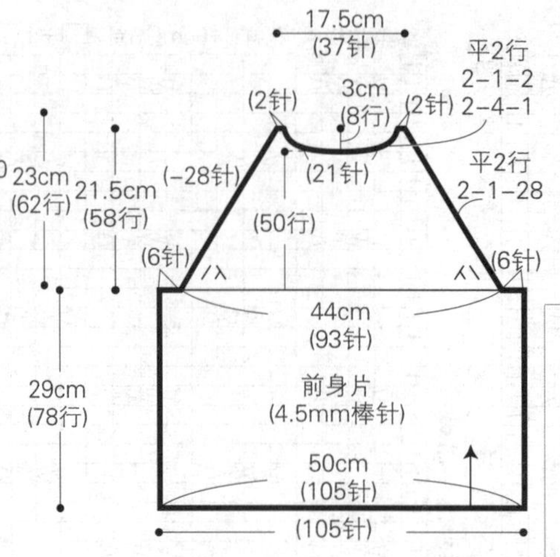

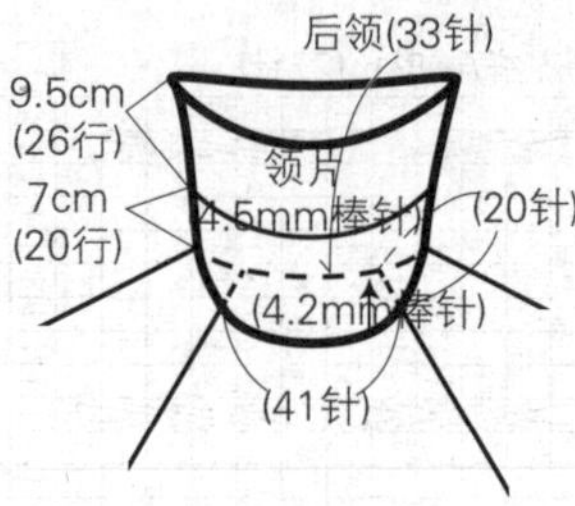

76

【成品规格】胸围99cm，背肩宽50.5cm，衣长60.5cm

【编织密度】编织花样A：23针×30行=10cm²

编织花样B：18针×30行=10cm²

【工　　具】4.0mm钩针，3.9mm棒针

【材　　料】白色羊绒线300g

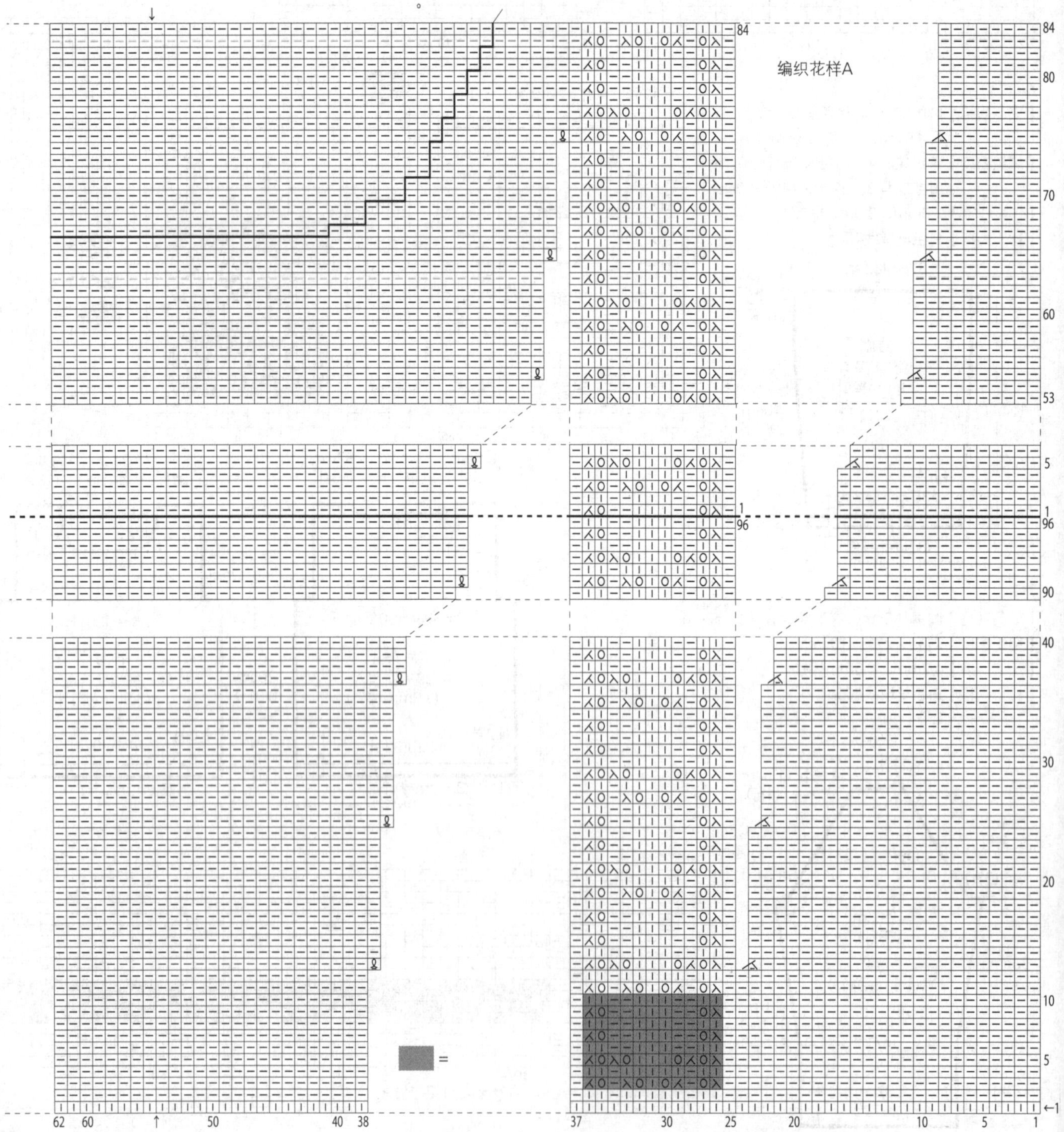

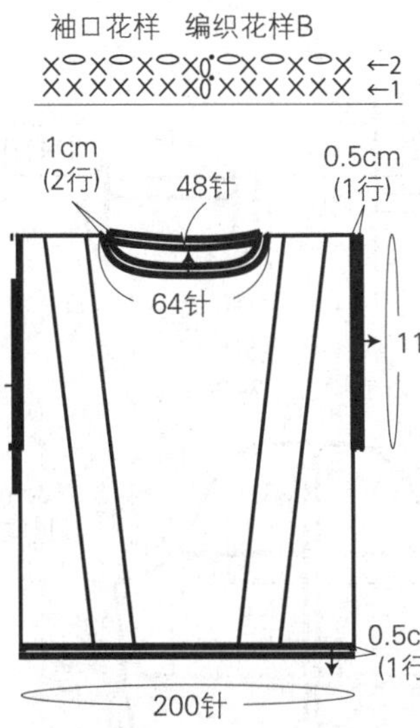

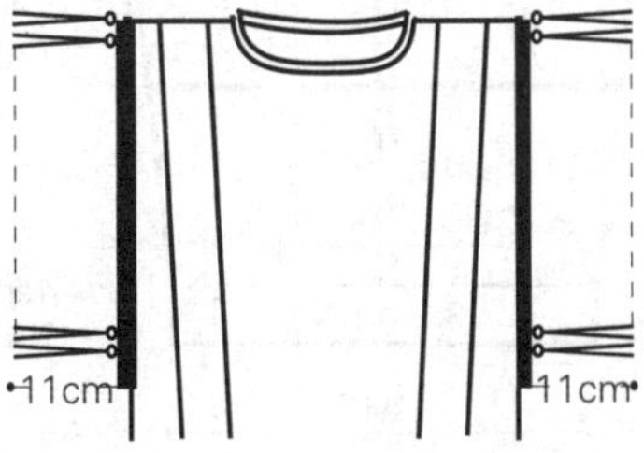

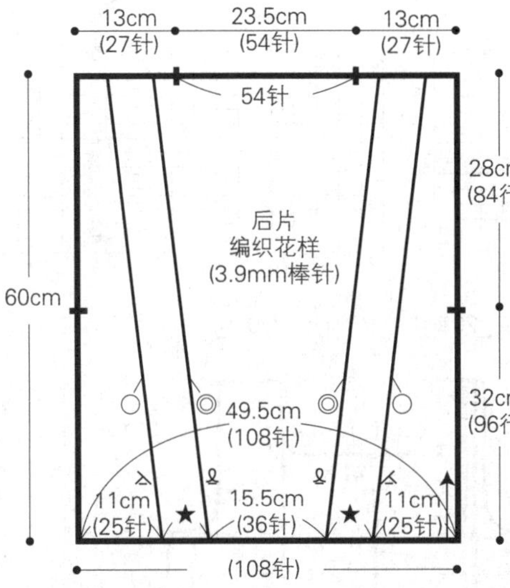

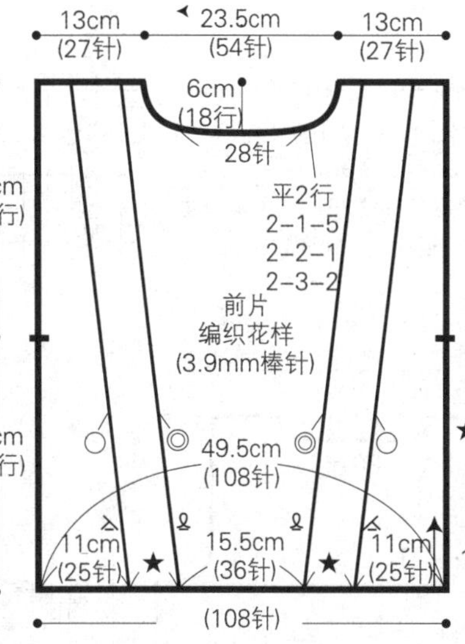

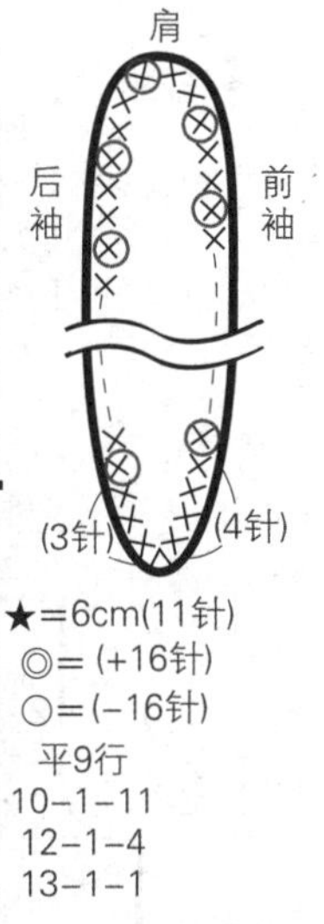

77

【成品规格】衣长58cm，胸宽40cm，肩宽12cm

【编织密度】28针×33行=10cm²

【工　　具】10号棒针

【材　　料】深紫色丝光棉线400g

【编织要点】

1.棒针编织法，由前片1个、后片1个、袖片2个组成。前后片从下往上织起，袖片从领口织起。

2.前片的编织。

(1)起针，下针起针法，起112针，编织花样A，不加减针，织120行的高度，至袖窿。

(2)袖窿以上的编织。左侧减针，减39针，方法为平收4针，减针2-1-35。织54行后平收18针后，领口两侧减针，2-1-8。收针断线。

3.后片的编织。起针，下针起针法，起112针，编织花样A，不加减针，织120行的高度，至袖窿。然后袖窿起减针，方法与前片相同。当织成袖窿算起70行时，收针断线。

4.袖片的编织。袖片从领口起织，下针起针法，起16针，起织花样A，两侧各加39针，方法为2-1-35，往上织70行的高度，至袖山。并进行袖山各减19针，方法为6-1-19，6行平坦，织120行，余56针，收针断线。相同的方法去编织另一袖片。

5.拼接，将前片的侧缝与后片的侧缝对应缝合。选一侧边与后片的肩部对应缝合；再将两袖片的袖山边线与衣身的袖窿边对应缝合。在领口处前后片各挑56针织24行花样B，收针断线。衣服完成。

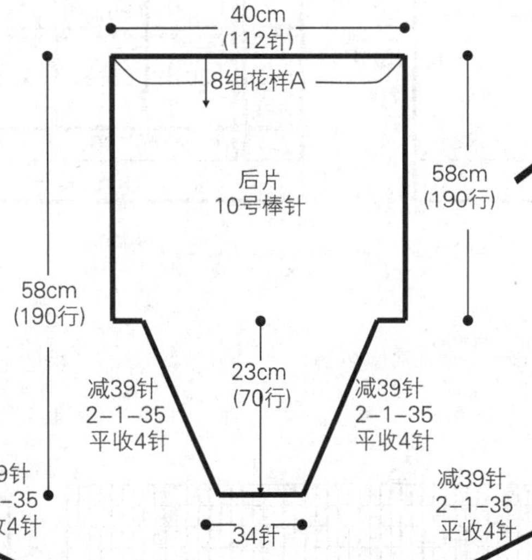

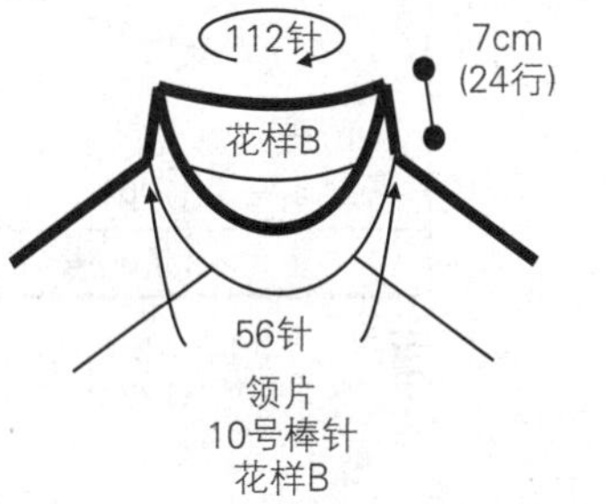

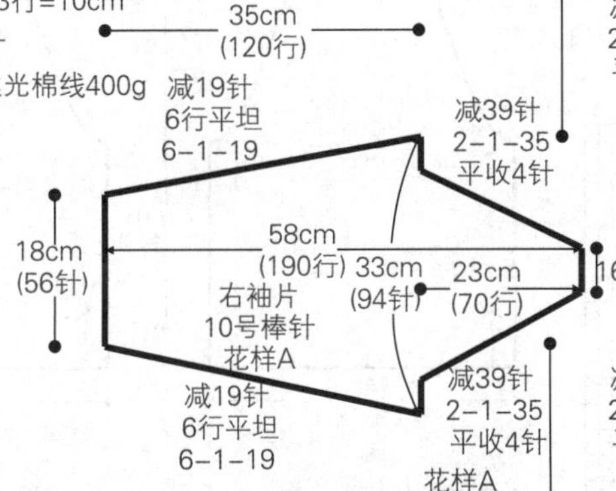

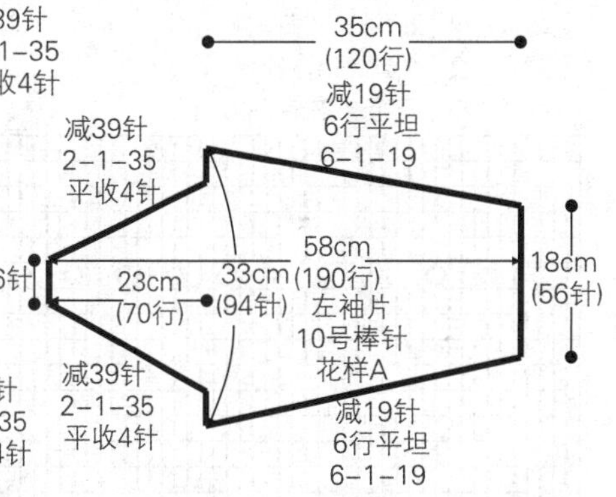

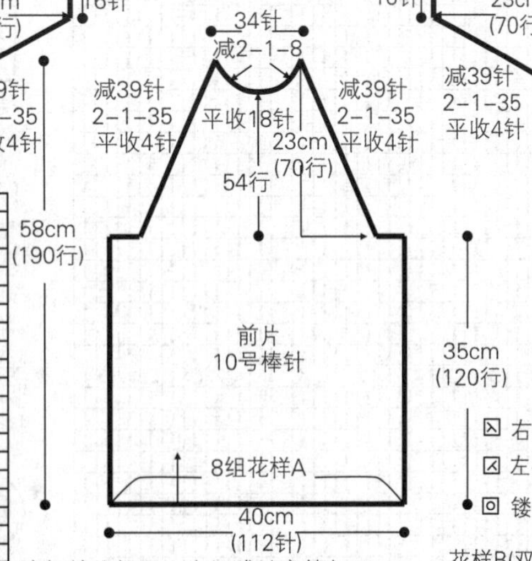

花样A

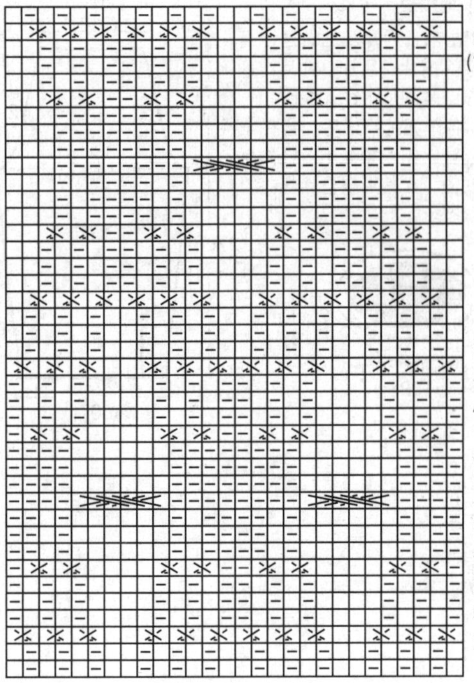

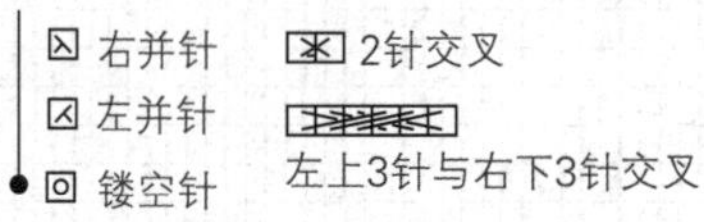

花样B(双罗纹)

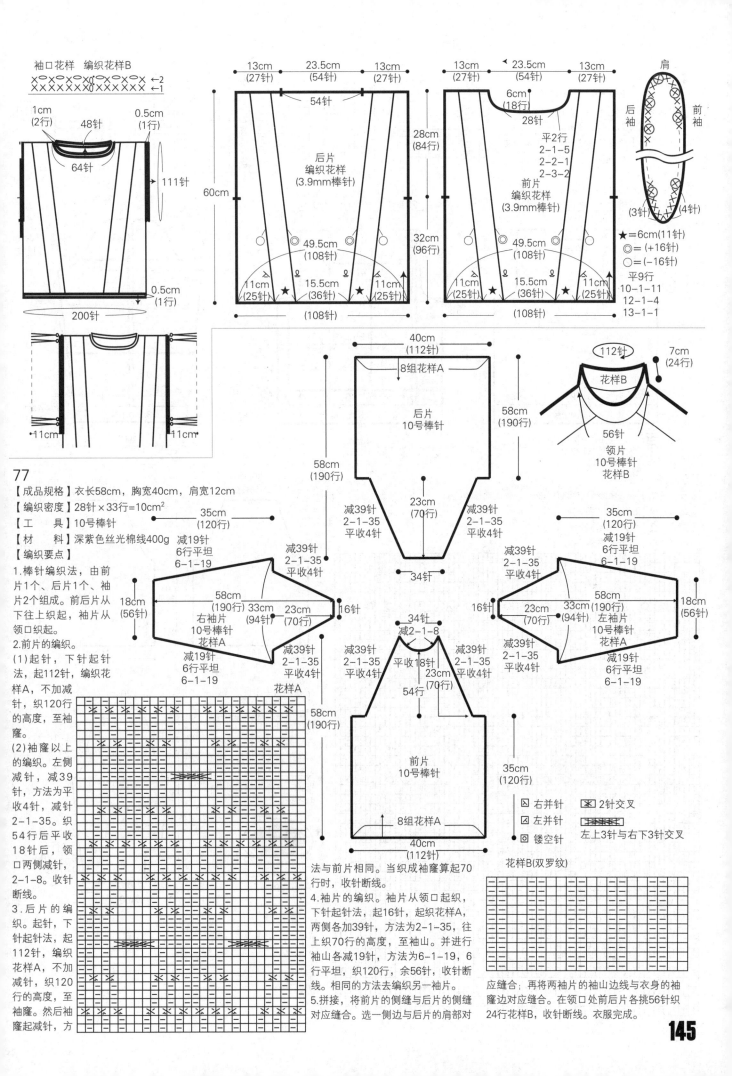

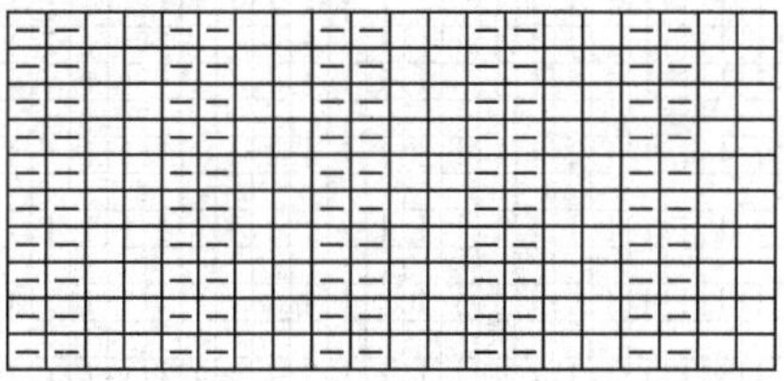

78

【成品规格】衣长55cm，胸围96cm，袖长55cm，背肩宽36cm
【编织密度】22针×34行=10cm²
【工　　具】3.3mm、3.9mm棒针
【材　　料】墨绿色棉线250g，姜黄色棉线20g，黑色棉线5g

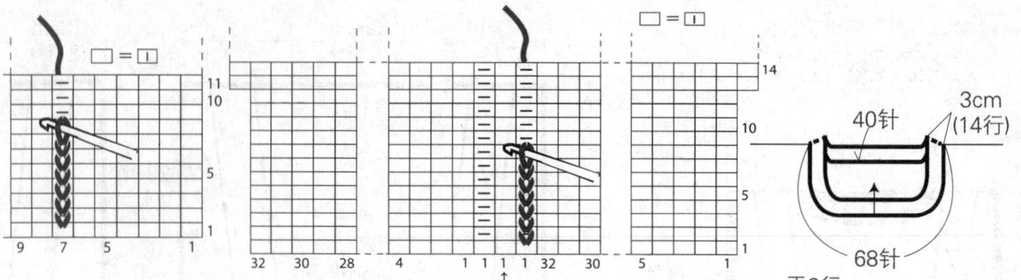

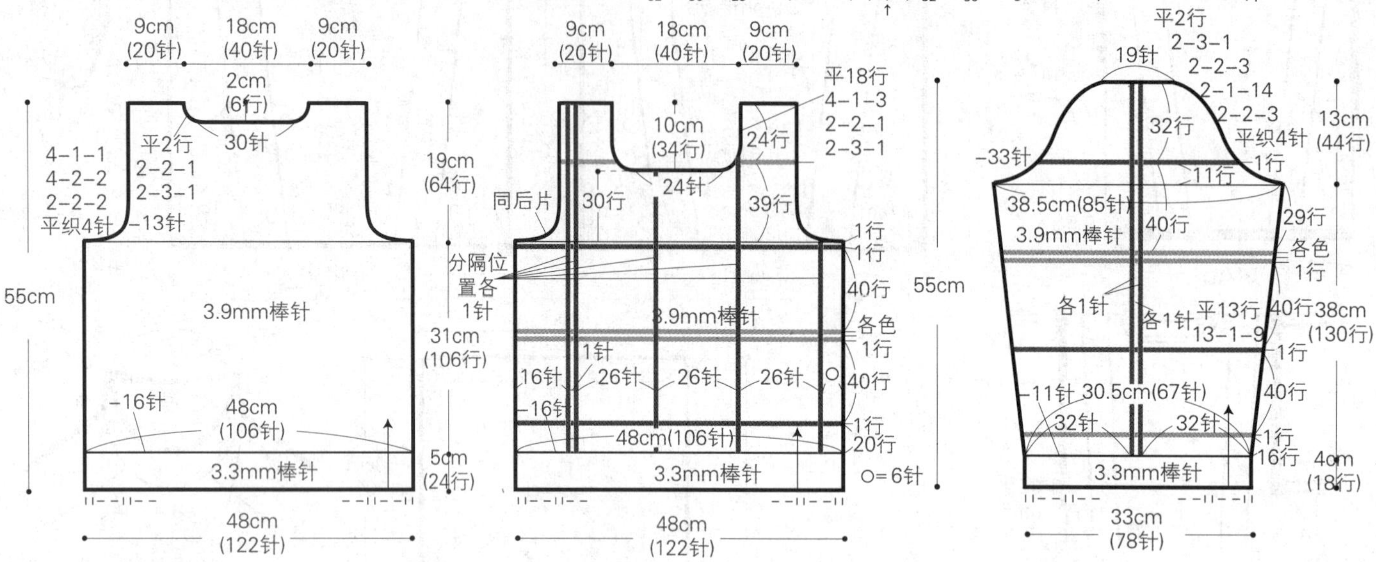

79

【成品规格】衣长88cm，半胸围58cm，肩连袖长62cm
【编织密度】36针×42行=10cm²
【工　　具】2.75mm棒针
【材　　料】天蓝色细毛线600g

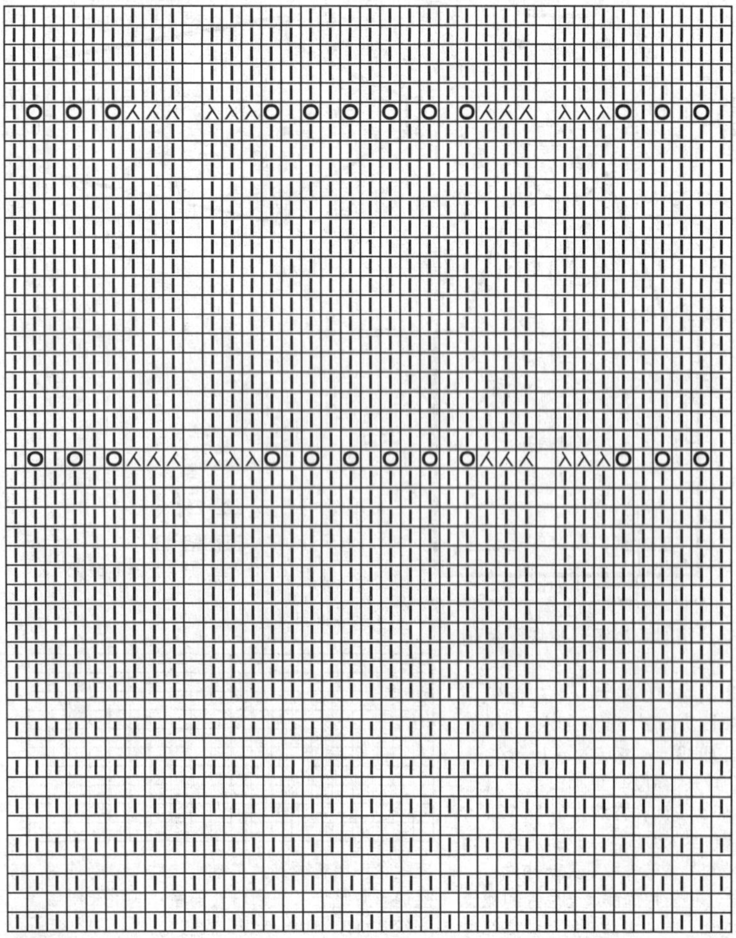

下摆及袖口花样针法图

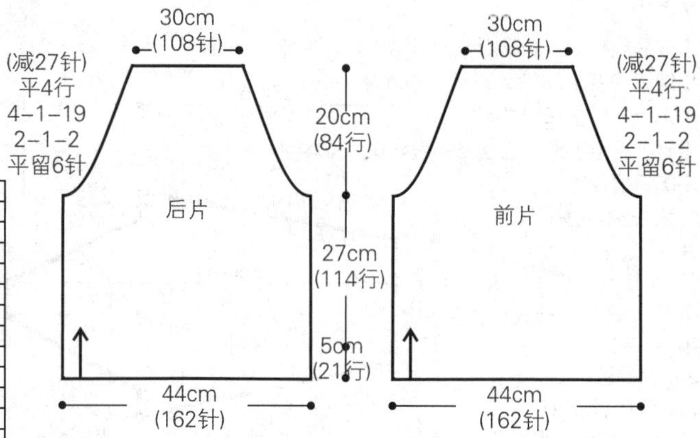

【编织要点】
1.由前、后片及左右袖片组成。前片、后片、袖片均是按结构图从下往上编织。
2.各单元片织好后，合在一起往上织衣领4cm下针作为衣领，让其形成自然卷曲的状态。

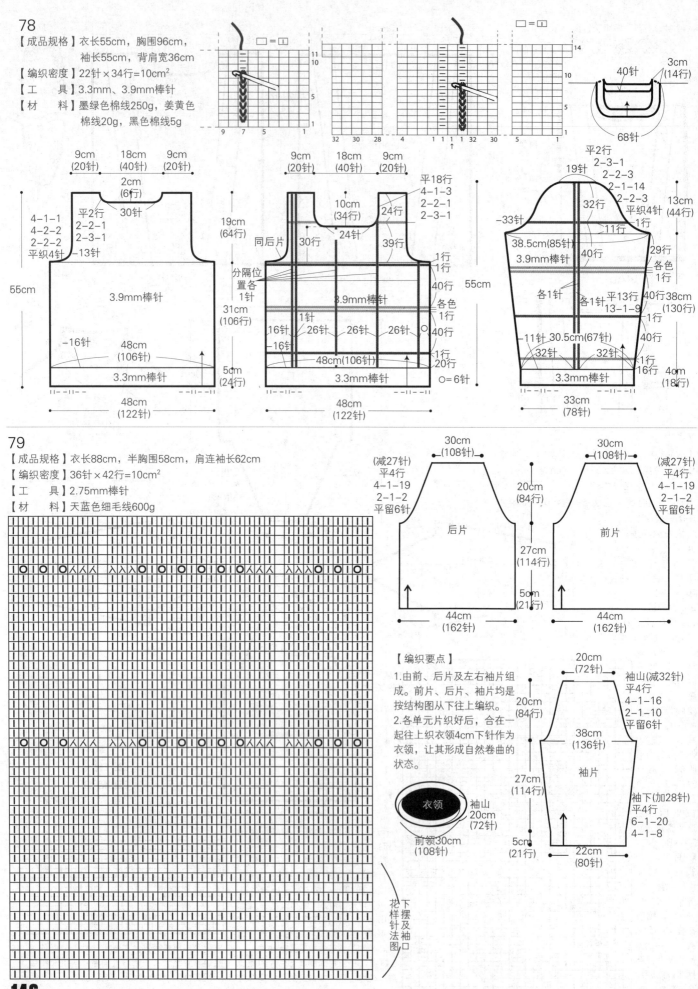

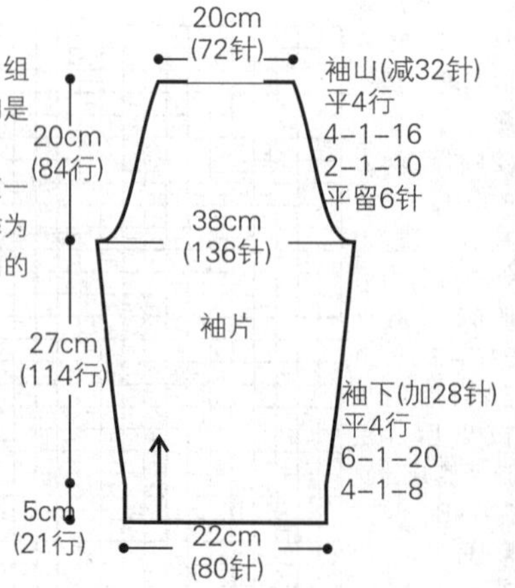

80

【成品规格】衣长64cm，肩宽52cm，
袖长64cm，袖宽17.5cm

【编织密度】31针×41行=10cm²

【工　　具】12号棒针

【材　　料】灰色羊绒线800g

【编织要点】

前片/后片/袖片制作说明：

1.棒针编织法，由前片1个、后片1个、袖片2个组成。从下往上织起。

2.前片的编织。一片织成。起针，双罗纹起针法，起148针，起织花样A，不加减针，编织38行的高度。下一行起。依照结构图所示进行花样分配，不加减针。编织20行的高度后，开始进行加减针编织。在侧缝两边进行加针，5-2-4，4-2-24，而花样内进行减针，在花样B上进行减针，花样中间减针，4-1-20，24行平坦。两侧的花样B上，4-1-8，24行平坦。下一行起，织片两侧不再加减针，将织片分成两半，下一行进行领边减针，2-3-10，2-2-23，在衣领边算起第7针的位置上进行减针，完成后，最后余下6针。暂停编织，不收针。

3.后片的编织。袖窿以下织法与前片完全相同，袖窿起减针，在花样A的两侧进行减针，3-2-26，将花样往内缩移。完成后，余下60针，不收针。暂停编织。

4.袖片的编织。双罗纹起针法，起74针，起织花样A双罗纹针，不加减针，编织34行的高度。下一行起，依照花样C进行花样分配，并在两袖侧缝上进行加针，8-1-18，不加减针再织8行后，至袖山减针，下一行起，在内侧第5针的位置上进行减针，2-1-42，织成84行，余下26针，不收针。相同的方法去编织另一只袖片。将两只袖片与衣身对应缝合，再将袖侧缝缝合。

5.领片的编织，将前片留下的6针，边织边与袖片后领片留下的针数进行并针，织至另一侧前领边留下的6针进行缝合。最后沿着前领边，两侧各挑61针，后领边挑36针，起织花样D，在前领片转角V形处，进行并针编织。3针并为1针，中间1针朝上。织成20行后，收针断线。衣服完成。

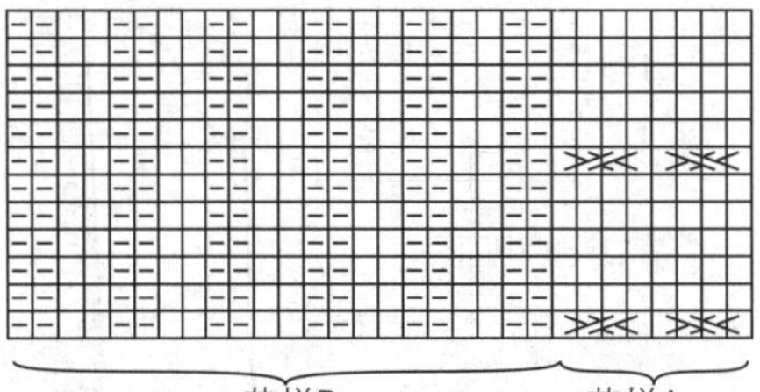

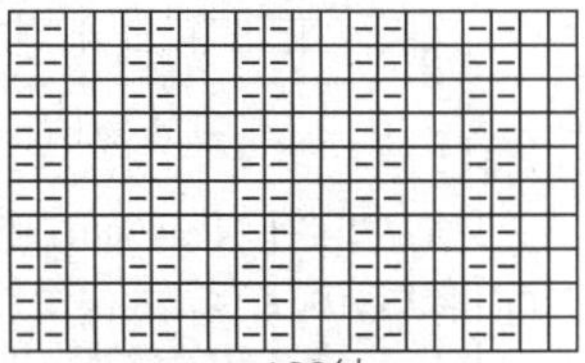

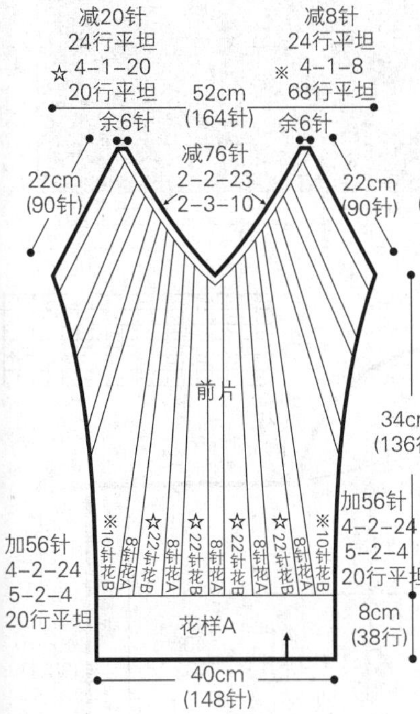

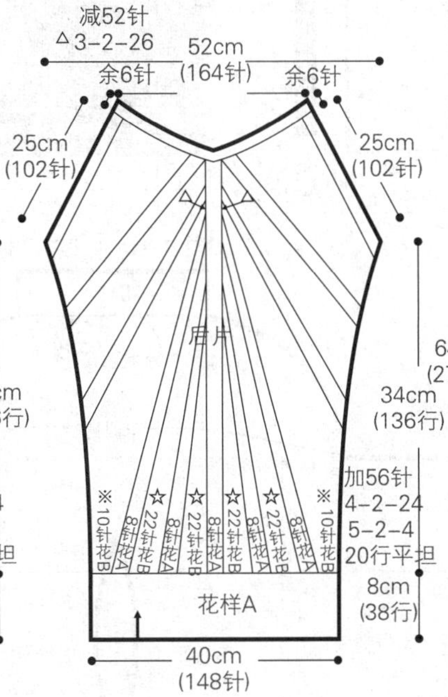

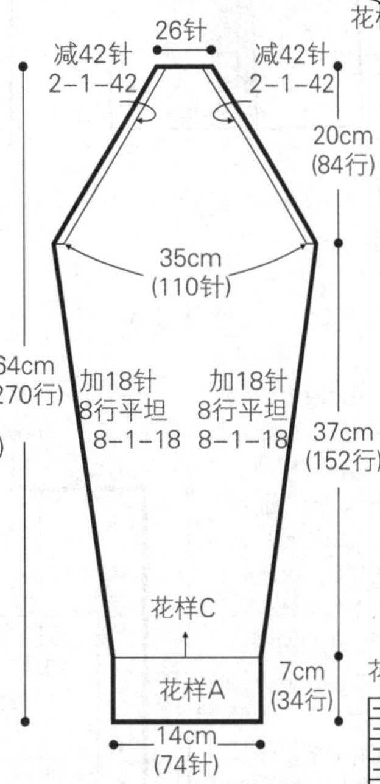

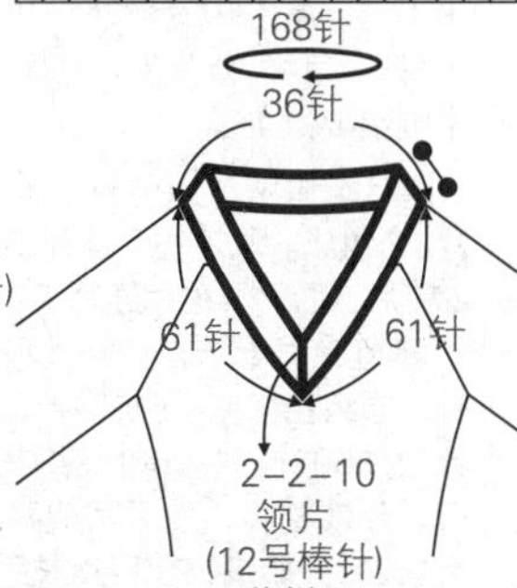

花样D

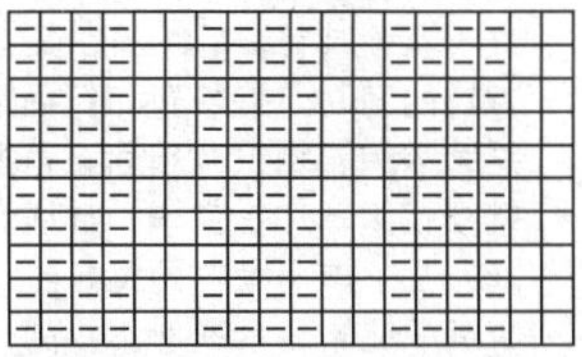

花样C

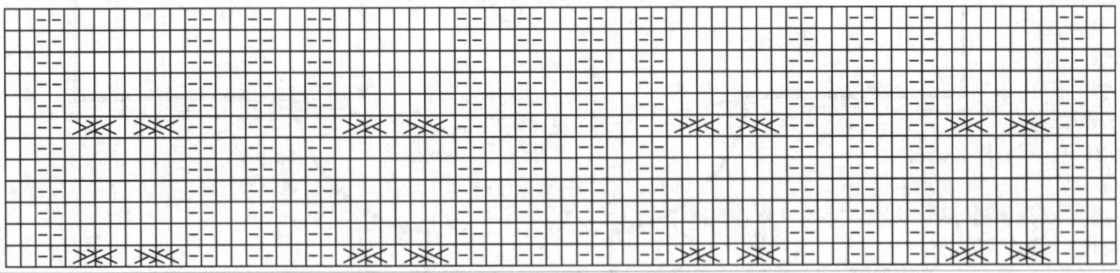

【编织要点】

1.由前、后片及左右袖片组成。前片、后片、袖片均是按结构图从下往上编织。

2.各单元片织好后，合在一起往上织衣领，3cm下针作为衣领。

81

【成品规格】衣长54cm，胸围94cm，肩宽34cm，袖长56cm

【编织密度】花样A：21针×24行=10cm²

花样B：21.5针×25行=10cm²

花样C：26针×25行=10cm²

【工　　具】3.9mm、4.5mm棒针

【材　　料】黑色棉线270g，白色棉线20g

花样A

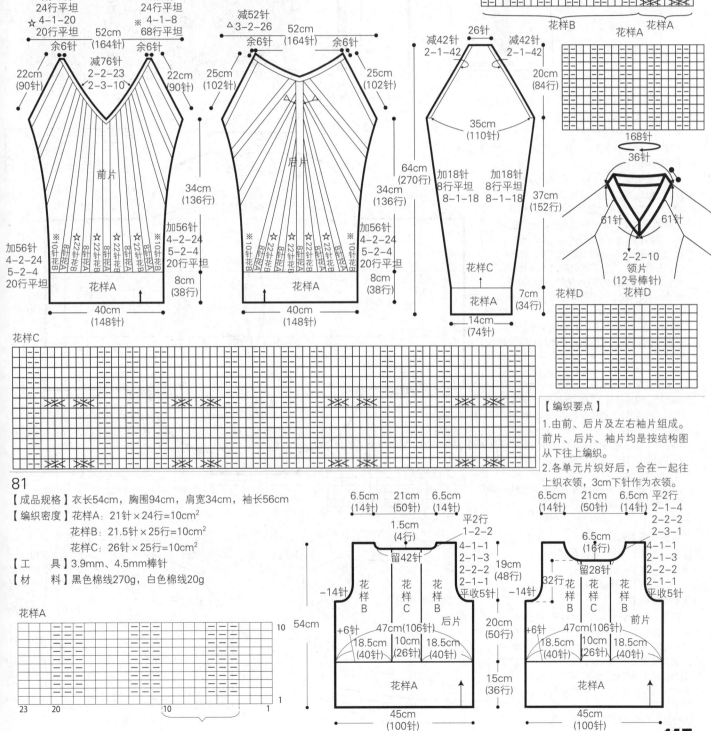

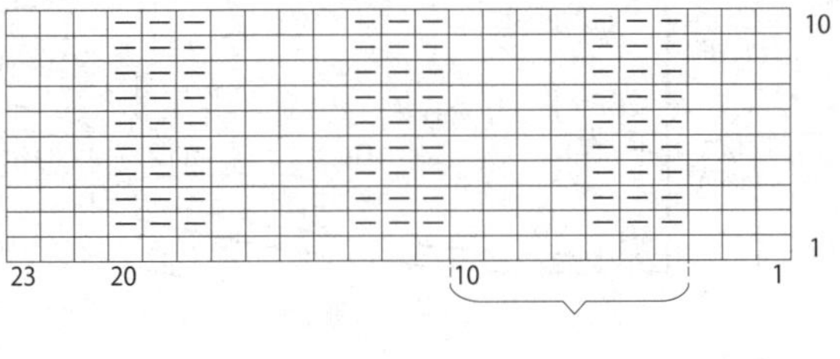

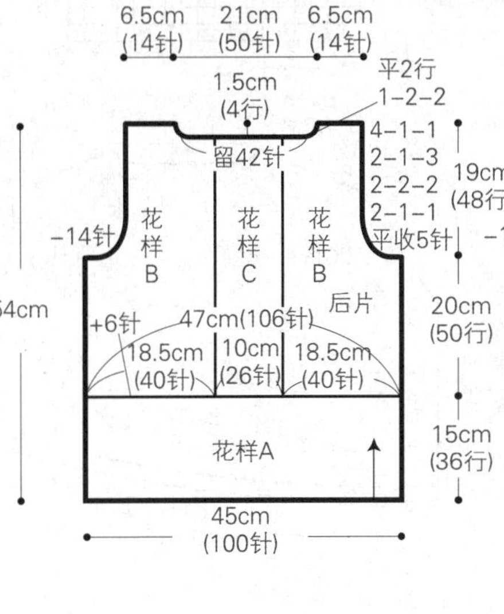

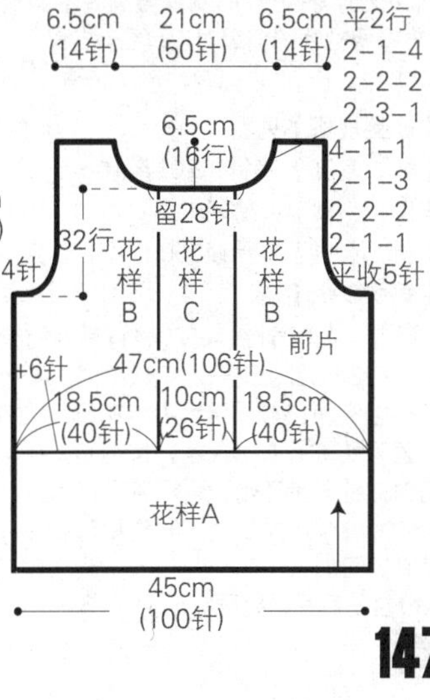

花样B

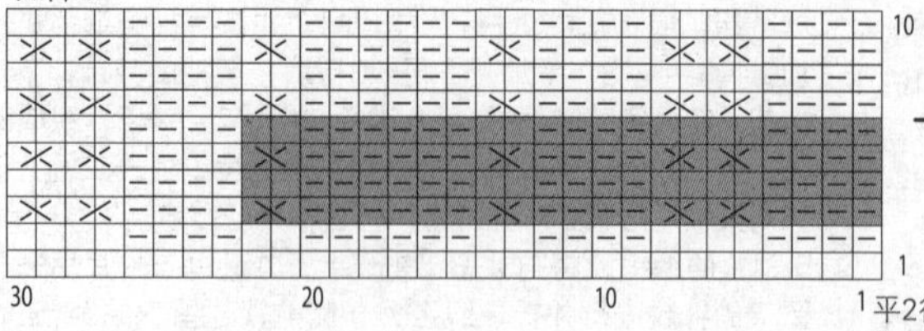

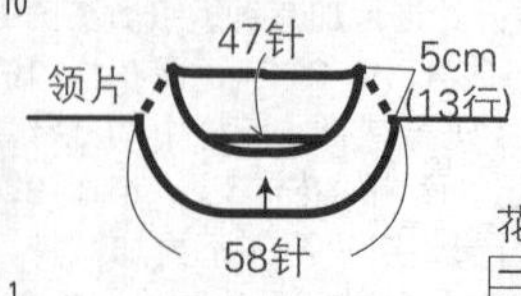

右袖

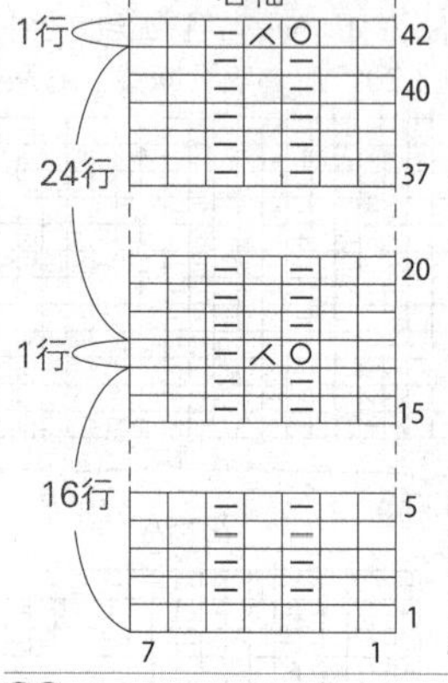

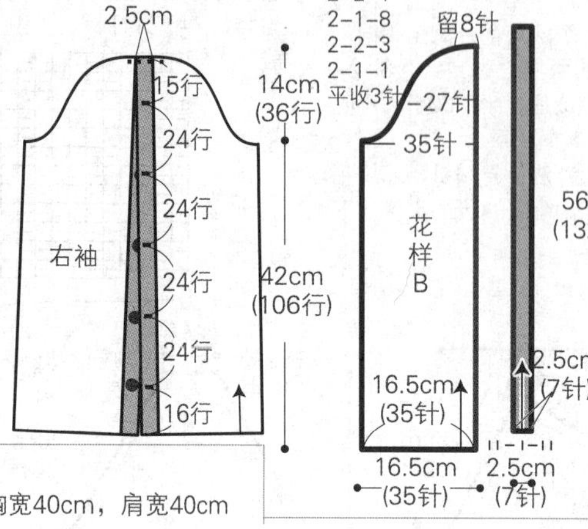

花样C

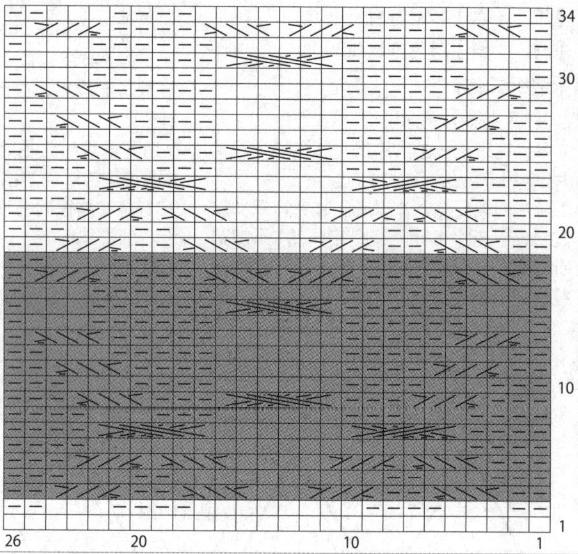

82

【成品规格】衣长46cm，胸宽40cm，肩宽40cm

【编织密度】18针×33行=10cm²

【工　　具】10号棒针

【材　　料】藕荷色丝光棉线400g，缎织金线100g

【编织要点】

1.棒针编织法，由前片1个、后片1个、袖片2个组成。从下往上连片织起。

2.前片、后片、袖片连片编织，一片织成。用藕荷色线起针，单罗纹起针法，起46针，起织花样A，不加减针，编织20行后，分散加50针，共96针编织花样B，织成40行，形成袖片，然后两侧同时加28针，共有152针开始编织前后片衣身。不加减针，继续编织花样B，织成26行，中间两侧分别进行衣领减针，4-1-4，48行平坦，衣领减针的同时，编织到40行后换成缎织金线继续编织，编织52行后，再换成藕荷色线继续编织，加针完毕，针线合并一起编织26行后，衣身左右两侧各收28针断线。衣身编织完毕。余96针编织另一个袖片，不加减针，编织花样B，织成40行，分散收针50针，余46针，编织花样A，织成20行，收针断线，整片完成。

3.前后片和后片下摆的编织。在前后片衣身侧边分别挑出98针，不加减针，编织花样A，编织20行，收针断线。

4.拼接。将前片的侧缝与后片的侧缝对应缝合。再将两袖片的侧缝对应缝合。

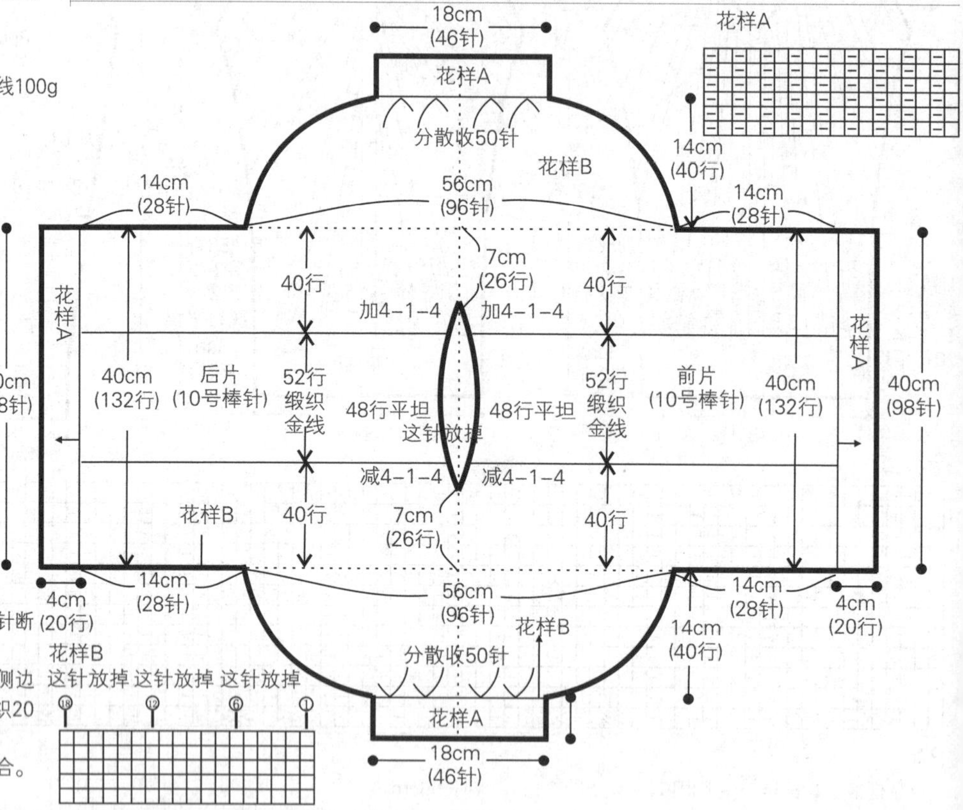

花样A

花样B

这针放掉 这针放掉 这针放掉

83

【成品规格】见图

【编织密度】14针×20行=10cm²

【工　　具】8号棒针

【材　　料】银丝线300g

【编织要点】

1.后片。起90针织双罗纹4行后开始织引退针，每2行6针引退一次织成弧线，再平织12行在右侧加16针，继续平织18行，在加针的位置开始减针织出袖洞，按图示减针，左侧肩部减针同步开始；后领窝留2cm。

2.前片。织法同后片；领窝留8cm，按图示减针即可。

3.缝合前后片，整理完成。

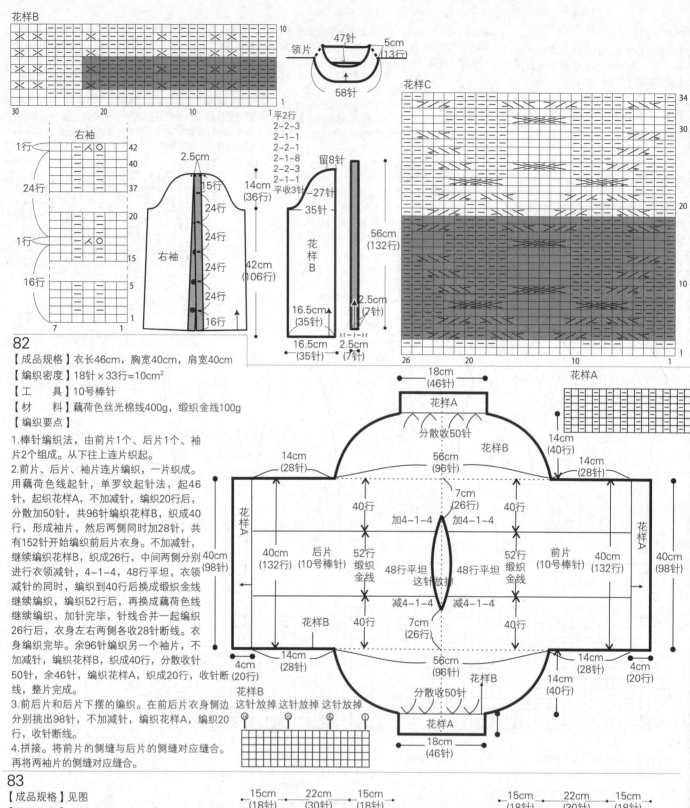

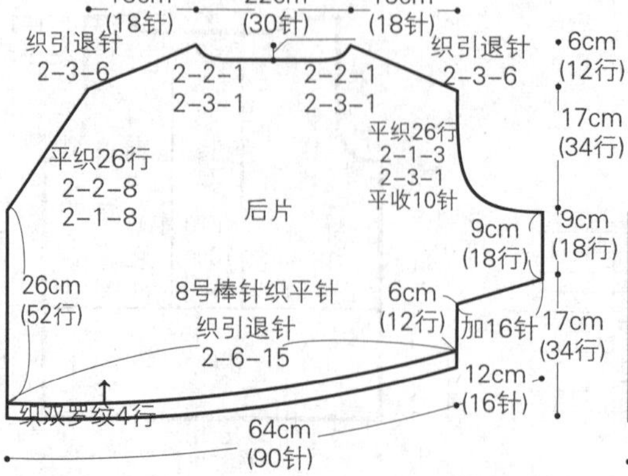

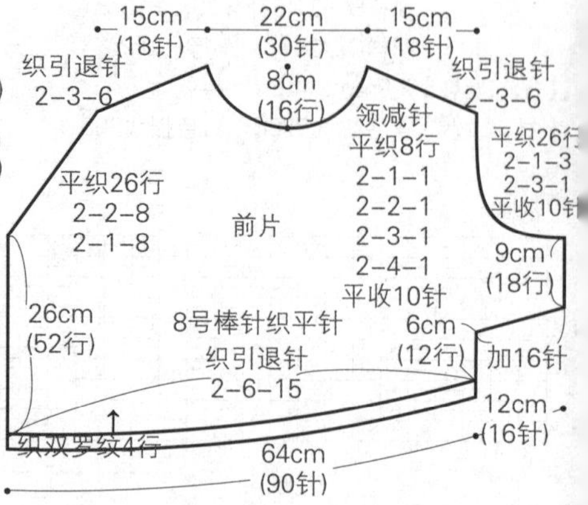

后片编织图

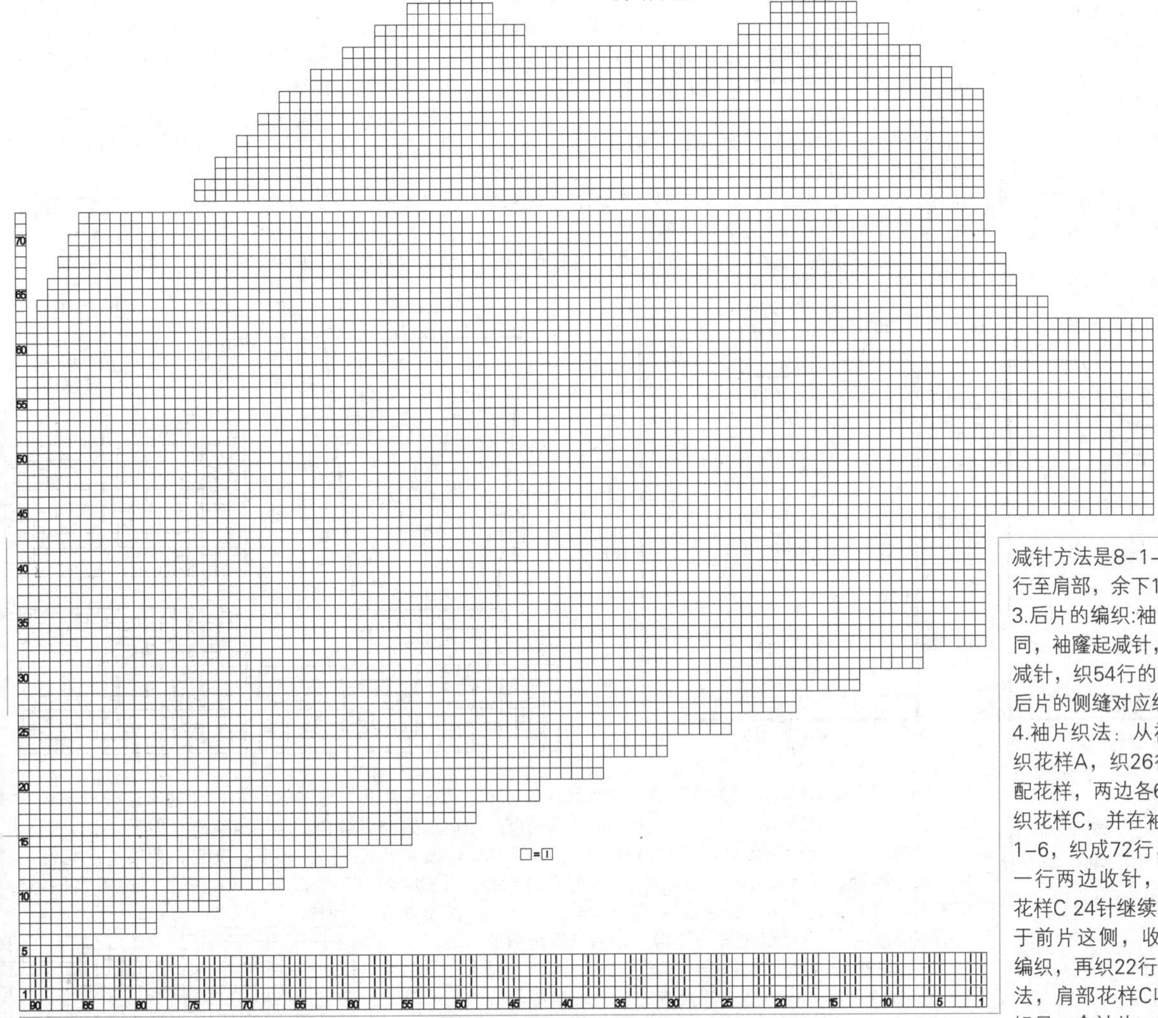

84

【成品规格】衣长60cm，胸宽50cm，肩宽44.5cm，袖长43cm

【编织密度】14针×31行=10cm²

【工　　具】7号、8号棒针

【材　　料】灰色羊毛线800g

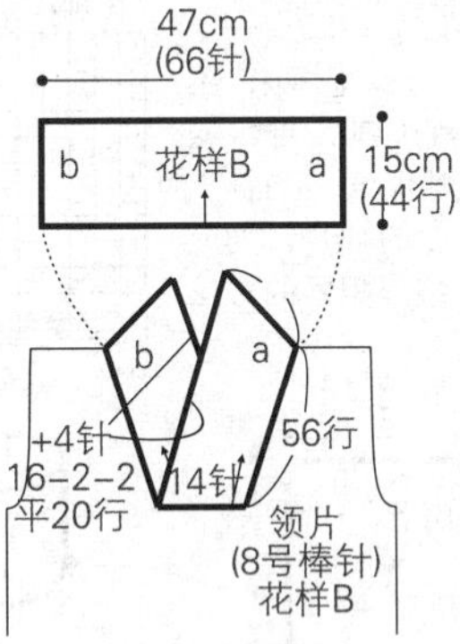

花样C

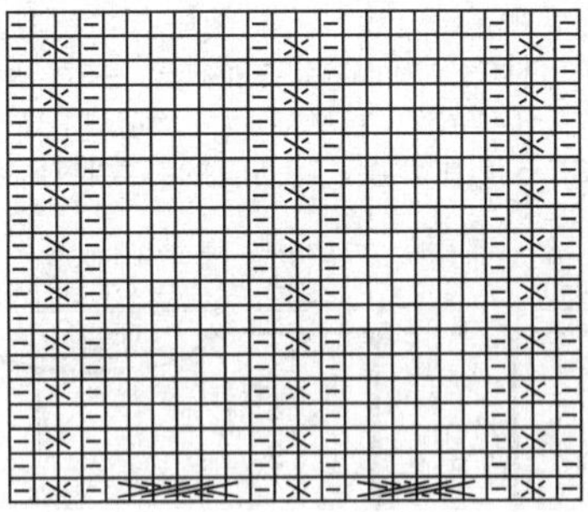

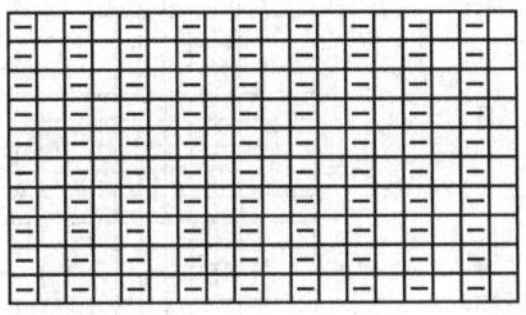

花样A

样B

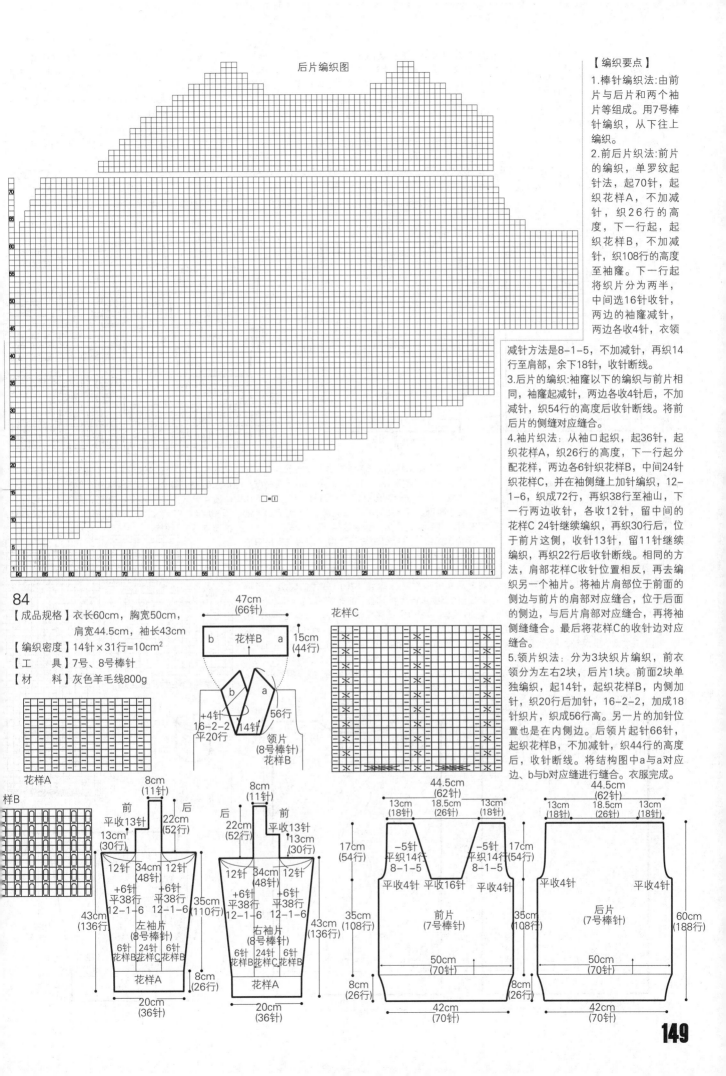

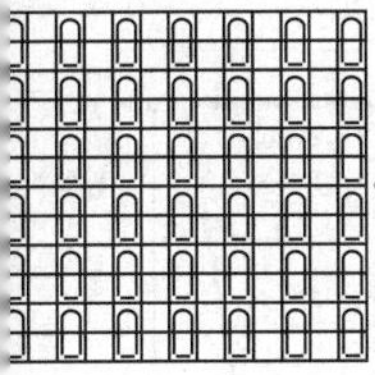

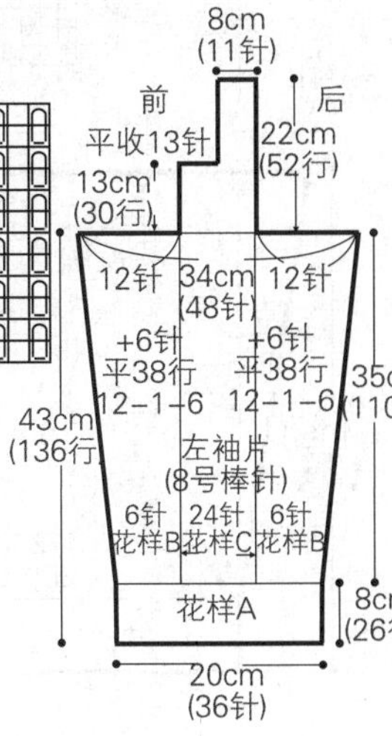

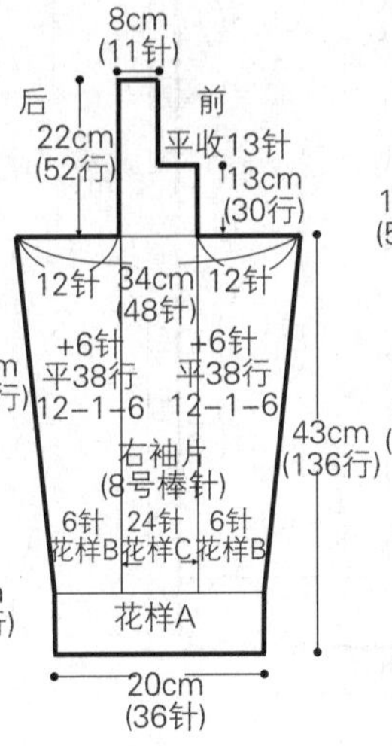

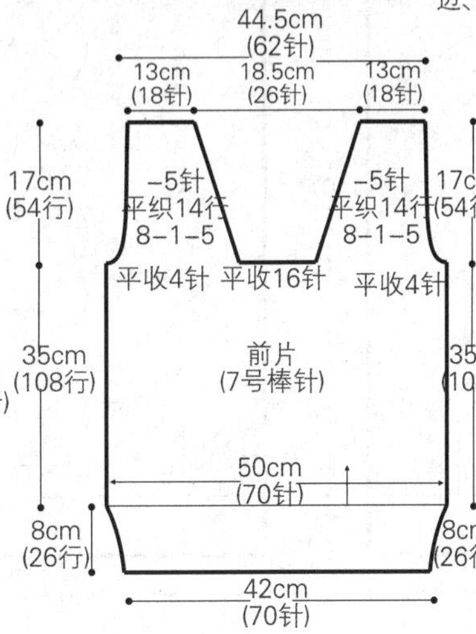

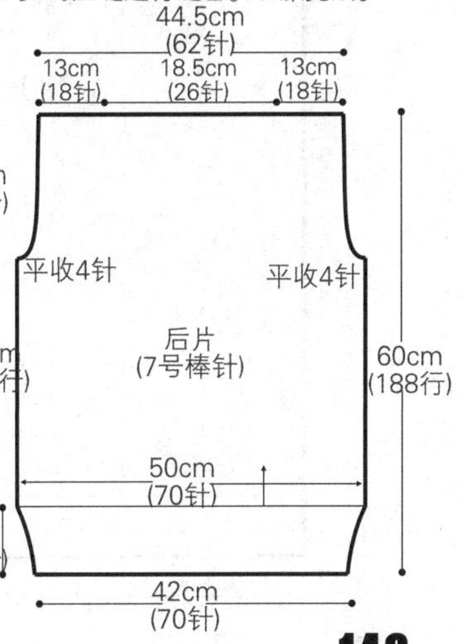

【编织要点】

1.棒针编织法：由前片与后片和两个袖片等组成。用7号棒针编织，从下往上编织。

2.前后片织法：前片的编织，单罗纹起针法，起70针，起织花样A，不加减针，织26行的高度，下一行起，织花样B，不加减针，织108行的高度至袖窿。下一行起将织片分为两半，中间选16针收针，两边的袖窿减针，两边各收4针，衣领减针方法是8-1-5，不加减针，再织14行至肩部，余下18针，收针断线。

3.后片的编织：袖窿以下的编织与前片相同，袖窿起减针，两边各收4针后，不加减针，织54行的高度后收针断线。将前后片的侧缝对应缝合。

4.袖片织法：从袖口起织，起36针，起织花样A，织26行的高度，下一行起分配花样，两边各6针织花样B，中间24针织花样C，并在袖侧缝上加针编织，12-1-6，织成72行，再织38行至袖山，下一行两边收针，各收12针，留中间的花样C 24针继续编织，再织30行后，位于前片这侧，收针13针，留11针继续编织，再织22行后收针断线。相同的方法，肩部花样C收针位置相反，再去编织另一个袖片。将袖片肩部位于前面的侧边与前片的肩部对应缝合，位于后面的侧边，与后片肩部对应缝合，再将袖侧缝缝合。最后将花样C的收针边对应缝合。

5.领片织法：分为3块织片编织，前衣领分为左右2块，后片1块。前面2块单独编织，起14针，起织花样B，内侧加针，织20行后加针，16-2-2，加成18针织片，织成56行高。另一片的加针位置也是在内侧边。后领片起针66针，起织花样B，不加减针，织44行的高度后，收针断线。将结构图中a与a对应边、b与b对应缝进行缝合。衣服完成。

85

【成品规格】衣长54cm，胸宽60cm，肩宽60cm，袖长47cm

【编织密度】8.6针×39行=10cm²

【工　　具】8号、9号棒针

【材　　料】白色羊毛线750g

【编织要点】

1.棒针编织法。由前片与后片和两个袖片等组成。用8号棒针，从下往上编织。

2.前后片织法：

(1)前片的编织，下针起针法，起53针，起织花样A，不加减针，织6行的高度，下一行起，起织花样B单元宝针，不加减针，织96行的高度至袖窿。无袖窿减针，再织从袖窿算起20行的高度后，下一行的中间收3针，两边各自减针，4-1-7，再织28行至肩部，余下18针，收针断线。

(2)后片的编织。袖窿以下的编织与前片相同，当织成从袖窿算起56行高度后，下一行中间收13针，两边减针，2-1-2，织成4行，至肩部余下18针，收针断线。将前后片的肩部对应缝合，再将侧缝对应缝合。

3.袖片织法：从袖口起织，起28针，起织花样A，织6行的高度，下一行起织花样B，并在袖侧缝上加针编织，20-1-6，织成120行，再织16行后结束编织，加成40针，收针断线。相同的方法再去编织另一个袖片。将两个袖山边线与衣身的袖窿边线对应缝合。再将袖侧缝缝合。

4.领片织法：沿前领窝挑71针，后领窝挑26针，共挑起97针，起织花样C。前衣领下端3针上进行并针编织，每织2行并针1次，3针并为1针，中间1针在上，进行5次并针，织成10行，完成后，收针断线。衣服完成。

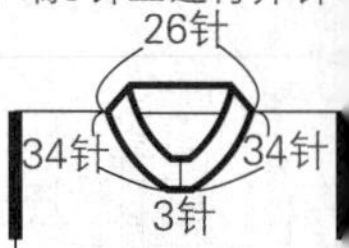

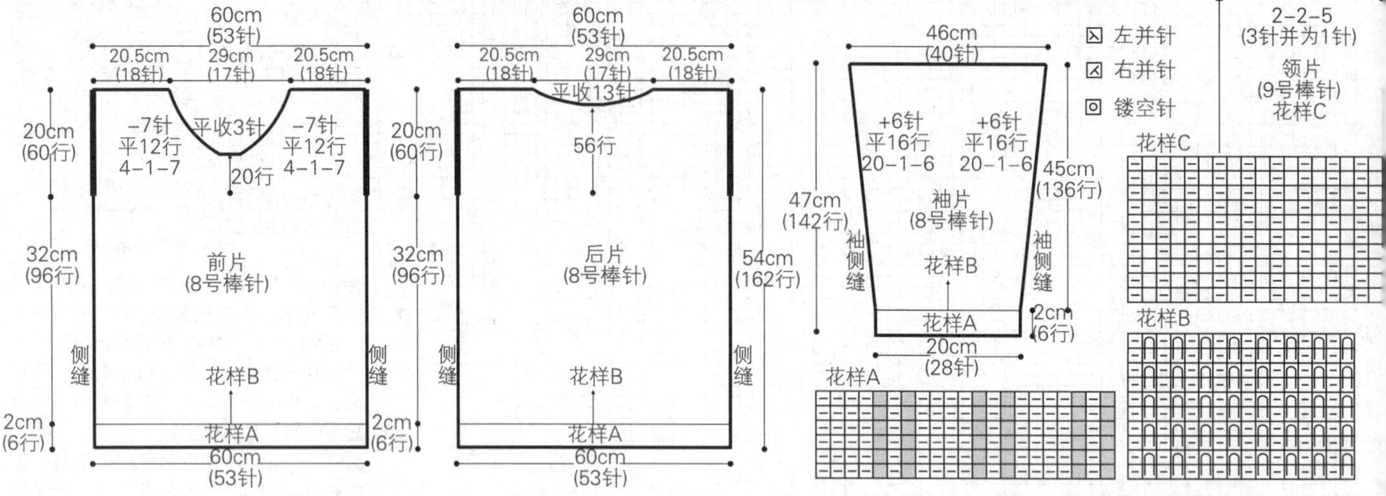

86

【成品规格】衣长75cm，胸宽47.5cm，肩宽47.5cm，袖长40.5cm

【编织密度】19针×29行=10cm²

【工　　具】8号棒针

【材　　料】黑色羊毛线1100g

【编织要点】

1.棒针编织法：由前片与后片和两个袖片等组成。

2.前后片织法。

(1)前片的编织，单罗纹起针法，起92针，起织花样A单罗纹针，不加减针，织18行的高度。下一行起，排花型编织，从右至左，依次是10针花样C搓板针，16针花样B，12针花样C，16针花样B，12针花样C，16针花样B，10针花样C，不加减针，织158行的高度，无袖窿减针，下一行即进行前衣领减针，中间收针16针，两边减针，2-2-2，4-1-2，再织8行至肩部，余下32针，收针断线，另一边织法相同。

(2)后片的编织：后片织法与前片相同，后衣领是织成192行后再进行减针，下一行中间收针16针，两边减针，2-2-2，2-1-2，至肩部余下32针，收针断线。将前后片的肩部对应缝合，将前后片的侧缝，选取158行的高度进行缝合。留下的孔做袖口。

3.袖片织法：从袖口起织，起40针，起织花样A，不加减针，织18行，下一行排花型，两边各12针织花样C，中间16针织花样B，并在两边袖侧缝上加针，8-1-12，再织4行后，织成118行高度的袖片，加成64针的宽度。将所有的针数收针，断线。相同的方法再去编织另一个袖片。将两个袖山边线与衣身的袖窿边线对应缝合。再将袖侧缝缝合。

4.领片织法：沿前领窝挑50针，后领窝挑40针，共挑起90针，不加减针，织60行花样A，收针断线，衣服完成。

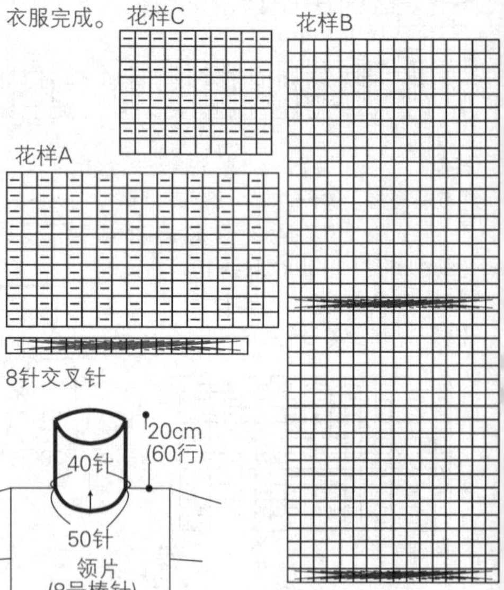

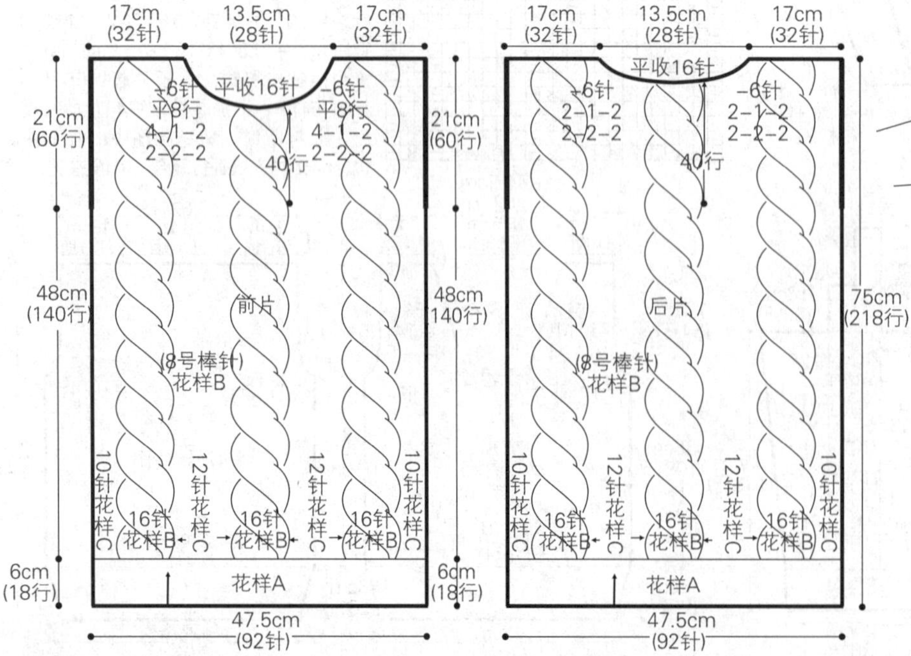

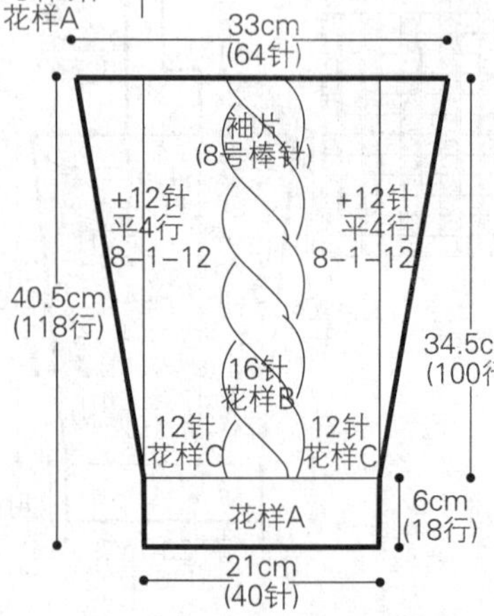

87

【成品规格】衣长70cm，胸宽65cm，
肩宽65cm，袖长30cm

【编织密度】16针×24行=10cm²

【工　　具】8号、9号棒针

【材　　料】灰色羊毛线900g

【编织要点】

1.棒针编织法:由前片与后片和两个袖片等组成。

2.前后片织法。

(1)前片的编织:双罗纹起针法，起106针，起织花样A双罗纹针，不加减针，织12行的高度，下一行起，全织下针，不加减针，织128行的高度，无袖窿减针，下一行即进行前衣领减针，中间收针18针，两边减针，2-2-4，2-1-2，再织8行至肩部，余下34针，收针断线，另一边织法相同。

(2)后片的编织:后片织法与前片相同，后衣领是织成150行后再进行减针，下一行中间收针26针，两边减针，2-2-2，2-1-2，至肩部余下34针，收针断线。将前后片的肩部对应缝合，将前后片的侧缝选取128行的高度进行缝合。

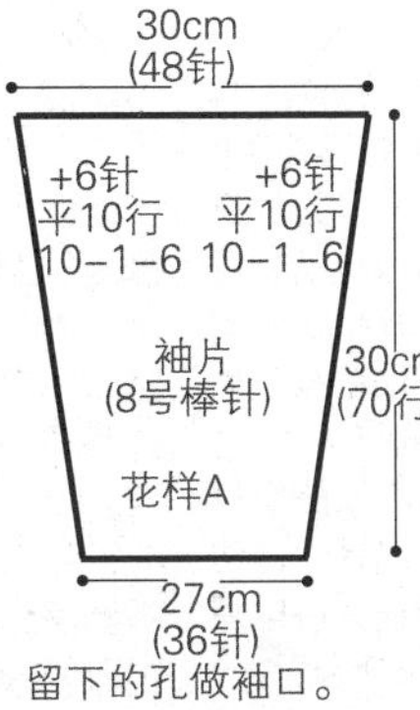

留下的孔做袖口。

3.袖片织法：从袖口起织，起36针，起织花样A，并在两边袖侧缝上加针，10-1-6，再织10行后，织成70行高度的袖片，加成48针的宽度。将所有的针数收针，断线。相同的方法再去编织另一个袖片。将两个袖山边线与衣身的袖窿边线对应缝合。再将袖侧缝缝合。

4.领片织法：沿前领窝挑60针，后领窝挑40针，共挑起100针，不加减针，织8行花样A，收针断线，衣服完成。

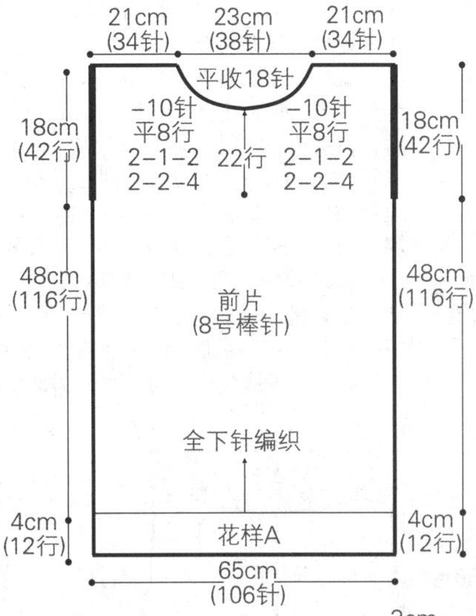

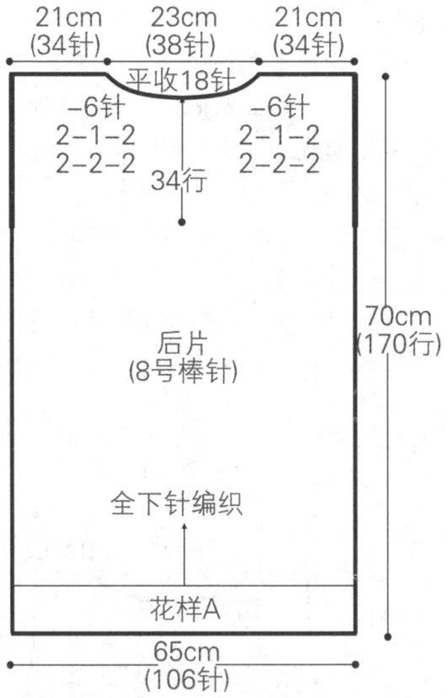

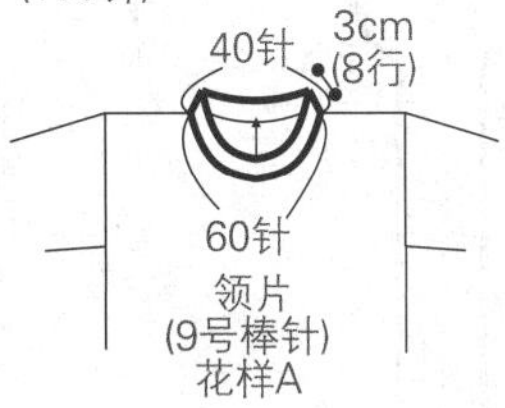

花样A

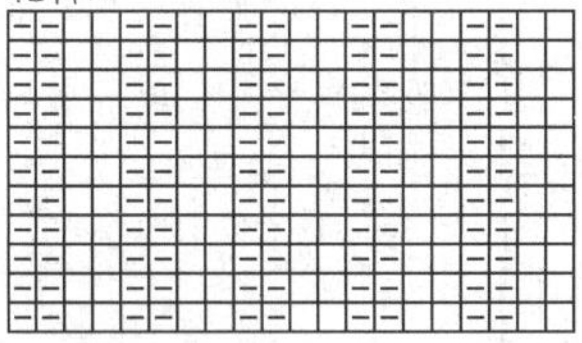

88

【成品规格】衣长65cm，胸宽45cm，
肩宽42cm，袖长51cm

【编织密度】15针×26行=10cm²

【工　　具】8号棒针

【材　　料】灰色羊毛线750g

【编织要点】

1.棒针编织法：由前片与后片和两个袖片等组成。用8号棒针编织，从下往上编织。

2.前后片织法。

(1)前片的编织：单罗纹起针法，起82针，起织花样A，不加减针，织14行的高度，下一行起，排花样编织，两边各取10针织下针，中间62针织花样B，两侧留1针缝边，两侧缝上后减针，12-1-8，再织6行至袖窿。下一行起袖窿减针，4-1-4，织成16行后，不加减针，织18行后再次减针，2-1-8，织成50行的袖窿高度，余下42针，收针断线。

(2)后片的编织：后片的织法与前片完全相同，完成后将侧缝对应缝合。

3.袖片织法：从袖口起织，起34针，起织花样A，织14行的高度，下一行起依照花样C排花样编织，并在袖侧缝上加针编织，6-1-6，4-1-7，织成64行，下一行起袖山减针，两边减针，2-1-25，织成50行高，余下10针，收针断线。相同的方法再去编织另一个袖片。将两个袖山边线与衣身的袖窿边线对应缝合。再将袖侧缝缝合。

4.领片织法：沿前领窝挑38针，后领窝挑38针，共挑起76针，不加减针，织10行花样A，收针断线。衣服完成。

⊟ 上针　　⧄ 左并针

☐ ⧈ 下针　　⧅ 右并针

⊡ 镂空针

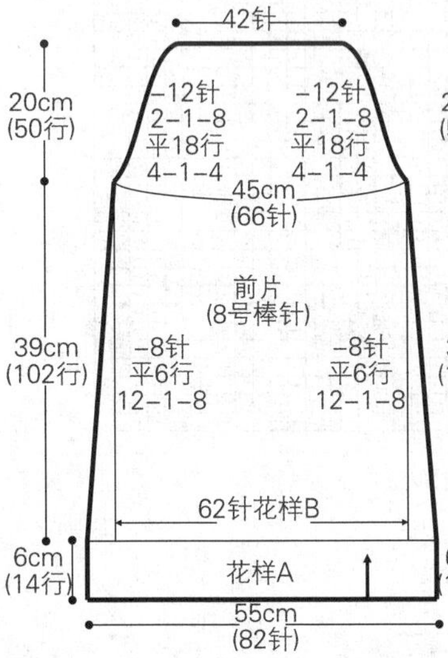

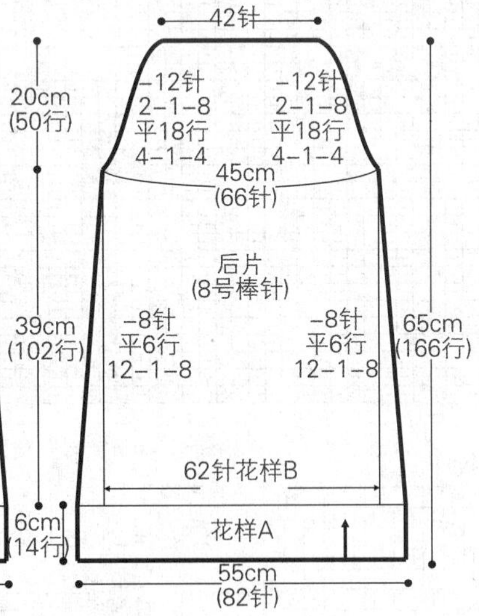

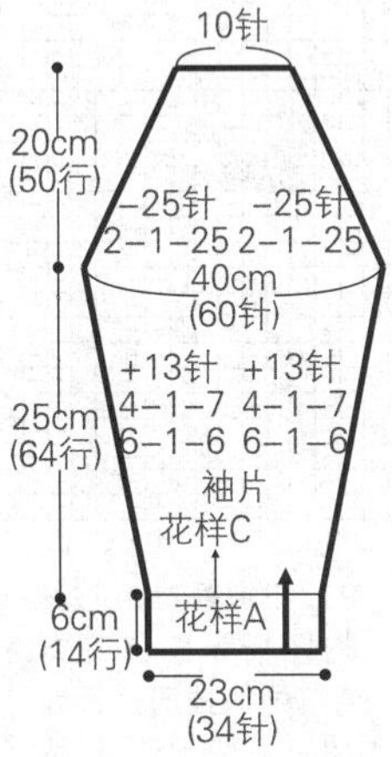

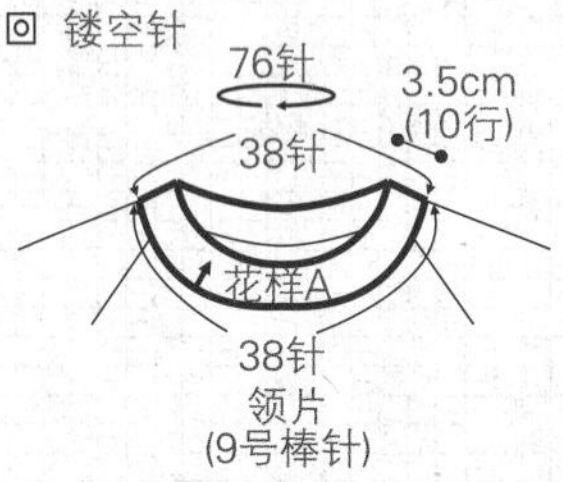

花样A

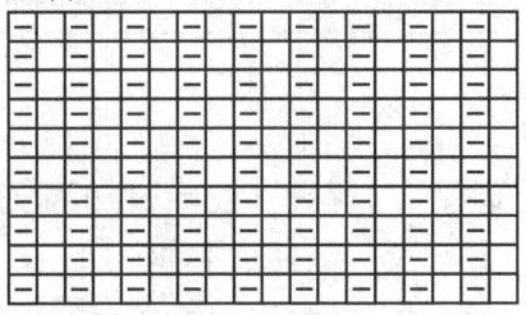

花样B

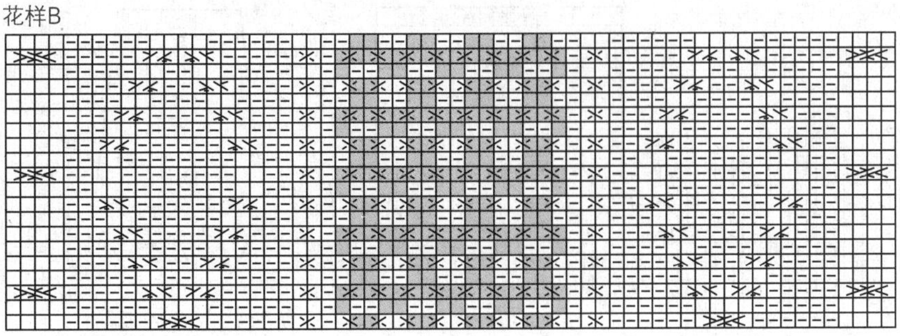

花样C

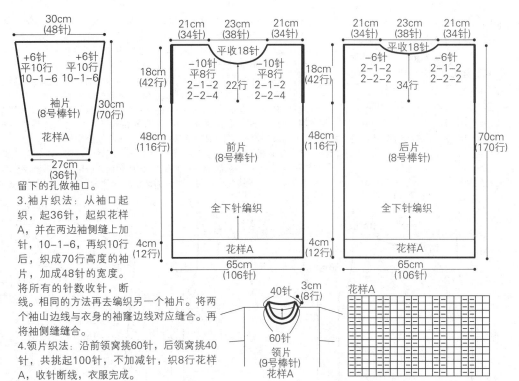

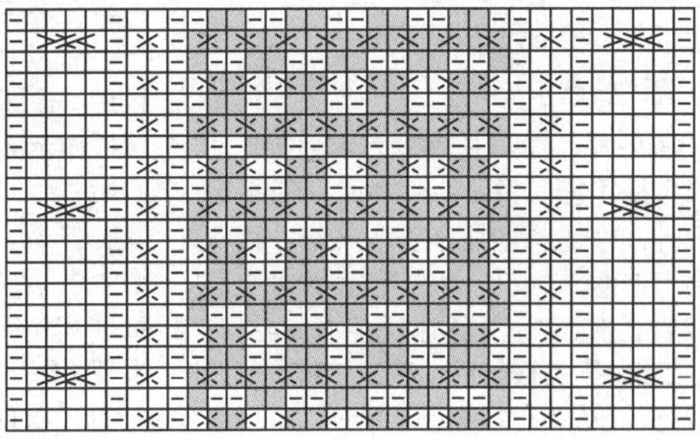

89

【成品规格】衣长60cm，胸宽47.5cm，肩宽36cm，袖长50cm

【编织密度】13针×17行=10cm²

【工　　具】7号、8号棒针

【材　　料】灰色羊绒毛线800g

【编织要点】

1.棒针编织法。由前片与后片和两个袖片等组成。用3.9mm棒针织衣身，8号棒针织衣领。

2.前后片织法：

(1)前片的编织，单罗纹起针法，起62针，起织花样A单罗纹针，不加减针，织14行的高度。下一行起，排花型编织，从右至左，依次是4针上针，54针花样B，4针上针，不加减针，织54行的高度，下一行起袖窿减针，两边同时收针4针，然后2-1-4，当织成从袖窿算起26行的高度时，下一行即进行前衣领减针，中间收针6针，两边减针，2-2-2，2-1-2，再织2行至肩部，余下14针，收针断线，另一边织法相同。

(2)后片的编织：后片织法与前片相同，后衣领是织成从袖窿算起32行的高度后，下一行中间收14针，两边减针，2-1-2，至肩部余下14针，收针断线。将前后片的肩部对应缝合，再将前后片的侧缝对应缝合。

3.袖片织法：从袖口起织，起34针，起织花样A，不加减针，织14行，下一行排花型，两边各2针织下针，中间28针织花样B，并在两边袖侧缝上加针，6-1-8，再织10行后，织成58行高度的袖片，加成50针的宽度。下一行起袖山减针，两边收针4针，然后2-1-4，织成8行高，余下34针，收针断线。相同的方法再去编织另一个袖片。将两个袖山边线与衣身的袖窿边线对应缝合。再将袖侧缝缝合。

4.领片织法：改用8号棒针。沿前领窝挑28针，后领窝挑24针，共挑起52针，不加减针，织30行花样A，收针断线，衣服完成。

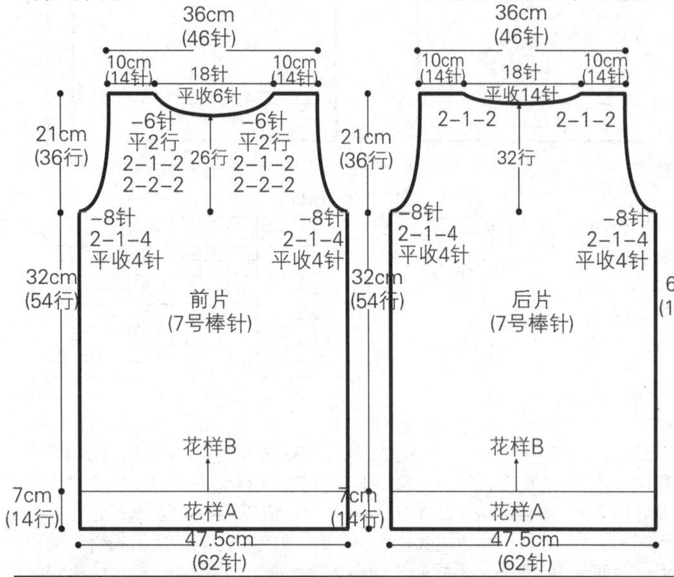

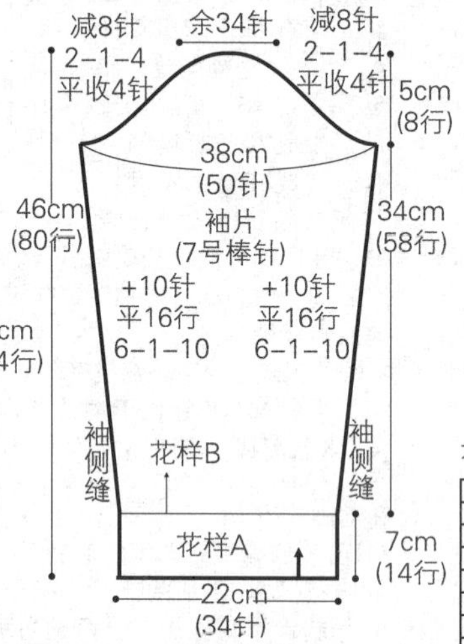

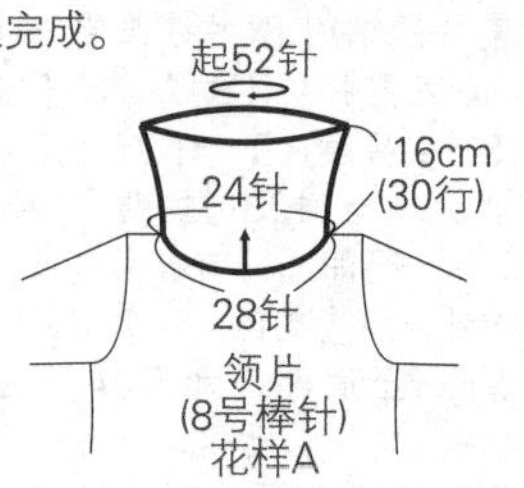

□ 上针

□ □ 下针

□ 左上2针与右下2针交叉

花样A

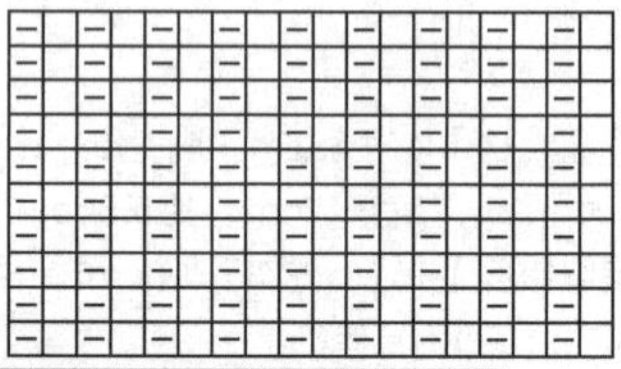

花样B

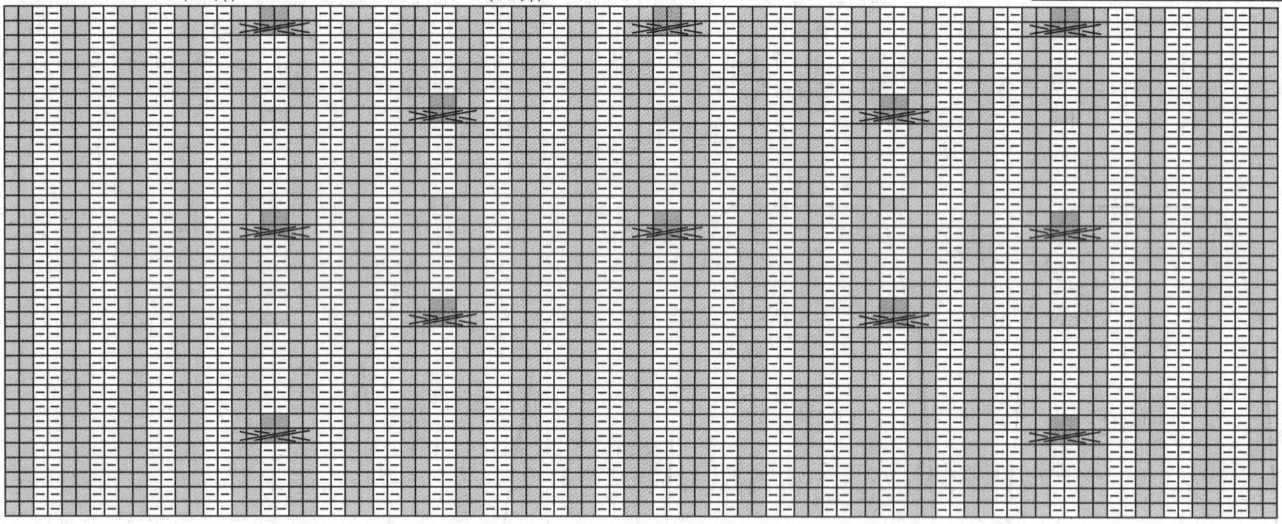

90

【成品规格】衣长53cm，胸围88cm，袖连肩长59cm

【编织密度】13针×17行=10cm²

【工　　具】7号棒针

【材　　料】灰色毛线500g

【编织要点】

1.前/后片：前后片编织方法一样，从领口往下织，用7号棒针起36针织搓板针，按结构图所示织入花样，两侧插肩按图示加针，织56行，织片变成92针，第57行两侧袖底各平加4针，继续织4行搓板针后，改织下针，平织82行，改织8行搓板针，完成。

2.袖：从领口往下织，用7号棒针起8针织搓板针，按结构图所示织入花样A，两侧插肩按图示加针，织56行，织片变成64针，第57行两侧袖底各平加4针，继续织4行搓板针后，改织下针，两侧按图示减针，织18行后，中间反方向织入花样B，织24行，袖片中间织22针搓板针，其余仍织下针，再织60行后，余下46针，收针。

3.缝合各片，完成。

搓板针

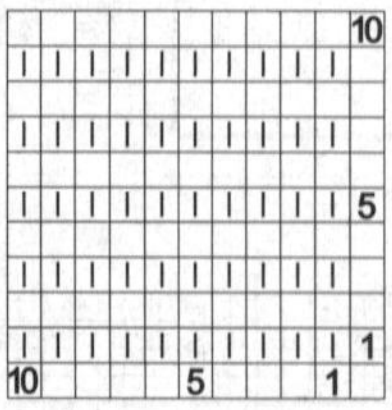

下针

□ = 4针右上交叉

□ = 3针左上交叉

□ = 3针右上交叉

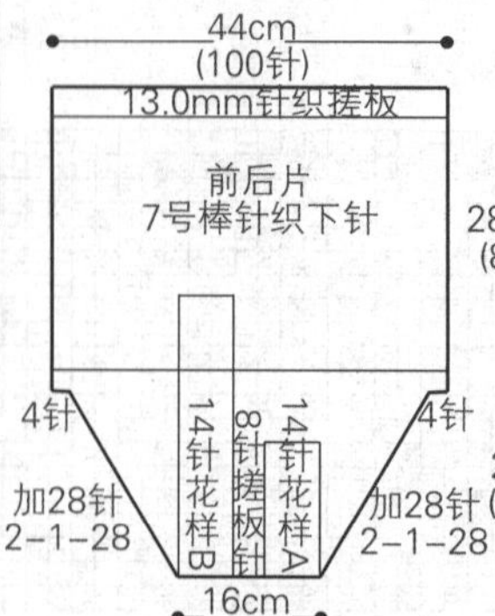

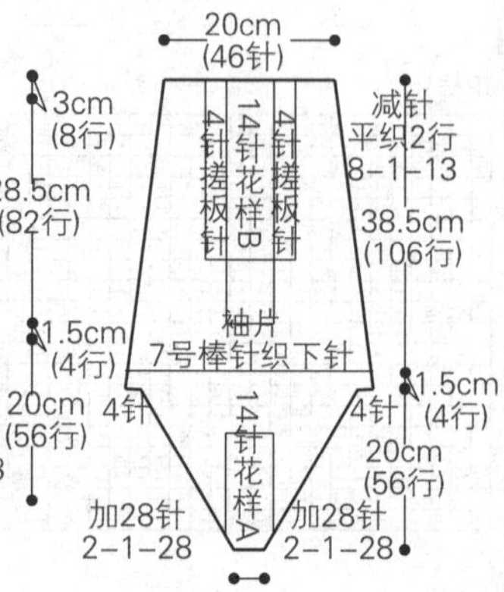

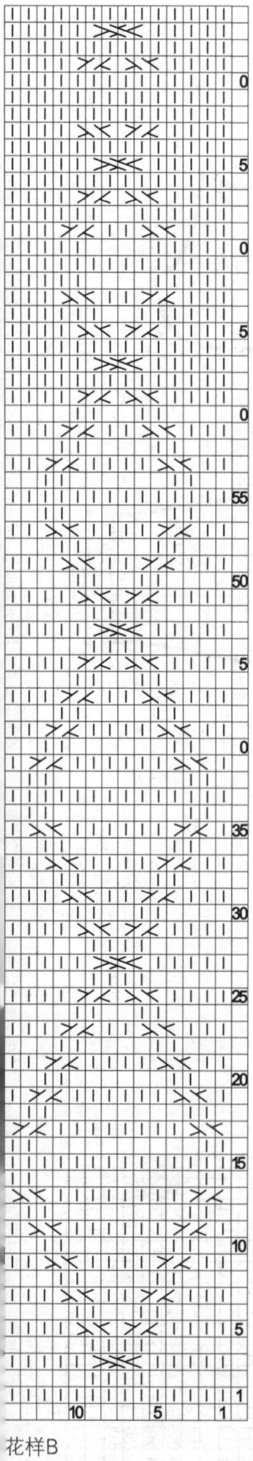

花样B

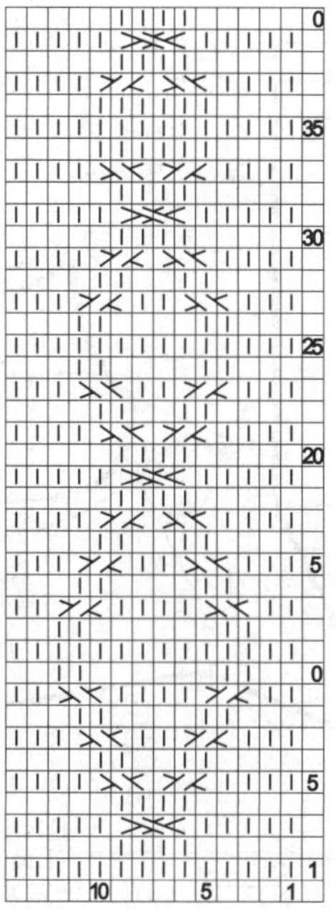

花样A

91

【成品规格】衣长60cm，胸宽51cm，肩宽39cm，袖长52cm

【编织密度】20针×28行=10cm^2

【工　　具】8号棒针

【材　　料】深蓝色羊绒毛线800g

【编织要点】

1.棒针编织法:由前片与后片和两个袖片组成。用8号棒针编织。从下往上织。

2.前后片织法。

(1)前片的编织:双罗纹起针法，起90针，依照花样B图解排花样编织，不加减针，织46行后，两侧缝进行加针，两边加针的针数不相同，右侧缝加8针，20-2-4，左侧缝加4针，20-1-4，织成126行的高度后，下一行起两侧袖窿减针，2-2-6，织成6行后，分前开襟，右侧留38针，左侧40针，先织右侧，不加减针，织14行后，将左边的8针全部收针，然后不加减针，再织22行至肩部，余下30针，收针断线。再将左边40针挑出，在右片的中间8针的前面挑出8针，针数一共48针，不加减针，织14行后，开始减前衣领边。从右至左，收针10针，然后2-2-5，2-1-6，织成22行，余下22针，收针断线。此款衣服的两边肩部宽度不相等，衣领为不规则形状。

(2)后片的编织。袖窿以下的编织与前片相同，但是需将花样B的排花顺序与前片相反，右侧缝加4针，左侧缝加8针，与前片相对应。至袖窿起减针，方法与前片相同，当织成袖窿算起34行的高度时，留出两边肩部的针数，右肩留22针，左肩留30针，中间为26针，再将26针的两边各6针减针，2-1-2，2-2-2，中间留出14针收针。将前后片的肩部对应缝合，再将侧缝对应缝合。

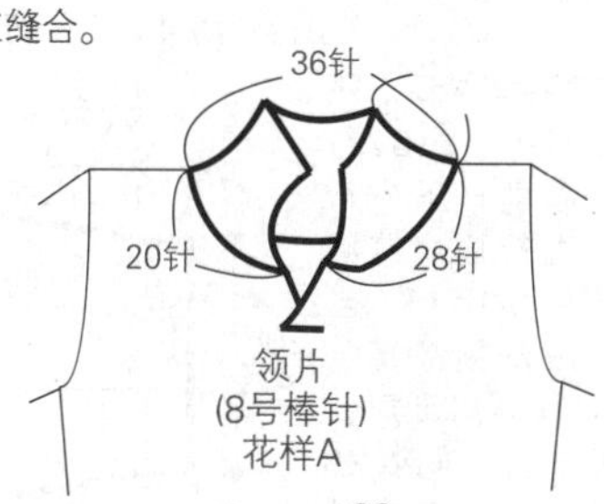

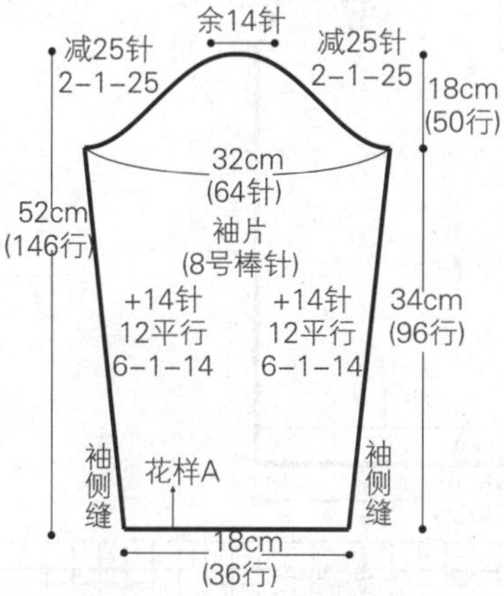

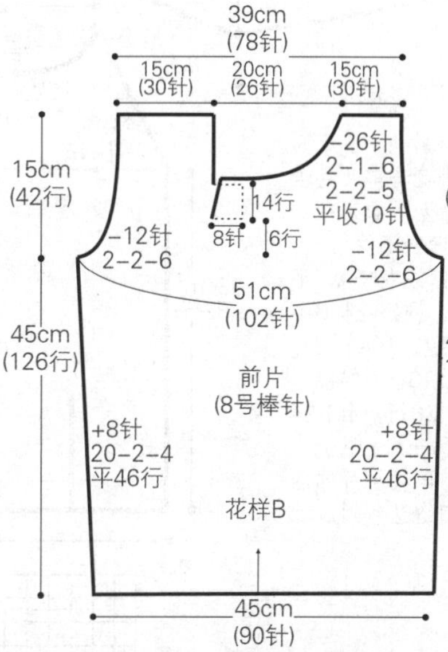

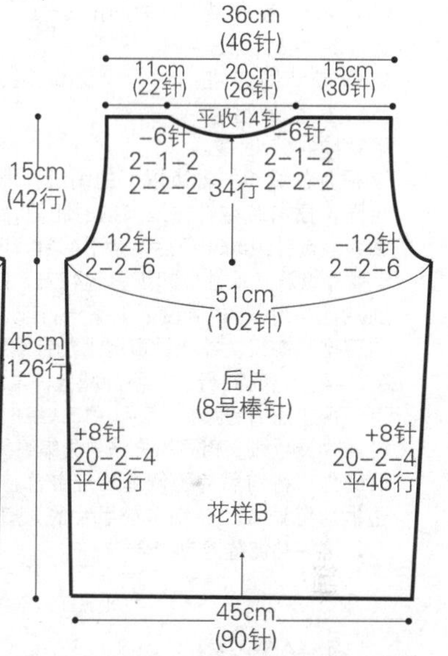

花样B

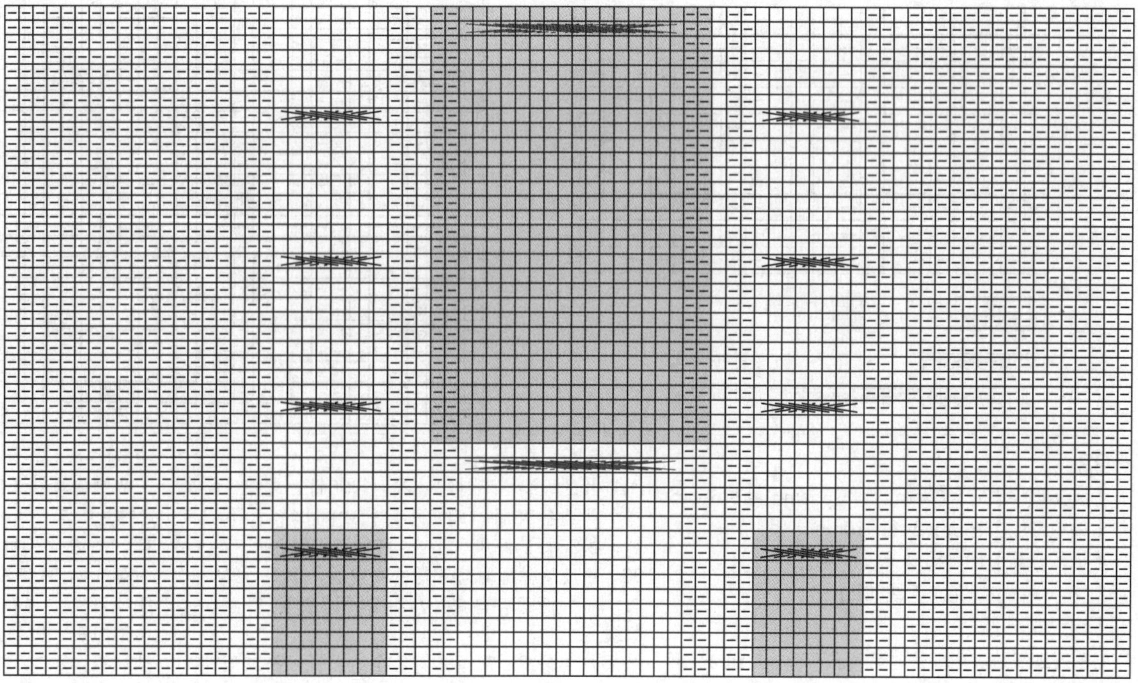

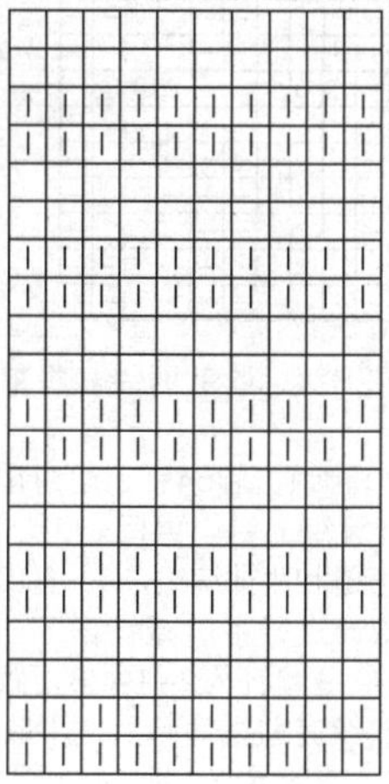
花样A(双罗纹)

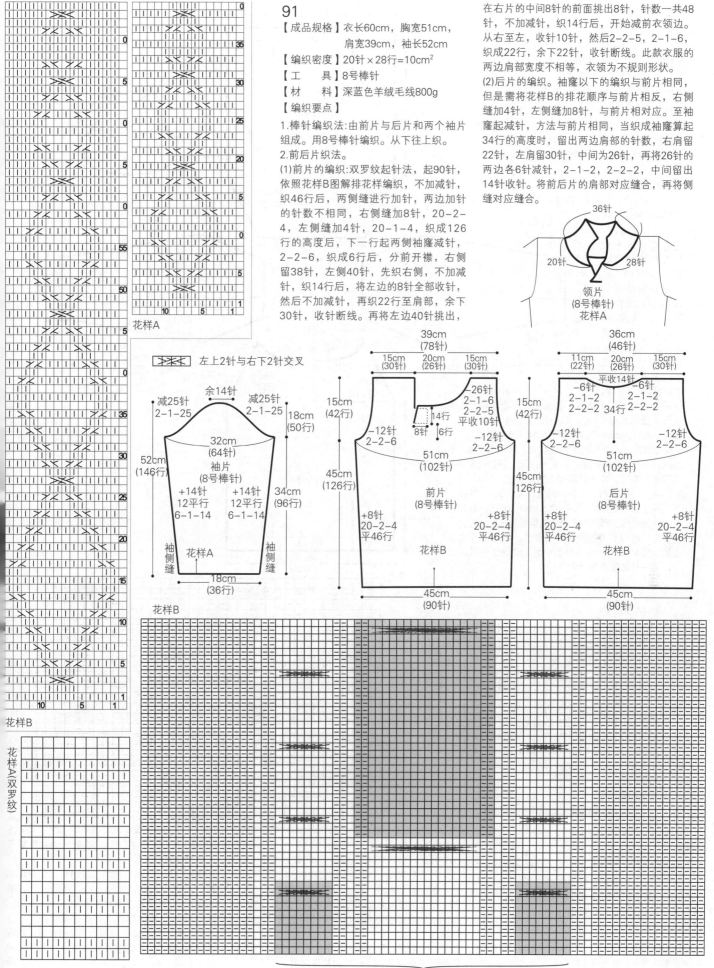

92

【成品规格】衣长51cm，胸宽45cm，
肩宽42cm，袖长54cm

【编织密度】18针×24行=10cm²

【工　　具】8号、9号棒针

【材　　料】深灰色羊毛线750g

【编织要点】

1.棒针编织法：由前片与后片和两个袖片等组成，各自编织后缝合。插肩款式，衣身用8号棒针编织，衣领用9号棒针编织。从下往上编织。

2.前后片织法：

(1)前片的编织：双罗纹起针法，起80针，起织花样A，不加减针，织6行的高度，下一行起，依照花样B排花型编织。不加减针，织82行的高度，下一行起进行插肩缝减针，2-1-18，当织成从袖窿算起18行的高度后，下一行中间收26针，两边各自减针，2-1-9，与插肩缝减针同步进行，直至最后余下1针，收针断线。

(2)后片的编织：袖窿以下的编织、排花与前片完全相同，插肩缝减针方法与前片相同，无后衣领减针编织。减针织成36行后，余下44针，收针断线。

3.袖片织法：从袖口起织，起42针，起织花样A，不加减针，织6行的高度后，下一行起，依照花样B中的花排花编织，并在袖侧缝上加针编织，10-1-5，8-1-4，织成82行后，不加减针，再织6行至袖窿，下一行起插肩缝减针，2-1-18，织成36行，余下24针，收针断线。相同的方法再去编织另一个袖片。

4.缝合：将前后片的侧缝对应缝合，再将袖片的两边插肩缝边线，分别与前后片的插肩缝边线对应缝合，再将袖侧缝对应缝合。

5.领片织法：用9号棒针，沿前领窝挑56针，后领窝挑48针，共挑起104针，不加减针，织50行花样A，收针断线。衣服完成。

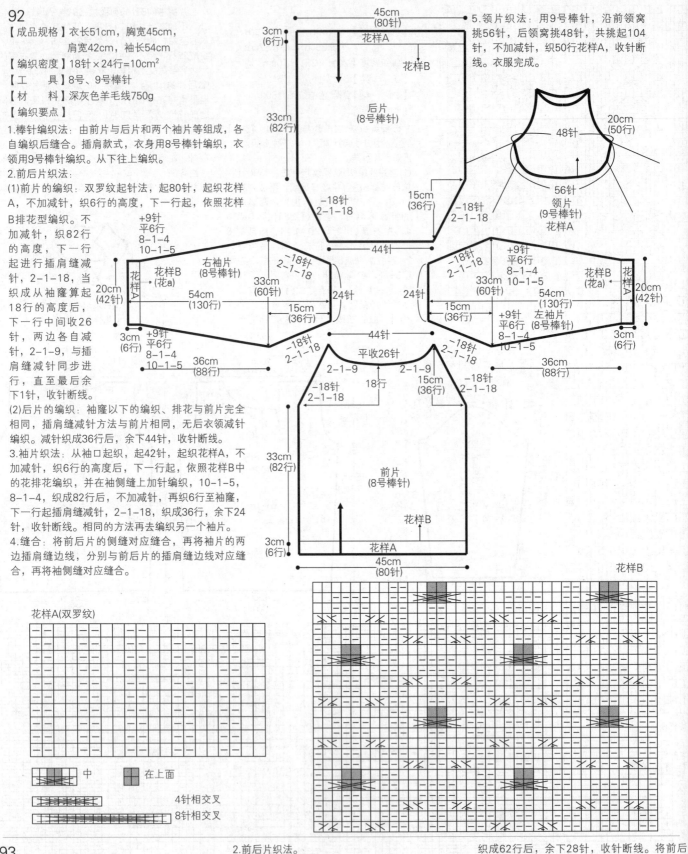

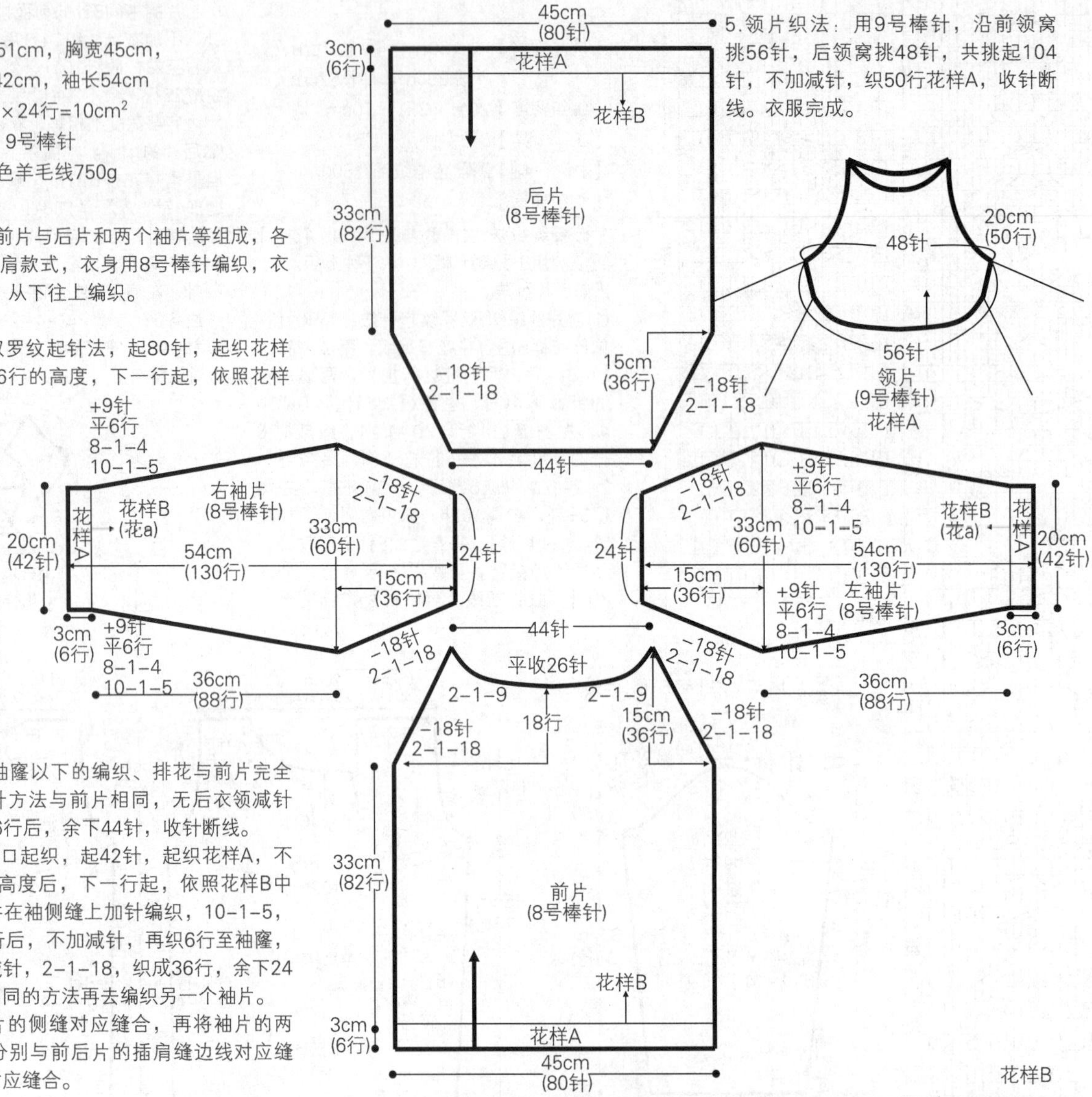

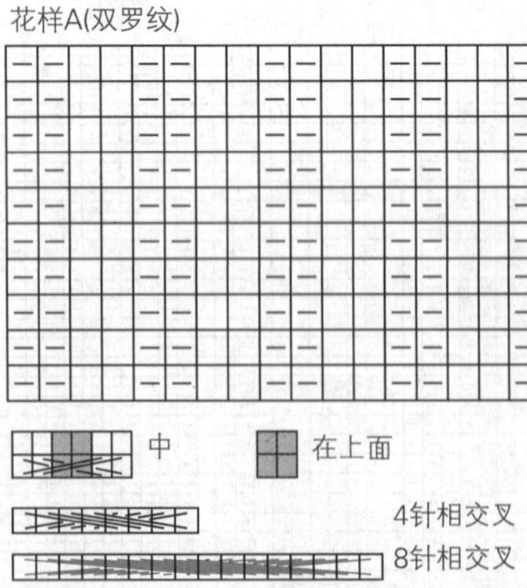

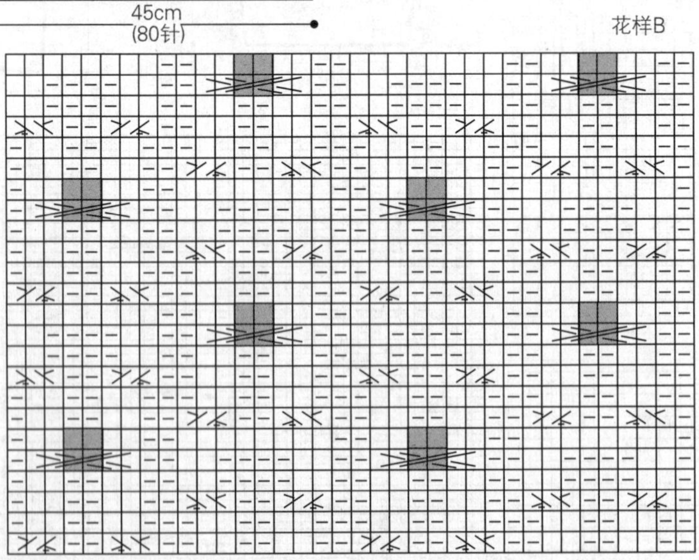

93

【成品规格】衣长68cm，胸宽55cm，袖长65cm

【编织密度】16针×24行=10cm²

【工　　具】10号棒针

【材　　料】黑色羊毛线800g

【编织要点】

1.棒针编织法。由前片与后片和两个袖片组成。用10号棒针编织，从下往上编织。

2.前后片织法。

(1)前片的编织：下针起针法，起90针，起织分配花样，两边各38针，编织上针，中间14针，不加减针，织98行的高度，下一行起，袖窿减针，2-1-28，织成从袖窿算起46行的高度后，下一行的中间收14针，两边各自减针，2-2-5，余下1针，收针断线。

(2)后片的编织：起织90针，全织上针，不加减针，织98行的高度后，下一行起袖窿减针，2-1-31，织成62行后，余下28针，收针断线。将前后片的侧缝对应缝合。

3.袖片织法：从袖口起织，起54针，起织排花样，两边各20针，编织上针，中间14针，编织花样A，并在袖侧缝上加针编织，4-1-19，织成76行，再织22行进行袖山减针，下一行两边减针，做前插肩缝减针为2-1-28，做后插肩缝，2-1-31，织完前插肩缝后，平收16针，再减针2-1-3，直至余下1针，收针。相

同的方法，相反的肩部减针方向，再去编织另一个袖片。将两个袖山边线与衣身的袖窿边线对应缝合。再将袖侧缝缝合。衣服完成。

花样A

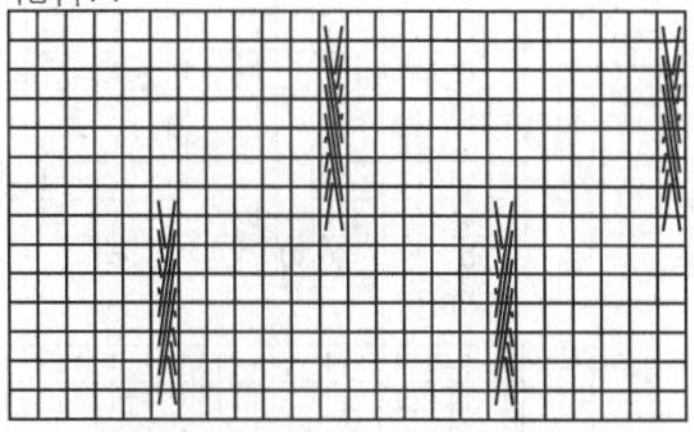

左上4针与右下4针交叉

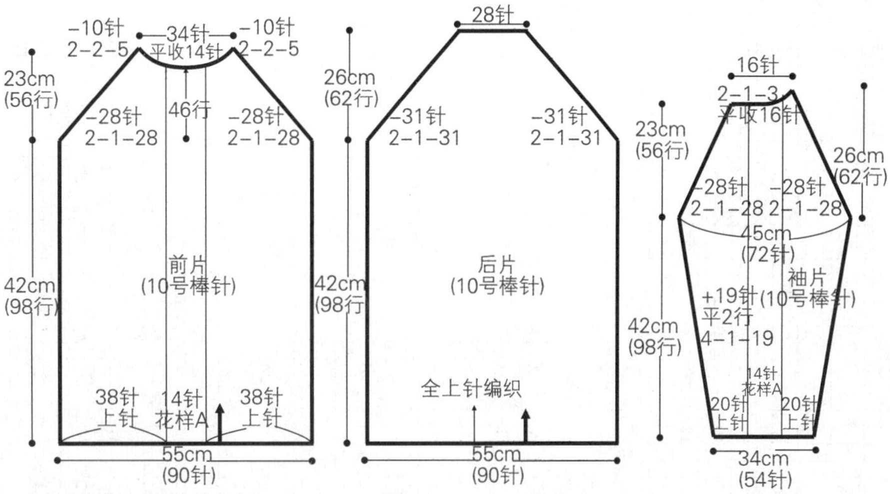

94

【成品规格】衣长65cm，胸宽55cm，肩宽42cm，袖长53cm

【编织密度】15针×25行=10cm²

【工　　具】9号、10号棒针

【材　　料】黑色羊毛线850g

【编织要点】

1.棒针编织法：由前片与后片和两个袖片等组成。用9号棒针，从下往上编织。

2.前后片织法。

(1)前片的编织：双罗纹起针法，起80针，起织花样A，不加减针，织18行的高度，下一行起，排花样，两边各选20针编织下针，中间40针编织花样B，不加减针，织90行的高度至袖窿。下一行起将织片分为两半，并进行衣领减针和袖窿减针，袖窿减针先收4针，然后2-1-4，衣领减针，4-1-13，再织4行至肩部，余下19针，收针断线。另一边织法相同。

(2)后片的编织：起针80针，起织花样A，织18行，下一行起，全织下针，不加减针，织90行的高度，至袖窿减针。袖窿起减针与前片相同，当织成从袖窿算起48行的高度后，下一行中间收14针，两边减针，2-2-2，2-1-2，织成8行，至肩部余下19针，收针断线。将前后片的肩部对应缝合，再将侧缝对应缝合。

3.袖片织法：从袖口起织，起40针，起织花样A，织18行的高度，下一行起全织下针，并在袖侧缝上加针编织，12-1-8，织成96行，再织20行结束，收针断线。相同的方法再去编织另一个袖片。将两条袖山边线与衣身的袖窿边线对应缝合。再将袖侧缝缝合。

4.领片织法：沿前领窝两边各挑50针、V处挑1针做并针中心，后领窝挑32针，共挑起133针，起织花样A，V处中心1针上进行并针编织，3针并为1针，中间1针在上，进行4次并针，织8行花样A，收针断线。衣服完成。

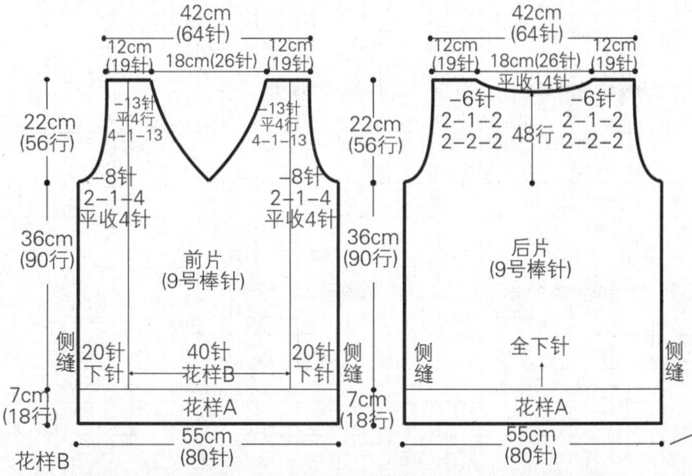

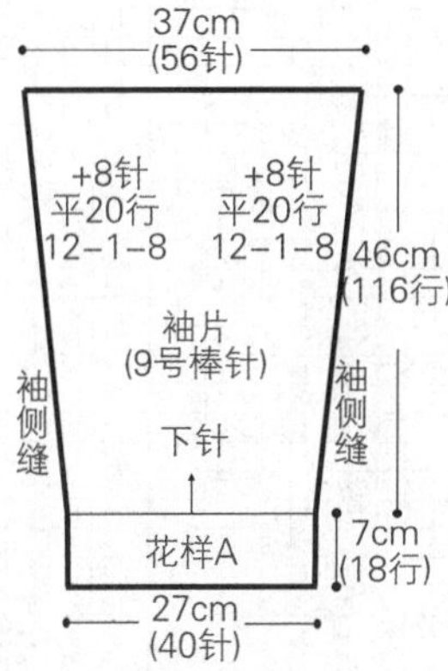

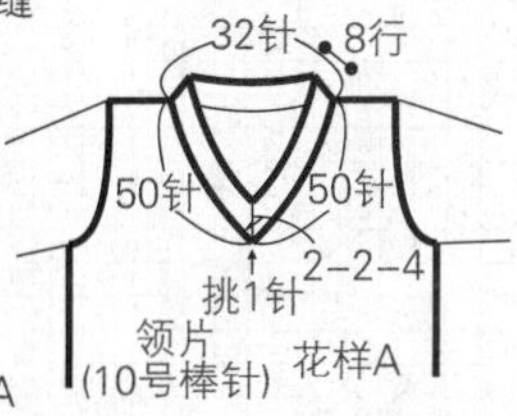

花样B

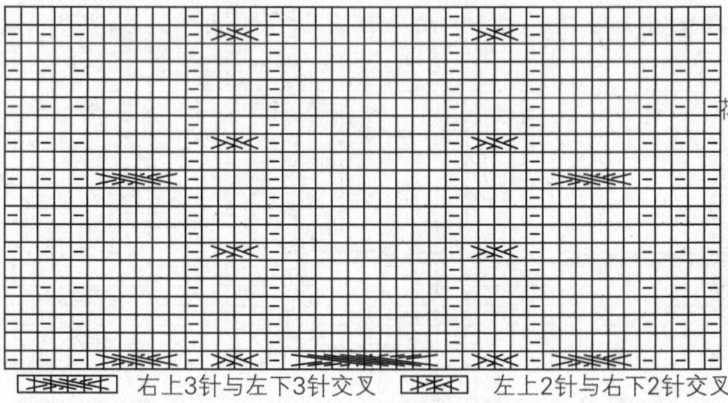

花样A

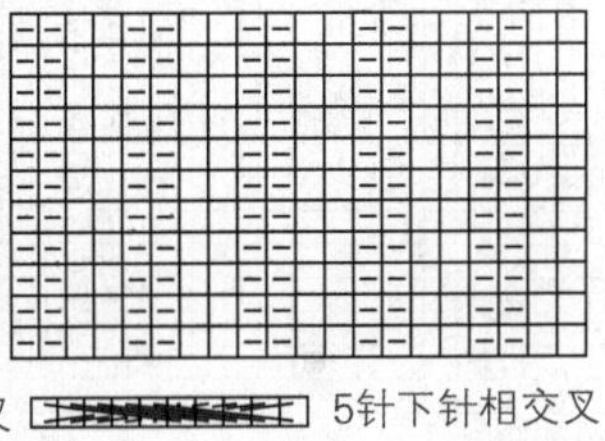

右上3针与左下3针交叉　左上2针与右下2针交叉　5针下针相交叉

95

【成品规格】衣长57cm，胸围100cm，袖长40cm

【编织密度】14.4针×16行=10cm²

【工　　具】9号棒针

【材　　料】蓝色棉线500g

【编织要点】

1.后片：用9号棒针起72针织单罗纹10行，改为花样A与花样B组合编织，平织46行开袖窿，腋下各收6针；织80行，后领窝最后2行开始织。

2.前片：用9号棒针起72针织单罗纹10行，改为花样B与花样C组合编织，平织46行开袖窿，腋下各收6针；织64行，按图解所示减针织前领窝。

3.袖：从袖口往上织，用9号棒针起38针织单罗纹10行后，改为花样B与花样D组合编织，两侧按图示加针，织34行，袖山按图示减针，最后18针平收。

4.领：从领窝挑80针织8行单罗纹，收针。

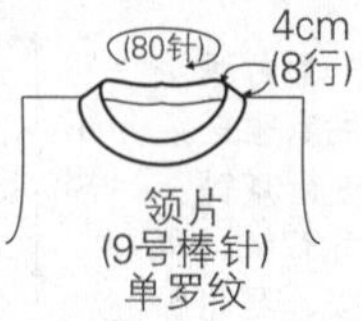

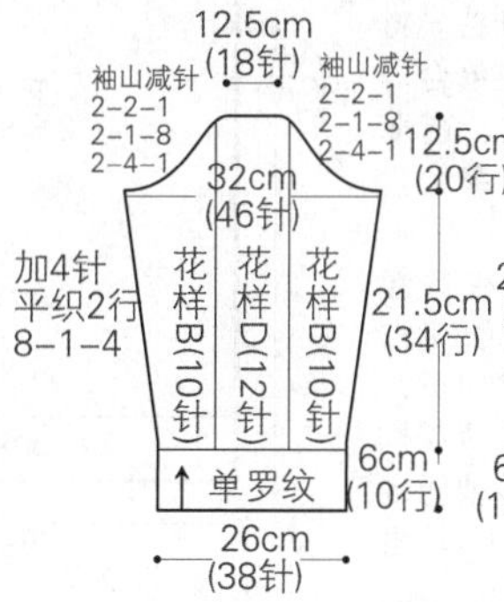

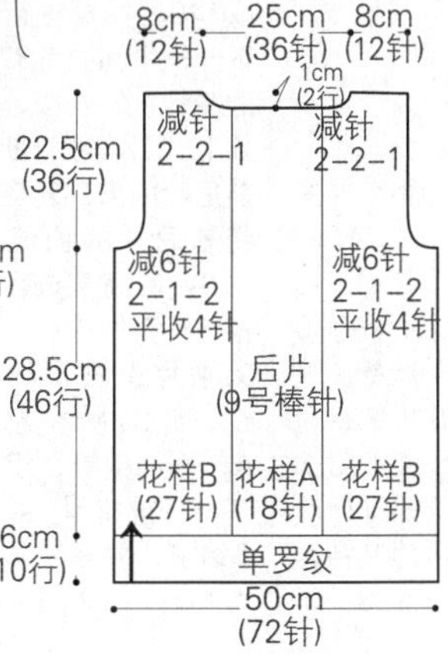

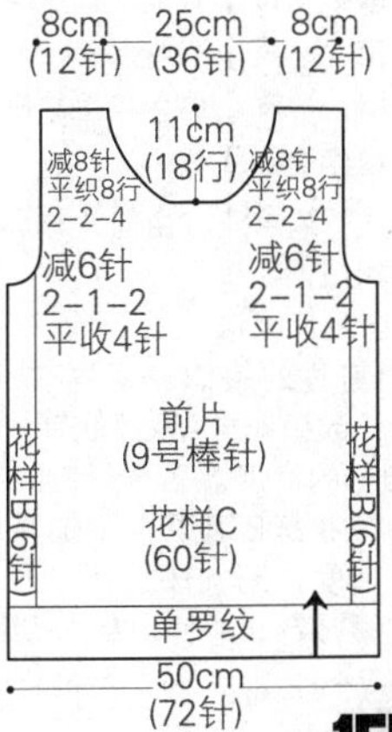

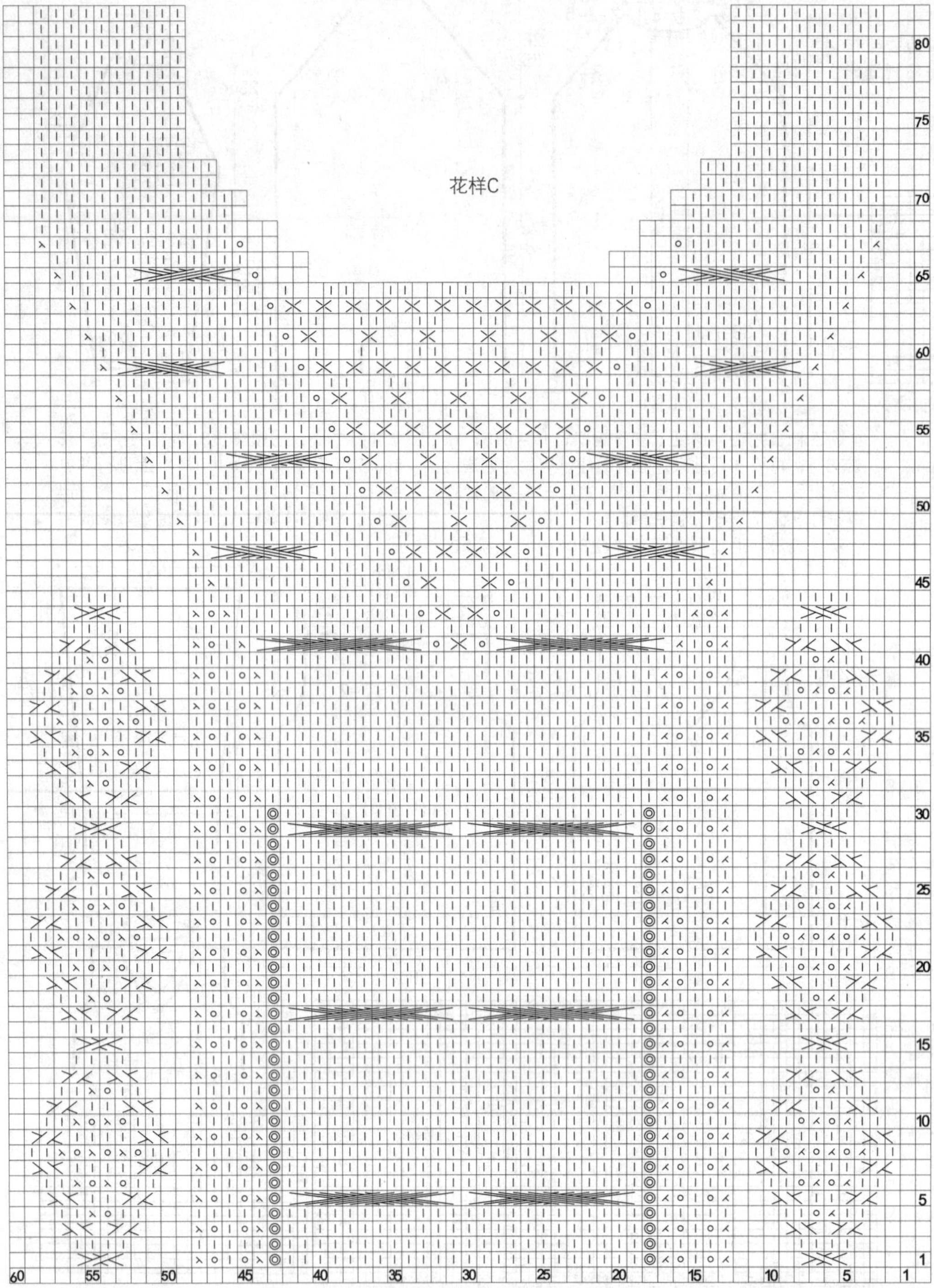

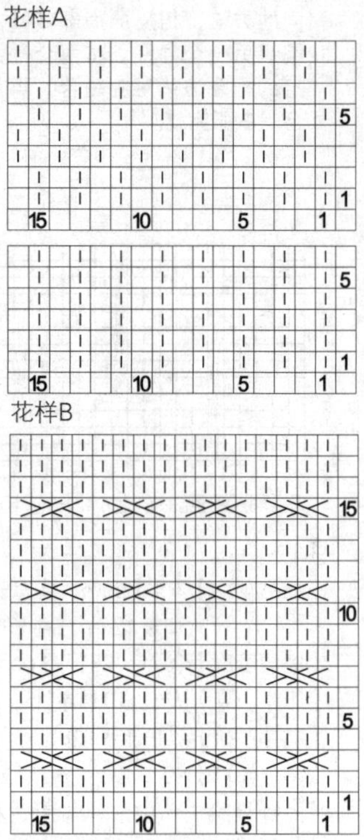

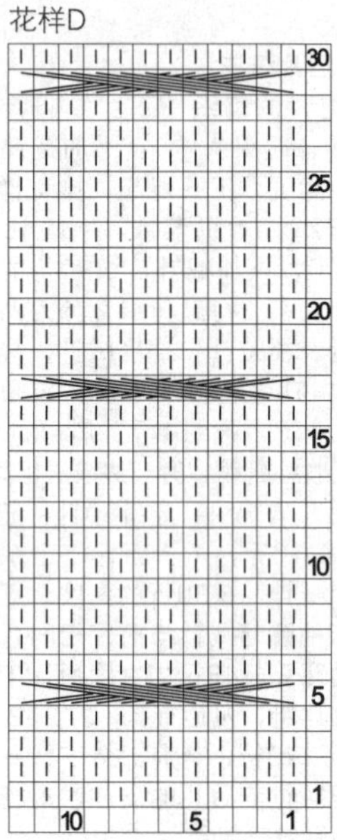

96

【成品规格】衣长75cm，胸宽47.5cm，肩宽56cm，袖长62cm

【编织密度】18针×23行=10cm²

【工　　具】8号棒针

【材　　料】白色羊毛线800g

【编织要点】

1.棒针编织法。由前片与后片和两个袖片等组成。

2.前后片织法。

(1)前片的编织：双罗纹起针法，起99针，起织花样A双罗纹针，不加减针，织20行的高度。下一行起，排花型编织，依照花样B编织，不加减针，织128行的高度，无袖窿减针，下一行即进行前衣领减针，中间收针17针，两边减针，2-2-4，2-1-4，至肩部，余下29针，收针断线，另一边织法相同。

(2)后片的编织：后片织法与前片相同，后衣领是织成140行后再进行减针，下一行中间收针37针，两边减针，2-1-2，至肩部余下32针，收针断线。将前后片的肩部对应缝合，将前后片的侧缝，选取116行的高度进行缝合。留下的孔做袖口。

3.袖片织法：从袖口起织，起37针，起织花样A，不加减针，织14行，下一行排花型，依照花样C编织，并在两边袖侧缝上加针，12-1-10，再

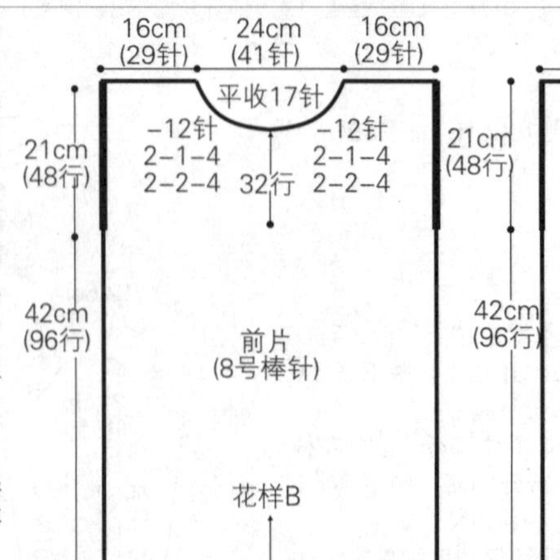

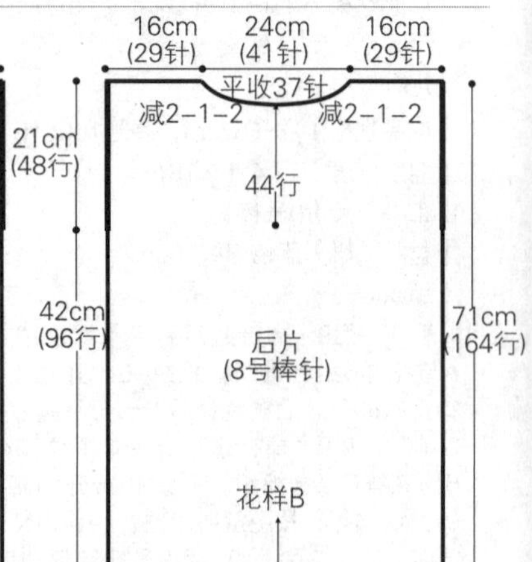

织8行后，织成128行高度的袖片，加成57针的宽度。将所有的针数收针，断线。相同的方法再去编织另一个袖片。将两个袖山边线与衣身的袖窿边线对应缝合，再将袖侧缝缝合。

4.领片织法：沿前领窝挑50针，后领窝挑38针，共挑起88针，不加减针，织16行花样A，收针断线，衣服完成。

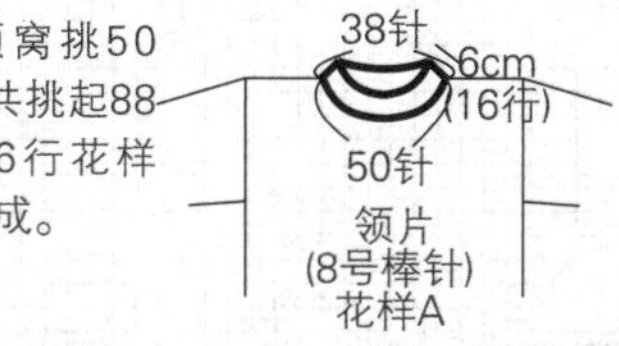

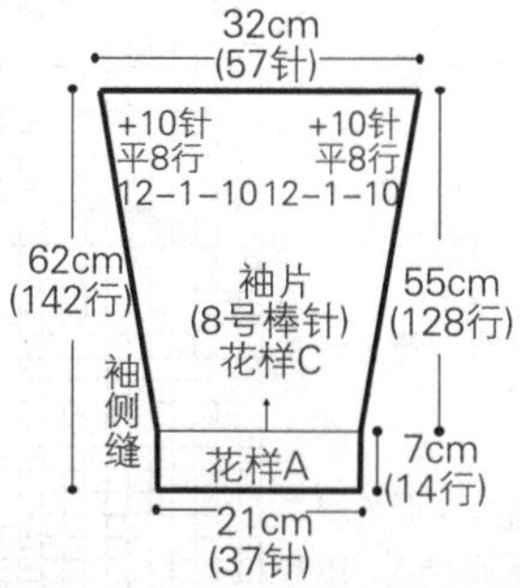

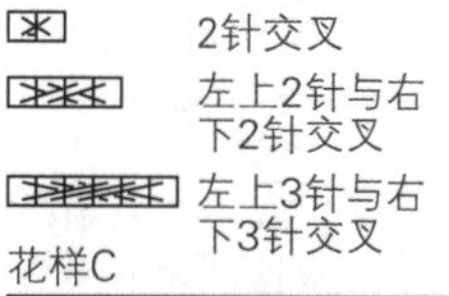

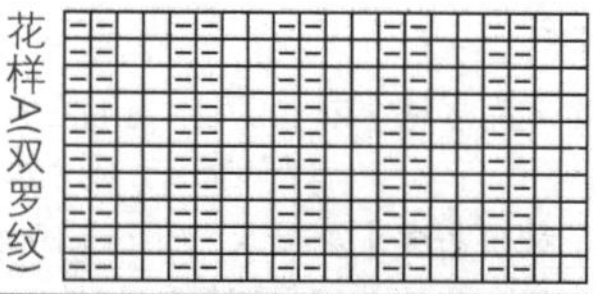

花样C

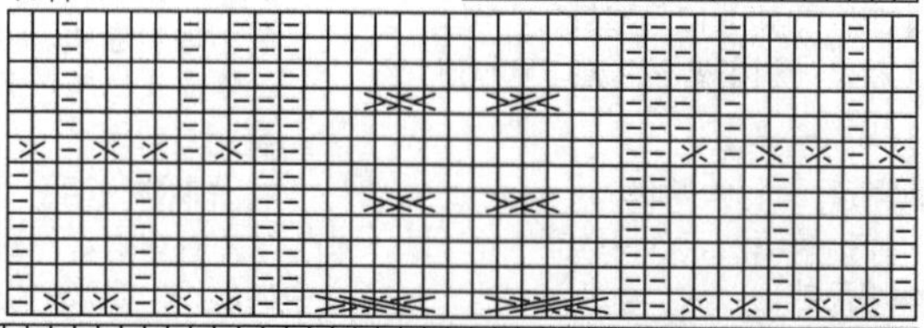

花样B

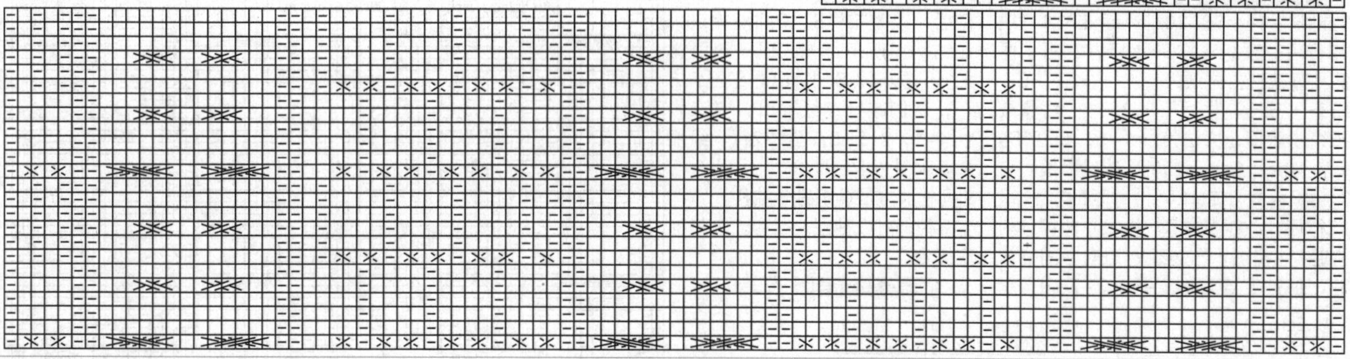

97

【成品规格】衣长56.5cm，胸围92cm，肩宽24cm，袖长74cm

【编织密度】11针×15行=10cm²

【工　　具】6.0mm、6.6mm棒针，6.0mm钩针

【材　　料】白色羊绒线200g，藏蓝色羊绒线250g

【编织要点】

分前后片编织。从下往上编织，两根棒针编织，起54针，如图编织至腋下，左右两边另外各用两根棒针编织，起织56针，如图编织至领口，收针完成。

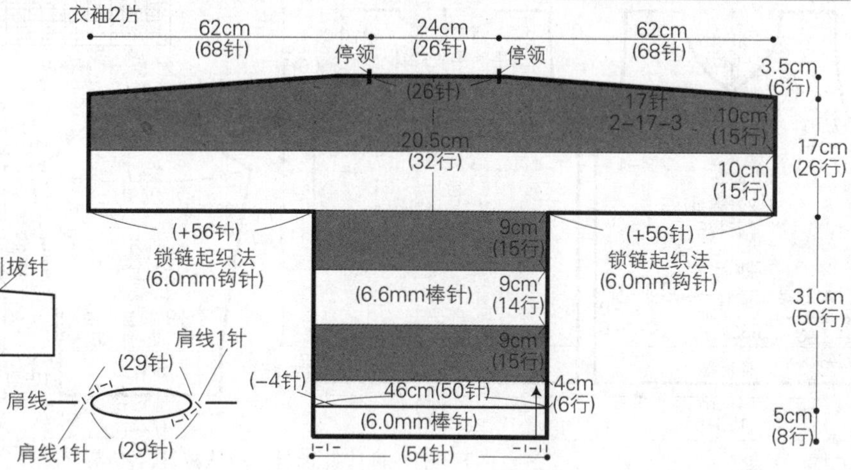

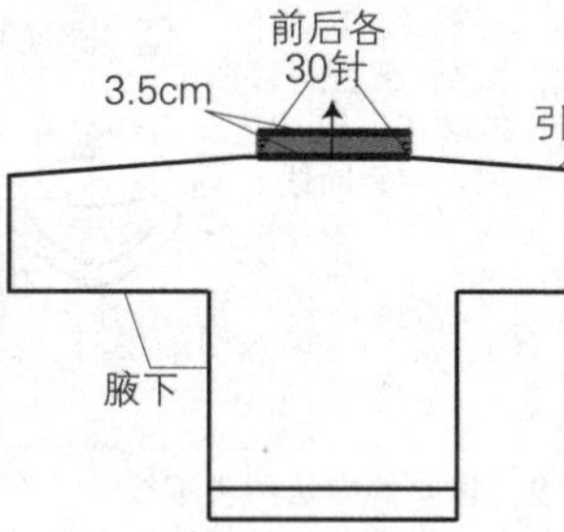

98

【成品规格】衣长59.5cm，胸围92cm，袖长73cm

【编织密度】21针×24行=10cm²

【工　　具】4.5mm、4.8mm、5.4mm棒针

【材　　料】枣红色羊毛线750g

【编织要点】

1.棒针编织法。由前片与后片和两个袖片组成。

2.前后片织法：

前片的编织：双罗纹起针法，起95针，不加减针，织110行的高度。下一行起，依照结构图编织前领口，中间收13针，两边减针，2-3-2，2-1-5，平织6行至肩部，肩部各余下30针。

后片的编织：双罗纹起针法，起95针，不加减针，织130行的高度。依照结构图分配肩和领口。

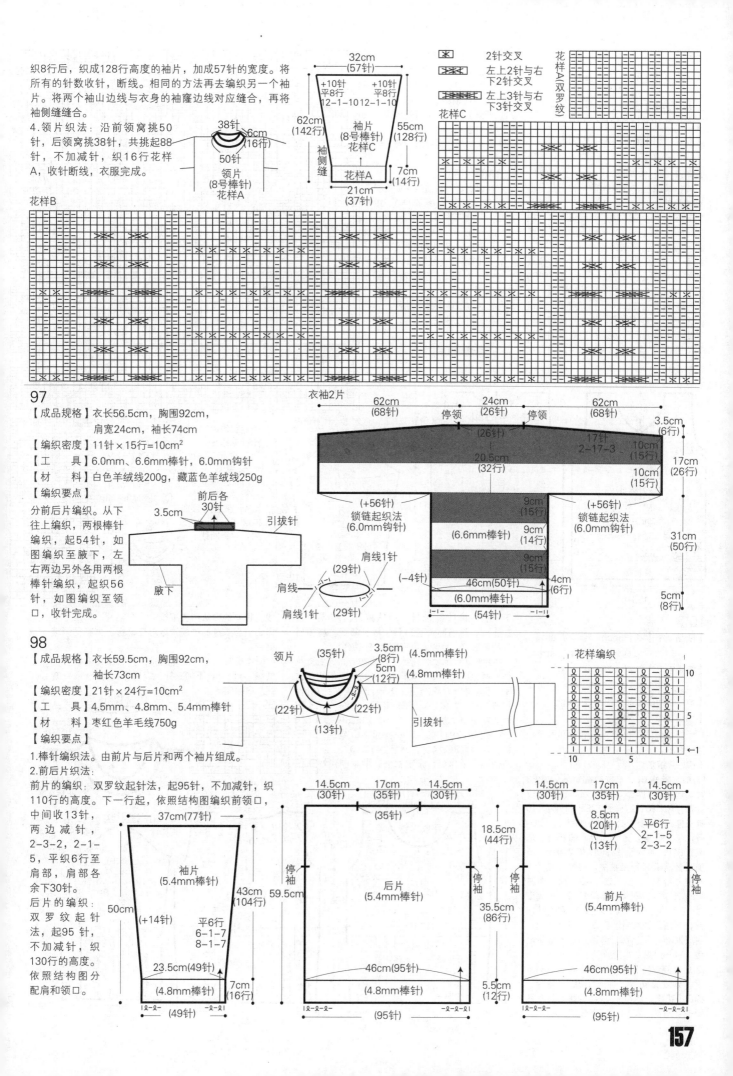

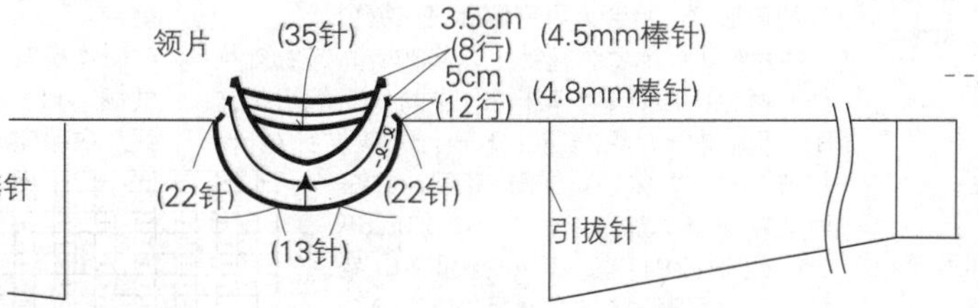

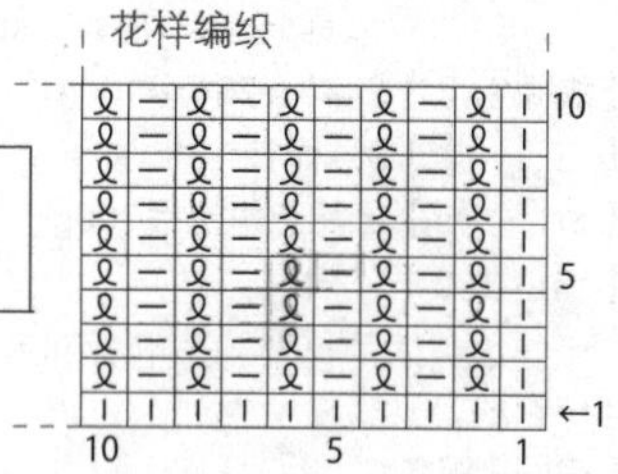

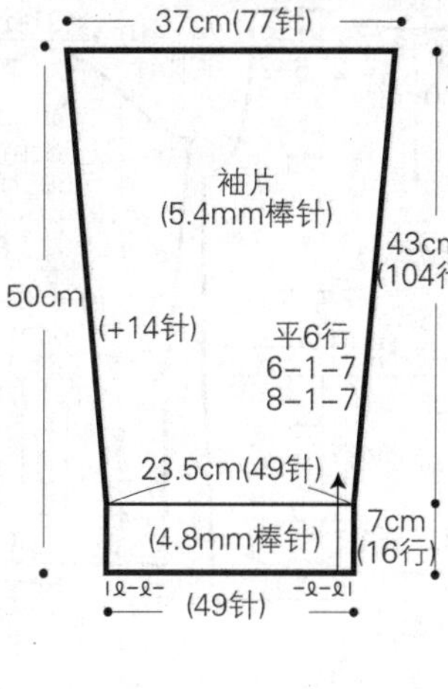

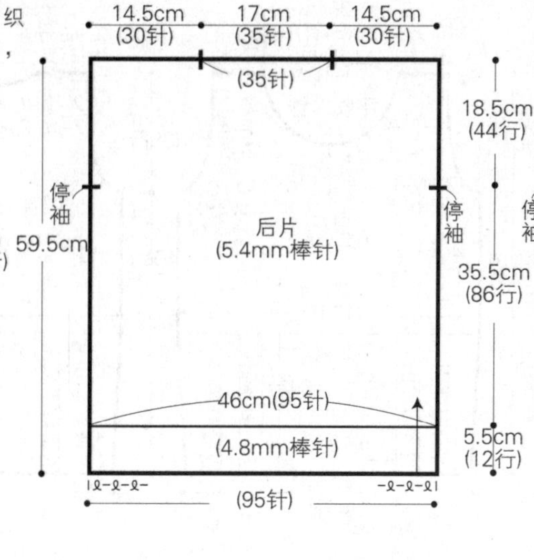

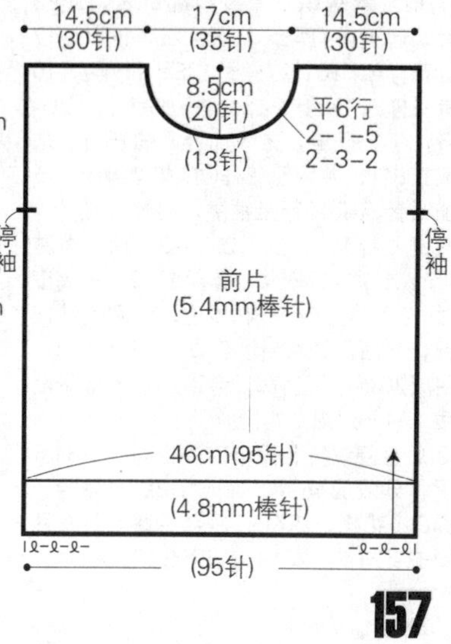

99

【成品规格】衣长67cm，胸围96cm，肩宽40cm，袖长44cm

【编织密度】25针×27.5行=10cm²

【工　　具】12号棒针

【材　　料】紫色马海毛线500g

【编织要点】

前片/后片制作说明：

1.棒针编织法，衣身为前片和后片分别编织而成。

2.起织后片。起120针，织花样A，织12行后，改织花样C，织至124行，两侧袖窿减针，方法为1-4-1，2-1-6，织至175行，中间平收32针，两侧减针织成后领，方法为2-1-5，织至184行，两肩部各余下29针，收针断线。

3.起织前片。起120针，织花样A，织12行后，改织花样C，将织片两侧分别挑起4针编织，一边织一边向中间挑加针，加针方法为2-1-6，2-2-9，织30行后，将中间64针同时挑起编织，织至124行，两侧袖窿减针，方法为1-4-1，2-1-6，织至139行，中间前领减针，方法为2-1-21，织至184行，两肩部各余下29针，收针断线。

4.将前片与后片侧缝对应缝合，肩缝对应缝合。

袖片制作说明：

1.棒针编织法，从袖口往上编织。

2.起织，起72针，织花样A，织12行后，改为花样B、C间隔编织，如结构图所示，一边织一边两侧加针，方法为8-1-11，织至106行，两侧减针编织袖山，方法为1-4-1，2-2-8，至122行，织片余下54针，收针断线。

3.同样的方法编织另一袖片。

4.将袖山对应袖窿线缝合，再将袖底缝合。

右上4针与左下4针交叉

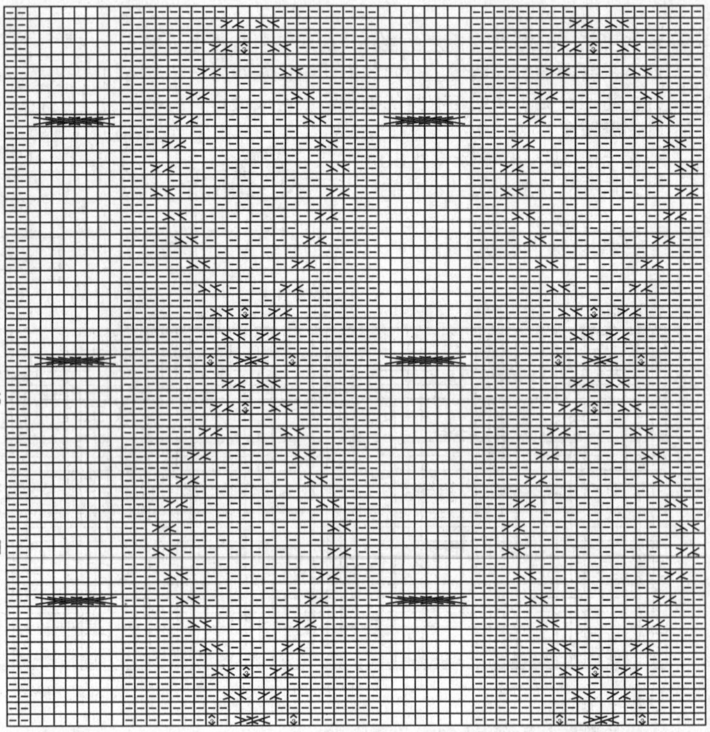

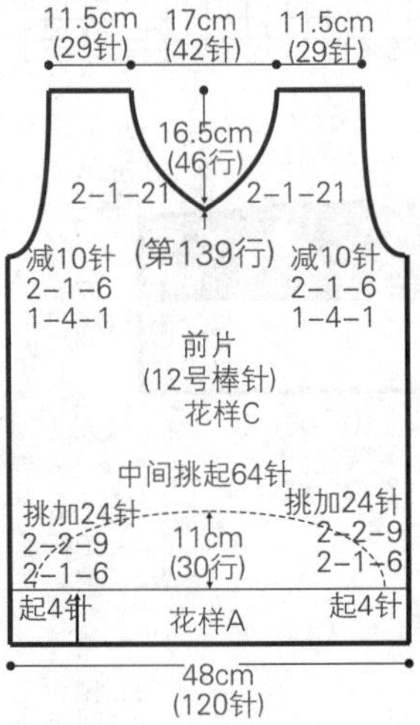

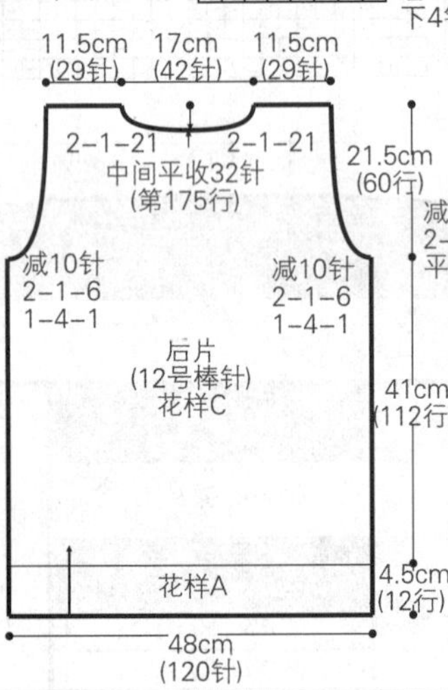

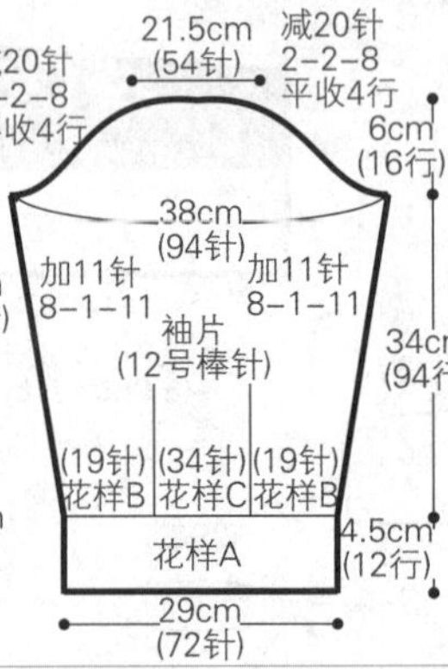

领片制作说明：

棒针编织法，沿领口挑起139针环形编织，织花样A，一边织一边领尖两侧减针，方法为2-2-6，织12行后，收针断线。

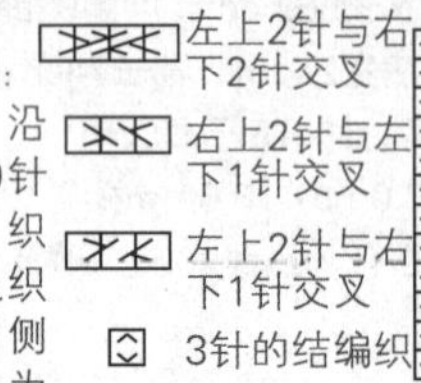

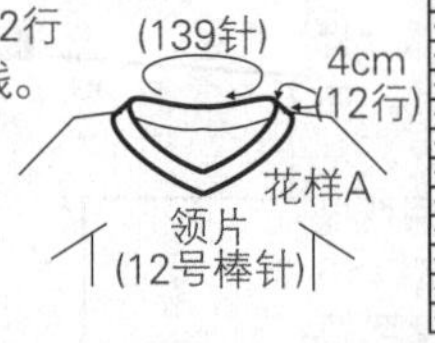

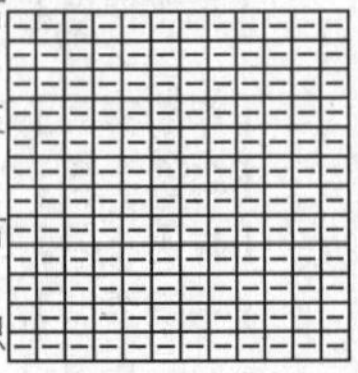

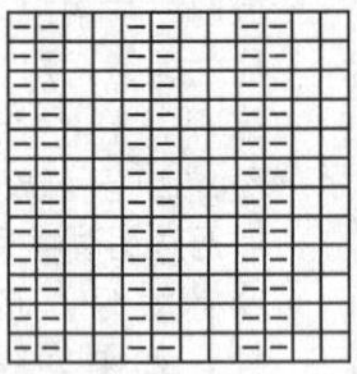

100

【成品规格】衣长55cm，胸宽45cm，肩宽35cm，袖长58cm

【编织密度】24针×26行=10cm²

【工　　具】9号棒针

【材　　料】深棕色羊毛线700g

【编织要点】

1.棒针编织法。由前片与后片和两个袖片等组成。

2.前后片织法。

(1)前片的编织，单罗纹起针法，起93针，起织排花型，从右至左，依次是17针花样A，10针花样B，38针花样A，10针花样B，18针花样A。不加减针，织64行，下一行里，分散加针，加15针，加成108针，并依照花样C排花型编织，不加减针，织40行至袖窿，袖窿起减针，两侧收针4针，然后2-1-8，两边各减少12针，当织成从袖窿算起12行的高度时，下一行起织前衣领边，中间收针14针，然后两边减针，2-2-5，4-1-4，织成26行，至肩部，余下21针，收针断线。另一边织法相同。

(2)后片起织排花型与前片相同，织64行后，分散加15针，加成108针，依照花样D排花样，织40行后至袖窿。袖窿两侧减针与前片相同，袖窿起织30行后，下一行中间收针15针，两边减针，2-6-2，2-1-2，至肩部余下21针，收针断线。将前后片的肩部对应缝合，再将侧缝对应缝合。

3.袖片织法：单罗纹起针法，起36针，起织排花型，两边各13针编织花样A，中间10针编织花样B，不加减针，织64行，下一行分散加针7针，加成43针，并依照花样E排花型，并在两边袖侧缝上加针，8-1-8，加成68针，织成128行高。下一行起袖山减针，两边同时收4针，然后2-1-10，两边各减少14针，余下31针，收针断线。相同的方法再去编织另一个袖片。将两个袖山边线与衣身的袖窿边线对应缝合。再将袖侧缝缝合。

4.领片织法：沿前领窝挑66针，后领窝挑46针，共挑起112针，不加减针，织10行花样A，收针断线。衣服完成。

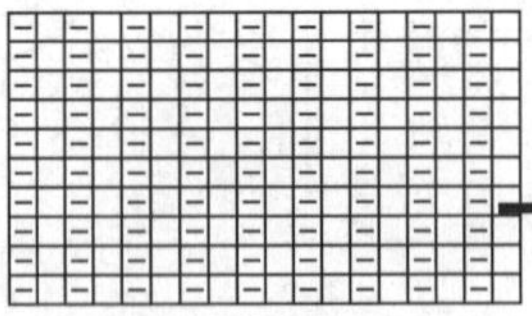
花样A(单罗纹)

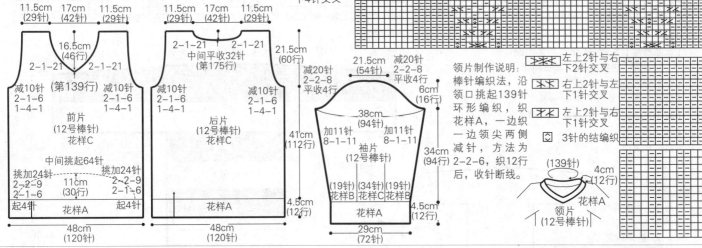

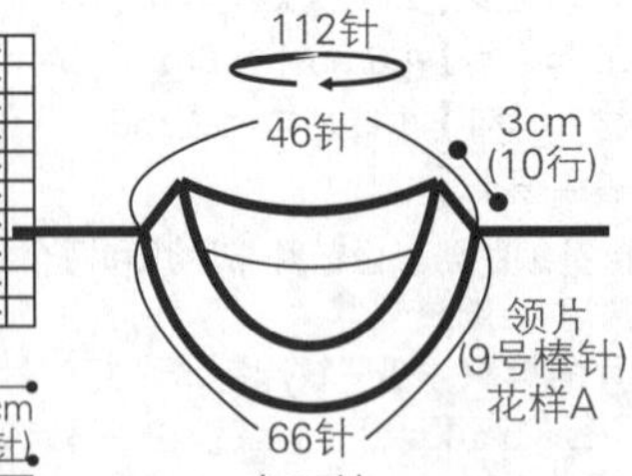

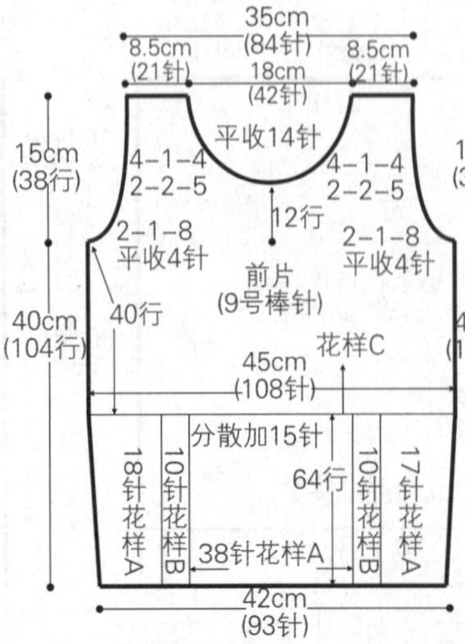

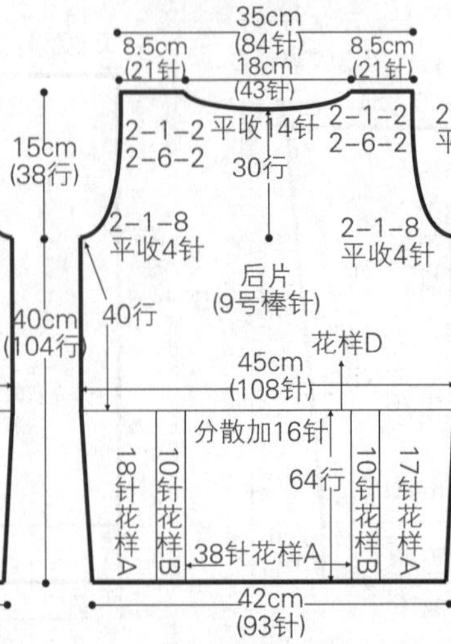

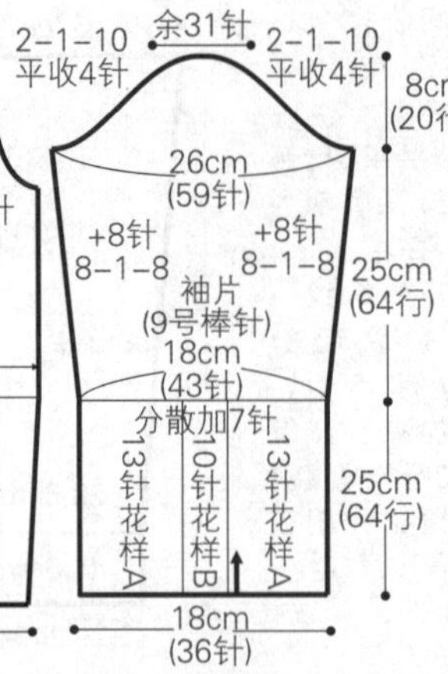

5针下针相交叉

左上2针与右下2针交叉

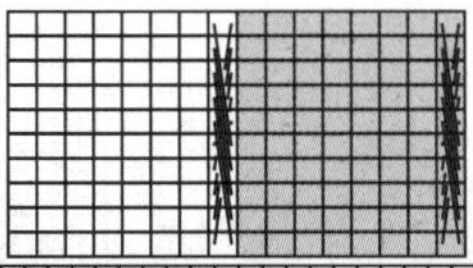

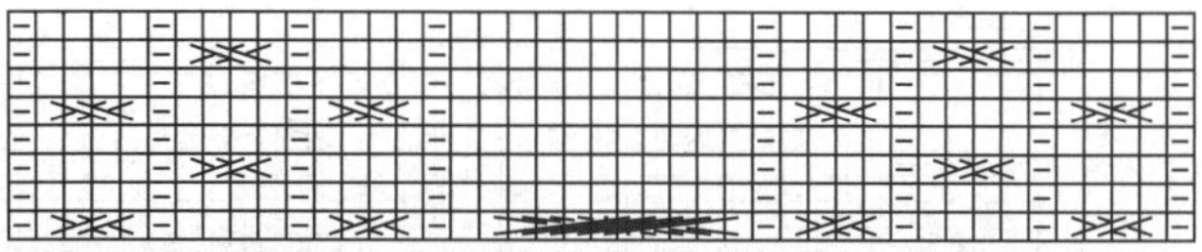

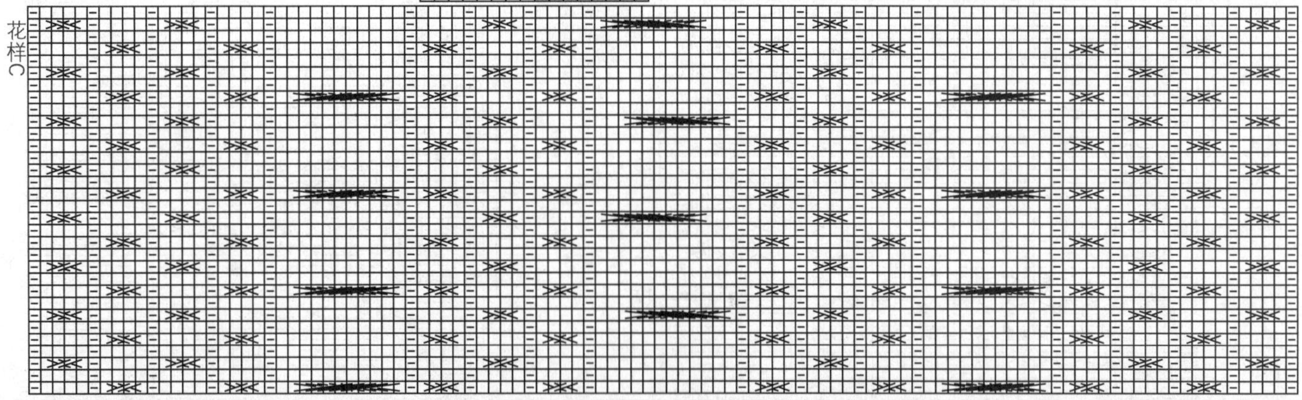

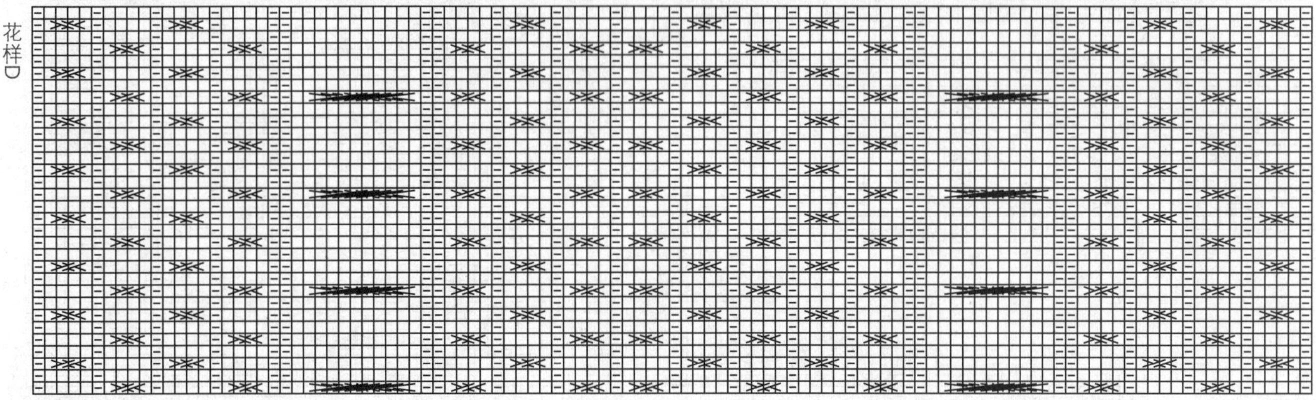

101

【成品规格】衣长50cm，袖长72cm

【编织密度】19.5针×24行=10cm²

【工　　具】5.4mm棒针

【材　　料】黑色羊毛线700g

【编织要点】

分前后片编织。从右往左编织，两根棒针编织，起33针，如图编织。

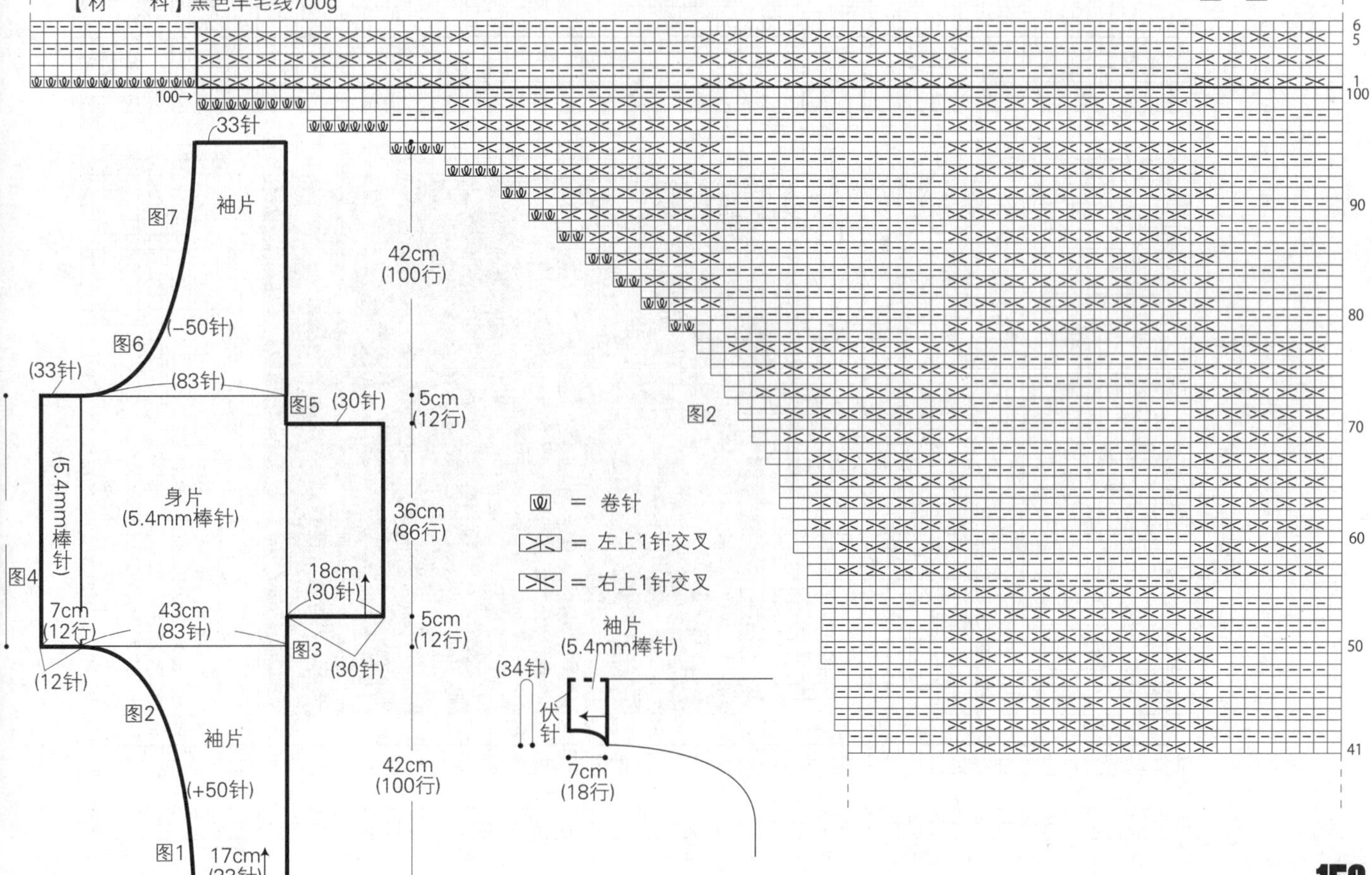

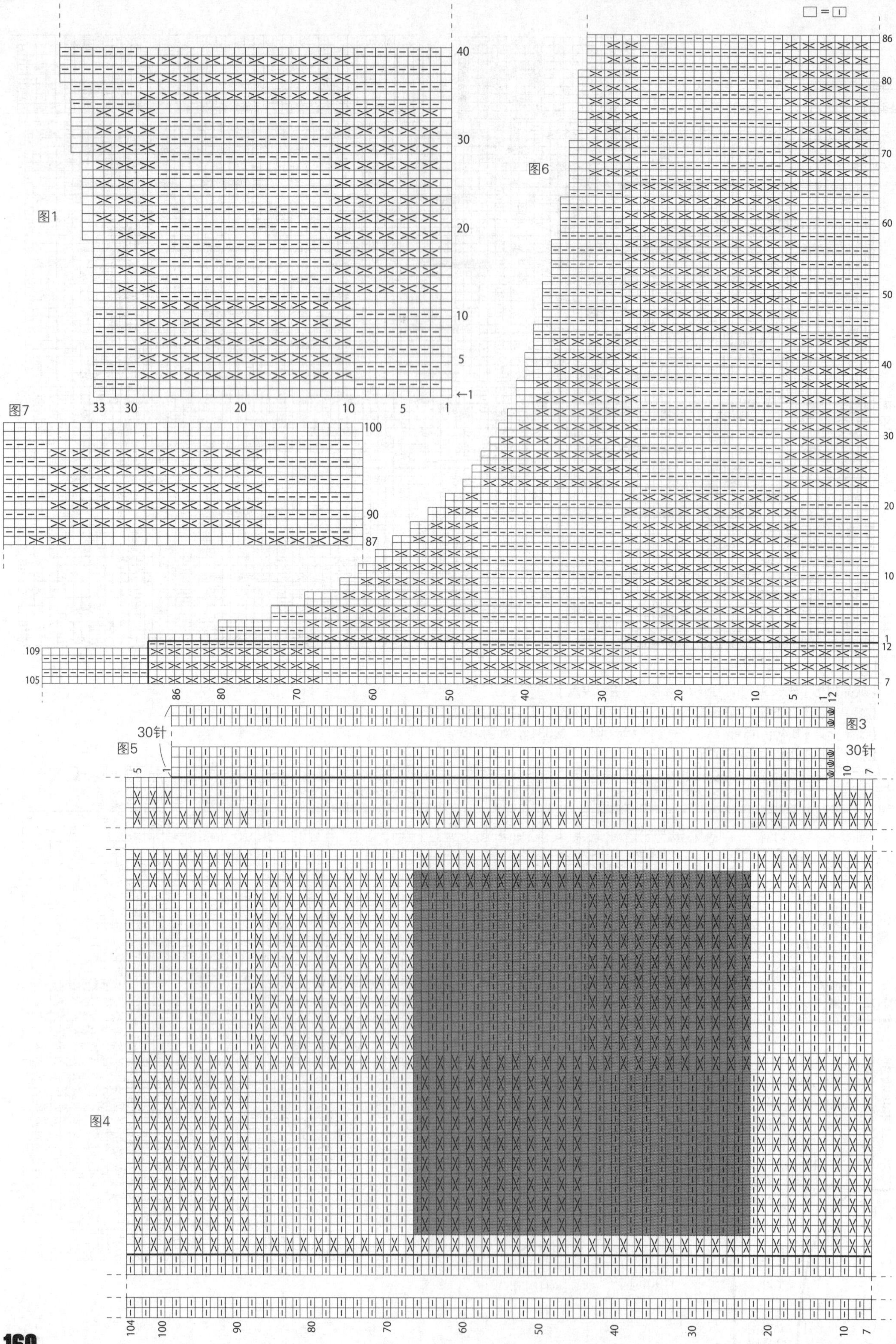
□=□
图1
图7
图6
图3
图5
图4
30针
30针

102

【成品规格】衣长75cm，胸宽96cm，袖长48cm

【编织密度】25针×34行=10cm²

【工　　具】2.7mm、3.3mm棒针，3.0mm钩针

【材　　料】夹花段染色羊毛线400g

【编织要点】

棒针编织法，由前片、后片、领片和两个袖片组成。如图编织。

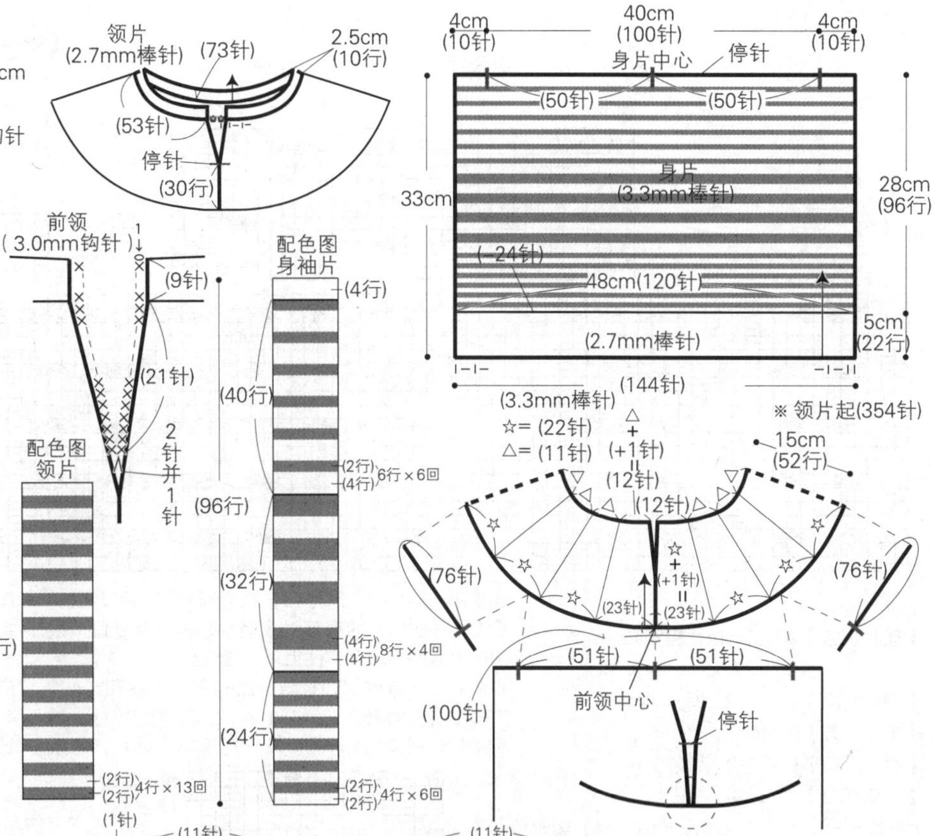

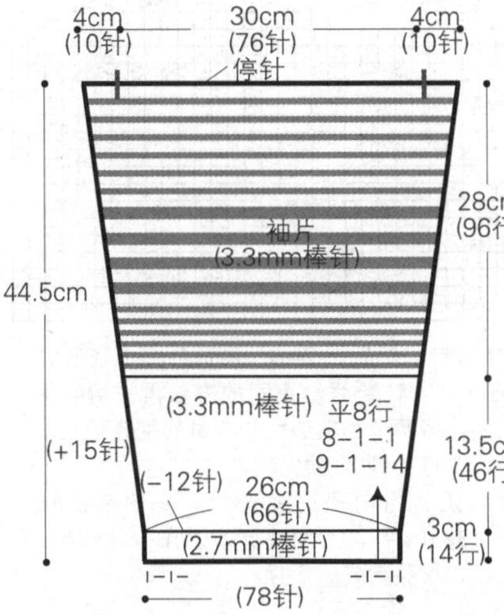

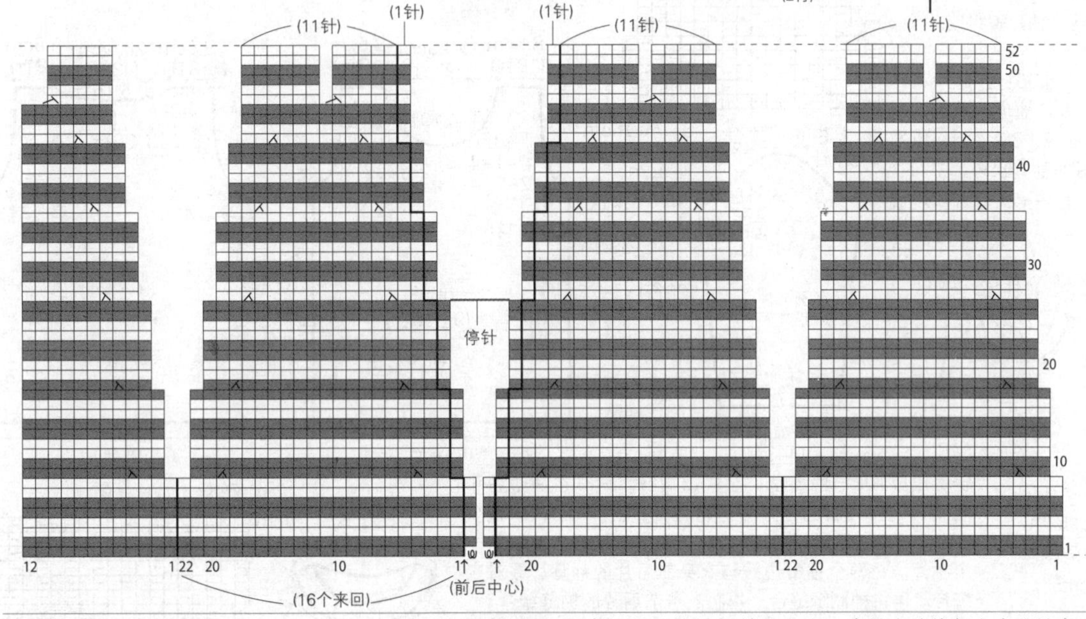

103

【成品规格】衣长50cm，胸宽45cm，肩宽33cm，袖长20cm

【编织密度】22针×28行=10cm²

【工　　具】9号棒针

【材　　料】深蓝色羊毛线650g

【编织要点】

1.棒针编织法。由前片与后片和两个袖片等组成。从下往上织，用9号棒针编织。

2.前后片织法。

(1)前片的编织：单罗纹起针法，起100针，起织花样A，织4行后，依照花样B排花型编织，不加减针，织96行的高度，下一行起袖窿减针，两边同时收针7针，然后2-1-6，各减少13针，当织成从袖窿算起24行的高度时，下一行中间收针18针，两边各自减针织前衣领，2-1-8，织成16行，至肩部，余下20针，收针断线。

(2)后片的编织：袖窿以下的编织与前片完全相同，袖窿减针与前片相同，当织成从袖窿算起32行的高度时，下一行中间收针22针，两边减针，2-2-2，2-1-2，织成8行，至肩部，余下20针，收针断线。将前后片的肩部对应缝合，再将侧缝对应缝合。

3.袖片织法：从袖口起织，起38针，起织花样A，织4行，然后依照花样C排花型编织，并在两袖侧缝上加针，加上针，6-1-6，织成36行，下一行袖山减针，两边同时收针7针，然后2-1-9，织成18行高，余下18针，收针断线。相同的方法再去编织另一个袖片。将两个袖山边线与衣身的袖窿边线对应缝合，再将袖侧缝缝合。

4.领片织法：沿前领窝挑48针，后领窝挑40针，共挑起88针，不加减针，织8行花样A，收针断线。衣服完成。

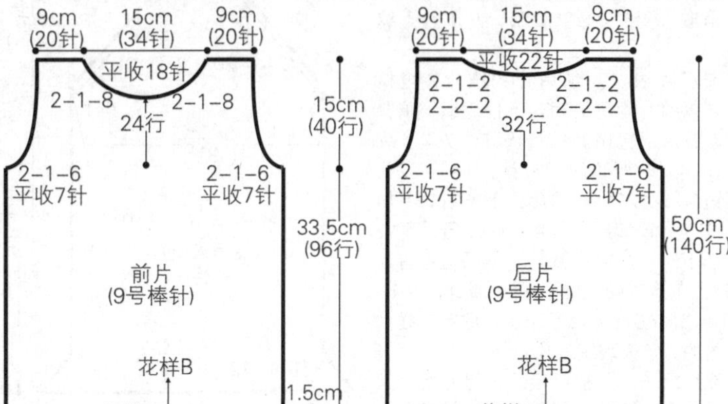

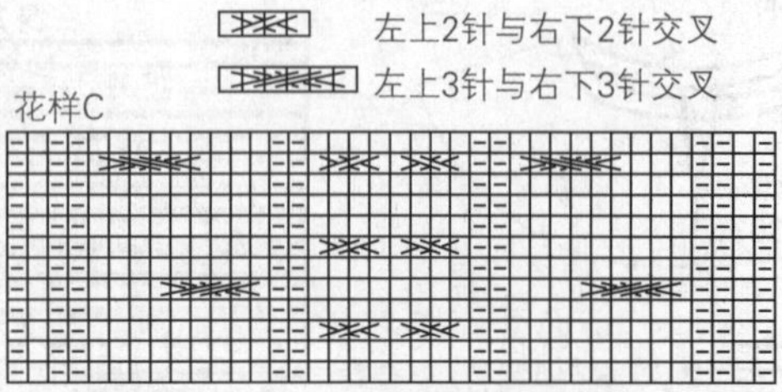

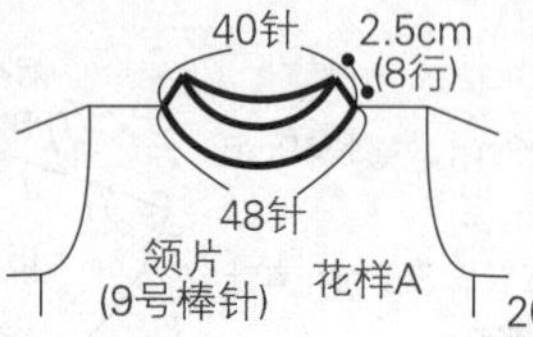

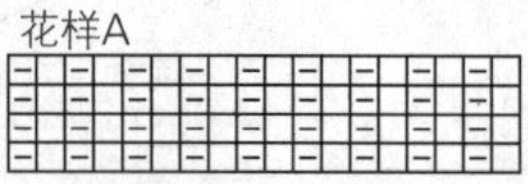

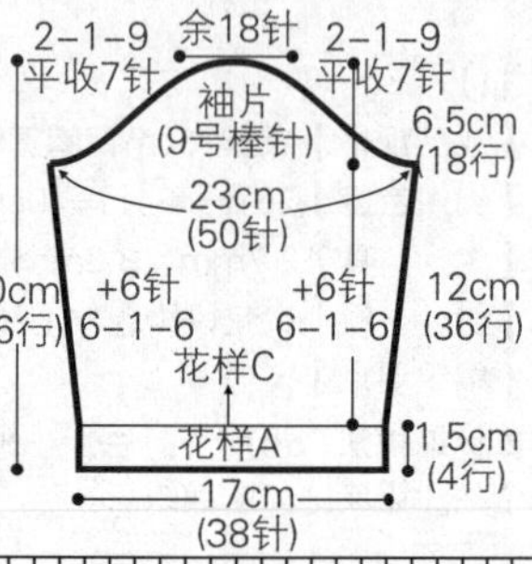

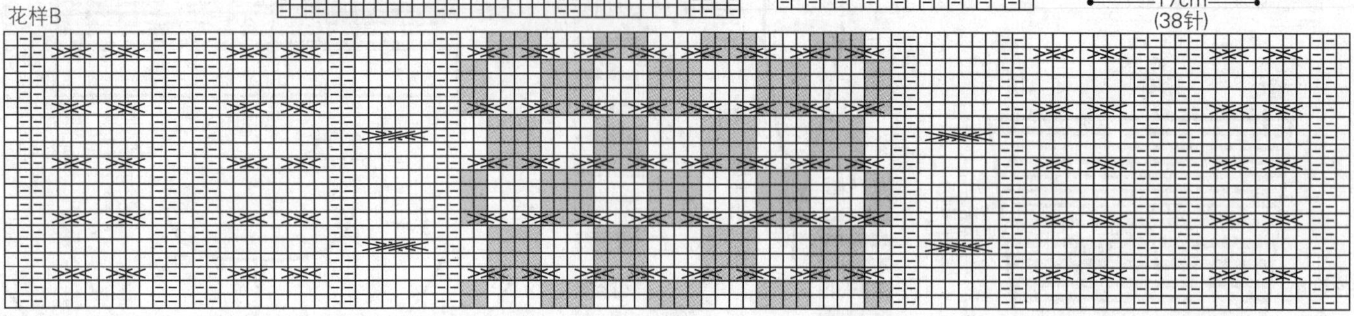

104

【成品规格】衣长55cm，胸宽45cm，
肩宽37.5cm，袖长50cm

【编织密度】21针×27.3行=10cm²

【工　　具】9号棒针

【材　　料】橘红色羊毛线700g

【编织要点】

1.棒针编织法:由前片与后片和两个袖片等组成。

2.前后片织法:

(1)前片的编织，单罗纹起针法，起95针，起织花样A，不加减针，织106行，至袖窿，袖窿起减针，两侧收针4针，然后2-1-4，两边各减少8针，当织成袖窿算起12行的高度时，下一行起织前衣领边，中间收针19针，然后两边减针，2-2-4，4-1-4，再织8行至肩部，余下18针，收针断线。另一边织法相同。

(2)后片袖窿以下的织法与前片相同。袖窿两侧减针与前片相同，袖窿起织36行后，下一行中间收针15针，两边减针，2-6-2，2-1-2，至肩部余下18针，收针断线。将前后片的肩部对应缝合，再将侧缝留下摆40行的高度不缝合，往上对应缝合。

3.袖片织法:单罗纹起针法，起44针，起织花样A，并在两边袖侧缝上加针，10-1-12，再织8行，加成68针，织成128行高。下一行起袖山减针，两边同时收针4针，然后2-2-6，两边各减少16针，余下36针，收针断线。相同的方法再去编织另一个袖片。将两个袖山边线与衣身的袖窿边线对应缝合，再将袖侧缝缝合。

4.领片织法：沿前领窝挑58针，后领窝挑46针，共挑起104针，不加减针，织10行花样A，收针断线。衣服完成。

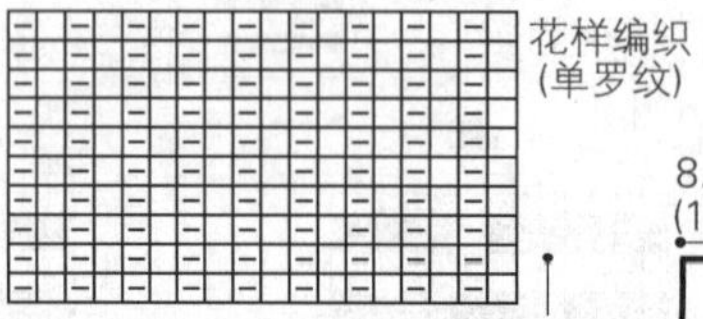

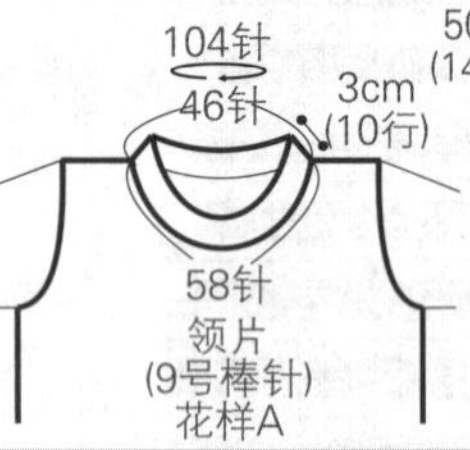

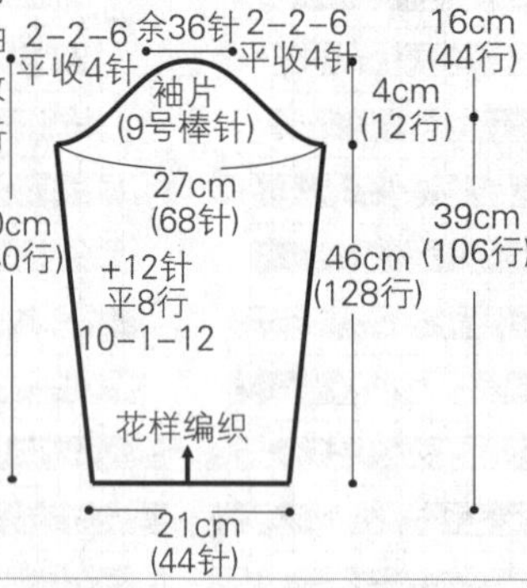

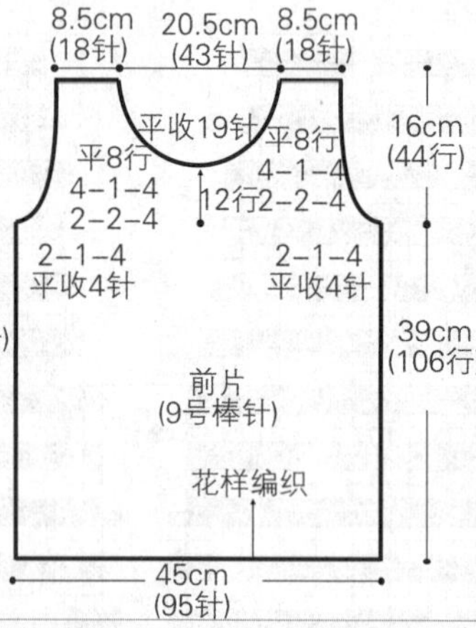

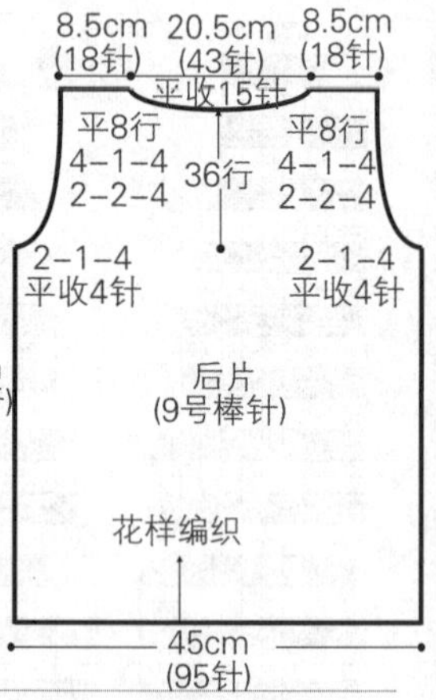

105

【成品规格】衣长62cm，胸宽58cm，
肩宽34cm，袖长70cm

【编织密度】17针×20行=10cm²

【工　　具】9号、10号棒针

【材　　料】黄色羊毛线800g

【编织要点】

1.棒针编织法。由前片与后片和两个袖片组成。用9号棒针编织，从下往上编织。

2.前后片织法。前后片的结构完全相同。以前片为例说明，下摆起织，单罗纹起针法，起142针，起织花样A单罗纹针，起织时两边同时减针，1-1-22，两边各减少22针，然后余下98针，不加减针，继续编织花样A，织62行后至袖窿。下一行起袖窿减针，从两边各留出4针，在第5针的位置上进行减针，2-1-20，织成40行，余下58针，收针断线。相同的方法去编织后片。

3.袖片织法。从袖口起织，起32针，起织花样A，起织10行后开始在袖侧缝加针，10-1-10，两边各加10针，加成52针，织成100行的高度，至袖山减针，同样在两边各平收1针，在第2针的位置上进行减针，2-1-20，各减少20针，余下10针，收针断线。相同的方法再去编织另一个袖片。将两个袖山边线与衣身前后片的袖窿边线对应缝合。再将袖侧缝缝合。再将衣身前后片的侧缝缝合。

4.领片织法。沿着前后片的衣领边，挑出96针，用10号棒针编织，起织花样A，不加减针，织10行的高度后，收针断线。

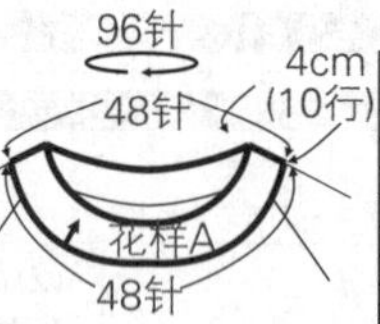

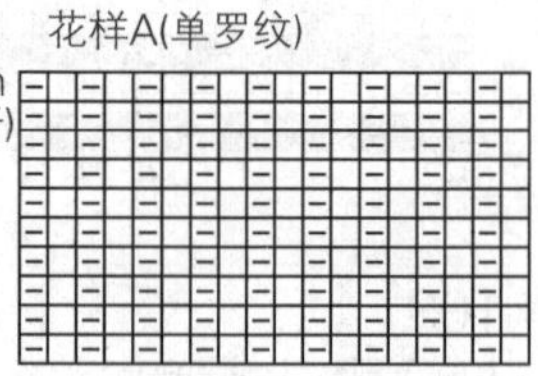

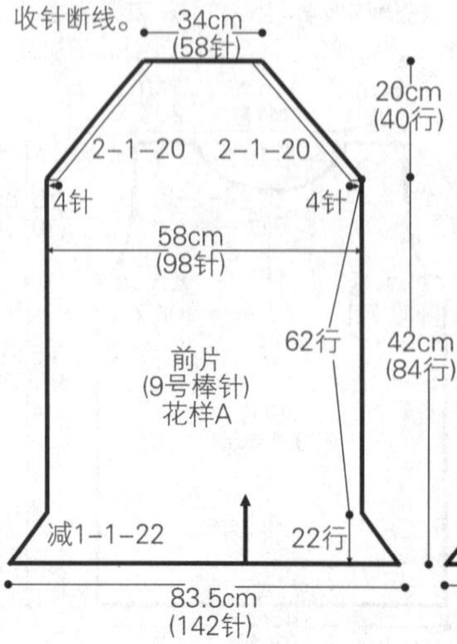

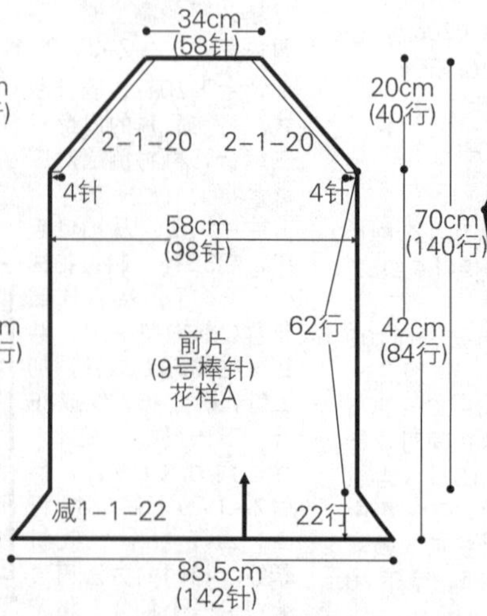

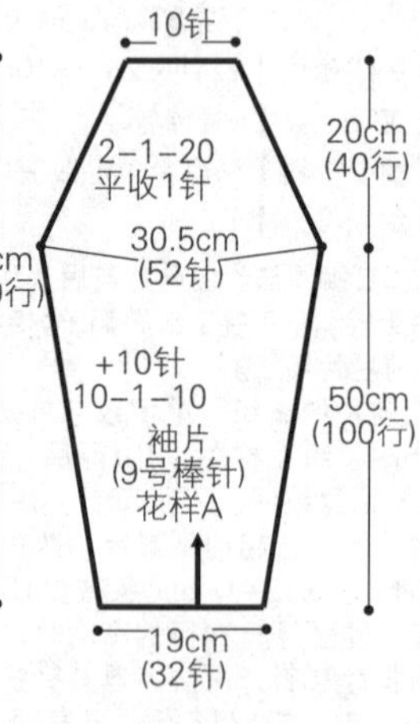

106

【成品规格】衣长65cm，胸宽45cm，
肩宽37cm，袖长51.5cm

【编织密度】15针×24行=10cm²

【工　具】8号棒针

【材　料】米白色棉线600g，黄色200g

【编织要点】

1.棒针编织法：由前片与后片和两个袖片组成。用8号棒针编织，从下往上编织。

2.前后片织法：

(1)前片的编织：双罗纹起针法，用米白色棉线，起66针，起织花样A，不加减针，织8行的高度，下一行起，全织花样B搓板针，不加减针，织110行的高度至袖窿。下一行起袖窿减针，两边收针3针，然后2-1-3，两边各减少6针，余下54针，不加减针，织成从袖窿算起24行的高度后，下一行的中间收针16针，两边各自减针，2-1-5，再织10行至肩部，余下14针，收针断线。

(2)后片的编织：袖窿以下的编织与前片相同，袖窿起减针与前片相同，当织成袖窿算起36行高度后，下一行中间收针21针，两边减针，2-1-2，织成4行，至肩部余下14针，收针断线。将前后片的肩部对应缝合，再将侧缝对应缝合。

3.袖片织法：从袖口起织，起40针，起织花样B，并依照花样C配色编织，每4行一个颜色，米白色与黄色交替编织。织114行的高度，下一行起进行袖山减针，下一行两边减针，各收针3针，然后2-1-5，织成10行高，余下16针，收针断线。相同的方法再去编织另一个袖片。将两个袖山边线与衣身的袖窿边线对应缝合。再将袖侧缝缝合。

花样A

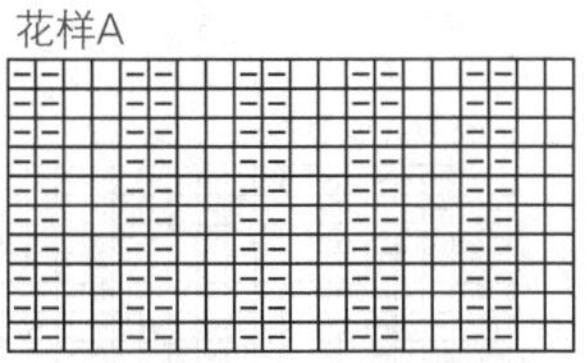

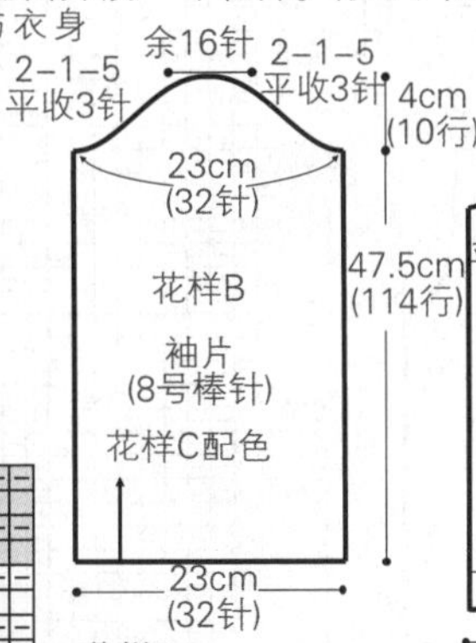

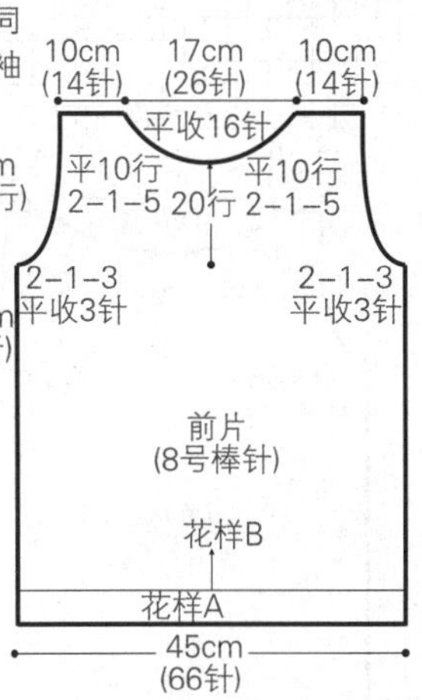

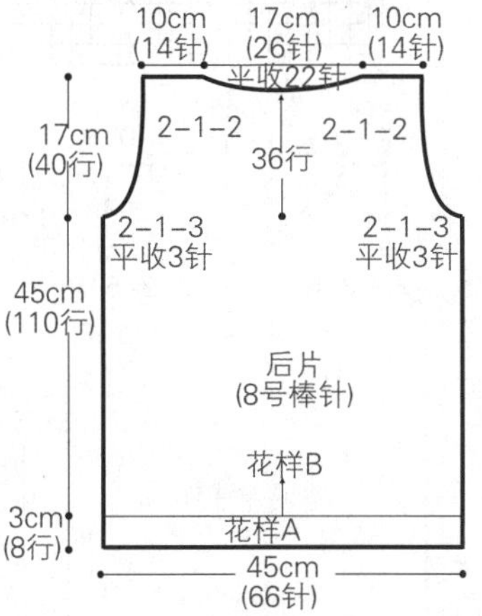

花样C

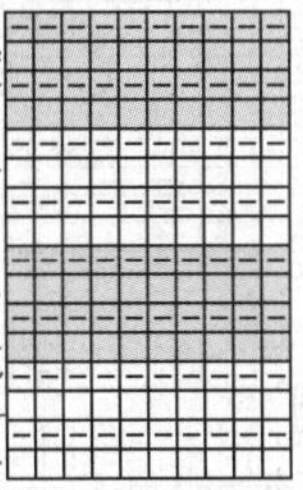

花样B

107

【成品规格】衣长75cm，胸宽44cm，
肩宽30cm，袖长75cm

【编织密度】12.3针×15.5行=10cm²

【工　具】7号、8号棒针

【材　料】土黄色棉线1100g

【编织要点】

1.棒针编织法:由前片与后片和两个袖片等组成。衣摆用8号棒针编织，衣身用7号棒针编织。

2.前后片织法。

(1)前片的编织，单罗纹起针法，起80针，起织花样A单罗纹针，织6行后，起织花样B，并在两边侧缝上减针，14-2-5，6-1-3，织成88行高，各减少13针，余下54针，下一行开始两插肩缝减针，2-1-11，当织成从袖窿算起10行的高度时，下一行中间收针20针，两边减针，2-1-6，与插肩缝减针同步进行，直至余下1针，收针断线。

(2)后片的编织。袖窿以下的编织与前片完全相同，袖窿以上无后衣领减针，两插肩缝减针方法与前片相同，各减少11针，织成22行的高度后，余下32针，将所有的针数收针。

3.袖片织法:从袖口起织，起68针，起织花样A，织6行，下一行起织花样B，并在两袖侧缝上减针，14-2-5，6-1-3，织成88行高，针数余下42针，继续插肩缝减针，2-1-11，织成22行高，余下20针，收针断线。相同的方法再去编织另一个袖片。将两个袖山边线与衣身的袖窿边线对应缝合，再将袖侧缝缝合。

4.缝合:将前后片的侧缝对应缝合，将袖片的两条插肩缝边线分别与前片和后片的插肩缝边线对应缝合。再将袖侧缝缝合。

5.领片织法:用8号棒针，沿前领

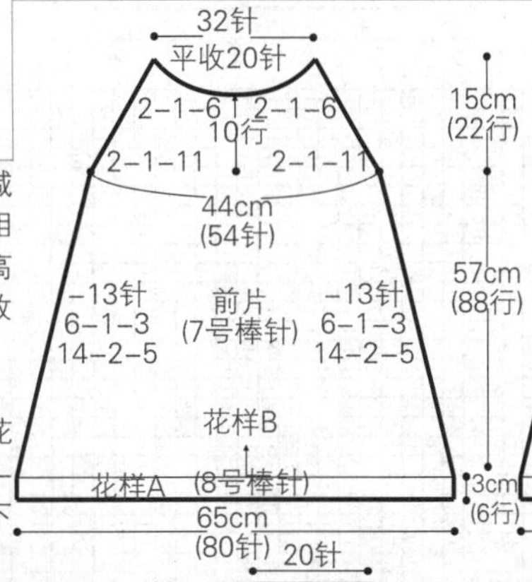

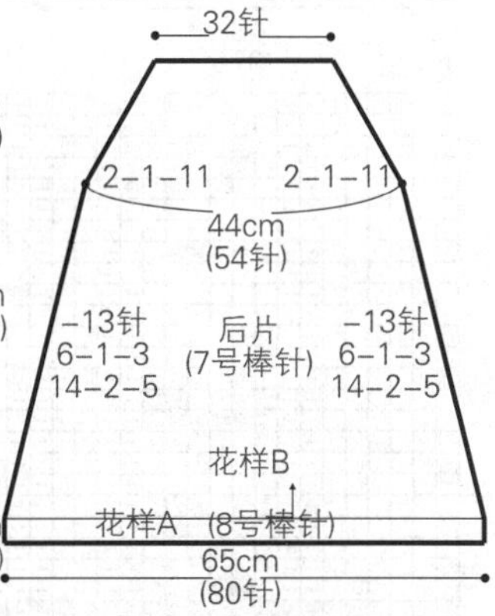

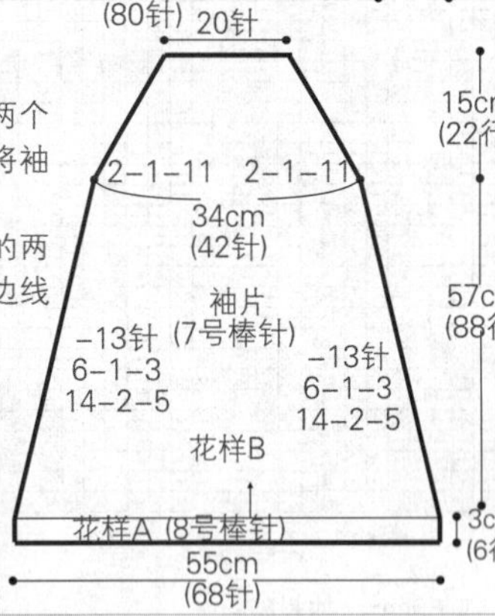

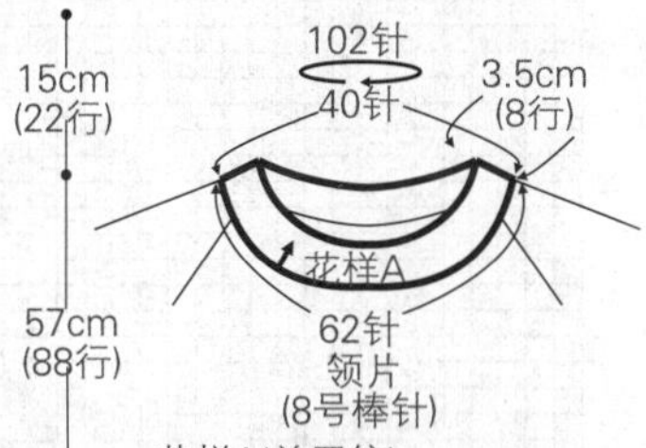

花样B

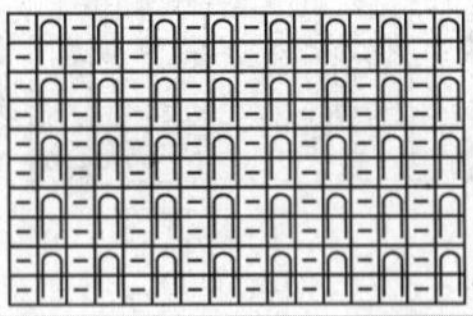

花样A(单罗纹)

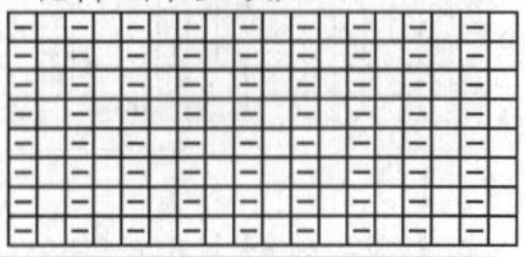

108

【成品规格】衣长60cm，胸宽48cm，
肩宽34cm，袖长49cm

【编织密度】19针×24行=10cm²

【工　具】8号棒针

【材　料】枣红色羊毛线800g

【编织要点】

1.棒针编织法：由前片与后片和两个袖片等组成。下摆系流苏。用8号棒针编织。

2.前片的编织：下摆起织，起92针，起织依照花样A排花型，不加减针，织108行的高度后，下一行进行袖窿减针，两边同时收7针，然后2-1-6，织成12行后，下一行进行前衣领减针，选中间18针收针，两边各自减针，2-2-5，2-1-6，再织2行至肩部余下8针，收针断线。

3.后片的编织：后片起织92针，全织下针，不加减针，织108行后进行袖窿减针，减针方法与前片相同，当织成从袖窿算起28行的高度后，下一行中间收38针，两边减针，2-2-2，2-1-2，至肩部余下8针，收针断线。将前后片的肩部对应缝合，再将侧缝对应缝合。

4.袖片织法：从袖口起织，单罗纹起针法，起40针，起织花样C，不加减针，织20行的高度，下一行起依照花样B排花型，并在两袖侧缝上加针，8-1-10，织成80行，加成60针，下一行起袖山减针，两边同时收针7针，然后2-2-5，4-1-2，织成18行高，余下22针，收针断线。相同的方法再去编织另一个袖片。将两条袖山边线与衣身的袖窿边线对应缝合。再将袖侧缝缝合。

5.领片织法：领片单独编织，起22针，起织花样D，不加减针，织104行的高度，将首尾两行对应缝合，再将一侧边与衣身的衣领边对应缝合。最后制作12cm长的流苏，系于衣身下摆边。衣服完成。

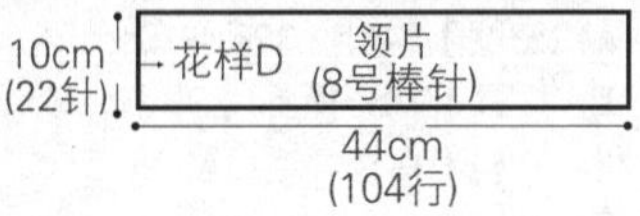

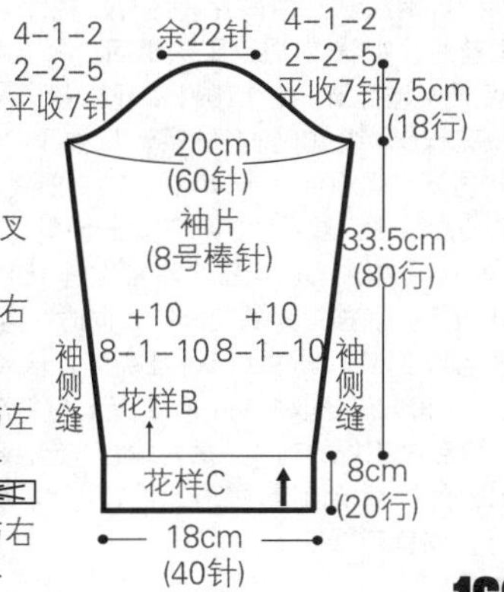

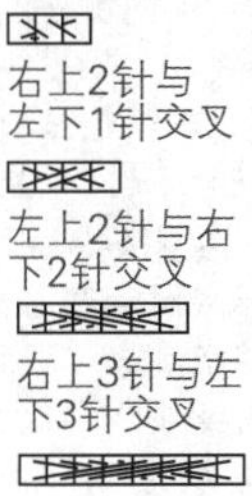
右上2针与左下1针交叉
左上2针与右下2针交叉
右上3针与左下3针交叉
左上4针与右下4针交叉

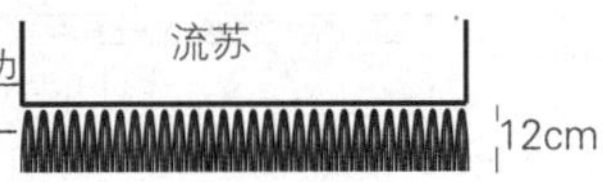

花样C(单罗纹)

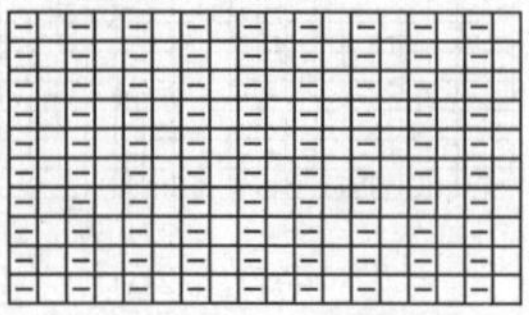

花样D

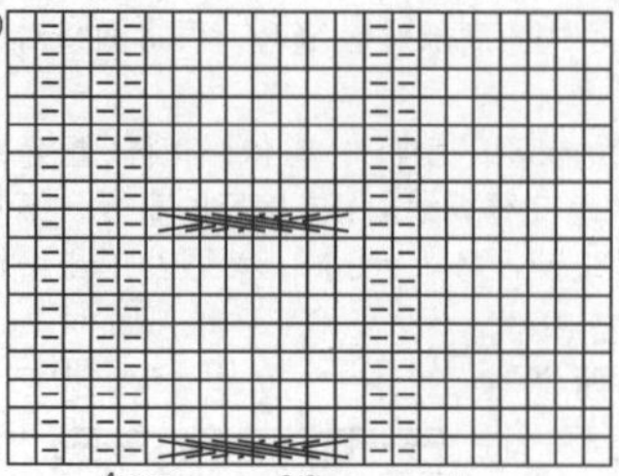

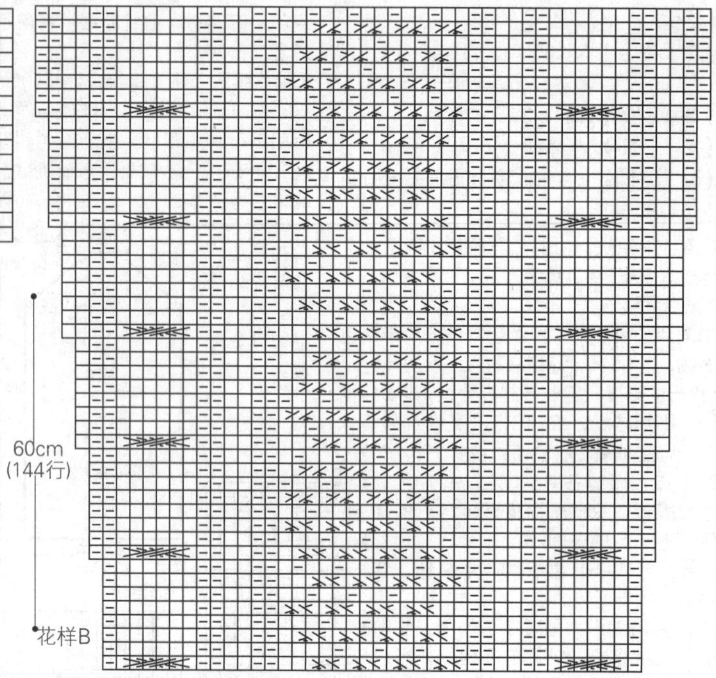

花样B

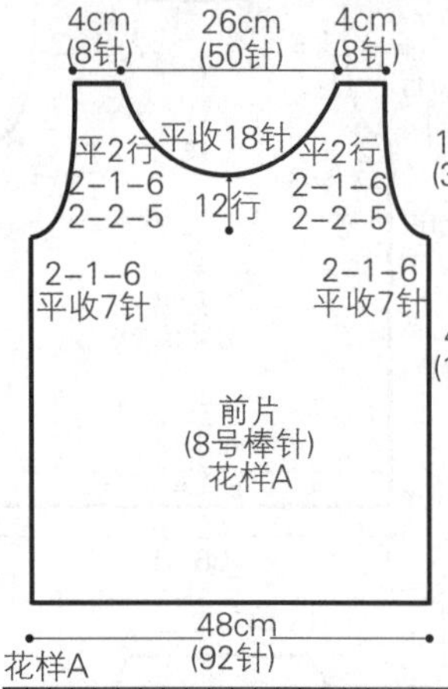

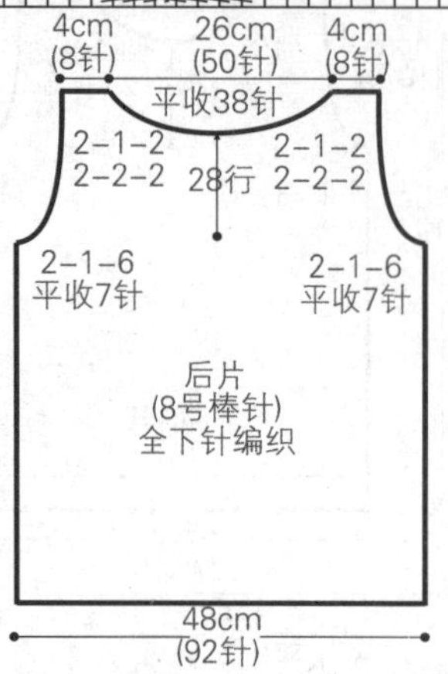

花样A

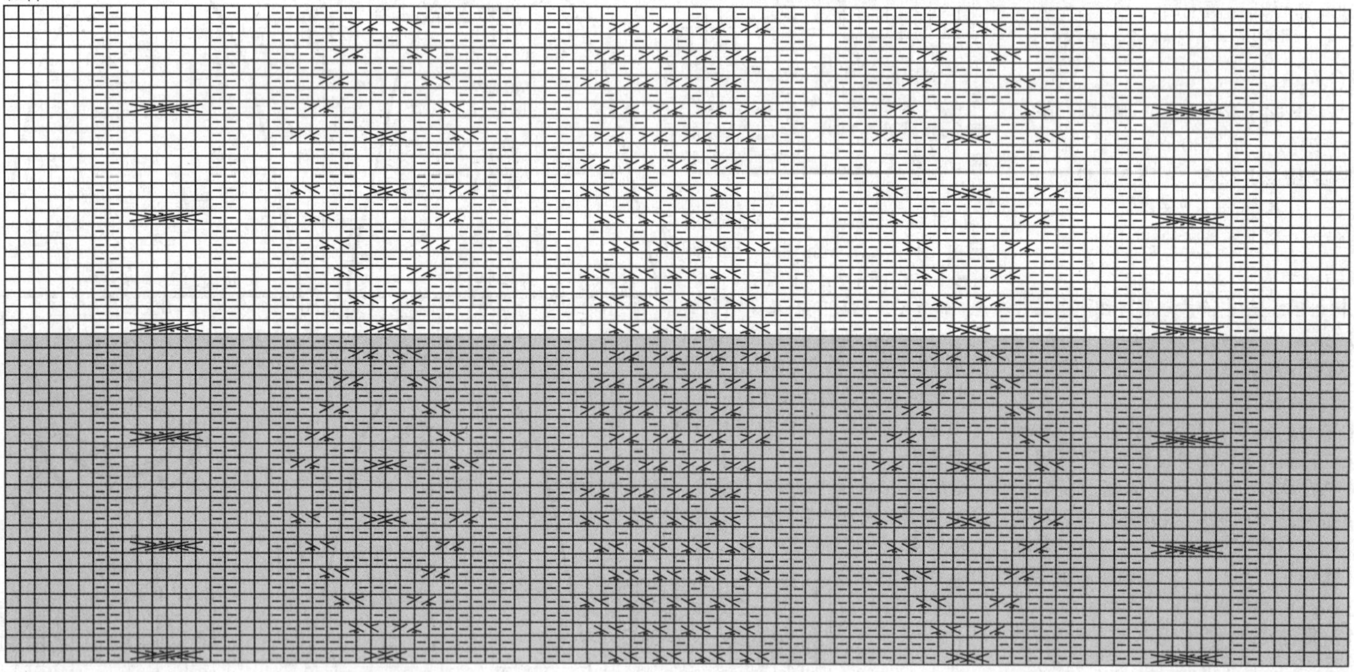

109

【成品规格】衣长60cm，胸宽50cm，袖长60cm

【编织密度】24针×32行=10cm^2

【工　　具】10号棒针

【材　　料】白色羊毛线400g

【编织要点】

1.棒针编织法。由前片、后片、袖片与领片组成。

2.前后片织法:前后片织法相同。

双罗纹起针法，起120针，起织花样A，织14行，改织花样B，织100行至袖窿，从袖窿起在两侧按2-1-40方法各收40针，剩40针，锁针断线。

3.袖片织法：双罗纹起针法，起52针，起织花样A，织14行，按花样C，从左至右依次是:16针下针，20针，16针下针。按排好的花样织，同时在两侧按4-1-24方法各收24针，再平织4行至袖窿，从袖窿起在右侧按2-1-40方法各收40针，剩20针，锁针断线。

4.缝合:把织好的前片、后片缝合一起，再把袖片缝上。

5.领片的织法:沿前后领边挑176针，织花样A，织40行，锁针断线。

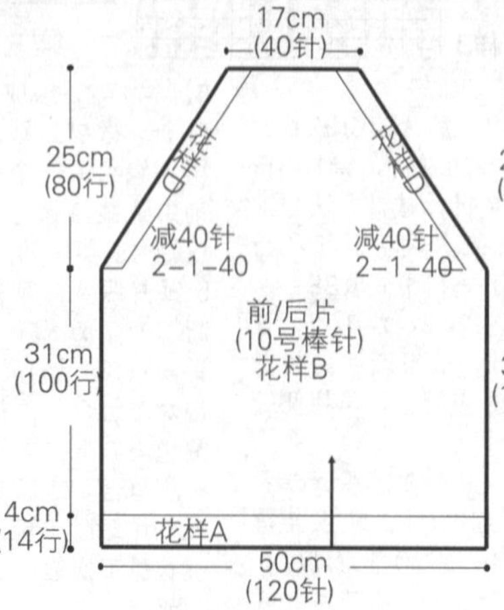

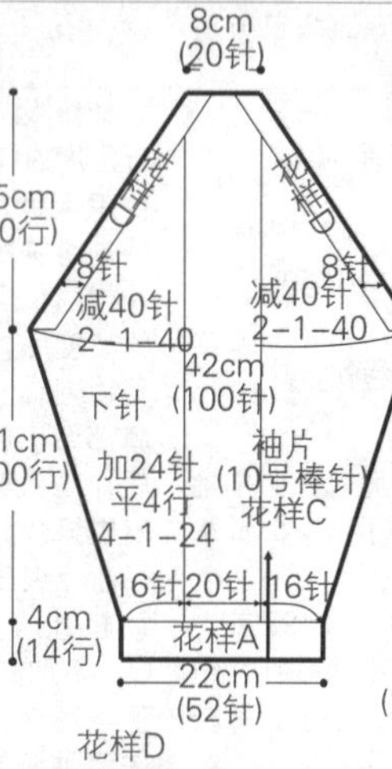

花样A

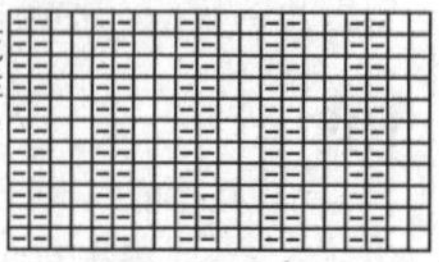

花样D

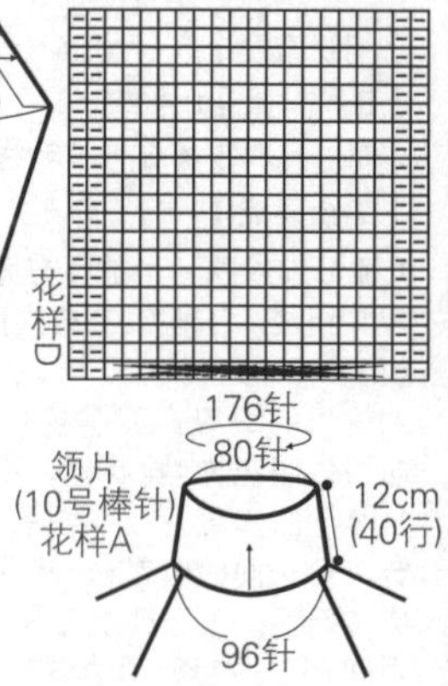

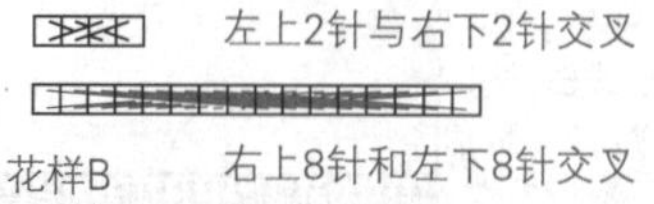

花样B

花样D

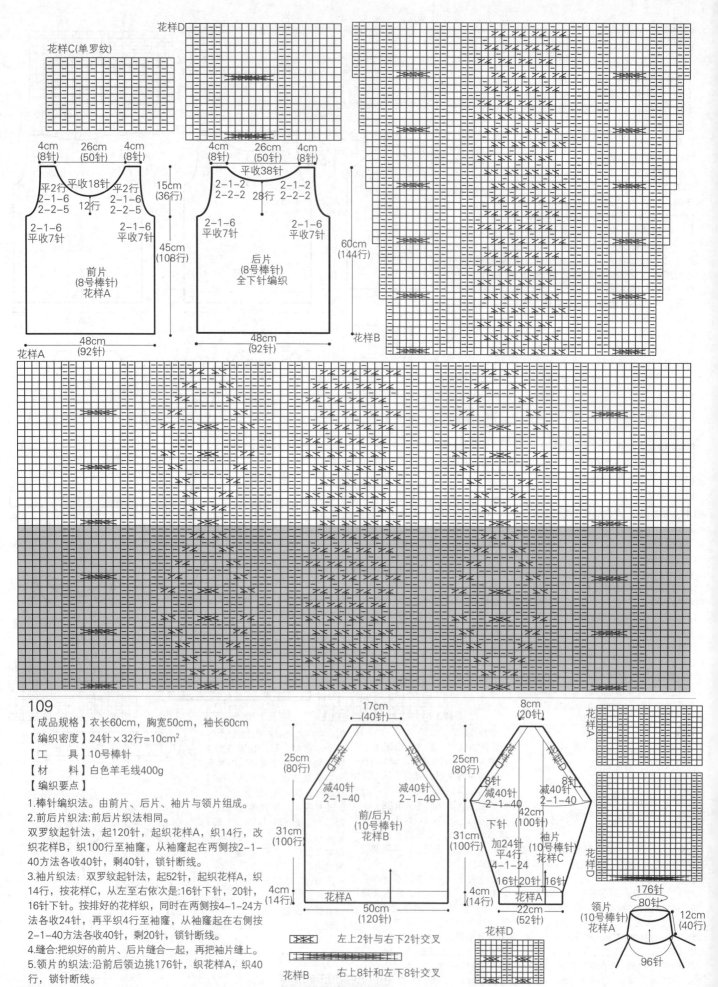

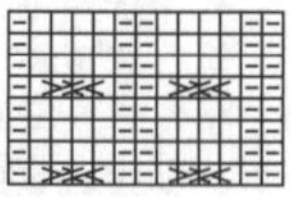

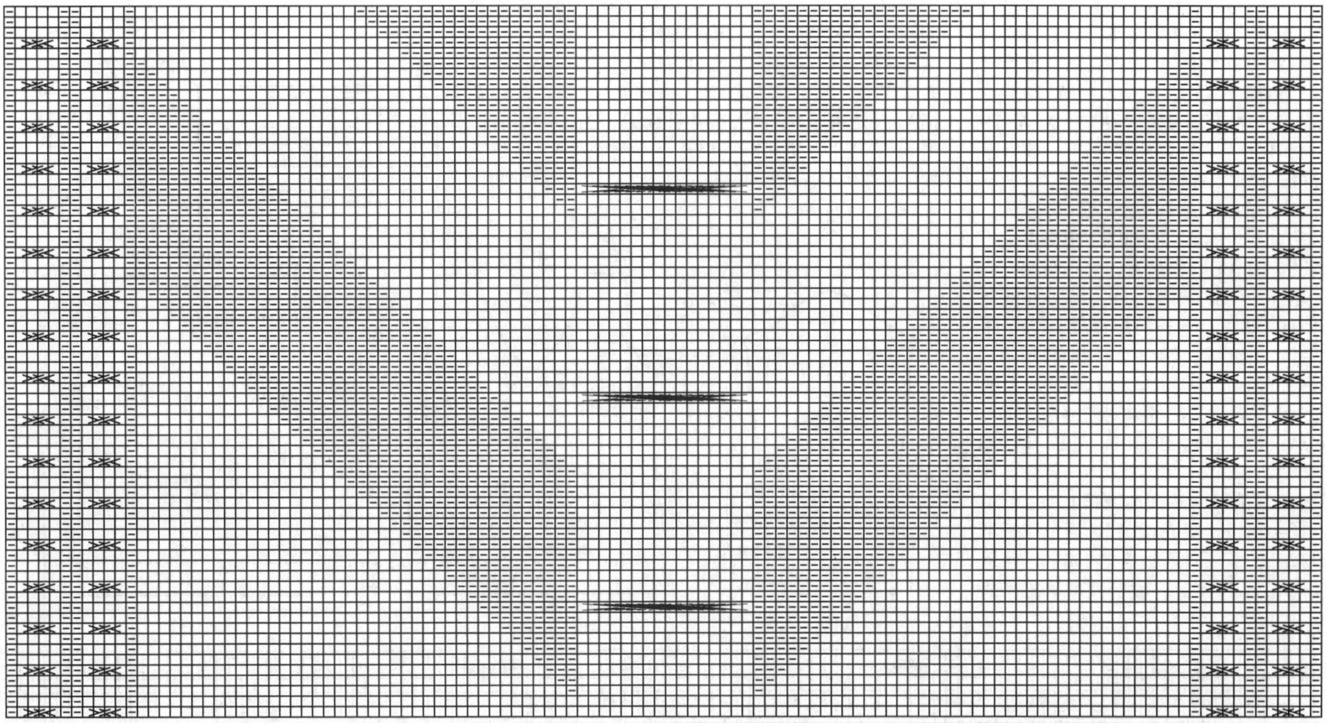

110

【成品规格】衣长51cm，半胸围45cm，袖长46cm

【编织密度】12.3针×15.5行=10cm²

【工　　具】10号、12号棒针

【材　　料】白色粗棉线500g

【编织要点】

前后片制作说明：

1.棒针编织法，衣身后片由2片花样B织片及2片袖片组成，衣身前片由1片花样B织片及2片袖片组成。

2.起织，起3针，一边织一边两侧按花样所示加针，织至56行，织片变成57针，收针断线。同样的方法分别另起2个织片，织至56行后，改织花样A，织16行后，收针断线。

3.起织袖片，起3针，一边织一边两侧按花样所示加针，织至56行，织片变成57针，然后两侧按6-1-16的方法减针，织100行后，织片余下25针，改织花样A，织16行后，收针断线。同样的方法再织3片袖片。

4.按图示方法缝合衣身织片及袖片。

领片制作说明：

棒针编织法，沿领口挑起171针织花样A，一边织一边领尖两侧减针，织8行后，余下163针，收针断线。

花样A

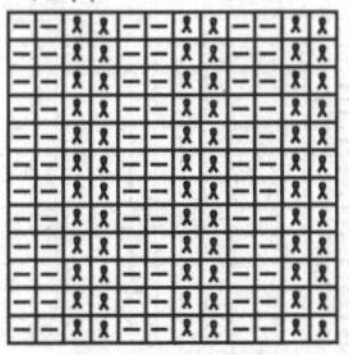

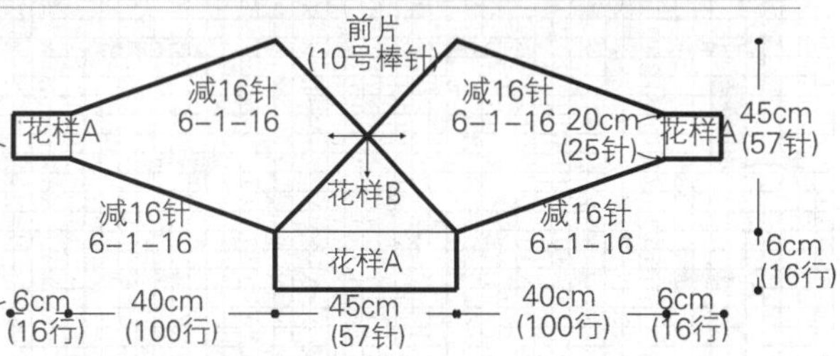

花样B

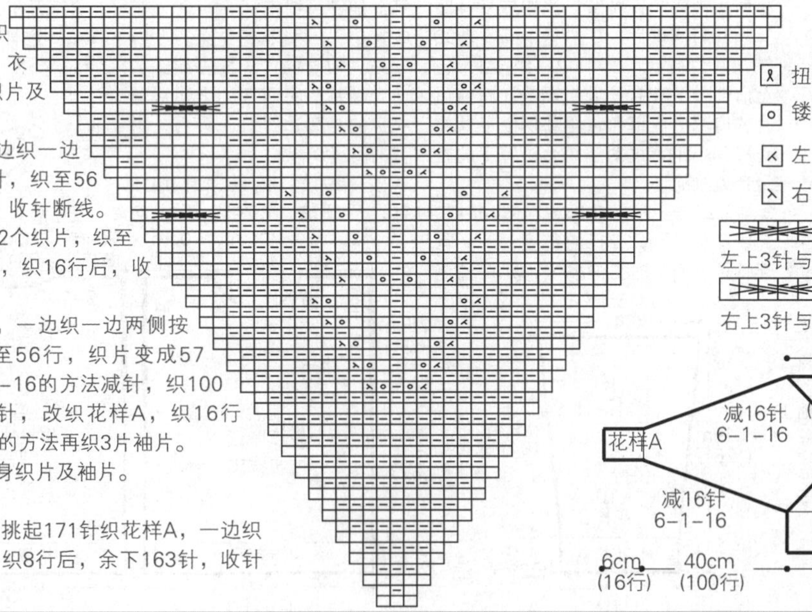

扭针

镂空针

左上2针并1针

右上2针并1针

左上3针与右下3针交叉

右上3针与左下3针交叉

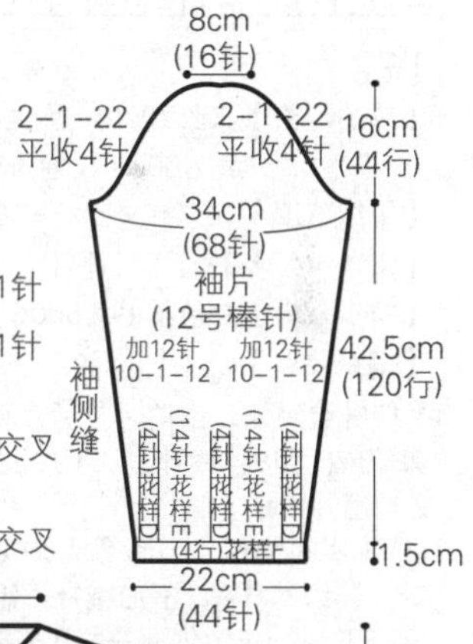

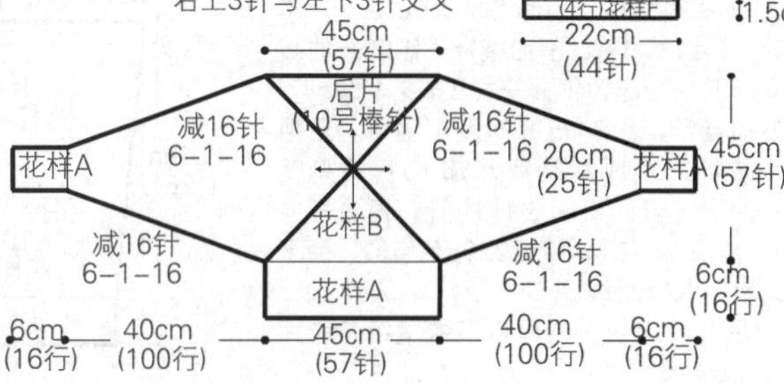

111

【成品规格】衣长65cm，胸宽55cm，肩宽45cm，袖长58cm

【编织密度】20针×29.5行=10cm²

【工　　具】9号、10号棒针

【材　　料】灰色羊毛线800g

【编织要点】

1.棒针编织法：由前片与后片和两个袖片等组成。用9号棒针，从下往上编织。

2.前后片织法。

(1)前片的编织，双罗纹起针法，起110针，起织花样A，不加减针，织24行的

花样C

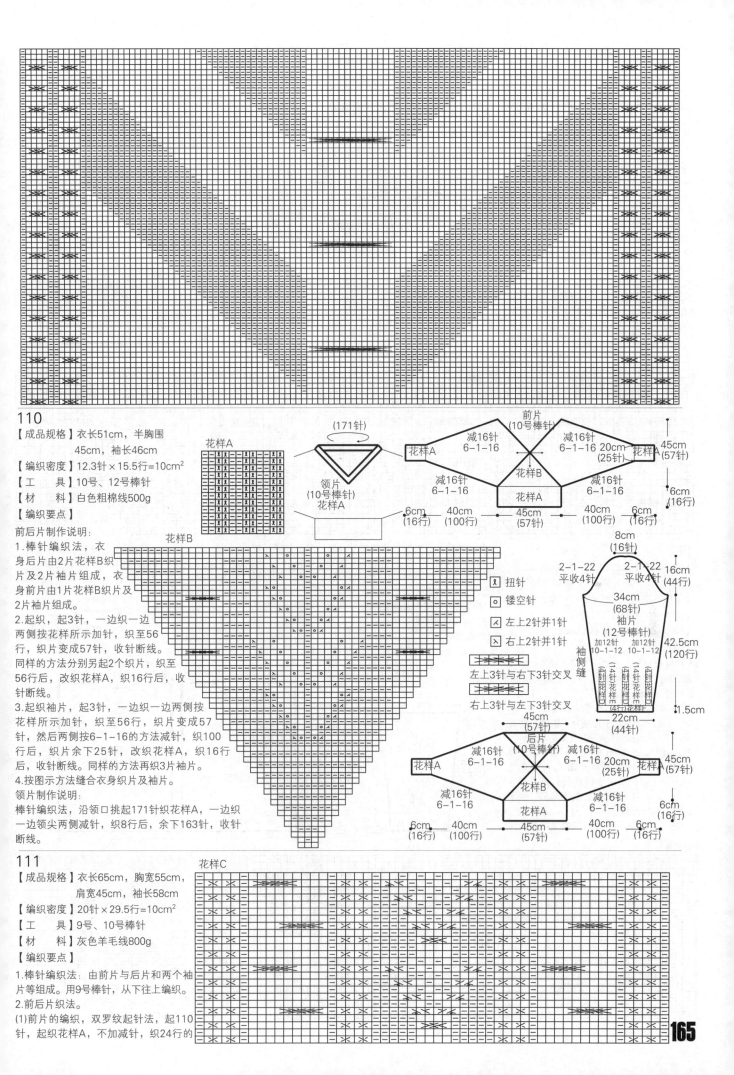

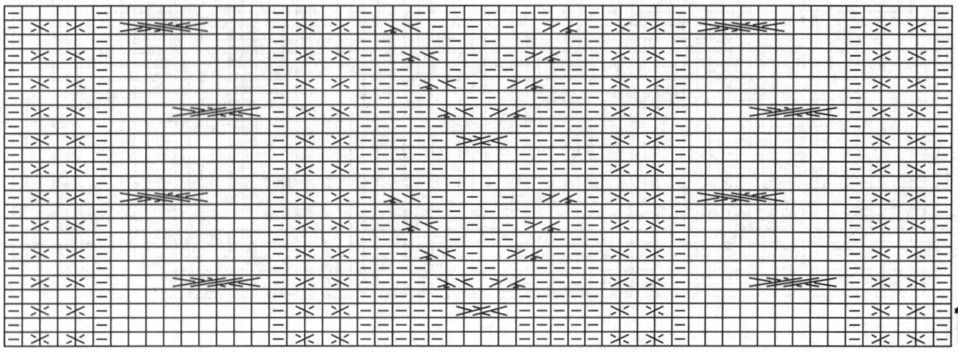

高度，下一行起，排花样B，不加减针，织108行的高度至袖窿。下一行起将织片分为两半，中间收4针，两边各自进行衣领减针和袖窿减针，袖窿减针先收4针，然后2-1-6，衣领减针，2-1-10，4-1-8，再织8行至肩部，余下25针，收针断线。另一边织法相同。

(2)后片的编织：起110针，起织花样A，织24行，下一行起，依照花样B编织，不加减针，织108行的高度，至袖窿减针。袖窿起减针与前片相同，当织成从袖窿算起52行高度后，下一行中间收28针，两边减针，2-2-2，2-1-2，织成8行，至肩部余下25针，收针断线。将前后片的肩部对应缝合，再将侧缝对应缝合。

3.袖片织法：从袖口起织，起54针，起织花样A，织24行的高度，下一行依照花样C排花型编织，并在袖侧缝上加上针编织，10-1-12，织成120行，再织18行至袖山减针，下一行两边各收针8针，然后2-4-6，余下14针，收针断线。相同的方法再去编织另一个袖片。将两条袖山边线与衣身的袖窿边线对应缝合。再将袖侧缝缝合。

4.领片织法：沿前领窝两边各挑50针，V处挑1针做并针中心，后领窝挑40针，共挑起141针，起织花样A，V处中心1针上进行并针编织，3针并为1针，中间1针在上，进行4次并针，织8行花样A，收针断线。衣服完成。

花样A

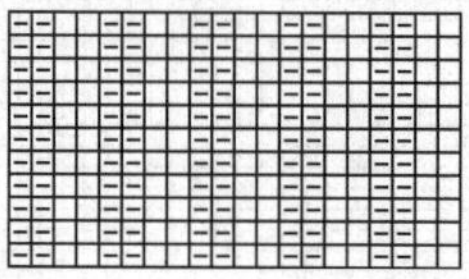

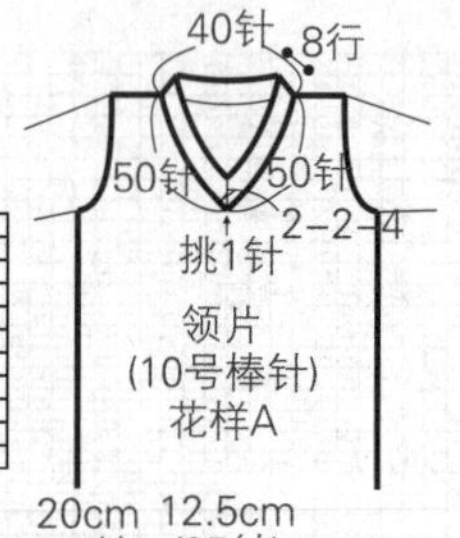

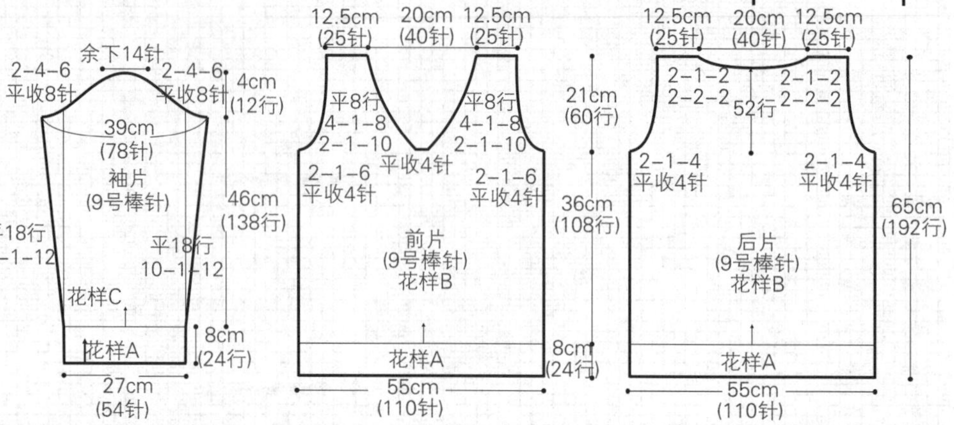

花样B

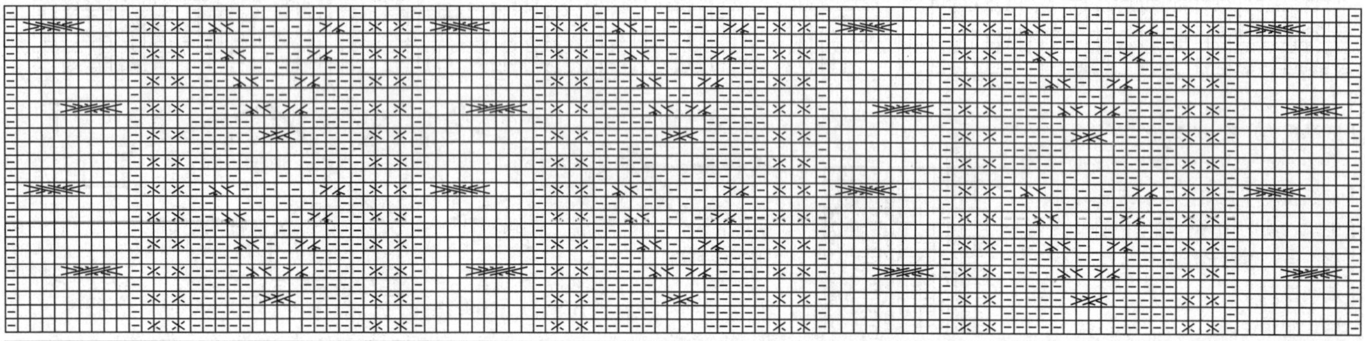

112

【成品规格】衣长70cm，胸宽60cm，肩宽60cm，袖长51cm

【编织密度】16.7针×24行=10cm²

【工　　具】8号、9号棒针

【材　　料】白色羊毛线850g

【编织要点】

1.棒针编织法。由前片与后片和两个袖片等组成。用8号棒针，从下往上编织。

2.前后片织法。

(1)前片的编织：双罗纹起针法，起100针，起织花样A，不加减针，织22行的高度，下一行起，依照花样B排花型编织，不加减针，织84行的高度至袖窿。无袖窿减针，织成从袖窿算起40行的高度后，下一行的中间收针12针，两边各自减针，2-1-11，织成22行至肩部，余下33针，收针断线。

(2)后片的编织：袖窿以下的编织与前片相同，袖窿起无减针，当织成从袖窿算起58行高度后，下一行中间收针30针，两边减针，2-1-2，织成4行，至肩部余下33针，收针断线。将前后片的肩部对应缝合，再将侧缝下摆侧边和84行的高度对应缝合。留下的不缝合边做袖窿。

3.袖片织法：从袖口起织，起44针，起织花样A，织22行的高度，下一行起依照花样C排花样编织，并在袖侧缝上加针编织，10-1-10，织成100行，再织4行结束，收针断线。相同的方法再去编织另一个袖片。将两条袖山边线与衣身的袖窿边线对应缝合，再将袖侧缝缝合。

4.领片织法：沿前领窝挑68针，后领窝挑44针，共挑起112针，不加减针，织14行花样A，收针断线。衣服完成。

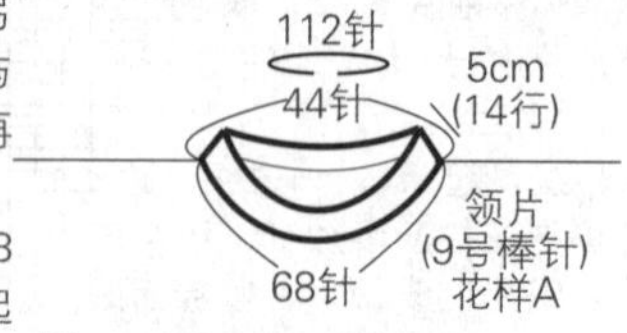

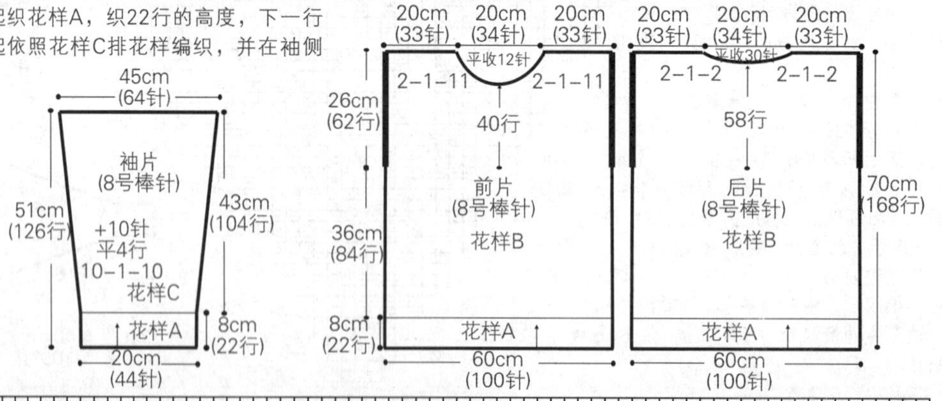

花样B

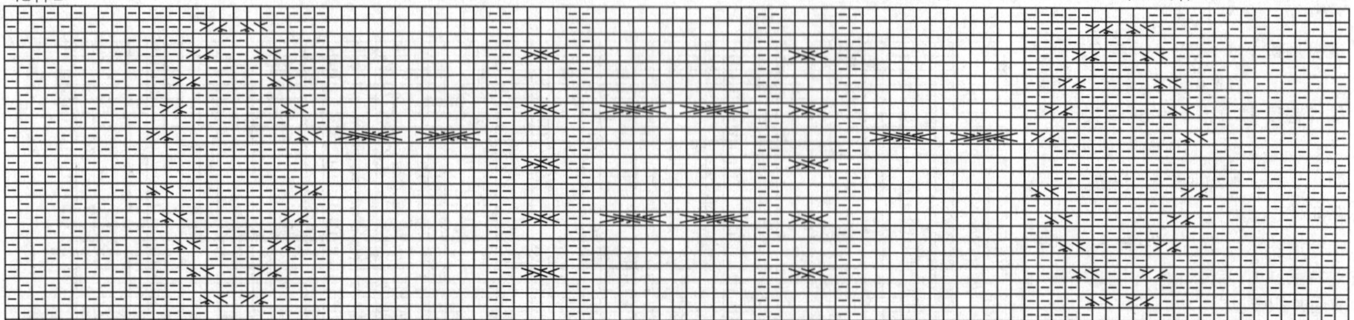

花样A(双罗纹)

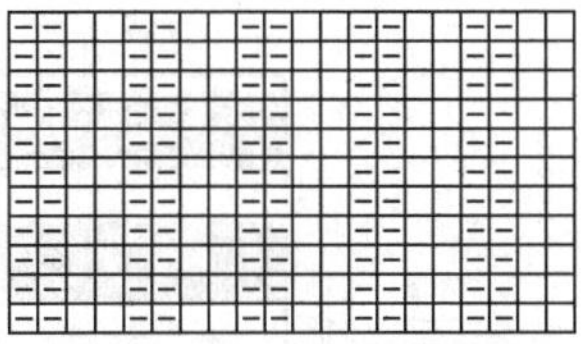

花样C

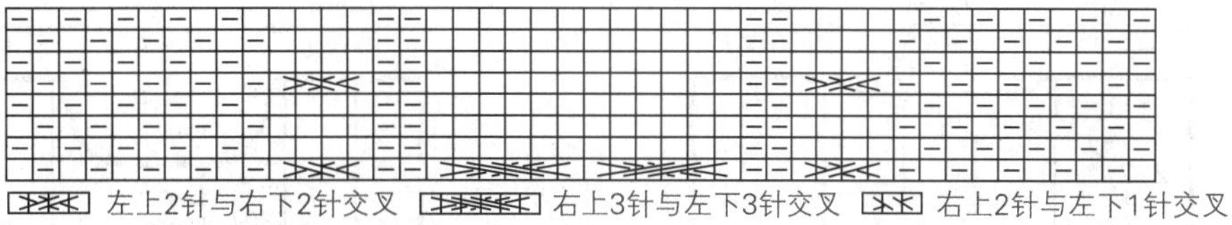

113

【成品规格】衣长53cm，胸围100cm，肩宽50cm，袖长77.5cm

【编织密度】花样A：20针×27行=10cm²
花样B：26针×27行=10cm²

【工　　具】3.9mm、4.5mm棒针

【材　　料】蓝色羊毛线700g

【编织要点】

棒针编织法。由前片与后片和两个袖片组成。用3.9mm棒针，从下往上编织。

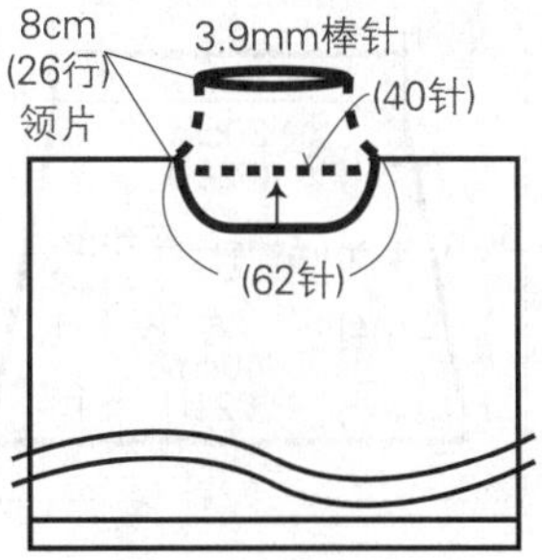

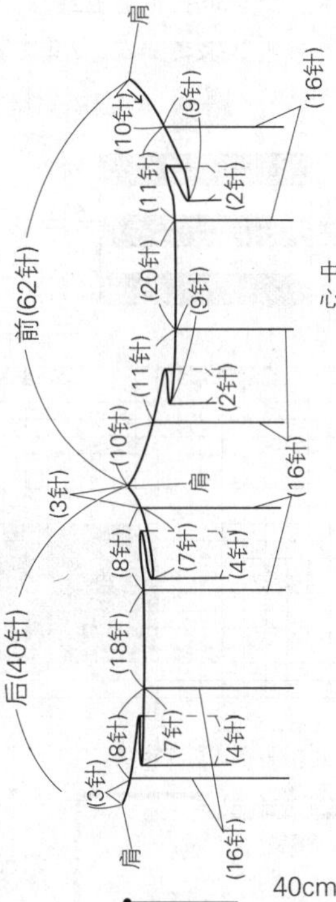

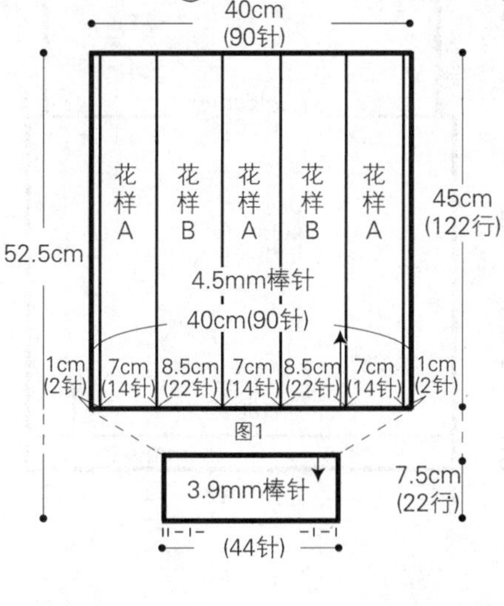

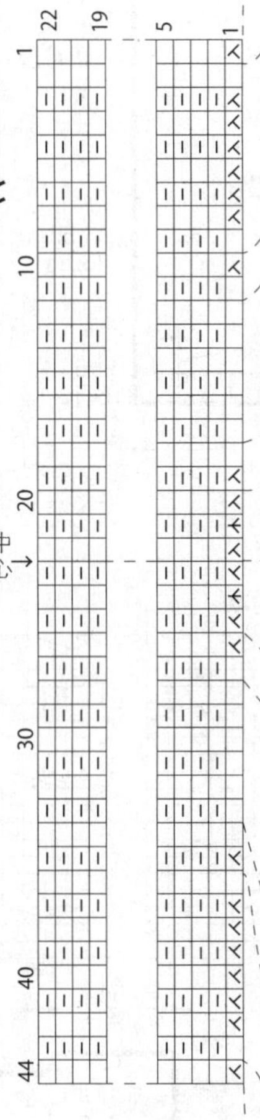

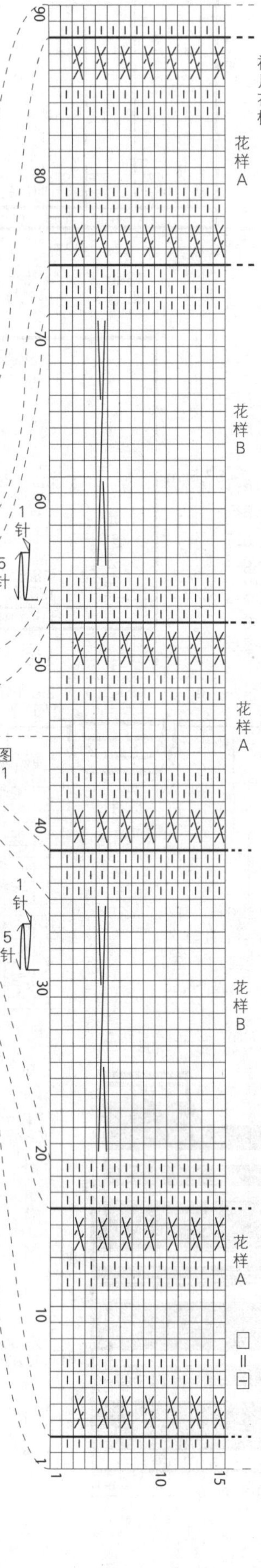

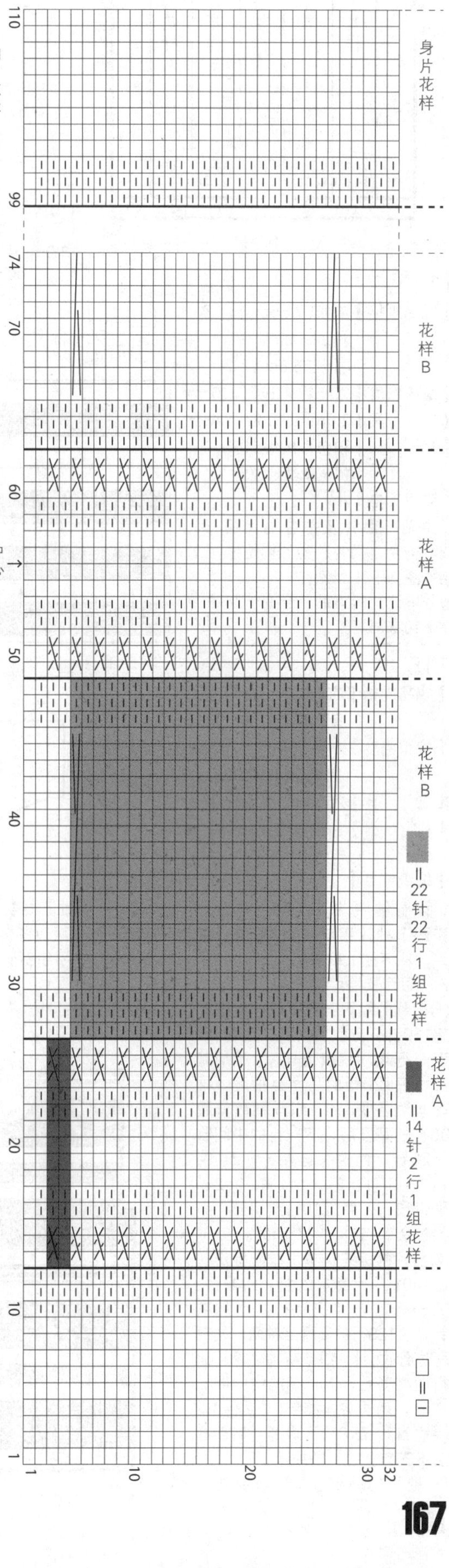

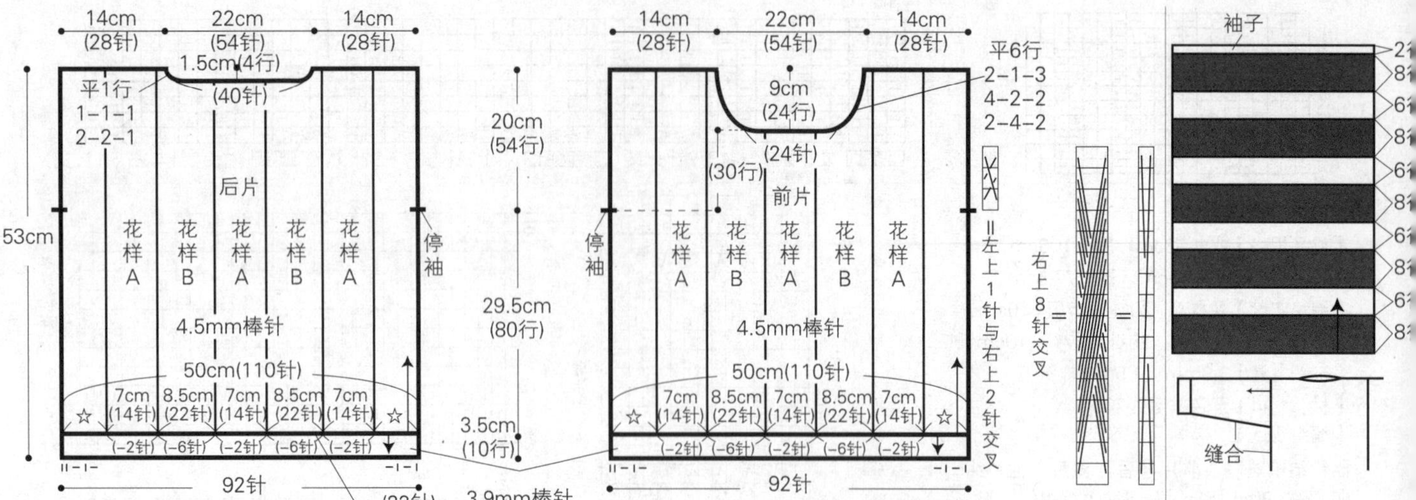

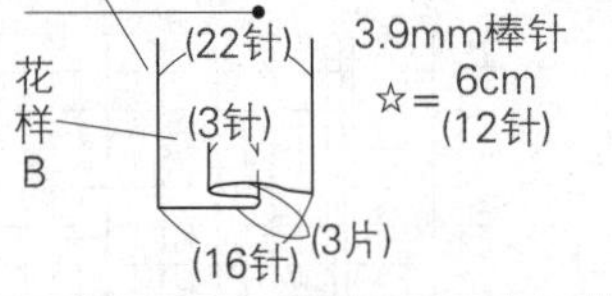

114

【成品规格】衣长57.5cm，
胸围96cm，
袖长55.5cm

【编织密度】20.5针×24行=10cm²

【工　　具】3.6mm、4.2mm棒针

【材　　料】粉色羊绒线115g，
灰色羊绒线60g

【编织要点】

1.由前、后片及左右袖片组成。前片、后片、袖片均是按结构图从下往上编织。

2.各单元片织好后，合在一起往上钩衣领。

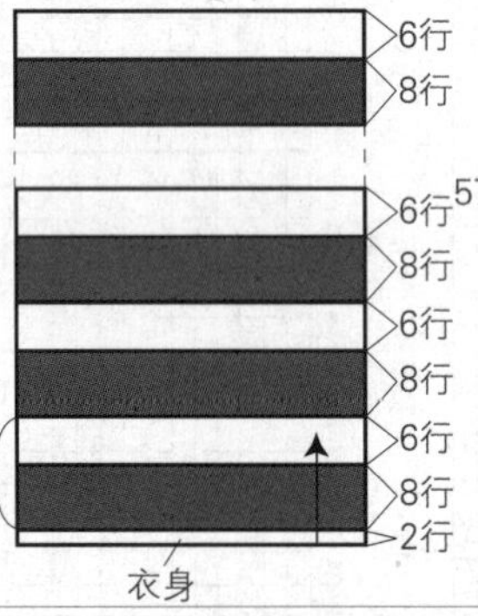

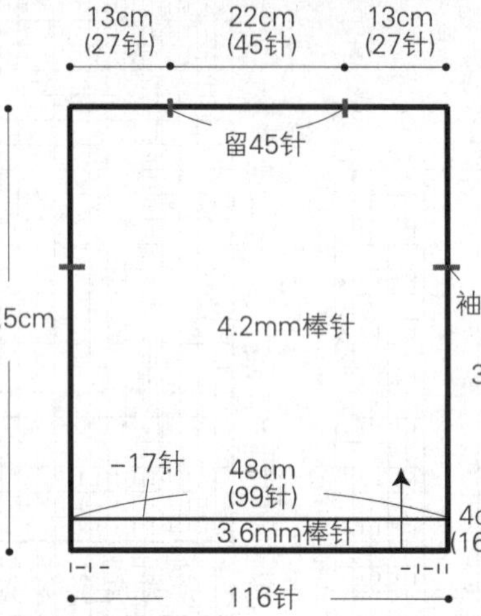

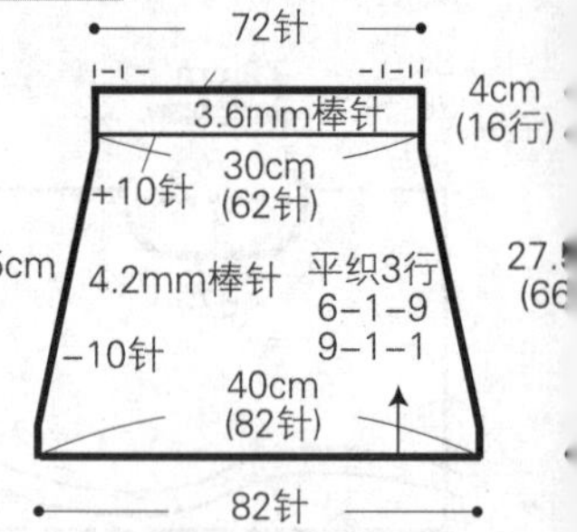

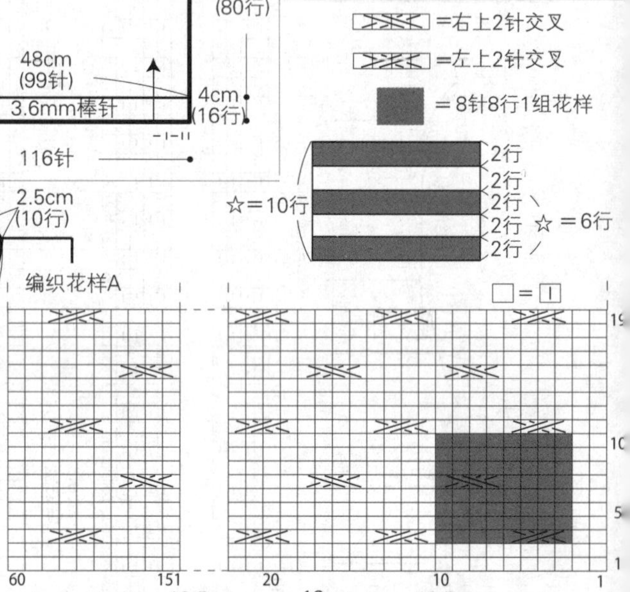

115

【成品规格】衣长62.5cm，胸宽100cm，
肩宽46cm，袖长28cm

【编织密度】单罗纹花样：26针×34行=10cm²
编织花样A：32针×32行=10cm²

【工　　具】2.7mm、3.6mm棒针

【材　　料】白色羊毛线300g，杏色和灰色羊毛线各80g

【编织要点】

1.棒针编织法。由前片与后片和两个袖片组成。用2号棒针编织，从下往上编织。

2.前后片及袖片织法。

(1)前片的编织：单罗纹起针法，起150针，分散加10针，织4行，下一行起，编织花样A，不加减针，织120行的高度至袖窿。袖窿两边各收6针，织成袖窿算起36行的高度后，下一行的中间收针26针，两边各自减针，2-4-1，2-3-1，2-2-4，4-1-2，平织12行，织成10行至肩部，肩部各余下44针，收针断线。

(2)后片的编织：单罗纹起针法，起130针，分散减20针，织4行，下一行起，编织平针，不加减针，织128行的高度至袖窿。袖窿两边各收5针，织成从袖窿算起64行的高度后，下一行的中间收针38针，两边各自减针，2-2-3，平织2行，织8行至肩部，肩部各余下35针，收针断线。

(3)袖片的编织：下针起针法，起110针，不加不减针，织6行，下一行起，袖子两边各自减针，8-1-1，6-1-10，平织6行，织成74行至袖口，编织单罗纹针，分散加8针，织16行，收针断线。

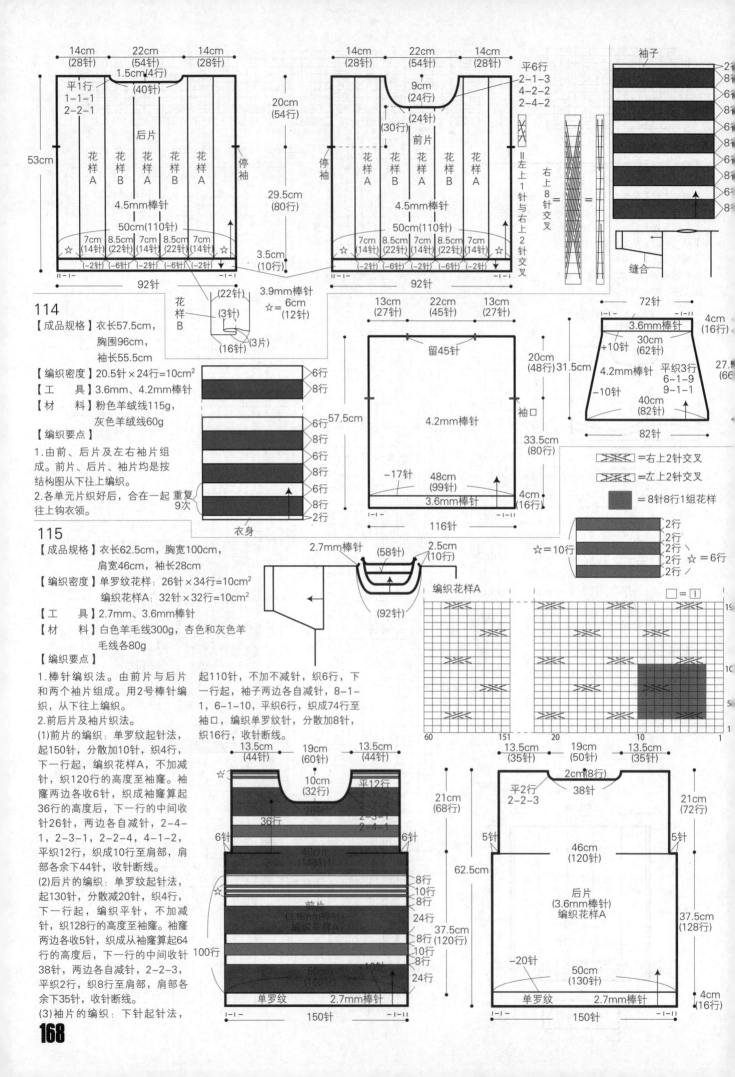

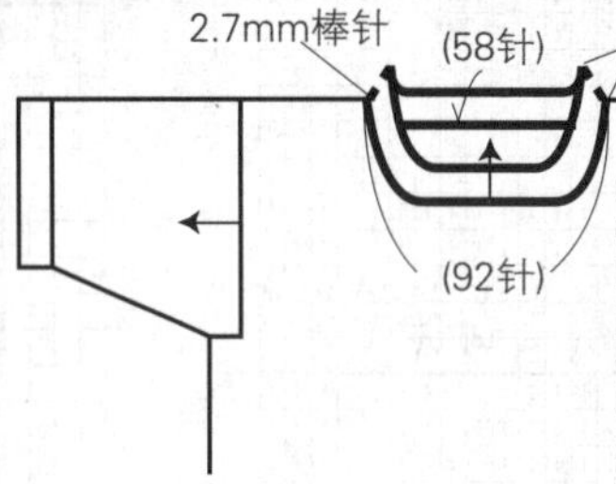

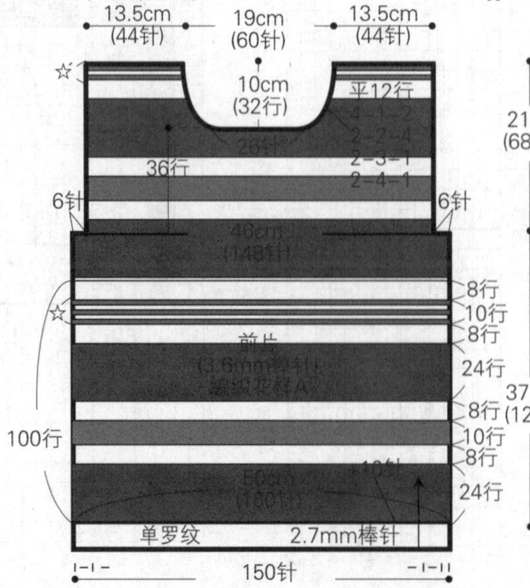

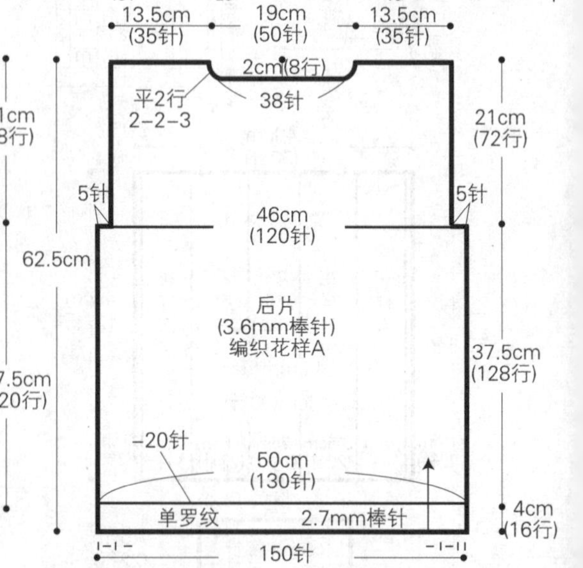

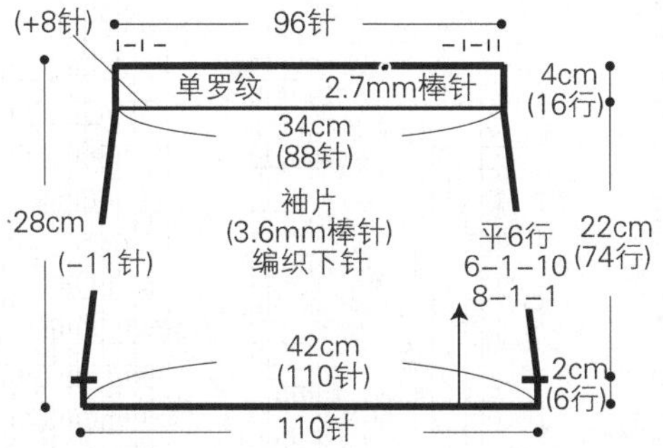

116

【成品规格】衣长47cm，胸围92cm，肩宽35cm，袖长26.5cm

【编织密度】编织花样A：25针×36行=10cm²
编织花样B：25针×32行=10cm²

【工　　具】2.7mm、3.3mm棒针

【材　　料】杏色进口冰丝毛线300g

【编织要点】

1.棒针编织法。由前片与后片和两个袖片组成。用2号棒针编织，从下往上编织。

2.前后片及袖片织法。

(1)前片的编织：起115针，织8行，下一行起，编织花样A，不加减针，织94行的高度至袖窿。袖窿两边各自减针，收4针，2-3-1，2-2-2，2-1-2，4-1-1。编织28行，下一行的中间收针21针，两边各自减针，2-3-1，2-2-3，2-1-3，4-1-1，平织10行，织成28行至肩部，肩部各余下20针，收针断线。

(2)后片的编织：起115针，织8行，下一行起，编织花样A，不加减针，织94行的高度至袖窿。袖窿两边各自减针，收4针，2-3-1，2-2-2，2-1-2，4-1-1。编织56行，下一行的中间收针41针，两边各自减针，2-2-1，2-1-1，平织2行，织成6行至肩部，肩部各余下20针，收针断线。

(3)袖片的编织：下针起针法，起79针，不加不减针，织8行，下一行起，袖子两边各自加针，6-1-5，4-1-1，平织4行，织成38行至袖山，袖山两边各自减针，平收4针，2-2-3，2-1-8，4-1-1，2-1-6，2-2-1，2-2-4，平织2行，织50行，袖剩余21针，收针断线。

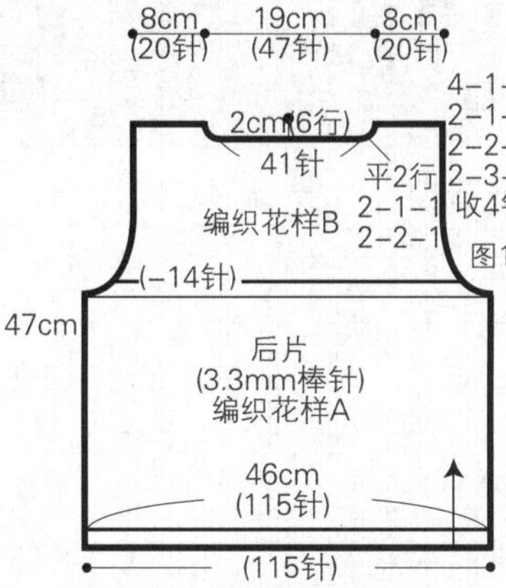

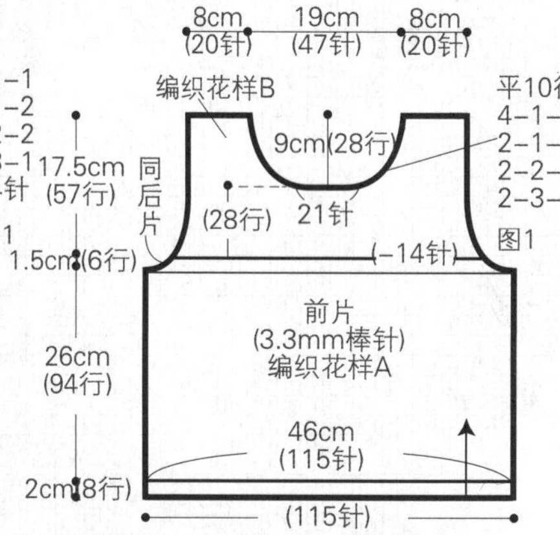

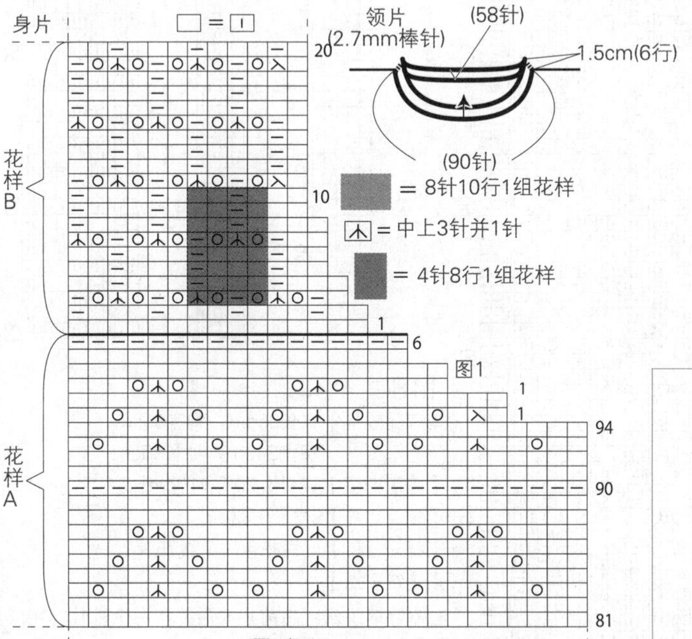

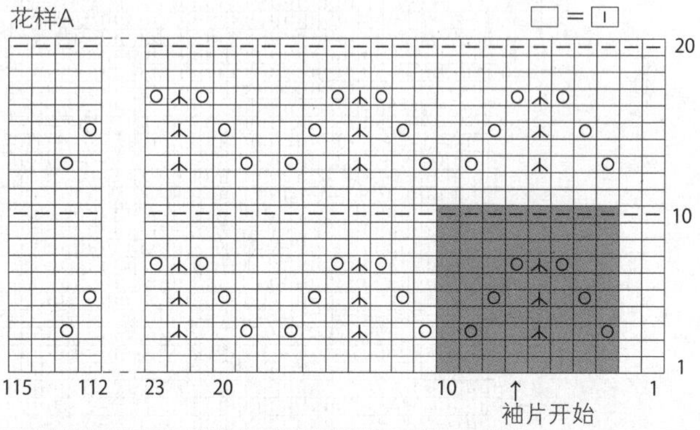

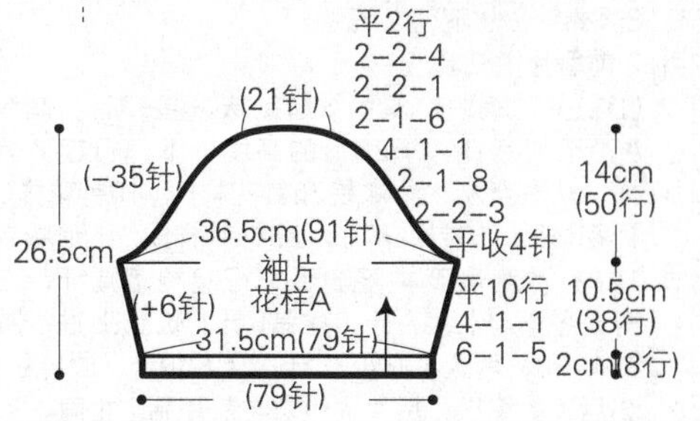

117

【成品规格】衣长58cm，胸围102cm，袖长64.5cm

【编织密度】24针×30行=10cm²

【工　　具】3.6mm、4.2mm棒针

【材　　料】杏色棉线510g

【编织要点】

1.由前、后片及左右袖片组成。前片、后片、袖片均是按结构图从下往上编织。

2.各单元片织好后，合在一起往上钩衣领。

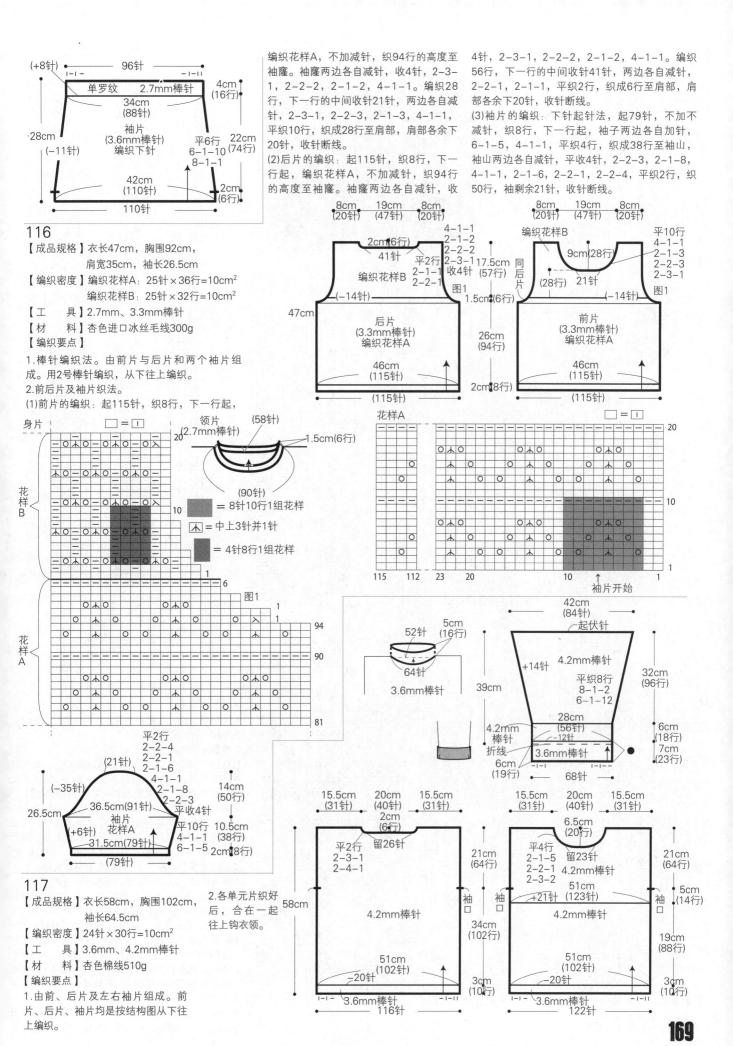

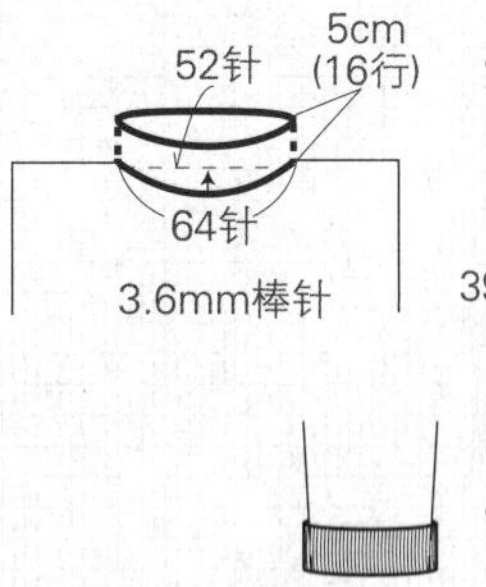

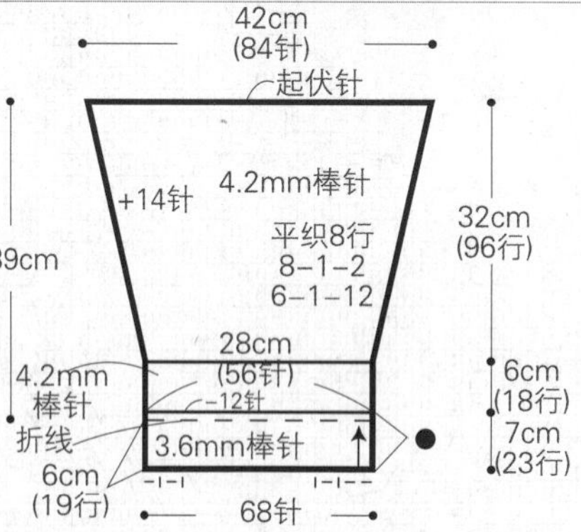

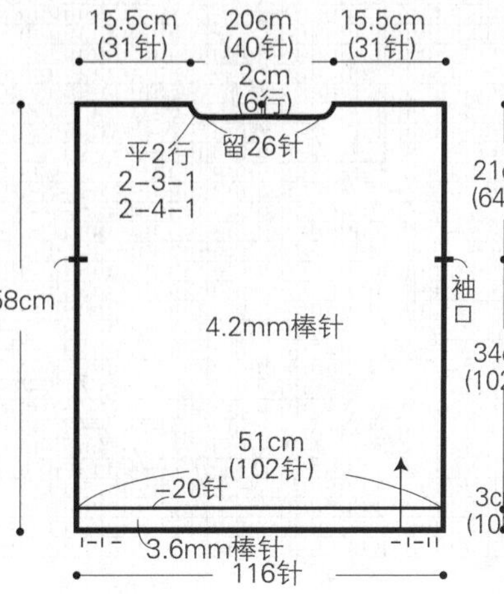

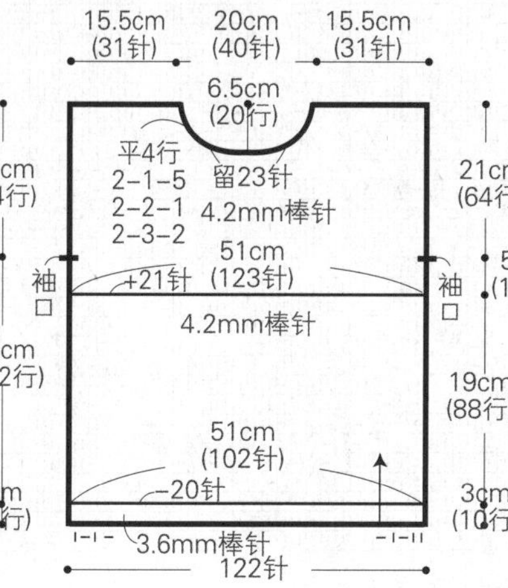

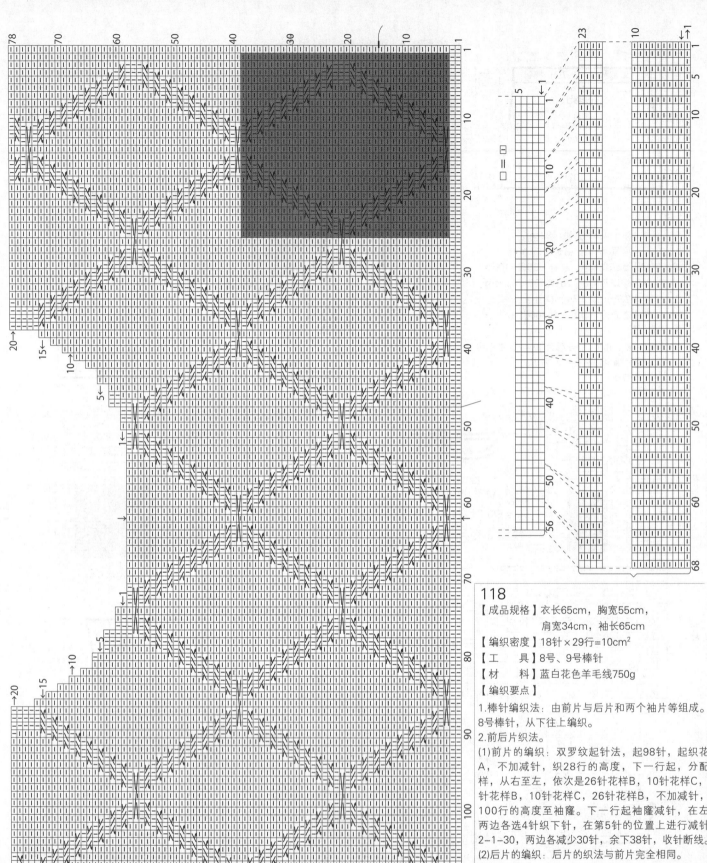

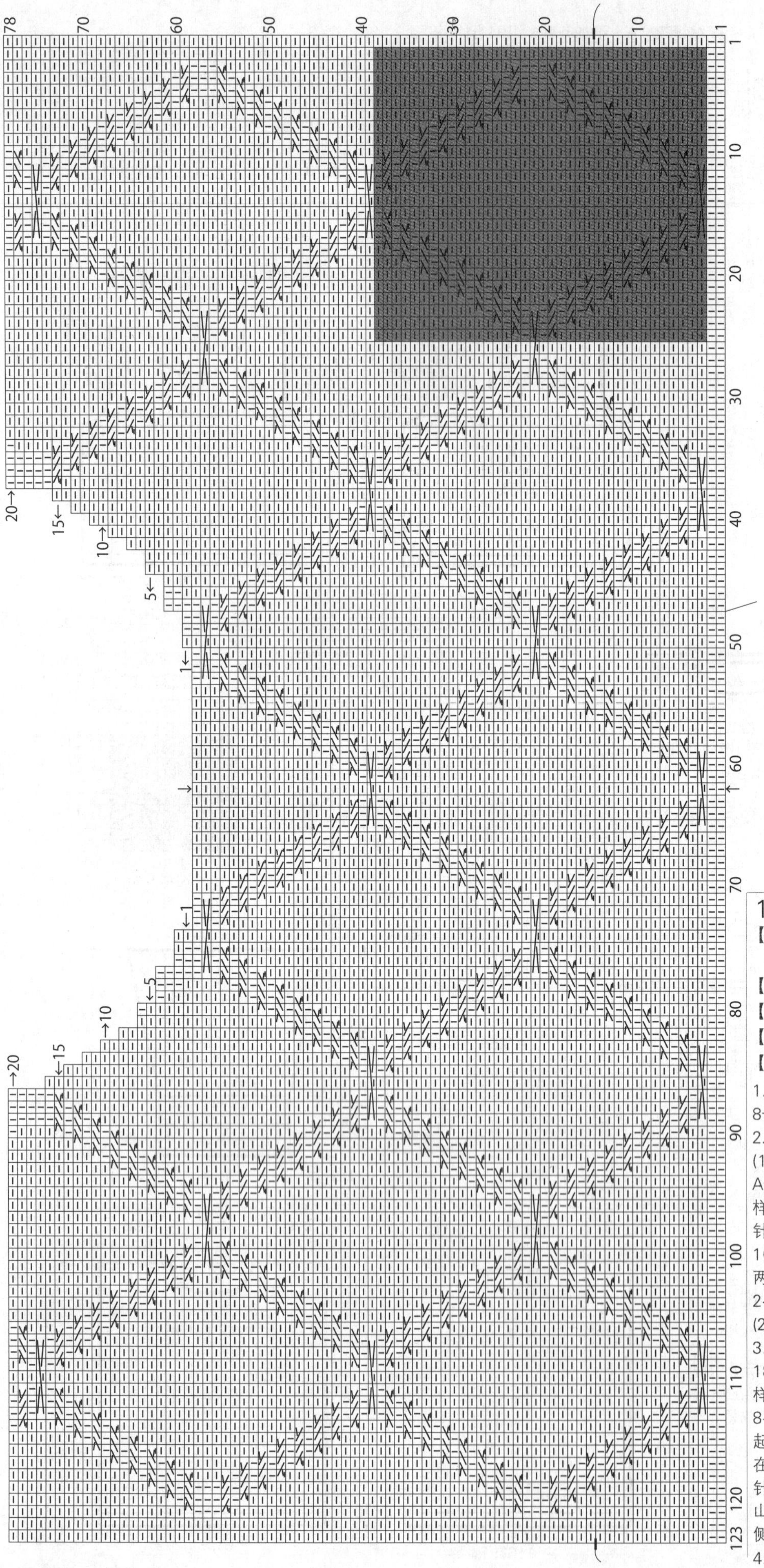

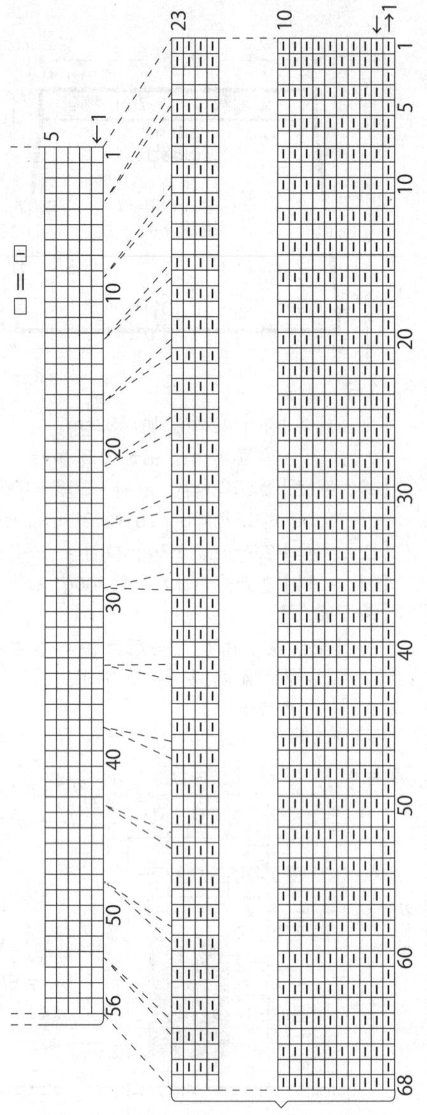

118

【成品规格】衣长65cm，胸宽55cm，
肩宽34cm，袖长65cm

【编织密度】18针×29行=10cm^2

【工　　具】8号、9号棒针

【材　　料】蓝白花色羊毛线750g

【编织要点】

1.棒针编织法：由前片与后片和两个袖片等组成。8号棒针，从下往上编织。

2.前后片织法。

(1)前片的编织：双罗纹起针法，起98针，起织花A，不加减针，织28行的高度，下一行起，分配样，从右至左，依次是26针花样B，10针花样C，针花样B，10针花样C，26针花样B，不加减针，100行的高度至袖窿。下一行起袖窿减针，在左两边各选4针织下针，在第5针的位置上进行减针2-1-30，两边各减少30针，余下38针，收针断线。

(2)后片的编织：后片的织法与前片完全相同。

3.袖片织法：从袖口起织，起46针，起织花样A，18行的高度，下一行起分配花样，两边各18针织样B，中间10针织花样C，并在袖侧缝上加针编织8-1-12，织成96行，再织4行进行袖山减针，下一起袖窿减针，方法与衣身相同，两边各4针织下针在第5针的位置上进行减针，2-1-30，余下10针，针断线。相同的方法再去编织另一个袖片。将两条山边线与前后片的袖窿边线对应缝合。再将前后片侧缝缝合，再将袖侧缝缝合。

4.领片织法：沿前领窝挑48针，后领窝挑48针，共起96针，不加减针，织16行花样A，收针断线。

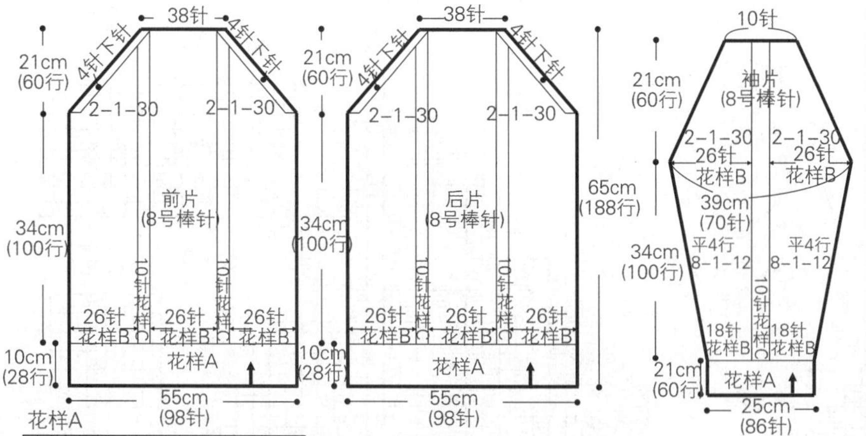

119

【成品规格】衣长54cm，胸围80cm

【编织密度】22针×30行=10cm²

【工　　具】12号、14号棒针

【材　　料】绿色棉线500g

【编织要点】

1.上身片：用13.0mm棒针起138针，织26行单罗纹后，改用12号棒针按花样编织方法加针，织48行，织片变成276针，前后片各取80针，左右袖片各58针，开始编织下摆片。

2.下摆片：用12号棒针挑起前后片各80针，两侧袖底各加起8针，编织下针，平织96行，收针。

3.袖：用12号棒针挑起袖片各58针，袖底挑起8针，编织下针，两侧按8-1-11的方法减针，织96行，余下50针，收针。

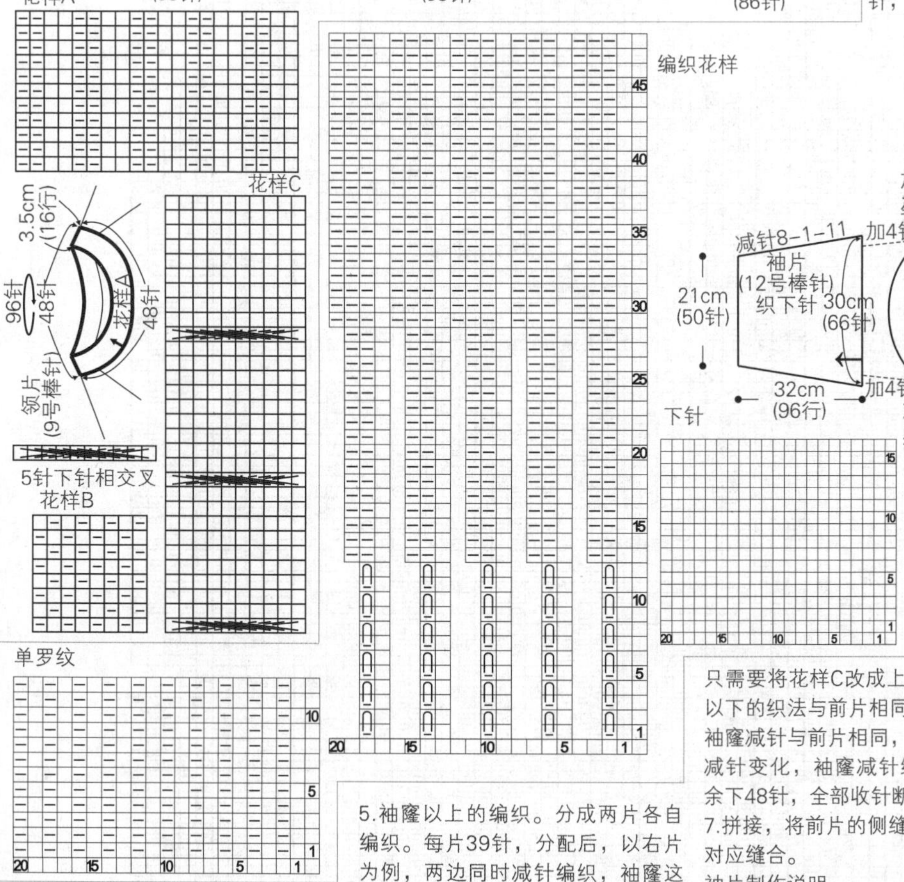

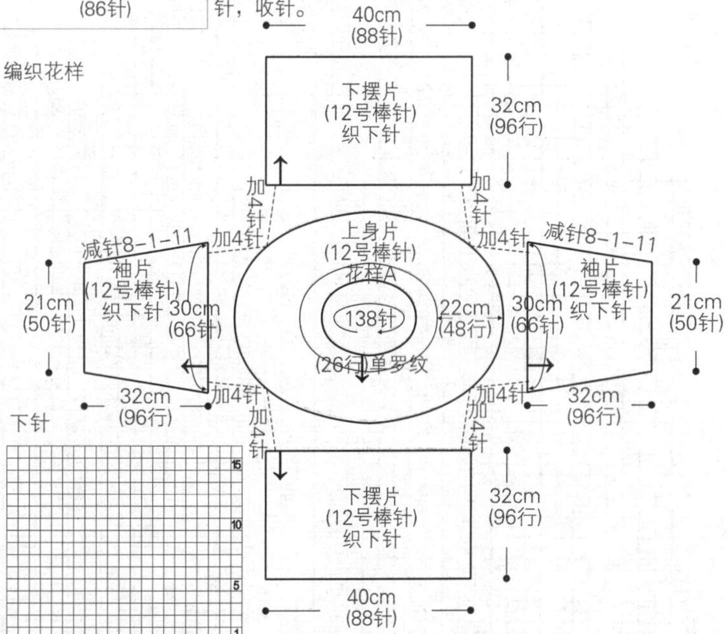

120

【成品规格】衣长80cm，胸宽47.5cm
　　　　　　肩宽34cm，袖长45cm，
　　　　　　下摆宽47.5cm

【编织密度】16针×26行=10cm²

【工　　具】8号、9号棒针

【材　　料】黑灰色兔毛线1600g

【编织要点】

前后片制作说明：

1.棒针编织法，由前片1个、后片1个组成。从下往上编织。

2.前片的编织，一片织成。起针，双罗纹起针法，起78针，起织花样A双罗纹针，来回编织。

3.衣摆片的编织，起针后，编织花样A罗纹针，不加减针织30行的高度。

4.袖窿以下的编织，从31行起，依照花样B，将78针分配成花样B，两侧边不加减针，照图解织成128行的高度，至袖窿。

5.袖窿以上的编织。分成两片各自编织。每片39针，分配后，以右片为例，两边同时减针编织，袖窿这端，先平收2针，然后每织4行减1针，减13次，衣领这边是每织2行减1针，减26次，两边同步进行，织至最后余下1针，收针断线。相同的方法去编织左片。

6.后片的编织。后片的衣摆全织花样A罗纹针，衣身依照花样B编织，只需要将花样C改成上针编织，袖窿以下的织法与前片相同，袖窿以上，袖窿减针与前片相同，但后片无衣领减针变化，袖窿减针织成52行后，余下48针，全部收针断线。

7.拼接，将前片的侧缝与后片的侧缝对应缝合。

袖片制作说明：

1.棒针编织法，长袖。从袖口起织。

2.起针，双罗纹起针法，用8号棒针起织，起31针，来回编织。

3.袖口的编织，起针后，编织花样A，无加减针编织24行的高度后，进入下一步袖身的编织。

4.袖身的编织，从完成的袖口第25行，依照结构图分配的花样针数进行编织，两袖侧缝加针，每织8行加1针，加5次，然后不加减针再织4行，至袖山减针，下一行起，两边同时减针，先各平收2针，每织4行减1针，减13次，余下11针，相同的方法去编织另一袖片。

5.缝合，将袖片的袖山边与衣身的袖窿边对应缝合。但袖山顶端不与衣身插肩缝进行缝合。

领片制作说明：

1.棒针编织法，用9号棒针。

2.领片的编织，沿着前后衣领边，挑出148针，来回编织，编织花样A双罗纹针，不加减针织90行的高度后，收针断线。

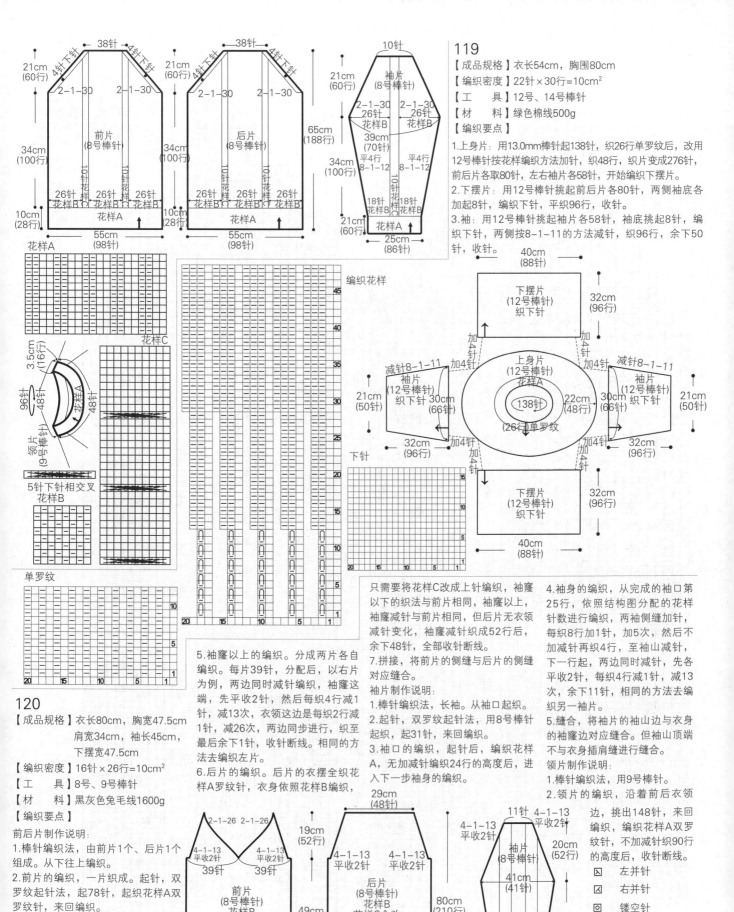

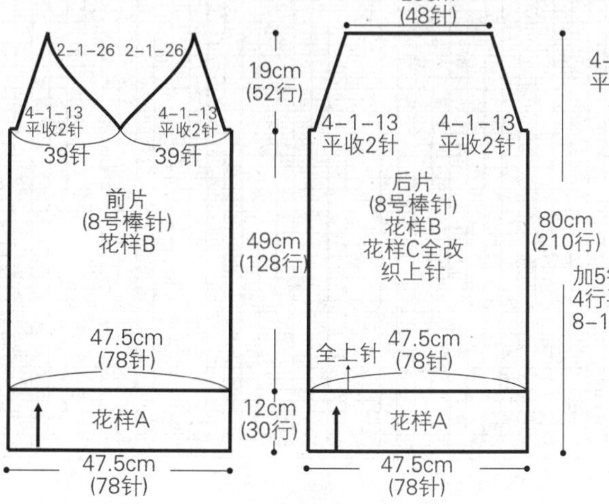

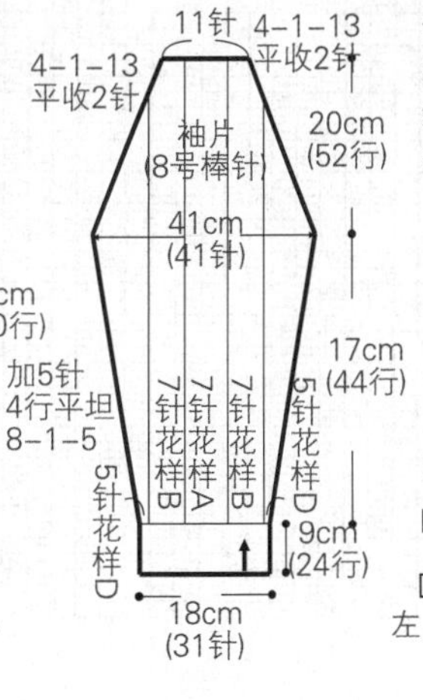

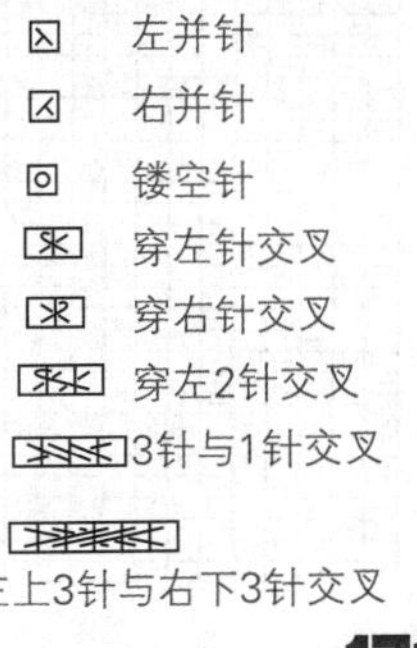

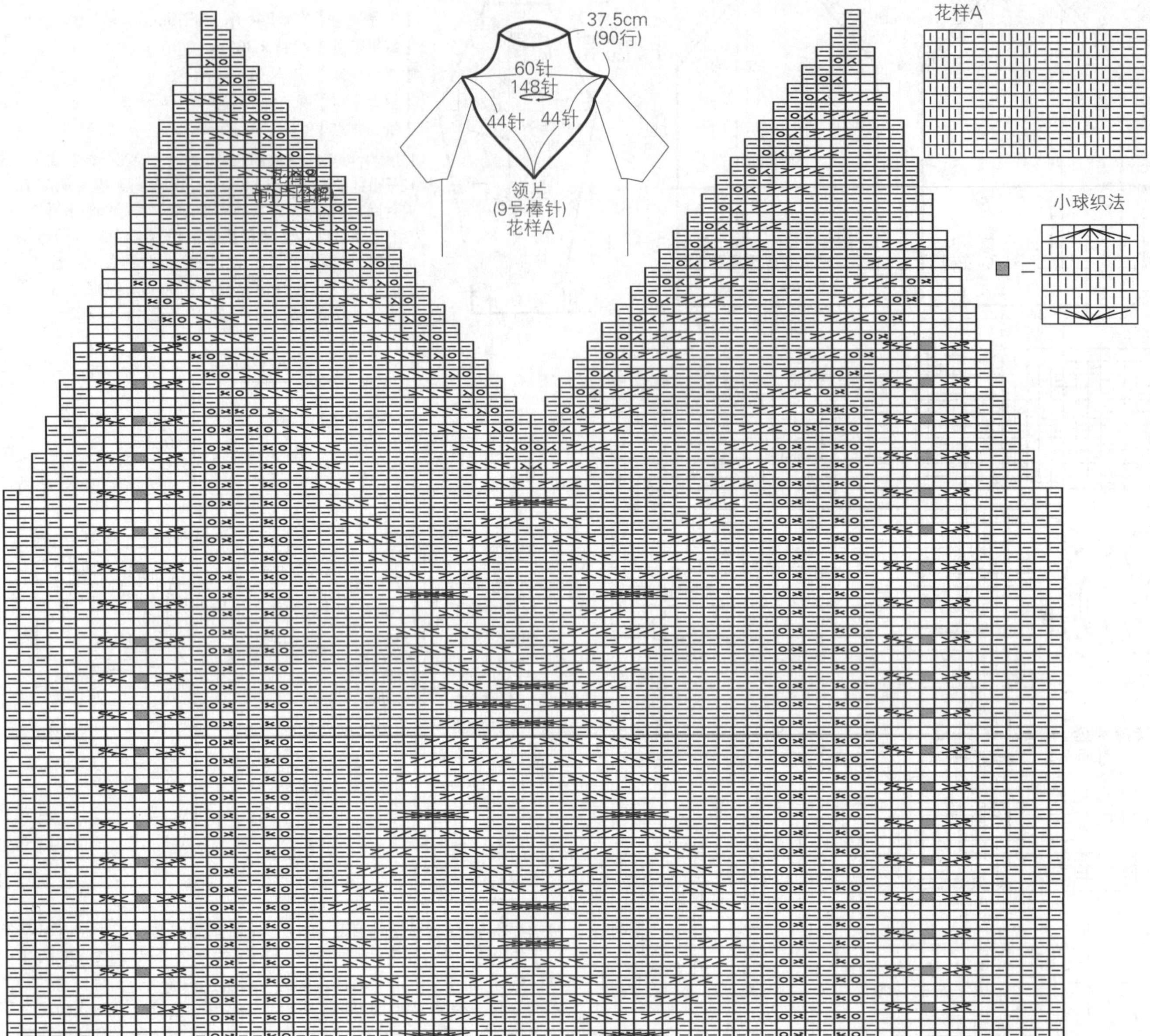
37.5cm
(90行)
60针
148针
44针
44针
领片
(9号棒针)
花样A
花样A
小球织法
■ =
花C
花B
花A
花D

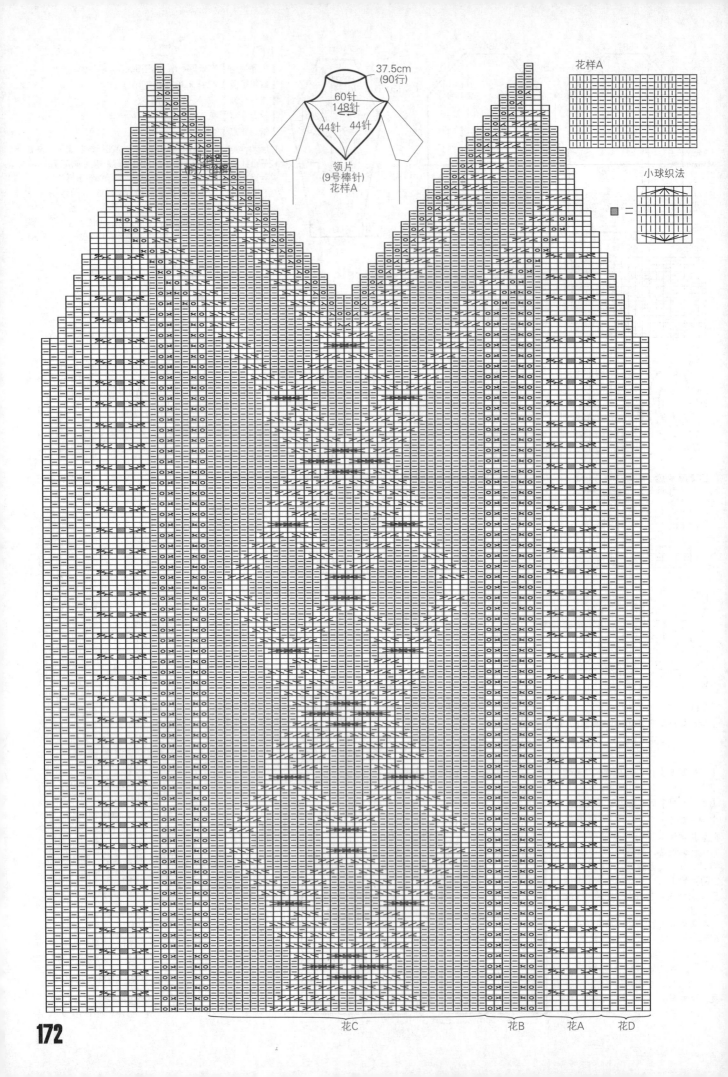

121

【成品规格】衣长70cm，胸宽60cm，肩宽60cm，袖长50cm

【编织密度】20.5针×2.4行=10cm²

【工　　具】8号棒针

【材　　料】浅粉色羊毛线850g

【编织要点】

1.棒针编织法。由前片与后片和两个袖片等组成等。用8号棒针编织。

2.前后片织法。

(1)前片的编织：单罗纹起针法，起123针，起织花样A单罗纹针，不加减针，织30行的高度。下一行起，排花型编织，依照花样B编织，不加减针，织110行的高度，无袖窿减针，下一行即进行前衣领减针，中间收针23针，两边减针，2-2-5，2-1-5，至肩部，余下35针，收针断线，另一边织法相同。

(2)后片的编织：后片织法与前片相同，后衣领是织成132行后再进行减针，下一行中间收针49针，两边减针，2-1-2，至肩部余下35针，收针断线。将前后片的肩部对应缝合，将前后片的侧缝，选取114行的高度进行缝合。留下的孔做袖口。

3.袖片织法：从袖口起织，起50针，起织花样A，不加减针，织30行，下一行排花型，依照花样C编织，并在两边袖侧缝上加针，10-1-8，再织6行后，织成86行高度的袖片，加成66针的宽度。将所有的针数收针，断线。相同的方法再去编织另一个袖片。将两条袖山边线与衣身的袖窿边线对应缝合。再将袖侧缝缝合。

4.领片织法：沿前领窝挑74针，后领窝挑46针，共挑起120针，不加减针，织10行花样A，收针断线，完成。

右上1针与左下1针交叉

右上2针与左下1针交叉

左上2针与右下2针交叉

左上3针与右下3针交叉

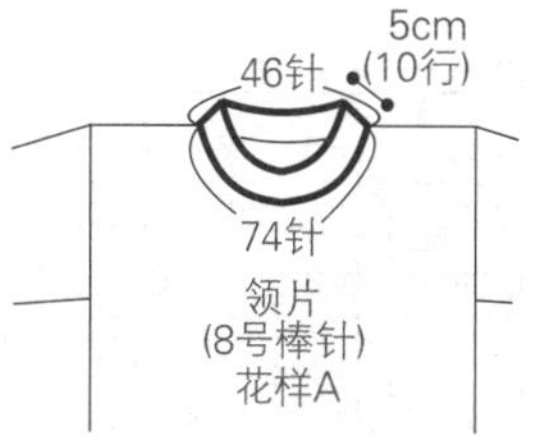

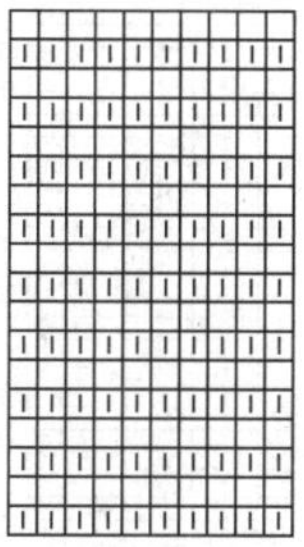

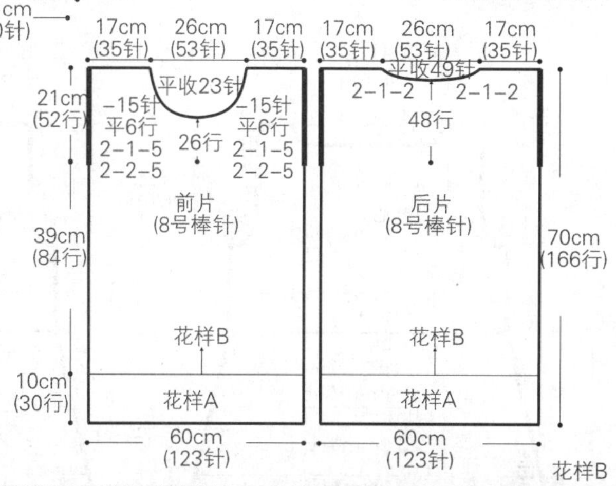

花样B

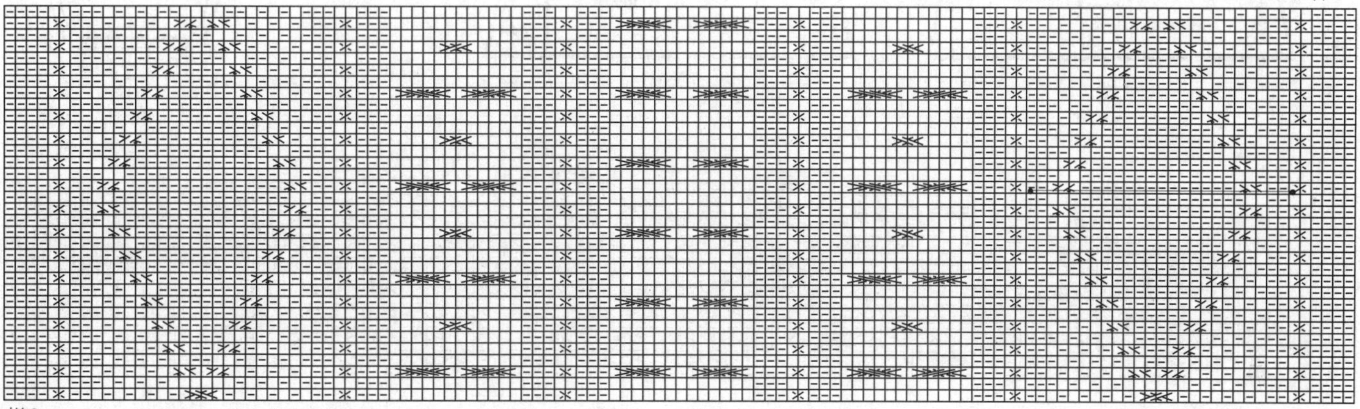

花样C

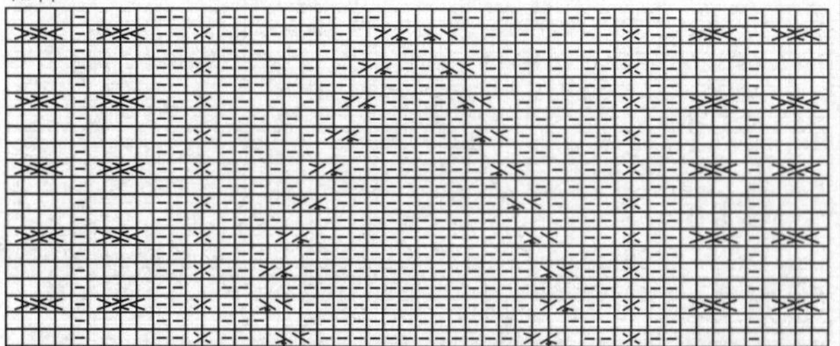

领口编织花样(3.0mm棒针)

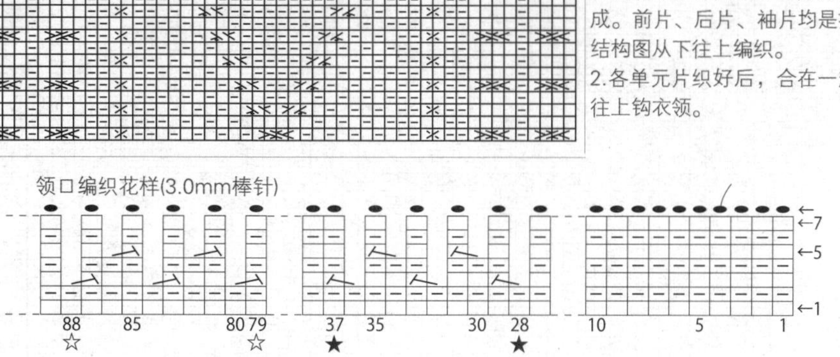

122

【成品规格】胸围88cm，背肩宽36cm，
衣长64cm，袖长42cm

【编织密度】花样A(3.3mm棒针)：23针×47行=10cm²
花样B(3.3mm棒针)：27针×37行=10cm²

【工　　具】3.0mm、3.3mm、3.6mm、3.9mm棒针

【材　　料】杏色棉线585g

【编织要点】

1.由前、后片及左右袖片组成。前片、后片、袖片均是按结构图从下往上编织。

2.各单元片织好后，合在一起往上钩衣领。

= 右上1针与左上2针交叉

= 左上1针与右上2针交叉

花样A

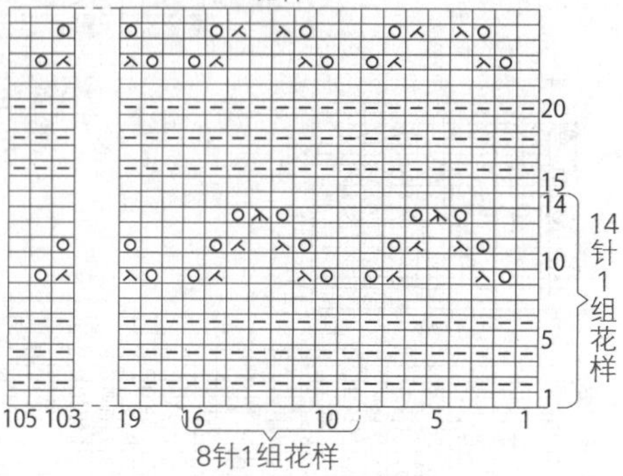

领口编织花样(3.0mm棒针)

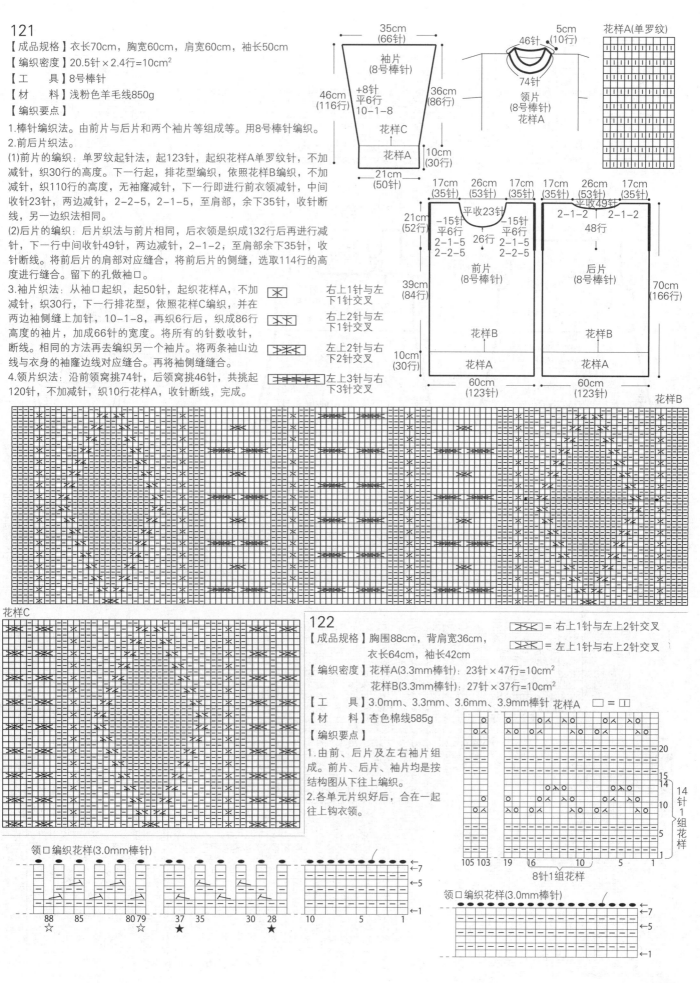

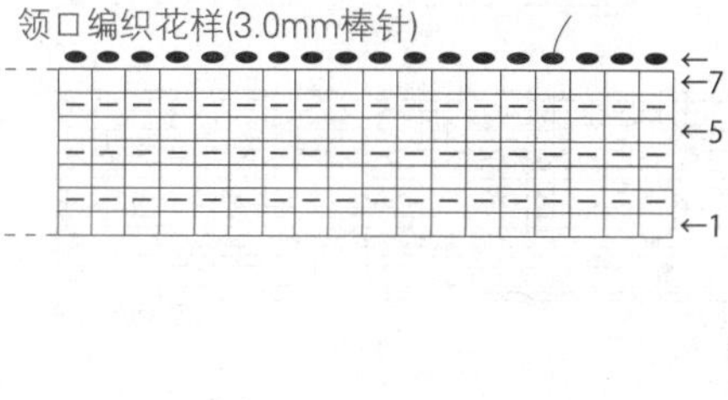

花样B(3.3mm棒针)

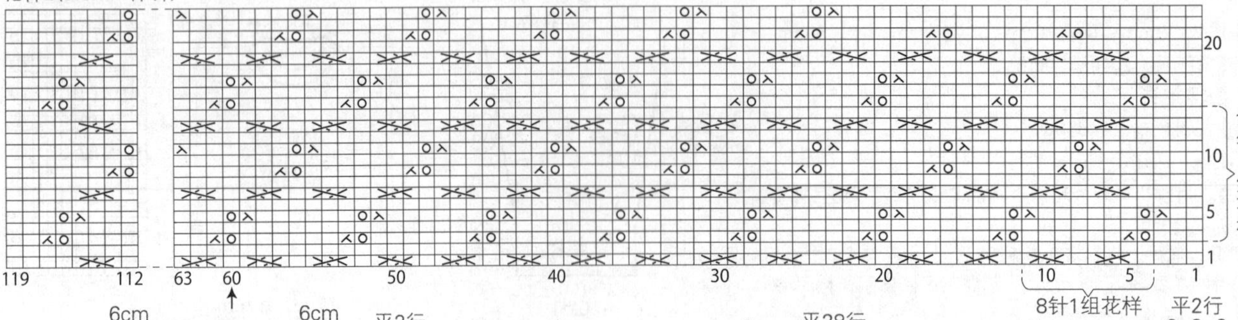

20
10
5
1
14针1组花样
119
112
63
60
50
40
30
20
10
5
1
8针1组花样

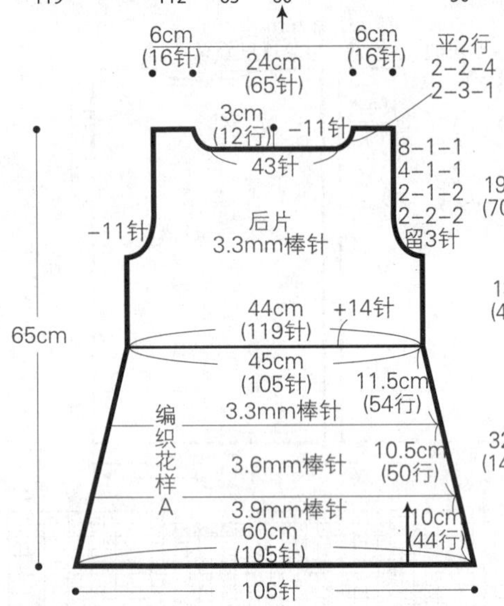

6cm (16针)
24cm (65针)
6cm (16针)
平2行
2-2-4
2-3-1
3cm (12行)
-11针
43针
8-1-1
4-1-1
2-1-2
2-2-2
留3针
19cm (70行)
-11针
后片
3.3mm棒针
13cm (48行)
65cm
44cm (119针)
+14针
45cm (105针)
11.5cm (54行)
编织花样A
3.3mm棒针
3.6mm棒针
10.5cm (50行)
32cm (148行)
3.9mm棒针
10cm (44行)
60cm (105针)
105针

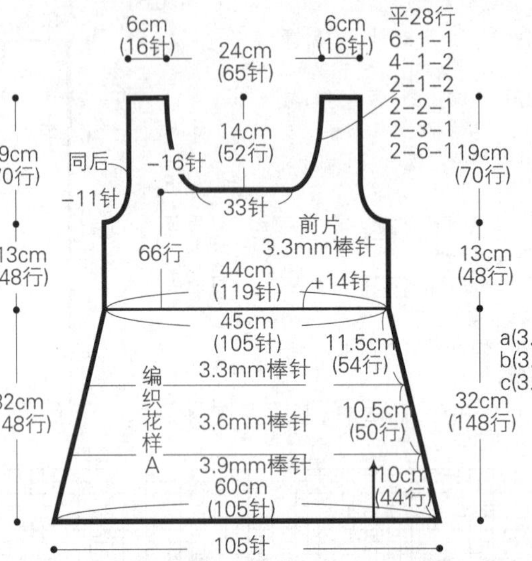

6cm (16针)
24cm (65针)
6cm (16针)
平28行
6-1-1
4-1-2
2-1-2
2-2-1
2-3-1
2-6-1
14cm (52行)
19cm (70行)
同后
-16针
-11针
33针
66行
前片
3.3mm棒针
13cm (48行)
44cm (119针)
+14针
45cm (105针)
11.5cm (54行)
编织花样A
3.3mm棒针
3.6mm棒针
10.5cm (50行)
32cm (148行)
3.9mm棒针
10cm (44行)
60cm (105针)
105针

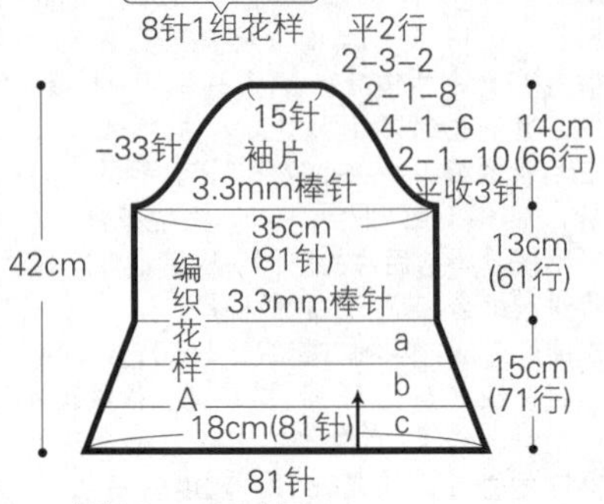

平2行
2-3-2
2-1-8
4-1-6
2-1-10
平收3针
15针
-33针
袖片
3.3mm棒针
14cm (66行)
42cm
35cm (81针)
编织花样A
3.3mm棒针
13cm (61行)
a
b
c
15cm (71行)
18cm(81针)
81针

a(3.3mm棒针)=5cm(25行)
b(3.6mm棒针)=5cm(24行)
c(3.9mm棒针)=5cm(22行)

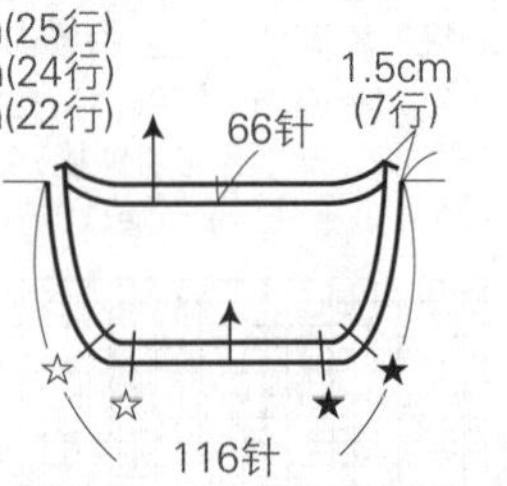

1.5cm (7行)
66针
116针

123

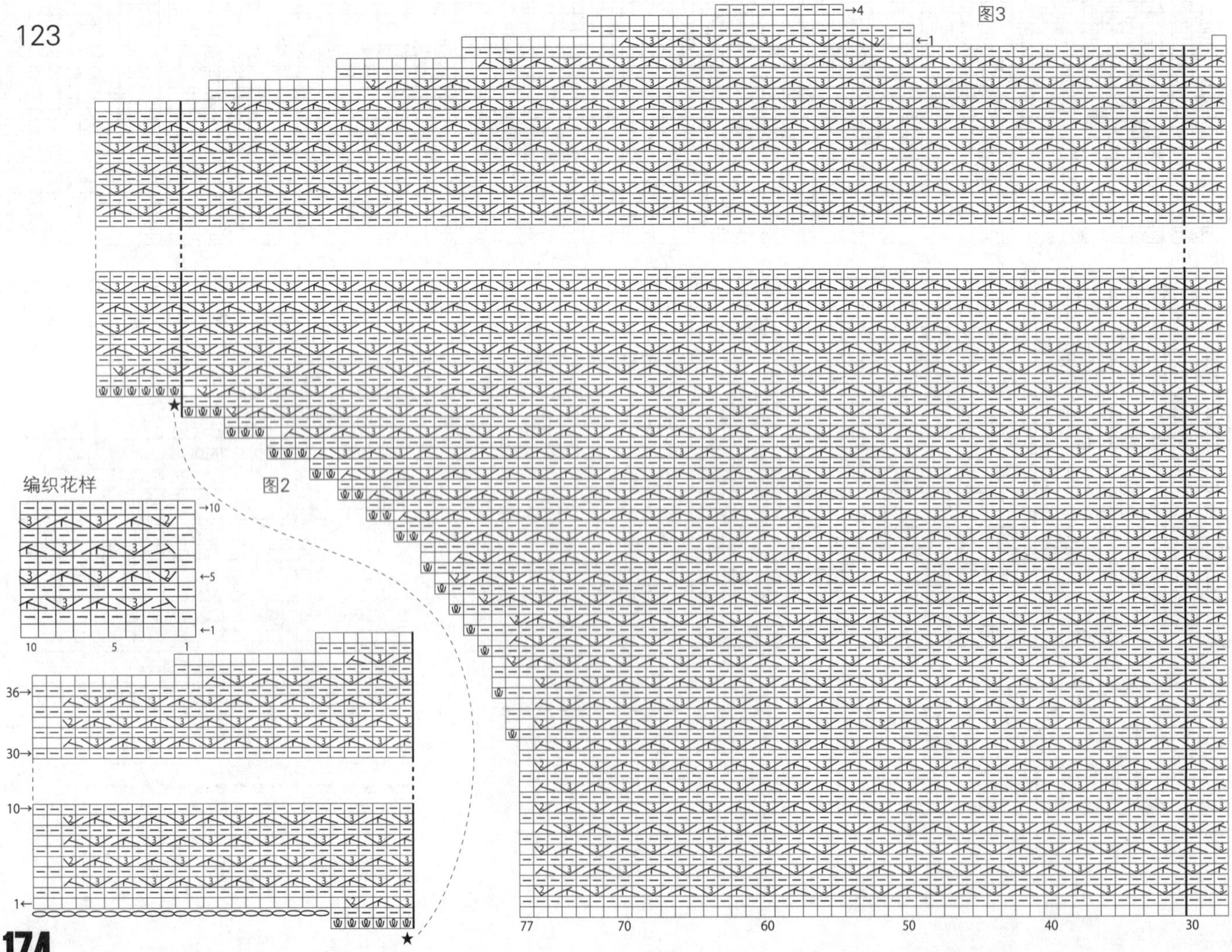

→4
←1
图3
77
70
60
50
40
30
编织花样
→10
←5
←1
10
5
1
图2
36→
30→
10→
1←

【成品规格】裙长62cm，胸围100cm，袖长52cm

【编织密度】42针×52行=10cm²

【工　　具】6.0mm、6.6mm棒针

【材　　料】丝光毛线1000g

【编织要点】

分片编织，前片1个，后片1个，缝合完成。

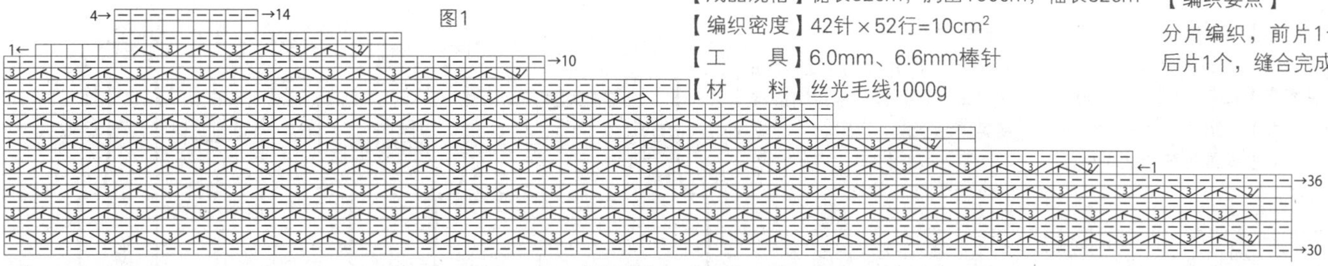

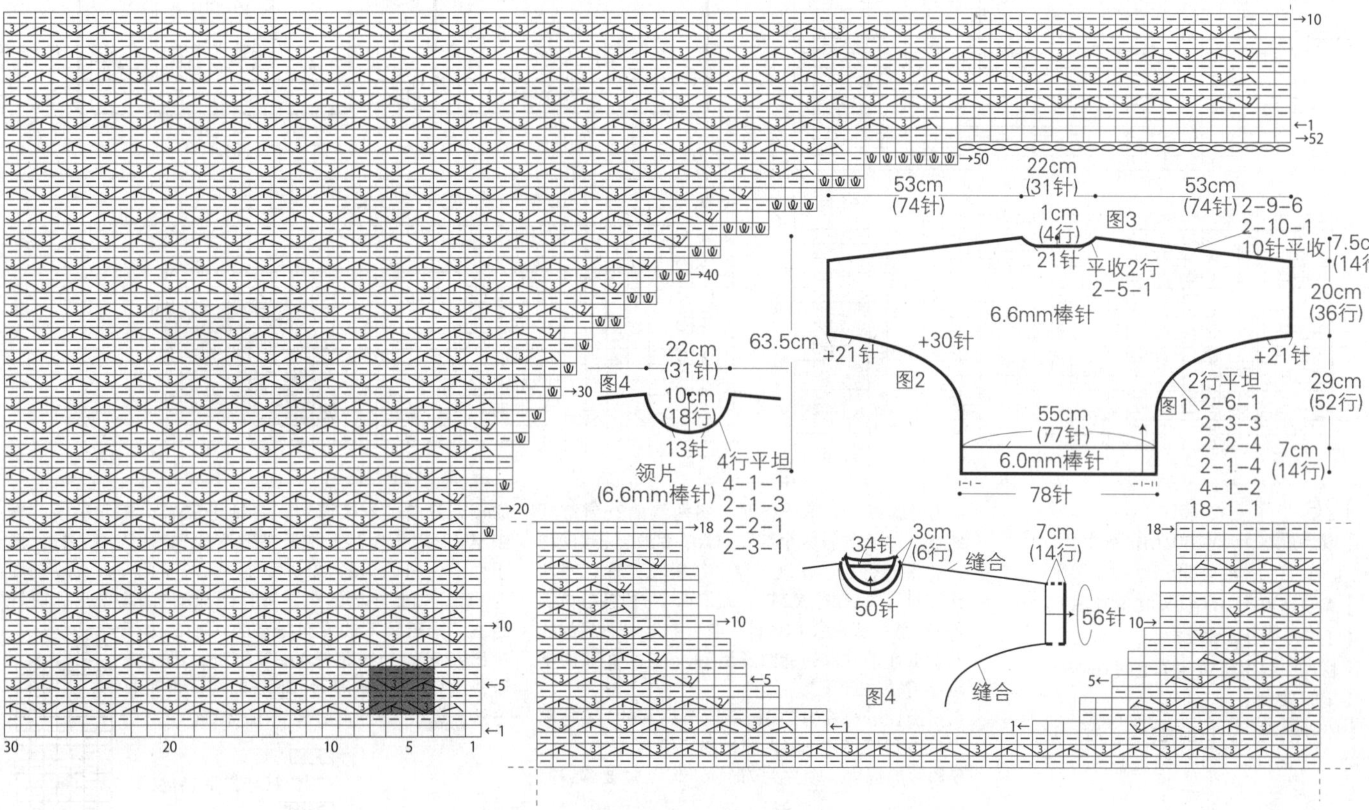

124

【成品规格】衣长70cm，胸围100cm

【编织密度】2.7mm棒针：32针×50行=10cm²

3.0mm棒针：28针×39行=10cm²

【工　　具】2号、3.0mm棒针

【材　　料】黄色丝光棉线250g

【编织要点】

由前、后片组成。前片、后片均是按结构图从下往上编织。

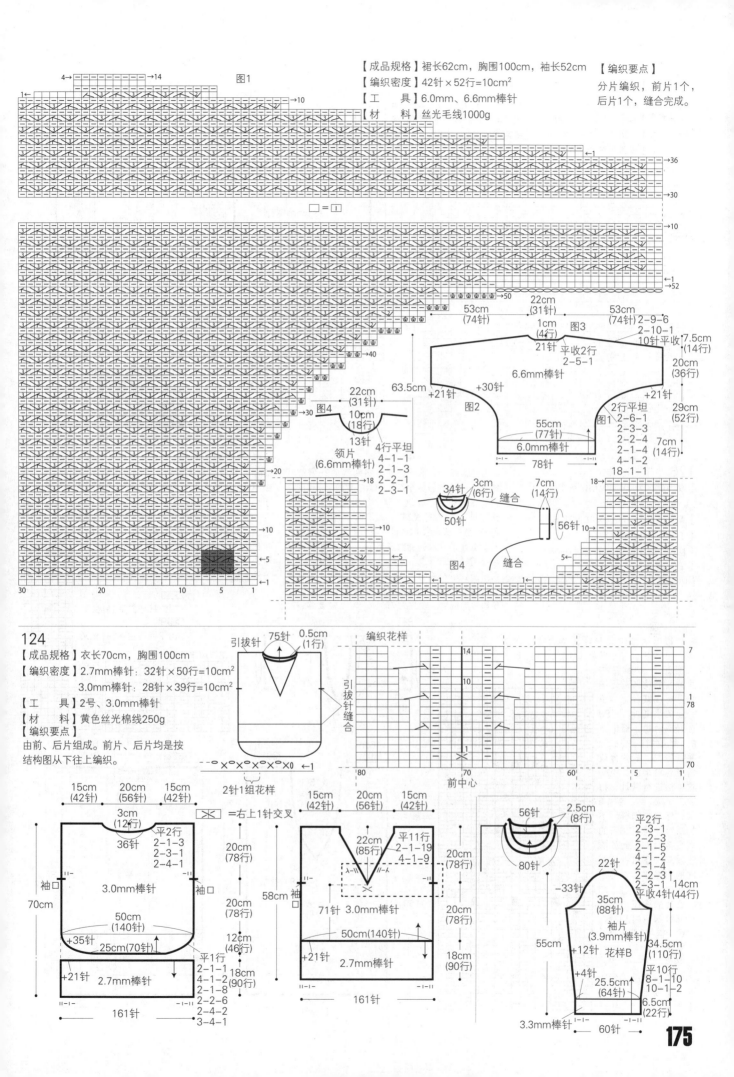

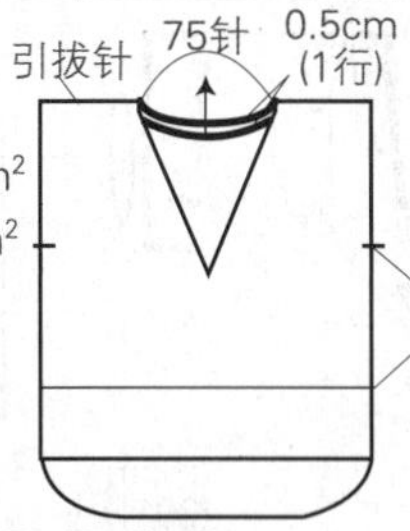

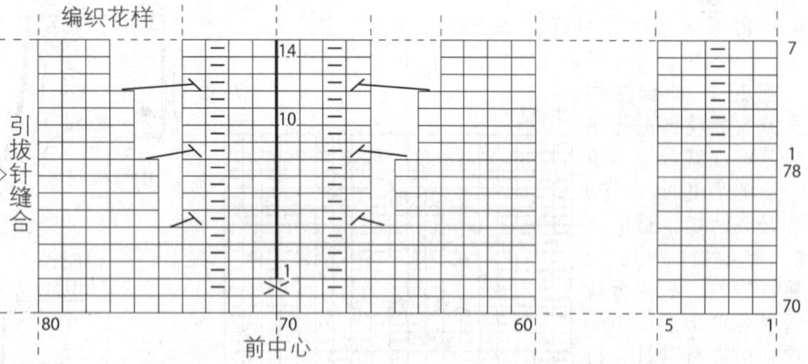

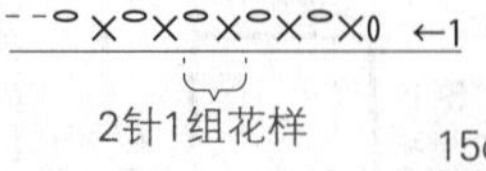

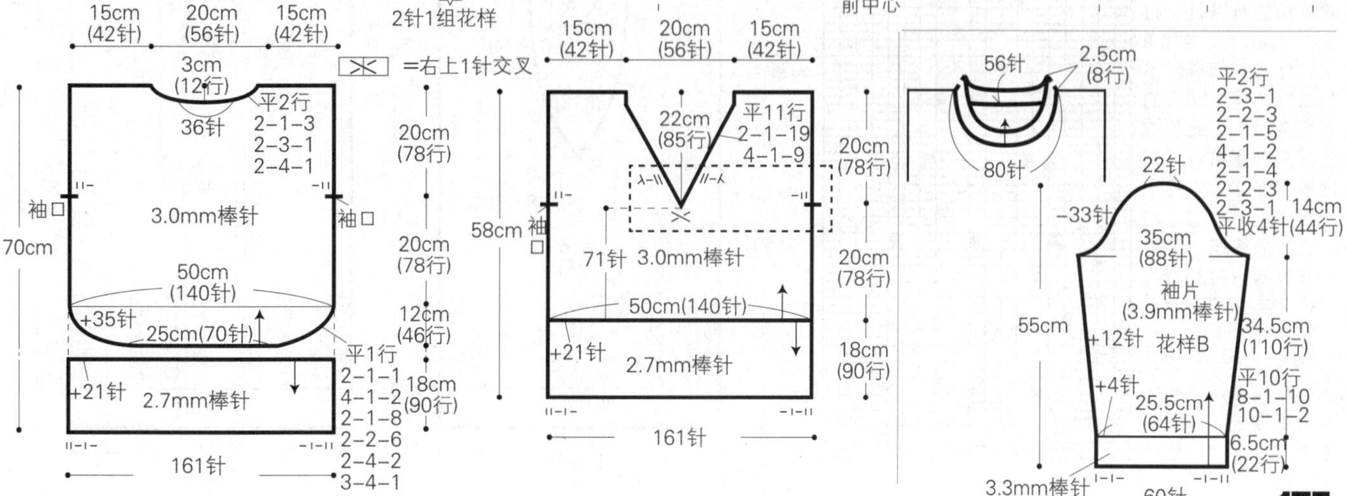

125

【成品规格】衣长56cm，胸围90cm
袖长55cm，肩宽36cm
【编织密度】25针×32行=10cm²
【工　　具】3.3mm、3.9mm棒针
【材　　料】姜黄色纯棉线340g

【编织要点】
1.由前、后片及左右袖片组成。前片、后片、袖片均是按结构图从下往上编织。
2.各单元片织好后，合在一起往上钩衣领。

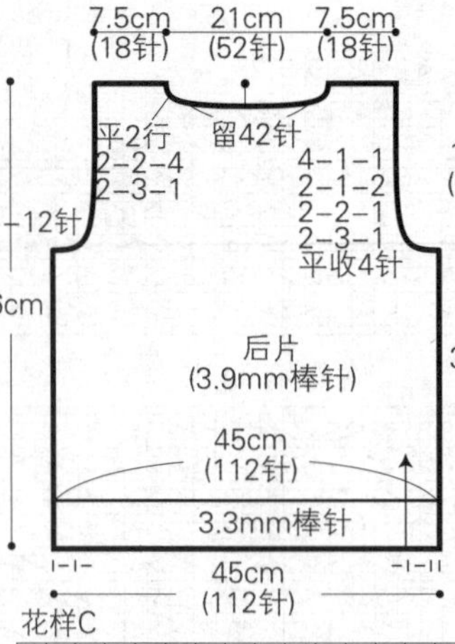

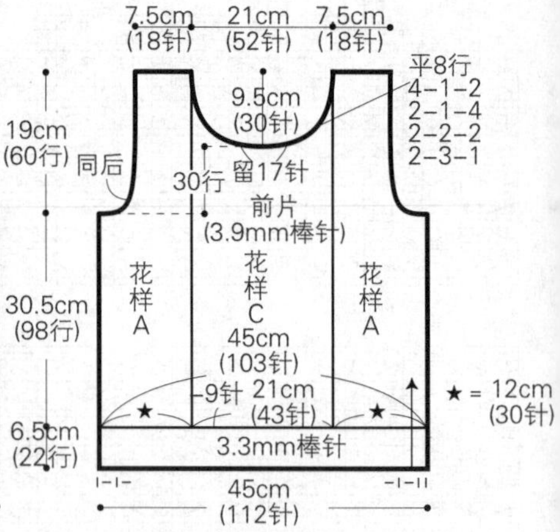

花样A

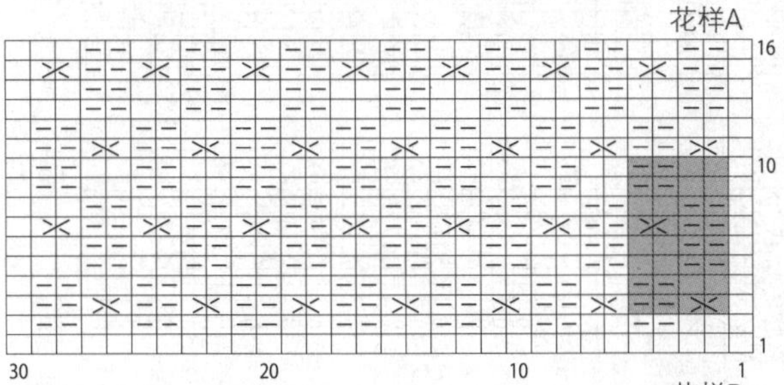

花样B

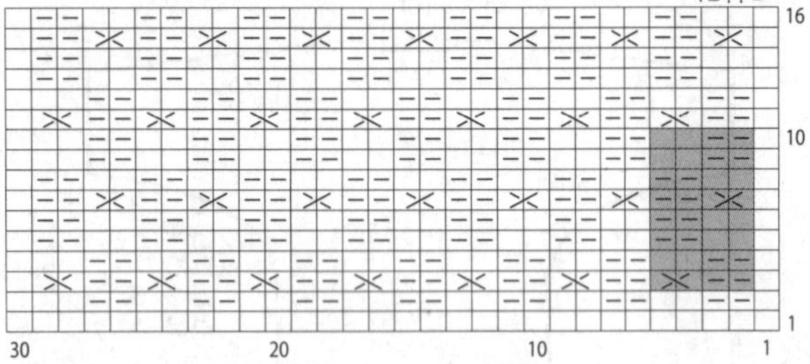

花样C

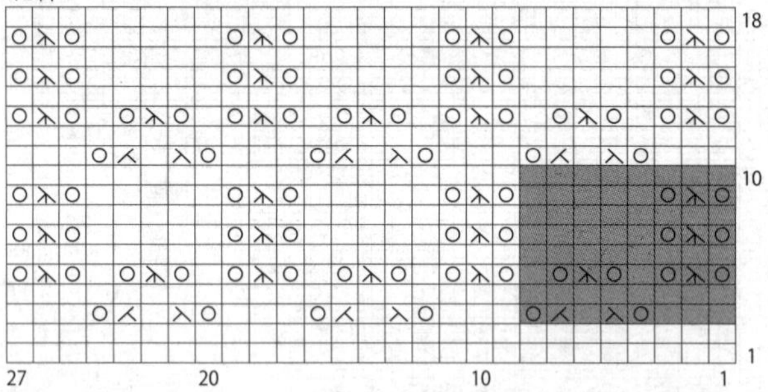

126

【成品规格】衣长80cm，胸宽45cm，
袖长4cm
【编织密度】18.6针×18.82行=10cm²
【工　　具】8号棒针
【材　　料】土黄色羊毛线1500g
【编织要点】

1.棒针编织法。由前片1个，后片1个，袖片2个和领片1个组成。从下往上织起。

2.前片的编织。

袖窿以下的编织。起针，单罗纹起针法，起93针，起织花样A单罗纹针，下一行起，依照结构图分配的花样进行编织，不加减针，编织82行的高度时，将93针分成两半，最中心的1针收针，做衣领并针针数。织片分成两半各自编织。中间衣领边进行减针，每织2行减1针，减16次，然后与侧缝，不加减针，再织36行的高度至肩部，此款衣服没有袖窿减针。相同的方法去编织另一边前片。

3.后片的编织。单罗纹起针法，起93针，起织花样A单罗纹针，不加减针，编织10行的高度，下一行起，依照结构图所分配的花样针数进行编织，不加减针，往上织成136行的高度，下一行时，将两侧的35针继续编织，中间的针数全织花样A单罗纹针，织成8行，下一行起，在这个单罗纹针花样内，将两边减针，每织2行减1针，减2次，两边各自再织2行，至肩部，余下35针，收针断线。后肩部的针数要比前片肩的针数多出5针，这个距离用于连接前领片的侧边。

4.拼接，取前片的110行高度与后片的110行侧缝高度对应缝合，将两肩部对应缝合。

5.领片的编织。领片为V形领，但不需要编织后衣领，沿着前衣领两边，各挑出52针，来回编织，当织至V形转角处时，将原来留下的1针作为中心针，位于面上，将两边的1针并到这中心针的下面，即3针并为1针。如此并针编织，领片织成8行的高度后，收针断线。沿着留下的没有缝合的两袖口边，挑出72针，起织花样A单罗纹针，不加减针，编织8行的高度后，收针断线。相同的方法去编织另一边袖片。衣服完成。

花样D

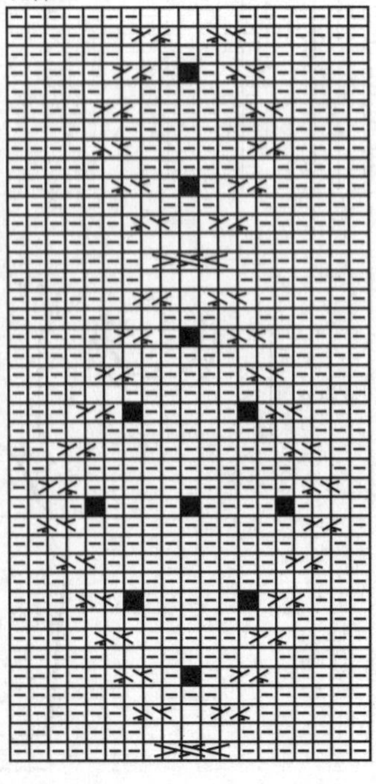

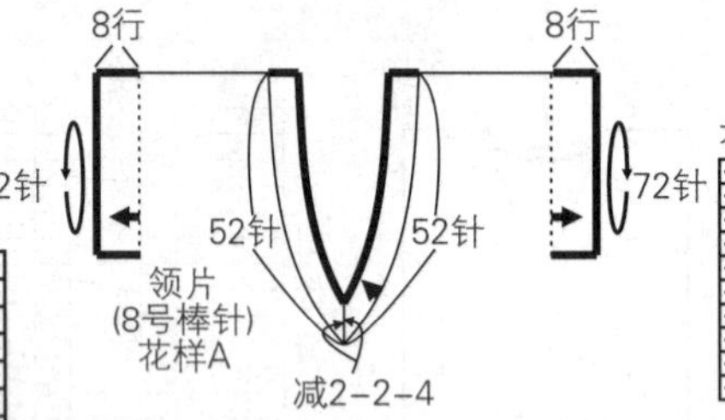

花样C

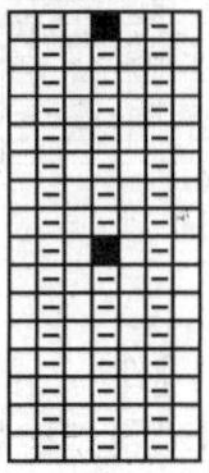

右上2针与左下1针交叉

左上2针与右下2针交叉

花样A(单罗纹)

花样B

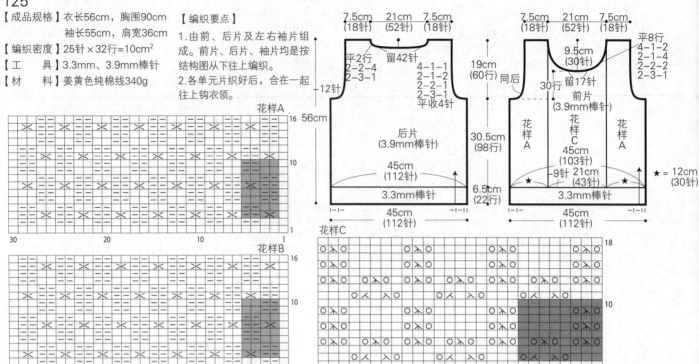

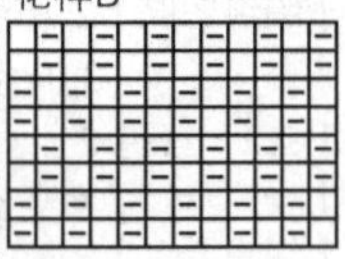

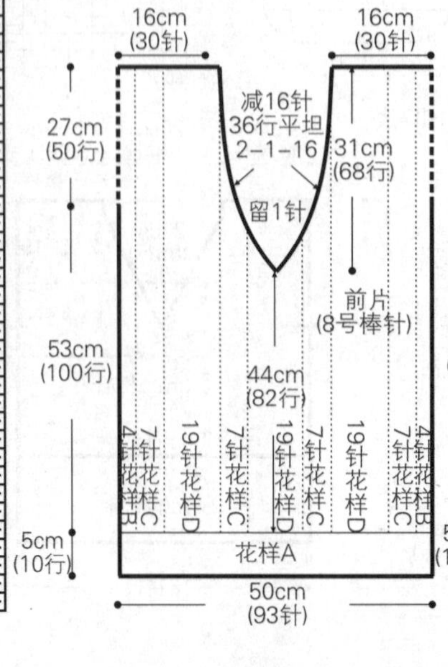

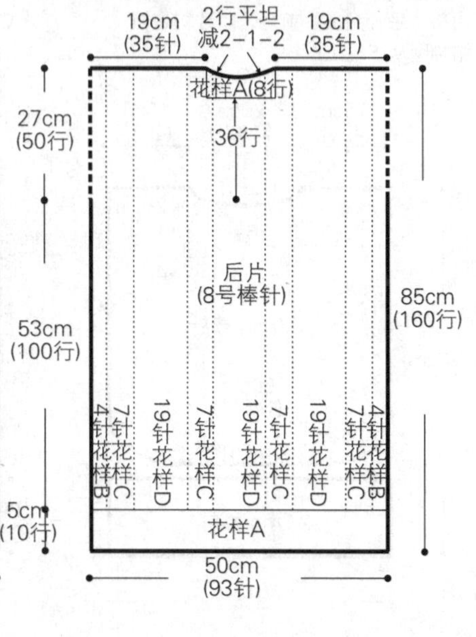

127

【成品规格】衣长56cm，胸宽50cm，袖长64cm

【编织密度】14针×20行=10cm²

【工　　具】8号棒针

【材　　料】紫色羊毛线800g

【编织要点】

1.棒针编织法。由前片、后片、袖片与领片组成。

2.前后片织法。

(1)前片的编织，双罗纹起针法，起70针，起织花样A，织18行，排花样，从左至右依次是20针上针、30针花样B、20针上针。按排好的花样织58行至袖窿，从袖窿起在两侧按平收4针、2-2-6、2-1-8方法各收24针，袖窿起织28行，在中间平收6针，分两片织，先织右片，在左侧按2-2-4方法收8针。同样方法织另半片。

(2)后片的织法，后片袖窿以下的织法与前片相同。从袖窿起两侧按平收4针、2-1-22方法各收26针，剩18针，收针断线。

3.袖片织法：双罗纹起针法，起42针，起织花样A，织18行，重新按花样，从左至右依次是6针花样C、30针花样B、6针花样C。按排好的花样织，同时在两侧按6-1-4，8-1-5方法各织9针，再平织4行至袖窿，从袖窿起在右侧按平收4针、2-1-22方法收26针，在左侧按平收4针、2-2-6、2-1-8方法收24针，在左侧收24针后，再按2-2-2、2-3-2的引退针法把10针袖山收掉。

4.缝合：把织好的前片、后片缝合到起，再把袖片缝上。

5.领片的织法：沿前后领边挑78针，织花样A，织8行，锁针断线。

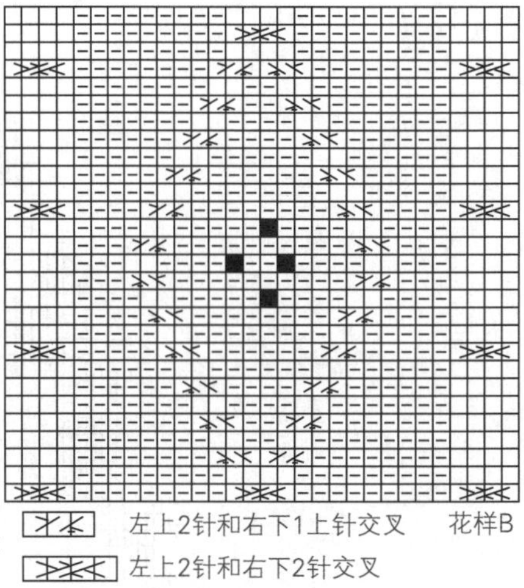

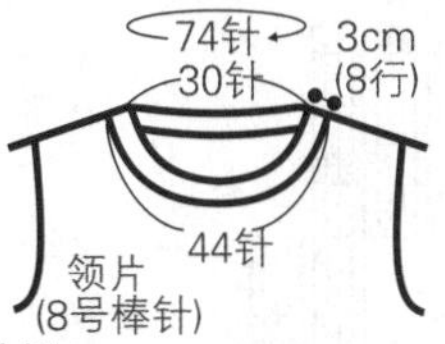

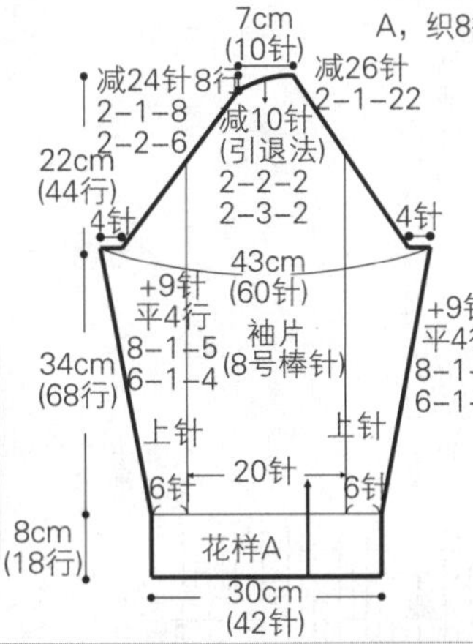

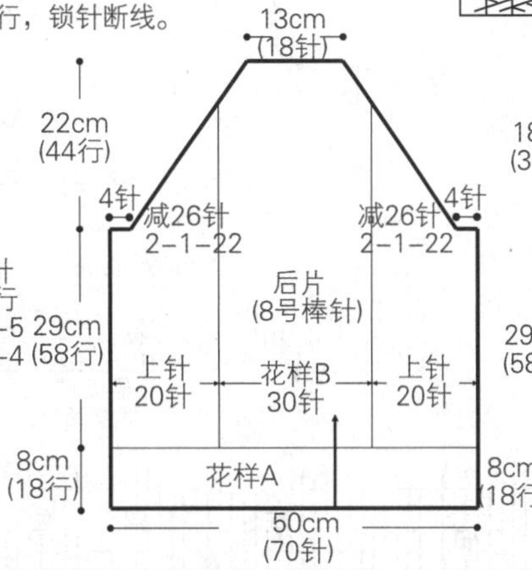

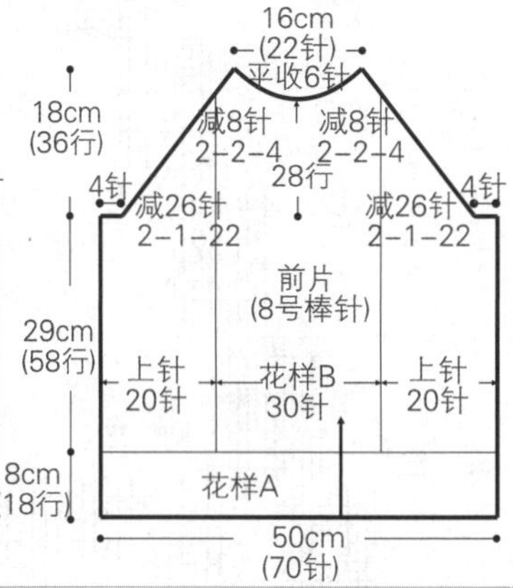

花样A

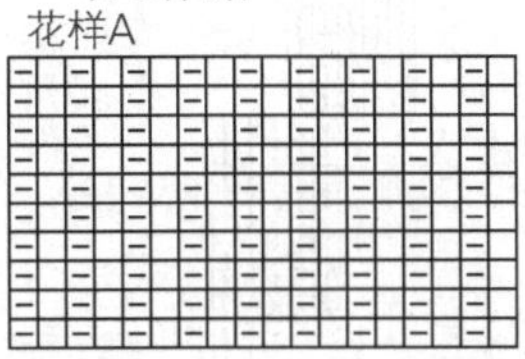

■ = 中长编3针的玉编结

128

【成品规格】胸围100cm，衣长54cm，袖长52cm

【编织密度】14针×20行=10cm²

【工　　具】8号环针

【材　　料】高兔毛800g

【编织要点】

前片、后片均1个。袖片为左右2个。

1.织后片。编织方向为从下往上，起78针，采用双罗纹针往上织，织到11cm后，分散加24针；再换织平针到16cm，开始收出斜肩线；从袖窿线往上织到27cm后，将后领处的42针穿好，待用。

2.织前片。编织方向为从下往上，起78针，采用双罗纹针往上织，织到11cm后，分散加24针；再换织平针到16cm，开始收出斜肩线；同时，也要开始织前胸的花样；从袖窿线往上织到27cm后，将前领处的42针穿好，待用。

3.织袖子。起90针，按花样针法图往上织，同时要按图示在袖下线减针，到袖壮线时是82针；然后按图示收出斜肩线，到袖山时为22针。用同样的方法织好另一个袖子。然后分别合并侧缝线和袖下线，并安装好袖子。

4.织衣领。将前片、袖片及后片上端的116针全部穿起来。衣领的编织方法：116针－8针(8针为4条茎)＝108针，再往上织50行双罗纹针，最后平收针。

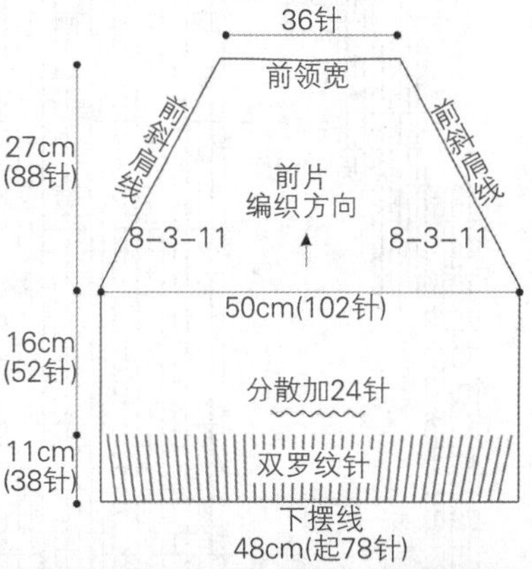

袖片花样

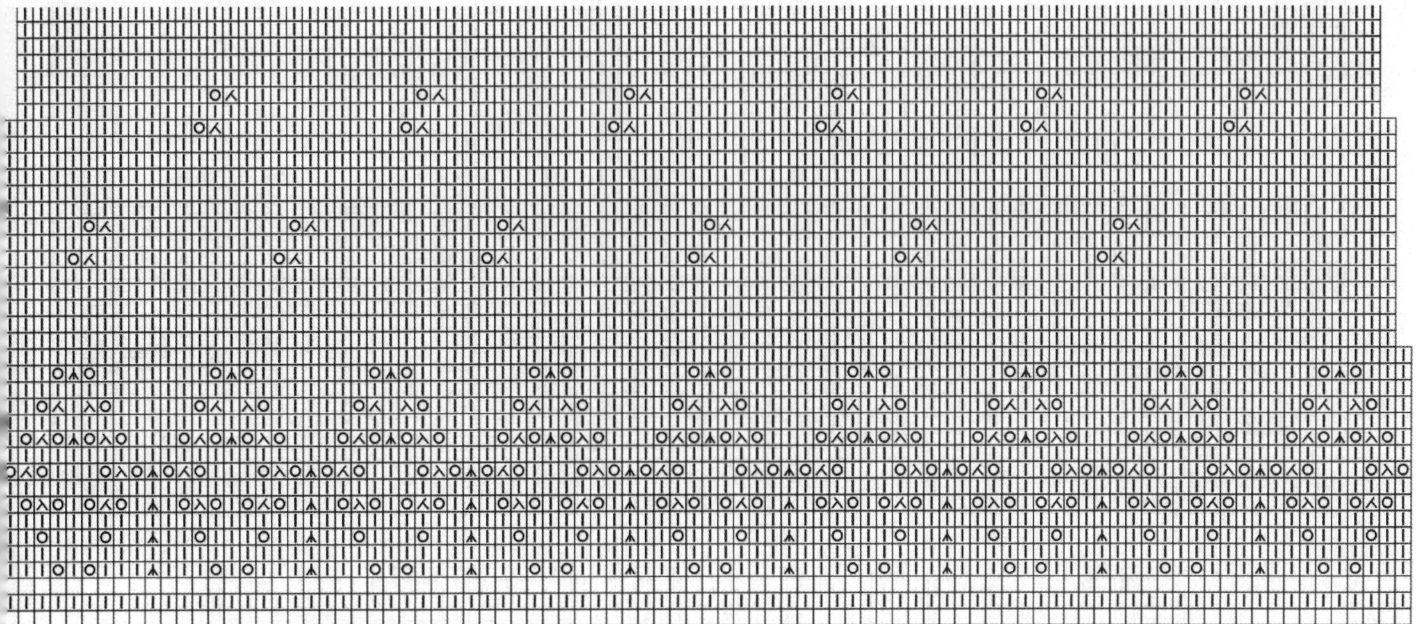

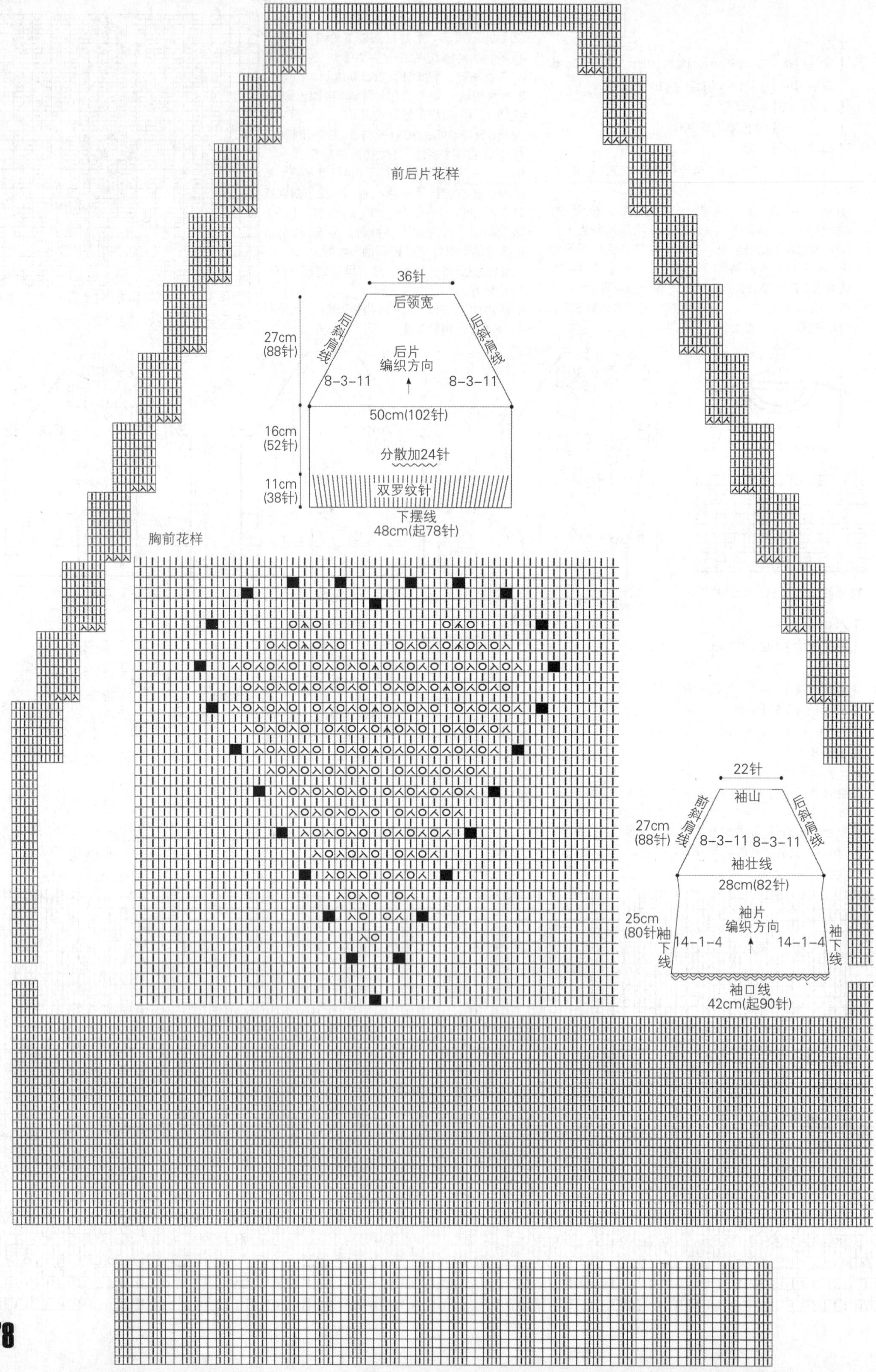
前后片花样
36针
后领宽
后斜肩线
后斜肩线
27cm
(88针)
后片
编织方向
8-3-11
8-3-11
50cm(102针)
16cm
(52针)
分散加24针
11cm
(38针)
双罗纹针
下摆线
48cm(起78针)
胸前花样
22针
袖山
前斜肩线
后斜肩线
27cm
(88针)
8-3-11 8-3-11
袖壮线
28cm(82针)
袖片
编织方向
25cm
(80针)
袖下线
14-1-4
14-1-4
袖下线
袖口线
42cm(起90针)

129

【成品规格】胸宽53cm，衣长56.5cm，袖长35cm

【编织密度】22针×36行=10cm^2

【工　　具】2.7mm、3.3mm棒针，3.0mm钩针

【材　　料】浅蓝色棉线330g

【编织要点】

1.由前、后片及左右袖片组成。前片、后片、袖片均是按结构图从下往上编织。

2.各单元片织好后，合在一起往上钩衣领。

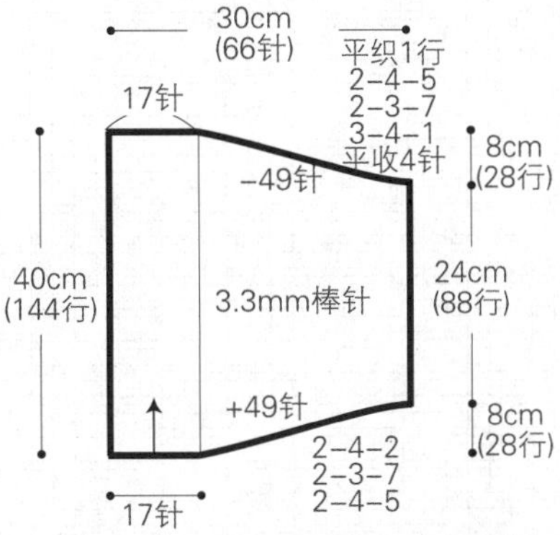

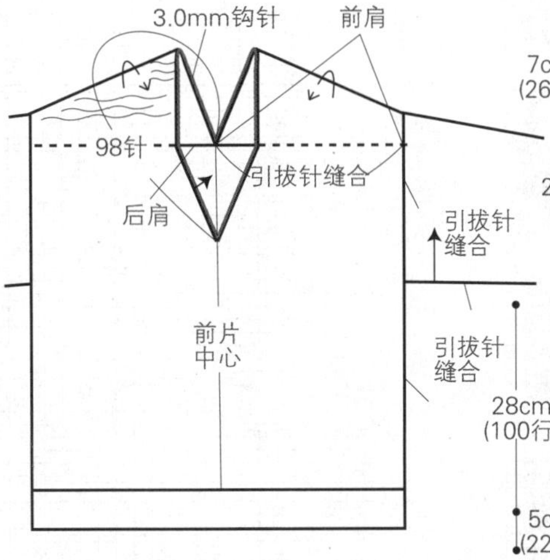

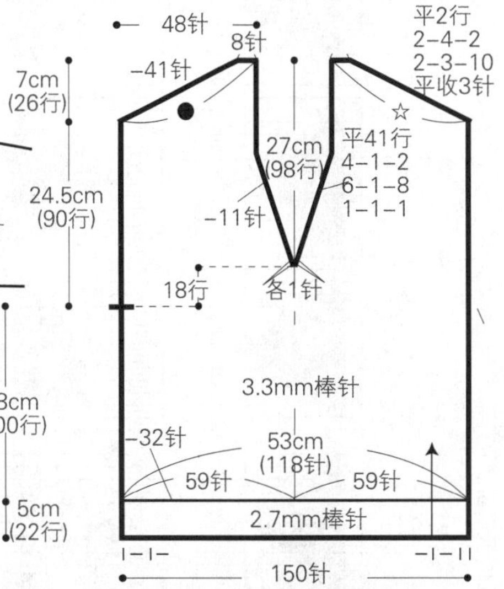

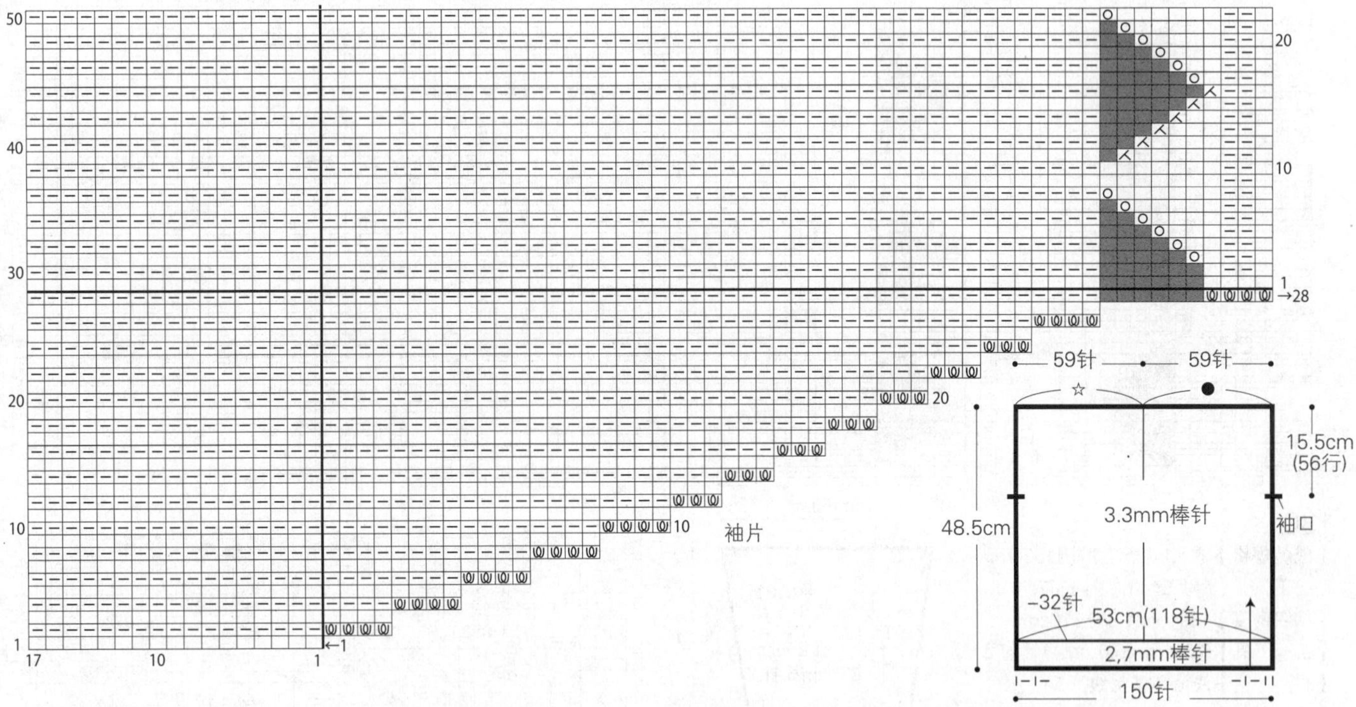

编织花样

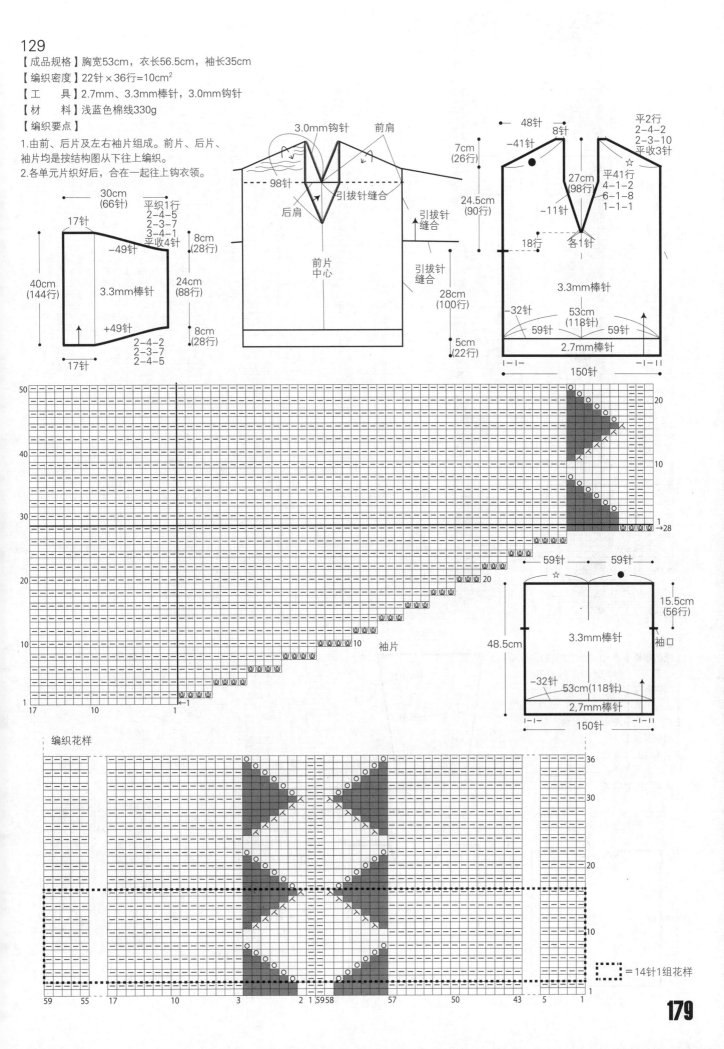

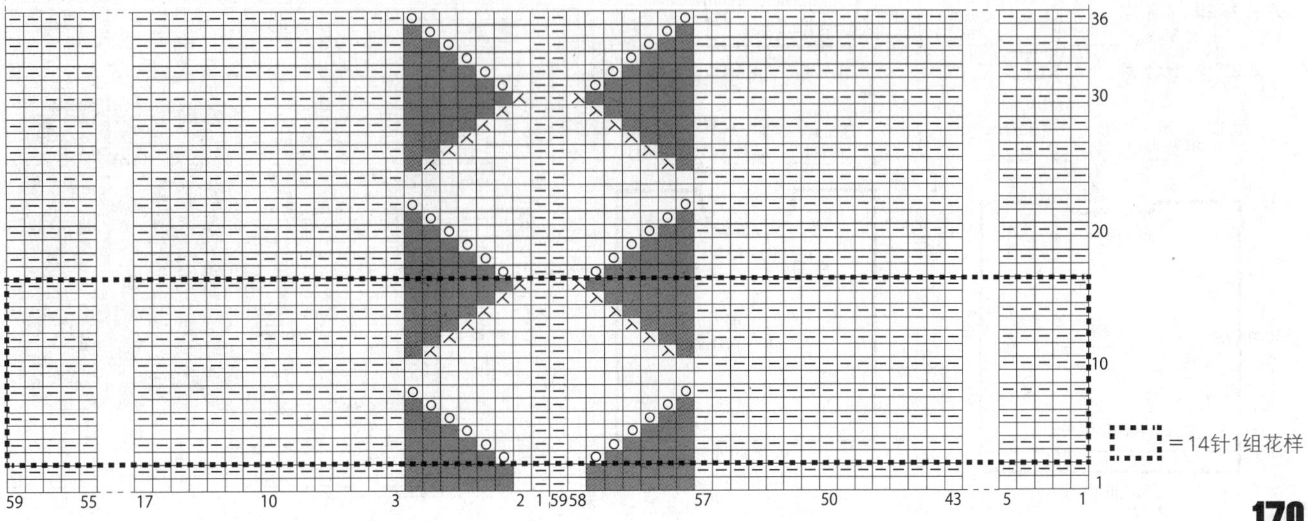

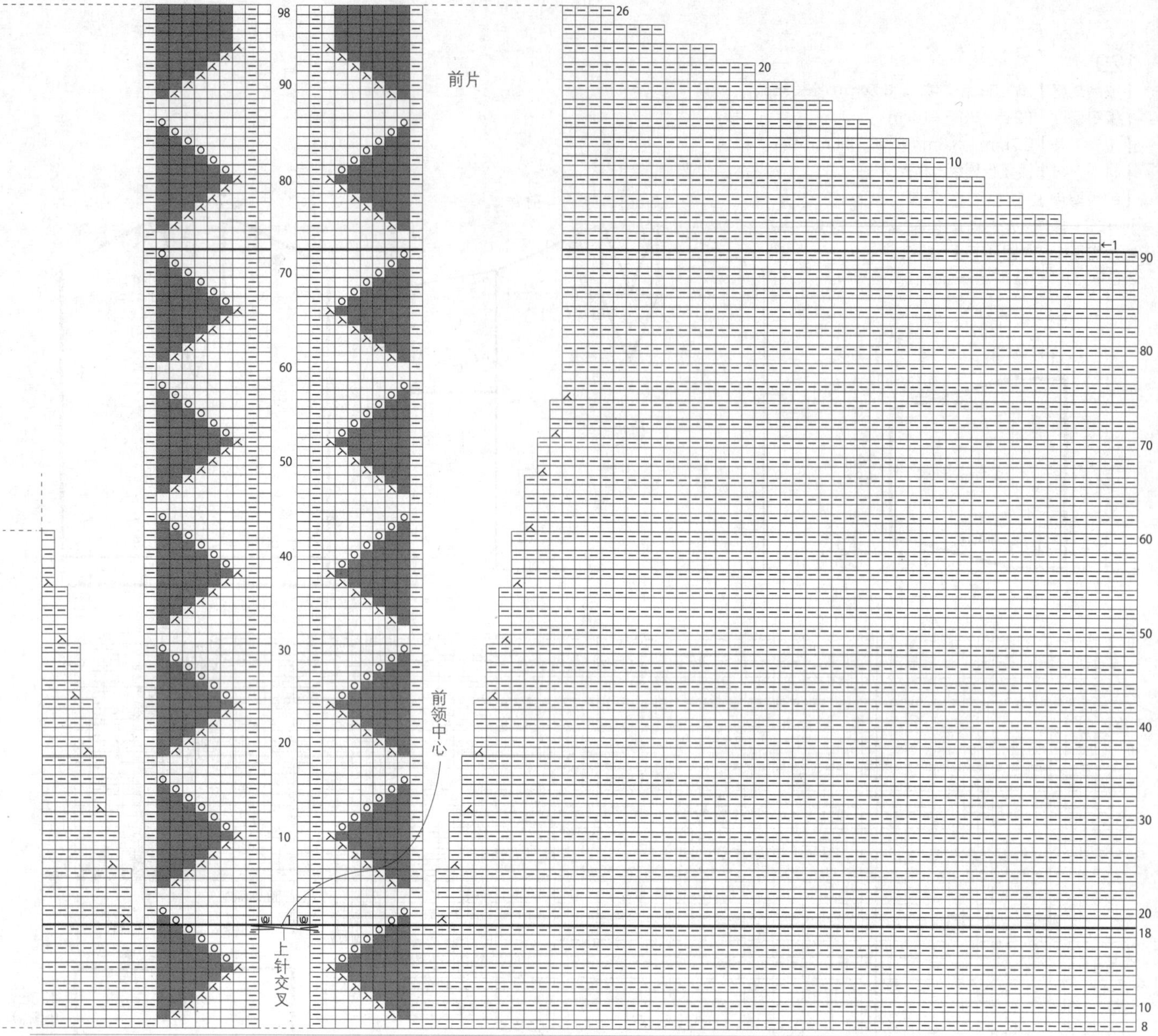

前片
前领中心
上针交叉
130
【成品规格】衣长54cm，胸围108cm，肩宽54cm，袖长47cm
【编织密度】16针×21.5行=10cm²
【工　　具】6.0mm、6.6mm棒针
【材　　料】浅蓝色羊毛线385g
【编织要点】
分片编织，前片1个，后片1个，袖片2个，缝合完成。
37cm(60针)
平织8行
8-1-3
10-1-6
袖片
6.6mm棒针
+9针
+4针
47cm
43cm
(92行)
26cm(42针)
6.0mm棒针
4cm
(8行)
26cm(38针)
(30针)
13.0mm
3cm
(6行)
(48针)
18.5cm
(29针)
17cm
(28针)
18.5cm
(29针)
2cm
(4行)
平织22针
2-1-1
2-2-1
54cm
后片
6.6mm棒针
袖口
54cm(86针)
6.0mm棒针
54cm(86针)
18.5cm
(40行)
8cm
(18行)
平织4行
4-1-1
2-1-3
2-2-2
22行
平织12针
31.5cm
(68行)
前片
6.6mm棒针
4cm
(8行)
54cm(86针)
6.0mm棒针
54cm(86针)
□=⊟

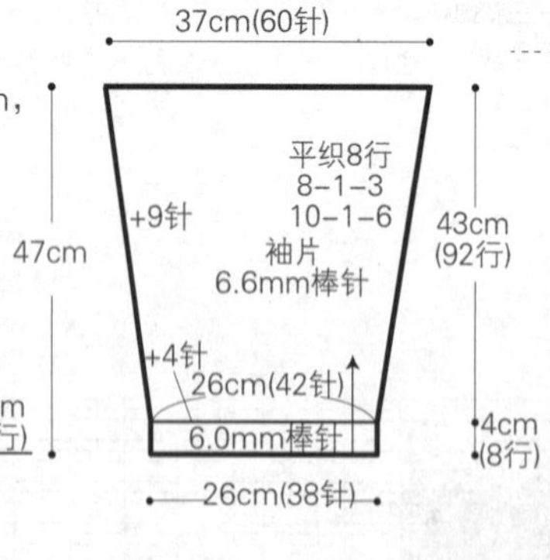

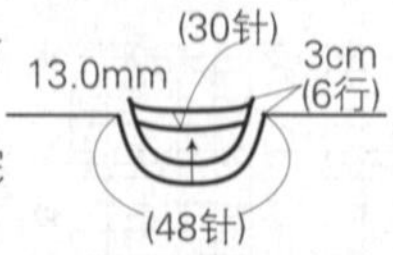

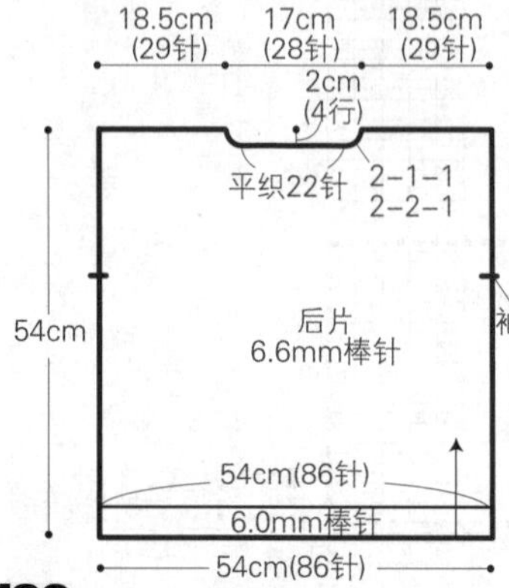

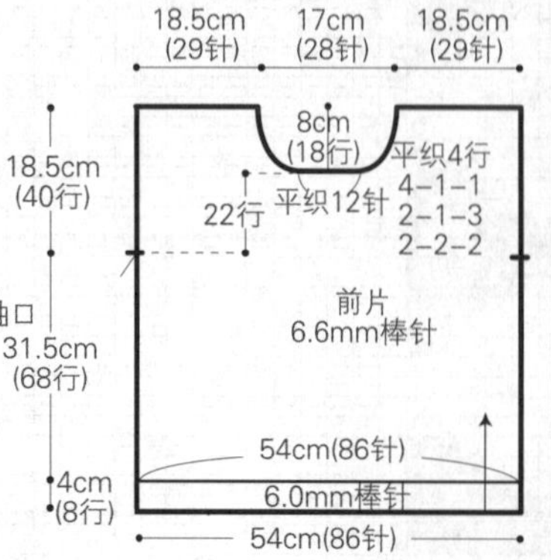

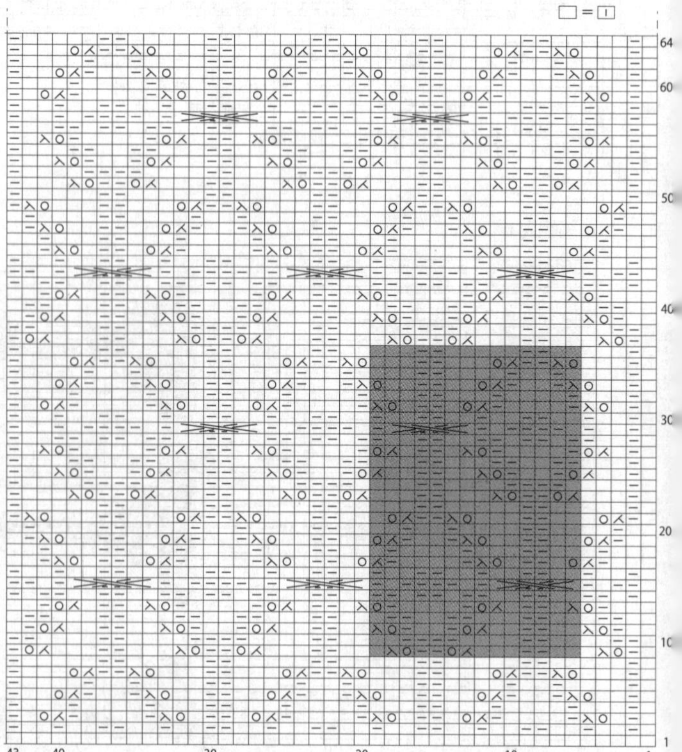

131

【成品规格】衣长58cm，胸围88cm，肩宽34cm，袖长56cm

【编织密度】23.5针×32行=10cm²

【工　　具】11号棒针

【材　　料】灰色羊毛线500g

【编织要点】

前片/后片制作说明：

1.棒针编织法，衣身为前片和后片分别编织。

2.起织后片，下针起针法起104针织花样A，织38行后，改织花样B，织至112行，两侧袖窿减针，方法为平收4针，2-1-8，织至183行，织片中间平收36针，两侧按2-1-2的方法减针织后领，织至186行，两侧肩部各余下20针，收针断线。

3.起织前片，下针起针法起104针织花样A，织38行后，改织花样B，织至112行，两侧袖窿减针，方法为平收4针，2-1-8，织至118行，织片中间8针下针改织1组花样A，织16行后，第3和第5组下针改织花样A，以此方式类推，织至181行，织片中间平收22针，两侧按2-2-2、2-1-5的方法减针织前领，织至186行，两侧肩部各余下20针，收针断线。

4.衣身两侧缝缝合，两肩部对应缝合。

袖片制作说明：

1.棒针编织法，编织两个袖片。从袖口起织。

2.下针起针法，起60针，织花样A，织38行后，开始编织袖身，织花样B，一边织一边两侧加针，方法为10-1-8，织至126行，两侧减针织成袖山，方法为平收4针，2-1-27，织至180行，织片余下14针，收针断线。

3.同样的方法编织另一袖片。

4.将两袖侧缝对应缝合。

领片制作说明：

1.领片环形编织完成。

2.沿领口挑起84针，织花样A，织24行后，下针收针法收针断线。

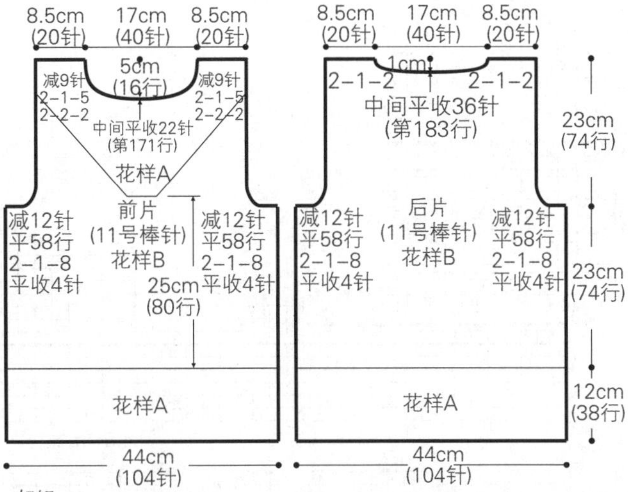

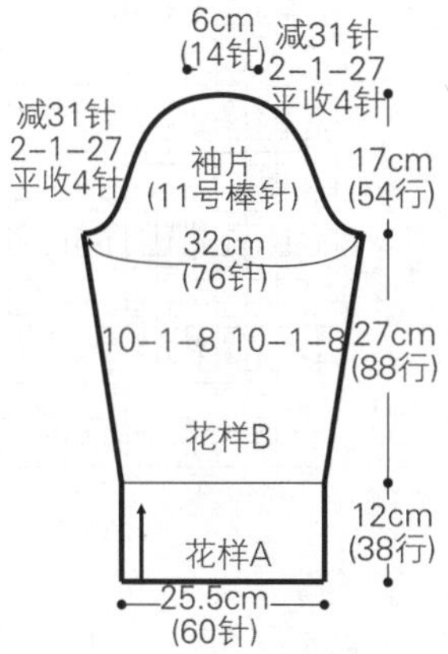

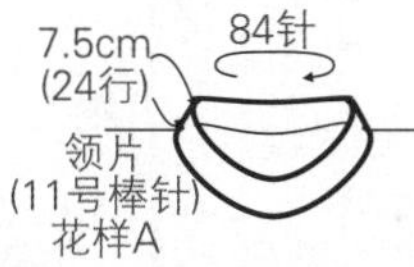

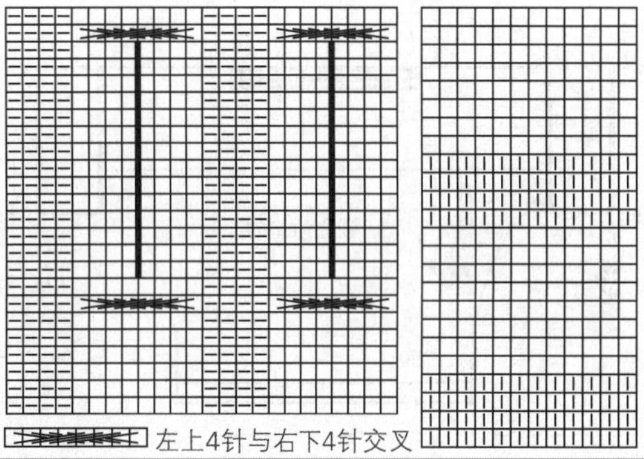

132

【成品规格】衣长46cm，胸围92cm，袖长20cm，肩宽66cm

【编织密度】4.5mm棒针：20针×26行=10cm²

3.9mm棒针：25针×29行=10cm²

【工　　具】3.9mm、4.5mm棒针，2.5mm钩针

【材　　料】蓝色绒线150g，浅灰绒线150g

【编织要点】

分片编织，前片1个，后片1个，袖片2个，缝合完成。

前片上半身花样(3.9mm棒

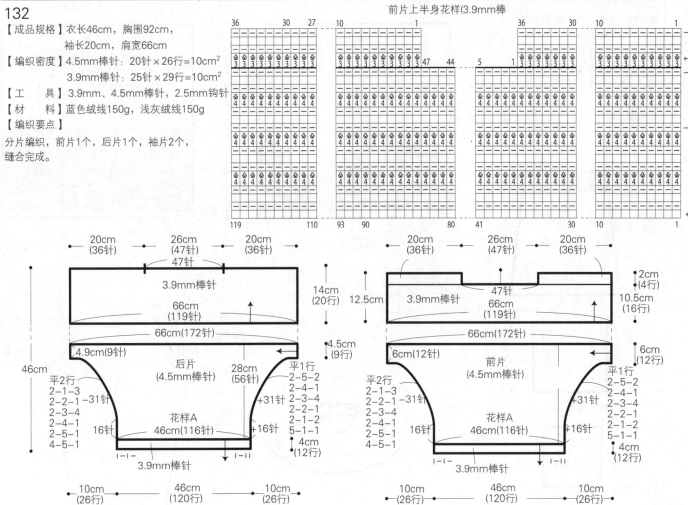

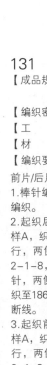

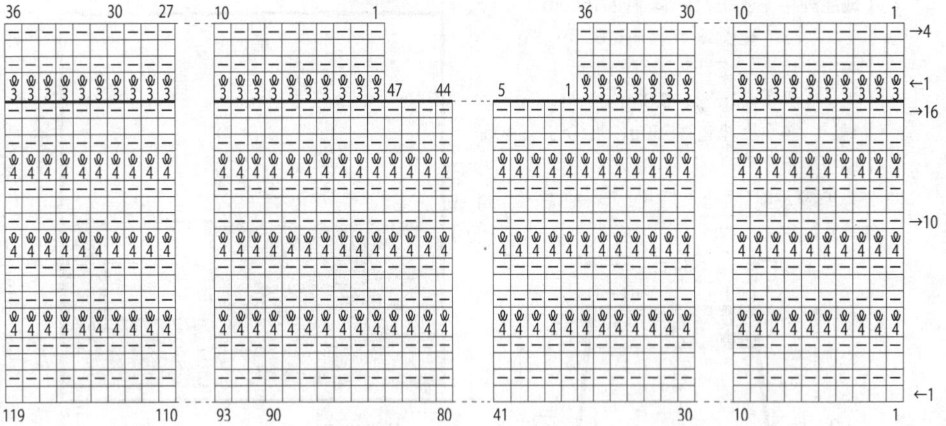

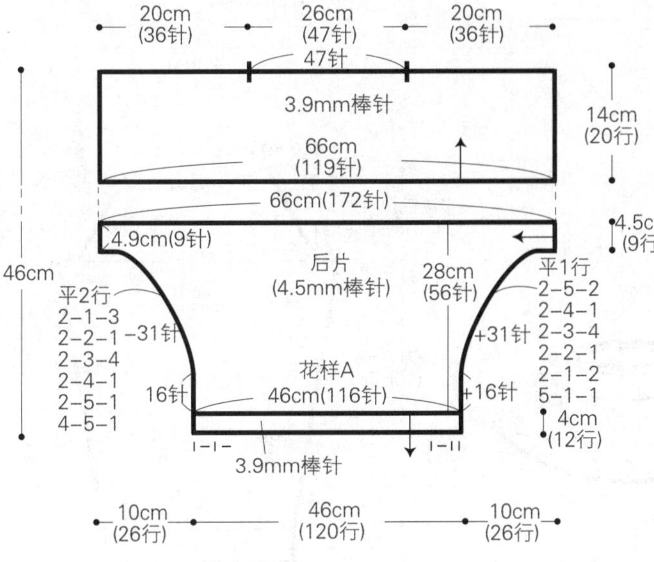

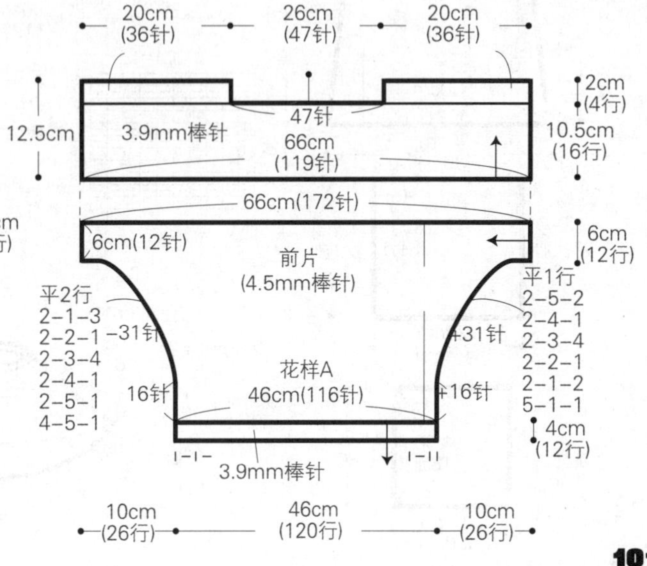

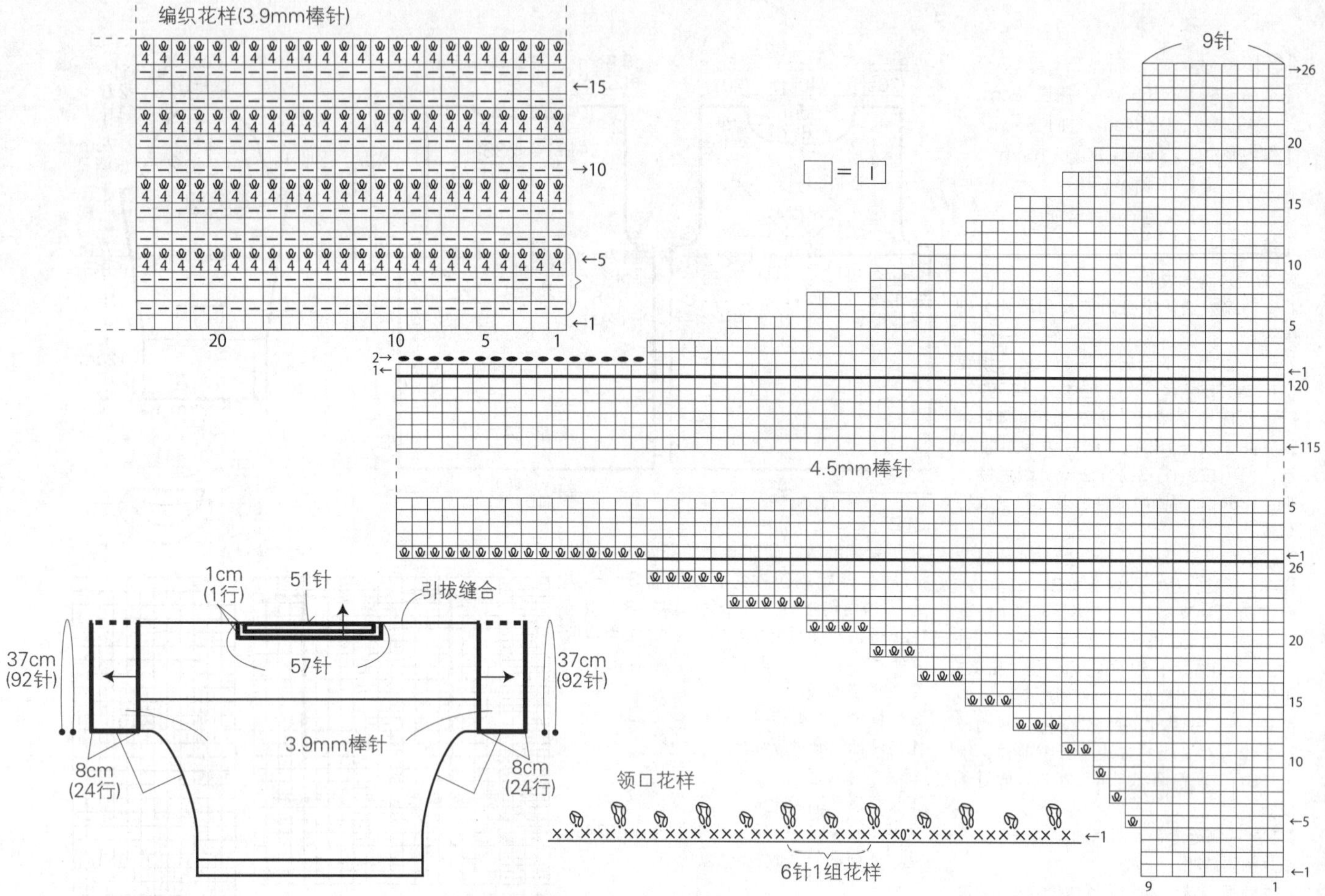

编织花样(3.9mm棒针)
9针
4.5mm棒针
1cm
(1行)
51针
引拔缝合
37cm
(92针)
57针
3.9mm棒针
8cm
(24行)
领口花样
6针1组花样
133
【成品规格】衣长71cm，胸围160cm，
袖长33cm，肩宽80cm
【编织密度】12.5针×20行=10cm²
【工　　具】4.2mm、6.3mm棒针
【材　　料】咖啡色线550g，暗红色线340g
【编织要点】
分片编织，前片1个，后片1个，袖片2个，缝合完成。
28cm
(35针)
24cm
(30针)
30针
领口
15cm
(30行)
22cm
(44行)
32cm
(64行)
2cm
(4行)
袖口
后片
前片
12针
22针
三边
缝合
24行
32行
-12针
80cm
(100针)
6.3mm棒针
80cm
(112针)
71cm
+3针
34针
6cm
(12行)
24cm
(31针)
袖片
33cm
27cm
(48行)
平织9行
9-1-1
10-1-3
30cm
(39针)
起伏针
18cm
(23针)
20cm
(40行)
14.5cm
(18针)
15cm
(30行)
4针1组
花样
3.6mm
1cm
(2行)
84针
3.6mm棒针
4.5cm
(16行)
17cm
分散减
126针
3.9mm
棒针
11.5cm
(36行)
右袖
52针
前领61
针
23cm
(44针)
平2行
1-1-2
2-3-2
留34针
2针
同后片
同前片
3cm
(8行)
14.5cm
(38行)
平收6针
-15针
-12针
11.5cm
(30行)
71针
44cm
(83针)
40.5cm
(106行)
4.2mm棒针
平6行
6-1-2
8-1-11
+13针
-3针
30cm
(57针)
5cm
(14行)
3.6mm棒针
60针

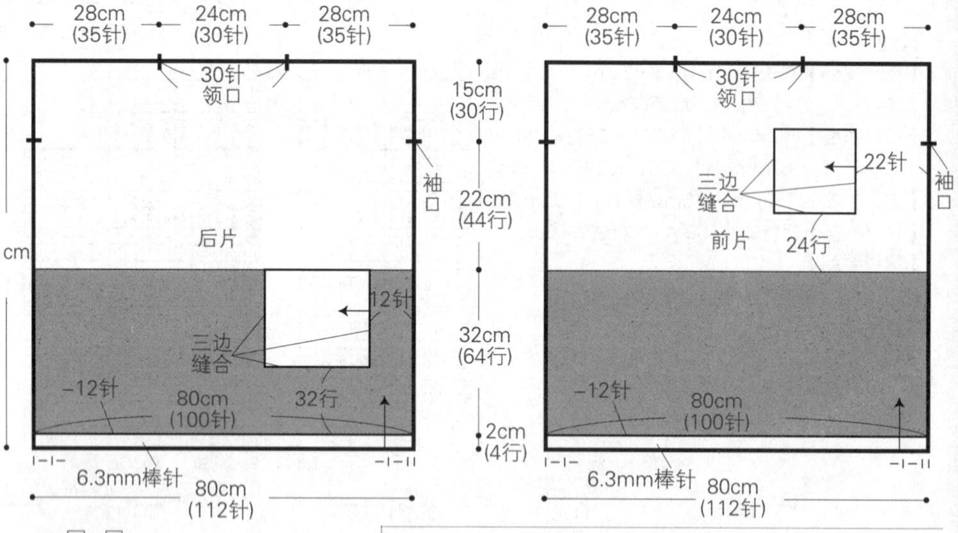

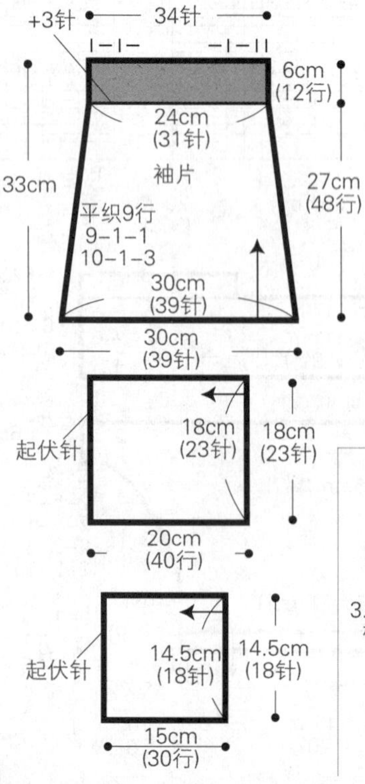

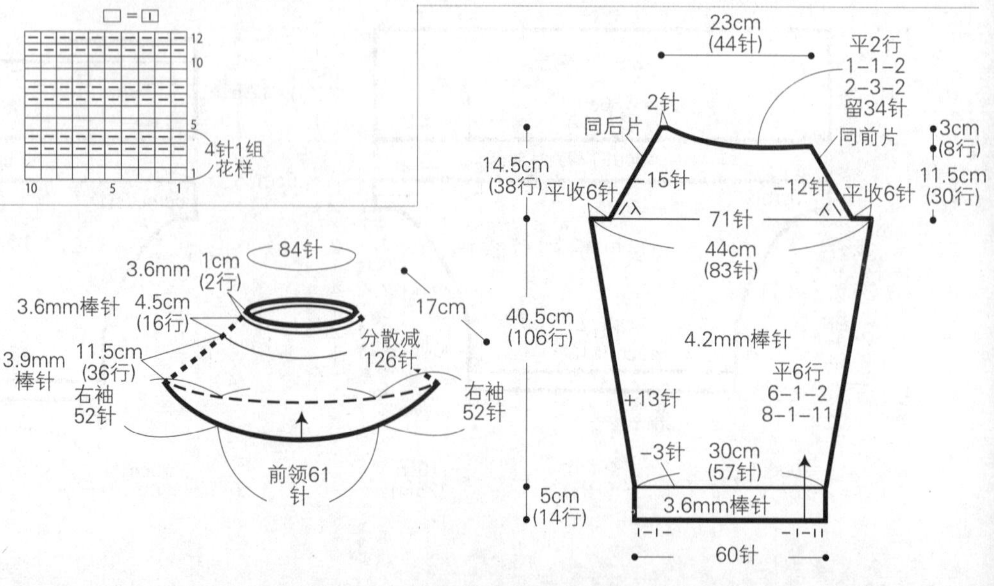

134

【成品规格】胸宽42.5cm，衣长54cm，
袖长(连肩)56cm

【编织密度】花样A：32针×38行=10cm²
下针：28针×38行=10cm²

【工　　具】3.9mm、4.2mm棒针

【材　　料】羊毛线650g

【编织要点】

1.由前、后片及左右袖片组成。前片、后片、袖片均是按结构图从下往上编织。

2.各单元片织好后，合在一起往上钩衣领。

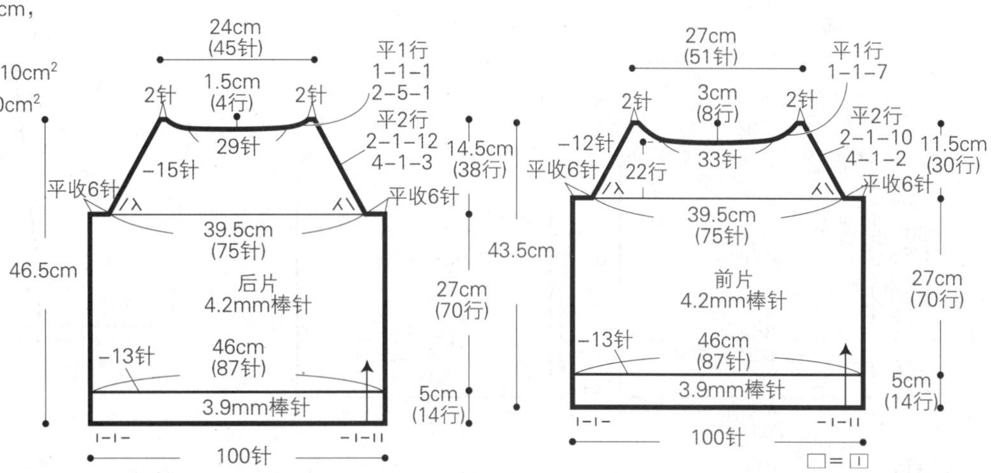

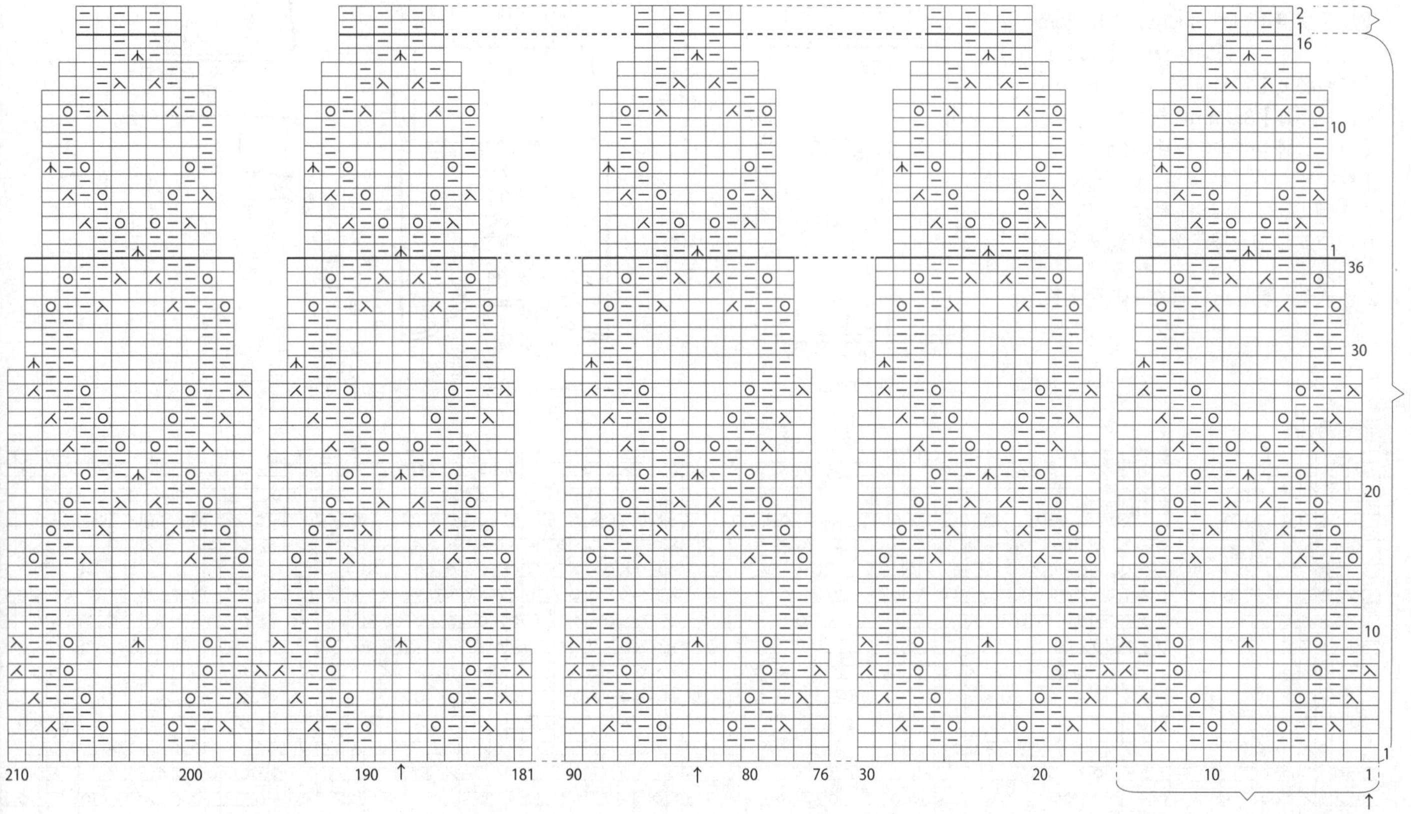

135

【成品规格】衣长55cm，胸宽45cm，
肩宽35.5cm，袖长47.5cm

【编织密度】22针×26行=10cm²

【工　　具】9号棒针

【材　　料】绿色羊毛线800g

【编织要点】

1.棒针编织法。由前片与后片和两个袖片等组成。

2.前后片织法。

(1)前片的编织，双罗纹起针法，起100针，起织花样A，织18行，下一行起排6组花样A和4针上针编织。不加减针，织78行，至袖窿，袖窿起减针，两侧收4针，然后2-1-7，两边各减少11针，当织成从袖窿算起28行的高度时，下一行起织前衣领边，中间收10针，然后两边减针，2-2-4，2-1-4，再织4行至肩部，余下22针，收针断线。另一边织法相同。

(2)后片袖窿以下的织法与前片相同。袖窿两侧减针与前片相同，袖窿起织44行后，下一行中间收30针，两边减针，2-1-2，至肩部余下22针，收针断线。将前后片的肩部对应缝合，再将侧缝对应缝合。

3.袖片织法：双罗纹起针法，起44针，起织花样A，织18行的高度。下一行起，排花样B编织，依次是12针棒绞花，4针上针，12针棒绞花，4针上针，12针棒绞花，并在两边袖侧缝上加针，10-1-8，再织10行，加成60针，织成90行高。下一行起袖山减针，两边同时收4针，然后2-1-8，两边各减少12针，余下36针，收针断线。相同的方法再去编织另一个袖片。将两条袖山边线与衣身的袖窿边线对应缝合。再将袖侧缝缝合。

4.领片织法：沿前领窝挑44针，后领窝挑32针，共挑起76针，不加减针，织12行花样A，收针断线。

花样A(双罗纹)

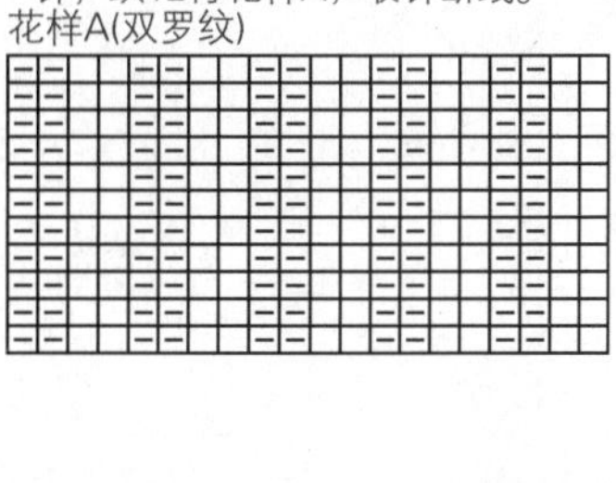

花样B

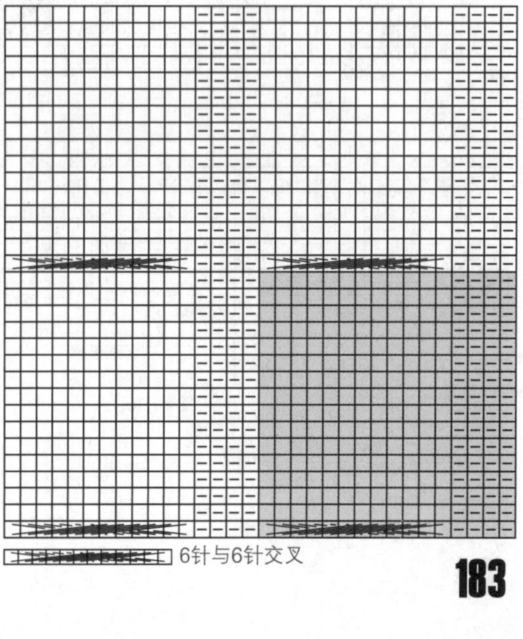

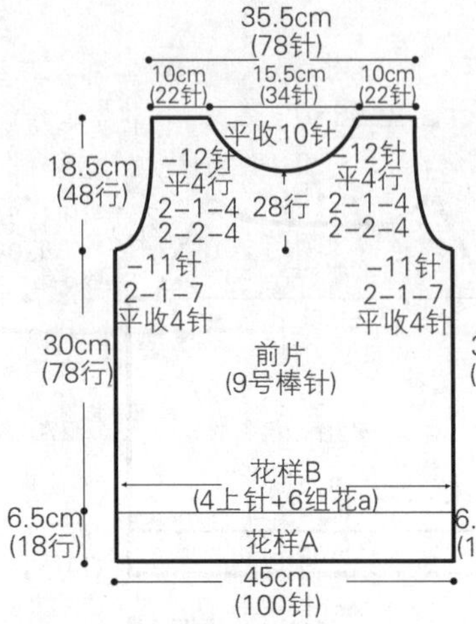

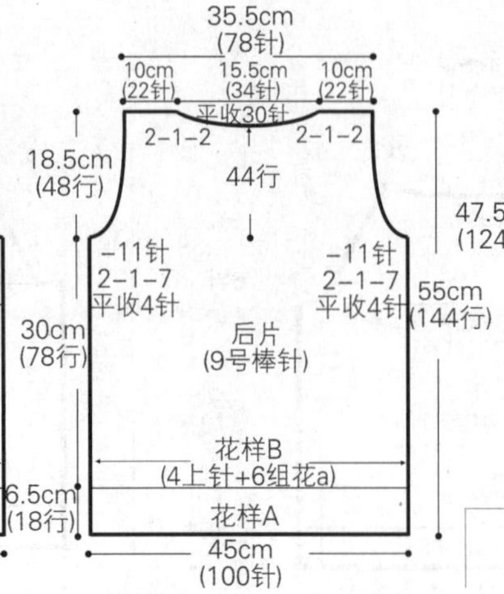

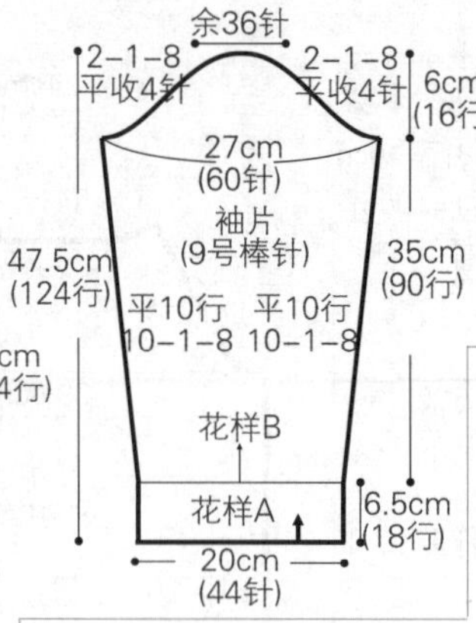

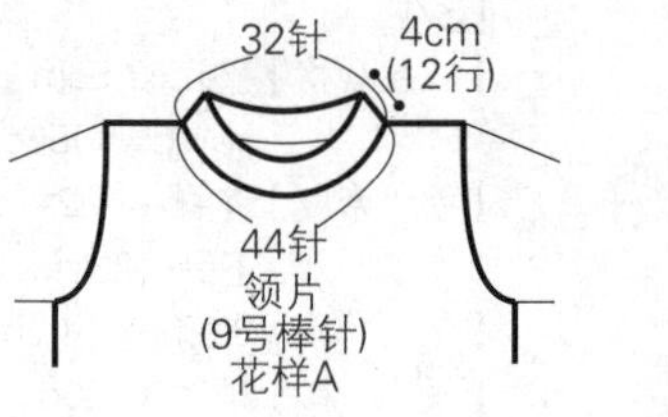

136

【成品规格】胸围109cm，衣长55cm，

袖长51cm，肩宽48.5cm

【编织密度】20针×30行=10cm^2

【工　　具】3.9mm棒针

【材　　料】咖啡色棉线410g

【编织要点】

1.由前、后片及左右袖片组成。前片、后片、袖片均是按结构图从下往上编织。

2.各单元片织好后，合在一起往上钩衣领。

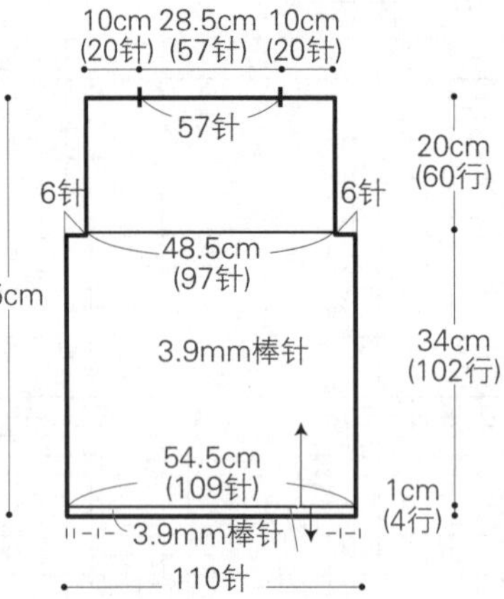

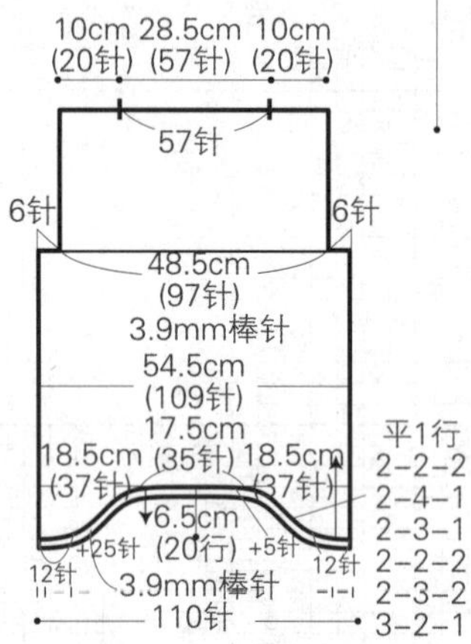

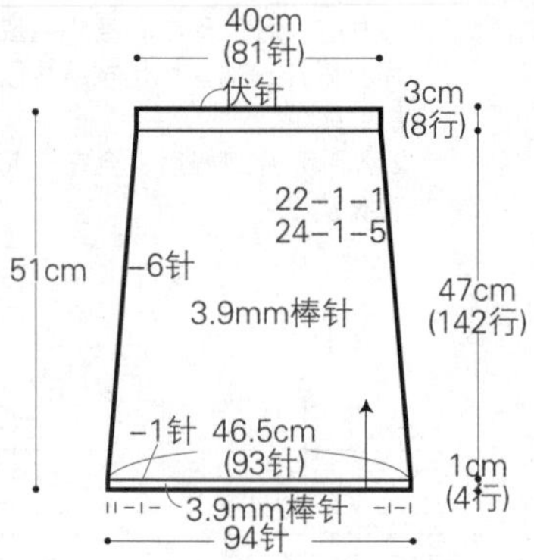

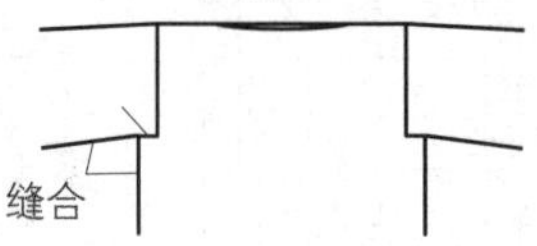

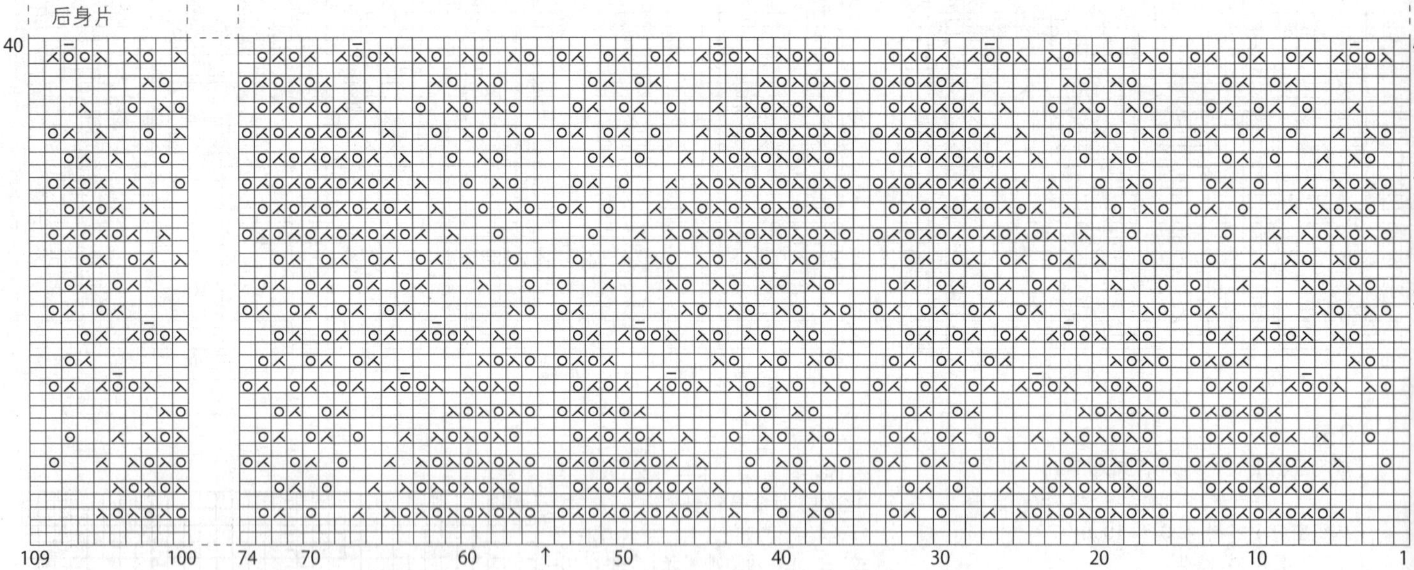

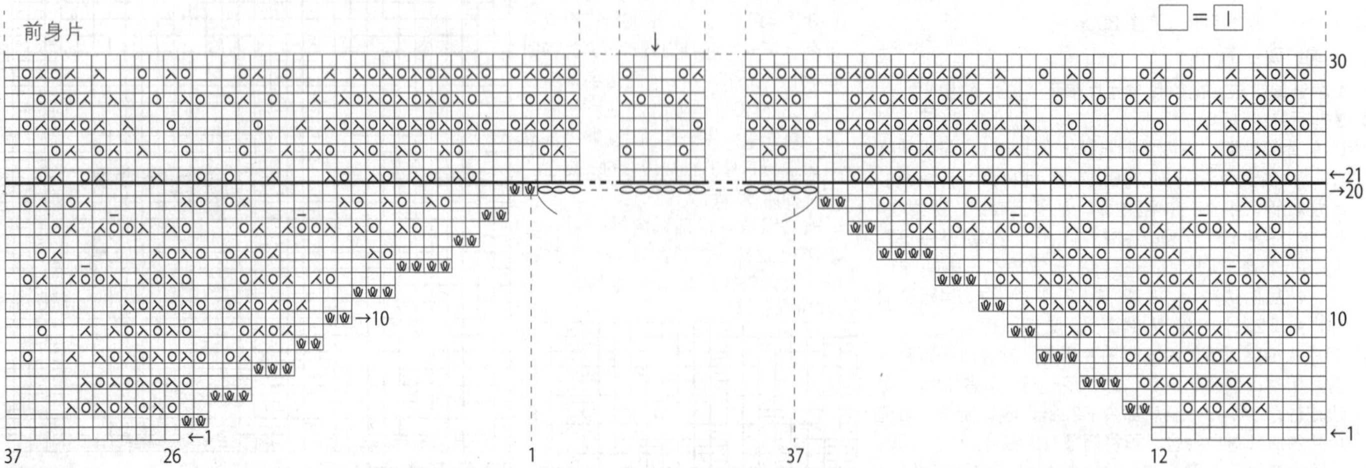

编织花样

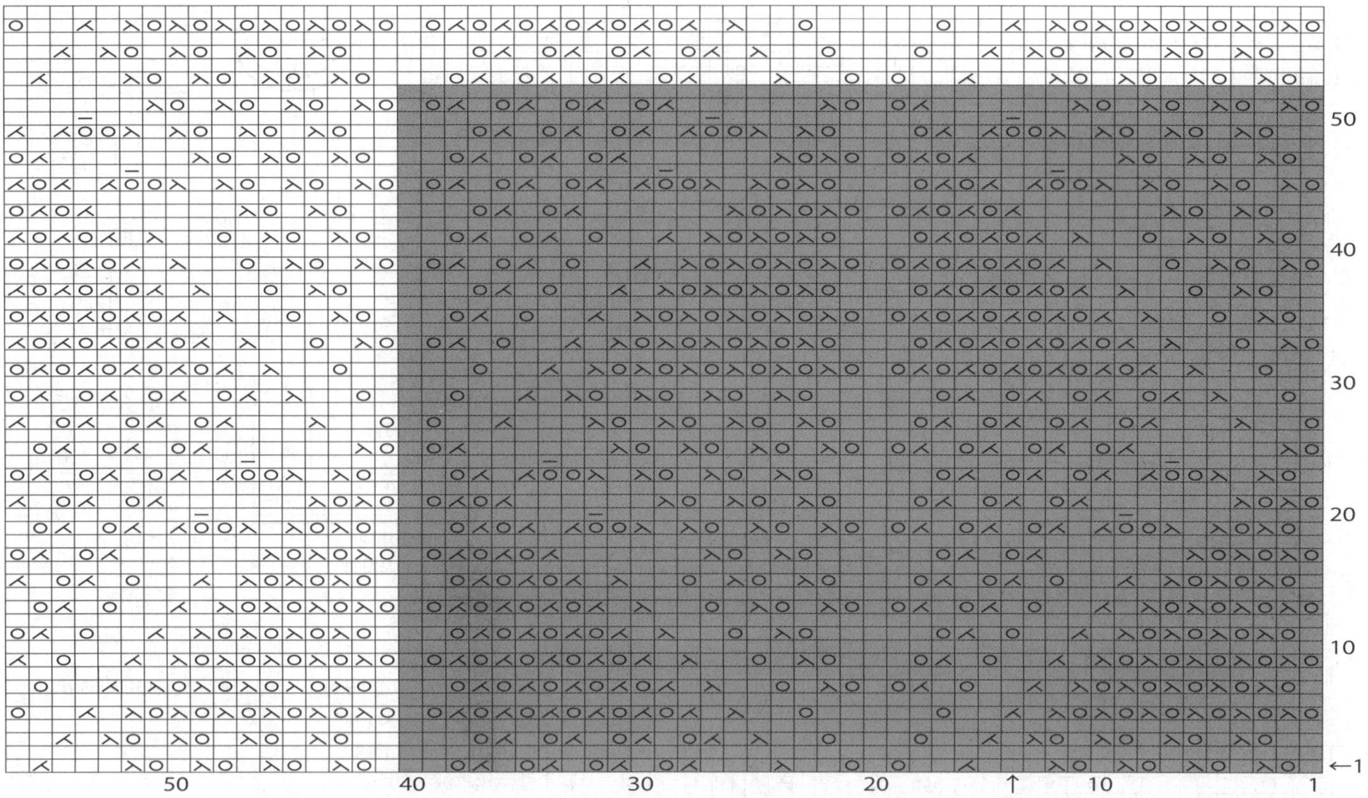
50
40
30
20
10
←1
1

后身片

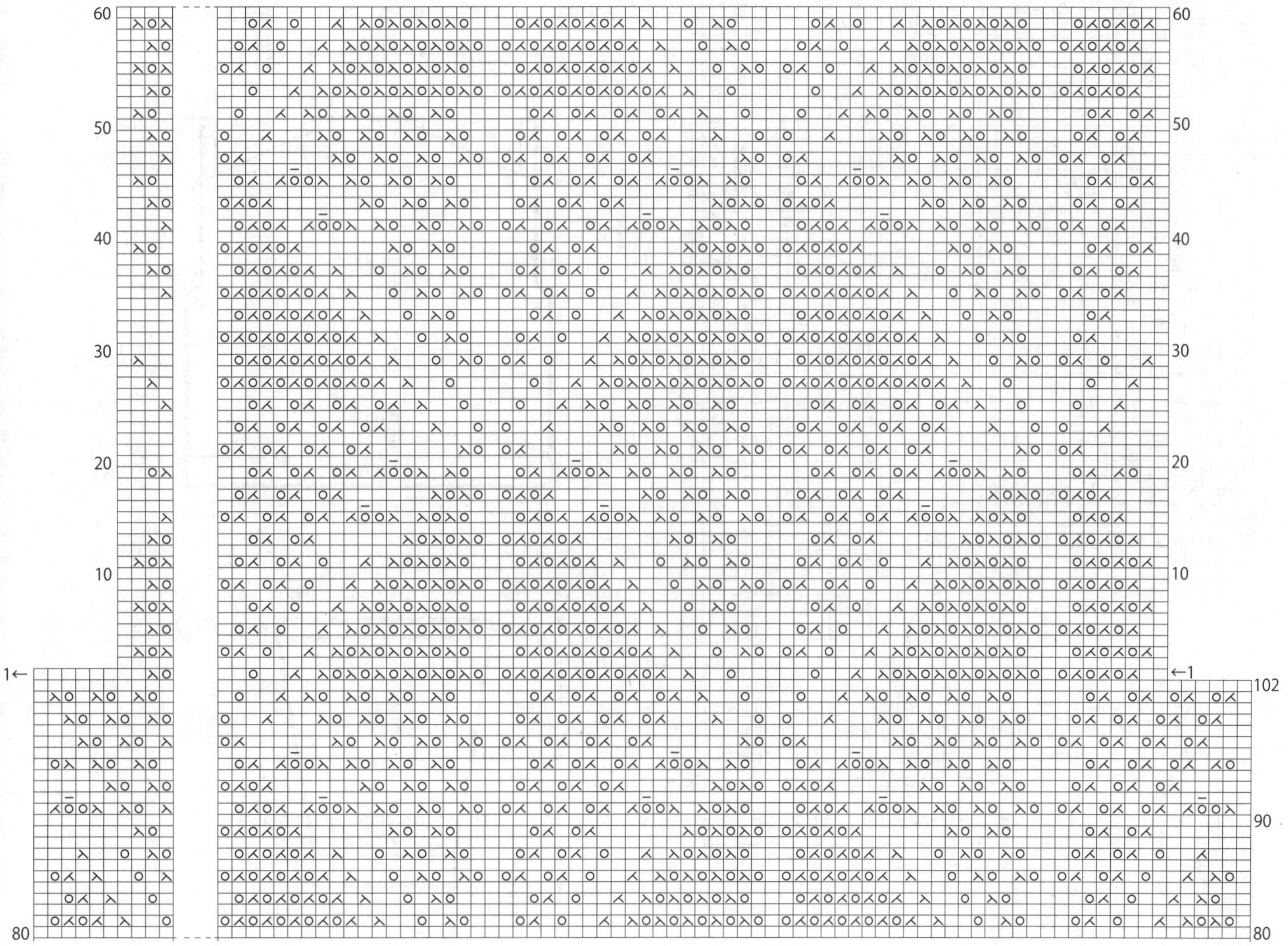
60
50
40
30
20
10
1←
←1
102
90
80

137

【成品规格】衣长43cm，胸围92cm

【编织密度】24针×33行=10cm²

【工　　具】3.9mm、4.2mm棒针

【材　　料】竹棉蕾丝线4股350g

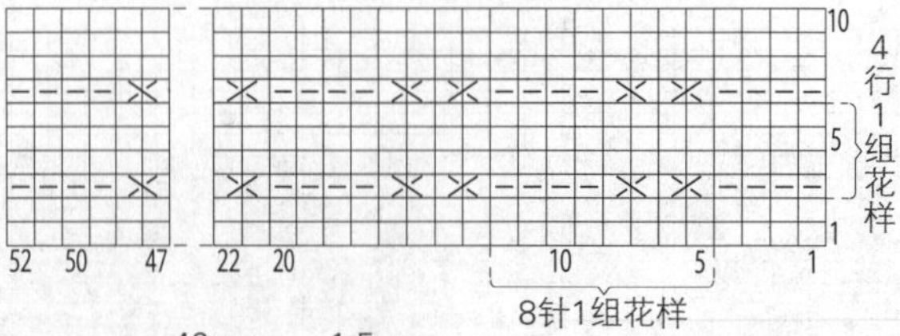

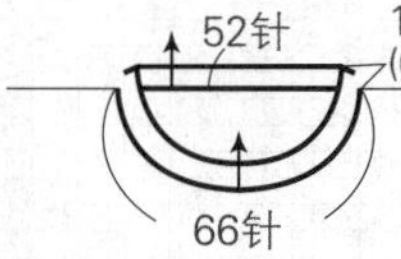

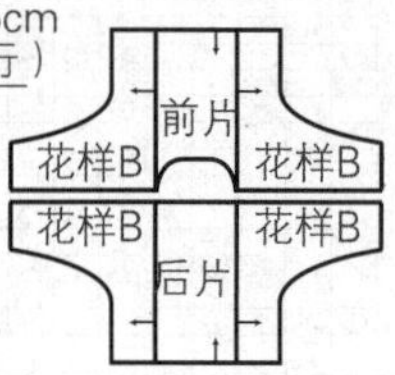

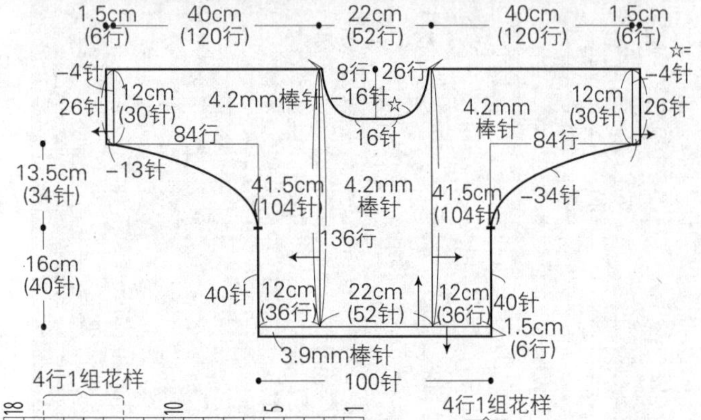

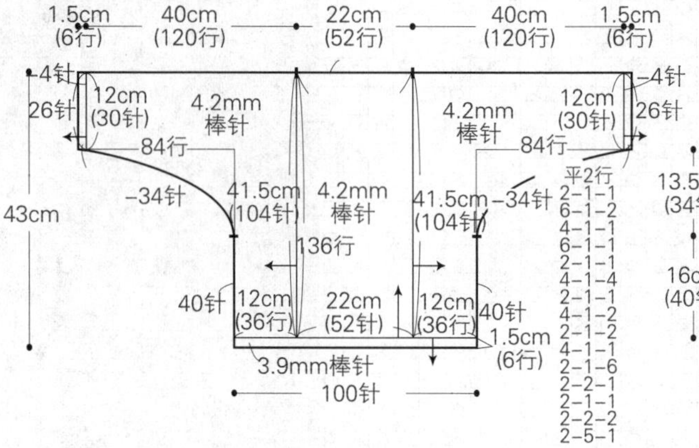

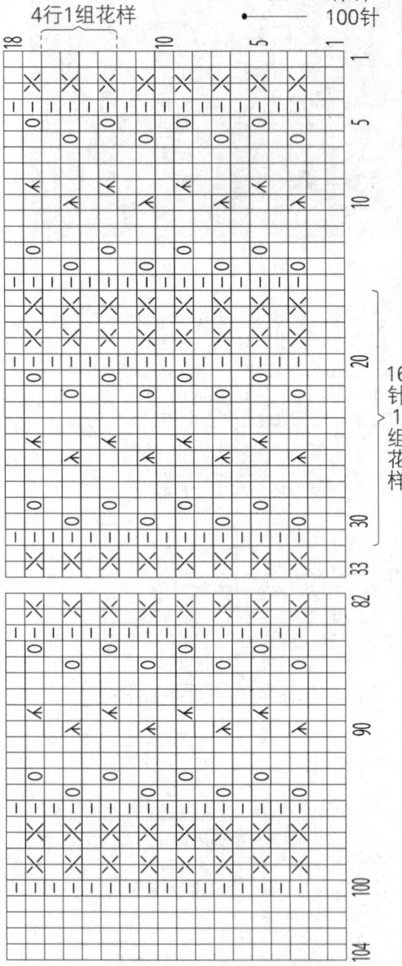

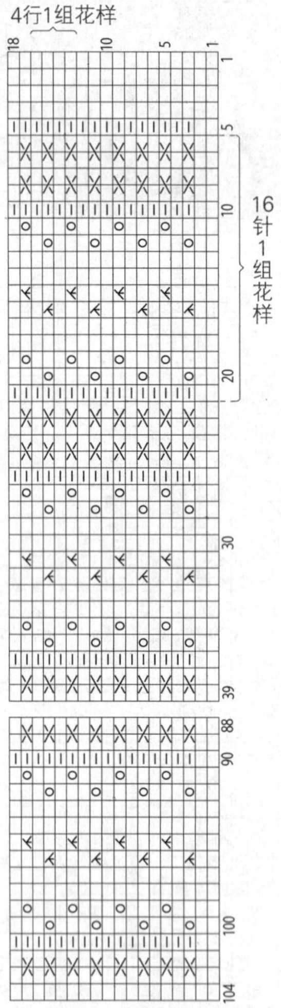

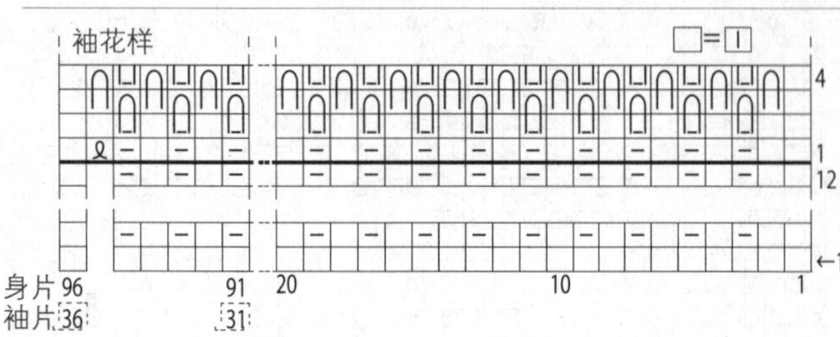

138

【成品规格】胸围122cm，衣长59.5cm，肩宽55cm，袖长70.5cm

【编织密度】16针×34行=10cm²

【工　　具】4.5mm、4.8mm棒针

【材　　料】蒂伊丝羊绒线600g

【编织要点】

分片编织，前片1个，后片1个，袖片2个，缝合完成。

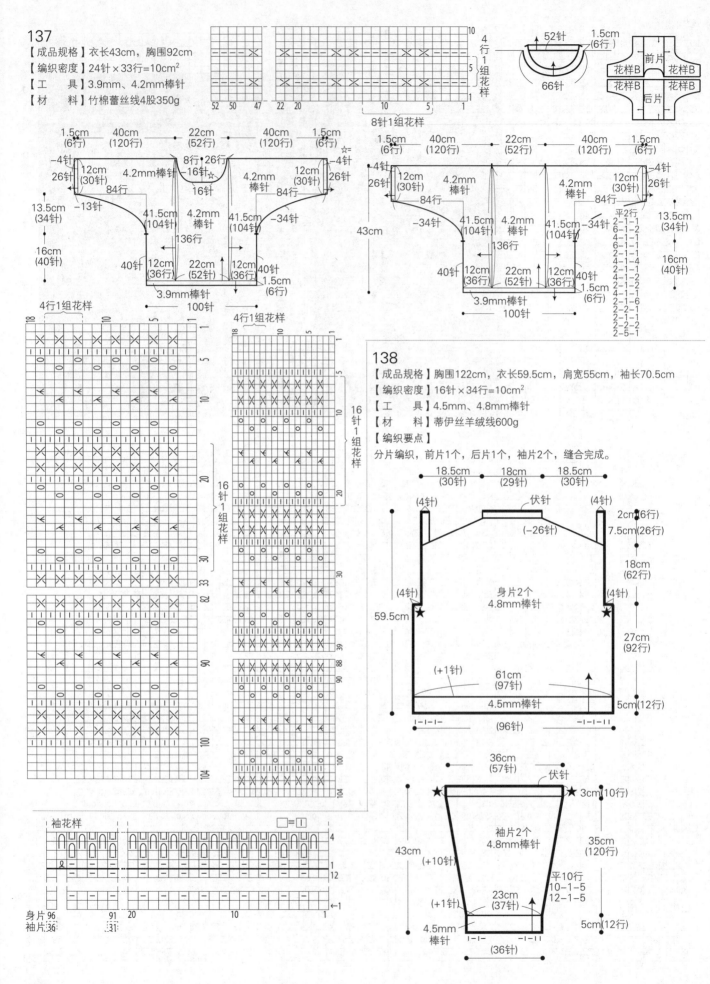

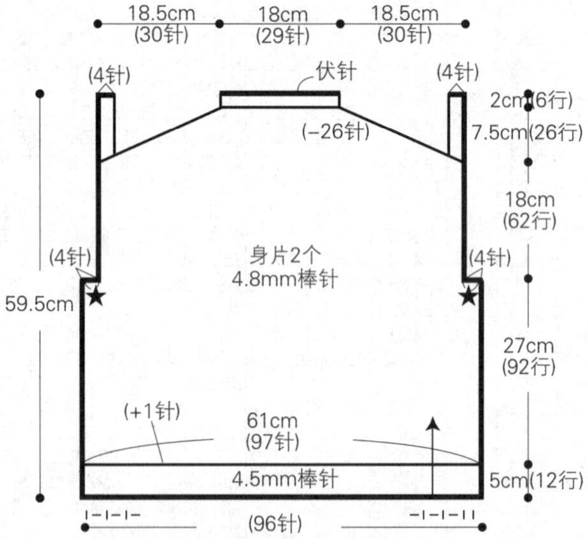

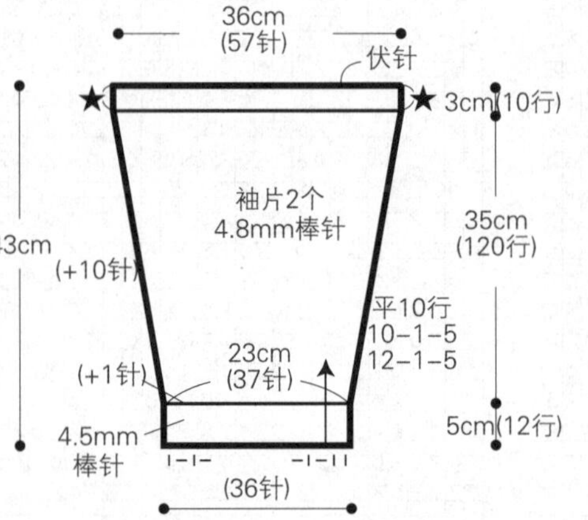

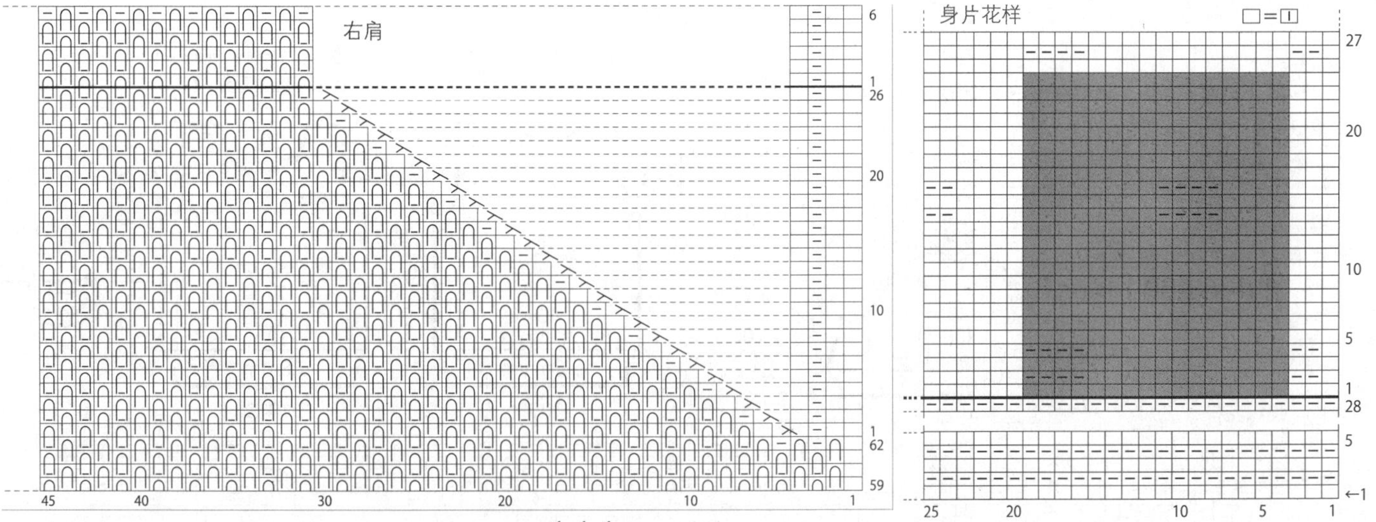

139

【成品规格】胸宽41cm，衣长52cm
肩宽30cm，袖长54cm

【编织密度】23针×33行=10cm²

【工　具】4.2mm、4.5mm棒针

【材　料】粗毛线600g

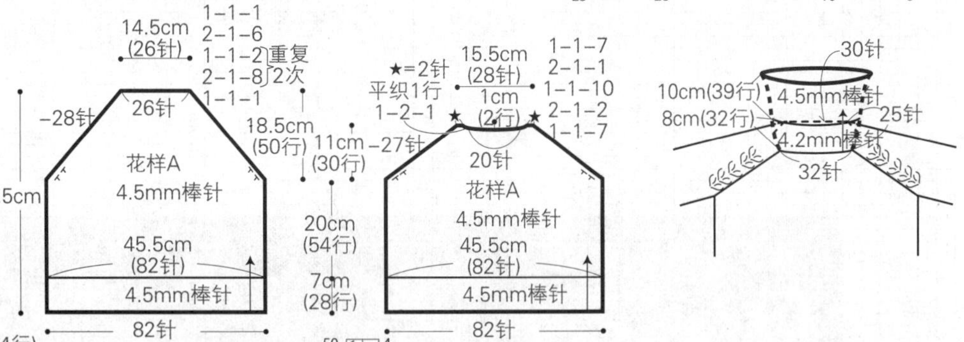

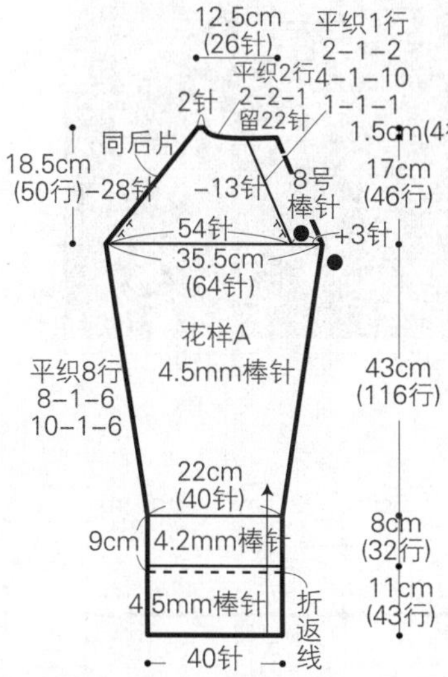

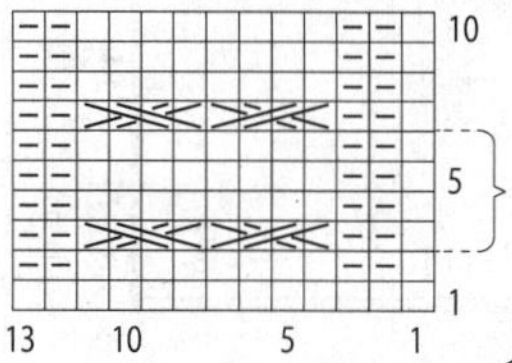

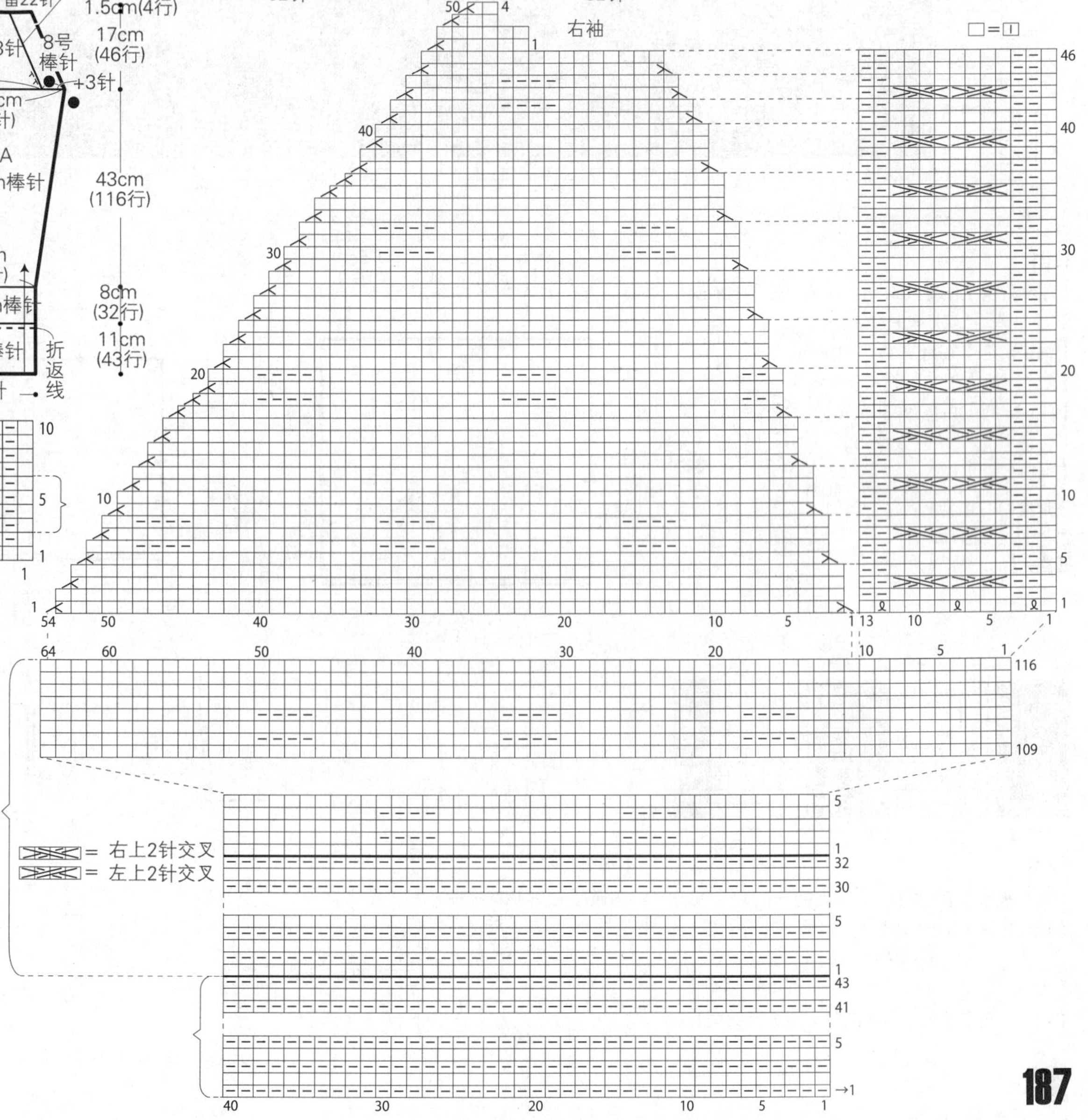

140

【成品规格】胸宽43cm，衣长51.5cm，肩宽35cm，袖长49cm

【编织密度】23针×30行=10cm²

【工　　具】3.0mm、3.3mm、3.6mm棒针

【材　　料】蒂伊丝线150g，意郎妮线250g

【编织要点】

分片编织，前片1个，后片1个，袖片2个，缝合完成。

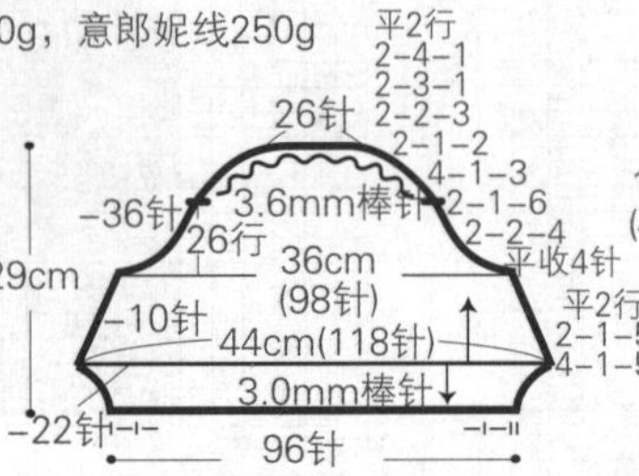

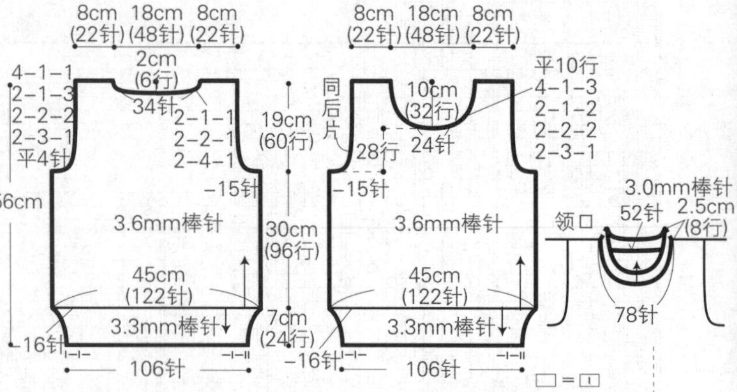

编织花样

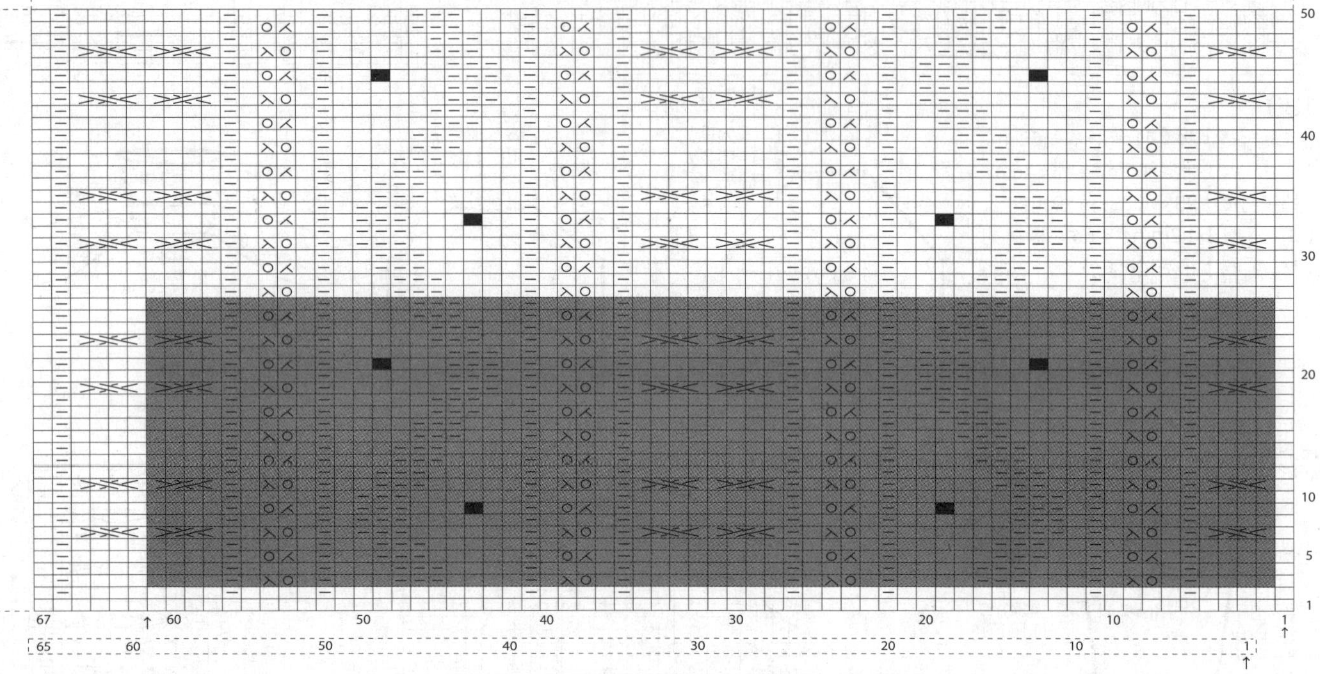

141

【成品规格】胸宽124cm，前片衣长45.5cm，后片衣长54.5cm

【编织密度】19针×33行=10cm²

【工　　具】3.9mm、4.2mm棒针

【材　　料】白色线235g，玫红色线165g

【编织要点】

分片编织，前片1个，后片1个，袖片2个，缝合完成。

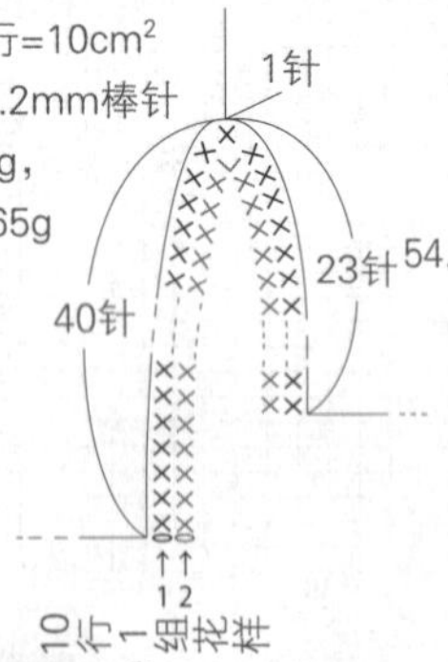

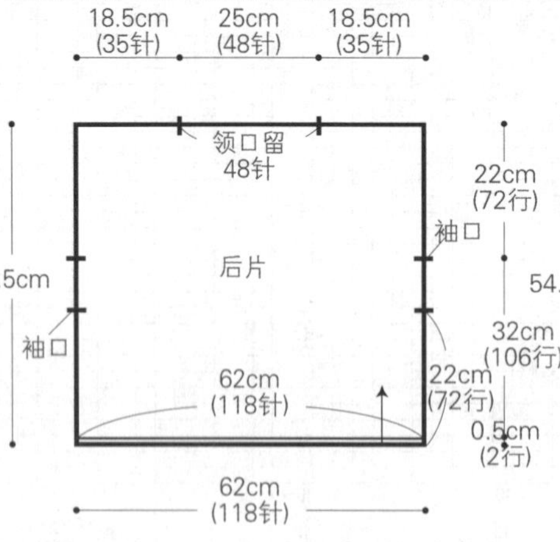

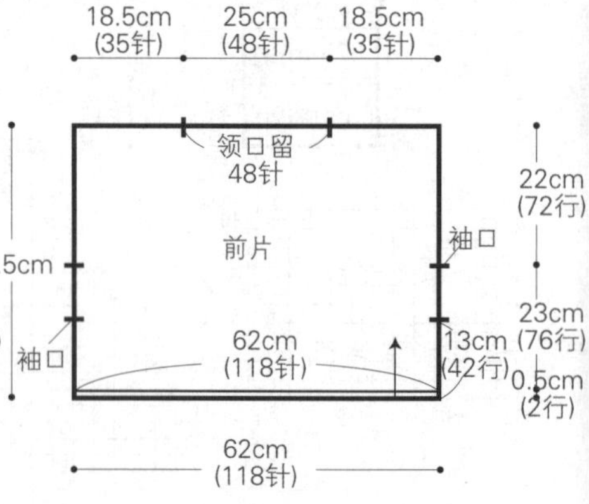

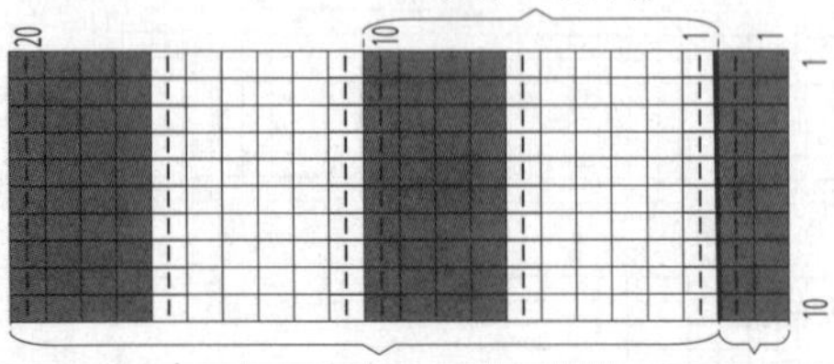

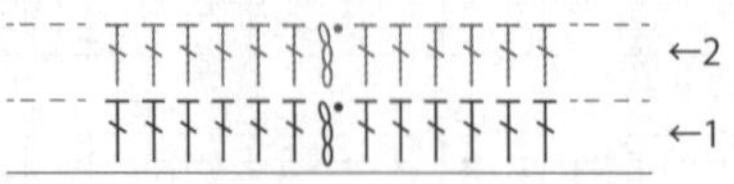

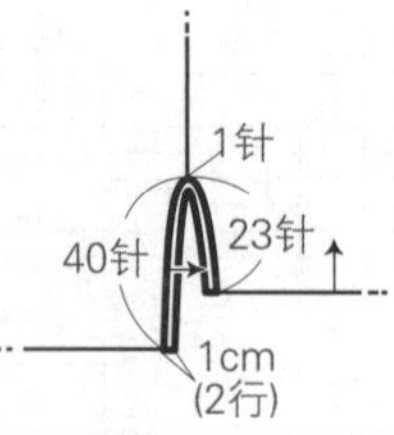

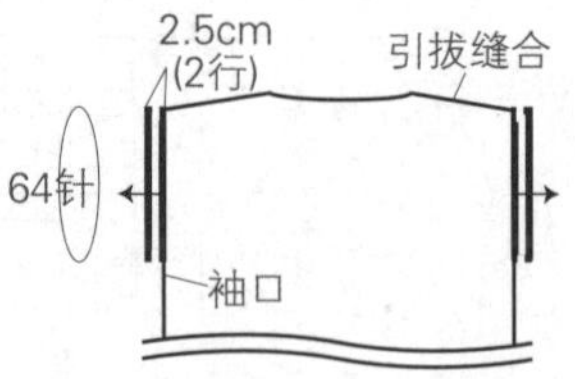

142

【成品规格】衣长58cm，胸围92cm，袖长70cm

【编织密度】3.6mm棒针：24针×40行=10cm²

3.0mm棒针：25针×38行=10cm²

【工　　具】3.0mm、3.3mm、3.6mm棒针

【材　　料】蓝色腈纶线230g，灰色腈纶线110g

【编织要点】

1.由前、后片及左右袖片组成。前片、后片、袖片均是按结构图从下往上编织。

2.各单元片织好后，合在一起往上钩衣领。

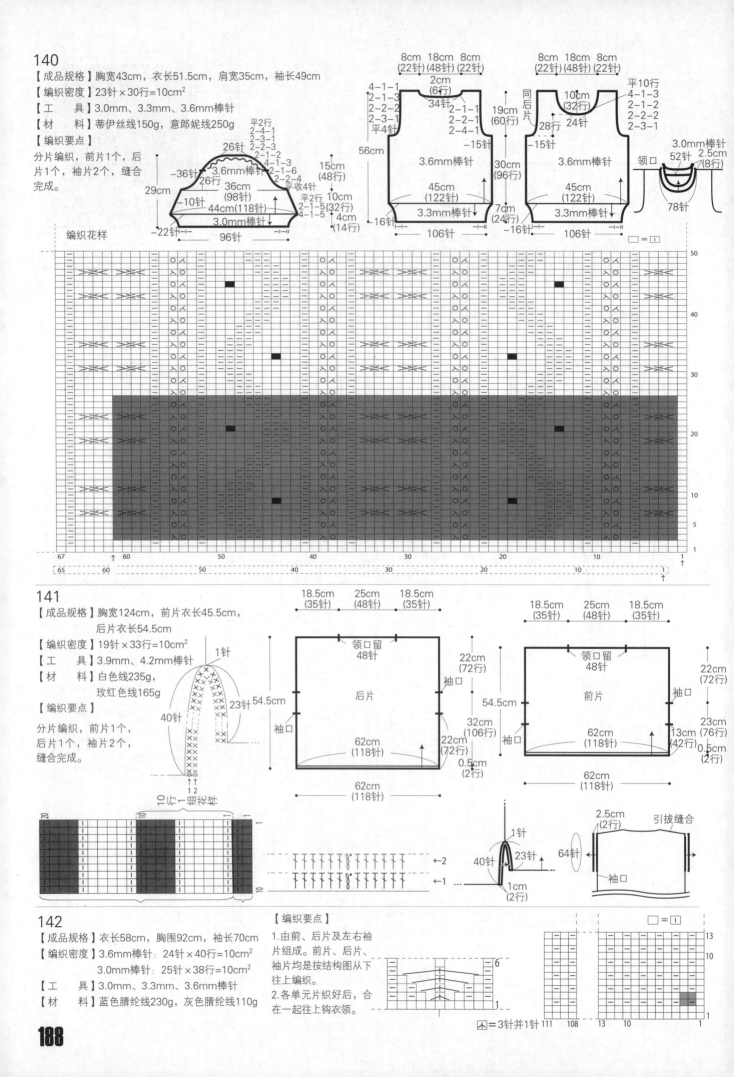

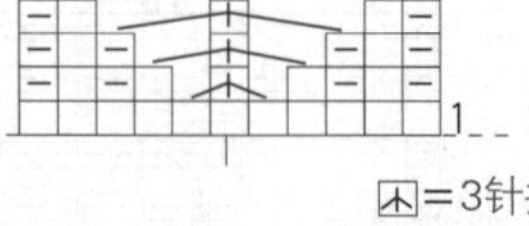

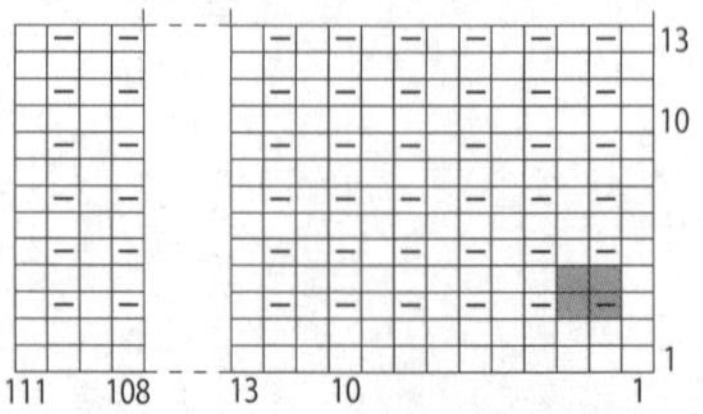

⽊=3针并1针

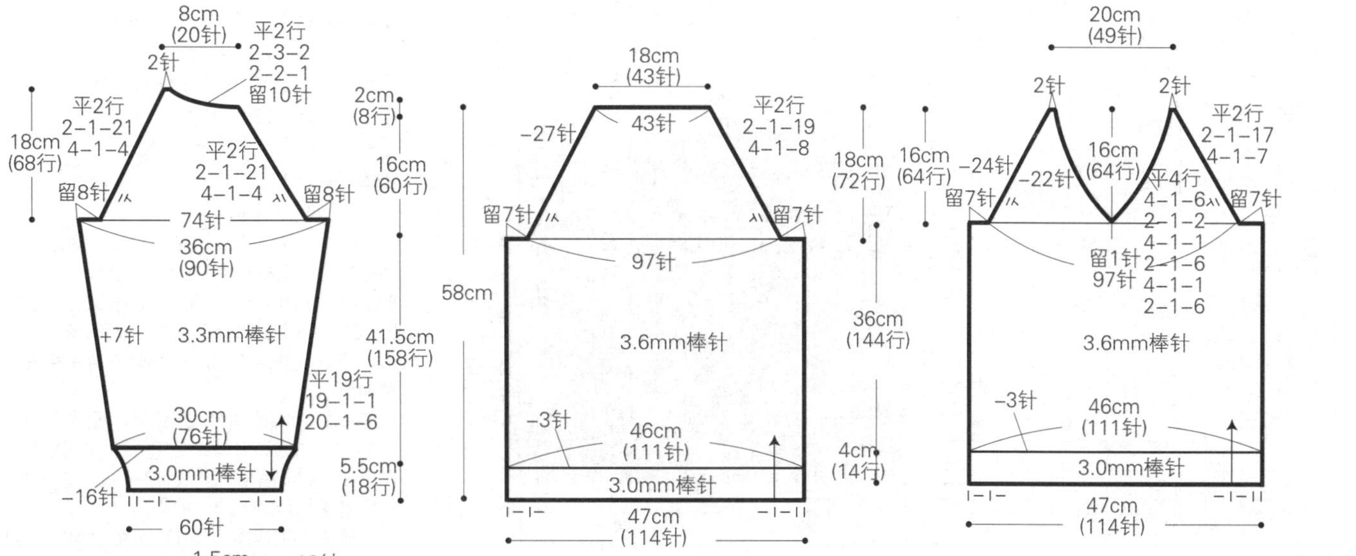

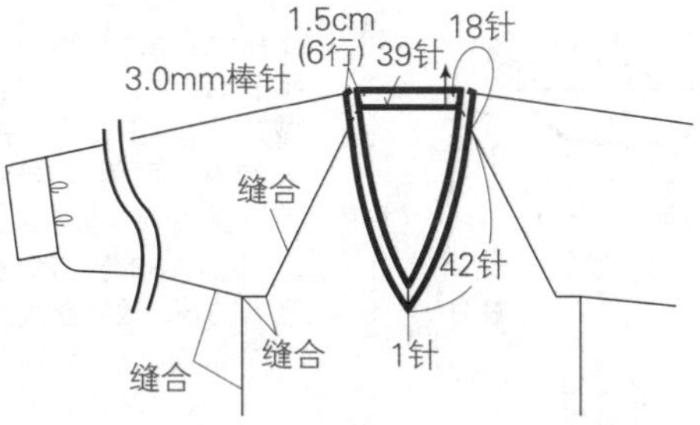

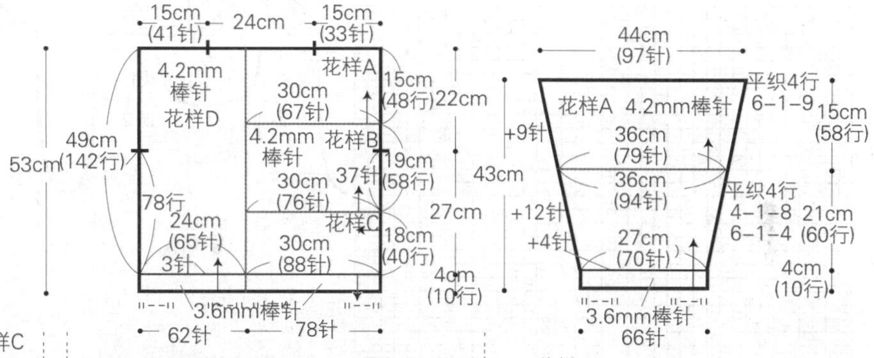

143

【成品规格】胸宽42cm，衣长50cm，袖长51.5cm

【编织密度】25.5针×30行=10cm^2

【工　　具】3.6mm、4.2mm棒针

【材　　料】米色夹花毛线650g，纽扣3颗

【编织要点】

由前、后片及左右袖片组成。前片、后片、袖片均是按结构图从下往上编织。

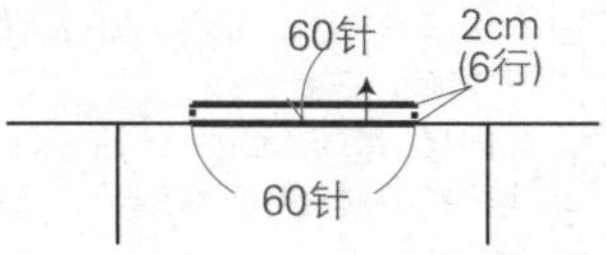

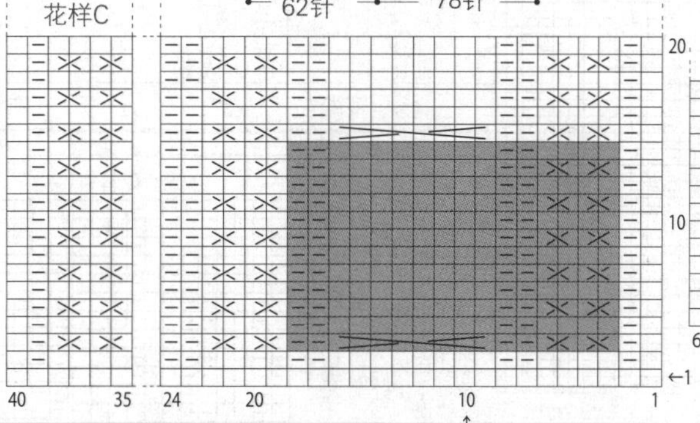

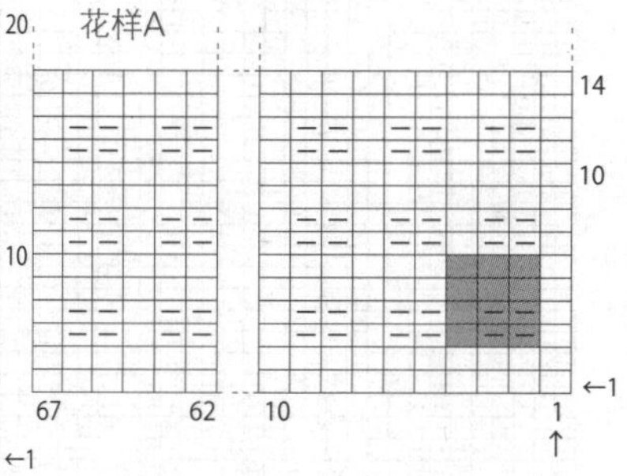

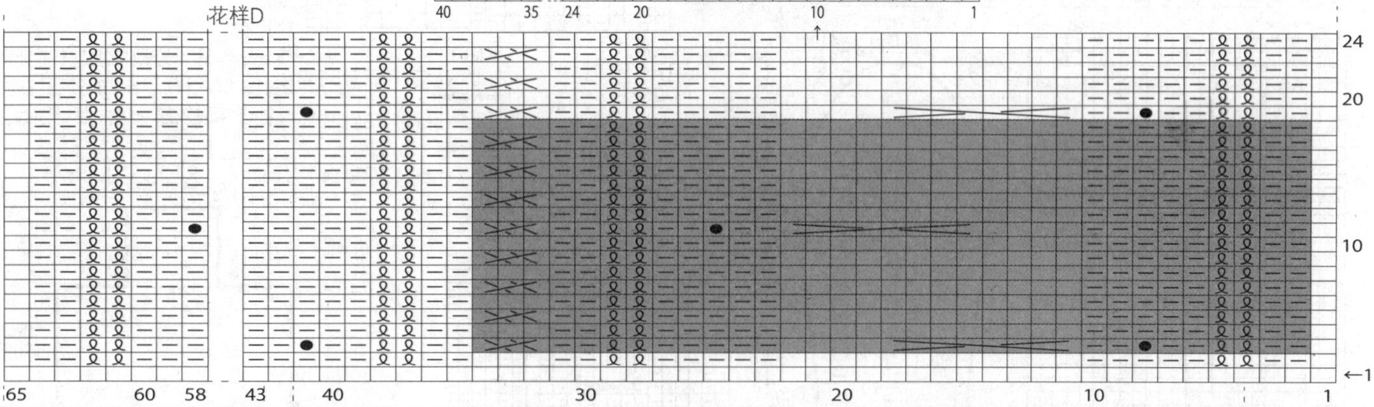

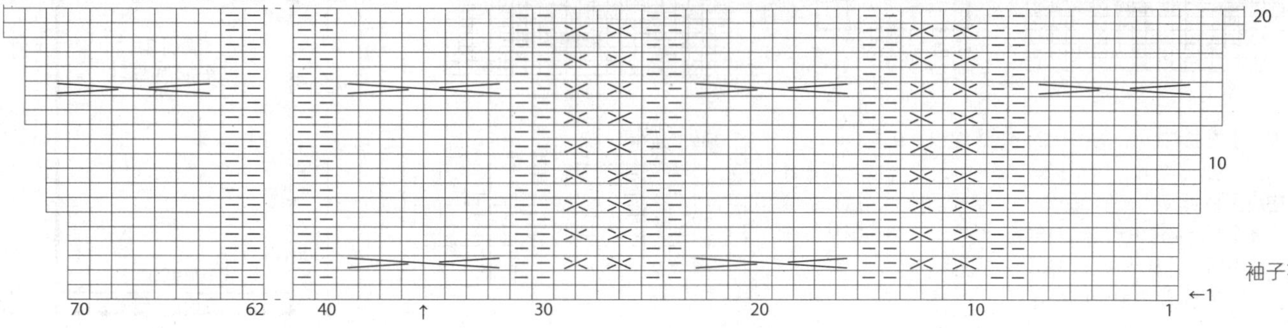

袖子花样

144

【成品规格】衣长56cm，半胸围44cm，肩宽35.5cm，袖长53cm

【编织密度】35.9针×33.6行=10cm²

【工　　具】12号棒针

【材　　料】白色羊毛线500g

【编织要点】

前片/后片制作说明：

1.棒针编织法，衣身袖窿以下一片环形编织，从袖窿起为前片和后片分别编织而成。

2.起织。起316针，织花样A，织20行后改为花样B、C、D、E组合编织，如结构图所示，织至124行，将织片按结构图所示均分成前片和后片，分别编织。

3.先织后片，织花样B，起织时，两侧按平收4针、2-1-11的方法减针，织至185行，中间平收38针，两侧减针织成后领，方法为2-1-2，织至188行，两肩部各余下43针。

4.织前片，花样B、C、D、E组合编织，如结构图所示，起织时，两侧按平收4针、2-1-11的方法减针，织至163行，中间平收22针，两侧减针织成前领，方法为2-2-1、2-1-8，织至188行，两肩部各余下43针，收针断线。

5.前片与后片肩缝对应缝合。

袖片制作说明：

1.棒针编织法，从袖口往上编织。

2.起织，起68针，织花样A，织20行后，改为花样B、D间隔编织，如结构图所示，一边织一边两侧加针，方法为8-1-14，织至134行，两侧减针编织袖山，方法为平收4针，2-1-22，织至178行，织片余下44针，收针断线。

3.同样的方法编织另一袖片。

4.将袖山对应袖窿线缝合，再将袖底缝合。

领片制作说明：

棒针编织法，沿领口挑起128针环形编织，织花样A，织28行后，向内与起针合并成双层衣领。收针断线。

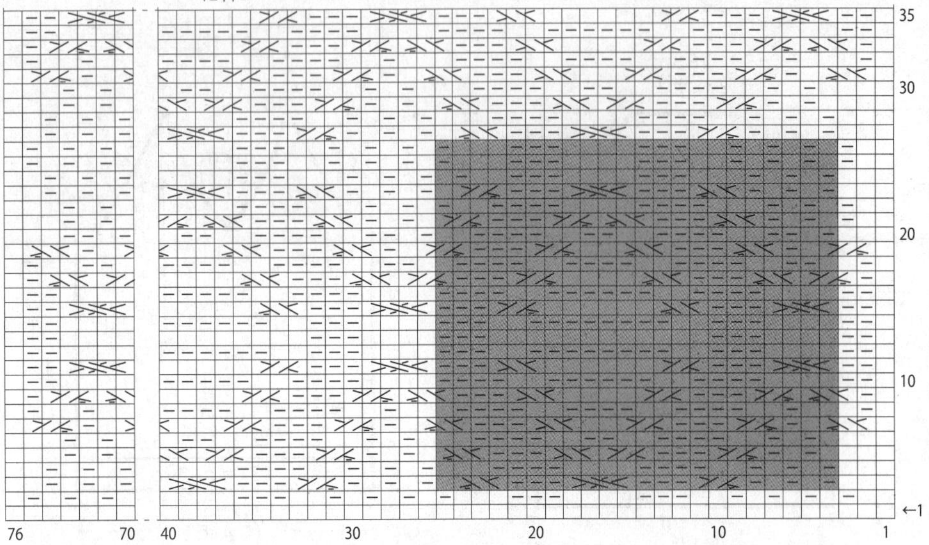

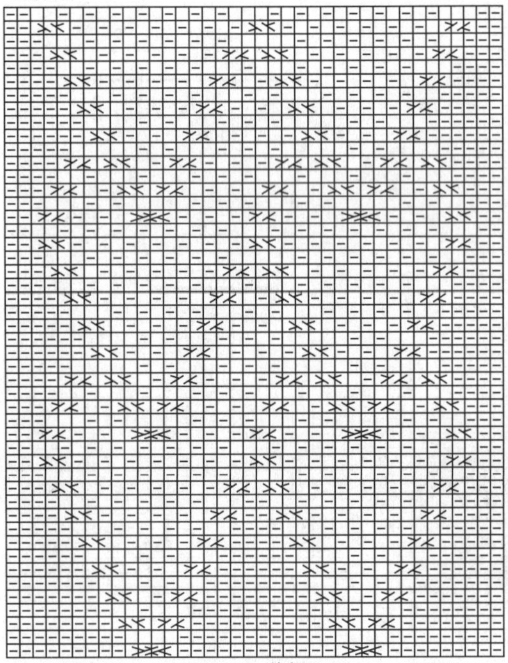

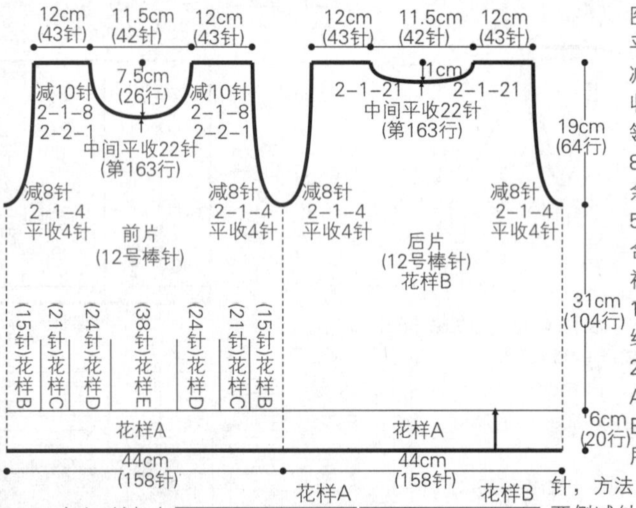

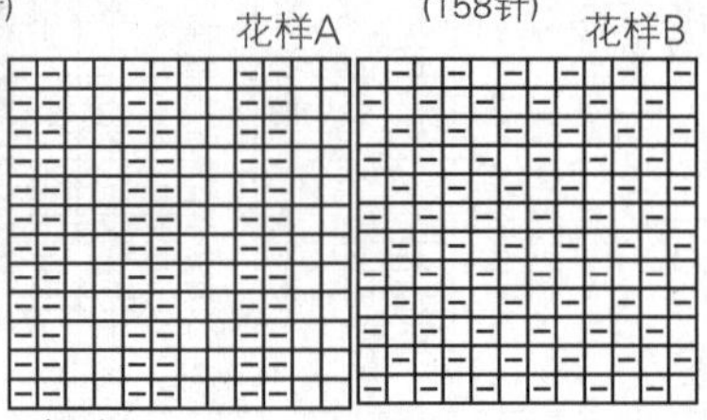

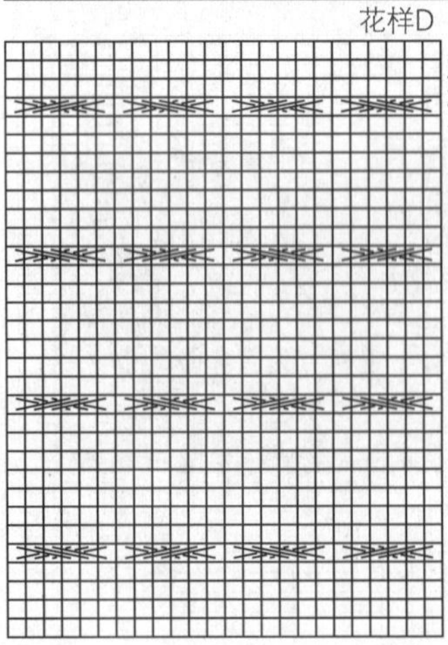

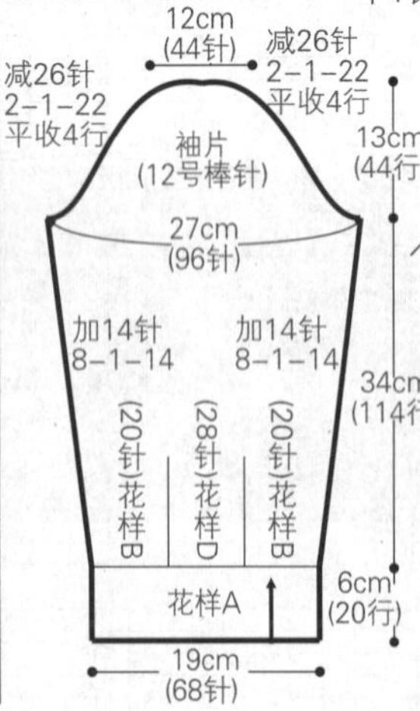

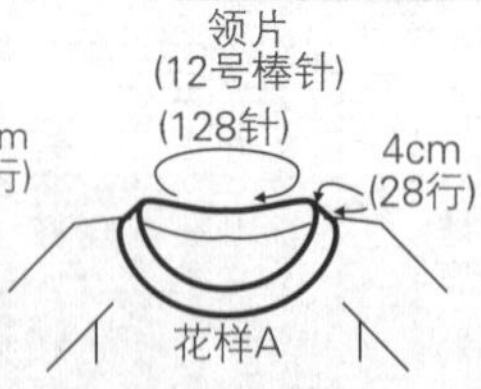

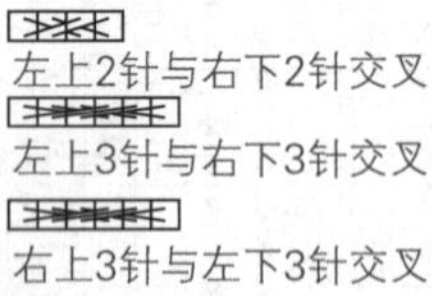

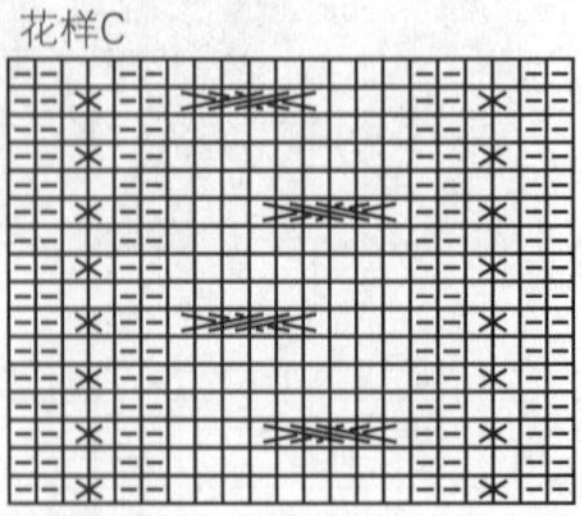

145

【成品规格】衣长73cm，胸围102cm，袖长46cm

【编织密度】11针×15行=10cm²

【工　　具】4.5mm、6.6mm号棒针

【材　　料】粉色棉绒线中细160g，粉色棉绒线中粗465g

【编织要点】

由前、后片及左右袖片组成。前片、后片、袖片均是按结构图从下往上编织。

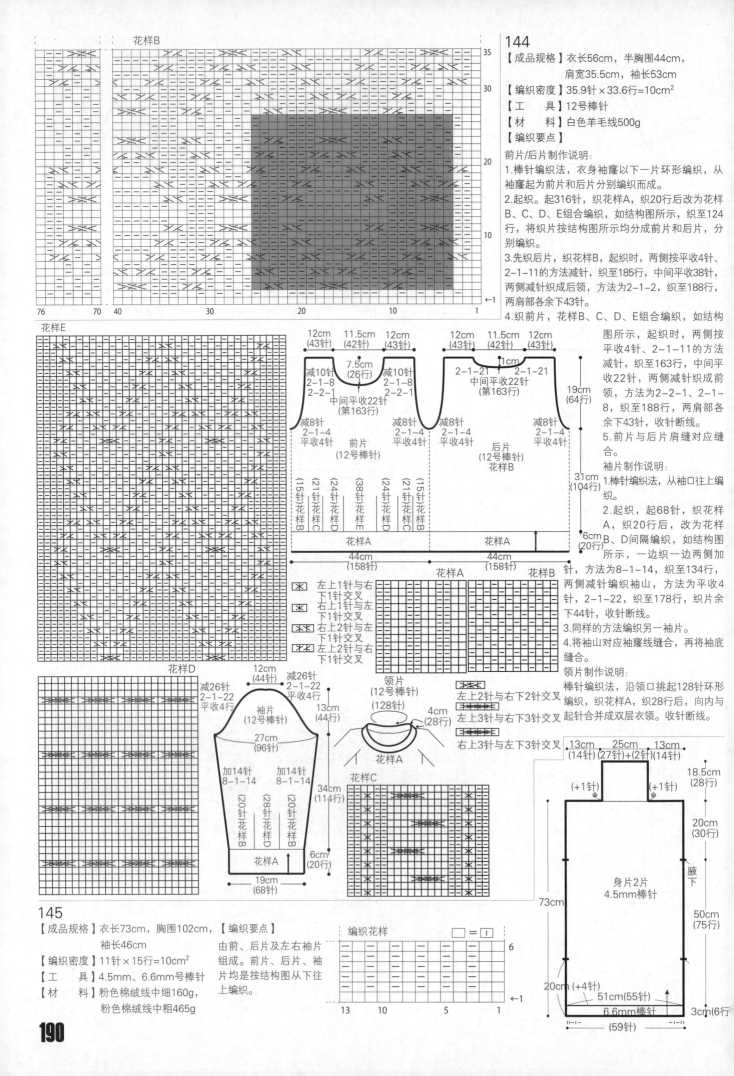

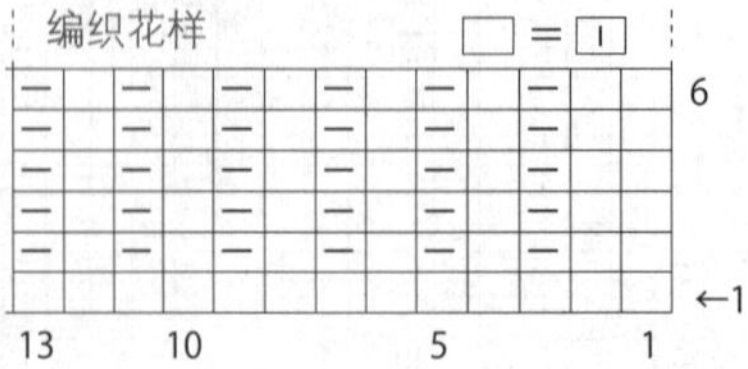

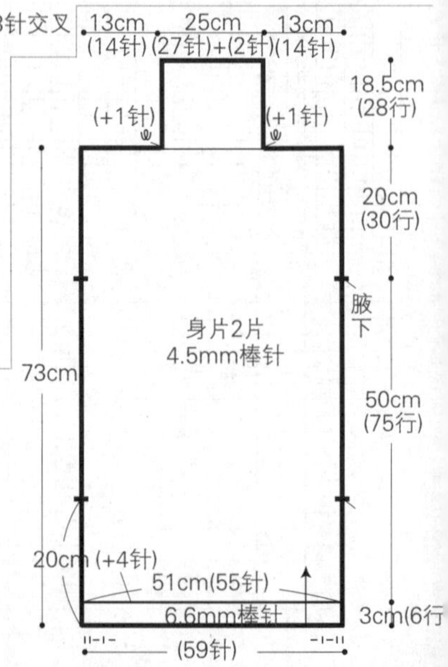

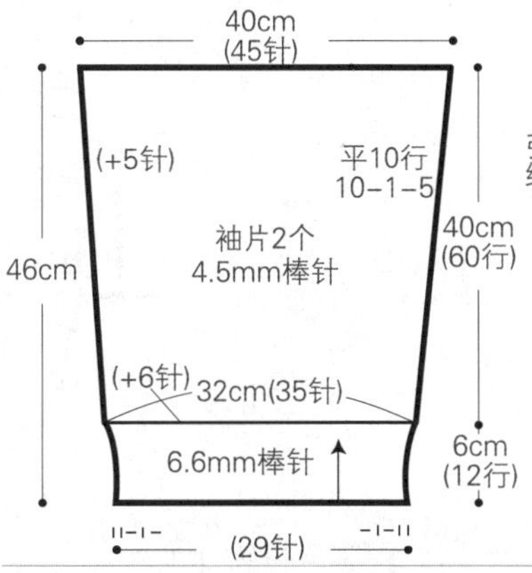

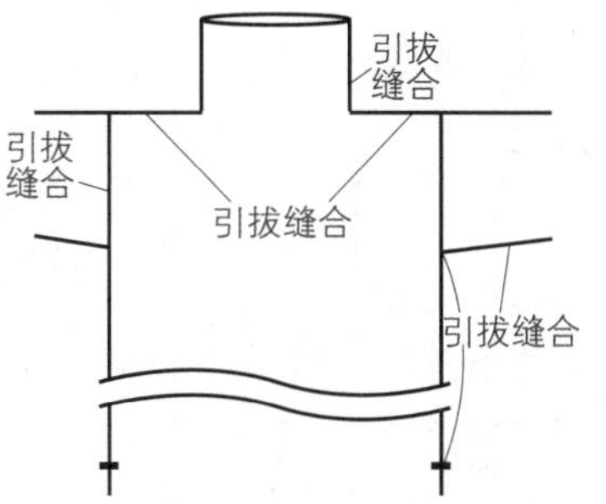

146

【成品规格】衣长58cm，胸围92cm，袖长70cm

【编织密度】3.6mm：24针×40行=10cm^2

3.0mm：25针×38行=10cm^2

【工　　具】3.0mm、3.3mm、3.6mm棒针

【材　　料】蓝色腈纶线230g，灰色腈纶线110g

【编织要点】

1.由前、后片及左右袖片组成。前片、后片、袖片均是按结构图从下往上编织。

2.各单元片织好后，合在一起往上钩衣领。

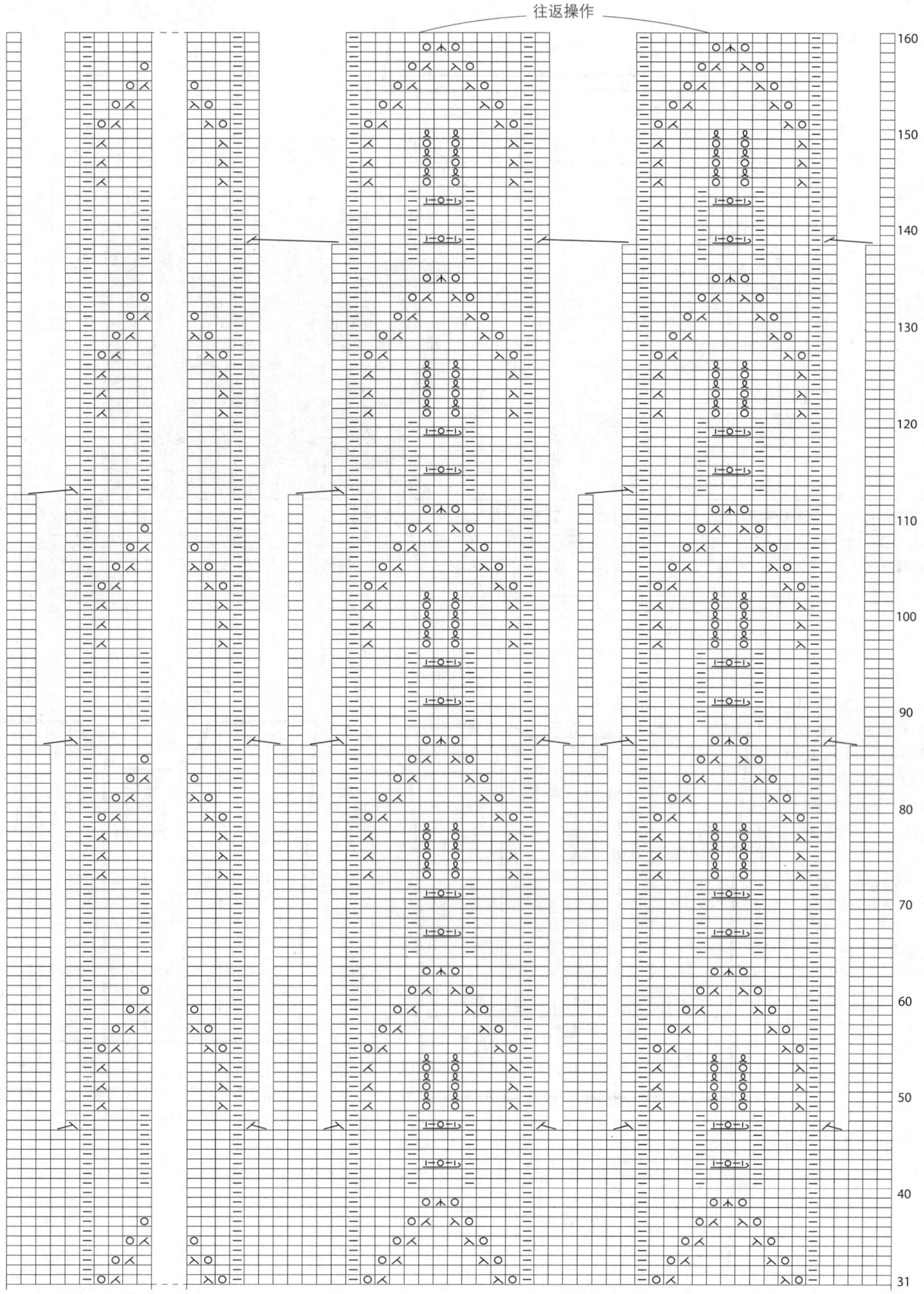

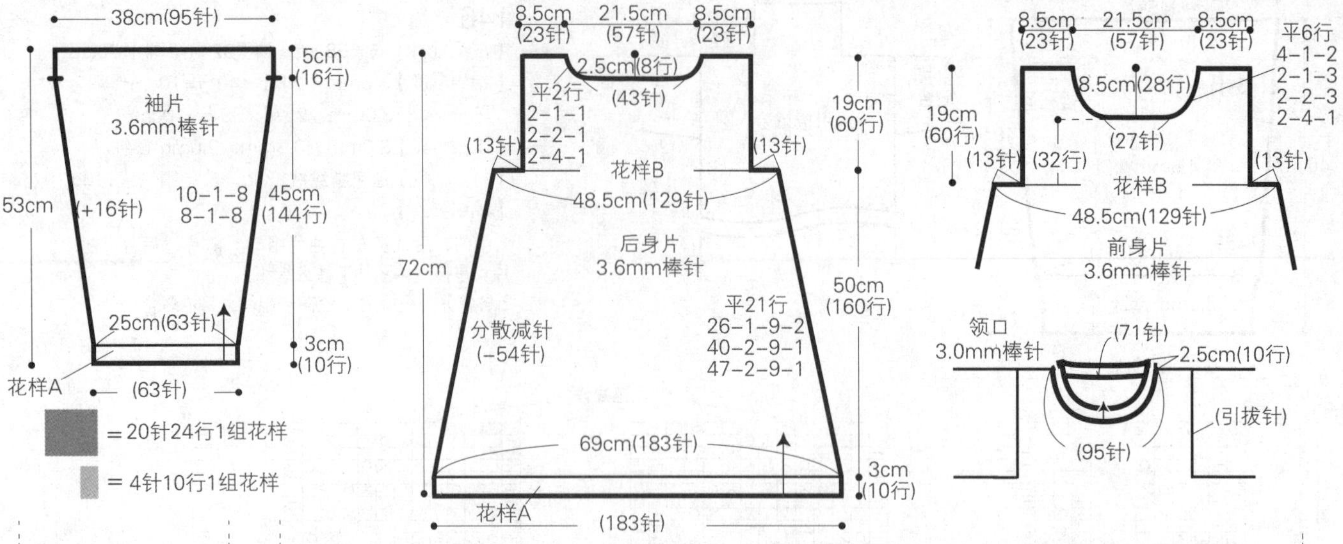

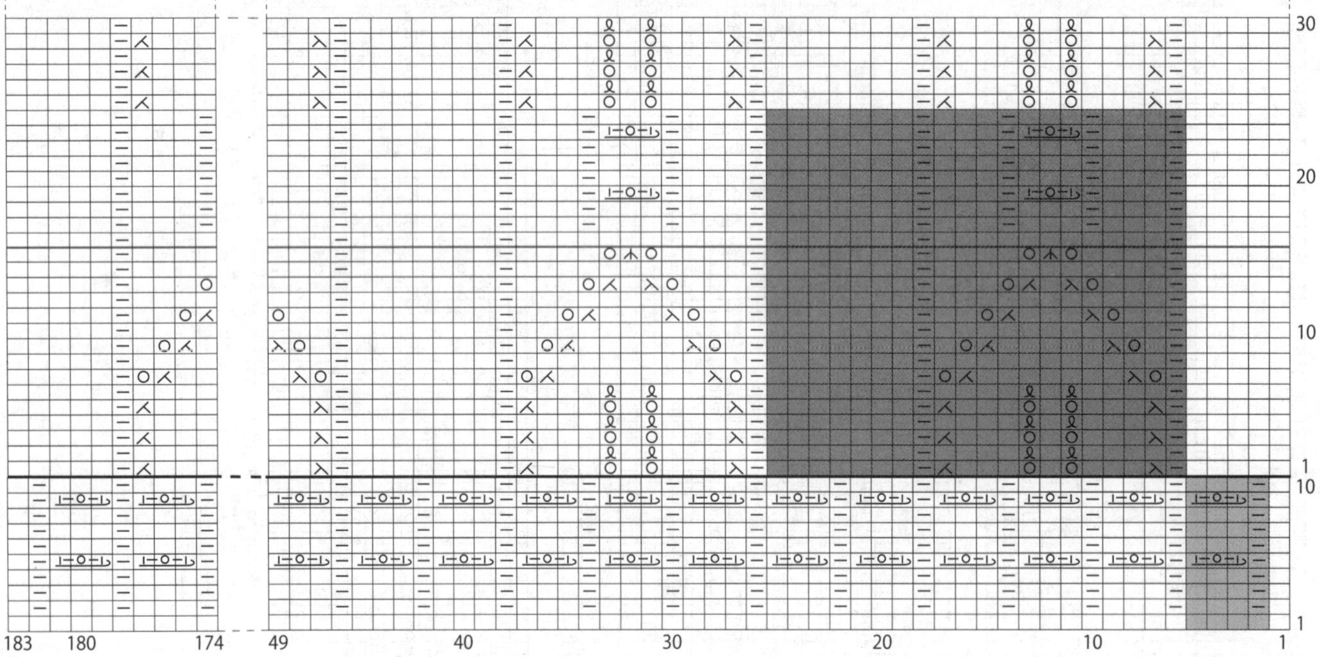

147

【成品规格】衣长70cm，肩宽60cm

【编织密度】花样A:22针×30行=10cm²

花样B:26针×30行=10cm²

花样C:20.5针×30行=10cm²

【工　具】3.6mm、4.2mm棒针

【材　料】粉色棉绒线中细500g

【编织要点】

由前、后片及左右袖片组成。前片、后片、袖片均是按结构图从下往上编织。

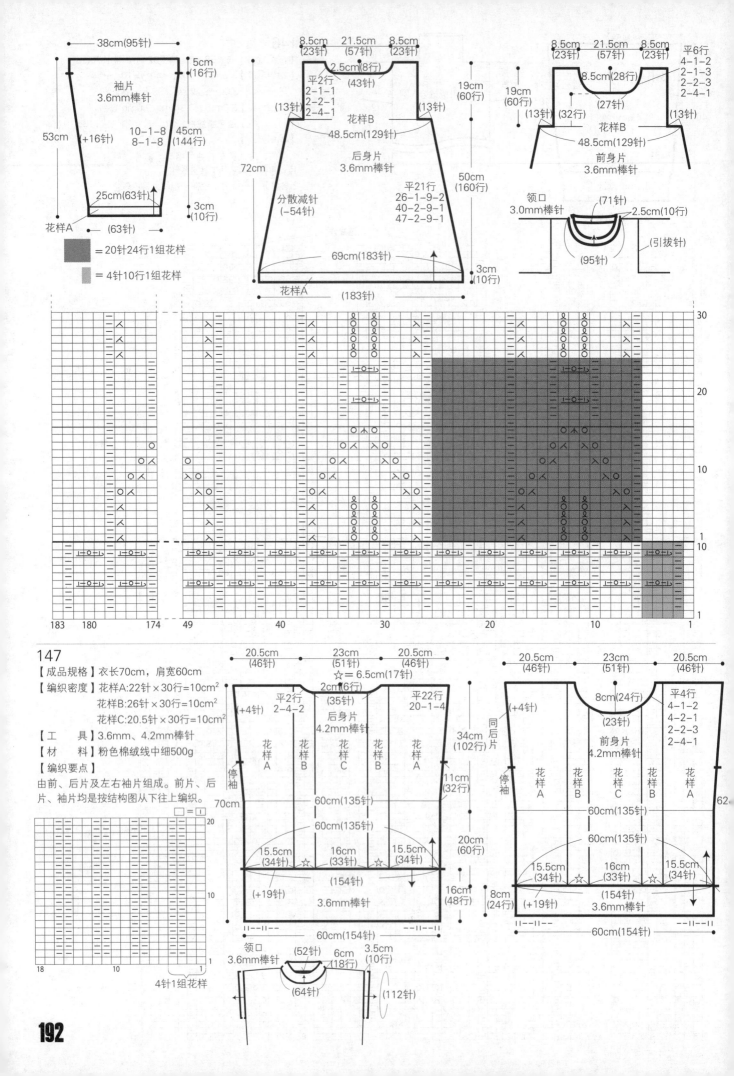

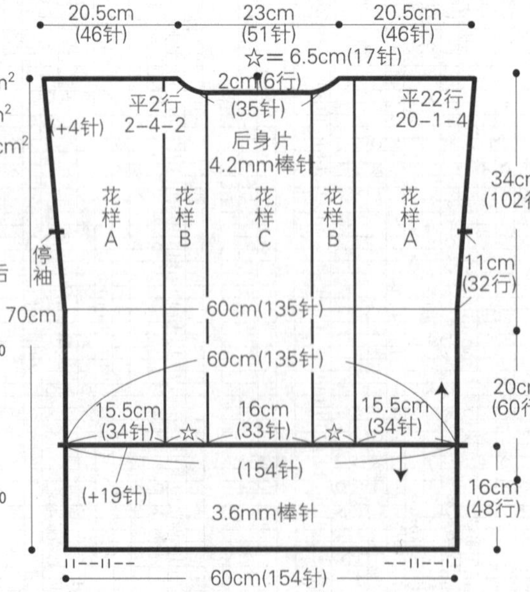

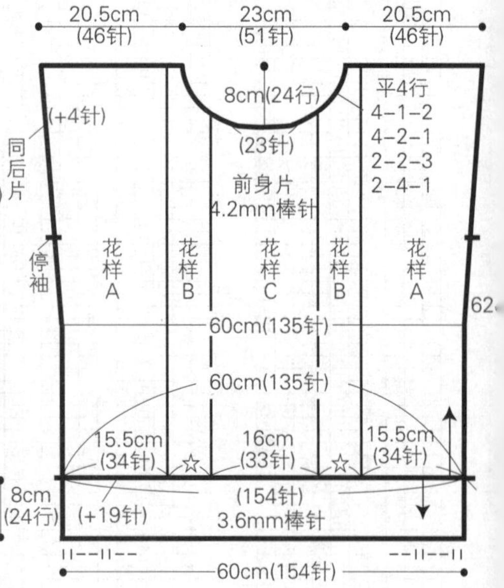

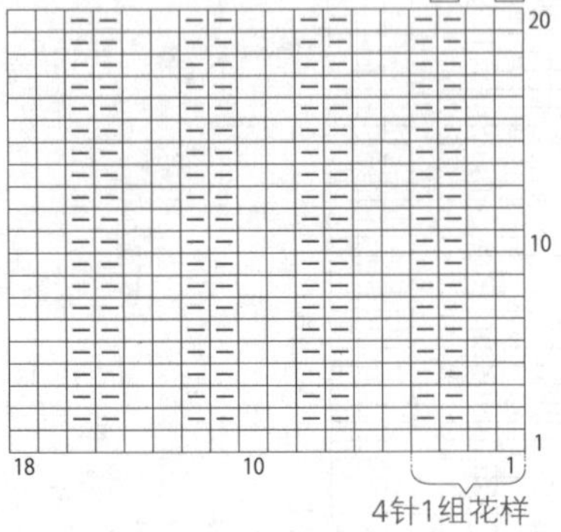

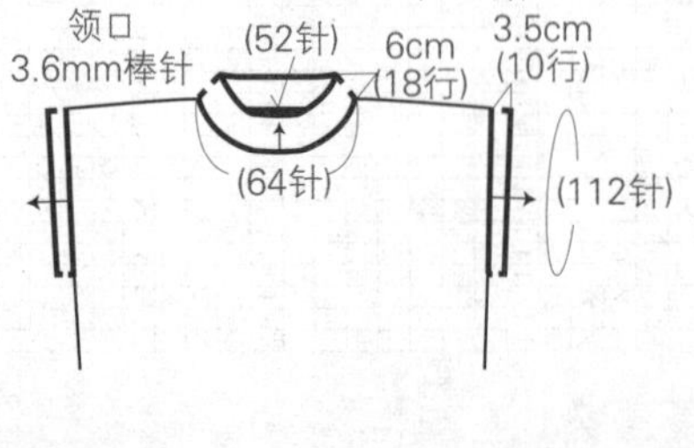

右上1针和2针交叉

9针20行1组花样

2针2行1组花样

17针6行1组花样

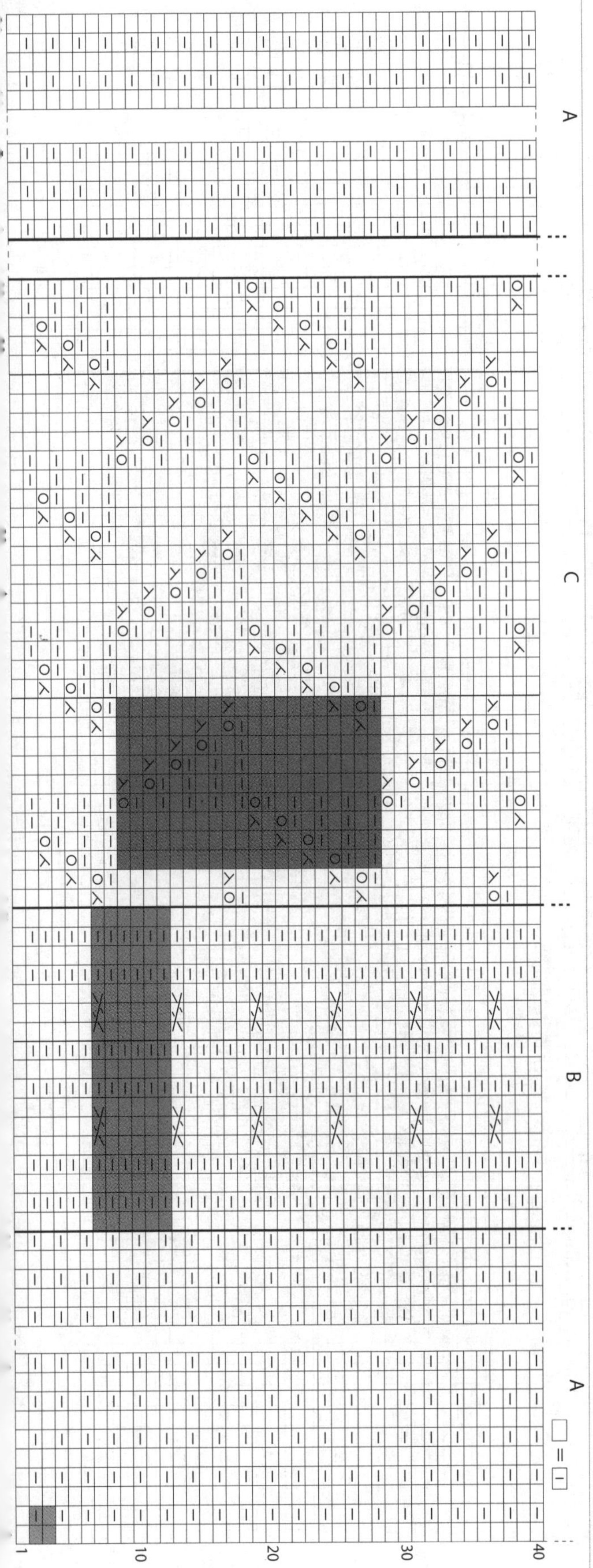

148

【成品规格】衣长83cm，肩宽38cm，胸围96cm，袖长53cm

【编织密度】花样A(4.8mm棒针):19针×25行=10cm²

花样B(4.8mm棒针):22针×25行=10cm²

花样A(4.5mm棒针):20针×26行=10cm²

花样B(4.5mm棒针):24.5针×26行=10cm²

4.2mm棒针:22.5针×27.5行=10cm²

【工　　具】3.9mm、4.2mm、4.5mm、4.8mm棒针

【材　　料】咖啡色中粗线600g

【编织要点】

由前、后片及左右袖片组成。前片、后片、袖片均是按结构图从下往上编织。

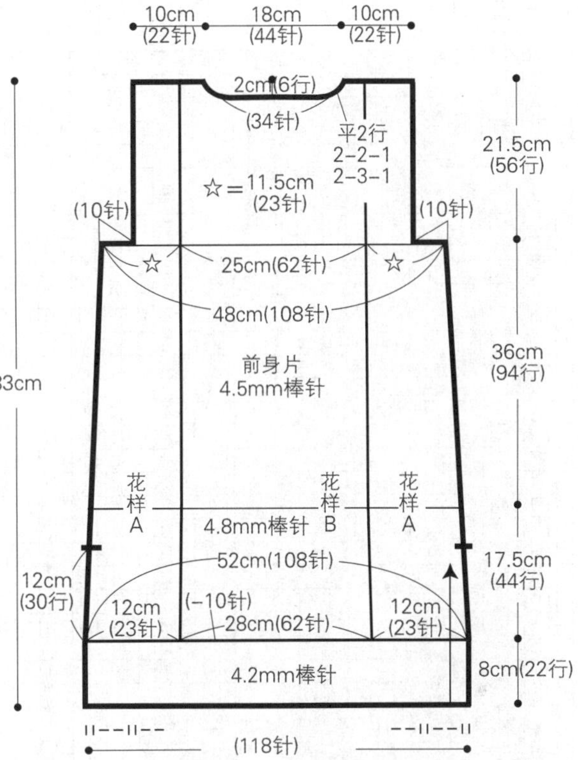

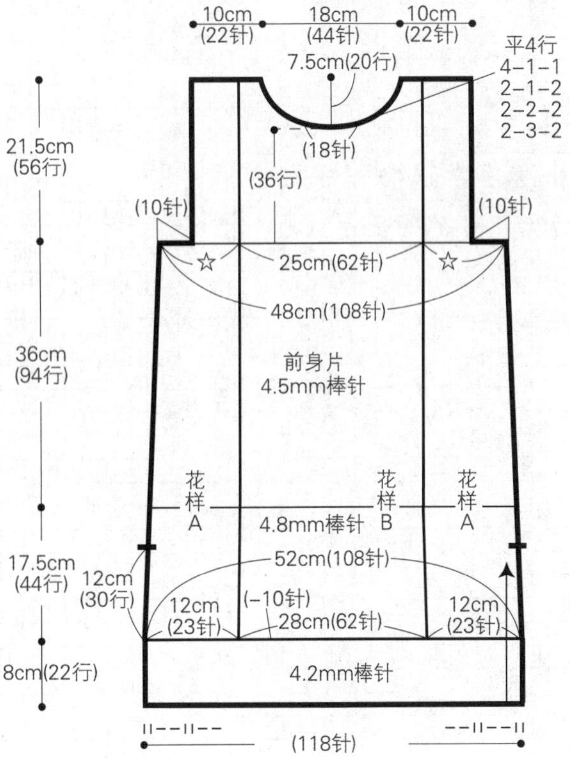

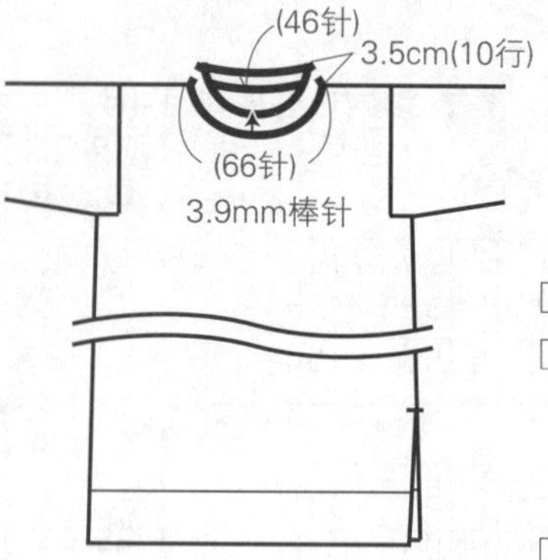

= 左上1针交叉

= 右上2针与左下1针交叉

= 左上2针与右下1针交叉

= 左上2针交叉

= 左上3针交叉

= 右上3针交叉

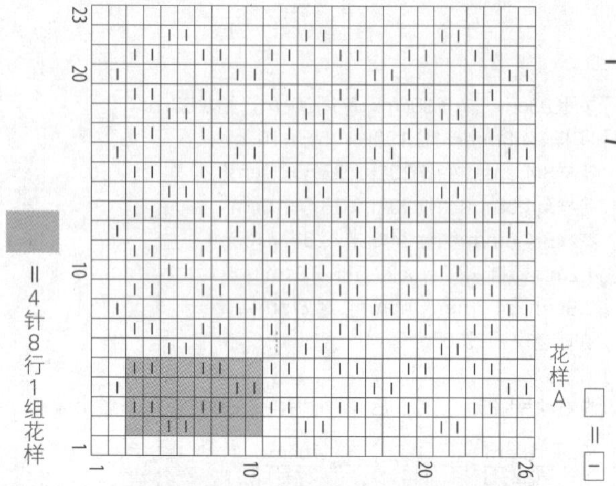

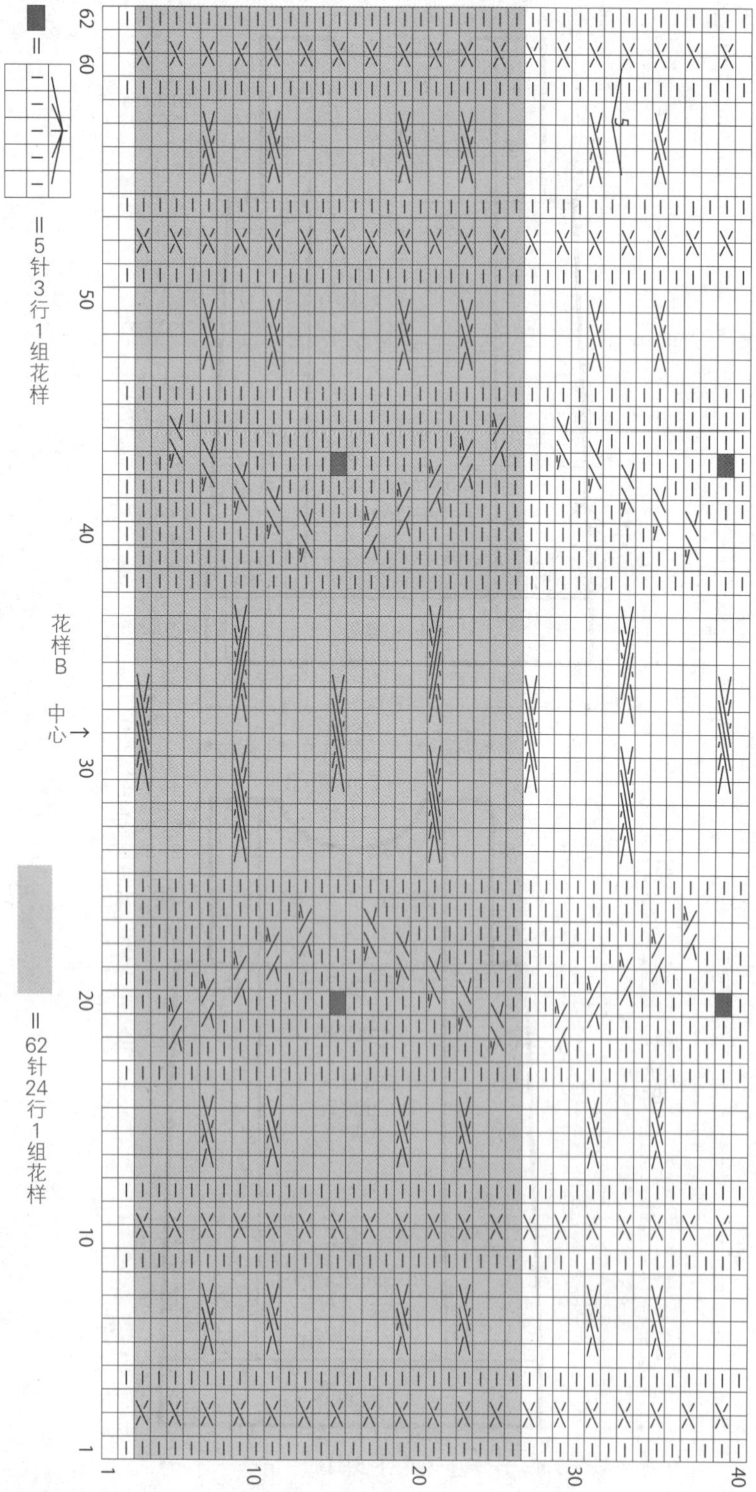

袖片
4.5mm棒针

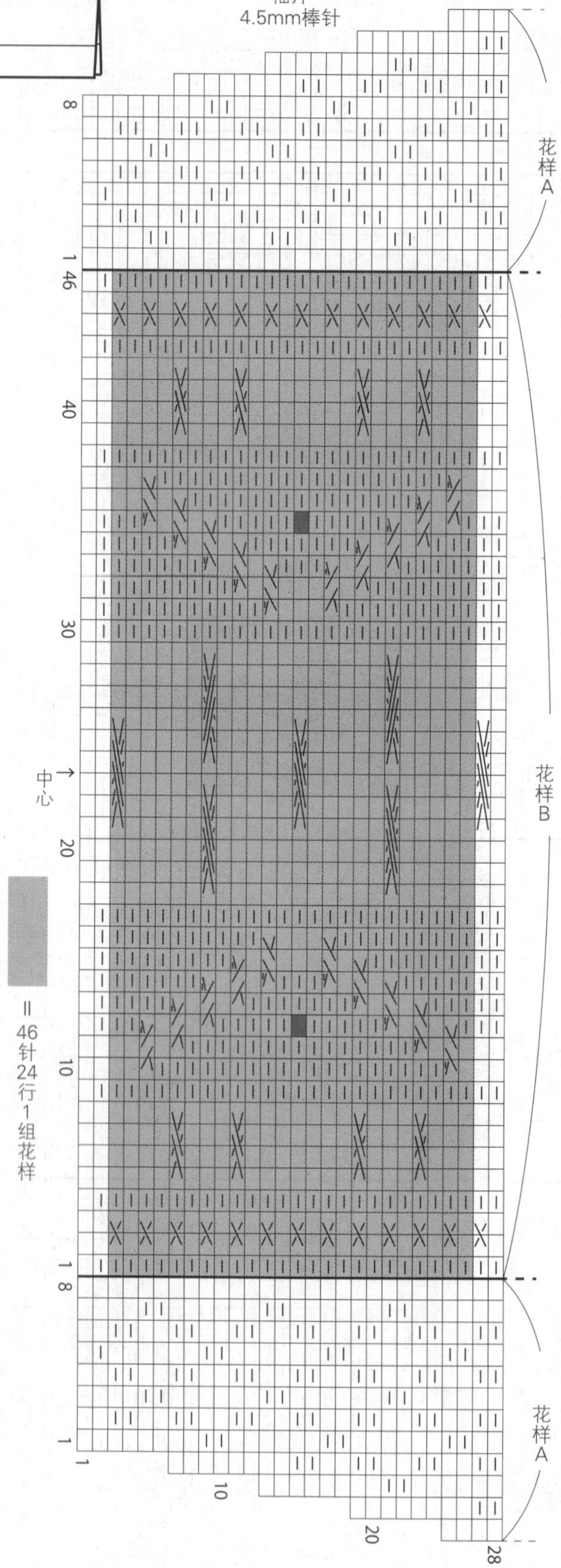

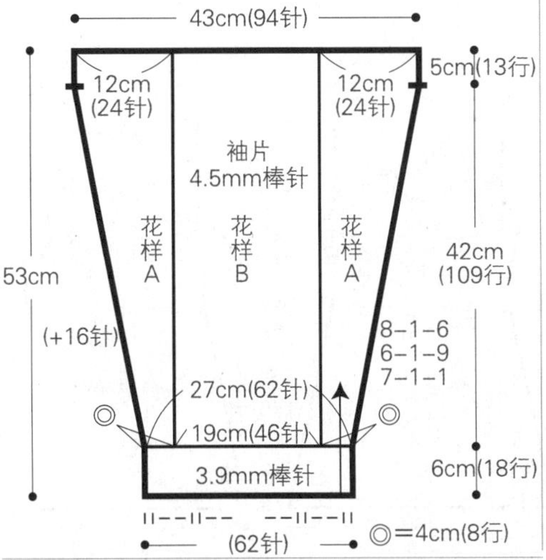

149

【成品规格】衣长80cm，胸围82cm

【编织密度】15针×15行=10cm²

【工　　具】3.9mm棒针，3.5mm钩针

【材　　料】羊毛线650g

【编织要点】

1.后片：起69针织双罗纹22行后，织组合花样，中心织棱形花，两侧对称布花，织16行两侧开始各收掉半个棱形花7针，再平织24行，两侧各收7针，平织20行织引退针收肩，每2行收4针收3次，后领针平收。

2.前片：基本同后片，前片织至64行后开始织前胸，分3片织，中心15针，每2行各收2针收3次，2行收2针收1次，平织2行；两侧每2行收1针收4次；减针的最高点平行；肩带按图解加出半朵花，形成一朵完整的花，一直平织上去，然后与后片缝合。

3.用钩针钩花补齐胸部，领口和袖口钩一行短针，再钩一行逆短针边，完成。

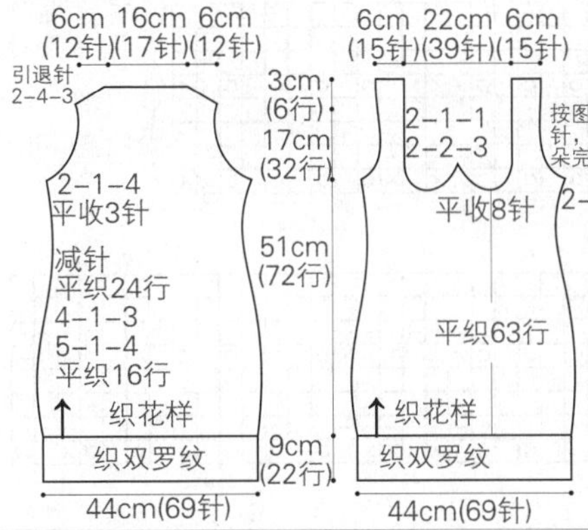

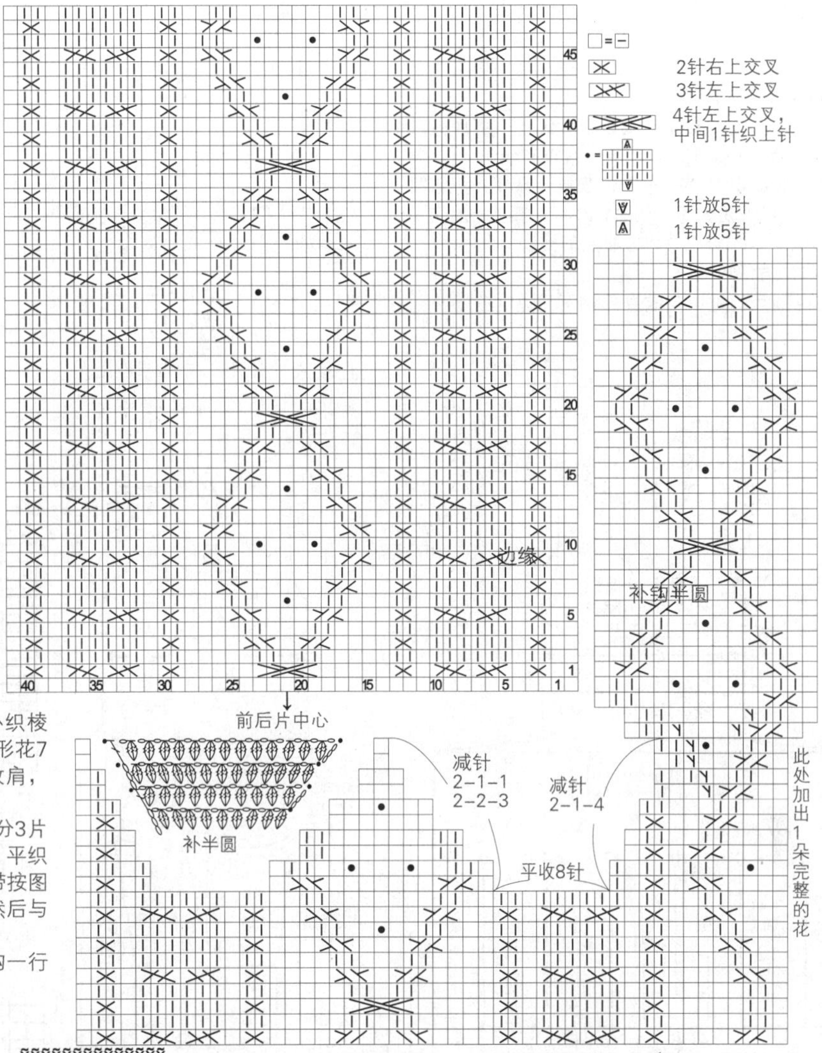

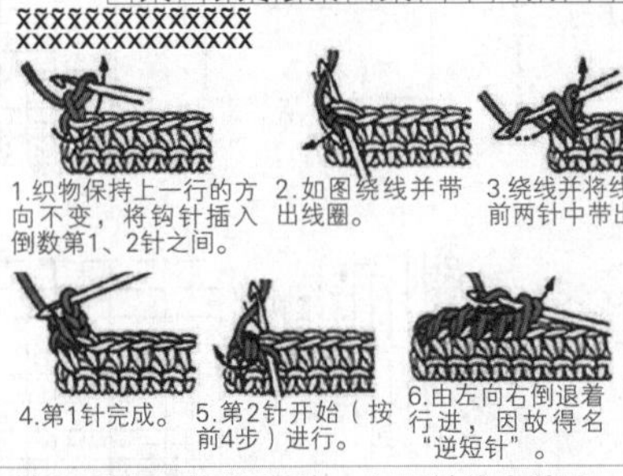

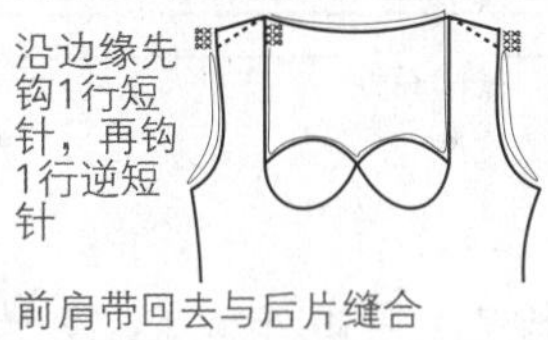

150

【成品规格】衣长74cm，胸围82cm，袖长58cm

【编织密度】22针×17行=10cm²

【工　　具】4.2mm棒针

【材　　料】驼绒线1150g

【编织要点】

前片/后片制作说明：

1. 先织裙子。从裙摆起往上织，起182针（82cm）不加减针圈织，织花样A，每14针16行1个花样，共织13个花样。

2. 第17行开始编织花样B1和B2，花样B1每3针76行1个花样，花样B2每3针116行1个花样，花样B1和B2交替编织，中间间隔11针的下针，编织完1个花样后，开始全下针编织，共织至57cm时，每2针并1针继续编织全下针，再编织8行收针断线。

3. 编织腰带。腰带为横向编织，起29针，编织方法如花样C，每29针24行1个花样，编织11个花样，共264行，与起织处对应缝合，再将腰带与裙摆缝合。

4. 编织上身片。上身片分前片和后片，分别编织，先编织后片，起织88针，全下针往上编织，织17cm后，开始袖窿减针，方法顺序为1-3-1、2-2-2、2-1-2，后片的袖窿减少针数为9针。减针后，不加减针往上编织至20cm的高度后，开始后领口减针，衣领侧减针方法为1-13-1、2-2-2、2-1-1，最后两侧的针数余下17针，收针断线。

5. 前身片的编织方法与后身片相同，袖窿减针方法与后身片相同，织到17cm的高度后，开始前领口减针，衣领侧减针方法为2-4-1、2-2-4、2-1-6，最后两侧的针数余下17针，收针断线。

6. 前身片完成后，将前身片的侧缝与后身片的侧缝对应缝合，再将两肩部对应缝合。

7. 衣身缝合后，挑织衣领，挑出来的针数要比衣领原边的针数稍多些，编织双罗纹针，共编织22cm后，收针断线。

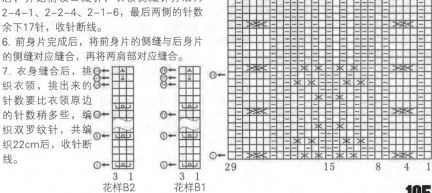

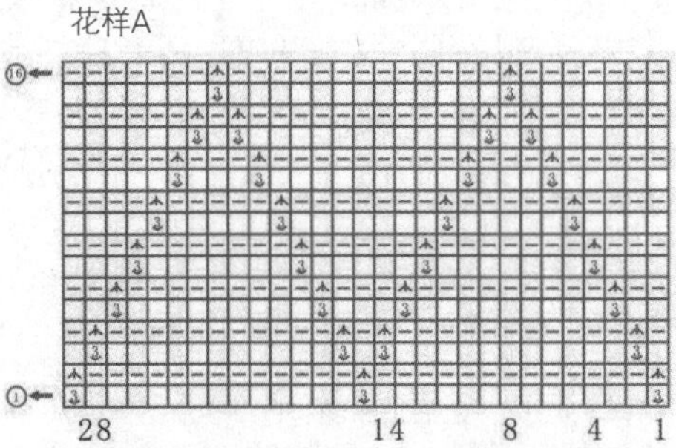

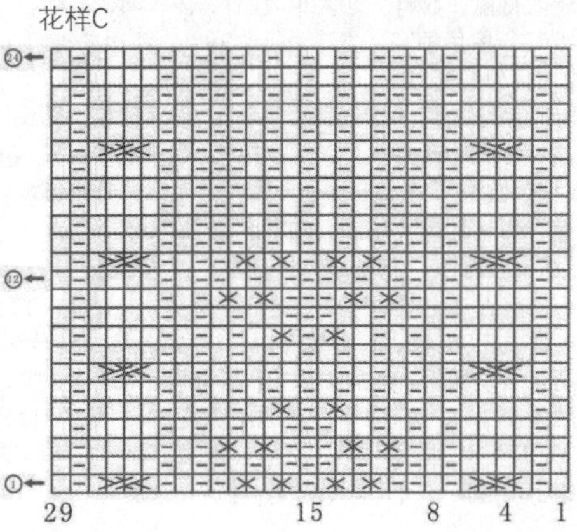

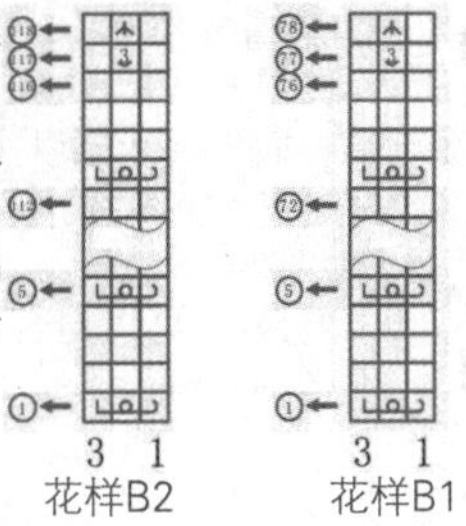

袖片制作说明：
1. 两片袖片分别单独编织。
2. 从袖口起织，起80针编织双罗纹针，不加减针编织26cm后，开始全下针编织，编织21cm。
3. 袖山的编织：从第一行起要减针编织，两侧同时减针，减针方法如图，依次1-6-1、2-2-12、2-3-1，最后余下14针，直接收针后断线。
4. 同样的方法再编织另一袖片。
5. 将两片袖片的袖山与衣身的袖窿线边对应缝合，再缝合袖片的侧缝。

上针
下针
中上3针并1针
1针编出3针的加针
铜钱花
交叉，左边1针在上
交叉，右边1针在上
2针交叉，右边2针在上
2针交叉，右边2针在上

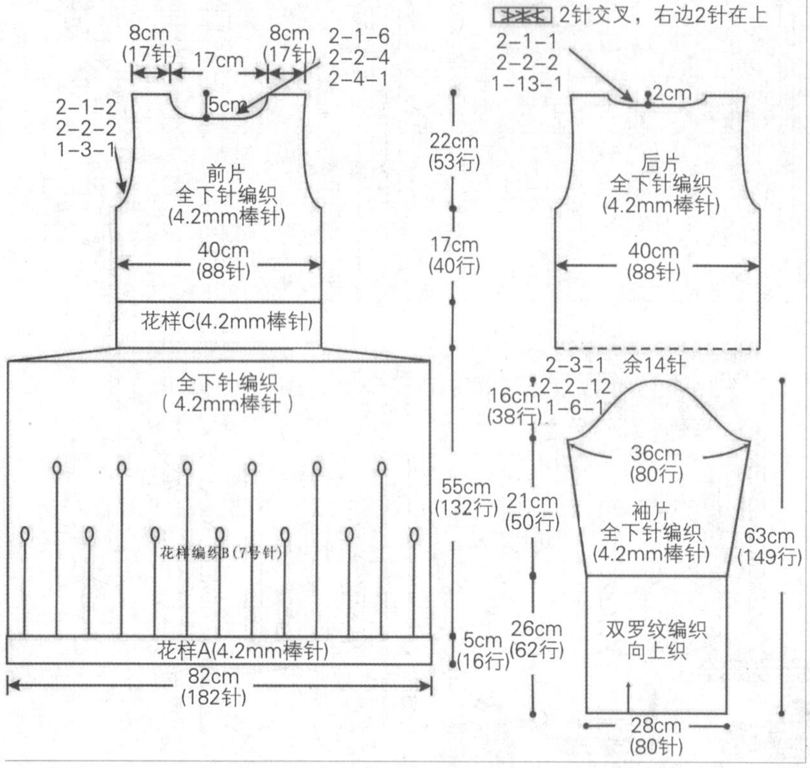

151

【成品规格】裙长87cm，胸围76cm，袖长57cm

【编织密度】28针×33行=10cm²

【工　　具】11号棒针，3mm钩针

【材　　料】羊毛线1000g

【编织要点】

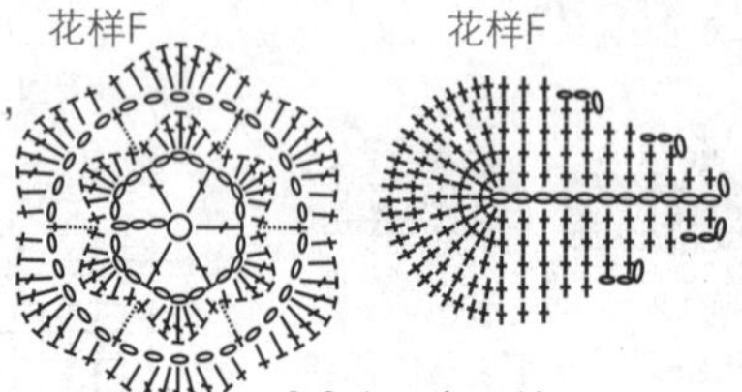

1.裙子从下向上编织，由后片和前片及两个袖片组成。

2.后片起204针编织花样C 10行，然后按编织图编织花样B，逐层减针，a组编织6层，b组编织5层，c组编织5层，织146行至腰身收至108针，在腰间编织花样B 40行，之后编织花样D，不加减针织26行开始收袖窿，收针方法为平收4针，2-1-4，4-1-1，织62行留后领窝，方法为平收38针，两边各减2-2-2，肩部各留22针。

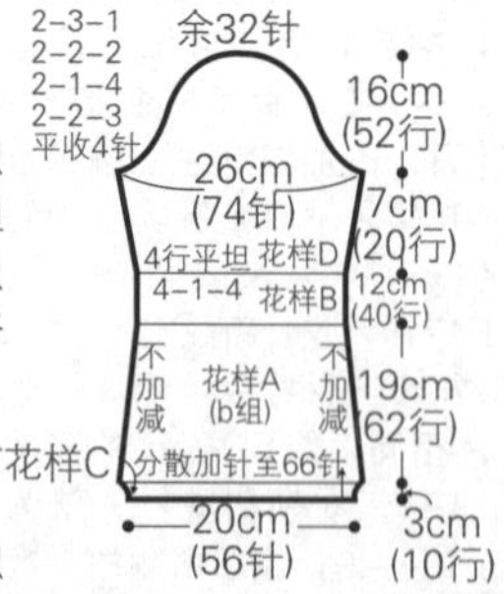

3.前片起204针编织花样C 10行，然后按编织图编织花样B，逐层减针，a组编织6层，b组编织5层，c组编织5层，织146行至腰身收至108针，在腰间编织花样B40行，之后编织花样D不加减针织26行开始收袖窿，方法和后片相同，织36行收前领窝，针数分为两半减成V领，方法为1-1-18，2-1-5，2行平坦，织到与后片相同的行数，两边肩部各留22针。

4.将前后片肩部相对进行缝合，侧缝也相对进行缝合。

5.袖子起56针编织花样C 10行，然后分散加针至66针，编织花样A的b组花样62行，不加减针，之后编织花样B 40行，编织花样D，同时在袖子的侧缝加针，方法为4-1-4，4行平坦，织20行加至74针，开始收袖山，方法为平收4针，2-2-3，2-1-4，2-2-2，2-3-1，余32针收针。将袖子侧缝处缝合，与衣身缝合。

6.在领圈挑针用花样E钩边，并钩花朵及树叶缝合在领左侧作为装饰。

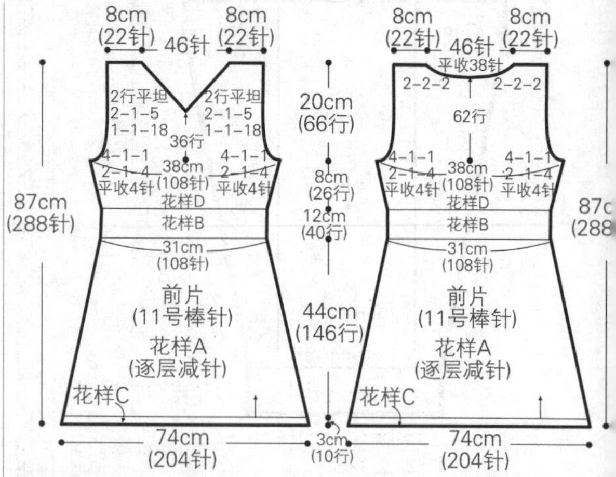

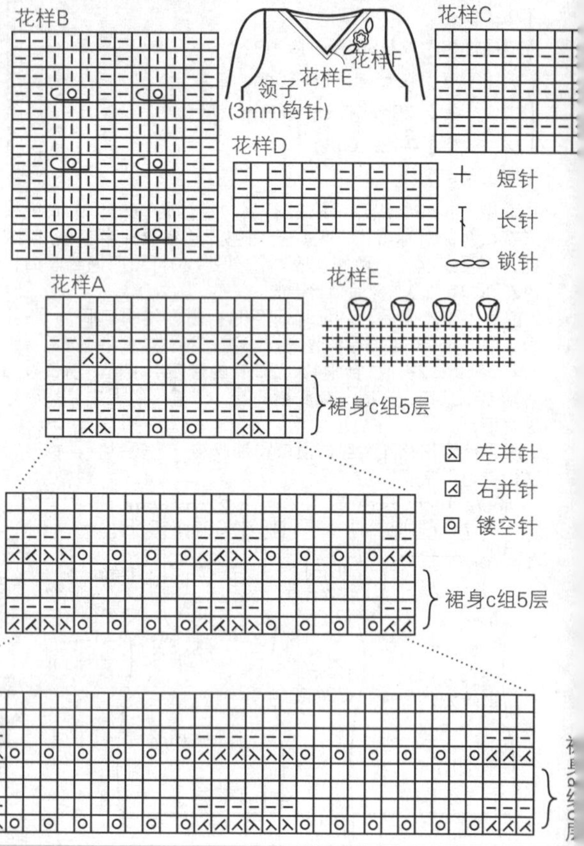

152

【成品规格】见图

【编织密度】35针×38行=10cm²

【工　　具】12号棒针

【材　　料】丝棉线玫红色100g，粉色150g，白色200g

【编织要点】

1. 先配好线，最下面3组花用玫红色4股织，然后用3股玫红色配1股粉色织1组花，再用2股玫红色、2股粉色织1组花样，再用1股玫红色、3股粉色织1组。剩下的花样全用粉色4股织。从腰部开始，织白色。

2. 起600针，每花25针共24花样，每2组花两侧各收1针，共织10组花至腰围（也可以根据自己的腰围调整针数和高度）余408针。

3. 腰线：均收148针，织单罗纹为腰线，织10cm。

4. 腰线织好后分前后片，织平针，前片为斜开V领，全部织好后，在边缘钩短针，裙摆钩花样，并在前片缝合亮片绣花装饰，完成。

□=⊟

○ 加针

⋀ 中上3针并1针

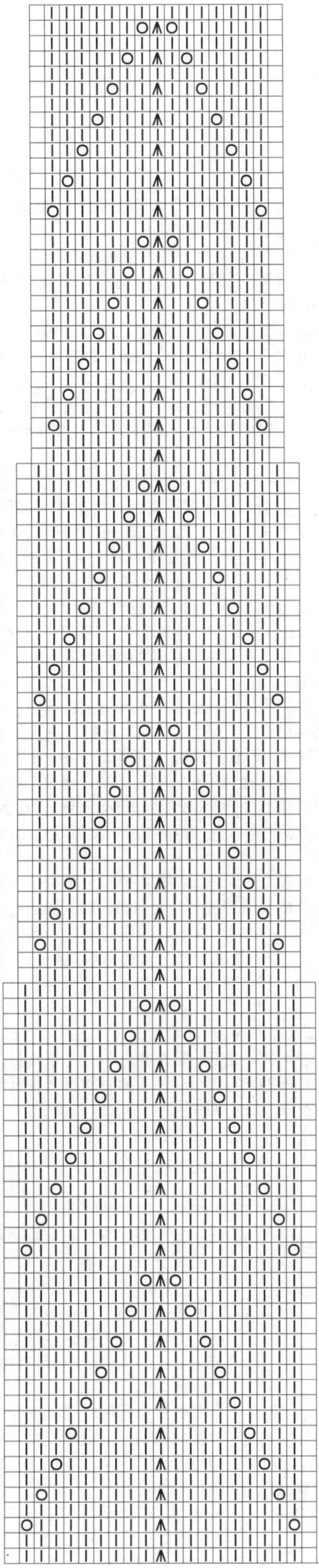

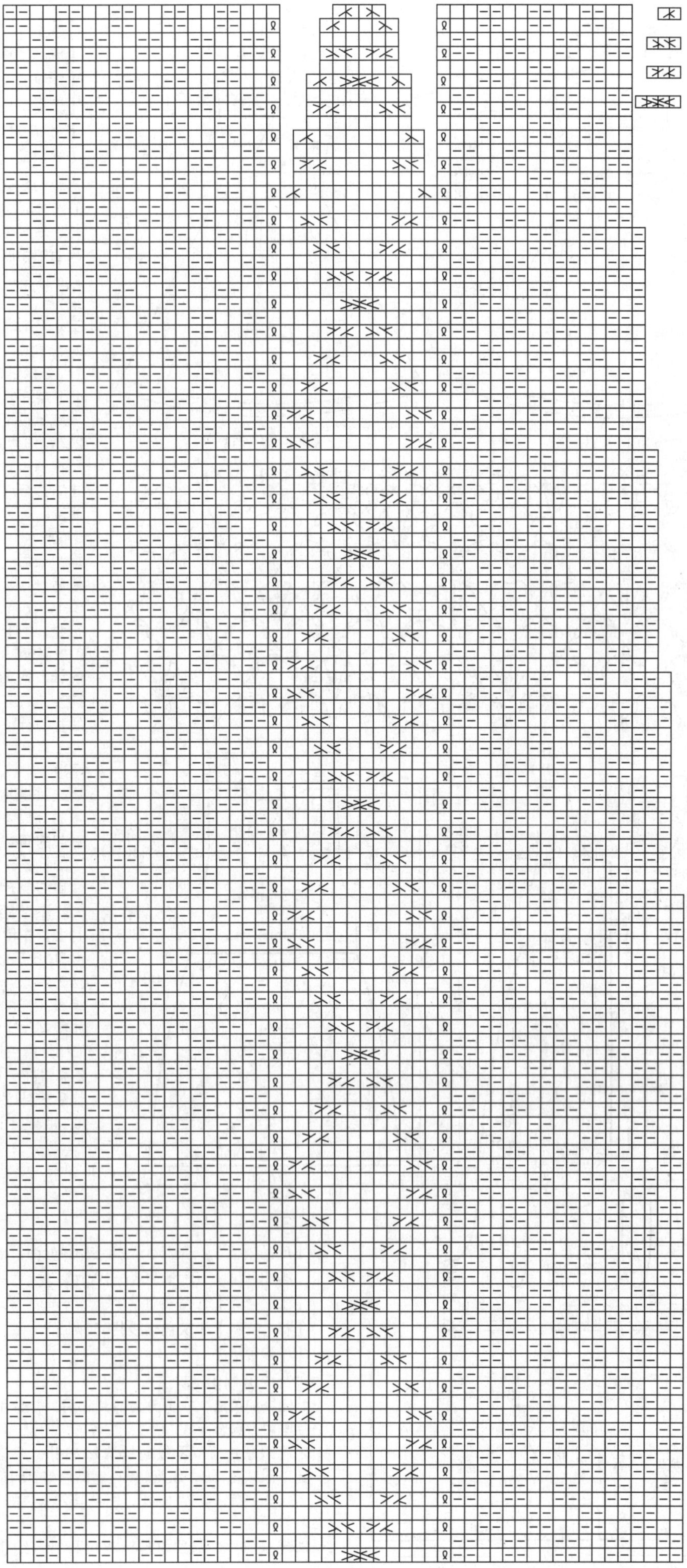

左并针

右上2针与左下1针交叉

左上2针与右下1针交叉

右上2针与左下2针交叉

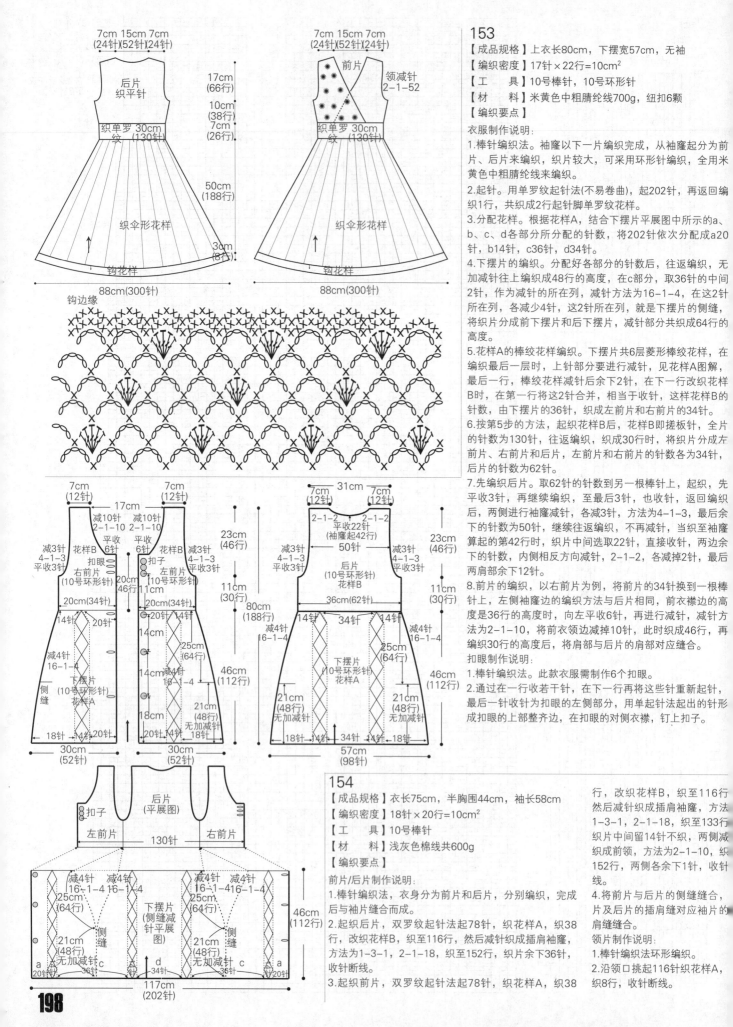

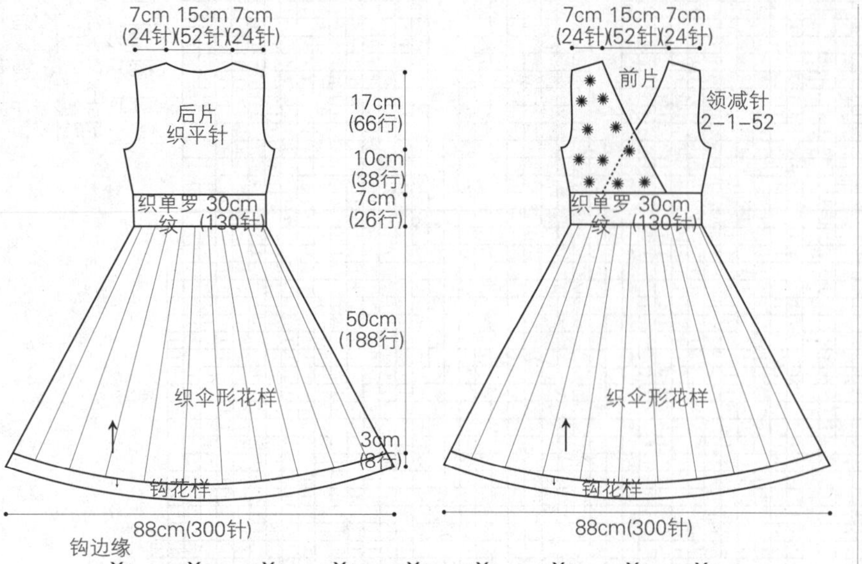

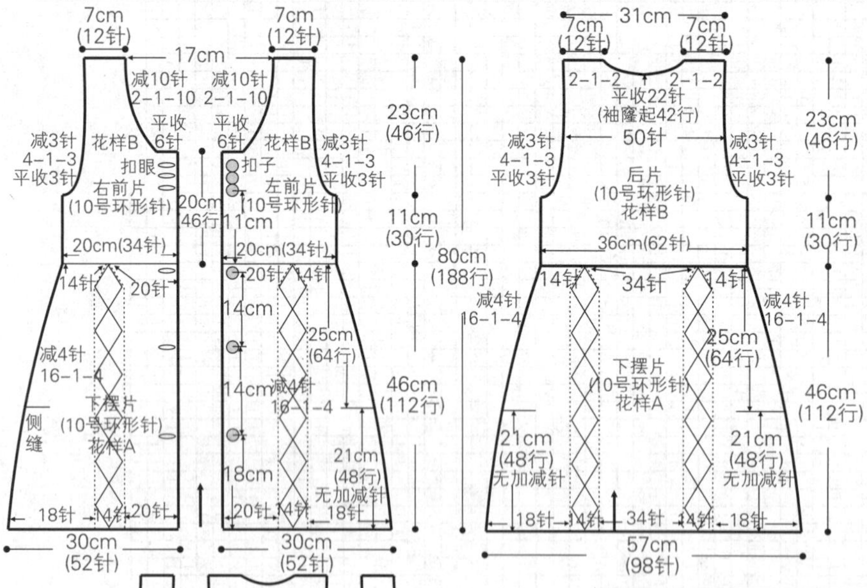

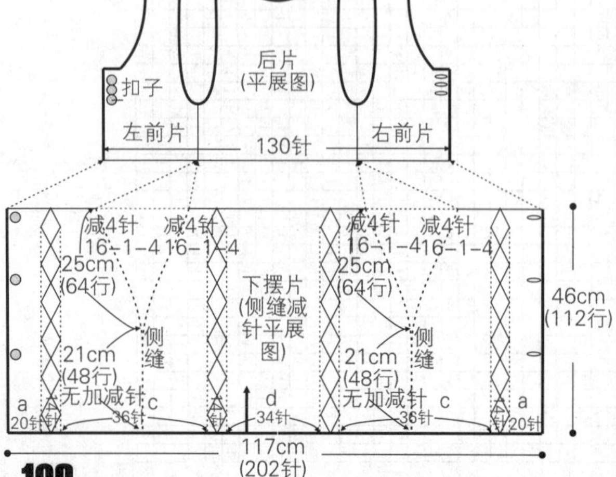

153

【成品规格】上衣长80cm，下摆宽57cm，无袖

【编织密度】17针×22行=10cm²

【工　　具】10号棒针，10号环形针

【材　　料】米黄色中粗腈纶线700g，纽扣6颗

【编织要点】

衣服制作说明：

1.棒针编织法。袖窿以下一片编织完成，从袖窿起分为前片、后片来编织，织片较大，可采用环形针编织，全用米黄色中粗腈纶线来编织。

2.起针。用单罗纹起针法(不易卷曲)，起202针，再返回编织1行，共织成2行起针脚单罗纹花样。

3.分配花样。根据花样A，结合下摆片平展图中所示的a、b、c、d各部分所分配的针数，将202针依次分配成a20针，b14针，c36针，d34针。

4.下摆片的编织。分配好各部分的针数后，往返编织，无加减针往上编织成48行的高度，在c部分，取36针的中间2针，作为减针的所在列，减针方法为16-1-4，在这2针所在列，各减少4针，这2针所在列，就是下摆片的侧缝，将织片分成前下摆片和后下摆片，减针部分共织成64行的高度。

5.花样A的棒绞花样编织。下摆片共6层菱形棒绞花样，在编织最后一层时，上针部分要进行减针，见花样A图解，最后一行，棒绞花样减针后余下2针，在下一行改织花样B时，在第一行将这2针合并，相当于收针，这样花样B的针数，由下摆片的36针，织成左前片和右前片的34针。

6.按第5步的方法，起织花样B后，花样B即搓板针，全片的针数为130针，往返编织，织成30行时，将织片分成左前片、右前片和后片，左前片和右前片的针数各为34针，后片的针数为62针。

7.先编织后片。取62针的针数到另一根棒针上，起织，先平收3针，再继续编织，至最后3针，也收针，返回编织后，两侧进行袖窿减针，各减3针，方法为4-1-3，最后余下的针数为50针，继续往返编织，不再减针，当织至袖窿算起的第42行时，织片中间选取22针，直接收针，两边余下的针数，内侧相反方向减针，2-1-2，各减掉2针，最后两肩部余下12针。

8.前片的编织，以右前片为例，将前片的34针换到一根棒针上，左侧袖窿边的编织方法与后片相同，前衣襟边的高度是36行的高度时，向左平收6针，再进行减针，减针方法为2-1-10，将前衣领边减掉10针，此时织成46行，再编织30行的高度后，将肩部与后片的肩部对应缝合。

扣眼制作说明：

1.棒针编织法。此款衣服需制作6个扣眼。

2.通过在一行收若干针，在下一行再将这些针重新起针，最后一针收针为扣眼的左侧部分，用单起针法起出的针形成扣眼的上部整齐边，在扣眼的对侧衣襟，钉上扣子。

154

【成品规格】衣长75cm，半胸围44cm，袖长58cm

【编织密度】18针×20行=10cm²

【工　　具】10号棒针

【材　　料】浅灰色棉线共600g

【编织要点】

前片/后片制作说明：

1.棒针编织法，衣身分为前片和后片，分别编织，完成后与袖片缝合而成。

2.起织后片，双罗纹起针法起78针，织花样A，织38行，改织花样B，织至116行，然后减针织成插肩袖窿，方法为1-3-1，2-1-18，织至152行，织片余下36针，收针断线。

3.起织前片，双罗纹起针法起78针，织花样A，织38行，改织花样B，织至116行然后减针织成插肩袖窿，方法1-3-1，2-1-18，织至133行织片中间留14针不织，两侧减织成前领，方法为2-1-10，织152行，两侧各余下1针，收针线。

4.将前片与后片的侧缝缝合，片及后片的插肩缝对应袖片的肩缝缝合。

领片制作说明：

1.棒针编织法环形编织。

2.沿领口挑起116针织花样A，织8行，收针断线。

花样B

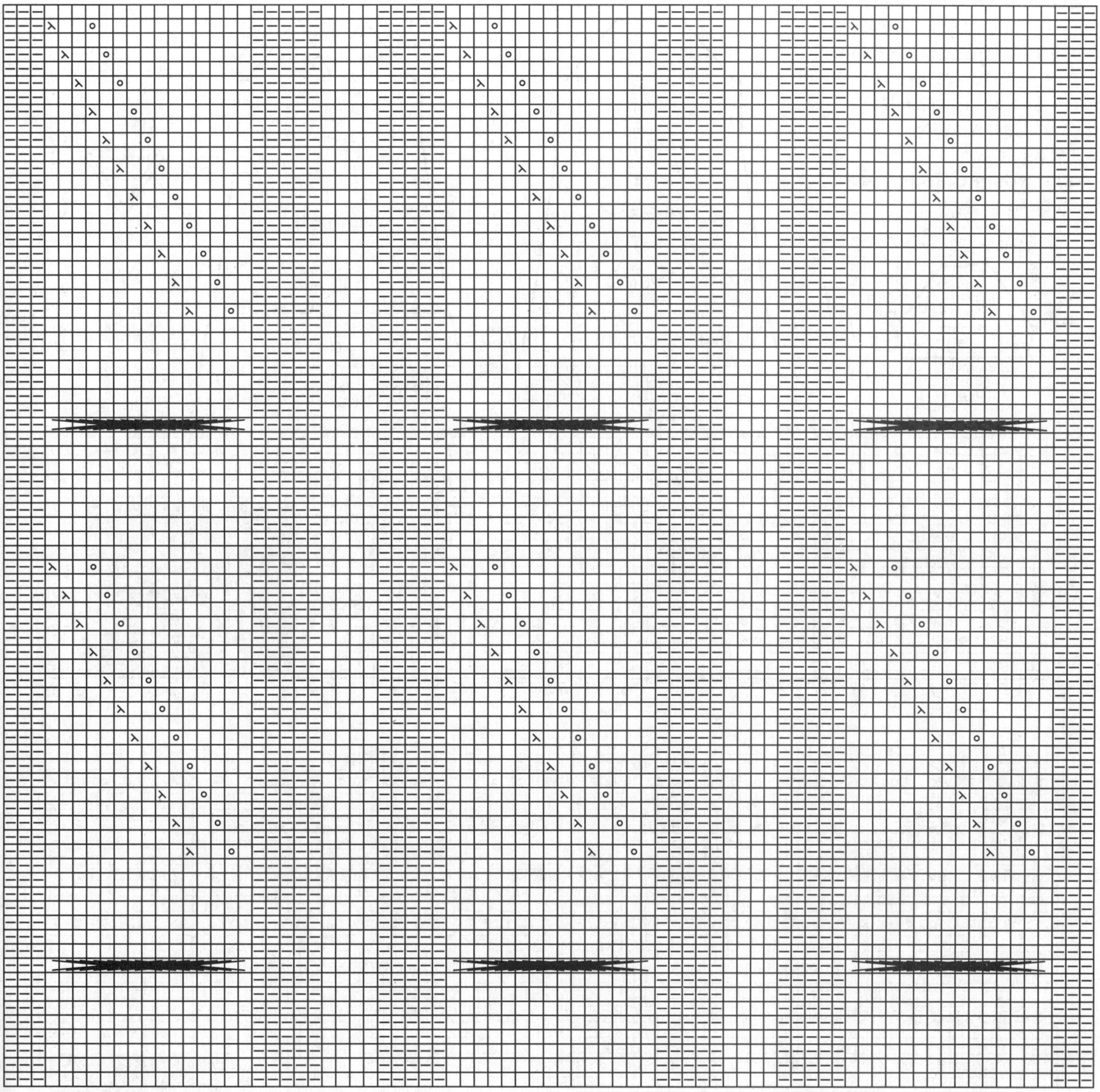

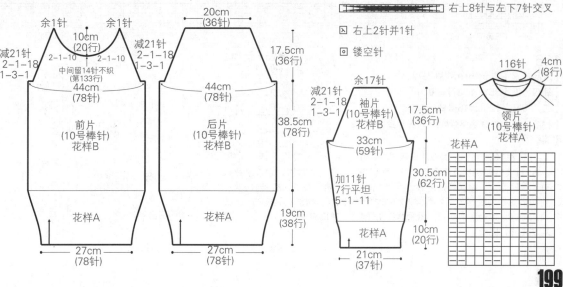

右上8针与左下7针交叉

右上2针并1针

镂空针

袖片制作说明：

1.棒针编织法，编织两片袖片。从袖口起织。

2.双罗纹起针法，起37针，织花样A，织20行后，改织花样B，一边织一边两侧加针，方法为5-1-11，织至82行，织片变成59针，两侧各平收3针，接着按2-1-18的方法减针编织插肩袖山。织至118行，织片余下17针，收针断线。

3.同样的方法编织另一袖片。

4.将两袖侧缝对应缝合。

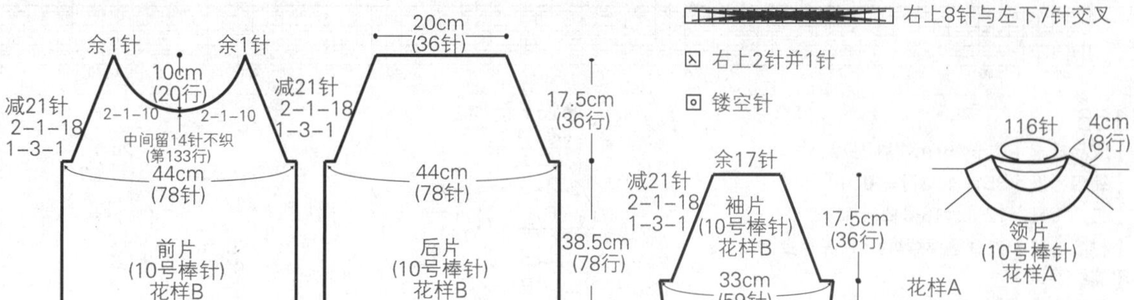

花样A

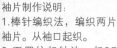

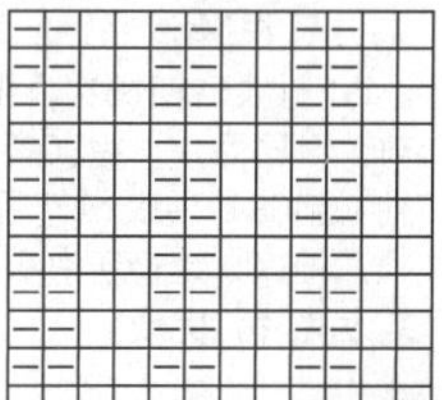

155

【成品规格】裙长88.5cm，胸围92cm，
袖长26.5cm，肩宽42cm

【编织密度】花样A：23针×26行=10cm²
花样B：23针×32.5行=10cm²

【工　　具】3.3mm、3.6mm棒针

【材　　料】进口棉线350g

【编织要点】

分片编织，前片1个，后片1个，袖片2个，缝合完成。

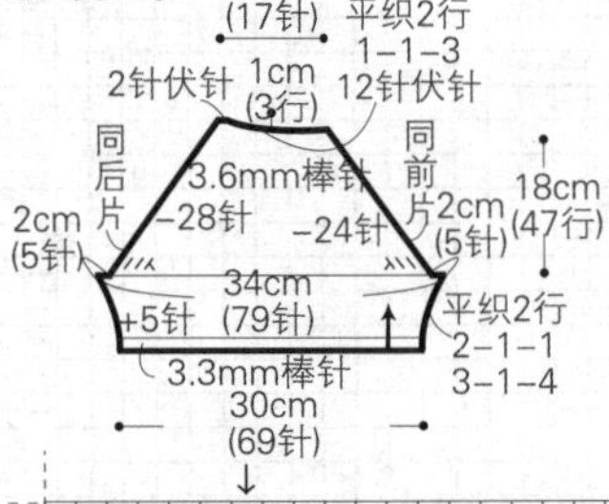

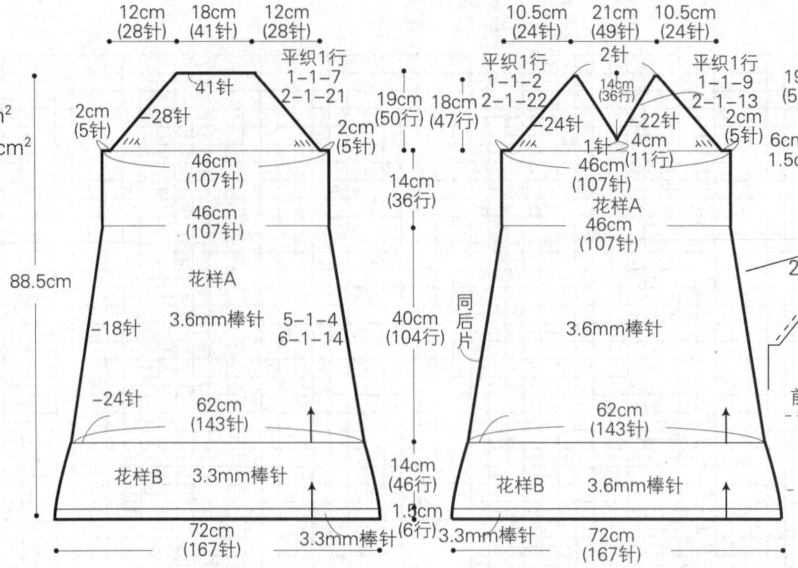

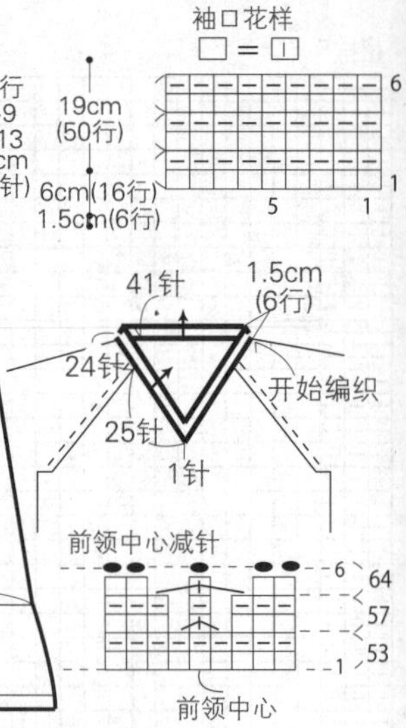

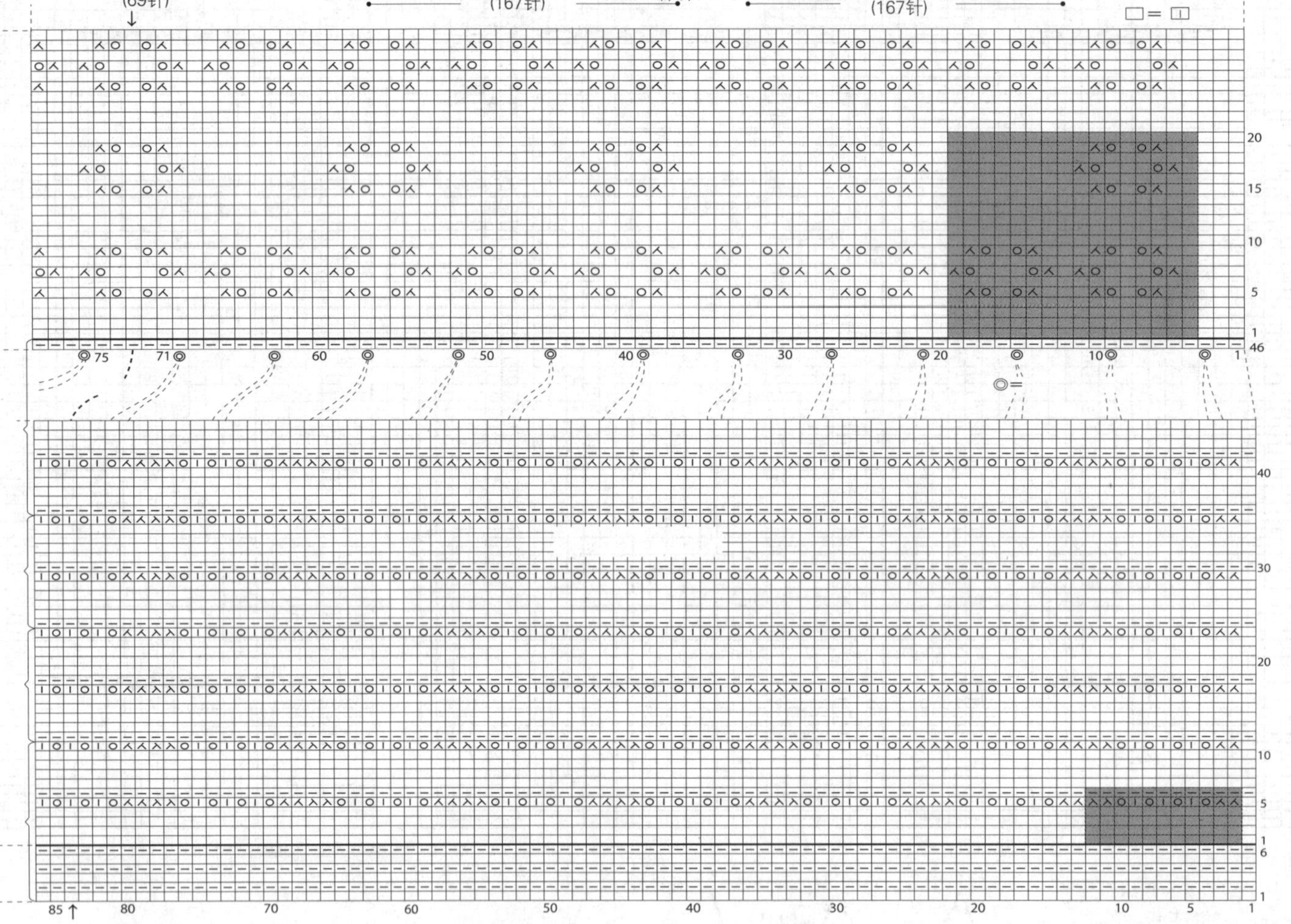

156

【成品规格】衣长85cm，胸围72cm

【编织密度】35针×33行=10cm²

【工　　具】12号、13号棒针

【材　　料】夹金丝棉线400g，亮片少许

【编织要点】

1. 后片：用13号棒针起136针织双罗纹8cm，换12号棒针织花样，平织120行，每2行收1针收8次，再平织94行，两侧每2行收1针收21次，余78针平收。
2. 前片：同后片，织30行后开领，平收中间66针，两侧每2行收2针收6次。
3. 袖：起68针平织14行后，两侧每2行收1针收22次，余46针平收。
4. 领、袖口：缝合所有衣片，沿领窝钩花样4行；袖口钩短针2行。
5. 缝上亮片，完成。

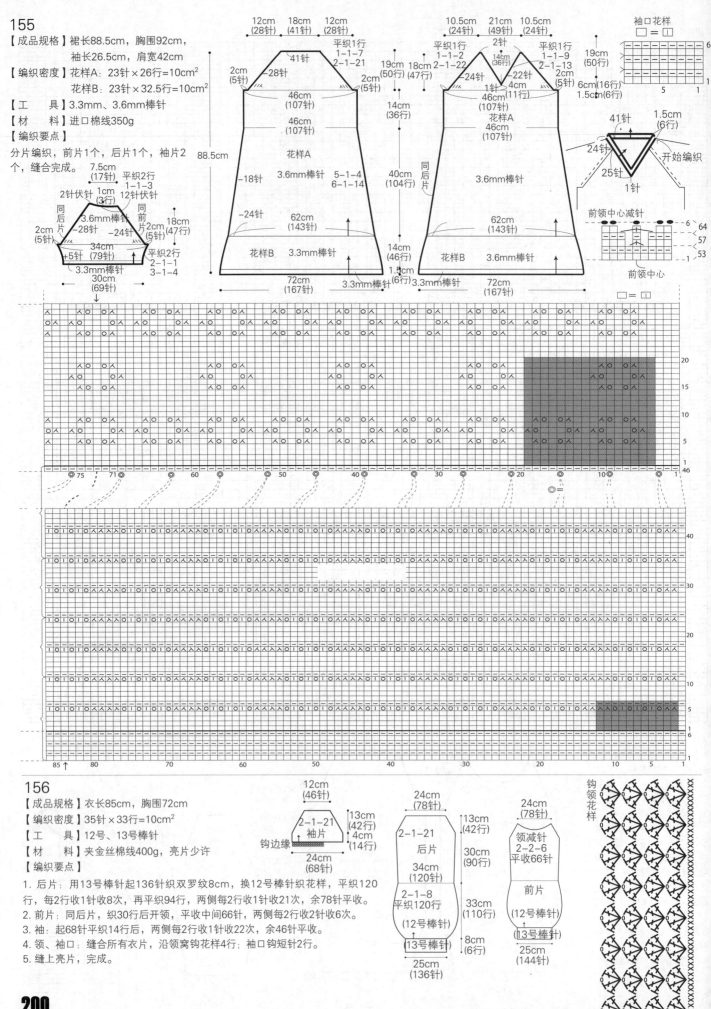

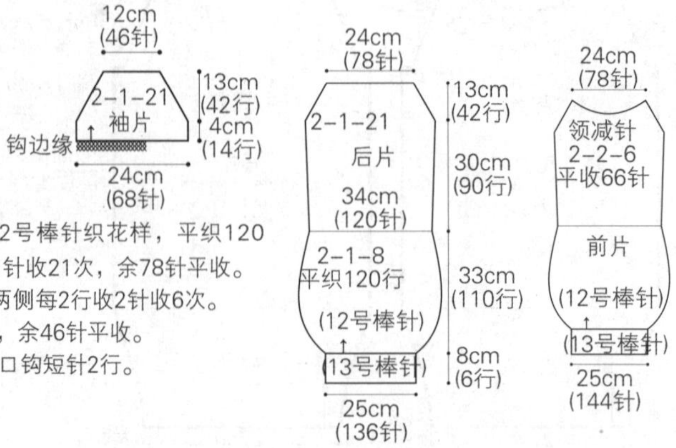

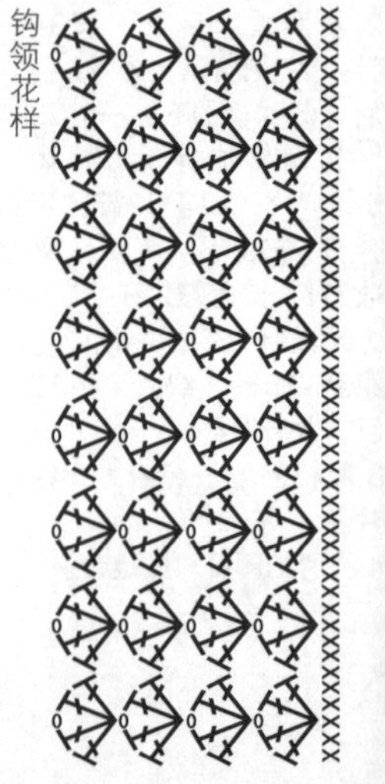

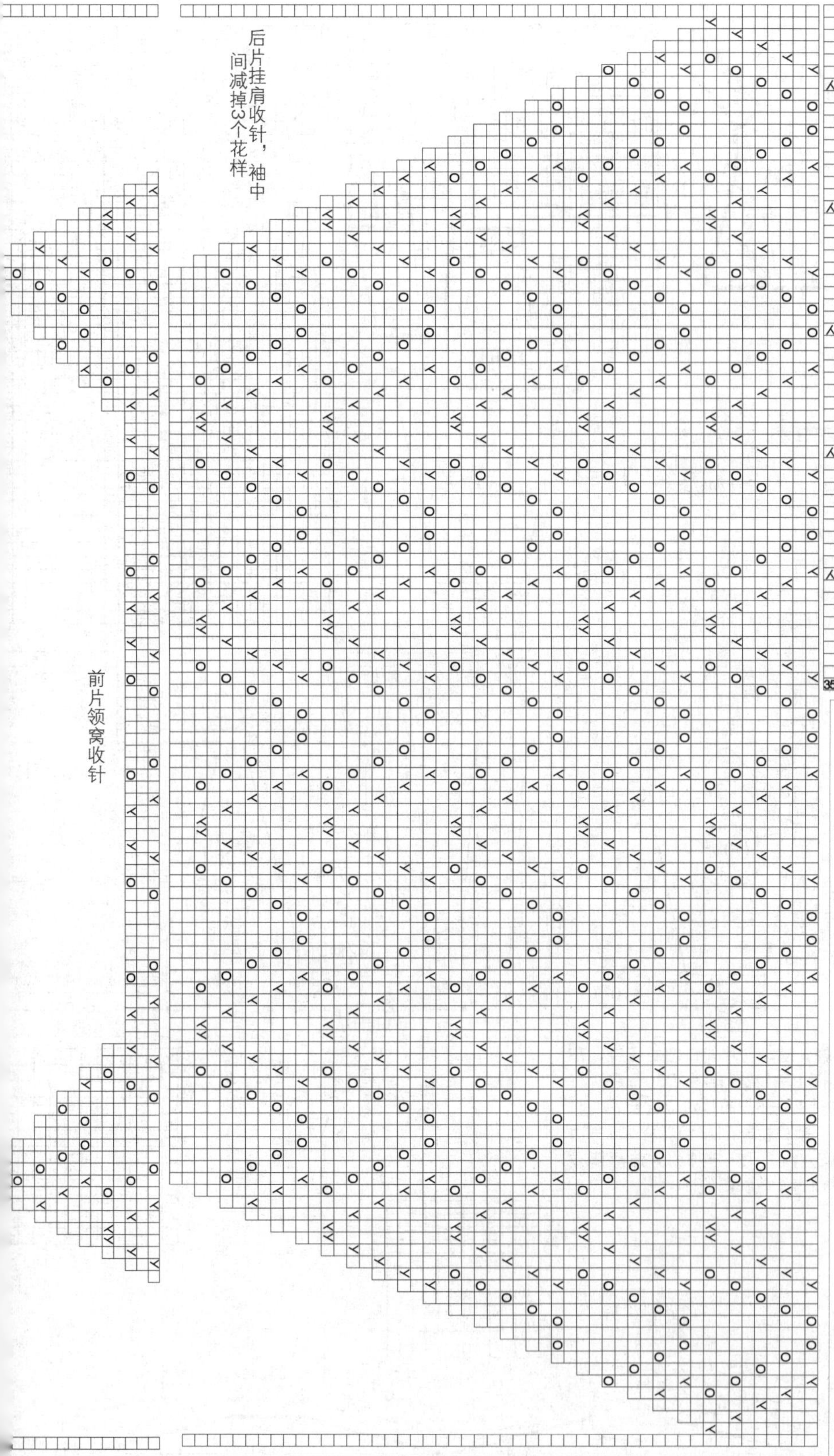

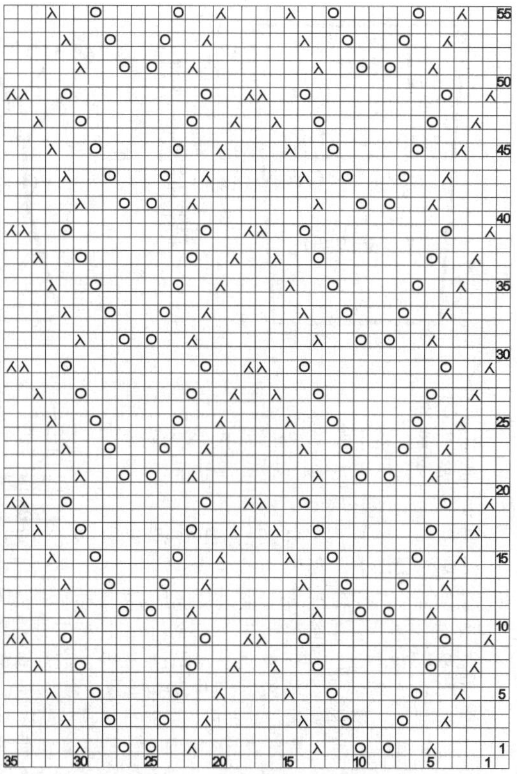

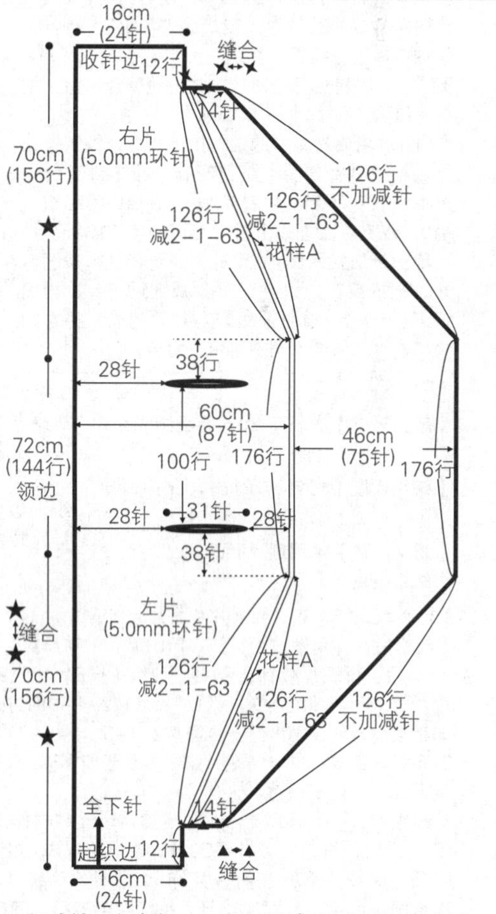

157

【成品规格】衣长80cm，袖长50cm

【编织密度】17针×23行=10cm²

【工　　具】5.0mm德国ADD环针

【材　　料】木兰阁进口马海毛线300g，缎染蕾丝线250g

【编织要点】

1.根据结构图所示，本作品均采用环针编织，均织平针，衣身为一片编织而成，然后从袖窿口上挑针分别织两只袖片即可。

2.衣身：参照结构图，衣身从一侧编织至另一侧。用下针起针法，起24针，织下针，不加减针织12行，第13行用单起针法在右边加14针，最内侧2针编织花样A，余下12针全织下针，按照此分配往上编织，并在花样A两侧的下针1针上加针编织。加针方法为2-1-63。织成126行后，由下一行起不再加减针，并按照原来的花样分配，编织38行后，在下一行留出第一个袖窿口，将右侧下针花样75针织完，再织2针花样A，再将28针织完，接着织31针收针，余下的28针织完；返回织28针上针后，用单起针法，起31针，再织上针28针，再将余下的针数织完。注意：袖窿口的编织仅占用2行，第1个袖窿口织好后，继续编织100行，由下一行起，用相同的方法留出第2个袖窿口，织好袖窿口后，不加减针再织38行后，下一行起开始减针，在花样A两侧各1针下针上进行减针，方法为2-1-63。织成126行后，从右至左，一次性减14针，余下24针，不加减针再织12行，衣身完成。

3.袖片：以左袖片为例，在衣身上的袖窿口处挑62针，起织下针，腋下位置的2针作为袖片减针处，每10行减1针减10次，共织100行后，不加减针再织14行至袖口。用相同的方法织右袖片。

4.缝合。参照结构图所示，将星形符号对应的边进行缝合，将袖片缝合即可。

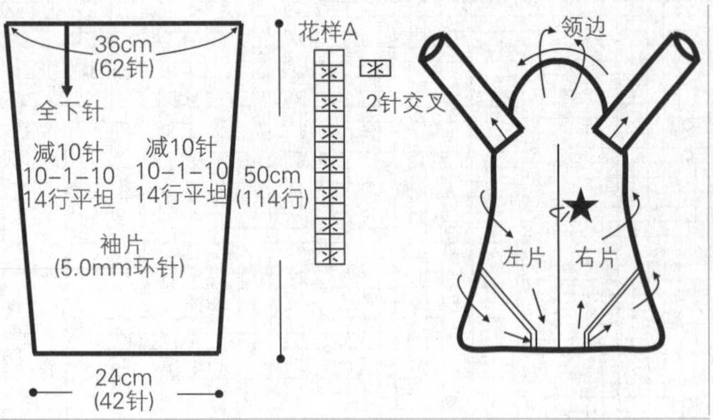

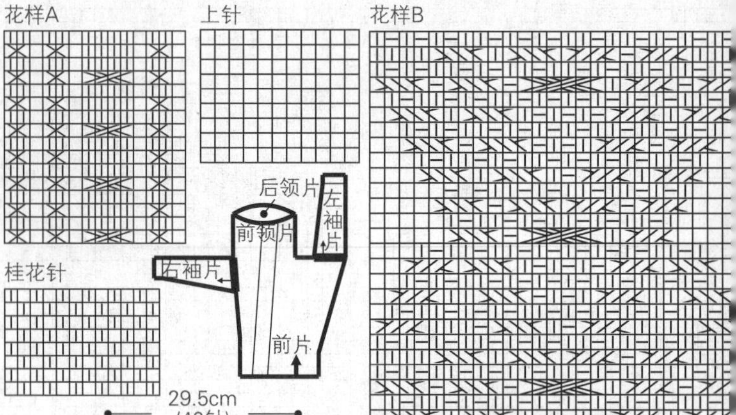

158

【成品规格】衣长87cm，下摆宽50cm

【编织密度】13.5针×20行=10cm^2

【工　　具】8号棒针

【材　　料】手编线500g，细毛线550g

【编织要点】

由前片、后片和2个袖片组成，从上往下编织。

1. 先织前片，下针起针法，起55针，织10行下针，然后从左至右分配成23针上针，14针花样A，18针桂花针，进行编织，不加不减织38行到左肩，一次加32针(其中20针留为袖窿)，两侧按图示减针，到68针，右侧平织44行，左侧平织30行，收针断线，前片完成。

2.后片编织。后片在侧缝上的减针变化与前片相同，不同的是花样分配，下针起针法，起55针，从右到左，29针上针，26针花样B，织到左袖口加32针时，12针编织花样A，20针留作袖口，进行编织。

3.缝合，将星形符号对应的边进行缝合，留下袖口不缝合。

4.袖片，沿着左袖口的边，挑出40针，编织桂花针，袖下减针如图，织到78行，减针到26针，再编织10行下针，收针断线；右袖口的编织，袖山起2针，正面织上针，在两侧各加18针，再用单起针法，两侧各加2针，加到42针，按图示开始袖下减针，织至78行，减针到26针，再编织下针10行，收针断线，右袖片完成；将右袖片与右袖口缝合，再将袖侧缝缝合。

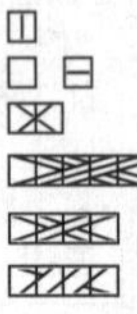

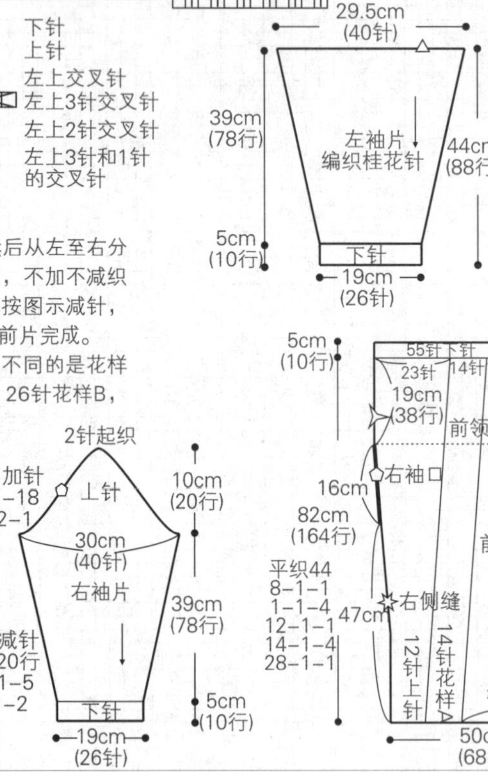

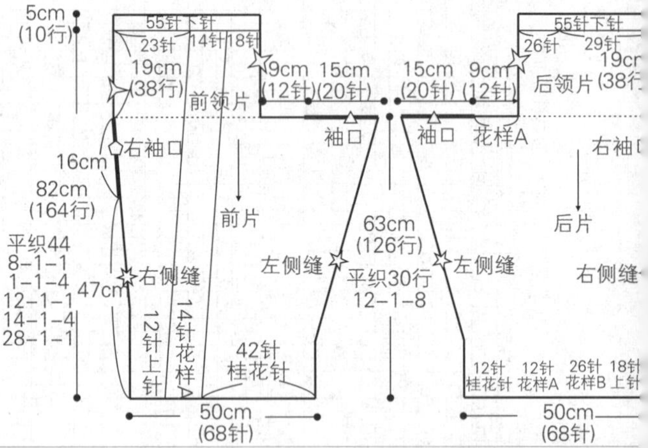

159

【成品规格】衣长77cm，半胸围50cm，肩连袖长37cm

【编织密度】10针×16行=10cm^2

【工　　具】9号棒针

【材　　料】中粗2股棉线800g

【编织要点】

1.棒针编织法，衣身为前片和后片分别编织。

2.起织后片，单罗纹起针法，起61针，织花样A，织34行后，将织片减针至50针，改织花样B，织至92行，第93行两侧各平加14针，然后按2-1-8的方法加针编织，织至108行，两侧按2-1-5、1-1-21、2-5-1、2-6-1的方法减针编织，织至123行，织片余下20针，收针断线。

3.起织前片，单罗纹起针法，起61针，织花样A，织32行后，将织片减针至50针，改织花样B，织至62行，将织片第2~19针，第32~49收针作为袋口，次行同一位置，分别加18针，继续织至67行，第68行将织片分成左右两片编织，中间12针作为领口，重叠编织花样A，织至90行，第91行两侧各平加14针，然后按2-1-8的方法加针编织，织至108行，两侧按2-1-5、1-1-21、2-5-1、2-6-1的方法减针编织肩部，同时中间领口按2-8-1、2-6-1、2-4-1、2-2-1、2-1-1的方法减针，织至121行，两侧肩部分别余下1针，收针断线。

4.将前片的侧缝对应后片的侧缝缝合。

5.编织口袋，挑起前片袋口加的18针，在衣身里侧往下编织花样B，织30行后，将袋片左右侧及底部与前片对应缝合。

6.领片，沿领口挑起41针织花样A，一边织一边按8-1-1、2-3-3的方法两侧减针，共织14行，收针断线。

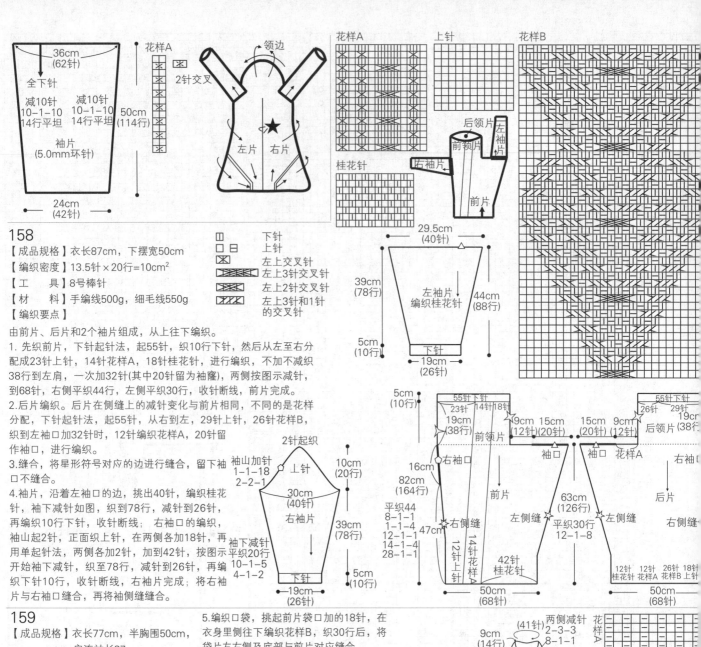

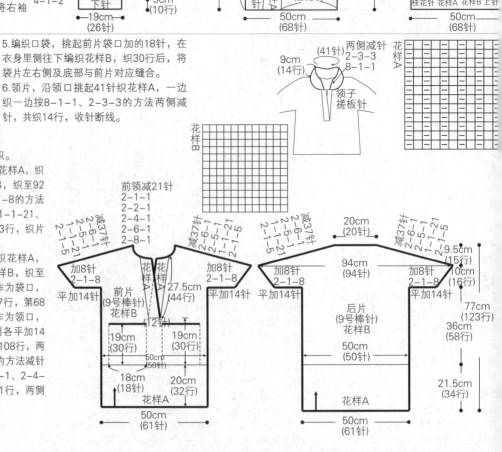

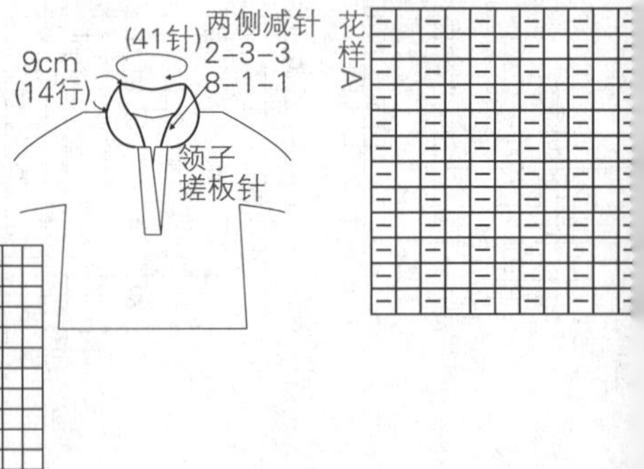

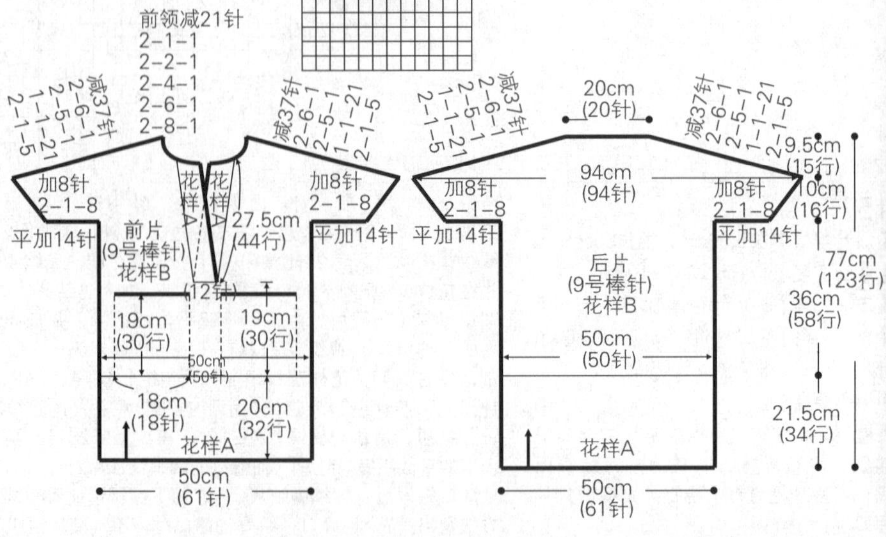

160

【成品规格】裙长79cm，半胸围45cm，肩宽24.5cm

【编织密度】20针×26行=10cm²

【工　　具】8号棒针

【材　　料】灰色西班牙单股线500g，灰色细羊绒线200g

【编织要点】

前片/后片制作说明：

1.棒针编织法，裙子分为左前片、右前片和后片来编织。从下摆往上织。

2.起织后片，下针起针法起120针织花样A，织20行后，改织全下针，两侧一边织一边减针，方法为12-1-10，织至148行，改织花样B，织至158行，改回编织全下针，两侧加针，方法为10-1-4，织至212行，两侧开始袖窿减针，方法为1-4-1，2-1-4，织至271行，中间平收36针，两侧减针，方法为2-2-2，2-1-2，织至278行，两侧肩部各余下22针，收针断线。

3.起织左前片，下针起针法起60针织花样A，织20行后，改织全下针，左侧一边织一边减针，方法为12-1-10，织至148行，改织花样B，织至158行，改回编织全下针，左侧加针，方法为10-1-4，织至212行，左侧开始袖窿减针，方法为1-4-1，2-1-4，织至240行，右侧减针织前领，方法为2-2-4，2-1-6，织至278行，肩部余下22针，收针断线。

4.同样的方法相反方向编织右前片，完成后将左右前片与后片的两侧缝对应缝合，两肩部对应缝合。

领片、衣襟制作说明：

1.先织袖边，沿左右袖窿分别挑针起织，挑起100针编织花样B，织8行后，收针断线。

2.编织衣领，沿领口挑起240针，织花样C，一边织一边领尖两侧按2-2-9的方法减针，织18行后，改织花样B，织6行，收针断线。

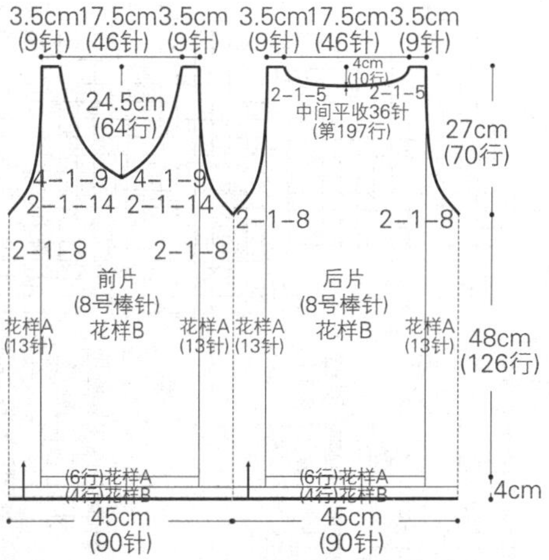

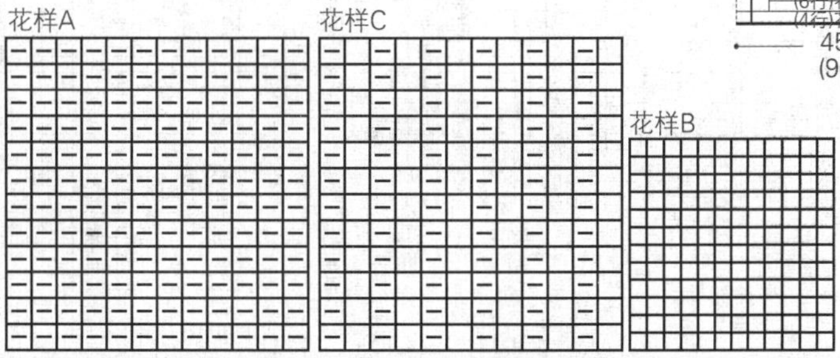

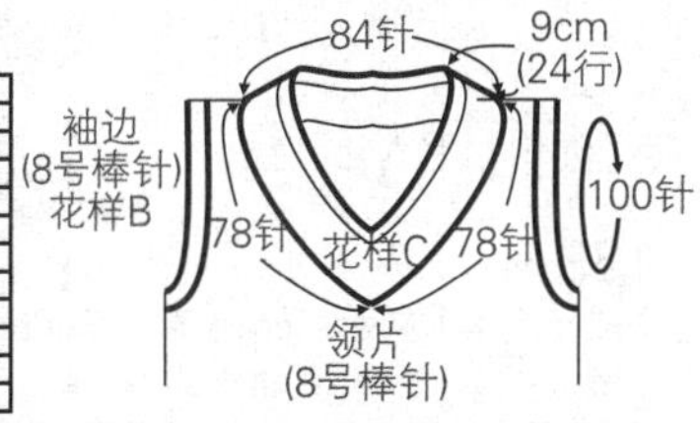

161

【成品规格】衣长80cm，胸围88cm，袖长9cm

【编织密度】28针×39.5行=10cm²

【工　　具】11号棒针

【材　　料】黑色羊毛线300g，灰色羊毛线300g

【编织要点】

1.棒针编织法，衣身为前片、后片分别编织而成。

2.起织后片，下针起针法，起162针，织花样A，6行灰色与6行黑色间隔编织，左侧一边织一边按2-1-9的方法加针，织18行后，左侧一次性加起53针，织片变成224针继续编织，织30行后，左侧按2-1-2的方法减针，完成后平织74行，然后按2-1-2的方法加针，然后平织30行，第157行，左侧平收53针，然后按2-1-9的方法减针，织至174行，织片余下162针，收针断线。

3.起织前片，编织方法与后片相同，领窝减针方法为2-1-16。

袖片制作说明

4.棒针编织法，编织两片袖片，从袖口起织。

5.起68针，织花样A，6行灰色与6行黑色间隔编织，一边织一边两侧按2-1-18的方法减针，织36行后，织片余下32针，收针断线。

6.同样的方法再编织另一袖片。

7.缝合方法：将袖片顶部对应衣身肩部缝合。

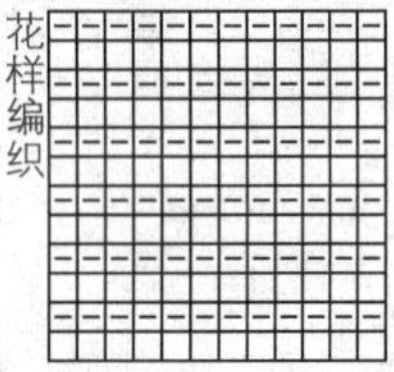

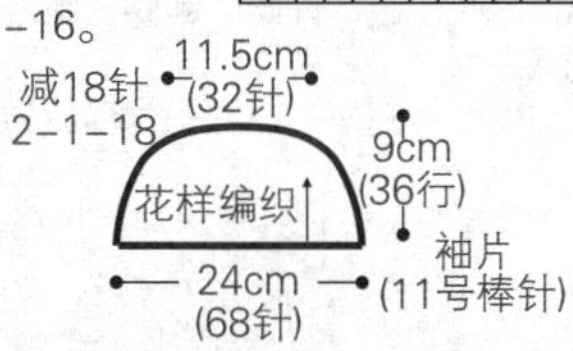

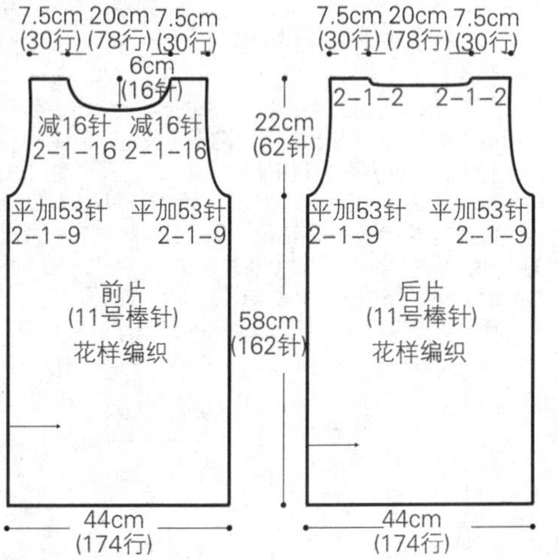

162

【成品规格】衣长80cm，半胸围46cm，肩宽37cm，袖长60cm

【编织密度】26针×35行=10cm²

【工　　具】12号棒针

【材　　料】墨绿色羊毛线700g

【编织要点】

前片/后片制作说明：

1.棒针编织法，衣身袖窿以下一片环形编织，袖窿起分为前片和后片往返编织。

2.起织衣摆。起280针织花样A，织8行后向内合并成双层衣摆。继续不加减针织136行，改织花样B，织28行后，将织片一次性均匀减掉40针，改织花样A，织36行后，将织片均分成前片和后片编织。

3.分配后片120针到棒针上，织花样A，起织时两侧袖窿减针，方法为1-4-1，2-1-8，织至277行的高度，中间平收52针，两侧减针织成后领，方法为2-1-2，织至280行，两肩部各余下20针，收针断线。

4.分配前片120针到棒针上，中间56针织花样C，两侧余下针数织花样A，起织时两侧袖窿减针，方法为1-4-1，2-1-8，织至253行的高度，中间平收20针，两侧减针织成前领，方法为2-2-6，2-1-6，织至280行，两肩部各余下20针，收针断线。

5.将前片与后片肩缝对应缝合。

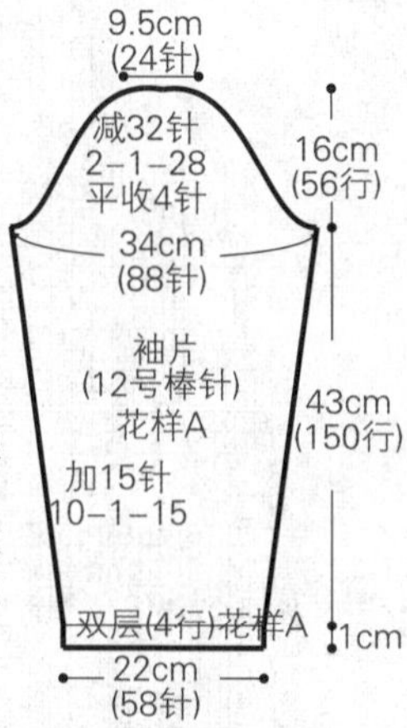

袖片制作说明：

1.棒针编织法，从袖口往上编织。

2.起织，起58针织花样A，织8行后向内合并成双层袖口。继续编织花样A，一边织一边两侧加针，方法为10-1-15，织150行，两侧减针编织袖山，方法为1-4-1，2-1-28，织至210行的总高度，织片余下24针，收针断线。

3.同样的方法编织另一袖片。

4.将袖山对应袖窿线缝合，再将袖底缝合。

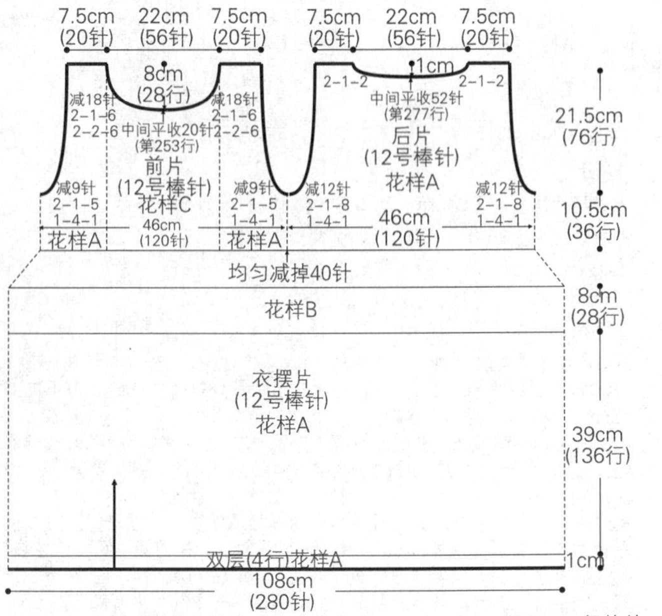

花样A 花样B 花样C

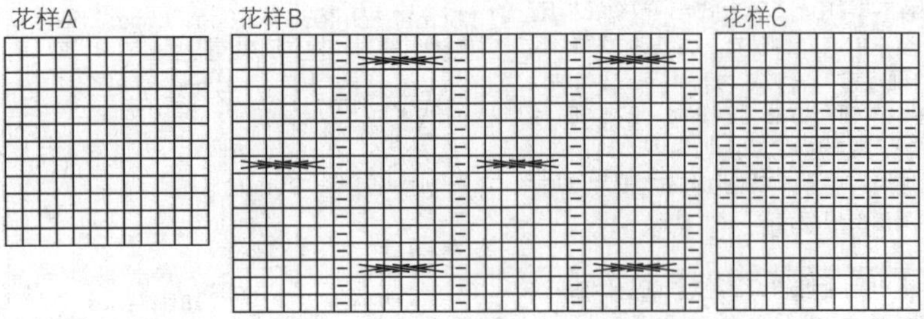

领片/衣襟制作说明：

棒针编织法，沿领口挑起132针环形编织，织花样A，织8行，向内与起针合并成双层衣领，收针断线。

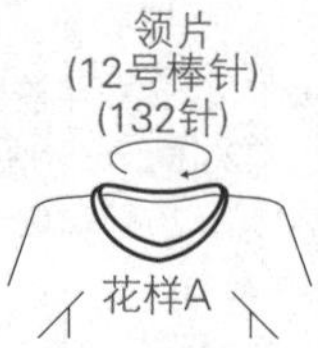

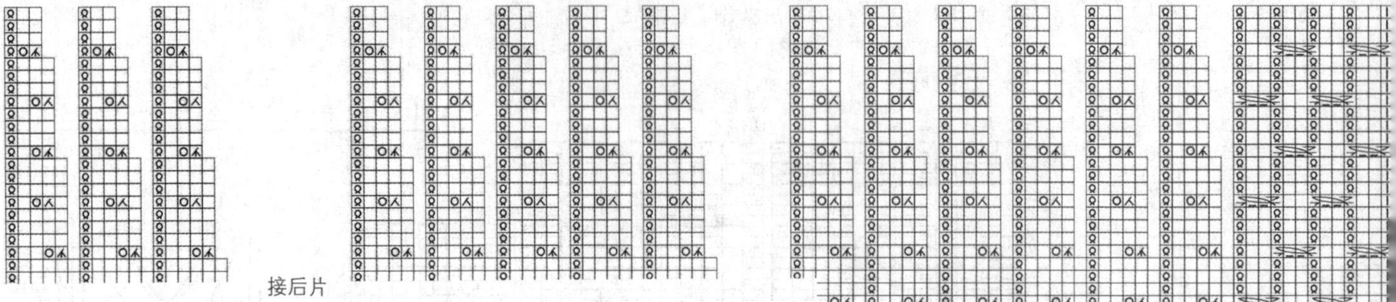

163

【成品规格】胸围98cm，背肩宽36cm，衣长64cm

【编织密度】34针×35行=10cm^2

【工　具】4.2mm环针

【材　料】单线高兔毛600g

【编织要点】

1.织后片。编织方向为从下往上，起93针，往上织，织到31cm后分散减针，每隔4针减2针，减12次；再按花样往上织20cm，同时在腋下开始收袖窿，每2行减1针，减7次。将针穿好，待用。

2.织前片。编织方向为从下往上，起57针，另加门襟17针，采用花样编织，织到31cm后分散减针，每隔4针减2针，减6次；再按花样往上织20cm，同时在腋下开始收袖窿，每2行减1针，减7次。将针穿好，待用。然后织好相对应的另一个前片。

3.将已织好的1个后片和2个前片按“前——后——前”的顺序排列好。在两个肩膀位置各平加41针，继续按相关花样针法图往上织好抵肩。

4.织好后背蝴蝶结，将其安装在相应位置上。并在门襟一侧钉好扣子，另一侧加装扣襻。

符号	含义	符号	含义
⏐	下针	□⊟	上针
人	2针并1针	O	加针
入	拨收1针	Q	扭针
个	3针并1针		
(交叉符号)	扭针左上交叉，中间2针上针在下		

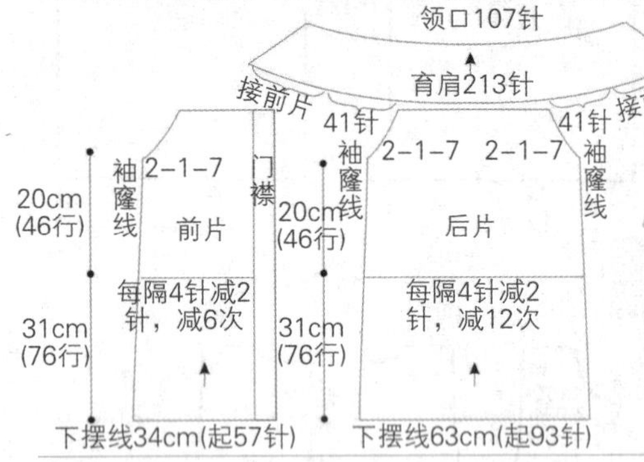

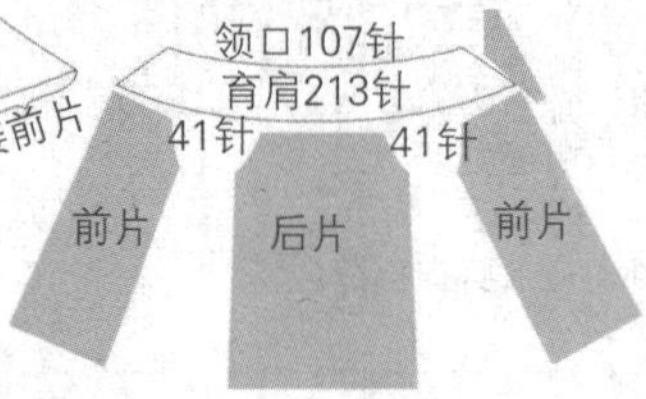

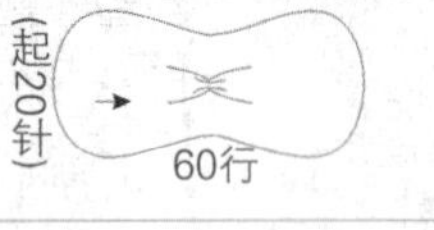

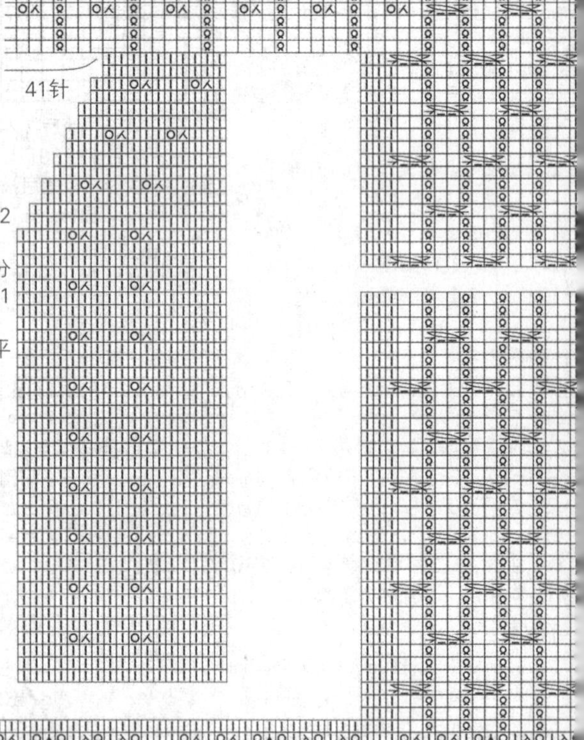

164

【成品规格】胸围84cm，背肩宽36cm，衣长91cm

【编织密度】34针×35行=10cm^2

【工　具】4.2mm环针

【材　料】兔毛线400g

【编织要点】

1.按结构图先编织下半身。编织方向为从下往上，起208针（8个花样，每个花样26针）按花样图往上织。待织到48cm后，分散减去78针。再不加减针往上织15cm，这时前、后片要各自分开来织。

2.织后片。在侧缝线上开始收袖窿，先平收3针，再每2行减1针，减3次。从袖窿线往上织26cm后，开始按图示收出后领弧线。将肩上的针穿好，待和前片合并用。

3.织前片。先织上半部分，编织方向同样为从下往上，按花样图继续往上织。在前片中心位置要开前领，按图示收出V领的斜形。在前领中间两边各收4针，织领边。在侧缝线上开始收袖窿，先平收3针，再每2行减1针，减3次。继续往上织，最后将肩部的针和后片合并好。织好对应的另一个前片上半部分。

4.织蝴蝶结。按图示从一端织向另一端，起18针，采用1行上针1行下针的方法编织。在两旁按图示加针，到另一端后再按图示减针。最后用零线将中间扎紧，用手针将其固定在后腰适当位置上。

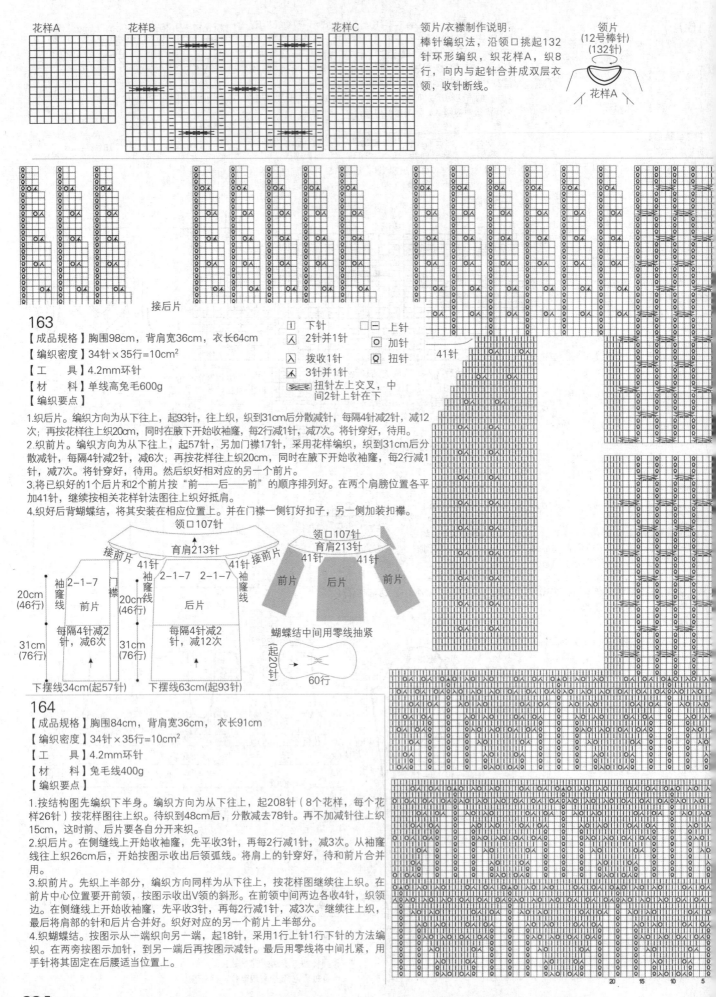

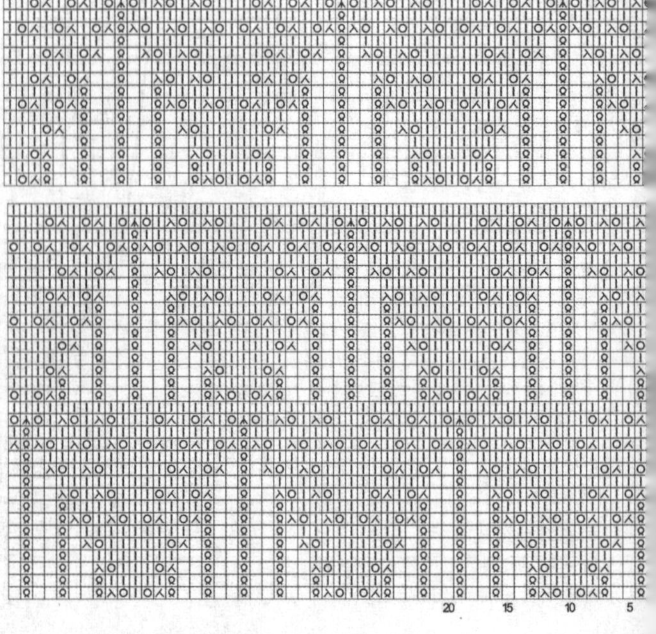

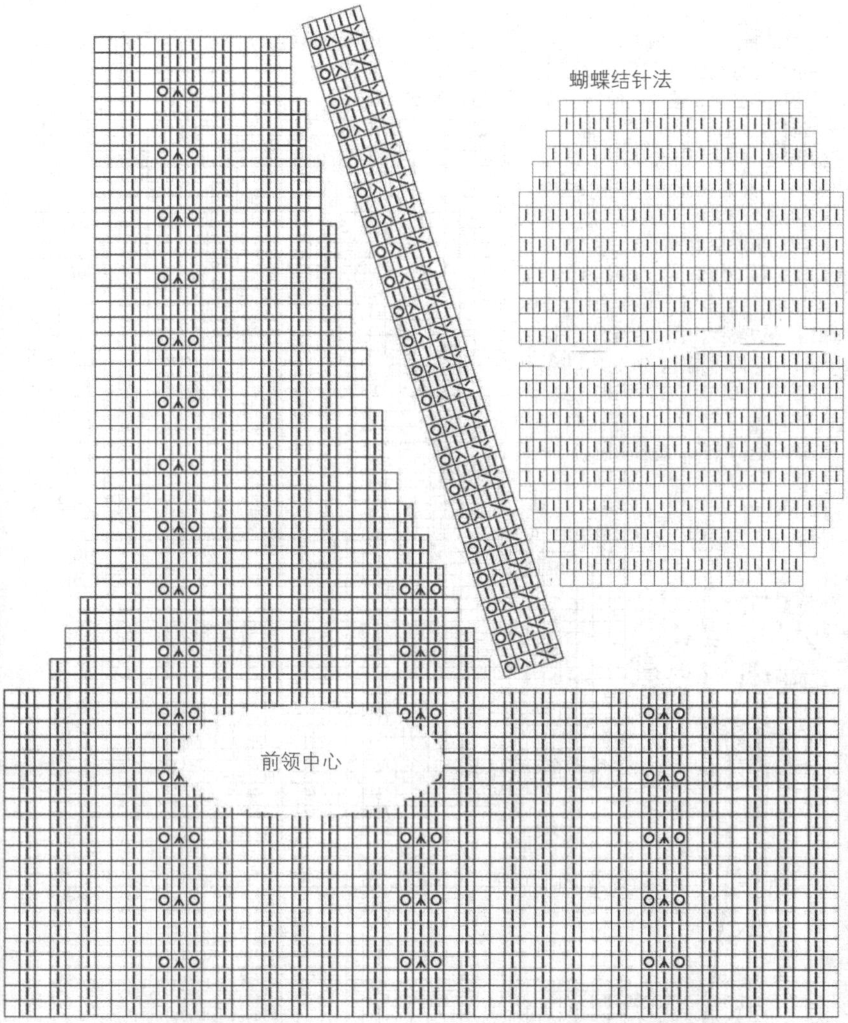

蝴蝶结针法

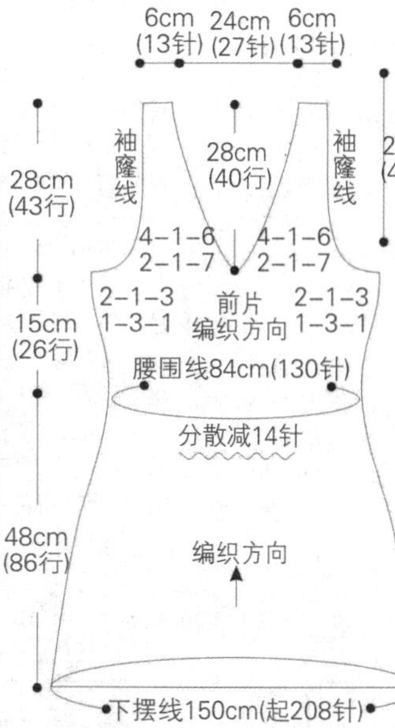

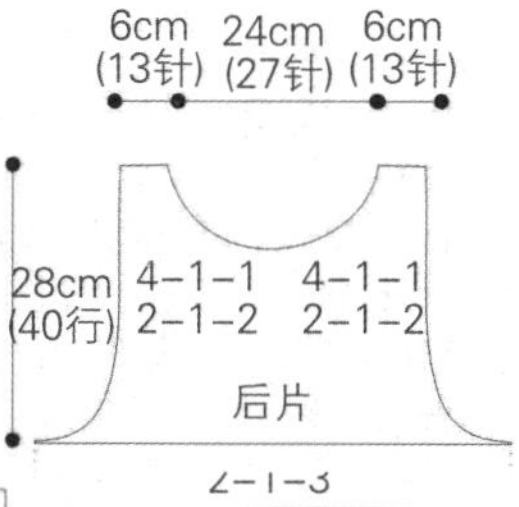

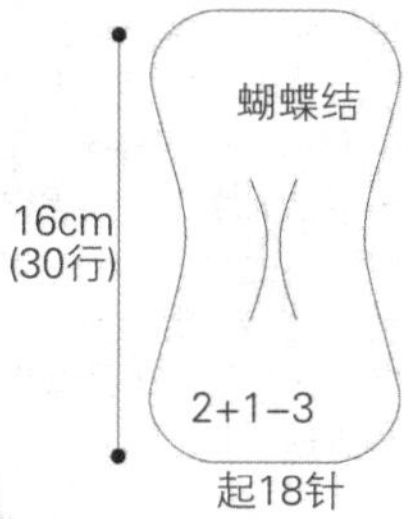

编织花样

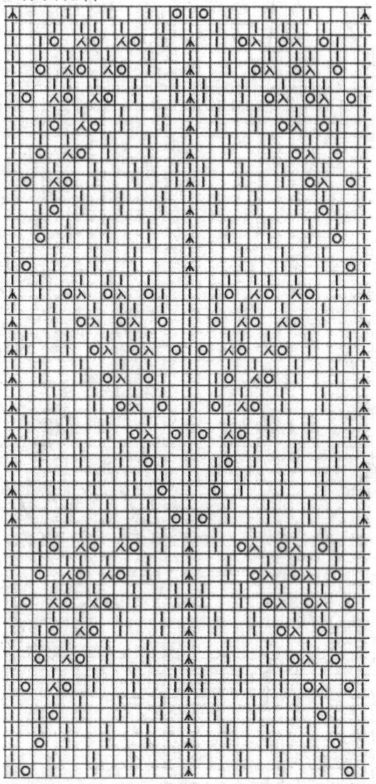

- 下针
- 拨收1针
- 扭针
- 1针下针右上交叉
- 上针2针并1针
- 中上针3针并1针
- 上针
- 2针并1针
- 1针下针左上交叉

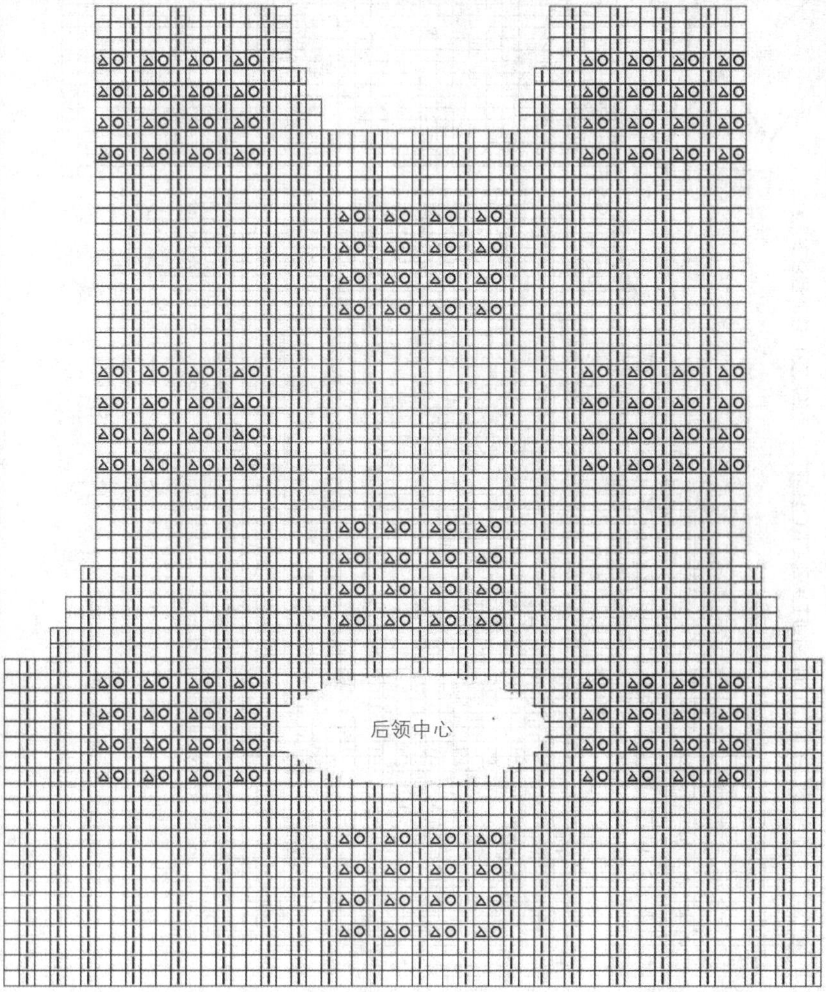

165

【成品规格】裙长100cm，胸围86cm，
下摆宽94cm，肩宽38cm

【编织密度】27针×22行=10cm²

【工　　具】10号棒针，3.3mm可乐钩针

【材　　料】羊毛棉500g

花样F

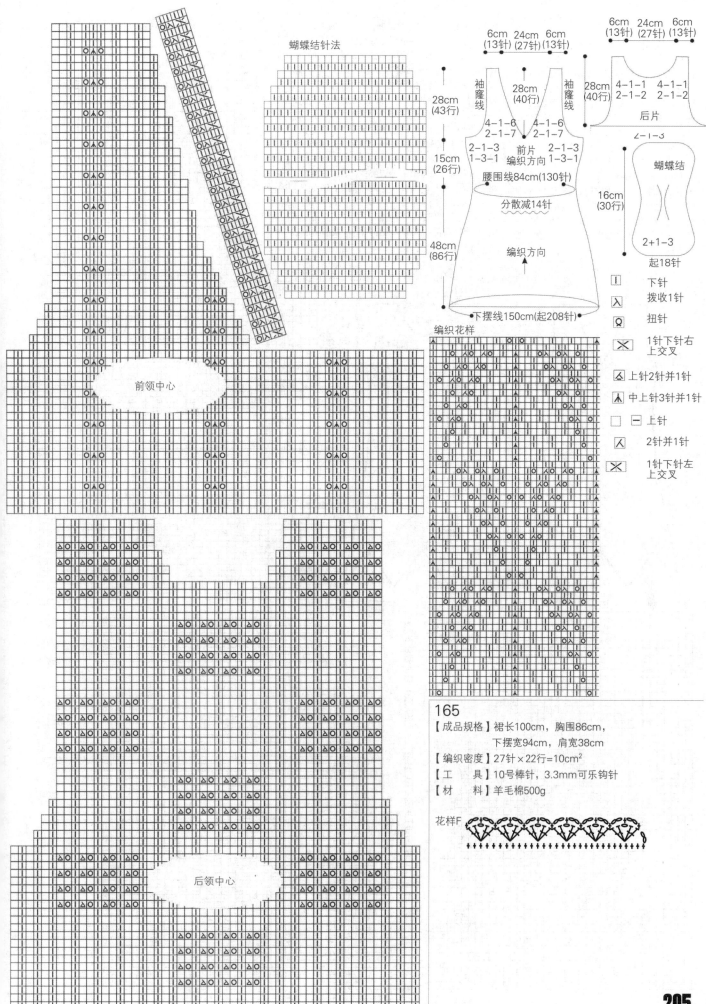

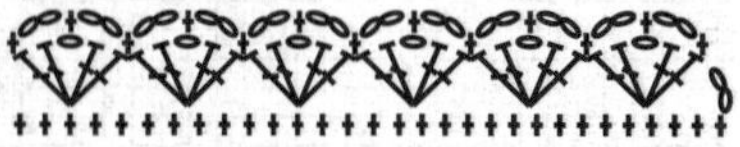

【编织要点】

1.裙子从下往上编织。起织至袖窿环织，袖窿以上分成前片和后片各自编织。

2.从下摆起织，下针起针法，起504针，分配成6个花样A，每个花84针，依照花样A图解编织，每织4行，每个花型收掉2针，一圈共减少12针，花样B同样方法减针，花样C同样方法减针，花样C减完成后，余下192针一圈，不加减针，织花样D，完成后，再织花样E，不加减针织成8行后，开始加针，每个花型上加2针，一圈加12针，继续织8行后进行第二次加针，一圈加12针，然后不加减针再织6行，完成5层花样E的编织。此时共织成168行，针数一圈共216针。下一步分配编织前后片。

3.分配针数。前片分配107针，后片分配109针，各自编织。先编织前片，在进行袖窿减针的同时，也进行领片分片编织。将107针分成两部分，最中间的1针收掉，两侧各53针，袖窿减针方法是：将前后片一起11针收掉，即依原来分配的针数，前片收5针，后片收掉6针，收针后，前片余下48针，开始减针编织，袖窿减针，2-1-8，衣领减针，每织2行收1针，进行2次，减少2针，不加减针织2行后，再次重复2-1-2，2行平坦。如此织法重复9次，领边减少18针，不加减针再织2行后，至肩部，余下22针，收针断线。相同的方法，相反的减针方法去编织另一边前片。后片的编织：后片袖窿收针后，余下81针，两侧同时减针，2-1-8，继续织花样E，织成花样E 1个花，30行后，下一行起，织后衣领，中间平收19针，两侧减针，2-1-9，不加减针再织8行后至后肩部，肩部针数余22针。最后将前后片的肩部对应缝合。

4.最后沿着前后衣领边和袖口边，用钩针沿边钩织一圈花样F花边。下摆边钩一圈逆短针。衣服完成。

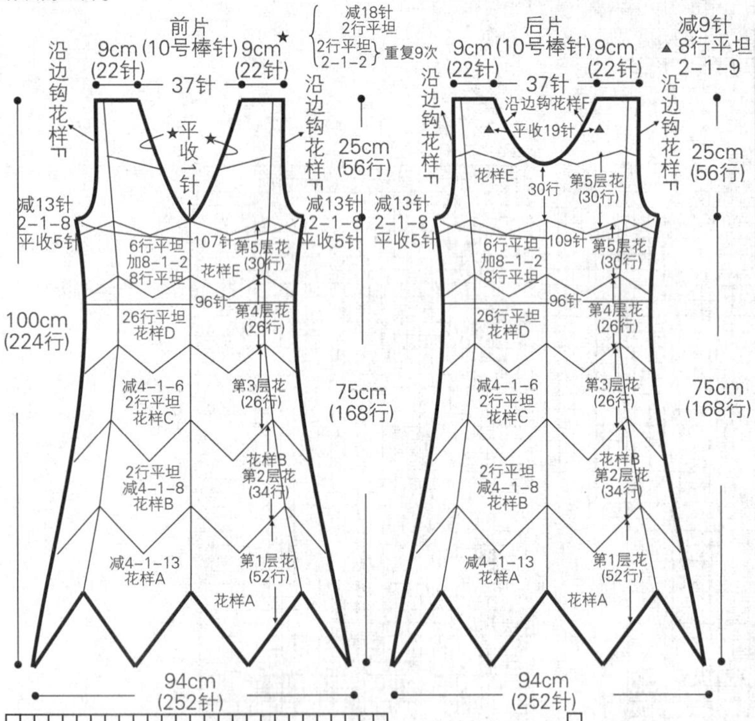

花样D（第4层花）

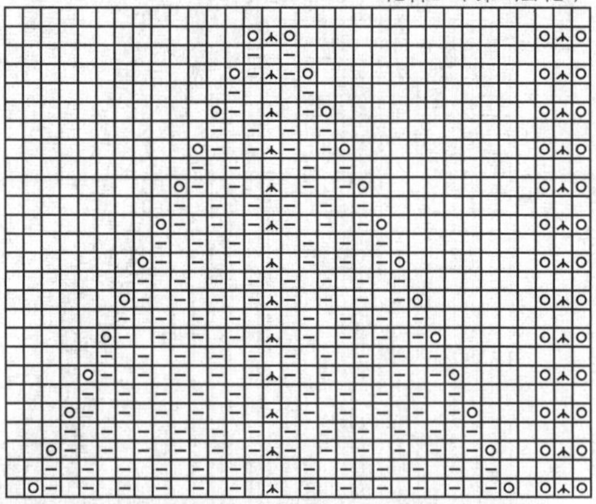

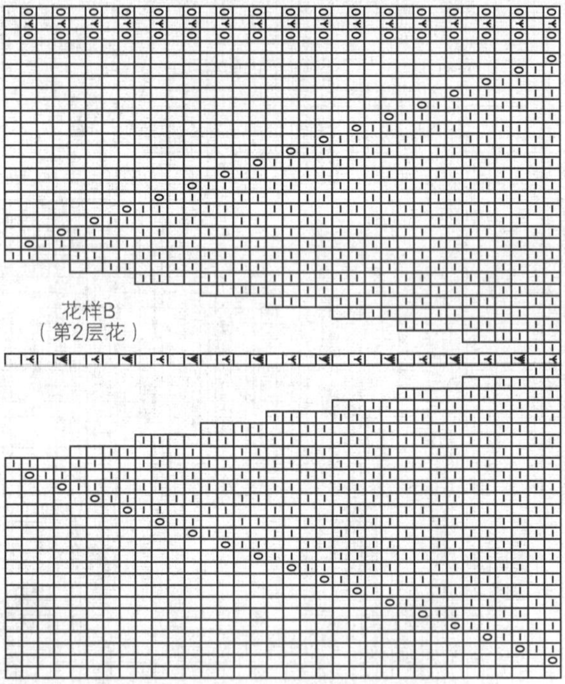

花样B（第2层花）

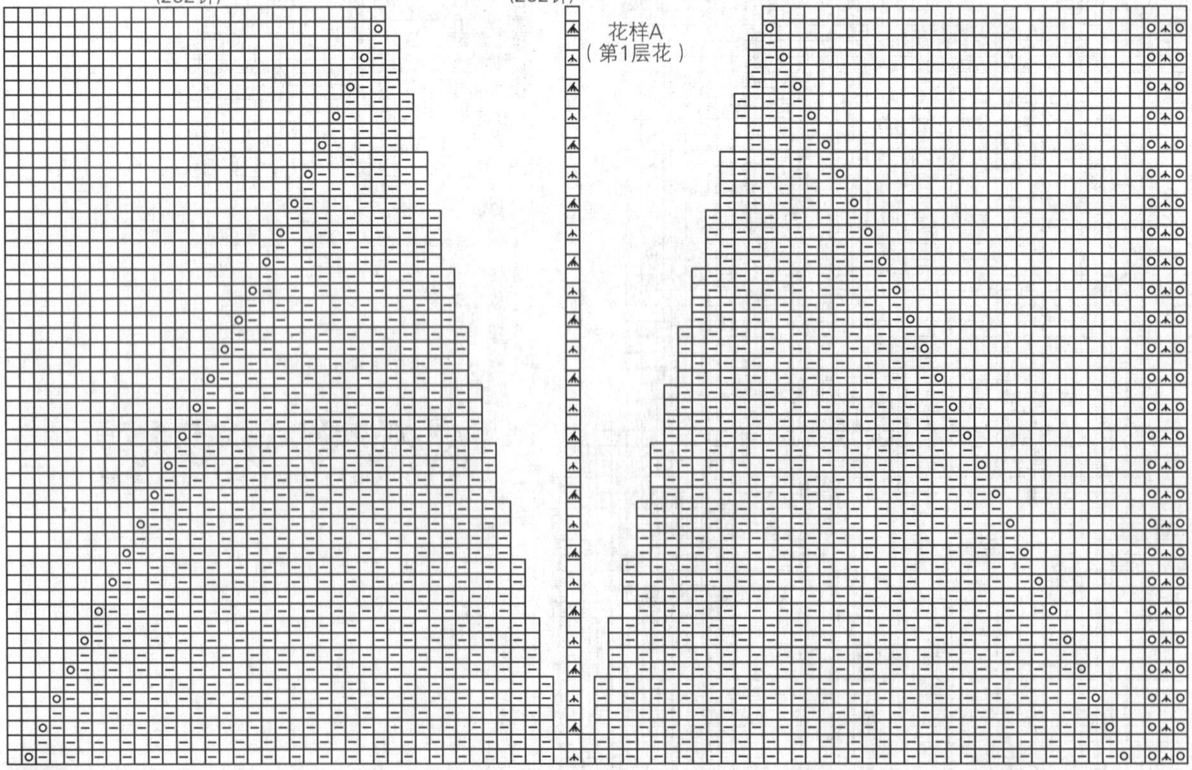

花样A（第1层花）

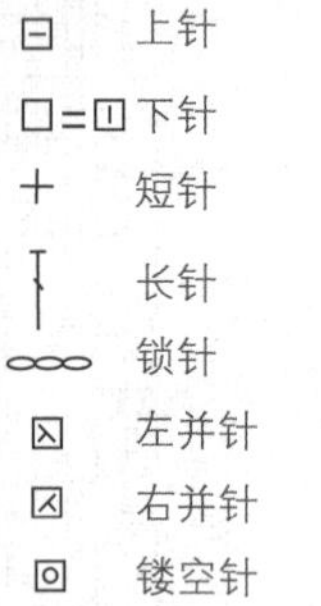

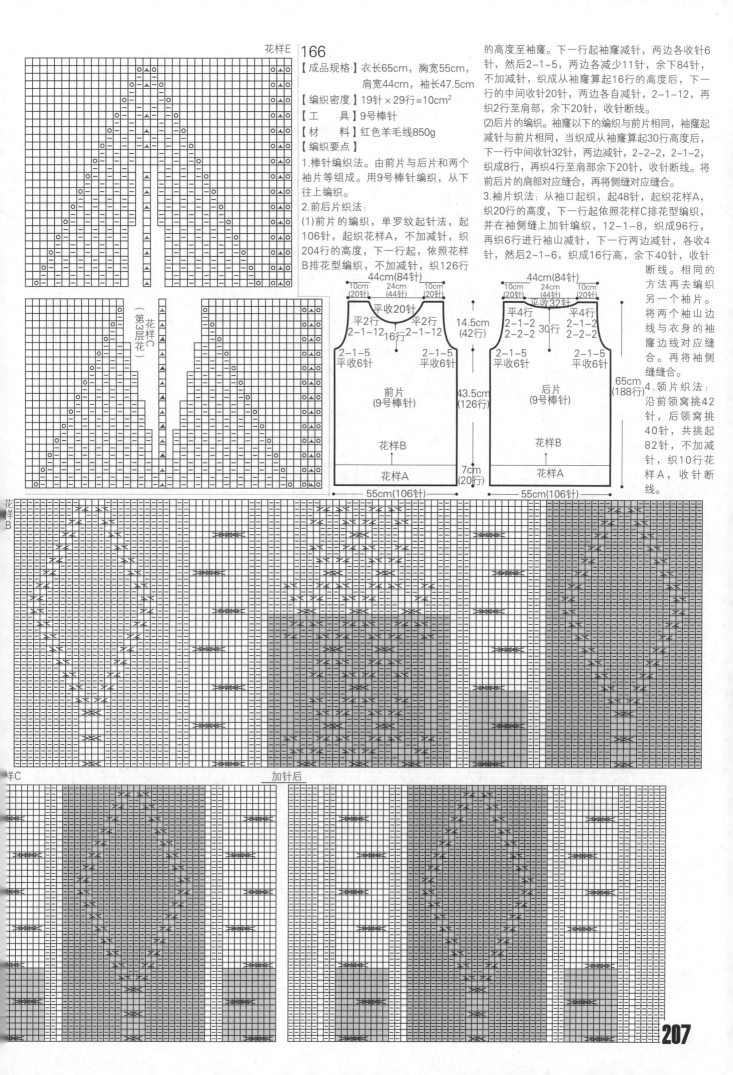

花样E

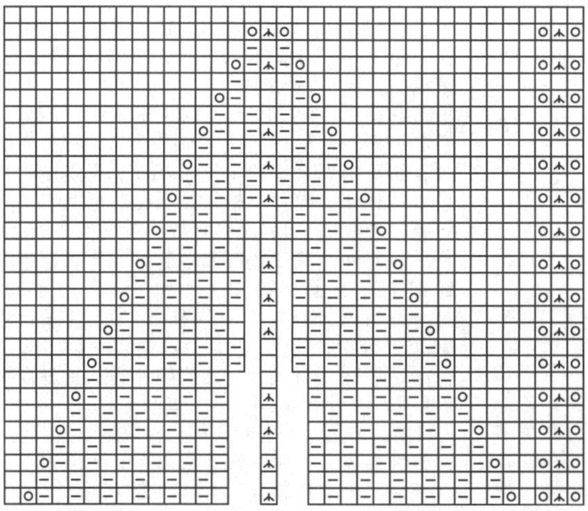

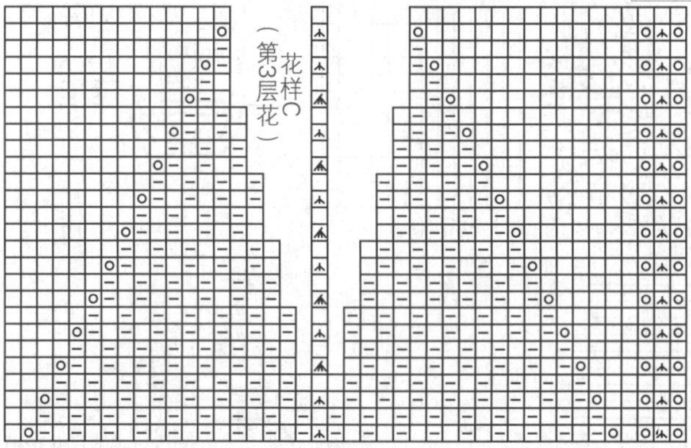

166

【成品规格】衣长65cm，胸宽55cm，肩宽44cm，袖长47.5cm

【编织密度】19针×29行=10cm²

【工　　具】9号棒针

【材　　料】红色羊毛线850g

【编织要点】

1.棒针编织法。由前片与后片和两个袖片等组成。用9号棒针编织，从下往上编织。

2.前后片织法：

(1)前片的编织，单罗纹起针法，起106针，起织花样A，不加减针，织204行的高度，下一行起，依照花样B排花型编织，不加减针，织126行的高度至袖窿。下一行起袖窿减针，两边各收针6针，然后2-1-5，两边各减少11针，余下84针，不加减针，织成从袖窿算起16行的高度后，下一行的中间收针20针，两边各自减针，2-1-12，再织2行至肩部，余下20针，收针断线。

(2)后片的编织。袖窿以下的编织与前片相同，袖窿起减针与前片相同，当织成从袖窿算起30行高度后，下一行中间收针32针，两边减针，2-2-2，2-1-2，织成8行，再织4行至肩部余下20针，收针断线。将前后片的肩部对应缝合，再将侧缝对应缝合。

3.袖片织法：从袖口起织，起48针，起织花样A，织20行的高度，下一行起依照花样C排花型编织，并在袖侧缝上加针编织，12-1-8，织成96行，再织6行进行袖山减针，下一行两边减针，各收4针，然后2-1-6，织成16行高，余下40针，收针断线。相同的方法再去编织另一个袖片。将两个袖山边线与衣身的袖窿边线对应缝合。再将袖侧缝缝合。

4.领片织法：沿前领窝挑42针，后领窝挑40针，共挑起82针，不加减针，织10行花样A，收针断线。

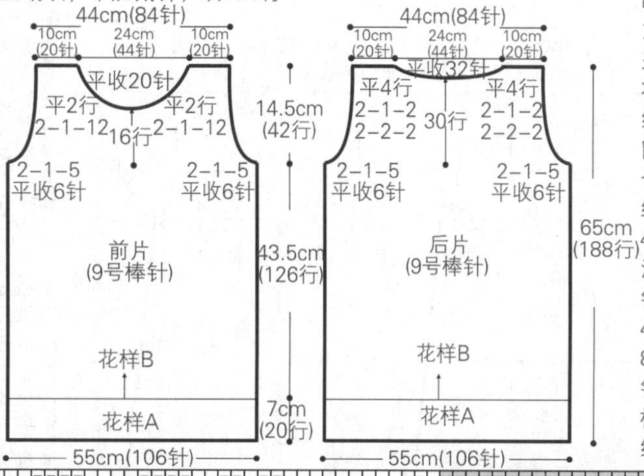

花样B

花样C　　加针后

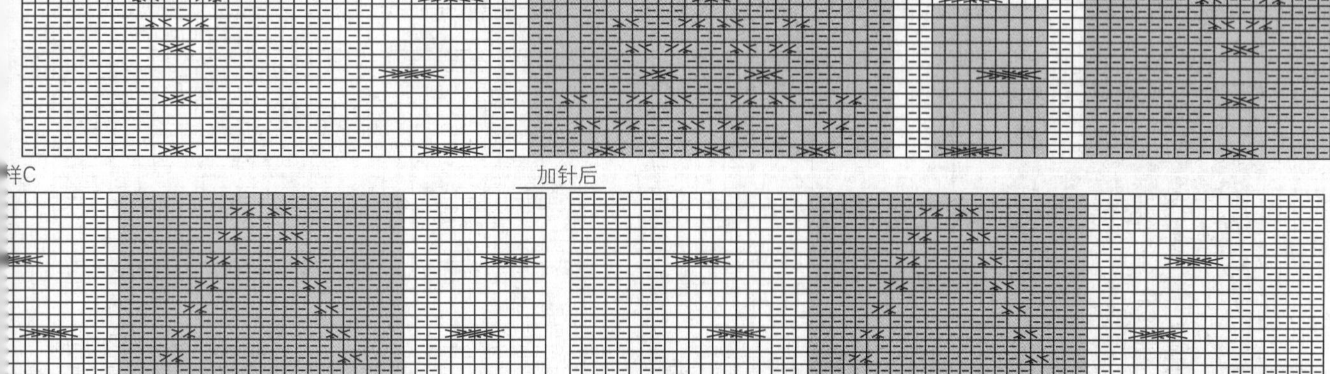

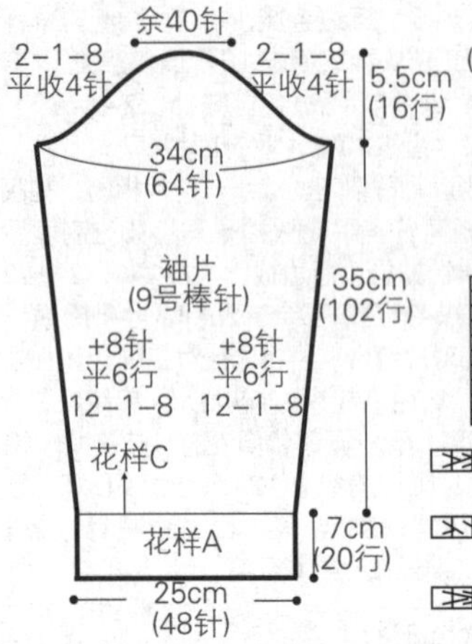

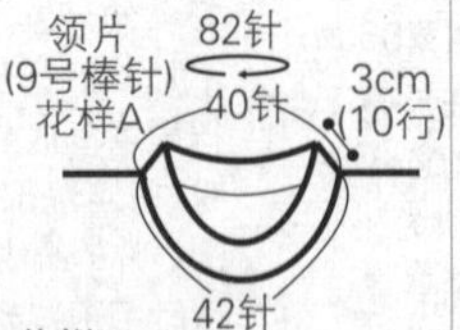

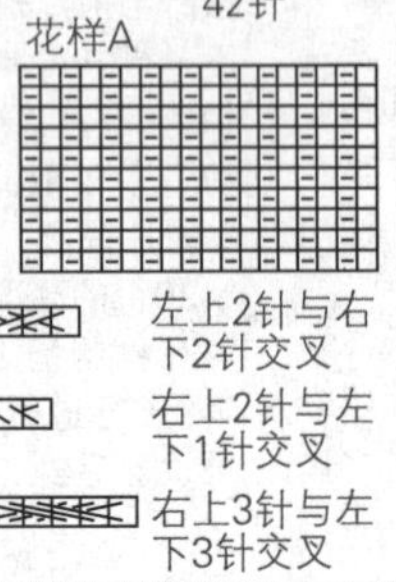

167

【成品规格】裙长74cm，半胸围40cm，肩宽32cm

【编织密度】23.8针×27.3行=10cm²

【工　　具】12号棒针，1.5mm钩针

【材　　料】红色羊毛线500g

【编织要点】

1.棒针编织法，衣身为前片和后片分别编织缝合而成。

2.起织后片。起152针，织花样A，织16行后，改织花样B，织至28行，两侧按6-1-18的方法减针，织至100行，将织片中间对摺收掉20针，中间改织22针花样A，两侧其余针数继续织花样B，织14行后，全部改织花样B，织至142行，织片余下96针，两侧袖窿减针，方法为1-4-1，2-1-6，织至195行，中间36针改织花样C，其余针数继续织花样B，织4行后，中间36针收针，两侧肩部各20针继续织4行后，收针断线。

3.起织前片。起152针，织花样A，织16行后，改织花样B，织至28行，两侧按6-1-18的方法减针，织至64行，织片中间留26针，两侧制作对褶各收掉10针，制作口袋，然后在对褶上端改织20针花样A作为袋口，其余针数继续织花样B，织12行后，将两个袋口各20针收针，次行重起继续编织花样B，织至142行，织片余下96针，两侧袖窿减针，方法为1-4-1，2-1-6，织至159行，中间36针改织花样C，其余针数继续织花样B，织4行后，中间36针收针，两侧肩部各20针继续织至202行，收针断线。

4.将前片与后片侧缝对应缝合，肩缝对应缝合。

5.编织口袋，衣服内侧挑起20针，织花样B，织60行后，与袋口缝合，再将口袋两侧缝合。

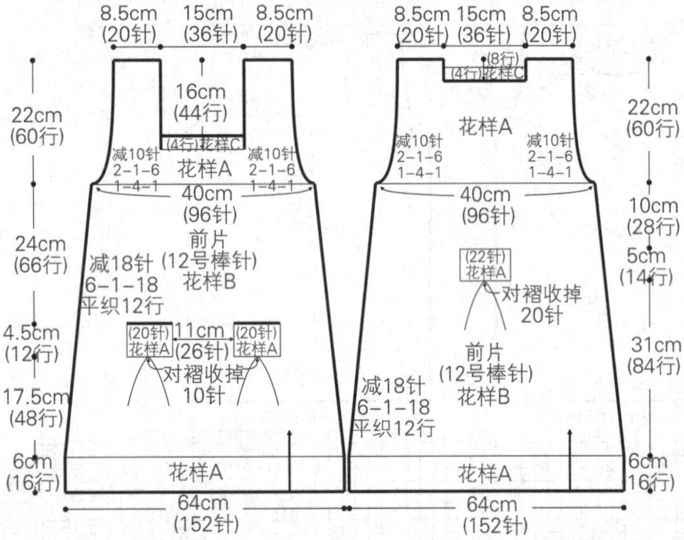

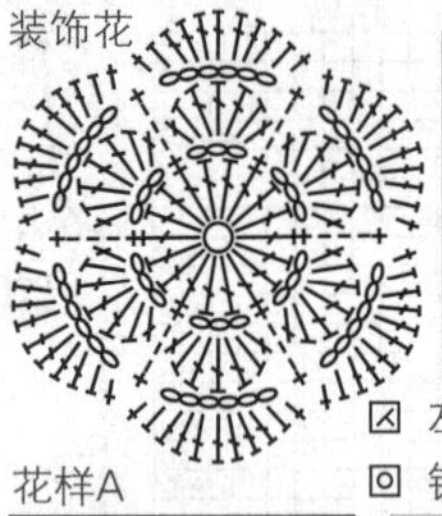

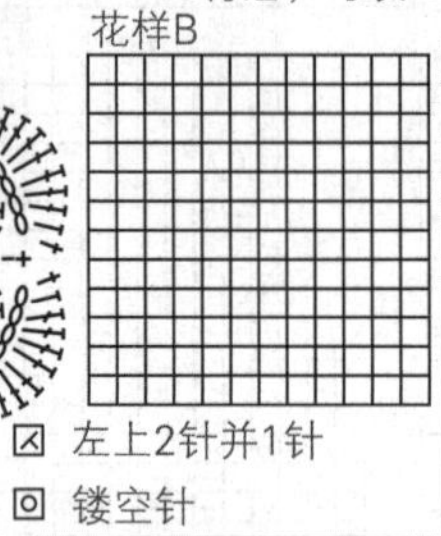

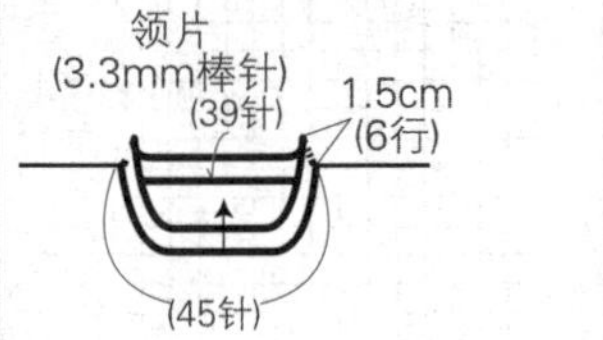

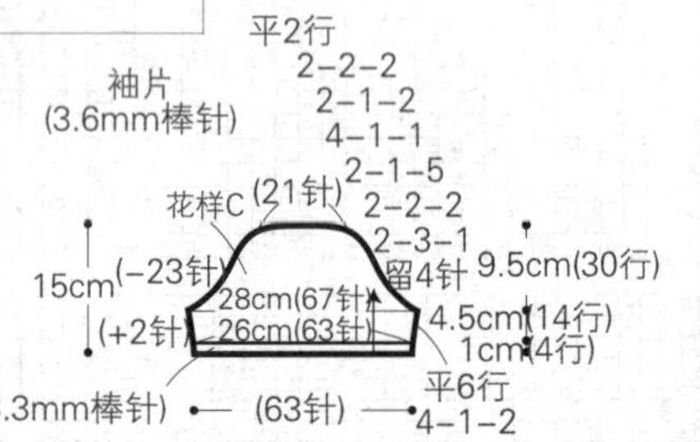

168

【成品规格】衣长56cm，背肩宽27cm，胸围74cm，袖长15cm

【编织密度】24针×32行=10cm²

【工　　具】3.3mm棒针，3.6mm棒针

【材　　料】粉色纯棉线260g

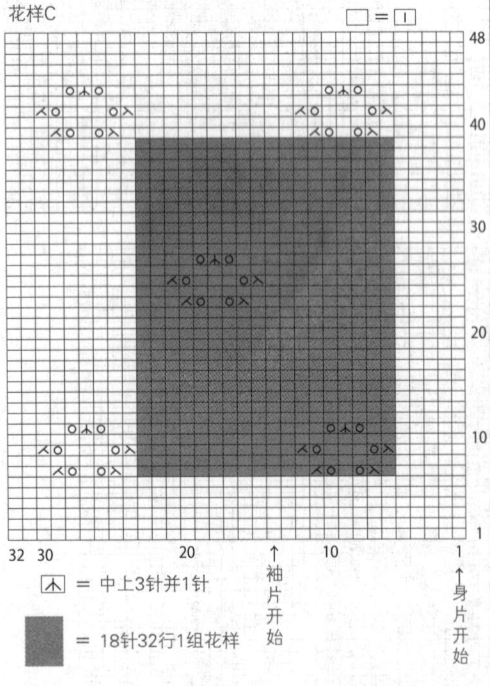

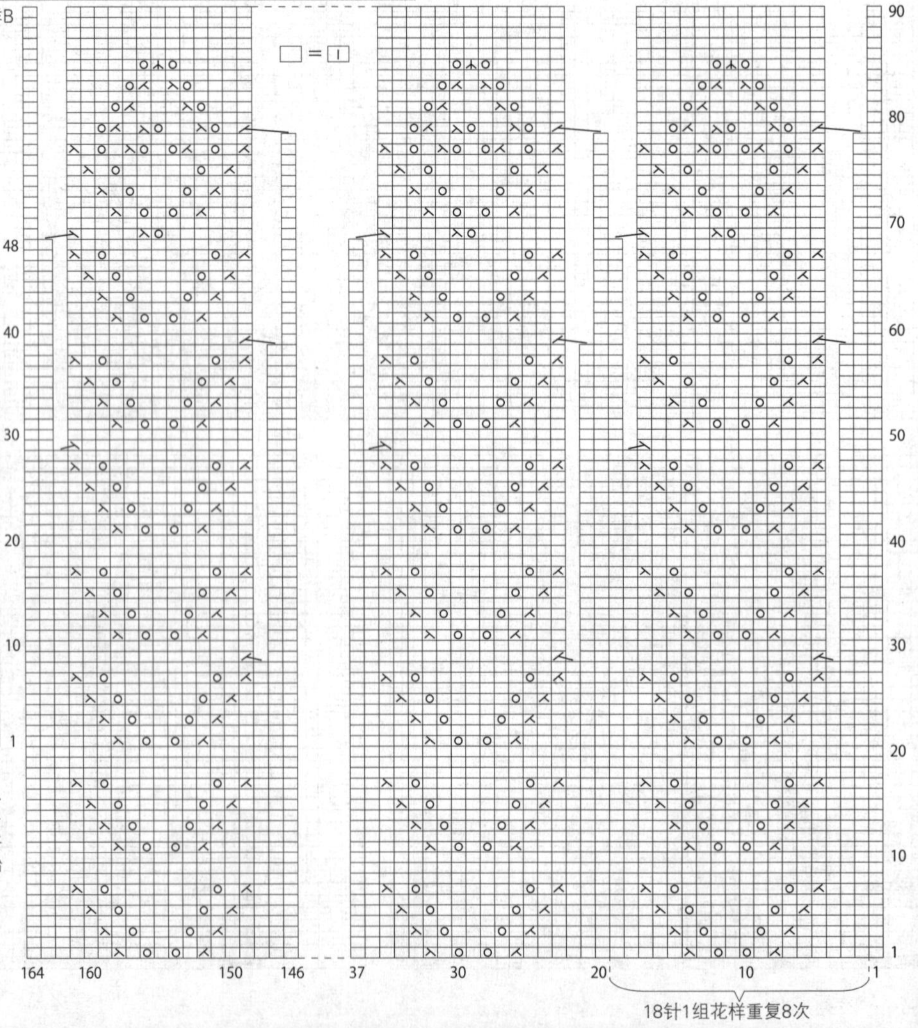

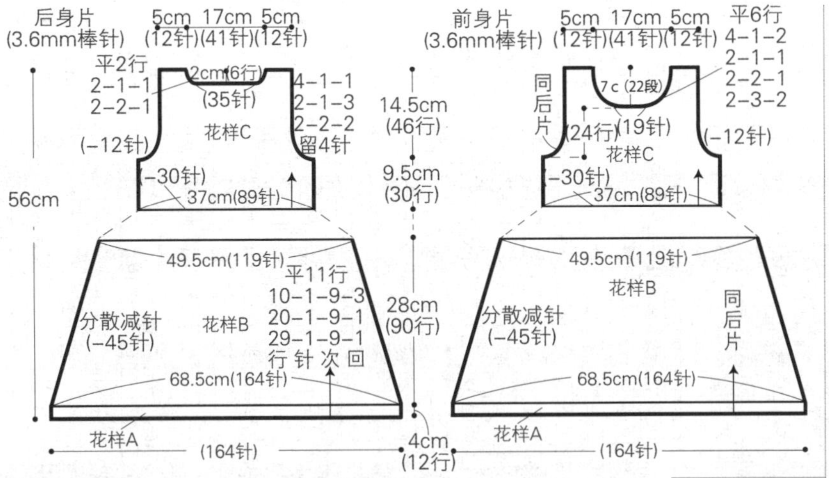

169

【成品规格】衣长43cm，胸围78cm，袖长36cm

【编织密度】23针×30行=10cm²

【工　　具】3.6mm棒针，3.9mm棒针

【材　　料】姜黄色纯棉线150g，淡蓝色纯棉线55g

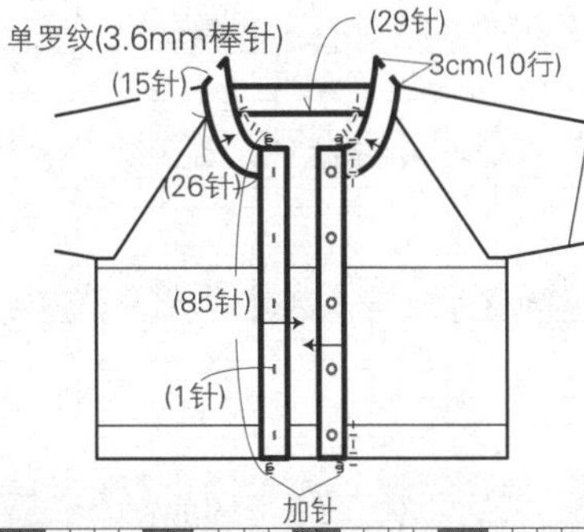

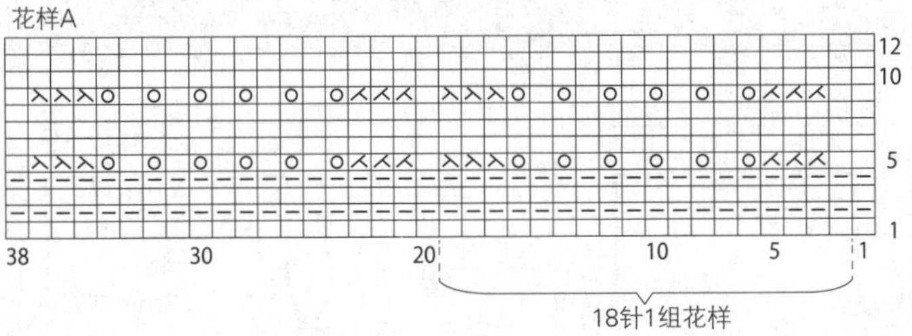

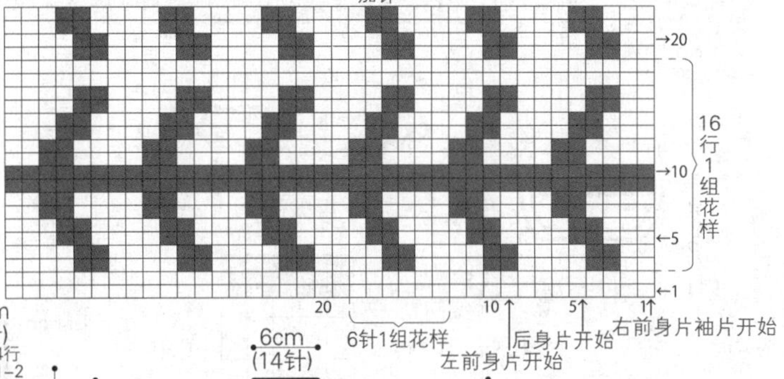

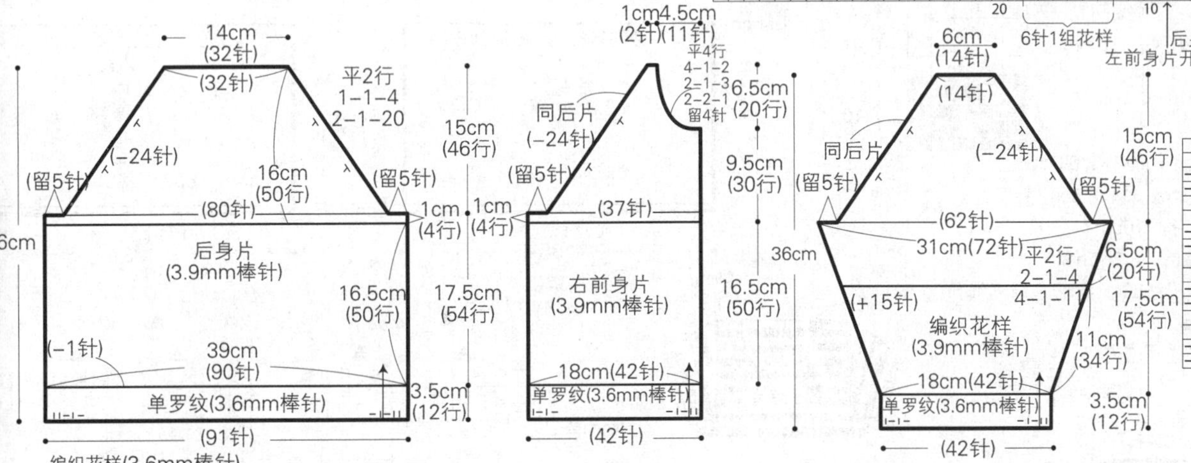

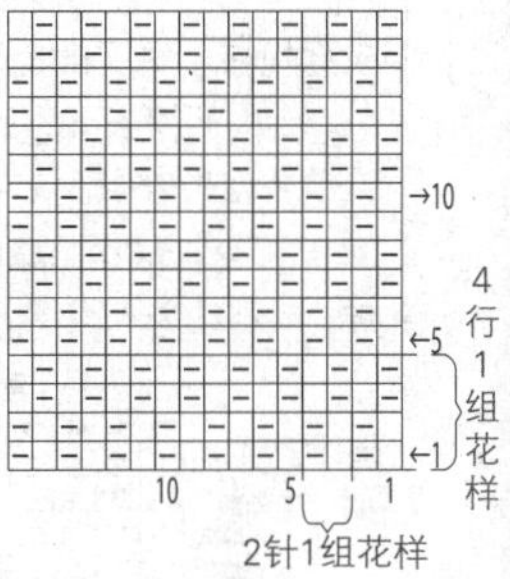

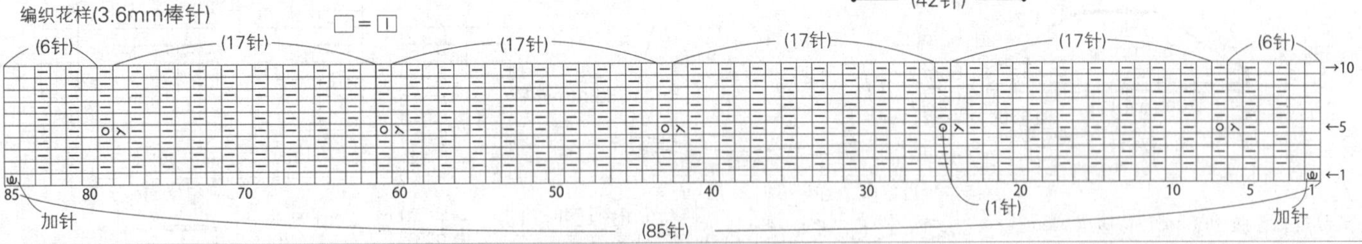

70

【成品规格】裙长57cm，胸围74cm，背肩宽26cm

裙长54cm，胸围68cm，背肩宽23.5cm

【编织密度】花样A：24针×32行=10cm²

花样B：26针×30行=10cm²

【工　　具】3.3mm棒针，3.6mm棒针，2.5mm钩针

【材　　料】淡蓝色纯棉线200g，米白色纯棉线50g

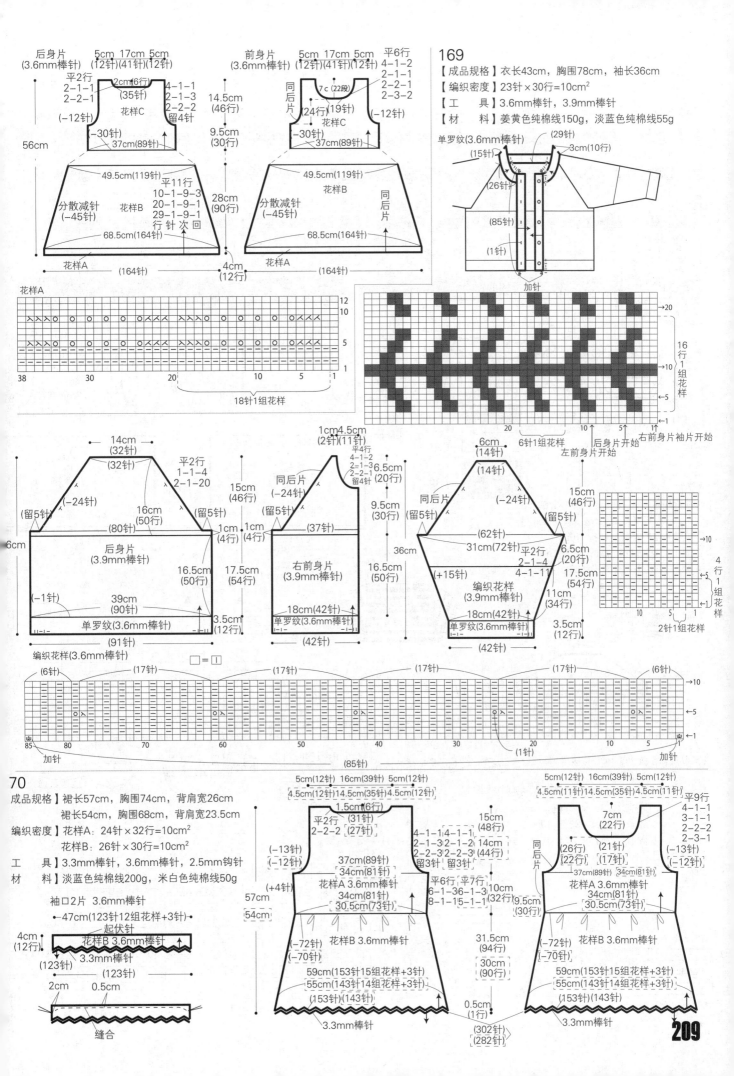

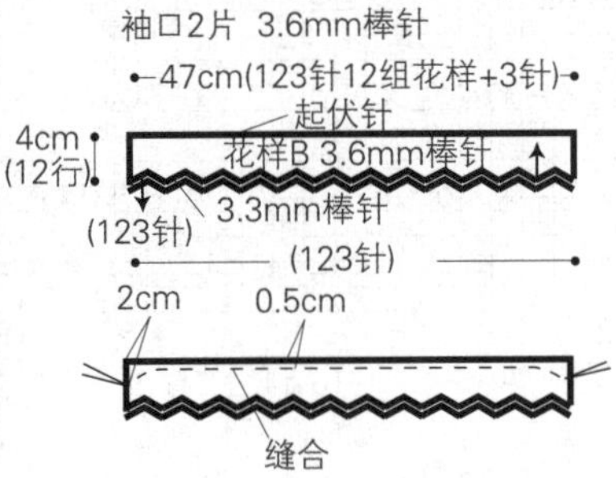

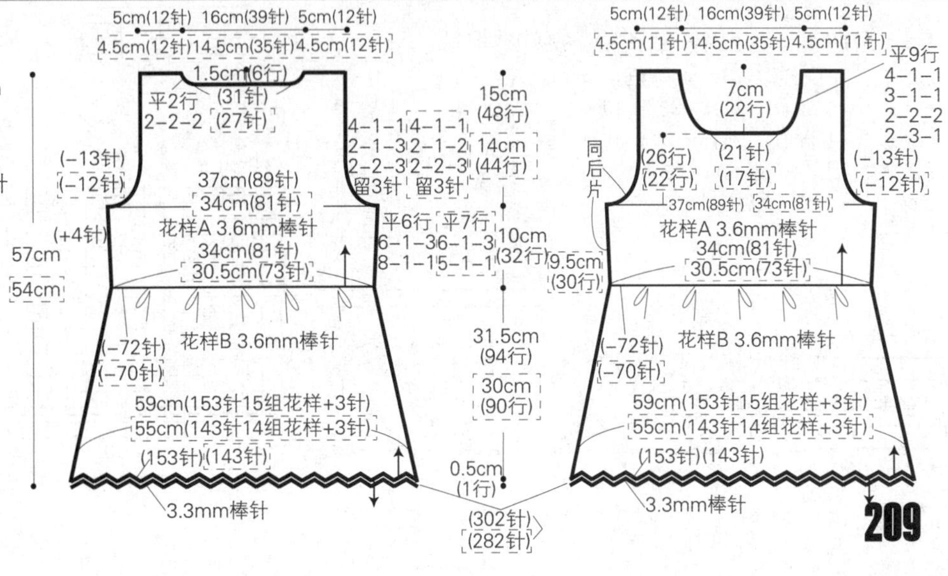

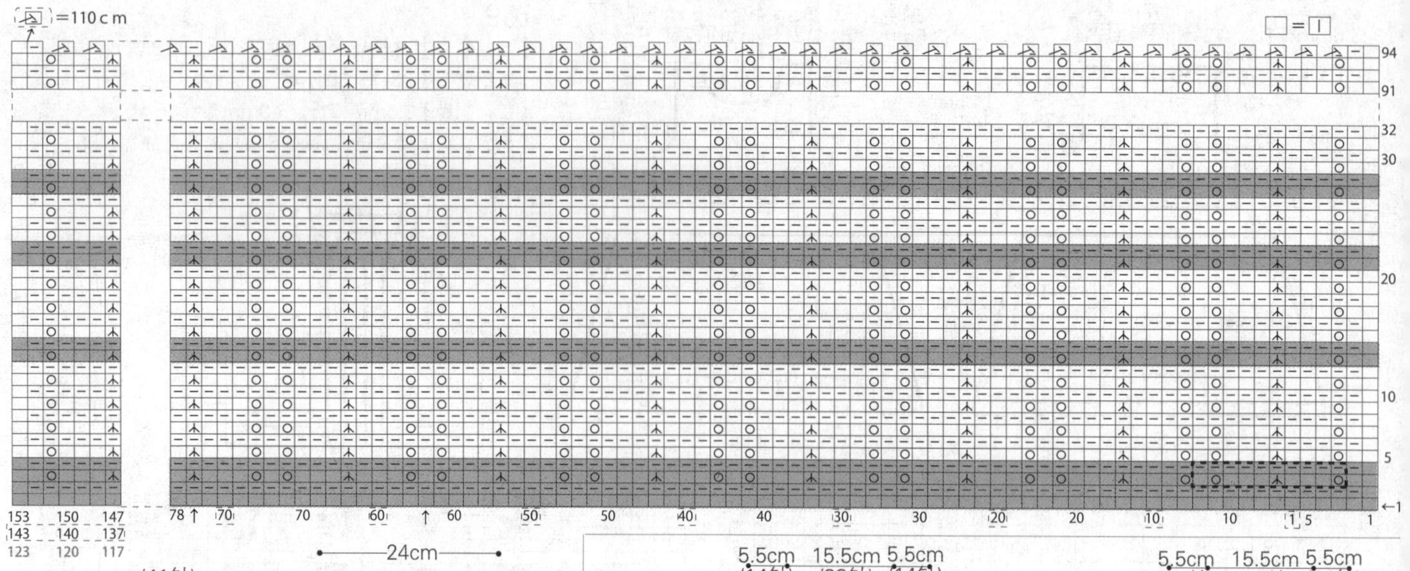

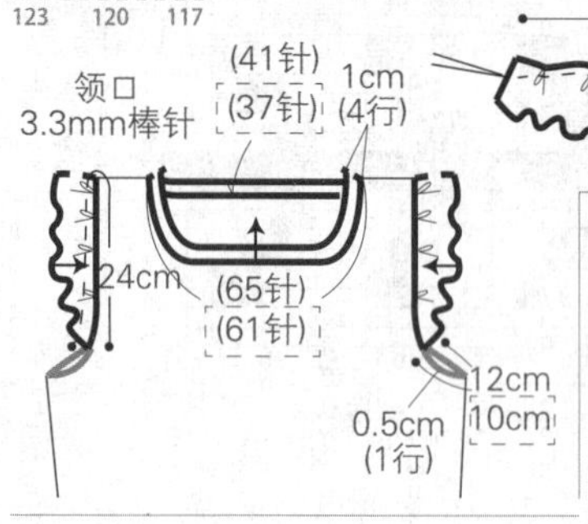

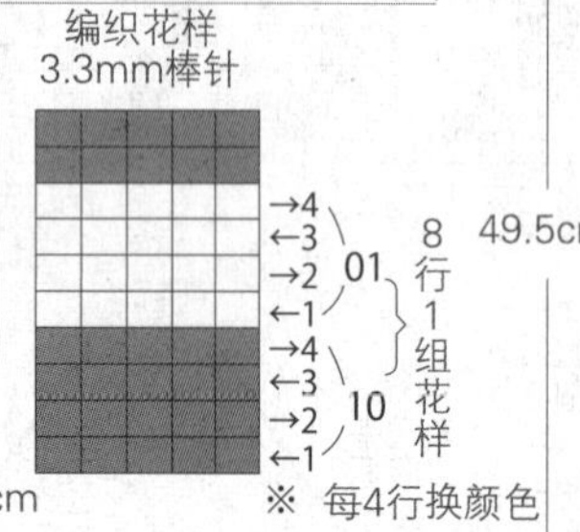

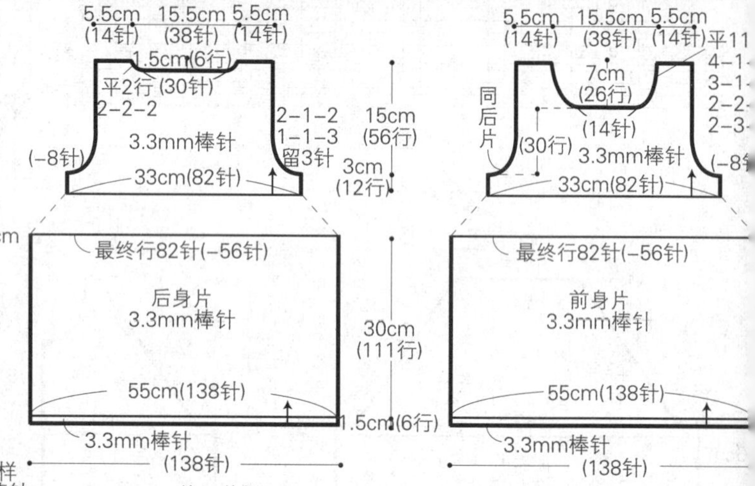

171

【成品规格】胸围66cm，背肩宽26.5cm
裙长49.5cm，袖长8.5cm
【编织密度】25针×27行=10cm²
【工　　具】3.0mm棒针，3.3mm棒针
【材　　料】深褐色纯棉线80g，米白色纯棉线110g

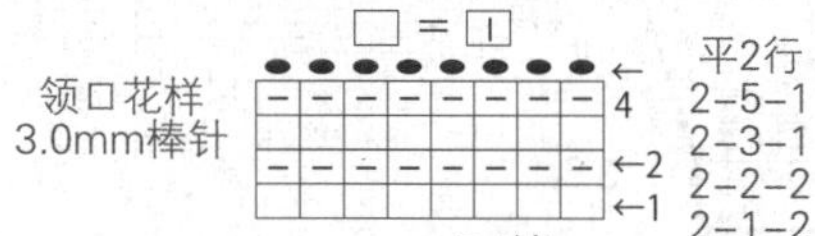

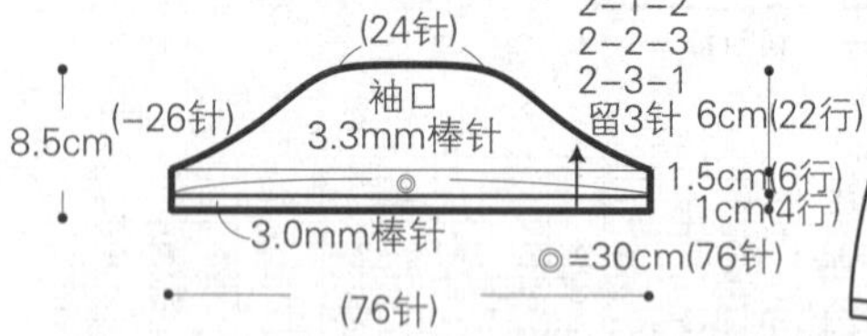

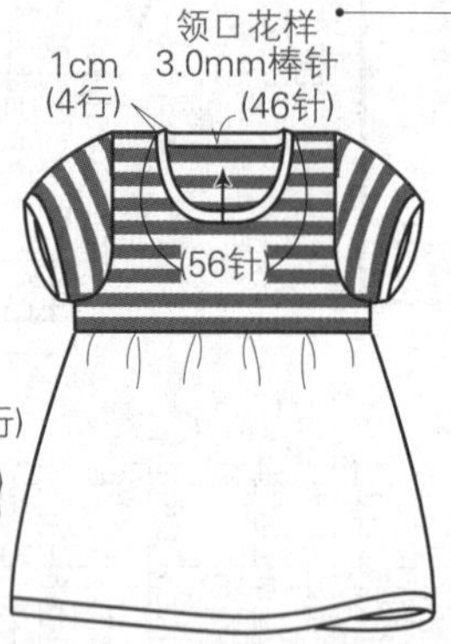

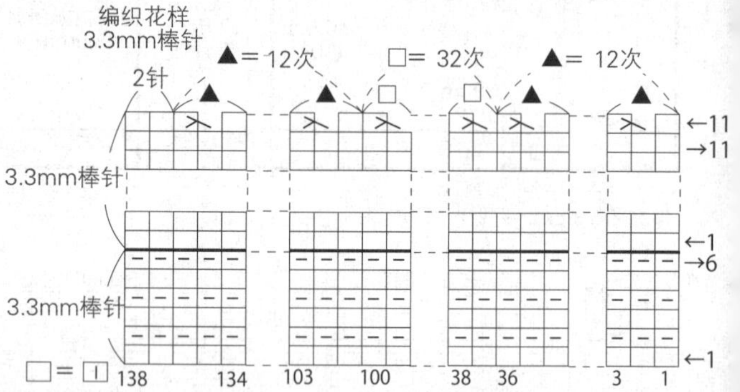

172

【成品规格】胸围68cm，背肩宽26cm
裙长53cm
【编织密度】花样A：24.5针×32行=10cm²
花样B：25针×40行=10cm²
花样C：21针×38行=10cm²
花样D：24针×31行=10cm²
【工　　具】3.9mm棒针，3.0mm钩针
【材　　料】粉红色纯棉线250g

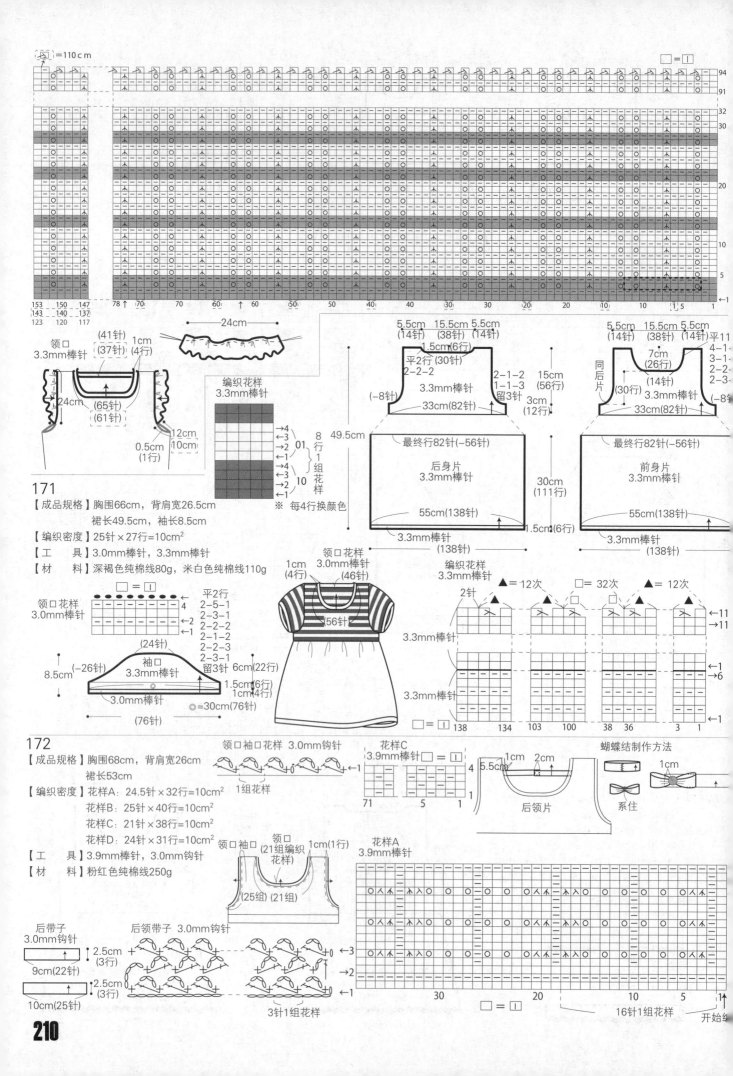

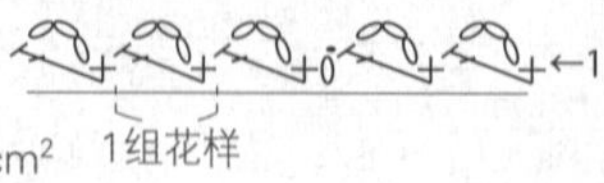

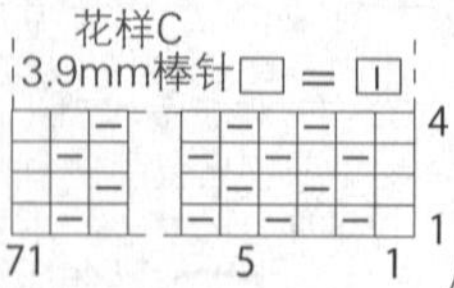

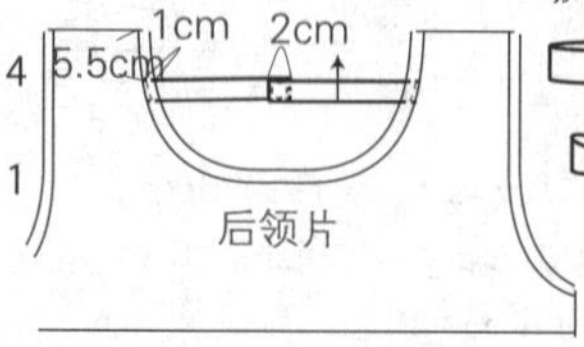

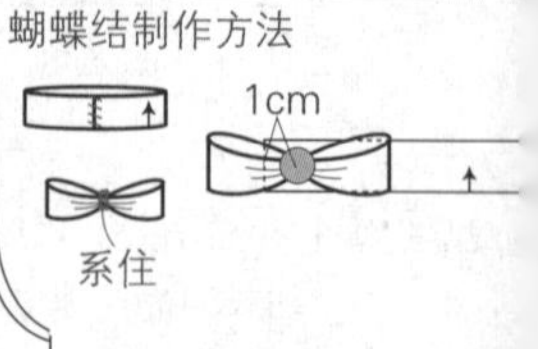

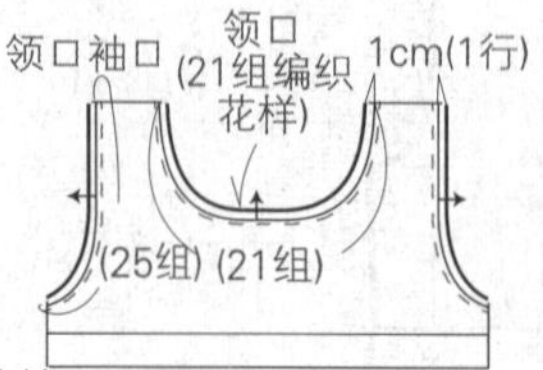

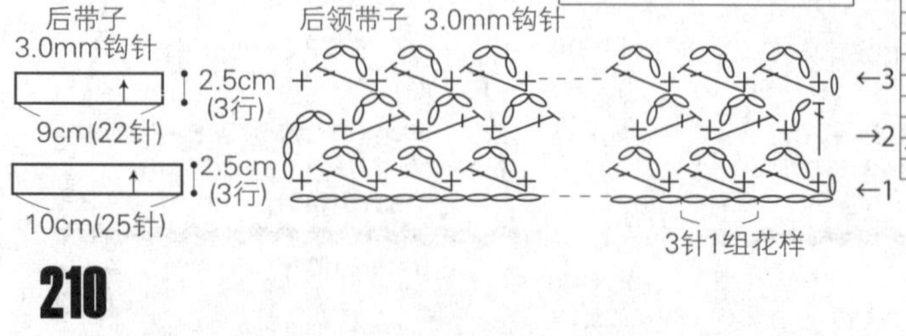

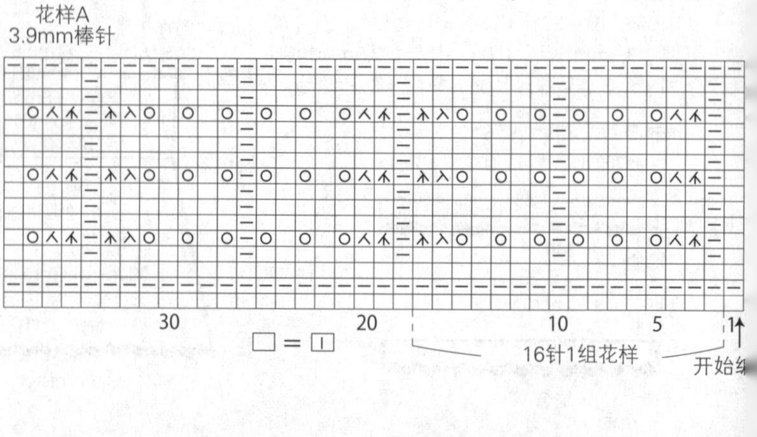

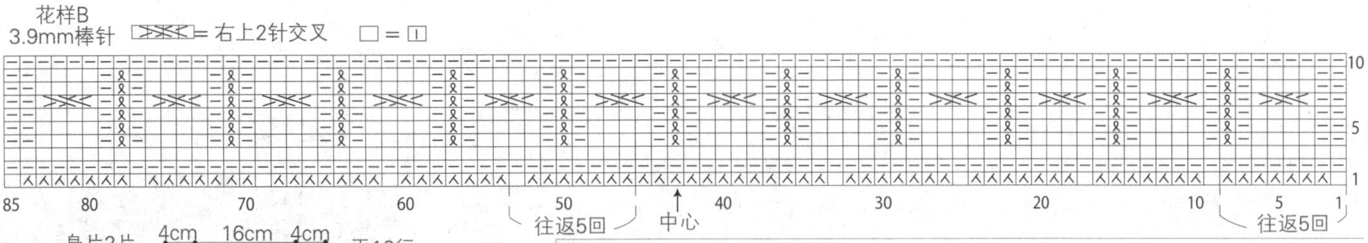

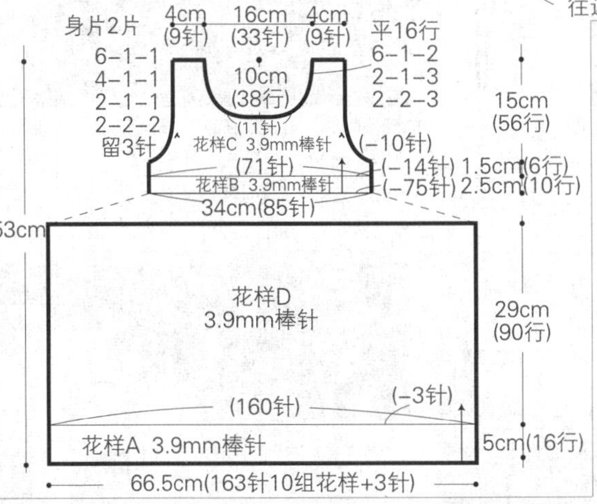

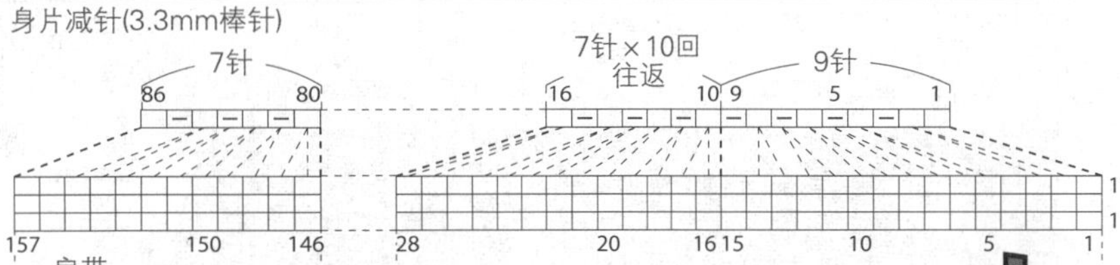

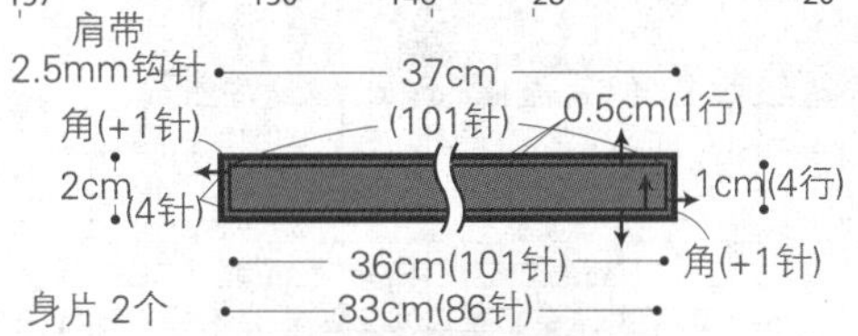

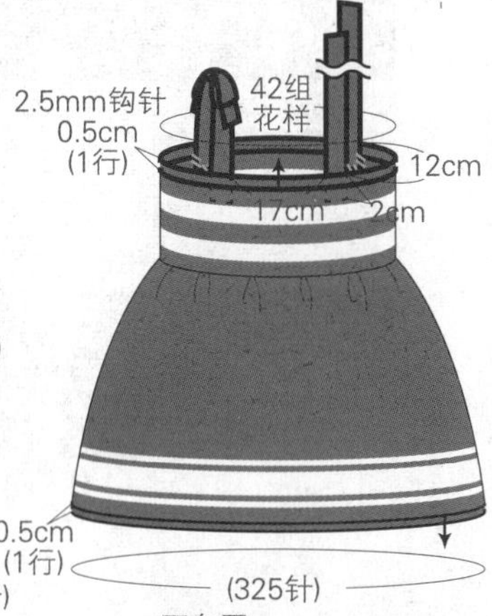

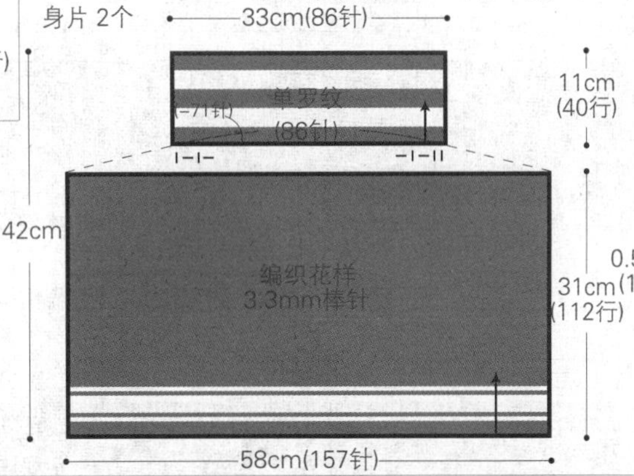

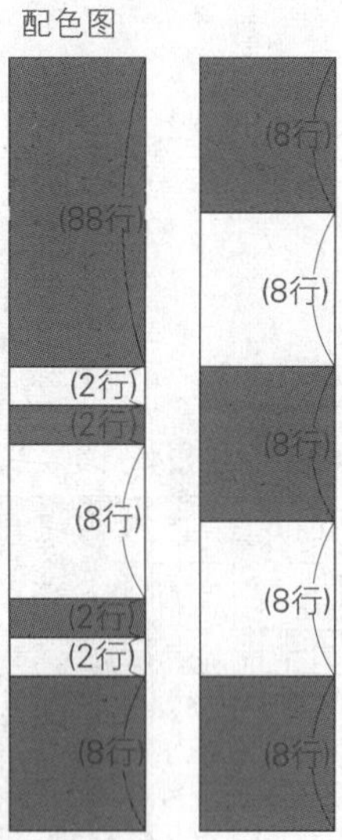

173

【成品规格】胸围66cm，裙长44cm

【编织密度】编织花样：27针×36行=10cm²

单罗纹花样：26针×36行=10cm²

【工　　具】3.3mm棒针，2.5mm钩针

【材　　料】亮黄色纯棉线130g，白色纯棉线30g

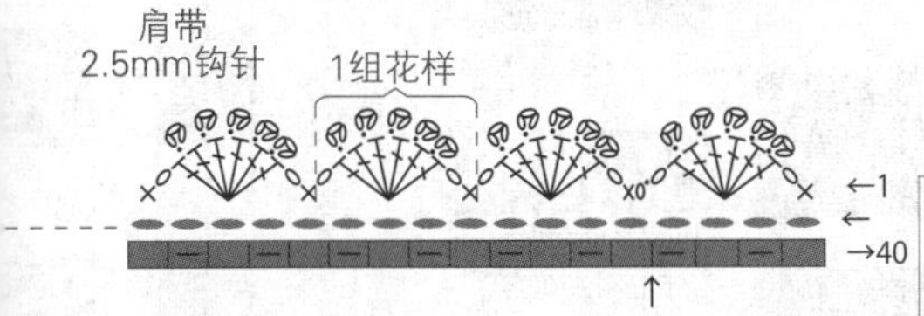

174

【成品规格】胸围75cm，裙长47cm，袖长23.5cm

【编织密度】编织花样A：23针×35行=10cm²

编织花样B：17针×26行=10cm²

单罗纹花样：23针×36行=10cm²

【工　　具】3.3mm、3.9mm、5.1mm棒针，

3.0mm钩针

【材　　料】灰褐色纯棉线305g，蓝色纯棉线10g，

黄色纯棉线5g

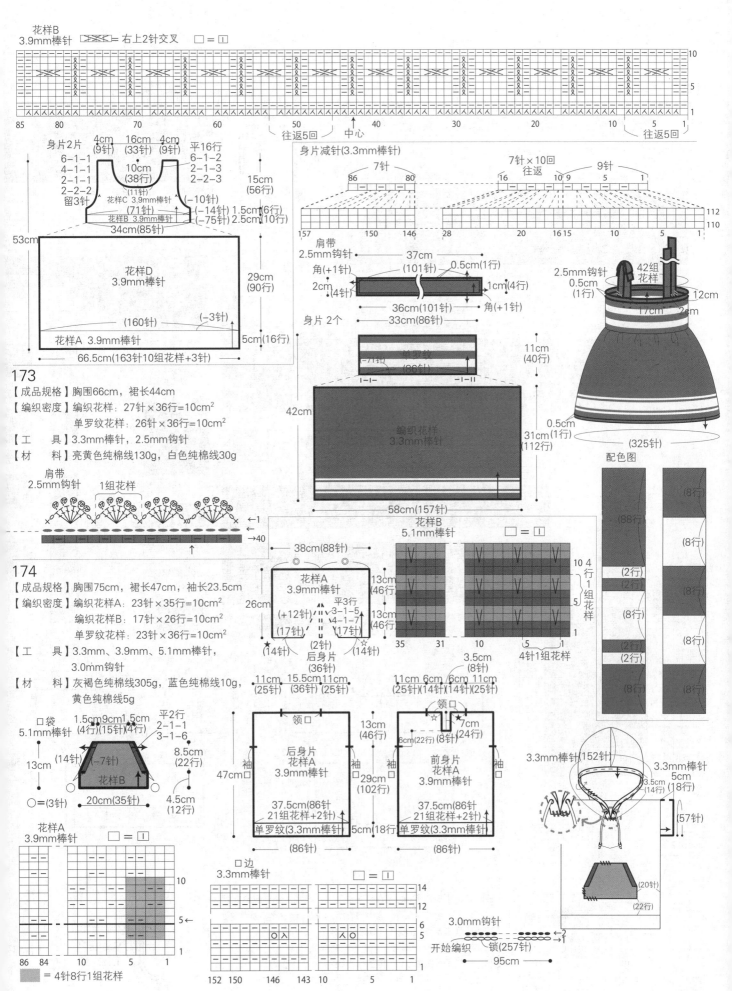

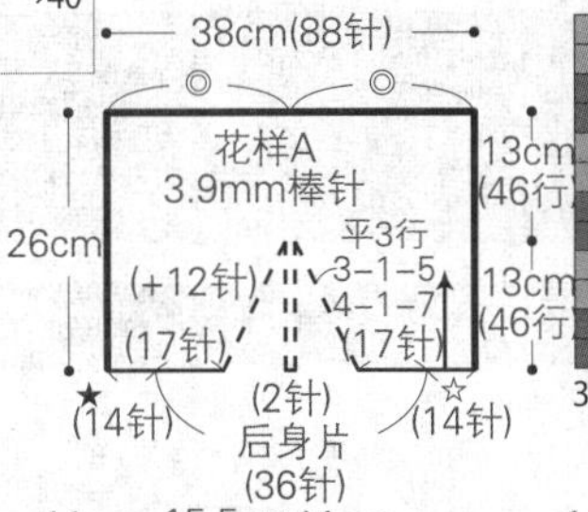

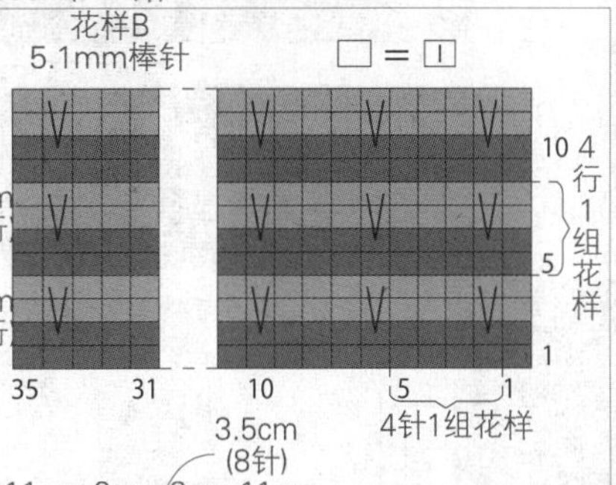

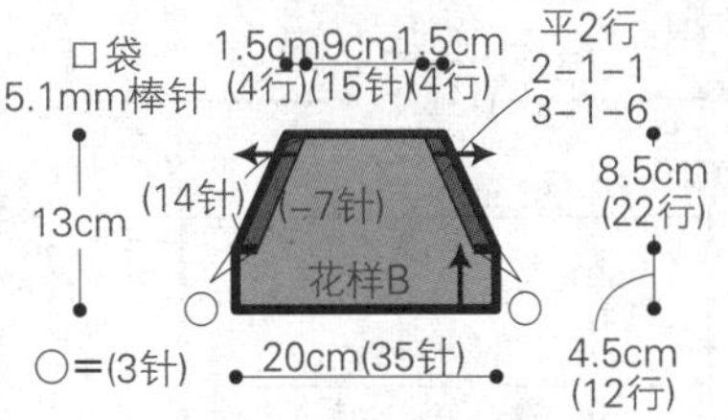

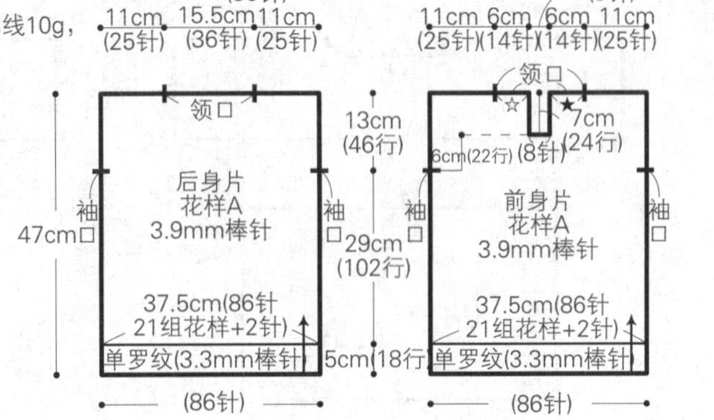

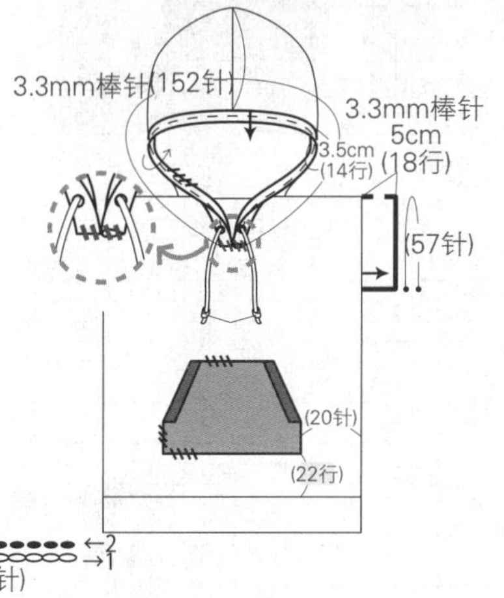

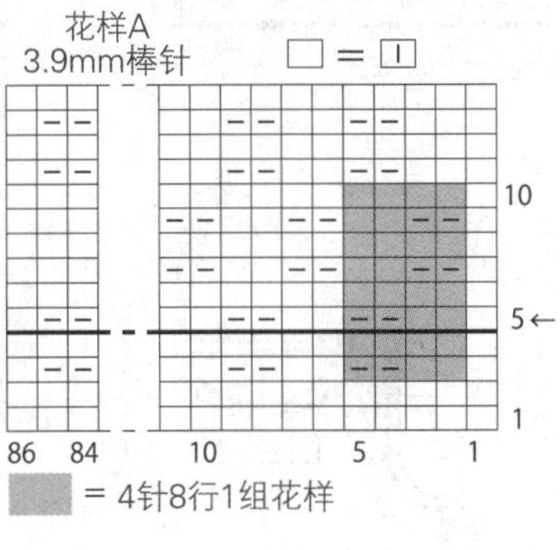

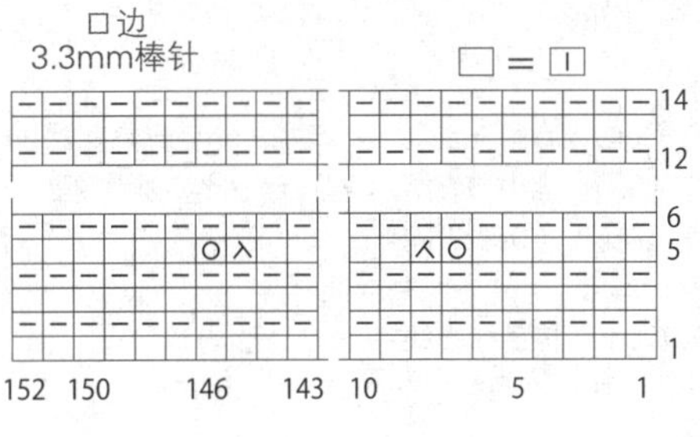

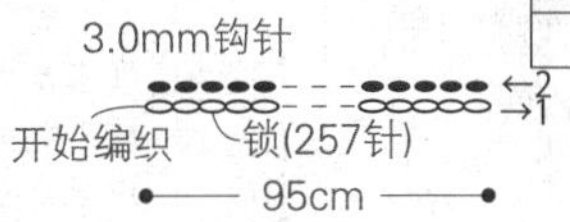

175

【成品规格】胸围74cm，后身片长41.5cm，袖长18cm

【编织密度】编织花样A、B：21.5针×31行=10cm²

单罗纹花样：24针×34行=10cm²

【工　　具】3.0mm棒针、3.6mm棒针

【材　　料】翠绿色纯棉线60g，米白色纯棉线100g

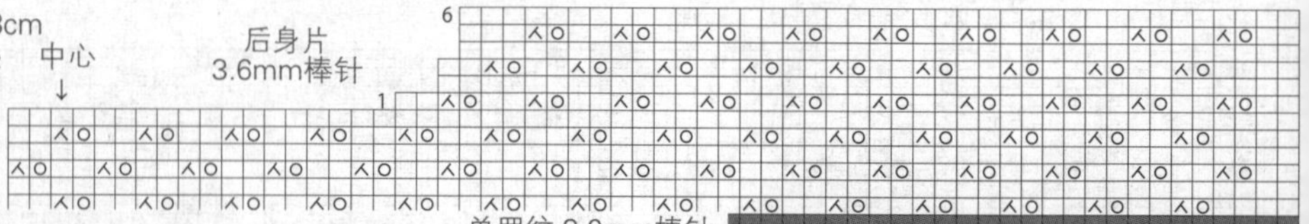

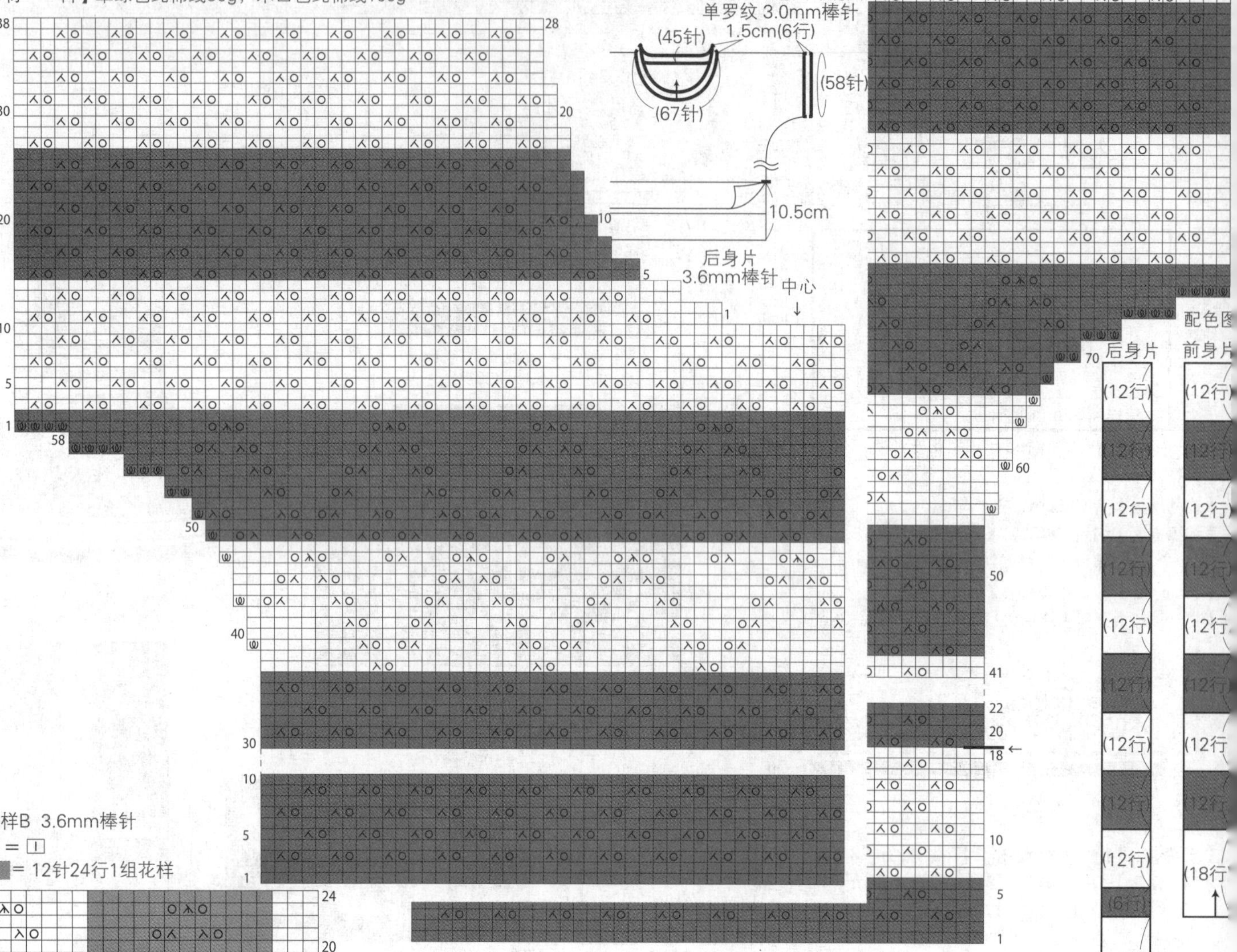

花样B 3.6mm棒针

□ = Ⅰ

▇ = 12针24行1组花样

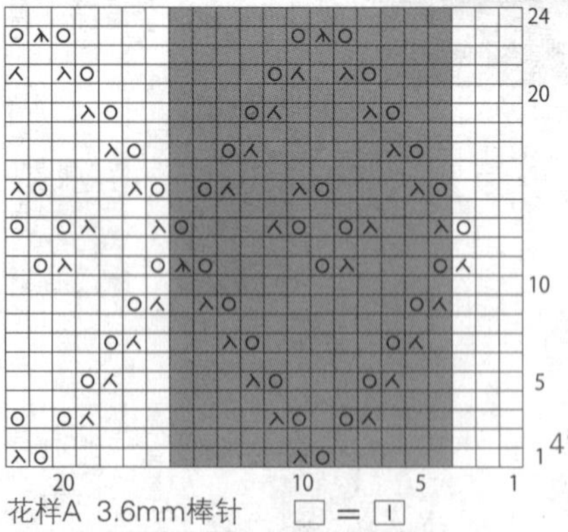

花样A 3.6mm棒针 □ = Ⅰ

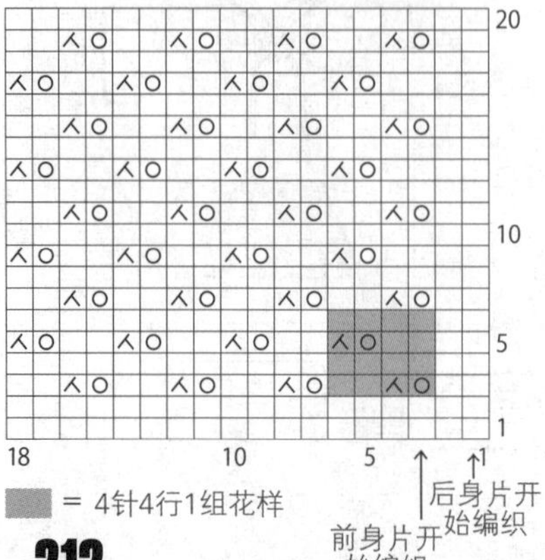

▇ = 4针4行1组花样

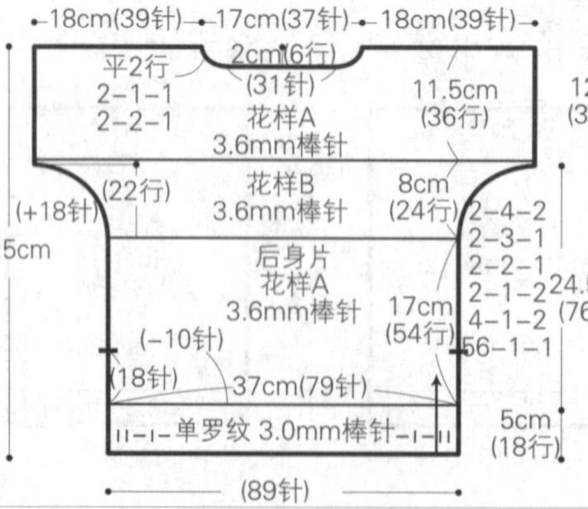

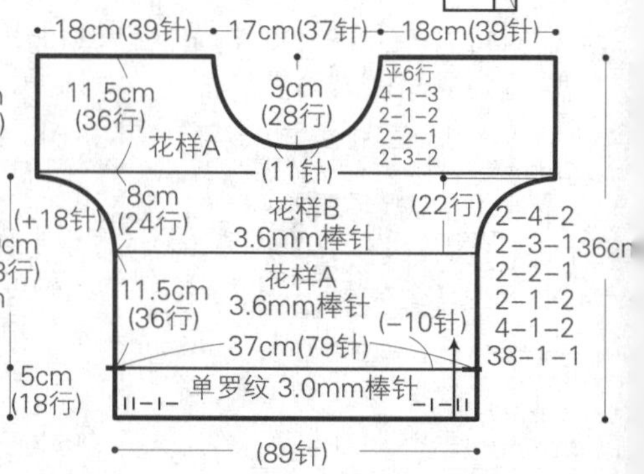

176

【成品规格】身高90cm：胸围56cm，身片长38cm，背肩宽21cm

身高110cm：胸围64cm，身片长41cm，背肩宽24cm

【编织密度】单罗纹花样：30针×349行=10cm²

【工　　具】3.0mm棒针

【材　　料】身高90cm：棕色纯棉线100g，

身高110cm：棕色纯棉线125g

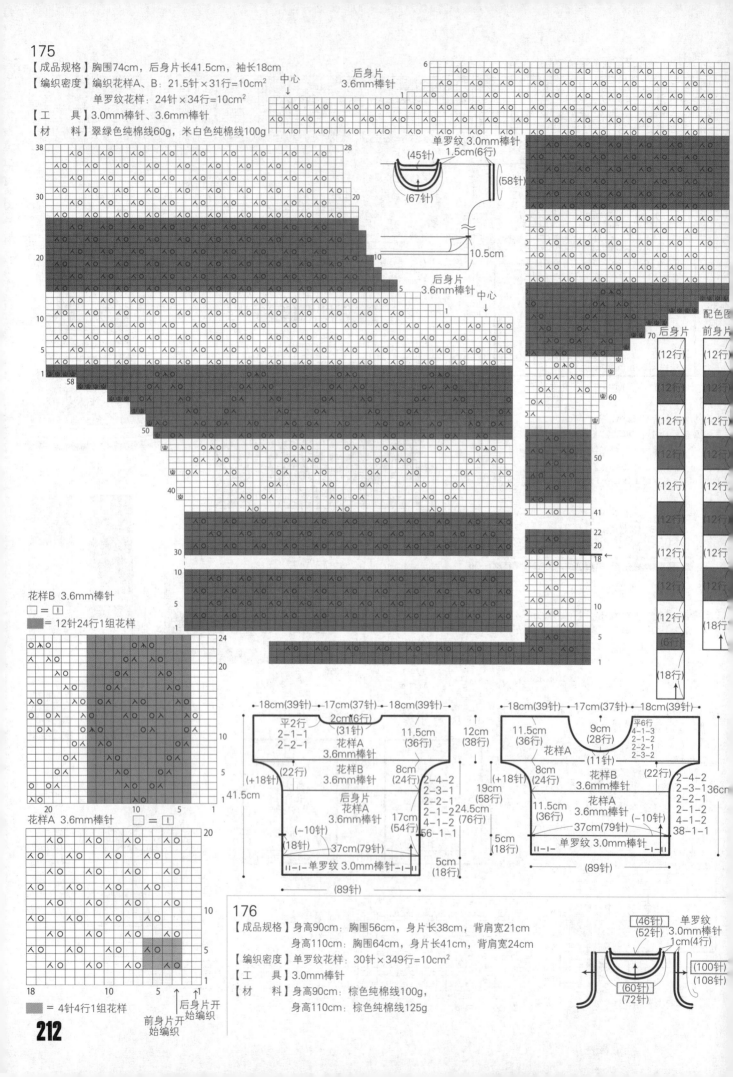

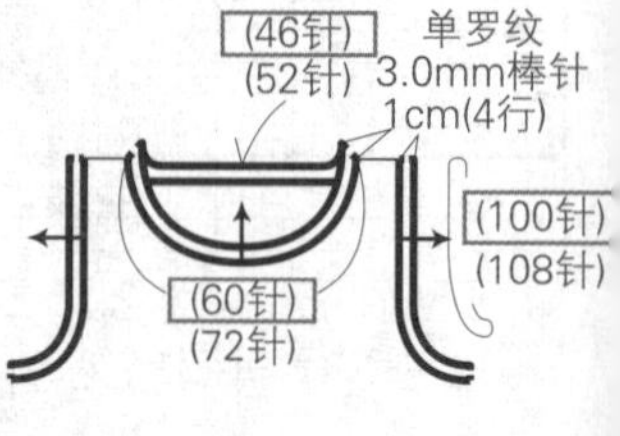

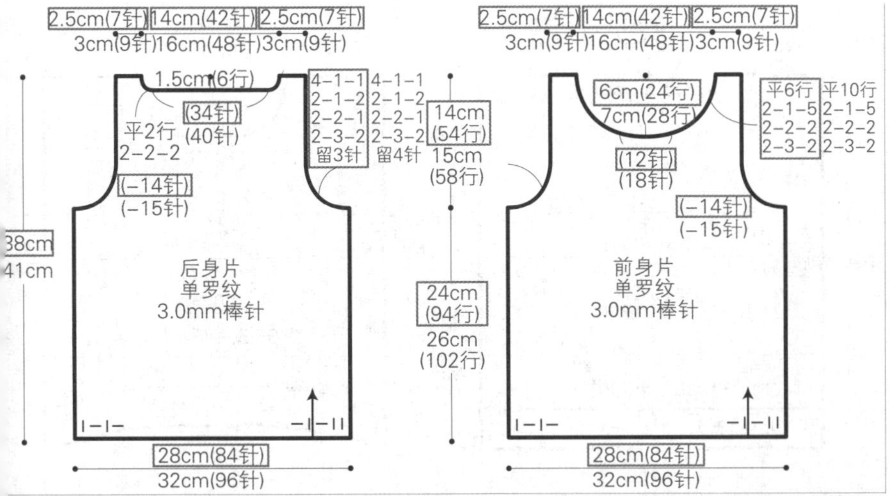

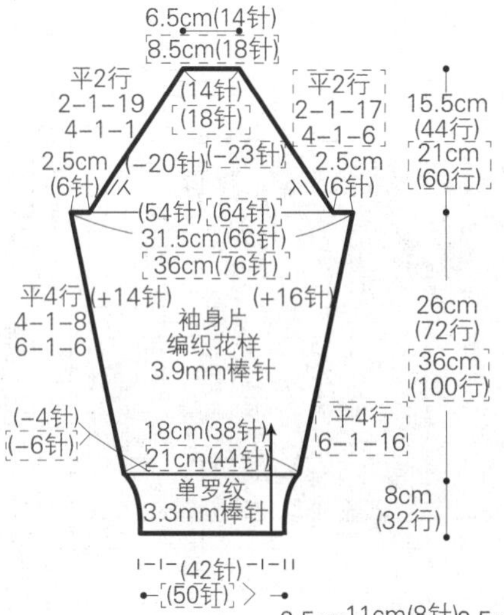

177

【成品规格】成人身高：胸围89cm，衣长62cm，袖长65cm

120cm身高：胸围78cm，衣长36cm，袖长49.5cm

【编织密度】3.9mm棒针：21针×28行=10cm²

15mm棒针：7针×10行=10cm²

【工　　具】3.3mm、3.9mm、6.6mm棒针

【材　　料】成人身高：红色极细羊绒线320g

120cm身高：红色极细羊绒线240g

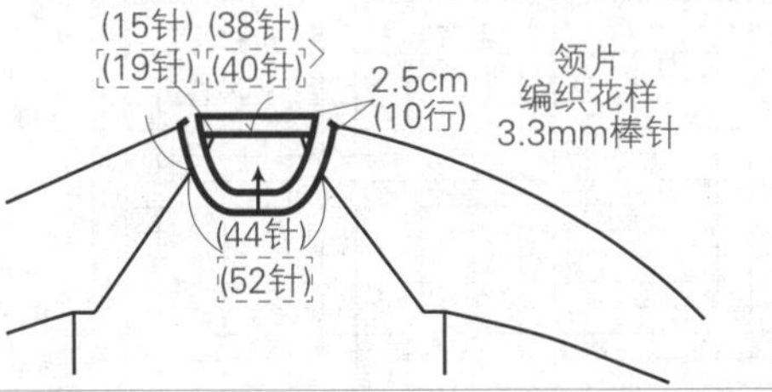

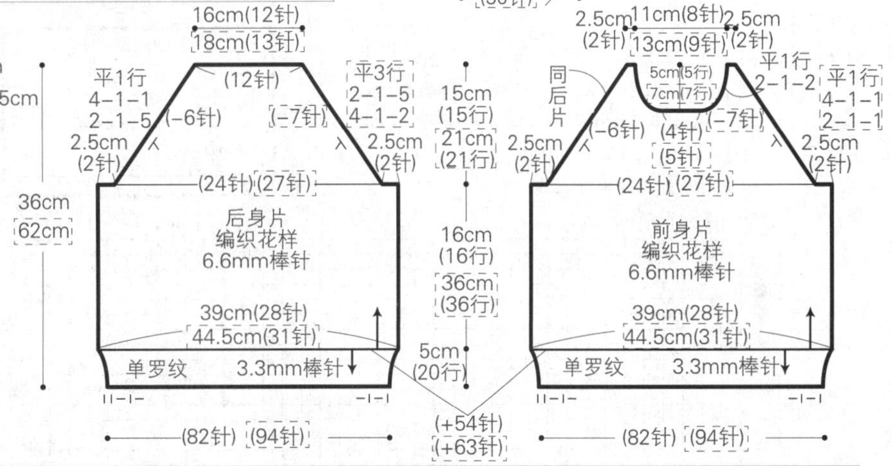

178

【成品规格】130cm身高：胸围76cm，衣长48cm，袖长37cm

120cm身高：胸围72cm，衣长43cm，袖长35cm

【编织密度】21针×28行=10cm²

【工　　具】3.9mm、4.5mm棒针，3.5mm钩针

【材　　料】130cm身高：红色纯棉线270g，其他颜色纯棉线少量

120cm身高：红色纯棉线235g，其他颜色纯棉线少量

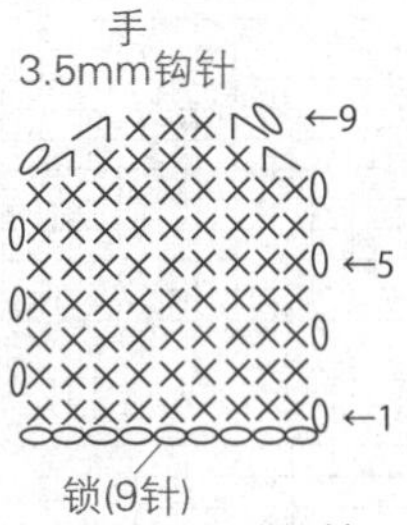

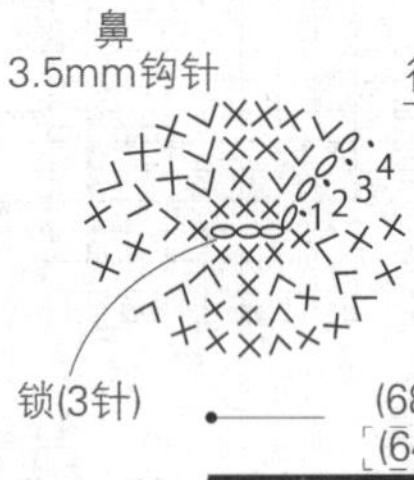

行数	针数
4	26(+6针)
3	20(+6针)
2	14(+6针)
1	8
	锁(3针)

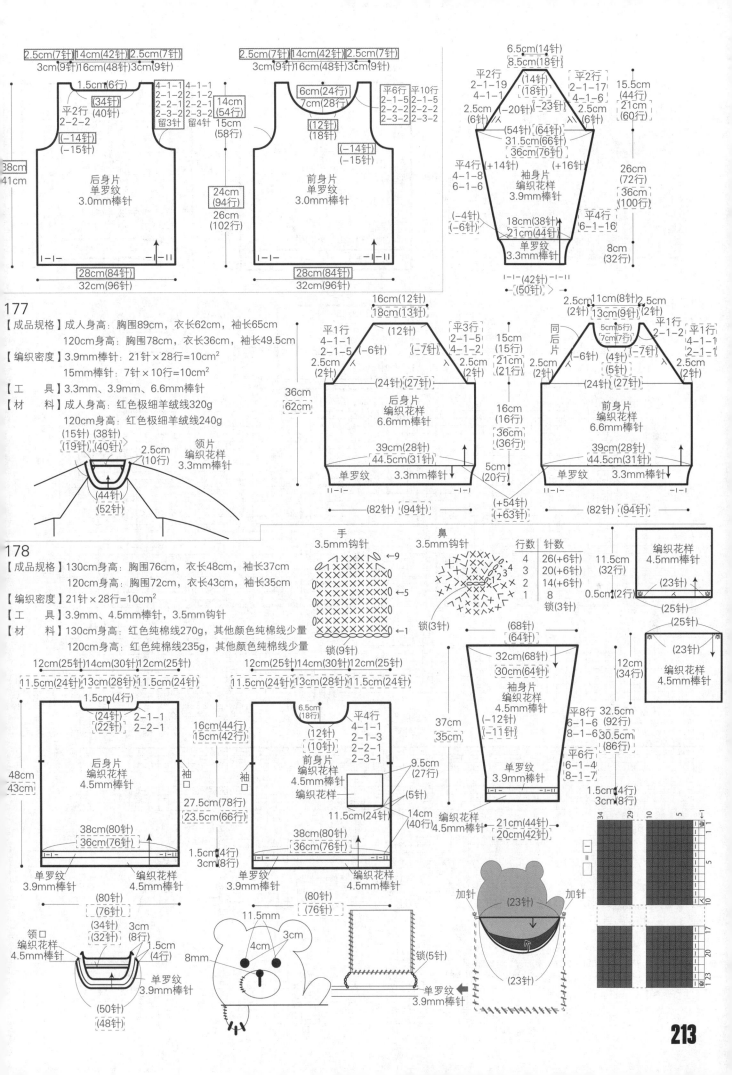

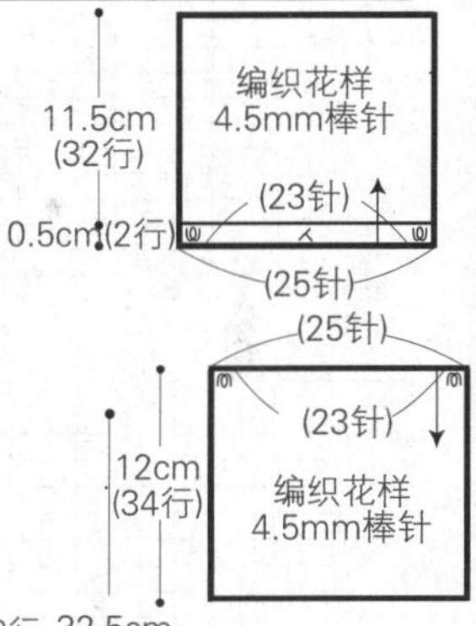

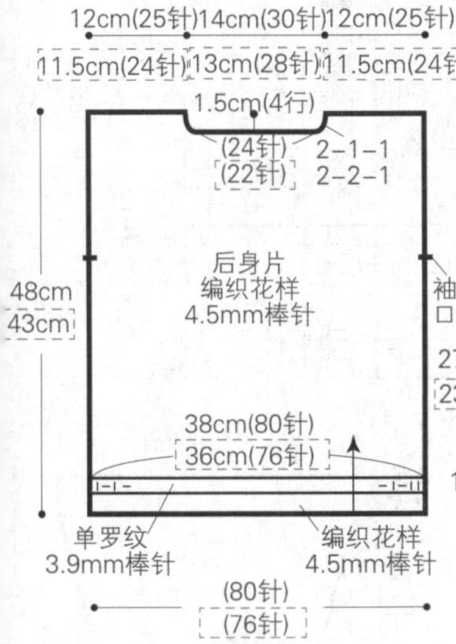

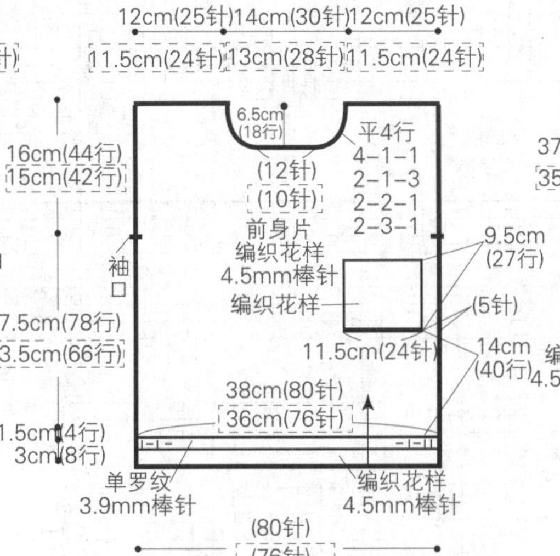

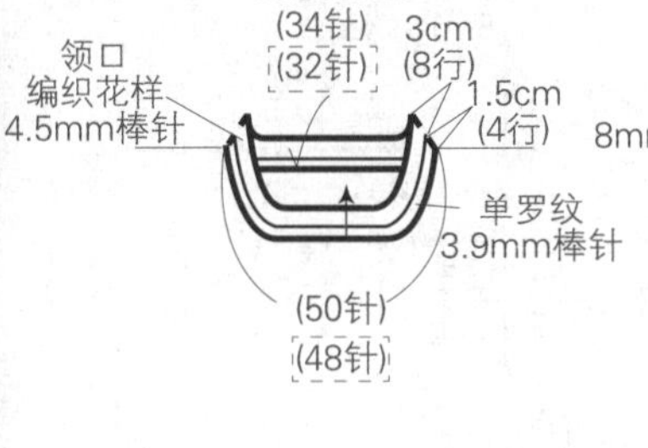

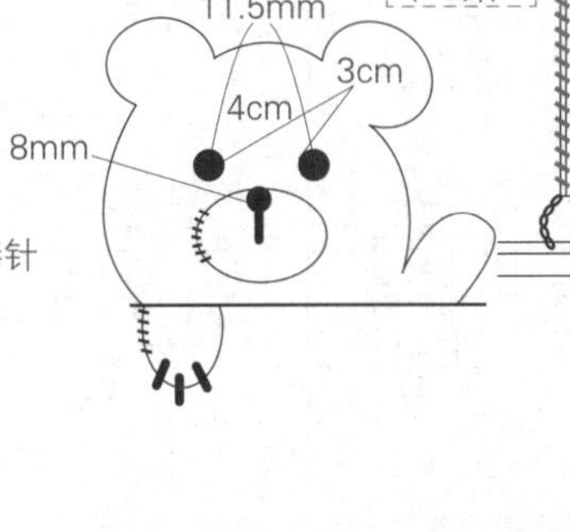

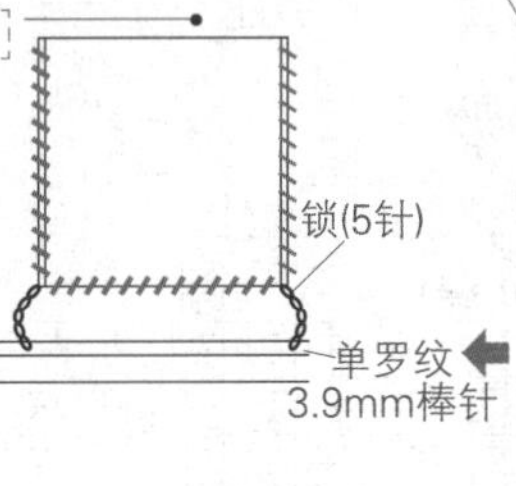

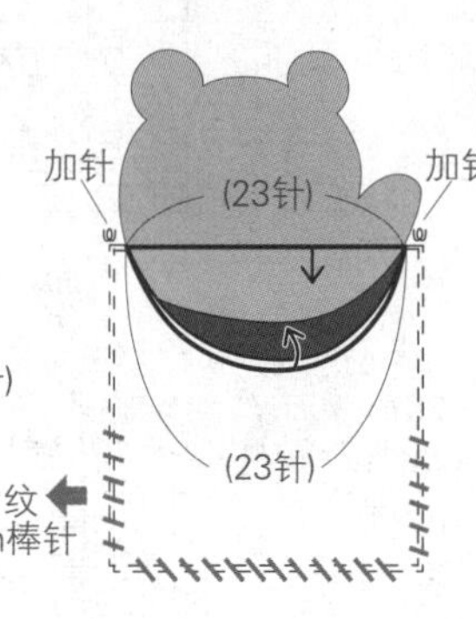

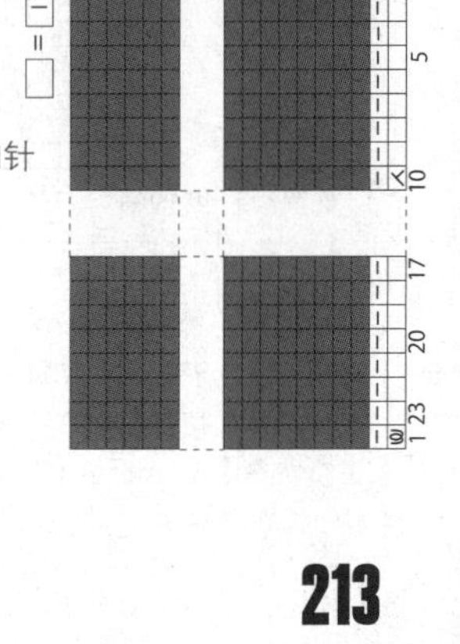

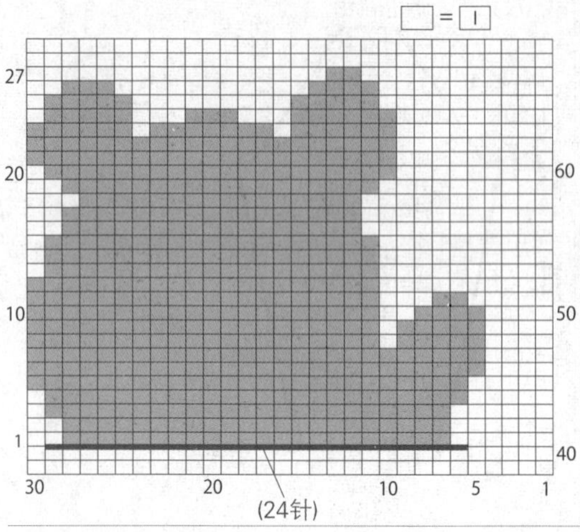

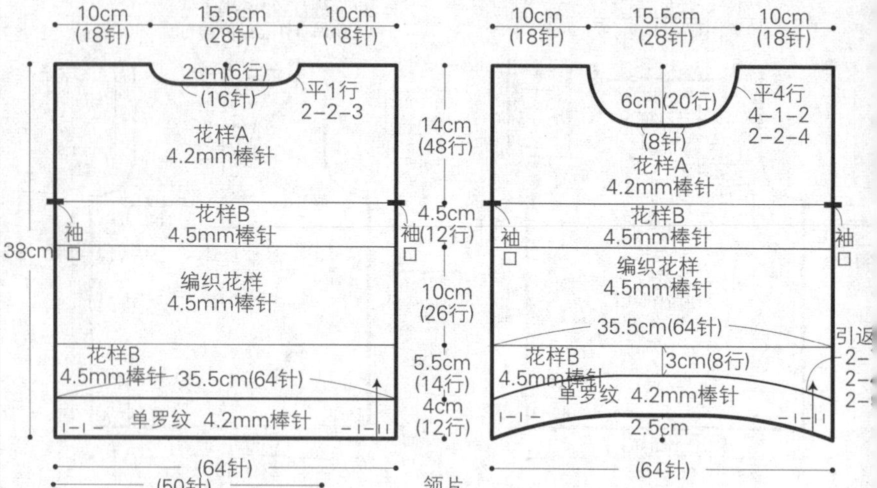

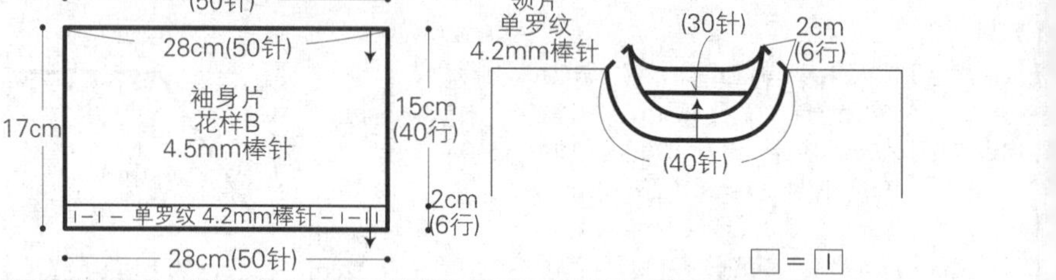

179

【成品规格】胸围71cm，衣长38cm，袖长17cm

【编织密度】花样A(4.2mm棒针)：18针×34行=10cm²

花样B(4.5mm棒针)：18针×26行=10cm²

【工　　具】4.2mm、4.5mm棒针

【材　　料】蓝色夹花纯棉线200g

花样B　4.5mm棒针

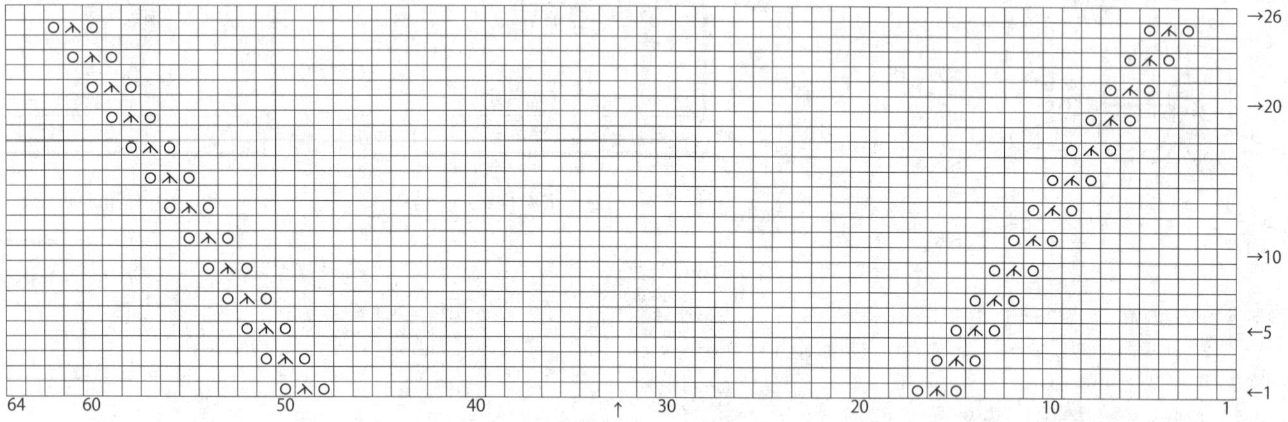

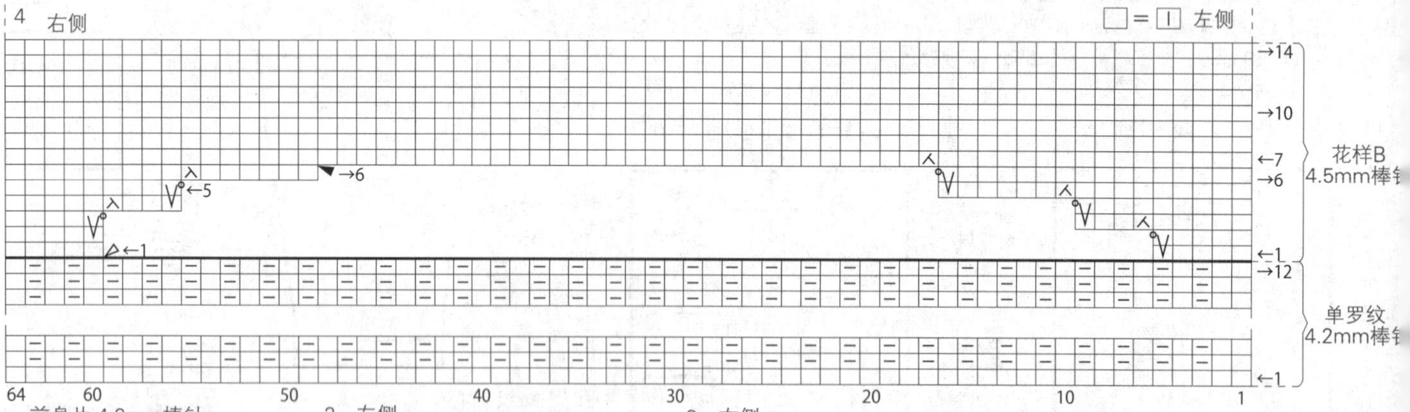

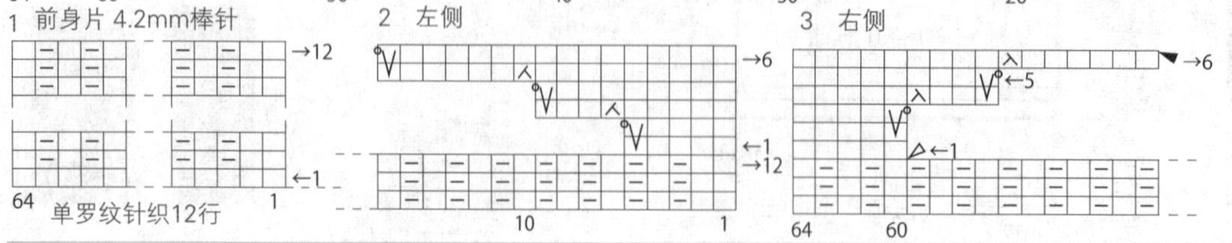

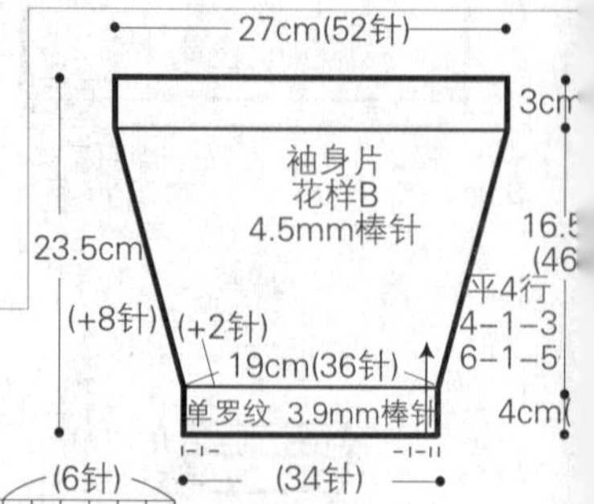

180

【成品规格】胸围67.5cm，衣长60cm，袖长23.5cm

【编织密度】花样A：26针×28行=10cm²

花样B：19针×28行=10cm²

【工　　具】3.9mm、4.5mm棒针

【材　　料】米白色纯棉线300g

左立领

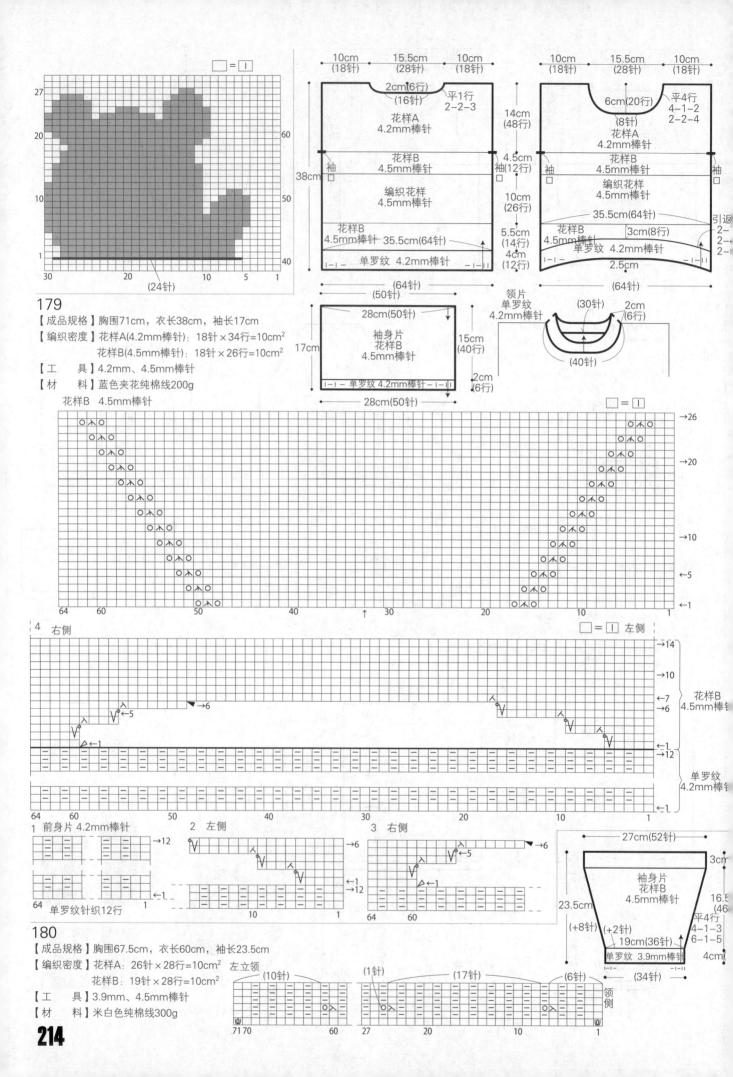

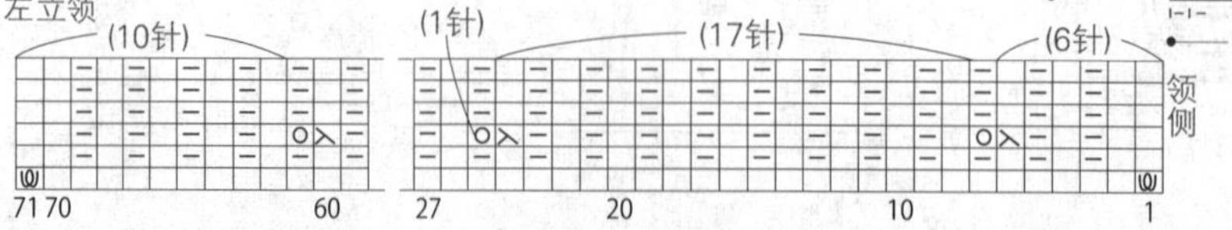

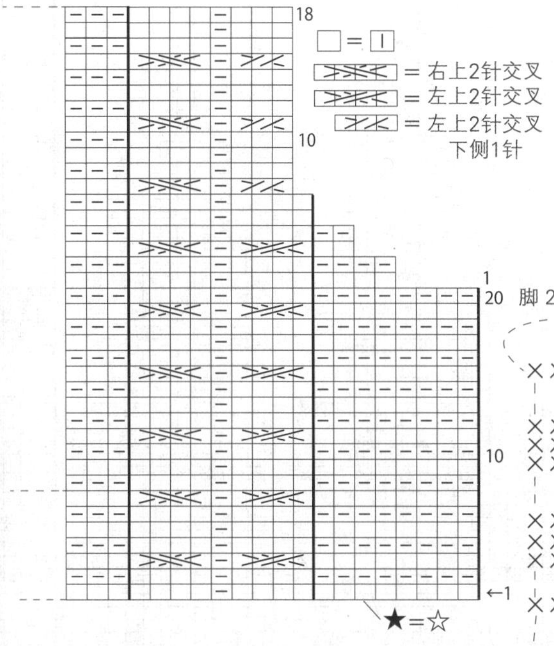

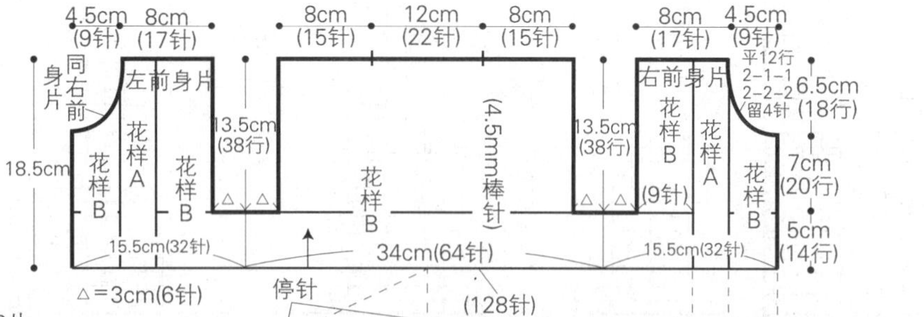
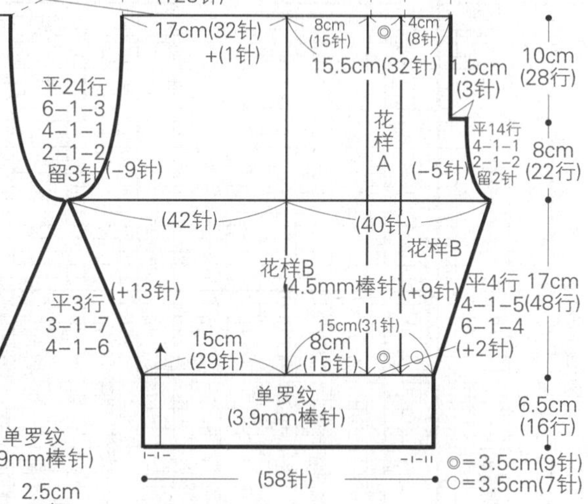

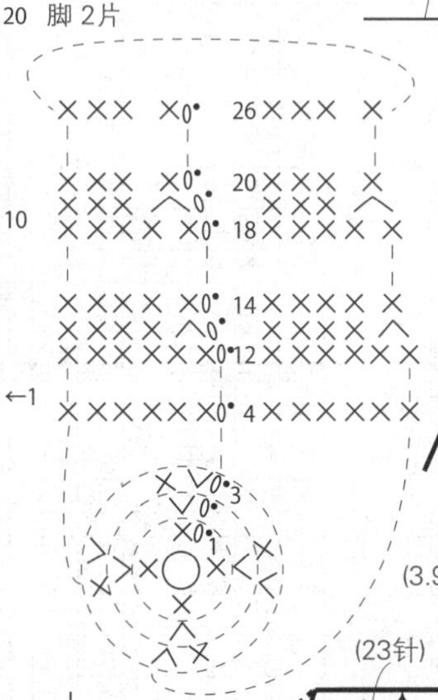

行数	针数
26 ∫ 20	8 ∫ 8 加减针(18针)
19	8 (−2针)
18 ∫ 14	10 ∫ 10 加减针
13	10 (−2针)
12 ∫ 4	12 ∫ 12 加减针
3	12 (+4针)
2	8 (+4针)
1	4

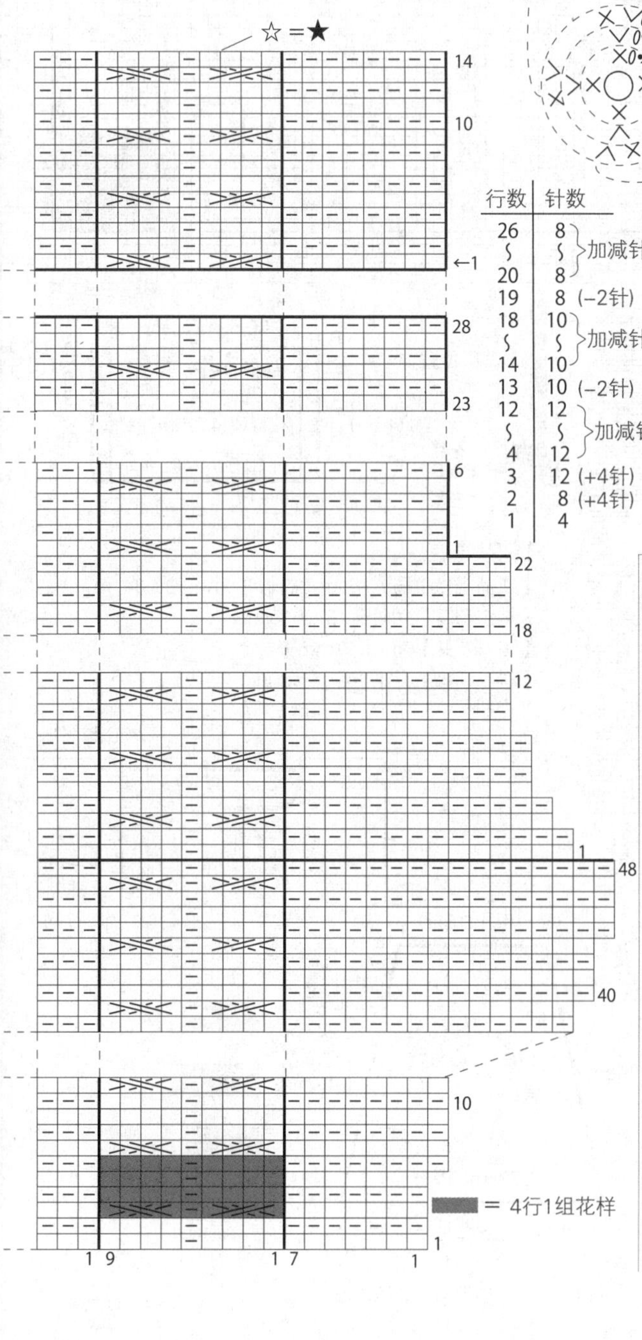

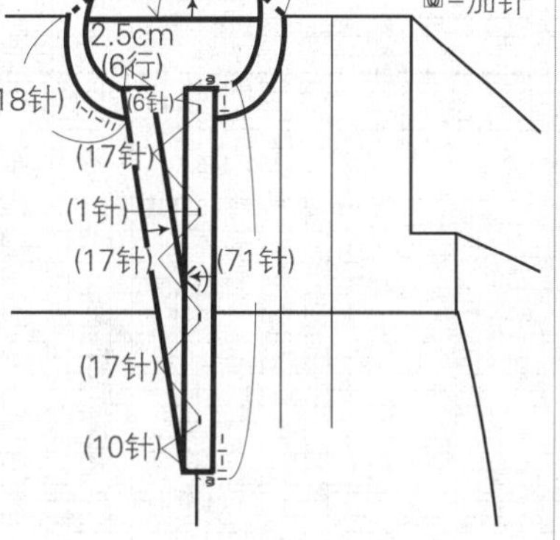

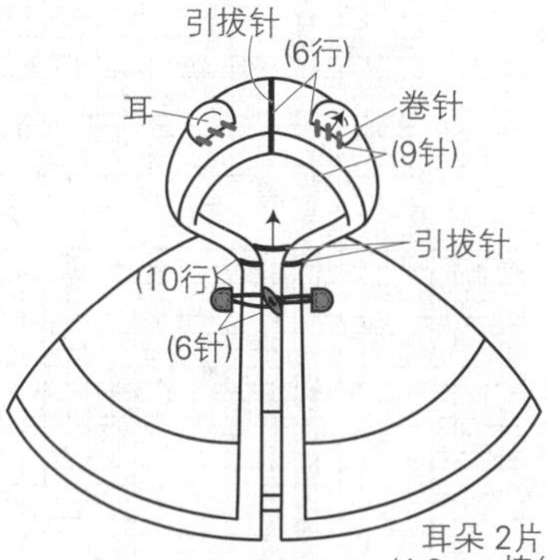

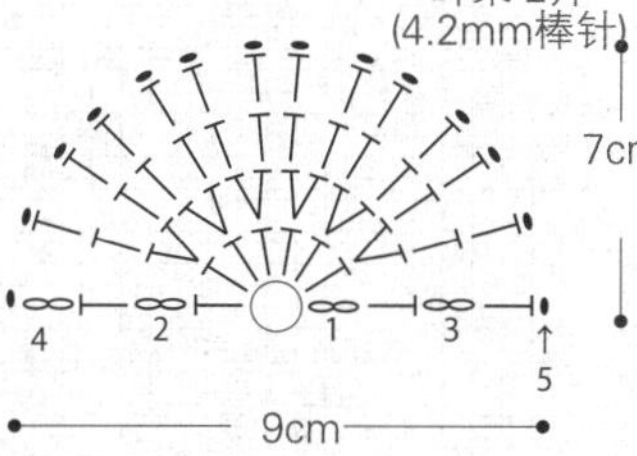

181

【成品规格】衣长44.5cm

【编织密度】花样A：11针×17行=10cm²

花样B(4.5mm棒针)：

11针×16行=10cm²

花样B、C(4.2mm棒针)：

11.5针×17行=10cm²

【工　　具】4.2mm、4.5mm棒针

【材　　料】粉紫色纯棉线400g

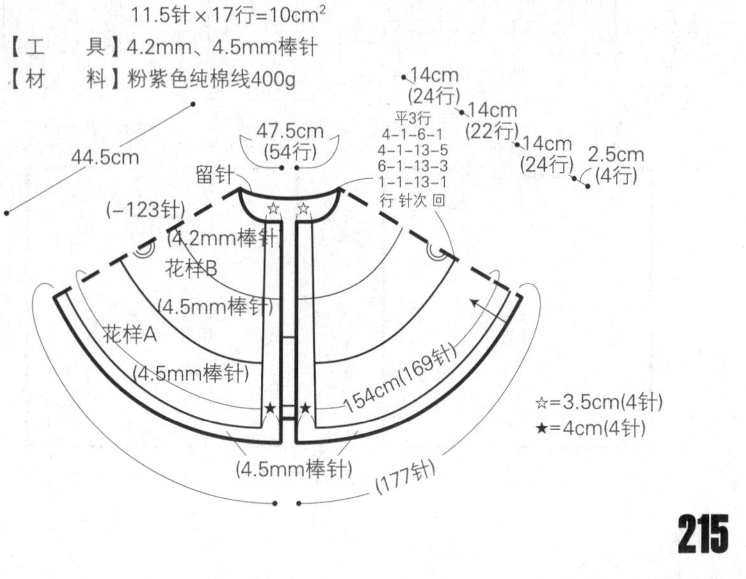

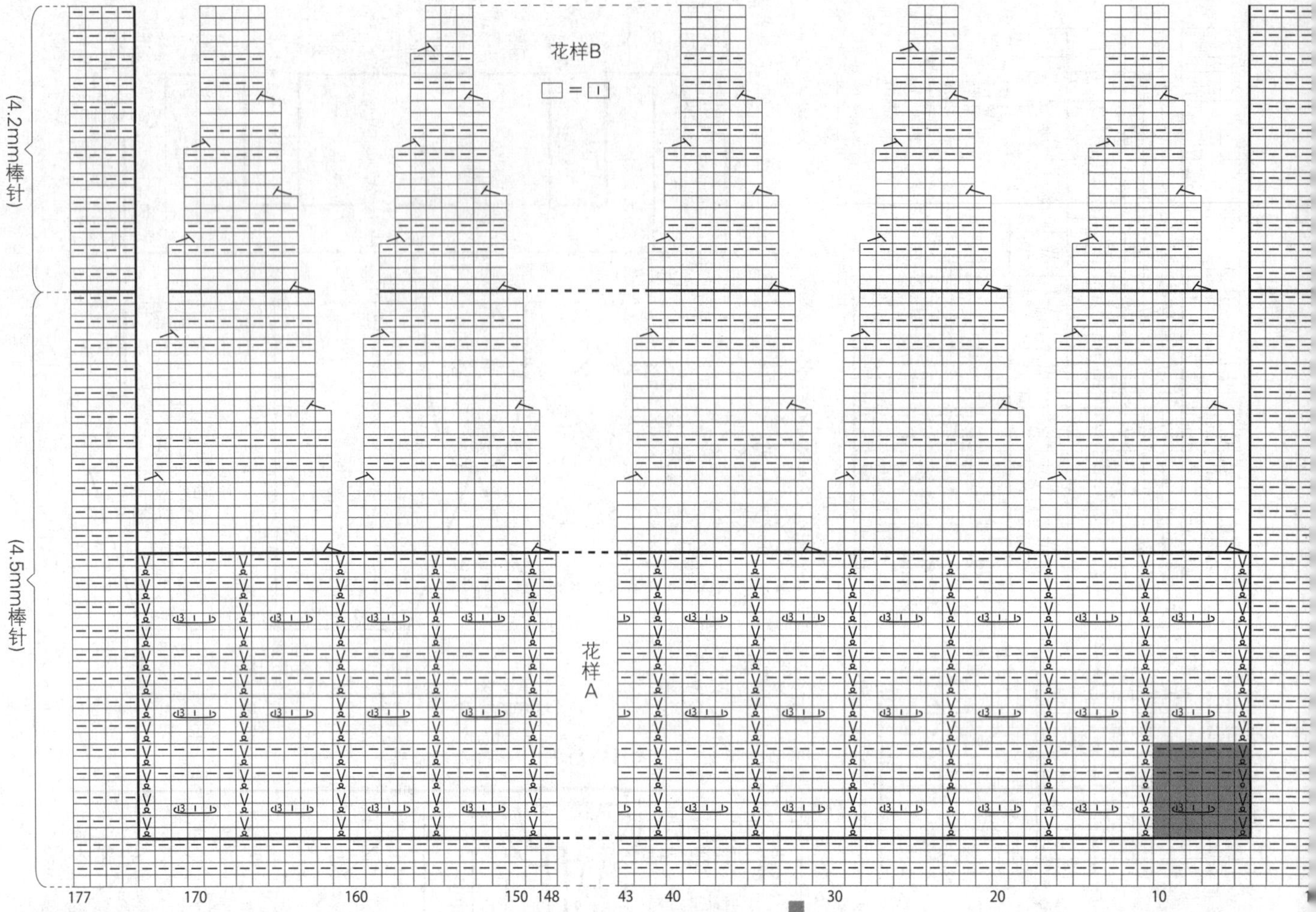

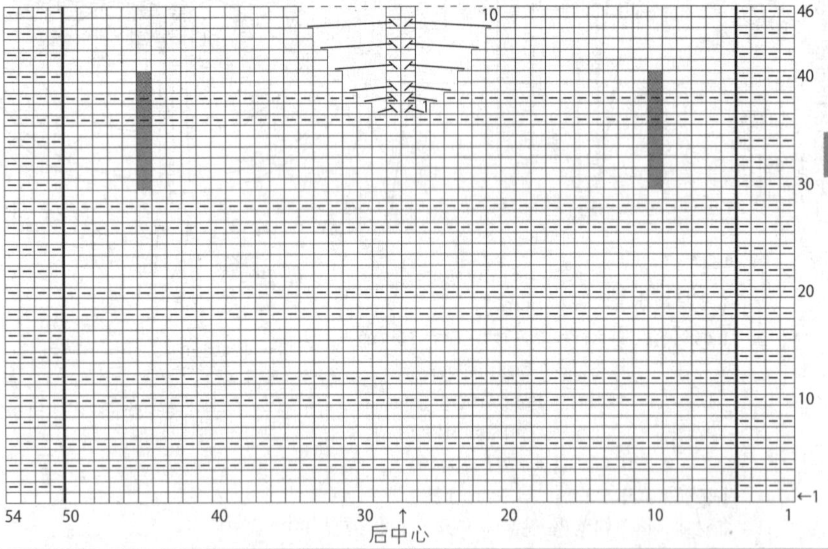

=耳朵位置

花样A = 6针8行1组花样

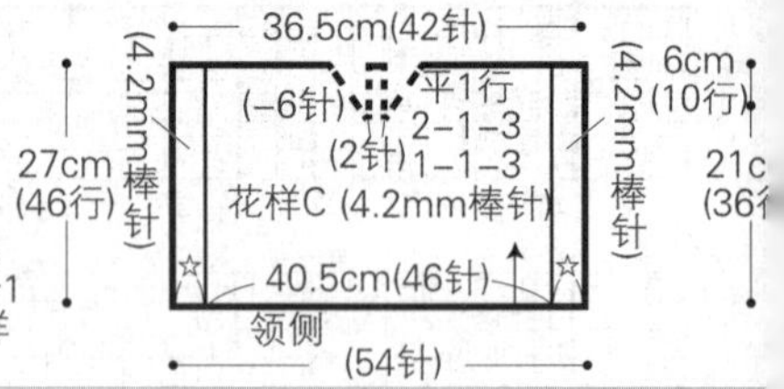

182

【成品规格】胸围76cm，衣长40cm，袖长34cm

【编织密度】10针×15行=10cm²

【工　　具】6mm、7mm棒针

【材　　料】夹花色纯棉线300g

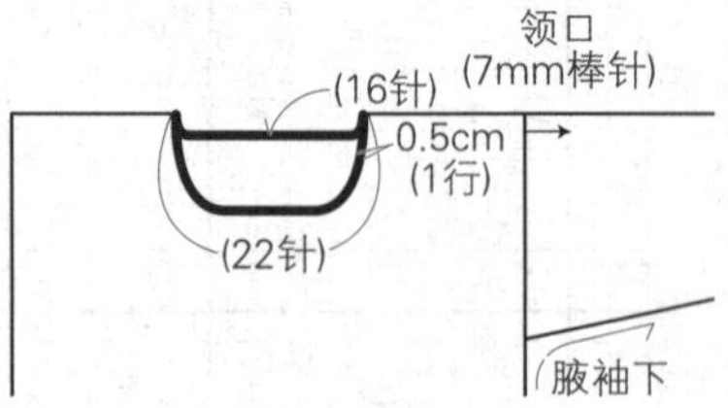

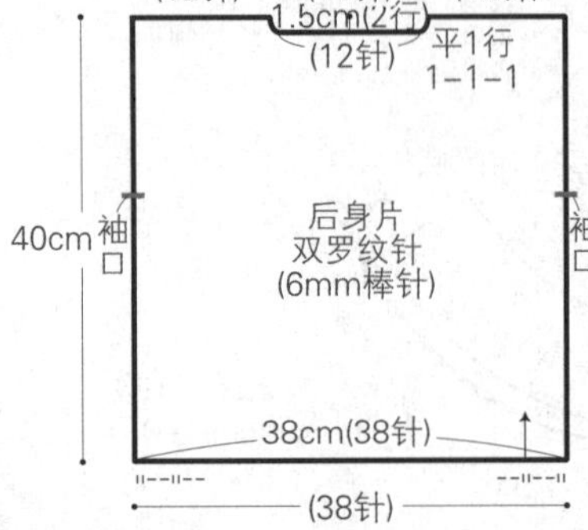

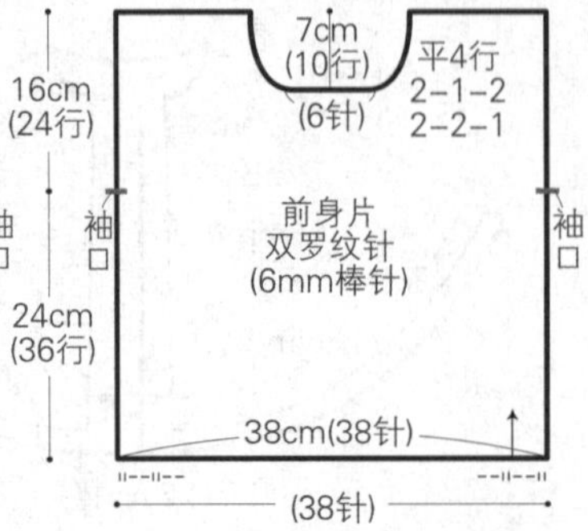

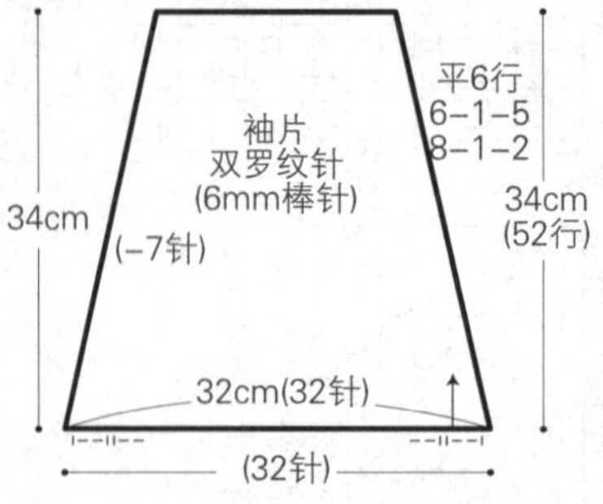

183

【成品规格】胸围78cm，衣长56cm，袖长41.5cm

【编织密度】花样A：16.5针×28.5行=10cm²

花样B：17针×22行=10cm²

【工　　具】4.5mm、5mm棒针

【材　　料】白色绒线225g，粉色绒线135g

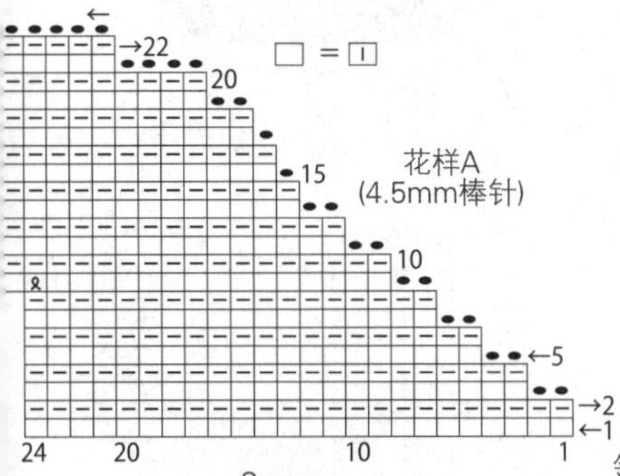

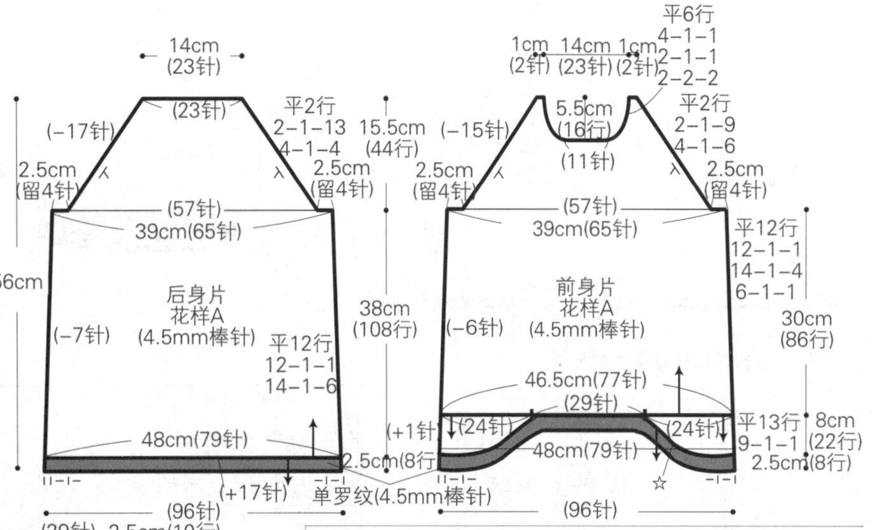

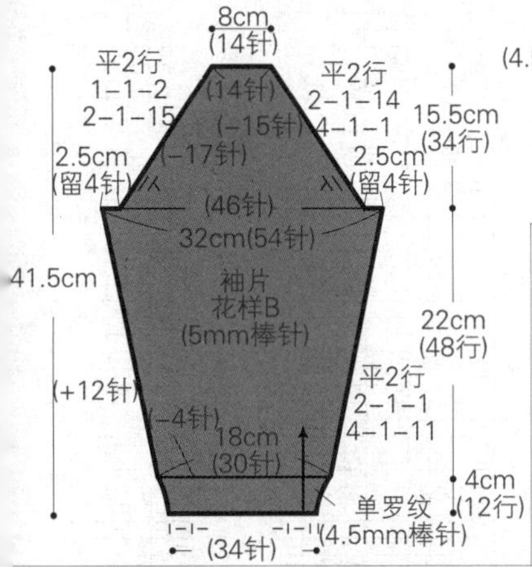

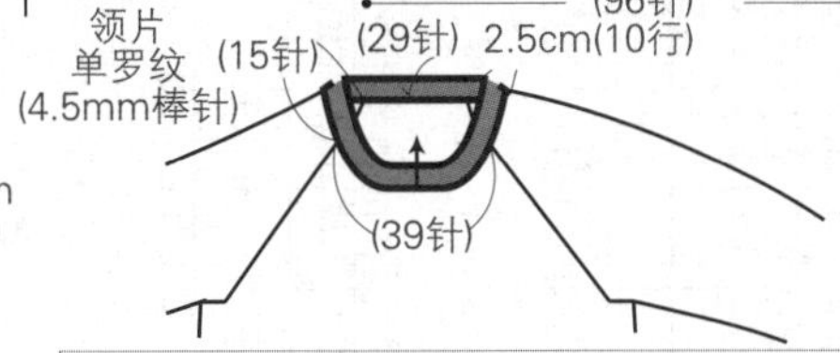

184

【成品规格】胸围55cm，裙身长34cm

【编织密度】花样A：23针×36行=10cm²

花样B：22.5针×20行=10cm²

花样C：23针×32行=10cm²

【工　　具】3.6mm棒针，2.5mm钩针

【材　　料】夹花色纯棉线230g

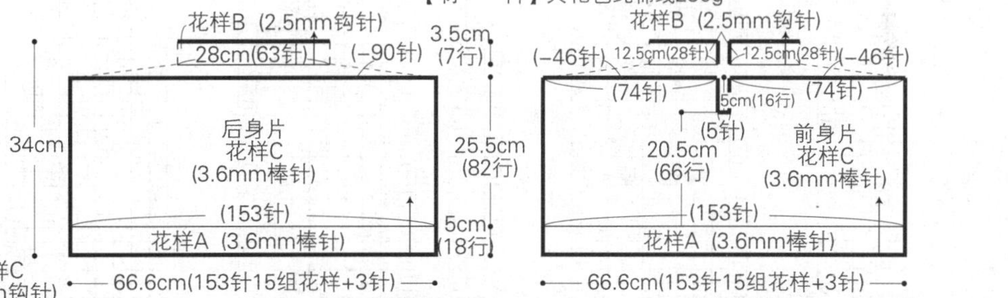

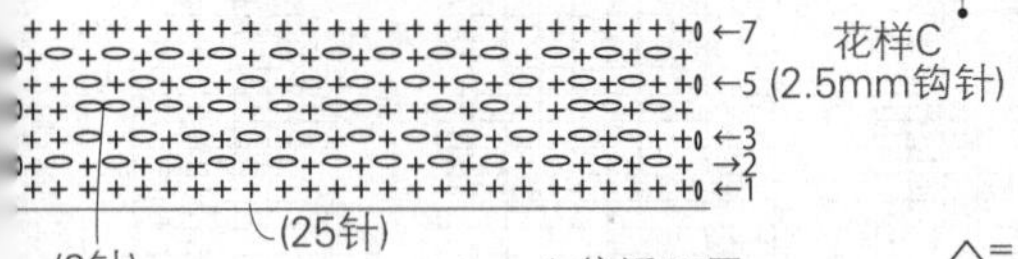

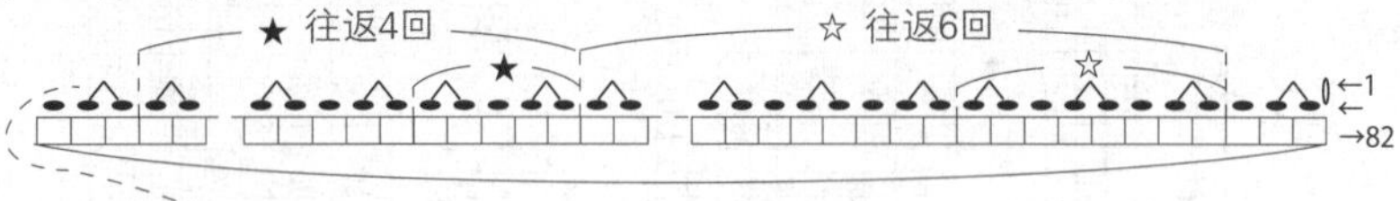

⋀= 2针并1针

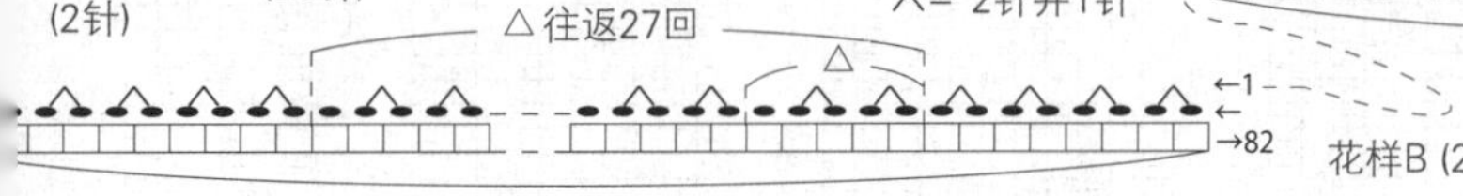

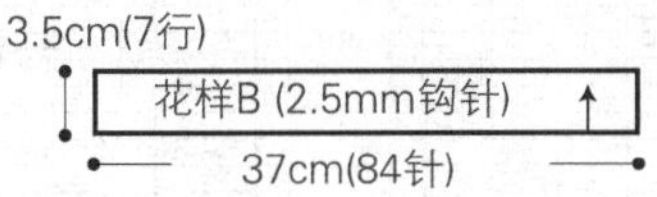

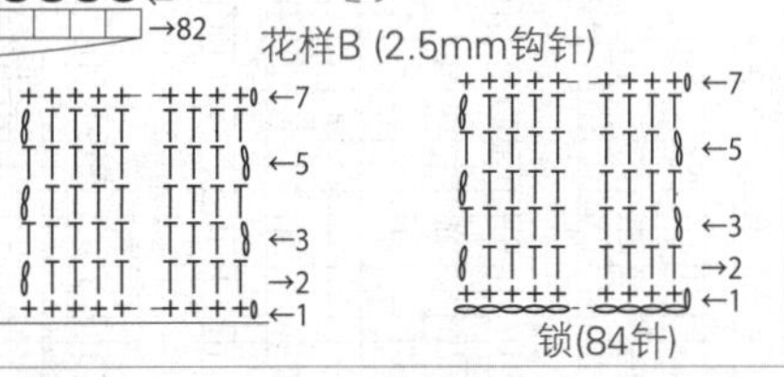

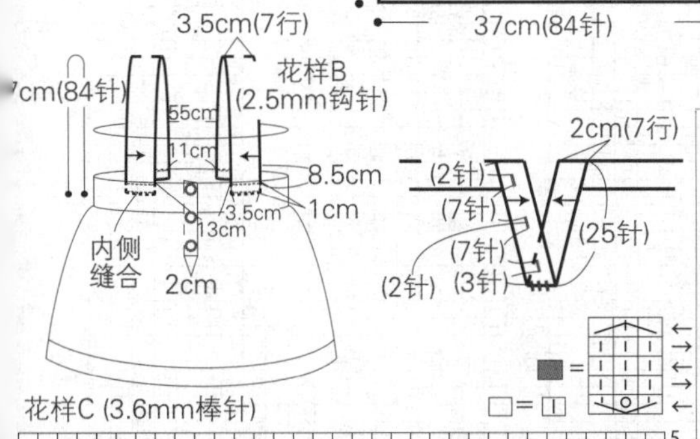

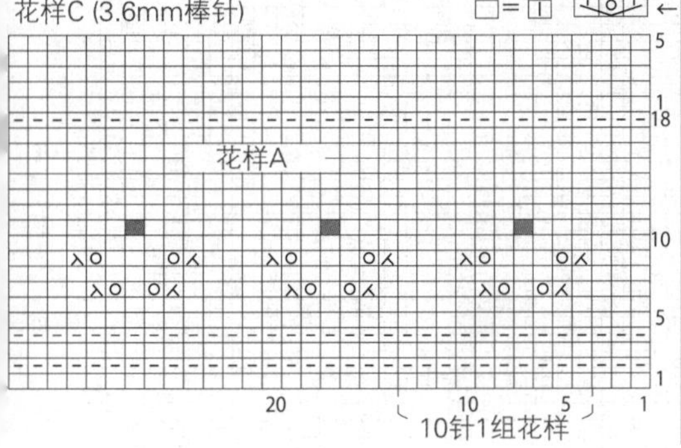

185

【成品规格】胸围48cm，裙身长32.5cm

【编织密度】25针×37行=10cm²

【工　　具】3.3mm、4.4mm棒针

【材　　料】军绿色纯棉线120g

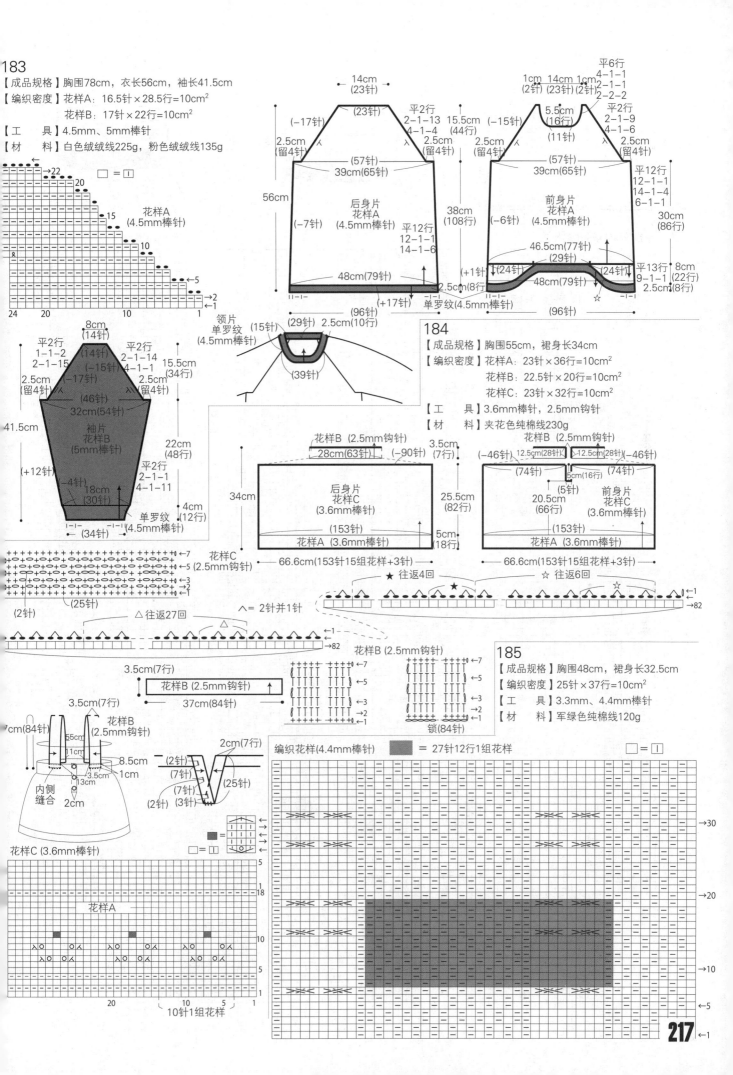

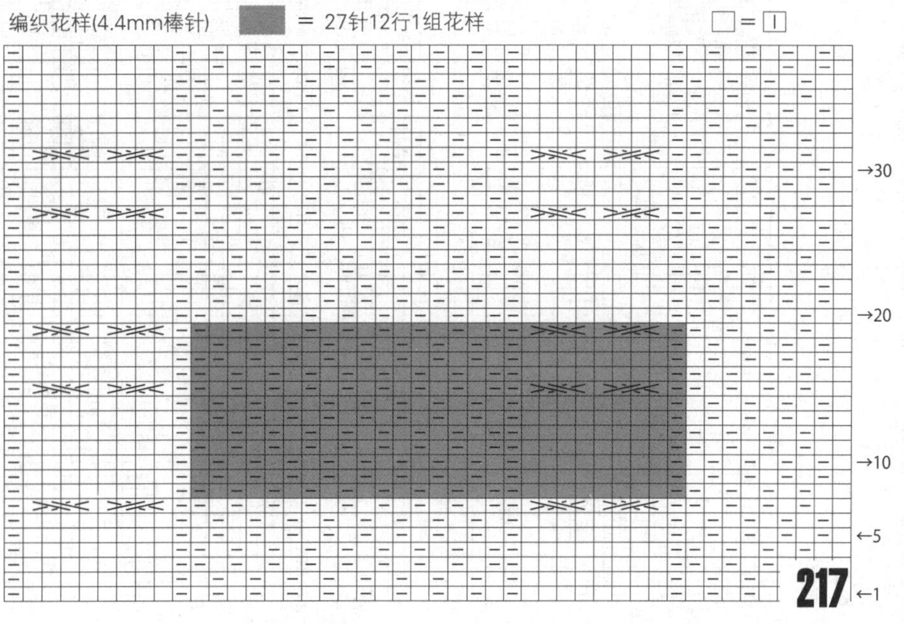

裙片2片(3.3mm棒针)
30cm(76针)
平11行
18-1-10-5
17-1-10-1
行 针 次 回
32.5cm
分散减针
(-60针)
32cm
(118行)
54cm(136针)
0.5cm
(2行)
单罗纹
(136针)
往外折
(16行)
翻折位置
(14行)
单罗纹
50cm(116针)
(3.0mm棒针)
(16行)
10cm
(30行)
(3.3mm棒针)
(14行)
48cm(116针)
(116针)
编织花样(4.4mm棒针)
27针1组重复5次

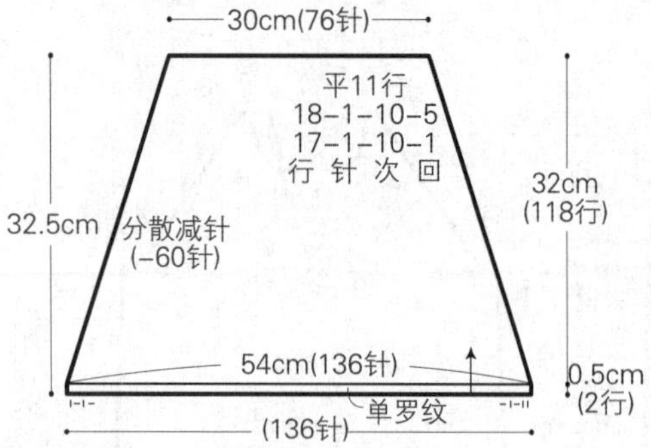

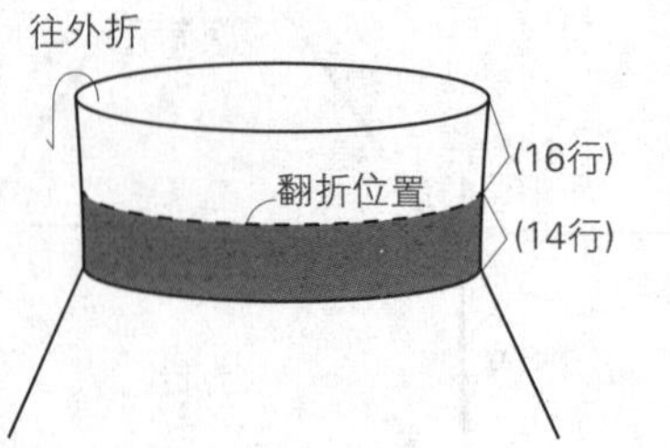

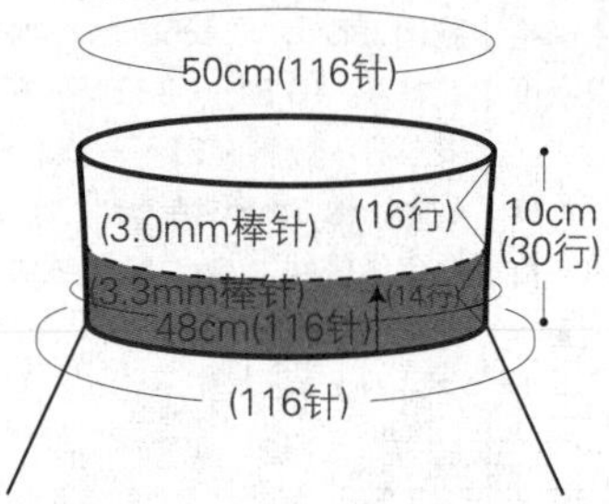

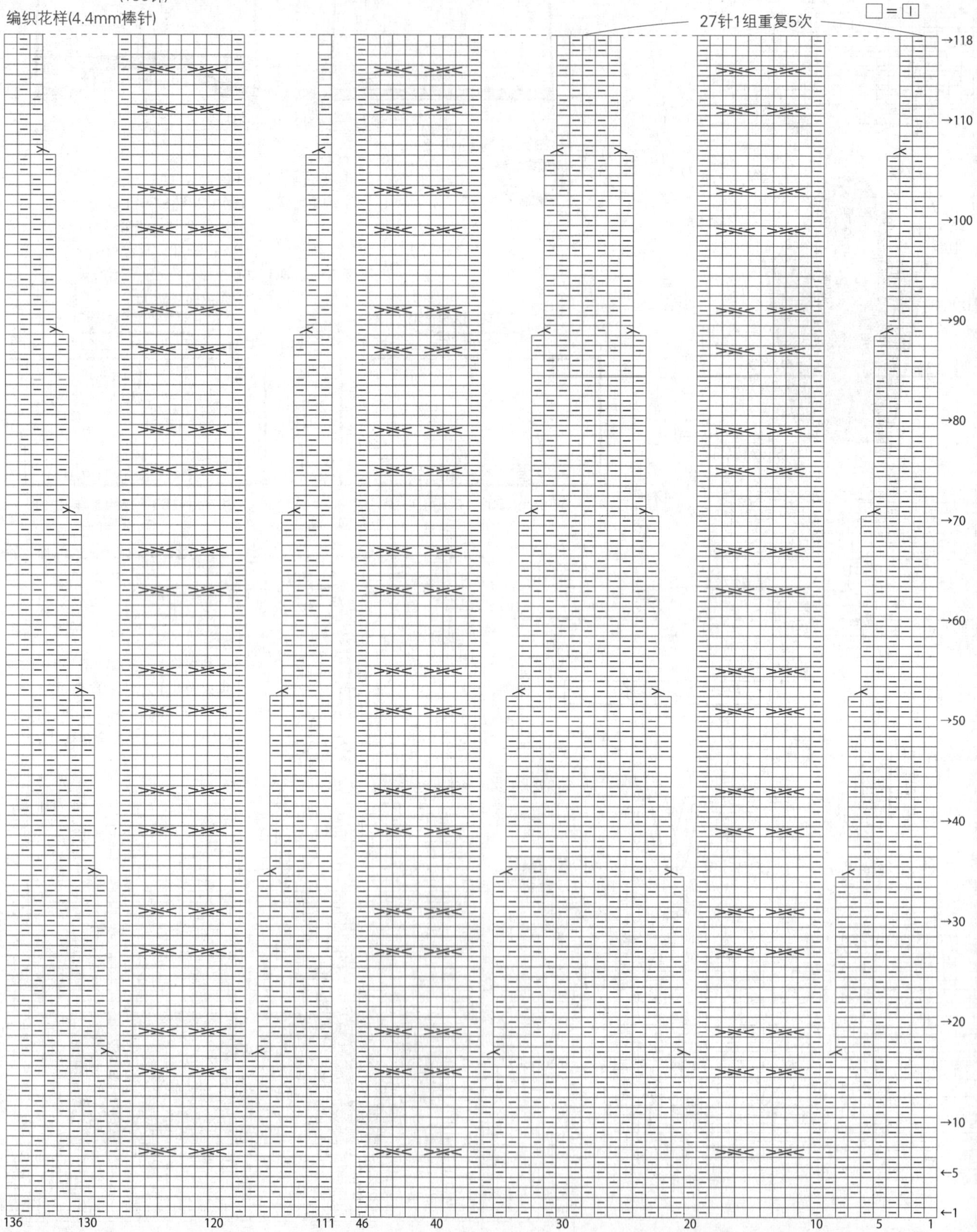

186
【成品规格】胸围92cm，背肩宽32.5cm，
衣长40.5cm，袖长34cm
【编织密度】花样A：27针×37行=10cm²
花样B：40针×37行=10cm²
【工　　具】3.0mm、3.3mm棒针，2.5mm钩针
【材　　料】粉色纯棉线180g
表面 里面
袖片
花样A
(3.3mm棒针)
30cm(81针)
4cm(14行)
34cm
28cm
(104行)
(+12针)
平8行
8-1-12
21cm(57针)
2cm(3行)
下摆花样(2.5mm钩针)
(48针)
6cm 16.5cm 6cm
(24针) (66针) (24针)
3cm(10行)
(66针)
28.5cm(114针)
(+14针)
(11针)
(100针)
(11针)
40.5cm
后身片
花样A
(3.3mm棒针)
45cm(122针)
下摆花样(2.5mm钩针)
(103针)
花样B
(3.0mm棒针)
10.5cm
(38行)
5cm(18行)
23cm
(86行)
2cm(3行)
☆=4cm
6cm 8cm
(24针)(33针)
花样B
(3.0mm棒针)
7cm(26行)
(33针)
14cm(57针)
3cm(12行)
(+7针)
(11针)
(50针)
5cm(18行)
右前身片
花样A
(3.3mm棒针)
22.5cm(61针)
下摆花样(2.5mm钩针)
(53针)
※左身片和右身片对称
(35针)
角(+1针)
(5针)
肩
后领
编织花样(2.5mm钩针)
(14针)
前领
(18针)
角(+1针)
编织花样(2.5mm钩针)
后领
(5针)
2cm(3行)
(35针)
角(+1针)
(14针)
(18针)
角(+1针)
(73针)
角(+1针)
2cm(3行)
2cm(3行)
花样B
(3.0mm棒针)
□ = ⊟
10 5 1
ᒣ = ∧ = 2针并1针
= 2锁针为1针中长针
前立领 (73针)
编织花样(2.5mm钩针)
4针1组花样
开始编织
(103针)
(53针)
角(+1针)
领后片
□ = ⊟
76 70 60 57 50 40 30 20 10 5 1
38 30 20 10 5 1
中心
领前片
6针1组花样

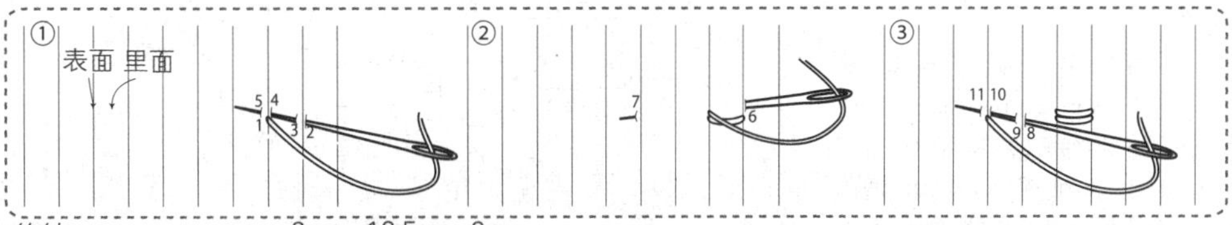

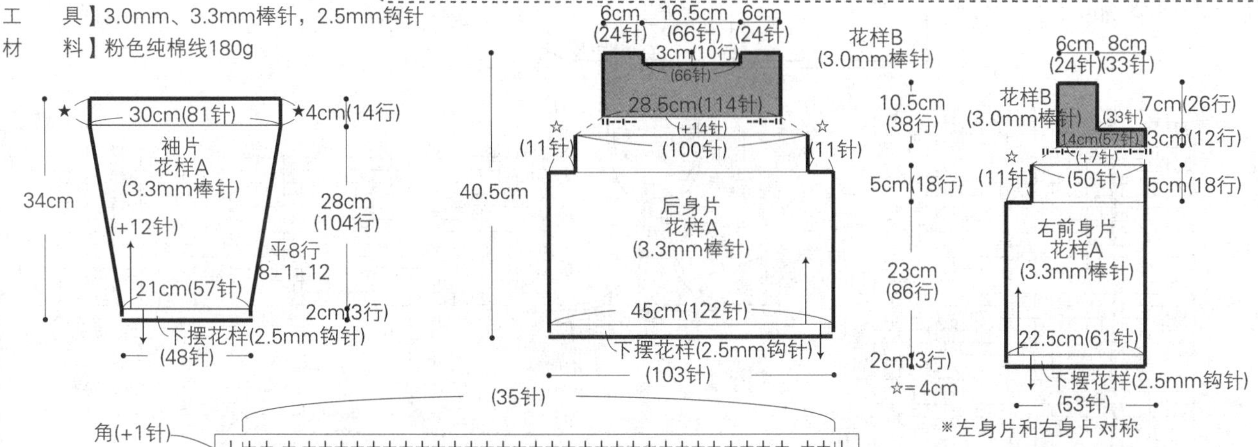

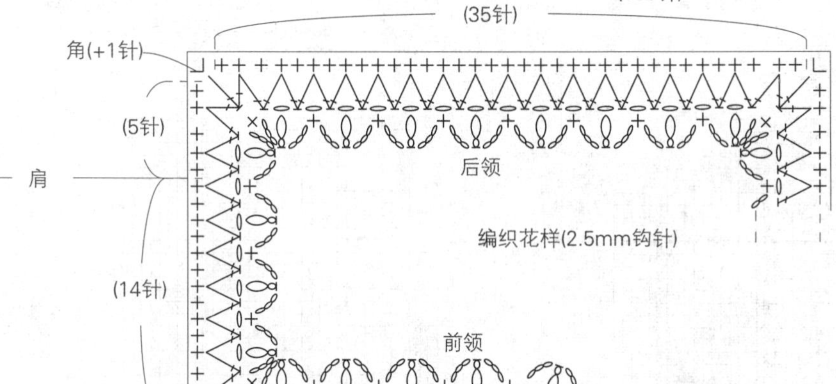

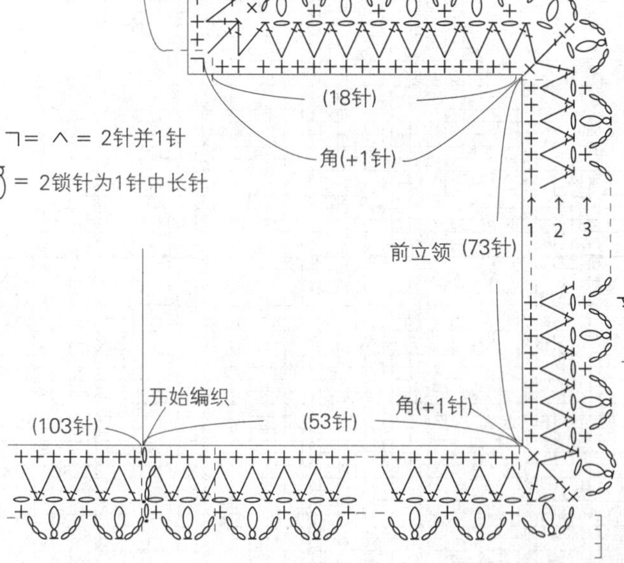

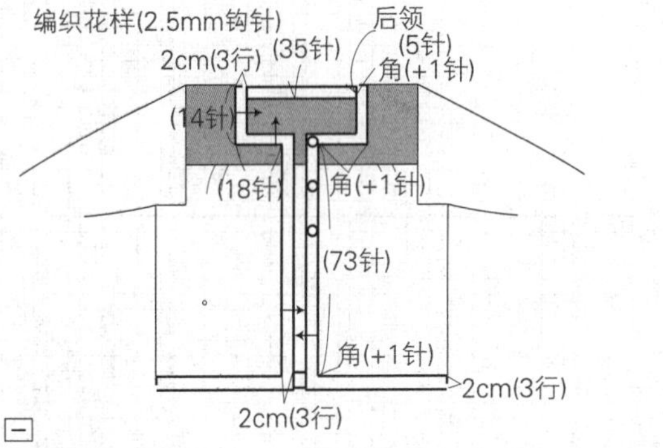

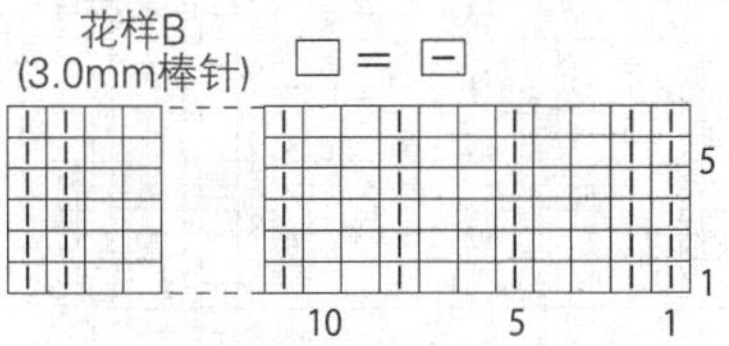

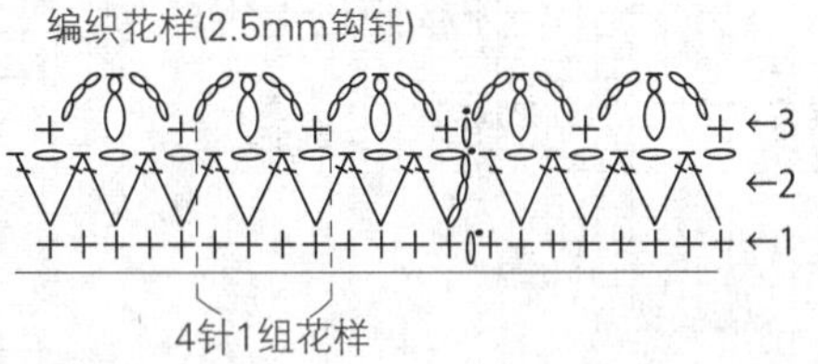

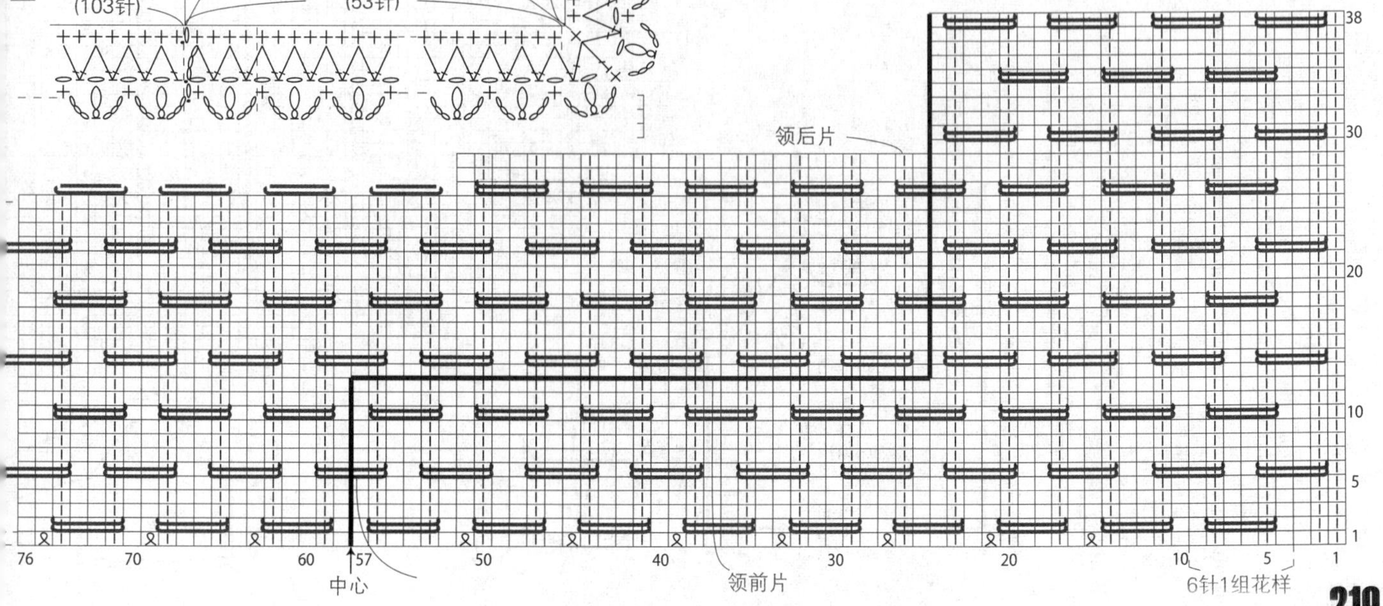

187

【成品规格】胸围67cm，背肩宽25.5cm，衣长28cm，袖长10cm

【编织密度】25针×33行=10cm²

【工　　具】3.6mm棒针，2.5mm钩针

【材　　料】粉紫色纯棉线90g

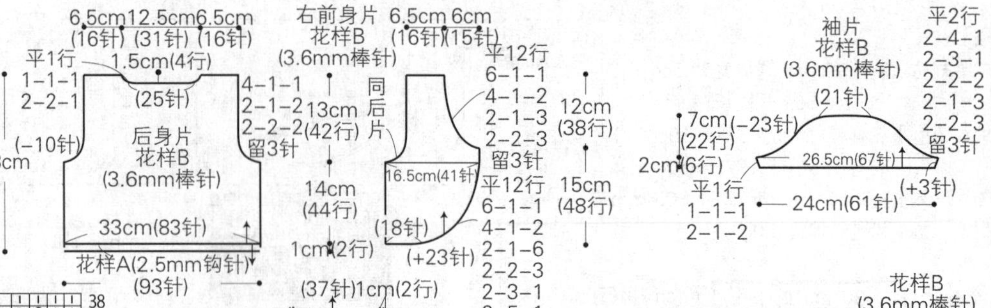

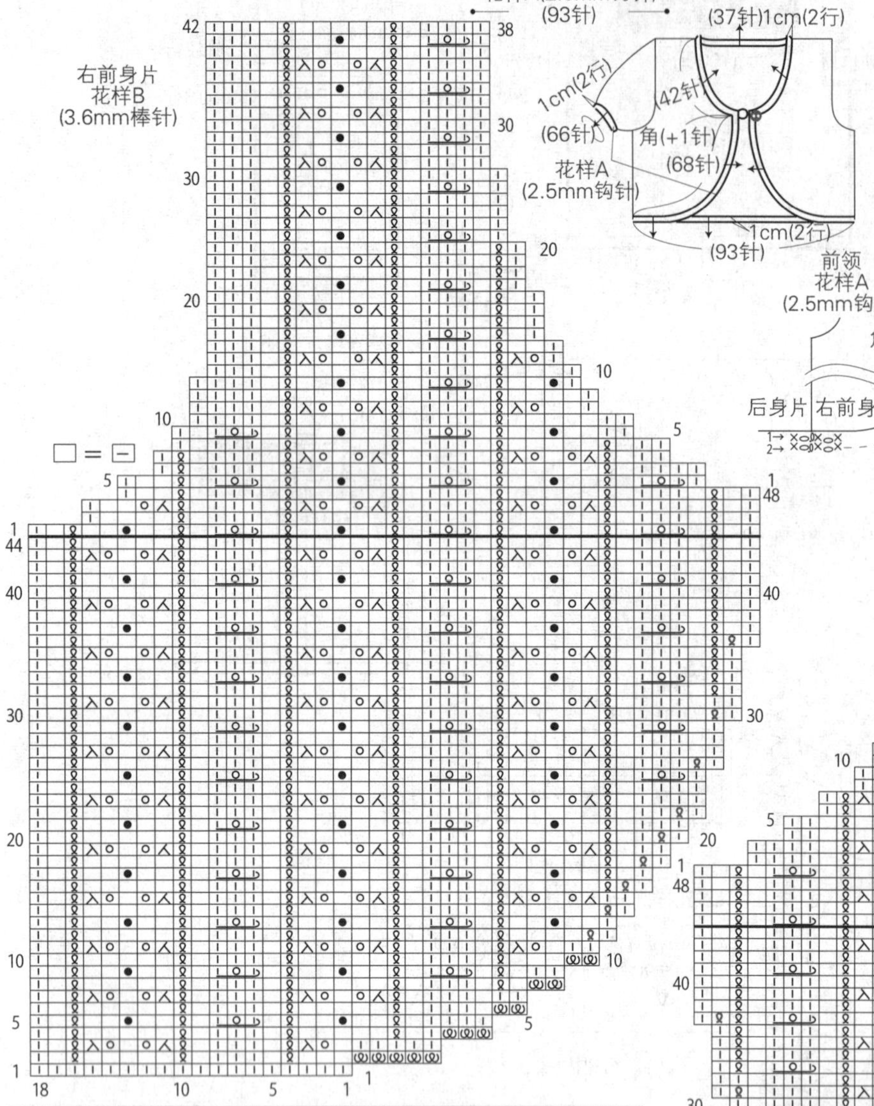

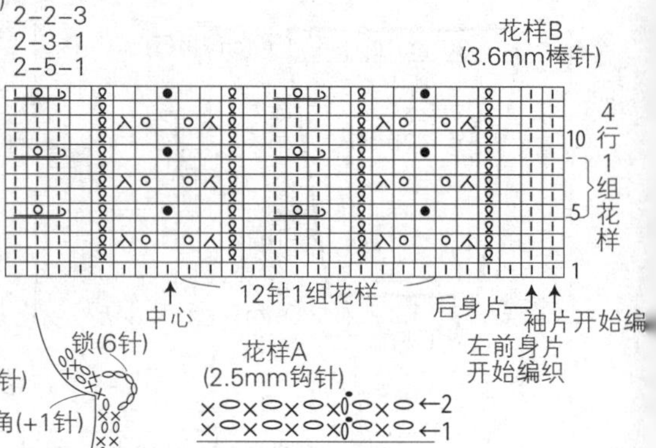

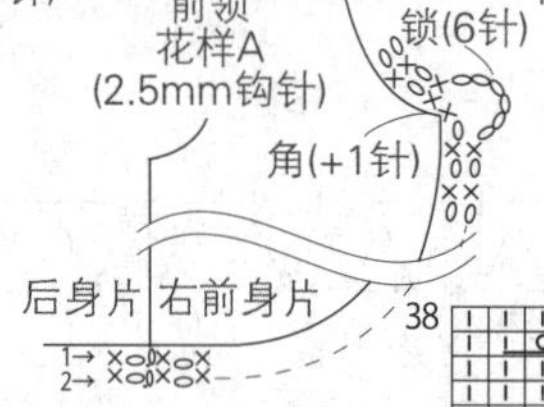

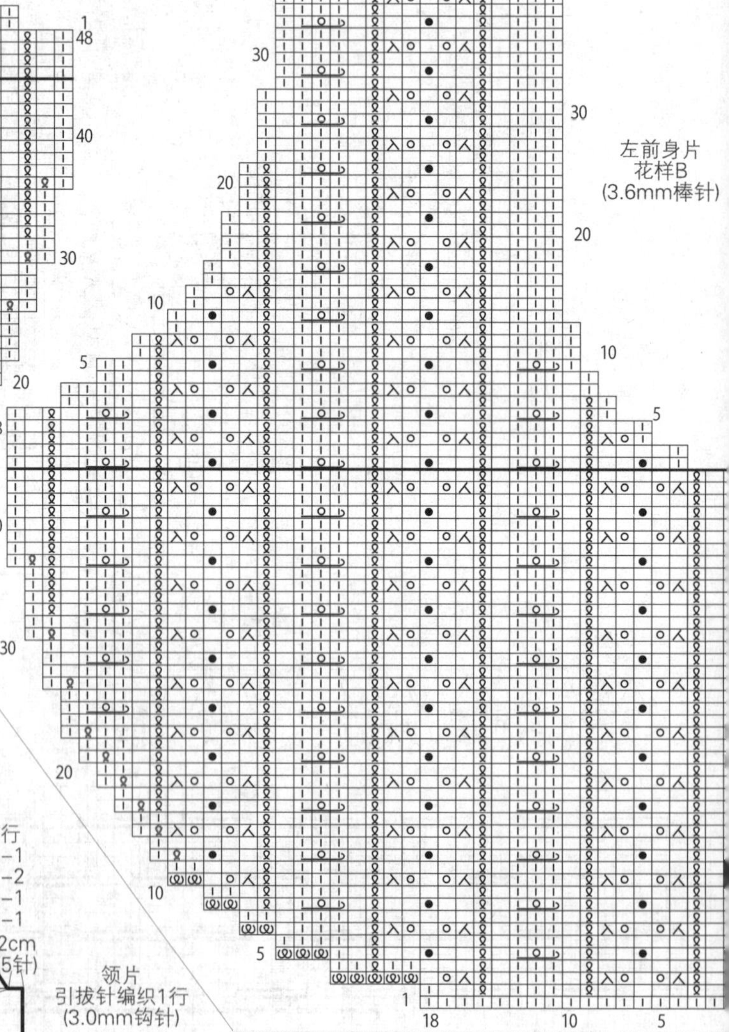

188

【成品规格】胸围73cm，衣长36cm，袖长40cm

【编织密度】23针×35行=10cm²

【工　　具】3.6mm棒针，3.0mm钩针

【材　　料】夹花色纯棉线180g

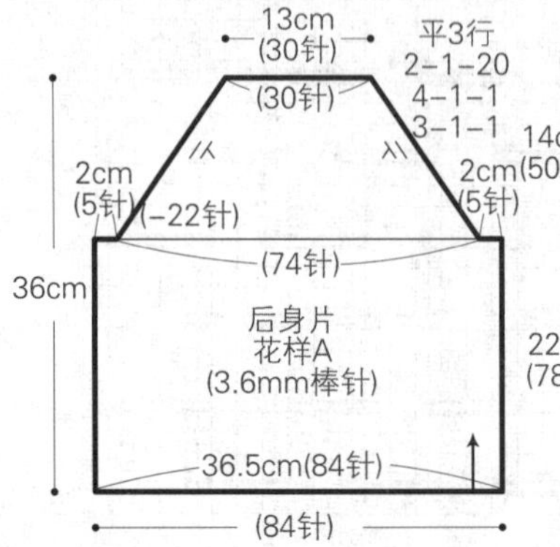

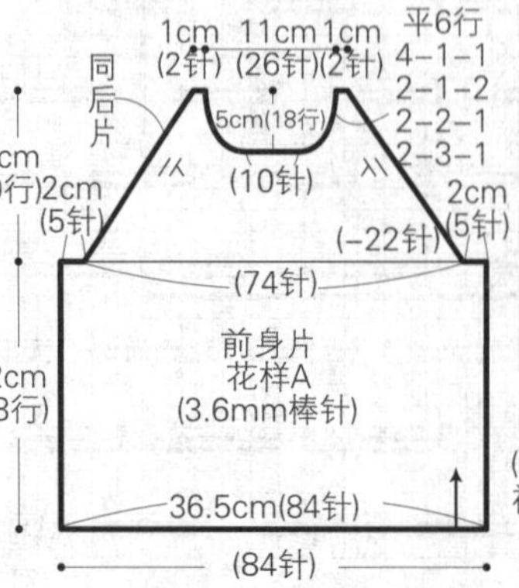

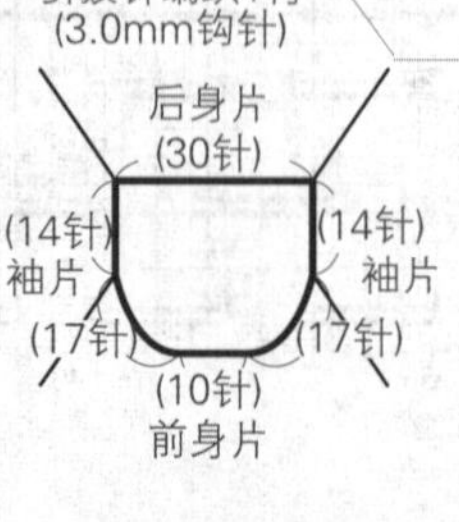

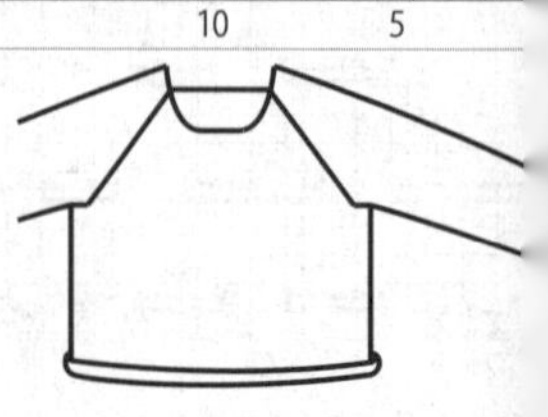

189
【成品规格】胸围72cm，衣长44cm，袖长45cm
【编织密度】花样A：25针×30行=10cm2
花样B：24针×34行=10cm2
【工　　具】3.0mm、3.6mm棒针
【材　　料】米白色纯棉线130g，灰色纯棉线10g
6cm
(14针)
同后片
(14针)
(-22针)
2cm
(5针)
14cm
(50行)
(58针)
29.5cm(68针)
袖片
花样A
(3.6mm棒针)
平7行
6-1-9
8-1-3
7-1-1
(+13针)
26cm
(92行)
18cm(42针)
(42针)
平2行
1-1-1
2-1-2
往返3回
☆=
1-1-1
2-1-1
1-1-1
2-1-2
往返2回
1-1-3
领片 单罗纹 (3.0mm棒针)
右前领 (37针)
左前领 (37针)
左肩 (23针)
后身片 花样A (3.6mm棒针)
领片
单罗纹
(3.0mm棒针)
10cm
(25针)
单罗纹(3.0mm棒针)
领
1-1-16
2-1-10
(25针)
4.5cm(18行)
10.5cm
(36行)
(-26针)
(5针)
(77针)
44cm
后身片
花样A
(3.6mm棒针)
29cm
(98行)
39.5cm
36cm(87针)
(87针)
1cm
(2针)
18cm
(45针)
平2行
1-1-2
2-1-14
12cm(36行)
☆
(-16针)
(-22针)
1.5cm (4行)
(1针)
(81针)
10.5cm
(32行)
26cm
(78行)
前身片
花样A
(3.6mm棒针)
36cm(91针)
单罗纹(3.0mm棒针)
3cm(12行)
(91针)
= 2针2行1组花样
单罗纹(3.0mm棒针)
后身片
领
4.5cm(18行)
右袖片
(23针)
左袖片
(37针)
前身片
(1针)
(3.6mm棒针)
中心

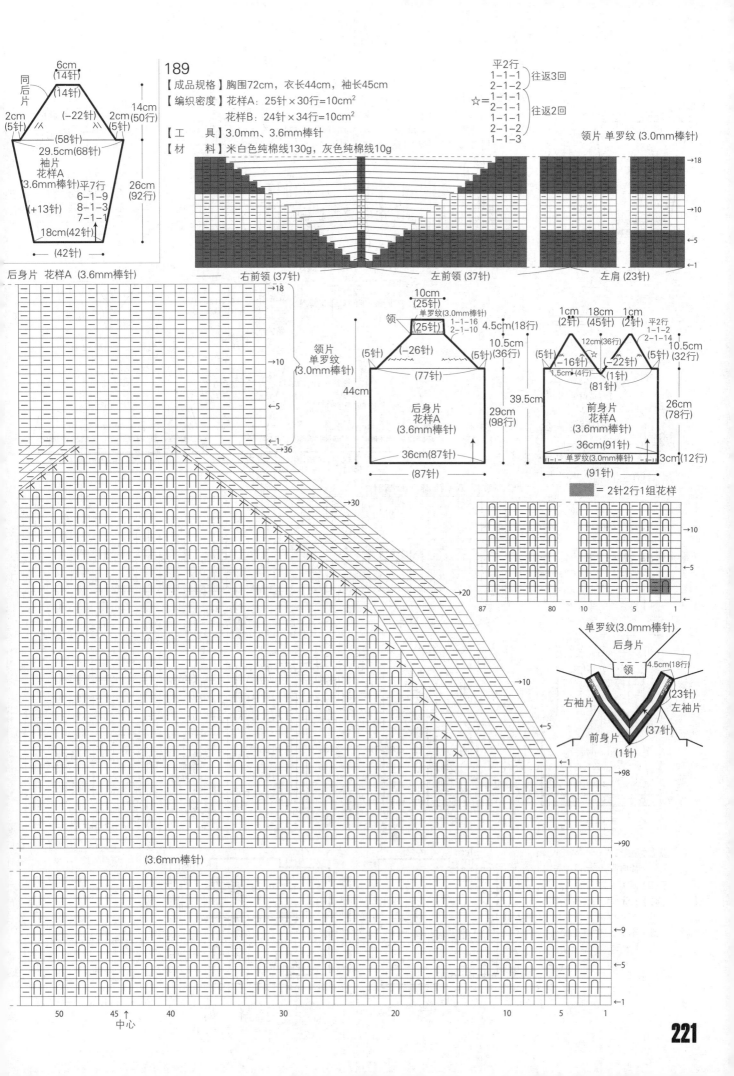

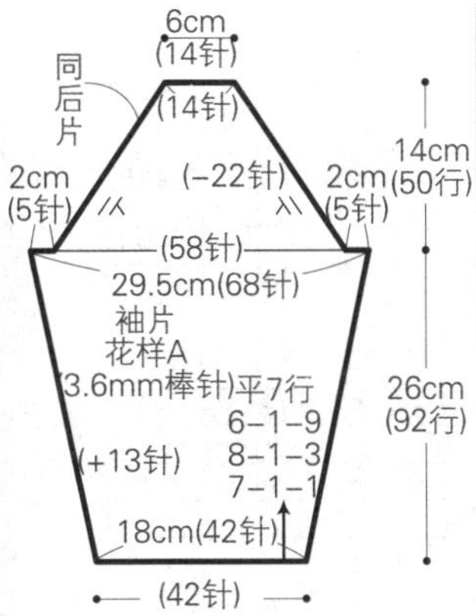

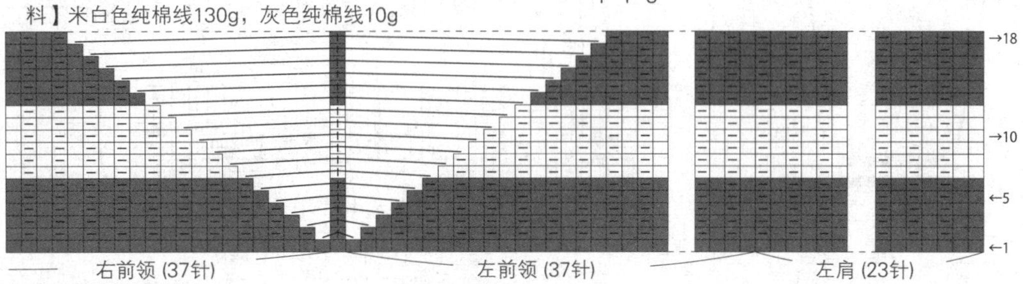

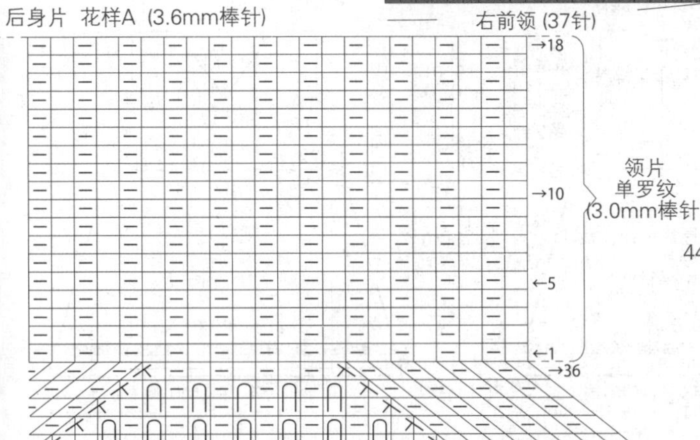

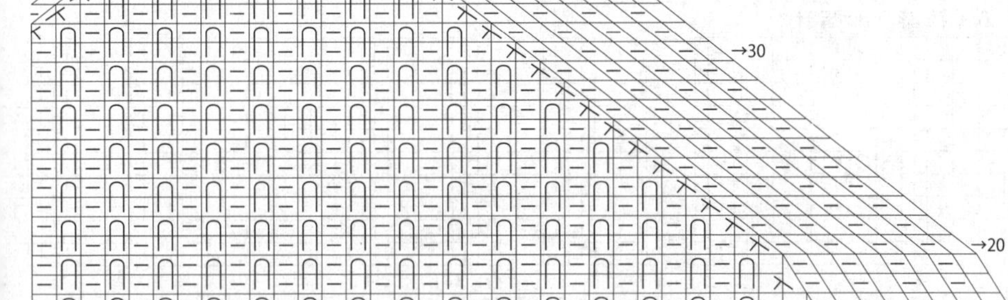

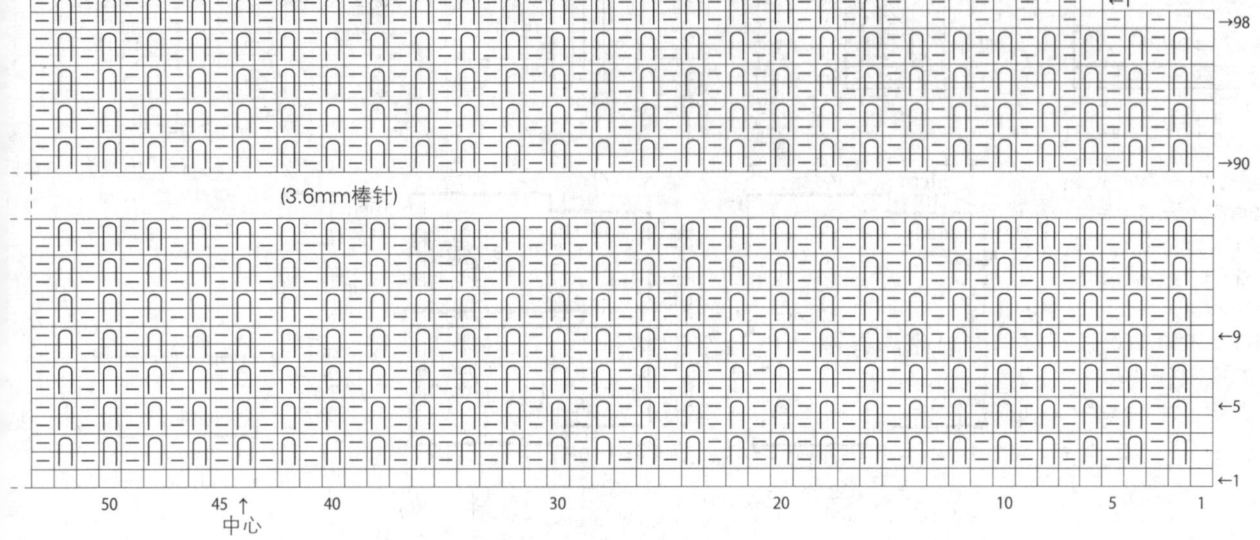

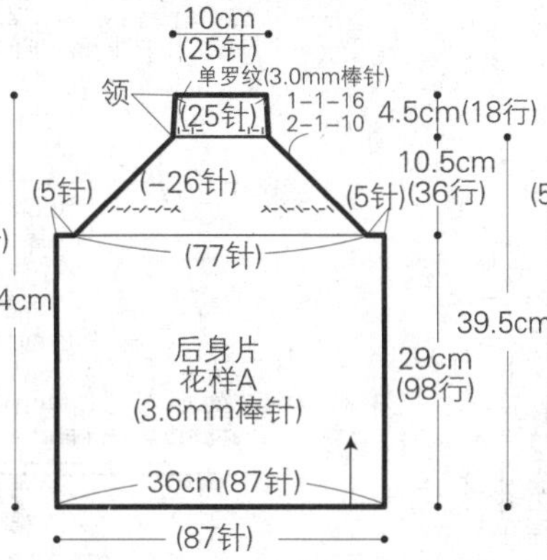

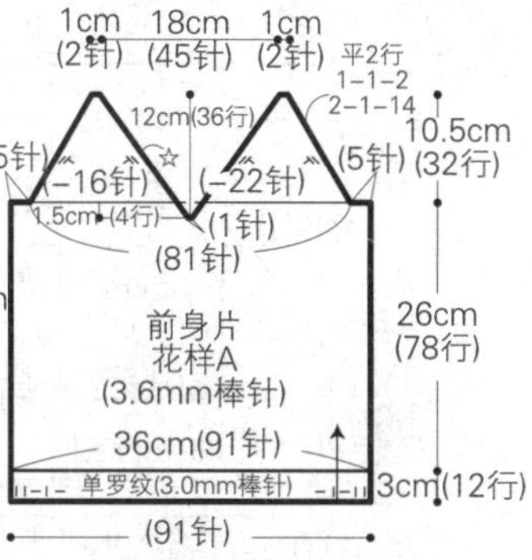

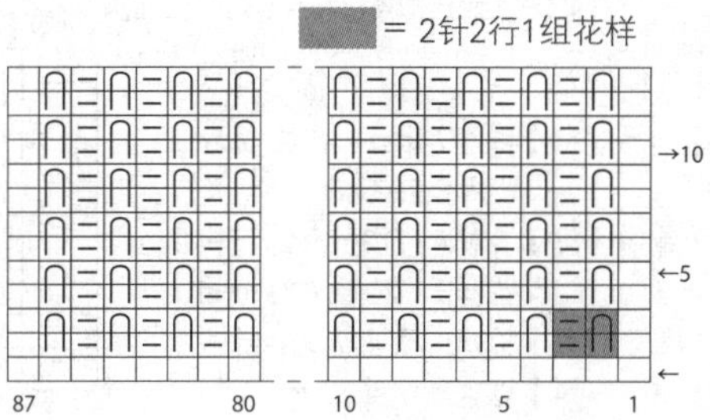

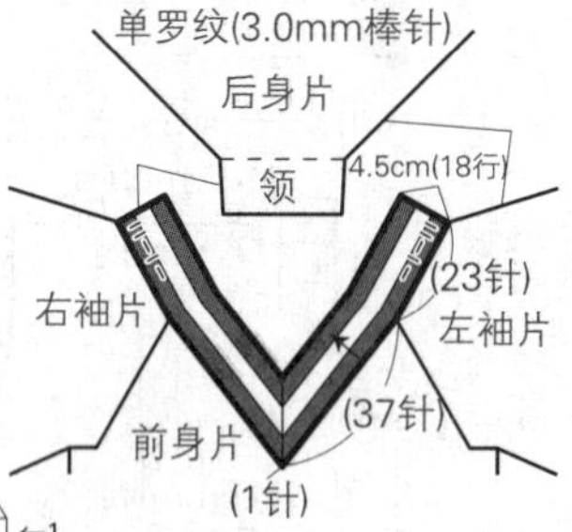

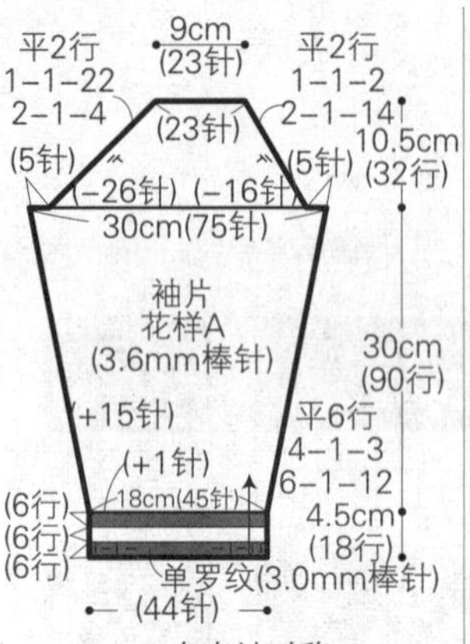

※ 左右袖对称

190

【成品规格】胸围70cm，衣长46cm，背肩宽25.5cm
【编织密度】花样A：20针×28行=10cm²
花样B：21针×28行=10cm²
【工　　具】4.2mm、4.5mm棒针，3.5mm钩针
【材　　料】深蓝色纯棉线135g，白色纯棉线10g

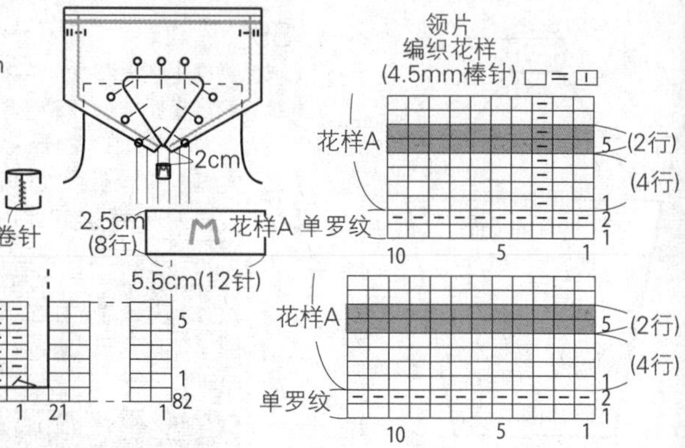

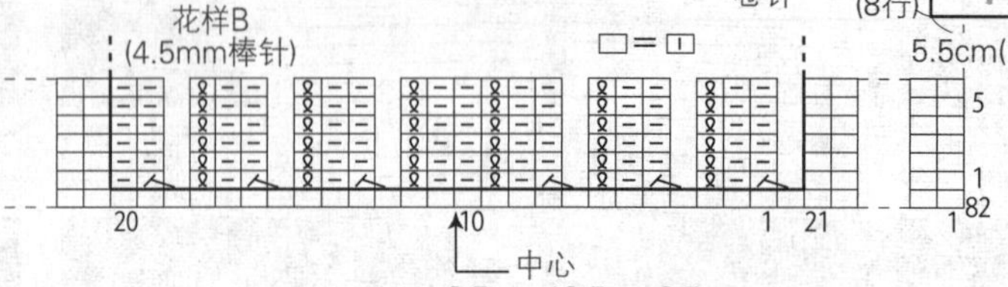

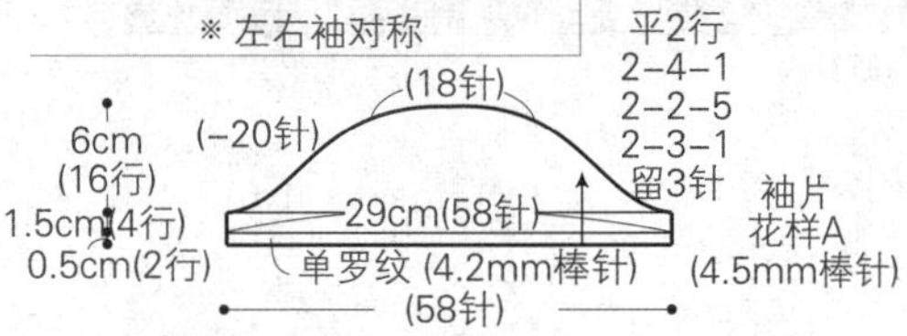

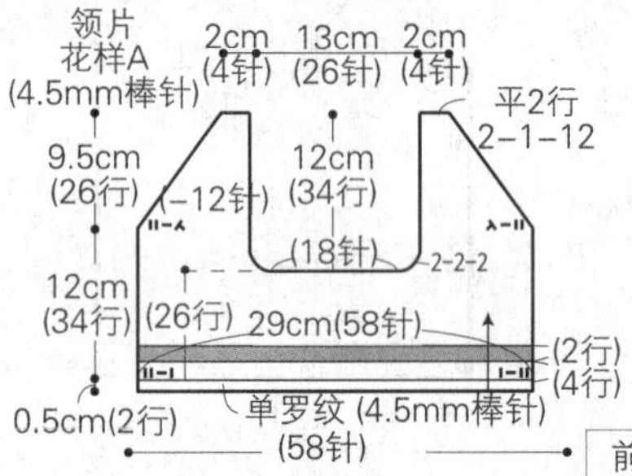

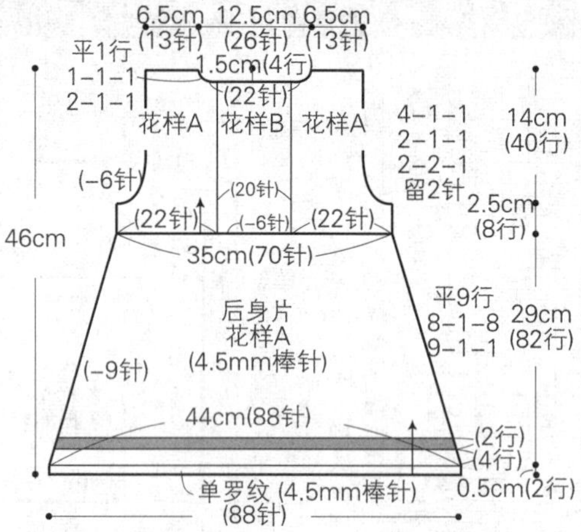

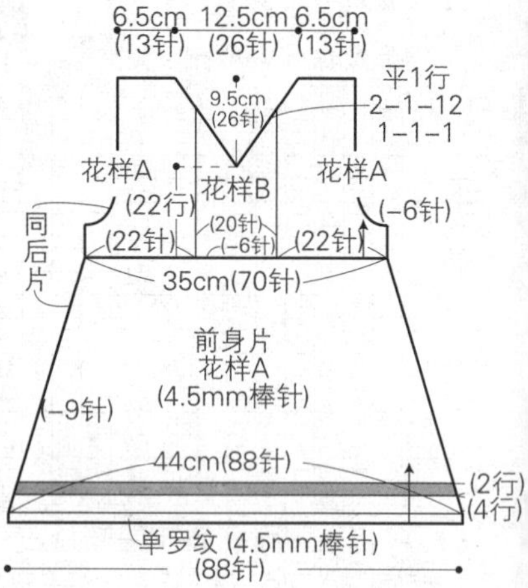

191

【成品规格】胸围74cm，衣长42cm，
背肩宽29.5cm
【编织密度】花样A：19针×21行=10cm²
花样B：20针×21行=10cm²
【工　　具】3.9mm、4.5mm棒针
【材　　料】棕色羊绒线130g

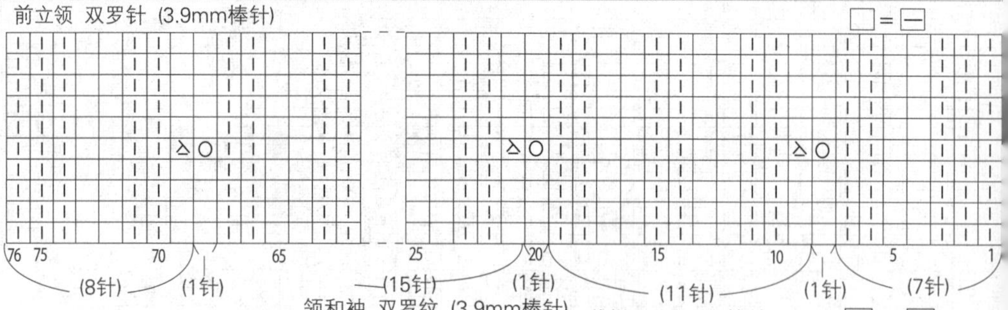

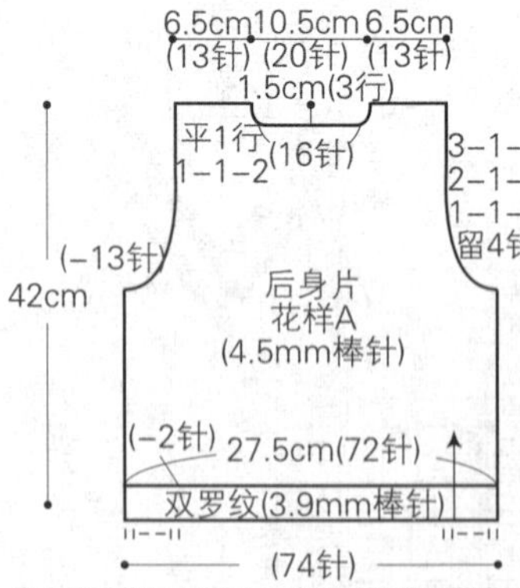

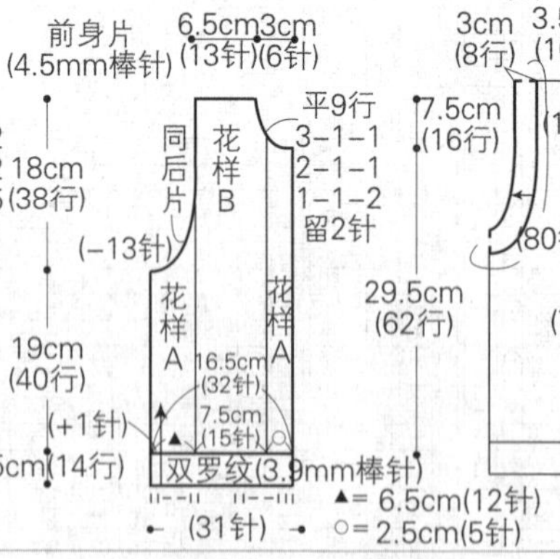

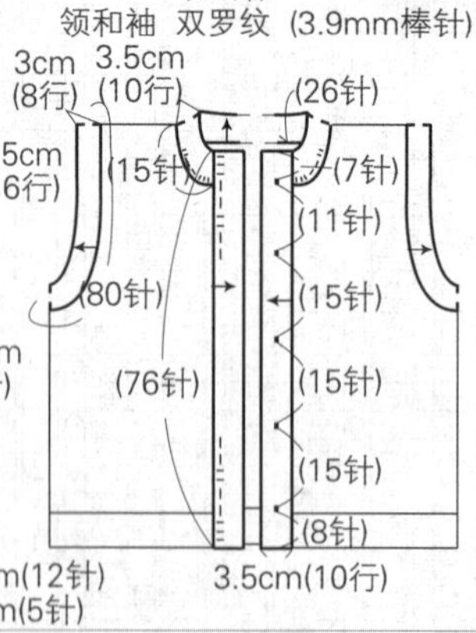

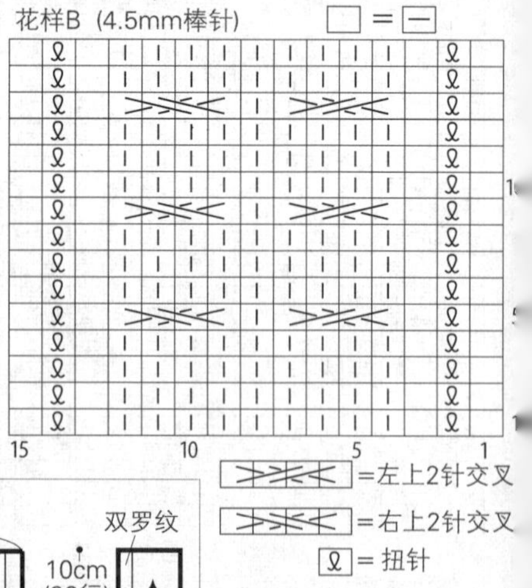

192

【成品规格】胸围74cm，衣长38cm，
背肩宽30cm，袖长13cm
【编织密度】20针×26行=10cm²
【工　　具】3.6mm、3.9mm棒针，
3.0mm钩针
【材　　料】军绿色纯棉线260g，
其他色纯棉线少许

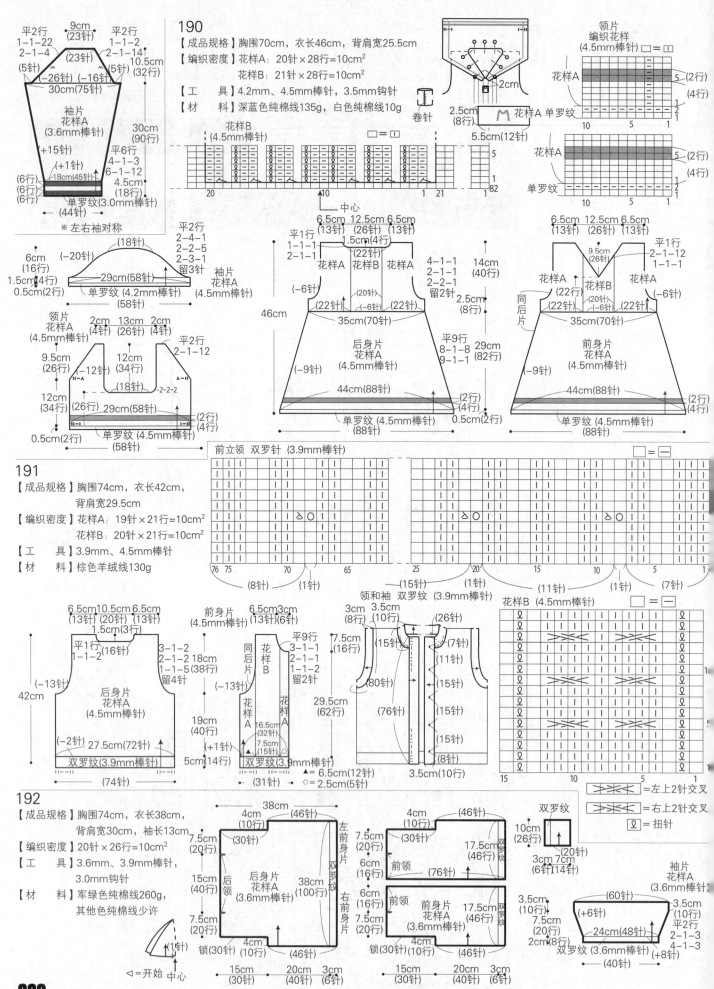

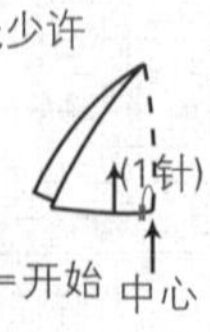

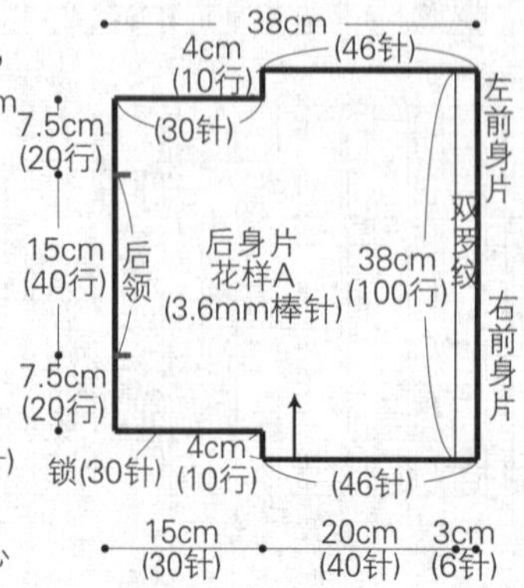

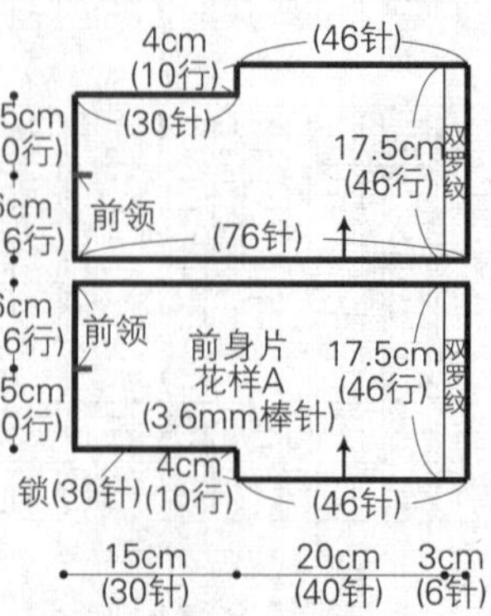

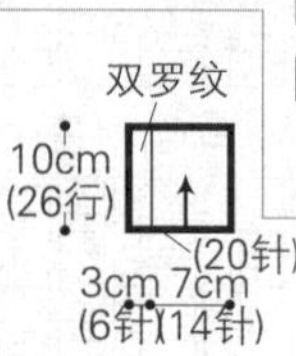

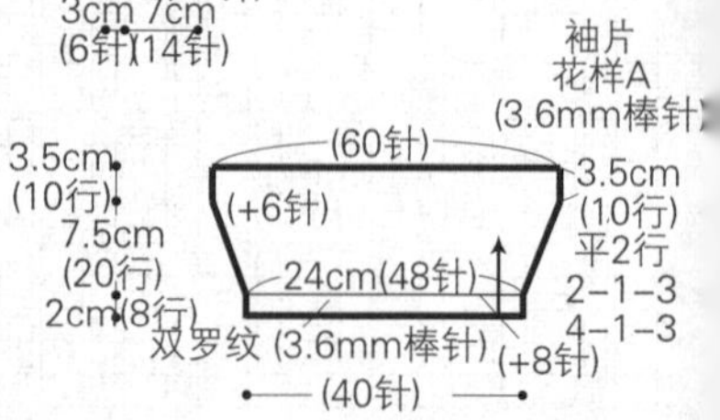

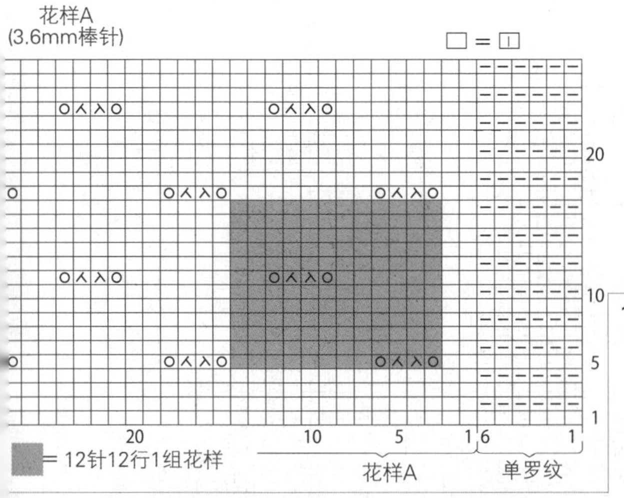

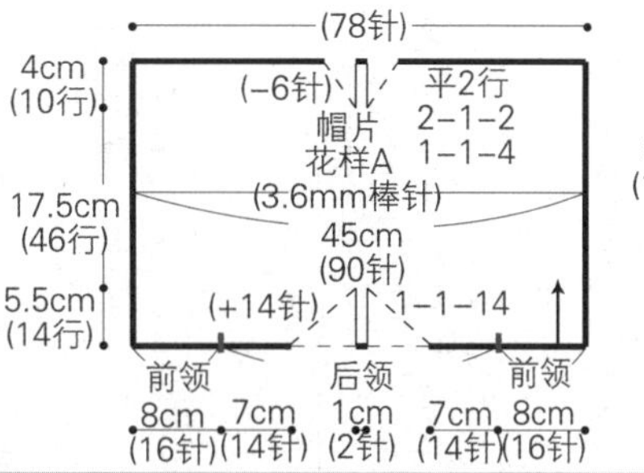

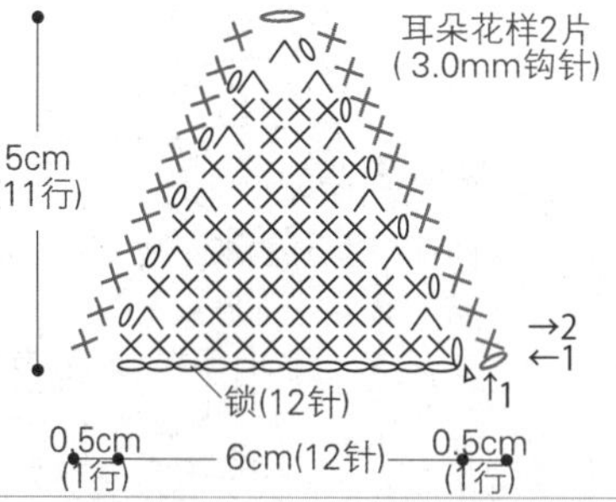

193

【成品规格】胸围79cm，衣长37.5cm，袖长27cm

【编织密度】9.5针×15.5行=10cm^2

【工　　具】2.75mm棒针

【材　　料】驼色绒绒线200g

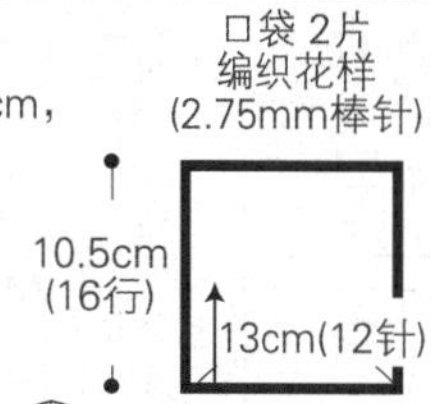

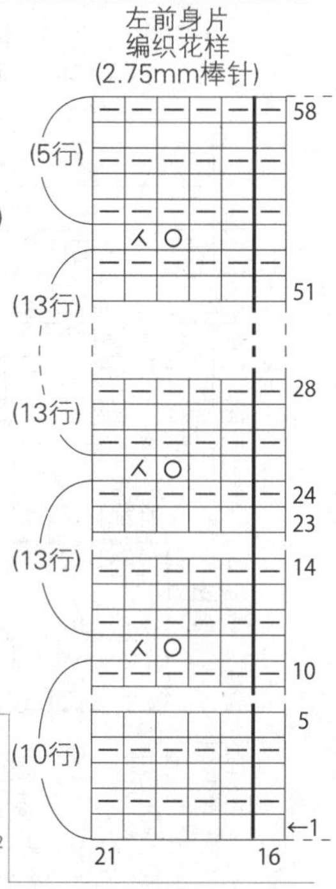

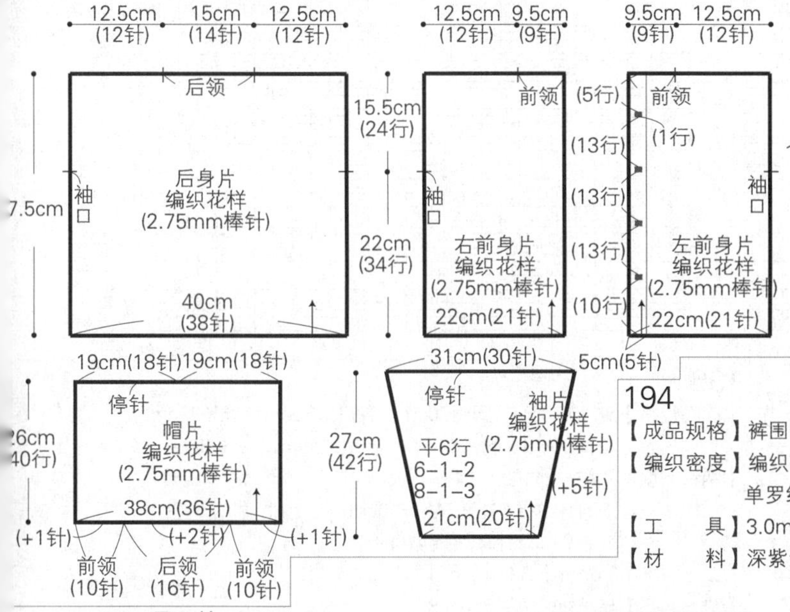

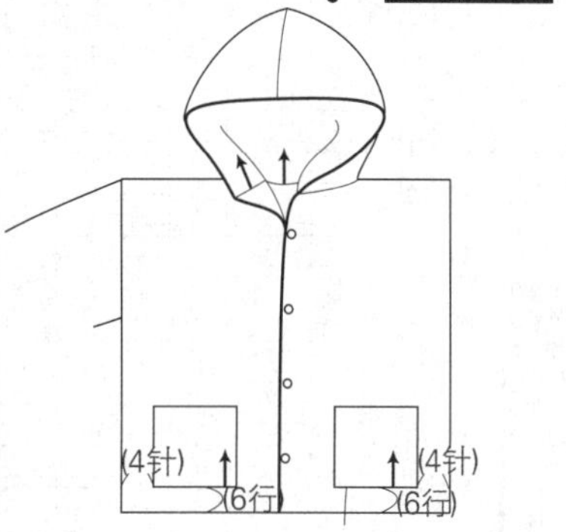

194

【成品规格】裤围59cm，裤长53.5cm

【编织密度】编织花样（3.0mm棒针）：18针×26行=10cm^2

单罗纹（3.0mm棒针）：30针×35行=10cm^2

【工　　具】3.0mm、5.0mm棒针，2.3mm钩针

【材　　料】深紫色粗纯棉线405g

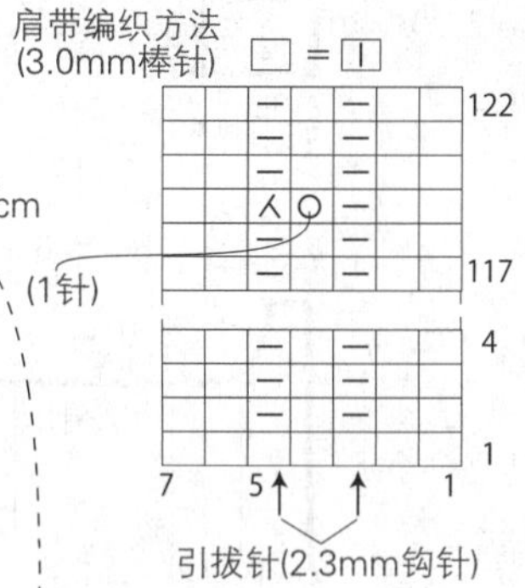

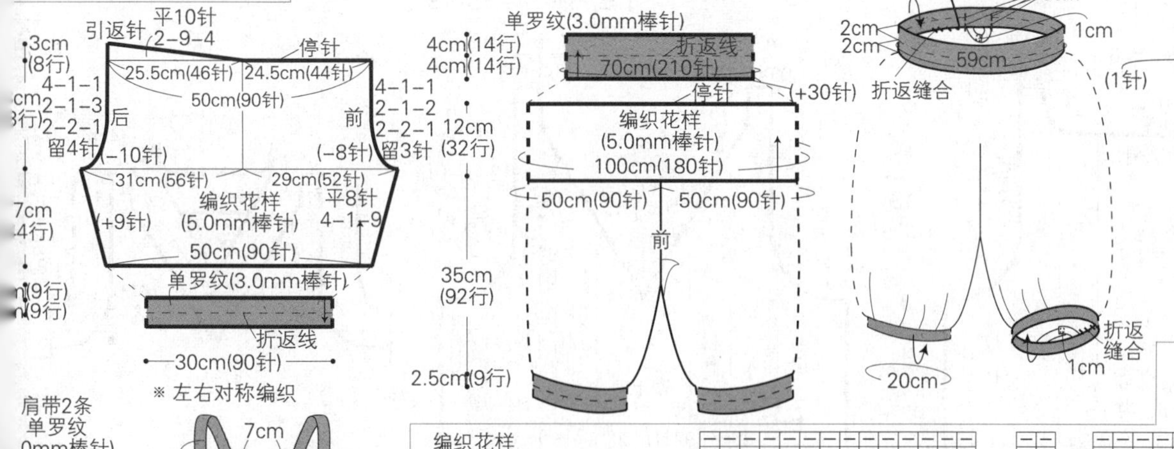

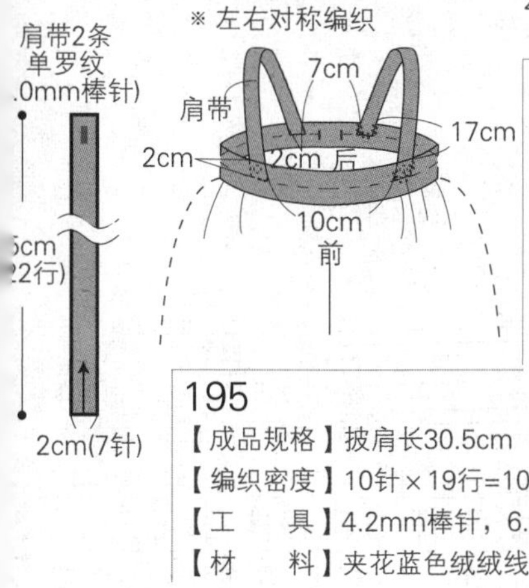

195

【成品规格】披肩长30.5cm

【编织密度】10针×19行=10cm^2

【工　　具】4.2mm棒针，6.0mm钩针

【材　　料】夹花蓝色绒绒线405g

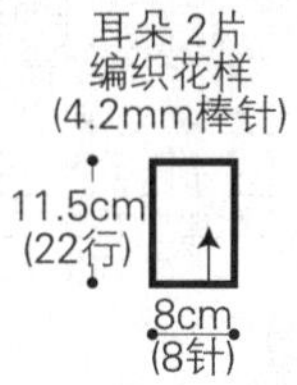

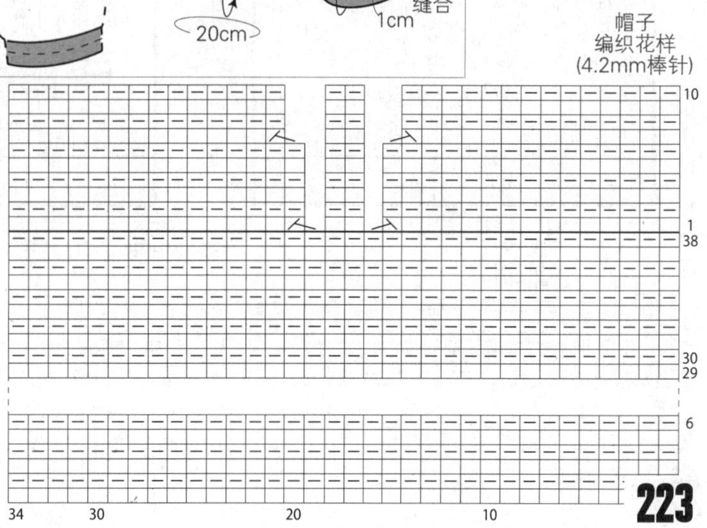

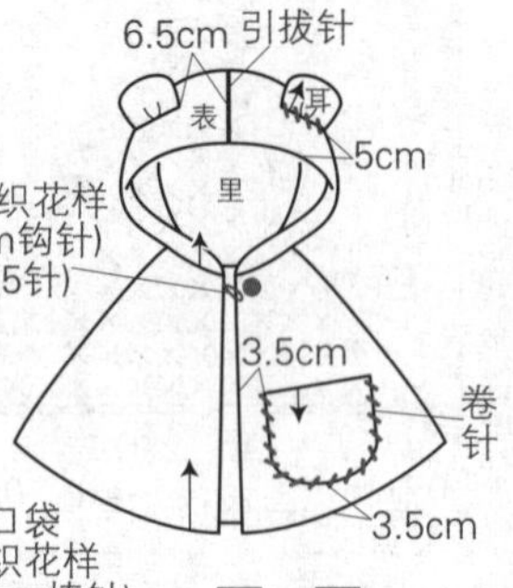

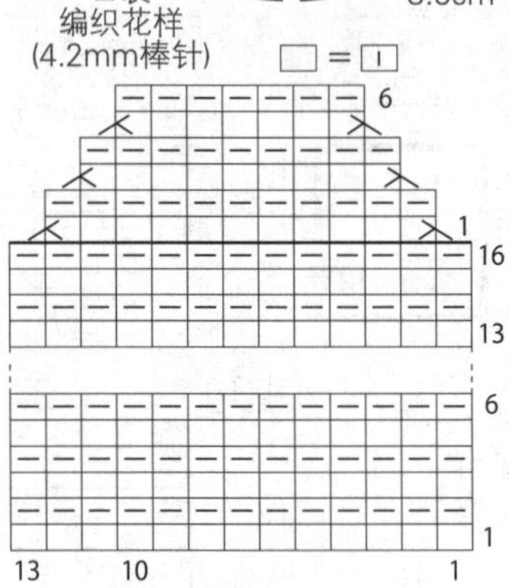

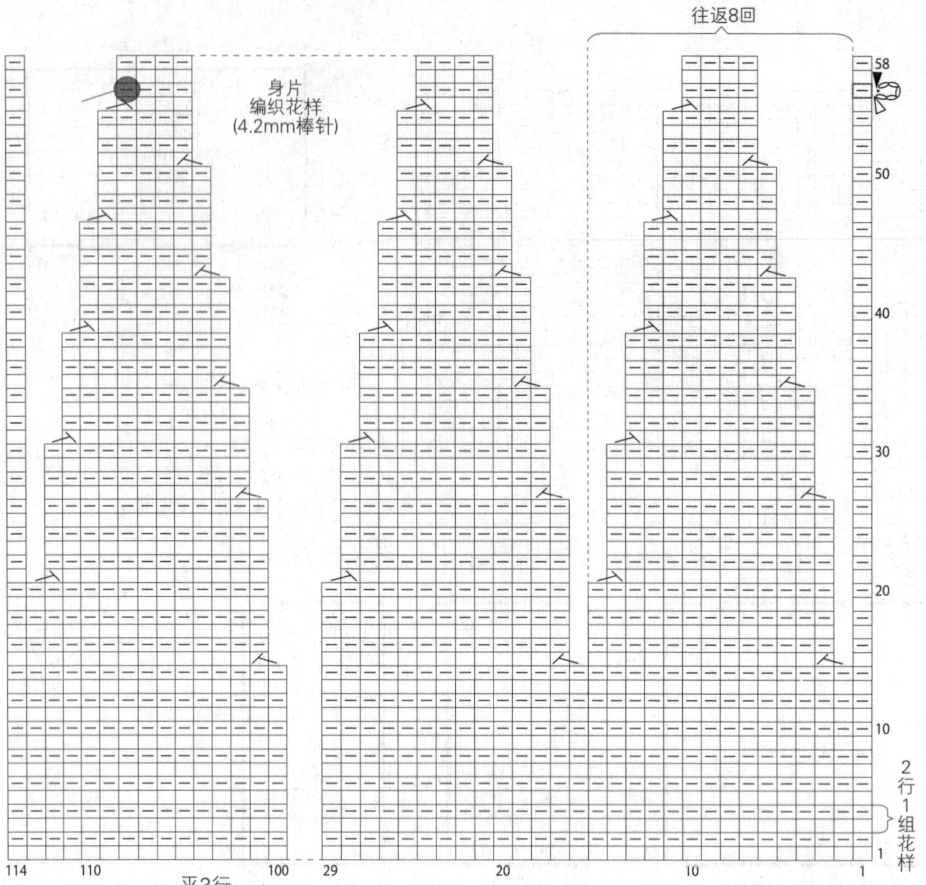

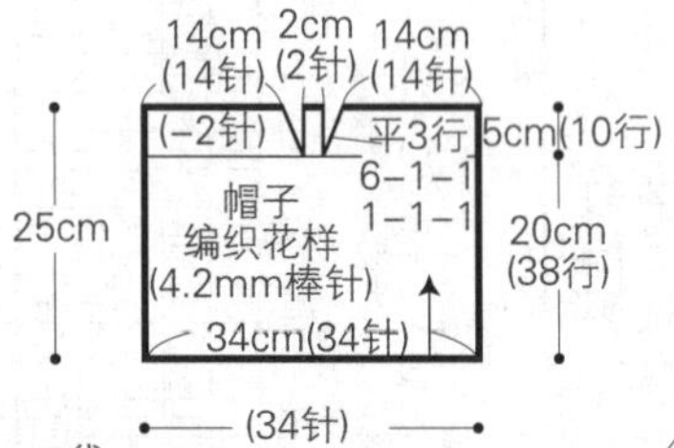

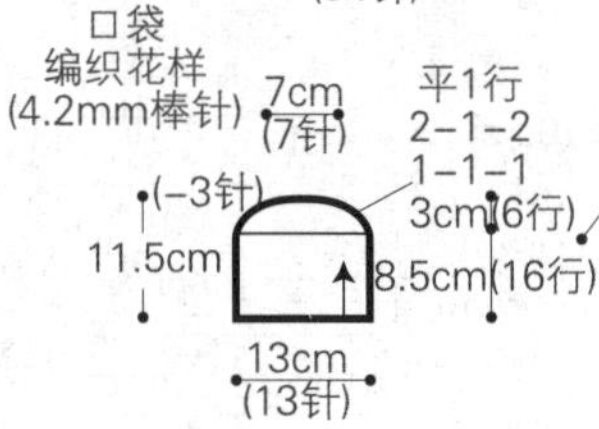

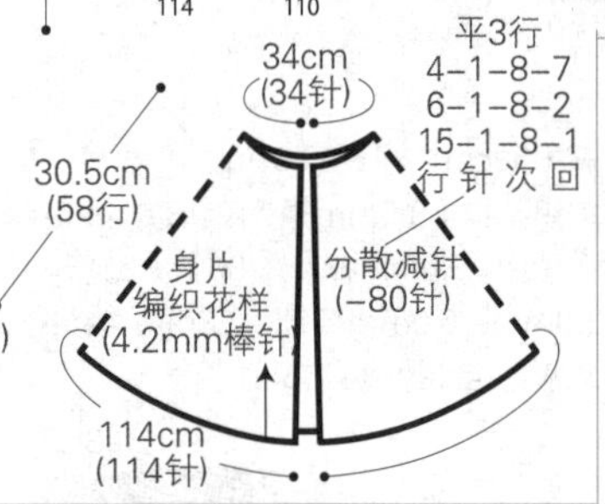

196

【成品规格】身高110cm：胸围70cm，背肩宽30cm，衣长39cm

身高90cm：胸围64cm，背肩宽28cm，衣长36cm

【编织密度】花样A：25针×34行=10cm²

花样B：25.5针×34行=10cm²

花样C：32针×34行=10cm²

【工　　具】3.0mm、3.6mm棒针

【材　　料】咖啡色纯棉线65g和80g

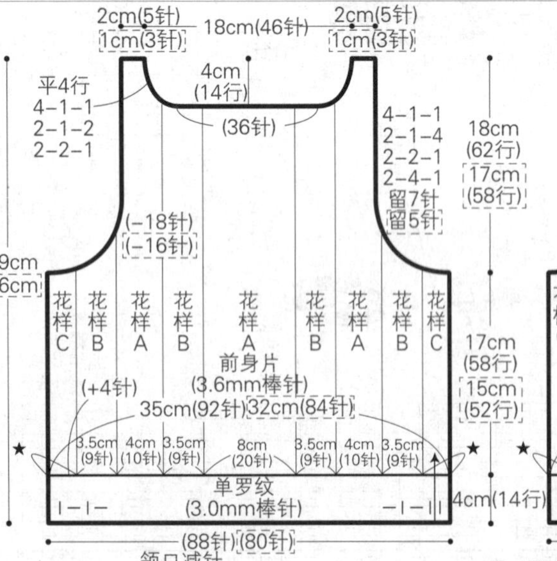

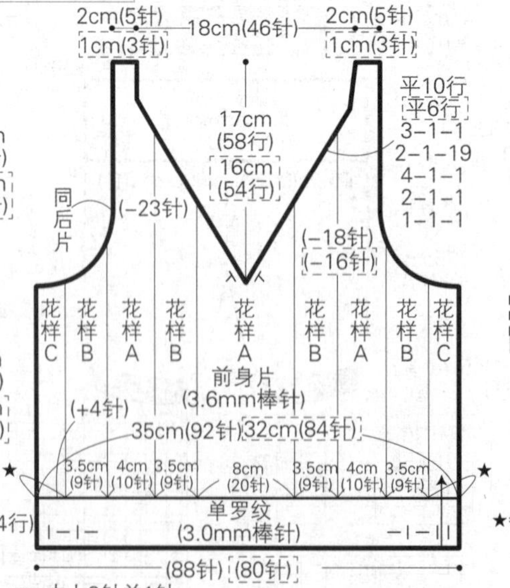

★=2.5cm(8针)
1cm(4针)

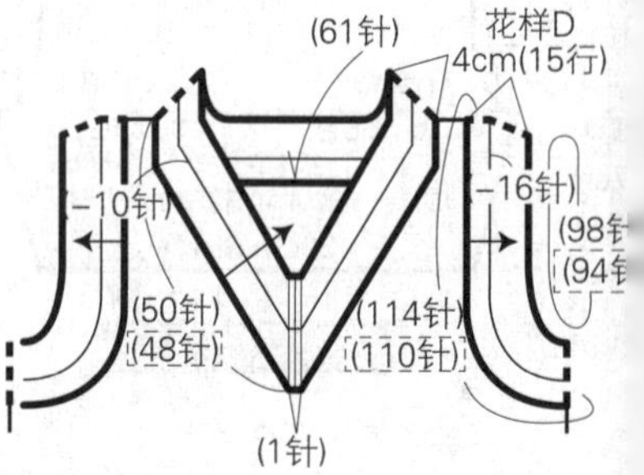

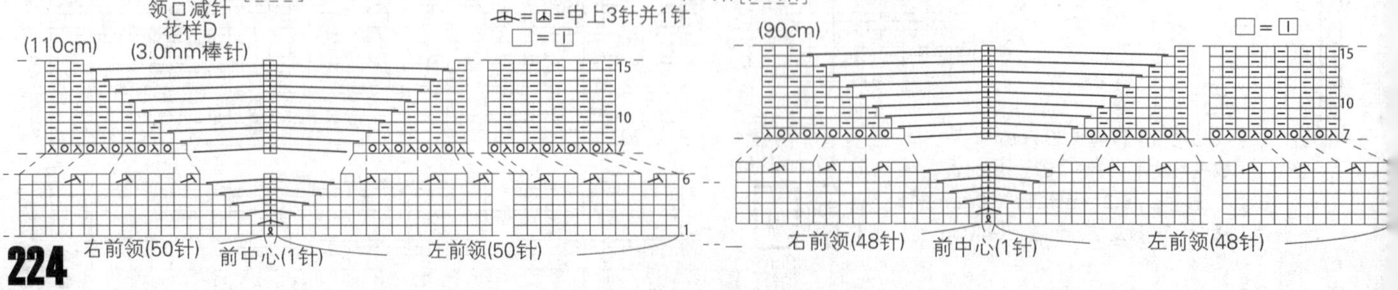

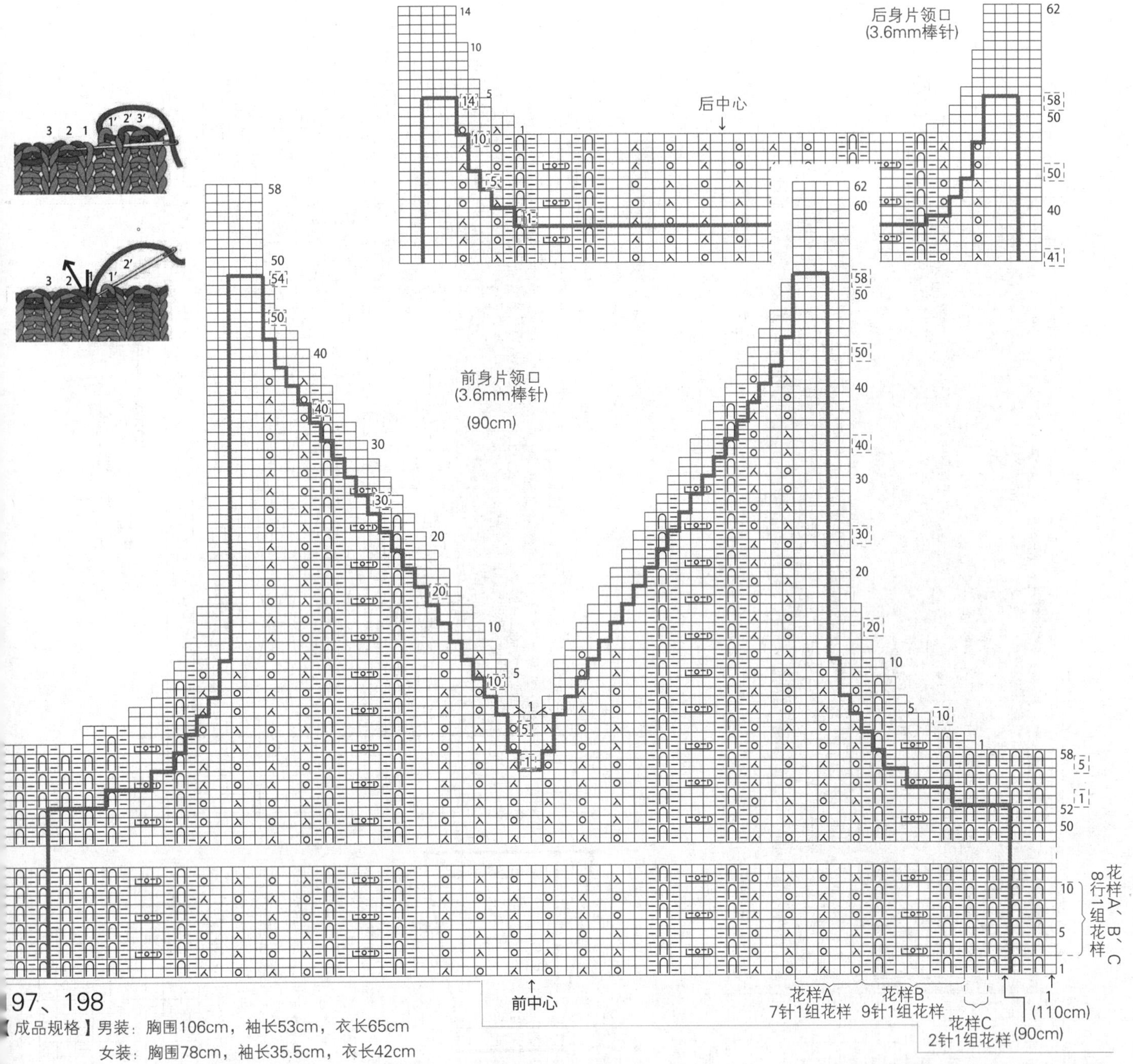

后身片领口
(3.6mm棒针)
后中心
前身片领口
(3.6mm棒针)
(90cm)
前中心
花样A
7针1组花样
花样B
9针1组花样
花样C
2针1组花样
(110cm)
(90cm)
花样A、B、C
8行1组花样
97、198
【成品规格】男装：胸围106cm，袖长53cm，衣长65cm
女装：胸围78cm，袖长35.5cm，衣长42cm
【编织密度】花样A、B：17针×18行=10cm²
花样C：13针×18行=10cm²
【工　具】6.0mm、6.6mm棒针
【材　料】浅褐色羊绒线810g，浅绿色羊绒线410g
48cm(75针)
☆=9.5cm(13针)
29cm(49针)
袖身片
花样A
(6.6mm棒针)
花样C
53cm
48cm
(86行)
(+14针)
平4行
4-1-1
6-1-13
(+7针)
28cm(47针)
单罗纹
5cm
(10行)
(6.0mm棒针)
(40针)
17.5cm(25针)18cm(31针)17.5cm(25针)
12.5cm(20针)14cm(23针)12.5cm(20针)
2cm
(4行)
1.5cm
(3行)
平1行
1-1-1
2-2-1
(25针)
(19针)
平1行
2-2-1
65cm
42cm
后身片
花样A
(6.6mm棒针)
袖口
53cm(81针)
39cm(63针)
(+1针)
29cm(49针)
单罗纹 (6.0mm棒针)
(80针)
(62针)
◎=12cm(16针)
5cm(7针)
平4行
4-1-1
2-1-2
2-2-2
9cm
(16行)
6.5cm
(12行)
平4行
2-1-2
2-2-2
24cm
(43行)
17cm
(30行)
(27行)
(18行)
(17针)
(11针)
前身片
花样A
(6.6mm棒针)
36cm
(65行)
21cm
(38行)
5cm
(10行)
4cm
(8行)
225

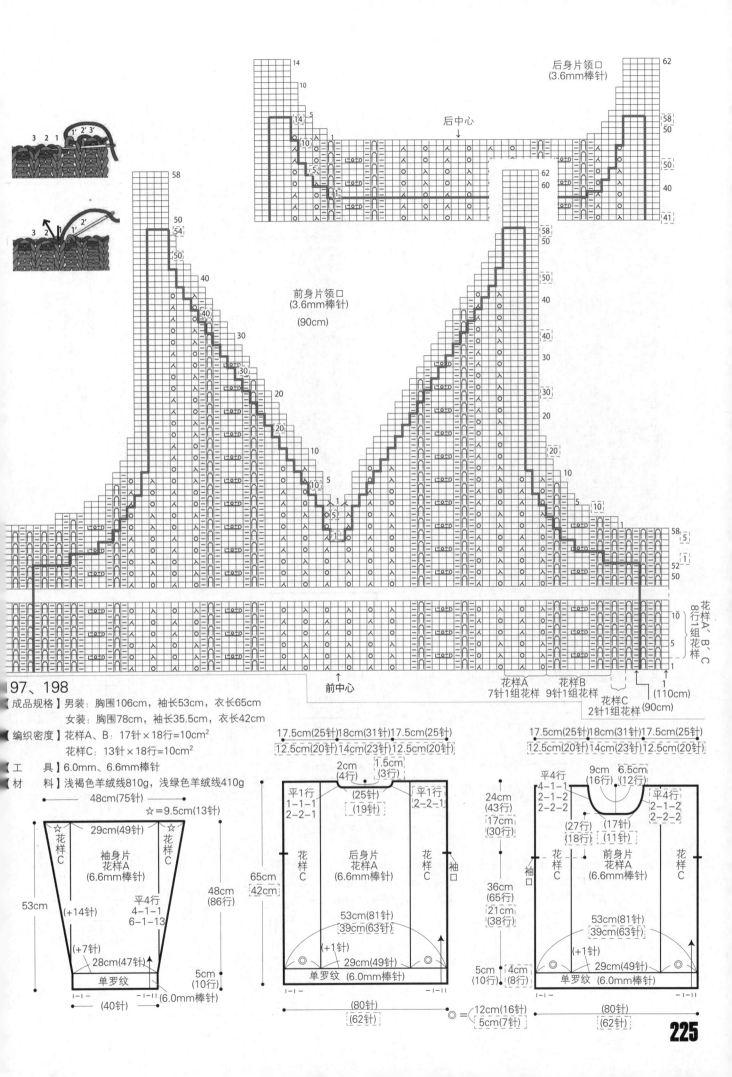

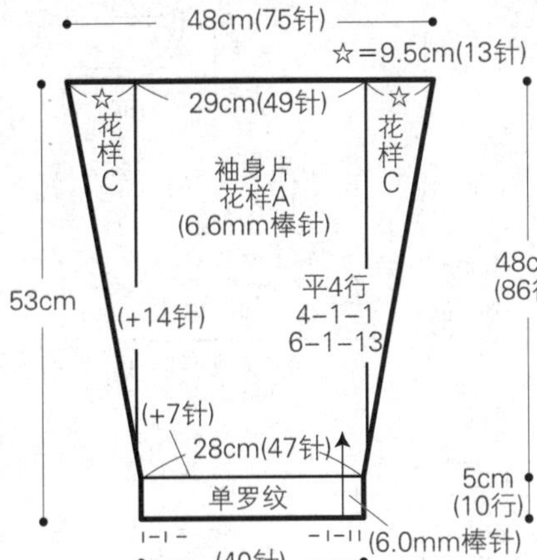

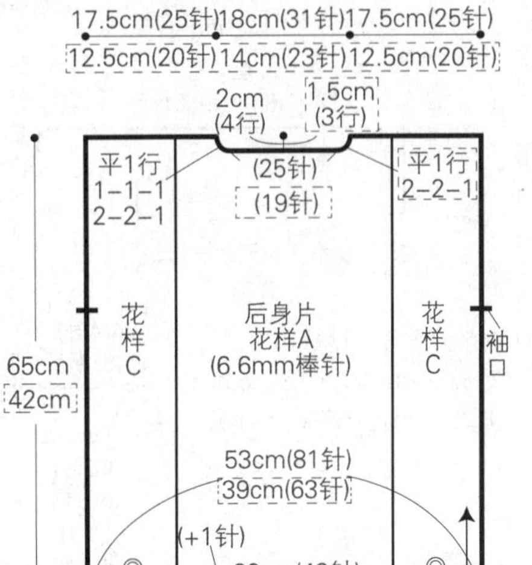

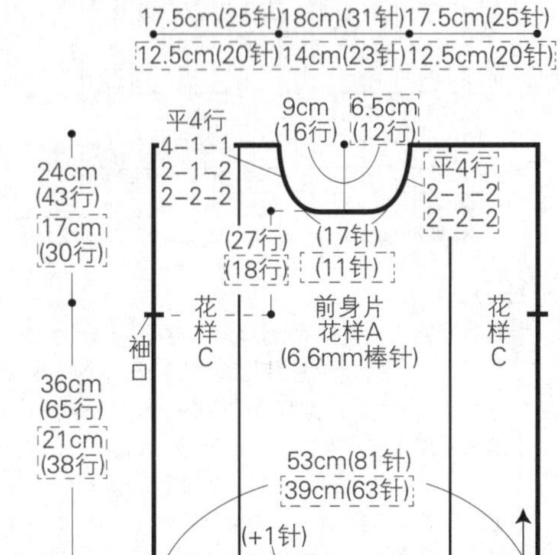

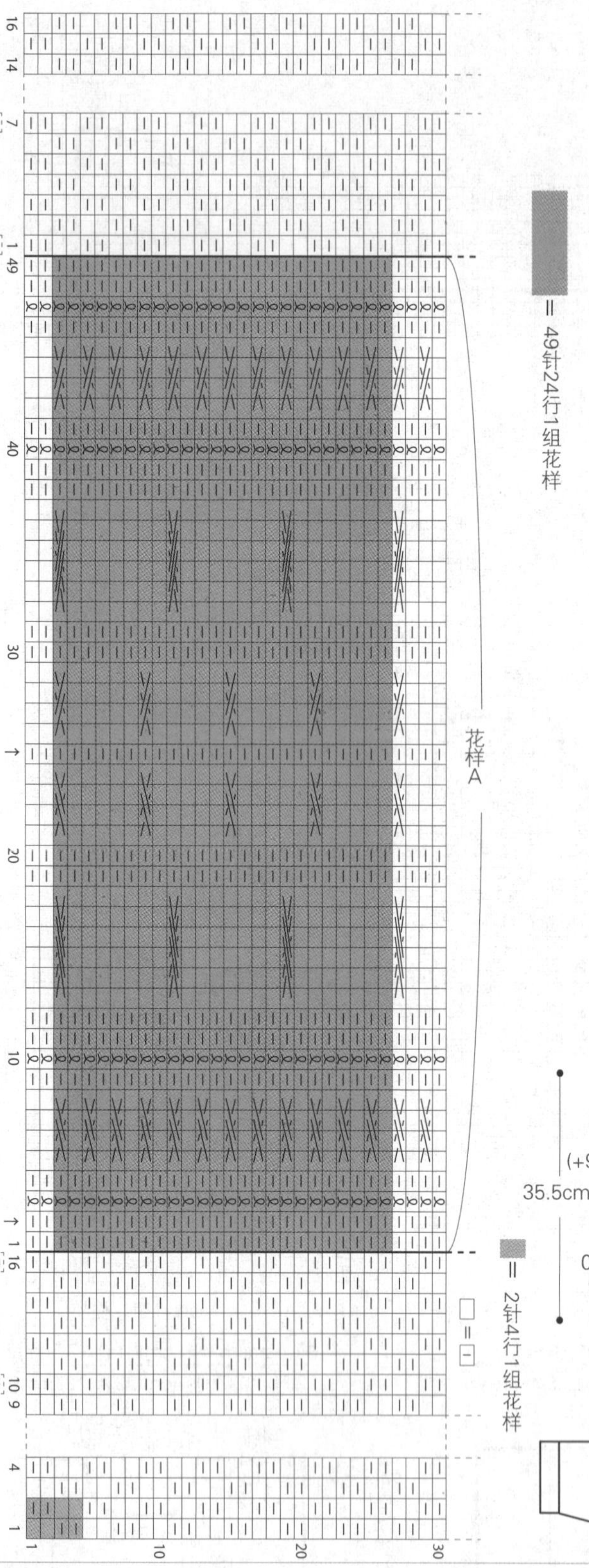

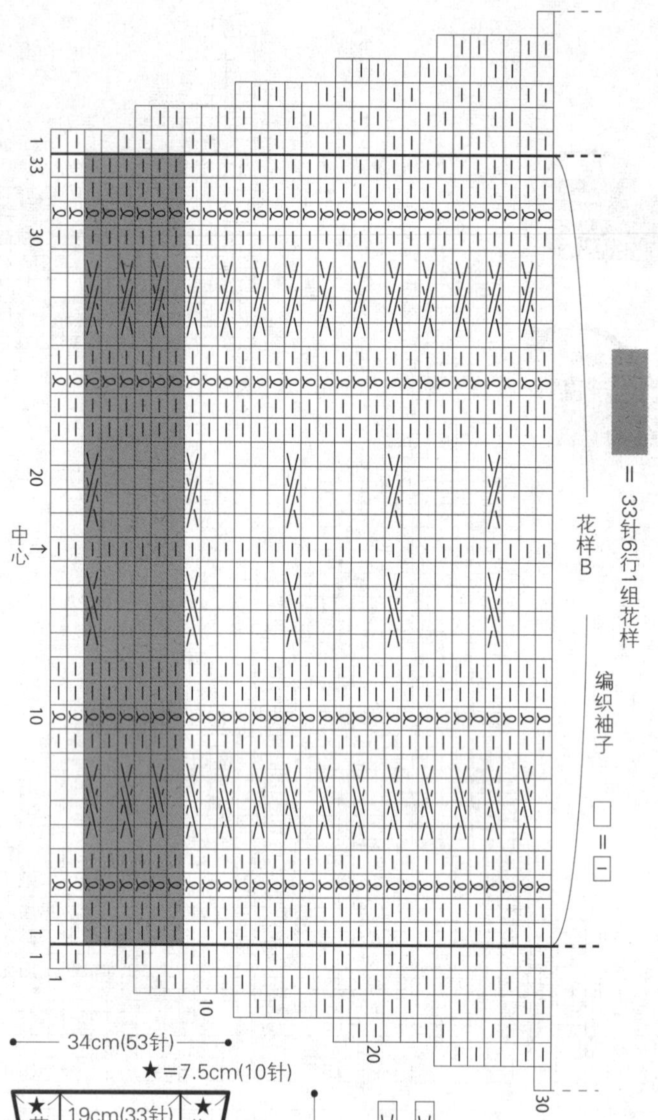

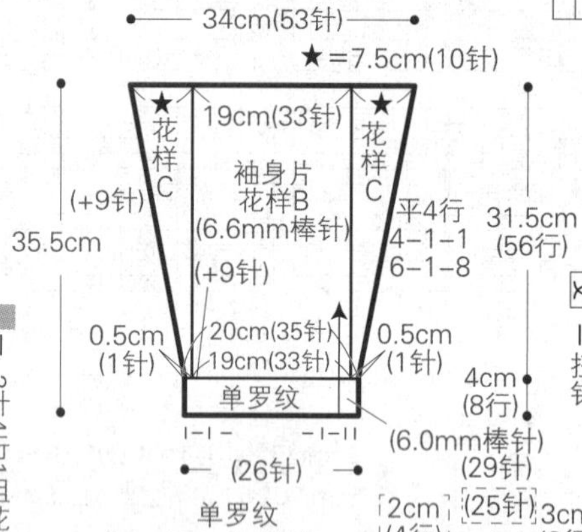

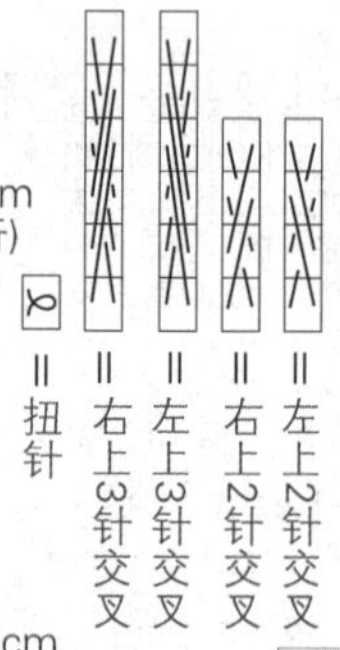

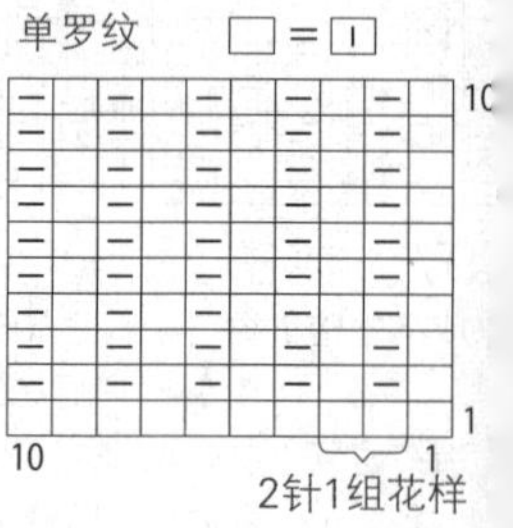

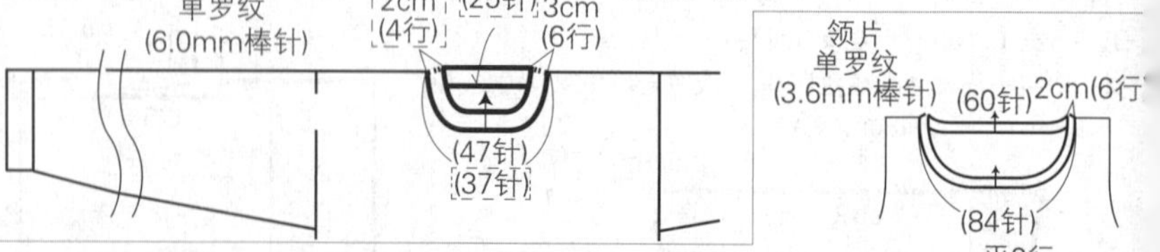

199

【成品规格】女装：胸围93cm，袖长15cm，衣长41.5cm，背肩宽37.5cm

120cm童装：胸围76cm，袖长13cm，衣长29.5cm，背肩宽29cm

90cm童装：胸围69cm，袖长13cm，衣长26.5cm，背肩宽25.5cm

【编织密度】花样A：18针×25行=10cm²

花样B：18针×26.5行=10cm²

【工　　具】3.6mm、4.2mm棒针

【材　　料】青草色羊绒线200g，杏色羊绒线135g，紫红色羊绒线105g

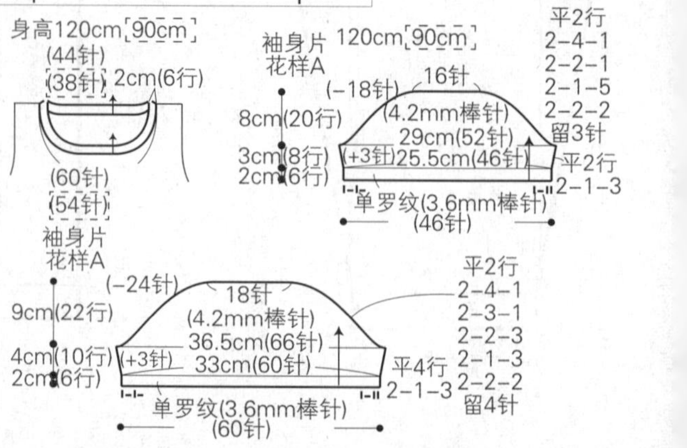

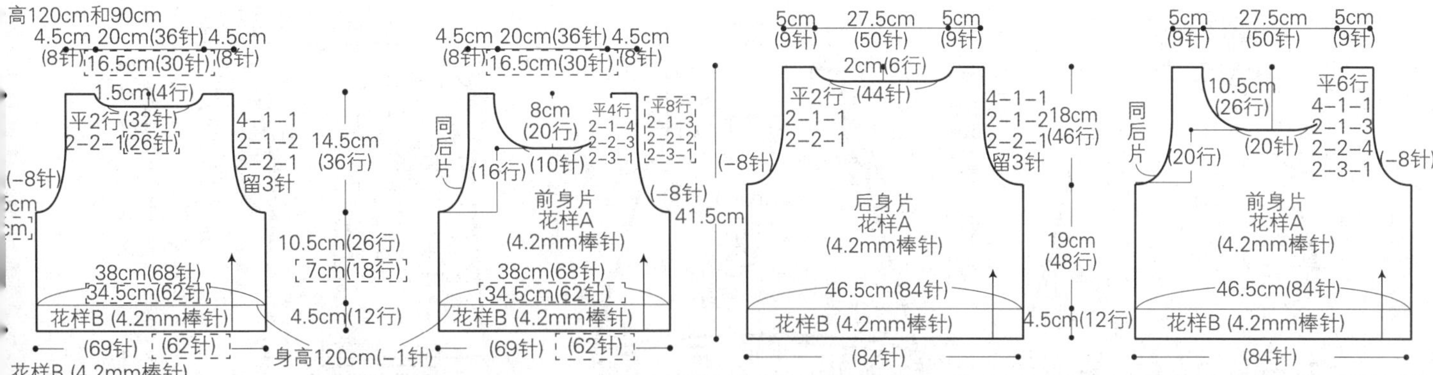

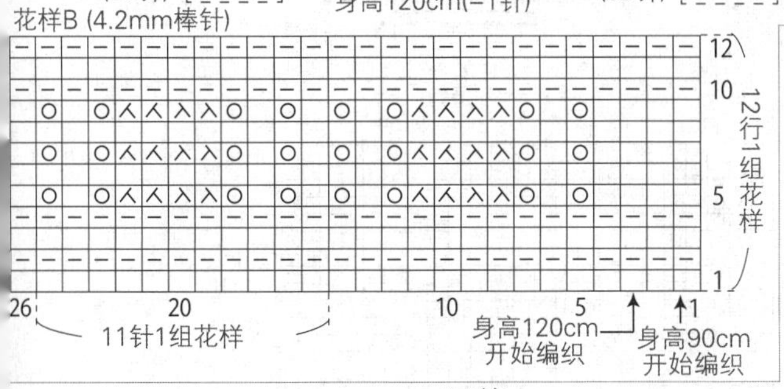

200

【成品规格】女装：胸围90cm，袖长53.5cm，衣长57.5cm，背肩宽34.5cm

120cm童装：胸围72cm，袖长36.5cm，衣长39.5cm，背肩宽27cm

【编织密度】18针×25行=10cm²

【工　　具】3.9mm、4.5mm棒针

【材　　料】紫粉色纯棉线260g，墨绿色纯棉绒线130g

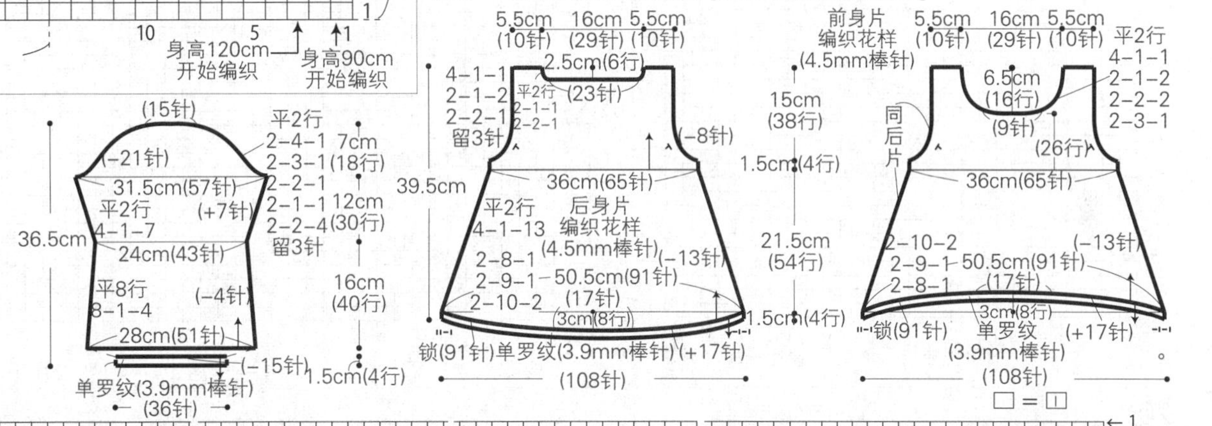

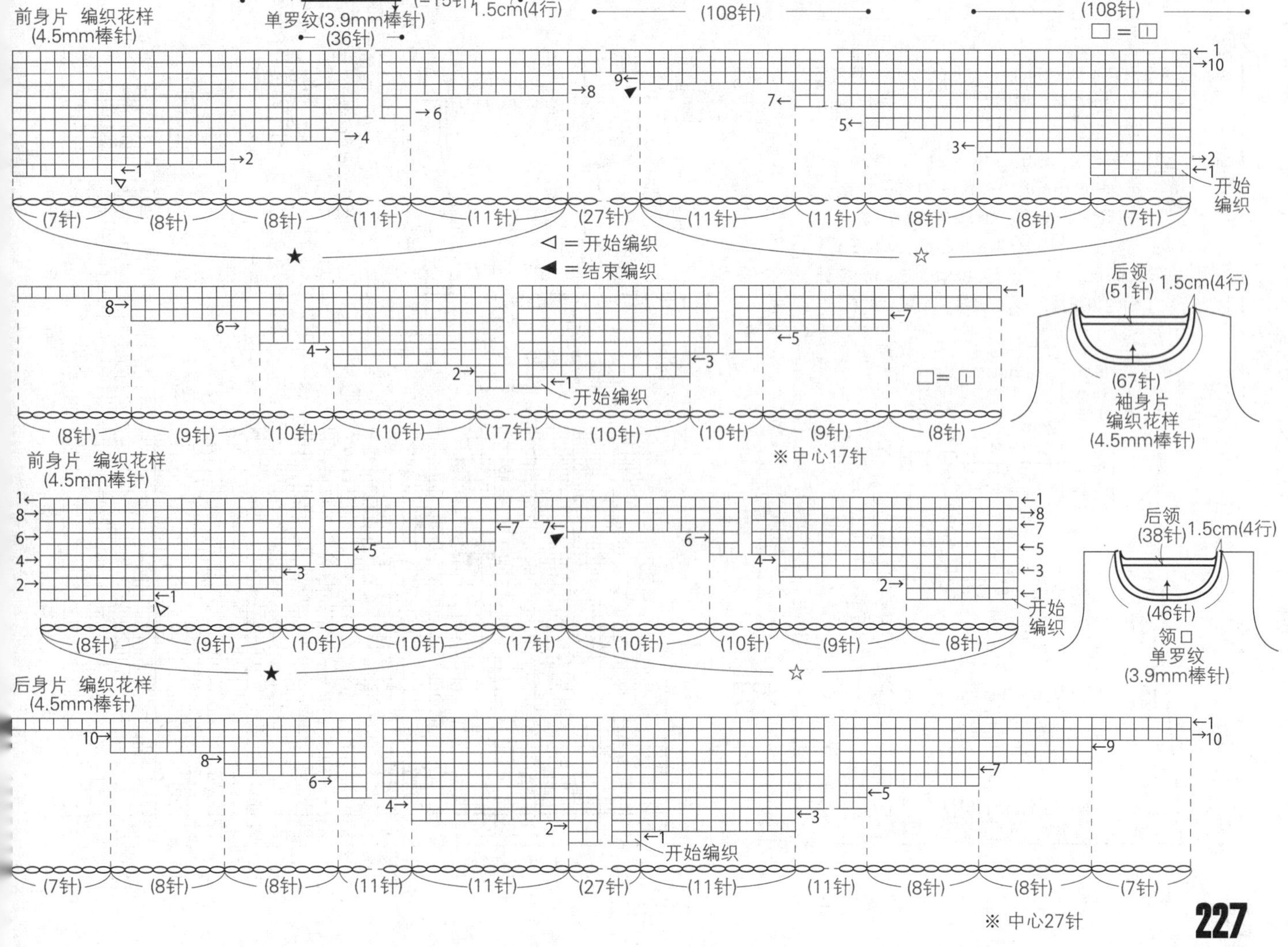

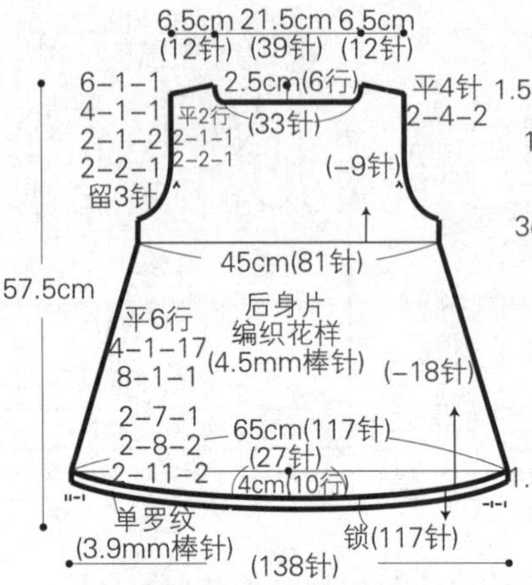

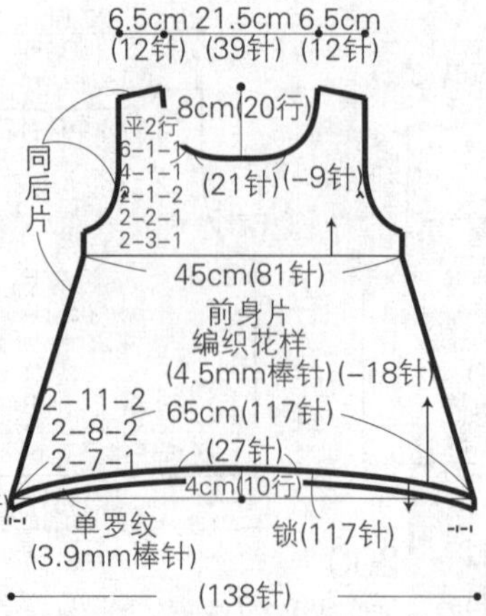

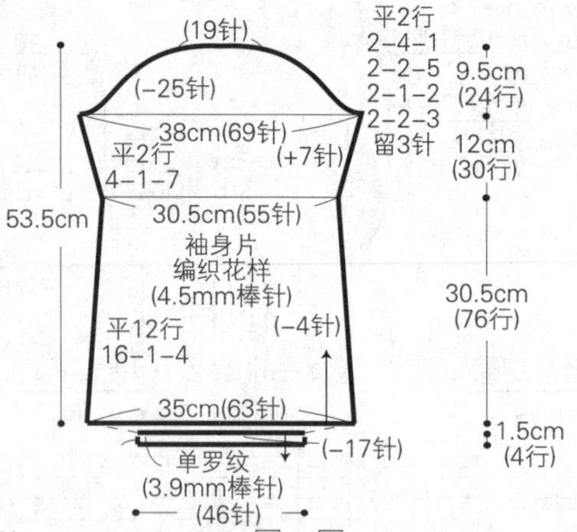

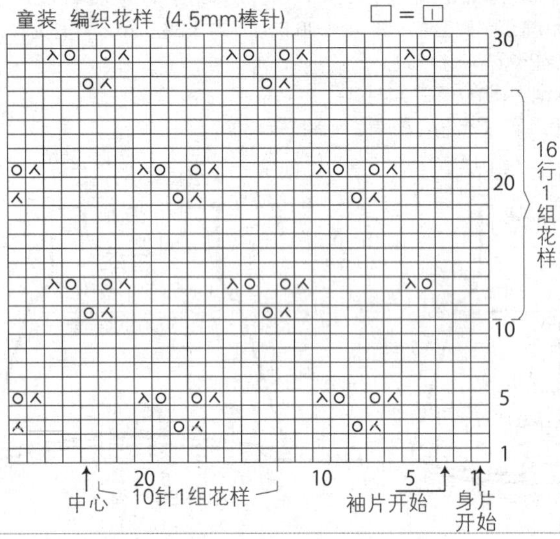

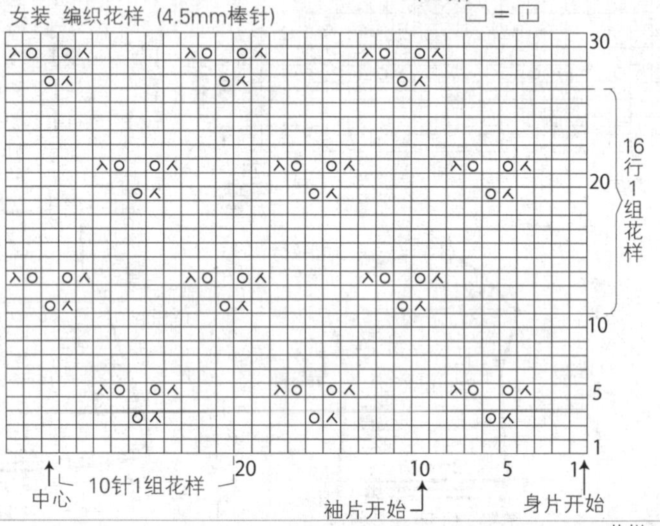

201

【成品规格】女装：胸围94cm，衣长65.5cm，背肩宽38cm

120cm童装：胸围71.5cm，衣长47.5cm，背肩宽29cm

【编织密度】花样C(5.1mm)：14针×21行=10cm²

花样B(5.1mm)：16.5针×21行=10cm²

花样C(4.2mm)：20针×28.5行=10cm²

花样B(4.2mm)：21针×28.5行=10cm²

【工　　具】3.9mm、4.2mm、4.8mm、5.1mm棒针

【材　　料】褐色羊绒线240g，咖啡色羊绒线410g

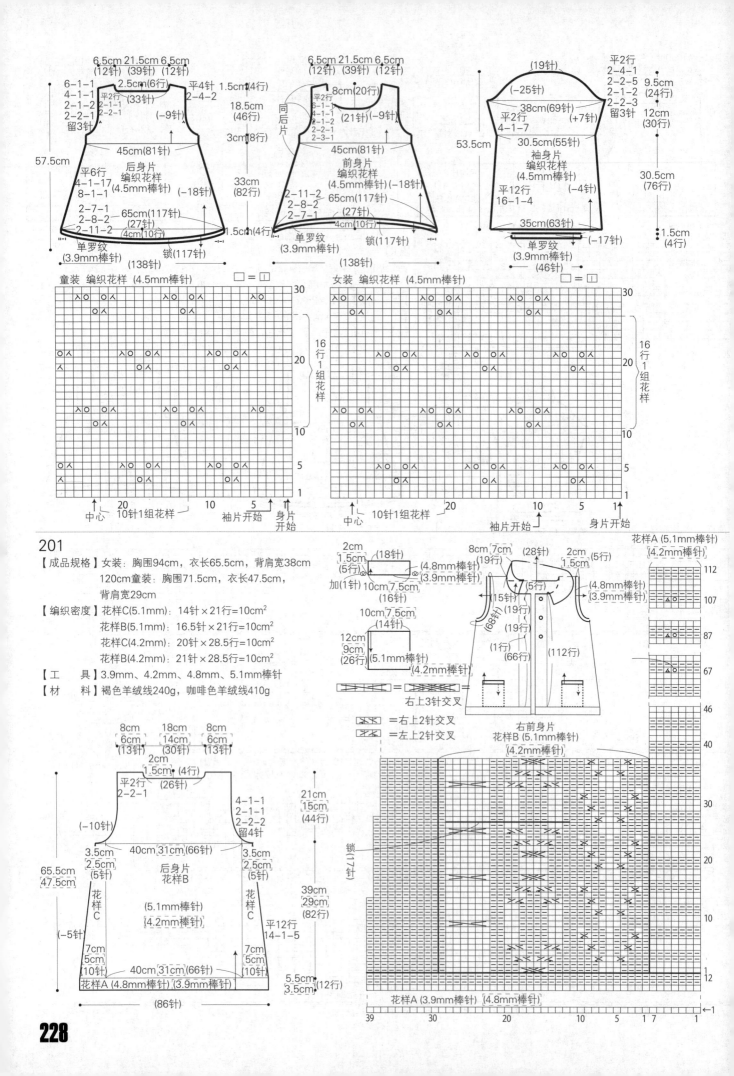

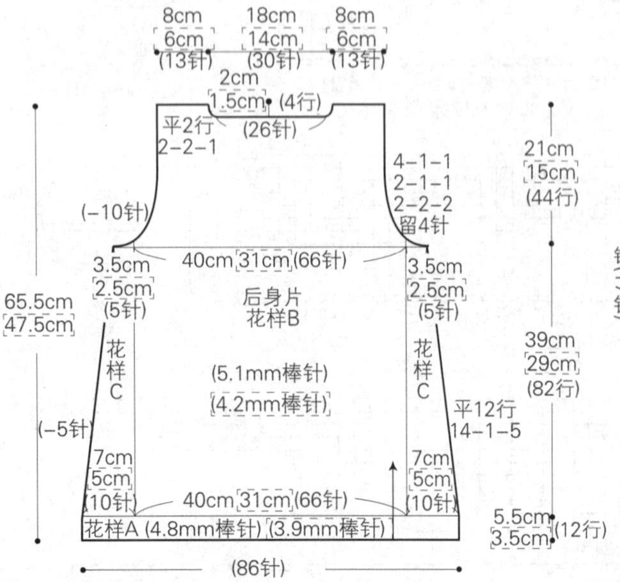

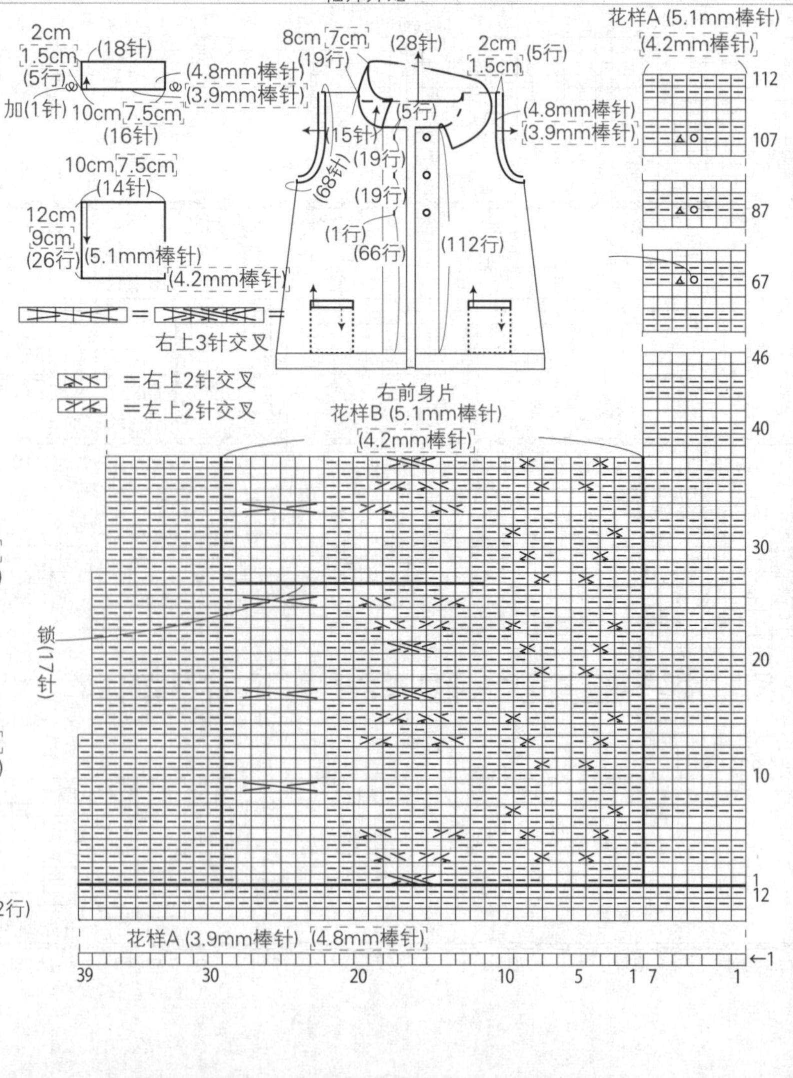

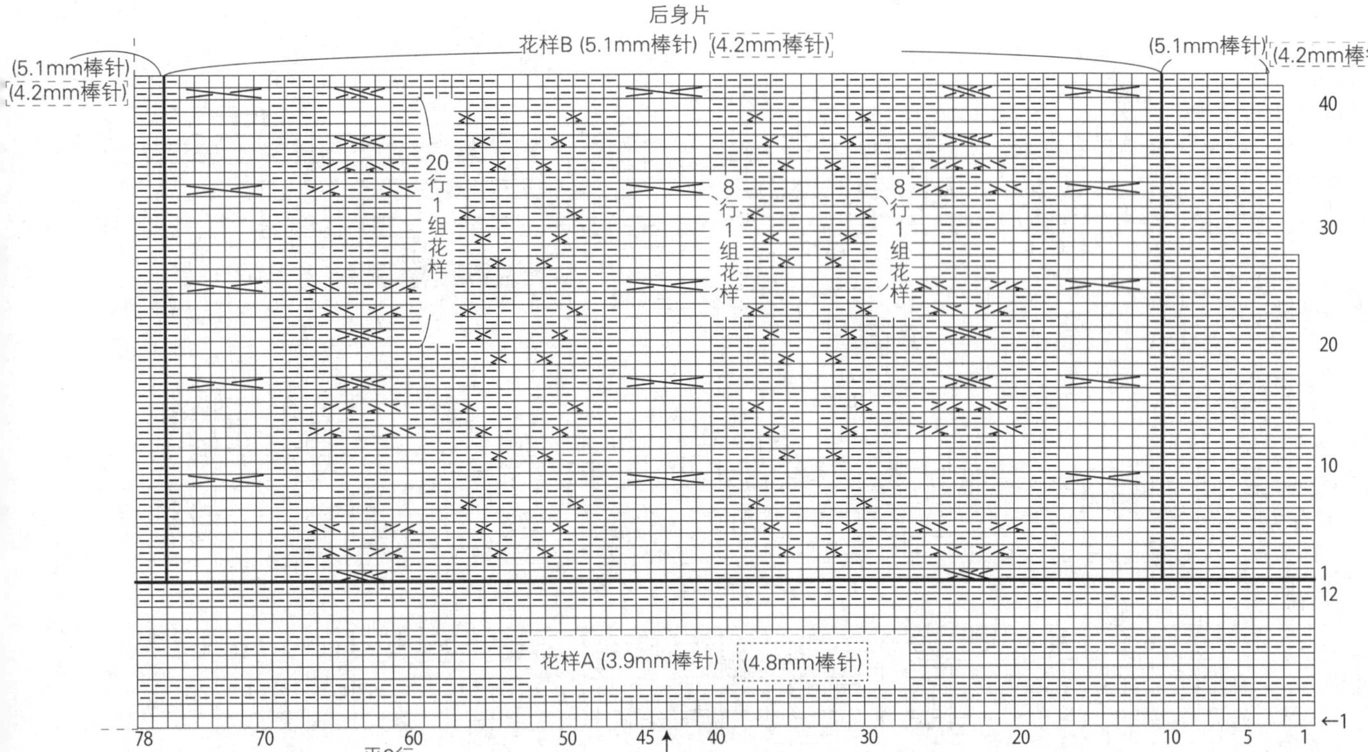

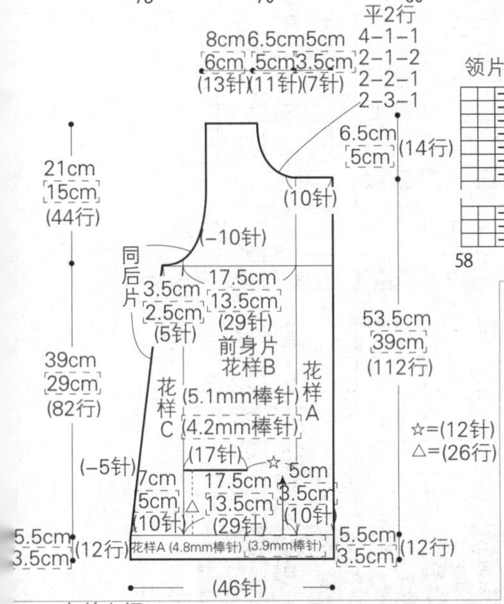

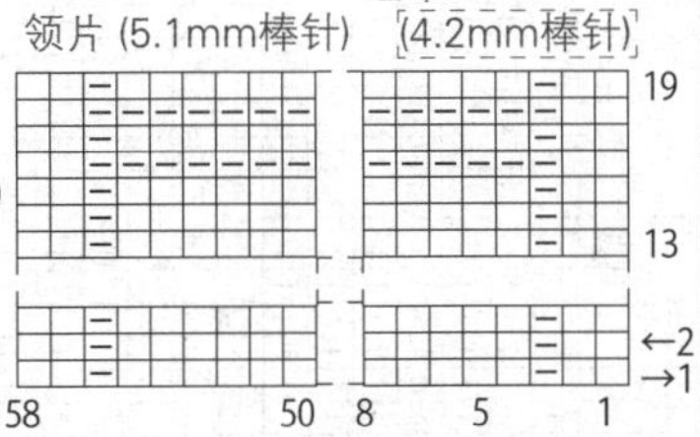

202、203

【成品规格】男装：胸围94cm，衣长58.5cm，背肩宽40cm

女装：胸围88cm，衣长51cm，背肩宽36.5cm

【编织密度】花样A：21针×28.5行=10cm²

花样B：26针×28.5行=10cm²

【工　　具】3.6mm、3.9mm棒针

【材　　料】藏蓝色羊绒线330g，米白色羊绒线265g

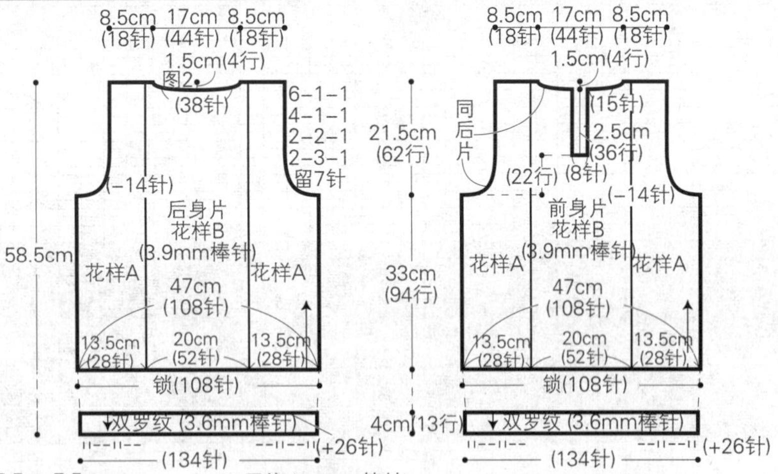

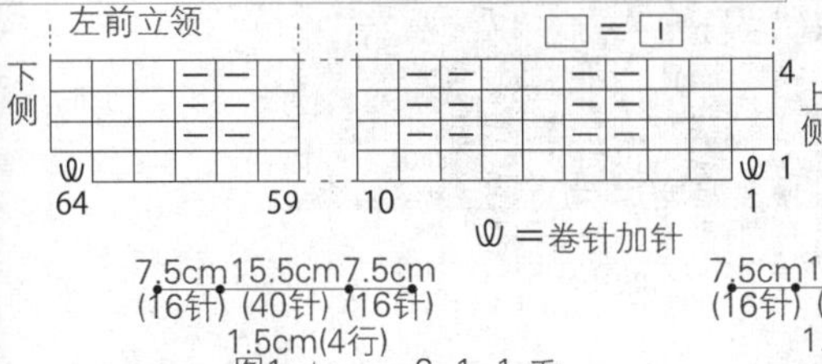

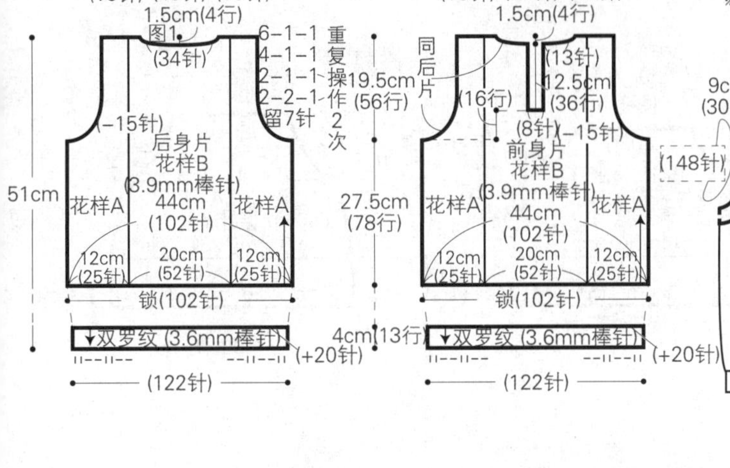

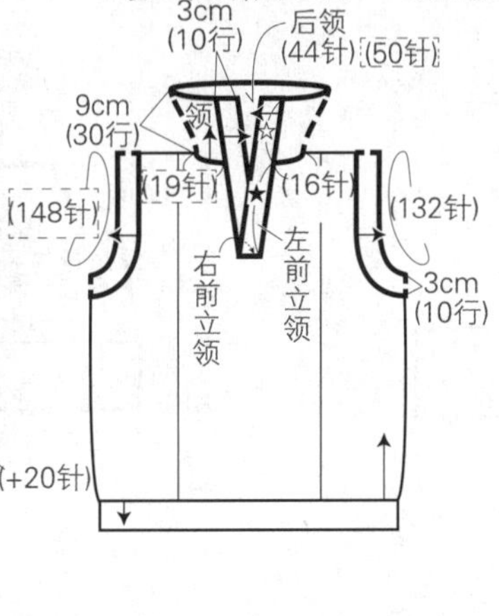

※前立领☆=(26针)★=(38针)
左右各64针

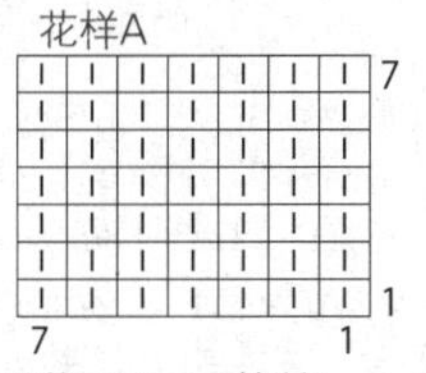

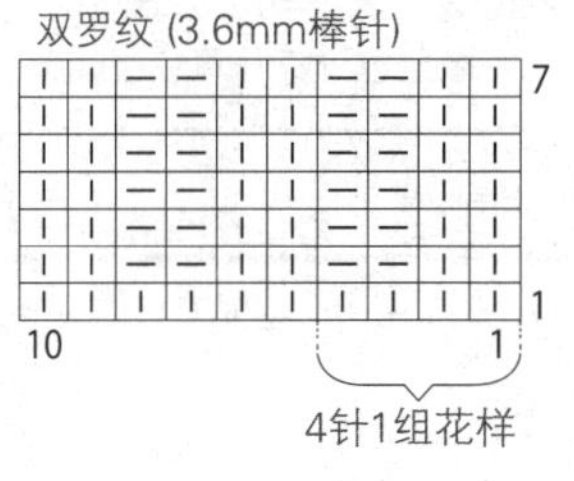

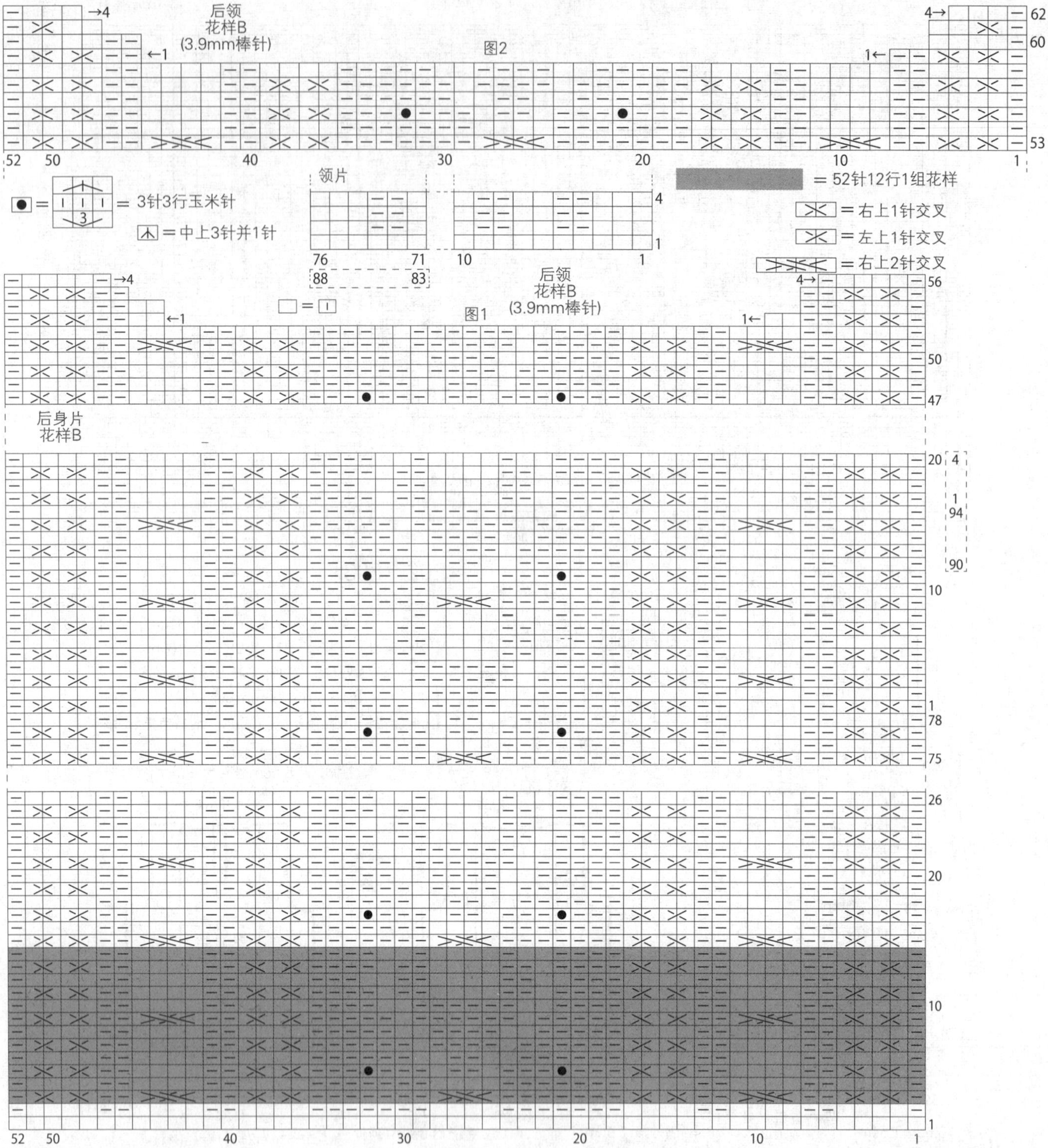

204

【成品规格】胸围90cm，衣长48cm

【编织密度】花样A：25针×31行=10cm²

花样B：27针×34行=10cm²

【工　　具】3.6mm棒针，2.3mm钩针

【材　　料】黄色进口马海绒线65g，

藏蓝色进口马海绒线60g

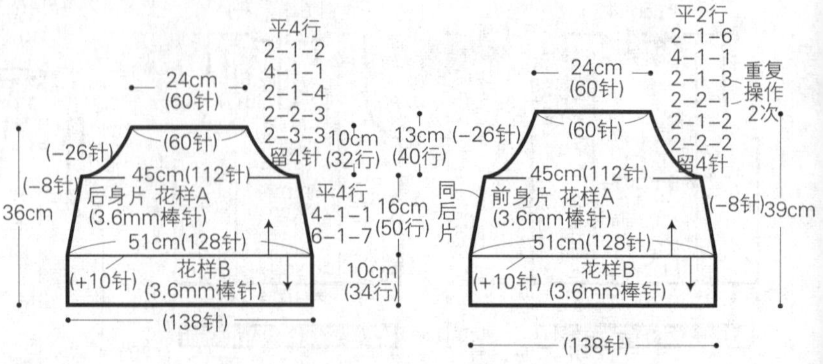

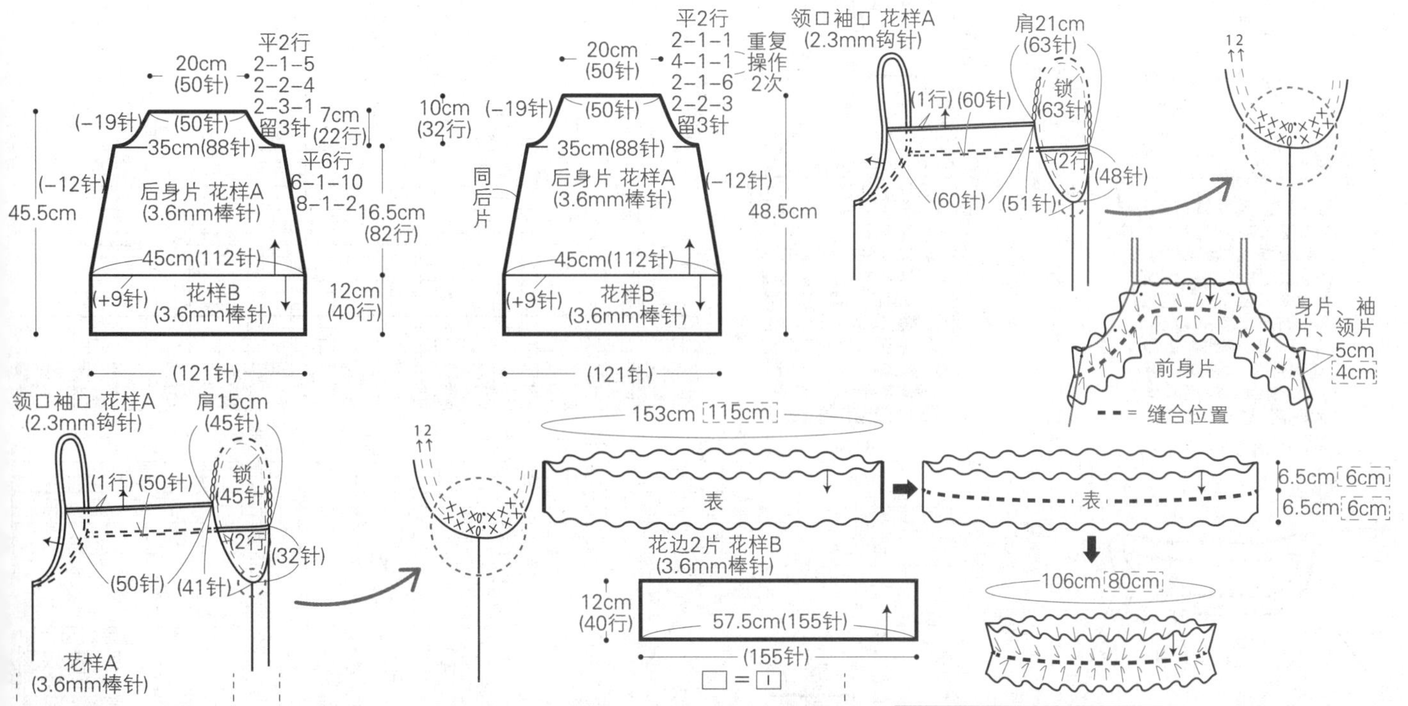

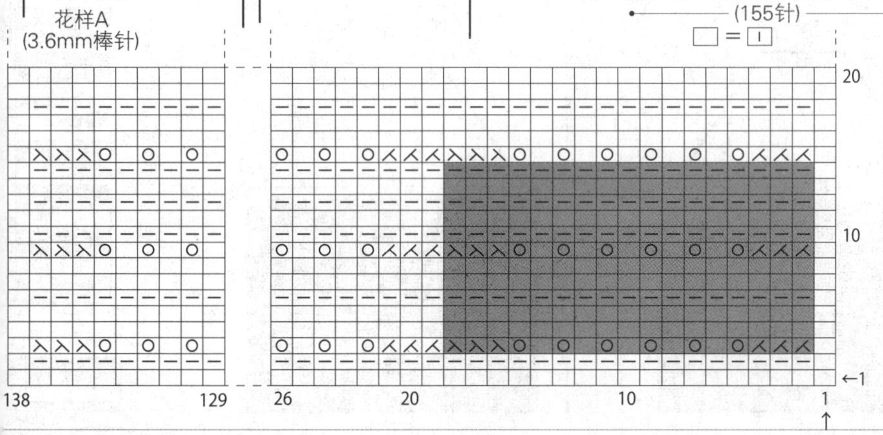

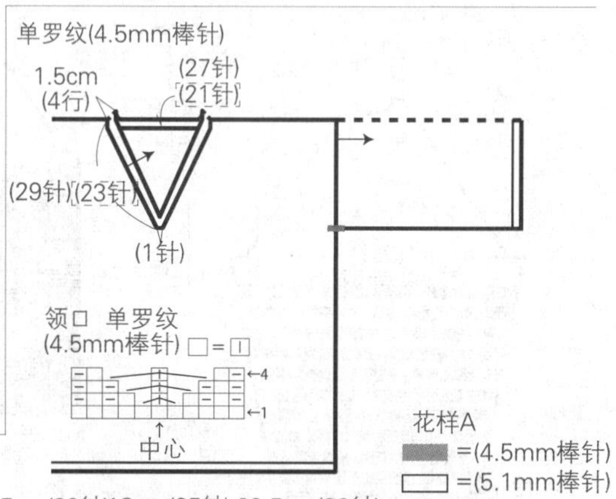

205

【成品规格】女装：胸围126cm，衣长58.5cm

童装：胸围90cm，衣长41.5cm

【编织密度】14针×15.5行=10cm²

【工　　具】4.5mm、5.1mm棒针

【材　　料】粉色进口马海绒线140g，

草绿色进口马海绒线150g

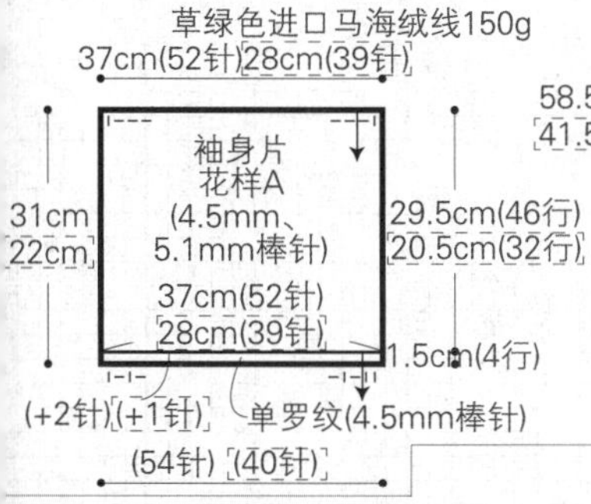

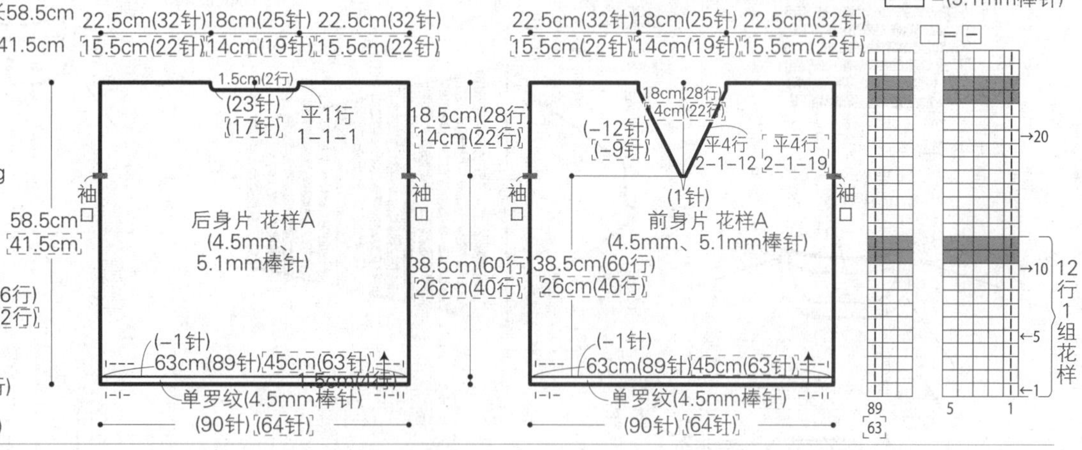

06

【成品规格】男装：胸围101cm，衣长61cm，袖长74cm

童装：胸围95cm，衣长40cm，袖长48cm

【编织密度】13针×20行=10cm²

【工　　具】5.4mm、6.0mm棒针

【材　　料】咖啡色进口牛奶棉线220g，

粉色进口牛奶棉线220g，

米白色进口牛奶棉线280g

儿童毛衣尺寸

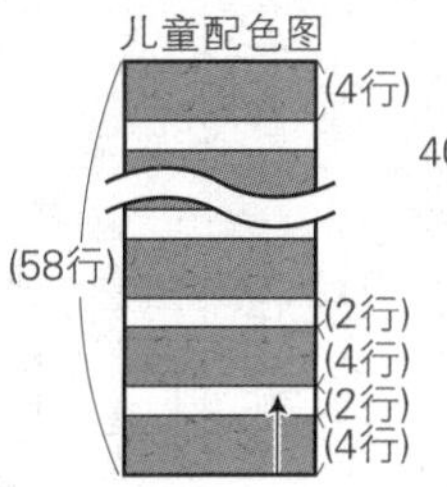

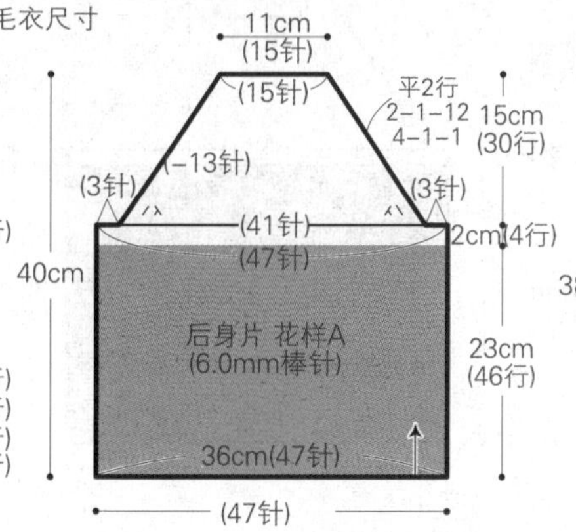

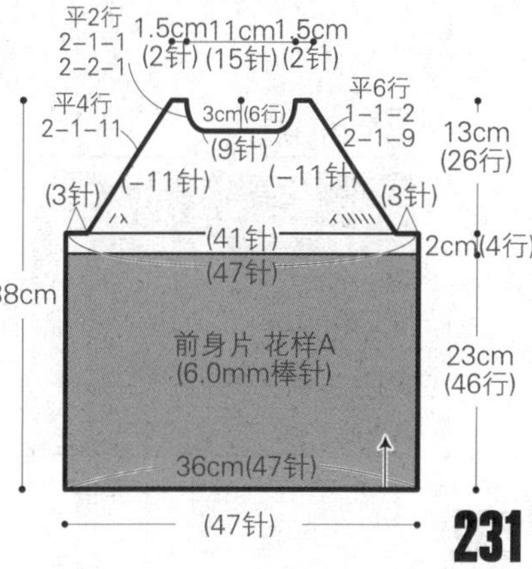

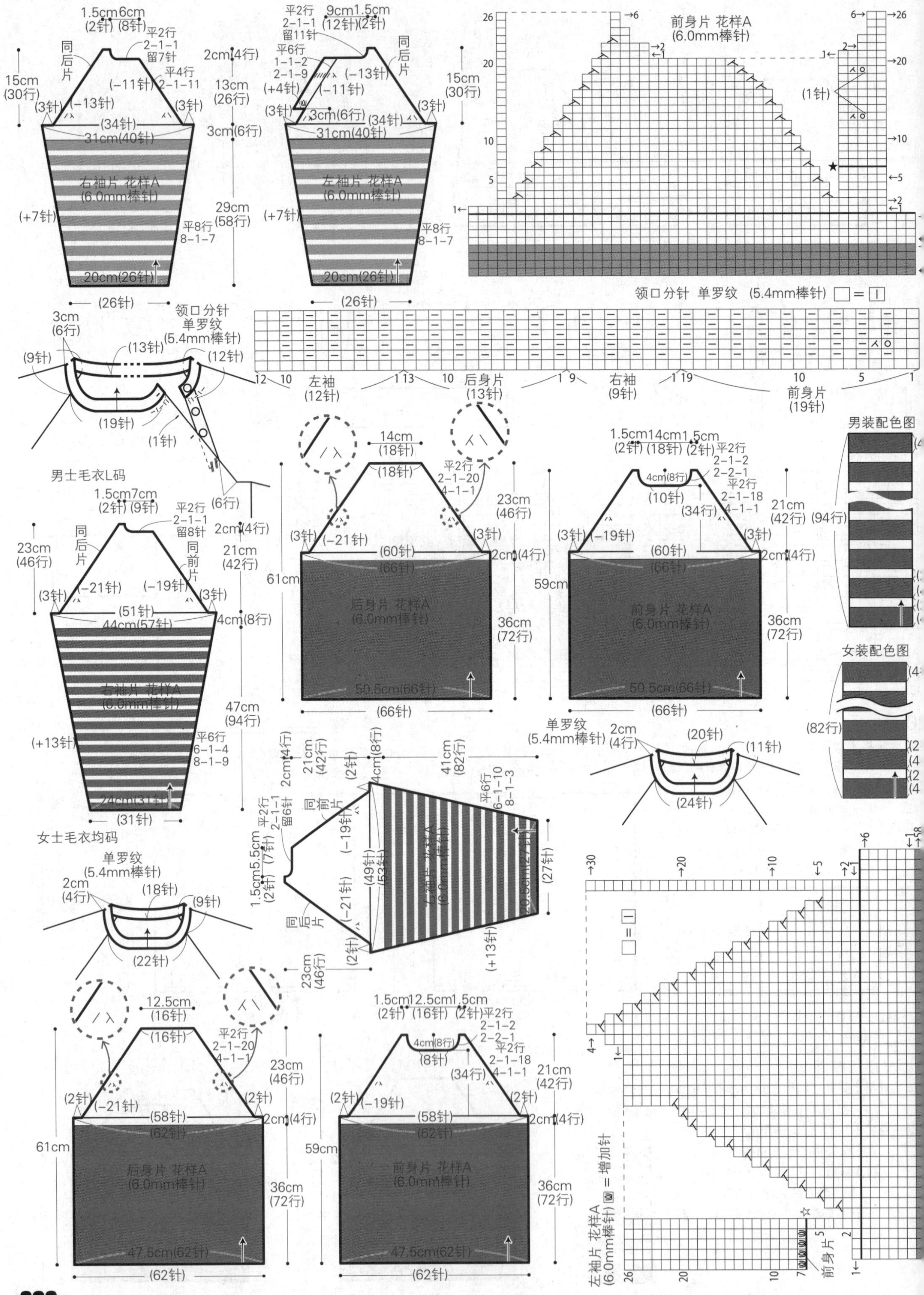
右袖片 花样A
(6.0mm棒针)
左袖片 花样A
(6.0mm棒针)
前身片 花样A
(6.0mm棒针)
领口分针 单罗纹 (5.4mm棒针) □ = 丨
左袖
(12针)
后身片
(13针)
右袖
(9针)
前身片
(19针)
领口分针
单罗纹
(5.4mm棒针)
男士毛衣L码
后身片 花样A
(6.0mm棒针)
前身片 花样A
(6.0mm棒针)
50.5cm(66针)
(66针)
男装配色图
女装配色图
单罗纹
(5.4mm棒针)
女士毛衣均码
左袖片 花样A
(6.0mm棒针)
47.5cm(62针)
(62针)
左袖片 花样A
(6.0mm棒针) ⊚ = 增加针
前身片

207、208
【成品规格】女装：胸围96cm，衣长53.5cm，袖长55cm，背肩宽36cm
童装：胸围75cm，衣长39.5cm，袖长38cm，背肩宽27cm
【编织密度】花样A：30.5针×46行=10cm²
花样B：30针×43.5行=10cm²
单罗纹：30.5针×46.5行=10cm²
花样C：32针×45行=10cm²
【工 具】2.7mm、3.0mm棒针，2.3mm钩针
【材 料】浅紫色进口纯棉线180g，草绿色进口纯棉线310g
领口
(3.0mm棒针)
11cm
34cm
(108针)
8cm
(36行)
3cm
(14行)
花样C
84.5cm
(270针)
(−117针)
※分散减针
(−162针)
103cm
(387针)
单罗纹
领边
(2.3mm钩针)
※全部(118针)(93针)
(54针)(47针)
0.5cm(1行)
(32针)
(23针)
7cm 13cm 7cm
(22针)(39针)(22针)
2.5cm(12行)
平4行
2-1-1
2-2-3
(25针)
6-1-2
2-1-5
2-2-2
留5针
(−16针)
前身片 花样A
(3.0mm棒针)
(+3针) 37.5cm
(115针)
单罗纹(2.7mm棒针)
(112针)
16cm
(74行)
19.5cm
(90行)
4cm(20行)
5.5cm(26行)
平8行
4-1-2
2-1-1
2-2-3
2-3-1
留7针
同后片
图2
3.5cm
(16行)
(32行)
(1针)
往返操作9次
儿童领口
3针往返操作4回
2针3回 3针1回 往返操作28回
3针1回
2针1组花样
扭针=
10
1
109
84
118
93
前中心
领口 花样B
(3.0mm棒针)
34cm(103针)
※37行(−203针)
9.5cm
102cm
(306针20组花样+6针)
9cm(38行)
0.5cm(2行)
花样C
(306针)
儿童领口开衩
图2
花样A
袖片 花样A
(3.0mm棒针)
(17针)
(−37针)
30cm(91针)
平2行
2-3-1
2-2-2
2-1-1
2-2-2
2-1-4
2-2-1
2-1-8
2-2-3
2-1-2
留3针
11cm
(50行)
38cm
(+1针)
20cm
(61针)
(+15针)
平6行
6-1-10
8-1-5
23cm
(106行)
4cm(20行)
单罗纹(2.7mm棒针)
(60针)
单罗纹
2针1组花样

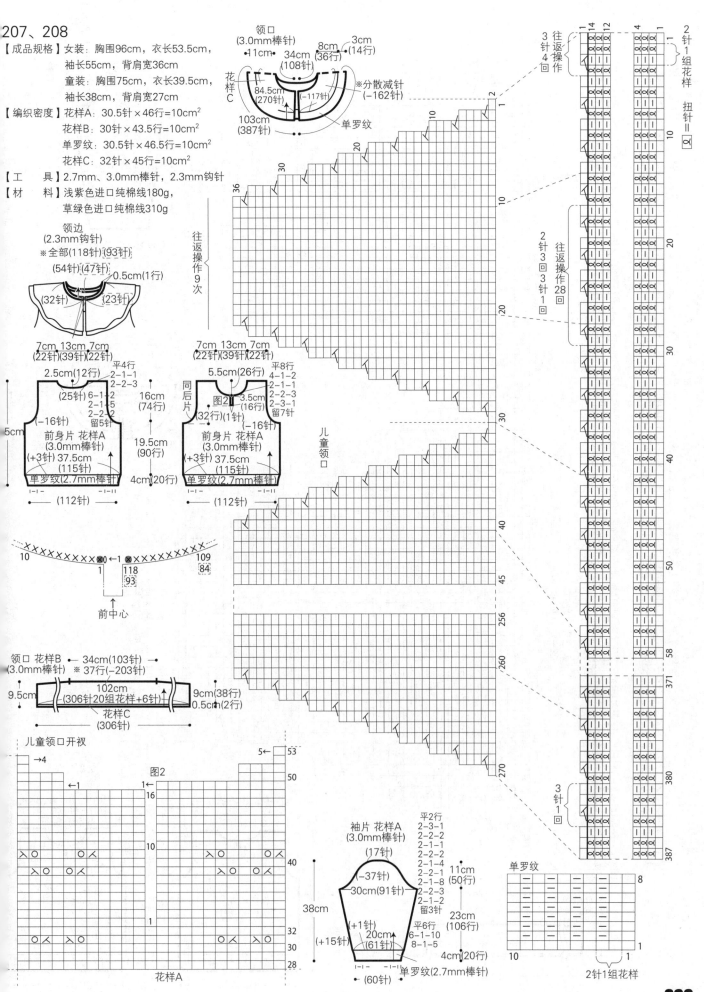

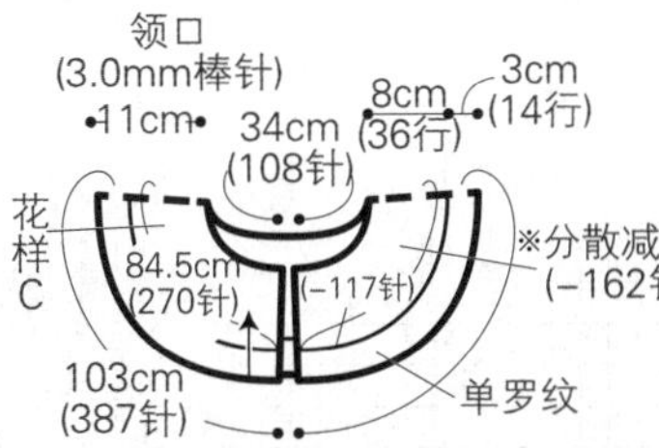

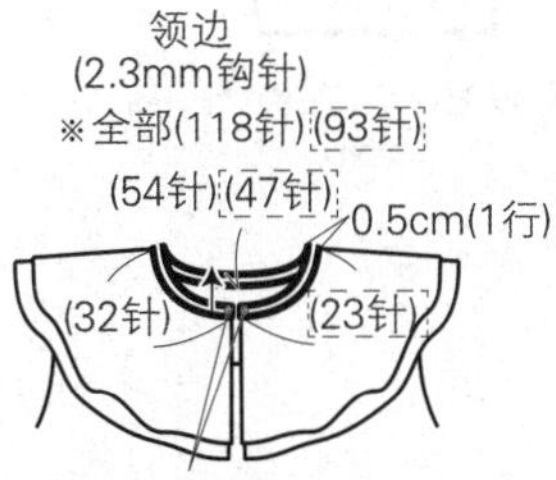

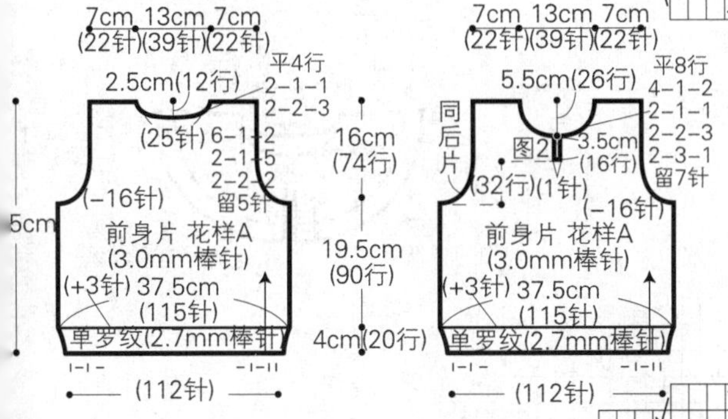

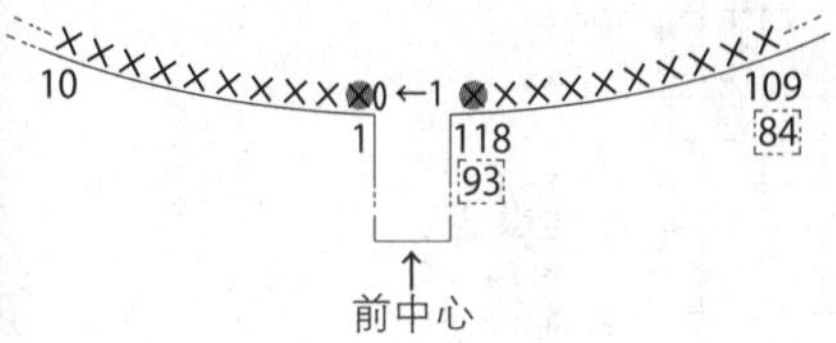

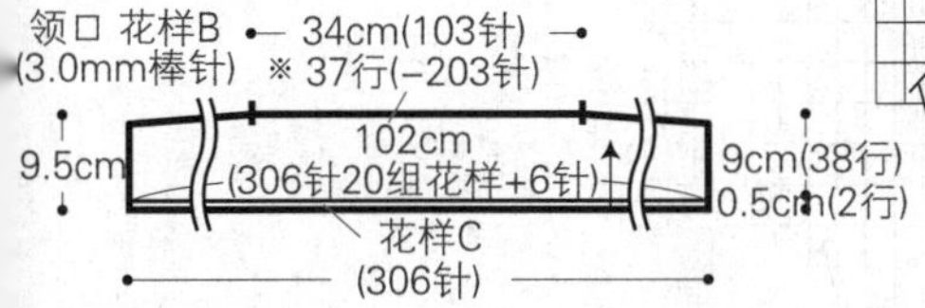

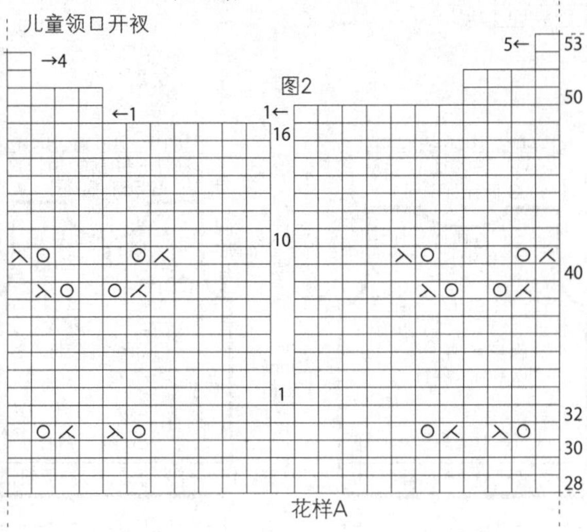

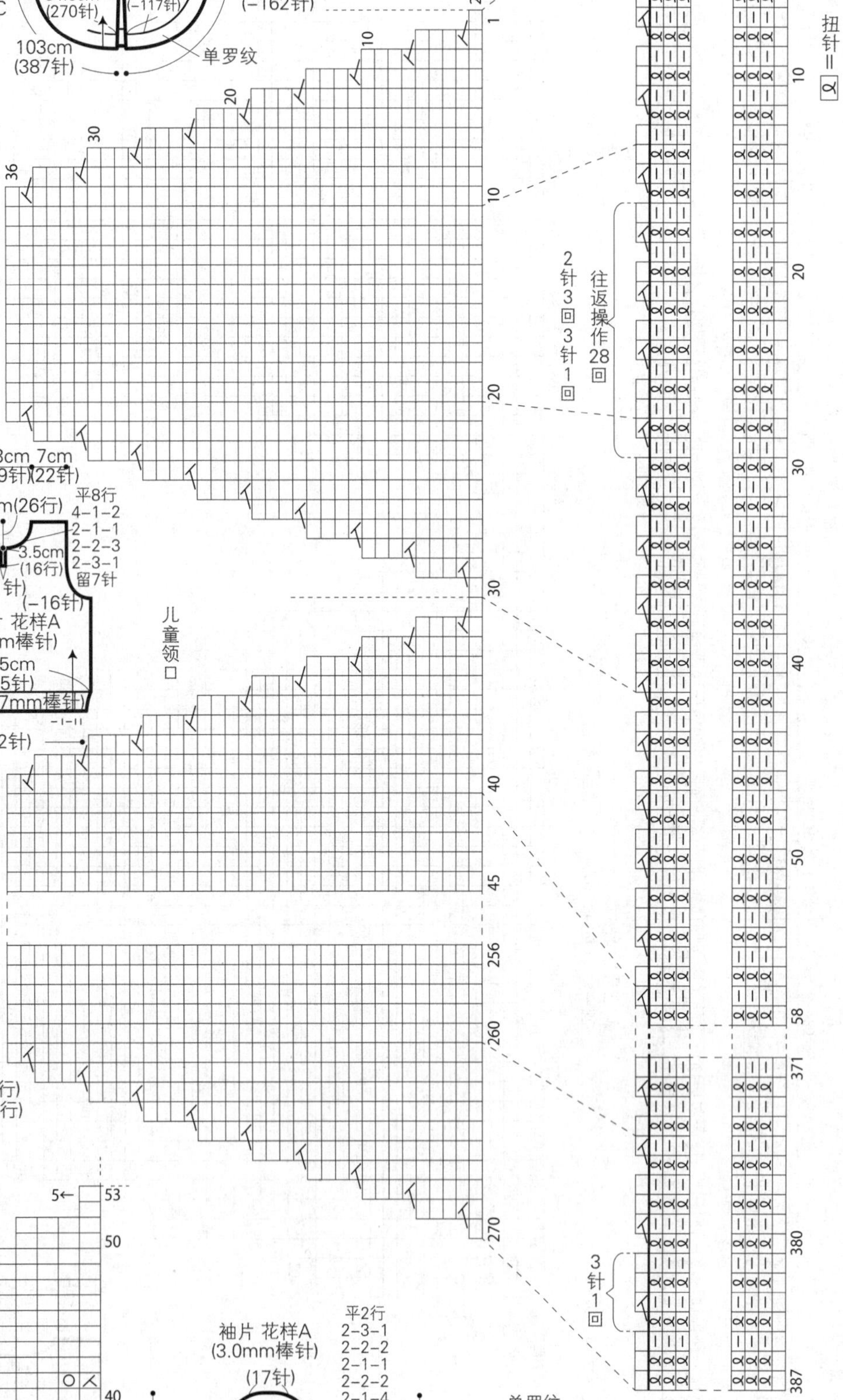

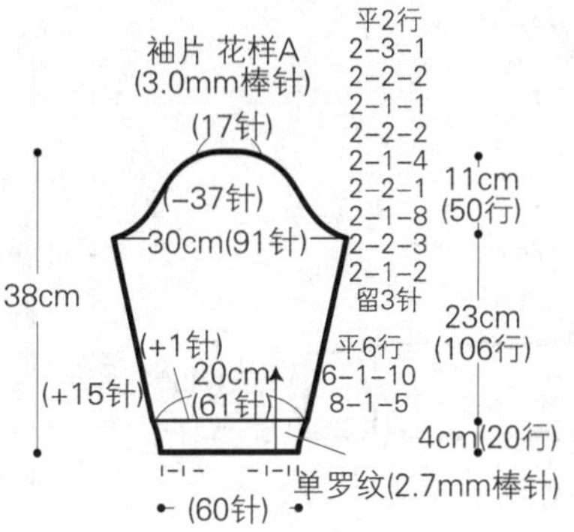

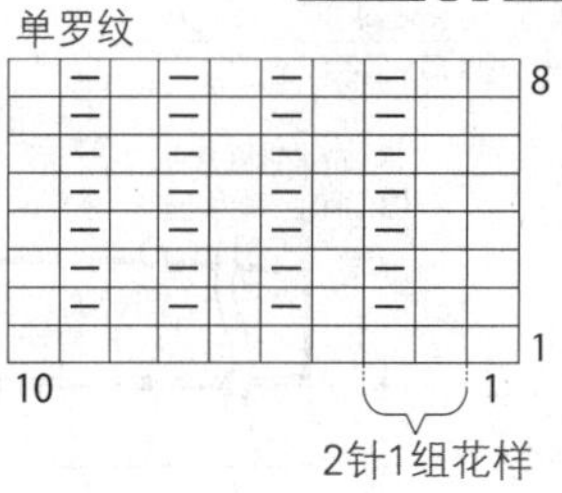

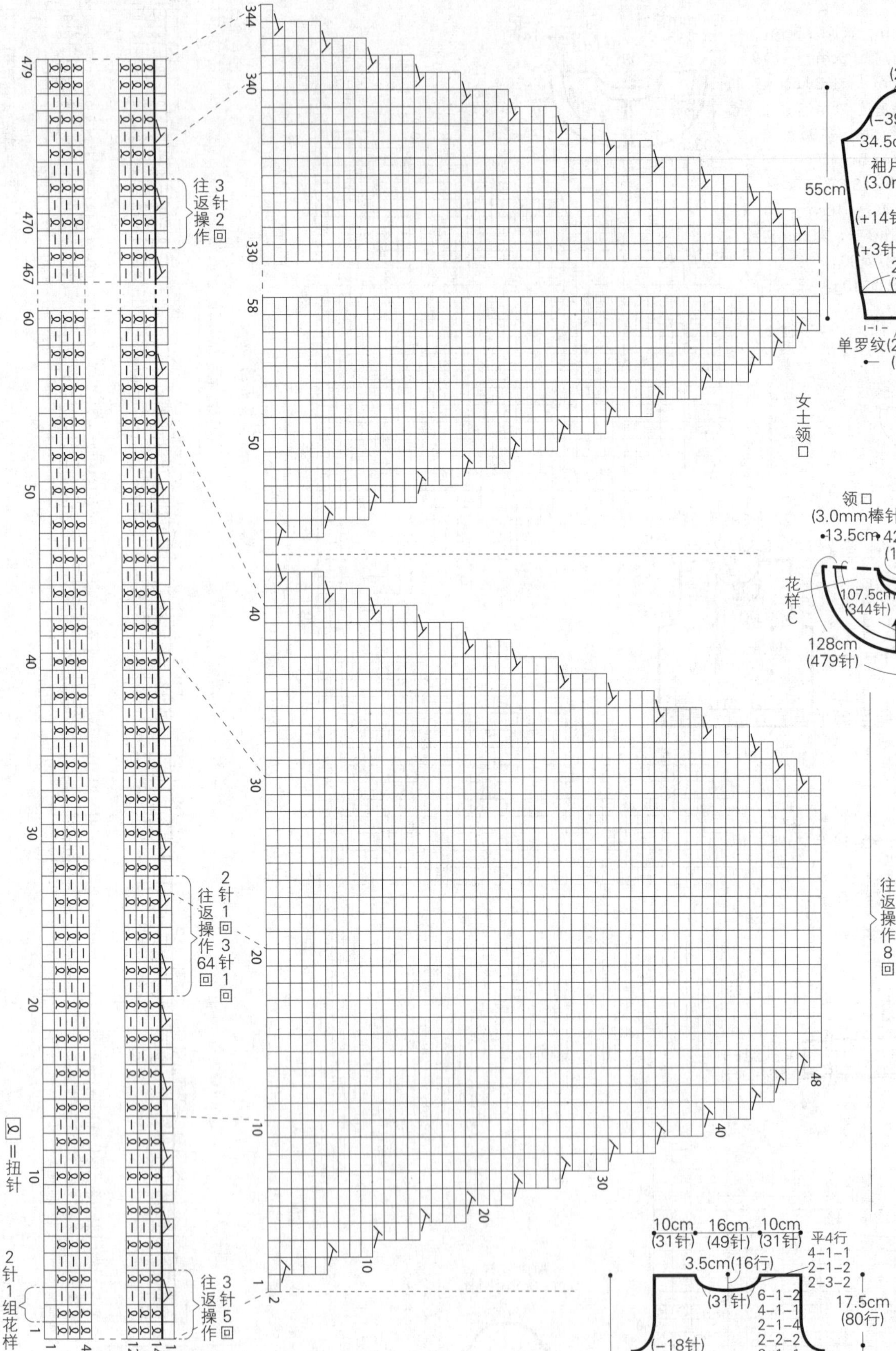

479
470
467
60
50
40
30
20
10
1
1
4
12
14
1
往返3针2回操作
2针1回 3针1回 往返操作64回
往返3针5回操作
2针1组花样
ϱ =扭针
344
340
330
58
50
40
30
20
10
2
48
40
30
20
10
女士领口
往返操作8回

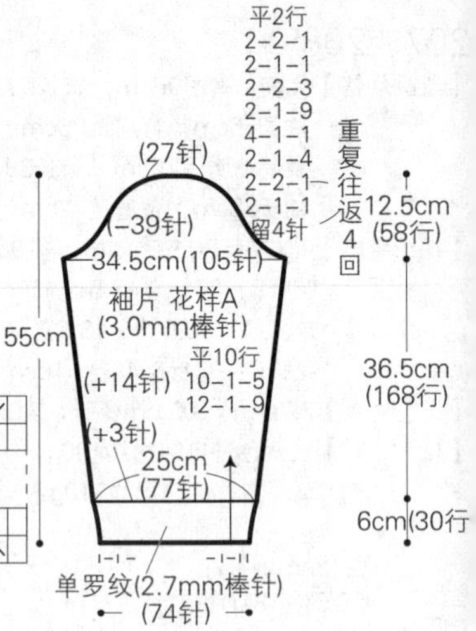

平2行
2-2-1
2-1-1
2-2-3
2-1-9
4-1-1
2-1-4
2-2-1
2-1-1
留4针
重复往返4回
(27针)
(-39针)
34.5cm(105针)
袖片 花样A
(3.0mm棒针)
55cm
12.5cm
(58行)
平10行
10-1-5
12-1-9
(+14针)
(+3针)
36.5cm
(168行)
25cm
(77针)
6cm(30行)
单罗纹(2.7mm棒针)
(74针)

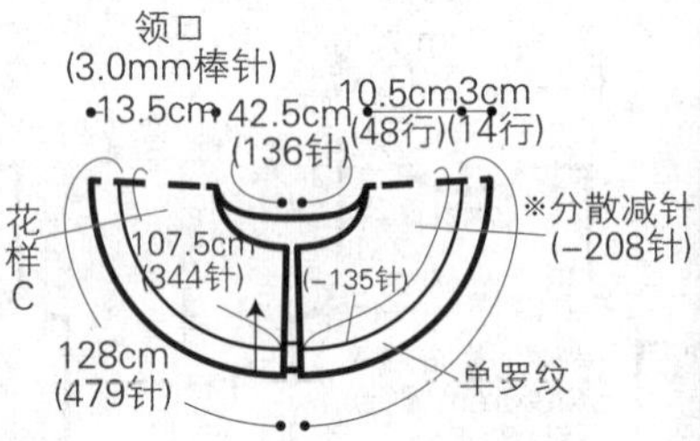

领口
(3.0mm棒针)
13.5cm 42.5cm
(136针)
10.5cm 3cm
(48行) (14行)
花样C
107.5cm
(344针)
(-135针)
※分散减针
(-208针)
128cm
(479针)
单罗纹

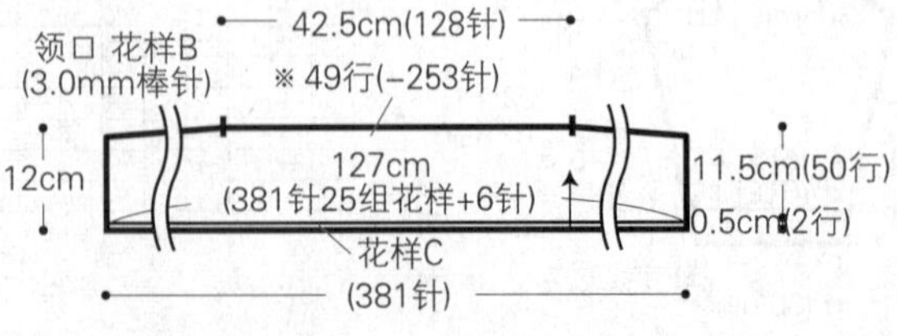

42.5cm(128针)
领口 花样B
(3.0mm棒针)
※49行(-253针)
12cm
127cm
(381针25组花样+6针)
11.5cm(50行)
0.5cm(2行)
花样C
(381针)

10cm 16cm 10cm
(31针) (49针) (31针)
平4行
4-1-1
2-1-2
2-3-2
3.5cm(16行)
(31针)
6-1-2
4-1-1
2-1-4
2-2-2
2-1-1
留6针
17.5cm
(80行)
(-18针)
53.5cm
后身片 花样A
(3.0mm棒针)
30cm
(138行)
(+3针)
48cm(147针)
单罗纹(2.7mm棒针)
6cm(30行)
(144针)

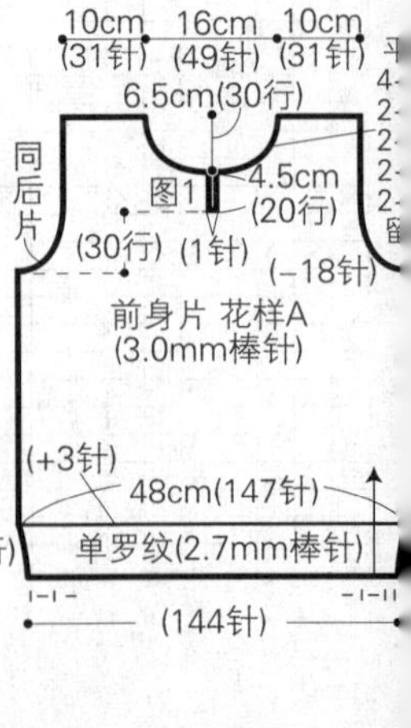

10cm 16cm 10cm
(31针) (49针) (31针)
6.5cm(30行)
同后片
图1
4.5cm
(20行)
(30行) (1针)
(-18针)
前身片 花样A
(3.0mm棒针)
(+3针)
48cm(147针)
单罗纹(2.7mm棒针)
(144针)

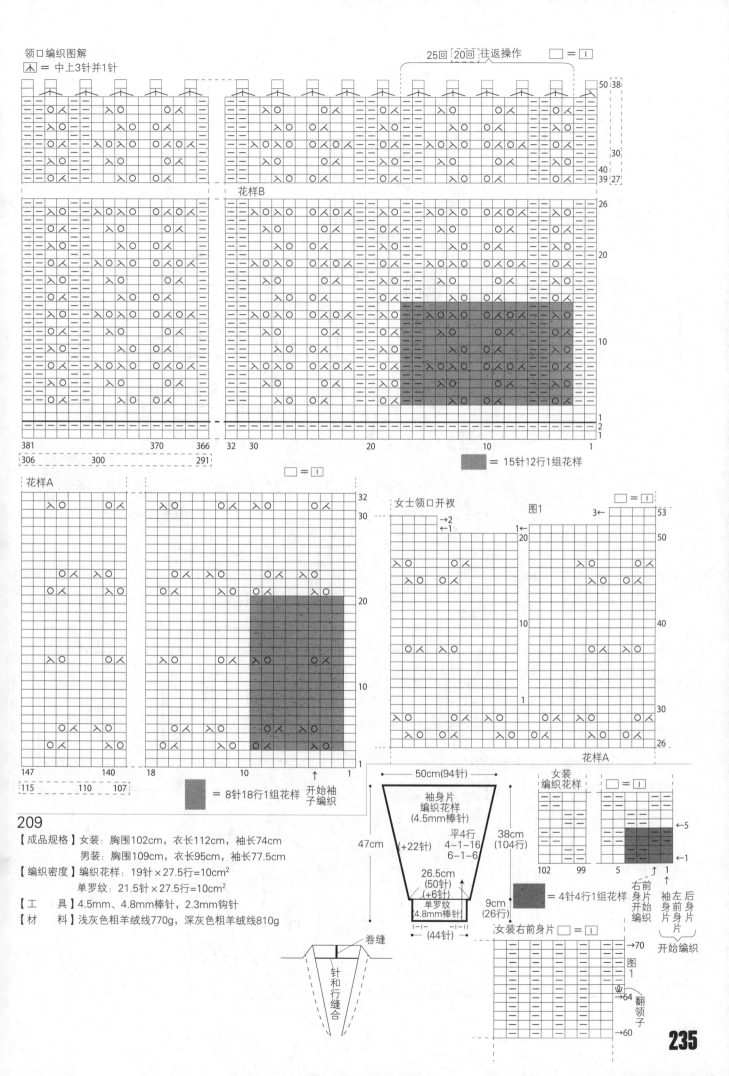

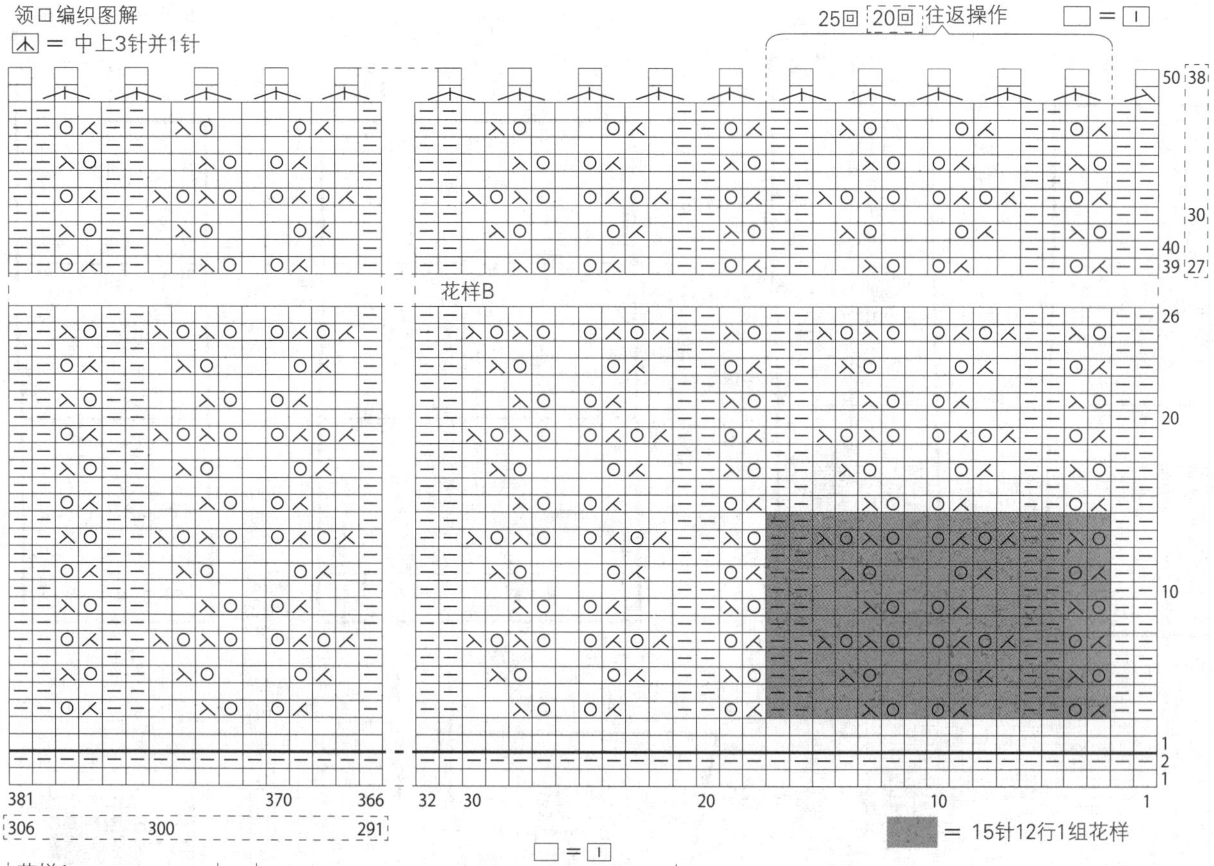

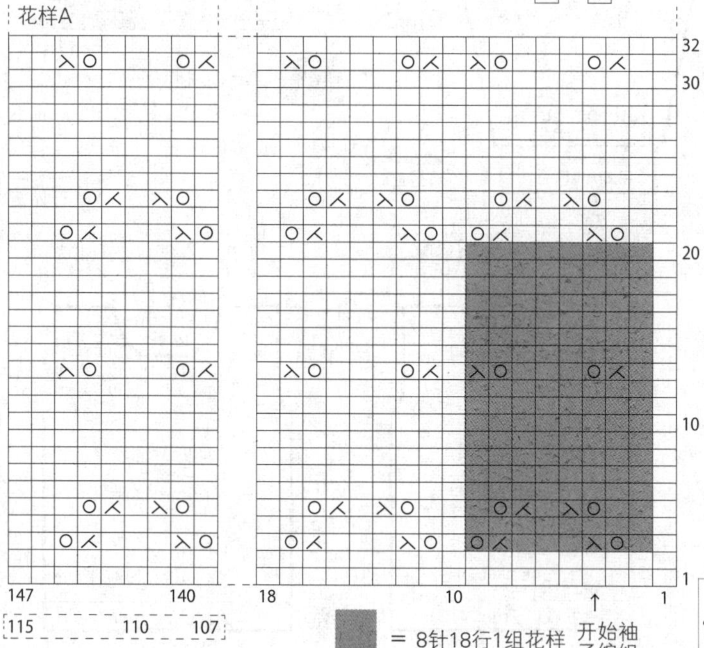

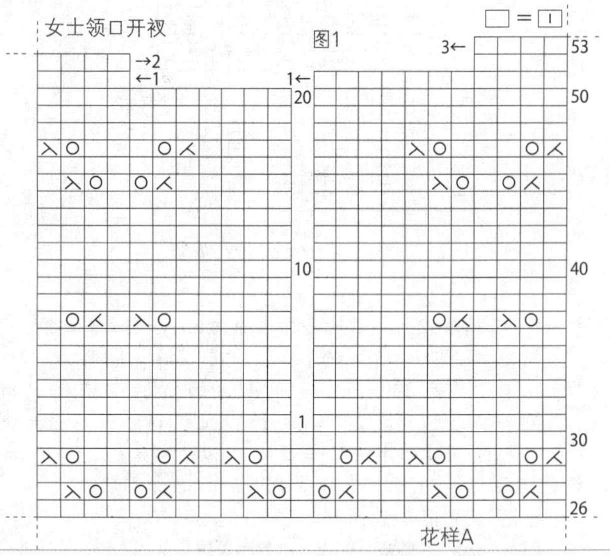

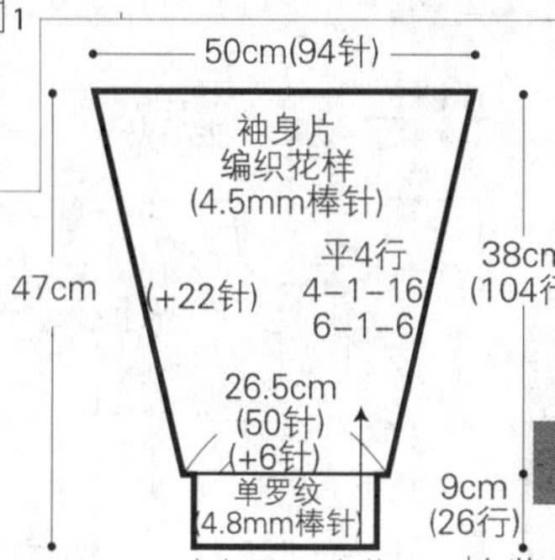

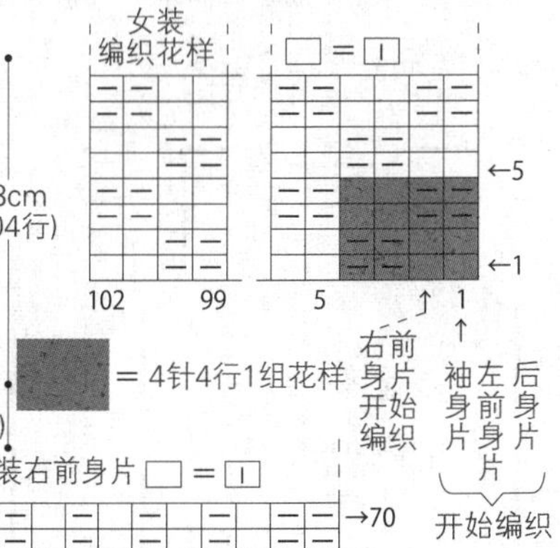

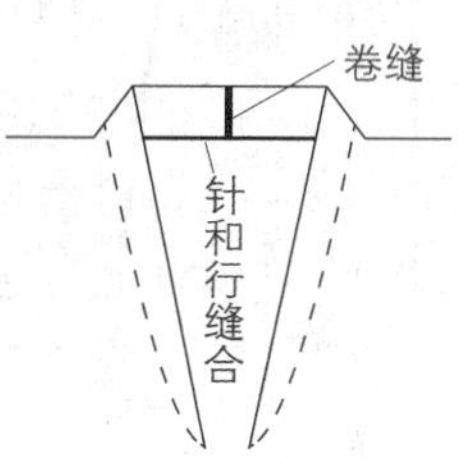

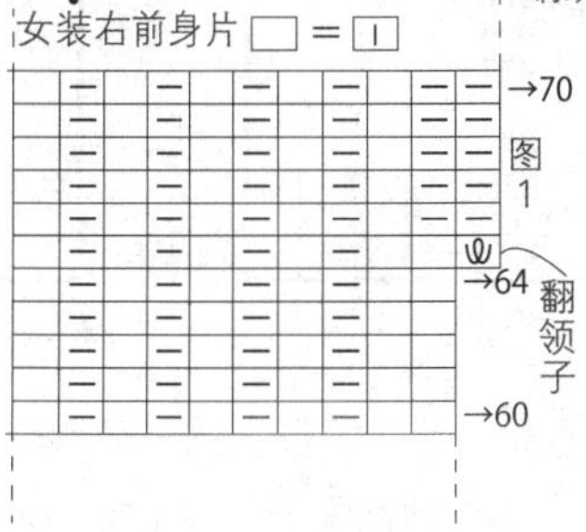

领口编织图解
木 = 中上3针并1针
25回 20回 往返操作
□ = 丨
花样B
= 15针12行1组花样
花样A
□ = 丨
= 8针18行1组花样
开始袖子编织
女士领口开衩
图1
花样A
50cm(94针)
袖身片
编织花样
(4.5mm棒针)
47cm
(+22针)
平4行
4-1-16
6-1-6
38cm
(104行)
26.5cm
(50针)
(+6针)
单罗纹
(4.8mm棒针)
9cm
(26行)
(44针)
女装
编织花样
= 4针4行1组花样
右前身片开始编织
袖身片
左前身片
后身片
开始编织
女装右前身片 □ = 丨
图1
翻领子
卷缝
针和行缝合
209
【成品规格】女装：胸围102cm，衣长112cm，袖长74cm
男装：胸围109cm，衣长95cm，袖长77.5cm
【编织密度】编织花样：19针×27.5行=10cm²
单罗纹：21.5针×27.5行=10cm²
【工　　具】4.5mm、4.8mm棒针，2.3mm钩针
【材　　料】浅灰色粗羊绒线770g，深灰色粗羊绒线810g

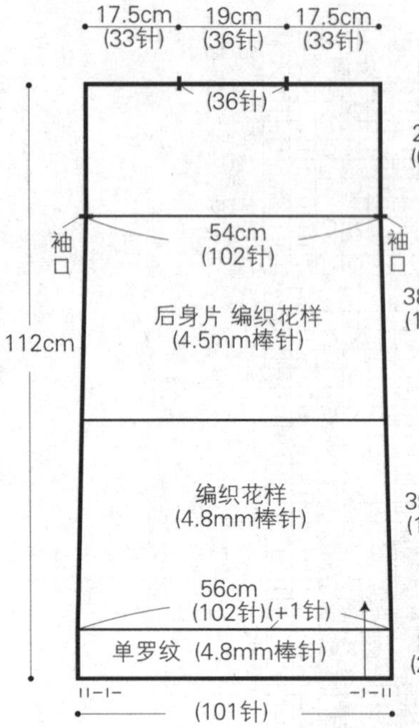

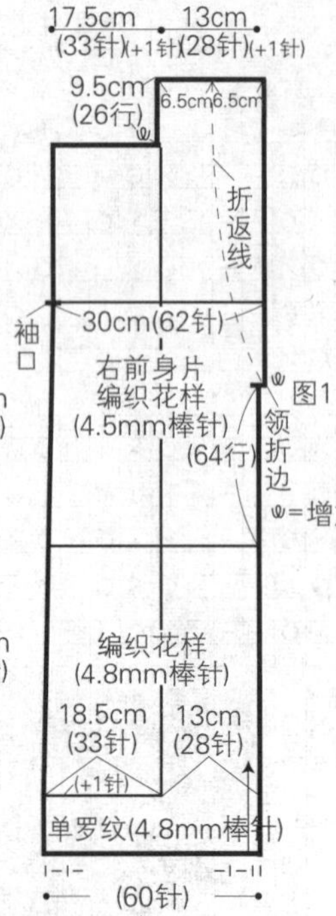

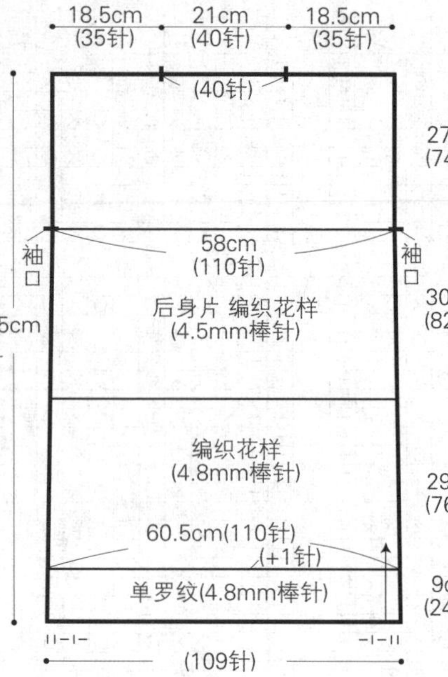

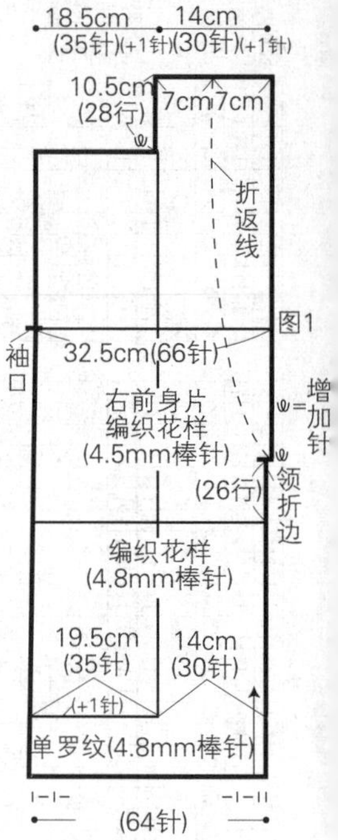

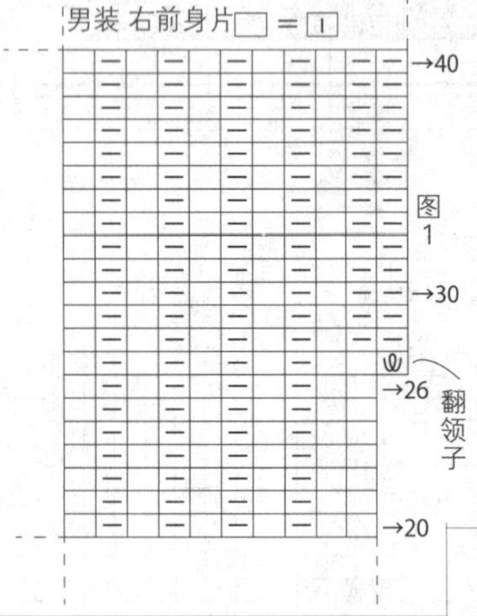

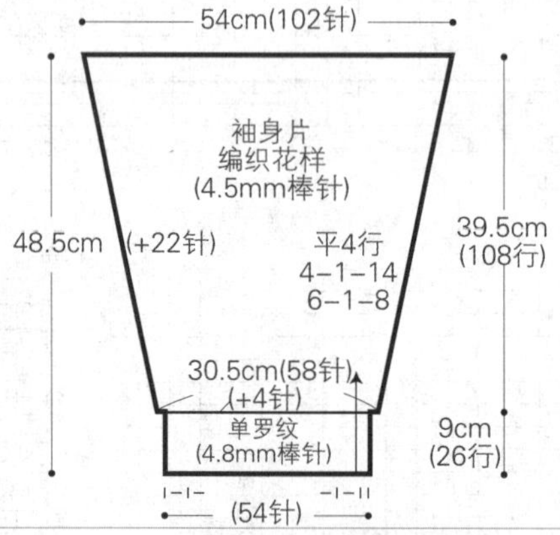

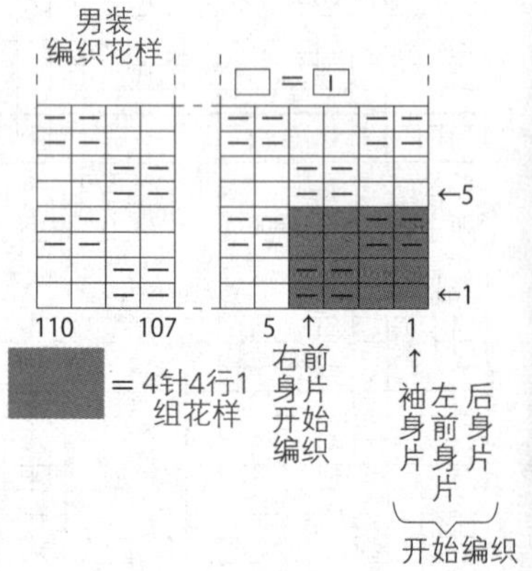

210

【成品规格】女装：胸围92cm，衣长58cm，袖长53cm，背肩宽40cm

男装：胸围104cm，衣长70cm，袖长62cm，背肩宽42cm

【编织密度】花样A：男装23针×30行=10cm²，女装20女针×28行=10cm²

花样B：男装22针×24行=10cm²，女装21针×25行=10cm²

单罗纹：男装26针×35行=10cm²，女装24针×31行=10cm²

【工　　具】3.3mm、3.6mm、3.9mm、4.2mm、4.5mm棒针

【材　　料】男装：黑色粗羊绒线490g，白色粗羊绒线70g

女装：粉色粗羊绒线320g，白色粗羊绒线65g

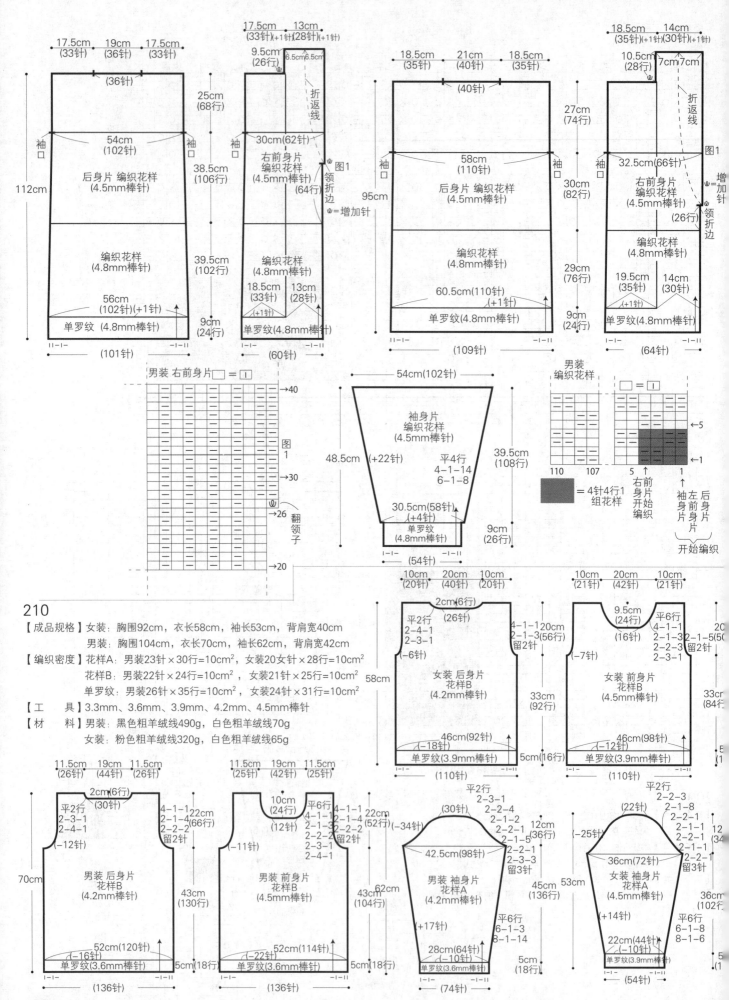

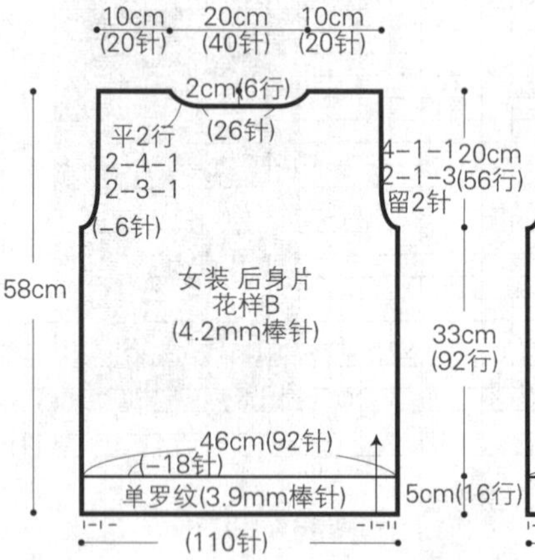

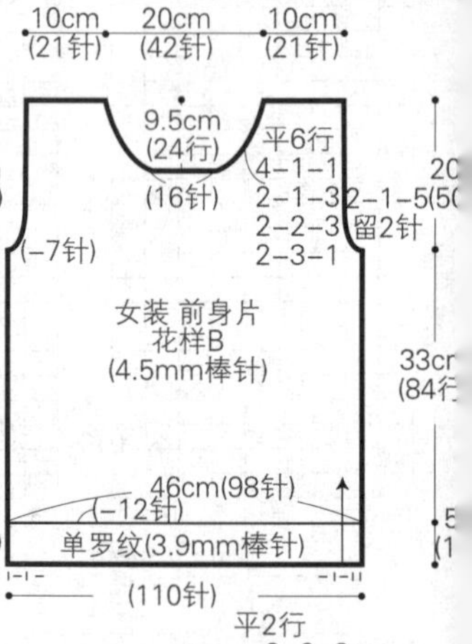

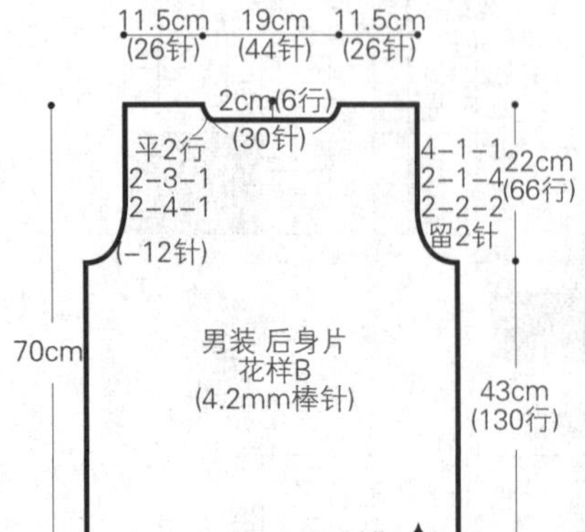

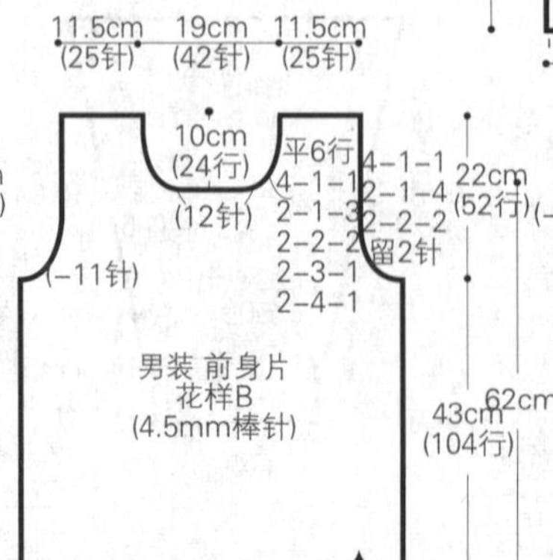

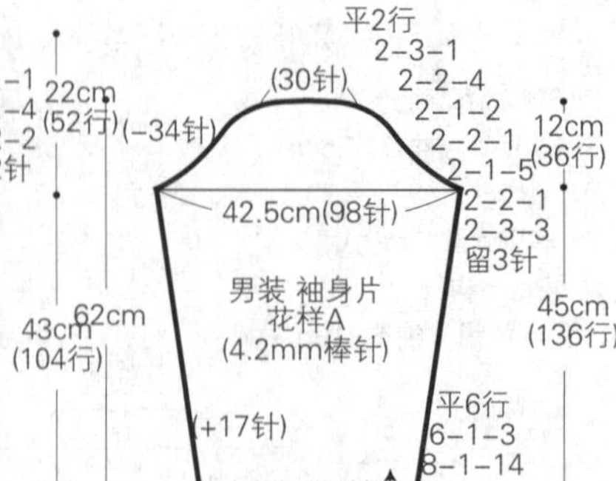

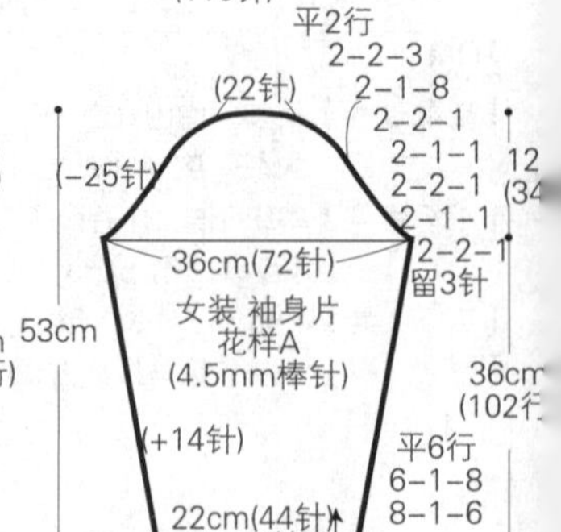

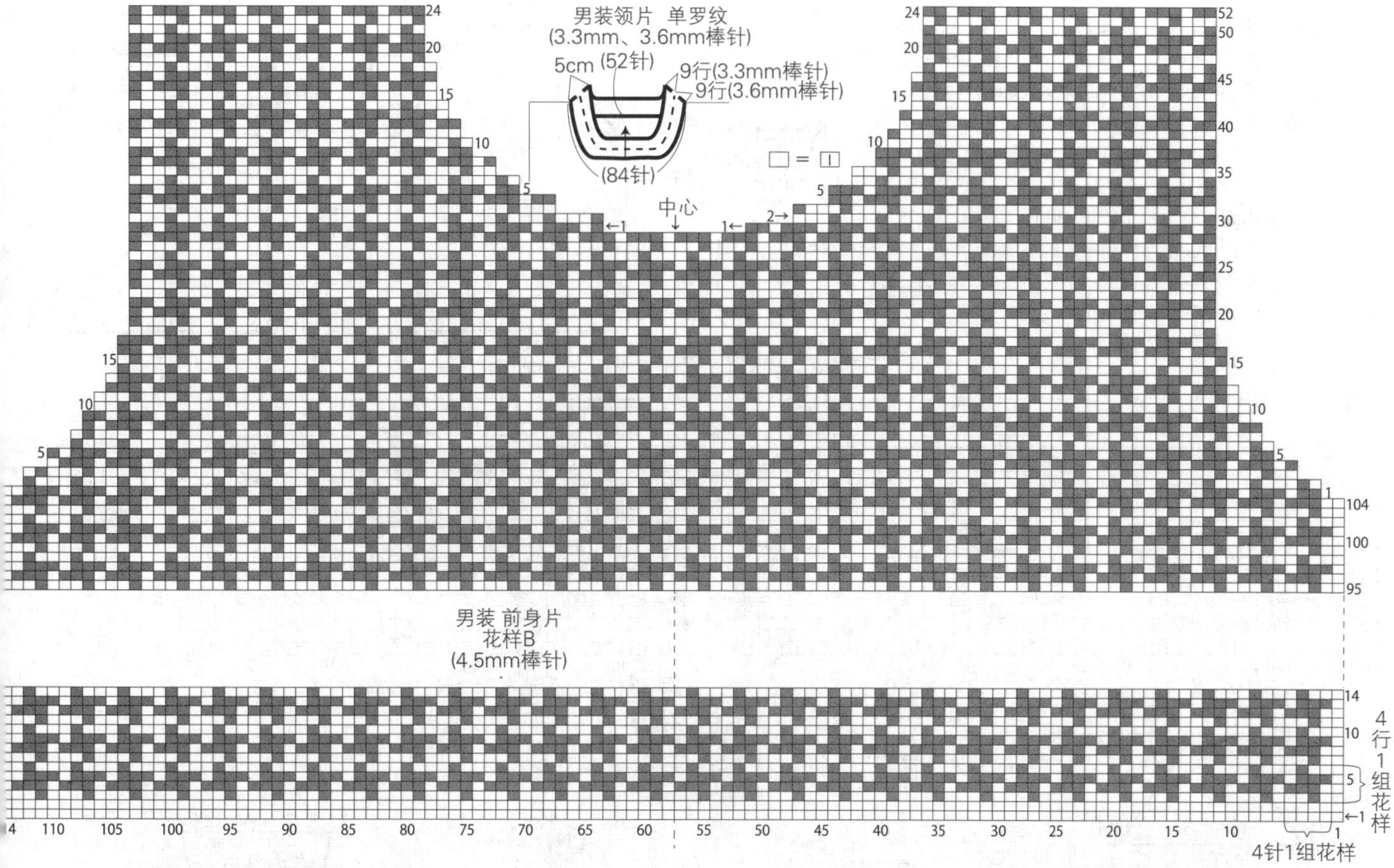
男装领片 单罗纹
(3.3mm、3.6mm棒针)
5cm
(52针)
9行(3.3mm棒针)
9行(3.6mm棒针)
(84针)
中心
男装 前身片
花样B
(4.5mm棒针)
4行1组花样
4针1组花样

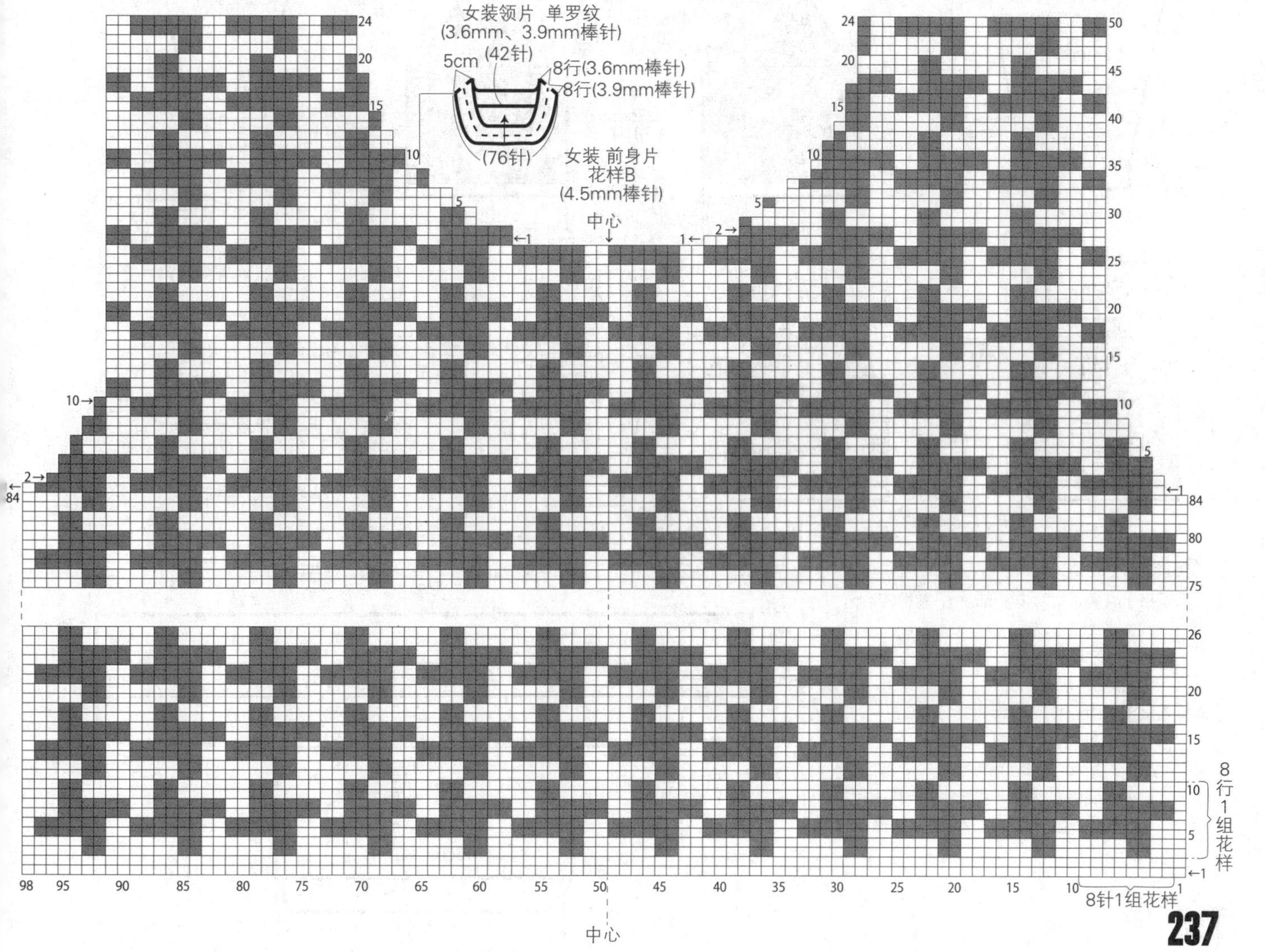
女装领片 单罗纹
(3.6mm、3.9mm棒针)
5cm
(42针)
8行(3.6mm棒针)
8行(3.9mm棒针)
(76针)
女装 前身片
花样B
(4.5mm棒针)
中心
8行1组花样
8针1组花样
中心

211

【成品规格】童装120cm：胸围72cm，衣长42cm，袖长54.5cm

童装130cm：胸围76cm，衣长46cm，袖长57cm

男装：胸围101cm，衣长63cm，袖长71cm

【编织密度】花样A：21针×29行=10cm²

花样B：29针×29行=10cm²

【工　　具】3.6mm，4.2mm棒针

【材　　料】男装：灰色粗羊绒线530g

童装120cm：黄色粗羊绒线200g，

灰色粗羊绒线110g

童装130cm：黄色粗羊绒线210g，

灰色粗羊绒线120g

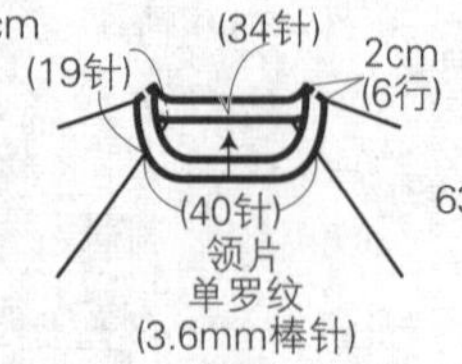

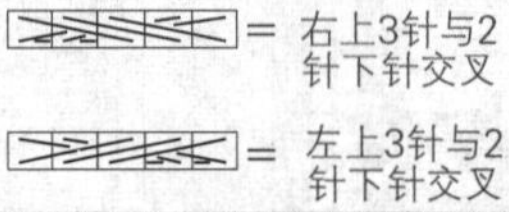

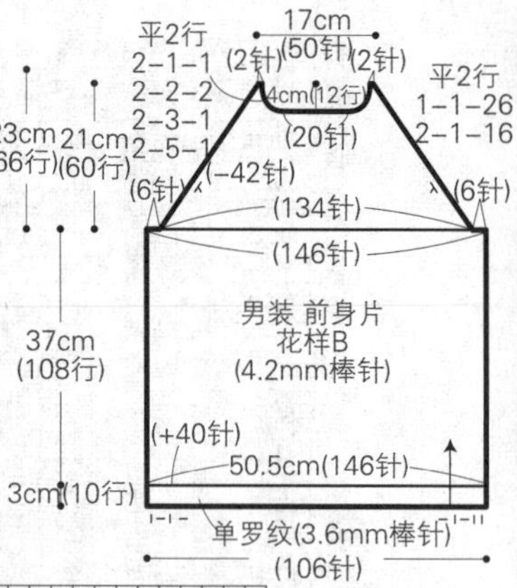

花样B（4.2mm棒针）

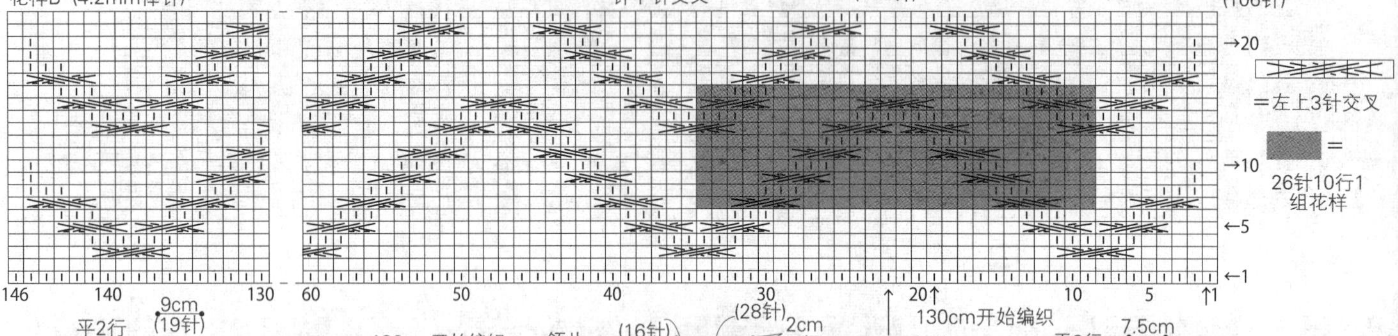

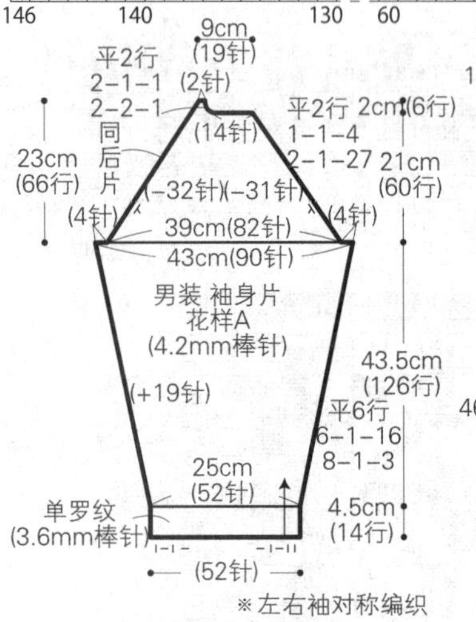

130cm开始编织

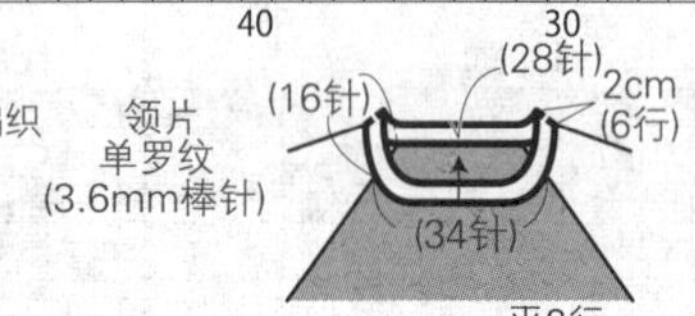

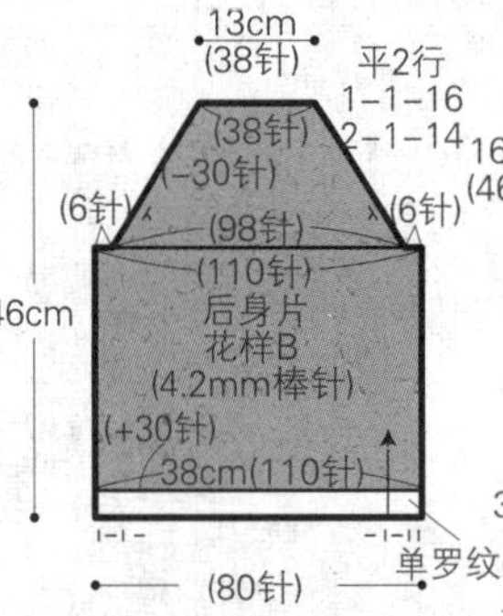

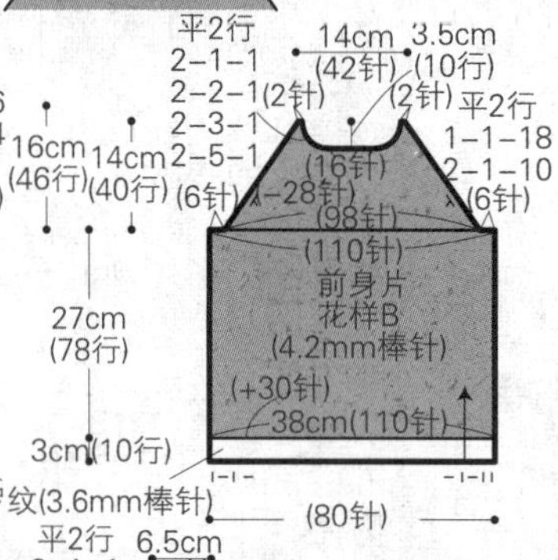

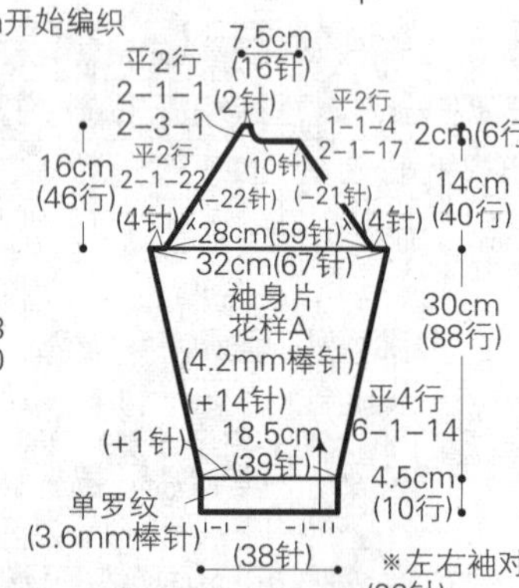

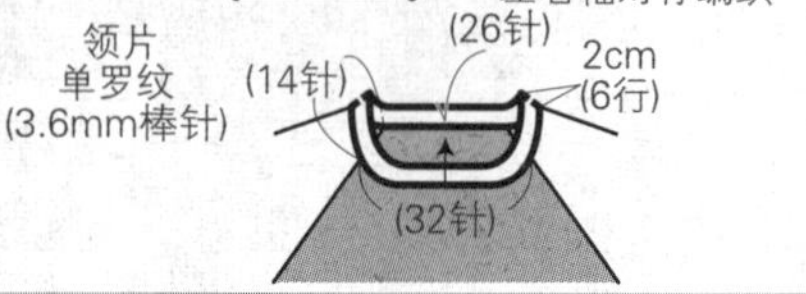

120cm开始编织

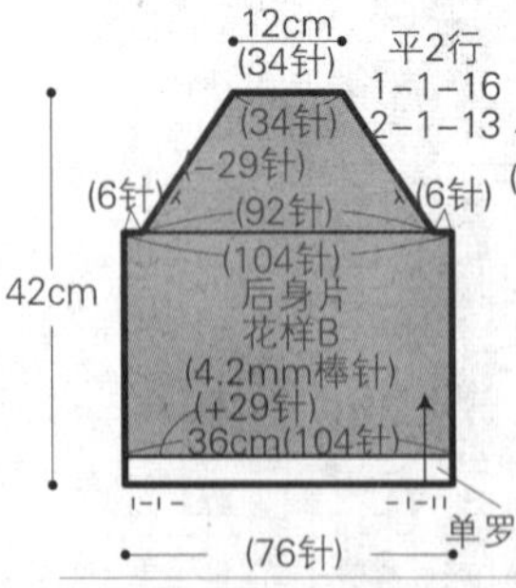

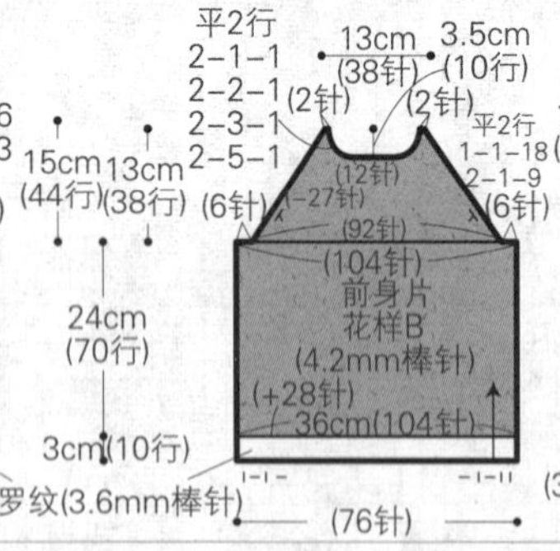

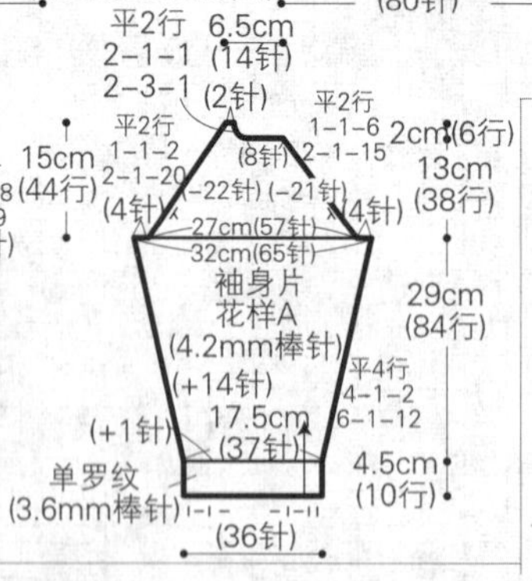

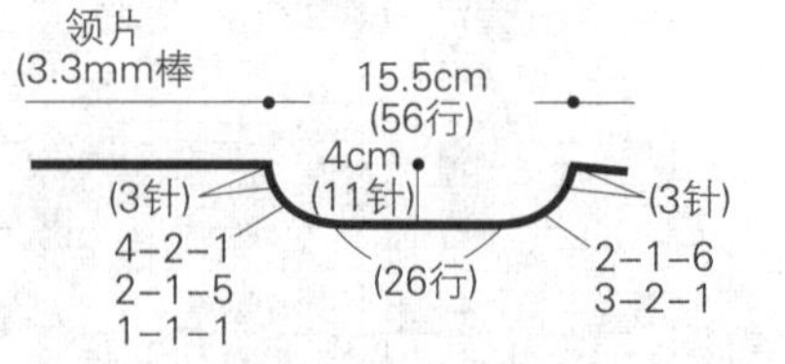

212、213

【成品规格】女装尺寸：衣长50cm，胸围92cm，

袖长52.5cm

童装尺寸：衣长38cm，胸围71cm，

袖长41cm

【编织密度】编织花样：38针×36行=10cm²

平针花样：27针×36行=10cm²

【工　　具】3.0mm、3.3mm棒针

【材　　料】女装需要材料：浅紫色进口纯棉线230g

童装需要材料：浅橙色进口纯棉线140g

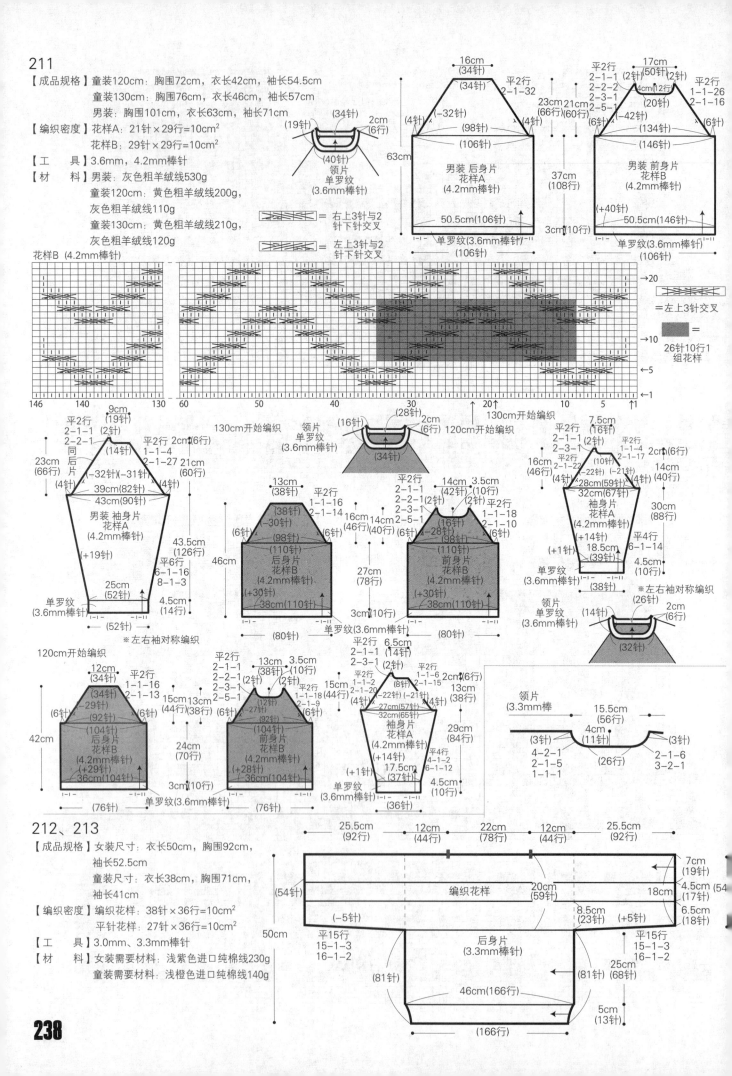

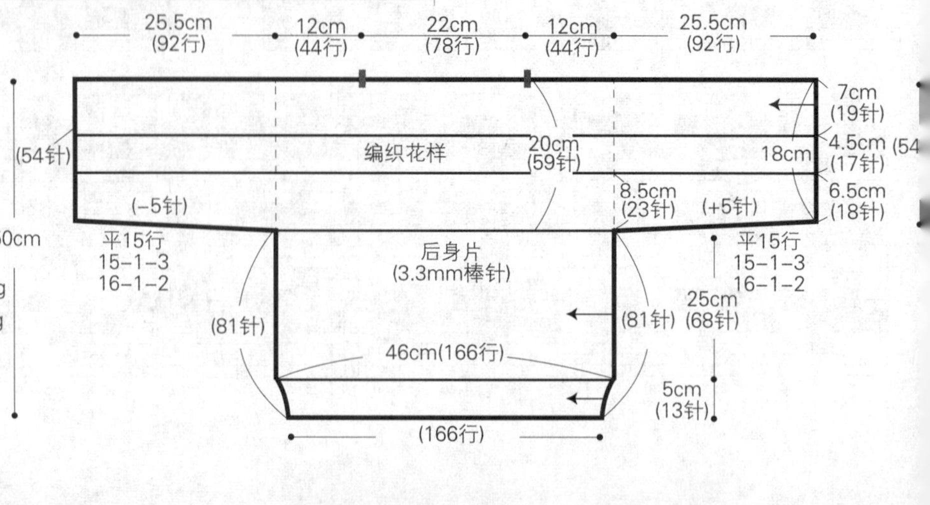

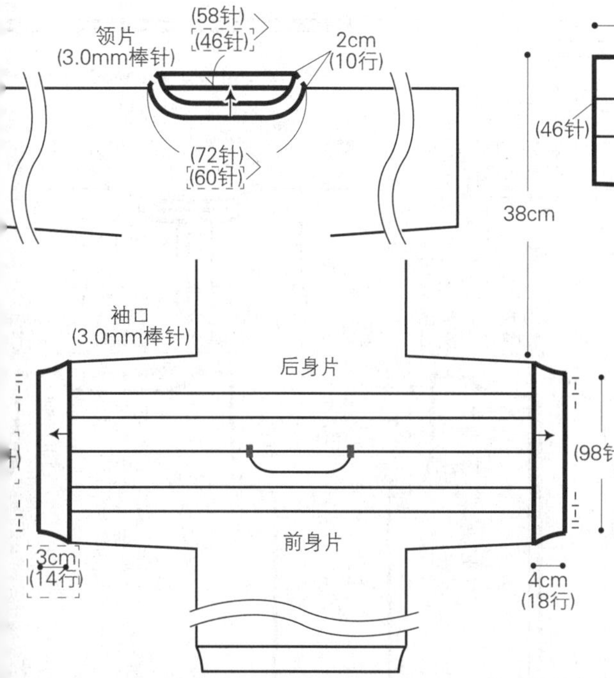

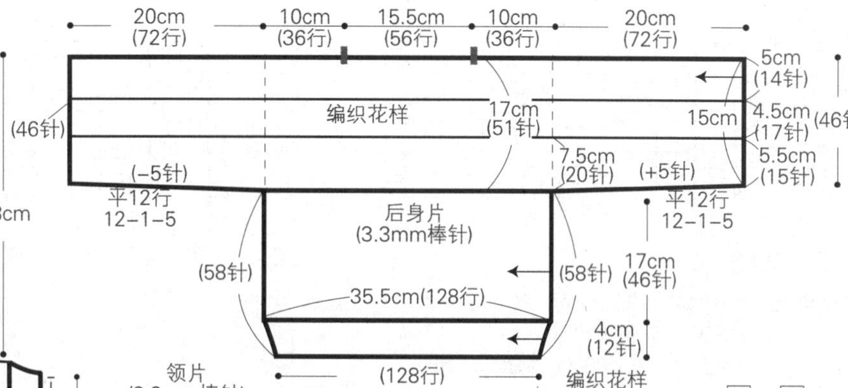

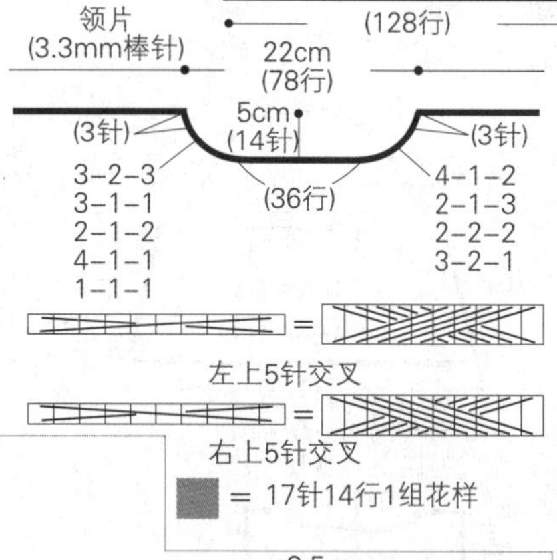

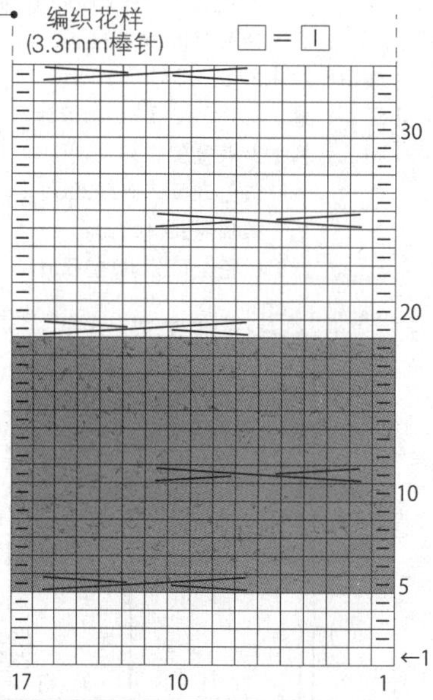

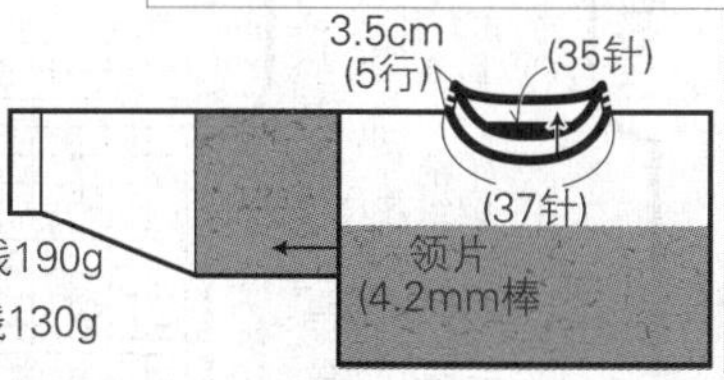

214

【成品规格】女装尺寸：衣长51cm，胸围96cm，袖长41.5cm

童装尺寸：衣长39.5cm，胸围78cm，袖长28.5cm

【编织密度】编织花样：15.5针×18行=10cm²

平针花样：8针×11.5行=10cm²

【工　　具】4.2mm、5.1mm棒针

【材　　料】女装需要材料：黑色进口珊瑚绒线360g，灰白色进口珊瑚绒线190g

童装需要材料：橙色进口珊瑚绒线210g，米白色进口珊瑚绒线130g

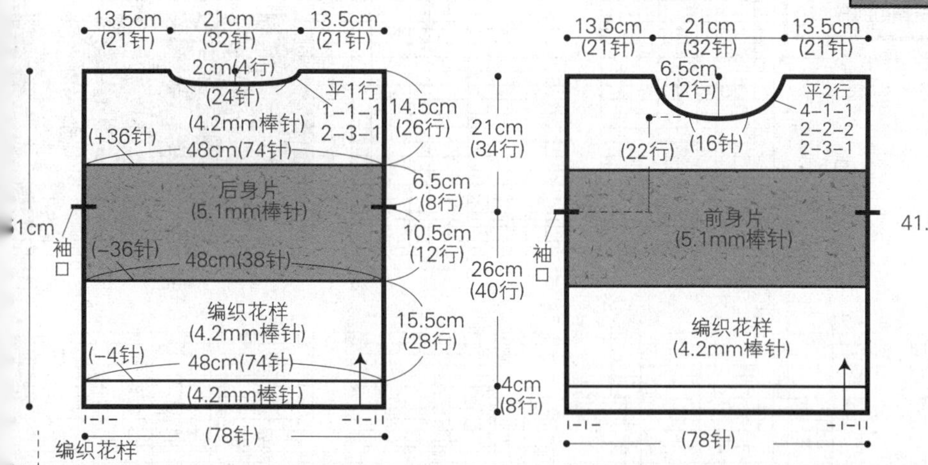

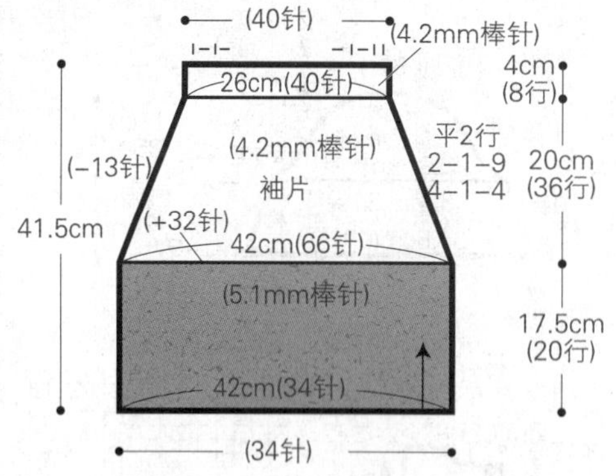

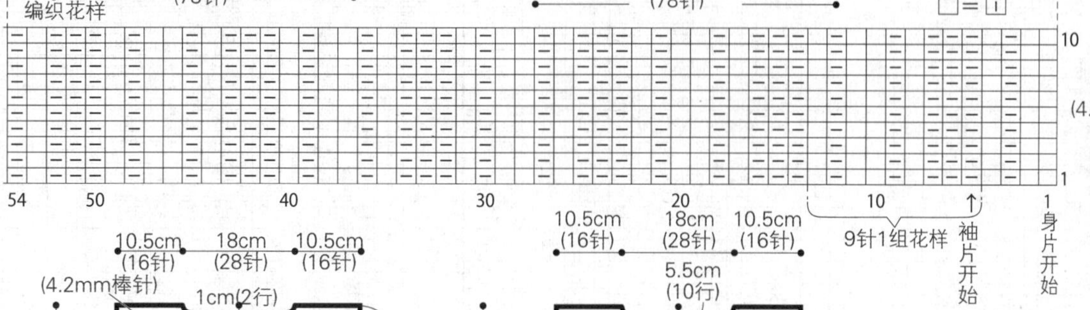

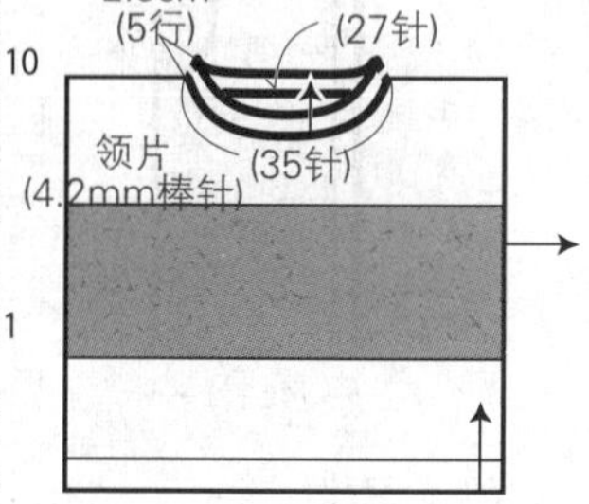

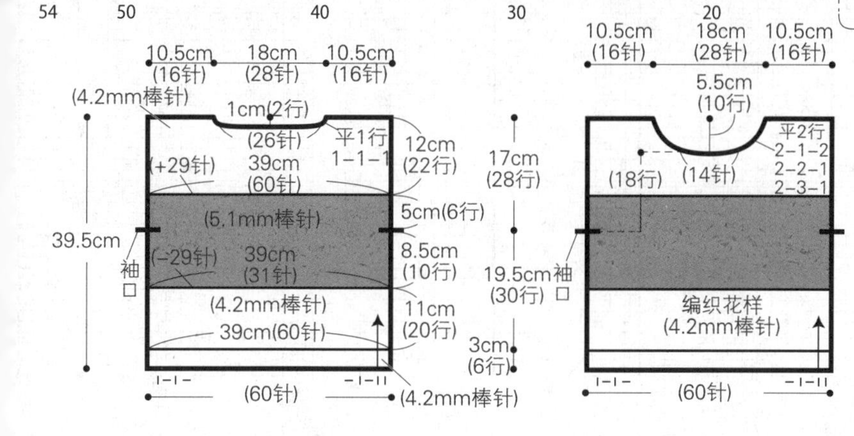

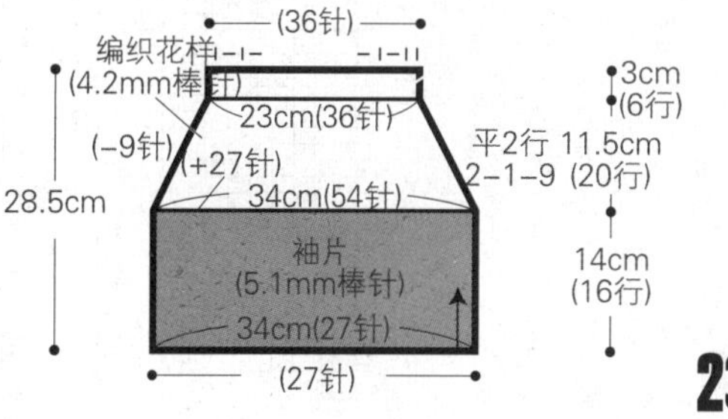

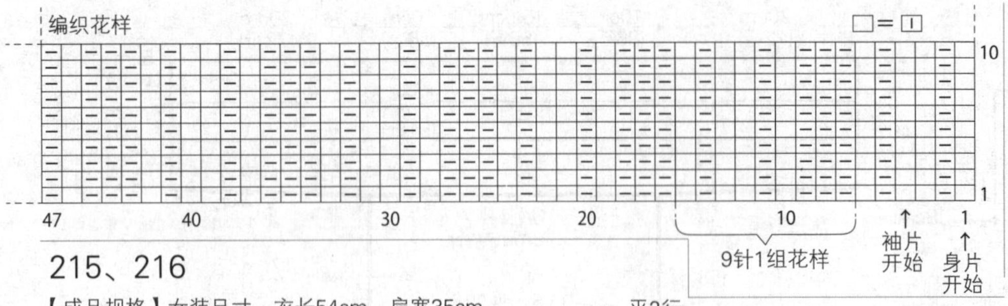

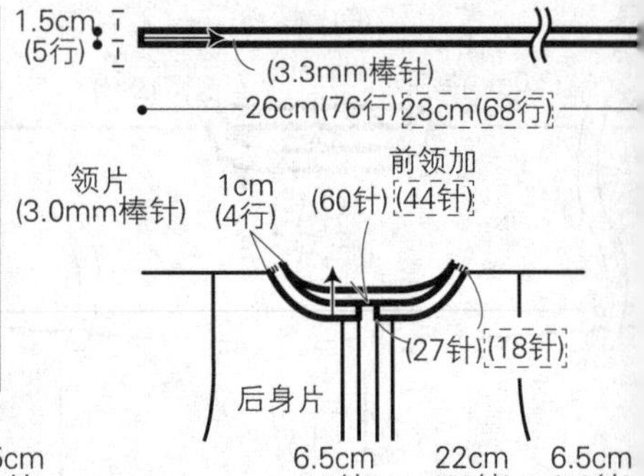

215、216

【成品规格】女装尺寸：衣长54cm，肩宽35cm，胸围95cm，袖长30cm；

童装尺寸：衣长38cm，肩宽26.5cm，胸围71.5cm，袖长20cm

【编织密度】27针×34行=10cm²

【工　　具】3.0mm、3.3mm棒针

【材　　料】女装需要材料：

白色进口纯棉线300g

童装需要材料：

粉色进口纯棉线160g

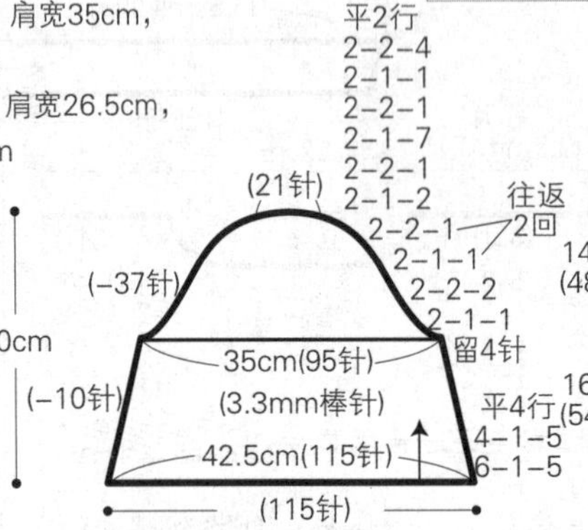

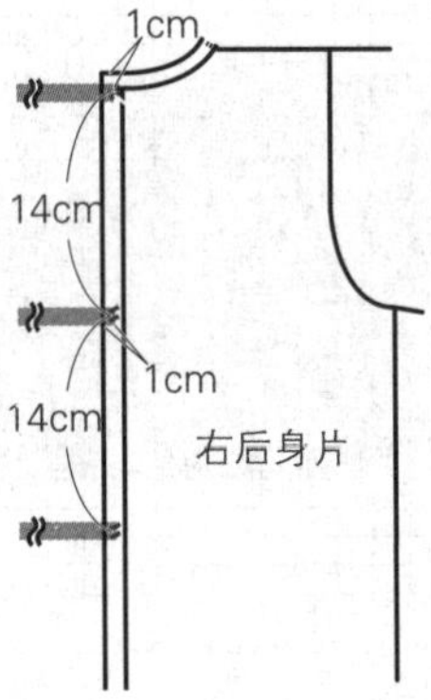

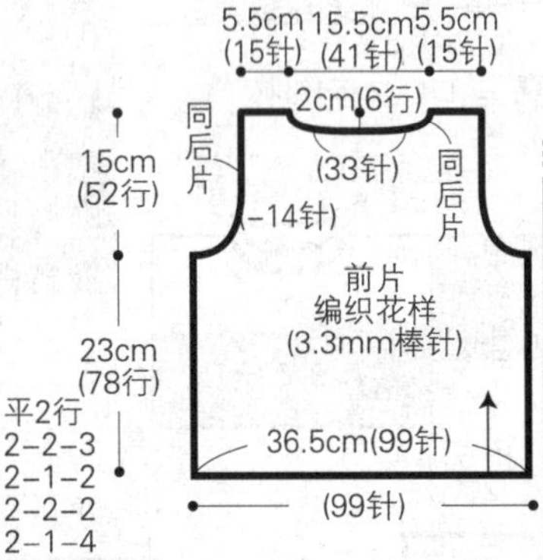

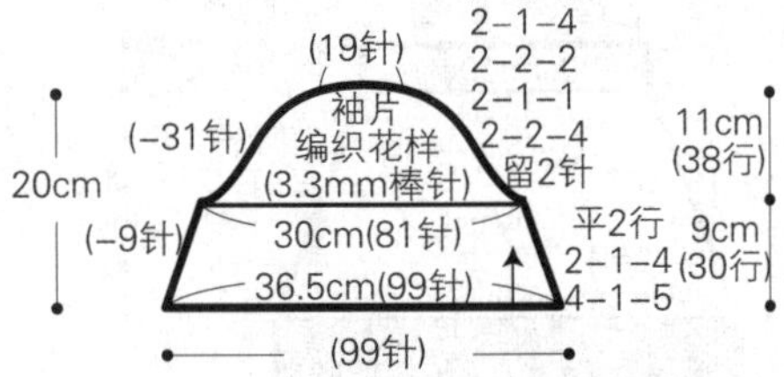

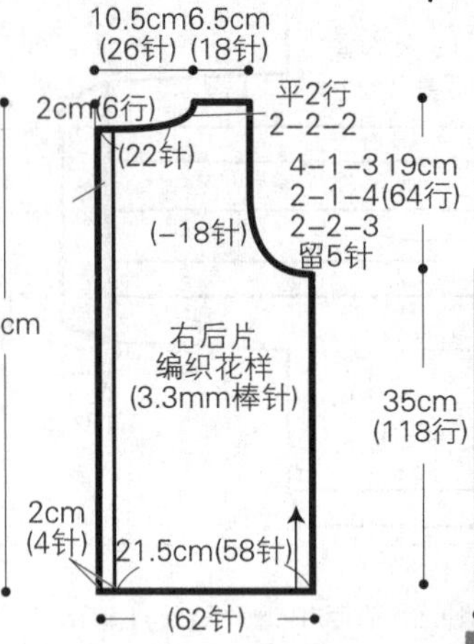

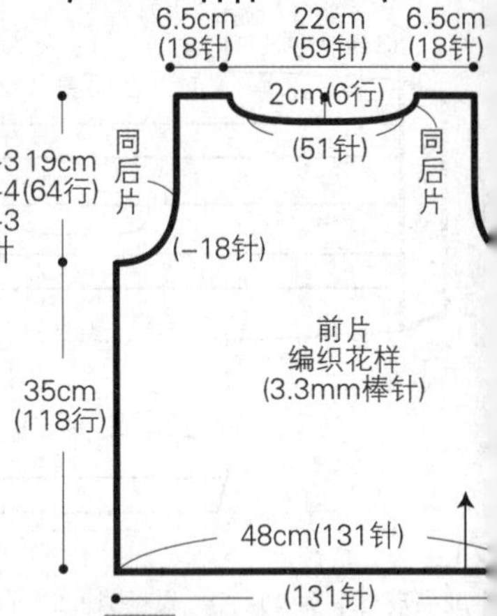

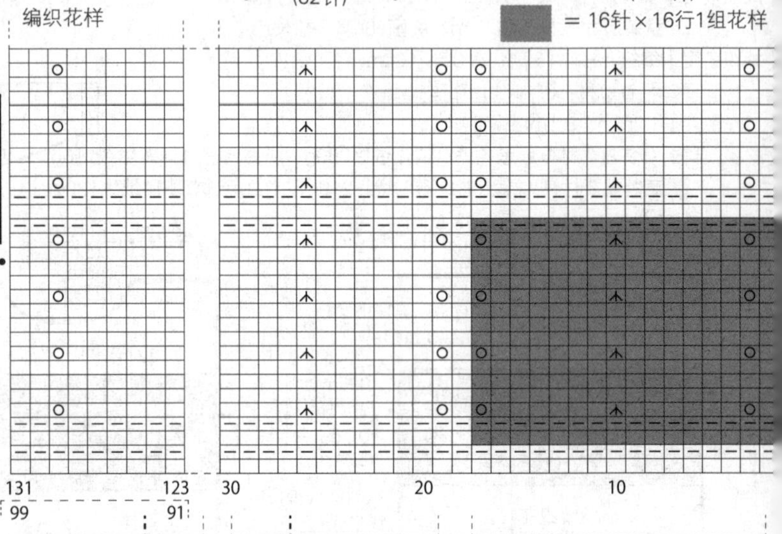

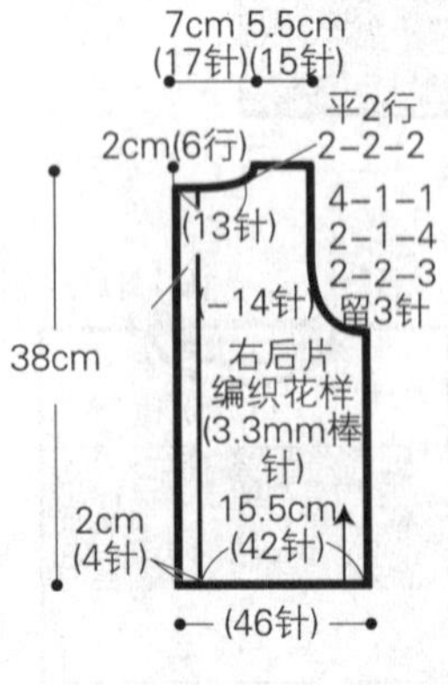

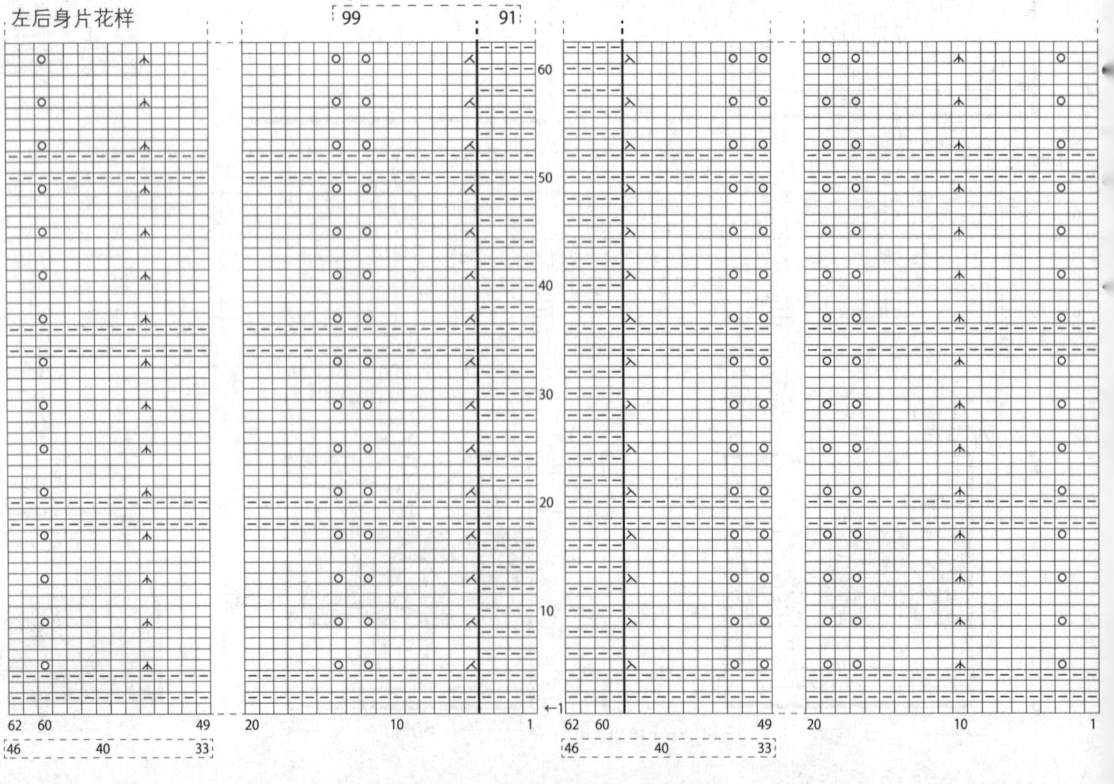

O ＝空针

木 ＝中上3针并1针

217

【成品规格】女装尺寸：裙长57cm，胸围86cm
童装尺寸：裙长50cm，胸围64cm
【编织密度】3.6mm棒针：24针×32行=10cm²
3.9mm棒针：21针×29行=10cm²
4.2mm棒针：20针×29行=10cm²
【工　　具】3.6mm、3.9mm、4.2mm棒针
【材　　料】女装需要材料：蓝色进口纯棉线280g，白色进口纯棉线140g
童装需要材料：蓝色进口纯棉线210g，白色进口纯棉线110g

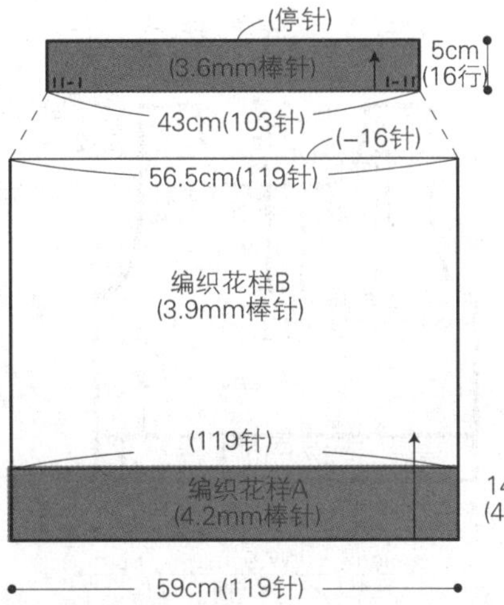

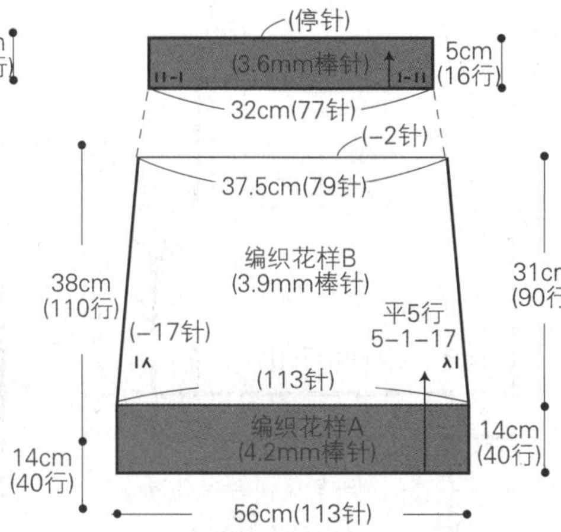

肩带(2条)

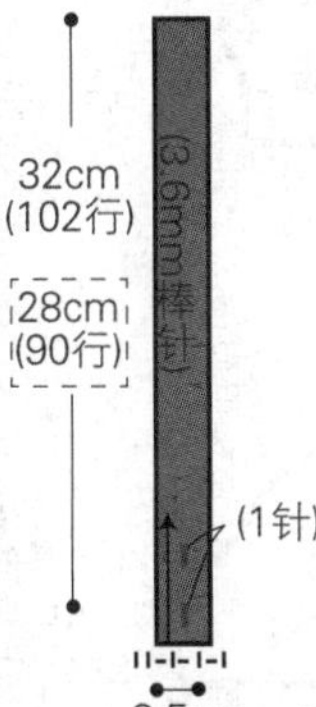

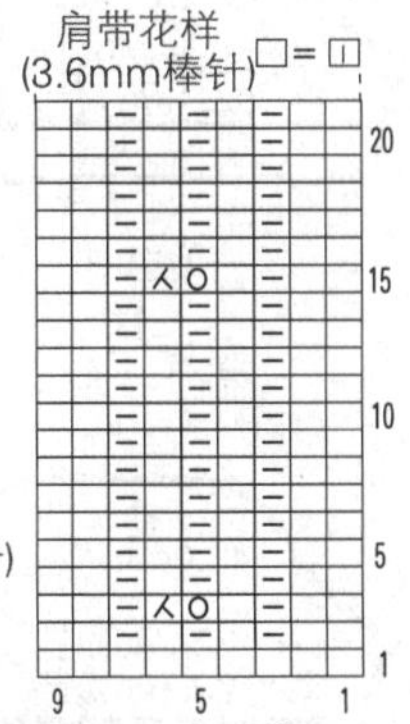

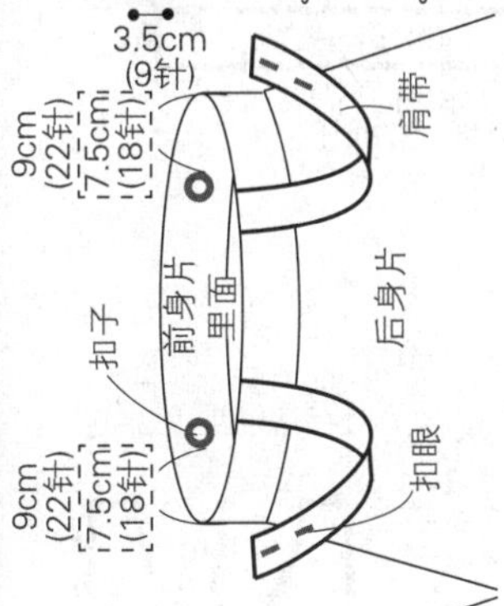

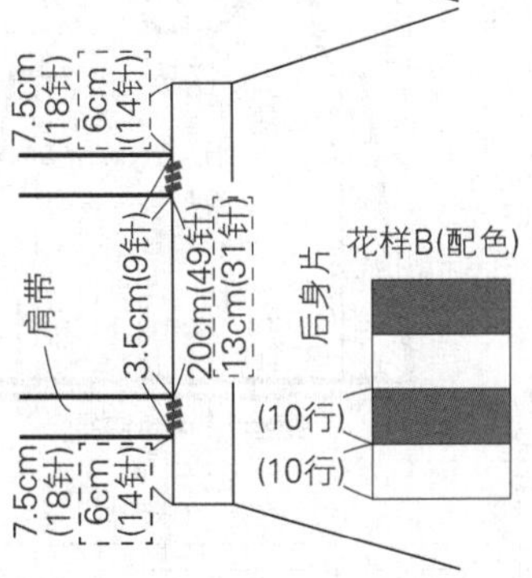

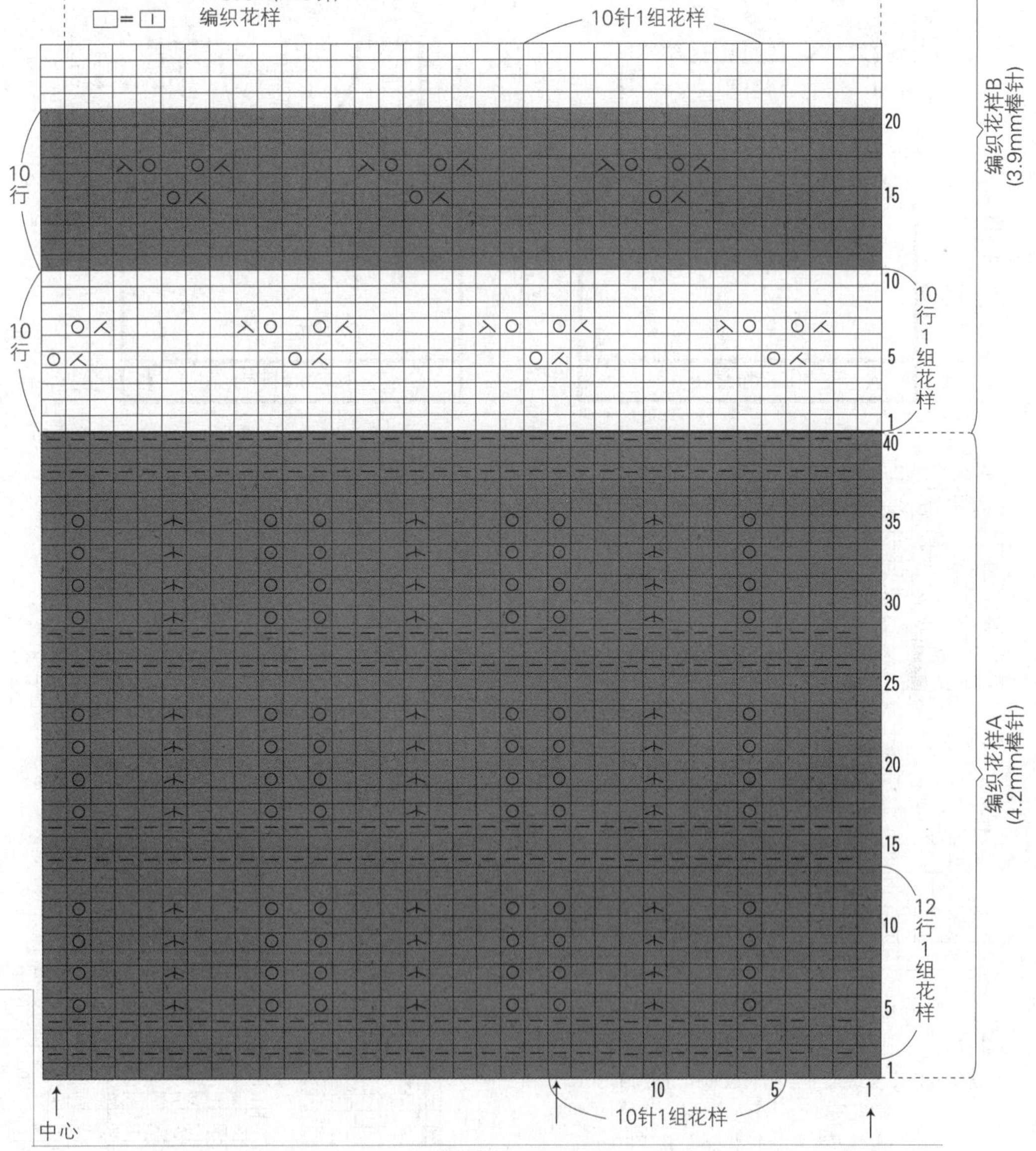

218

【成品规格】女装尺寸：衣长50cm，胸围91cm，肩宽35.5cm，袖长23cm
童装尺寸：衣长38cm，胸围70cm，肩宽27cm，袖长15.5cm
【编织密度】2.7mm棒针：26针×34行=10cm²
3.0mm棒针：23.5针×37行=10cm²
【工　　具】2.7mm、3.0mm棒针
【材　　料】女装需要材料：蓝色进口纯棉线160g
童装需要材料：橙色进口纯棉线100g

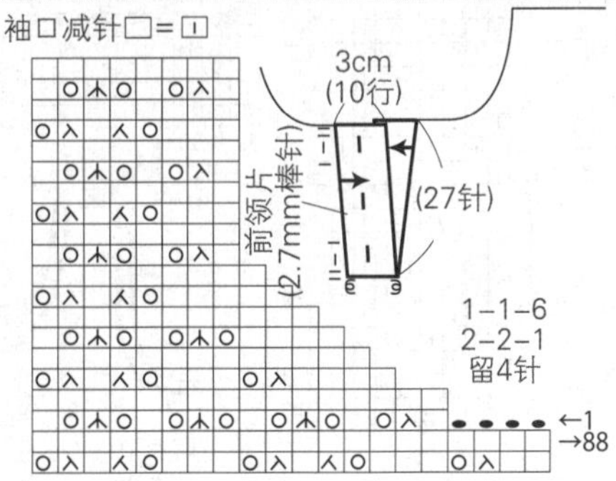

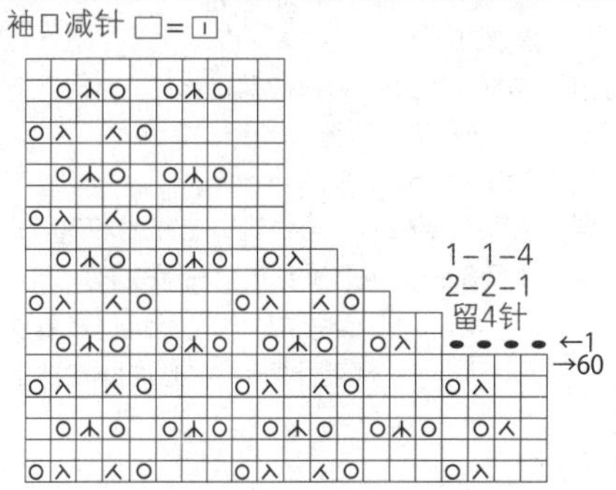

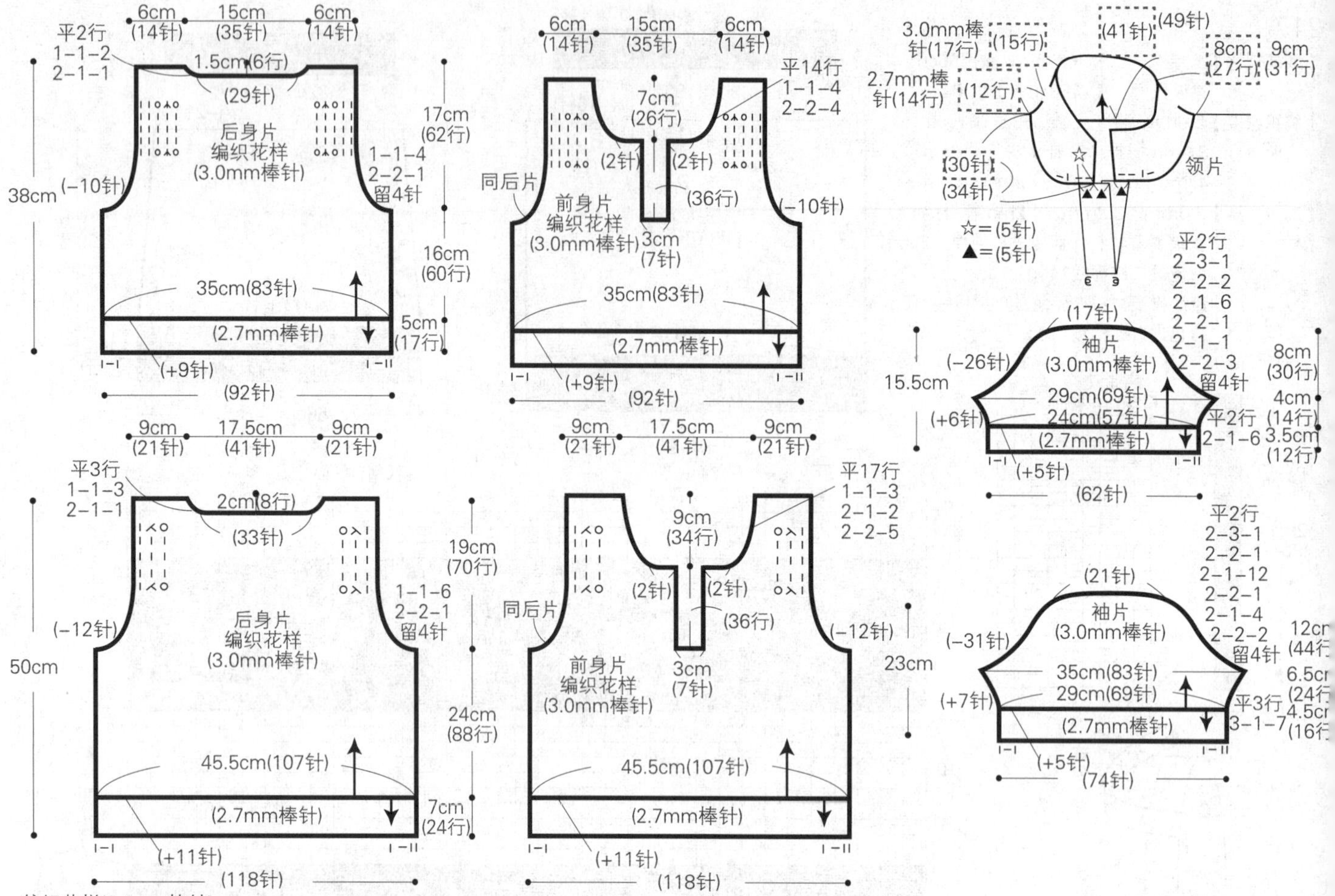

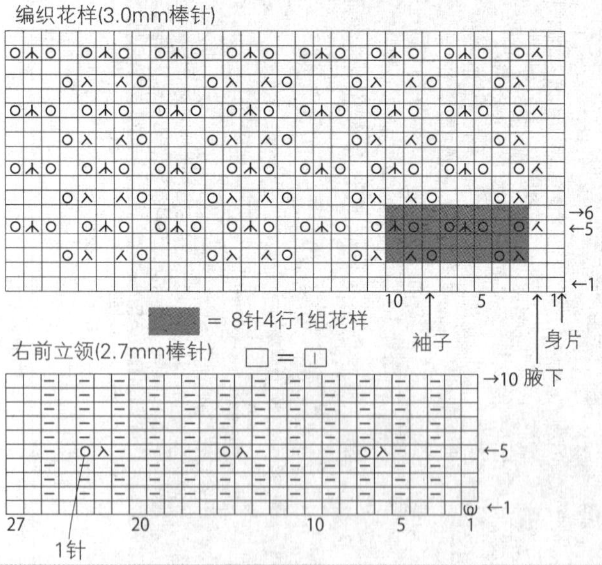

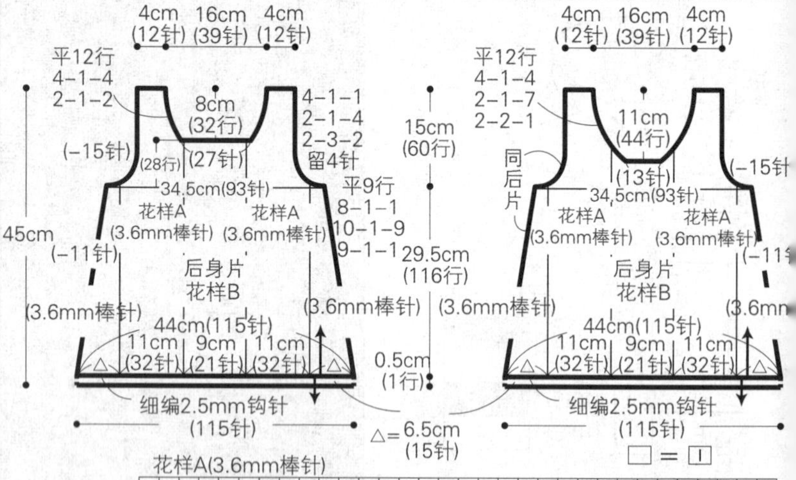

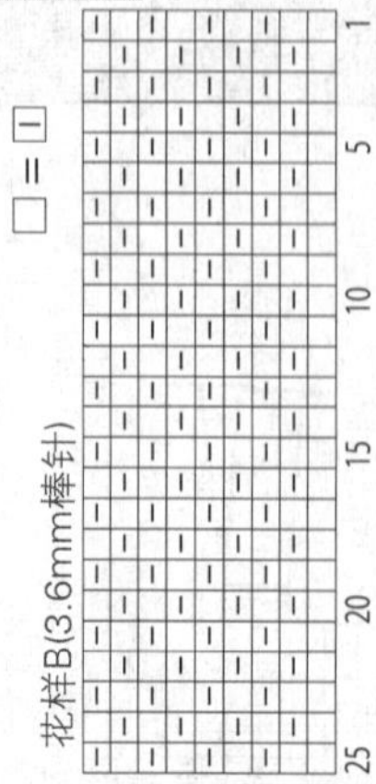

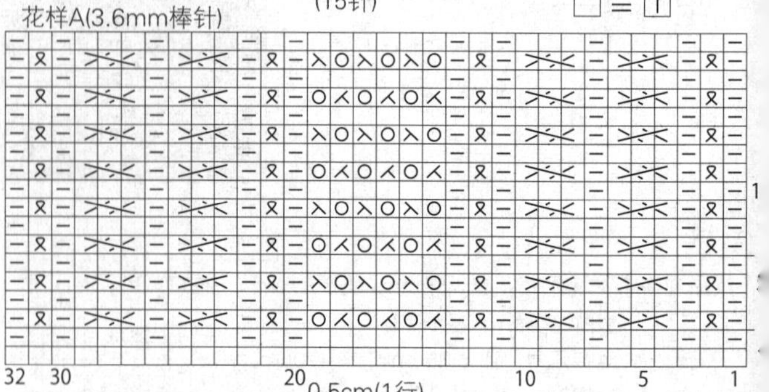

219

【成品规格】女装尺寸：裙长60cm，胸围91cm，肩宽32.5cm

童装尺寸：裙长45cm，胸围69cm，肩宽25cm

【编织密度】花样A：29针×39行=10cm²

花样B：23针×39行=10cm²

【工　　具】3.6mm棒针，2.5mm钩针

【材　　料】女装需要材料：蓝色进口纯棉线270g

童装需要材料：黄色进口纯棉线170g

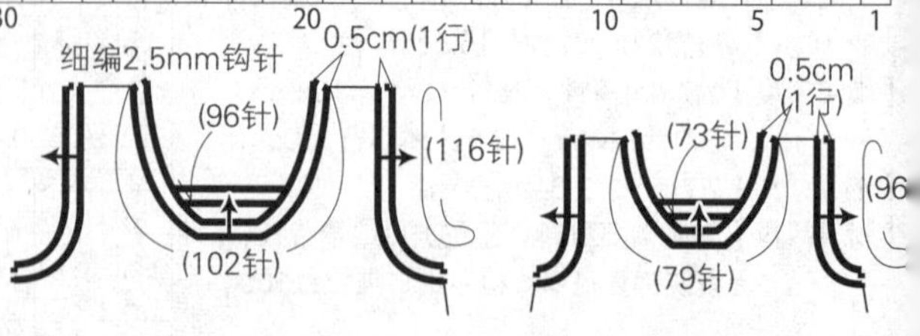

[符号] = 左上1针与2针交叉

[符号] = 右上1针与2针交叉

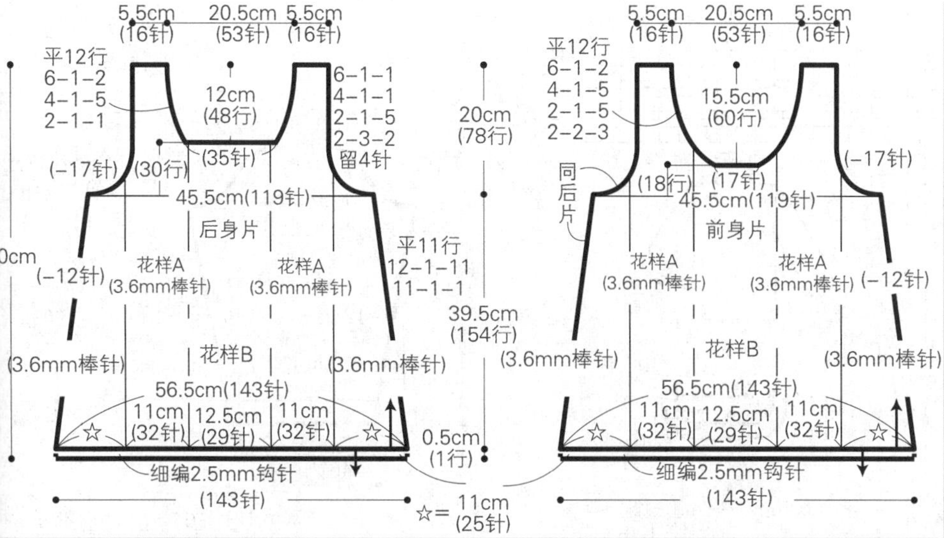

220、221
【成品规格】女装尺寸：裙长105.5cm，
肩宽35.5cm，胸围99cm
童装尺寸：裙长102.5cm，
肩宽34cm，胸围92cm
【编织密度】3.3mm棒针：30针×38行=10cm²
3.6mm棒针：28针×37行=10cm²
【工　　具】3.3mm、3.6mm号棒针，2.5mm钩针
【材　　料】女装需要材料：紫色进口纯棉线500g
童装需要材料：草绿色进口纯棉线450g
5.5cm (16针)
20.5cm (53针)
12cm (48行)
(35针)
(30行)
(−17针)
45.5cm(119针)
后身片
花样A (3.6mm棒针)
花样B
(3.6mm棒针)
56.5cm(143针)
11cm (32针)
12.5cm (29针)
细编2.5mm钩针
(143针)
☆=11cm (25针)
0.5cm (1行)
20cm (78行)
39.5cm (154行)
15.5cm (60行)
同后片
(18行)
(17针)
前身片
口袋2片
2.5mm钩针
1.5cm (3行)
(41针)
15cm (48行)
编织花样 (3.6mm棒针)
停针
17cm(41针)
3cm (9针)
25cm(75针)
26.5cm(79针)
7cm(26行)
(61针)
(65针)
(−23针)
(−26针)
46cm(139针)
49.5cm(149针)
(−4针)
49cm(147针)
52cm(157针)
编织花样 (3.3mm棒针)
(147针)
(157针)
编织花样 (3.6mm棒针)
52.5cm(147针)
56cm(157针)
24cm (92行)
20cm (76行)
29cm (110行)
29cm (108行)
32cm (118行)
18cm (68行)
(57针)
(61针)
(70针)
(73针)
(106针)
(109针)
(122针)
(126针)
17cm
18cm
34cm
35cm
(250针)(268针)
22
成品规格】女装尺寸：衣长55cm，胸围102cm，袖长81.5cm
童装尺寸：衣长38cm，胸围78cm，袖长54cm
编织密度】11针×24行=10cm²
工　　具】4.2mm棒针
材　　料】藏蓝色毛线215g，白色毛线440g
4cm (10行)
20cm(48行)
(11针)
10cm (11针)
28cm(68行)
(停针)
袖片2个
4.2mm棒针
(−27针)
(+27针)
20cm(48行)
11.5cm (28行)
16cm (38行)
7cm (8针)
(8针)
(26行)
14cm (15针)
身片2个
38cm
停袖
(41针)
24cm (26针)
25cm (27针)
39cm(94行)
15cm (36行)
21cm(50行)
11.5cm (13针)
(13针)
(36行)
20cm (22针)
55cm
(61针)
35cm (39针)
51cm(122行)

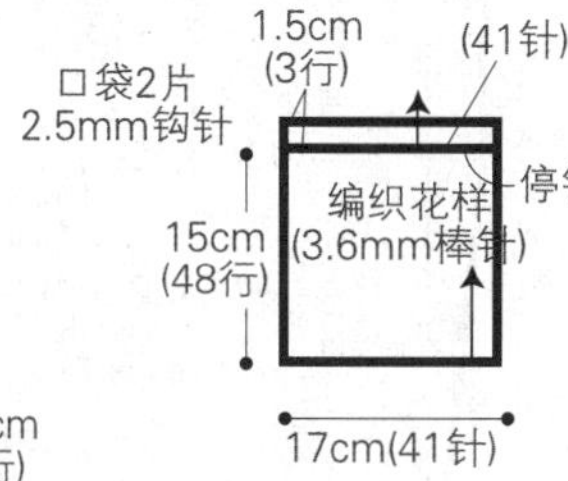

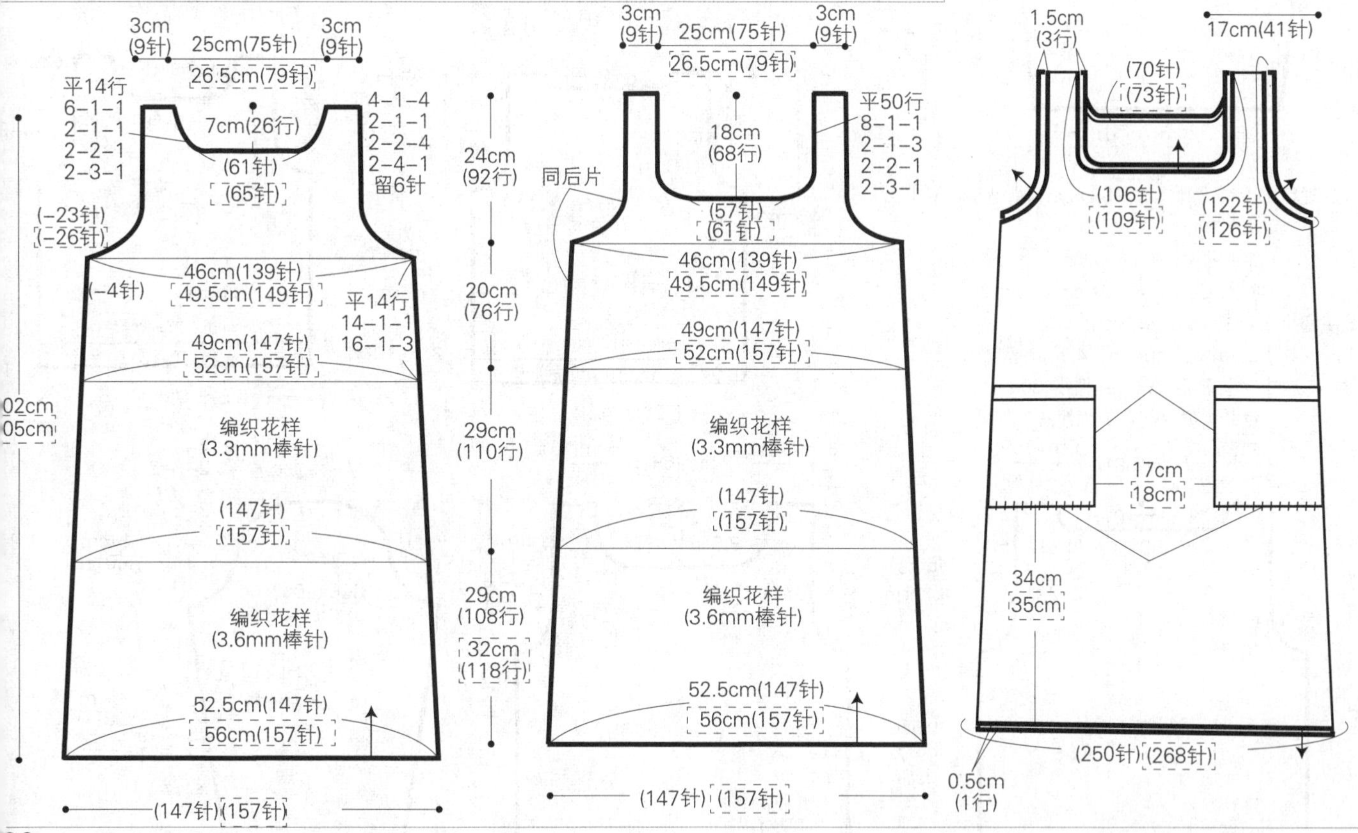

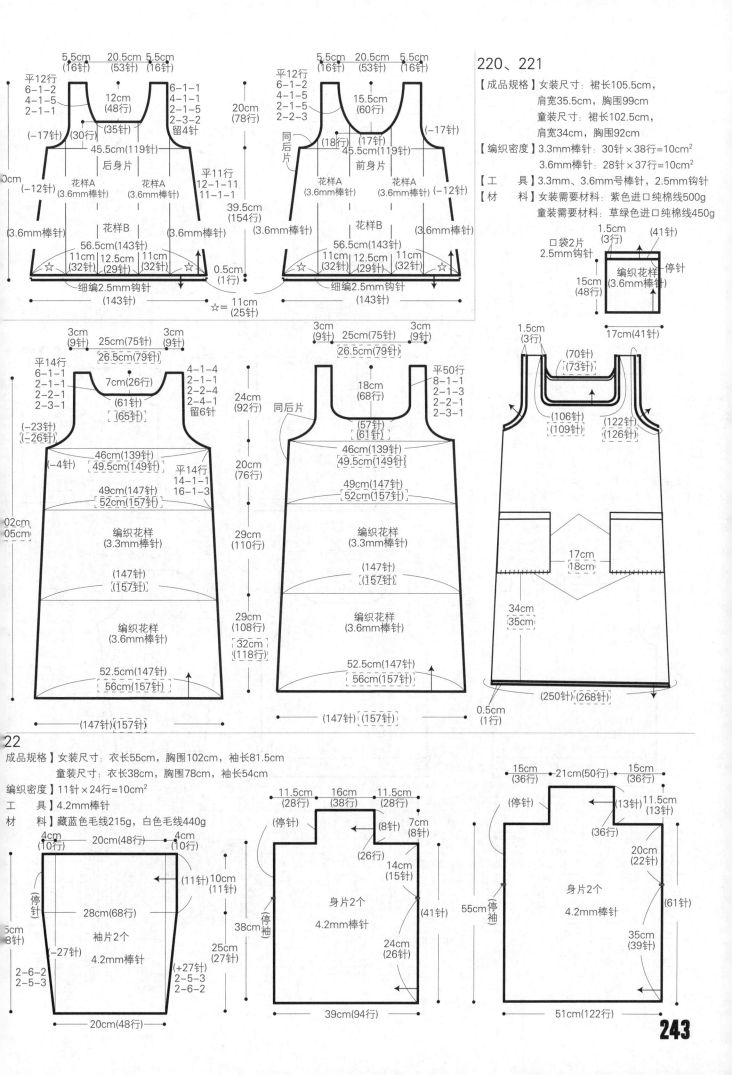

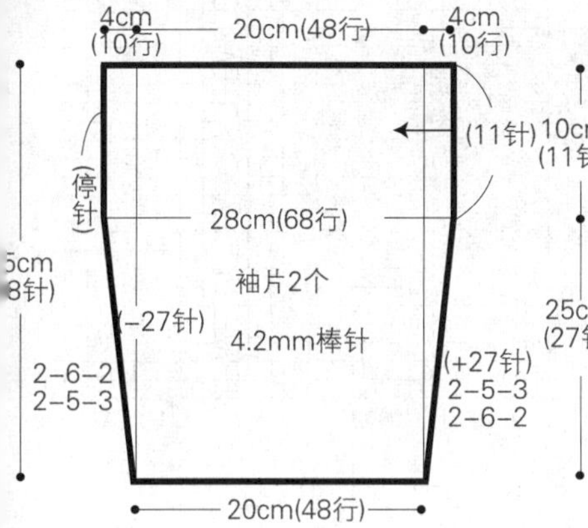

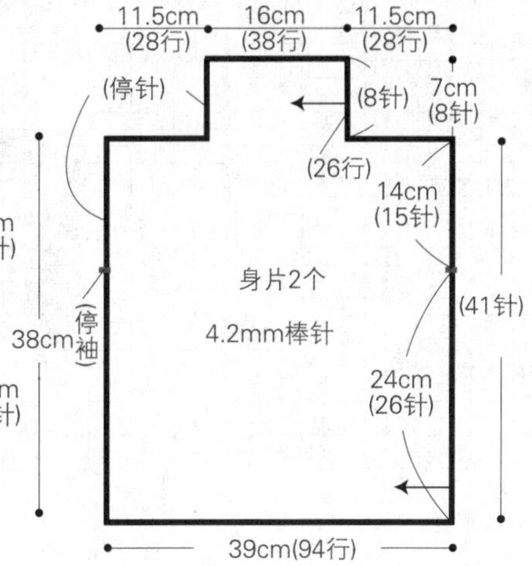

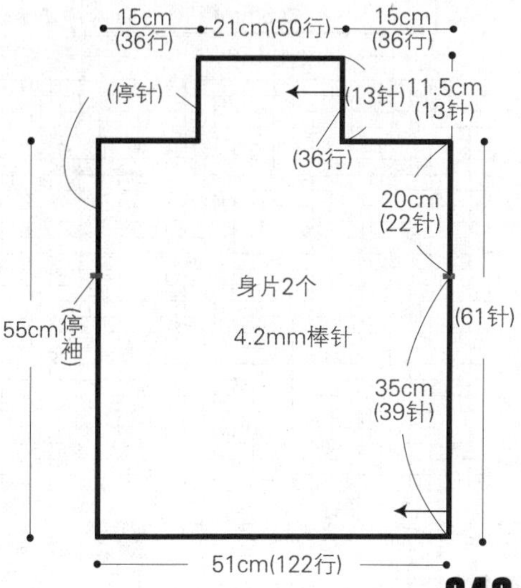

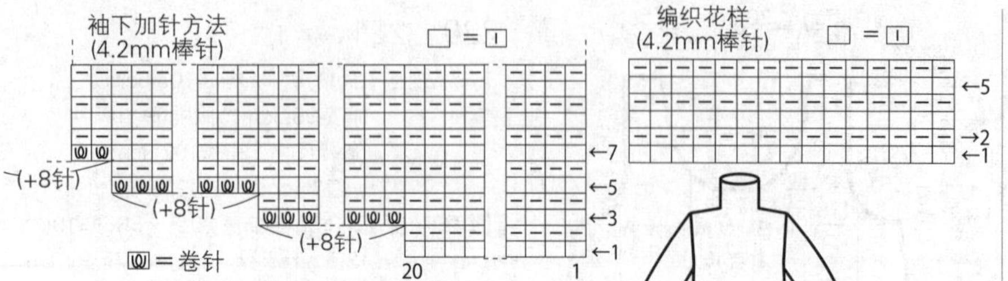

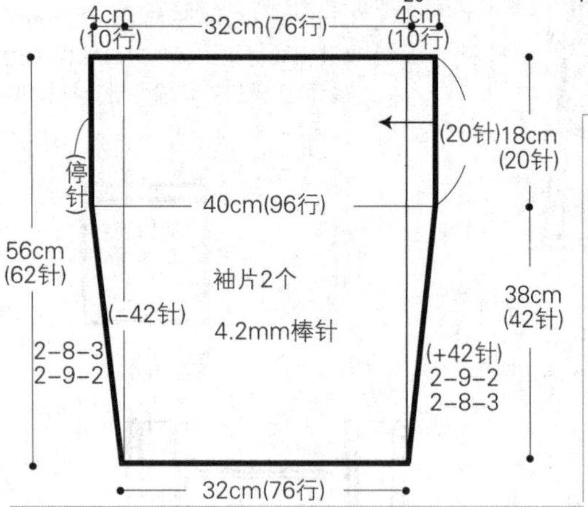

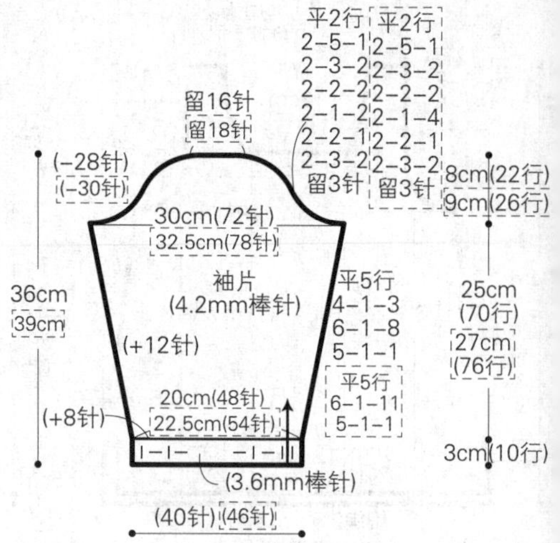

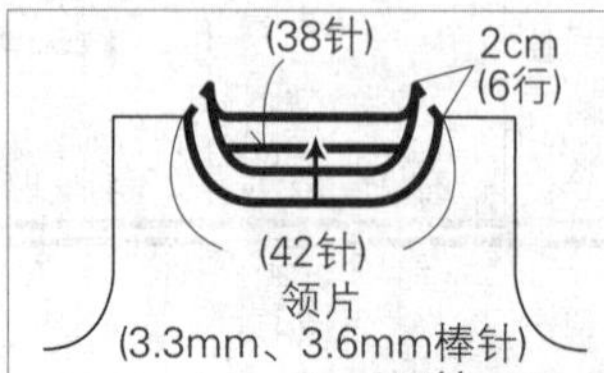

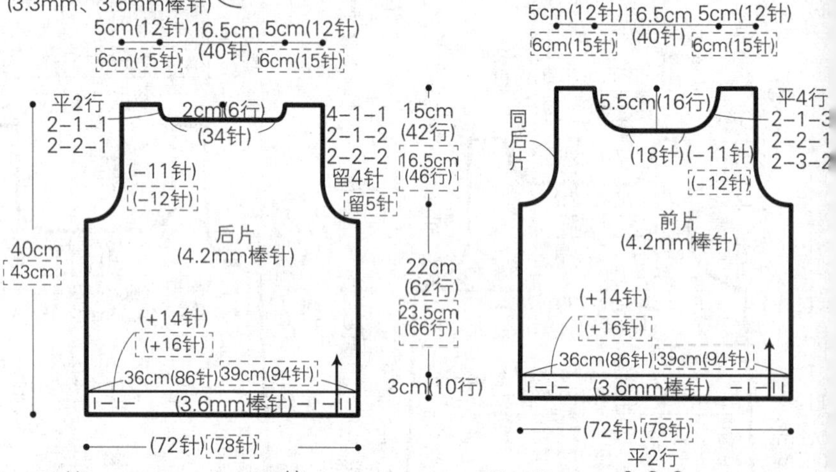

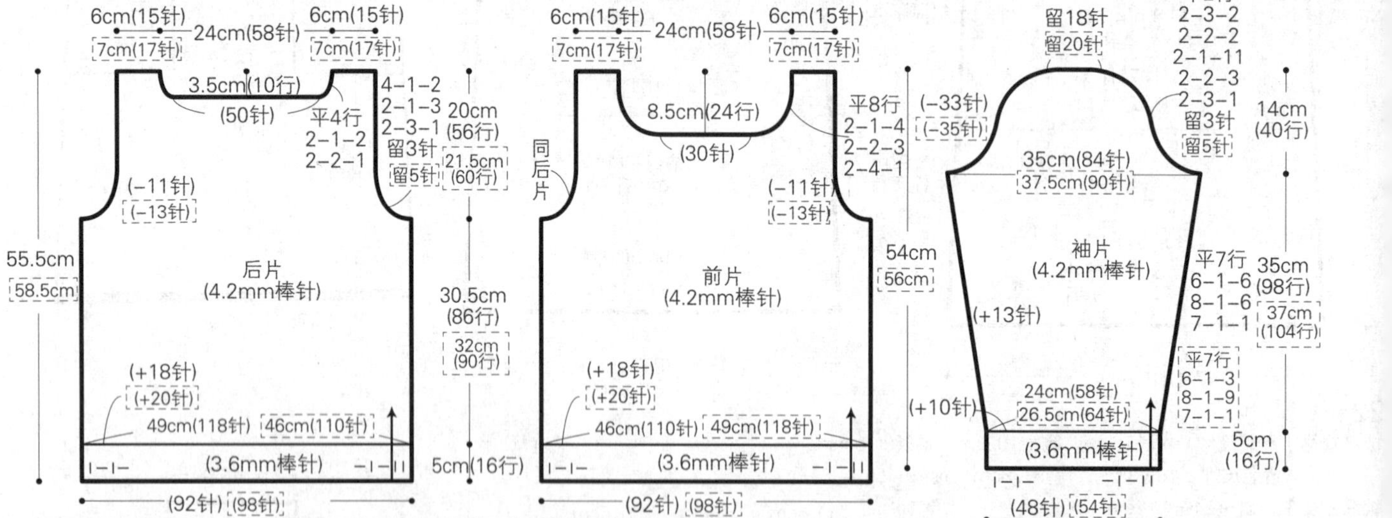

223

【成品规格】女装尺寸：衣长58.5cm，肩宽38cm，
胸围98cm，袖长56cm
童装尺寸：衣长55.5cm，肩宽36cm，
胸围92cm，袖长54cm

【编织密度】24针×28行=10cm²

【工　　具】3.3mm、3.6mm、4.2mm棒针

【材　　料】女装需要材料：纯棉线430g
童装需要材料：纯棉线250g

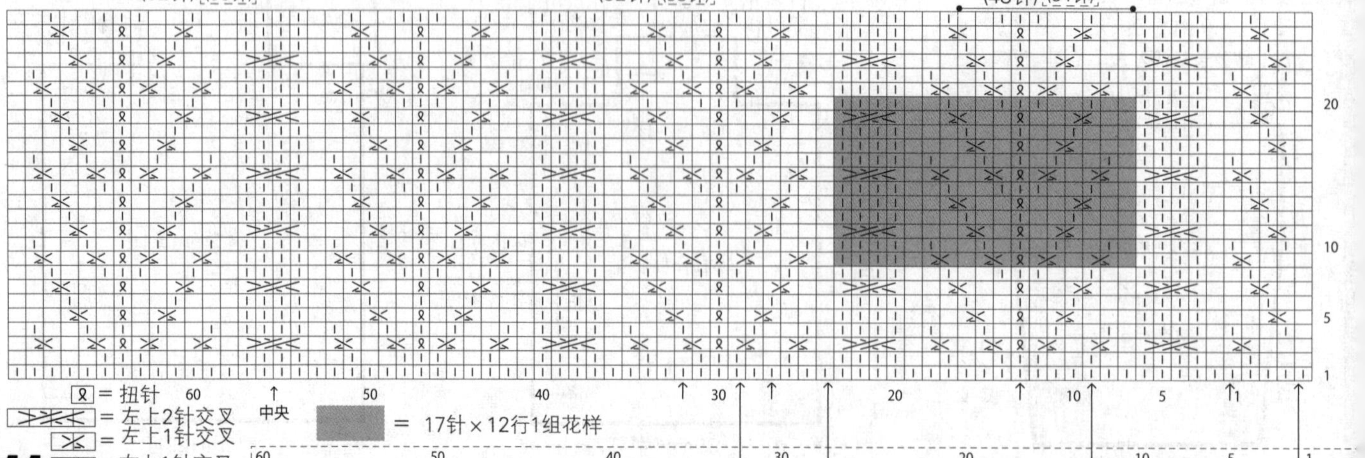

⊠=扭针
⊠⊠=左上2针交叉
⊠=左上1针交叉
⊠=右上1针交叉
▇ = 17针×12行1组花样

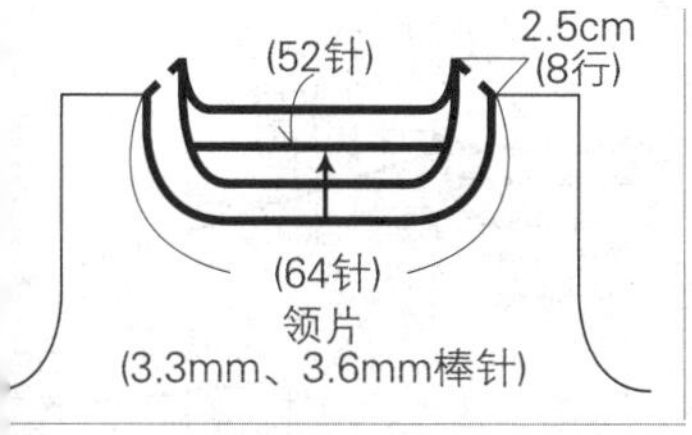

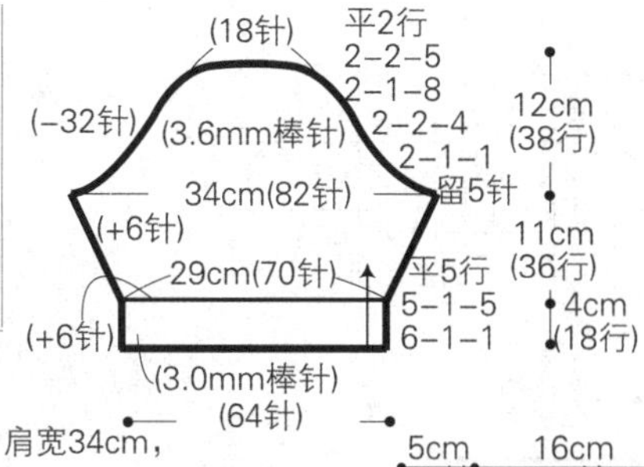

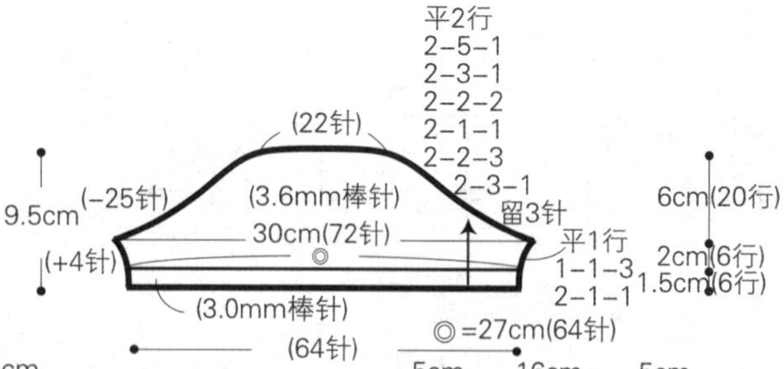

224

【成品规格】女装尺寸：衣长95cm，肩宽34cm，胸围92cm，袖长27cm

童装尺寸：衣长59.5cm，肩宽26cm，胸围68cm，袖长9.5cm

【编织密度】3.0mm棒针：22针×45行=10cm²

3.6mm棒针：24针×32行=10cm²

3.9mm棒针：20针×28行=10cm²

【工　具】3.0mm、3.6mm、3.9mm棒针

【材　料】女装需要材料：紫色纯棉线430g

童装需要材料：玫红色纯棉线250g

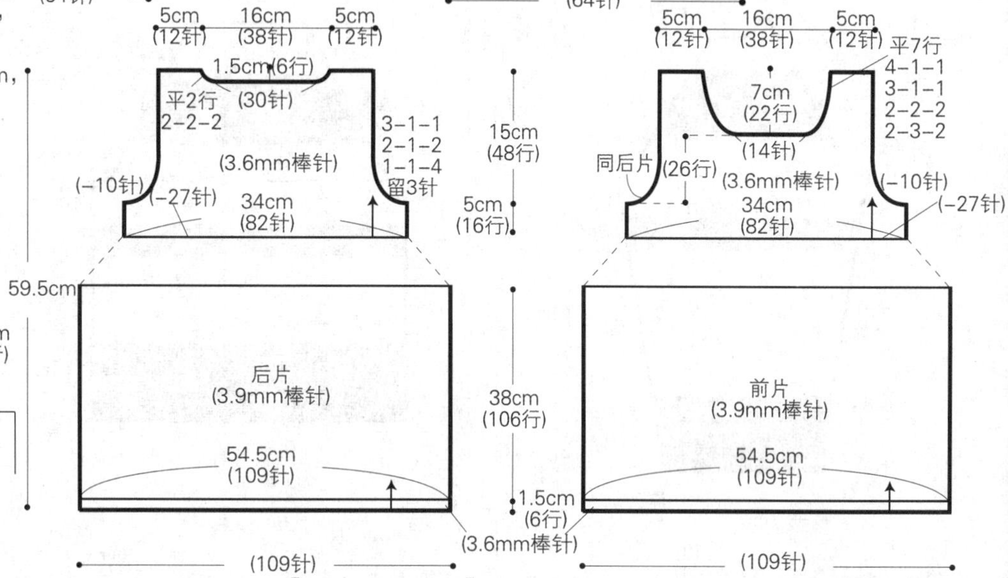

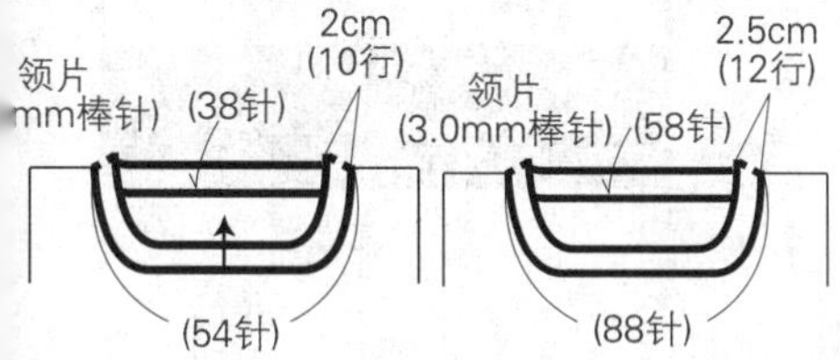

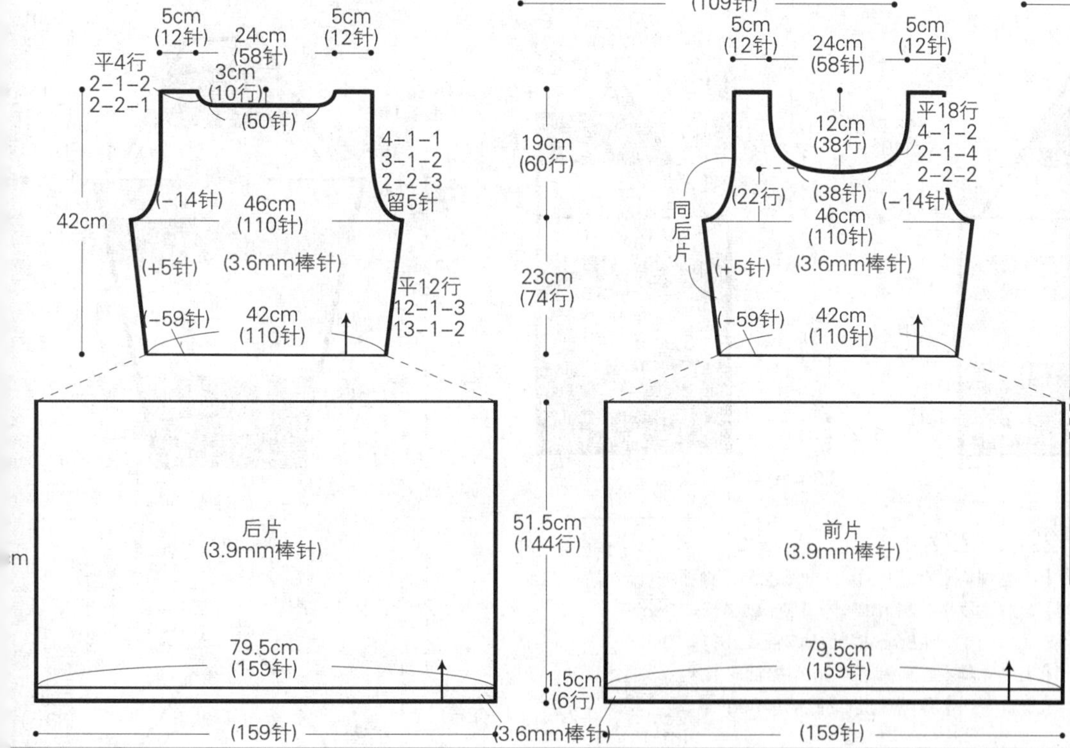

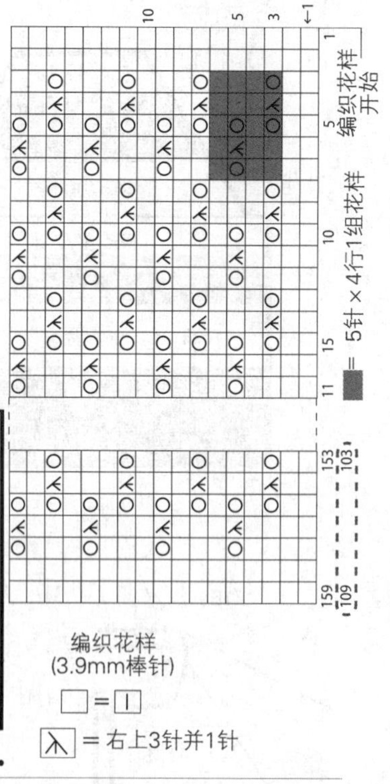

25

【成品规格】男装尺寸：衣长65cm，胸围102cm，袖长81.5cm

童装尺寸：衣长42.5cm，胸围74.5cm，袖长54.5cm

【编织密度】20针×26行=10cm²

【工　具】3.3mm棒针、3.9mm棒针

【材　料】男装需要材料：咖啡色羊绒线200g，蓝色夹花羊绒线80g，藏青色羊绒线40g

童装需要材料：咖啡色羊绒线100g，蓝色夹花羊绒线和藏蓝色羊绒线各15g，棕色羊绒线50g

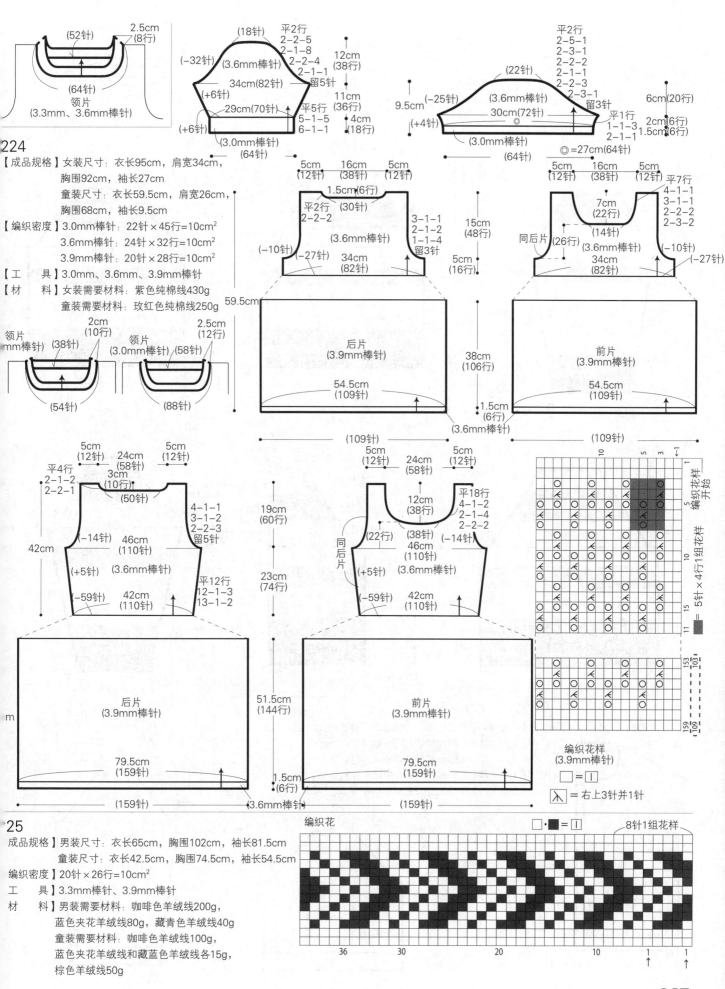

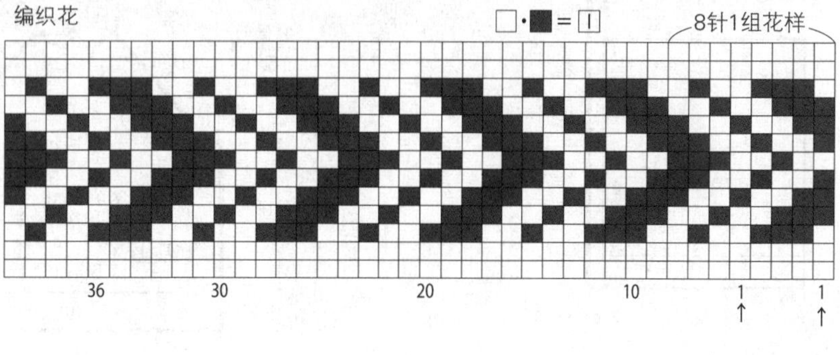

编织花样

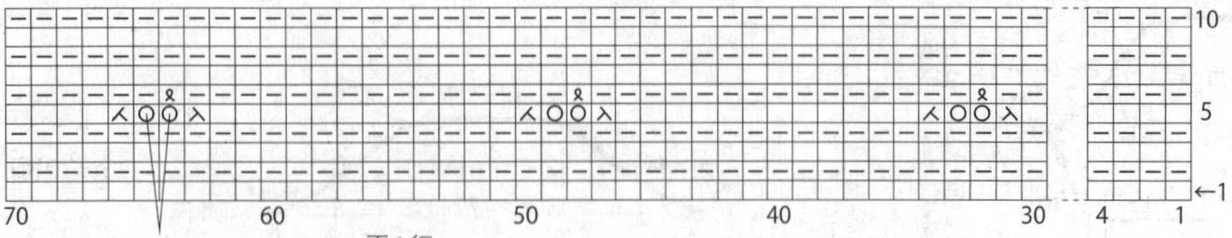

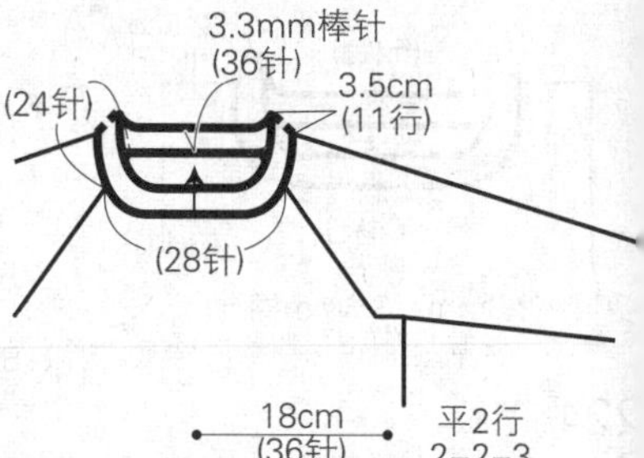

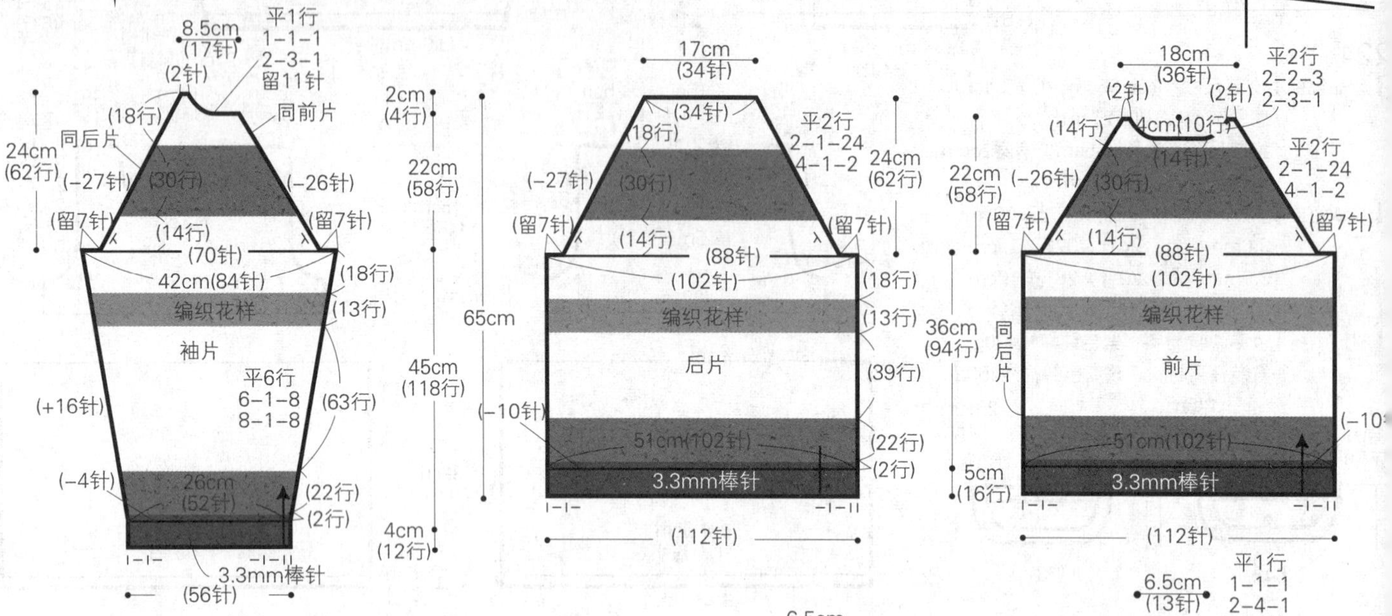

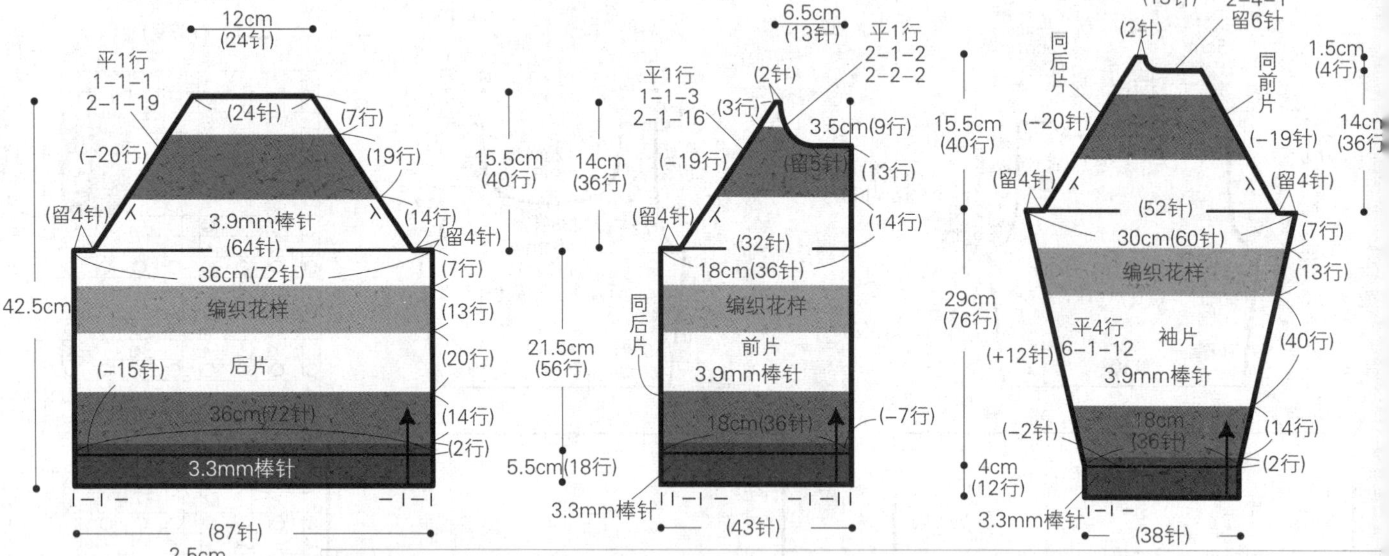

226、227

【成品规格】女装尺寸：衣长50cm，胸围95cm，袖长72cm

【编织密度】4.2mm棒针：19针×24行=10cm²

4.8mm棒针：17针×25行=10cm²

【工　　具】4.2mm、4.8mm棒针

【材　　料】焦糖色进口纯棉线460g

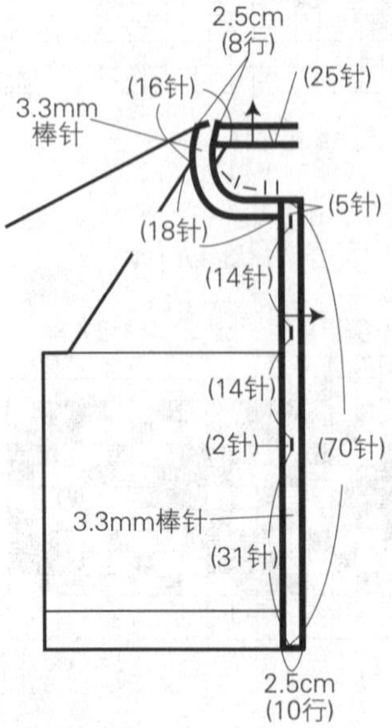

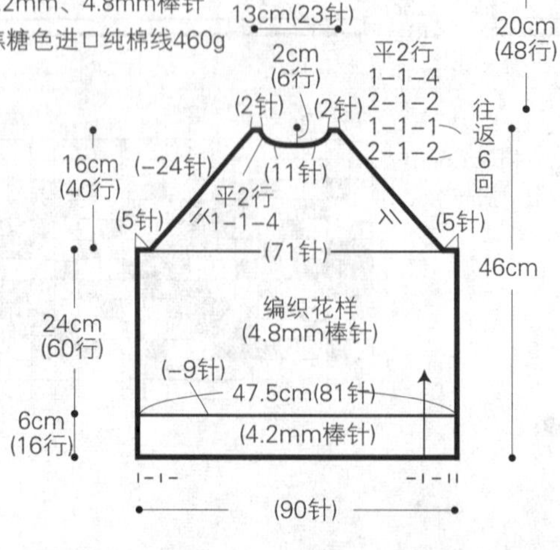

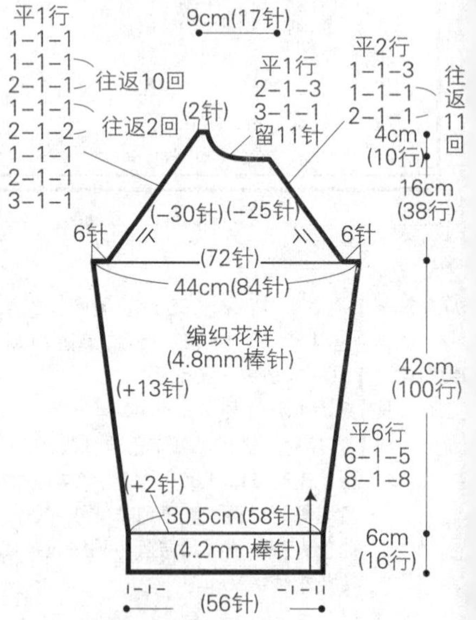

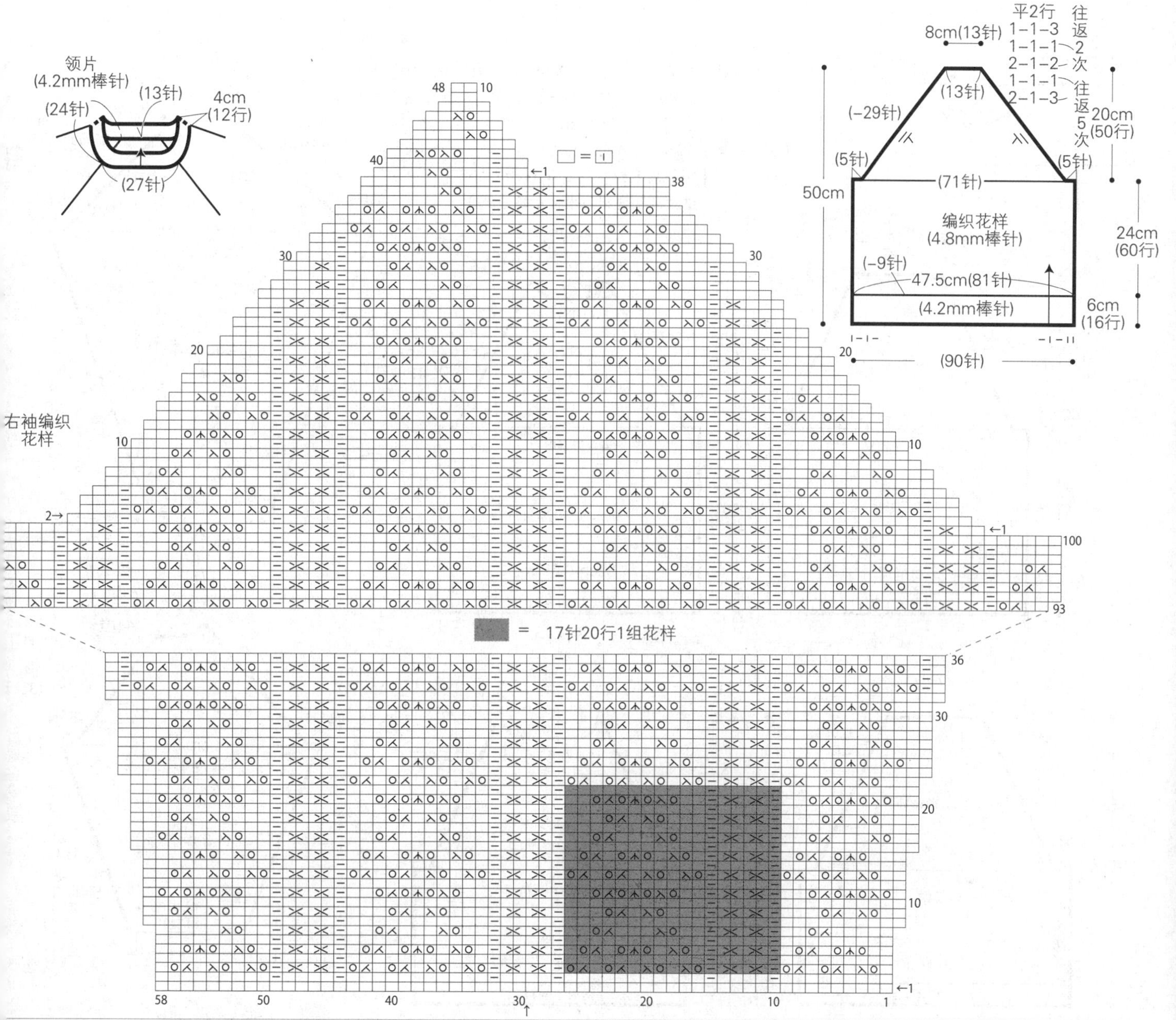

228、229

【成品规格】衣长41cm，胸围76cm，袖长29cm

【编织密度】3.3mm棒针(编织花样)：25针×36行=10cm²

3.0mm棒针(平针花样)：25针×34行=10cm²

【工　　具】3.0mm、3.3mm棒针

【材　　料】橙色进口纯棉线160g

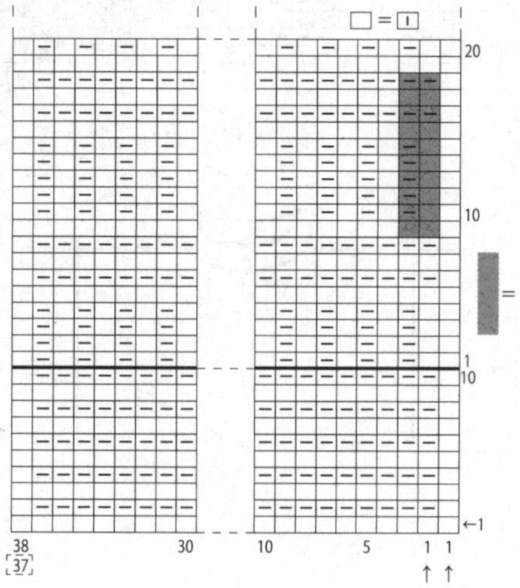

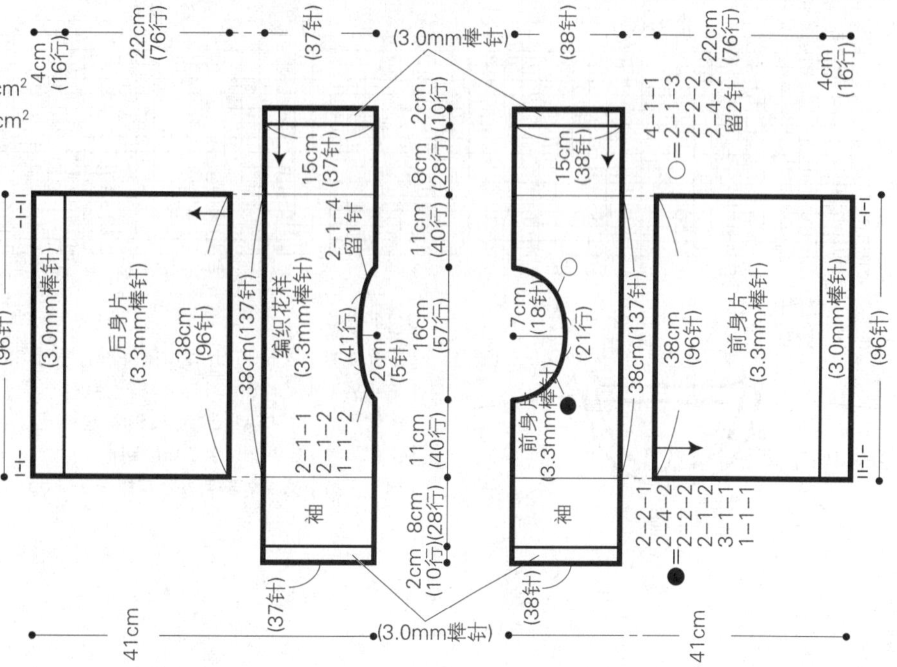

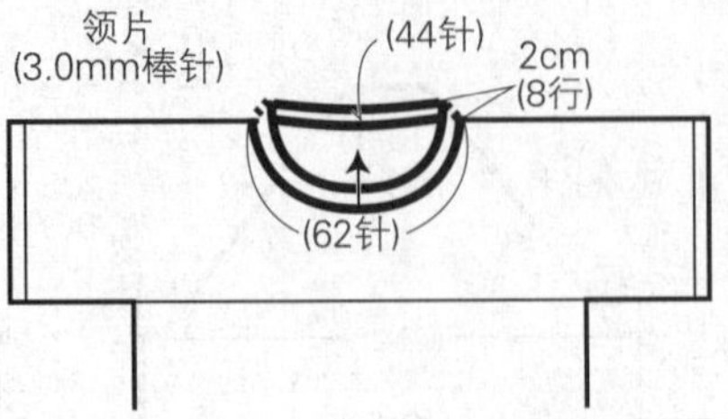

230

【成品规格】男装尺寸：衣长60cm，胸围104cm，袖长82cm

童装尺寸：衣长41.5cm，胸围74cm，袖长54.5cm

【编织密度】21针×26行=10cm²

【工　　具】3.9mm、4.5mm棒针

【材　　料】男装需要材料：藏青色羊绒线550g

童装需要材料：米色羊绒线250g

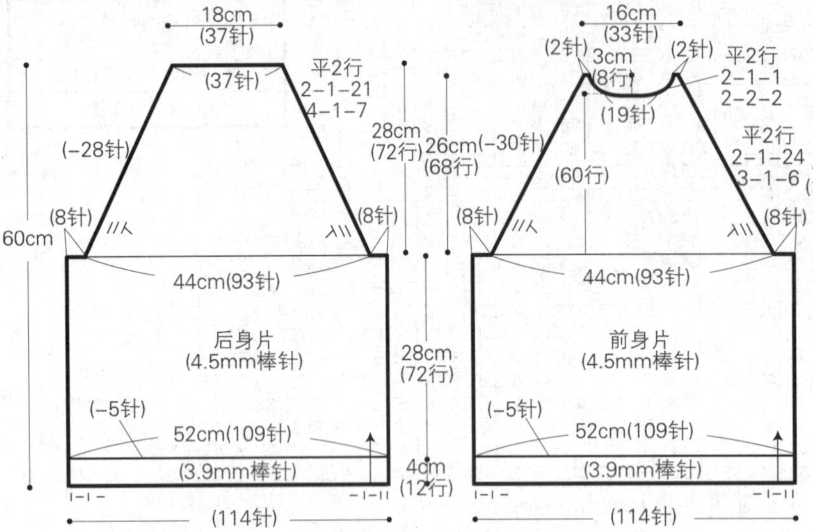

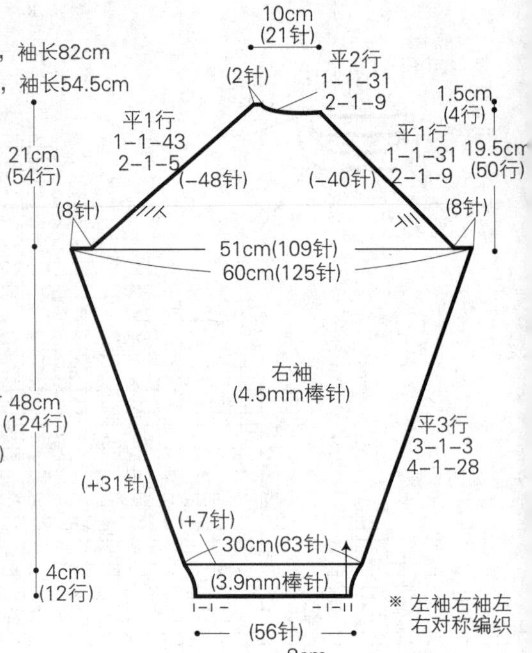

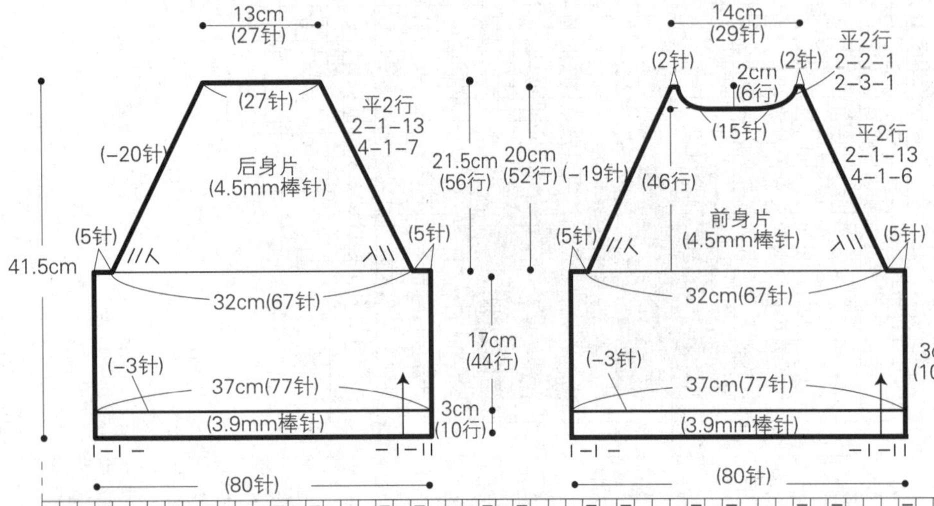

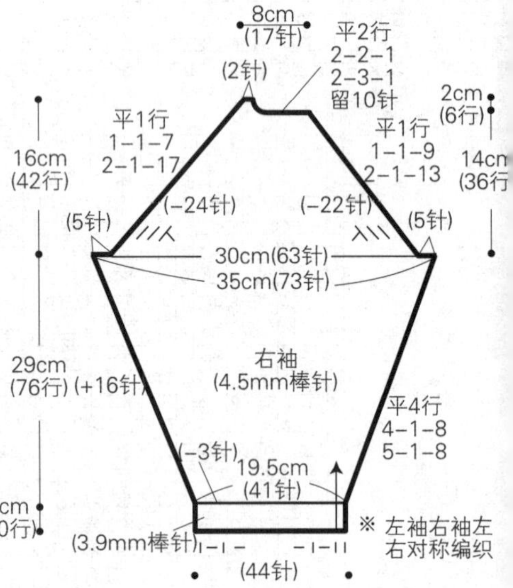

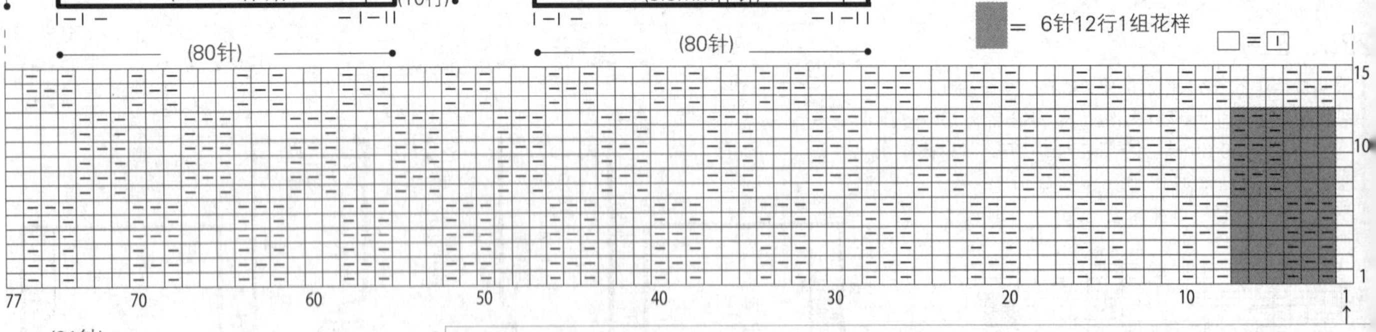

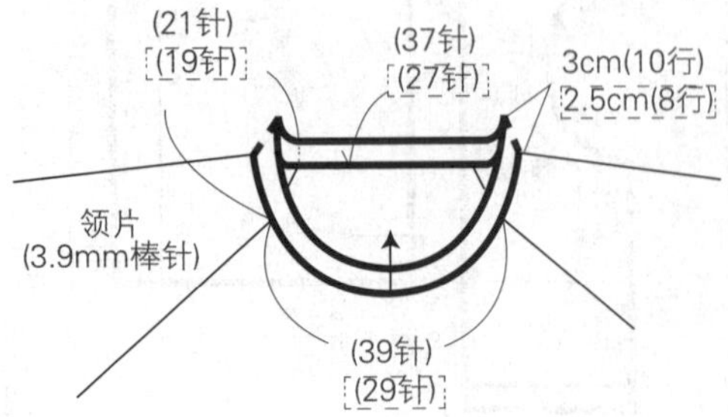

231

【成品规格】衣长65 cm，胸围98cm，袖长80cm

【编织密度】花样B：21针×28行=10cm²

花样A：20针×28行=10cm²

【工　　具】3.9mm、4.2mm棒针

【材　　料】男女装需要绿色羊绒线各560g

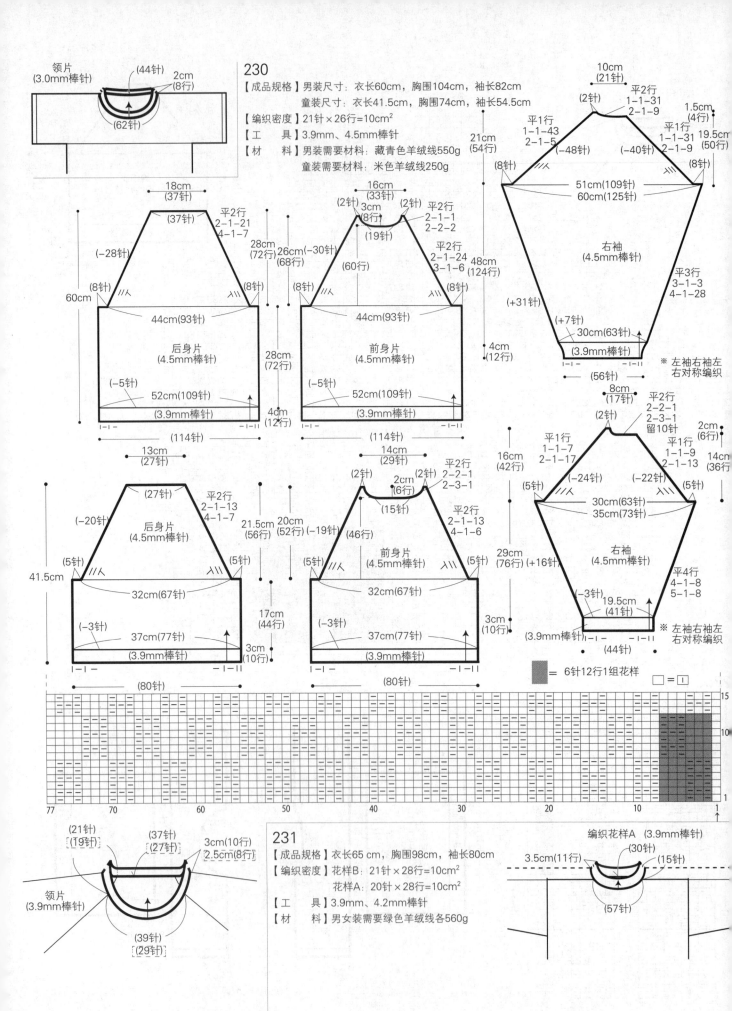

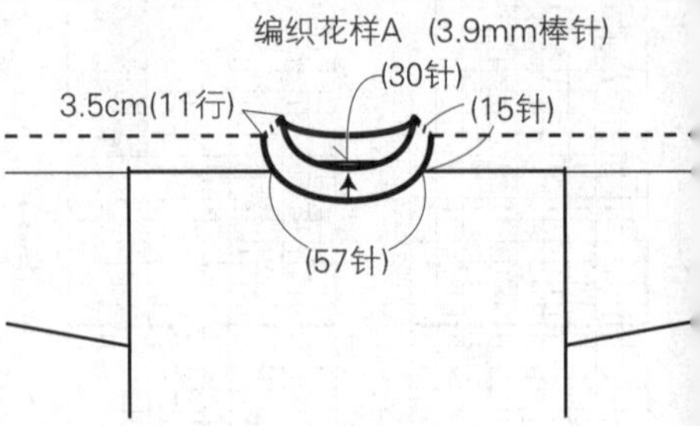

● 身片

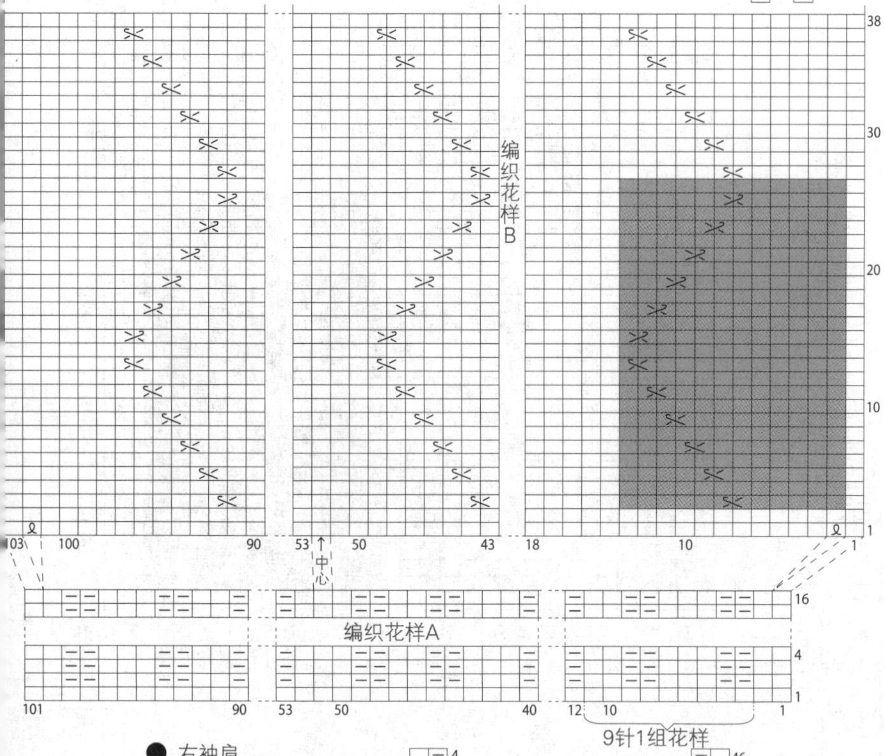

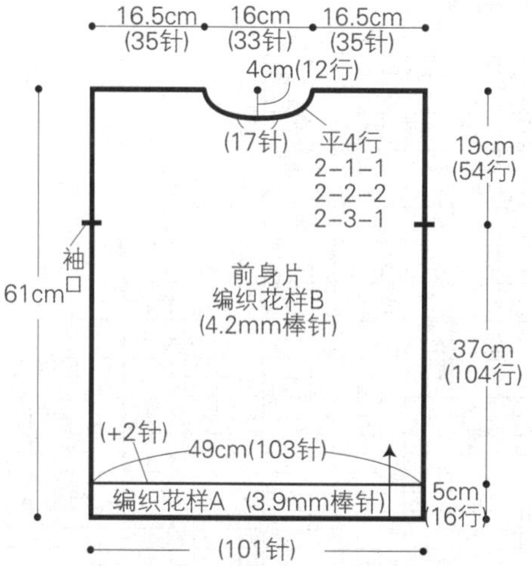

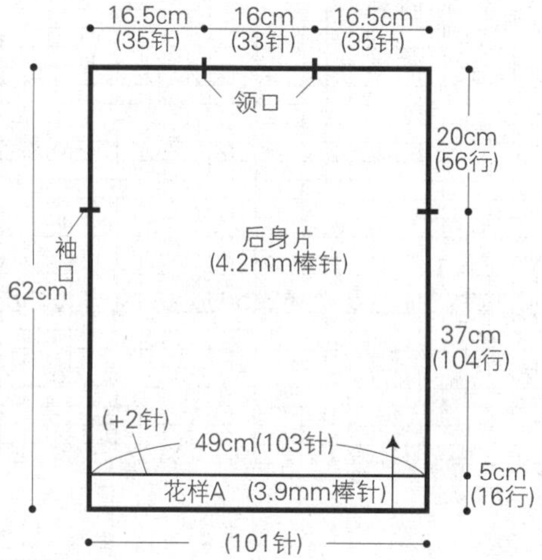

● 右袖肩

※左袖与右袖对称编织

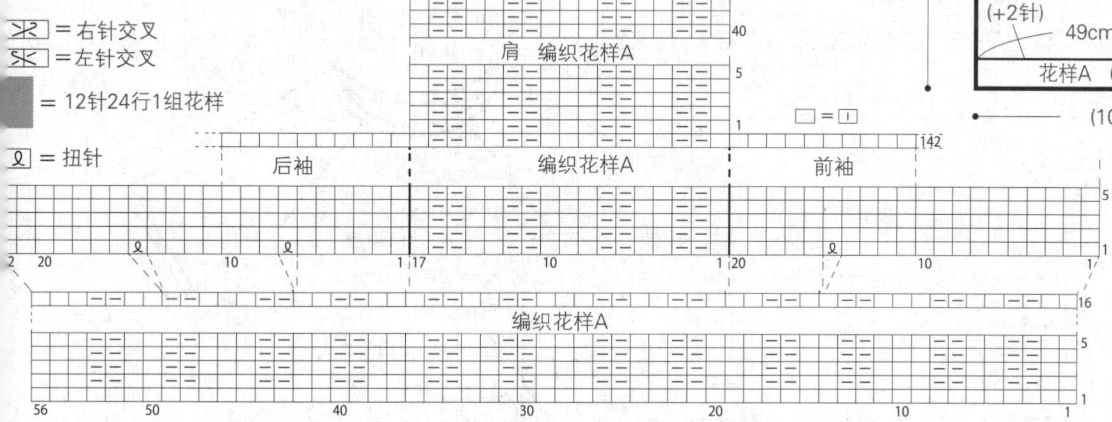

● 领

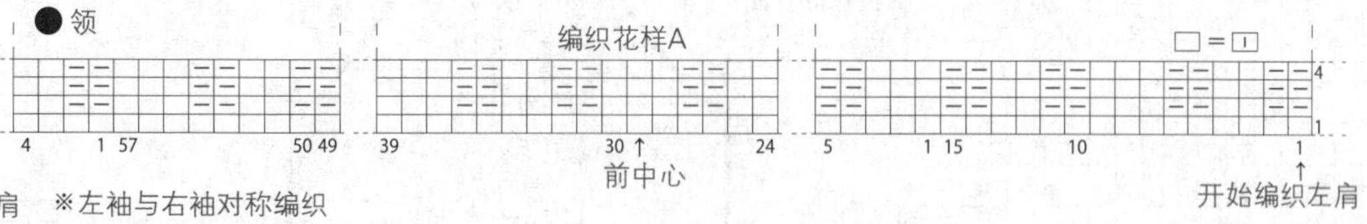

● 右袖肩 ※左袖与右袖对称编织

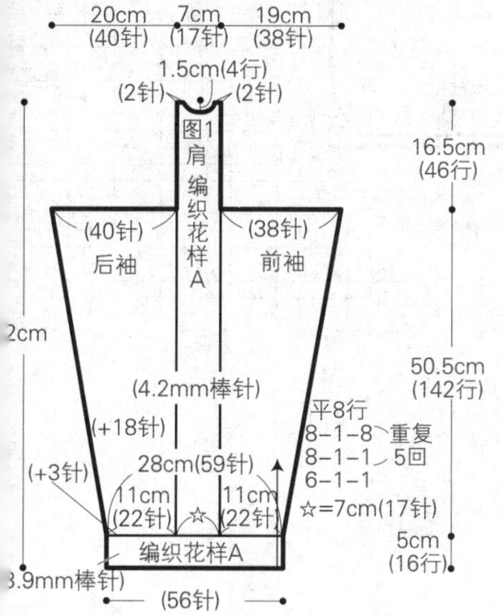

232、233

【成品规格】女装尺寸：衣长53cm，
胸围99cm，袖长48cm
童装尺寸：衣长38cm，
胸围75cm，袖长40cm

【编织密度】20针×28行=10cm²

【工　　具】4.5mm、4.8mm棒针

【材　　料】女装需要材料：
紫色进口棉线420g
童装需要材料：
紫色进口棉线250g

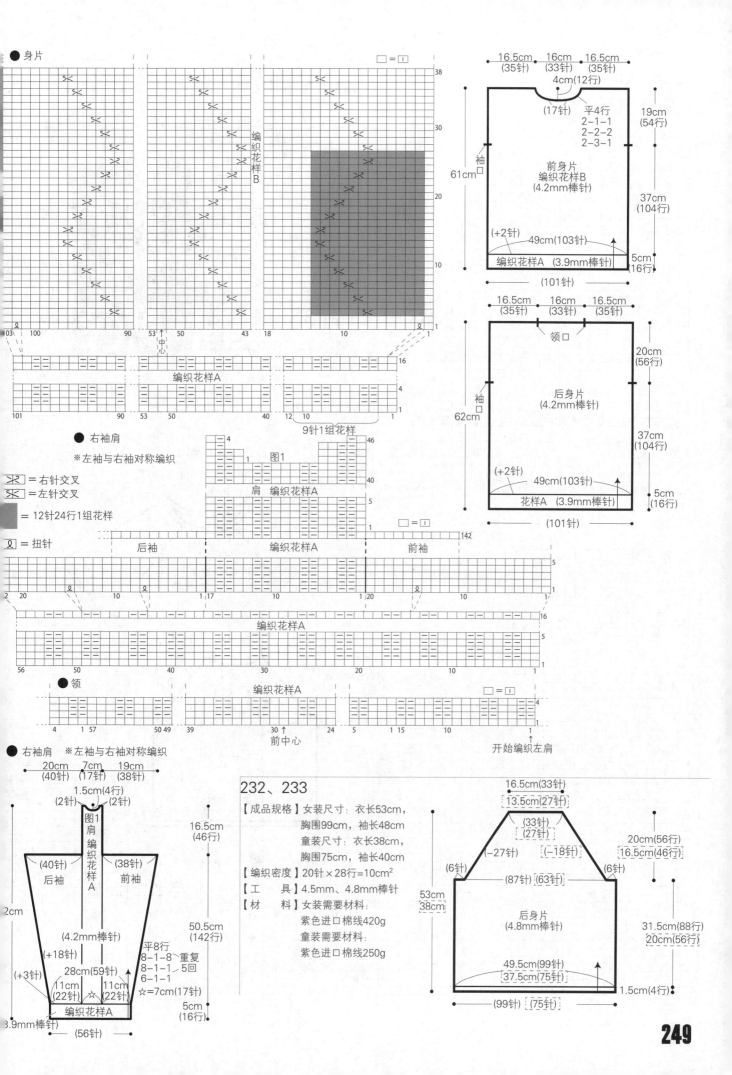

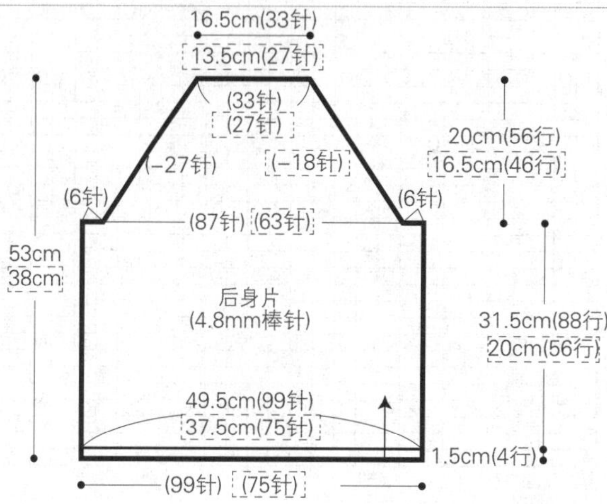

童装
右上后片花样 □=Ⅰ
编织花样
身片开始
袖片开始
领圈（140针）(108针)
1.5cm
(4行)
(31针)
(25针)
(28针)
(36针)
(37针)
(27针)
领片
(4.5mm棒针)
17.5cm(35针)
14.5cm(29针)
2cm(6行)
1.5cm(4行)
☆=(2针)
16.5cm(46行)
14cm(40行)
(19针)
(15针)
(6针)
(−26针)
(−17针)
(87针)
(63针)
前身片
(4.8mm棒针)
49.5cm(99针)
37.5cm(75针)
(99针)
(75针)
女装
右上后片花样
女装
右上前片花样

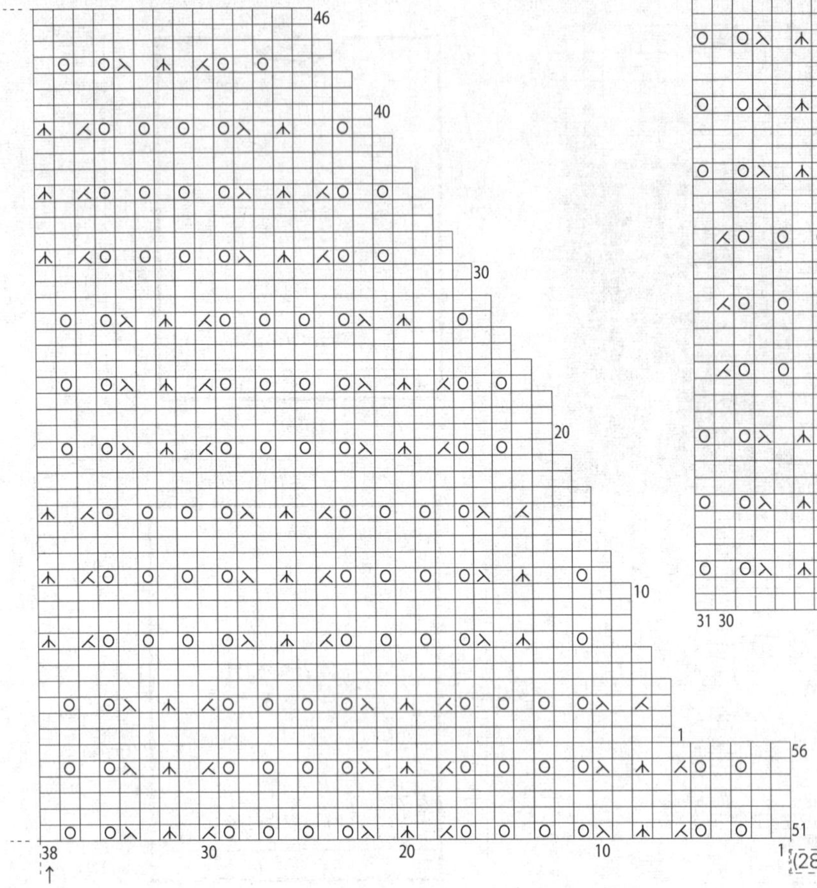

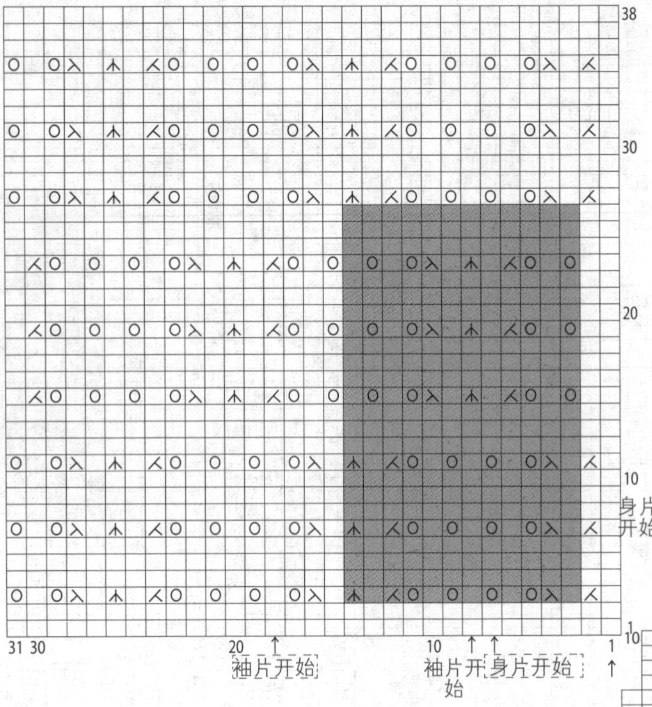

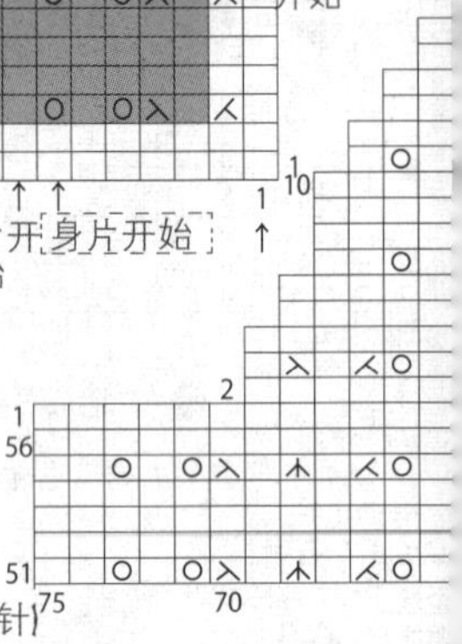

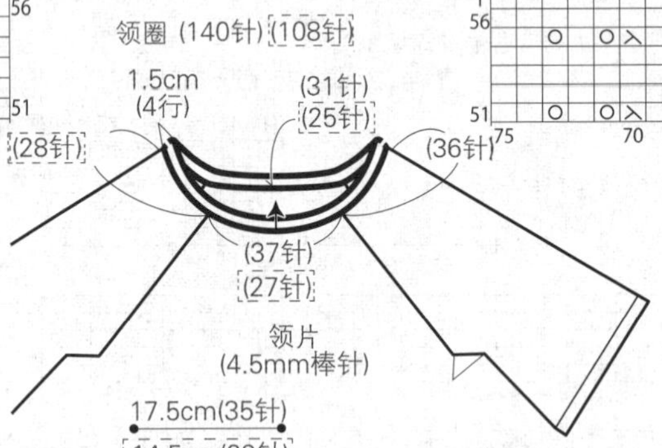

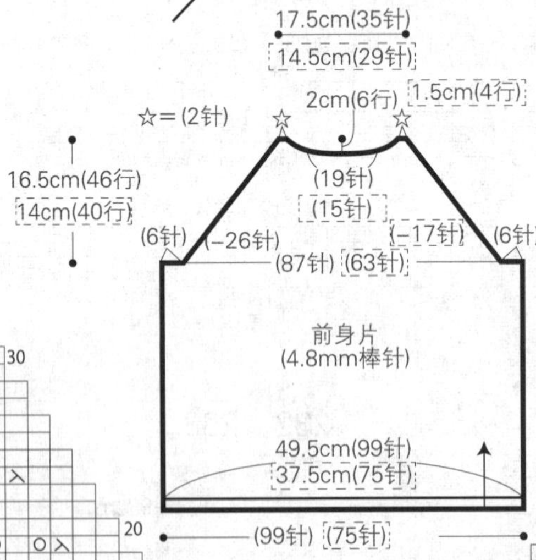

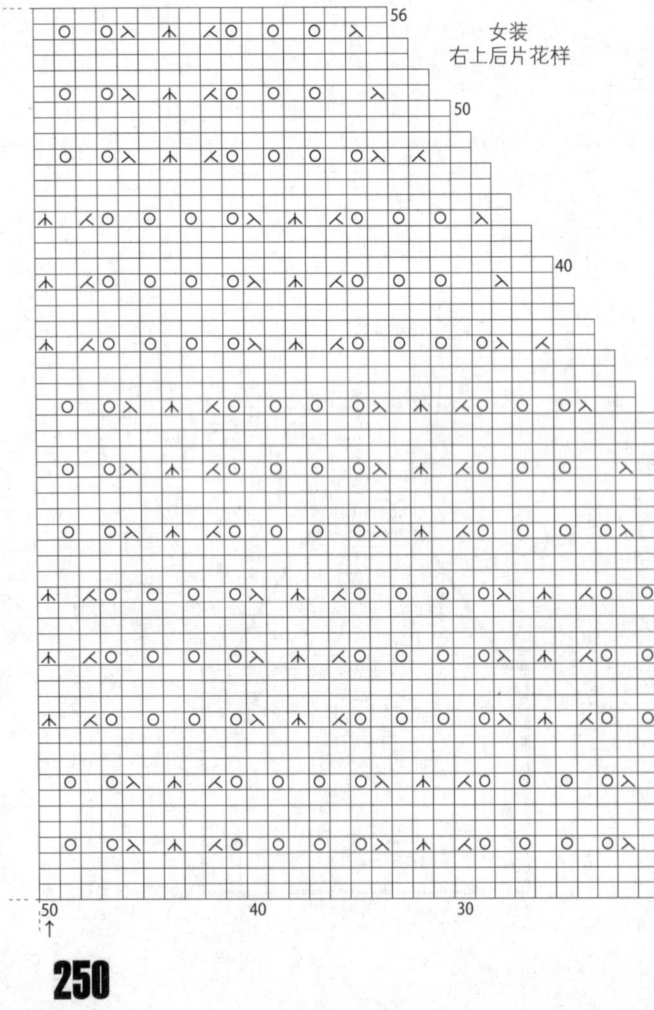

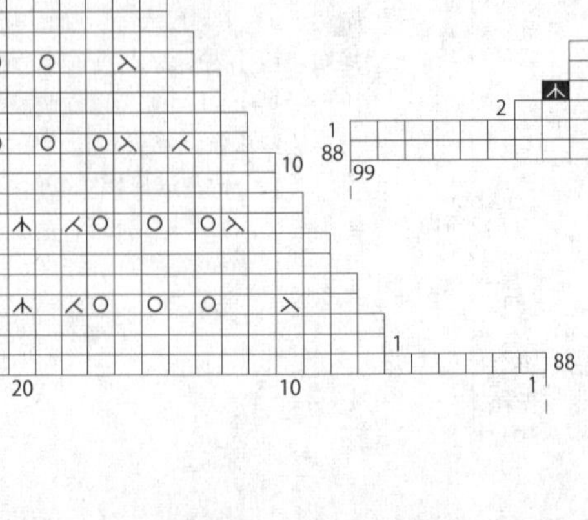

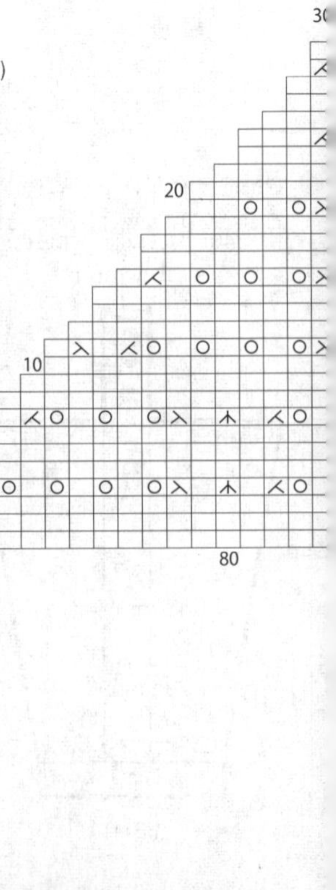

单罗纹
□ = Ｉ
童装
右上前片花样
女装
袖片花样
21.5cm
(43针)
平2行
2-9-1
2-8-3
留8针
(2针)
3.5cm
(10行)
23.5cm
(66行)
(-11针)
(-13针)
20cm
(56行)
袖片
(4.8mm棒针)
(6针)
(6针)
(79针)
15cm
(42行)
(+3针)
36.5cm
(73针)
平12行
10-1-3
1.5cm
(4行)
(4.8mm棒针)
(73针)
= 12针24行1组花样
= 中上3针并1针
童装
袖片花样
15cm
(30针)
平2行
2-10-2
留8针
(2针)
2cm
(6行)
17cm
(48行)
15cm
(42行)
(-12针)
(-11针)
(6针)
(6针)
(53针)
袖片
(4.8mm棒针)
32.5cm
(65针)
15cm
(42行)
1.5cm
(4行)
(4.8mm棒针)
(65针)

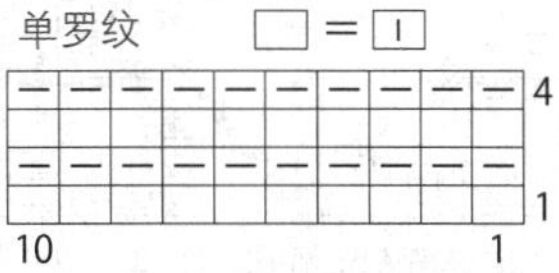

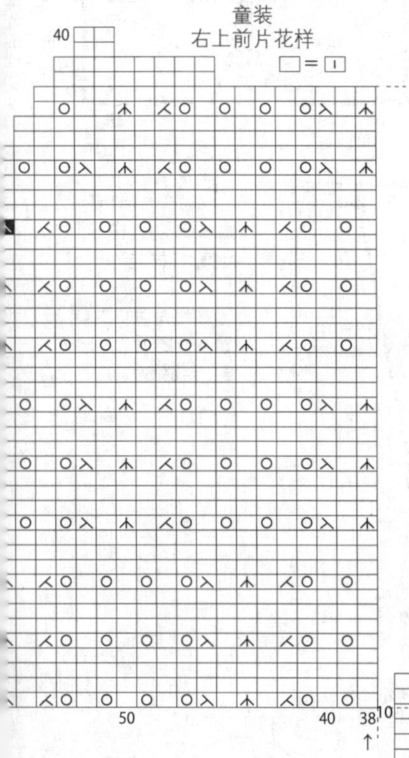

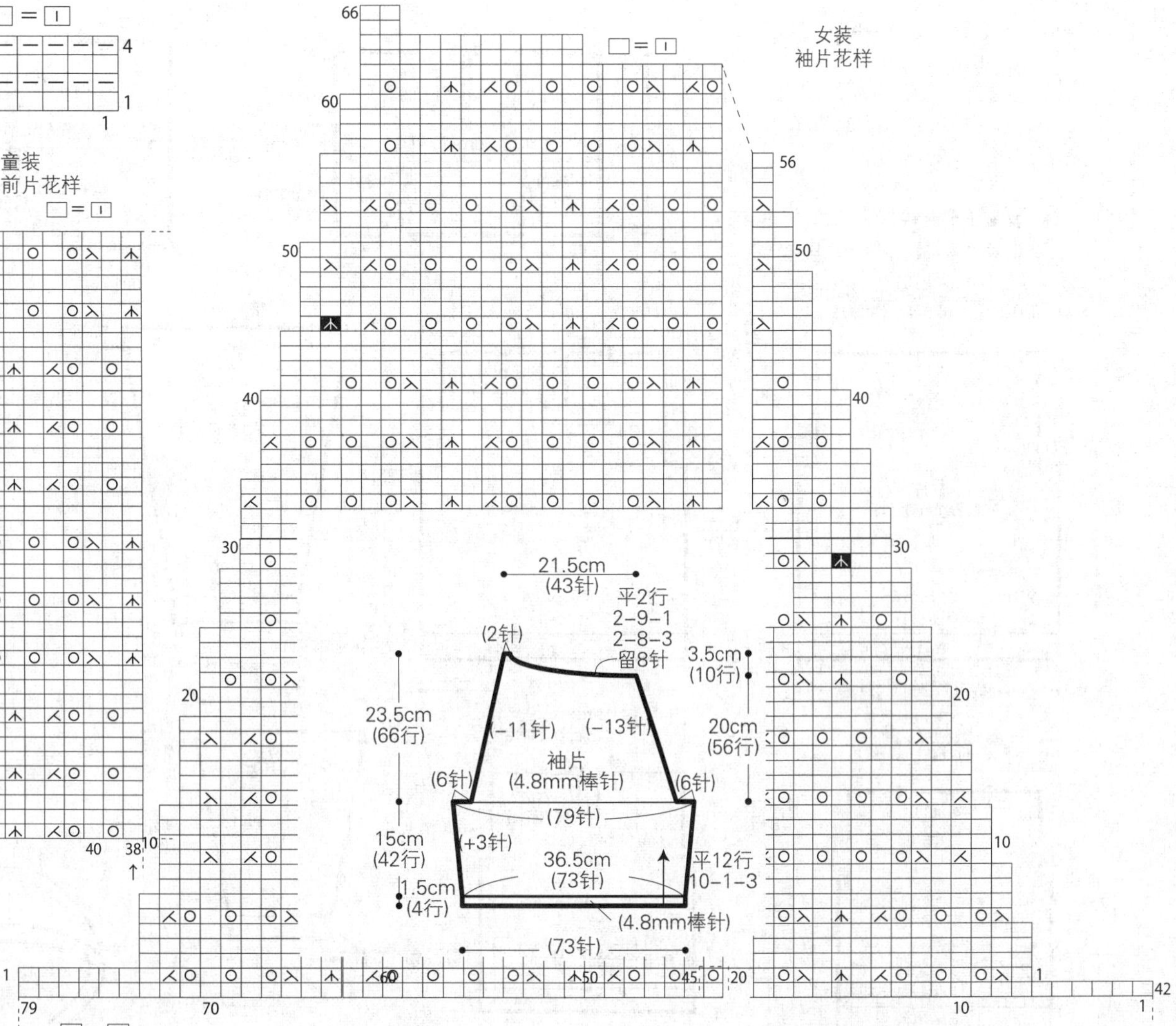

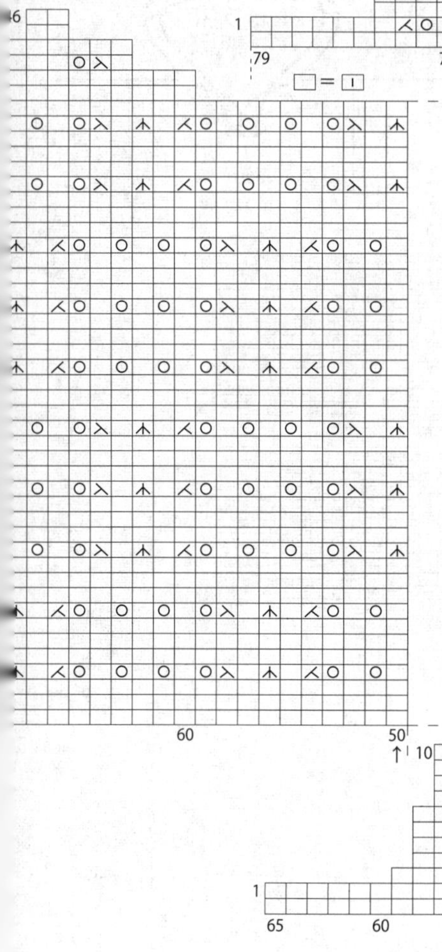

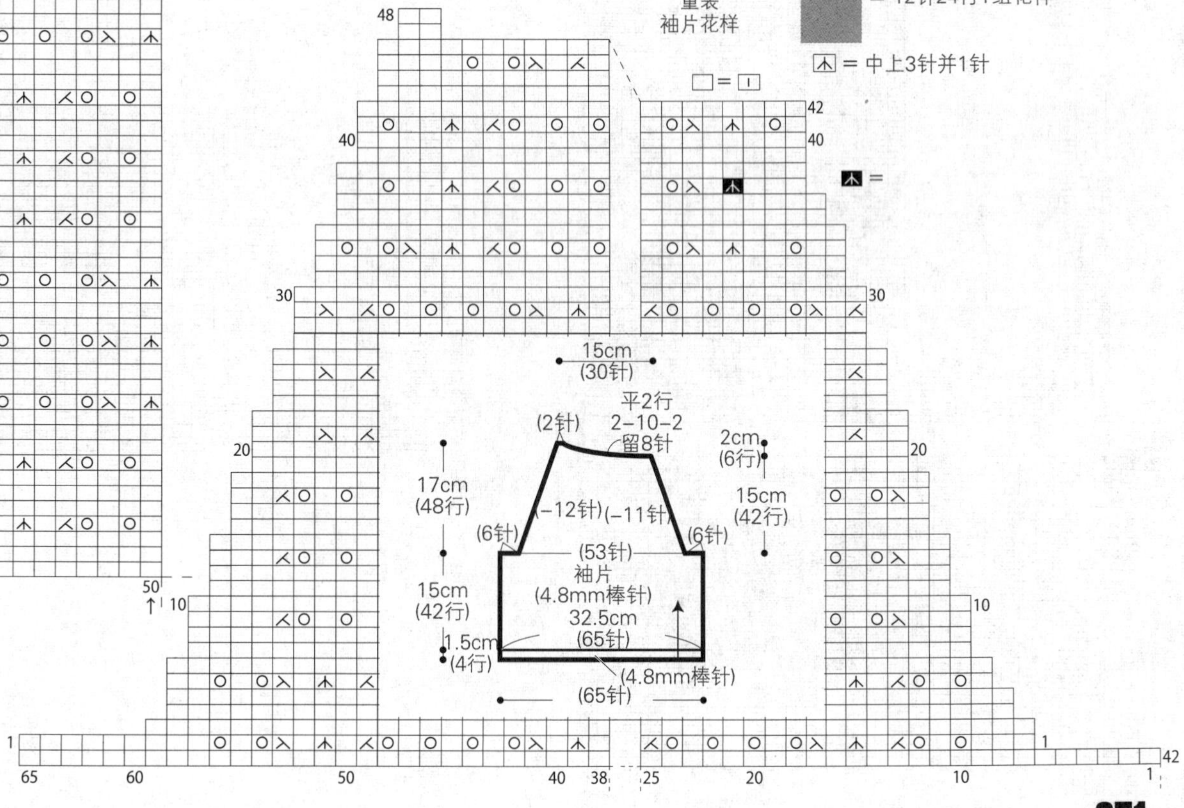

234

【成品规格】女装尺寸：衣长54cm，胸围95cm，袖长52cm，肩宽40.5cm

童装尺寸：衣长42cm，胸围77cm，袖长36.5cm，肩宽34.5cm

【编织密度】20针×32行=10cm²

【工　　具】3.6mm、4.2mm棒针

【材　　料】女装需要材料：白色进口棉线465g

童装需要材料：绿色进口棉线290g

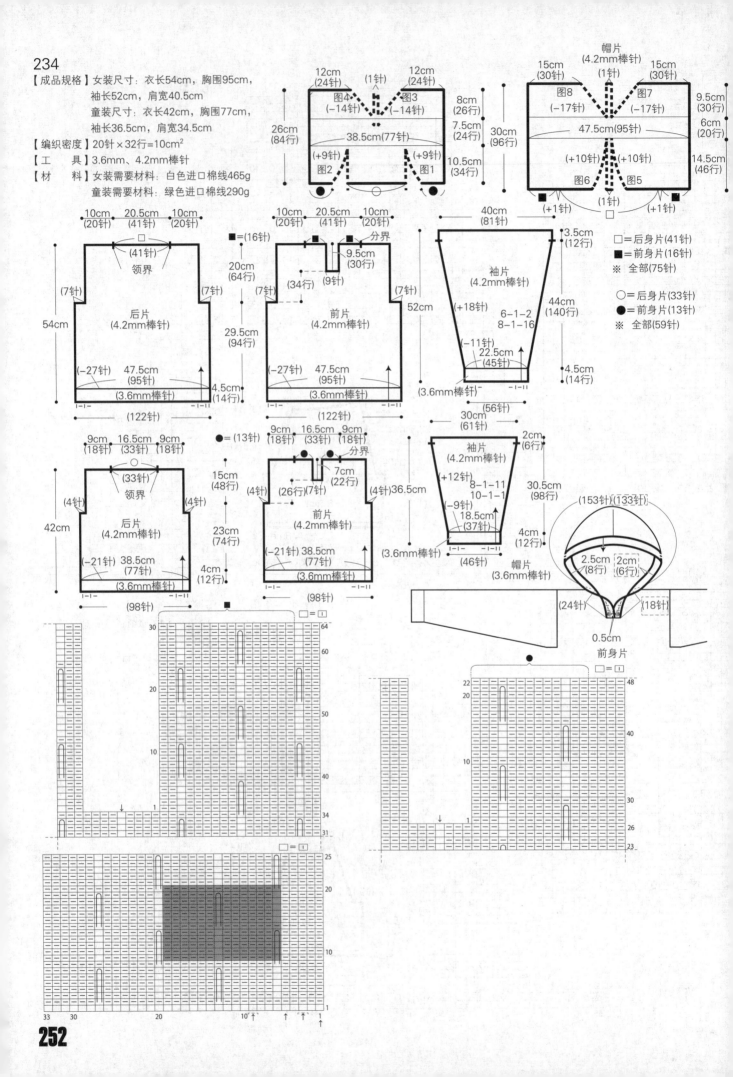

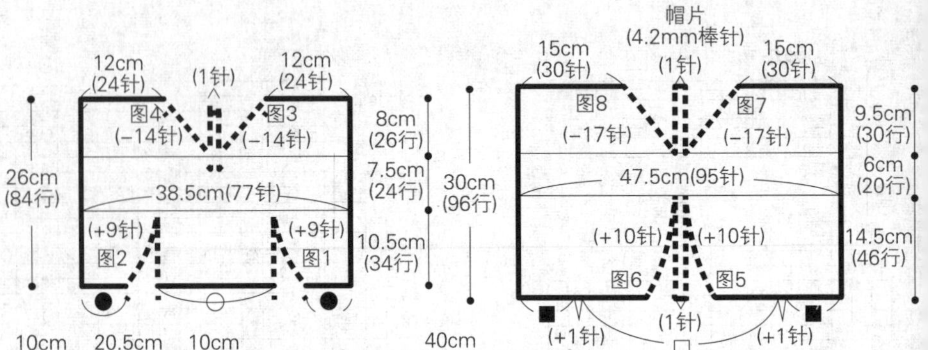

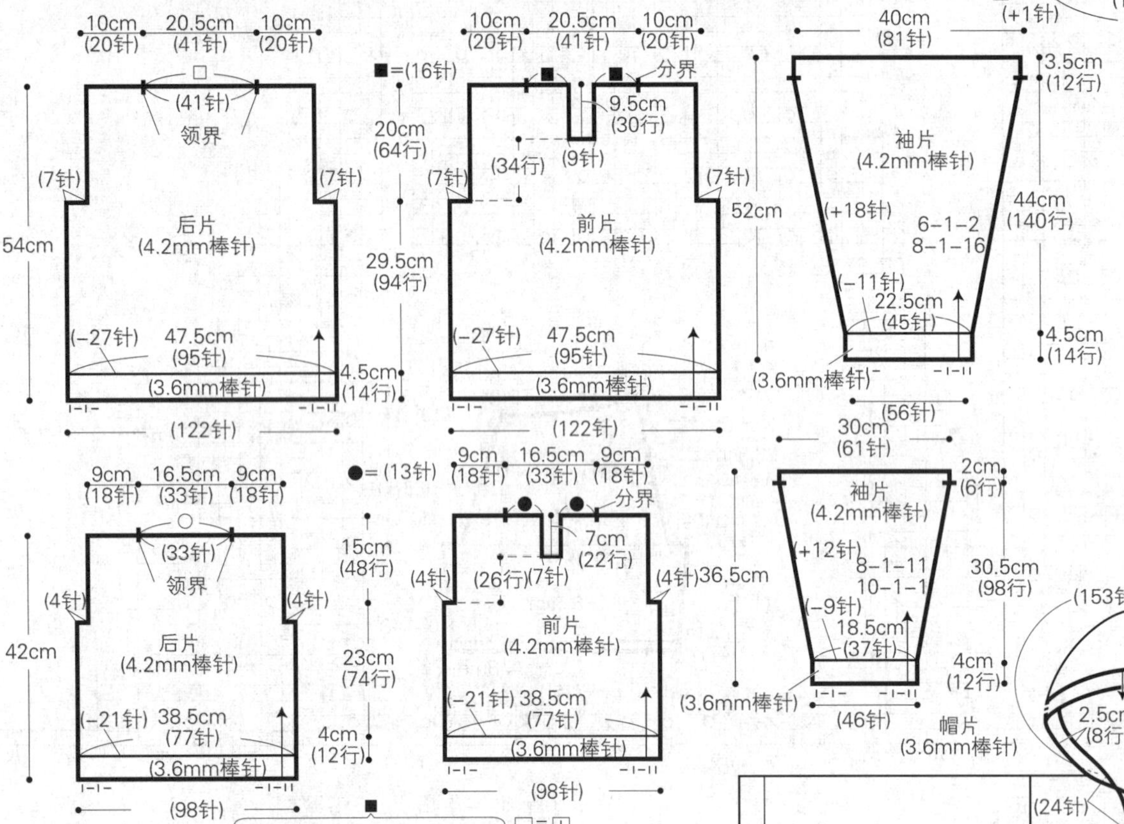

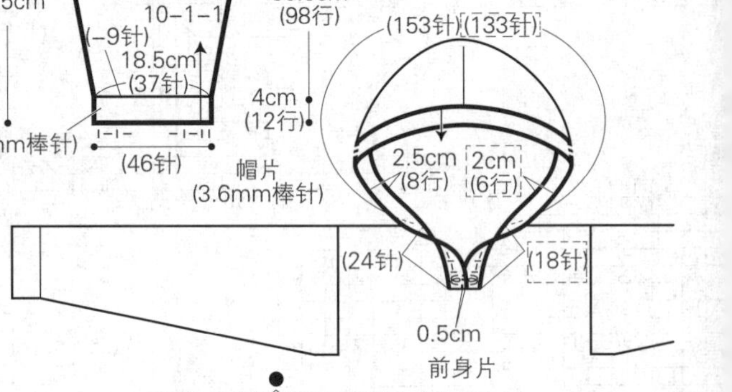

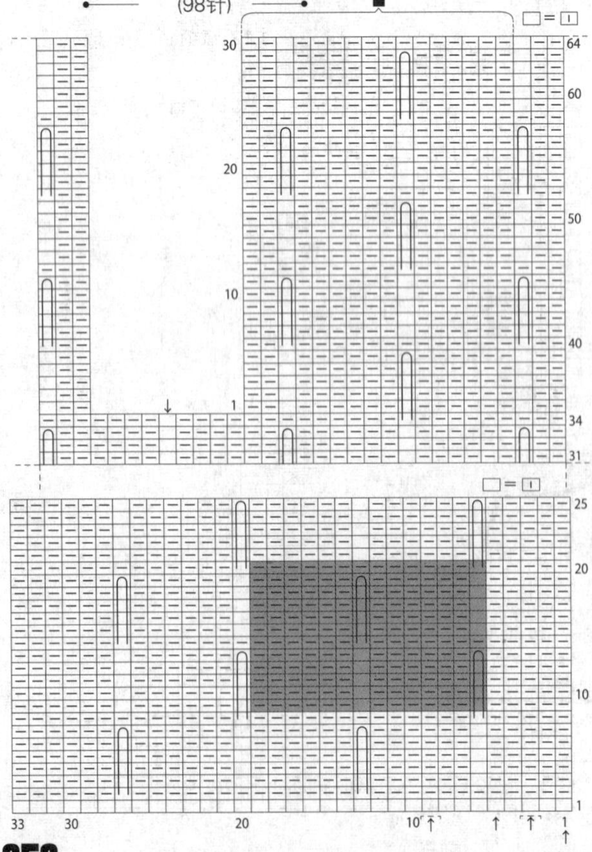

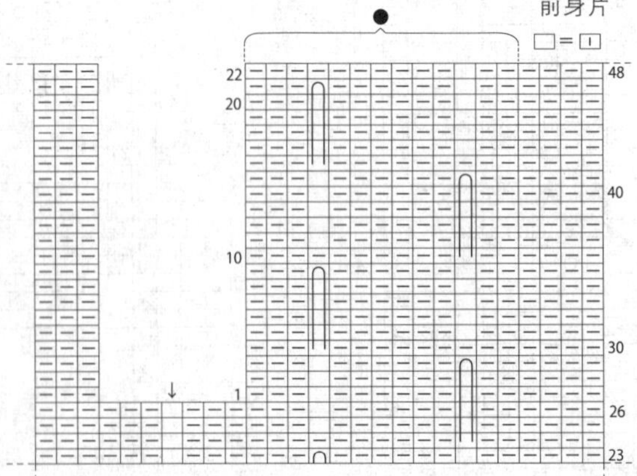

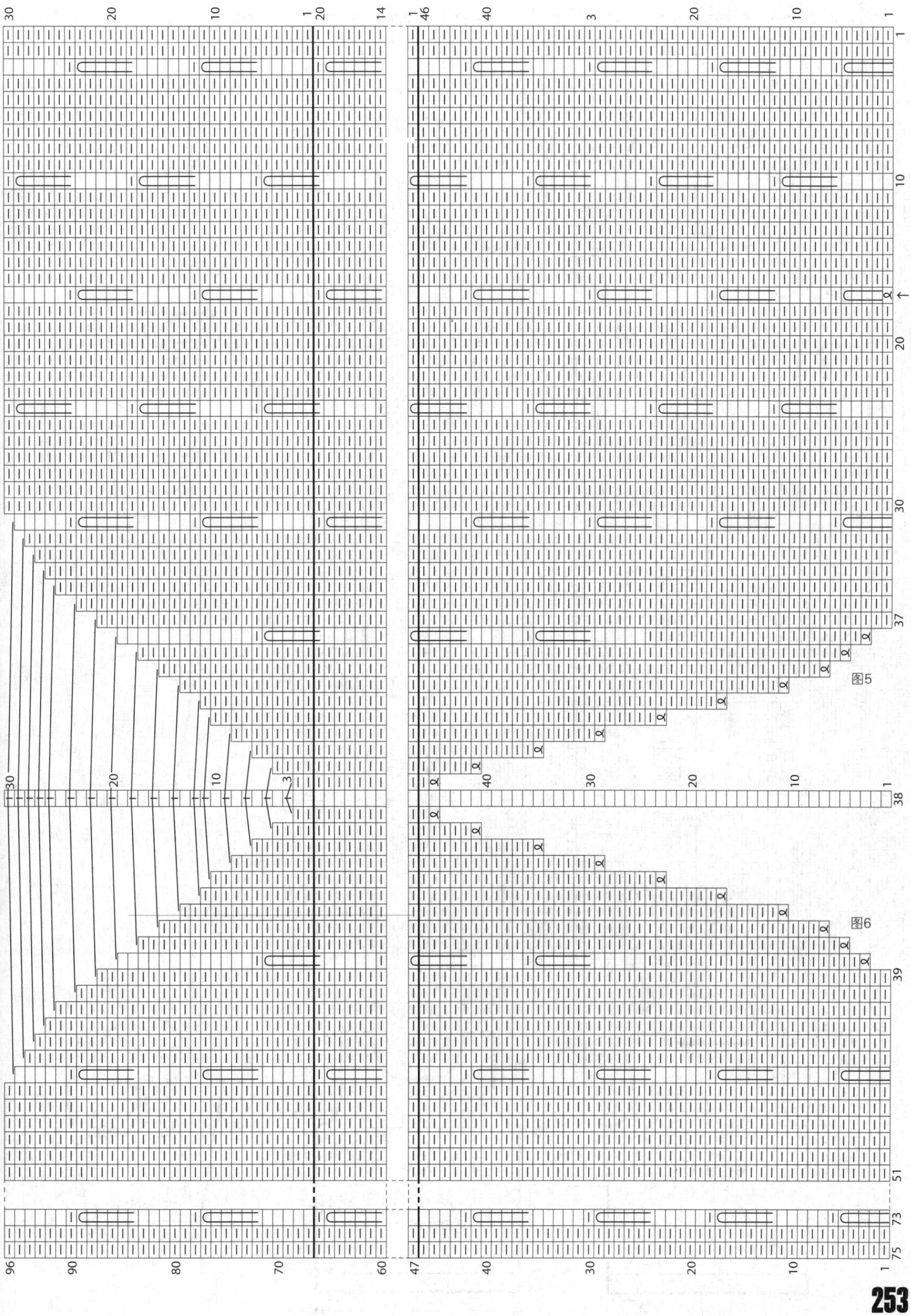
图5
图6

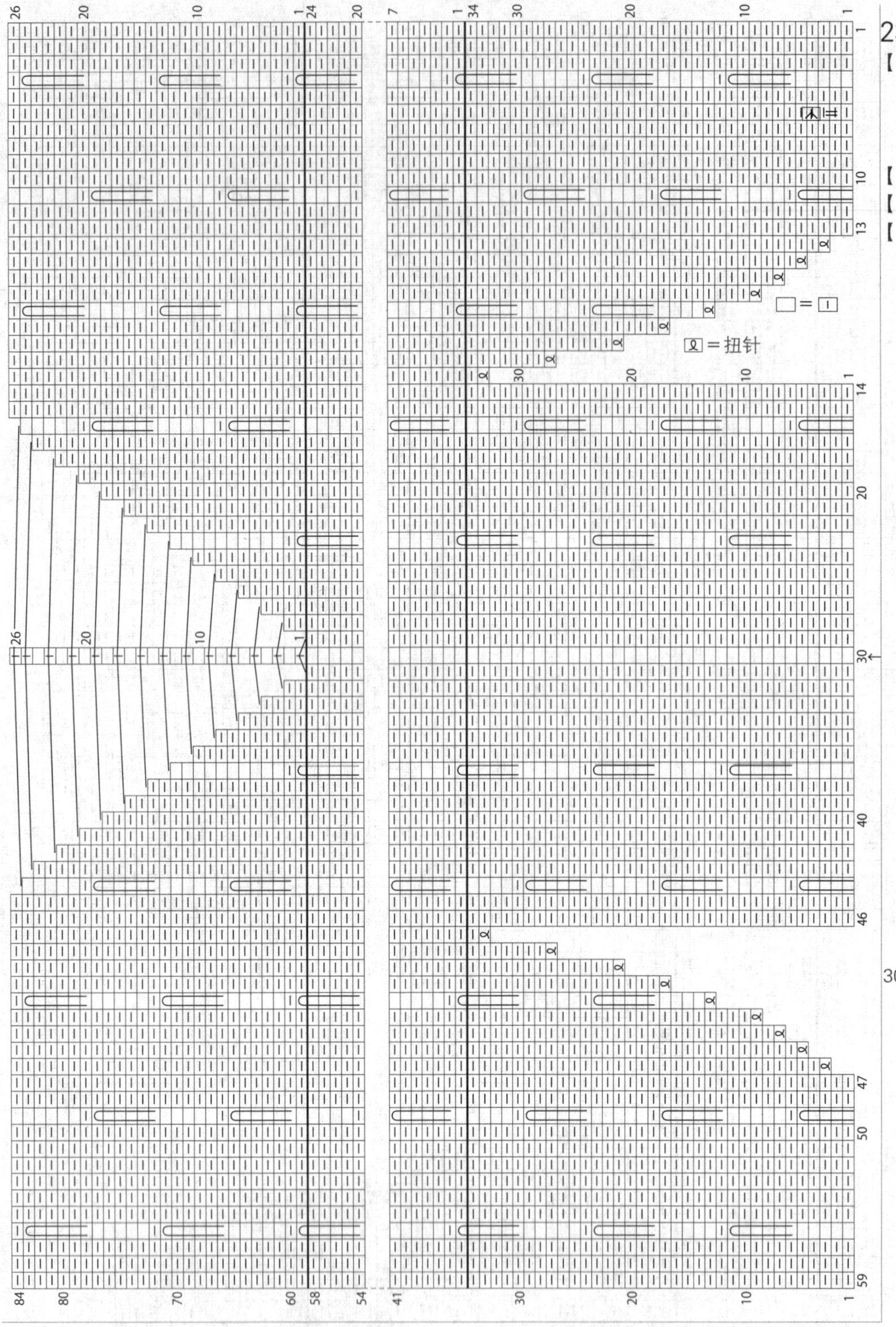

235
【成品规格】女装尺寸：衣长52cm，胸围90c
袖长48cm，背肩宽34cm
童装尺寸：衣长48cm，胸围68c
袖长30.5cm，背肩宽27cm
【编织密度】24针×40行=10cm²
【工　　具】3.3mm、3.9mm棒针
【材　　料】女装需要材料：藏青色羊绒线25
深红色羊绒线20g，黑色羊绒线
童装需要材料：紫红色羊绒线17
橙黄色羊绒线20g，黑色羊绒线
□=□
Ω=扭针
(40针)
1.5cm
(6行)
(60针)
领片
(3.3mm棒针)
(52针)
1.5cm
(6行)
(78针)
领片
(3.3mm棒针)
平2行
2-3-1
2-2-2
2-1-2
2-2-2
2-3-2
留4针
(16针)
(−23针)
6.5cm
(20行)
28cm(62针)
袖片
(3.9mm棒针)
30.5cm
(+9针)
20cm
(60行)
平6行
6-1-9
(−4针)
20cm(44针)
4cm
(16行)
(3.3mm棒针)
(48针)
7cm
(15针)
20cm
(45针)
7cm
(15针)
2cm(6行)
平2行
2-1-1
2-2-1
(39针)
6-1-1
4-1-2
2-2-3
留3针
20cm
(60行)
(−12针)
后身片
(3.9mm棒针)
52cm
28cm
(84行)
(−9针)
45cm(99针)
(3.3mm棒针)
4cm
(16行)
(108针)
平8行
4-1-2
2-1-3
2-2-1
2-3-3
10cm(30行)
同后片
(13针)
10.5cm
(32行)
(−12针)
前身片
(3.9mm棒针)
18cm
(54行)
10cm
(22行)
25cm(55针)
10cm
(22行)
(3.9mm棒针)
9.5cm
(28行)
(−9针)
45cm(99针)
(3.3mm棒针)
(108针)
(13针)
平2行
2-3-1
2-2-3
2-1-11
2-2-5
留2针
(−32针)
14cm
(42行)
35cm(77针)
袖片
(3.9mm棒针)
46cm
(+11针)
28cm
(84行)
平7行
7-1-11
(−5针)
25cm(55针)
(3.3mm棒针)
4cm
(16行)
(60针)

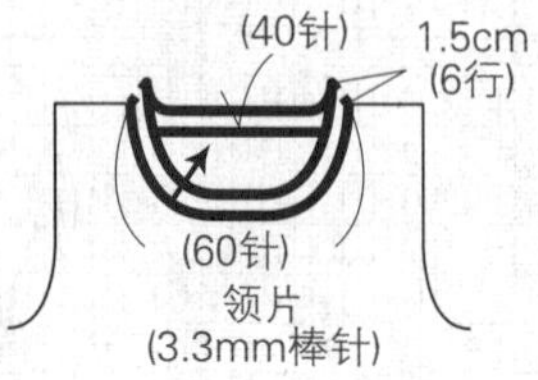

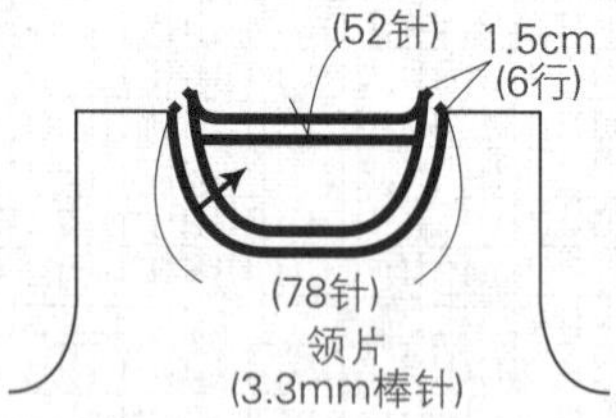

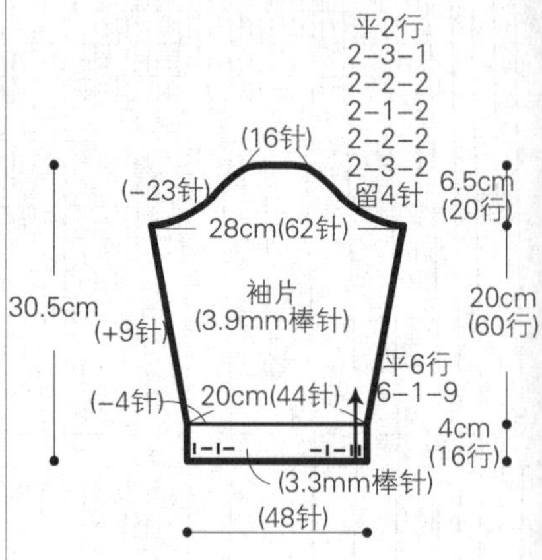

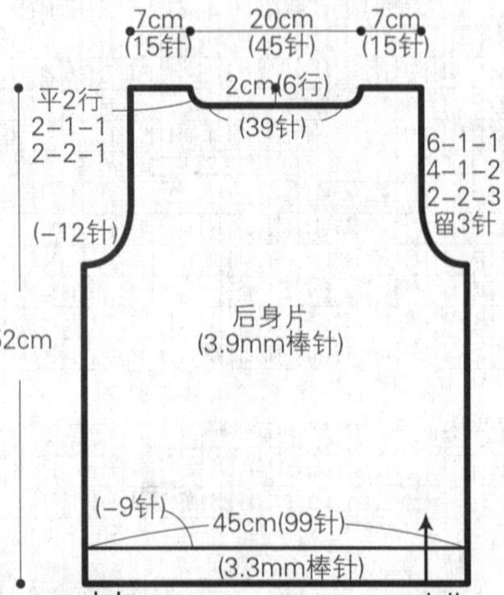

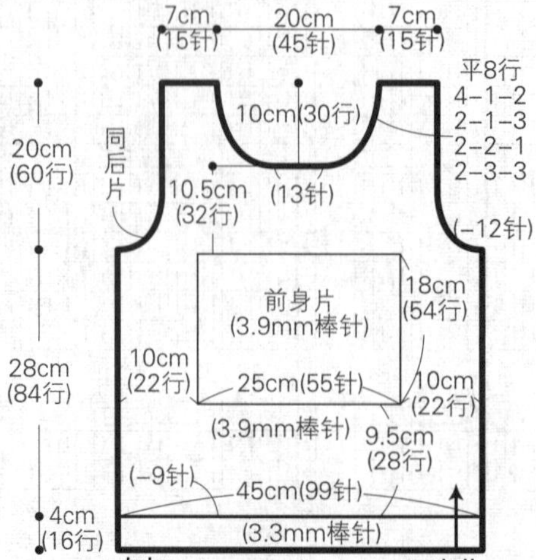

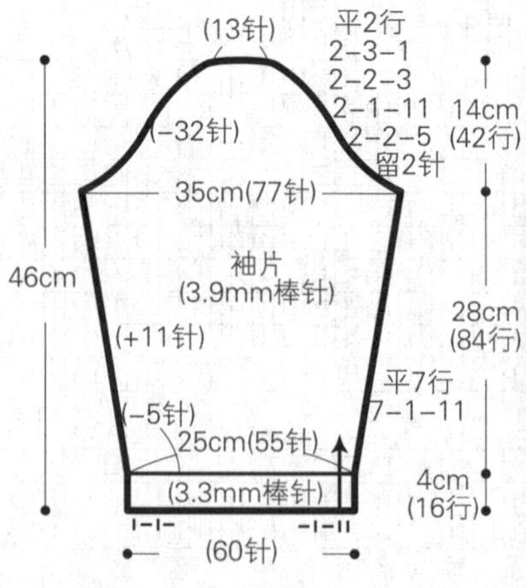

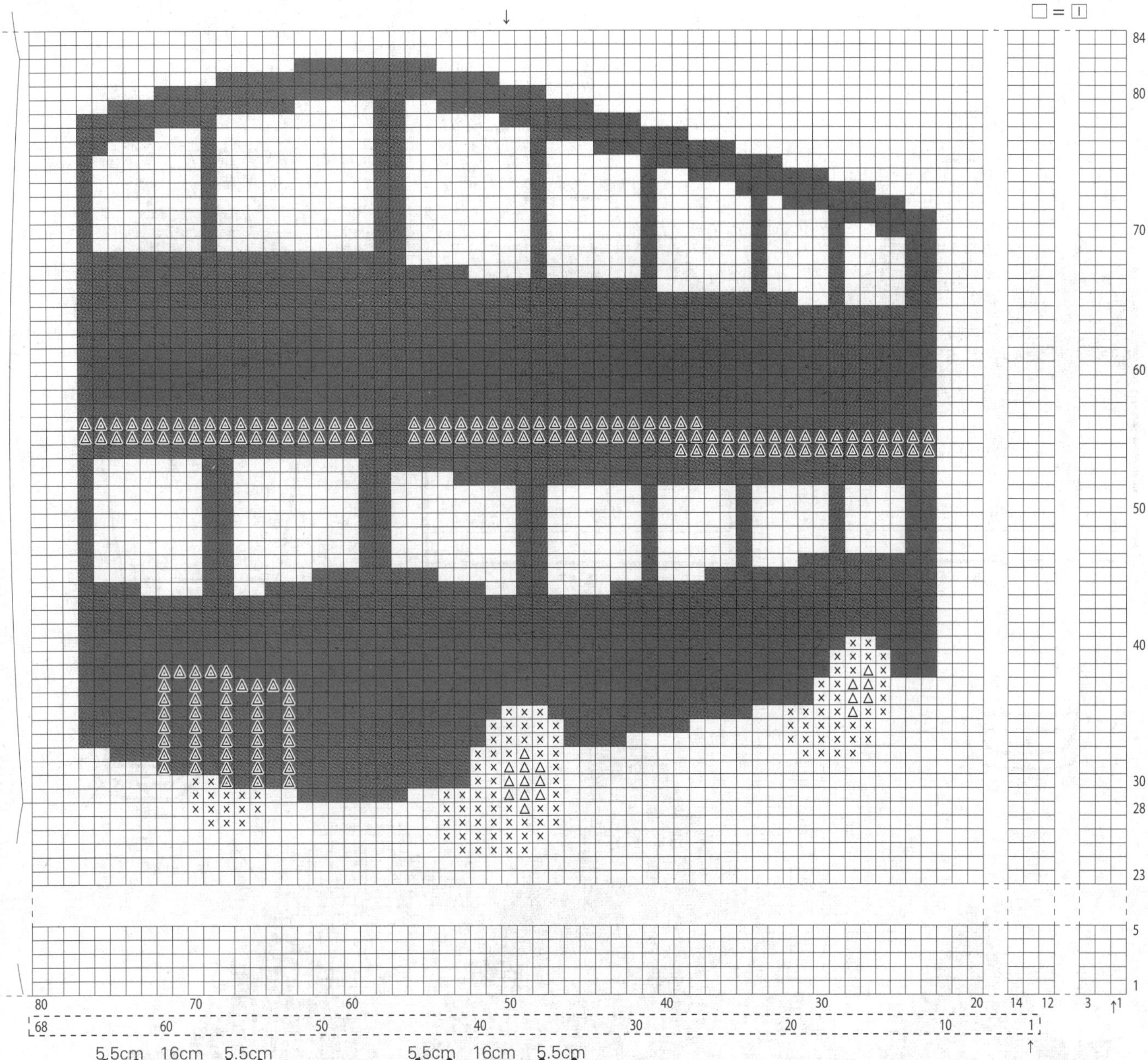

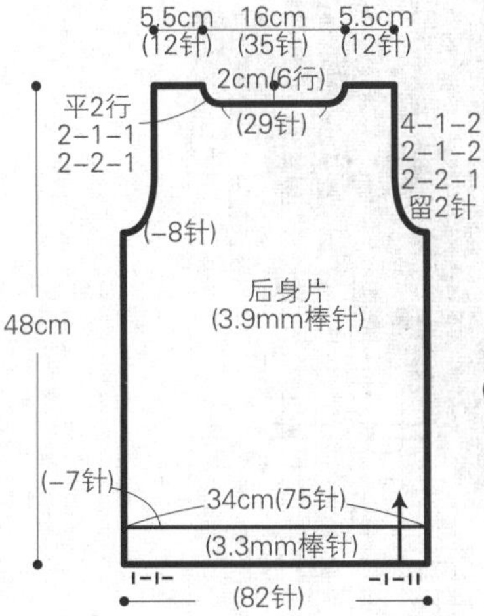

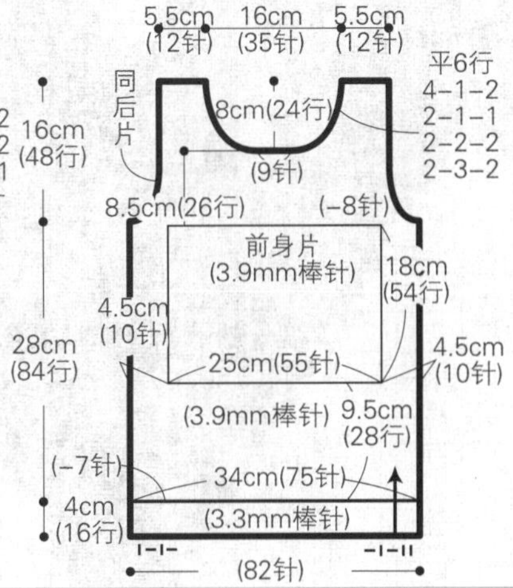

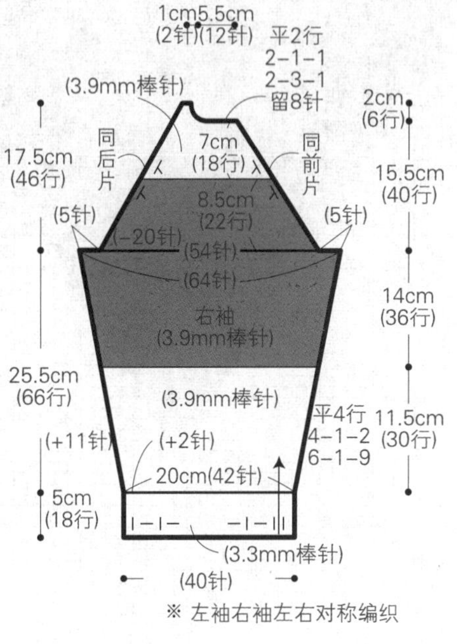

※ 左袖右袖左右对称编织

236

【成品规格】男装尺寸：衣长69.5cm，胸围101cm，袖长74.5cm

童装尺寸：衣长48.5cm，胸围74cm，袖长48cm

【编织密度】21针×26行=10cm²

【工　　具】3.3mm、3.9mm棒针

【材　　料】男装需要材料：灰色羊绒线260g，其他色羊绒线各50g

童装需要材料：藏蓝色羊绒线150g，其他色羊绒线各50g

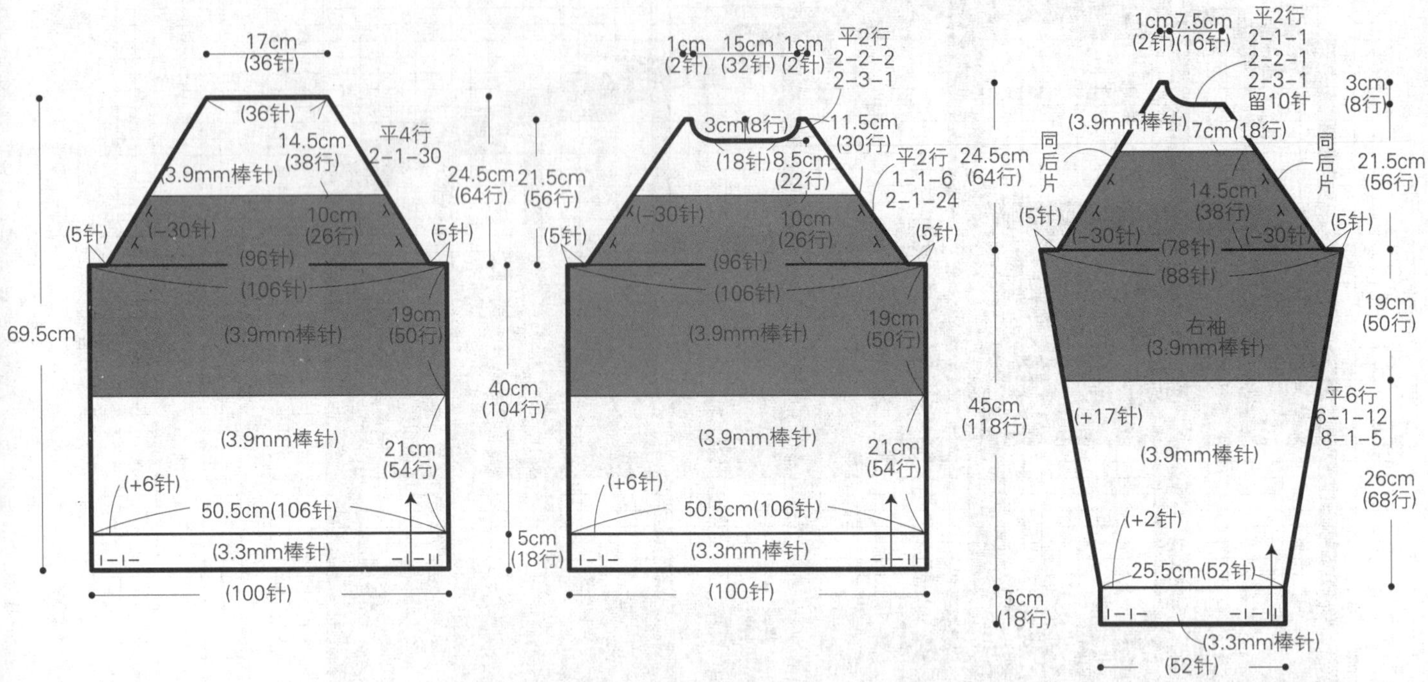
17cm
(36针)
(36针)
14.5cm
(38针)
平4行
2-1-30
(3.9mm棒针)
(-30针)
10cm
(26行)
(5针)
(5针)
(96针)
(106针)
69.5cm
(3.9mm棒针)
19cm
(50行)
24.5cm
(64行)
(3.9mm棒针)
21cm
(54行)
(+6针)
50.5cm(106针)
(3.3mm棒针)
(100针)
1cm
(2针)
15cm
(32针)
1cm
(2针)
平2行
2-2-2
2-3-1
3cm(8行)
11.5cm
(30行)
(18针)
8.5cm
(22行)
平2行
1-1-6
2-1-24
21.5cm
(56行)
(-30针)
10cm
(26行)
(5针)
(5针)
(96针)
(106针)
(3.9mm棒针)
19cm
(50行)
40cm
(104行)
(3.9mm棒针)
21cm
(54行)
(+6针)
50.5cm(106针)
5cm
(18行)
(3.3mm棒针)
(100针)
1cm
(2针)
7.5cm
(16针)
平2行
2-1-1
2-2-1
2-3-1
留10针
3cm
(8行)
(3.9mm棒针)
7cm(18行)
24.5cm
(64行)
同后片
同后片
21.5cm
(56行)
14.5cm
(38行)
(5针)
(-30针)
(78针)
(-30针)
(5针)
(88针)
右袖
(3.9mm棒针)
19cm
(50行)
45cm
(118行)
平6行
6-1-12
8-1-5
(+17针)
(3.9mm棒针)
26cm
(68行)
(+2针)
25.5cm(52针)
5cm
(18行)
(3.3mm棒针)
(52针)

※ 左袖右袖左右对称编织

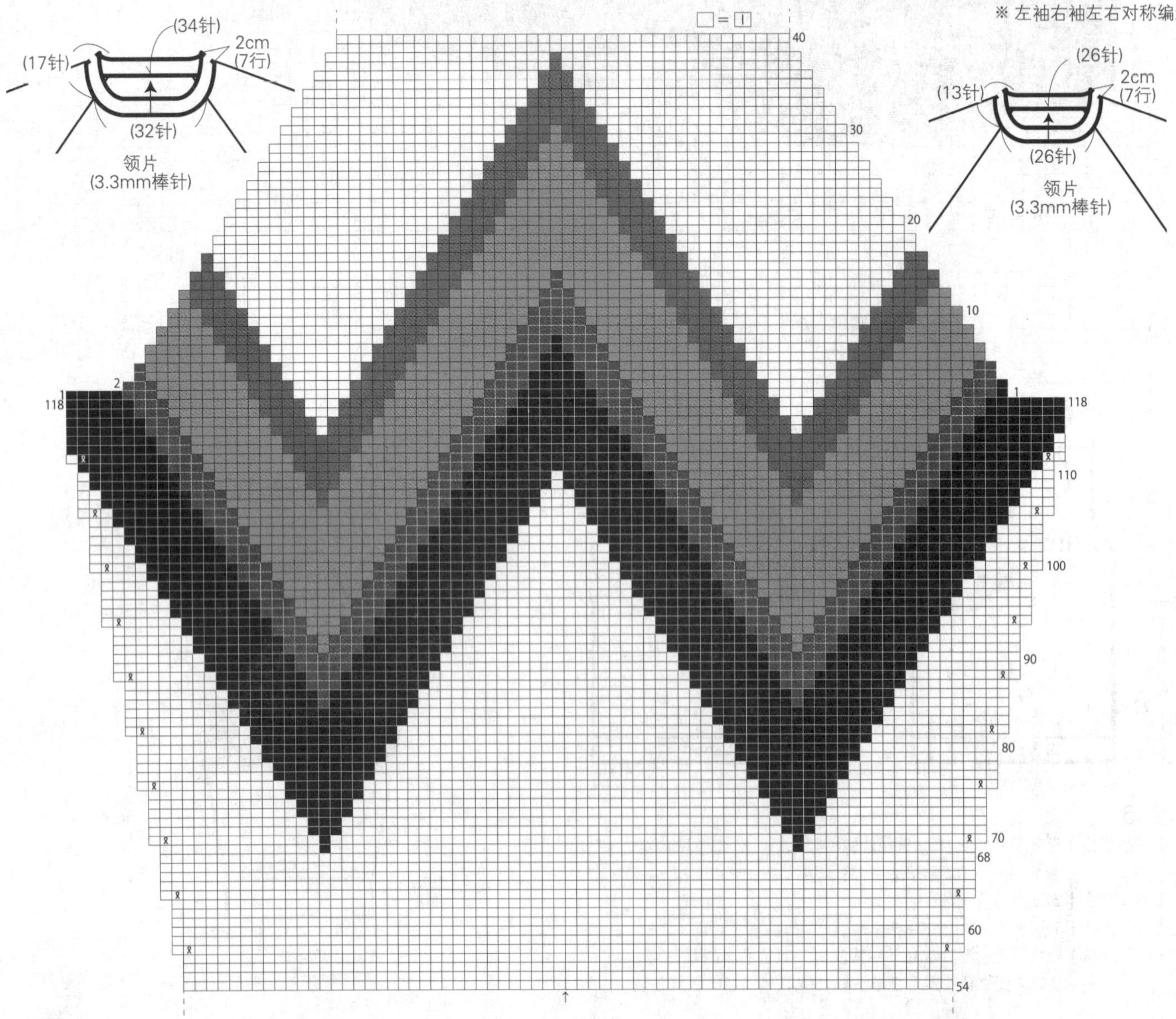
□=|
(34针)
(17针)
2cm
(7行)
(32针)
领片
(3.3mm棒针)
(26针)
(13针)
2cm
(7行)
(26针)
领片
(3.3mm棒针)
40
30
20
10
1
2
118
1
118
110
100
90
80
70
68
60
54

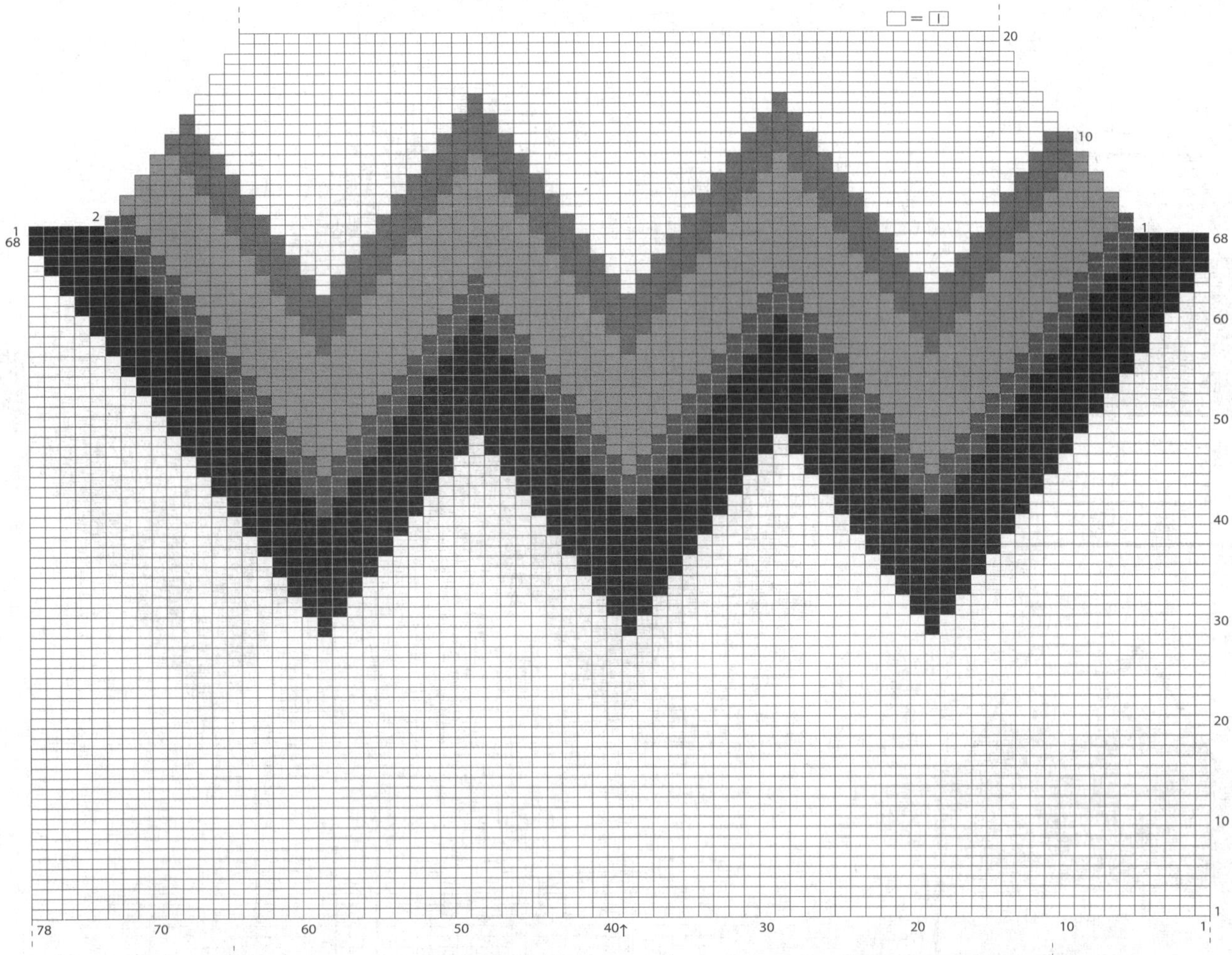

身片花样(3.9mm棒针)

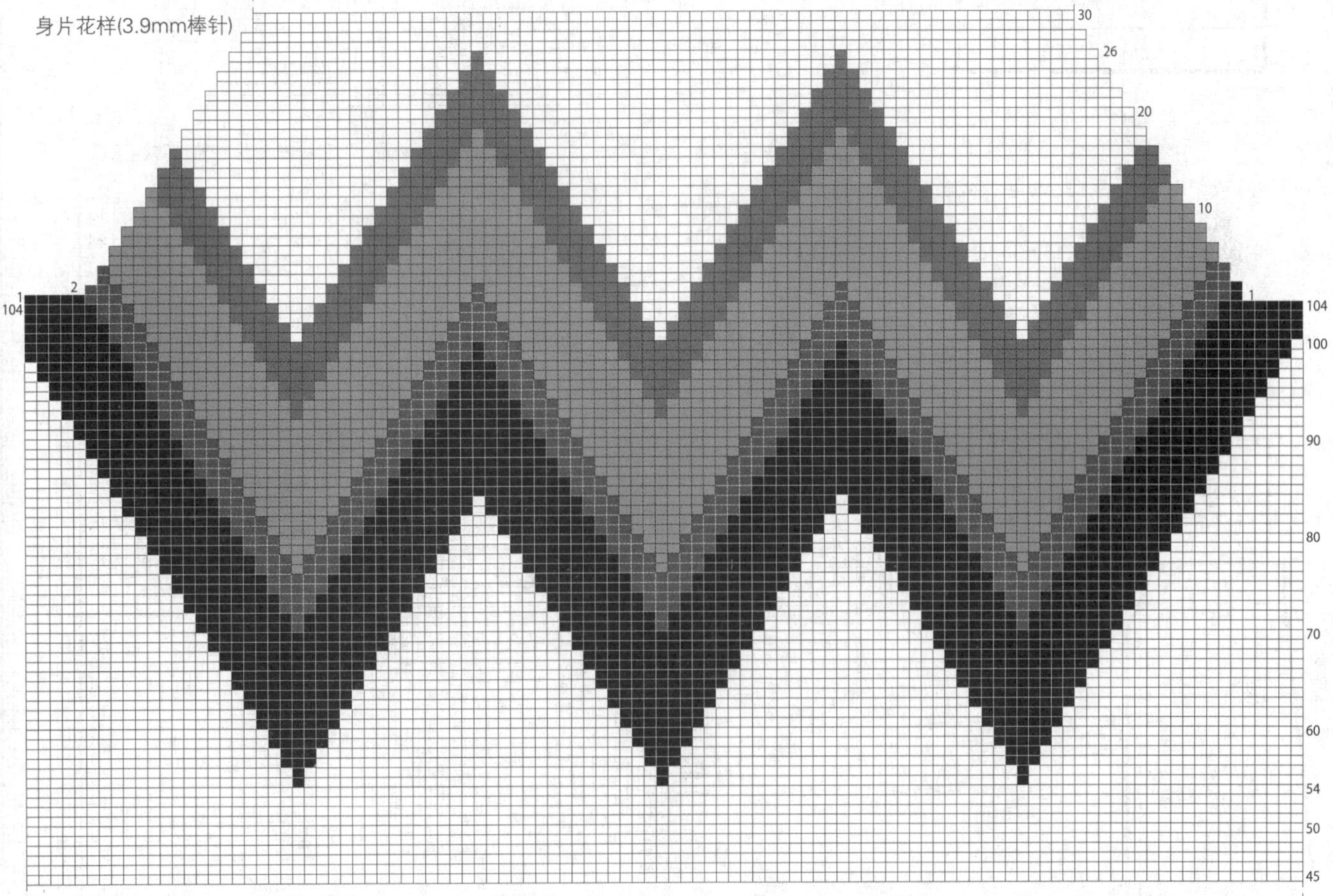

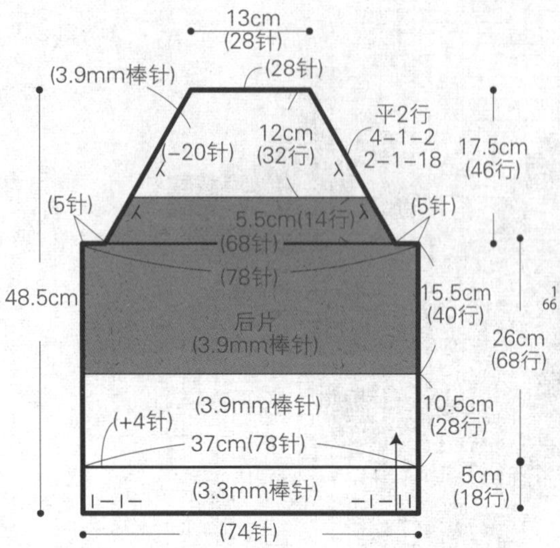

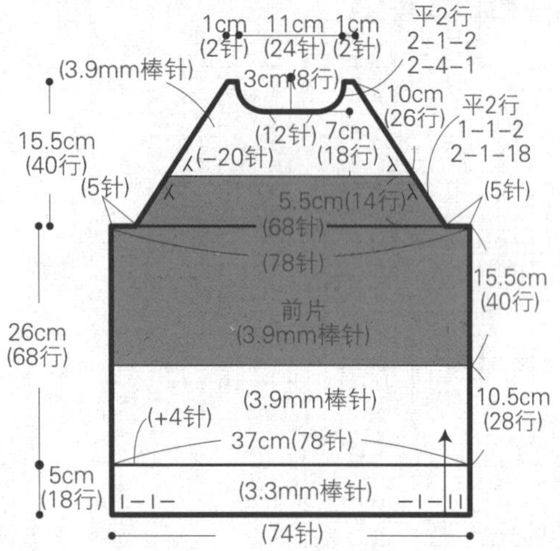

237

【成品规格】女装尺寸：衣长98cm，胸围108cm，袖长39cm

童装尺寸：衣长41.5cm，胸围74cm，袖长54.5cm

【编织密度】编织花样：12针×15行=10cm²

【工　　具】4.2mm棒针，4.0mm钩针

【材　　料】男装需要材料：咖啡色珊瑚线740g

童装需要材料：杏色珊瑚线260g

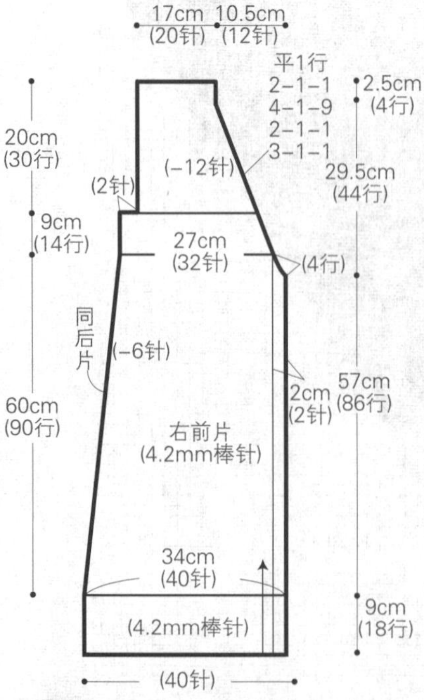

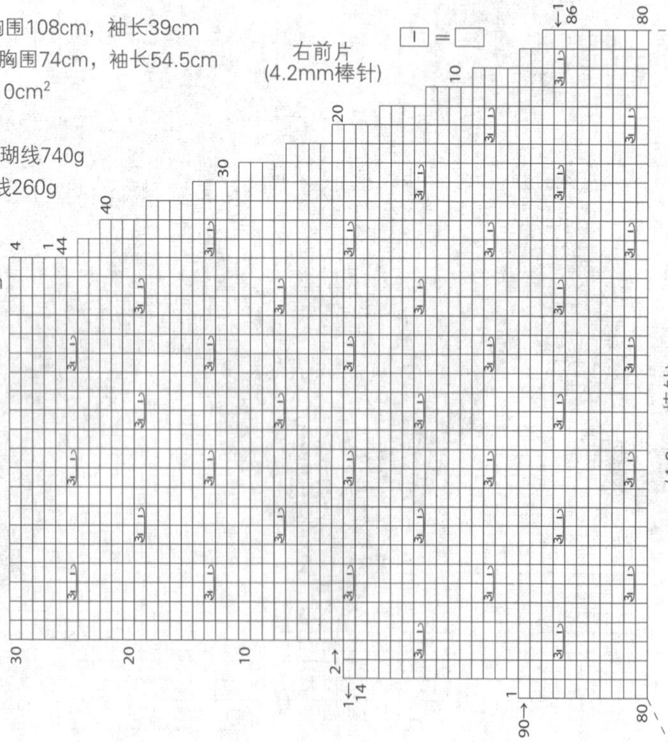

※ 左前片右前片对称编织

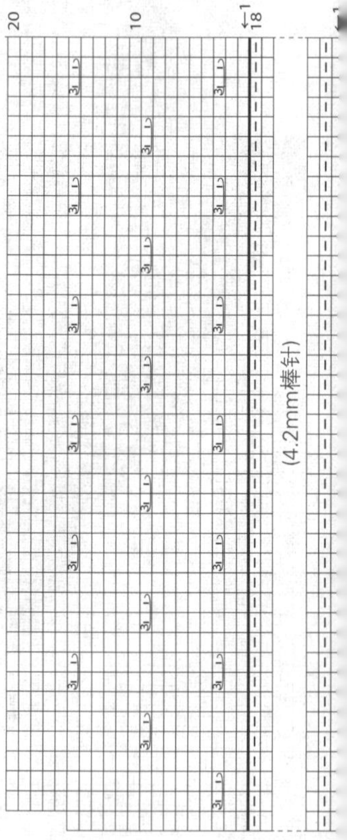

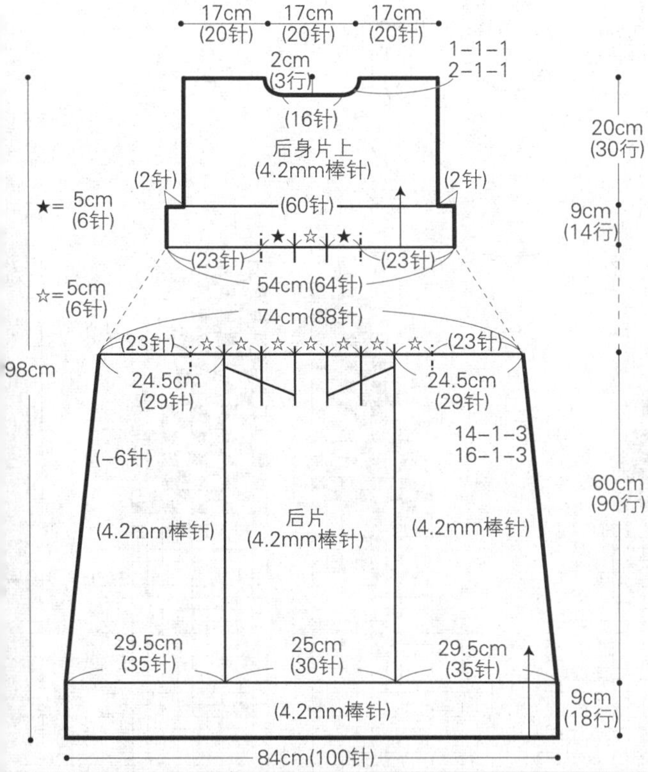

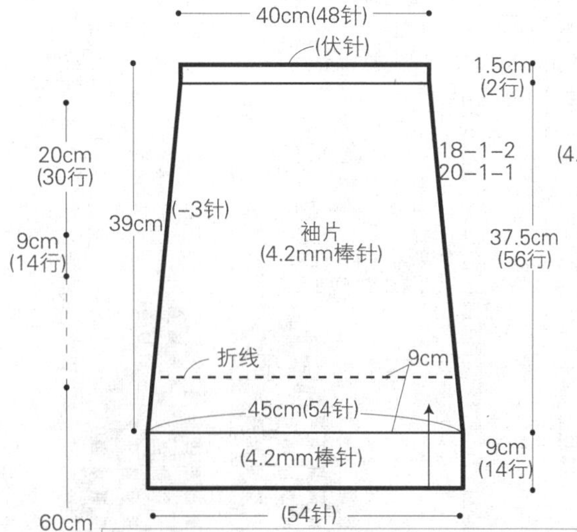

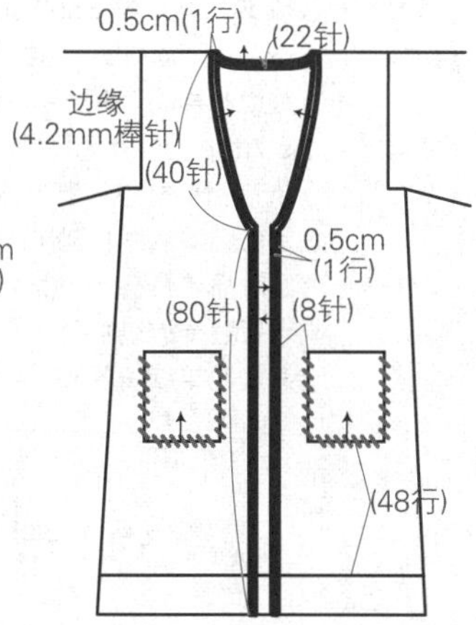

238

【成品规格】女裤尺寸：臀围68cm，裤长94cm

童裤尺寸：臀围60cm，裤长79cm

【编织密度】32针×34行=10cm²

【工　　具】3.0mm、3.6mm棒针，8.0mm钩针

【材　　料】女裤需要材料：米色羊绒线310g

童裤需要材料：蓝色羊绒线200g

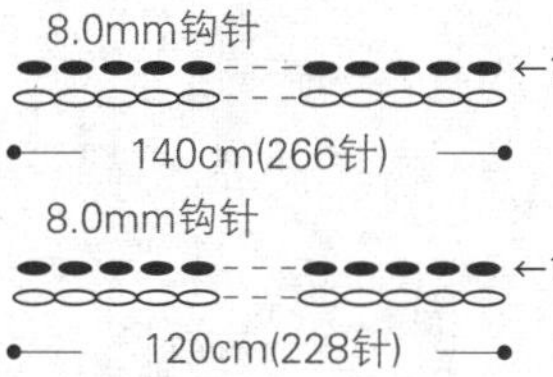

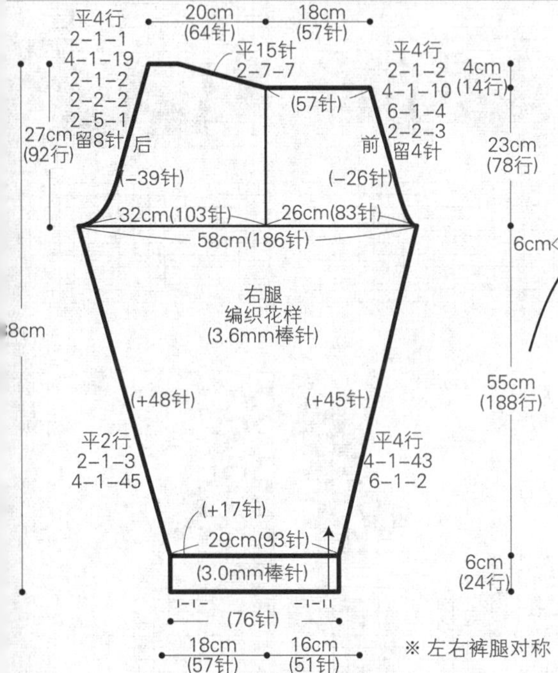

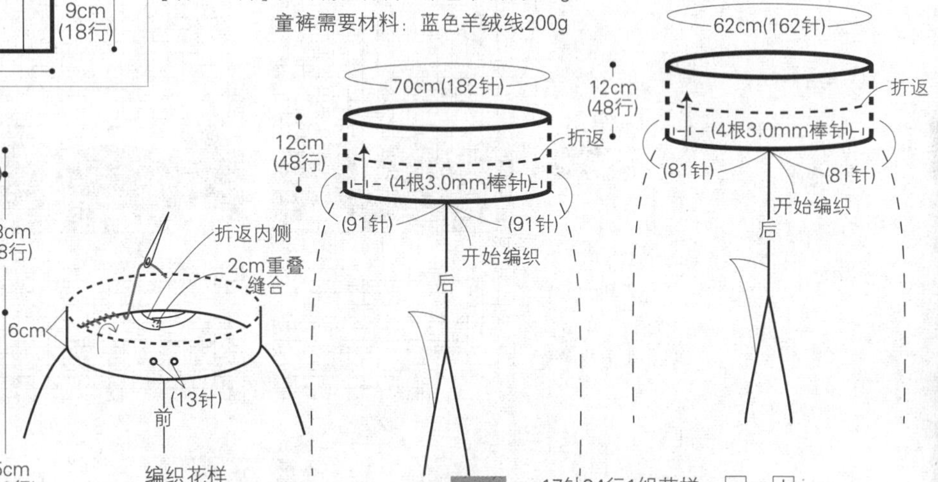

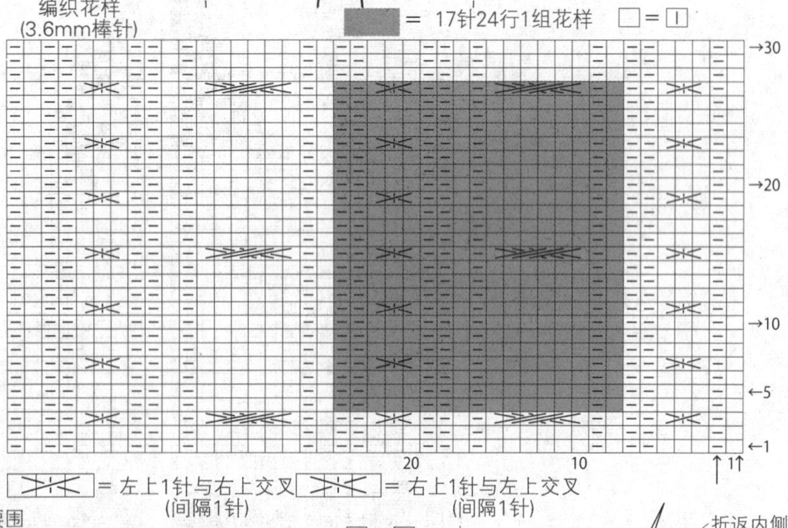

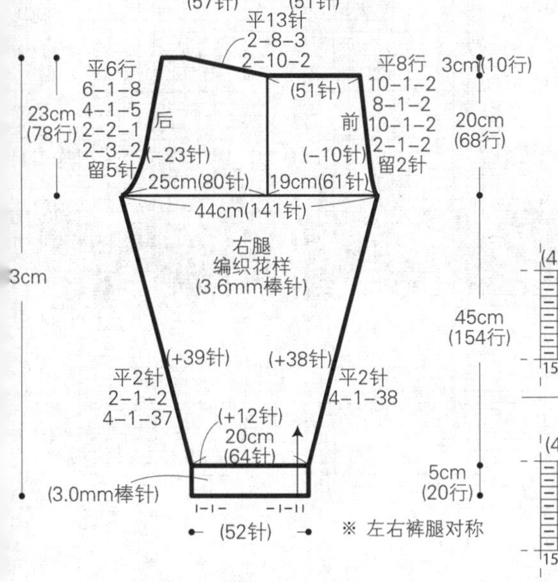

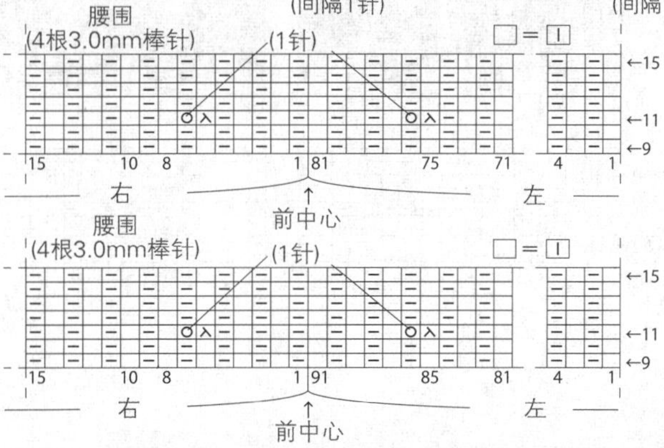

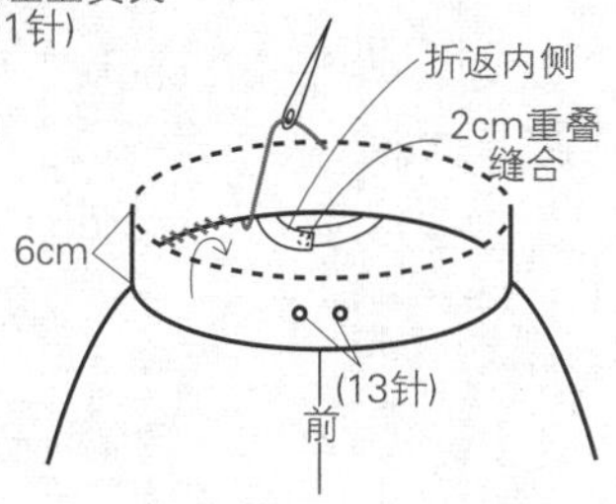

【成品规格】女装尺寸：衣长55.5cm　童装尺寸：衣长35cm

【编织密度】编织花样A和B：15针×16行=10cm²

编织花样C：19针×18行=10cm²

【工　　具】5.7mm、6.0mm棒针

【材　　料】女装需要材料：黑色羊绒线485g，

其他色羊绒线各50g

童装需要材料：

玫红色羊绒线160g，

其他色羊绒线各50g

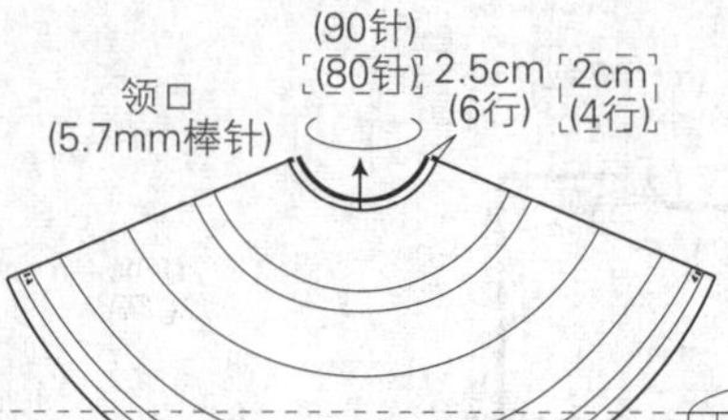

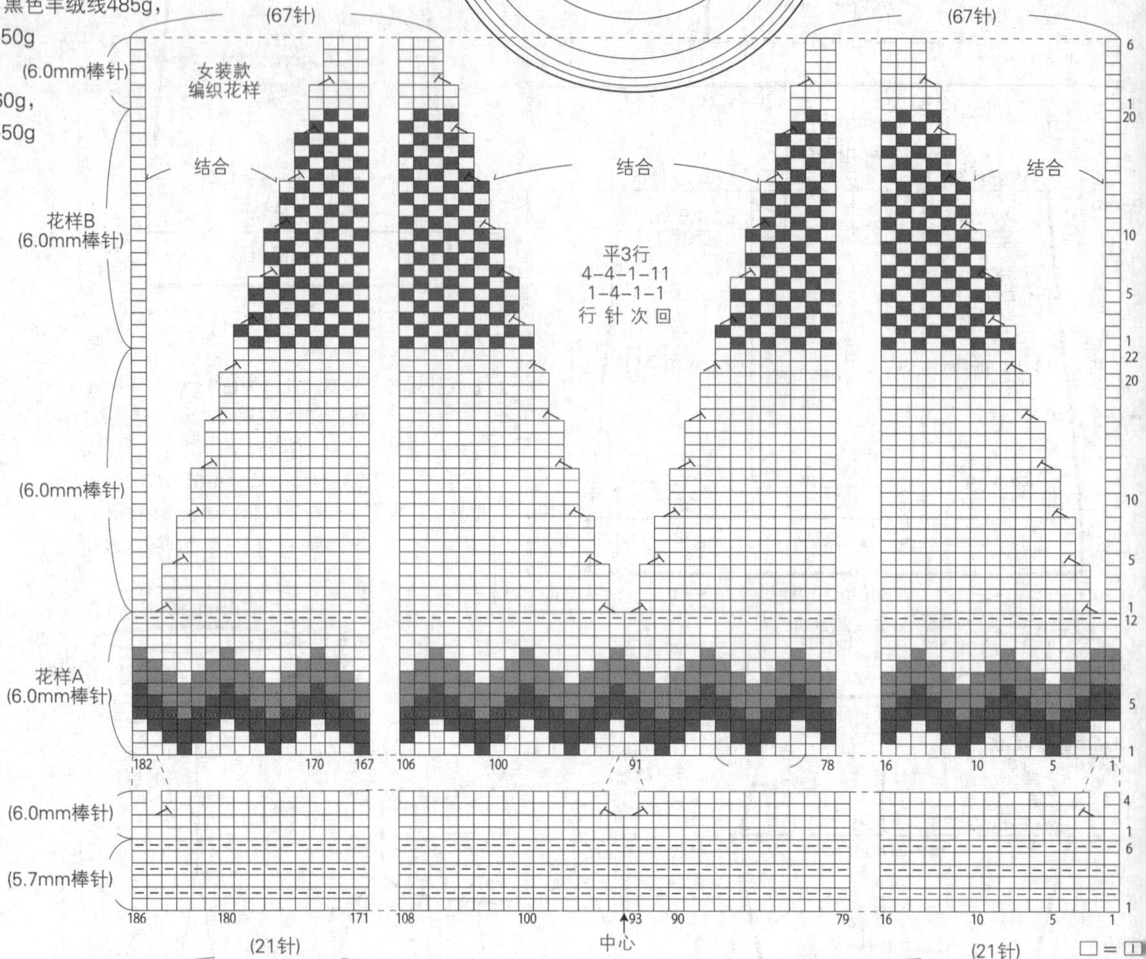

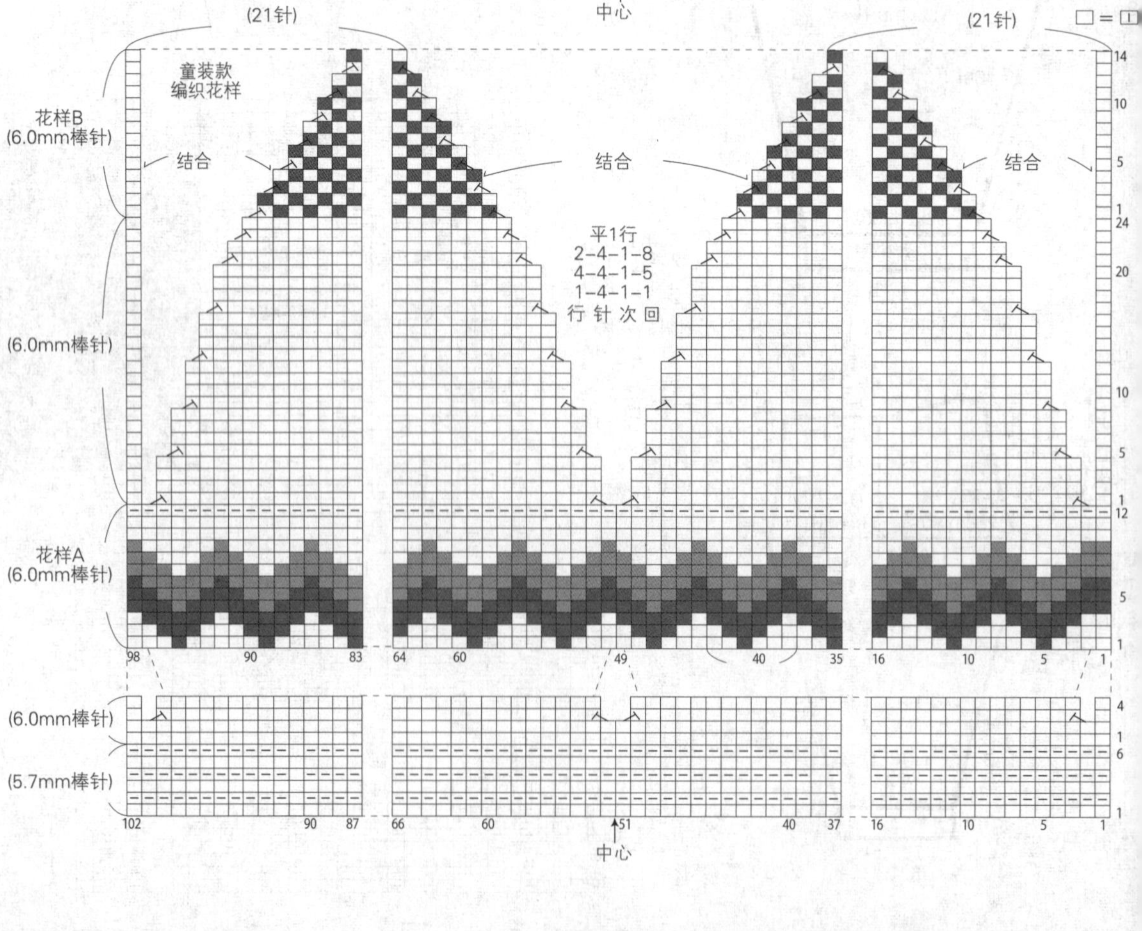

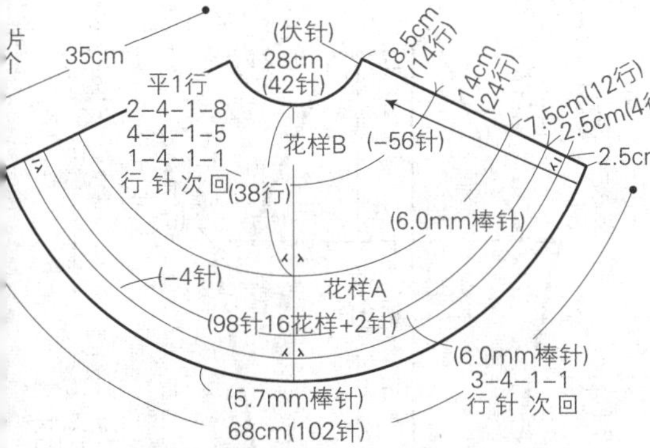

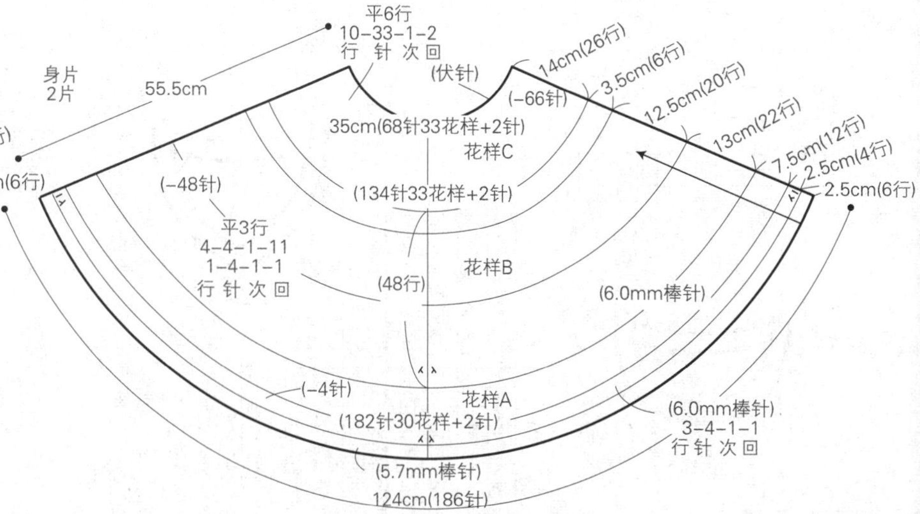

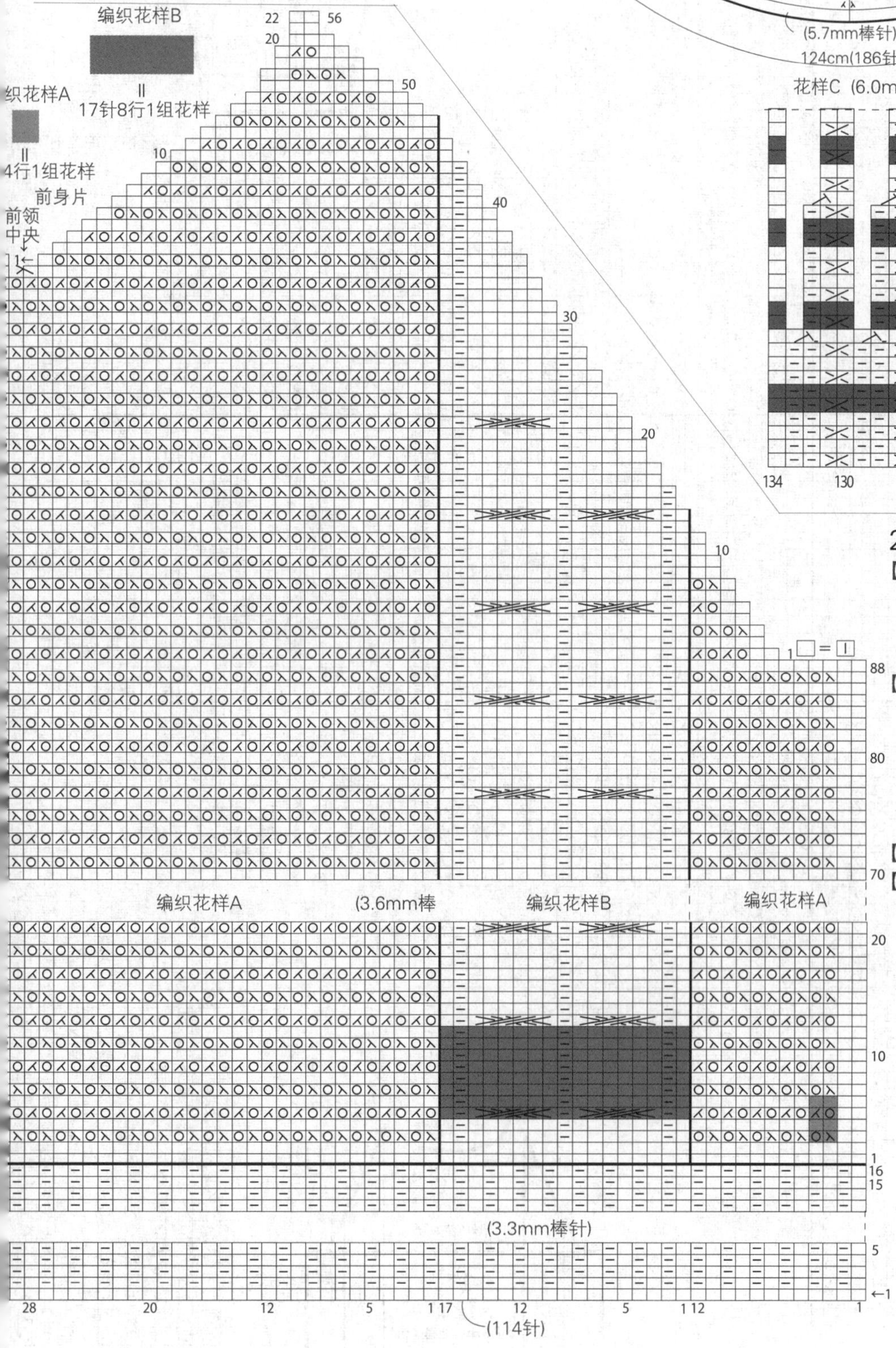

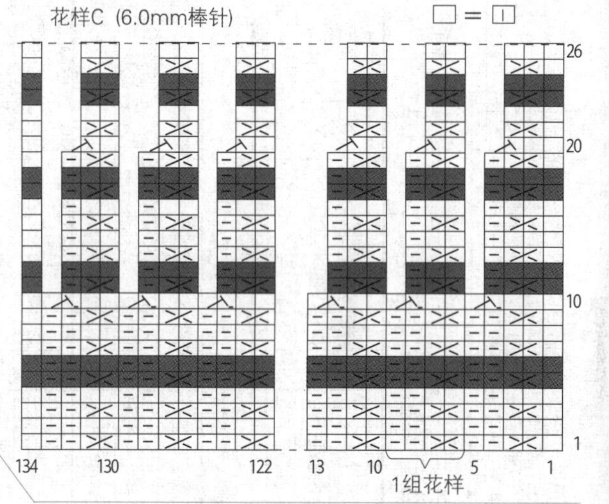

240

【成品规格】男装尺寸：衣长60cm，
胸围102cm，袖长82cm
女装尺寸：衣长58cm，
胸围92cm，袖长74cm

【编织密度】编织花样A：
23针×28行=10cm²
编织花样B：
6cm(17针)×28行=10cm²
双罗纹花样：
25针×32行=10cm²

【工　　具】3.3mm、3.6mm棒针

【材　　料】男装需要材料：草绿色羊绒线530g
女装需要材料：杏色羊绒线470g

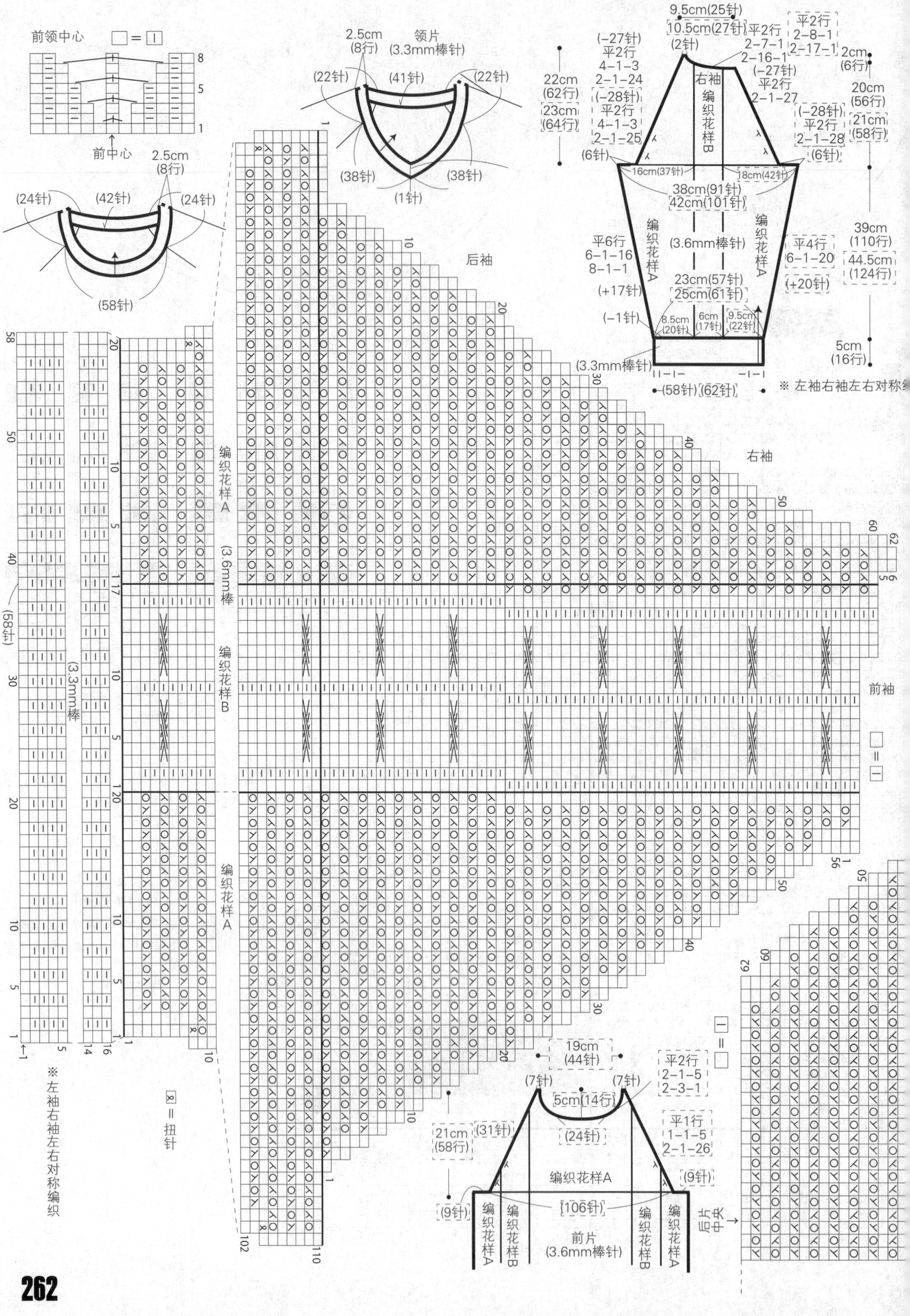
前领中心
□＝▯
前中心
2.5cm (8行)
(24针) (42针) (24针)
(58针)
2.5cm (8行)
领片 (3.3mm棒针)
(22针) (41针) (22针)
(38针) (38针)
(1针)
9.5cm(25针)
10.5cm(27针)
(2针)
平2行 2-7-1 2-16-1
平2行 2-8-1 2-17-1
(-27针) 平2行 2-1-27
2cm (6行)
22cm (62行)
23cm (64行)
(-27针) 平2行 4-1-3 2-1-24
(-28针) 平2行 4-1-3 2-1-25
右袖
编织花样B
(-28针) 平2行 2-1-28
20cm (56行)
21cm (58行)
(6针) (6针)
16cm(37针) 18cm(42针)
38cm(91针) 42cm(101针)
编织花样A
(3.6mm棒针)
平6行 6-1-16 8-1-1
(+17针)
平4行 6-1-20
(+20针)
39cm (110行)
44.5cm (124行)
23cm(57针) 25cm(61针)
(-1针)
8.5cm (20针) 6cm (17针) 9.5cm (22针)
(3.3mm棒针)
5cm (16行)
(58针) (62针)
※ 左袖右袖左右对称编织
后袖
右袖
前袖
编织花样A
(3.6mm棒
编织花样B
编织花样A
(58针)
(3.3mm棒
※左袖右袖左右对称编织
ℓ = 扭针
▯ = □
19cm (44针)
(7针) (7针)
5cm(14行)
(24针)
平2行 2-1-5 2-3-1
平1行 1-1-5 2-1-26
21cm (58行)
(31针)
(9针) (9针)
(106针)
编织花样A
编织花样B
前片 (3.6mm棒针)
后片中央

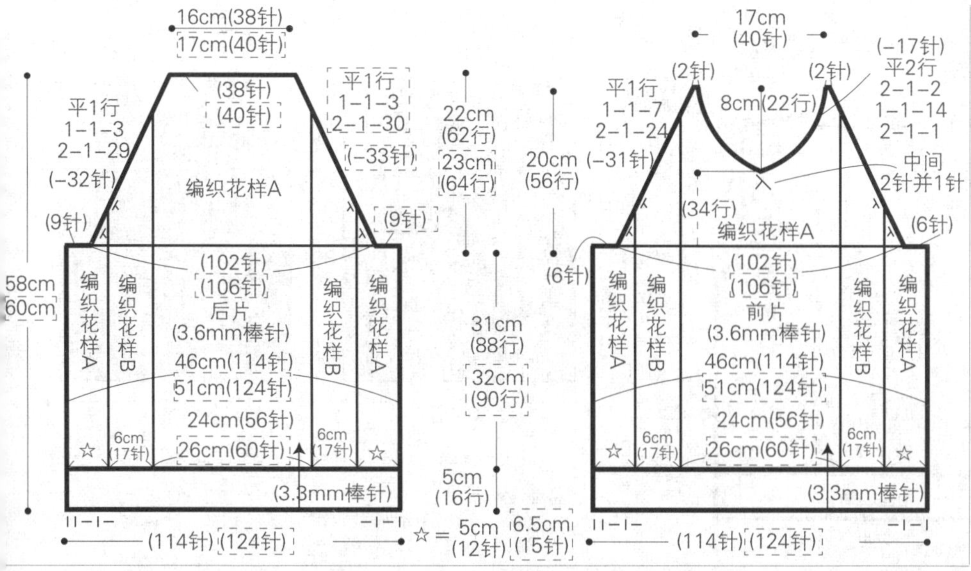

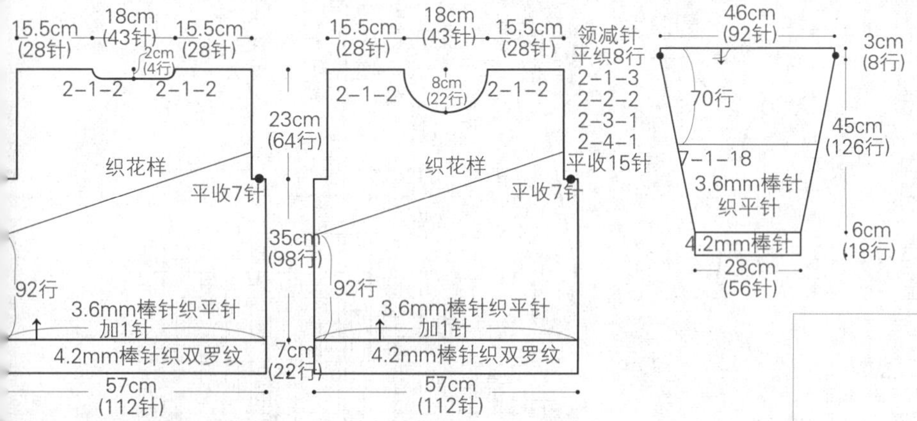

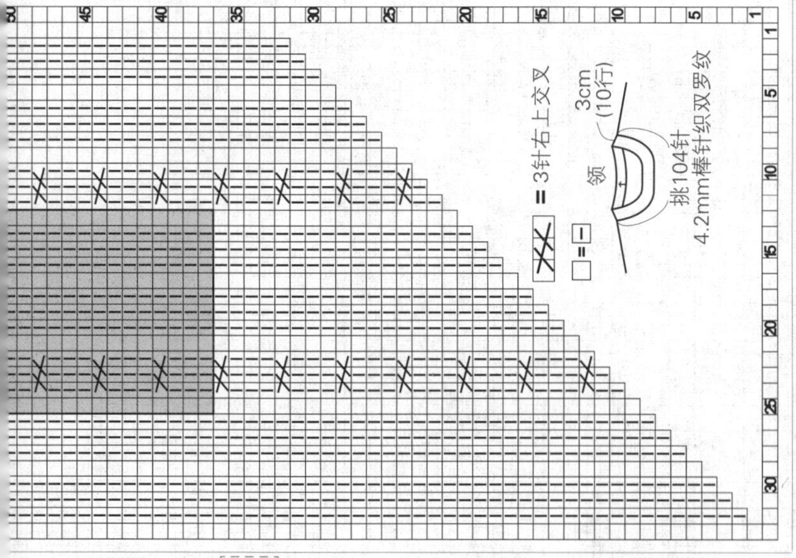

241

【成品规格】衣长65cm，胸围114cm，袖长54cm

【编织密度】20针×28行=10cm²

【工　　具】3.6mm、4.2mm棒针

【材　　料】灰色毛线600g

【编织要点】

1.后片：4.2mm棒针起112针织双罗纹22行后，换3.6mm棒针加1针织平针，织92行开始在一侧递增织花样，织到98行开挂肩，腋下各平收7针，不加不减织60行后将中心平收39针，分开织左右并在领边缘各减2针后将肩针数平收。

2.前片：起针及织法同后片；开挂肩后织42行开始织领窝，先平收中心的15针，分左右片织并在领边缘减针，减针完成后平织8行收针。

3.袖：织平针；起92针织花样，织8行开始按图示在两侧减针，花样织70行后织平针，整个袖筒织126行，换4.2mm棒针织双罗纹18行平收；另一只袖子织平针，织法相同。

4.领：沿领边缘挑104针织双罗纹，织10行平收。

242

【成品规格】衣长64cm，胸围104cm，袖长62cm，肩宽40.5cm

【编织密度】罗纹花样：20针×30行=10cm²

编织花样：19针×32行=10cm²

【工　　具】3.6mm、4.2mm棒针

【材　　料】烟绿色羊绒线335g，米色羊绒线180g

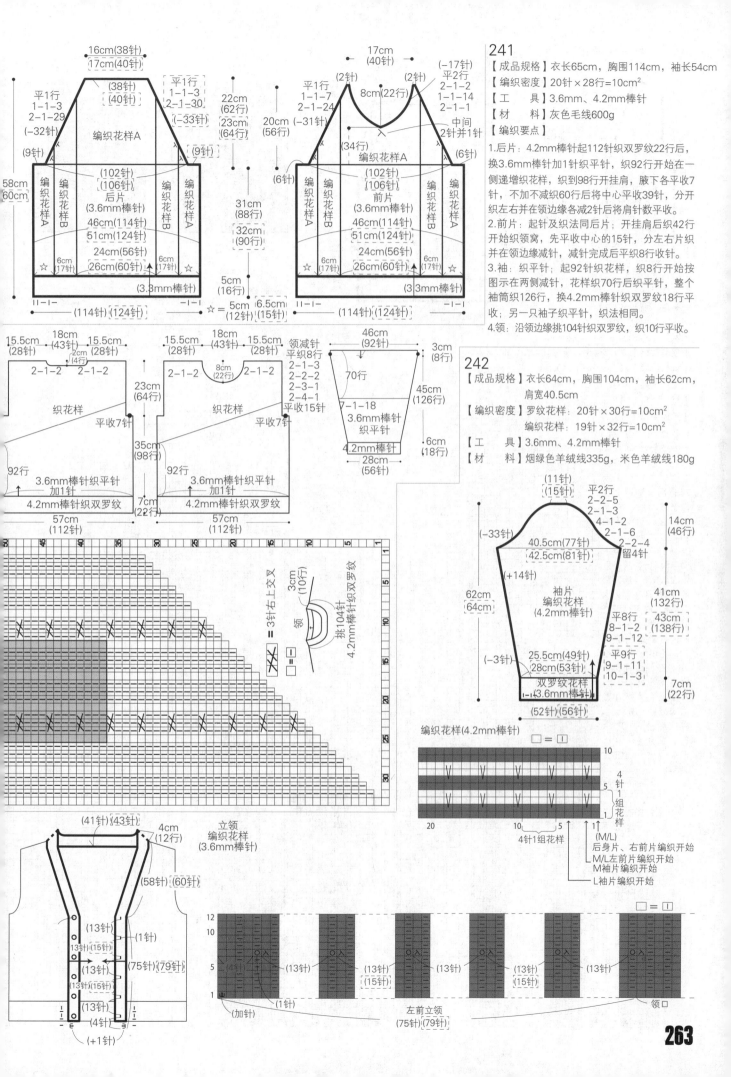

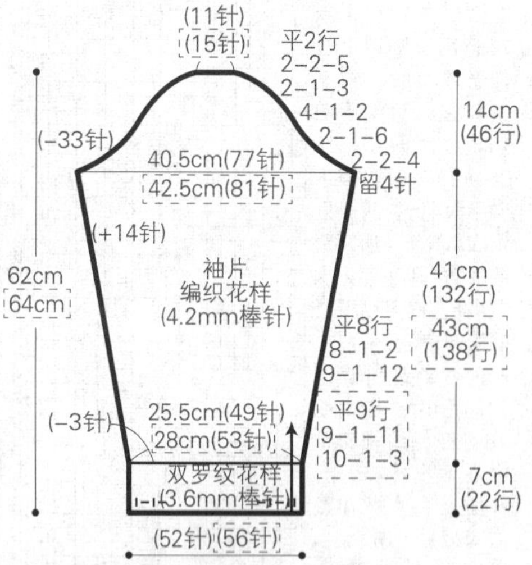

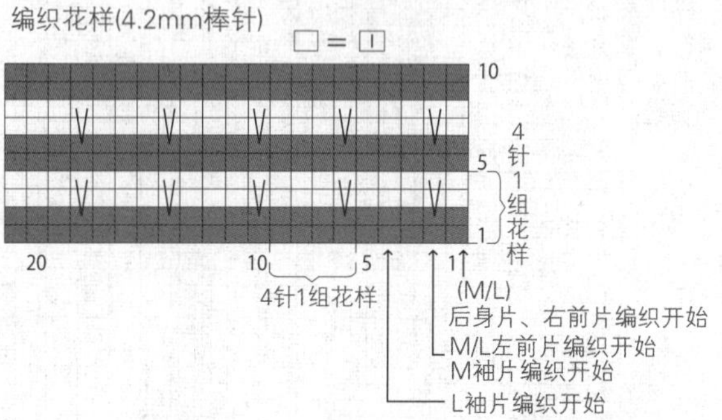

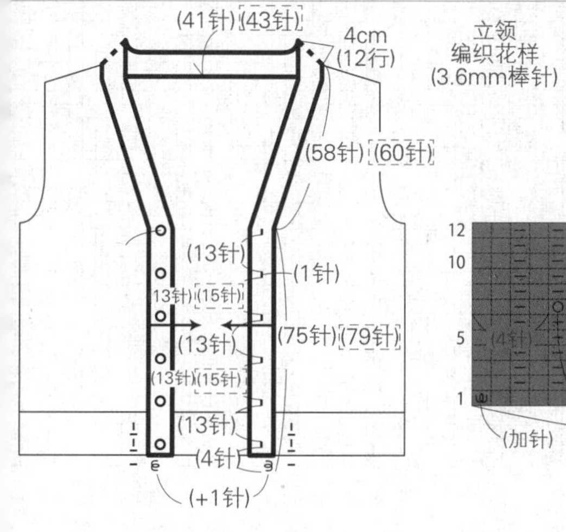

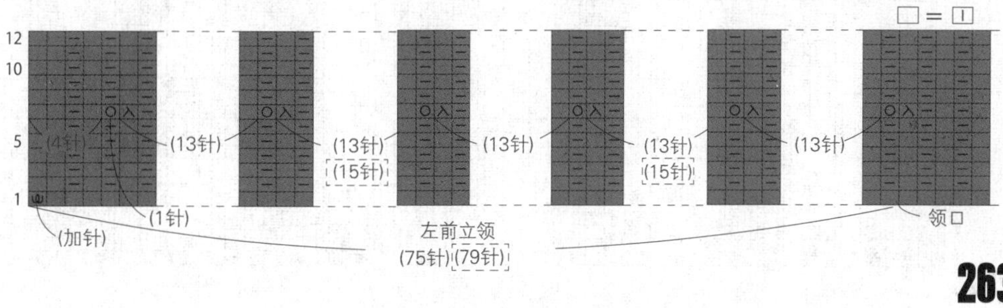

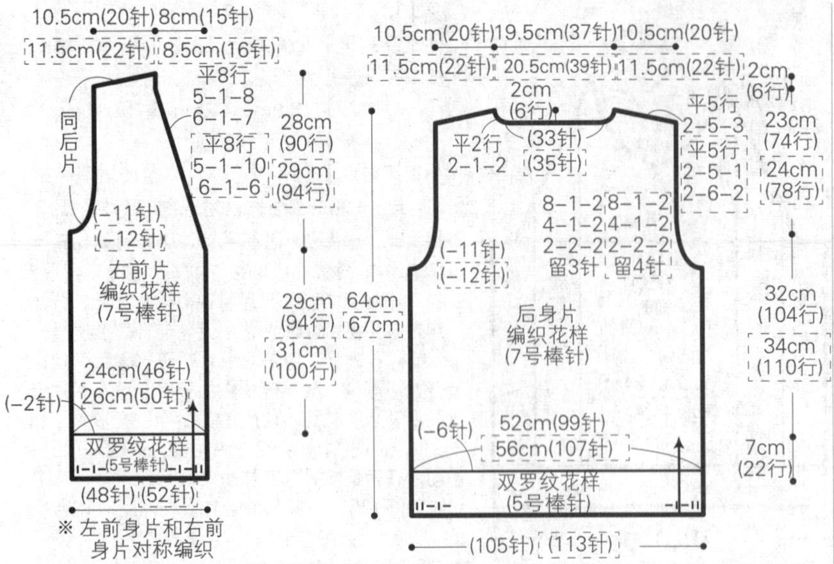

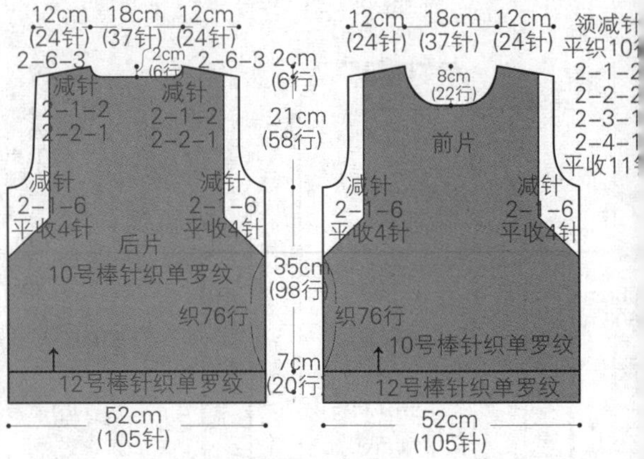

243

【成品规格】衣长65cm，胸围104cm，袖长62cm

【编织密度】20针×28行=10cm²

【工　　具】10号、12号棒针

【材　　料】白色毛线650g

【编织要点】

1.后片：12号棒针起105针织单罗纹20行，换10号棒针继续织单罗纹，织76行后逐渐以上针代替单罗纹，织一条斜线；可参照前片花样图解织。织98行开挂肩，腋下各平收4针，再分别依次减6针，后领窝留6行，两边各依次减4针，肩用引退针法织斜肩。

2.前片：起针及织法同后片；挂肩织36行开始织领窝，中心平收11针，分开织左右片并在领边缘减针，减针完成后平织10行，肩用引退针法织斜肩。

3.袖：10号棒针起24针织单罗纹，两边按图示加针织出袖山，袖宽88针后开始织袖筒，两边按图示减针织118行后，换12号棒针织单罗纹18行平收。

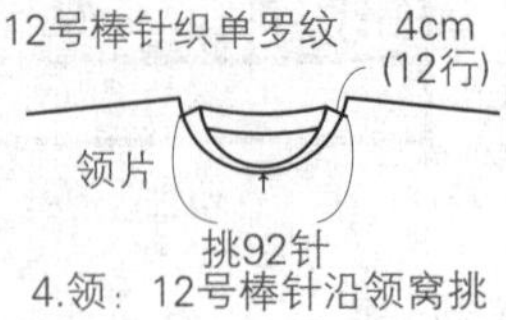

4.领：12号棒针沿领窝挑92针织单罗纹，织12行平收，完成。

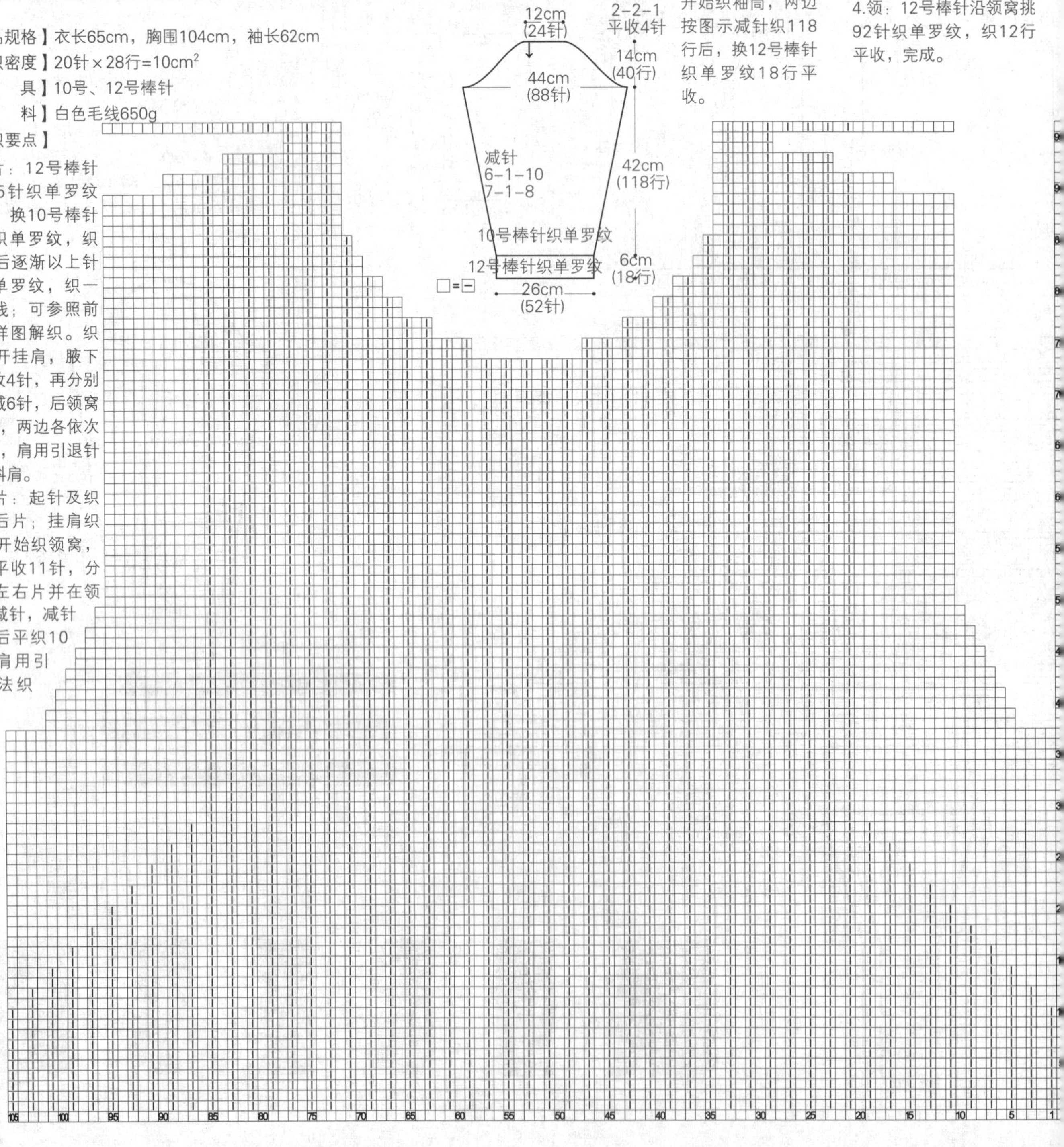

244

【成品规格】衣长62cm，胸围100cm，
连肩袖长74cm

【编织密度】20针×20行=10cm^2

【工　　具】9号、10号棒针

【材　　料】藏蓝色毛线700g

【编织要点】

1.正身：10号棒针起200针织双罗纹16行，换9号棒针按图解织花样，身片两侧各10针织双罗纹不变；织64行后停针待用。

2.袖：10号棒针起52针织双罗纹16行，换9号棒针织花样，两侧各10针织双罗纹不变；袖两侧加在双罗纹的内侧，花样一共62针，多出的针数织上针；织84行停针，另起针织好另一只袖片。

3.挂肩：将身片及袖连起来织，法克兰径减针在双罗纹的内侧时进行，按图示交替减针织50行后织领。

4.袖圈腋下平收8针后按图示一边织一边减针，织到118行后换10号棒针织双罗纹16行平收。

5.领：减针最后余124针时换10号棒针织领，10号棒针织双罗纹18行，再换9号棒针织18行，平收完成。

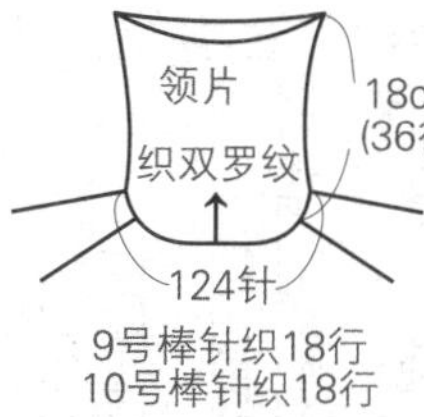

前后片中心及袖织花样

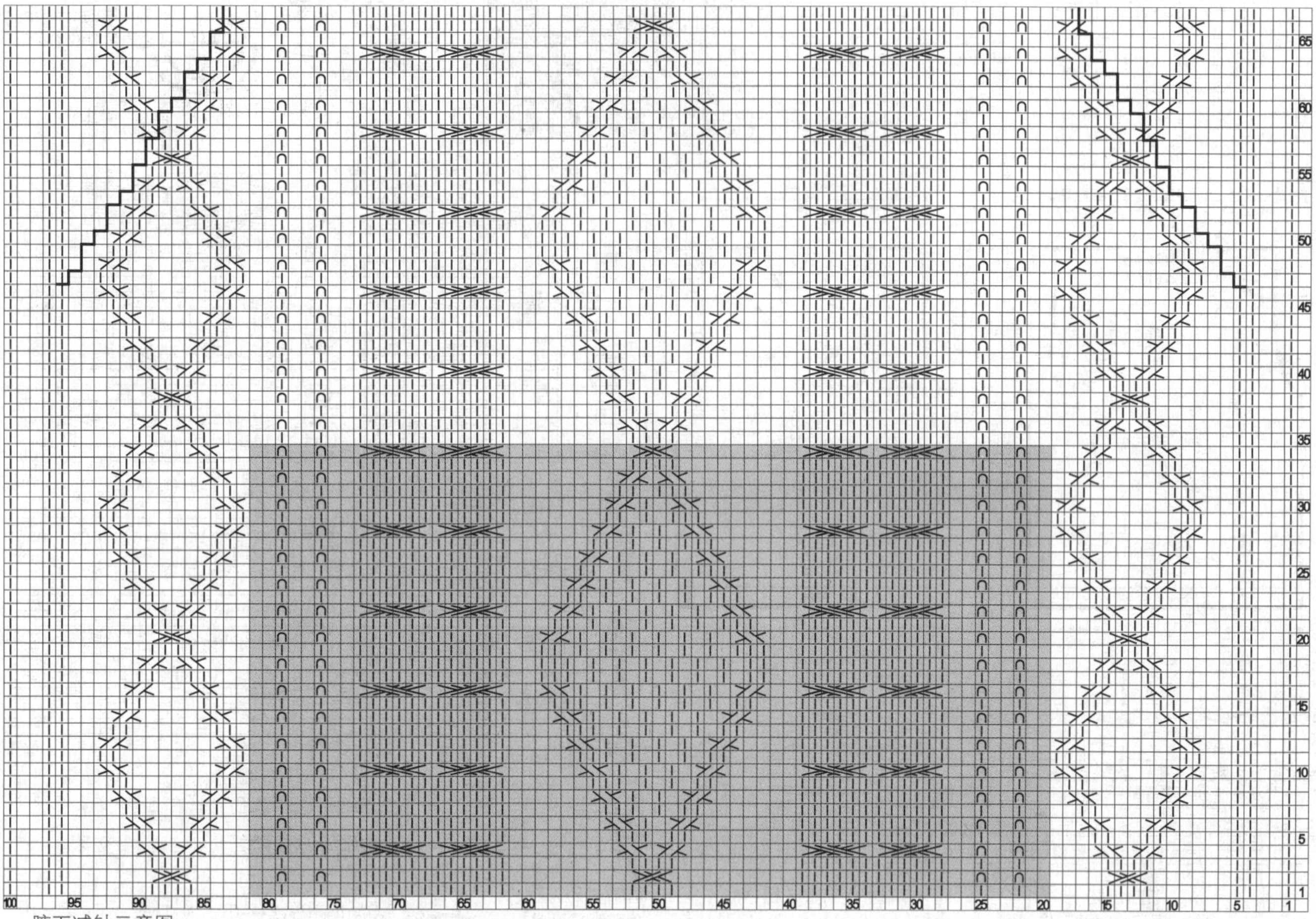

腋下减针示意图
袖两侧加针方法类同

滑针

3针右交叉

4针左上交叉

6针右上交叉

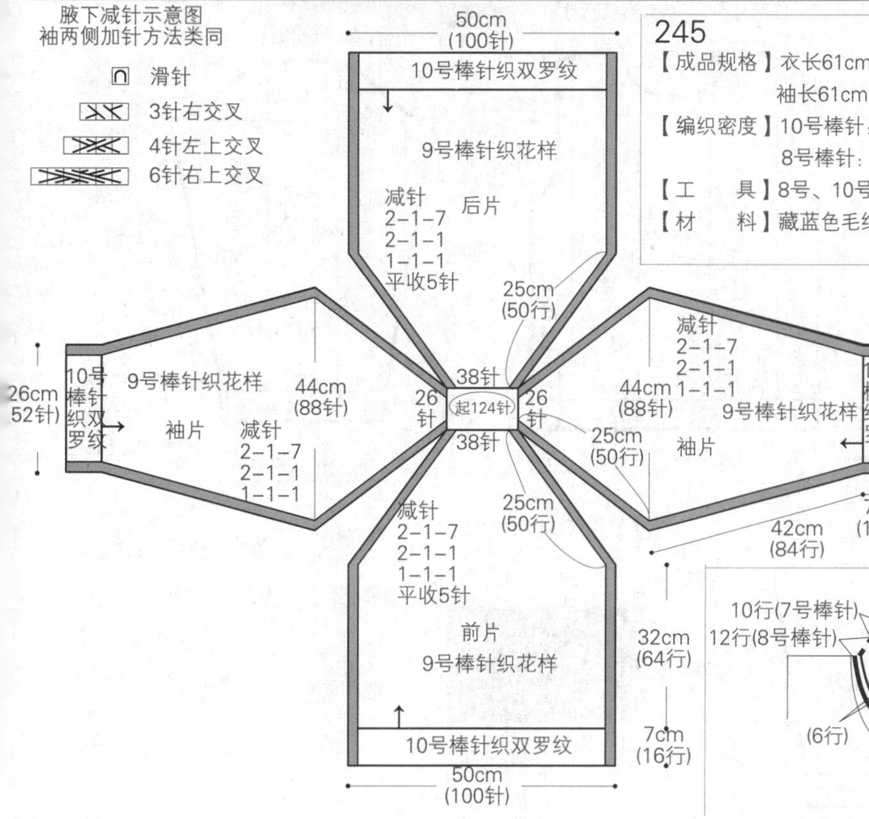

245

【成品规格】衣长61cm，胸围105cm，
袖长61cm，肩宽42.5cm

【编织密度】10号棒针：16.5针×25行=10cm^2
8号棒针：17.5针×28.5行=10cm^2

【工　　具】8号、10号棒针

【材　　料】藏蓝色毛线730g

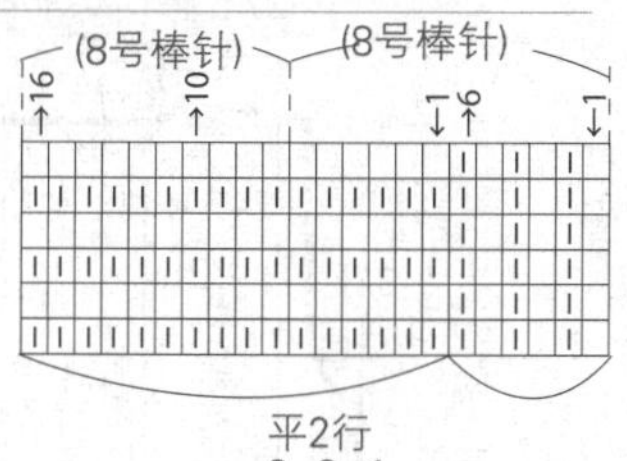

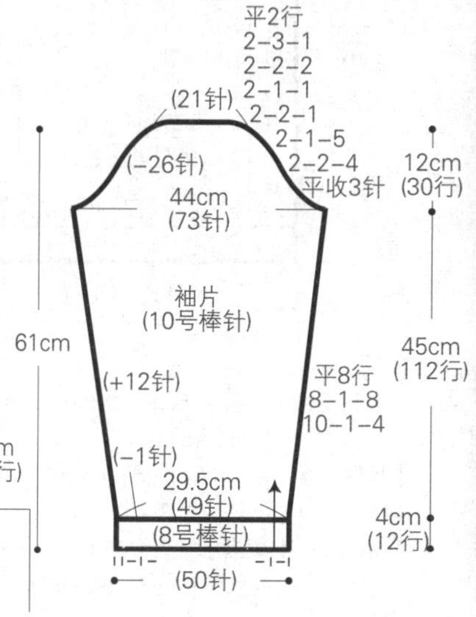

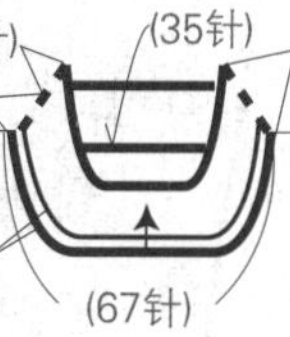

编织花样(10号棒针)

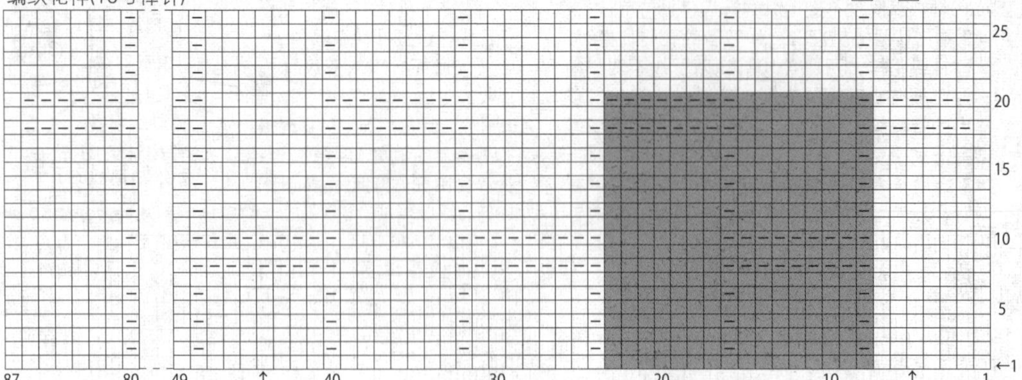

246

【成品规格】衣长63.5cm，胸围100cm，袖长60cm，肩宽41cm

【编织密度】花样A：26针×28行=10cm²

花样B：24.5针×28行=10cm²

【工　　具】6号、8号棒针

【材　　料】草绿色羊毛线750g

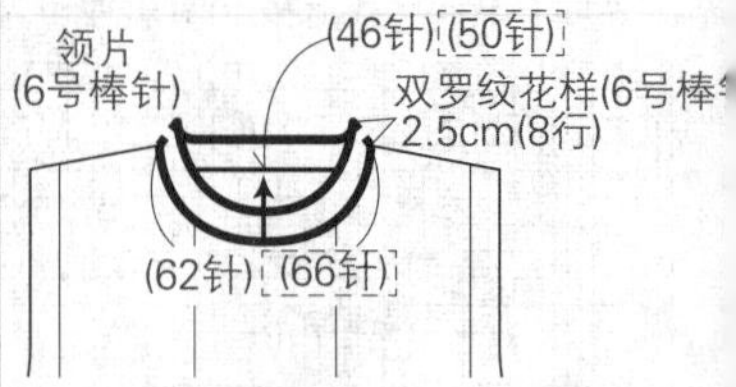

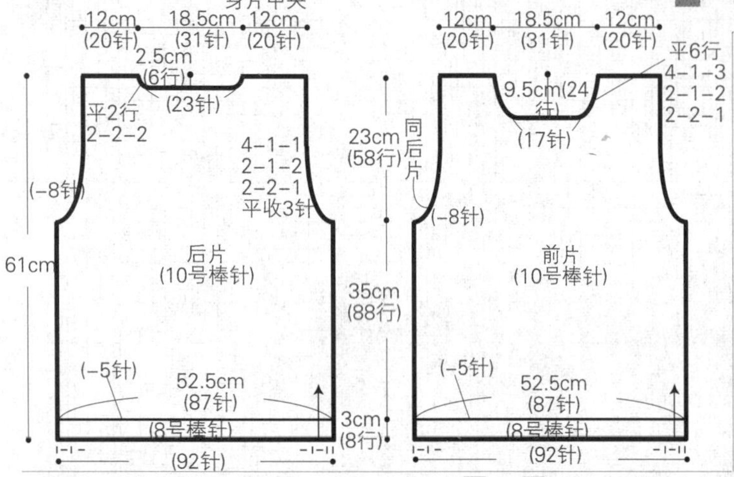

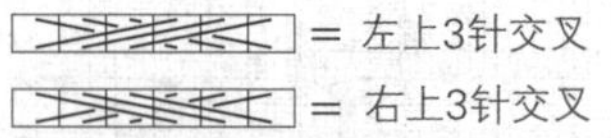

编织花样C(8号棒针) □=□

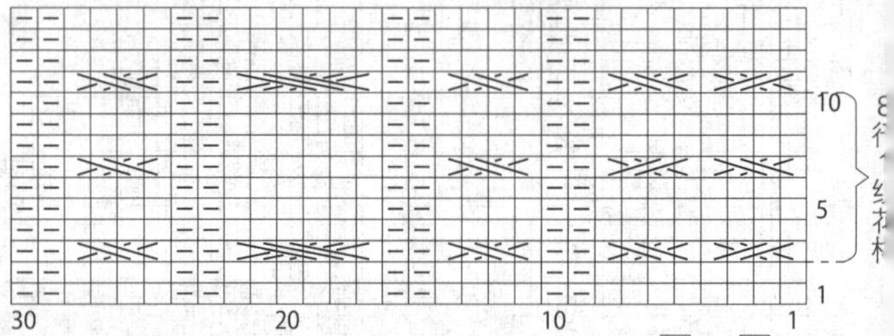

编织花样B(8号棒针) □=□

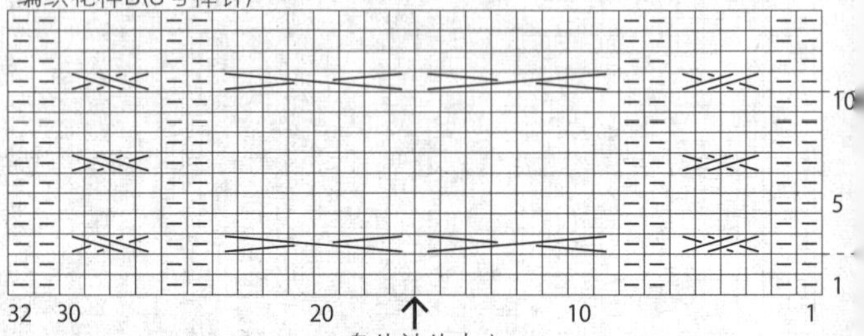

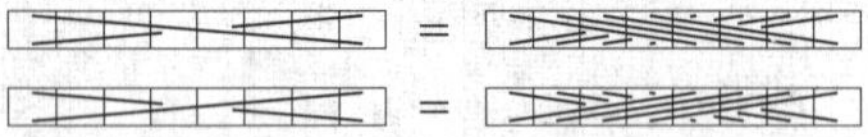

编织花样A(8号棒针) □=□

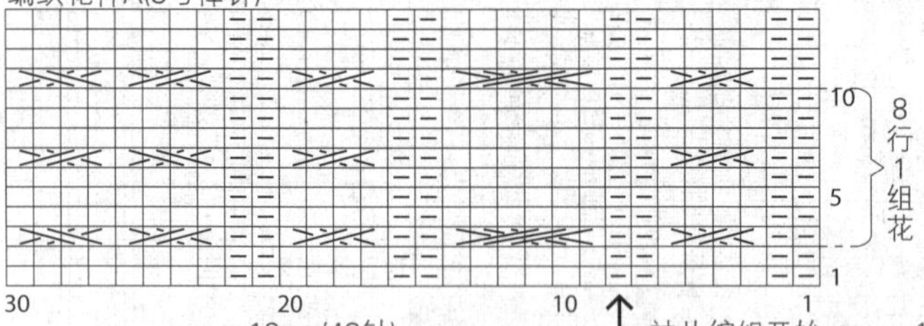

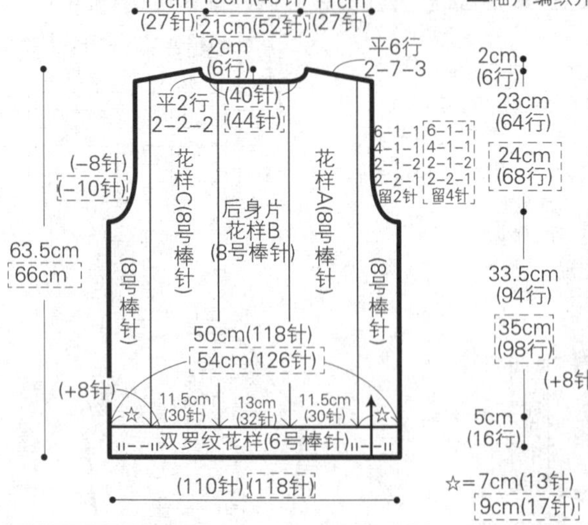

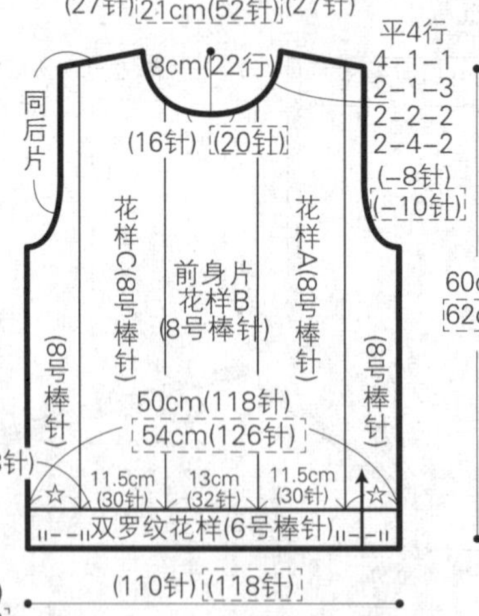

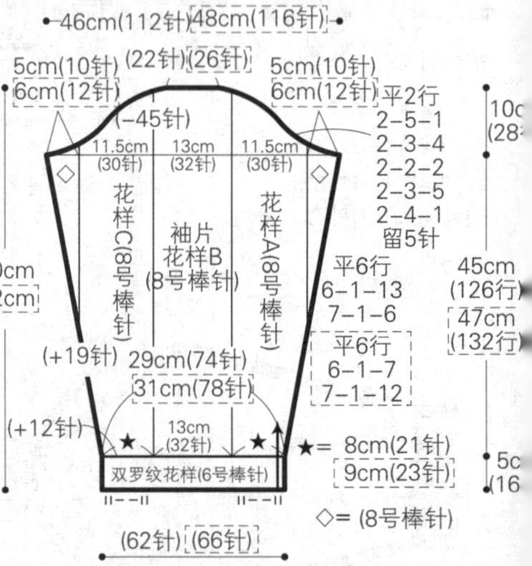

247

【成品规格】衣长64.5cm，胸围112cm，袖长57.5cm

【编织密度】21.5针×27行=10cm²

【工　　具】6号、8号棒针

【材　　料】藏蓝色羊毛线650g，红色和白色羊毛线各25g

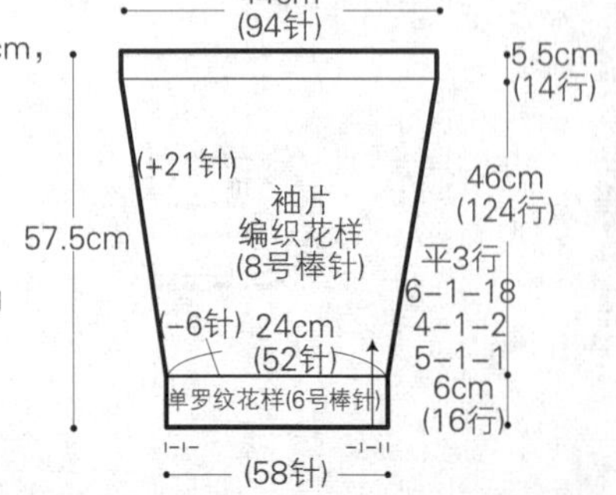

单罗纹花样(6号棒针) □=□

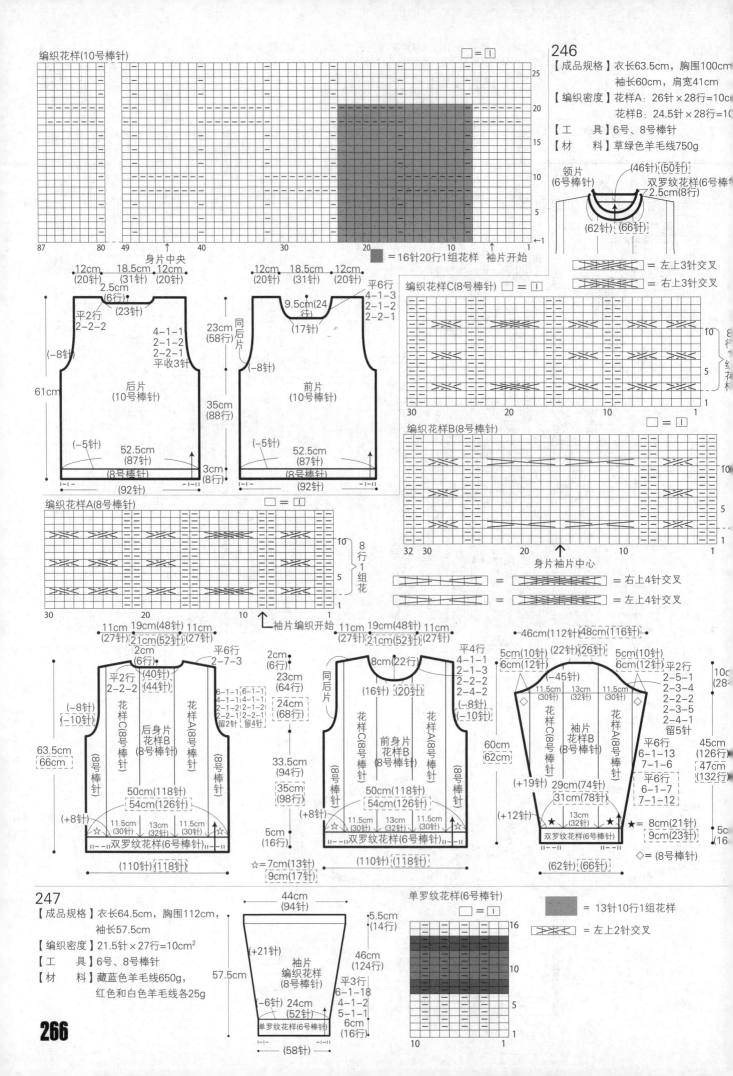

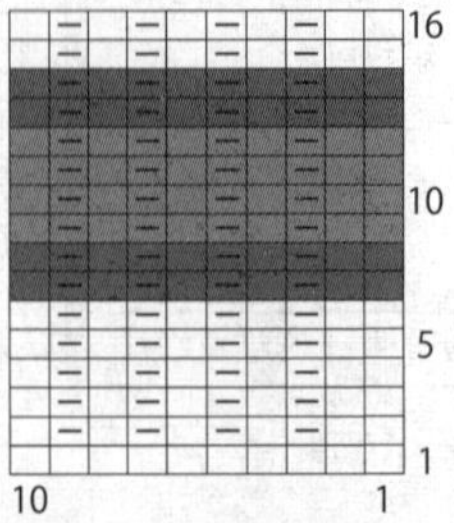

■ = 13针10行1组花样

= 左上2针交叉

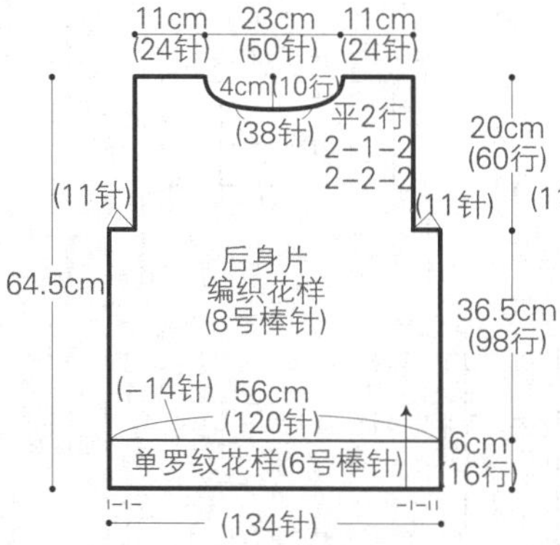

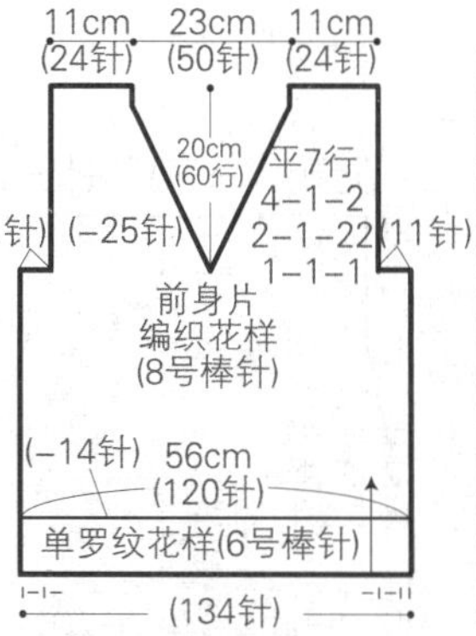

编织花样

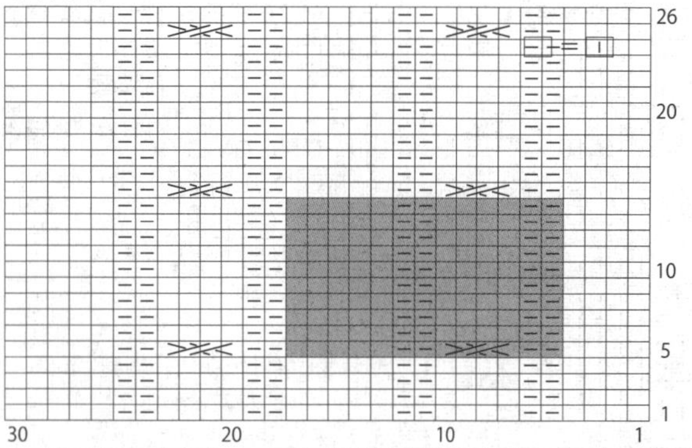

248

【成品规格】衣长65cm，胸围104cm，袖长62cm

【编织密度】20针×28行=10cm²

【工　　具】9号、10号棒针

【材　　料】灰色毛线650g

【编织要点】

1.后片：10号棒针起103针织双罗纹20行，换9号棒针织花样，织98行开挂肩，腋下各平收4针，再依次各减6针，织58行开始织斜肩，织引退针3次，后领窝平收中心27针，领边缘各减针3次，左右对称织成。

2.前片：起针及织法同后片；开挂肩后织36行开始织前领窝，先平收中心的9针，分开织左右片并在领边缘减针，减针完成后平织10行，肩织法同后片。

3.袖片：9号棒针起24针织花样，中心织1组交叉花样，两边织滑针花样；袖山两边按图示加针织出袖山，袖宽88针后开始织袖筒，两边按图示减针，织118行，换10号棒针减1针织双罗纹18行平收。

4.领片：10号棒针沿领窝从平收9针的左侧开始挑针，全部挑出92针后沿平收的9针里侧再挑出8针织双罗纹，片织12行平收，然后分别将侧边与领口缝合，完成。

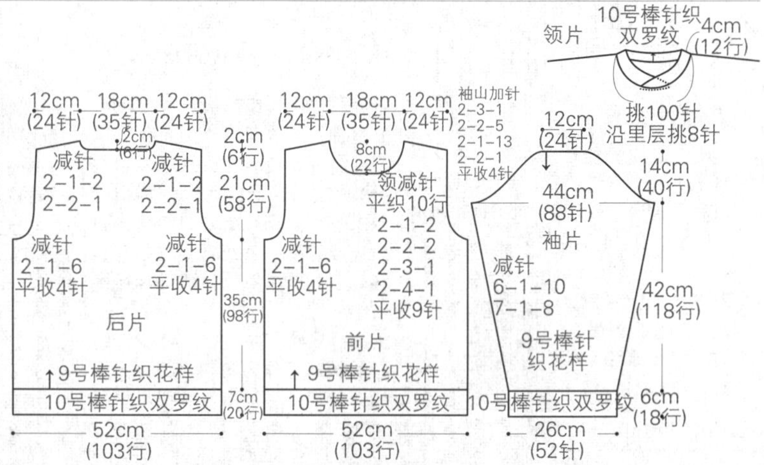

右上5针交叉，中间1针在下边　　滑针　　左上4针交叉

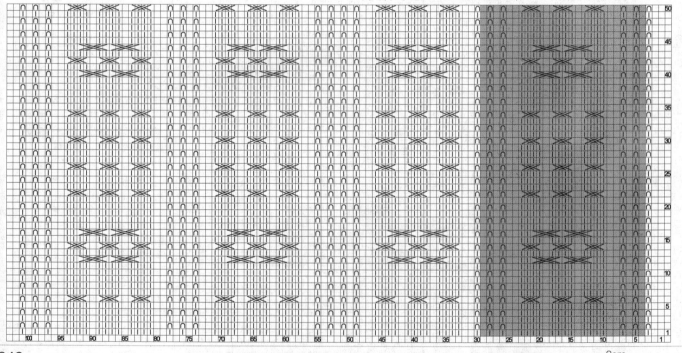

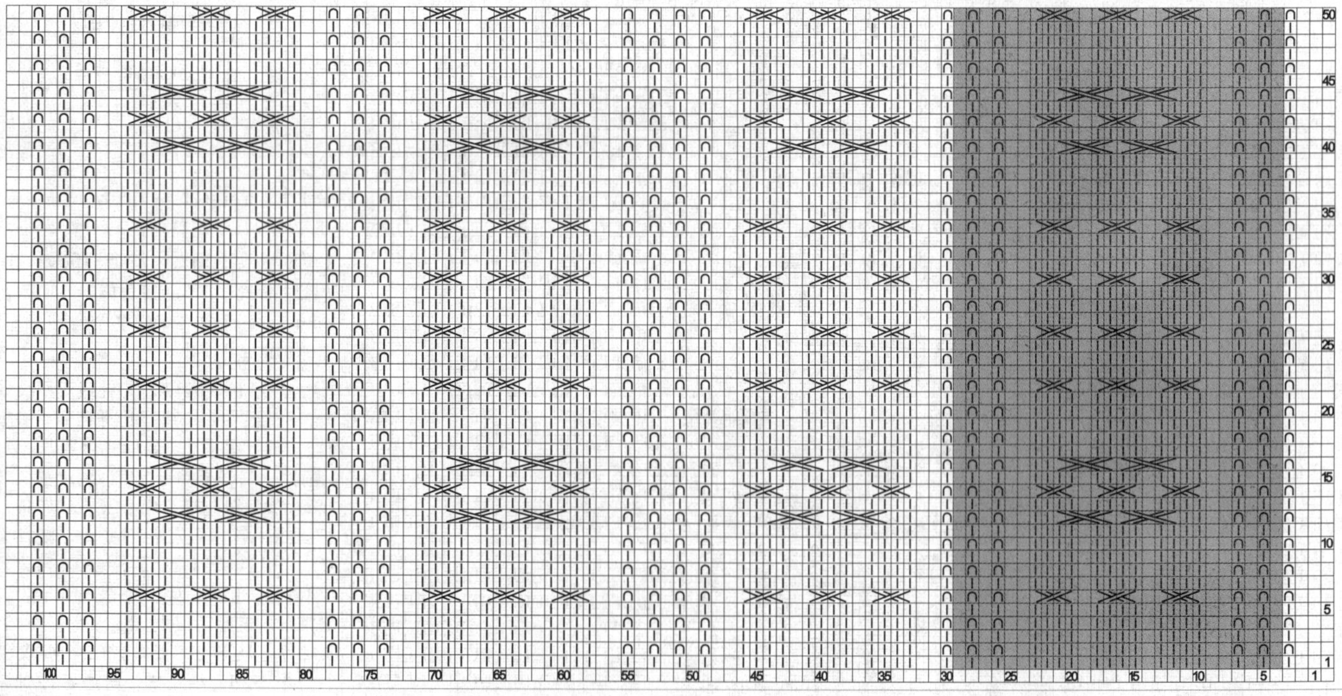

249

【成品规格】衣长74cm，胸围108cm，连肩袖长75cm

【编织密度】24针×30行=10cm²

【工　　具】9号、10号棒针

【材　　料】咖啡色毛线650g

【编织要点】

1.前后片及袖连起来从上往下织；10号棒针起70针，前后片各19针织单罗纹，袖各16针织花样B。

2.全部不加不减织12行，前后片开始加针织肩，袖织法不变；以边缘针为径，每行加1针加16次；此时前后片各为51针，为肩的针数。

3.换9号棒针织，前后片织花样A，袖花样不变；肩和前后片同时开始加针，分别织出袖和前后挂肩部分；袖每2行各加1针，前片每4行各加1针织32行；然后袖加针不变，前后片和袖同步加针织32行；袖和挂肩部分完成。

4.将袖子分离出来，先织正身，织106行后换10号棒针织单罗纹20行平收。

5.将袖子用针穿起织袖筒，两边按图示减针织100行后换10号棒针织单罗纹20行平收，完成。

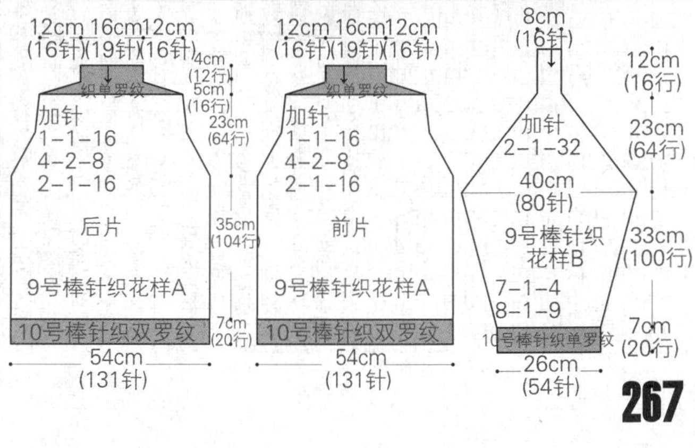

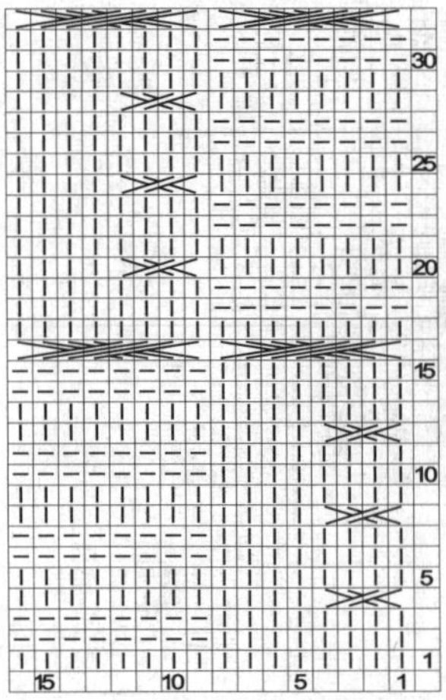

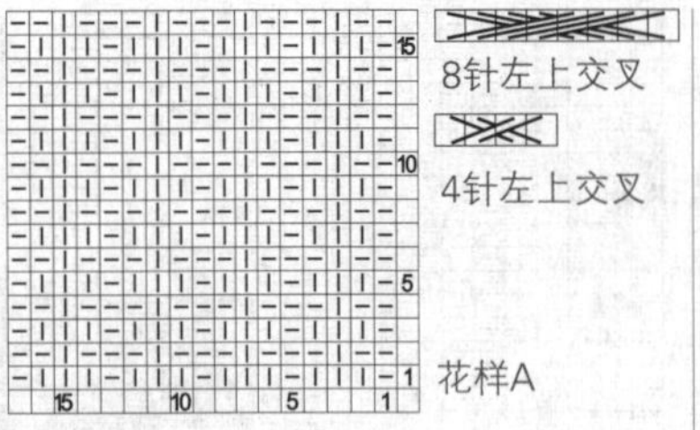

250

【成品规格】衣长62cm，胸围100cm，袖长77cm

【编织密度】19针×24行=10cm²

【工　　具】9号、12号棒针

【材　　料】花色毛线650g

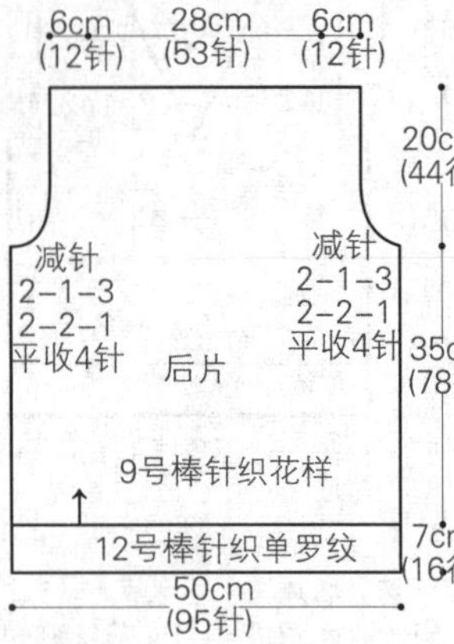

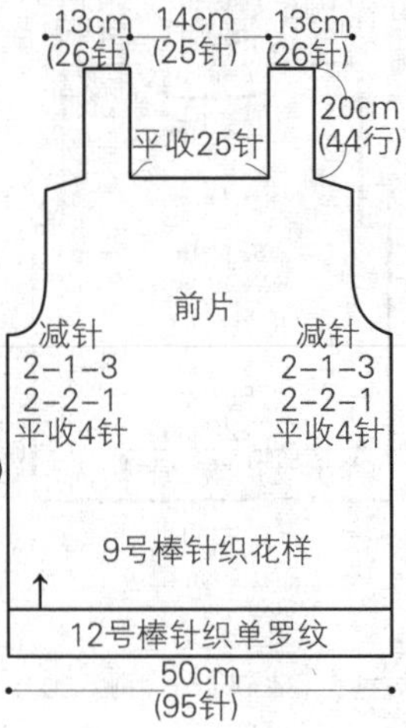

【编织要点】

1.后片：12号棒针起95针织单罗纹16行后，换9号棒针织起伏针，织78行开挂肩，腋下各平收9针，再依次减针，织44行平收。

2.前片：12号棒针起95针织单罗纹16行后，换9号棒针，中心31针织扭针花样，两边织起伏针；织78行开挂肩，织法同后片；挂肩织14行花样开始变化，分别往两边收针，在中心9针的两边分别加针织30行；用引退针法织斜肩；斜肩完成后将中心25针平收；两边各11针扭针单罗纹继续织44行平收。

3.袖：从袖山往下织；起12针织起伏针24行作为马鞍的部分；然后开始加针织袖山，按图示织到示在袖两侧减针，织94行换12号棒针织单罗纹16行平收。

4.缝合：缝合前后片及肩后，将延伸的领带沿领窝缝合，完成。

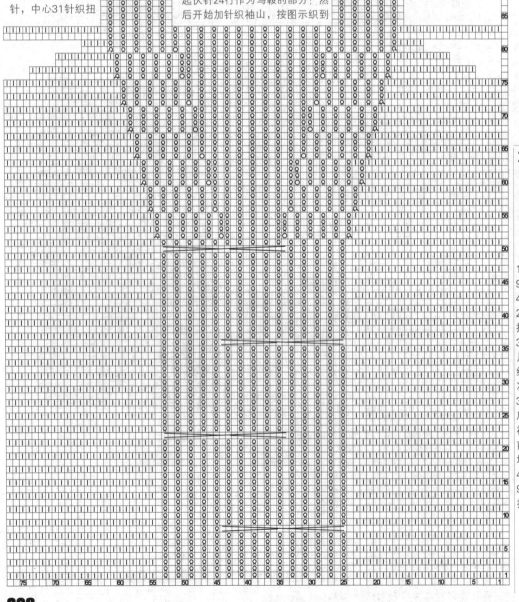

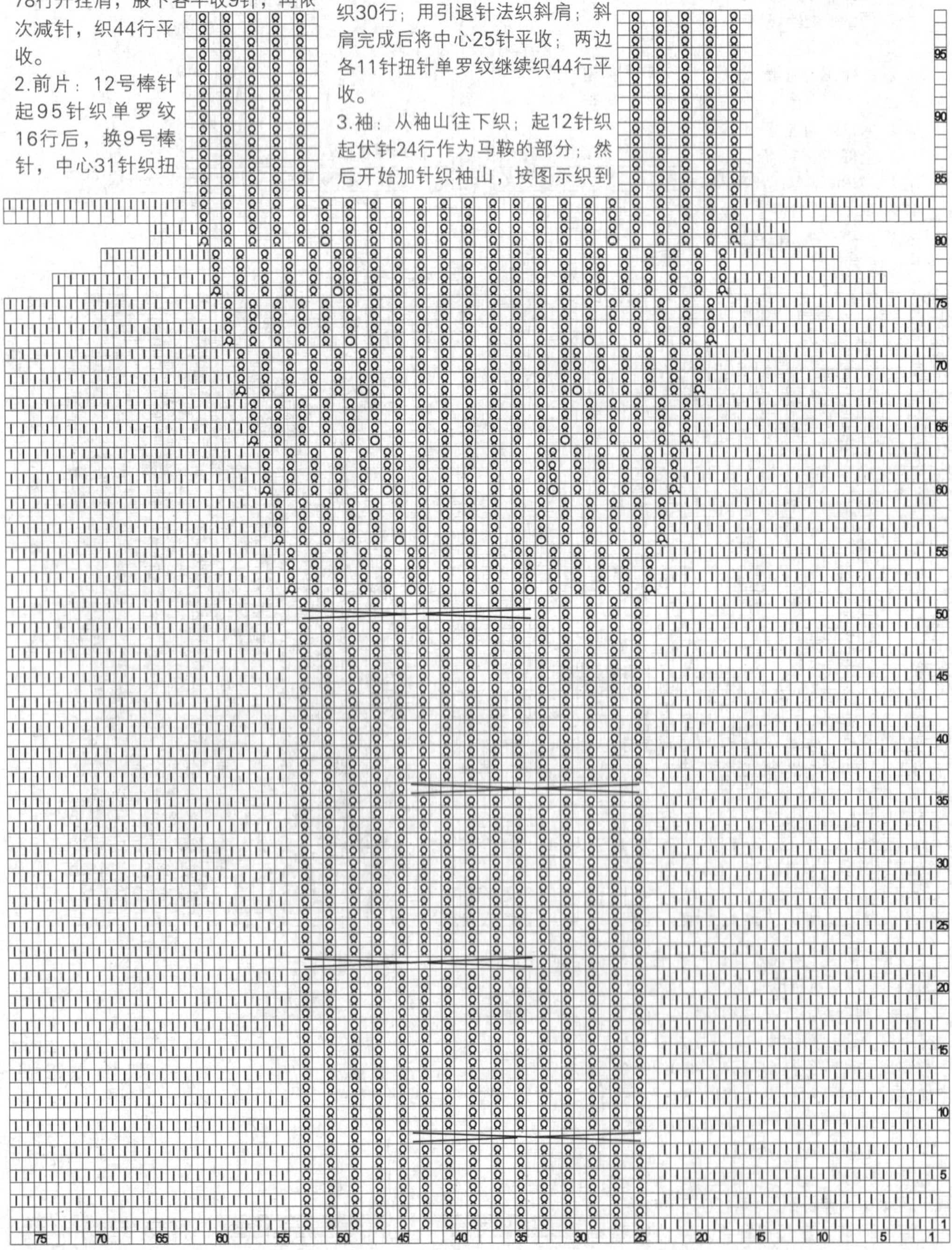

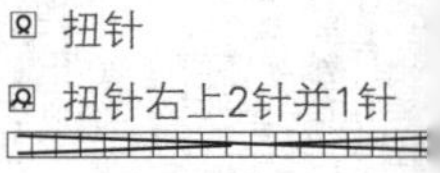

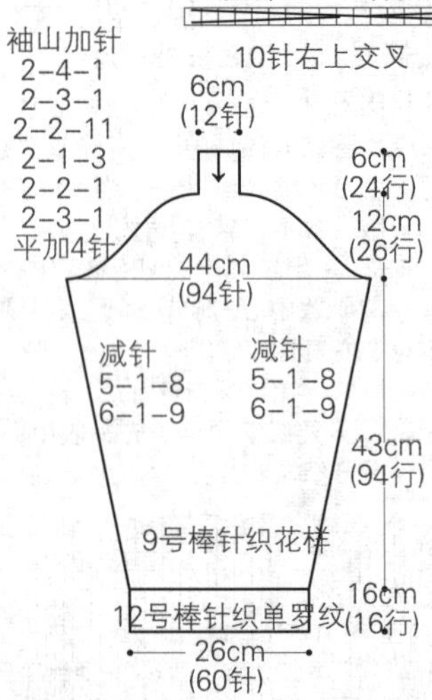

251

【成品规格】衣长64.5cm，胸围108cm
连肩袖长75cm

【编织密度】18针×22行=10cm²

【工　　具】9号、11号棒针

【材　　料】红色毛线650g

【编织要点】

1.后片：11号棒针起100针织双罗纹16行
9号棒针织平针，织72行开挂肩，腋下名
4针，再依次减针，最后30针平收。

2.前片：11号棒针起100针织双罗纹16行
换9号棒针织花样，中心26针织花样，两
37针织平针，织72行开挂肩，减针方
片。前片挂肩部分比后片少织6行为领
织40行开始织领窝，中心16针平收，两
次减针，最后2针缝合用。

3.袖片：从下往上织。起50针织双罗纹
后，中心26针织花样，两边各12针织
袖两边按图示加针织96行后开始织袖山
前后片相连的地方减针相同，与领窝连
地方按图示减针织成。

4.领片：缝合各片。用11号棒针沿领边
96针织双罗纹，前片中心花样衔接处织
扭花，织好后平收，完成。

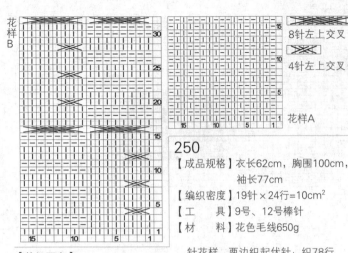

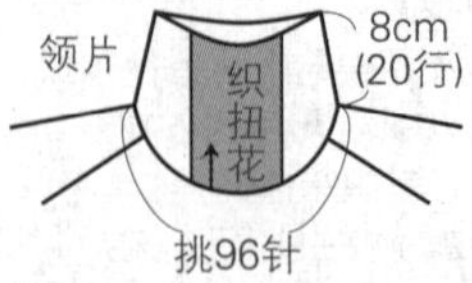

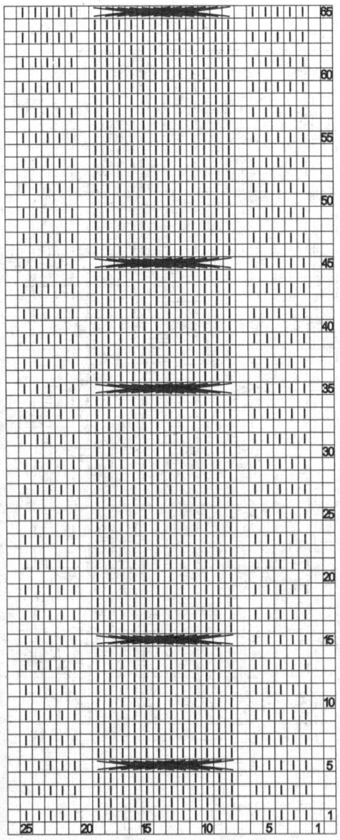

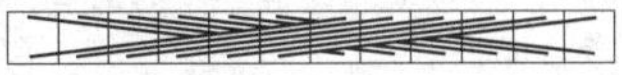

12针右上交叉

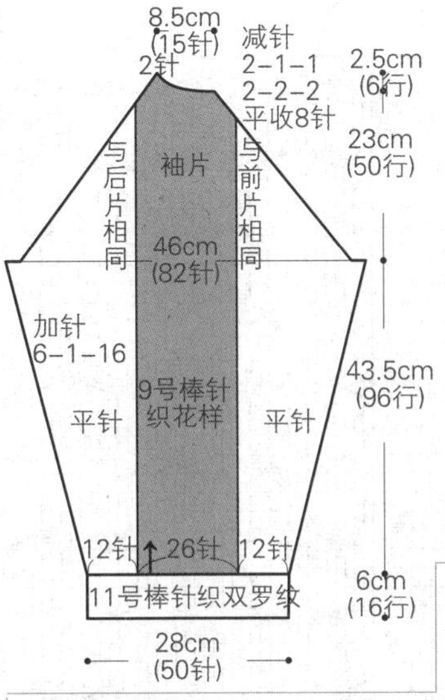

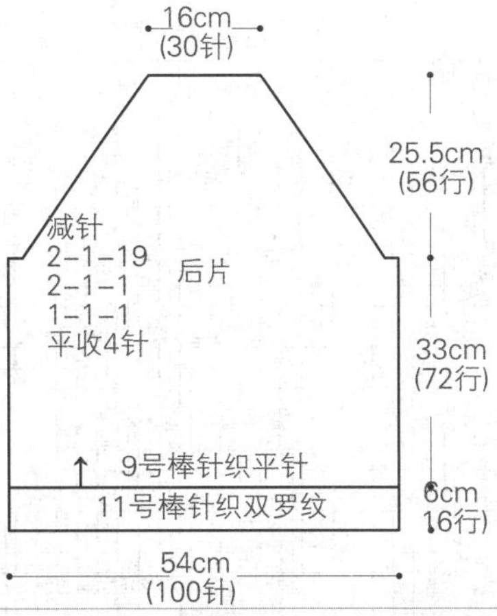

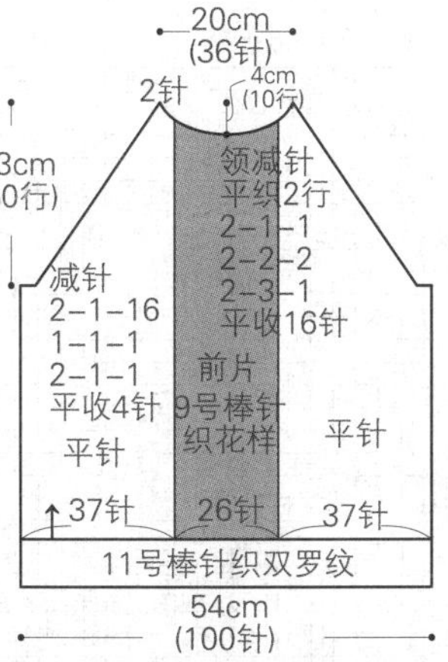

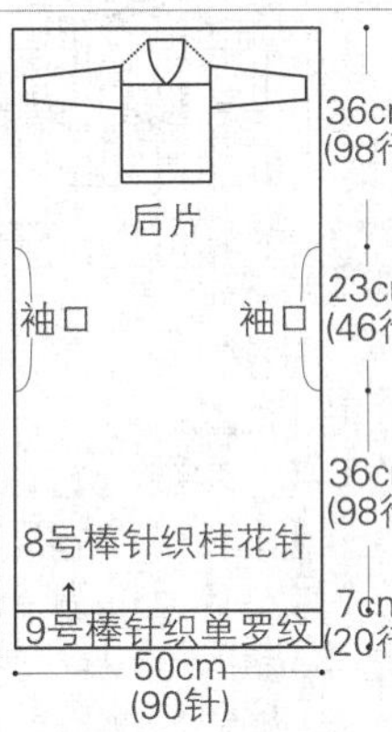

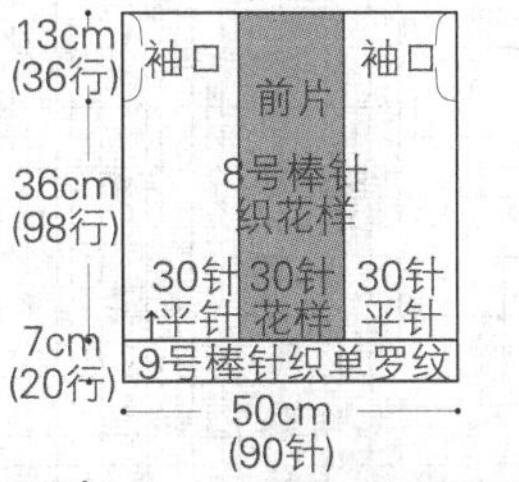

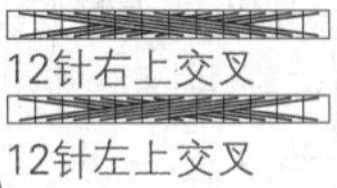

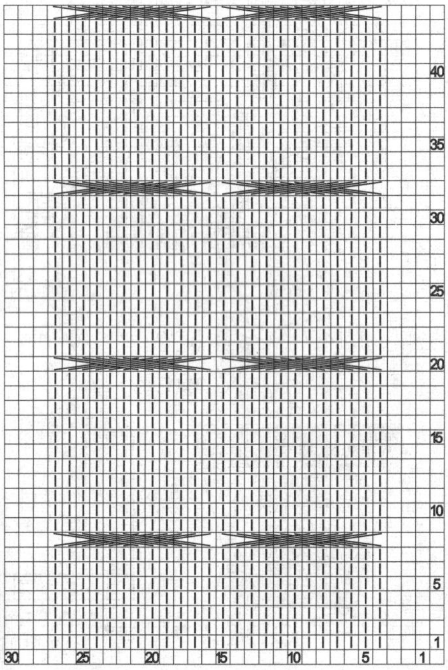

桂花针

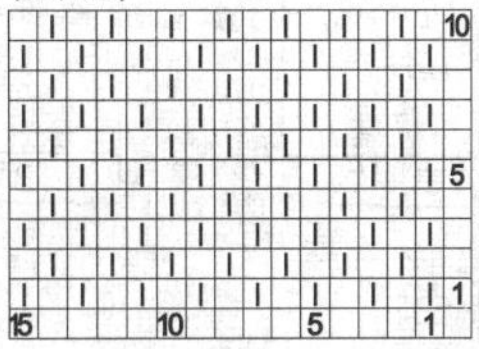

252

【成品规格】衣长56cm，胸围100cm，袖长50cm

【编织密度】18针×28行=10cm²

【工　　具】8号、9号棒针

【材　　料】咖啡色毛线650g

【编织要点】

1.后片：9号棒针起90针织单罗纹20行，换8号棒针织桂花针，织95cm平收。

2.前片：9号棒针起90针织单罗纹20行，换8号棒针，中间30针织花样，两边各30针织平针，织49cm平收。

3.袖片：8号棒针起82针织平针，两边按图示减针，织126行，换9号棒针织单罗纹14行平收。

4.缝合：先缝合前后片，留出袖口，将后片上半部的两条边折过来成三角状，与前片缝合，领自然形成V形，最后缝合袖子，完成。

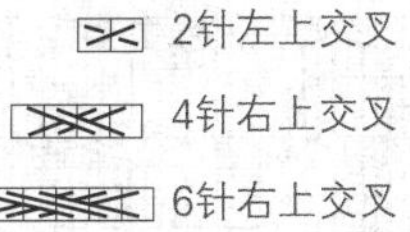

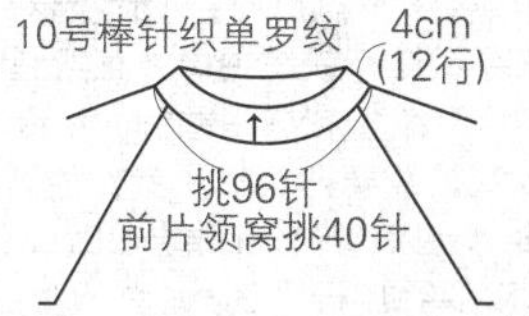

253

【成品规格】衣长64.5cm，胸围108cm，连肩袖长75cm

【编织密度】前片花样26针×28行=10cm²

平针20针×28行=10cm²

【工　　具】9号、10号棒针

【材　　料】军绿色毛线650g，其他色毛线少许

【编织要点】

织之前首先要织样片，算出花样密度和平针密度。

1.后片：10号棒针起108针织单罗纹18行，换9号棒针织平针，织92行开挂肩，腋下各平收4针，再依次减针，最后30针平收。

2.前片：10号棒针起108针织单罗纹18行，换9号棒针均加30针织花样，织92行开挂肩，按图示分别减针，织56行开始织领窝，平收中心花样40针，分开织两边并按图示减针至完成。

3.袖片：从下往上织。左袖：10号棒针起50针织单罗纹18行，换9号棒针织提花图案42行后，上面织平针，两边按图示分别加针19次，织122行后开始织袖山，按图示依次减针，并在一侧织出领差。右袖：起针及织法同左片；袖筒织94行后织提花图案28行；袖山织法同另一只袖子。

4.领：缝合各片；用10号棒针沿领边缘挑96针织单罗纹，其中前片的中心花样要边挑边并针，织12行平收，完成。

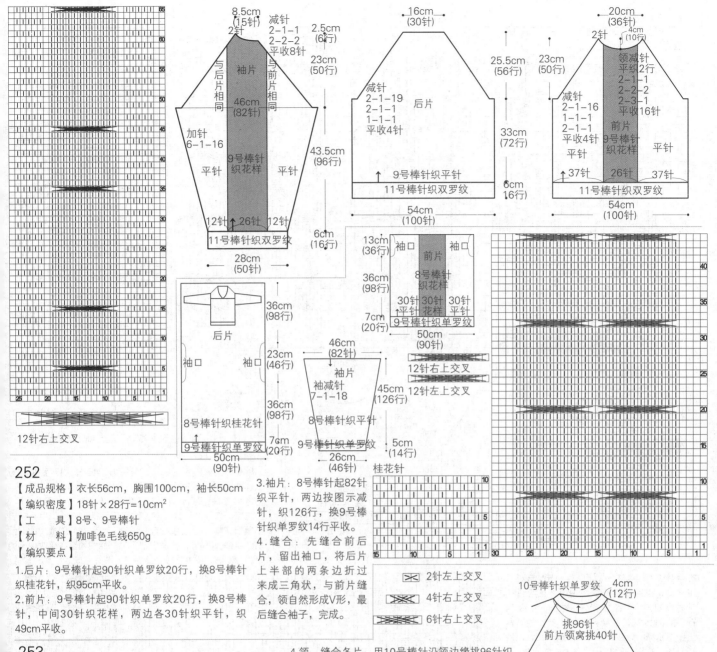

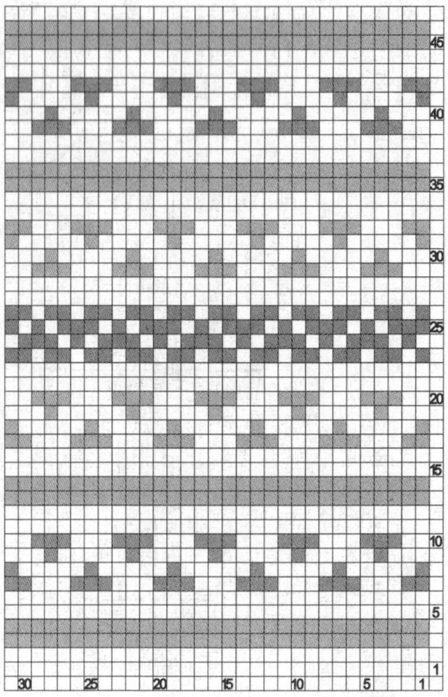

前片左右侧花样　　前片编织花样　　中心花样

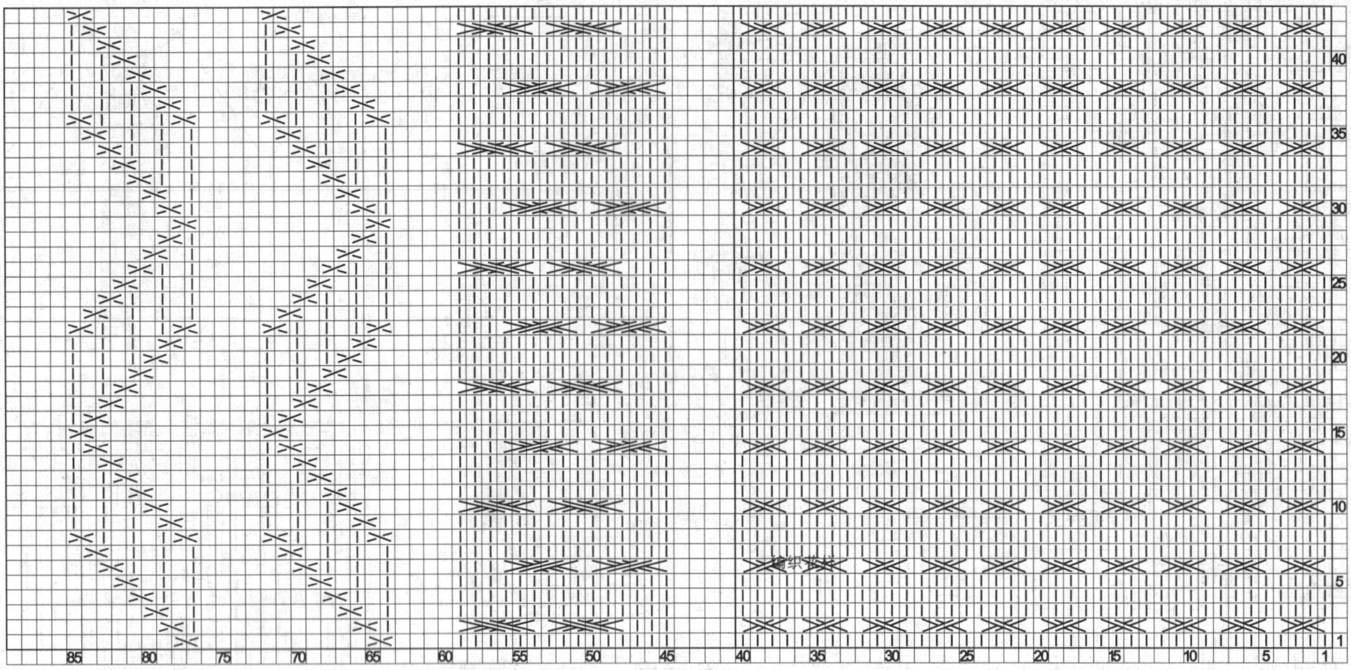

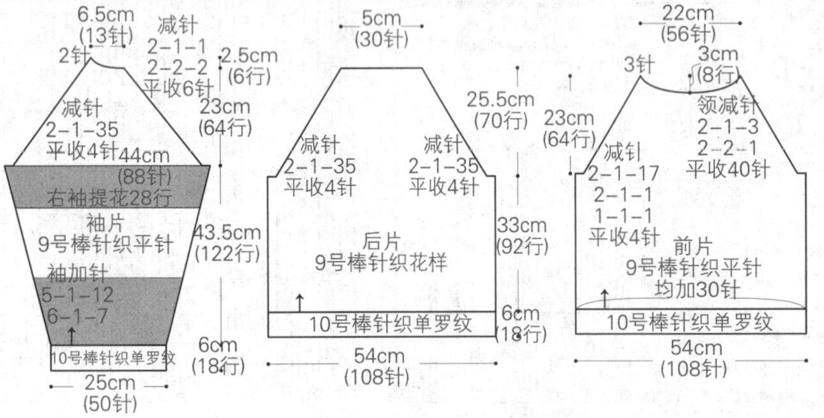

254

【成品规格】衣长66cm，胸围100cm，袖长62cm

【编织密度】22针×22行=10cm^2

【工　　具】10号、12号棒针

【材　　料】咖啡色毛线450g，灰色AB线150g

【编织要点】

1.后片：用咖啡色毛线和12号棒针起108针织双罗纹16行上面织上针，织80行开挂肩，同时换灰色AB线织下针。下各平收4针，再依次减针，后领窝留2cm，肩平收。

2.前片：起针同后片，双罗纹织好后排花样织，中心68针图解织花样，两边各20针织平针。织到开始织挂肩的时候灰色AB线织平针，挂肩织24行后开始织领窝，平收中心的针，分左右片织并在领边缘减针，减针完成后平织6行收针

3.袖：从袖山往下织。用灰色AB线起26针织平针，按图示加针织出袖山，袖宽到96针后换咖啡色毛线排花样织袖筒，中心24针2组9针绞花，绞花两边织平针，袖筒两边按图示减针，织94行将针数均收6针，换12号棒针织双罗纹16行平收。

4.领：织灰色AB线。起90针先用12号棒针织双罗纹10行，然后换11号棒针织并开始织引退针，11号棒针织12行后再换10号棒针织12行，织好后沿领边缝合，完成。

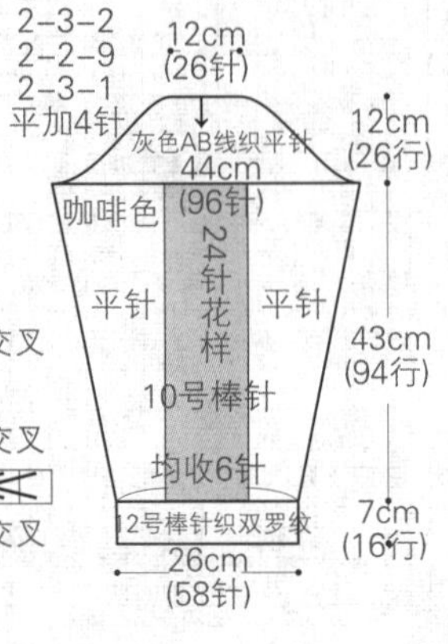

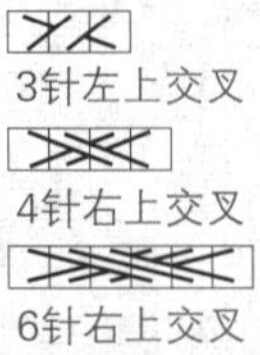
3针左上交叉

4针右上交叉

6针右上交叉

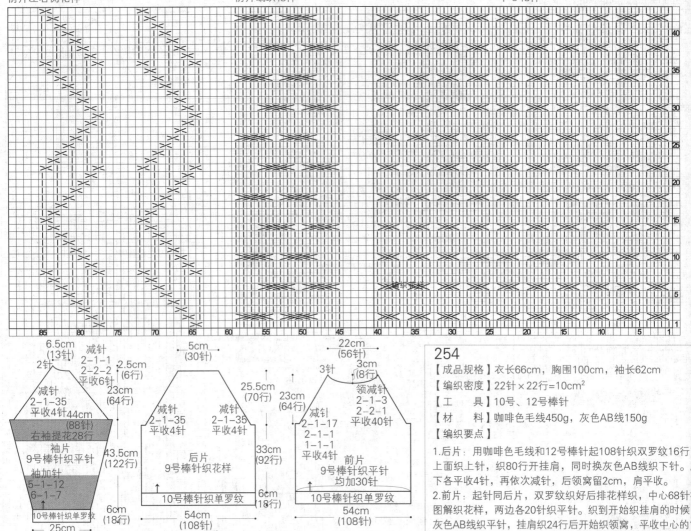

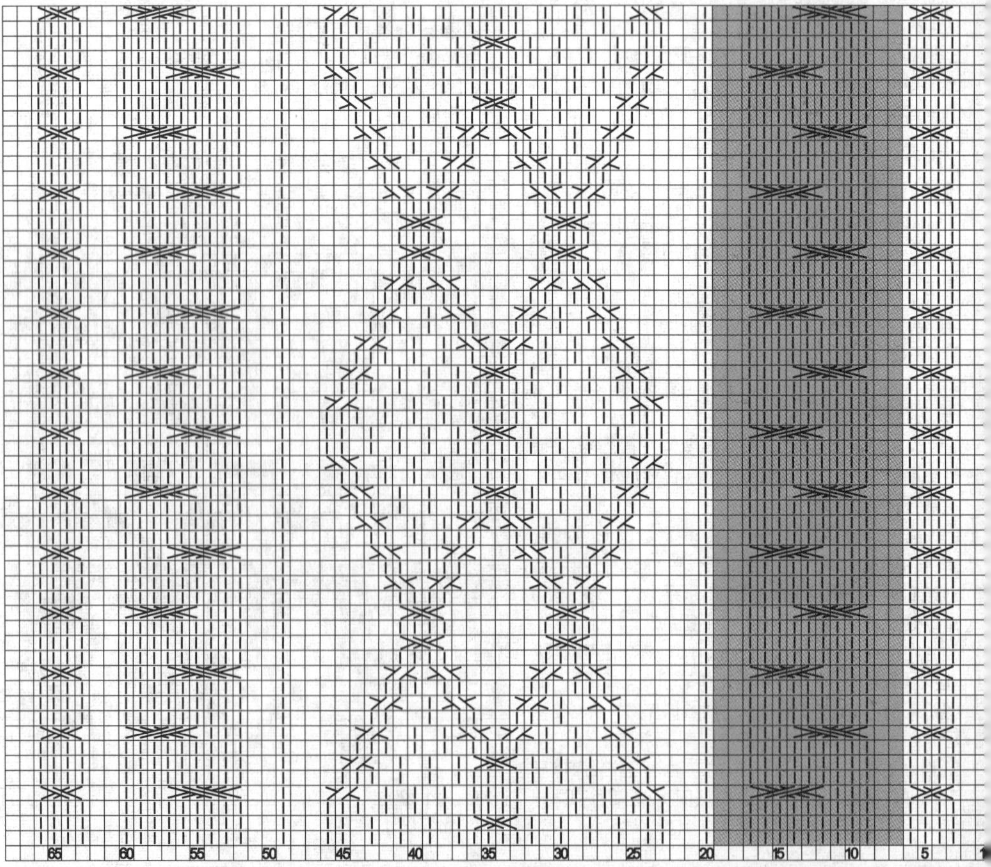

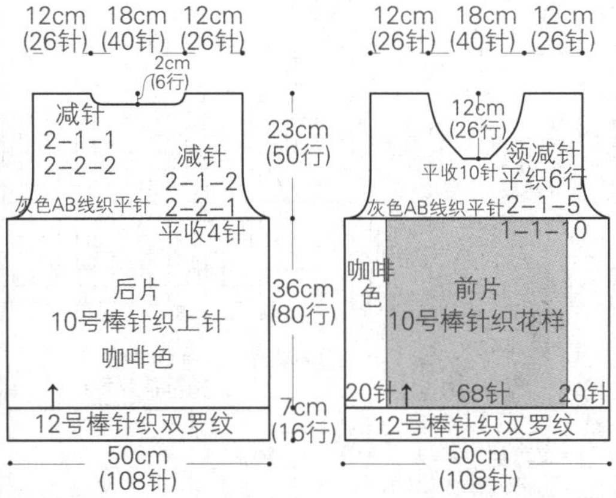

255

【成品规格】衣长65cm，胸围100cm，袖长62cm

【编织密度】20针×28行=10cm^2

【工　　具】9号、10号棒针

【材　　料】各色线共650g

【编织要点】

本款提花样式，由黑色灰色渐变织成，配色请参照模特彩图。

1.后片：黑色线用10号棒针起104针织双罗纹20行，换9号棒针织平针，黑色平针织64行开始织提花，先织1行黑色上针，再织1行灰色上针，然后再织1行黑色上针，开始织提花图案；正身织98行开挂肩，腋下平收4针，再分别依次各减6针，后领窝留6行，分别在领边缘各收3针，肩用引退针法织斜肩。

2.前片：起针及织法同后片；开挂肩后织36行开始织前领窝，先平收中心的10针，分左右片织，并在领边缘减针，减针完成后平织10行，肩织法同后片。

3.袖：黑色毛线用10号棒针起52针织双罗纹18行后，换9号棒针织平针88行，上面开始织提花，袖筒两边按图示加针，织118行。

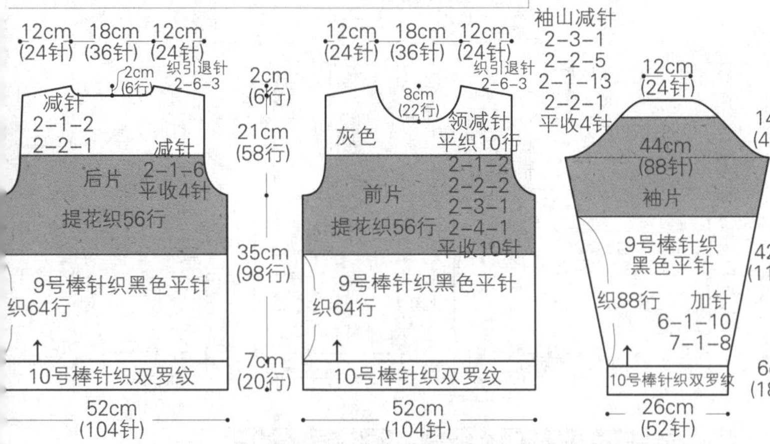

256

领片：8号棒针沿领窝挑90针织边缘花样，织20行平收，完成。

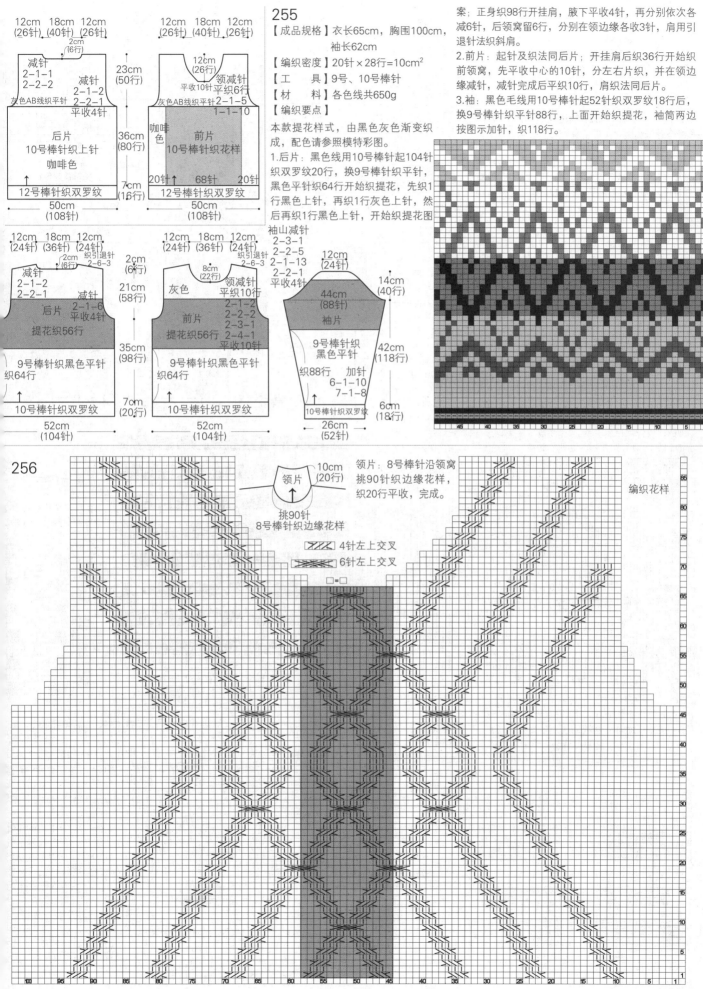

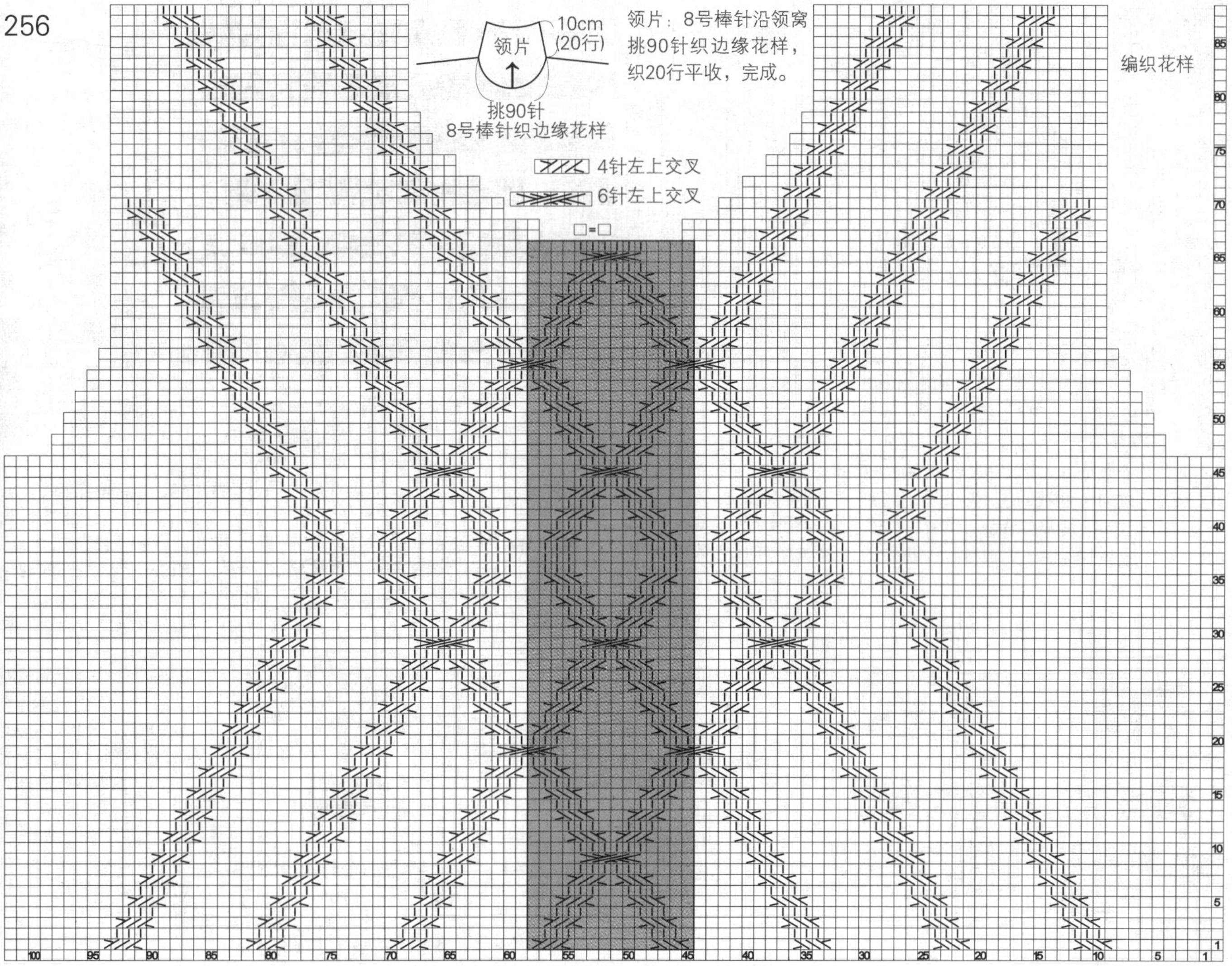

【成品规格】衣长54cm，胸围100cm，
袖长62cm
【编织密度】20针×18行=10cm^2
【工　　具】6号、8号棒针
【材　　料】碳灰色毛线650g
【编织要点】
1.后片：8号棒针起102针织边缘花样12行，换6号棒针按图解织花样，织46行开挂肩，腋下各平收4针，再依次各减5针，最后4行织后领窝，中心30针平收，分开织左右片并在领边缘各减2针，肩平收。
2.前片：起针及织法同后片；挂肩织22行开始织领窝，中心平收12针，分开织左右片并在领边缘减针，减针完成后平织8行，肩平收。
3.袖：6号棒针起24针，中心14针织花样，两边织上针，两边按图示加针织出袖山，袖宽84针后开始织袖筒，两边按图示减针织76行，换8号棒针织边缘花样12行收针。

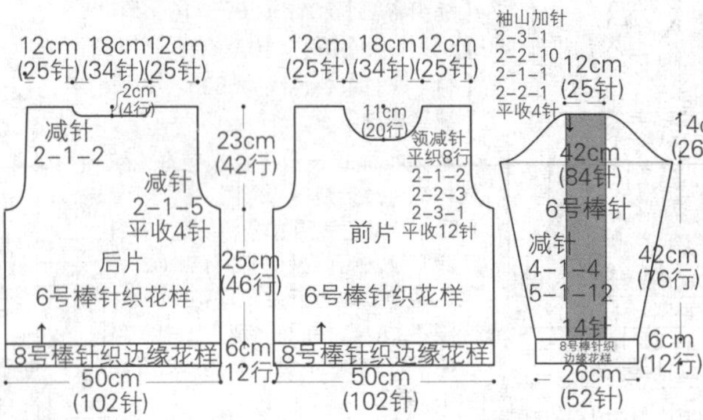

边缘花样

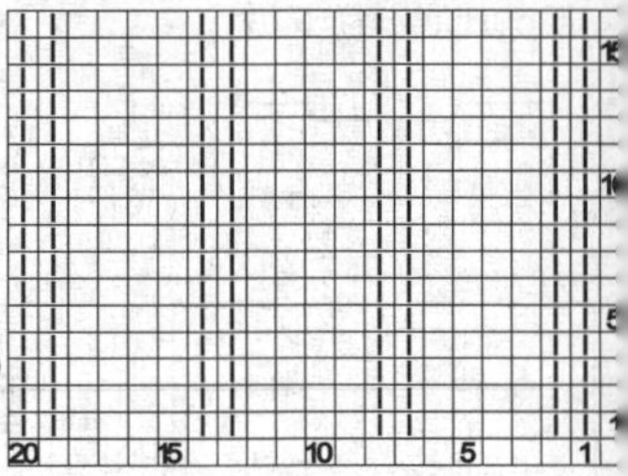

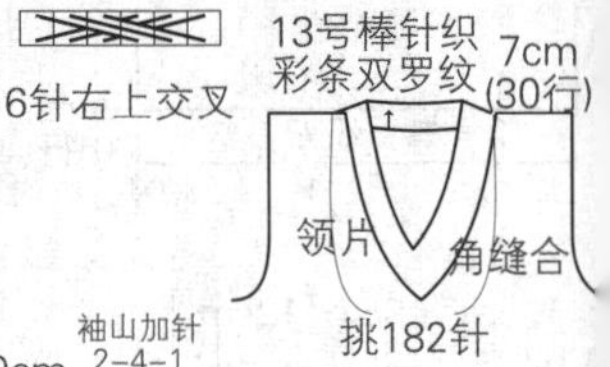

257

【成品规格】衣长64cm，胸围100cm，
袖长62cm
【编织密度】28针×33行=10cm^2
【工　　具】12号、13号棒针
【材　　料】杏色毛线650g，黑、白、红色毛线少许
【编织要点】
1.后片：用13号棒针起136针织彩色双罗纹30行，换12号棒针减1针织花样，织112行开始织挂肩，腋下各平收4针，再依次减针，织74行平收中心的51针，分开织左右片并在领边缘各减3针，肩平收。
2.前片：起针及织法同后片；开挂肩的同时开始织V领，将中心针收掉，分左右织片并在领边缘减针，每2行减1针减10次，再每3行减1针减18次，不加不减织6行，将肩部27针平收。
3.袖：从袖山往下织；起26针按图示加针织花样40行，袖宽118针时开始织袖筒，袖两侧按图示减针，织142行，换13号棒针织彩条双罗纹30行平收。
4.领：沿领窝挑182针织彩条双罗纹30行，织好后V领处对角缝合。

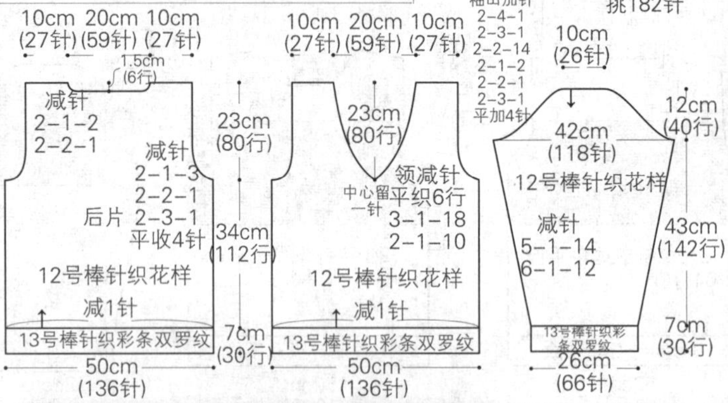

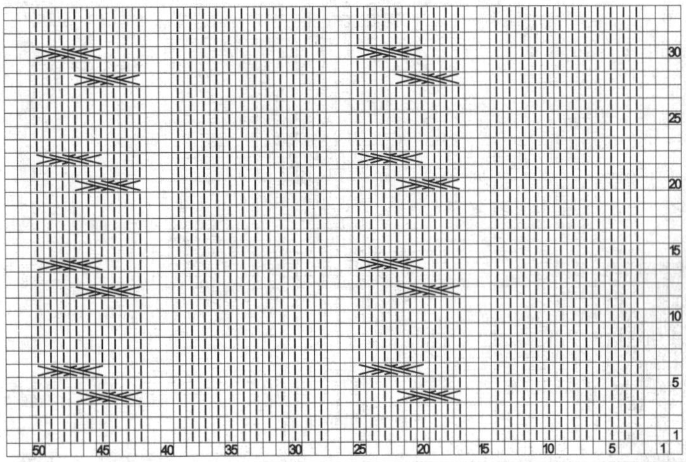

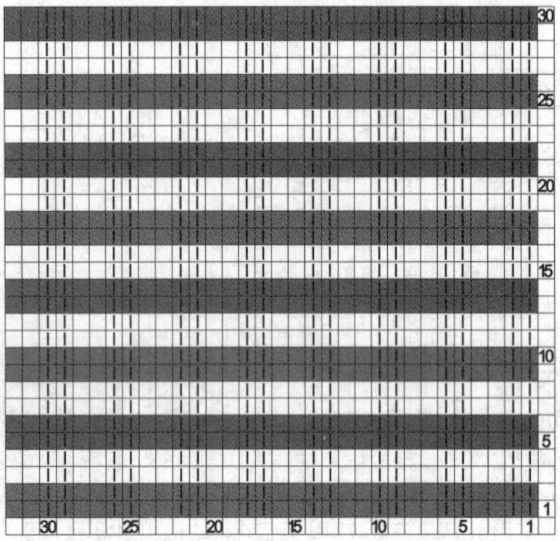

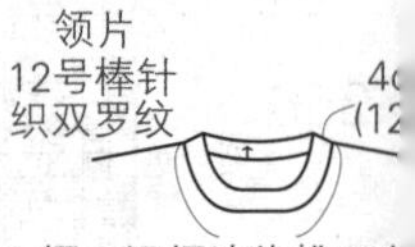

4.领：沿领边缘挑96针双罗纹，织12行平收，成。

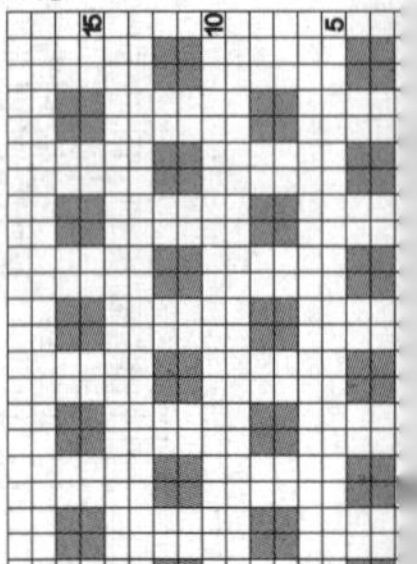

258

【成品规格】衣长65cm，胸围100cm，袖长59cm
【编织密度】20针×29行=10cm^2
【工　　具】10号、12号棒针
【材　　料】驼色毛线550g，蓝色毛线100g
【编织要点】
1.后片：12号棒针起100针织双罗纹22行后，换10号棒针织花样，花样与驼色交替织，请按图解说明；织102行开挂肩，腋下各平收4针，再依次减针，织60行织后领窝，平收中心的28针，分开织左右片并在领边缘各减针5针后，肩平收。
2.前片：起针及织法同后片；开挂肩后织42行开始织领窝，先平收中心的10针，分左右片织并在领边缘减针，减针完成后平织10行收针。
3.袖：从袖山往下织；起20针按图示加针织出袖山，按图解说明花样与驼色线交替织；袖壮到88针后开始织袖筒，两边按图示减针，织114行后织双罗纹22行平收。

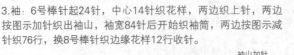

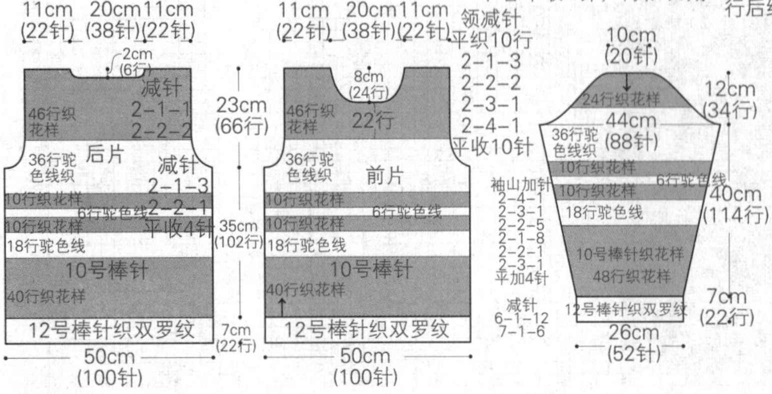

259

【成品规格】衣长64.5cm，胸围108cm，
连肩袖长75cm
【编织密度】26针×32行=10cm^2
【工　　具】11号、12号棒针
【材　　料】卡其色毛线650g
【编织要点】
1.后片：12号棒针起140针织双罗纹18行，换11号棒针织平针70行，开始分别织起伏针和平针交错花样，织106行开挂肩，腋下各平收5针，再依次减

针，最后48针平收。
2.前片：起针及织法片；前片挂肩部分比后织8行，织64行开始织领先平收中心34针，分开右并在领边缘减针，最平收。
3.袖：12号棒针起66针罗纹18行，换11号棒针针104行，开始织起伏针针交错花样，袖两侧按加针；织140行后开始山，一侧减针同后片，侧同前片，织出领差；针平收。
4.领：缝合各片；用12针沿领边缘挑156针织双12行平收，完成。

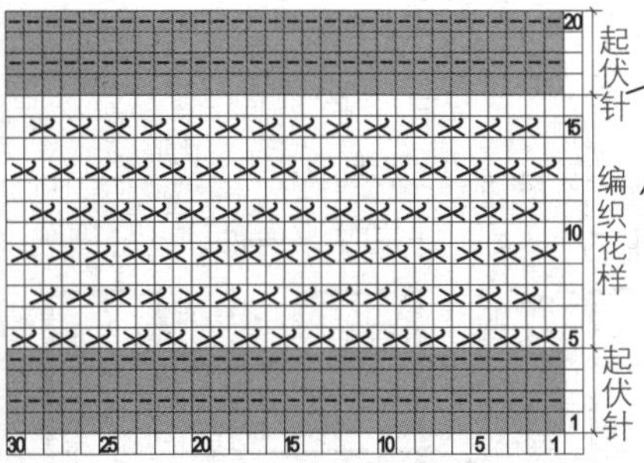

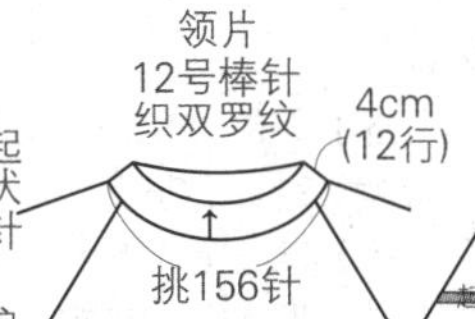

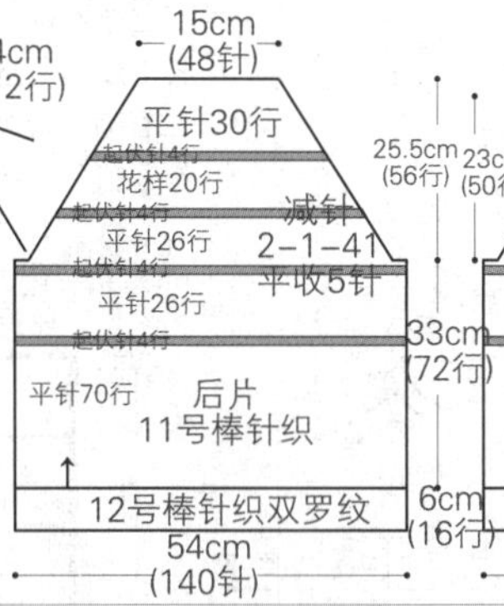

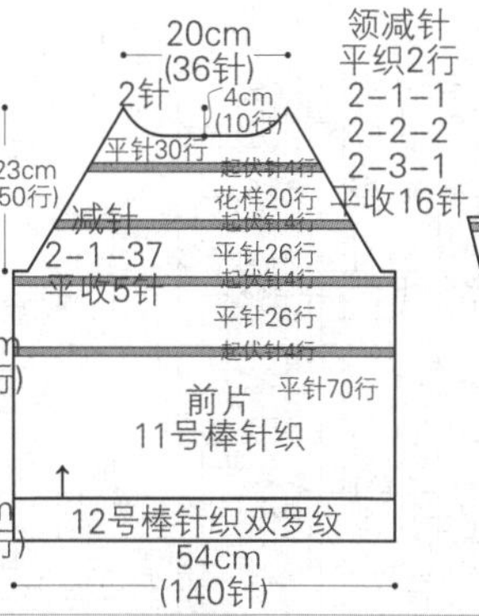

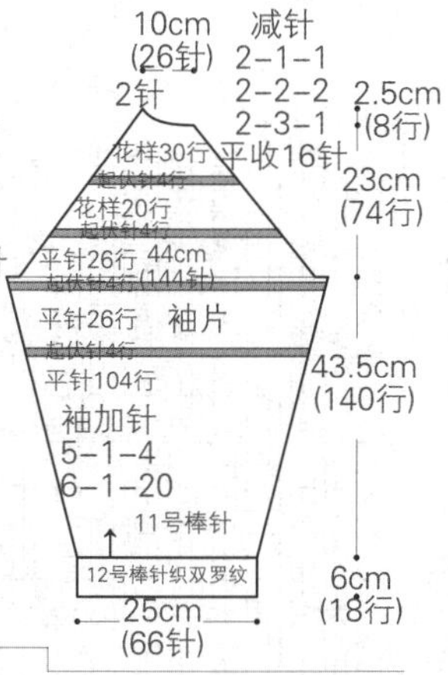

260

【成品规格】衣长65cm，胸围100cm，袖长62cm

【编织密度】17针×18行=10cm^2

【工　　具】6号、8号棒针

【材　　料】咖啡色毛线650g

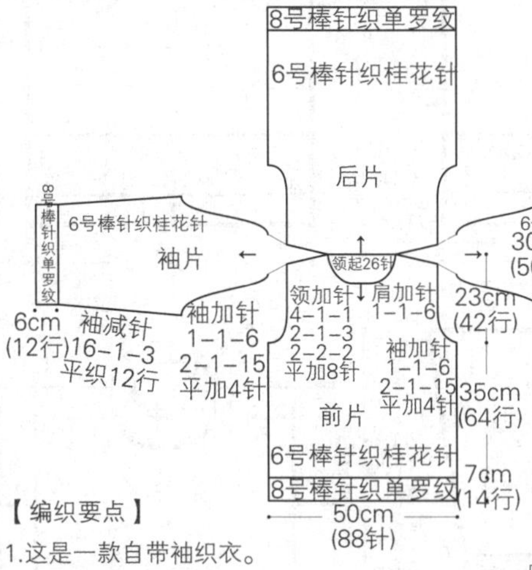

【编织要点】

1.这是一款自带袖织衣。

2.从领口开始往下织：起26针织桂花针2行。

3.从两端开始加针，首尾2针为径。以前片图解为参照，在每行每次加1针，加6次。此为肩。同时逐步加出前片领窝。继续加针织袖和领窝，在两根径的两边和中间分别加针，织袖和连接袖的袖窿。每行每次各加1针加6次，然后每2行各加1针加15次，腋下各平加4针，袖窿和袖山完成。领口按图解织即可。前片织花样，后片及袖织桂花针。

4.分开前后身片及袖。先圈织身片，织64行后换8号棒针织单罗纹14行收针。

5.再圈织袖，织60行桂花针，并各减3针，最后织单罗纹12行。完成。

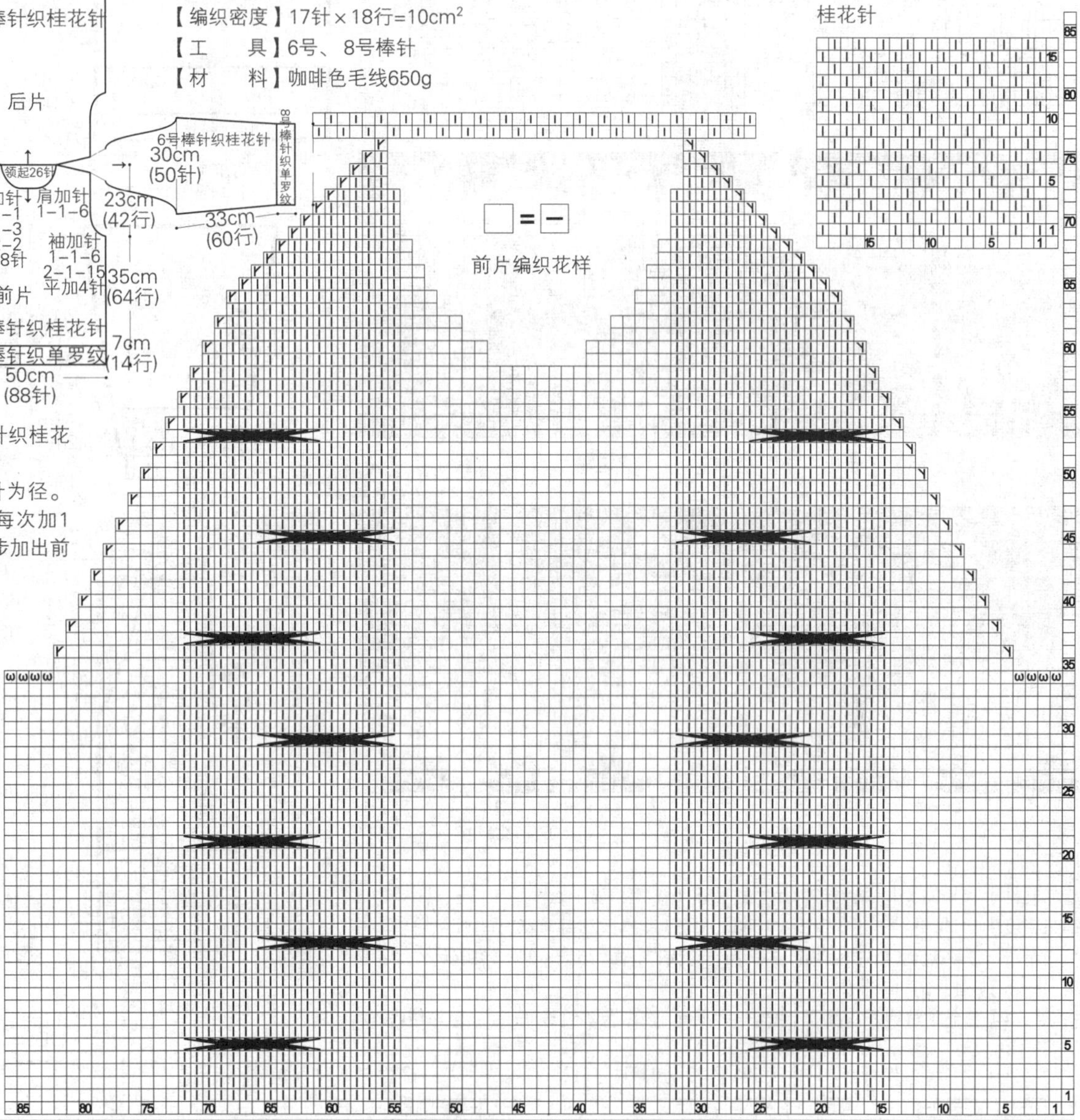

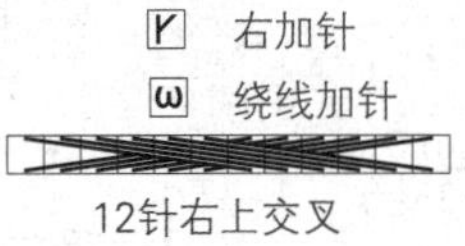

261

【成品规格】衣长64.5cm，胸围108cm，袖长75cm

【编织密度】18针×22行=10cm^2

【工　　具】9号、11号棒针

【材　　料】藏蓝色毛线650g

【编织要点】

1.后片：11号棒针起100针织双罗纹16行，换9号棒针织桂花针，织72行开挂肩，腋下各平收4针，再依次减针，最后30针平收。

2.前片：起针及织法同后片。前片挂肩部分比后片少织6行为领落差，织40行后开始织领窝，中心16针平收，两边依次减针，最后2针缝合用。

3.袖：从下往上织。起50针织双罗纹16行后，中心28针织花样，两边各11针桂花针，袖两边按图示加针织96行后开始织袖山，与前后片相连的地方减针相同，与领窝连接的地方按图示减针织成。

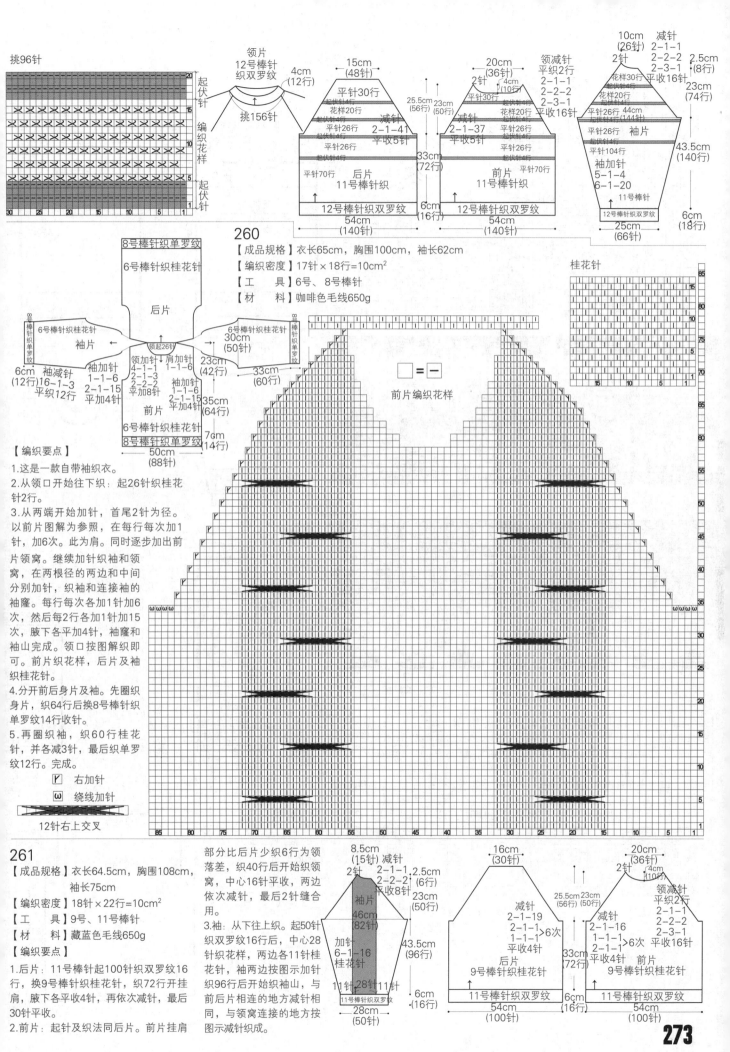

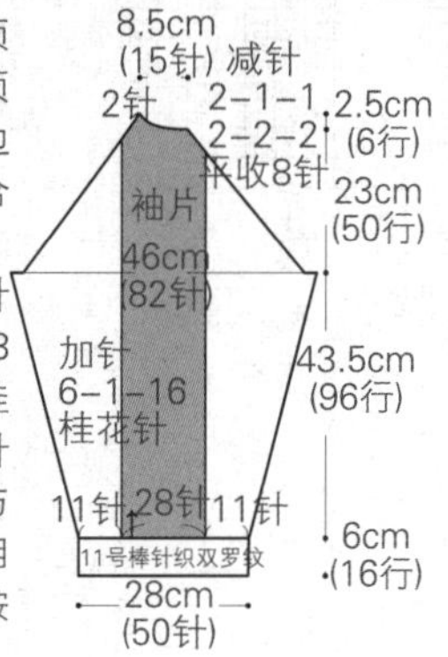

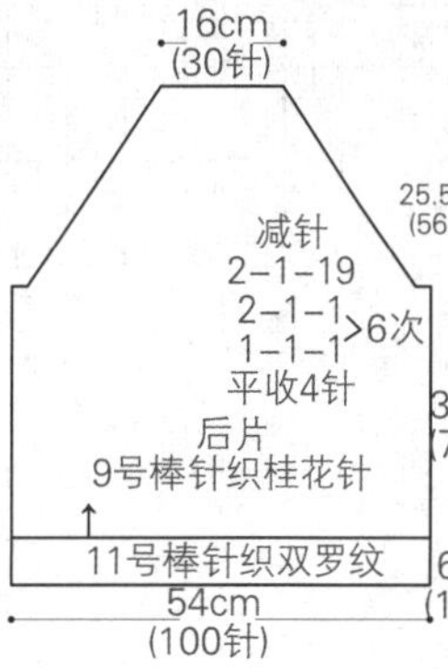

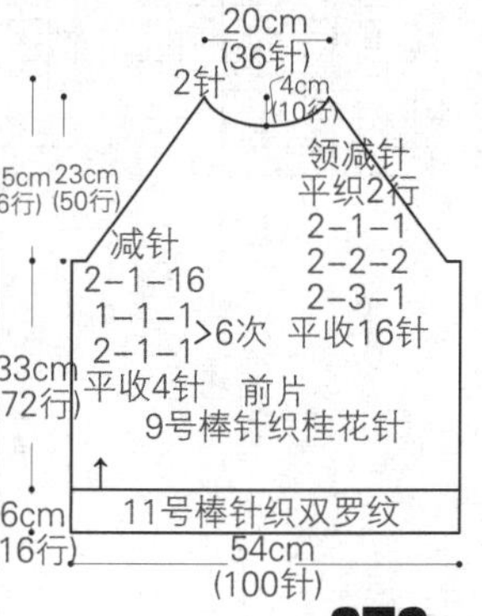

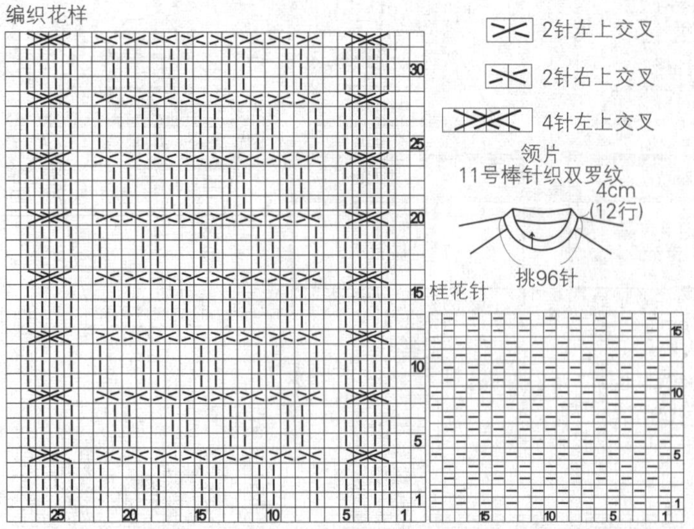

编织花样
2针左上交叉
2针右上交叉
4针左上交叉
领片
11号棒针织双罗纹
4cm
(12行)
挑96针
桂花针
262
【成品规格】衣长79.5cm，胸围100cm，袖长63cm
【编织密度】21针×26行=10cm²
【工　　具】4号、6号棒针
【材　　料】蓝色羊绒线260g，墨绿色羊绒线125g其他色羊绒线各少许
16cm
(34针)
18cm
(37针)
2cm(6行)
(29针)
平2行
1-1-2
2-2-1
花样B
袖
后身片
(6号棒针)
63cm
9cm
(24行)
4cm
(10行)
28cm
(72行)
花样A
50cm(105针)
(-25针)
(4号棒针)
(14行)
(130针)
9cm(24行)
(15针)
平8行
4-1-1
2-1-3
2-2-2
2-3-1
前身片
44cm(93针)
袖片
(6号棒针)
54.5cm
(+20针)
41.5cm
(108行)
平8行
6-1-18
8-1-2
25cm(53针)
(-9针)
(62针)
领片
(4号棒针)
(52针)
8cm
(28行)
(72针)
6针1组花样
袖子开始
身片开始
263
【成品规格】衣长64cm，胸围102cm，袖长63cm，背肩宽41cm
【编织密度】5号棒针：23针×38行=10cm²　编织花样：23针×28行=10cm²
3号棒针：26针×40行=10cm²　编织花样：25针×29行=10cm²
【工　　具】3号、5号棒针
【材　　料】蓝色羊绒线230g，黑色羊绒线145g，灰白色羊绒线35g，灰色羊绒线30g
11cm
(25针)
(5号棒针)
22cm
平2行
2-1-2
4-1-3
2-1-2
4-1-3
2-1-4
4-1-6
(-20针)
图1
(-4针)
12针
(48针)
1cm(4行)
左前片
(5号棒针)
42cm
(+5针)
24.5cm
(61针)
(-8针)
24.5cm
(56针)
(3号棒针)
(64针)
12cm
(34行)
11cm
(32行)
23cm
(66行)
16cm
(60行)
2cm
(8行)
17cm
(64行)
6cm
(16行)
18cm
(50行)
21cm
(60行)
平4行
4-1-10
6-1-1
4-1-3
2-1-1
4-1-4
(-19针)
(43针)
右前片
(5号棒针)
(-5针)
(-3针)
(6针)
(1针)
(23针)
(4针)
卷针
左前立领(107针)
前领
19cm
(44针)
2cm(6行)
(36针)
平2行
2-2-2
22cm
(62行)
(94针)
64cm
后身片
(5号棒针)
40cm
(112行)
(-15针)
51cm(118针)
(3号棒针)
(133针)

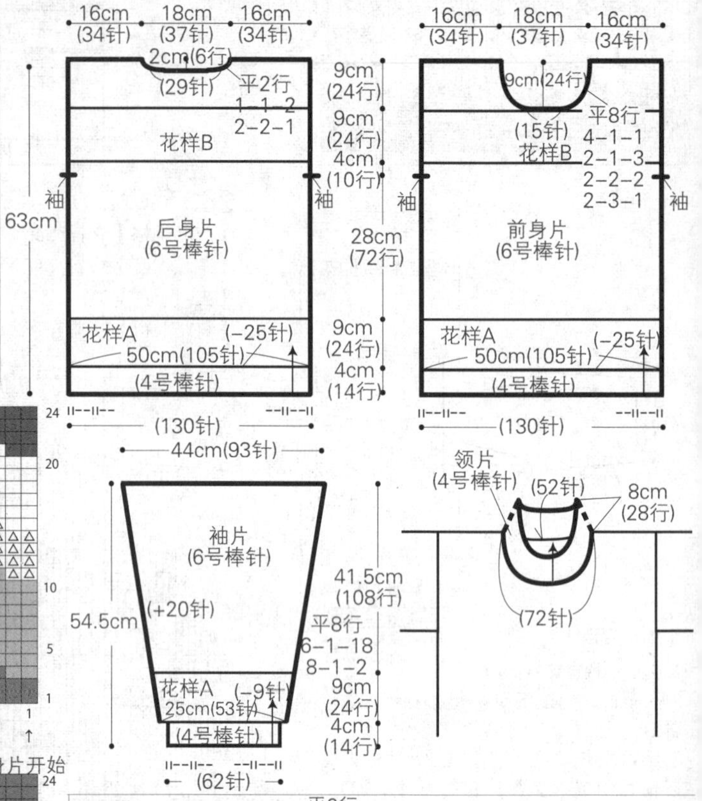

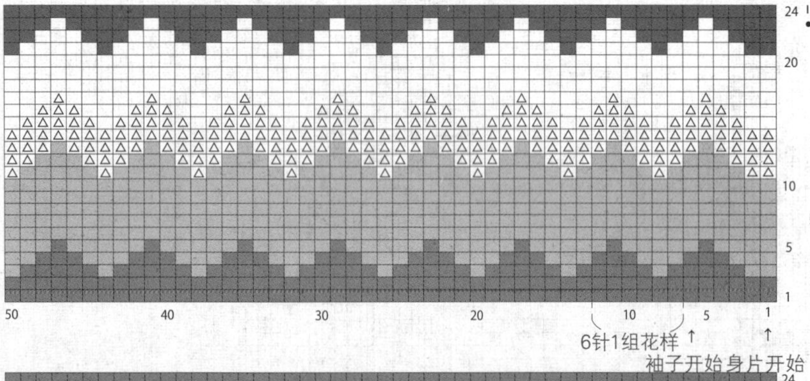

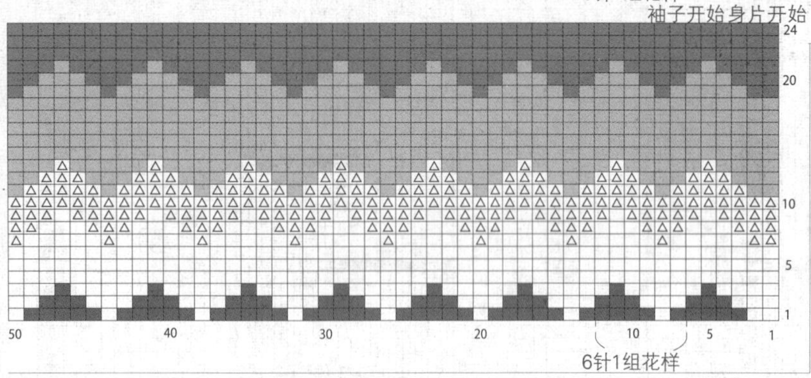

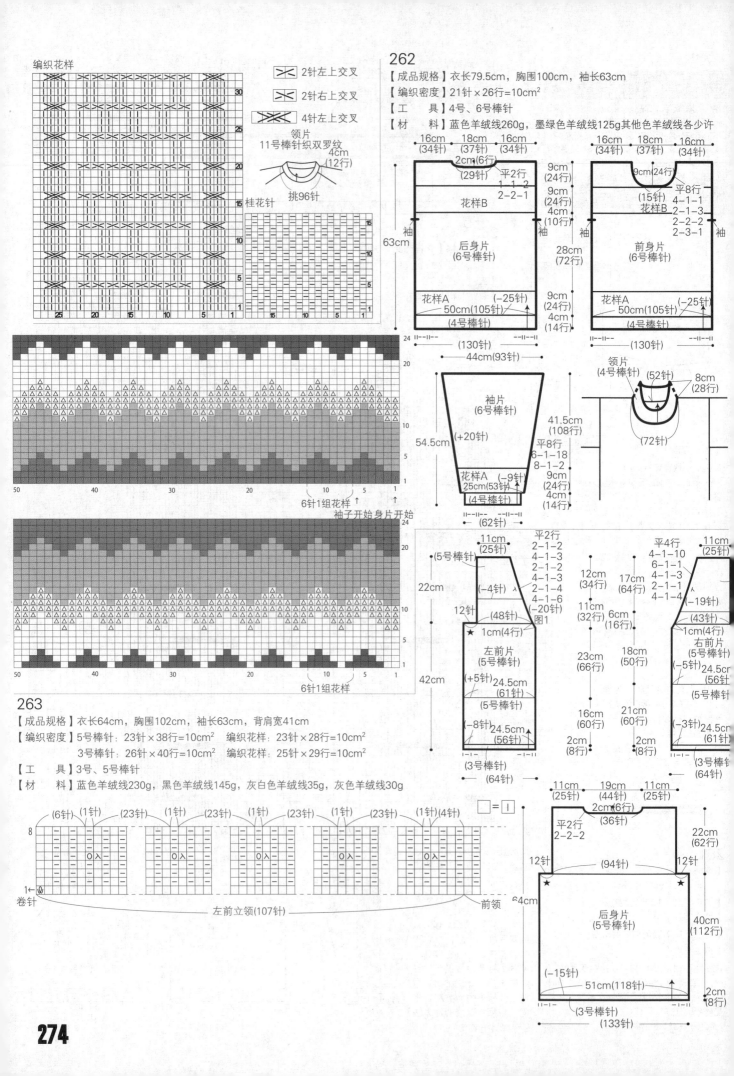

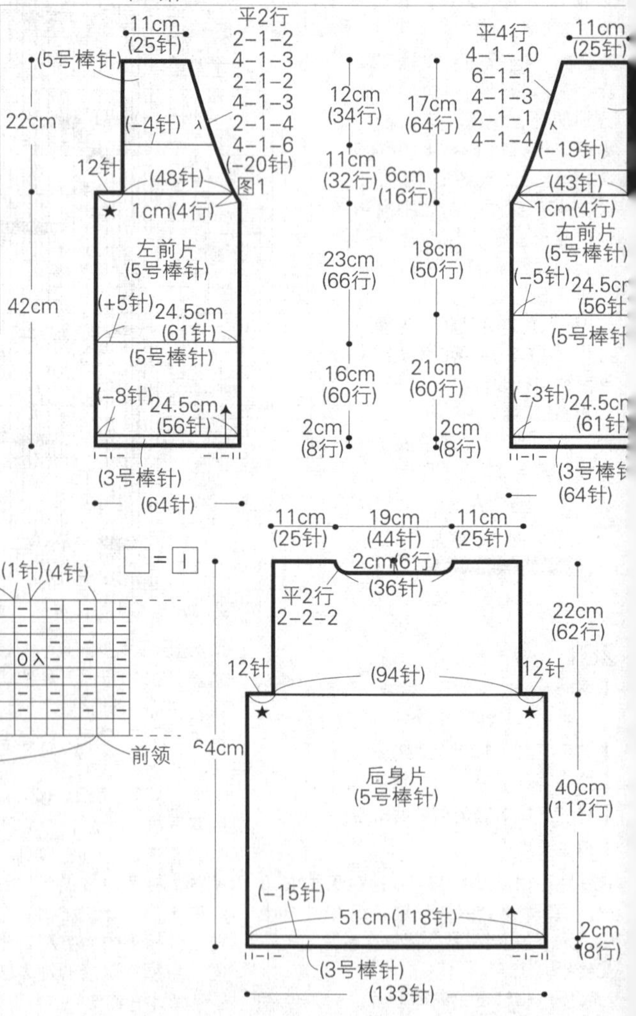

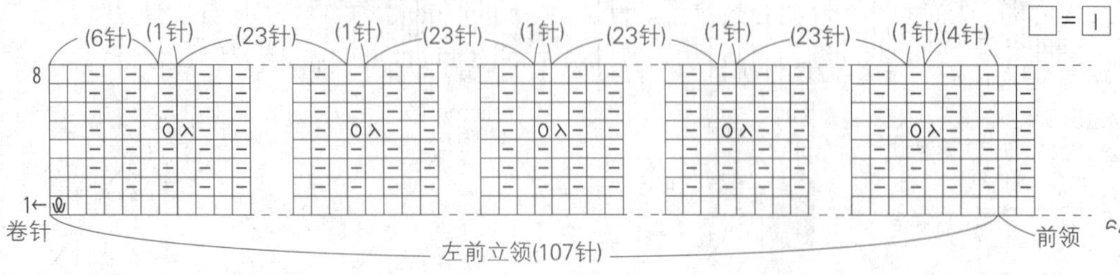

264

【成品规格】衣长65cm，胸围108cm，袖长63cm

【编织密度】22针×34行=10cm²

【工　　具】10号、12号棒针

【材　　料】白色毛线650g，襻扣7组

【编织要点】

1.后片：12号棒针起111针织双罗纹20行，换10号棒针织元宝针，两边按图示各加4针，织120行开挂肩，腋下各平收4针，再以2针为径每6行减2针减7次，最后4行留领窝，平收中心29针，分开织左右片并在领边缘各减3针，肩平收。

2.前片：12号棒针起55针织双罗纹20行，换10号棒针织元宝针花样，织法同后片；挂肩织44行开始织领窝，先平收5针，再依次减针，减针完成后不加不减织14行平收。

3.袖：从袖口往上织；12号棒针起58针织双罗纹20行，换10号棒针织元宝针花样，两边按图示加针织袖筒，织136行袖宽76针时开始织袖山，腋下各平收4针，再分别依次减针，减针方法同后片，最后24针平收。

4.领、门襟：缝合各片，先挑针织领，12号棒针沿边缘挑93针织边缘花样16行平收。门襟：用12号棒针起13针织边缘花样200行，缝合在门边，最后缝合襻扣，完成。

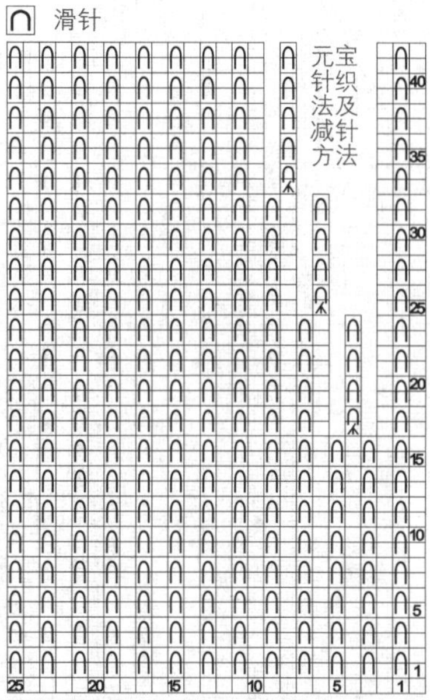

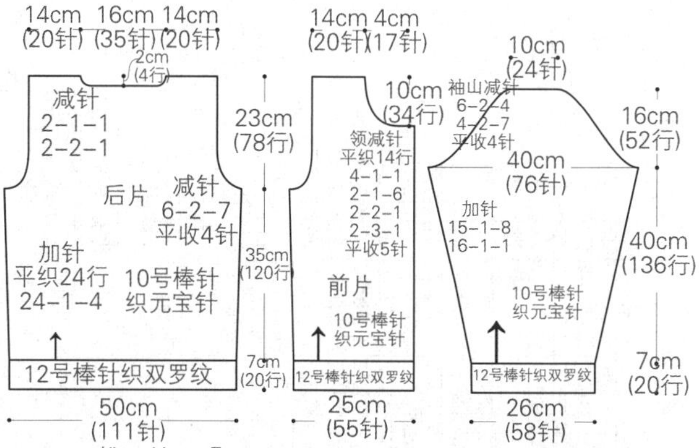

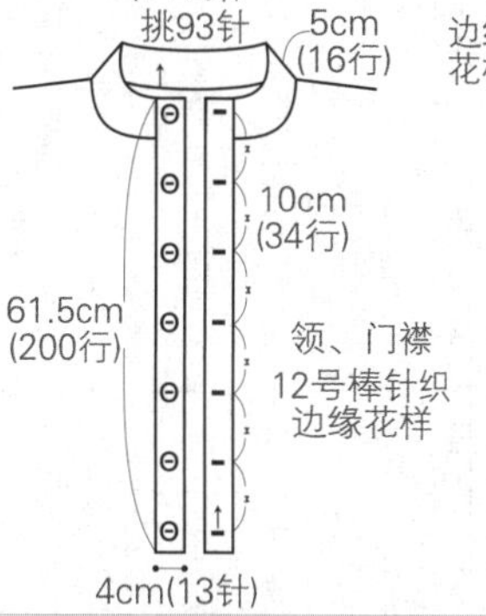

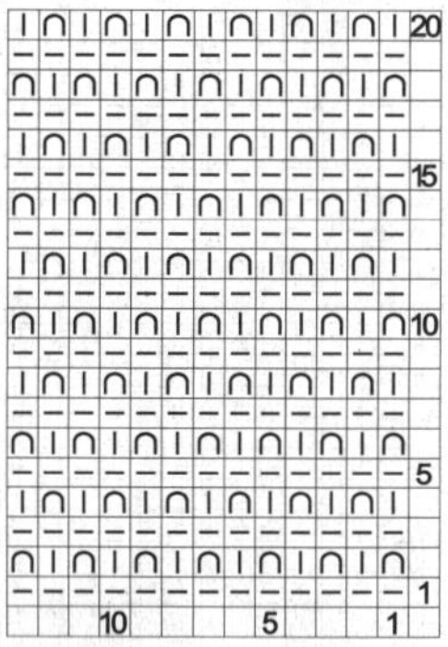

265

【成品规格】衣长67cm，胸围104cm，袖长57cm

【编织密度】花样A：25针×34行=10cm²

花样B：27针×34行=10cm²

4号棒针：22针×36行=10cm²

【工　　具】4号、5号、6号、7号棒针

【材　　料】蓝色羊毛线870g

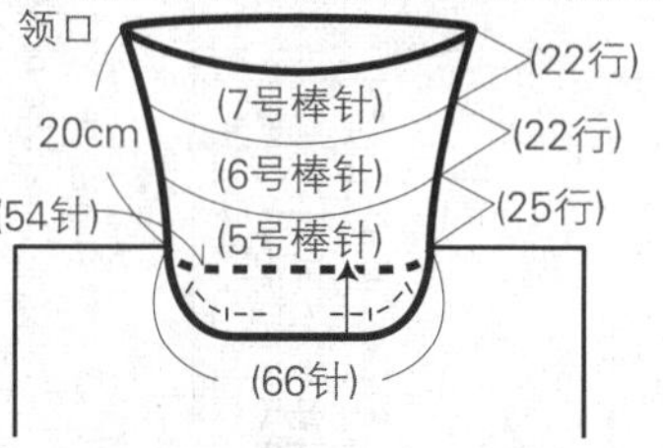

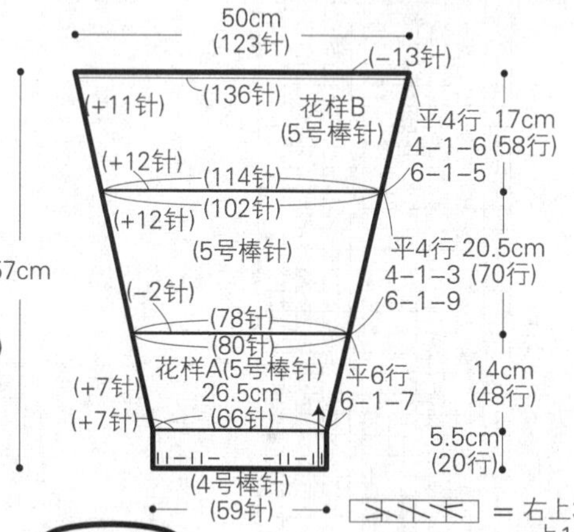

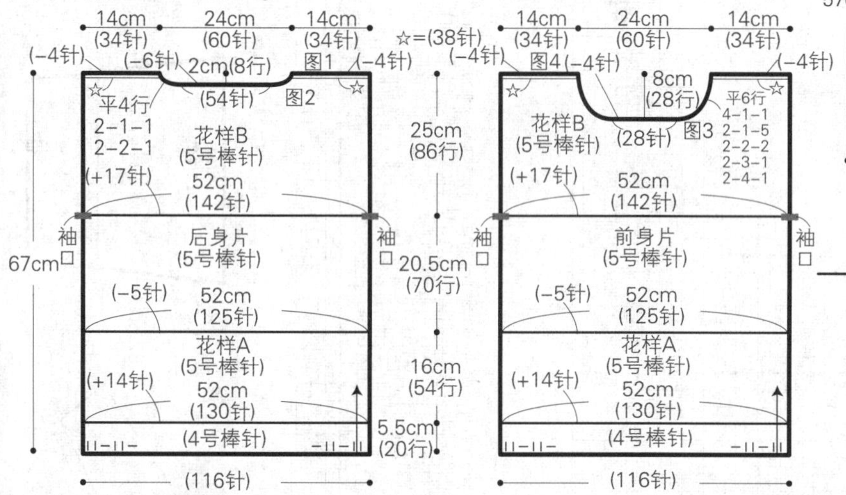

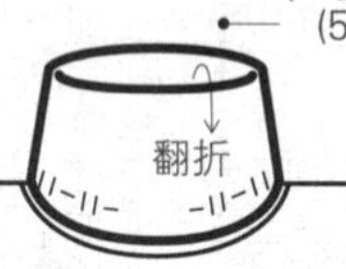

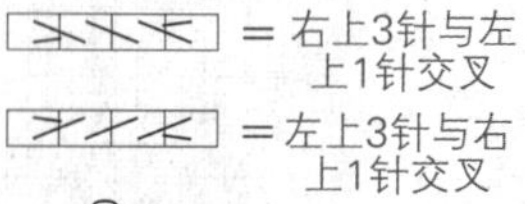

花样B(5号棒针) ▇ = 20针14行1组花样　　□ = |

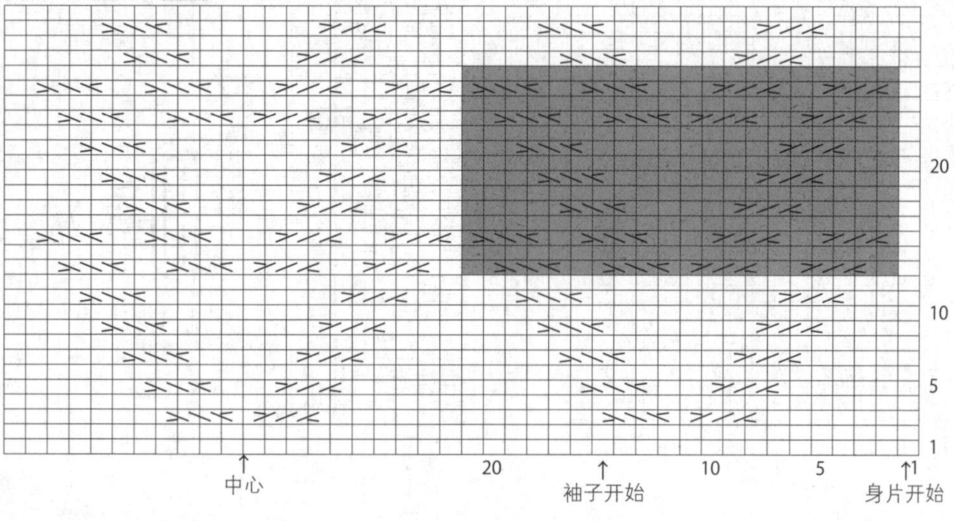

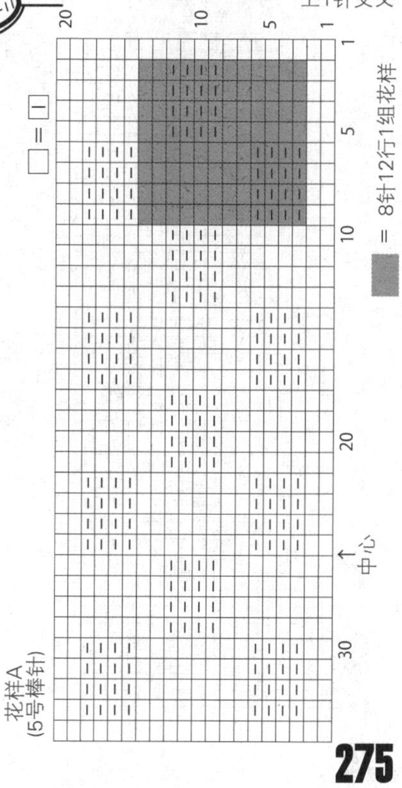

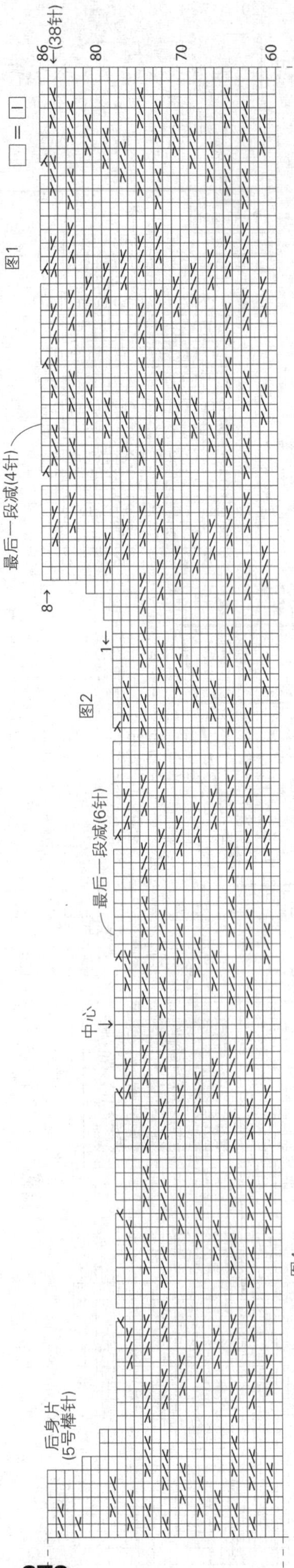

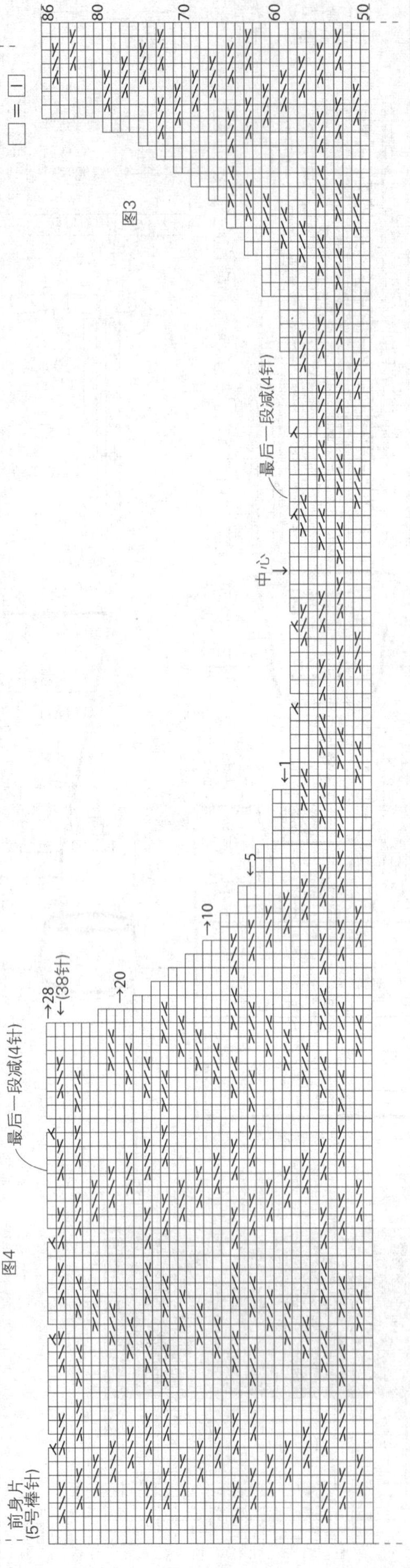

266

【成品规格】衣长71cm，胸围154cm，袖长57cm

【编织密度】花样A：12针×32行=10cm²

花样B：17针×26行=10cm²

【工　　具】6号、7号、8号、10号棒针

【材　　料】白色羊毛线320g

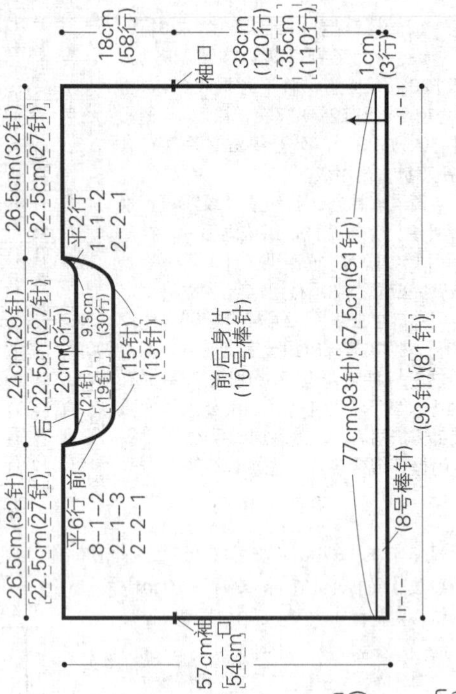

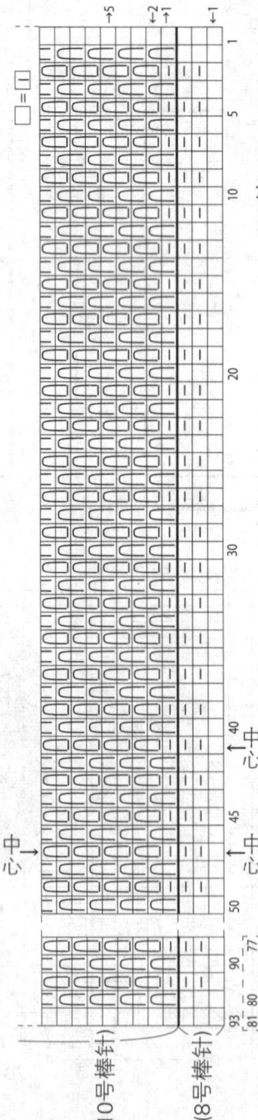

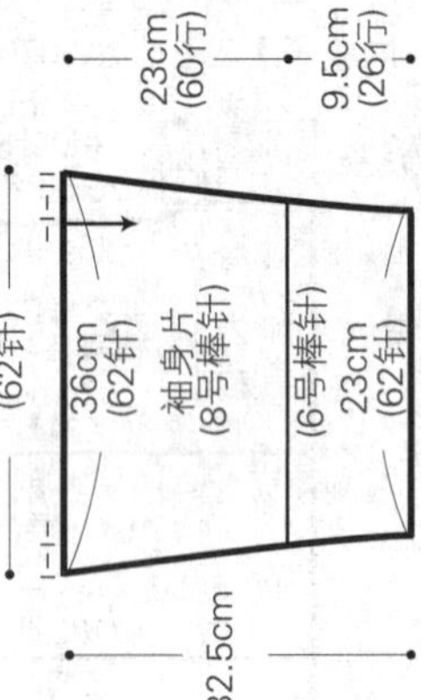

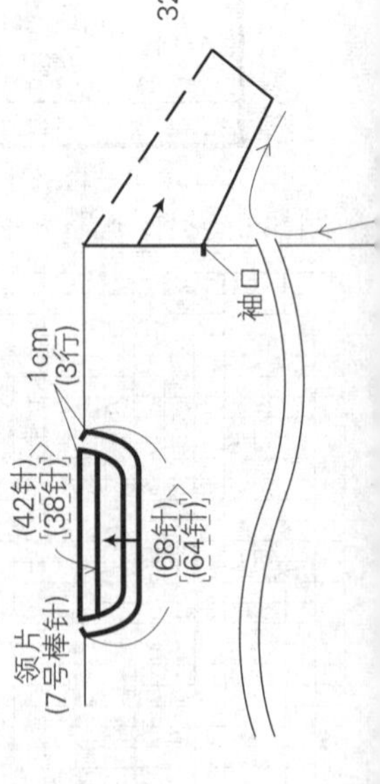

267

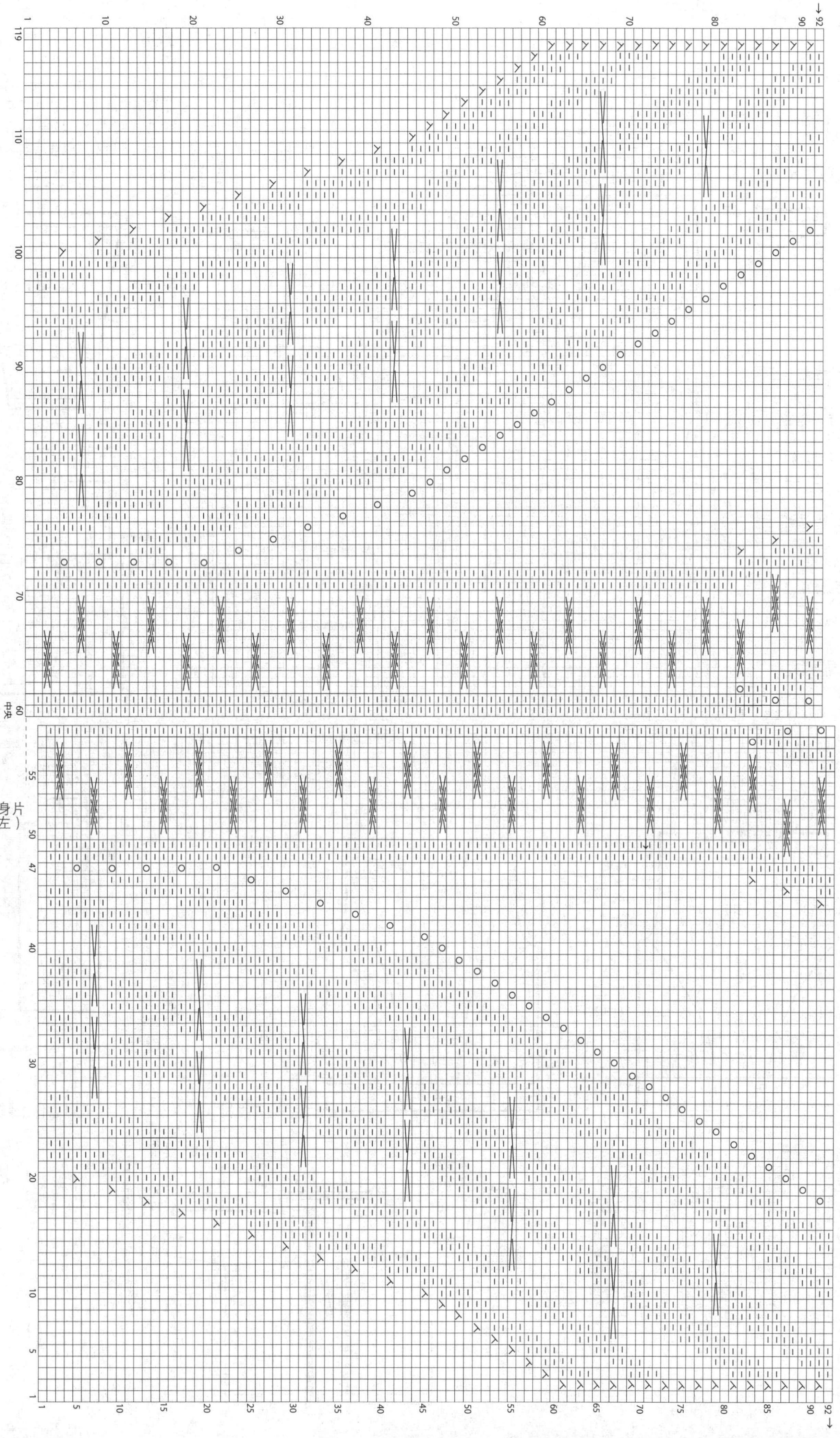

267

【成品规格】衣长66cm，胸围96cm，背肩宽39cm

【编织密度】花样A：22针×27行=10cm²

【工　　具】5号、7号棒针

【材　　料】灰色羊毛线300g

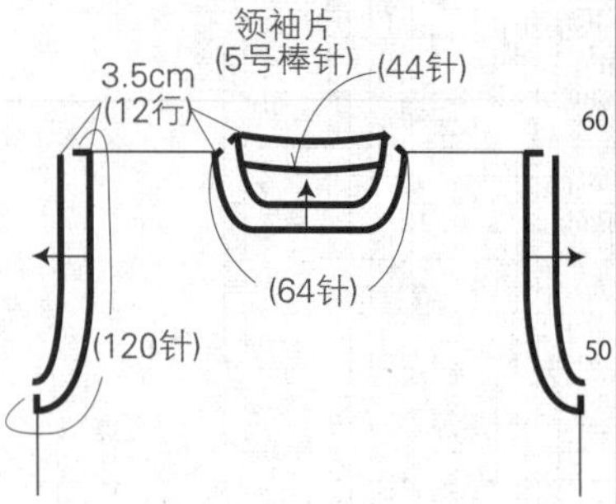

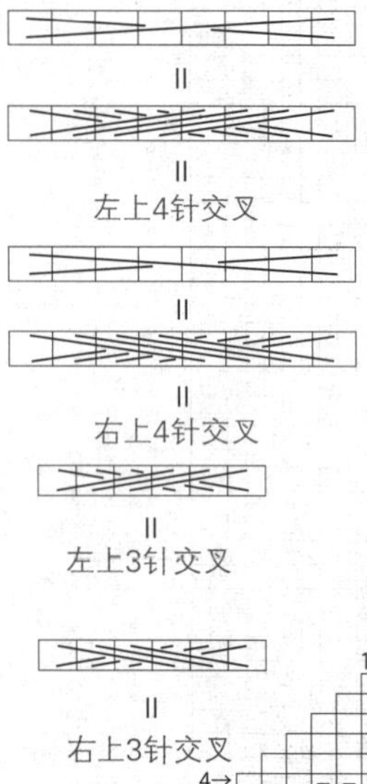

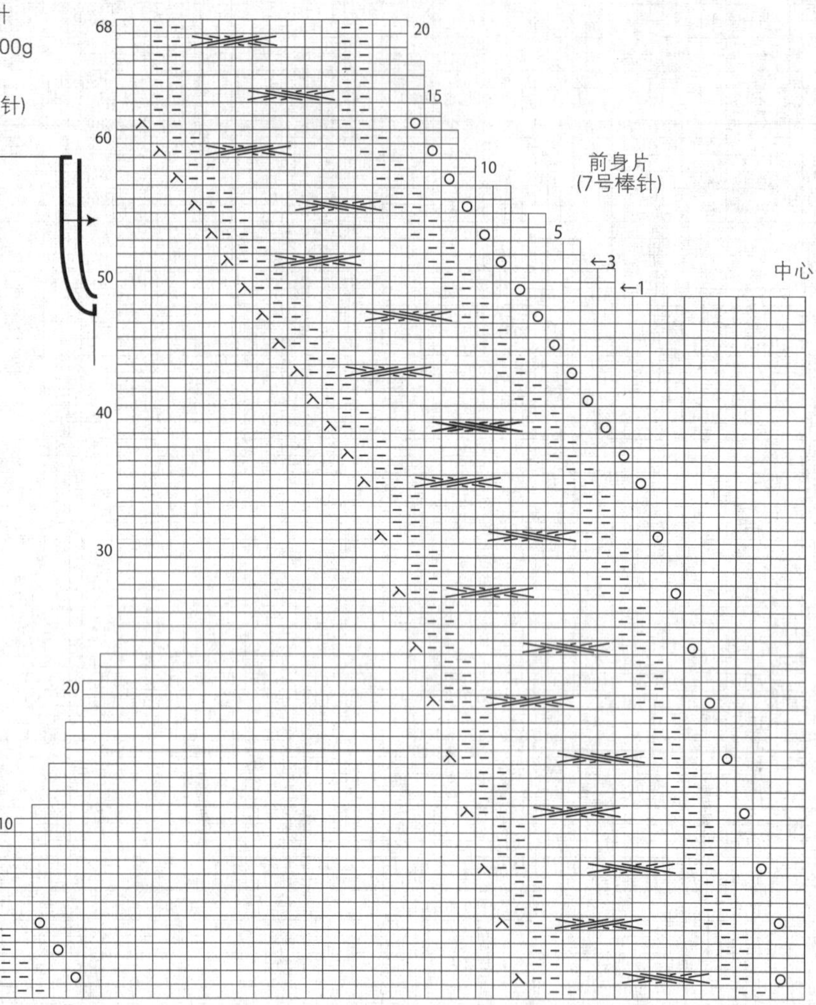

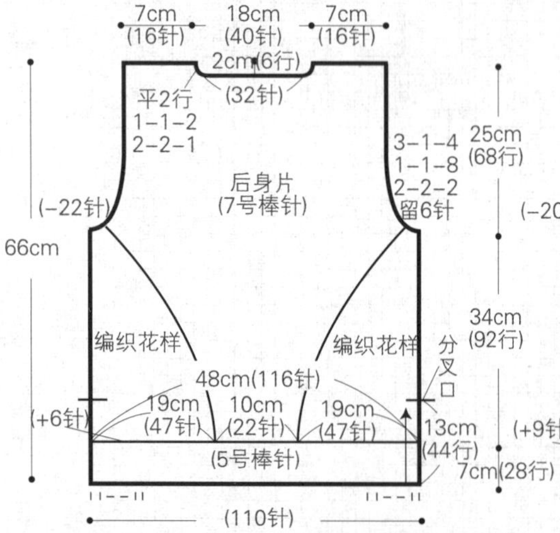

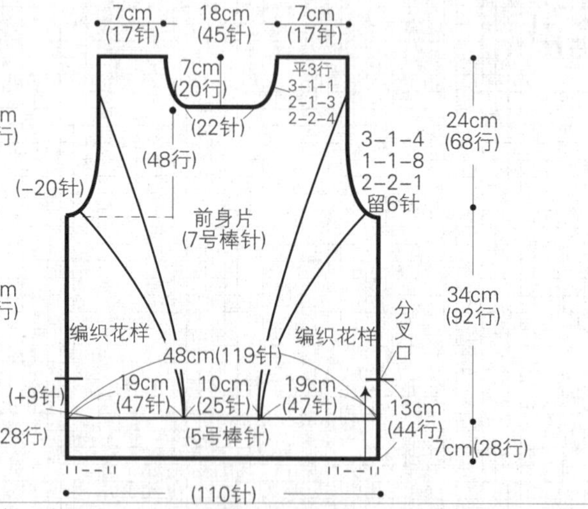

268

【成品规格】衣长64cm，胸围107cm，袖长59cm，背肩宽45cm

【编织密度】11.5针×27行=10cm²

【工　　具】14号棒针

【材　　料】草绿色羊毛线750g

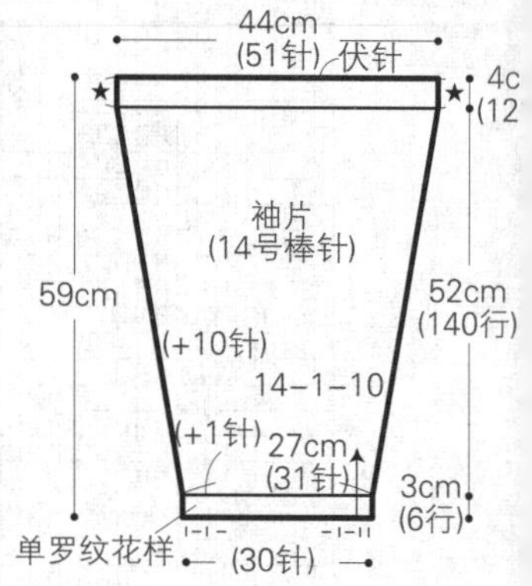

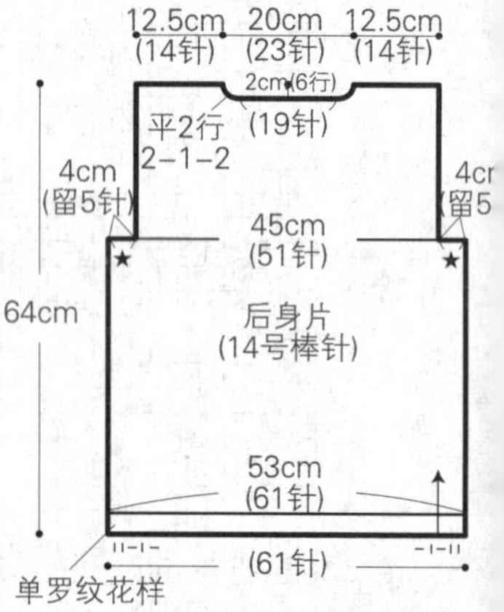

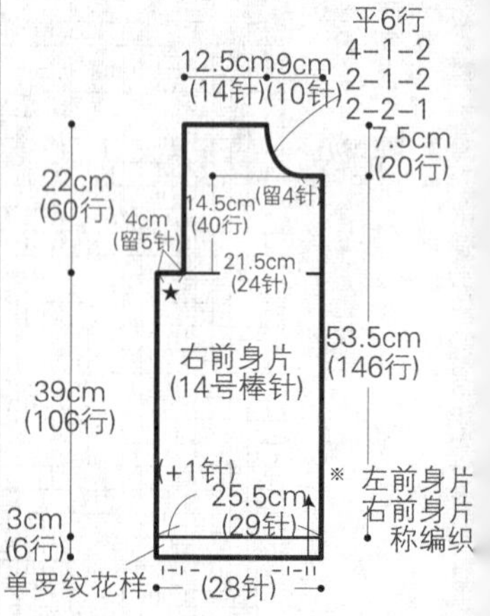

= 2针16行1组花样

= 引拔针上针(表)

= 引拔针上针(里)

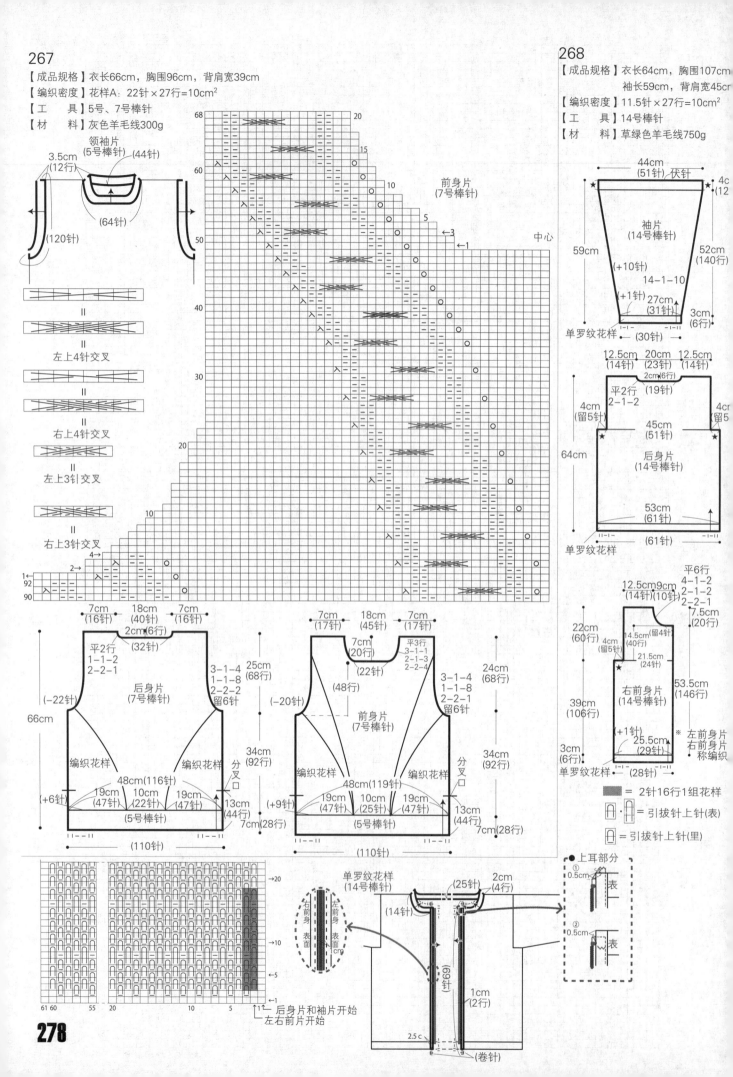

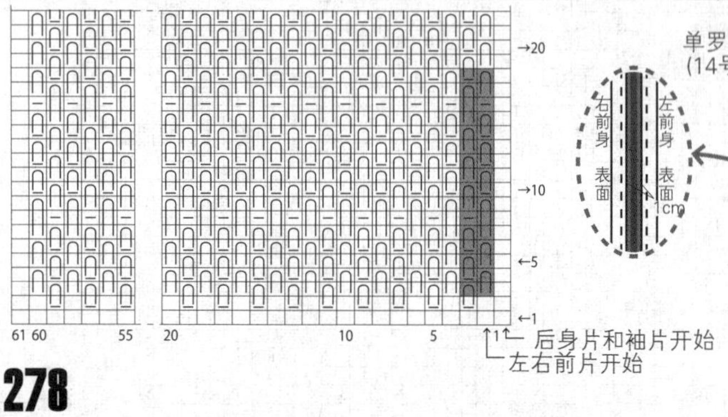

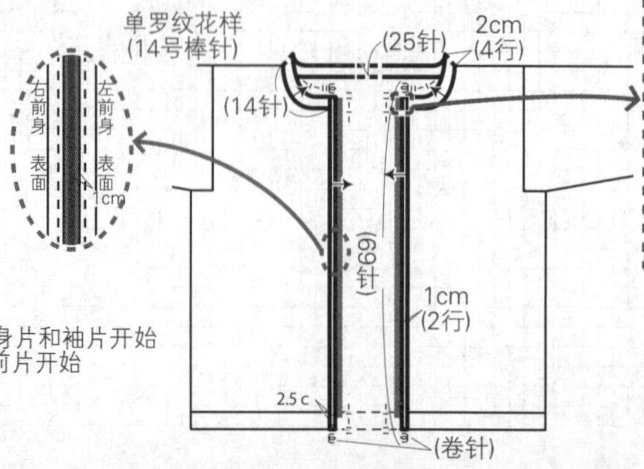

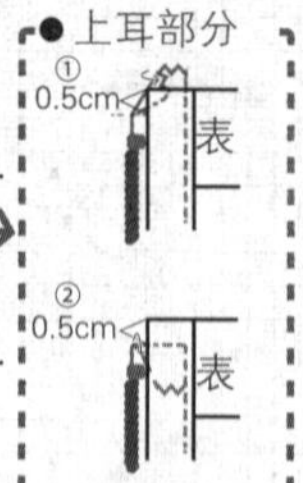

269

【成品规格】衣长64cm，胸围99cm，背肩宽45cm

【编织密度】10针×12.5行=10cm²

【工　　具】8号、10号棒针

【材　　料】咖啡色羊绒线480g，红色羊绒线120g，黑色羊绒线80g

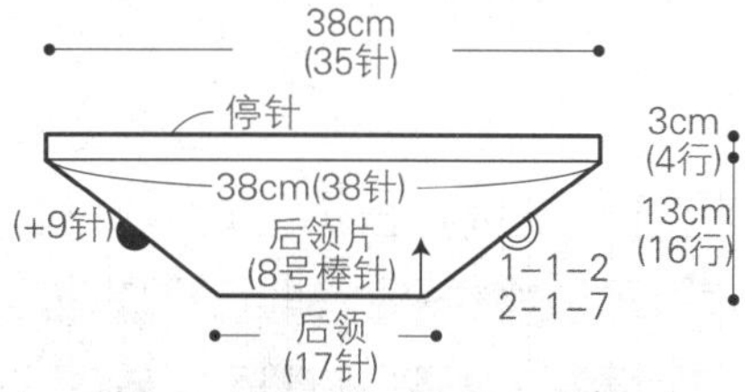

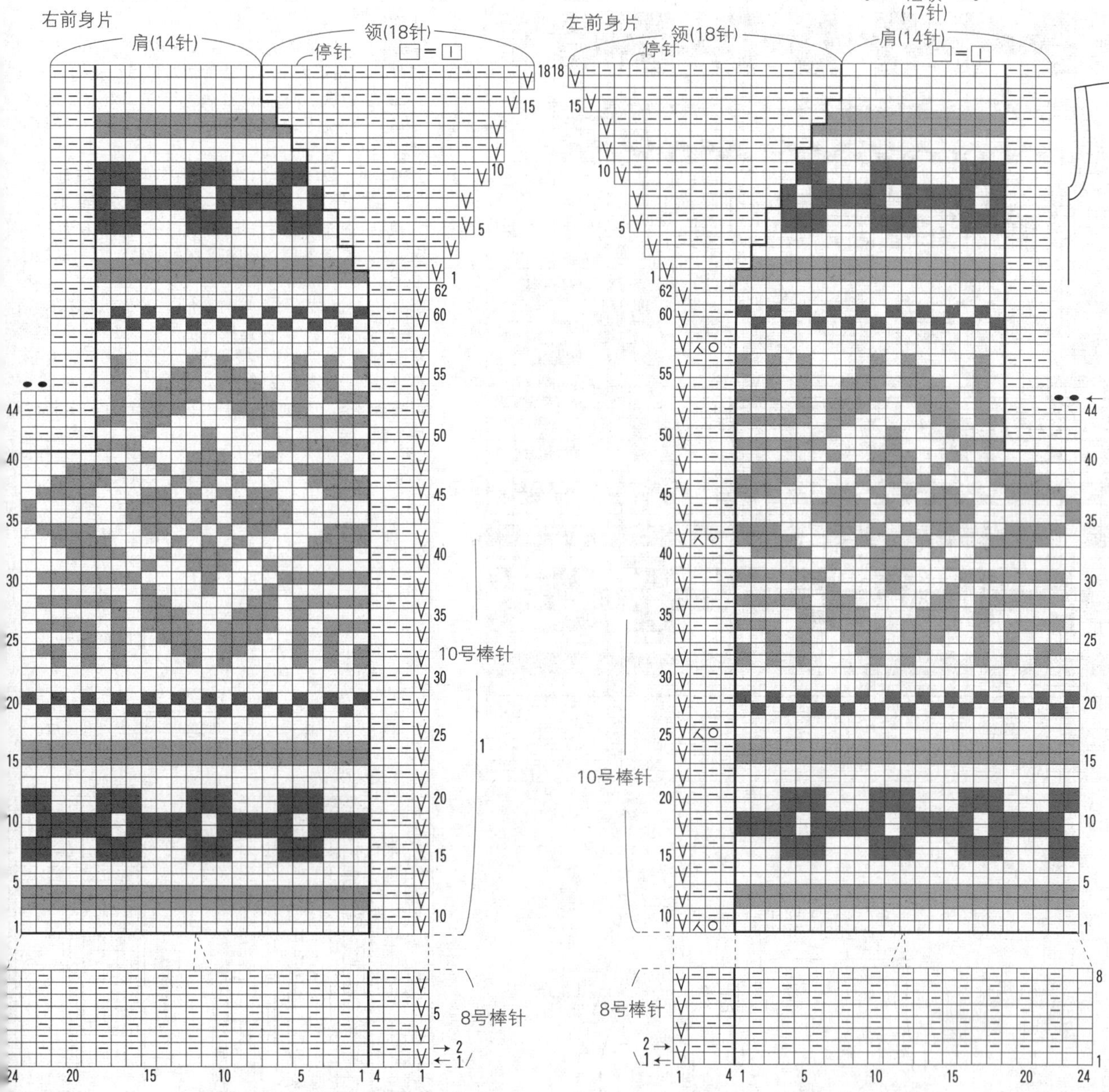

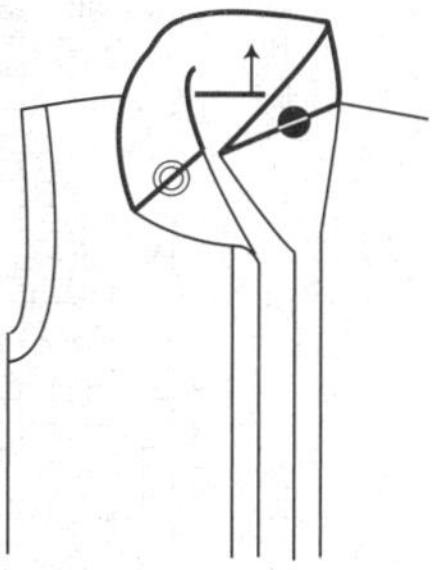

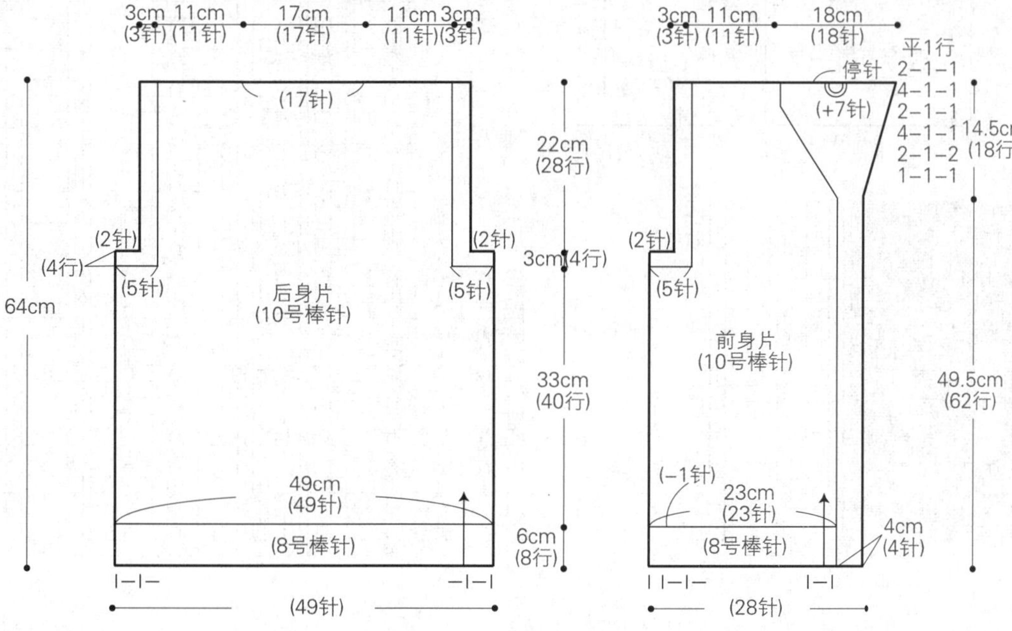

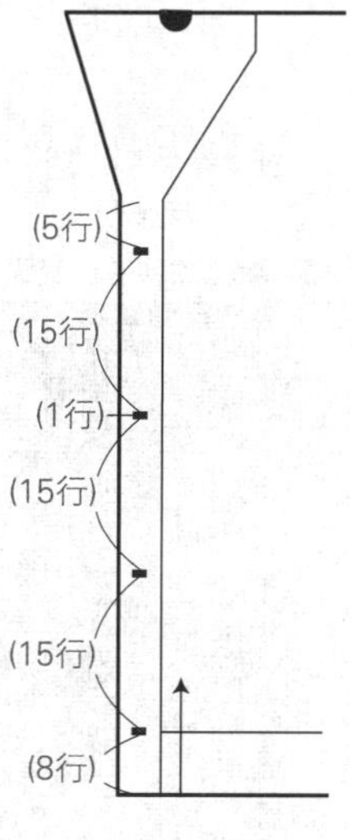

270

【成品规格】衣长65cm，胸围110cm，袖长62cm

【编织密度】12针×20行=10cm²

【工　　具】8号、6号棒针

【材　　料】花灰色毛线650g

【编织要点】

1.后片：用6号棒针起针直接织花样，起65针排织花样，以扭花为中心，往两边对称排织花样，一共排3组，边缘各加3针滑针线条花样；织84行开始织挂肩，腋下各平收4针，再依次各减3针，织48行平收。

2.前片：起38针，门边10针织双罗纹，其他织花样，织76行开始减针织领窝，减针以双罗纹的里边为减针线，往里并针；开挂肩同后片；每6行减1针减7次，再平织14行后领肩14针平收，双罗纹继续往上织18行平收。

3.袖：从袖山往下织，起13针，中心9针织扭花，两边对称排织花样，两边按图示加针织出袖山，袖宽至51针开始织袖筒，按图示减针，织86行后换8号棒针减1针织双罗纹16行平收。

4.缝合各片，将前片延伸处沿后领窝缝合，再缝合中心线，完成。

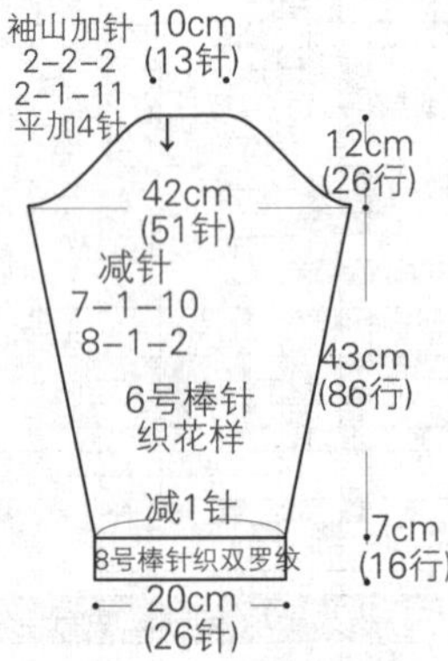

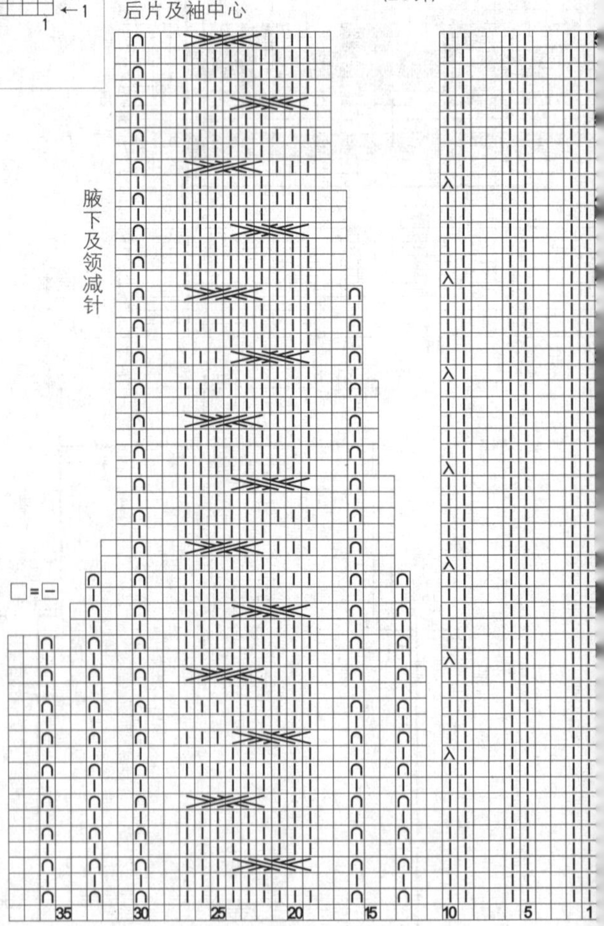

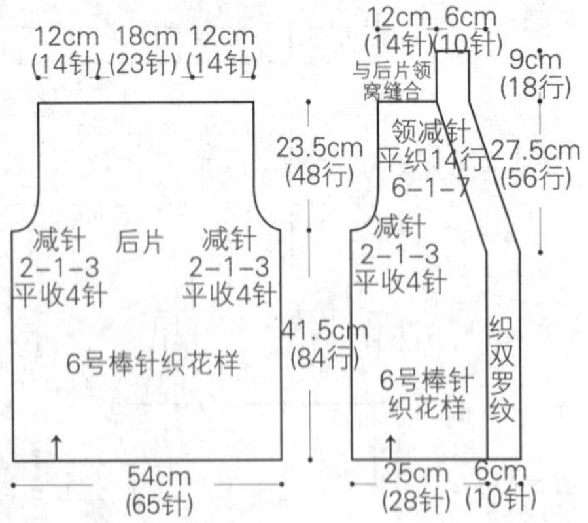

⊼左上2针并1针

∩滑针

6针右上交叉

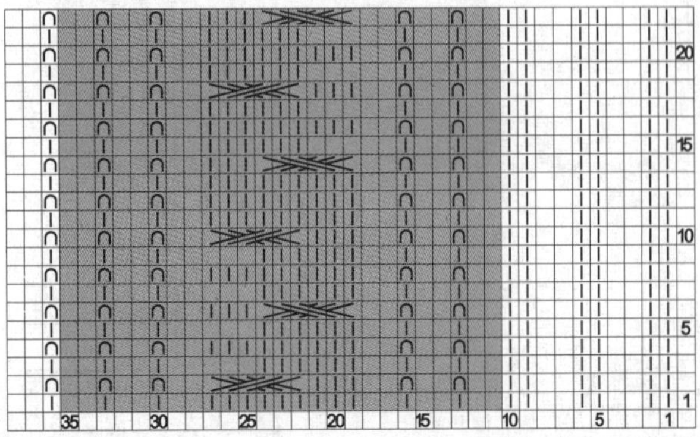

271

【成品规格】衣长66cm，胸围115cm，背肩宽45.5cm，袖长58cm

【编织密度】平针15针×20行=10cm²
花样26针×20行=10cm²

【工　　具】9号、10号 、12号棒针

【材　　料】黑色毛线675g

【编织要点】

1.后片：10号棒针起87针织单罗纹12行，换12号棒针织平针，织70行开挂肩，腋下各平收3针，再依次各减6针，织46行平收中心29针，分开织左右片并在领边缘各减1针，肩平收。

2.前片：10号棒针起91针织单罗纹12行，换12号棒针织花样并按图示分散加13针，中心花样40针，两边各32针织平针，织70行开挂肩，腋下减针同后片；织34行开始织领窝，平收中心40针，再依次减针，减针完成后平织6行收针。

3.袖：从袖口往上织；10号棒针起42针织单罗纹12行，换12号棒针加1针织平针，袖筒两边按图示加针织82行后开始织袖山，腋下各平收3针，再分别减针，最后21针平收。

4.领：缝合各片，挑针织领；9号棒针分别按图示在各位置挑出相应的针数织单罗纹，先用9号棒针织20行，再换10号棒针织22行平收，完成。

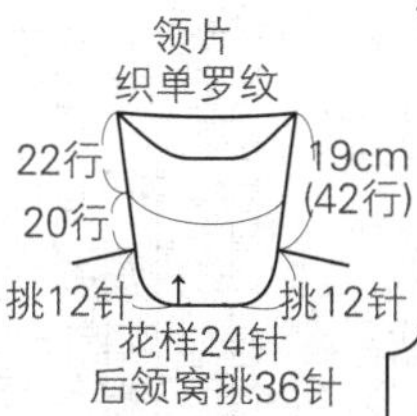

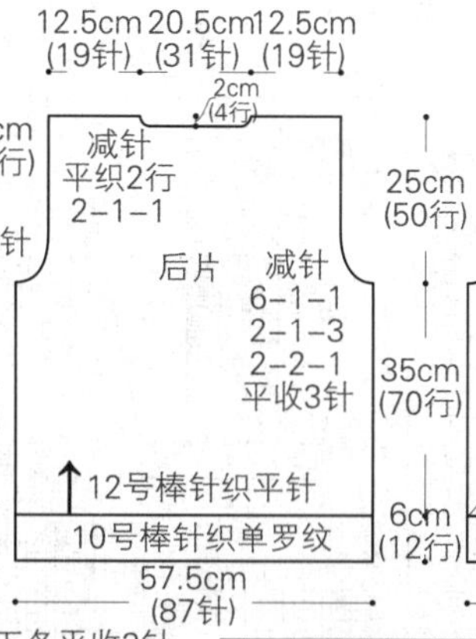

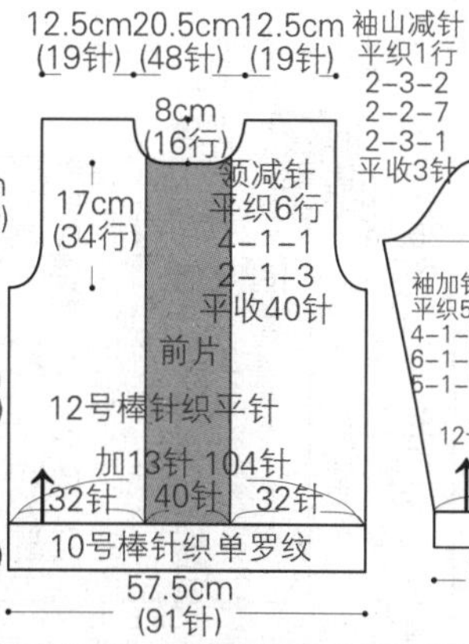

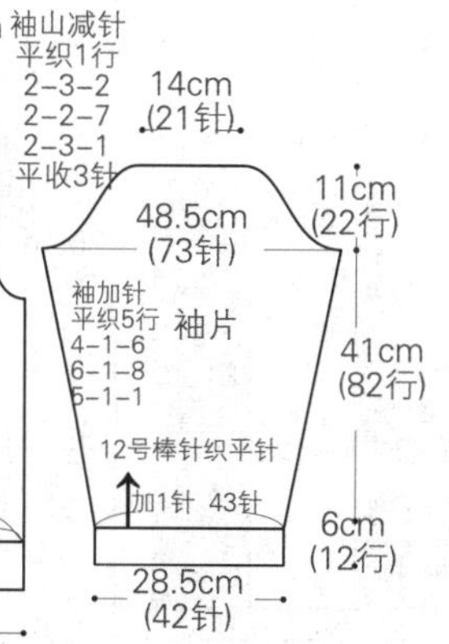

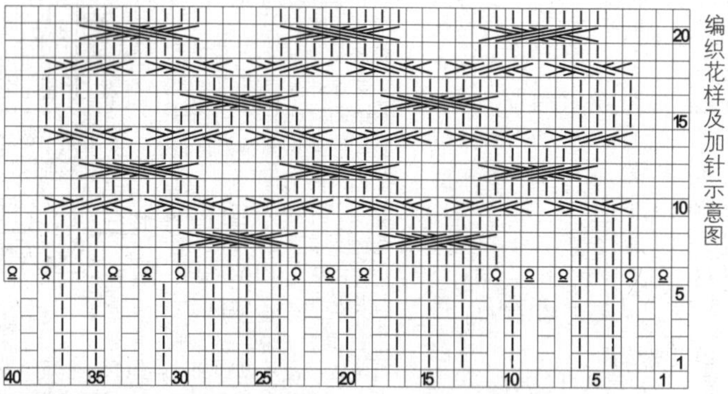

272

【成品规格】衣长67.5cm，胸围116cm，袖长70.5cm

【编织密度】16针×24.5行=10cm²

【工　　具】8号、9号棒针

【材　　料】黑色毛线675g

【编织要点】

1.后片：8号棒针起92针织边缘花样22行，换9号棒针织花样，织84行开挂肩，腋下各平收2针，以2针为径在两边减针，织56行后剩下最后24针平收。

2.前片：起针及织法同后片；前片挂肩比后片少织6行，织38行开始织领窝，平收中心10针，两边按图示分别减针，最后2针平收。

3.袖：8号棒针起41针织边缘花样22行，换9号棒针织花样，袖筒两边按图示分别加针，织96行开始织袖山，一侧减针同后片，另一侧同前片；落差按图示递减，最后2针平收。

4.领：缝合各片，挑针织领；8号棒针沿领边缘挑81针织边缘花样22行，平收，完成。

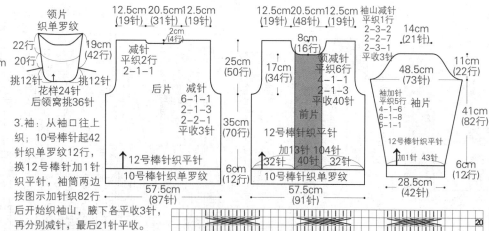

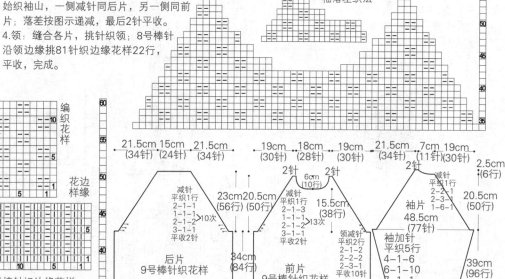

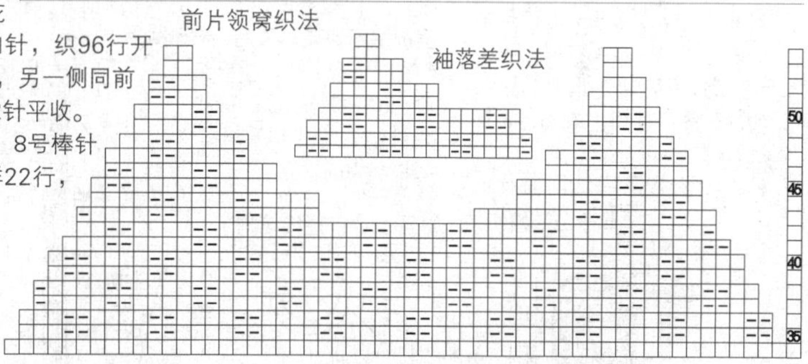

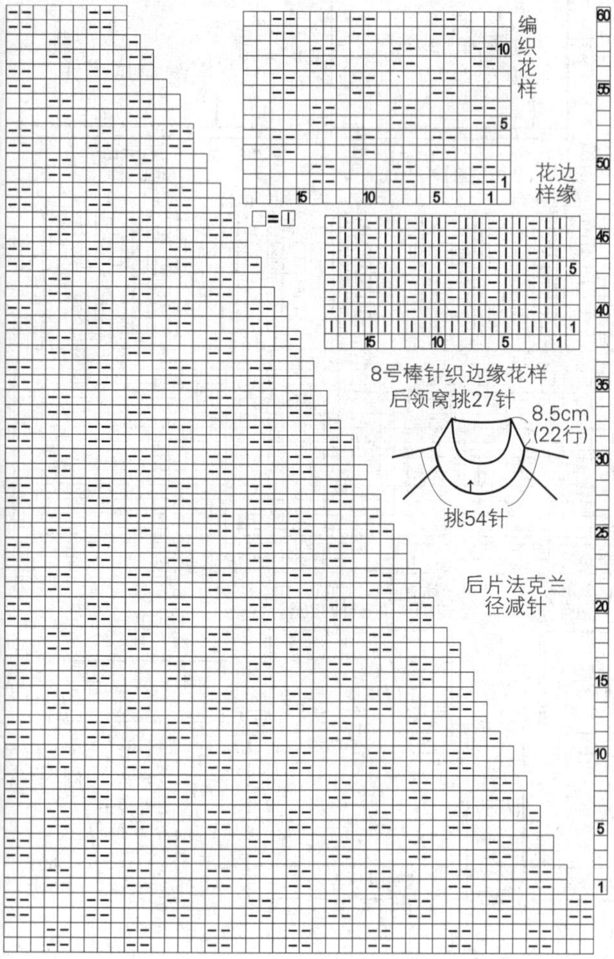

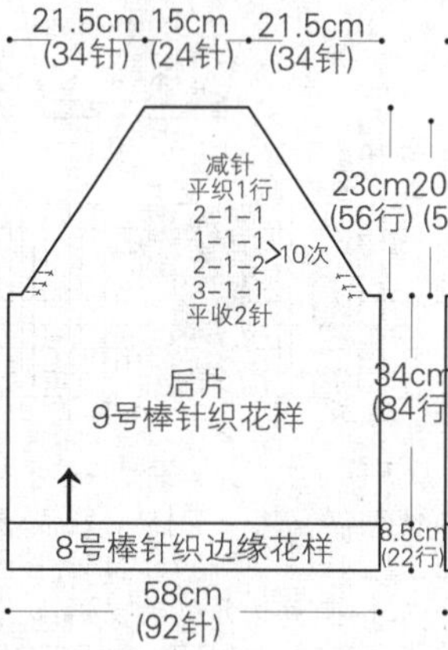

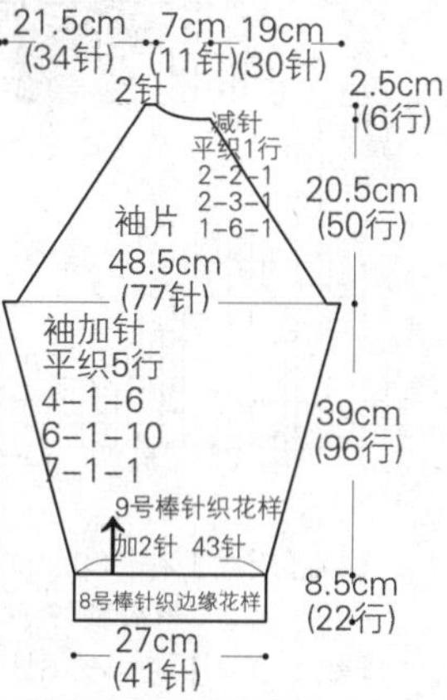

273

【成品规格】衣长66cm，胸围117cm，背肩宽51.5cm，袖长53cm

【编织密度】平针17针×24行=10cm²
花样22针×24行=10cm²

【工　　具】5号、6号、8号棒针

【材　　料】黑色毛线650g

【编织要点】

1.后片：6号棒针起116针织单罗纹12行，换8号棒针按图示排织花样，织88行开挂肩，腋下各平收6针，不加不减织56行，中心平收20针，分开织左右片并在领边缘各减3针，肩平收。

2.前片：起针及织法同后片；开挂肩后织22行开始织领窝，平收中心4针，分开织左右片并按图示前立领门边各加2针织单罗纹，织18行开始织领窝，按图示分别减针，并对称织另一半。

3.袖：从袖口往上织；6号棒针起56针织单罗纹12行，换8号棒针织，中心37针织花样，两边各10针织平针，按图示在袖筒两边各加18针，织108行后不加不减织8行平收。

4.领：缝合各片，挑针织领；5号棒针沿领边缘挑93针织单罗纹，领边缘按图示各加4针；5号棒针织12行后换6号棒针织16行；平收完成。

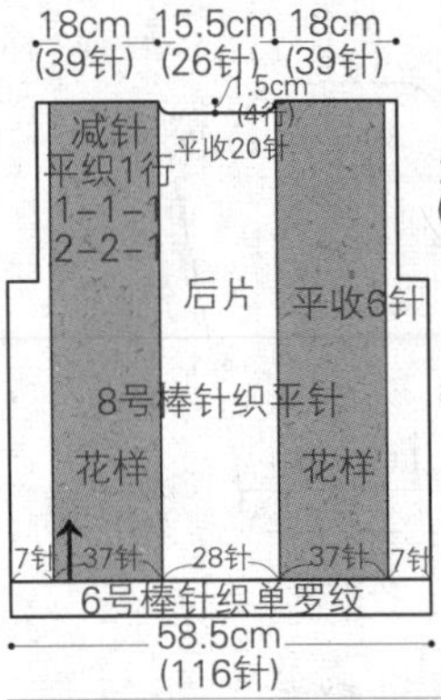

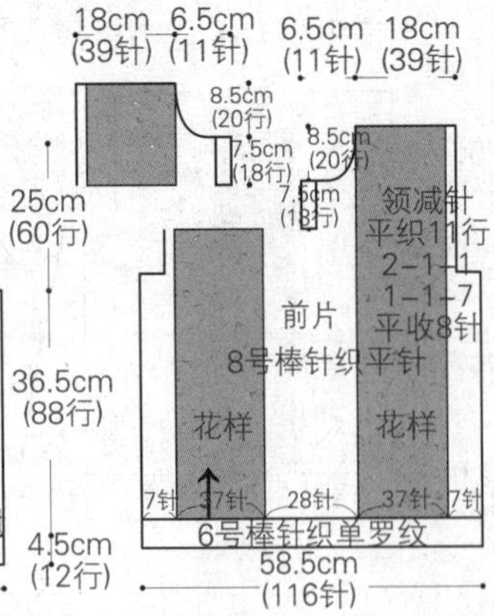

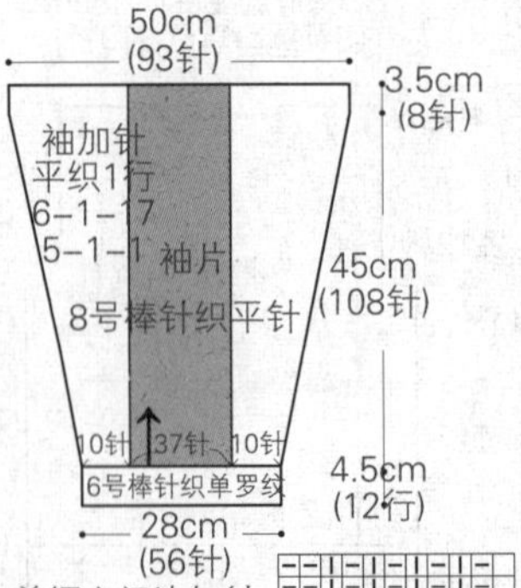

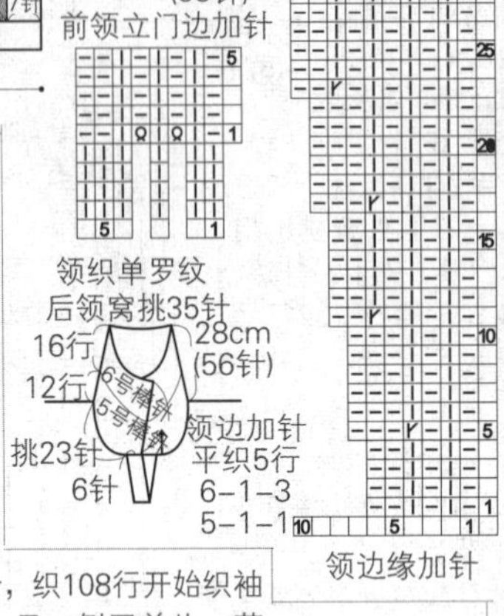

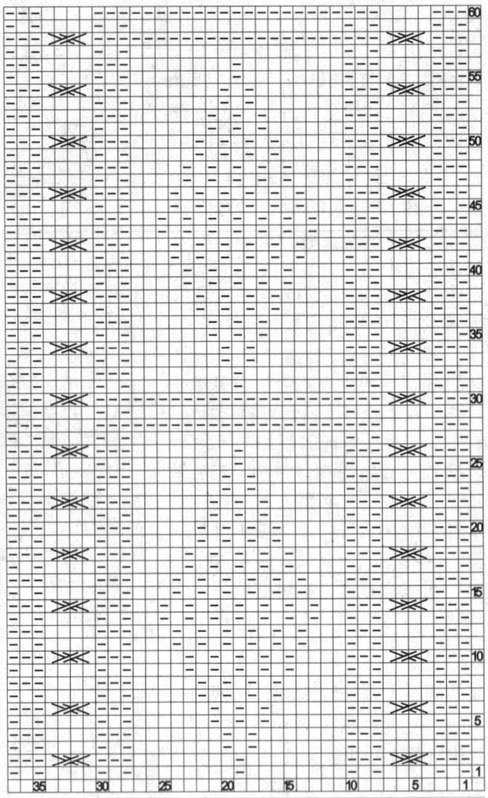

274

【成品规格】衣长65.5cm，胸围115cm，袖长74.5cm

【编织密度】14针×23行=10cm²

【工　　具】8号、9号、10号棒针

【材　　料】灰色毛线350g，黑色毛线250g

【编织要点】

1.后片：用8号棒针和黑色毛线起80针织边缘花样6行，上面用灰色毛线和10号棒针织花样，织88行开挂肩，腋下各平收3针，以1针为径在两边减针，织58行，剩下最后22针平收。

2.前片：起针及织法同后片；前片挂肩比后片少织6行，开挂肩后织42行开始织领窝，平收中心12针，两边按图示分别减针，最后3针平收。

3.袖：用8号棒针和黑色毛线起40针织边缘花样6行，换10号棒针织花样，中心5针织灰色，其余织黑色；袖筒两边按图示分别加针，织108行开始织袖山，一侧减针同后片，另一侧同前片；落差按图示递减，最后2针平收。

4.领：缝合各片，挑针织领；8号棒针沿领边缘挑72针织边缘花样10行，平收，完成。

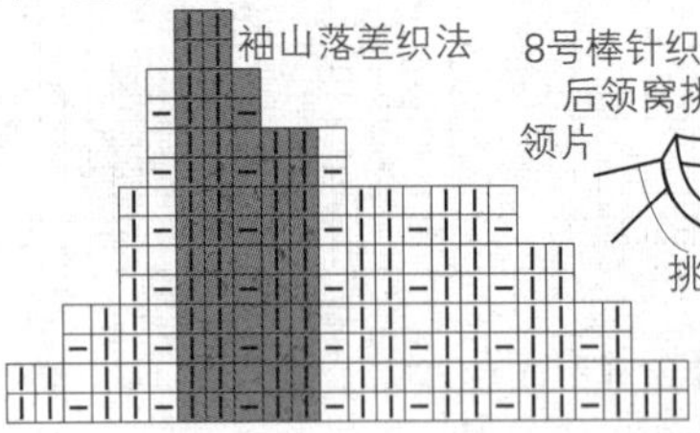

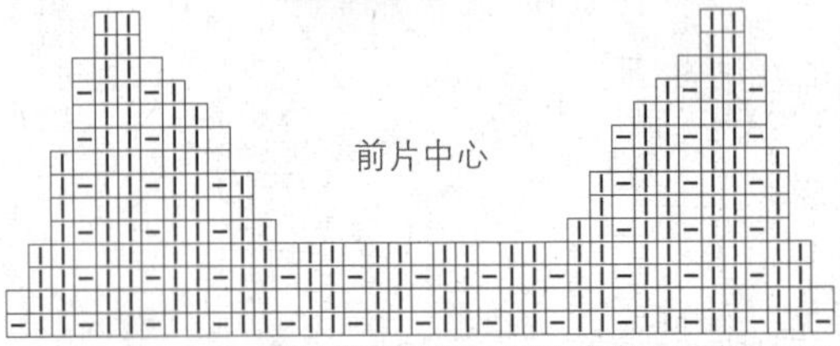

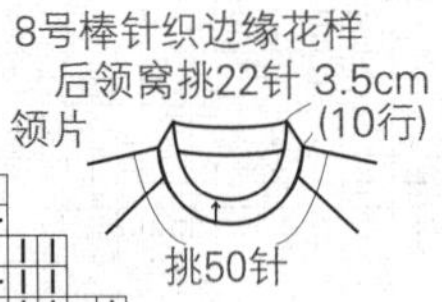

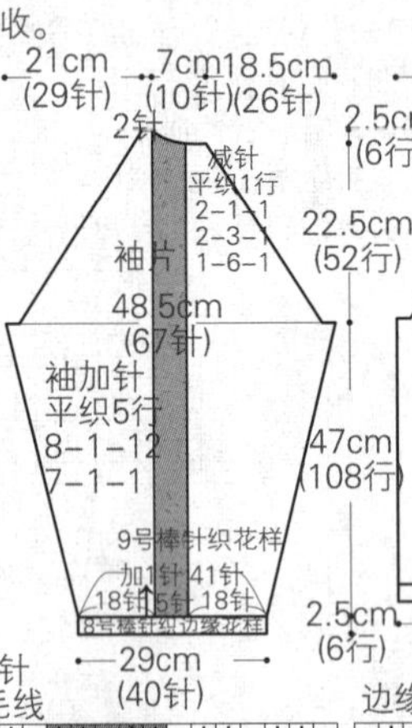

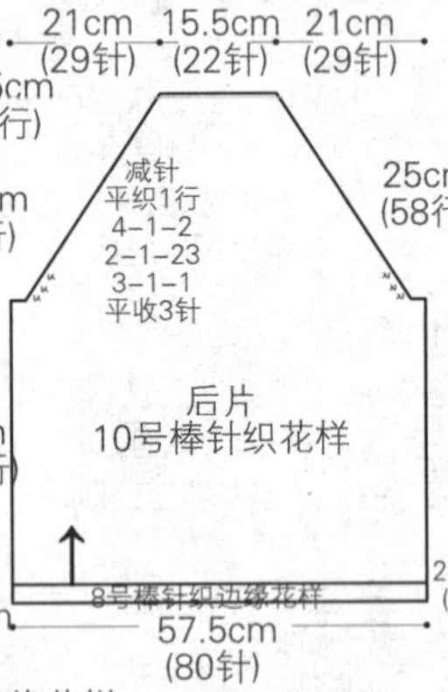

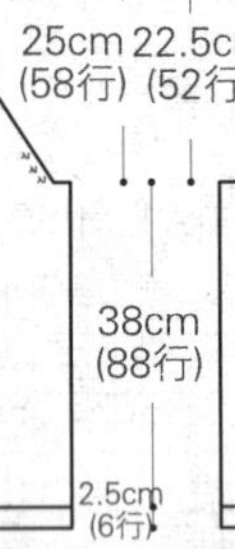

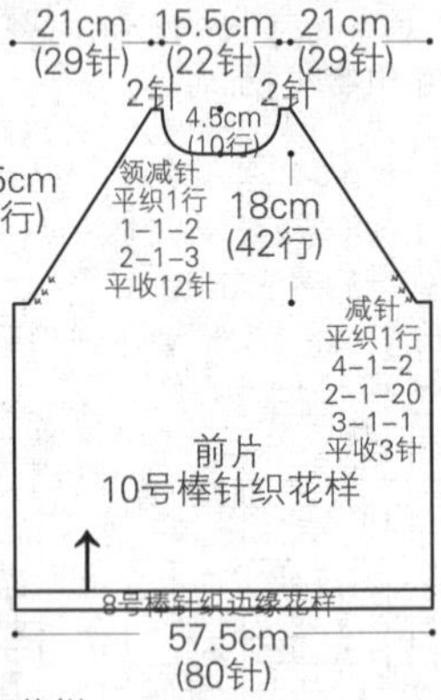

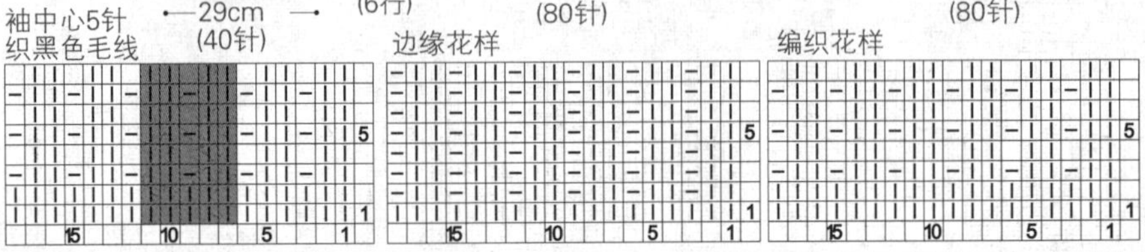

275

【成品规格】衣长66cm，胸围111cm，背肩宽47.5cm，袖长57.5cm

【编织密度】花样A 16针×22行=10cm²

花样B、C 16针×24行=10cm²

【工　　具】7号、9号棒针

【材　　料】浅蓝色毛线670g

【编织要点】

1.后片：7号棒针起89针织单罗纹20行，换9号棒针按图示排织花样，先织花样A 62行，再织花样B 12行，然后开始织花样C，花样C织4行开挂肩，腋下平收6针，不加不减织50行将中心17针平收，分开织左右片，并在领边缘各减4针后，肩平收。

2.前片：起针及织法同后片；开挂肩后织10行开始织领开口，中心1针用记号棒针别住，分开织左右片，按图示在领边缘减针，减针完成后平织8行收针，对称织另一半。

3.袖：从下往上织，先织袖筒；整个袖子分别织花样A 76行，花样B 12行，最后花样C织24行；9号棒针起45针按图示织花样，袖筒两边分别各加16针，织102行后不加不减织10行平收；另用7号棒针沿袖口挑出所有针数，均匀收掉6针织单罗纹20行平收，袖子完成。对称织另一只袖。

4.领：缝合各片，挑针织领；7号棒针沿领边缘挑122针织单罗纹8行，可参照图解织；织好后平收，完成。

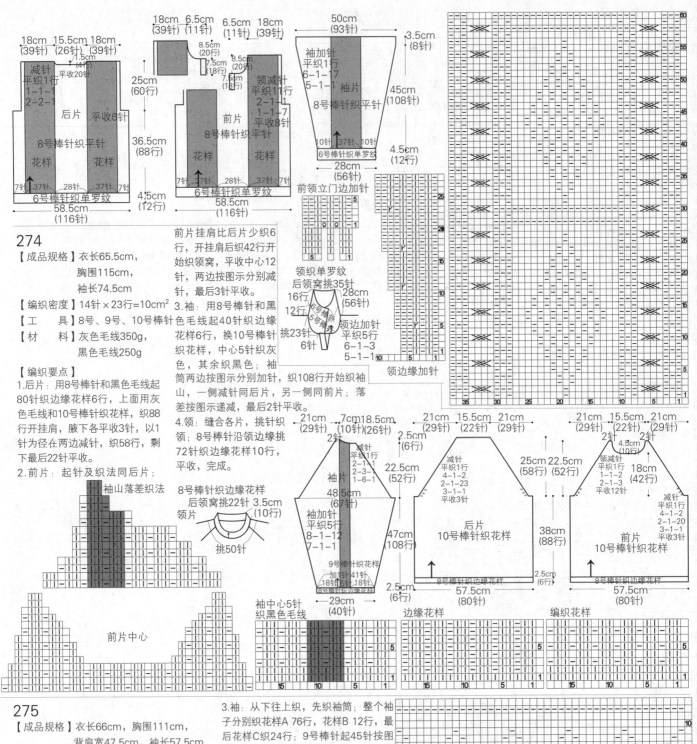

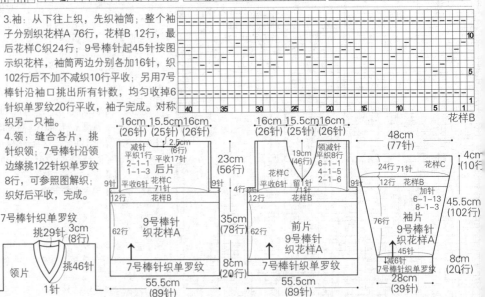

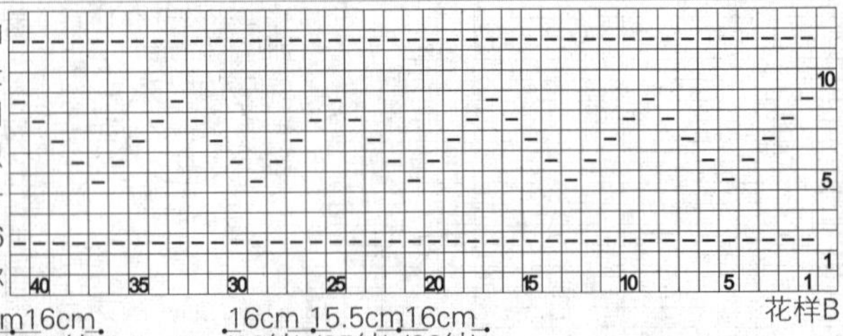

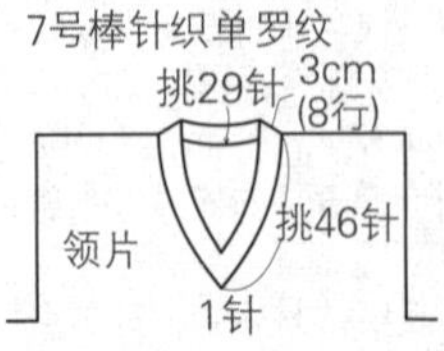

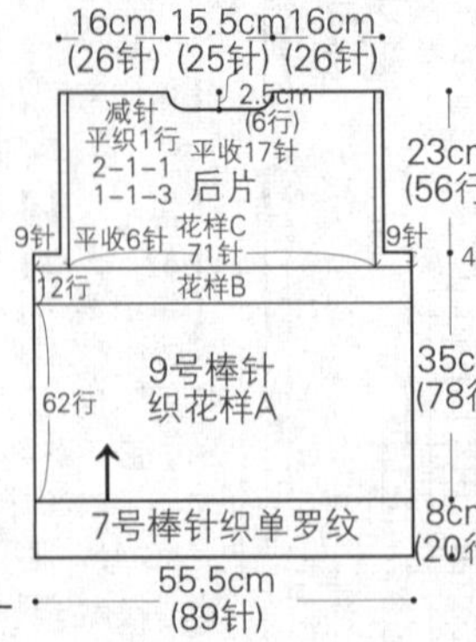

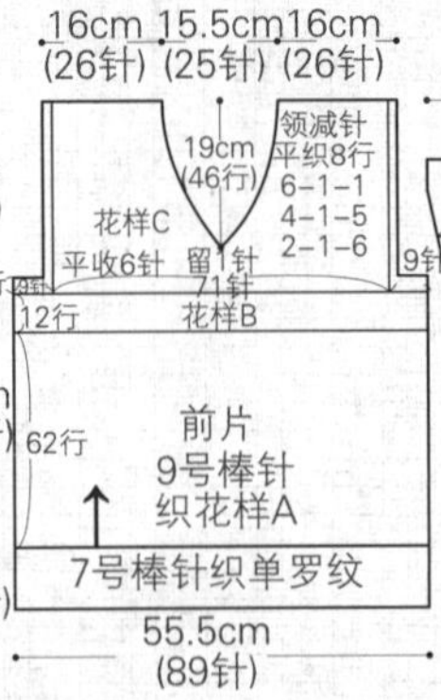

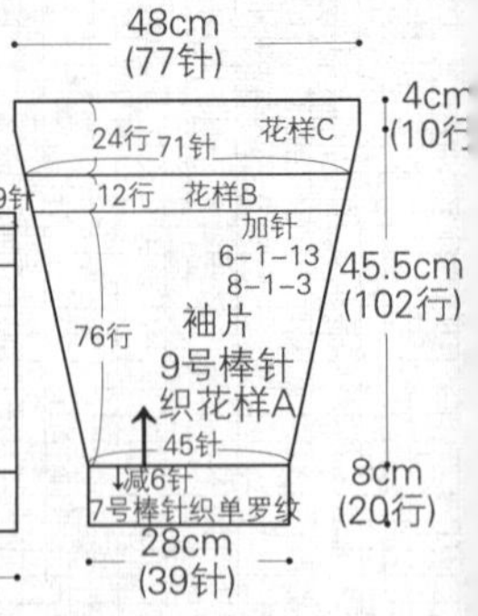

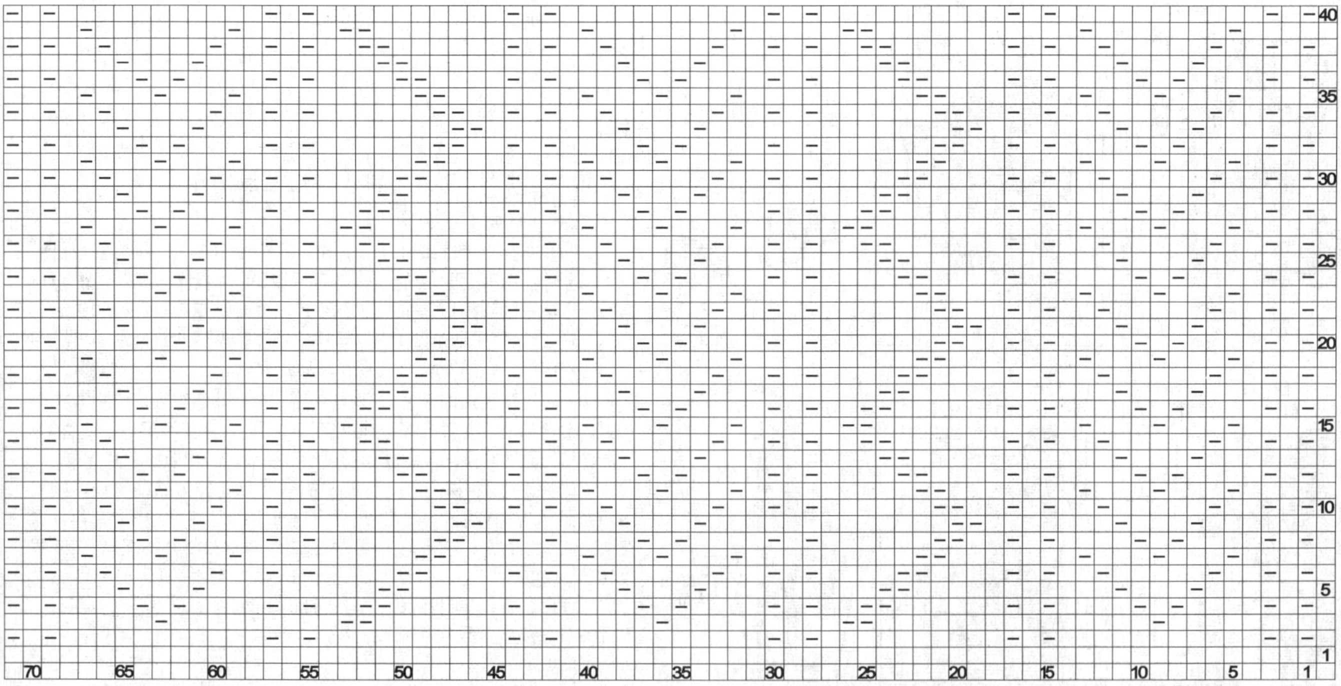

花样A

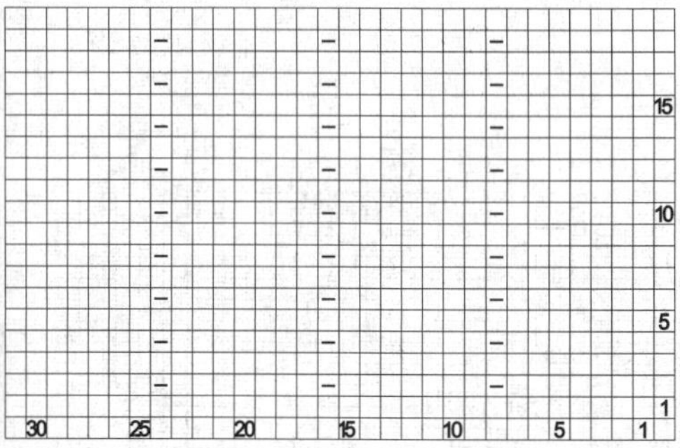

花样C

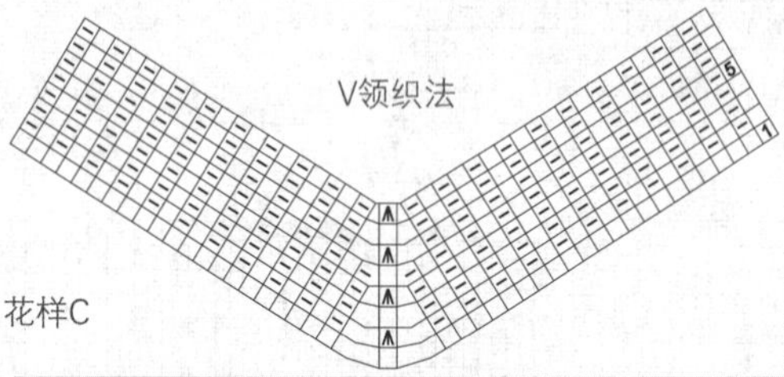

V领织法

276

【成品规格】衣长67cm，胸围113cm，背肩宽48.5cm，袖长53.5cm

【编织密度】平针14.5针×21行=10cm^2 花样20针×21行=10cm^2

【工　　具】9号、11号棒针

【材　　料】毛线725g

【编织要点】

1.后片：9号棒针起92针织单罗纹16行，换11号棒针织，两边各12针织平针，中间分散加13针，共81针织花样，织74行开挂肩，腋下各平收6针，不加不减织52行，后领窝平收35针，分开各织2行收针。

2.前片：起针及织法同后片；开挂肩后织36行开始织领窝，平收中心15针，分开织左右片并按图示在领边缘减针，减针完成后不加不减织4行平收。

3.袖：9号棒针起44针织单罗纹16行，换11号棒针织平针，两边按图示各加15针，织90行后不加不减再织8行平收；对称织另一只袖。

4.领：缝合各片，挑针织领；9号棒针沿领边缘挑82针织单罗纹8行，织好后平收，完成。

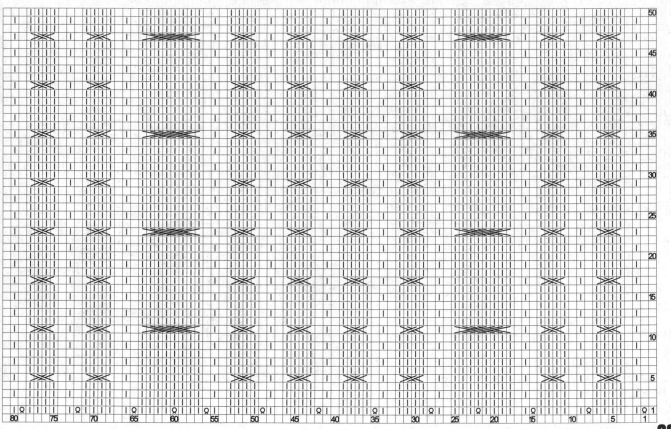

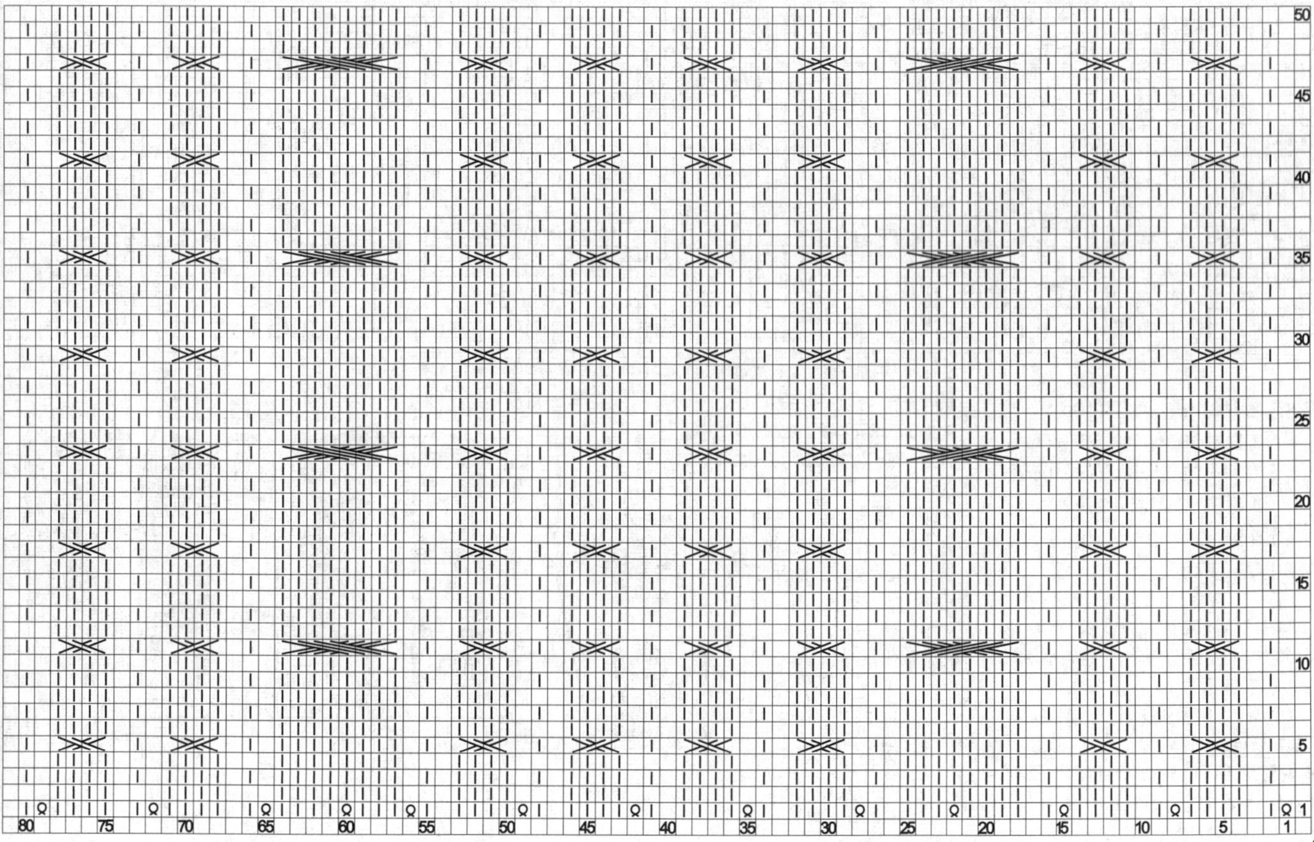

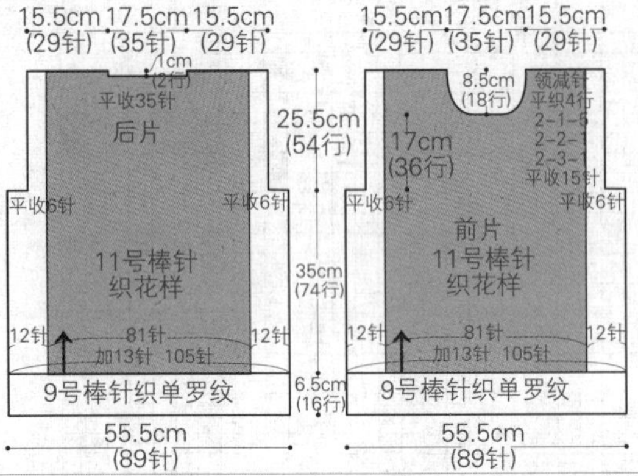

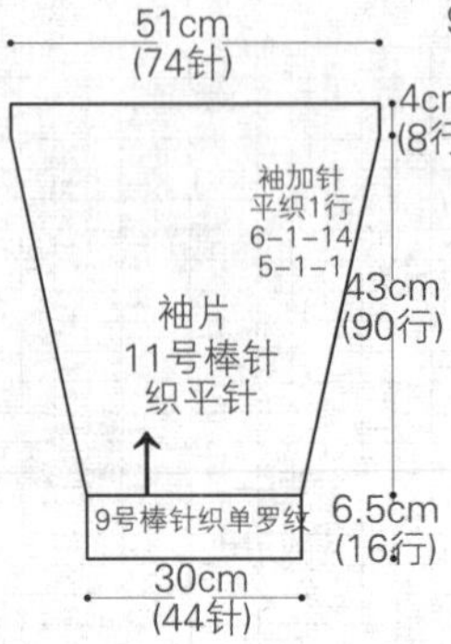

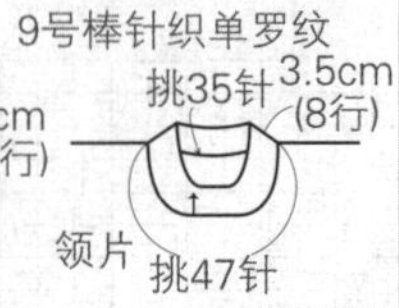

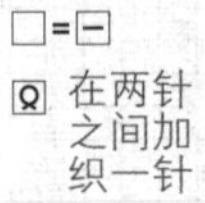

277

【成品规格】衣长67cm，胸围108cm，背肩宽42cm，袖长60cm

【编织密度】平针17针×23.5行=10cm²

花样17针×23.5行=10cm²

【工　　具】7号、9号棒针

【材　　料】毛线570g

【编织要点】

1.后片：9号棒针起112针，中间78针织花样A，两边各17针织平针，织80行开挂肩，腋下各平收3针，再依次减针，织54行开始织后领窝，先平收中心32针，分开织左右片并在领边缘各减4针，肩平收。正身织好后用7号棒针沿底边挑出所有针数均减14针，织双罗纹20行平收，后片完成。

2.前片：起针及织法同后片；开挂肩后织34行开始织领窝，平收中心16针，分开织左右片并在领边缘减针，肩平收。正身织好后沿底边用7号棒针将针数如数挑起并均减14针，织双罗纹20行平收，前片完成。

3.袖：从袖口往上织；9号棒针起51针按图示花样分布往上织，袖筒两侧按图示各加17针，织94行开始织袖山，腋下各平收3针，再依次在两边减针，最后25针平收；用7号棒针沿袖口挑针并均减5针织双罗纹18行，完成。

4.领：缝合各片，挑针织领；7号棒针沿领边缘挑88针，织双罗纹10行平收，完成。

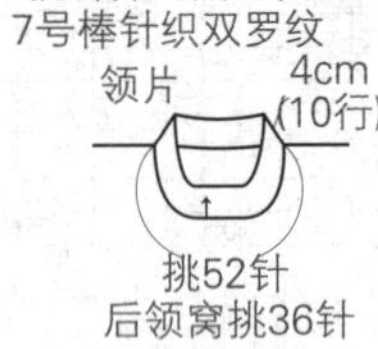

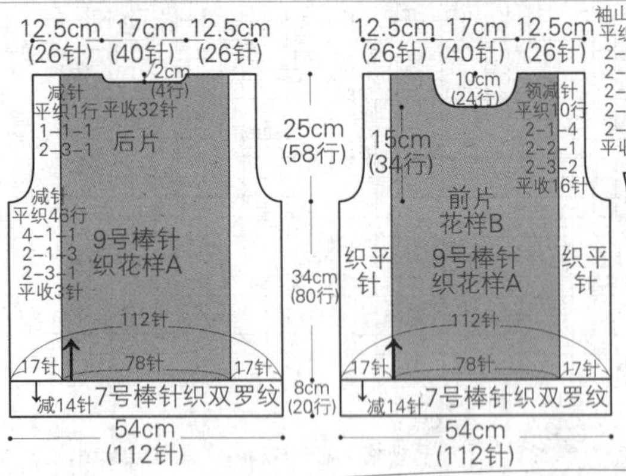

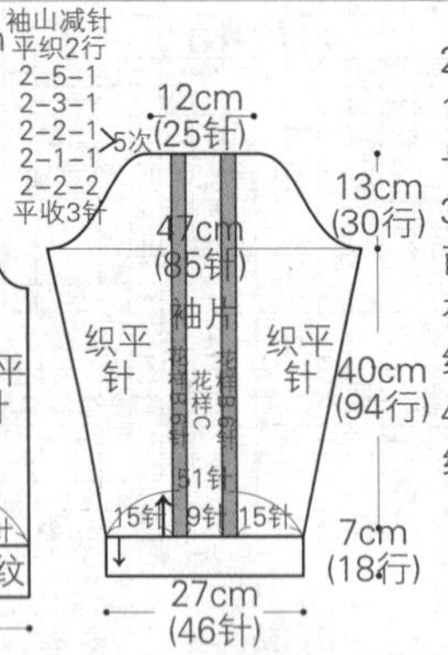

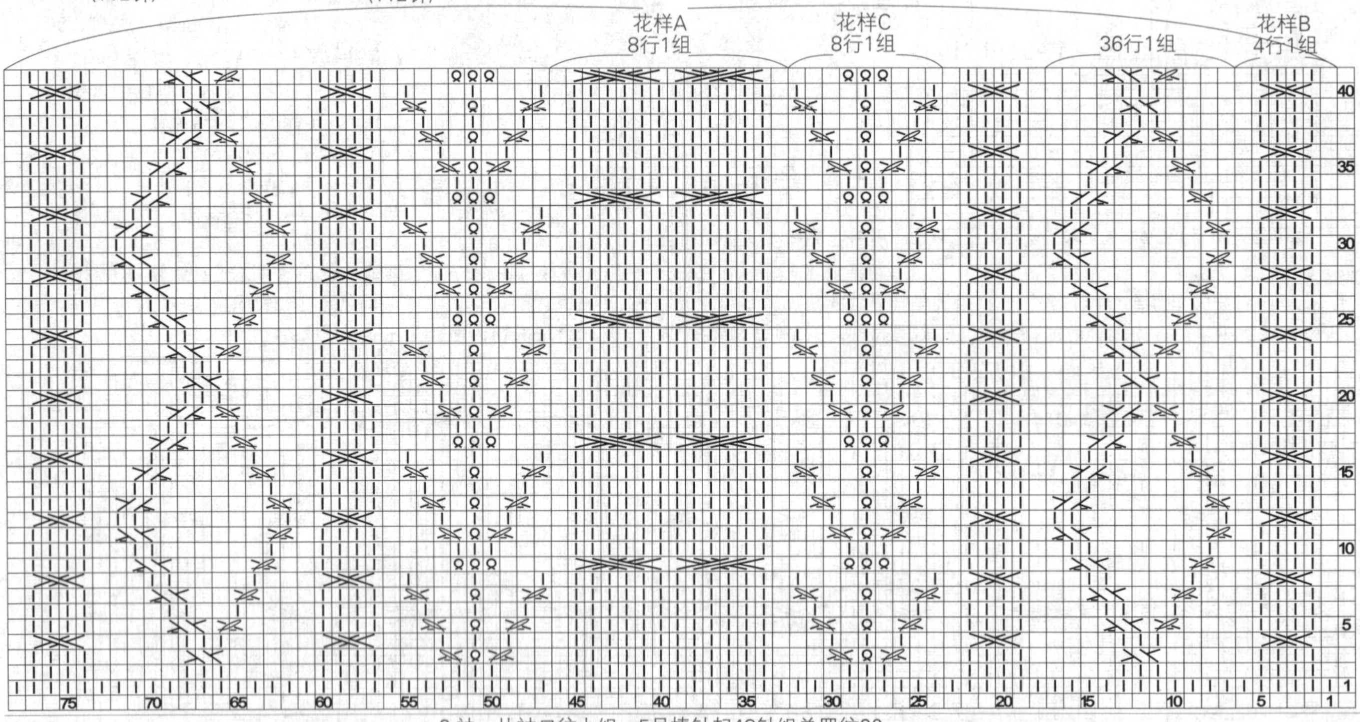

278

【成品规格】衣长67cm，胸围110cm，背肩宽45cm，袖长57.5cm

【编织密度】花样A 18.5针×27行=10cm²

花样B、C 22针×27行=10cm²

【工　　具】5号、6号、8号棒针

【材　　料】毛线700g

【编织要点】

1.后片：5号棒针起100针织单罗纹22行，换8号棒针均加8针按图示排织花样，织94行开挂肩，腋下各平收3针，再依次各减6针，后领窝留4行，肩用引退针法织斜肩。

2.前片：起针及织法同后片；开挂肩后42行开始织领窝，平收中心20针，分开织左右片并在领边缘减针，肩织法同后片。

3.袖：从袖口往上织；5号棒针起48针织单罗纹20行，换8号棒针织均加8针，中心40针织花样B，两边各8针织花样A，按图示在袖筒两边各加16针，织106行开始织袖山，按图示减针，最后32针平收。

4.领：缝合各片，挑针织领；5号棒针沿领边缘挑82针织单罗纹，分别用5号棒针织25行，再用6号棒针织25行，平收完成。

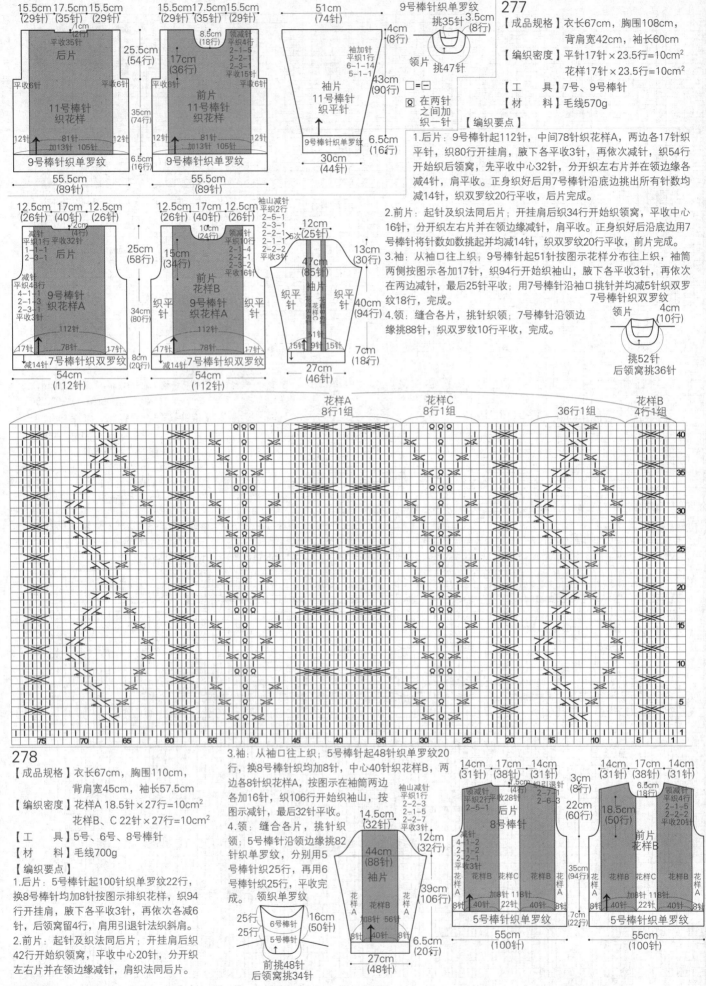

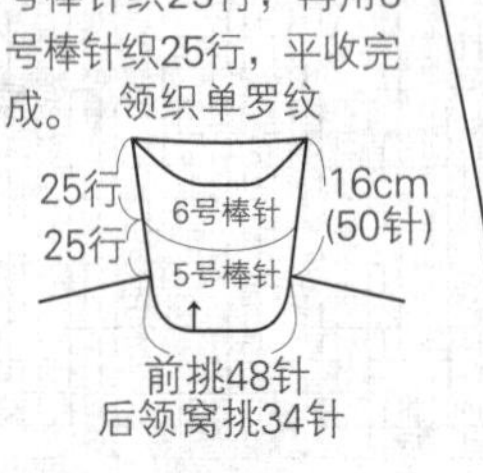

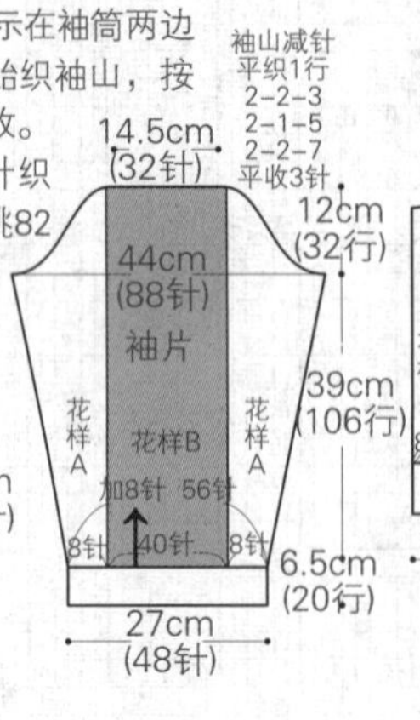

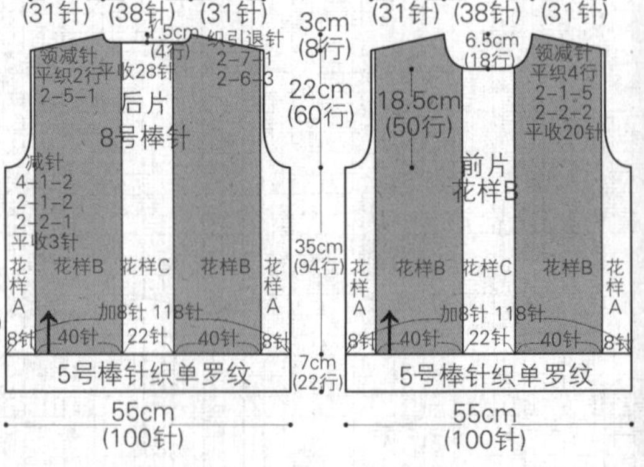

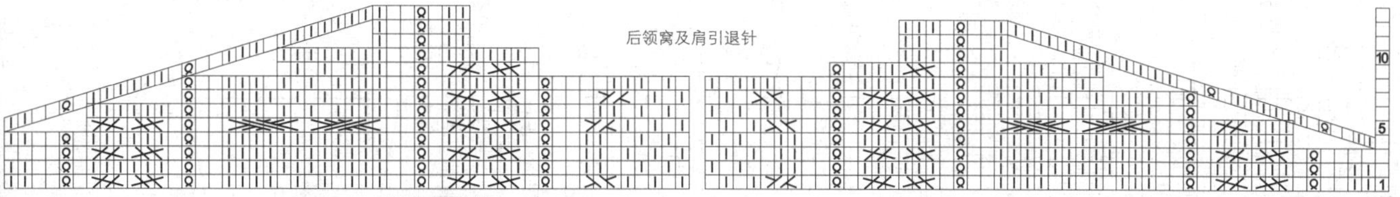

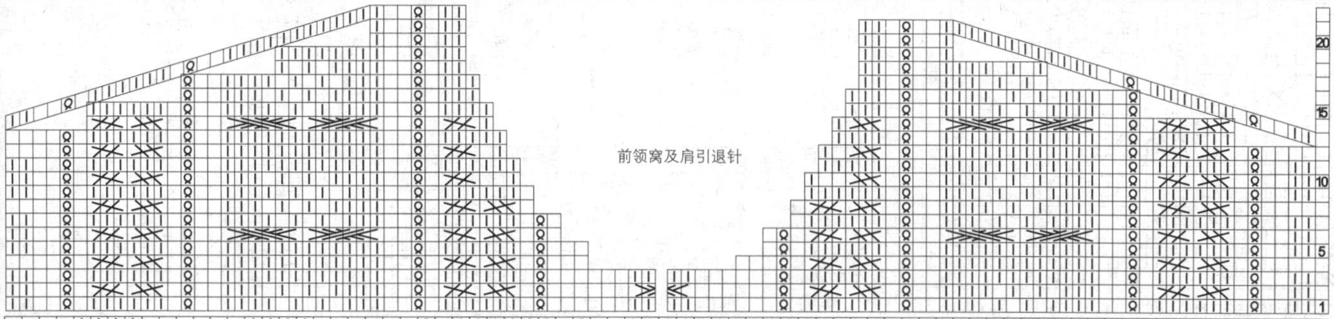

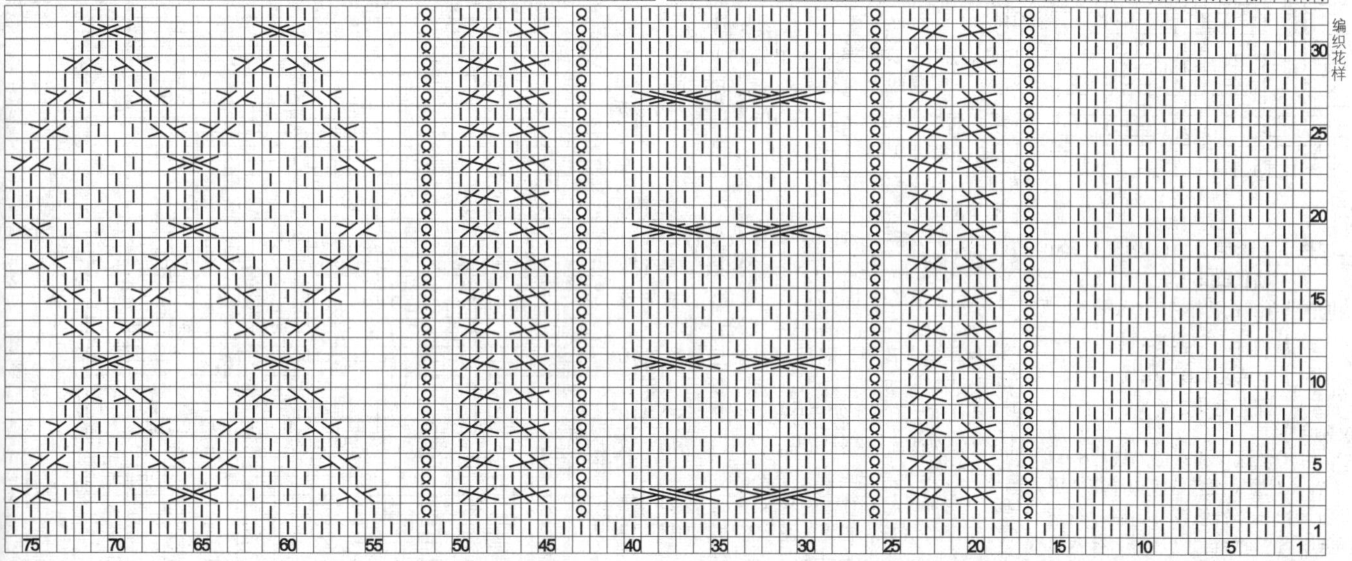

279

【成品规格】衣长66cm，胸围113cm，背肩宽47cm，袖长56cm

【编织密度】平针17针×23行=10cm²
花样14针×23行=10cm²

【工　　具】6号、8号棒针

【材　　料】毛线575g

【编织要点】

1.后片：6号棒针起102针织单罗纹20行，换8号棒针均加6针按图示排花样织，织78行开挂肩，腋下各平收8针，不加不减织54行，将中心28针平收，分开织左右片并在领边缘各减3针后，肩平收。

2.前片：起针及织法同后片；开挂肩织36行开始织领口，中心16针平收，分开织左右片再按图示在领边缘减针，减针完成后不加不减织4行，肩平收。

3.袖：6号棒针起50针织单罗纹18行，换8号棒针均加6针，中心14针织花样，两边各21针织平针，按图示在袖筒两边加针，织110行后不加不减再织10行平收。

4.领：缝合各片，挑针织领；6号棒针沿领边缘挑90针织单罗纹16行，织好后平收对折向里缝合成双层，完成。

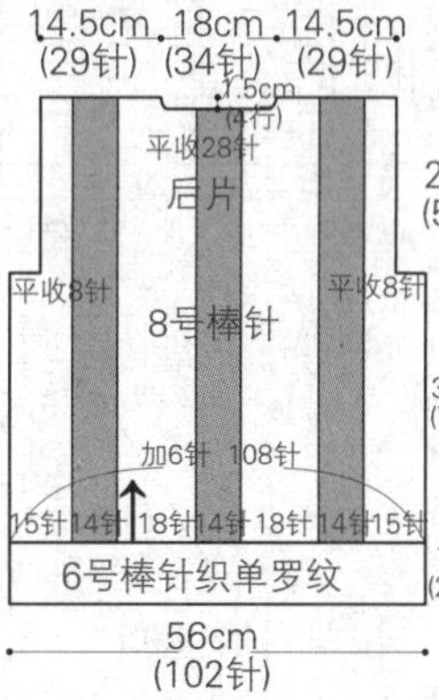

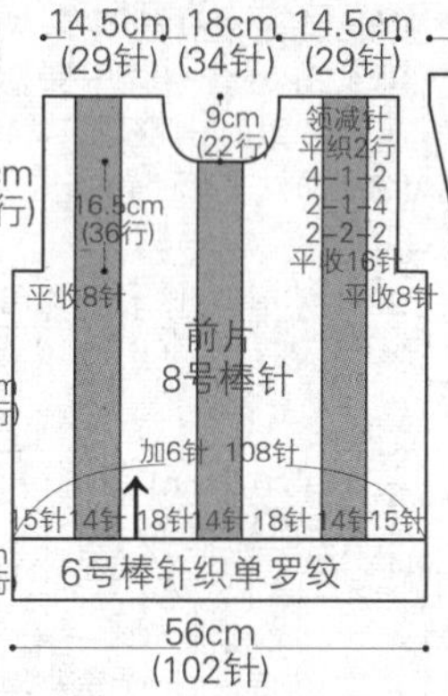

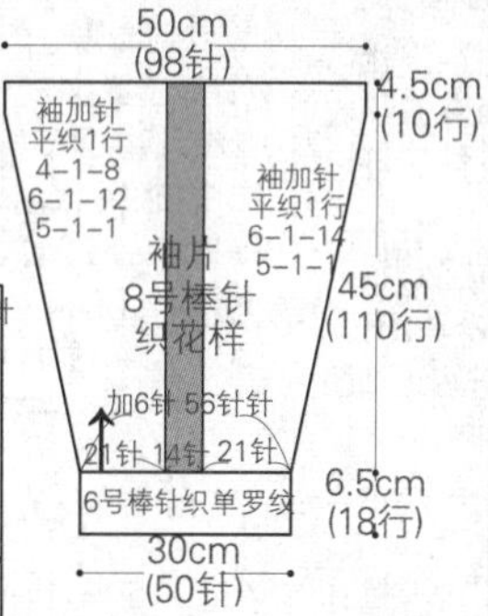

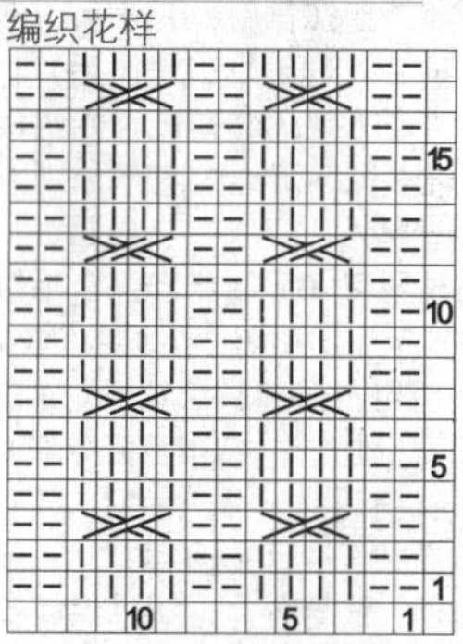

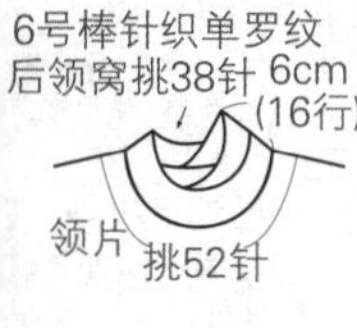

280

【成品规格】衣长66.5cm，胸围114cm，背肩宽47cm，袖长56.5cm

【编织密度】上针18针×24.5行=10cm²
花样25.5针×24.5行=10cm²

【工　　具】7号、9号棒针

【材　　料】毛线700g

【编织要点】

1.后片：7号棒针起103针织边缘花样19行，换9号棒针织上针，织86行开挂肩，腋下各平收9针，不加不减织56行，后领窝平收27针，分开织左右片并在领边缘各减3针后，肩平收。

2.前片：7号棒针起113针织边缘花样19行，换9号棒针排花样织，中心33针织花样，两边各40针织上针，织86行开挂肩，织法同后片；挂肩织38行开始织领窝，先平收中心15针，分开织左右片并在领边缘按图示减针，减针完成后不加不减织4行将剩余针数平收。

3.袖：7号棒针起51针织边缘花样17行，换9号棒针排花样织，中心13针织花样，两边各19针织上针，按图示在袖筒两侧加针，织110行后不加不减织12行平收。

4.领：缝合各片，挑针织领；7号棒针沿领边缘挑90针织边缘花样24行，织好后平收对折向里缝合成双层，完成。

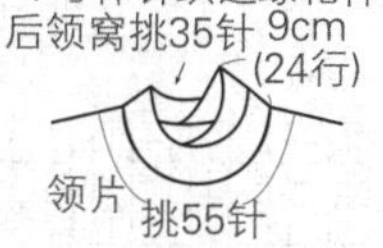

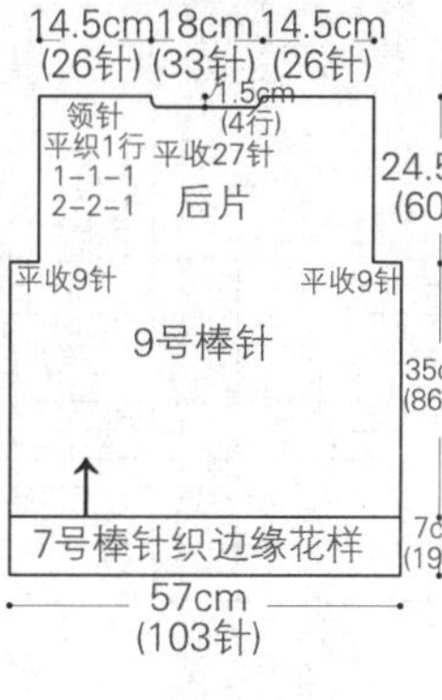

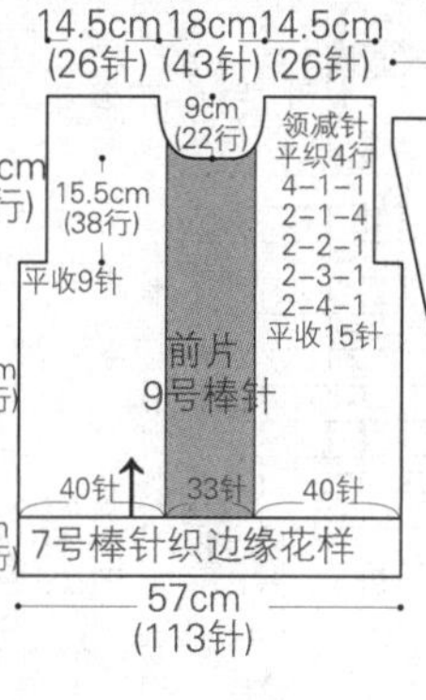

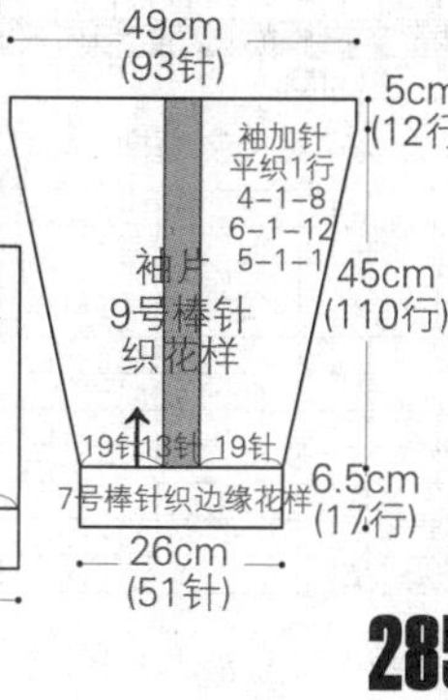

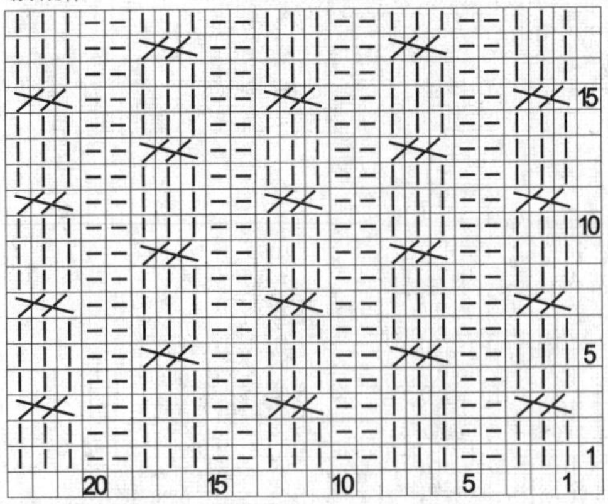

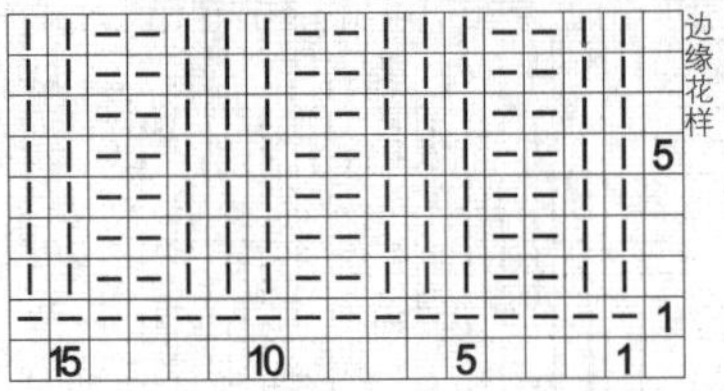

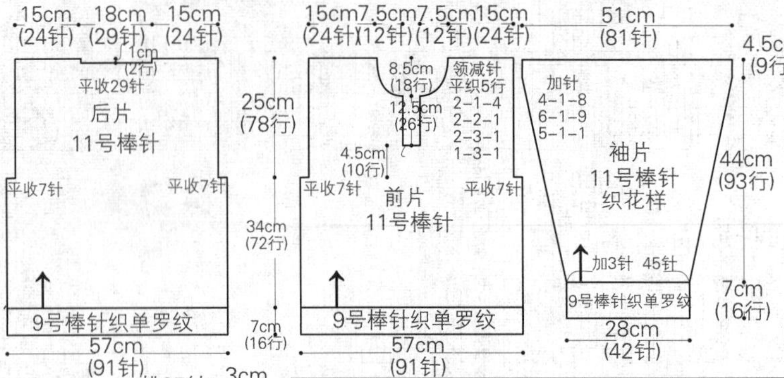

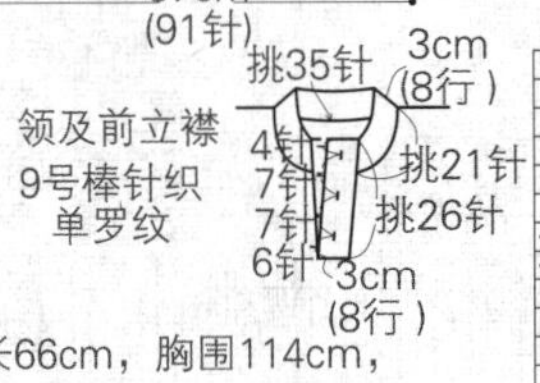

281

【成品规格】衣长66cm，胸围114cm，背肩宽48cm，袖长55.5cm

【编织密度】16针×21行=10cm²

【工　　具】9号、11号棒针

【材　　料】毛线675g，纽扣3颗

【编织要点】

1.后片：9号棒针起91针织单罗纹16行，换11号棒针织花样，织72行开挂肩，腋下各平收7针，不加不减往上织70行，最后2行织后领窝，中心29针平收，左右片各织2行平收。

2.前片：起针及织法同后片；开挂肩后织10行开始织领开口，平收中心5针，分开织左右片，领口不加不减织26行开始织领窝，先平收3针，再依次减针，减针完成后平织5行将肩针数平收；对称织另一半。

3.袖：9号棒针起42针织单罗纹16行，换11号棒针均加3针织花样，袖筒按图示在两侧加针，织93行后不加不减织9行平收。

4.领及前立襟：先挑针织领：9号棒针沿领窝挑77针织单罗纹8行平收；前立襟：沿领一侧边缘挑26针织单罗纹8行，有扣眼的一侧按图示均匀开3个扣眼；最后缝合纽扣，完成。

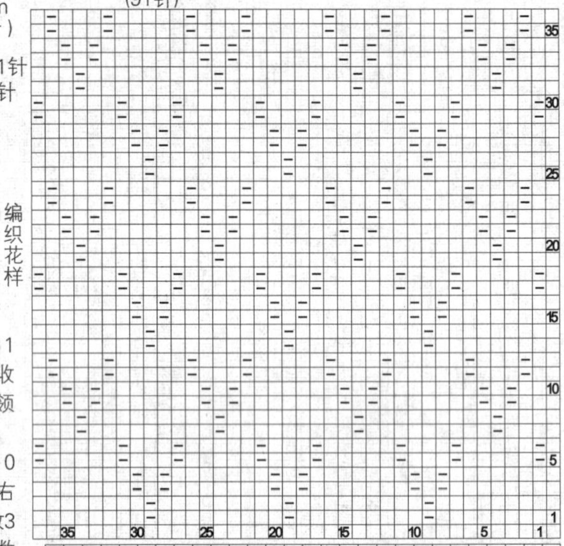

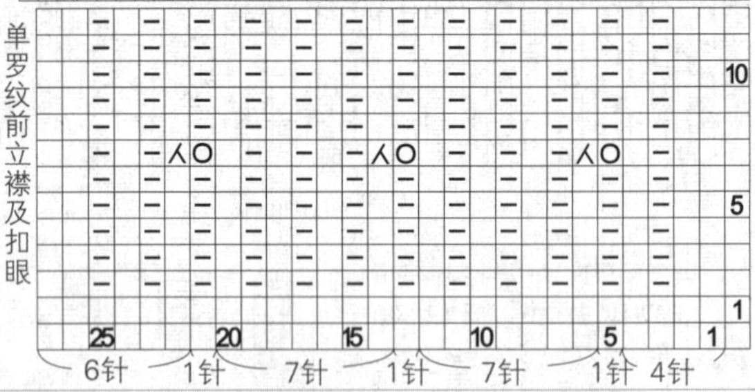

282

【成品规格】衣长64.5cm，胸围115cm，袖长69.5cm

【编织密度】15针×21行=10cm²

【工　　具】10号、11号棒针

【材　　料】浅色毛线675g，深色毛线25g

【编织要点】

1.后片：用10号棒针和深色毛线起87针织1行上针，然后换浅色线织边缘花样12行，上面用11号棒针织花样，织74行开挂肩，腋下各平收1针，以1针为径两边减针，织50行后剩下最后21针平收。

2.前片：起针及织法同后片；挂肩比后片少织6行，织32行开始织领窝，平收中心9针，两边按图示分别减针，最后2针平收。

3.袖：用10号棒针和深色毛线起41针，织1行上针后换浅色线织边缘花样12行，上面用11号棒针织花样，袖筒两边按图示分别加针，织84行开始织袖山，一侧减针同后片，另一侧同前片；落差按图示递减，最后2针平收。

4.领：缝合各片，挑针织领；10号棒针沿领边缘挑72针织边缘花样10行后，换深色毛线织1行上针平收，完成。

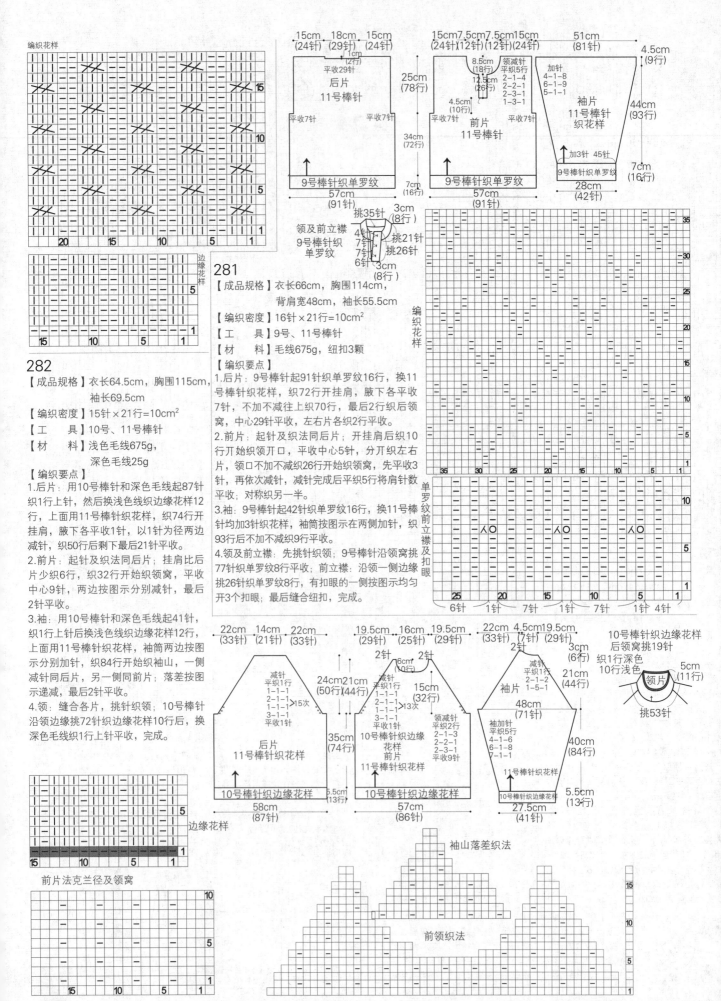

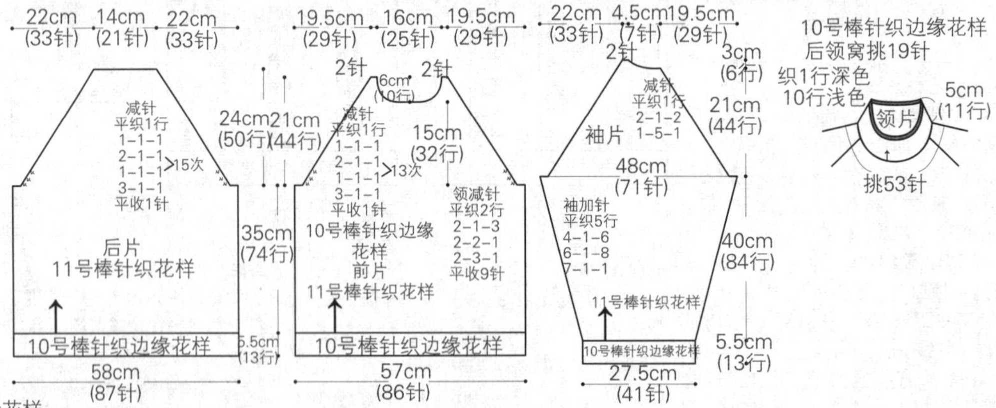

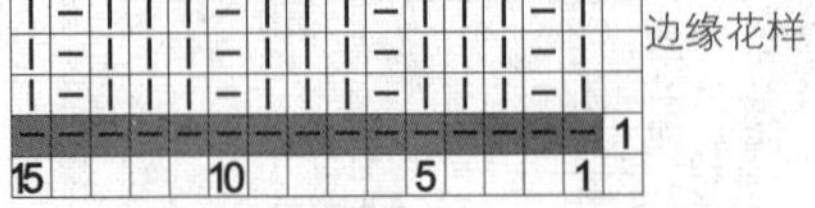

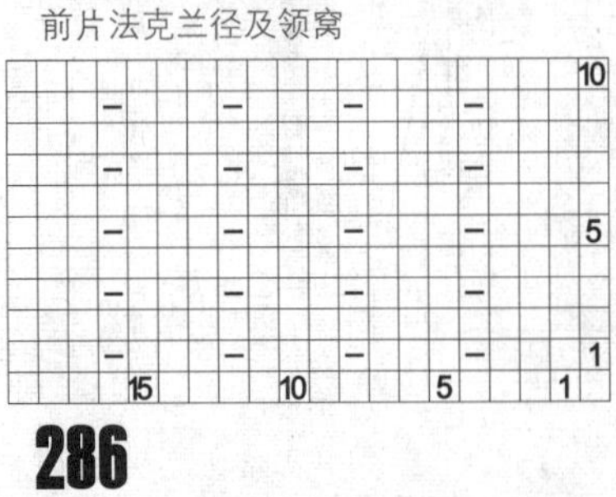

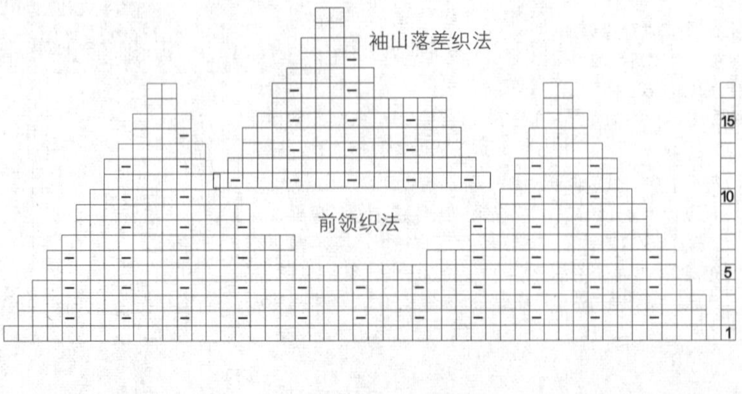

283

【成品规格】衣长66cm，胸围112.5cm，背肩宽47cm，袖长55cm

【编织密度】15针×20行=10cm²

【工　　具】8号、10号棒针

【材　　料】毛线675g，纽扣7颗

【编织要点】

1.后片：8号棒针起85针织边缘花样14行，换10号棒针织平针，织72行开挂肩，腋下各平收7针，不加不减往上织48行，最后4行织后领窝，中心21针平收，分开织左右片并在领边缘各收3针，肩平收。

2.前片：8号棒针起40针织边缘花样14行，换10号棒针织平针，织72行开挂肩，减针方法同后片；织32行开始织领窝，按图示减针，减针完成后平织1行收掉剩余针数。

3.袖：8号棒针起46针织边缘花样14行，换10号棒针织平针，并按图示在两侧加针织袖筒89行后，不加不减织9行平收。

4.口袋：10号棒针起23针织平针28行，换8号棒针织边缘花样，并两边各绕加1针，织8行平收，织2片。织好后缝合在前片口袋位置。

5.领、门襟：先挑针织门襟；8号棒针沿边缘侧挑86针织边缘花样8行，有扣眼的一侧按图解挖7个扣眼。领：沿领窝及门襟上边挑81针织边缘花样21行，先用8号棒针织11行，再换10号棒针织10行平收；最后缝合纽扣，完成。

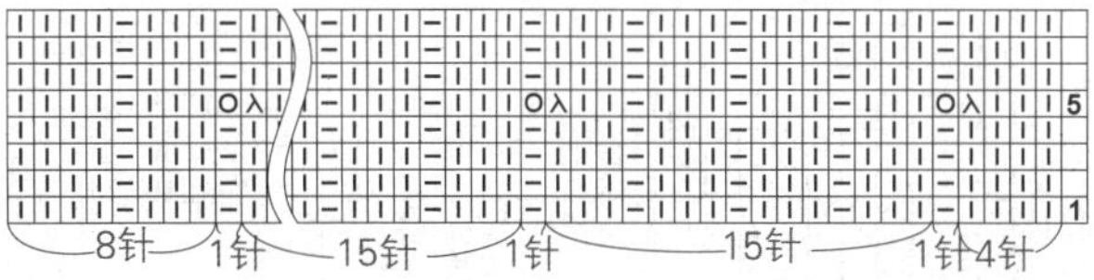

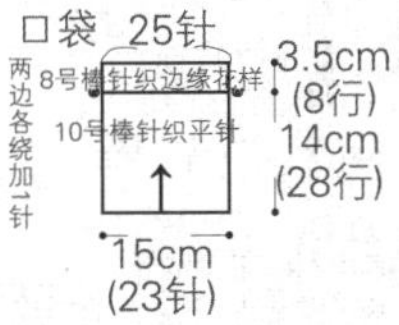

边缘编织花样

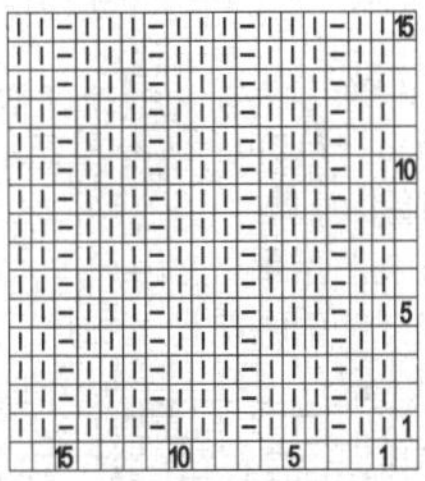

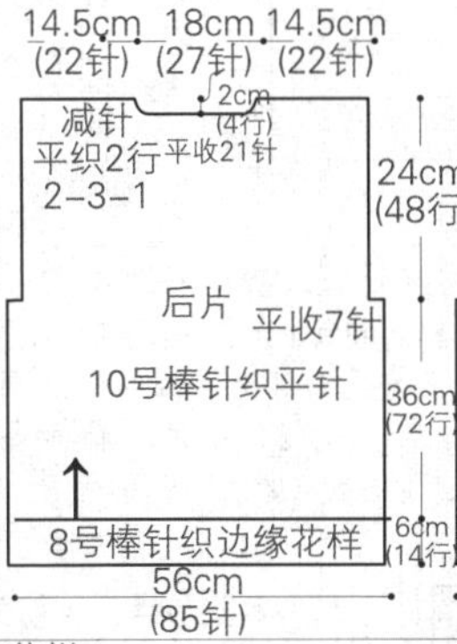

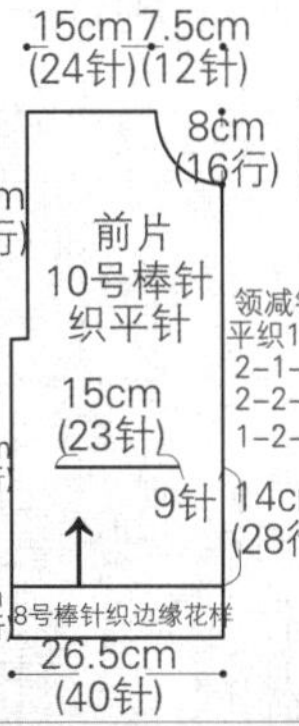

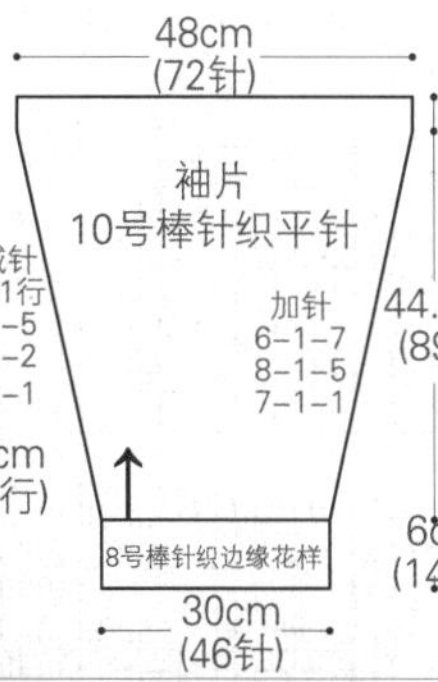

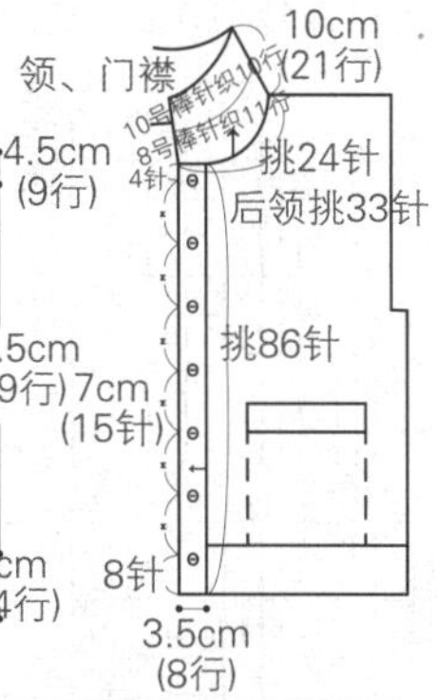

284

【成品规格】衣长66cm，胸围115.5cm，背肩宽46cm，袖长57.5cm

【编织密度】桂花针14.5针×21行=10cm²
花样18.5针×22行=10cm²

【工　　具】8号、10号棒针

【材　　料】毛线775g，纽扣6颗

【编织要点】

1.后片：10号棒针起93针按图示织花样，织72行开挂肩，腋下各平收5针，再依次分别减针，领窝留4行，织48行平收19针，分开织左右片并在领边缘减针，肩平收。另用8号棒针沿底边挑81针，织边缘花样16行平收，后片完成。

2.前片：10号棒针起45针按图示排织花样，织法同后片；织24行，在口袋位置22针织边缘花样4行平收；另用针起22针织平针与口袋开口处连接，继续往上织；开挂肩时同时开始织V领口，按图示减针织，减针完成后平收7行收针；另用8号棒针沿底边挑39针织边缘花样16行平收，前片一侧完成，对称织另一片。

3.袖：10号棒针起44针按图示排织花样，两边均匀加针织84行，袖宽78针开始织袖山，按图示减针，最后22针平收；另用8号棒针沿底边挑44针织边缘花样16行平收；同法织另一只袖。

4.门襟：8号棒针沿边缘挑241针织边缘花样，需要开扣眼的一侧按图示均匀开6个扣眼；织8行平收；最后缝合纽扣及口袋里层，完成。

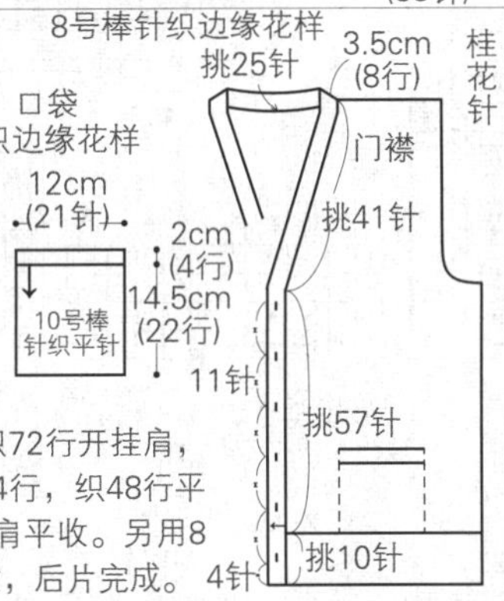

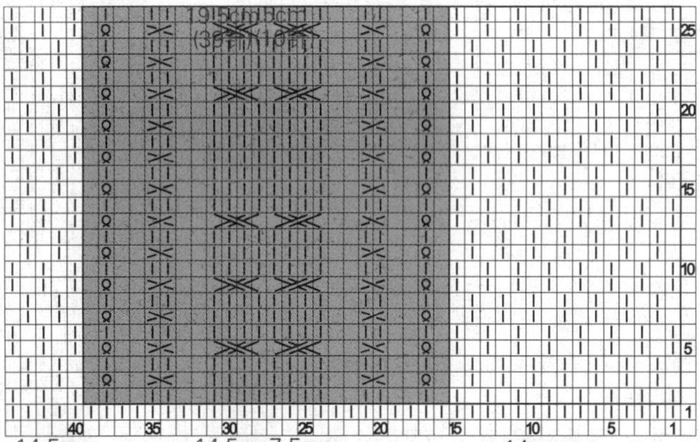

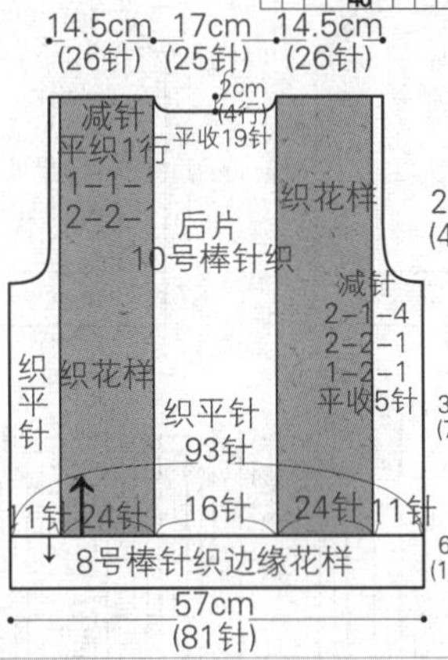

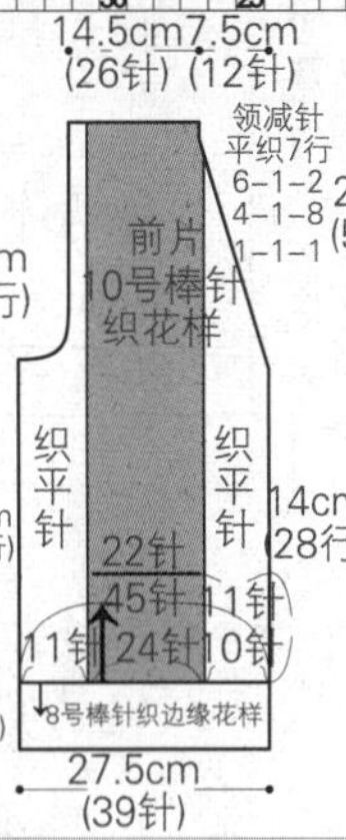

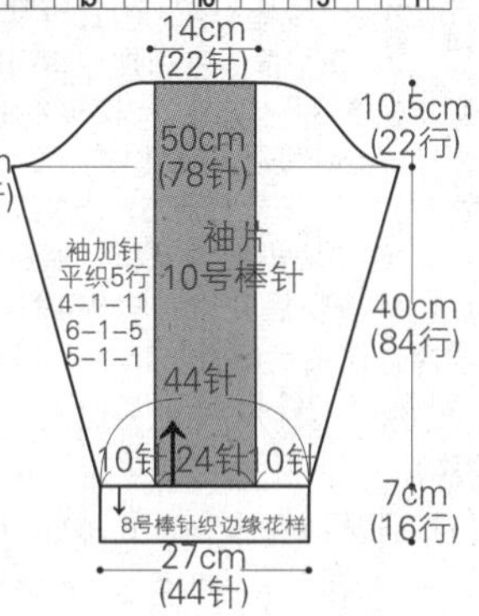

边缘及扣眼

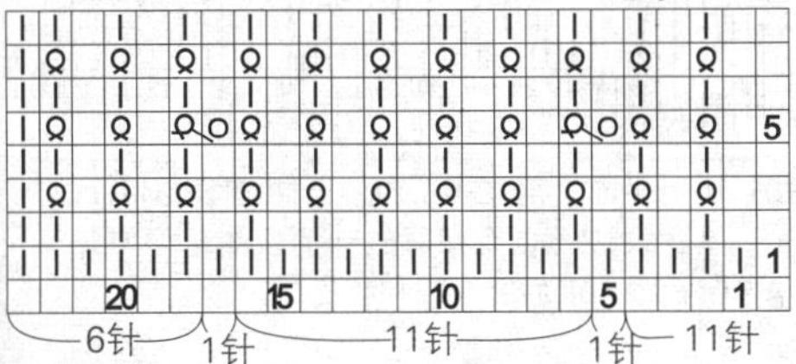

边缘花样

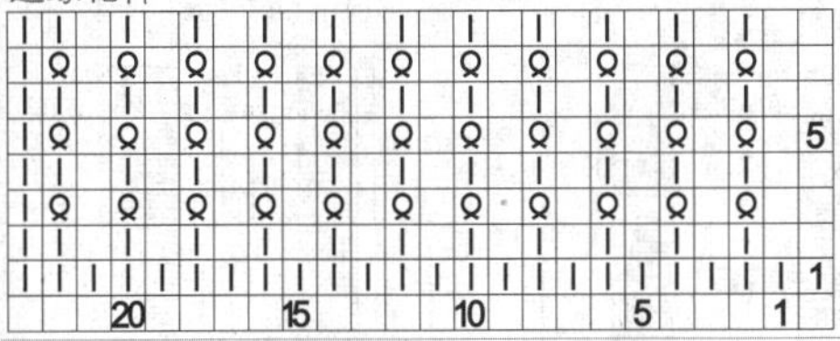

285

【成品规格】衣长69cm，胸围118.5cm，袖长73cm

【编织密度】15针×20.5行=10cm²

【工　　具】9号、11号棒针

【材　　料】毛线700g，纽扣8颗

【编织要点】

1.后片：9号棒针起86针织边缘花样16行，换11号棒针织平针，织70行开挂肩，腋下各平收3针，以2针为径在两边减针，减到最后24针平收。

2.前片：9号棒针起46针织边缘花样16行，换11号棒针织，中心39针织花样，门边各7针织花样，其余织平针，织70行开挂肩，织法同后片；挂肩织44行开始织领窝，按图示减针，前片比后片少织4行，减针到最后2针平收。

3.袖：9号棒针起44针织边缘花样14行，换11号棒针织平针，袖筒两边按图示加针织80行后开始织袖山，与后片相连的减针方法同后片，与前片相连的减针方法同前片，领差4行按图示依次减针，最后2针平收。

4.领、门襟：缝合各片，挑针织领；9号棒针沿领窝挑80针织双罗纹16行平收。门襟：9号棒针沿边缘挑96针织双罗纹10行，有扣眼的一边按图示分别挖8个扣眼。最后缝合纽扣，完成。

边缘花样

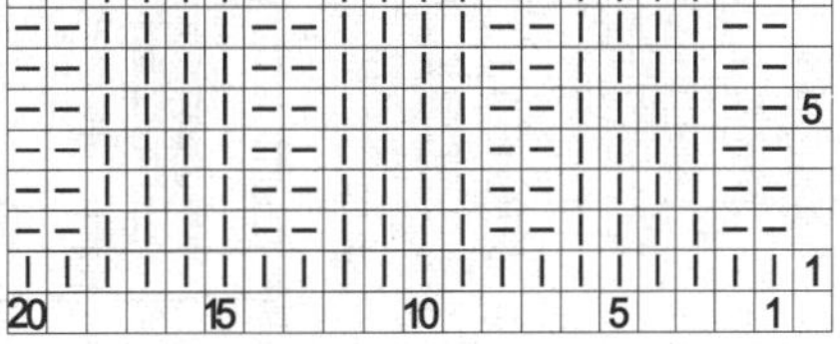

左前片

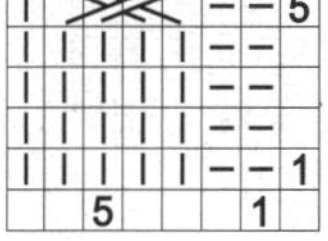

右前片

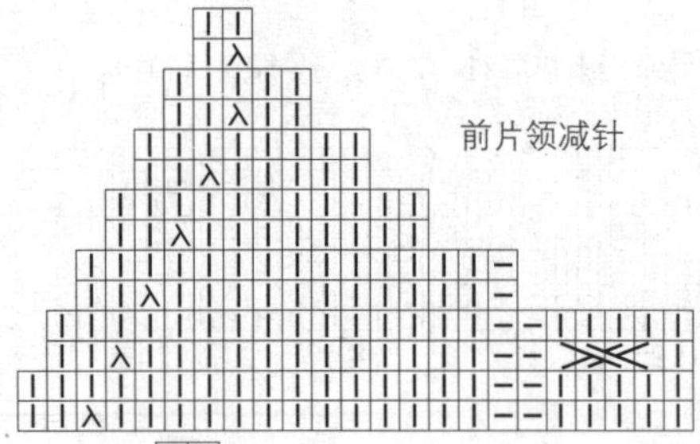

前片领减针

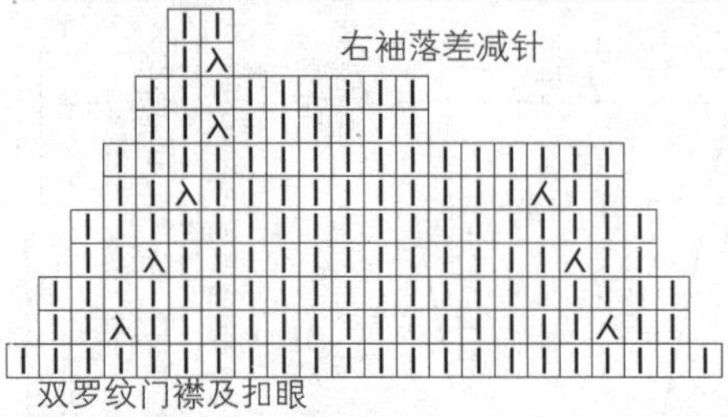

右袖落差减针

双罗纹门襟及扣眼

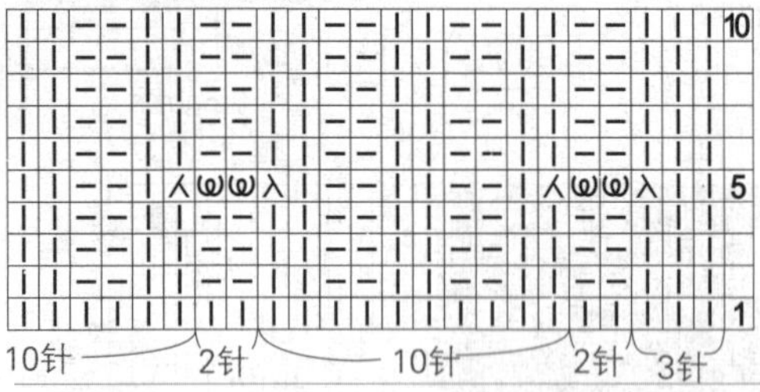

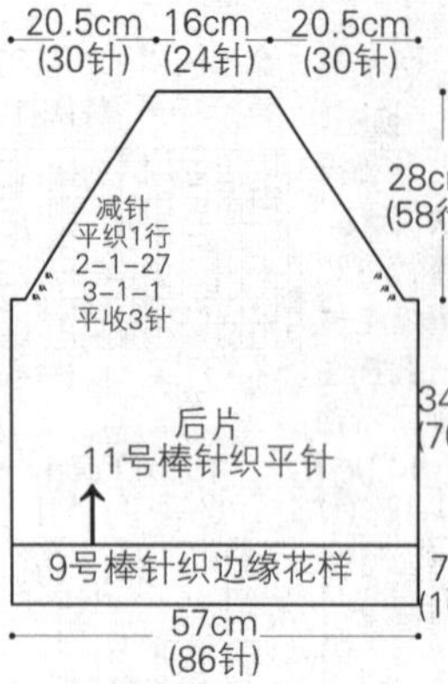

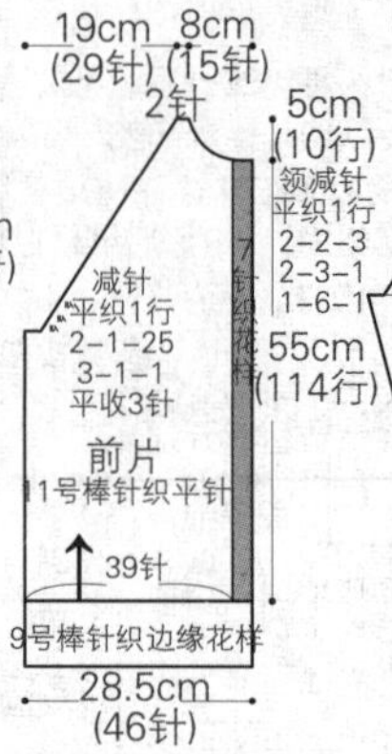

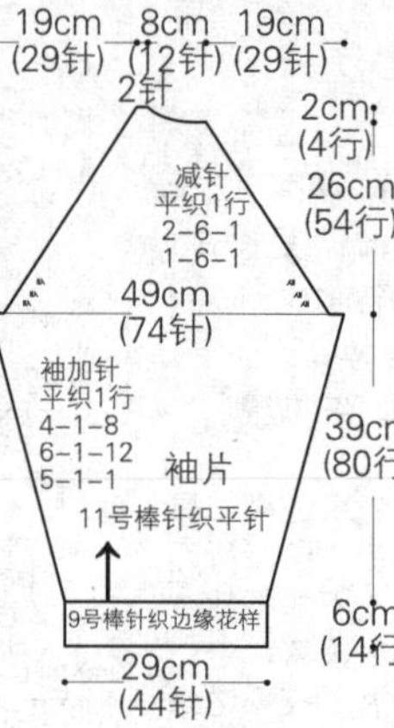

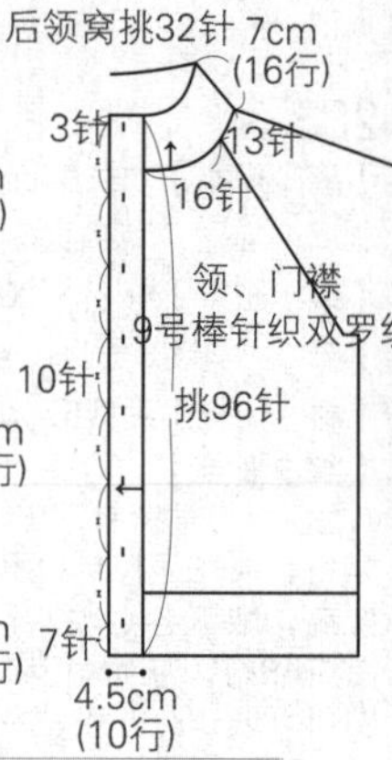

3.袖：8号棒针起58针织双罗纹18行，换10号棒针织花样，袖筒两边按图示加针织94行后开始织袖山，与后片相连的减针方法同后片，与前片相连的减针方法同前片，领差4行按图示依次减针，最后3针平收。

4.领、门襟：缝合各片，挑针织领；8号棒针沿领窝挑104针织双罗纹12行平收。门襟：8号棒针沿边缘挑96针织起伏针9行，有扣眼的一边按图示分别挖7个扣眼。最后缝合纽扣，完成。

前片领及法克兰径减针

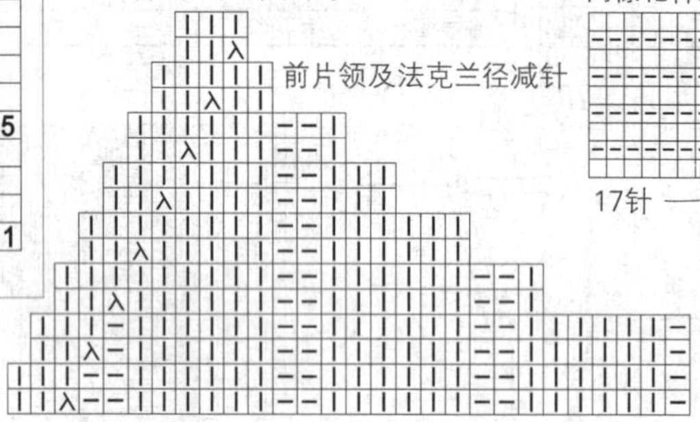

门襟花样及扣眼

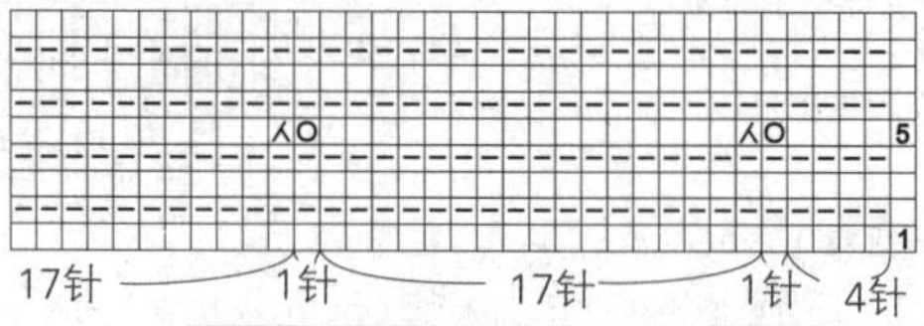

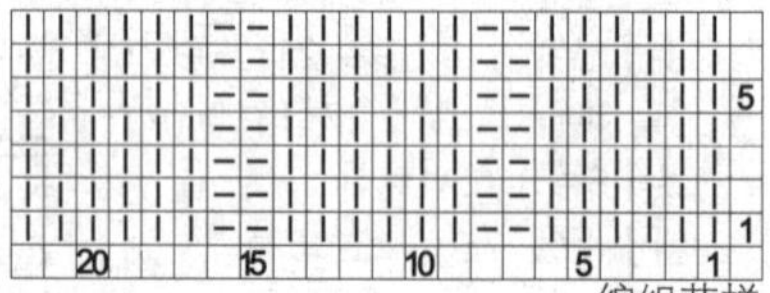

编织花样

286

【成品规格】衣长68cm，胸围115cm，袖长74cm

【编织密度】19.5针×23.5行=10cm²

【工　　具】8号、10号棒针

【材　　料】段染毛线700g，纽扣7颗

【编织要点】

1.后片：8号棒针起110针织双罗纹18行，换10号棒针织花样，织80行开挂肩，腋下各平收6针，以2针为径在两边减针，减到最后36针平收。

2.前片：8号棒针起55针织双罗纹18行，换10号棒针织花样，织80行开挂肩，织法同后片；挂肩织48行开始织领窝，按图示减针，前片比后片少织4行，减针到最后3针平收。

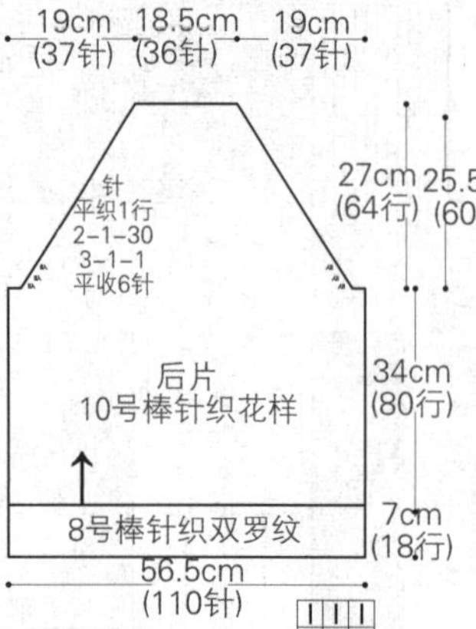

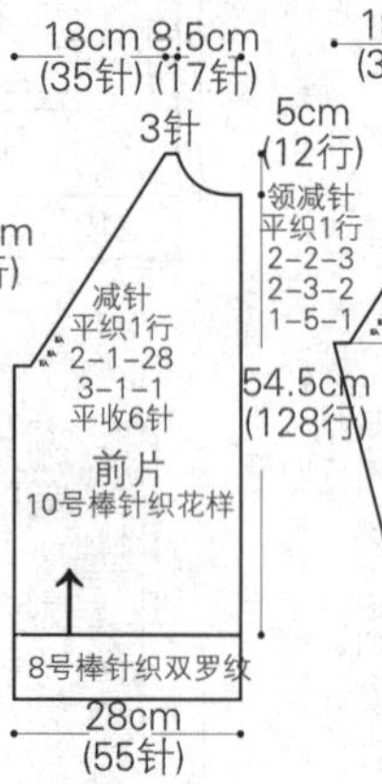

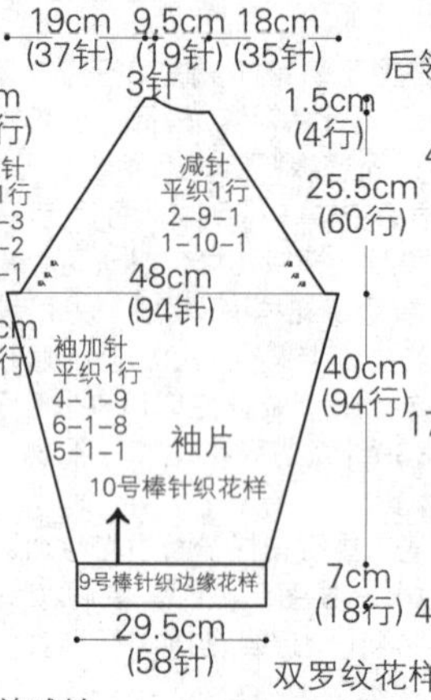

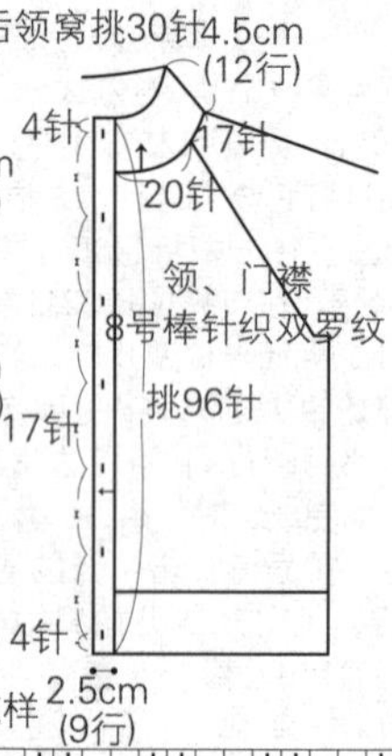

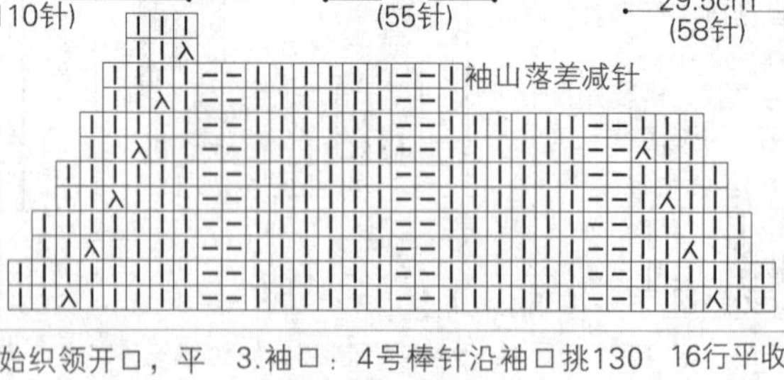

袖山落差减针

双罗纹花样

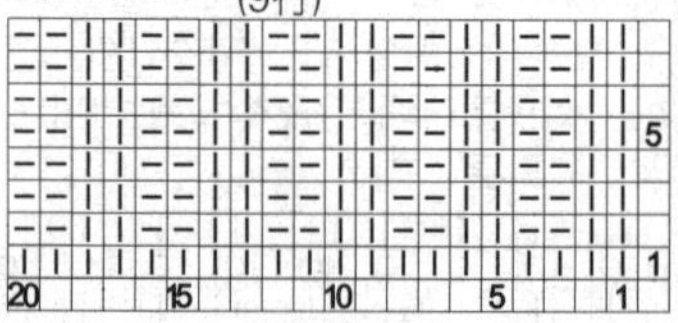

287

【成品规格】衣长61cm，胸围106cm，背肩宽41cm

【编织密度】平针20针×28行=10cm²

花样22针×28行=10cm²

【工　　具】4号、6号棒针

【材　　料】灰色毛线300g，纽扣3颗

【编织要点】

1.后片：4号棒针起109针织单罗纹20行，换6号棒针按图示排织花样，并在指定的位置各加4针即117针；织84行开挂肩，腋下各平收4针，再依次各减11针，最后2行织后领窝，中心35针平收，分开织左右片并织2行平收。

2.前片：起针及织法同后片；开挂肩后织16行开始织领开口，平收中心7针，分开织左右片，领口不加不减织30行开始织领窝，先平收3针，再依次减针，减针完成后平织4行将肩针数平收；对称织另一半。

3.袖口：4号棒针沿袖口挑130针，织单罗纹8行平收。

4.领及前立襟：先挑针织领；4号棒针沿领窝挑95针织单罗纹16行平收；前立襟：沿领一侧边缘挑39针织单罗纹12行，有扣眼的一侧按图示均匀开3个扣眼；最后缝合纽扣，完成。

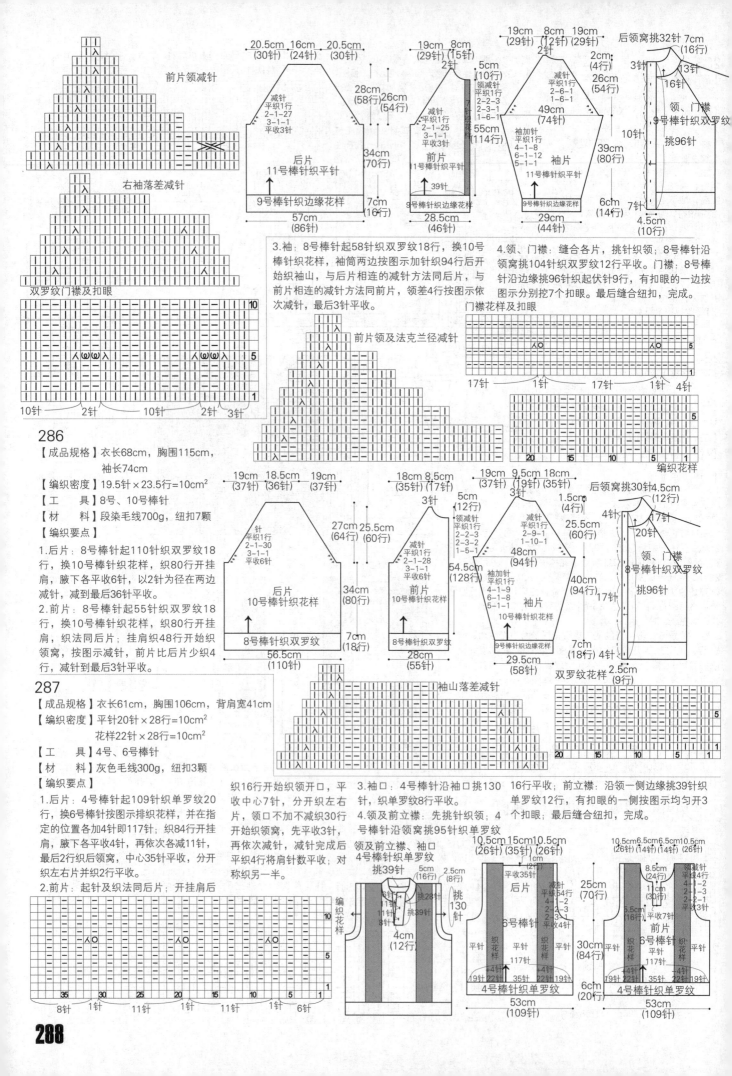

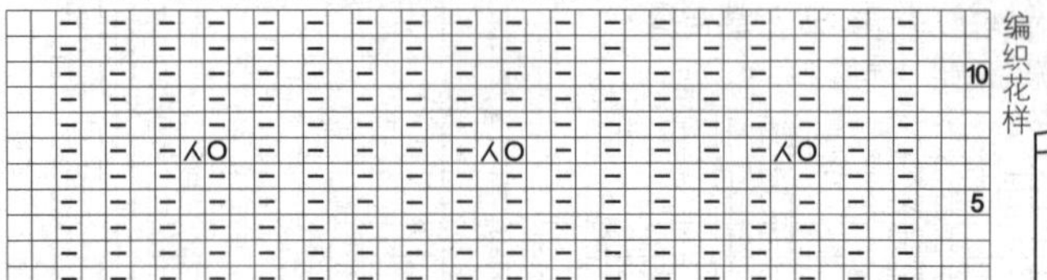

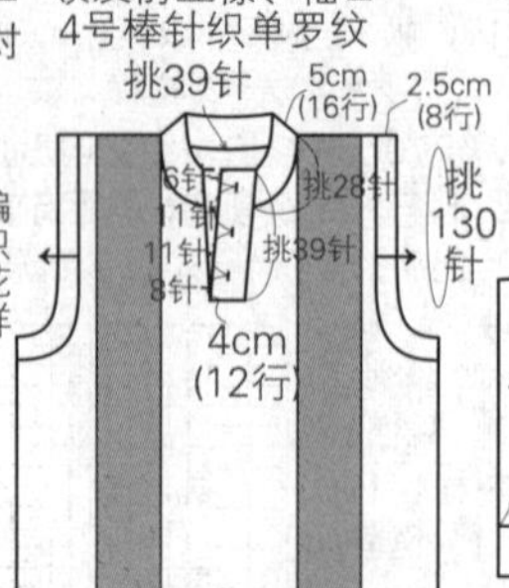

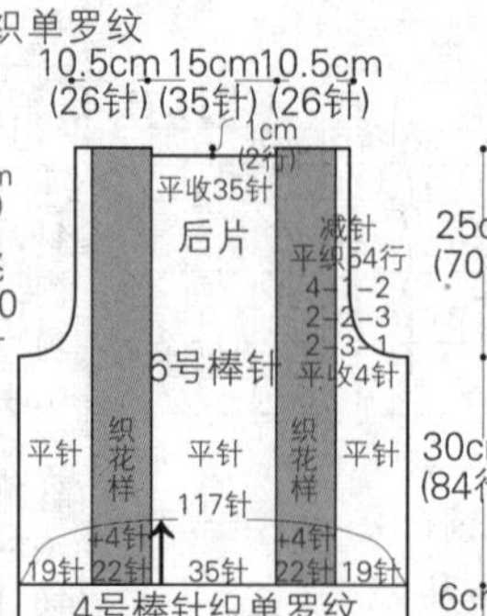

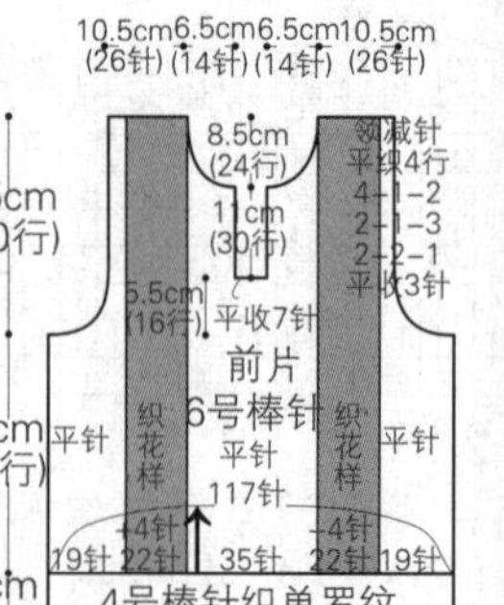

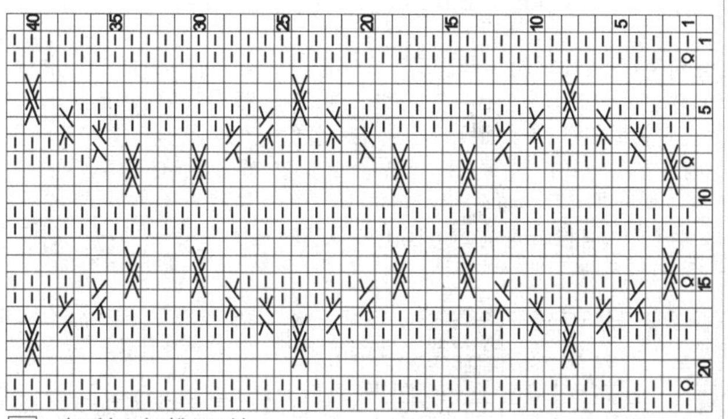

在2针之间挑织1针

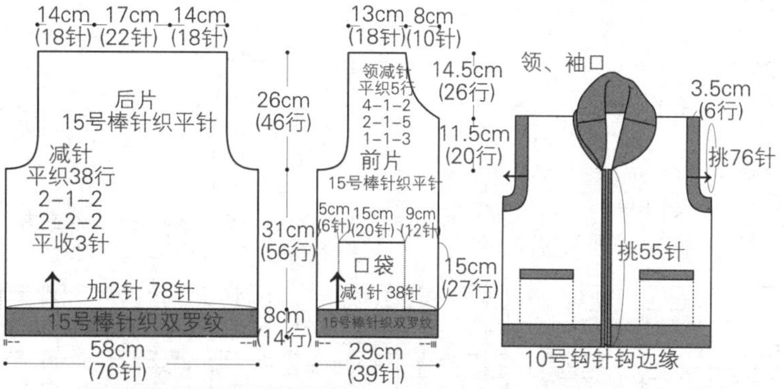

288

【成品规格】衣长65cm，胸围118cm，背肩宽52cm

【编织密度】13针×18行=10cm²

【工　　具】15号棒针，10号钩针

【材　　料】咖啡色毛线200g，花式线490g

【编织要点】

1.后片：用咖啡色毛线和15号棒针起76针织双罗纹14行，上面全部织花线，均加2针织平针，织56行开挂肩，腋下各平收3针，再依次各减6针，织46行平收。

2.前片：用咖啡色毛线和15号棒针织双罗纹14行，上面全部织花线，减1针织平针56行开挂肩，织法同后片；织20行开始织领口，按图示减针，减针完成后平织5行收掉全部针数。

3.领、门襟：先织门襟：用钩针沿边缘钩1行短针，再钩1行逆短针。领：分3部分；前领及后领，均按图示织，然后缝合。

4.口袋：用15号棒针起22针织平针27行，然后收2针换咖啡色线织双罗纹6行，织2片缝合在衣袋位置，完成。

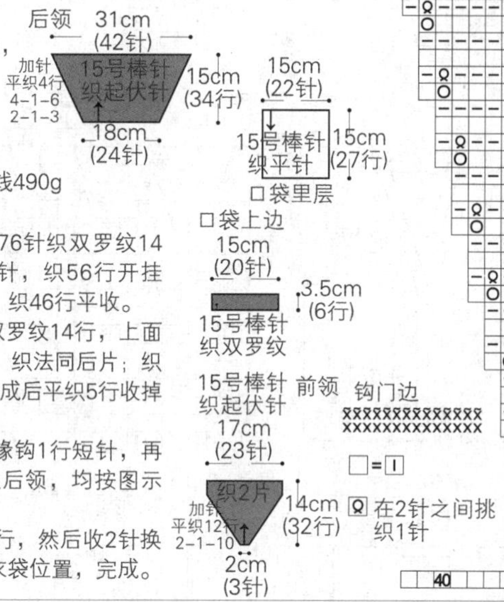

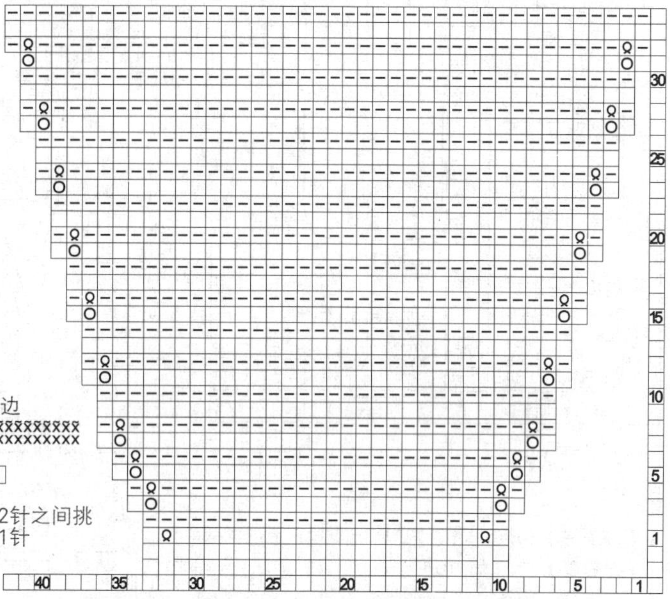

289

【成品规格】衣长61.5cm，胸围106.5cm，背肩宽40cm

【编织密度】17.5针×22行=10cm²

【工　　具】8号、9号、11号棒针

【材　　料】墨绿色毛线380g，纽扣6颗

【编织要点】

1.后片：9号棒针起91针织单罗纹4行，换11号棒针织花样，织74行开挂肩，腋下各平收5针，再依次各减8针，最后4行织后领窝，中心23针平收，分开织左右片并在领边缘各减3针，肩平收。

2.前片：9号棒针起46针织单罗纹4行，换11号棒针织花样，织72行开始织V领，每4行减1针减14次；里侧织74行开始织挂肩，减针方法同后片；领窝减针结束后不加不减织4行平收。

3.袖口：9号棒针沿袖口挑106针，织单罗纹4行平收。

4.领：8号棒针沿边缘挑251针织起伏针，有扣眼的一侧均匀开6个扣眼，织8行平收；最后缝合纽扣，完成。

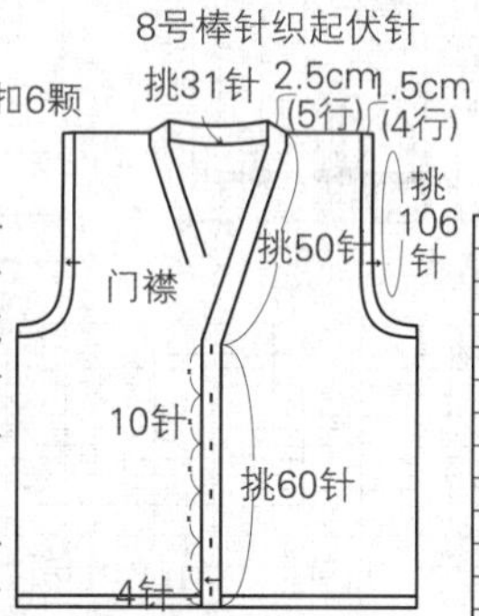

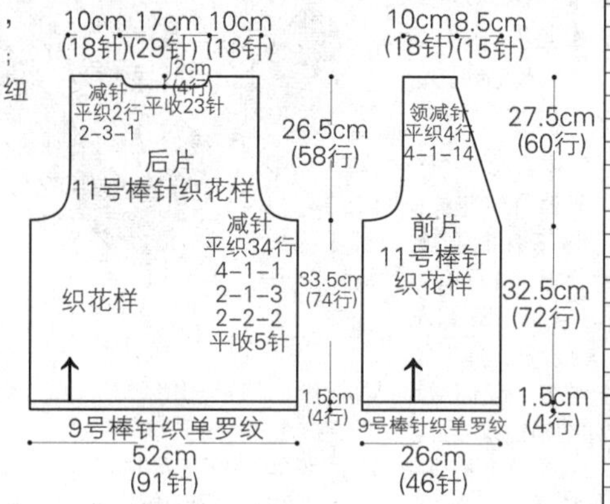

门襟及扣眼

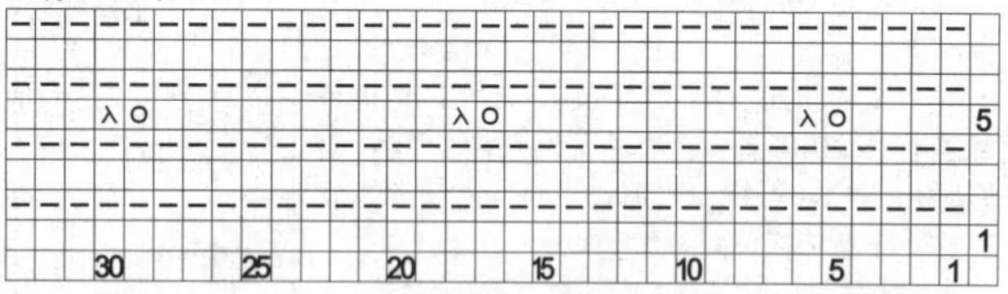

编织花样

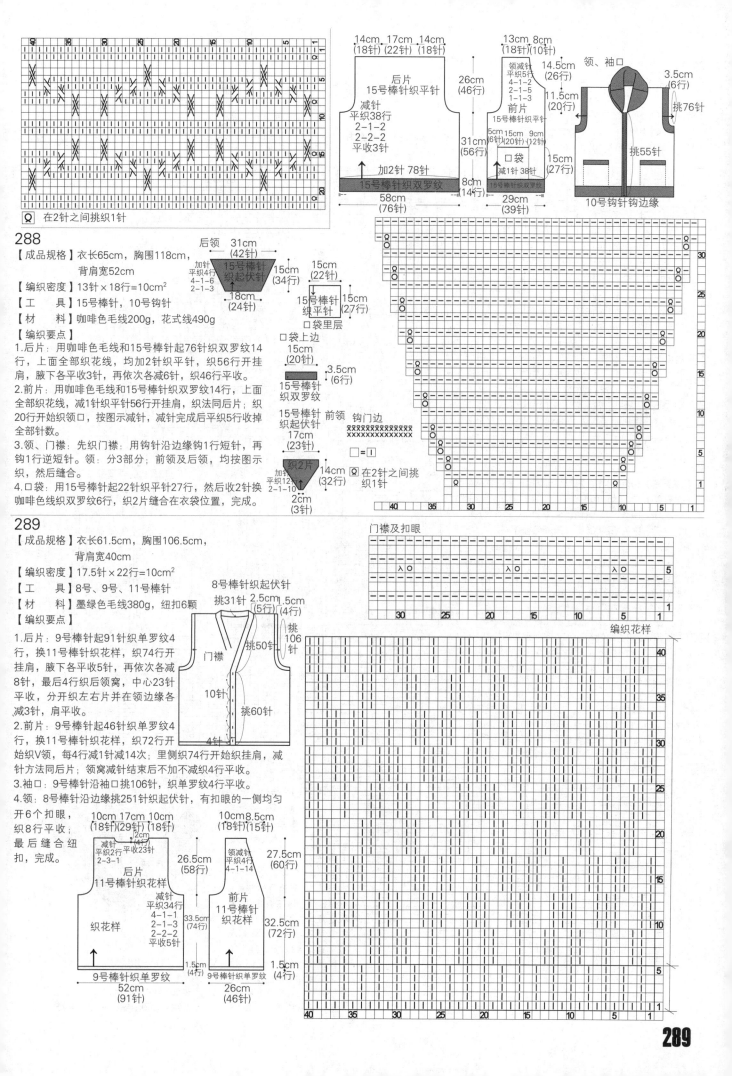

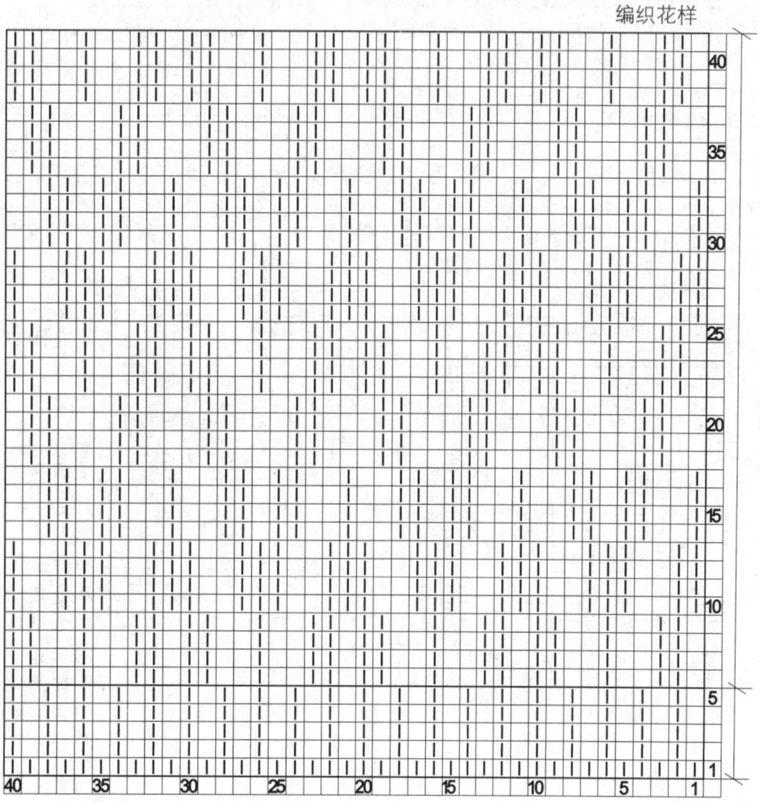

290

【成品规格】衣长63cm，胸围107cm，背肩宽43cm

【编织密度】17.5针×22行=10cm^2

【工　　具】8号、9号、11号棒针

【材　　料】灰色毛线440g，纽扣5颗

【编织要点】

1.后片：9号棒针起86针织双罗纹16行，换9号棒针按图示加针并排织花样，织66行开挂肩，腋下各平收5针，再依次各减8针，最后4行织后领窝，中心20针平收，分开织左右片并在领边缘各减3针，肩平收。

2.前片：9号棒针起46针织双罗纹16行，换9号棒针按图示加针并排织花样，织66行开挂肩并同时开始织V领，挂肩减针同后片；领先减1针，再每4行减1针减12次；减针结束后不加不减织8行平收。

3.袖口：9号棒针沿袖口挑108针，织双罗纹7行平收。

4.门襟：8号棒针沿边缘挑262针织起伏针，有扣眼的一侧均匀开5个扣眼，织10行平收；最后缝合纽扣，完成。

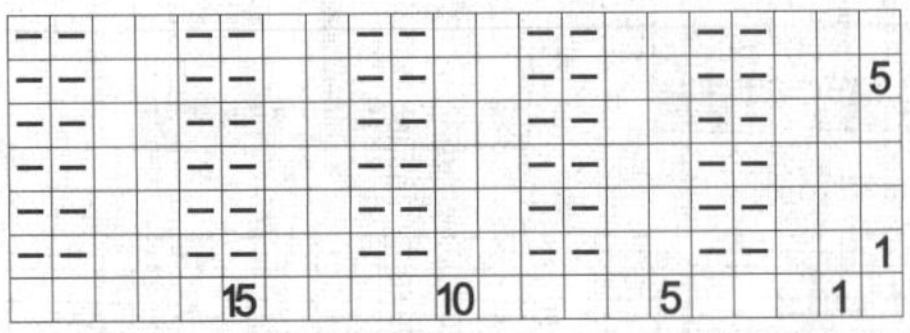

双罗纹

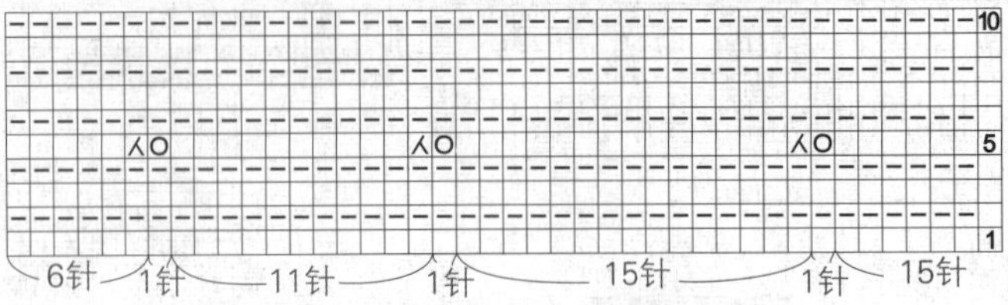

Q 在2针之间加1针

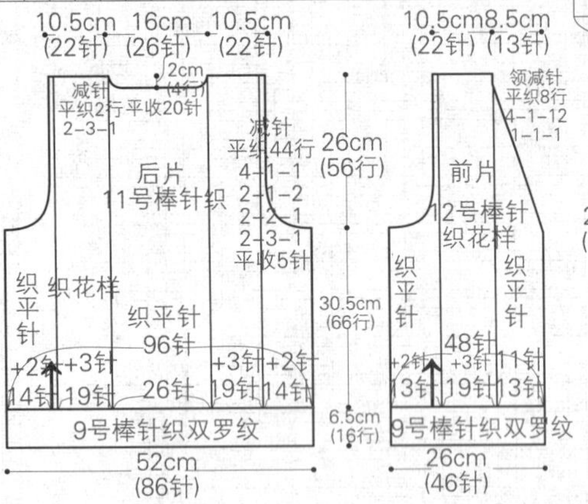

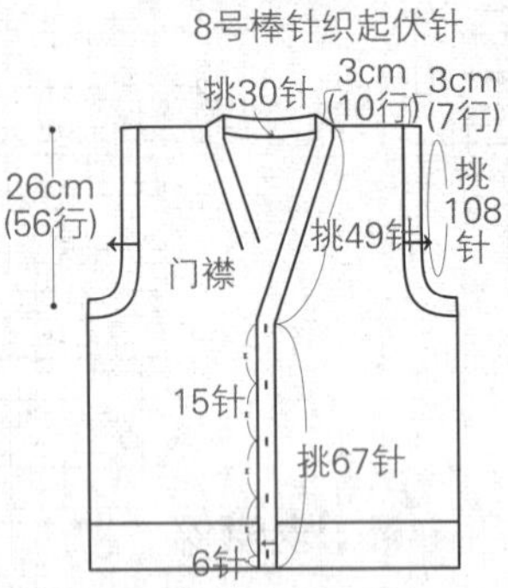

编织花样

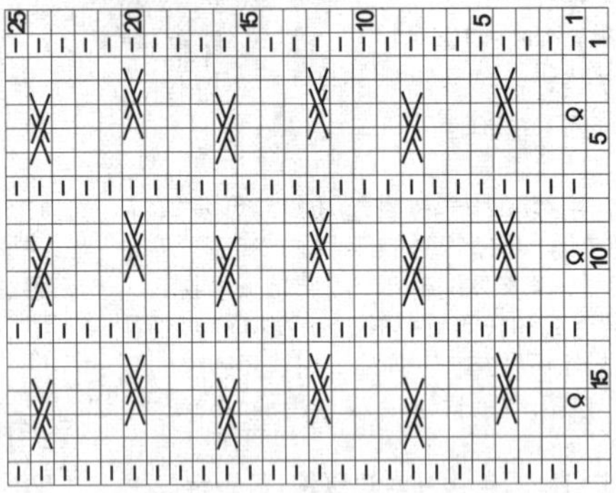

291

【成品规格】衣长63cm，胸围116.5cm，背肩宽46cm

【编织密度】11.5针×16行=10cm^2 13针×16行=10cm^2

【工　　具】10号、12号棒针

【材　　料】灰色毛线600g，纽扣6颗

【编织要点】

1.后片：12号棒针起70针织双罗纹10行，换10号棒针图示排织花样，织50行开挂肩，腋下各平收4针，再依次各减5针，最后4行织后领窝，中心12针平收，分开织左右片并在领边缘各减4针，肩平收。

2.前片：12号棒针起33针织双罗纹10行，换10号棒针按图示排织花样，并在里侧加1针，织50行开始织挂肩，减针方法同后片；挂肩织26行开始织领窝，先平收4针，再按图示依次减针，最后不加不减织8行肩针数平收。

3.袖口：12号棒针沿袖口挑64针，织双罗纹4行再织起伏针3行，平收。

4.领、门襟：先挑针织门襟：12号棒针沿门边挑68针织双罗纹4行，并按图示说明在一侧挖扣眼6个，再织起伏针3行平收。领：12号棒针沿领窝挑56针，织双罗纹19行，再织起伏针3行平收。最后缝合纽扣，完成。

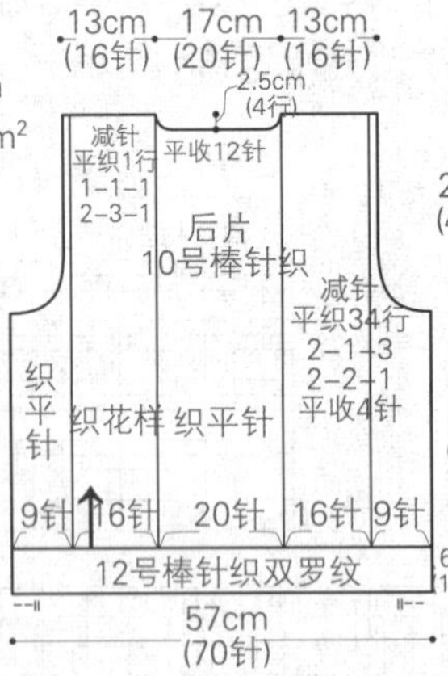

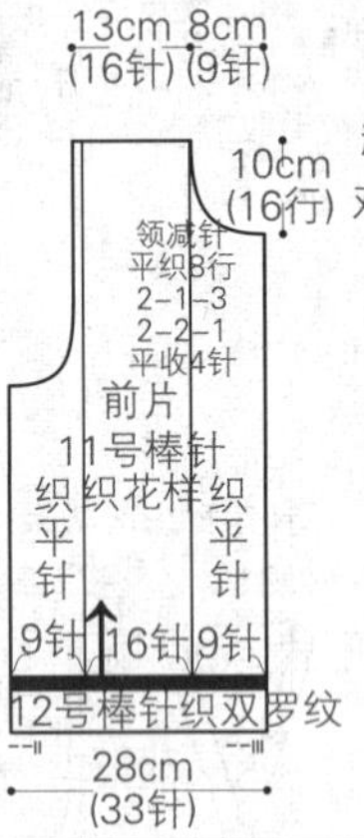

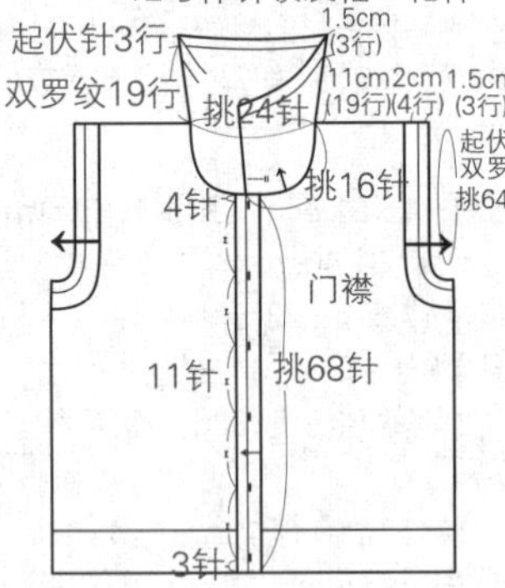

门襟花样及扣眼

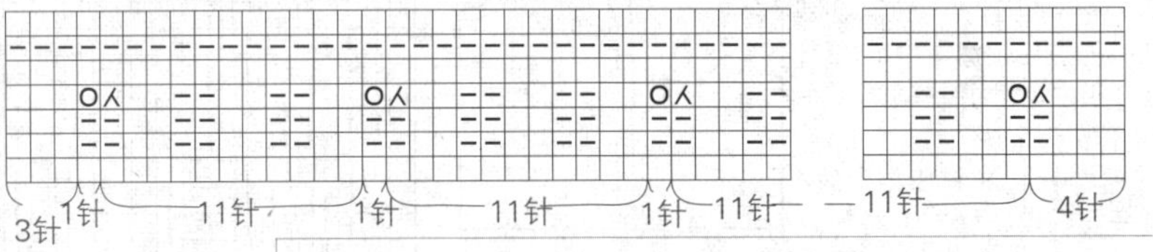

编织花样

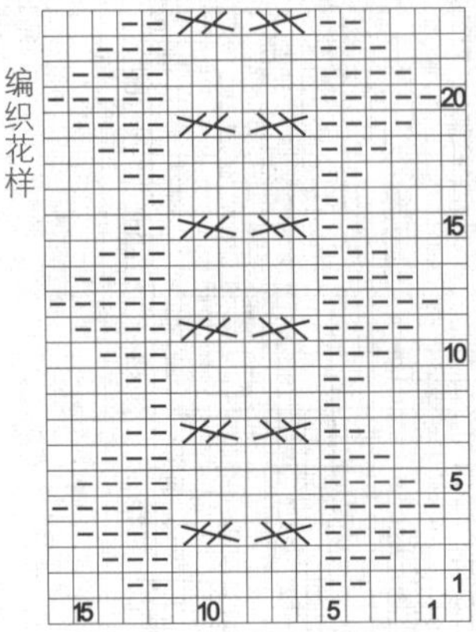

领及袖口花样

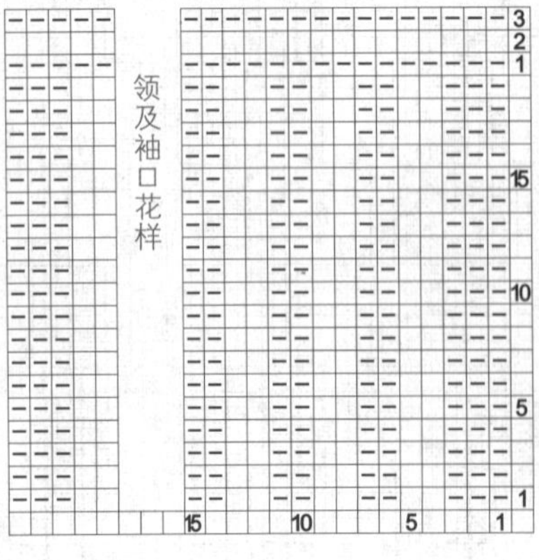

292

【成品规格】衣长64.5cm，胸围102cm

【编织密度】12针×16行=10cm^2

【工　　具】7号、13号棒针

【材　　料】蓝色毛线420g，红色毛线105g

【编织要点】

1.后片：7号棒针起59针织花样A 12行，换7号棒针织花样B，织50行开挂肩，腋下各平收3针，再依次各减5针，最后4行织后领窝，中心15针平收，分开织左右片并在领边缘各减2针，肩平收。

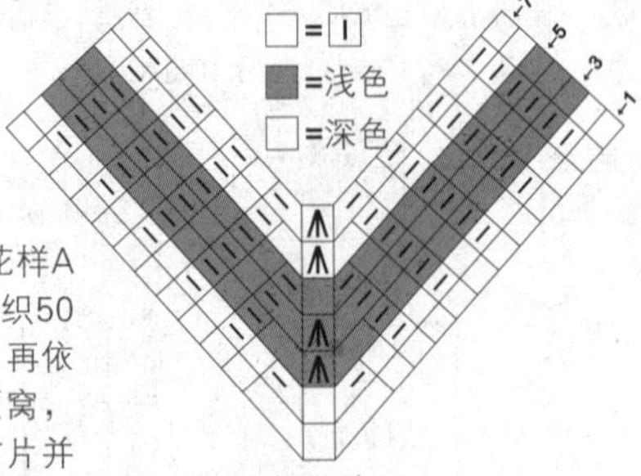

V领织法

2.前片：起针及织法同后片；挂肩织10行开始织领窝，中心平收1针，分开织左右片并在领边缘减针，减针完成后平织6行，肩平收。

3.袖口：13号棒针沿袖口挑76针，织单罗纹6行平收。

4.领：13号棒针沿领窝挑84针织单罗纹，按领图解织V领7行平收，完成。

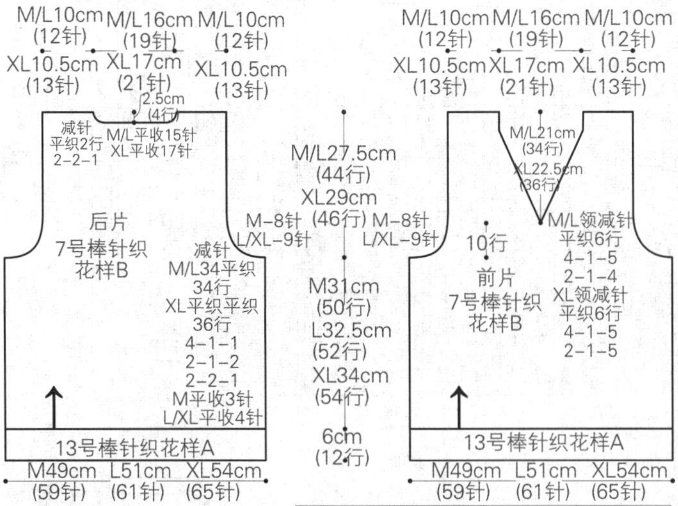

	胸围	背肩宽	衣长
M	98cm	43cm	64.5cm
L	102cm	43cm	67.5cm
XL	108cm	45cm	69cm

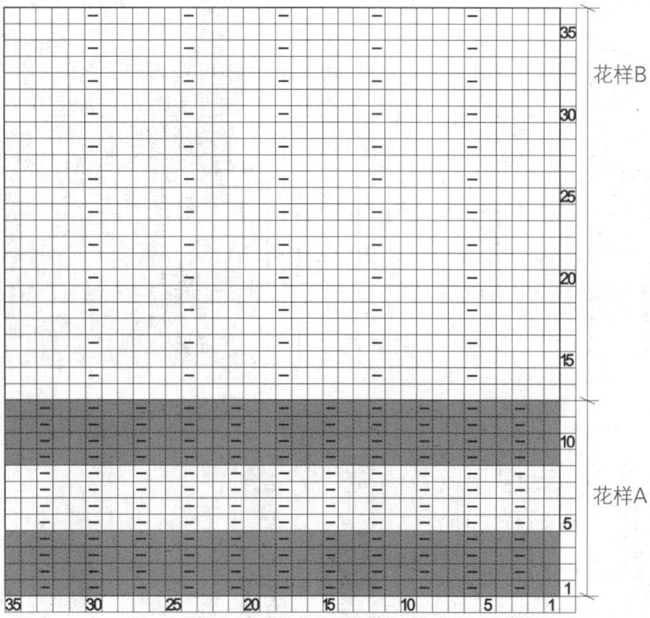

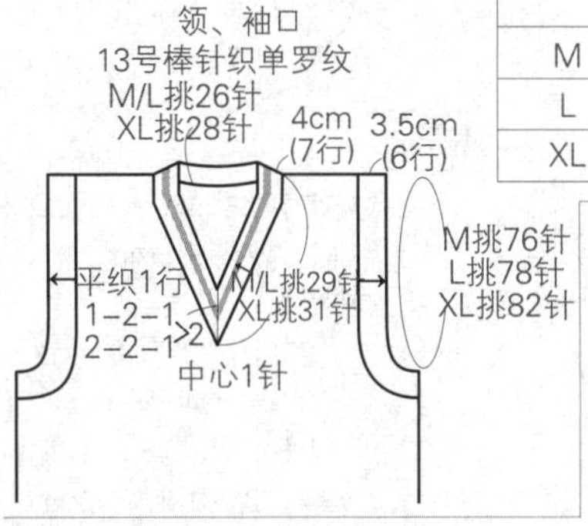

293

【成品规格】衣长63cm，胸围111cm，背肩宽46cm

【编织密度】19针×23行=10cm²

【工　　具】4号、7号棒针

【材　　料】米色毛线220g，黑色毛线50g，浅蓝色毛线20g

【编织要点】

先织正身，再挑织各边缘。

1.后片：7号棒针起102针织米色平针2行后开始织花样，织66行开挂肩，腋下各平收3针，再依次各减11针，最后4行织后领窝，中心28针平收，分开织左右片并在领边缘各减3针，肩平收；用4号棒针沿底边挑101针织米色单罗纹18行平收，后片完成。

2.前片：7号棒针起52针织米色平针2行后开始按图示织花样，织70行开始织挂肩，减针方法同后片；织6行开始织领窝，先在边缘减针，再按图示依次减针，减针完成后平织5行收针；另用4号棒针沿底边挑50针织单罗纹18行平收，前片一侧完成，对称织另一片。

3.袖口：4号棒针沿袖口挑110针，织单罗纹10行平收。

4.门襟：4号棒针沿边缘挑279针织单罗纹，有扣眼的一侧均匀开4个扣眼，织10行平收；最后缝合纽扣，完成。

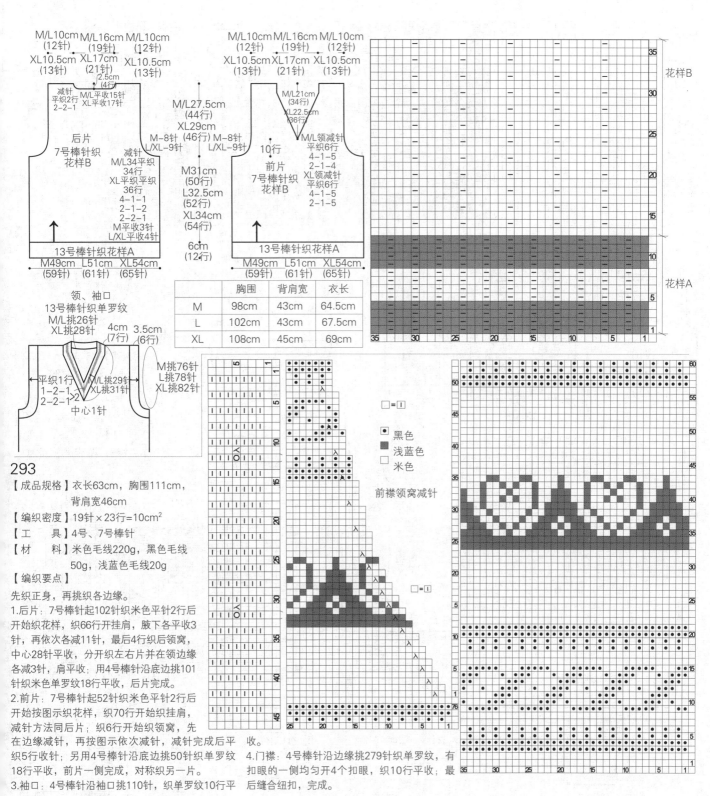

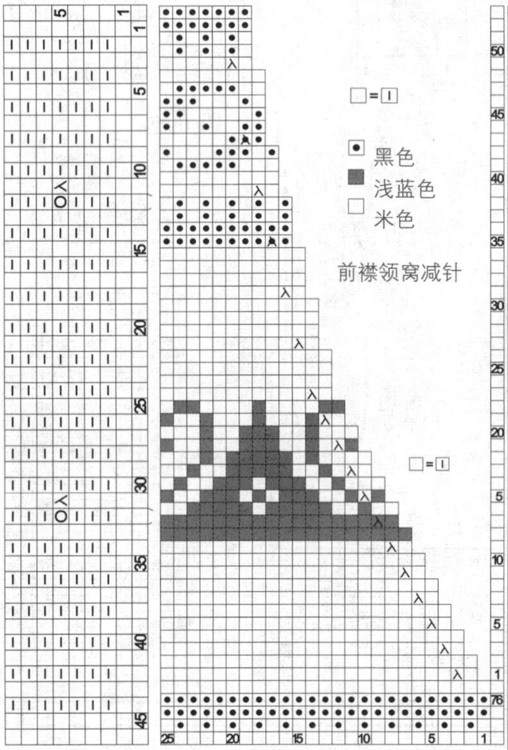

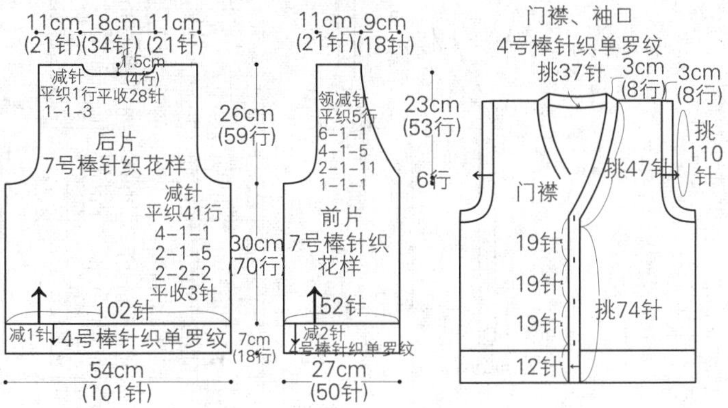

294

【成品规格】衣长63.5cm，胸围110.5cm，背肩宽43.5cm

【编织密度】花样A 24针×24行=10cm²

花样B 18针×24行=10cm

【工　　具】7号、9号棒针

【材　　料】米色毛线500g，纽扣5颗

【编织要点】

1.后片：7号棒针起105针织单罗纹18行，换9号棒针均加10针按图解排花样织，织72行开挂肩，腋下各平收6针，再分别依次减针，织60行开始织后领窝，先平收中心31针，分开织左右片，并在领边缘各减3针，肩平收。

2.前片：7号棒针起52针织单罗纹18行，换9号棒针均加6针按图解排花样织，织72行开挂肩，同时开始织V领，先减1针，再分别按图示减针，减针完成后不加不减织3行平收。

3.袖口：7号棒针沿袖口挑118针，织单罗纹18行平收。

4.门襟：7号棒针沿边缘挑281针织单罗纹，有扣眼的一侧均匀开5个扣眼，织8行平收；最后缝合纽扣，完成。

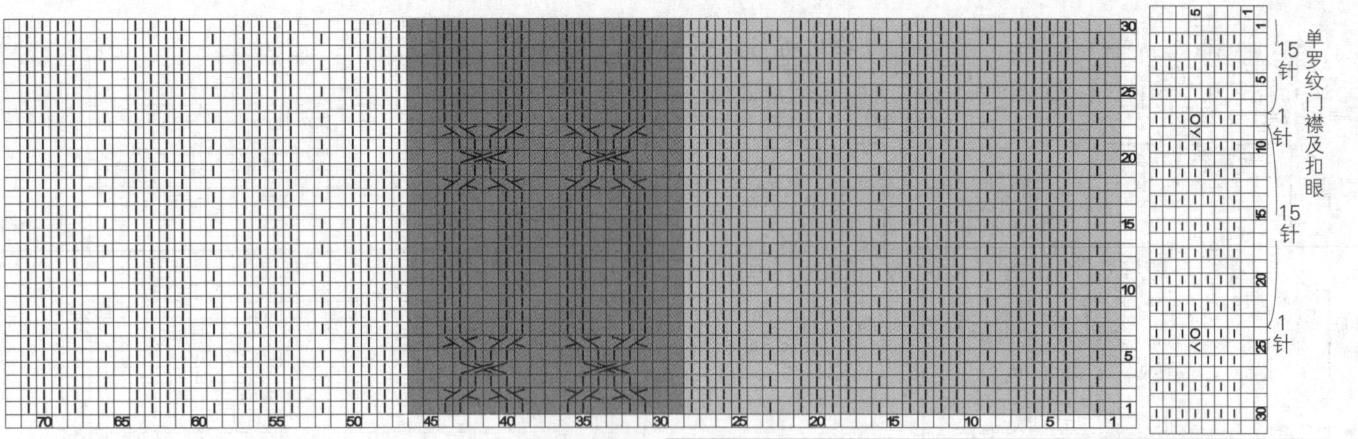

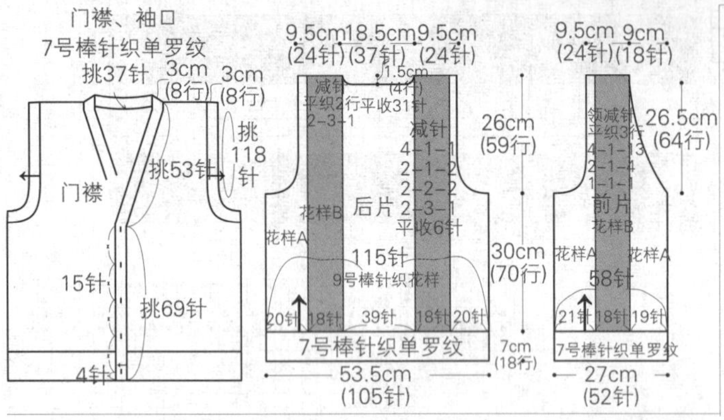

单罗纹门襟及扣眼
15针
1针
15针
1针
门襟、袖口
7号棒针织单罗纹
挑37针
3cm (8行)
3cm (8行)
挑118针
挑53针
门襟
15针
挑69针
4针
9.5cm (24针) 18.5cm (37针) 9.5cm (24针)
1.5cm (4行)
减针 平织2行 2-3-1
平收31针
26cm (59行)
减针 4-1-1 2-1-2 2-2-2 2-3-1 平收6针
花样B
花样A
后片
115针
9号棒针织花样
30cm (70行)
20针 18针 39针 18针 20针
7号棒针织单罗纹
7cm (18行)
53.5cm (105针)
9.5cm (24针) 9cm (18针)
领减针 平织3行 4-1-13 2-1-4 1-1-1
26.5cm (64行)
前片
花样B
花样A
58针
21针 18针 19针
7号棒针织单罗纹
27cm (52针)
295
【成品规格】衣长67cm，胸围104cm，背肩宽46cm，袖长55cm
【编织密度】16针×22行=10cm²
【工　　具】10号、12号棒针
【材　　料】咖啡色羊毛线385g
领片
32针
6cm (13行)
2.5cm (5行)
(12号棒针)
(10号棒针)
46针
3cm (6行)
50cm (80针)
袖片 (10号棒针)
55cm
52cm (114行)
(+19针)
6-1-19
26cm (42行)
(42针)
14cm (23针) 18cm (28针) 14cm (23针)
2cm (4行)
(20针)
平1行 1-1-1 2-3-1
46cm (74针)
3cm (5针) 伏针
67cm
后片 (10号棒针)
52cm (84针)
(84针)
25cm (56行)
42cm (92行)
8cm (18行)
平3行 3-1-3 2-2-2 2-3-1
(8针)
前片 (10号棒针)
296
【成品规格】衣长62cm，胸围92.5cm，背肩宽41cm
【编织密度】
5号棒针：23针×33行=10cm²
3号棒针：37针×34行=10cm²
【工　　具】3号、4号、5号棒针
【材　　料】黑色羊毛线400g
编织花样(5号棒针)
16行1组花样
= 左上2针交叉
= 右上2针交叉
= 右上1针交叉
前领(单罗纹花样)(3号棒针)
146cm (498行)
(1行)
3.5cm (13针)
右前立领 42cm (142行)
前领 22cm (76行)
后领 18cm (62行)
前领 22cm (76行)
左前立领 42cm (142行)
9.5cm (22针) 17cm (40针) 9.5cm (22针)
1.5cm (4行)
平1行 1-1-3
(34针)
23cm (76行)
4-1-1 2-1-2 2-2-2 留3针
(-10针)
62cm
后身片 (5号棒针)
32cm (106行)
45cm (104针)
(-1针)
单罗纹 (4号棒针)
7cm (24行)
(105针)
9.5cm (27针) 8.5cm (20针)
后片同
平9行 2-1-1 4-1-1 2-1-1 1-1-1
9回重复操作
20cm (66行)
(-10针)
(-20针)
编织花样
35cm (116行)
(5号棒针)
(+4针)
22cm (57针)
5cm (12针)
8cm (24针)
9cm (21针)
单罗纹 (4号棒针)
(53针)
※左前身片和右前身片对称编织
3.5cm (13针)
(62行)
2.5cm (9行)
领口、袖片 (4号棒针)
(76行)
(114针)
(3行)
(37行)
(1行)
(37行)
(142行)
(37行)
(15行)
(8行)
3.5cm (13针)
(1行)
前立领片 (3号棒针)

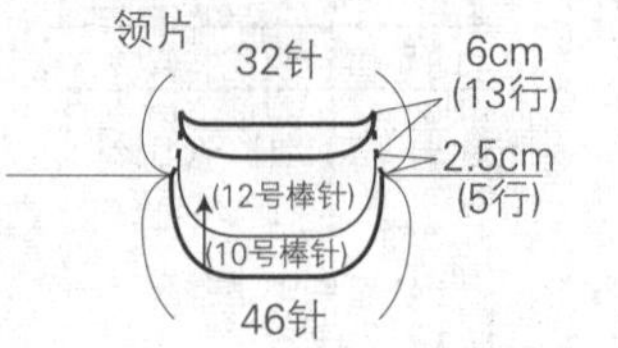

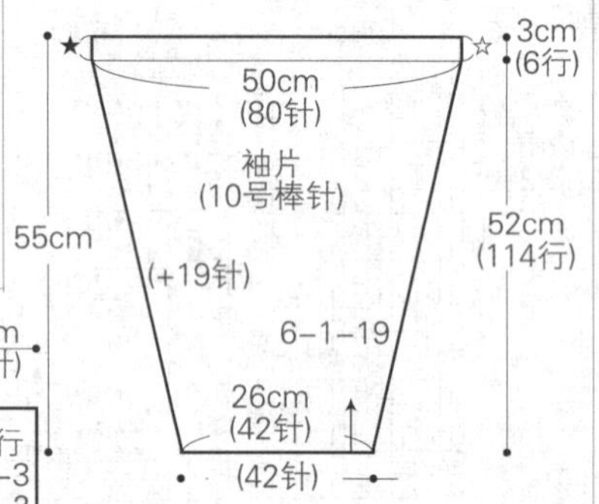

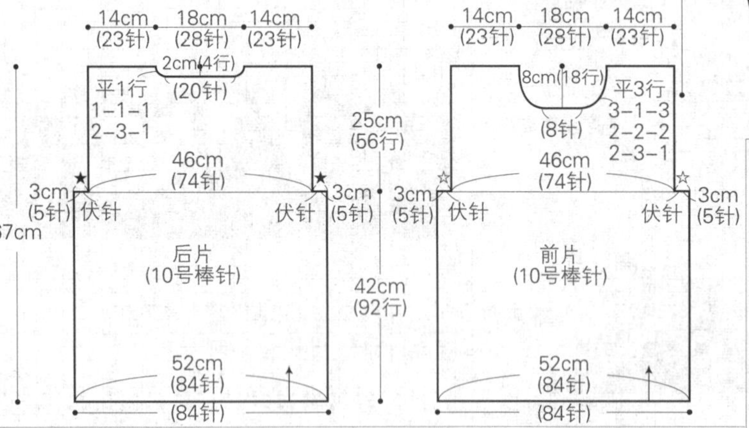

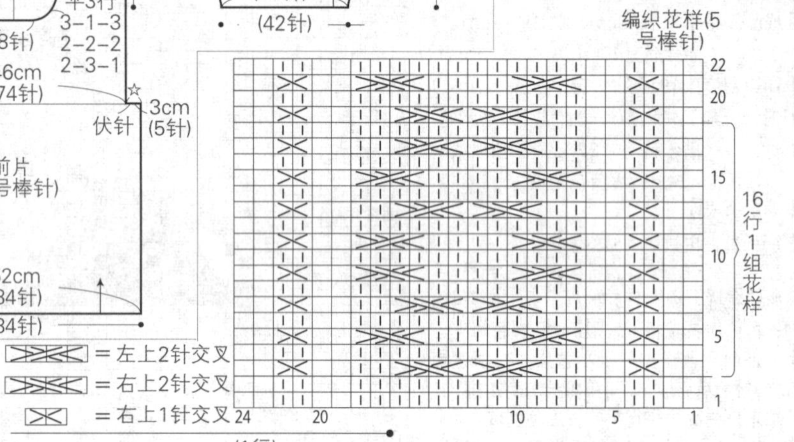

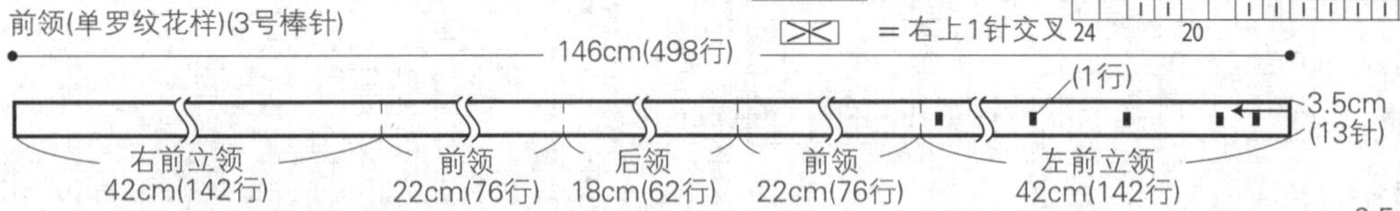

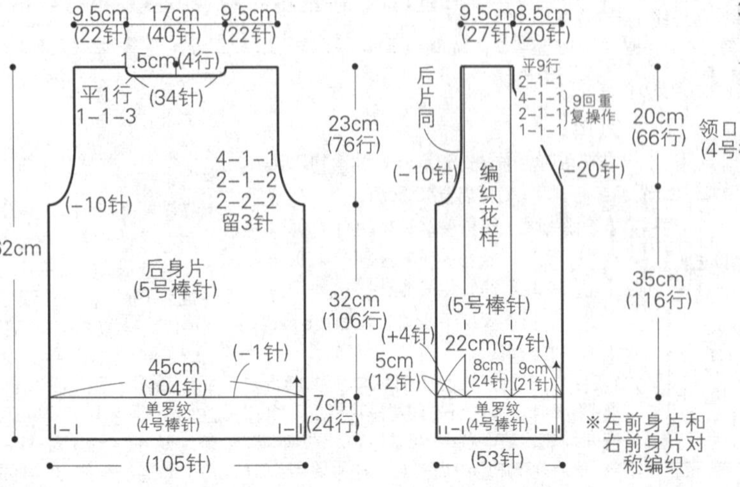

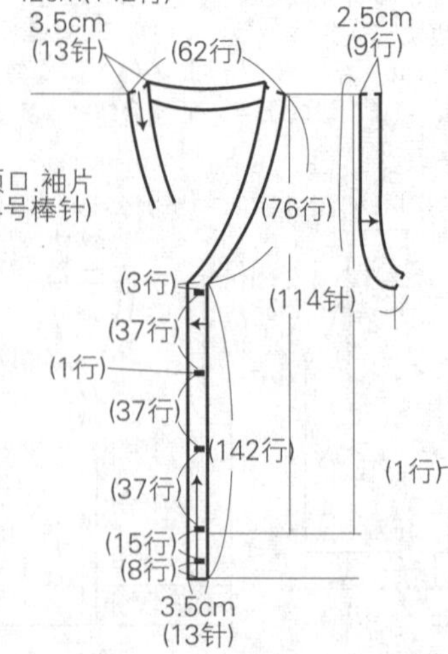

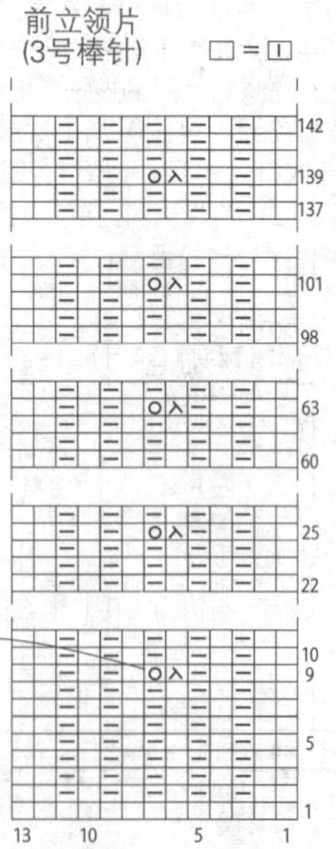

297

【成品规格】衣长61.5cm，胸围106cm，袖长20.5cm

【编织密度】24针×30行=10cm^2

【工　　具】3号、5号棒针

【材　　料】黄色毛线80g，蓝色羊毛线50g，红色羊毛线45g，白色羊毛线125g

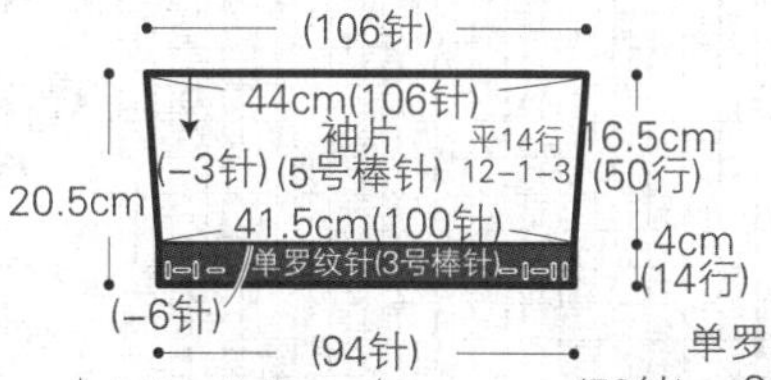

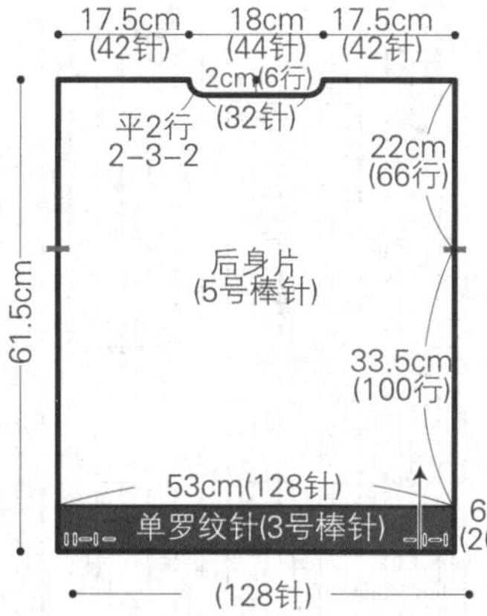

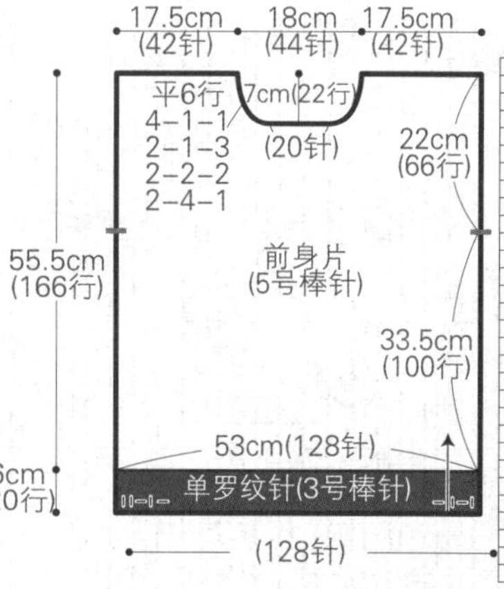

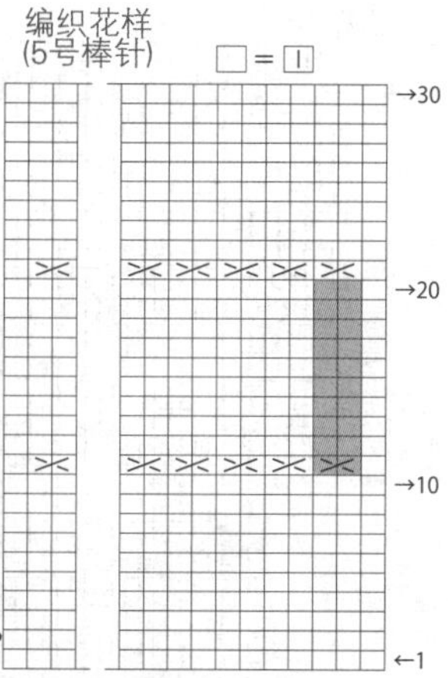

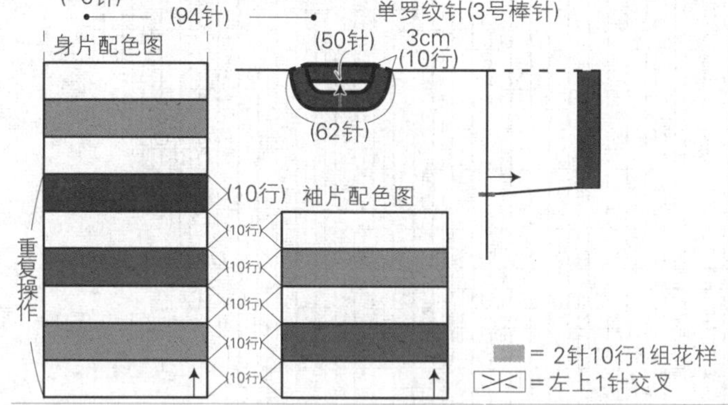

298

【成品规格】衣长65cm，胸围100cm，袖长59cm

【编织密度】28针×34行=10cm^2

【工　　具】11号、12号棒针

【材　　料】黑色毛线200g，白色毛线350g

【编织要点】

1.后片：用白色毛线和12号棒针起140针织单罗纹26行后，换11号棒针织花样，按图示分别织不同的黑白线条组合；织118行开挂肩，腋下各平收4针，再依次减针，织72行开始织后领窝，平收中心的42针，分开织左右片并在领边缘各减4针后肩平收。

2.前片：起70针，织法同后片；开挂肩后织50行开始织领窝，先平收6针，再依次减针，减针完成后织10行平收。

3.袖：从袖山往下织；起34针按图示织不同的黑白线条组合；袖山加针到124针开始织袖筒，两侧按图示减针织136行，换12号棒针织白色单罗纹26行平收。

4.领：缝合各片；用12号棒针和白色毛线沿领边缘挑120针织单罗纹，织14行平收；最后缝合拉链。

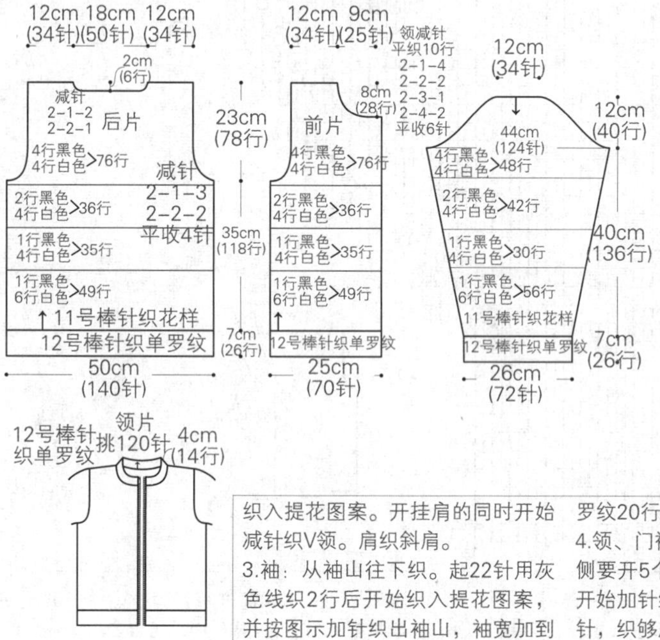

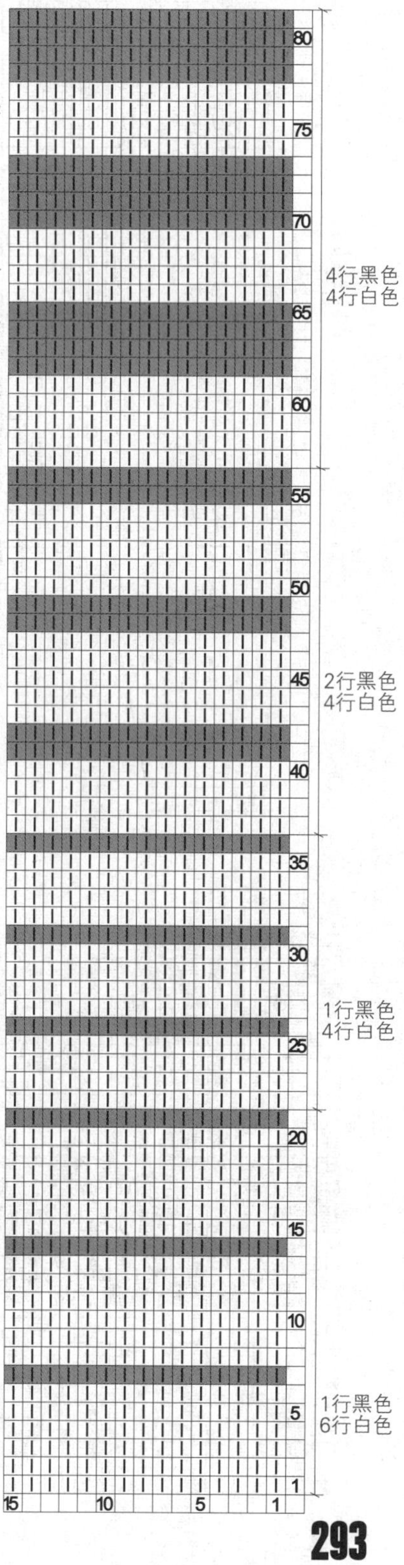

299

【成品规格】衣长65cm，胸围100cm，袖长62cm

【编织密度】22针×34行=10cm^2

【工　　具】10号、12号棒针

【材　　料】灰色毛线650g，其他色毛线少许

【编织要点】

1.后片：12号棒针起108针织双罗纹20行，上面换10号棒针织平针，织84行开始织入提花图案，提花织完后继续织间色平针。织94行开挂肩，腋下各平收4针，再依次减针，织52行后开始织后领窝，肩织斜肩。

2.前片：起针及织法同后片。双罗纹织好后换10号棒针织花样，织84行开始织入提花图案。开挂肩的同时开始减针织V领。肩织斜肩。

3.袖：从袖山往下织。起22针用灰色线织2行后开始织入提花图案，并按图示加针织出袖山，袖宽加到96针后开始织袖筒，分别在两侧减针，织116行后换12号棒针织双罗纹20行收针。

4.领、门襟：起22针织平针，有扣眼的一侧要开5个扣眼。织到与正身长度相符后开始加针织青果领。按图示在两边分别加针，织够后领中心的一半停针，同法对称织另一半，织好后叠成双层无缝缝合，再与衣服缝合。最后缝合纽扣，完成。

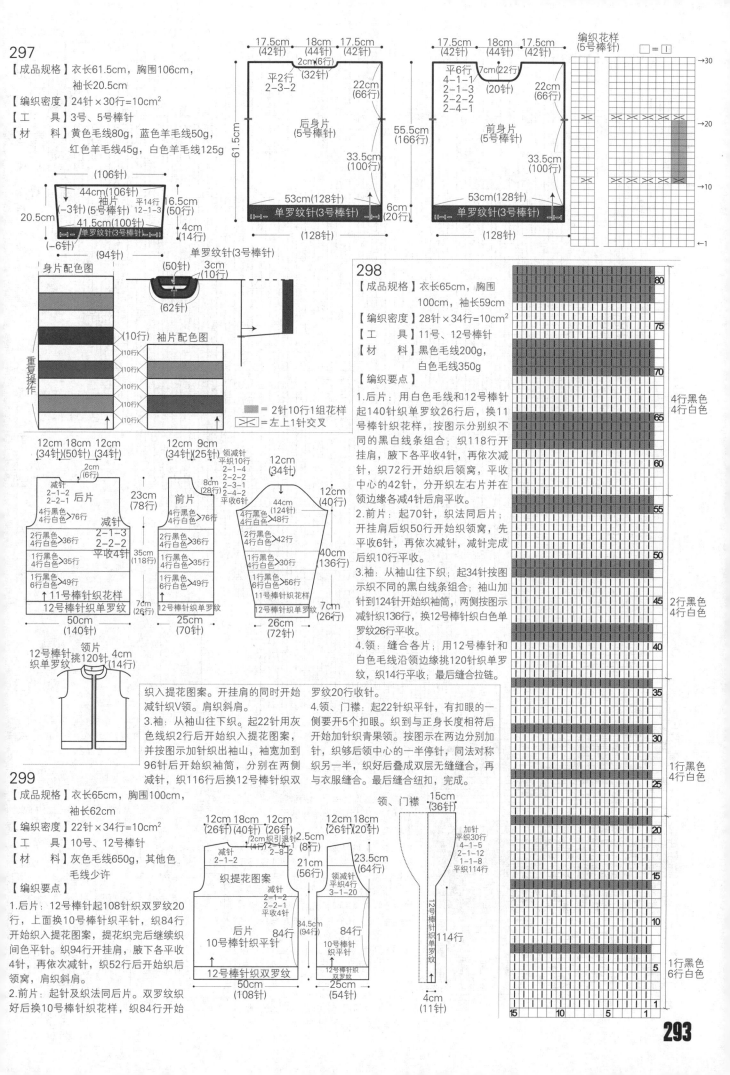

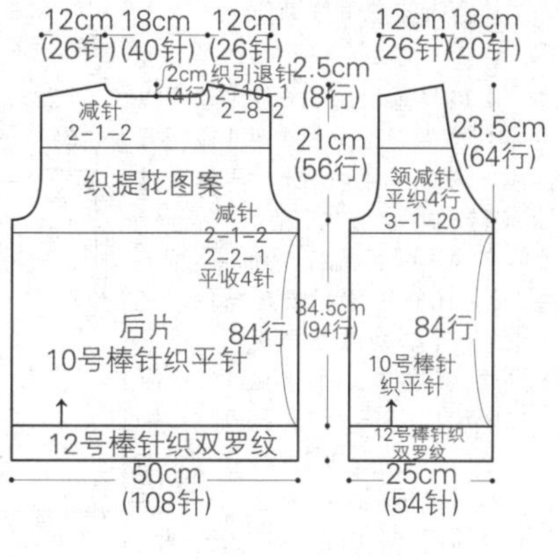

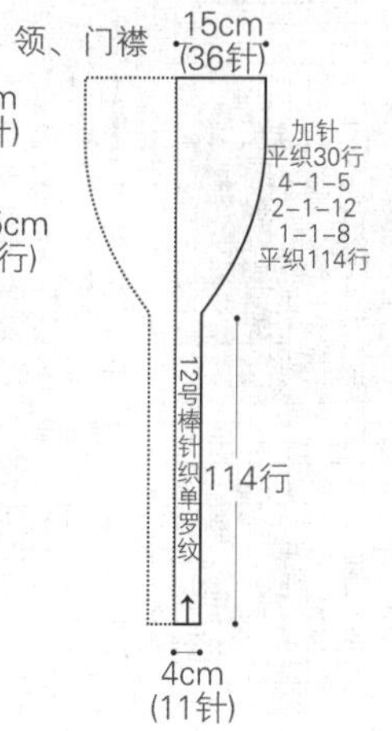

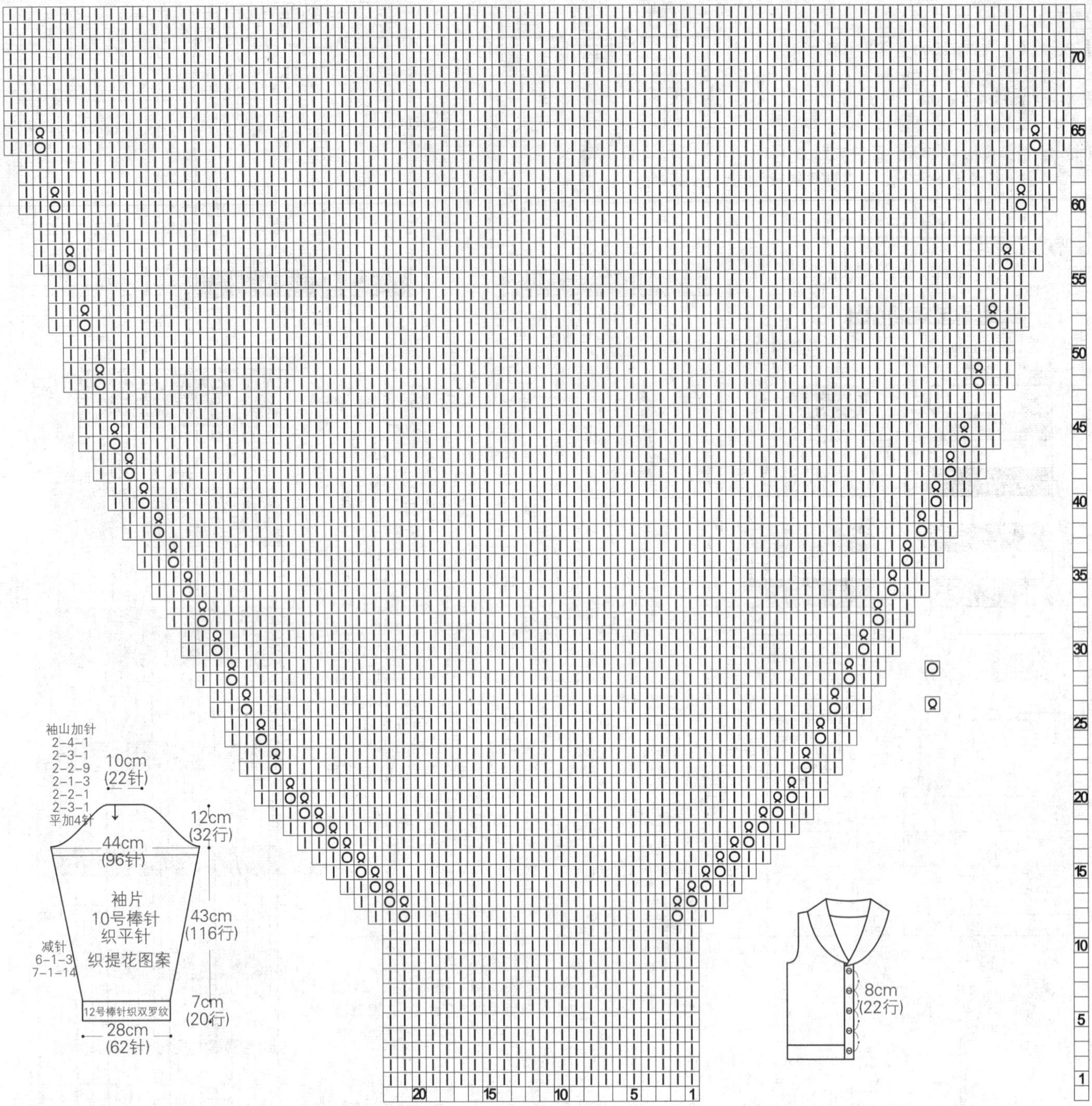

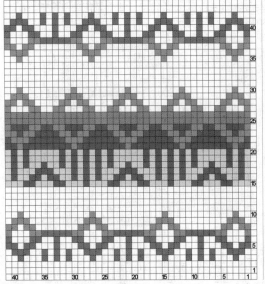

300

【成品规格】衣长64cm，胸围100cm

【编织密度】花样 24针×32行=10cm²
平针 22针×32行=10cm²

【工　　具】10号、11号棒针

【材　　料】咖啡色毛线350g

【编织要点】

1.后片：用11号棒针起110针织双罗纹20行，换10号棒针织平针，织112行开始织挂肩，腋下各平收4针，再依次减针，织70行平收中心的32针，分开织左右片并在领边缘各减2针后肩平收。

2.前片：起110针织双罗纹20行后均加8针，以调节花样密度不同问题；中心76针按图解织花样，两边各21针织平针；开挂同后片，挂肩织20行开始织领窝，从中心处分开织左右片，并在领边缘减针，减针完成后肩平收。

3.领：缝合前后片，前后片肩缝合时将前片多出的2针沿花样处上下针位置并针即可；沿领窝挑124针织双罗纹10行，织好后在V领中心处叠成小三角缝合。

4.袖：沿袖洞挑140针织双罗纹10行平收，完成。

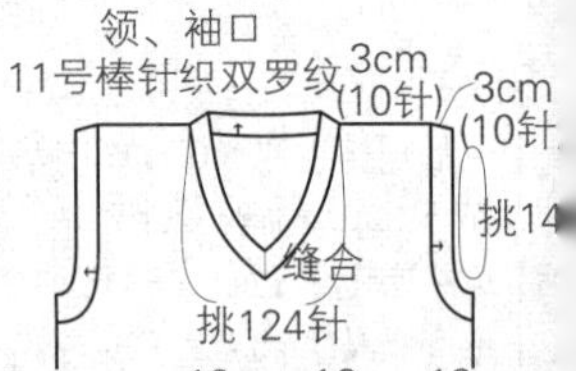

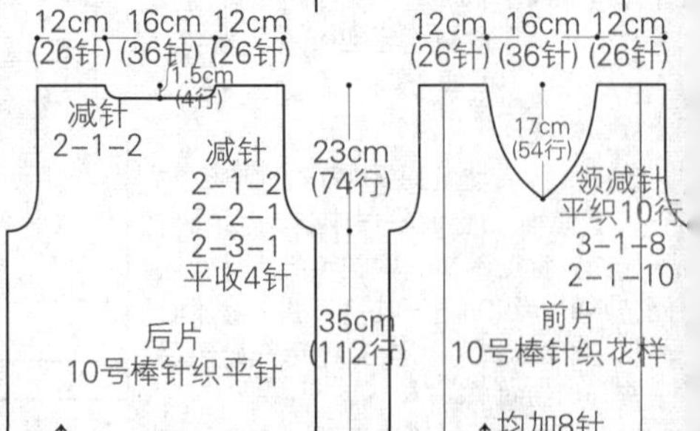

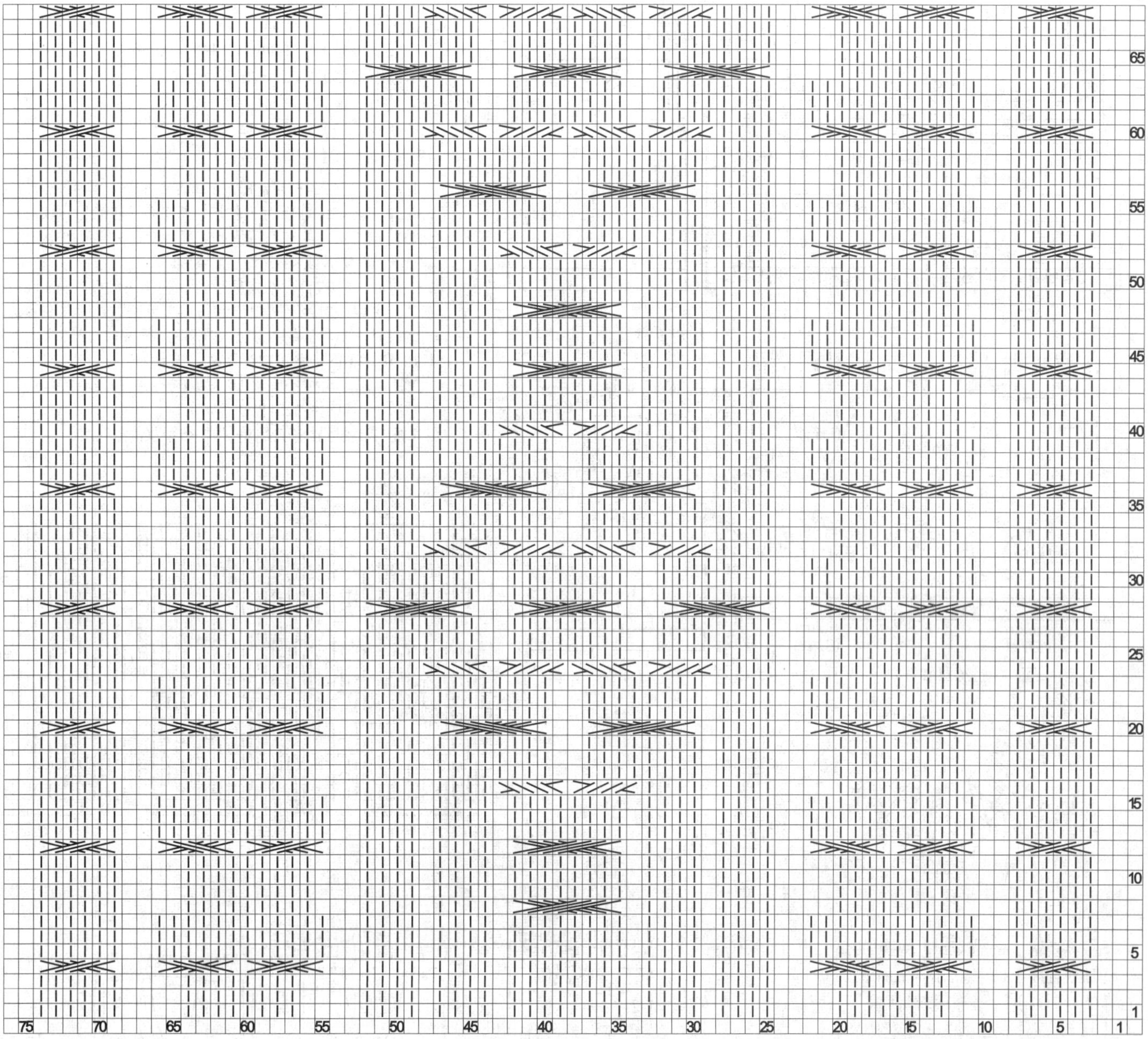

4针右上交叉

6针左上交叉

8针左上交叉

挑140针

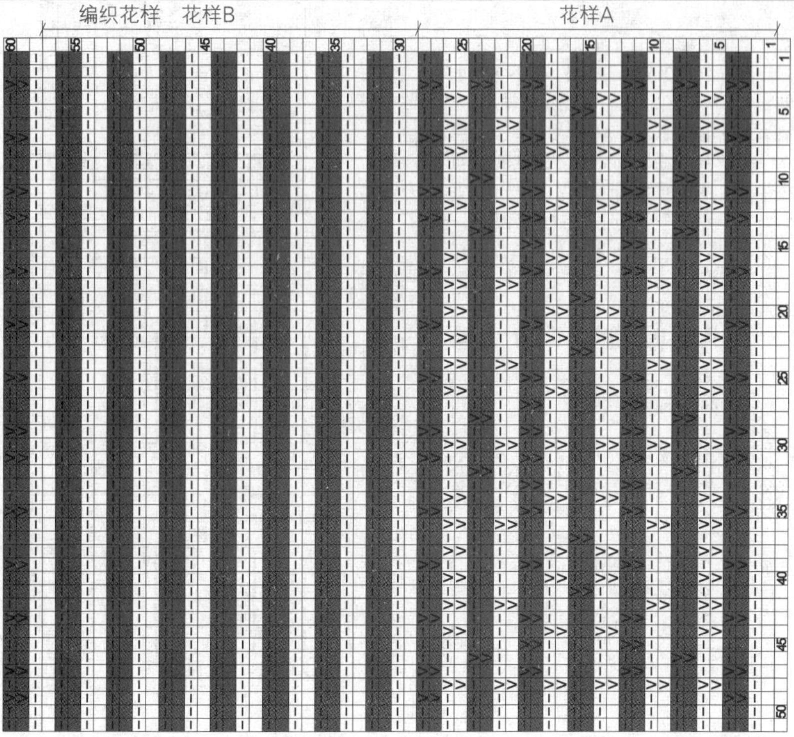

V 浮针

301

【成品规格】衣长64cm，胸围100cm，
背肩宽43cm

【编织密度】22针×32行=10cm^2

【工　　具】10号、12号棒针

【材　　料】黑白毛线各200g

【编织要点】

1.后片：用黑色毛线和12号棒针起110针织双罗纹20行，换10号棒针织花样。按图示排序织，织132行后开挂肩，腋下各平收4针。再依次减针，织82行后开始织后领窝，先平收中心的32针，分开织左右片并各减4针后肩平收。

2.前片：织法同后片。开挂肩后织54行，将中心的12针平收，分左右片织领窝，按图示减针完成后平织18行，将肩部的24针平收。

3.领：用黑色毛线和12号棒针沿领窝挑104针织双罗纹6行。

4.袖：用黑色毛线和12号棒针沿袖窿挑140针织双罗纹6行平收，完成。

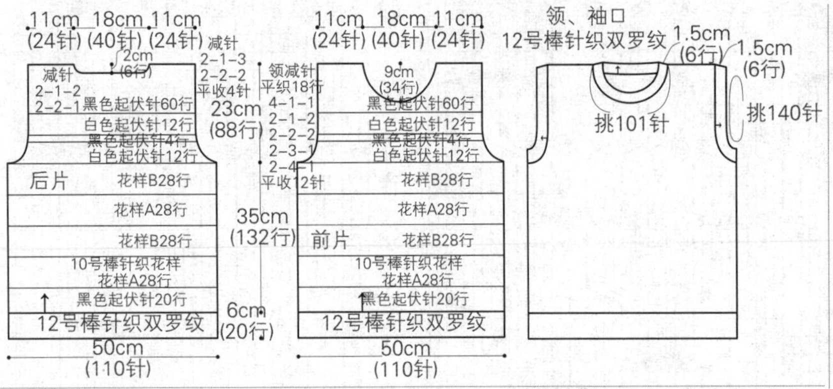

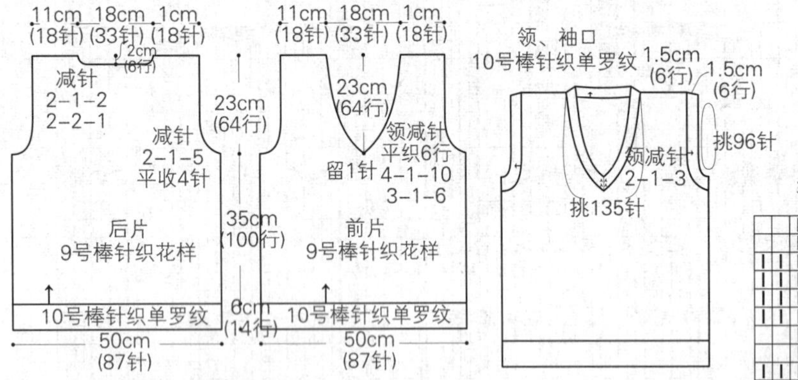

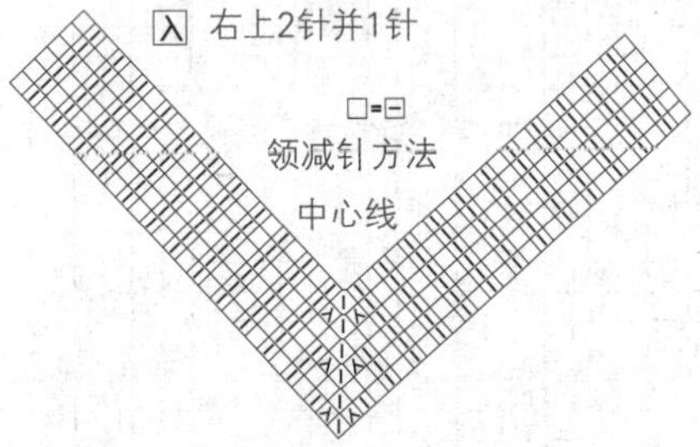

302

【成品规格】衣长64cm，胸围100cm

【编织密度】18针×28行=10cm²

【工　　具】9号、10号棒针

【材　　料】灰白夹花毛线350g

【编织要点】

1.后片：用10号棒针起87针织单罗纹14行，换9号棒针织花样。花样织100行后开挂肩，腋下各平收4针，再每2行减1针减5次，织58行后开始织后领窝，先平收中心的25针，分左右片织各减4针后肩平收。

2.前片：起87针，织法同后片。开挂肩的同时开始织V领，将中心针用记号针圈起待用，分左右片织并在领边缘减针，每3行减1针减6次，再每4行减1针减10次，不加不减织6行将肩部18针平收。

3.领：沿领窝挑135针织单罗纹6行，并在中心线两边对称减针，每边各减3针。

4.袖：沿袖窿挑96针织单罗纹6行平收，完成。

编织花样

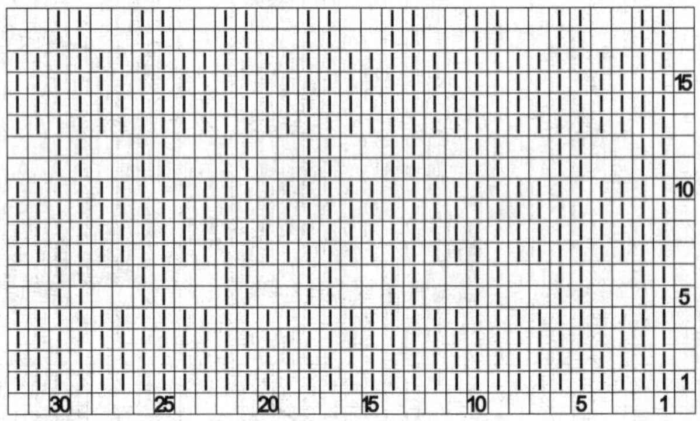

303

【成品规格】衣长64cm，胸围100cm

【编织密度】18针×28行=10cm²

【工　　具】9号、10号棒针

【材　　料】棕色毛线350g

【编织要点】

1.后片：用10号棒针起87针织单罗纹14行，换9号棒针织花样。花样织100行后开挂肩，腋下各平收4针，再每2行减1针减5次，织58行后开始织后领窝，先平收中心的25针，分左右片织，各减4针后肩平收。

2.前片：起87针，织法同后片。开挂肩的同时开始织V领，将中心针用记号针圈起待用，分左右片织并在领边缘减针，每3行减1针减6次，再每4行减1针减10次，不加不减织6行将肩部18针平收。

3.领：沿领窝挑135针织单罗纹6行，并在中心线两边对称减针，每边各减3针。

4.袖：沿袖窿挑96针织单罗纹6行平收，完成。

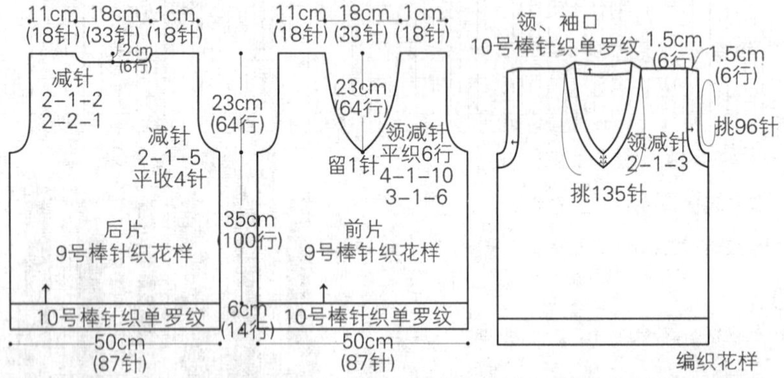

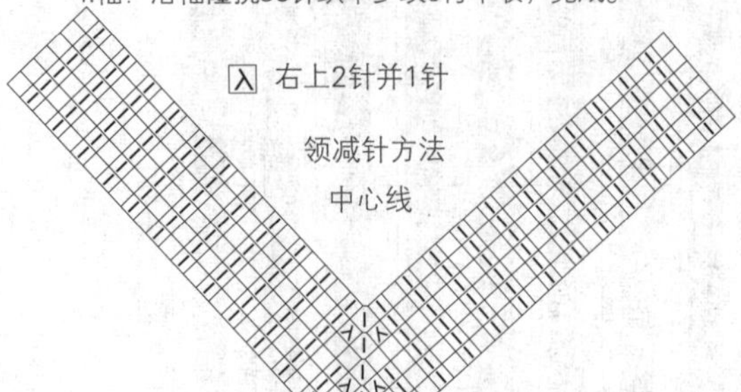

编织花样

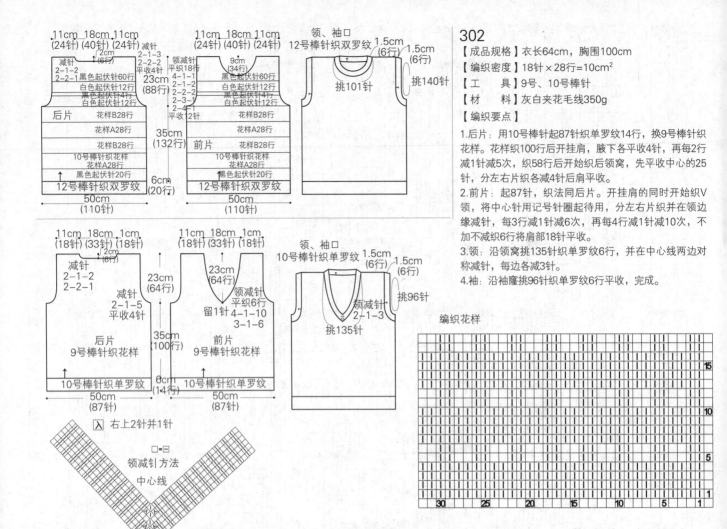

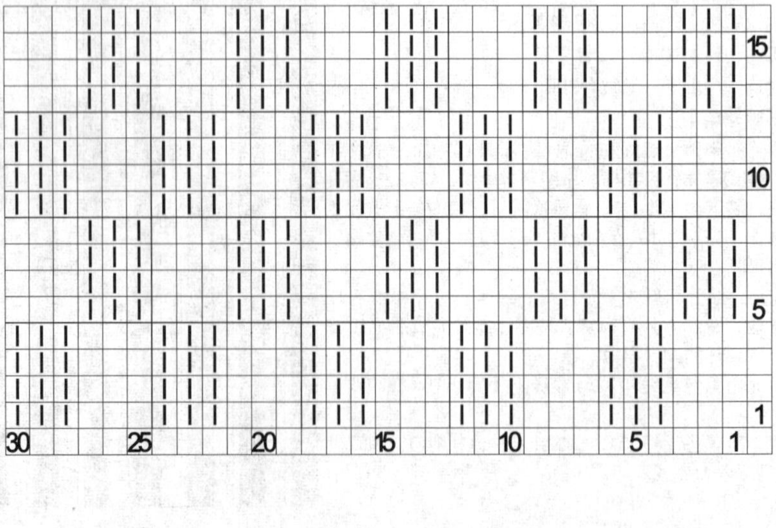